Die Eisenkonstruktionen

Ein Lehrbuch für Schule und Zeichentisch

nebst einem Anhang mit Zahlentafeln
zum Gebrauch beim Berechnen und Entwerfen
eiserner Bauwerke

Von

Dipl.-Ing. Prof. **L. Geusen**
Dortmund

Vierte, vermehrte und verbesserte Auflage

Mit 529 Abbildungen im Text und
auf 2 farbigen Tafeln

Berlin
Verlag von Julius Springer
1925

Softcover reprint of the hardcover 1st edition 1925

ISBN-13: 978-3-642-89748-1 e-ISBN-13: 978-3-642-91605-2
DOI: 10.1007/978-3-642-91605-2

Vorwort zur vierten Auflage.

Das Erscheinen der „Vorschriften für Eisenbauwerke" der Deutschen Reichsbahn 1922 bedingte eine vollständige Umarbeitung des Kapitels „Eisenbahnbrücken", die auf die übrigen Abschnitte des Lehrbuchs nicht ohne Einfluß blieb. Auch der Fortschritt der Arbeiten des „Normenausschusses der Deutschen Industrie" (DIN) führte zu mannigfachen Änderungen und Zusätzen.

Die vollständige Übernahme der DIN-Bezeichnungsweise, insbesondere der Sinnbilder für die Niete und Schrauben, hätte die Neuanfertigung fast sämtlicher Druckstöcke für die Abbildungen erforderlich gemacht, die ich der Verlagsbuchhandlung nicht zumuten wollte, da sich einmal die Dinormen selbst noch im Fluß befinden, also bei der nächsten Auflage vielleicht ganz andere Sinnbilder vorschreiben, dann aber für den Lernenden die Art der Bezeichnungsweise von viel geringerer Bedeutung als ihre folgerichtige Durchführung bei allen Abbildungen ist; die jeweils üblichen Bezeichnungen lernen sich später bei der praktischen Tätigkeit spielend in kurzer Zeit.

Der Inhalt des Lehrbuchs gliedert sich wie bisher in die drei Abschnitte:

1. Konstruktionsgrundlagen (Eisensorten, Rost- und Wärmeschutz, Verbindungsmittel, Träger, Säulen);
2. Hochbaukonstruktionen (Decken, Dächer, Fachwerkwände, Treppen);
3. Brückenkonstruktionen (Eisenbahn- und Straßenbrücken).

Dem Zwecke eines Lehrbuchs entsprechend sind die für die Durchbildung der Konstruktionen maßgebenden Gesichtspunkte und Regeln zunächst allgemein erörtert und begründet und darauf an Hand bestimmter Aufgaben erläutert. Dieses Verfahren ersetzt bei der Einführung des Studierenden in die grundlegenden Gesetze und in das Verständnis der für die Werkstatt erforderlichen Maßangaben wohl am besten das gesprochene Wort und bietet gleichzeitig dem Lehrer eine Anzahl von Aufgaben zur Auswertung bei den Entwurfsarbeiten. Die Aufgaben selbst sind durchweg ausgeführten Konstruktionen entnommen, aber keine getreuen Nachbildungen der wirklichen Ausführung; das Lehrbuch verlangt eben Anpassung der vorgeführten Beispiele an die aufgestellten Grundregeln. Bei allen Aufgaben ist auf Grund der als bekannt vorausgesetzten Gesetze der Statik und Festigkeitslehre das den einzelnen Konstruktionen rechnerisch Eigentümliche, insbesondere die Ermittlung der äußeren Belastungen und die übersichtliche und zweckmäßige Durchführung der Zahlenrechnung vorgeführt.

Der Umfang des Lehrbuchs überschreitet nur unwesentlich die Grenzen der früheren Auflagen. Der durch den Fortfall einiger veralteter Konstruktionen gewonnene Raum diente hauptsächlich zur weiteren Ausgestaltung des Kapitels „Fachwerkwände"; hier ist die Berechnungsgrundlage für die Verbindung gegenüberliegender Wandsäulen durch vollwandige Binder tafelmäßig gegeben. Bei den übrigen Ergänzungen und Erweiterungen habe ich neueren Anschauungen und Wünschen soweit Rechnung getragen, wie es der für ein Lehrbuch nun einmal unumgänglich notwendige unverrückbare Standpunkt zuließ.

Der Deutschen Reichsbahn und dem Normenausschuß der Deutschen Industrie bin ich für die gewährte Nachdruckerlaubnis und vielfache Anregung, der Verlagsbuchhandlung für ihr weitgehendes Entgegenkommen auf meine Wünsche für die Ausgestaltung des Werkes zu besonderem Danke verpflichtet.

Dortmund, im Februar 1925. **L. Geusen.**

Nachtrag zum Vorwort.

Nach der Drucklegung des Werkes erschien die amtliche Ausgabe der Vorschriften für Eisenbauwerke als Berechnungsgrundlage für eiserne Eisenbahnbrücken vom 25. Februar 1925 82 D 2531, deren Berücksichtigung daher nicht mehr möglich war; ihre Fassung unterscheidet sich in wesentlichen Punkten nicht von der vorläufigen Fassung des Jahres 1922 und berührt daher kaum Art und Gang der Berechnung, die für den Lernenden immer das Wichtigste bleiben; bei der späteren praktischen Tätigkeit greift der Ingenieur doch immer nach der amtlichen Ausgabe der Vorschriften, nicht nach ihrem Abdruck im Lehrbuch. Der Hauptgegenstand des Buches, nämlich die konstruktive Ausbildung der Eisenbauwerke, bleibt von der neuen Fassung der Vorschriften ganz unberührt.

Dortmund, im März 1925.

L. Geusen.

Inhaltsverzeichnis.

Erster Abschnitt.

Die Konstruktionsgrundlagen.

Erstes Kapitel.

Die zu Bauzwecken verwendeten Eisensorten. Schutz des Eisens gegen Rost und Wärme.

Seite

1. Die Eisensorten 1
2. Reinigung und Rostschutz des Eisens . 2
3. Wärmeschutz des Eisens 3

Zweites Kapitel.

Verbindungsmittel.

I. Die Verbindung ist auf Abscheren beansprucht 4
- A. Berechnung der Nietverbindungen . 5
- B. Anordnung der Nietverbindungen . 8
- C. Beispiele 11

II. Die Verbindung ist auf Zug beansprucht 14

Drittes Kapitel.

Träger.

A. Berechnung der Träger 17

I. Vollwandige Träger 17

1. Balkenträger 17
   - a) Berechnung des Trägerquerschnitts 17
   - b) Berechnung der Auflagerung . . . 20
2. Bogenträger 21
   - a) Ermittlung der Stützdrücke, Biegungsmomente, Längs- und Scherkräfte 21
   - b) Berechnung des Trägerquerschnitts 22
   - c) Berechnung der Gelenke 22

II. Fachwerkträger 25

1. Berechnung der Stabkräfte 37
2. Berechnung der Auflagerung 38

Seite

B. Konstruktion der Träger 38

I. Vollwandige Träger 38

1. Querschnittsformen 38
2. Stoß der Träger 43
3. Anschluß der Träger aneinander . . . 48
4. Auflagerung im Mauerwerk 51
5. Verankerung mit dem Mauerwerk . . 54

II. Fachwerkträger 55

1. Querschnittsform der Stäbe 55
2. Ausbildung der Knotenpunkte 66
3. Ausbildung der Stäbe zwischen den Knotenpunkten 77
4. Auflagerung 84

Viertes Kapitel.

Säulen.

A. Berechnung der Säulen 92

I. Die Säule wird nur auf Druck beansprucht 92

1. Berechnung des Säulenquerschnitts . . 92
2. Berechnung der Auflagerung 93

II. Die Säule wird auf Druck und Biegung beansprucht 94

1. Berechnung des Säulenquerschnitts . . 94
2. Berechnung der Säulenfußplatte . . . 98
3. Berechnung der Auflagerung 106

B. Konstruktion der Säulen 108

I. Gußeiserne Säulen 108

1. Querschnittsform 108
2. Kopf- und Fußausbildung 109
3. Trägerauflagerung 111

II. Flußeiserne Säulen 113

1. Querschnittsform 114
2. Schaftausbildung 115
3. Kopf- und Fußausbildung 116
4. Trägerauflagerung 121

Zweiter Abschnitt.

Hochbaukonstruktionen.

Seite

Einheitsgewichte und zulässige Beanspruchung der Baustoffe 123

Fünftes Kapitel.

Deckenkonstruktion.

A. Berechnung der Deckenkonstruktionen 125
Belastungen und zulässige Beanspruchungen 125
I. Die Deckenfüllung 126
II. Die Deckenbalken u. Unterzüge . 128
III. Die Säulen 129
B. Konstruktion der Decken 129
1. Deckenfüllung in Holz 129
2. Deckenfüllung in Stein 130
3. Deckenfüllung in Eisen 132

Sechstes Kapitel.

Dachkonstruktionen 133

A. Berechnung der Dachkonstruktionen 134
Belastungen und zulässige Beanspruchungen 134
I. Die Dachdeckung 135
1. Wellblechdeckung 135
2. Glasdeckung 138
II. Die Sparren 138
III. Die Pfetten 138
1. Ermittlung der äußeren Lasten . . 138
2. Ermittlung der Biegungsmomente . 142
IV. Die Binder 143
V. Der Windverband 144

B. Konstruktion der eisernen Dächer . 145
I. Die Dachdeckung 145
1. Wellblechdeckung 145
2. Glasdeckung 147
II. Die Sparren 155
III. Die Pfetten 156
IV. Die Binder 159
1. Rein eiserne Binder 159
2. Gemischt eiserne Binder 163
a) Holz-Eisen-Binder 163
b) Eisenbeton-Eisen-Binder 166
V. Der Windverband 168

Siebentes Kapitel.

Fachwerkwände.

I. Konstruktion der Fachwerkwände 169
II. Berechnung der Fachwerkgebäude gegen Winddruck 172

Achtes Kapitel.

Treppen.

A. Berechnung der Treppen 188
B. Konstruktion der Treppen 191
1. Gemischt eiserne Treppen 191
2. Rein eiserne Treppen 191
3. Wendeltreppen 193

Dritter Abschnitt.

Der Brückenbau.

Neuntes Kapitel.

Seite

Zweck, Einteilung und allgemeine Anordnung 181

Zehntes Kapitel.

Eisenbahnbrücken.

A. Berechnung der Eisenbahnbrücken[1]) 197
Belastungen und zulässige Beanspruchungen 197
I. Die Fahrbahntafel 205
1. Querschwellen 205
2. Buckelbleche 205
II. Die Längsträger 206
III. Die Querträger 212
IV. Die Hauptträger 219
V. Der Windverband 228
VI. Die Querverbände 230
VII. Die Auflager 236

B. Konstruktion der Eisenbahnbrücken 237
I. Die Fahrbahndecke 237
1. Oberbauanordnung 237
2. Abmessungen der Fahrbahndecke . 242
II. Die Fahrbahntafel 243
1. Buckelbleche 243
2. Tonnenbleche 245
3. Beton 245
III. Die Längsträger 247
1. Grundrißanordnung 247
2. Querschnittsausbildung 247
3. Anschluß an die Querträger 249
IV. Die Querträger 252
1. Grundrißanordnung 252
2. Querschnittsausbildung 252
3. Anschluß an die Hauptträger . . . 253

[1]) Soweit für die Berechnung neuer Brücken die Vorschriften vom 25. II. 25, 82 D 2531 in Frage kommen, wird um Beachtung des Nachtrages zum Vorwort gebeten.

Seite

V. Die Hauptträger 255
1. Grundrißausbildung 255
2. Querschnittsausbildung 257
a) Vollwandige Träger 257
b) Fachwerkträger 258
3. Auflagerung 259
VI. Der Windverband 260
1. Die Diagonalen 260
2. Die Vertikalen 261
VII. Der Querverband 262
1. Fachwerkförmig gegliederte Querverbände 262
2. Querrahmen 263

Elftes Kapitel.

Straßenbrücken.

A. Berechnung der Straßenbrücken . . 263
Belastungen und zulässige Beanspruchungen 263
I. Die Fahrbahntafel 267
1. Fahrbahntafel aus Holz 267
2. Fahrbahntafel aus Stein 257
3. Fahrbahntafel aus Eisen 267
II. Die Längsträger 269
1. Die Fahrbahnlängsträger 269
2. Fußweglängsträger 271
III. Die Querträger 271
IV. Die Konsolen 272
V. Die Hauptträger 272
VI. Der Windverband 273
VII. Die Querverbände 273
VIII. Die Auflager 276
B. Konstruktion der Straßenbrücken . . 277
I. Die Fahrbahndecke 277
1. Abmessungen 277
2. Gefälle 278
3. Ausbildung 280
II. Die Fahrbahntafel 282
1. Ausbildung 282
2. Unterbrechungen 283
3. Anschluß an die Widerlager 284
III. Die Längsträger 285
IV. Die Querträger 286
V. Die Konsolen und Geländer . . . 286
VI. Die Hauptträger 289
1. Grundrißausbildung 289
2. Querschnittsausbildung 290
3. Auflagerung 290
VII. Der Windverband 291
VIII. Der Querverband 292
Zahlentafeln . . . . 293—309
Belastungen und zulässige Beanspruchungen für Freileitungsmaste 310

Aufgaben.

Aufgabe Nr.	1	2	3	4	5	6	7	8	9	10	11	12	13	14	15	16	17	18	19
Seite	11	11	12	12	13	13	15	42	44	45	46	47	48	49	53	59	62	63	64
	Nietverbindungen							Träger											

Aufgabe Nr.	20	21	22	23	24	25	26	27	28	29	30	31a	31b	32	33	34	35	36	37	38
Seite	65	67	68	70	70	71	72	73	74	75	78	78	80	82	85	86	89	90	93	93
	Träger																		Säulen	

Aufgabe Nr.	39	40	41	42	43	44	45	46	47a	47b	48	49	50	51	52	53
Seite	93	94	94	95	96	97	98	100	101	101	102	103	104	105	106	107
	Säulen															

Aufgabe Nr.	54	55	56	57	58	59a	59b	60	61	62	63	64	65	66	67	68
Seite	107	107	109	110	112	117	118	120	127	127	128	128	128	129	129	135
	Säulen								Decken							Dächer

Aufgabe Nr.	69	70	71	72	73	74	75	76	77	78	79	80	81	82	83	84
Seite	136	136	137	140	141	167	207	209	210	214	215	217	219	219	222	224
	Dächer						Eisenbahnbrücken									

Aufgabe Nr.	85	86	87	88	89	90	91	92	93	94	95	96	97
Seite	228	228	230	232	236	255	267	267	271	271	273	273	275
	Eisenbahnbrücken						Straßenbrücken						

Erster Abschnitt.

Die Konstruktionsgrundlagen.

Erstes Kapitel.

Die zu Bauzwecken verwendeten Eisensorten. Schutz des Eisens gegen Rost und Wärme.

1. Die Eisensorten.

Die zu Bauzwecken verwendeten Eisensorten sind:

I. Roheisen als graues Gießereiroheisen, kurz Gußeisen genannt. Zulässige Beanspruchung auf Zug $k_z = 250$ kg/cm²,
auf Druck $k_d = 500$ kg/cm²; daher vorwiegend zu auf Druck beanspruchten Konstruktionsteilen (Auflager, Säulen) verwendet, ferner überall da, wo die leichte Formgebung ausschlaggebend ist (Trägerzwischenstücke, Auflagerteile, vgl. 3. Kap.).

II. Schmiedbares Eisen: $k_z = k_d$; hergestellt entweder in der Birne im Bessemer- (sauren) oder Thomas- (basischen) Verfahren oder im Siemens-Martin- bzw. Elektro-Ofen oder endlich im Tiegel.

1. Flußeisen: Eisen mit weniger als 5000 kg/cm² Festigkeit, kommt als Bauwerkseisen nur gewalzt zur Verwendung.

2. Flußstahl: Eisen mit mehr als 5000 kg/cm² Festigkeit, kommt zur Verwendung

a) gegossen als Stahlformguß (mit einer Dehnung von mindestens 10% der Versuchslänge) besonders zu Auflagerteilen von verwickelter Form;

b) geschmiedet } (mit einer Dehnung von mindestens 16% der Versuchslänge).
c) gewalzt }

Flußstahl, dessen Dehnung und Festigkeit durch Zusatz fremder Metalle erhöht wird, heißt insbesondere Nickelstahl (mit 1 bis 2½% Nickelzusatz), Chromstahl, Wolframstahl usf.

Im Tiegel hergestellter Flußstahl (Tiegelflußstahl) wird wegen seiner hohen Herstellungskosten nur zu sehr schwer belasteten Auflagerteilen sowie für die Drahtkabel der Hängebrücken verwendet.

Das gewalzte schmiedbare Eisen wird sowohl zu auf Zug als auch auf Druck als gleichzeitig auf Zug und Druck (d. h. auf Biegung) beanspruchten Konstruktionsteilen verwendet, und zwar in folgenden Hauptquerschnittsformen:

α) Blech: glattes Blech; Riffelblech (mit einseitig eingewalzten Riffeln von 1 bis 3 mm Höhe); Wellblech (flaches Wellblech Abb. 1 und Trägerwellblech mit ein- oder mehrfacher Wellung Abb. 2a und 2b); Tonnenblech (Abb. 3); Buckelblech (Abb. 4).

β) Flacheisen (Universaleisen) und Vierkanteisen (z. B. $\frac{80}{10}$; $\frac{25}{25}$).

γ) Rundeisen (z. B. 30 mm ϕ; Schraube $1^1/_2$″ ϕ),

δ) Profileisen, zusammengestellt im „Deutschen Normalprofilbuch für Walzeisen“, und zwar:

I-Eisen (z. B. I NP. 24); ⊔-Eisen (z. B. ⊔ NP. 20); Z-Eisen (z. B. Z NP. 16);

L-Eisen (gleichschenklige z. B. L 80 · 80 · 10 oder |80 : 10 und ungleichschenklige z. B. L 100 · 65 · 9 oder $\frac{100:9}{|65:9}$);

⊥-Eisen (breitfüßige z. B. ⊥ NP. $\frac{8}{4}$ und hochstegige z. B. ⊥ NP. $\frac{5}{5}$);

Quadranteisen (z. B. NP. 12 max), Belageisen (z. B. ∩ NP. 9) und Handleisteneisen (z. B. NP. 8).

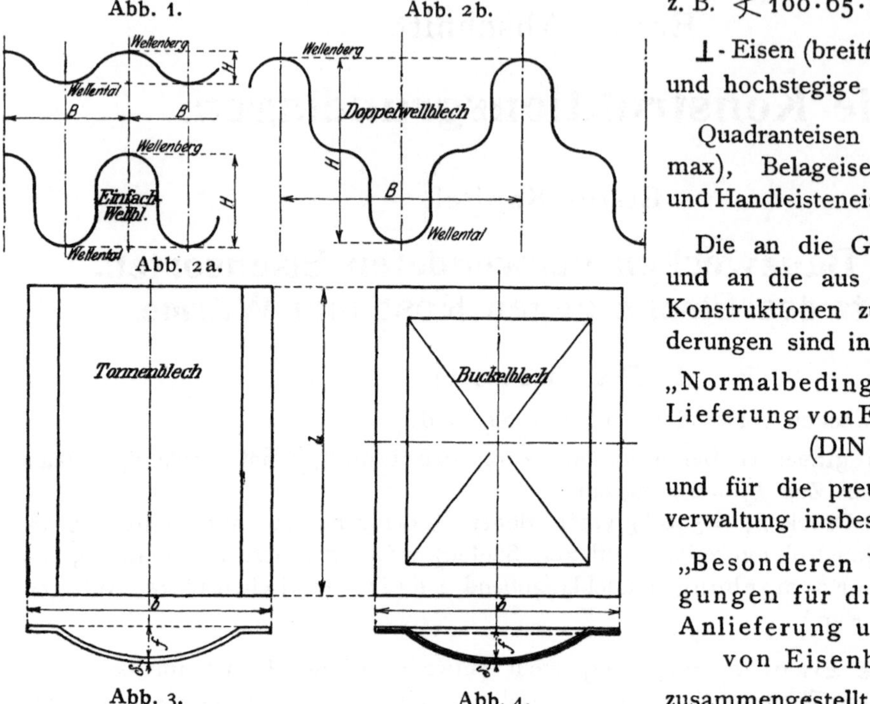

Abb. 1. Abb. 2a. Abb. 2b. Abb. 3. Abb. 4.

Die an die Güte des Baustoffs und an die aus ihm hergestellten Konstruktionen zustellenden Anforderungen sind in den

„Normalbedingungen für die Lieferung von Eisenbauwerken (DIN 1000)

und für die preußische Staatsbauverwaltung insbesondere in den

„Besonderen Vertragsbedingungen für die Anfertigung, Anlieferung und Aufstellung von Eisenbauwerken“

zusammengestellt.

2. Reinigung und Rostschutz des Eisens.

a) Vor ihrer Zusammensetzung zu ganzen Konstruktionen müssen die einzelnen Eisenteile gereinigt werden.

Diese Reinigung ist — und damit begnügt man sich in den meisten Fällen — zunächst eine mechanische, indem Staub, Schmutz, Glühspan und Rost mit Schabeisen, Drahtbürsten und Putzlappen oder aber besser und schneller durch Sandstrahl (wobei scharfer Quarzsand durch Preßluft auf die zu reinigenden Flächen geschleudert wird) entfernt werden.

Soll die Oberfläche vollkommen frei von Glühspan und Rost sein, so werden die mechanisch gereinigten Stücke in einem stark verdünnten Salzsäurebad gebeizt, darauf in einem Kalkwasserbad von den anhaftenden Säureteilchen gereinigt, in reinem Wasser oder Sodalauge abgespült und endlich in kochendem Wasser bis zur Siedehitze erwärmt; nach Verdunstung des Wassers werden die gereinigten Teile mit dünnflüssigem, schnell trocknendem, wasser- und säurefreiem Leinölfirnis allseitig satt gestrichen.

b) Vor dem Vernieten werden die zusammenfallenden Berührungflächen der einzelnen Teile nochmals gereinigt und mit Leinölfirnis gestrichen.

c) Nach dem Vernieten werden die Nietköpfe sofort mit Leinölfirnis gestrichen, darauf die Fugen zwischen den Berührungsflächen sorgfältig ausgekittet (bez. bei wasserdichten Konstruktionen verstemmt) und endlich alle sichtbaren Flächen mit dem Grund- oder Grundierungsanstrich versehen, der nur dünn aufzutragen und gut zu trocknen ist.

d) Nach beendigter Aufstellung (Montage) werden zunächst alle Fugen, in denen sich Wasser ansammeln kann, mit Kitt vollständig ausgefüllt und sorgfältig verstrichen; darauf wird der Grundanstrich ausgebessert bzw. bei den auf der Baustelle eingezogenen Nieten und Schrauben ergänzt und endlich der Deckanstrich aus einer als guter Rostschutz anerkannten Ölfarbe aufgebracht.

Bei den mit Erde, Kies, Sand in Berührung kommenden Flächen wird die Ölfarbe durch Asphaltlack ersetzt; die mit Mörtel, Beton oder Mauerwerk in Berührung kommenden Flächen sind sauber von Rost und Öl zu reinigen und mit Zementmilch zu streichen.

Die statt des Anstrichs in besonderen Fällen (z. B. bei Well-, Buckel- und Tonnenblechen) verwendeten Metallüberzüge bestehen aus:

α) Zink: Die chemisch gereinigten Stücke werden entweder durch Feuerverzinkung (Eintauchen in ein flüssiges Zinkbad) oder auf elektrolytischem Wege oder endlich durch das Metallspritzverfahren (wobei das im elektrischen Stromkreis abschmelzende Zink durch einen Luft- oder Gasstrom zerstäubt und auf den zu verzinkenden Gegenstand geschleudert wird) mit einer dünnen Zinkhaut überzogen, deren Gewicht mindestens 0,5 kg/m² Oberfläche betragen soll.

Bei dem von Sherard Cowper Coles angegebenen Scheradisier-Verfahren werden die zu verzinkenden Teile nach der chemischen Reinigung in einem Gemisch von Zinkstaub und Sand unter Luftabschluß bis etwa 300° C erhitzt, wobei sich auf der Oberfläche eine harte, rostsichere Legierung aus Zink und Eisen von silbergrauer Farbe bildet.

β) Blei: teurer, daher seltener als Zink, aber auch widerstandsfähiger gegen die Einwirkung von Säuren.

γ) Zink und Blei (verzinkt — verbleien): bei mit Säuren stark verunreinigter Luft (z. B. bei Gas- und chemischen Fabriken).

3. Wärmeschutz des Eisens.

a) Wird das Eisen über etwa 300° hinaus erwärmt, so nimmt seine Festigkeit schnell ab; rotglühend geworden, bricht es unter dem Einfluß der Belastung nach vorhergegangener starker Durchbiegung zusammen und bringt fest mit ihm verbundene Konstruktionsteile (Mauern, Pfeiler) mit zum Einsturz.

Wo daher eine so weitgehende Erwärmung z. B. durch Ausbruch einer Feuersbrunst (insbesondere bei Gebäuden, in denen große Mengen brennbarer Stoffe lagern, wie Warenspeicher, Öllager) zu erwarten ist oder wo der unerwartete Brandausbruch besondere Gefahr für Menschenleben einschließt (Warenhäuser, Theater, Versammlungsräume, Ausstellungsgebäude), sind die tragenden sichtbaren Eisenteile (Träger, Unterzüge, Säulen, unter Umständen auch die Dachkonstruktionen) zum Schutz gegen den unmittelbaren Angriff der Hitze und Flammen mit einer schlecht wärmeleitenden Ummanteluug zu versehen, z. B. Ummaueruug mit Klinkern in Zementmörtel, Beton, Eisenbeton, Rabitzputz (Zementmörtel auf Drahtgeflecht), Asbestzement mit Wasser angerührt auf Drahtgeflecht, Korkstein mit umhüllendem Drahtnetz und Zementputz; zwischen Eisen und Schutzmantel eine Luftschicht anzuordnen, ist nicht erforderlich.

Man unterscheidet feuerbeständige Bauweisen, die dem Feuer in gleicher Weise wie eine 12 cm starke Wand aus Ziegel- oder Kalksandsteinen bzw. eine 6 cm starke Eisenbetonwand bei einem Mischungsverhältnis 1 : 4 widerstehen,

feuersichere (Feuerschutz bietende) Bauweisen, die dem Feuer in gleicher Weise wie ein 1,5 cm starker Kalkputz widerstehen (z. B. abgeputzte Bretterwände, Gipswände), und,

glutsichere (erhöhten Feuerschutz bietende) Ummantelungen, die dem Feuer in gleicher Weise wie eine 3 cm starke Eisenbetonwand widerstehen.

b) Das Eisen dehnt sich bei $\pm 100^0$ Wärmeunterschied um etwa $\pm \frac{1}{840}$ seiner ursprünglichen Länge aus. Wird es an dieser Längenänderung gehindert, z. B. durch an beiden Seiten fest mit ihm verbundene Mauern, so können durch die großen hierbei auftretenden Kräfte diese fest anschließenden Konstruktionsteile verbogen und schließlich zum Einsturz gebracht werden.

Wo daher nennenswerte Wärmeschwankungen zu erwarten sind (also z. B. stets im Freien) oder wo es sich auch bei nur mäßigen Wärmeschwankungen um große Längen der eisernen Träger handelt, werden diese nur an einem Ende fest mit ihrer Unterkonstruktion verbunden, am andern Ende aber auf Gleit- oder Rollenlagern frei verschieblich gelagert, damit die Längenänderungen ungehindert vor sich gehen können (feste und bewegliche Auflager, vgl. 3. Kap.).

Zweites Kapitel.

Verbindungsmittel.

Als Verbindungsmittel kommen, wenn die Verbindung

auf Abscheren beansprucht ist, Niete und Schrauben, wenn sie

auf Zug beansprucht ist, Schrauben und Keile zur Verwendung.

I. Die Verbindung ist auf Abscheren beansprucht.

1. Das gebräuchlichse Verbindungsmittel ist das Niet; es besteht aus dem Schaft und dem am einen Schaftende vorgebildeten Setzkopf; das am anderen Ende vorstehende, bei Maschinennietung etwa $\frac{4}{3}d$, bei Handnietung etwa $\frac{7}{4}d$ lange Schaftstück wird nach Einführung des Niets in das Nietloch durch Hämmern zunächst gestaucht und dann mit dem Schelleisen zum Schließkopf ausgebildet. Man unterscheidet volle (Halbrundniete, Abb. 5a), halb versenkte (Linsensenkniete, Abb. 5b) und ganz versenkte (Senkniete, Abb. 5c) Nietköpfe.

Die Abmessungen der Nietköpfe sind (nach DIN 124, 302 und 303) nachfolgend zusammengestellt.

Abb. 5a–b	Lochdurchmesser $d =$		11	14	17	20	23	26	29	mm
	Kopfdurchmesser d_1	Halbrundniete . .	16	21	26	30	35	40	45	mm
		Linsensenkniete .	15,4	21	27	30	35	39,5	39,5	"
		Senkniete	15,4	21	27	30	35	39,5	39,5	"
	Kopfhöhe k	Halbrundniete . .	6,5	8,5	10	12	14	16	18	mm
		Linsensenkniete .	5	7	9,5	12,5	14,5	16,5	18	"
		Senkniete	3,5	5	7	9,5	11	12,5	14	"
	Kopfrundung r	Halbrundniete . .	8	11	13,5	15,5	18	20,5	23	mm
		Linsensenkniete .	20,5	28,5	37,5	39	45,5	51	51	"
	Senkwinkel α	Linsensenkniete . Senkniete	75°	75°	75°	60°	60°	60°	45°	mm
	Kegelhöhe p	Linsensenkniete .	3,5	5	7	9,5	11	12,5	14	mm
	1000 Halbrundnietköpfe in Flußeisen wiegen		6,08	14,55	25,06	40,82	64,42	95,35	135,77	kg

2. Die Niete werden nur ausnahmsweise durch Schrauben ersetzt, und zwar:

a) wenn es des beschränkten Raumes wegen nicht möglich ist, den Schließkopf auszubilden;

b) wenn die Gesamtdicke der zusammenzunietenden Teile größer als das 3- bis höchstens $3^1/_2$fache des Nietdurchmessers ist (wegen der Gefahr des Abspringens der Nietköpfe beim Erkalten des Schafts);

c) wenn der Baustoff (z. B. Gußeisen) durch die beim Nieten eintretenden Erschütterungen leicht dem Bruch ausgesetzt ist;

d) bei beweglichen Anschlüssen (die z. B. mit Rücksicht auf Wärmeschwankungen erforderlich werden) und bei Gelenken (vgl. 3. Kap.);

e) wenn auf der Baustelle nicht genietet werden soll (z. B. zur Verminderung der Kosten) oder darf (z. B. wegen Feuersgefahr).

3. Die gebräuchlichen Nietdurchmesser sind:

	$d = 6{,}3$	8,5	11	14	17	20	23	26	29 mm,
mit einer Scherfläche von			0,95	1,54	2,27	3,14	4,15	5,31	6,61 cm²,
bezeichnet durch									

Bei den übrigen, seltener vorkommenden Nietdurchmessern wird ihre Größe jeweils in der Zeichnung beigeschrieben. Bei Zeichnungen bis zum Maßstab 1:5 wird der Lochkreis, bei kleineren Maßstäben der Kopfkreis als Sinnbild des Niets gewählt (vgl. DIN 139).

Die angeführten Durchmesser sind die für die Festigkeitsberechnung maßgebenden Nietlochdurchmesser; der für die Bestellung und die Stücklisten maßgebende Rohnietdurchmesser ist 1 mm kleiner als d; er muß durch den Stauchdruck beim Schlagen das Nietloch voll ausfüllen; im fertig vernieteten Konstruktionsteil sind daher Nietloch- und Nietschaftdurchmesser gleich groß, so daß bei der Berechnung des Niets der Bohrungsdurchmesser einzuführen ist.

Soll das Niet vorn (oben) versenkt sein, so wird das durch einen zweiten aus gezogenen Kreis ( ) angedeutet; soll es hinten (unten) versenkt sein, so wird der äußere Kreis gestrichelt ( ); soll es endlich doppelt versenkt sein, so werden beide Kreise gestrichelt ( ). Bei Verwendung von Schrauben wird der Nietkreis schwarz ausgefüllt ( ).

A. Berechnung der Nietverbindungen.

Da der durch die Zusammenziehung des Nietschafts beim Erkalten zwischen den einzelnen aufeinanderliegenden Teilen entstehende Reibungswiderstand nicht berücksichtigt wird, so erfolgt die Berechnung der auf Abscheren beanspruchten Niet- und Schraubenverbindungen nach denselben Regeln.

Die Niete werden entweder einschnittig (Abb. 6a) oder aber meist zweischnittig (Abb. 6c) angeordnet. In beiden Fällen kann die Zerstörung der Verbindung entweder durch eine zu große Beanspruchung des Nietschafts auf Abscheren oder aber durch eine zu große Beanspruchung der Nietwandung auf Druck herbeigeführt werden.

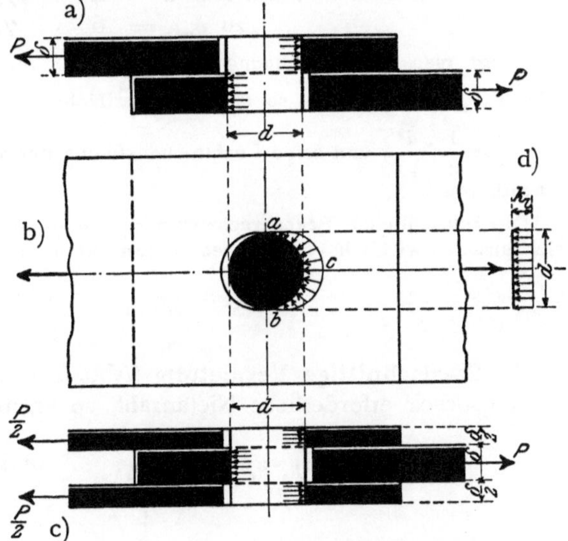

Abb. 6. Ein- und zweischnittige Nietverbindung.

Die Beanspruchung des Nietschafts auf Abscheren verteilt sich nach der gebräuchlichen Annahme der Festigkeitslehre gleichmäßig über den ganzen Nietquerschnitt $\frac{1}{4}\pi d^2$; der Lochleibungsdruck verteilt sich dagegen ungleichmäßig über den halben Nietumfang $\frac{1}{2}\pi d \delta$ derart, daß er bei c (Abb. 6b) am größten, bei a und b aber gleich Null ist. Um den aus dieser ungleichmäßigen Verteilung folgenden Rechnungsschwierigkeiten aus dem Wege zu gehen, nimmt man mit hinreichender Genauigkeit an, daß der Lochleibungsdruck an jeder Stelle der Nietwandung gleich groß sei (Abb. 6d), führt dafür aber als Länge der gedrückten Fläche statt des halben Kreisumfangs ($1{,}57\,d$) nur seine zur Kraft P rechtwinklige Projektion (d) ein. Der zulässige Lochleibungsdruck k_l wird dabei stets gleich dem Doppelten der zulässigen Scherbeanspruchung k_s eingeführt:

$$k_l = 2\,k_s\,.$$

Ist k die für Zug, Druck oder Biegung vorgeschriebene zulässige Beanspruchung des Eisens, so erfordert die Kraft P (Abb. 6) einen Stabquerschnitt von der Größe

$$1)\quad F = \frac{P}{k}.$$

Ganz entsprechend ergibt sich aus der vorgeschriebenen zulässigen Scherbeanspruchung k_s die zur Übertragung von P erforderliche Scherfläche zu $F_s = \frac{P}{k_s}$. Setzt man

$$2)\quad k_s = \frac{k}{\nu}. \qquad \text{so wird} \qquad 3)\quad F_s = \nu F.$$

1. Die Kraft greift im Schwerpunkt der Nietverbindung an.

a) Einschnittige Vernietung (Abb. 6[a]). Ist n_s die auf Abscheren, n_l die auf Lochleibungsdruck erforderliche Nietanzahl, so ergibt sich, da ein Niet die Scherfläche $\frac{1}{4}\pi d^2$ und die Wandfläche $d\delta$ hat:

$$4)\quad n_s = \frac{F_s}{\frac{\pi d^2}{4}} \qquad \text{und} \qquad 5)\quad n_l = \frac{F_s}{2 d\delta}.$$

Für die Ausführung ist der größere der Werte n_s und n_l zu wählen. Soll $n_s = n_l$ werden, so ergibt sich die Bedingungsgleichung

$$6)\quad \delta = \frac{\pi}{8} d.$$

Diese Bedingung soll bei gut durchgebildeten Konstruktionen stets erfüllt sein; die geringste Blechstärke $\delta_{\min}$ für einschnittige Niete ergibt sich daher

bei einem Durchmesser $d =$	14	17	20	23	26	29 mm
zu $\delta_{\min} =$	6	7	8	9	10	12 mm.

Legt man der Berechnung einheitlich nur die zulässige Beanspruchung k (auf Zug, Druck oder Biegung) zugrunde, so ist die Scherfläche eines Niets nur mit ihrem $\frac{1}{\nu}$-fachen Werte, also mit $f_s = \frac{1}{\nu}\frac{\pi d^2}{4}$, und seine Lochleibungsfläche nur mit ihrem $\frac{2}{\nu}$-fachen Werte, also mit $f_l = \frac{2 d\delta}{\nu}$ einzuführen.

Die tatsächlichen Beanspruchungen σ_s und σ_l auf Abscheren und Lochleibungsdruck berechnen sich aus der wirklich vorhandenen Nietanzahl n zu

$$7\text{a})\quad \sigma_s = \frac{P}{\frac{\pi d^2}{4}}\frac{\nu}{n} \qquad \text{und} \qquad 7\text{b})\quad \sigma_l = \frac{P}{2 d\delta}\frac{\nu}{n}.$$

b) Zweischnittige Vernietung (Abb. 6c). Ist z_s die auf Abscheren, z_l die auf Lochleibungsdruck erforderliche Nietanzahl, so ergibt sich ganz entsprechend wie vorher:

$$8)\quad z_s = \frac{F_s}{2\left(\frac{\pi d^2}{4}\right)} \qquad \text{und} \qquad 9)\quad z_l = \frac{F_s}{2 d\delta}.$$

Auch hier ist für die Ausführung die größere der Zahlen z_s und z_l zu wählen.

Die aus $z_s = z_l$ folgende Bedingung $\delta = \frac{1}{4}\pi d$ ist nur in verhältnismäßig wenigen Fällen erfüllt.

Bei Zugrundelegung der einheitlichen Beanspruchung k ist die Scherfläche eines Niets mit $f_s = \frac{2}{\nu}\frac{\pi d^2}{4}$, seine Lochleibungsfläche mit $f_l = \frac{4}{\nu}\, d\delta$ einzuführen. Aus der wirklich vorhandenen Nietanzahl z berechnen sich die tatsächlichen Beanspruchungen zu

$$10\text{a})\quad \sigma_s = \frac{P}{2\frac{\pi d^2}{4}}\frac{\nu}{z} \qquad \text{und} \qquad 10\text{b})\quad \sigma_l = \frac{P}{2 d\delta}\frac{\nu}{z}.$$

2. Die Kraft greift außerhalb des Schwerpunkts der Nietverbindung an.

Greift die äußere Kraft P im Abstand p vom Schwerpunkt der Nietverbindung an (Abb. 7), so hat jedes der z vorhandenen Niete außer der Kraft $\frac{P}{z}$ noch eine durch das Moment $M = Pp$ erzeugte Zusatzkraft H aufzunehmen. Da man mit hinreichender Genauigkeit annehmen kann, daß H mit dem Abstand des Niets von der wagerechten Schwerachse nn wächst, so ergibt sich nach Abb. 7:

$$M = H_1 e_1 + H_2 e_2 + H_3 e_3 + \cdots + H_{\max} e_{\max};$$

da aber $H_1 = H_{\max} \frac{e_1}{e_{\max}}, \qquad H_2 = H_{\max} \frac{e_2}{e_{\max}} \cdots$

ist, so folgt

$$M = \frac{H_{\max}}{e_{\max}} (e_1{}^2 + e_2{}^2 + e_3{}^2 + \cdots + e_{\max}^2) = \frac{H_{\max}}{e_{\max}} \Sigma e^2,$$

und daraus

$$11) \quad H_{\max} = M \frac{e_{\max}}{\Sigma e^2}.$$

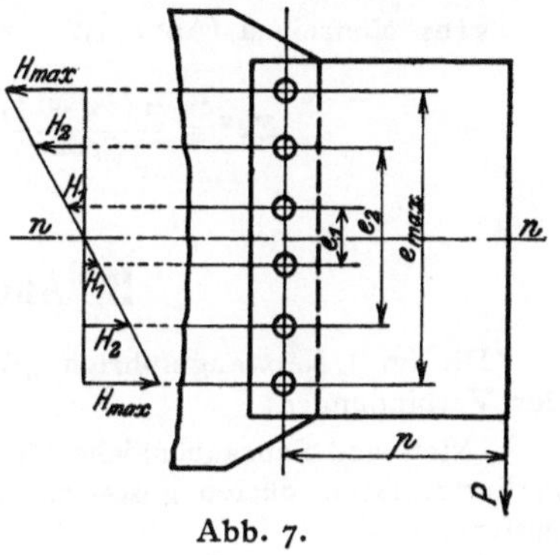

Abb. 7.

Die größte auf ein Niet wirkende Kraft ergibt sich daher zu

$$12) \quad R = \sqrt{\left(\frac{P}{z}\right)^2 + H_{\max}^2},$$

und es bleibt zu untersuchen, ob die durch R erzeugten Beanspruchungen σ_s und σ_l die zulässigen Werte k_s und k_l nicht überschreiten.

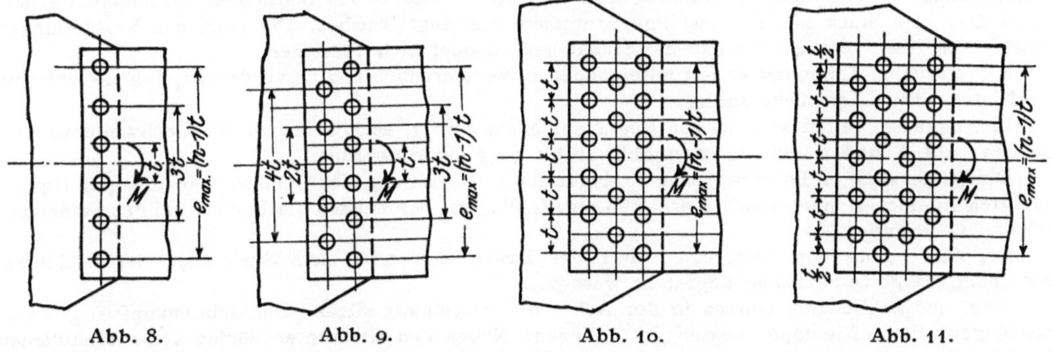

Abb. 8. Abb. 9. Abb. 10. Abb. 11.

Ist die senkrechte Teilung t aller Niete gleich groß und ist $n - 1$ die Anzahl der Teilungen, also n die Anzahl der Niete in der ersten senkrechten Reihe, so ist für

eine Nietreihe (Abb. 8):

$$z = n; \quad \Sigma e^2 = t^2 [1^2 + 3^2 + 5^2 + \cdots + (n-1)^2] = t^2 \frac{n(n^2-1)}{6}$$

oder mit $t(n-1) = e_{\max}$: $\Sigma e^2 = \frac{n(n+1)}{6(n-1)} e_{\max}^2$; **folglich**

$$13a) \quad H_{\max} = \frac{6(n-1)}{n(n+1)} \frac{M}{e_{\max}};$$

zwei Nietreihen (Abb. 9):

$$z = 2n - 1; \quad \Sigma e^2 = t^2 [1^2 + 2^2 + 3^2 + \cdots + (n-1)^2] = t^2 \frac{n(n-1)(2n-1)}{6},$$

daher $\Sigma e^2 = \frac{n(2n-1)}{6(n-1)} e_{\max}^2$; **folglich**

$$13b) \quad H_{\max} = \frac{6(n-1)}{n(2n-1)} \frac{M}{e_{\max}};$$

drei Nietreihen (Abb. 10):

$$z = 3n - 1; \quad \Sigma e^2 = \frac{n(n+1) + n(2n-1)}{6(n-1)} e_{\max}^2$$

oder $\Sigma e^2 = \frac{n^2}{2(n-1)} e_{\max}^2$; folglich

$$13\text{c)} \quad H_{\max} = \frac{2(n-1)}{n^2} \frac{M}{e_{\max}} \quad \text{(für ein Niet)};$$

vier Nietreihen (Abb. 11): $z = 2(2n-1)$;

$$\Sigma e^2 = \frac{n(2n-1)}{3(n-1)} e_{\max}^2; \quad \text{folglich} \quad 13^{\text{d}}) \quad H_{\max} = \frac{3(n-1)}{n(2n-1)} \frac{M}{e_{\max}} \quad \text{(für ein Niet)}.$$

B. Anordnung der Nietverbindungen.

Die im 1. Kap. angeführten „Besonderen Vertragsbedingungen" bestimmen über die Ausführung der Verbindungen:

Niet- und Schraubenlöcher in den Stäben und Knotenblechen sind zu bohren. Nur die Löcher in Futterplatten dürfen gestanzt werden. Der an den Löchern entstehende Grat ist vollständig zu entfernen.

Alle Löcher in Teilen, die einzeln gebohrt werden, sind zunächst mit einem etwas kleinerem Durchmesser herzustellen und erst nach dem Zusammenbau der Teile mit der Reibahle auf die vorgeschriebene Lochweite glatt aufzuweiten. Die Verwendung der Rundfeile ist hierbei verboten. Meßbare Versetzungen der Eisenlagen gegeneinander dürfen in den aufgeriebenen Löchern nicht vorhanden sein.

Die Lochkanten dürfen keine Risse zeigen. Zur Versenkung der Nietköpfe dürfen sie nur mit Versenkbohrern (Fräsern) gebrochen werden, deren Schnittwinkel den Abb. 5a und 5c entspricht.

Die Bauteile müssen auf einer Zulage, die die richtige Form des Bauteils sichert, ohne die Untersuchung zu behindern, zusammengepaßt und durch Dorne und Schrauben verbunden werden. Dabei darf kein Stück in eine einseitige Spannung gezwängt werden. Die einzelnen Verbindungen müssen sich lösen lassen, ohne daß die Stücke federn oder sich verziehen.

Die einzelnen Teile sind so fest miteinander zu verschrauben und zu verdornen, daß sie während des Nietens ihre Lage nicht ändern.

In tragenden Teilen sind in der Regel nur Niete für 17, 20, 23 und 26 mm Lochweite zu verwenden. Die Nietköpfe müssen nach Abb. 5b bis 5c gebildet werden.

Die Niete sind in hellrotwarmem Zustande nach Beseitigung des Glühspans in die gehörig gereinigten Nietlöcher unter gutem Vorhalten einzuschlagen. Sie müssen die Löcher bei der Stauchung vollständig ausfüllen.

Bei Anwendung von Nietpressen darf der Druck erst nach dem Schwinden der Glühhitze, etwa nach 10 bis 15 Sekunden abgestellt werden.

Setz- und Schließkopf müssen in der Achse des Nietschafts sitzen. Der Schließkopf ist gut auszuschlagen. Beide Nietköpfe müssen gut anliegen. Neben den Nietköpfen dürfen keine schädlichen Eindrücke entstehen. Der Bart ist zu beseitigen. Die Köpfe dürfen keinerlei Risse zeigen.

Die Niete dürfen nicht verstemmt werden.

Nach dem Vernieten ist zu prüfen, ob die Niete festsitzen. Lose Niete sind herauszuschlagen und durch vorschriftsmäßige zu ersetzen. In keinem Fall dürfen lose Niete kalt nachgetrieben werden.

Bei Reihennieten ist die Arbeit in der Mitte des Stabes zu beginnen und nach den Enden fortzusetzen. Umgekehrt darf nicht verfahren werden.

Nebeneinander stehende Nietreihen sollen in derselben Weise gleichzeitig in Längsabschnitten von höchstens 2 m geschlagen werden.

Die Schraubengewinde sind nach Whitworthscher Vorschrift rein auszuschneiden. Die Muttern dürfen weder schlottern, noch zu festen Gang haben.

Die Schraubenköpfe und Muttern müssen mit der ganzen Anlage aufliegen. Bei schiefen Anlageflächen sind schräge Unterlagsscheiben zu verwenden.

Sind nach dem Verdingungsanschlage oder den Zeichnungen abgedrehte Schrauben zu verwenden, so müssen sie in die Bohrlöcher schließend passen.

Unbeschadet ihrer Versandfähigkeit sind die Bauteile in der Werkstatt soweit zu verbinden daß an Nietarbeit auf der Baustelle möglichst wenig übrig bleibt.

1. Nietung in einer Ebene.

a) Einreihige Vernietung (Abb. 12). Abstand der Niete vom Rand:

parallel zur Kraftrichtung $e = 2d$, ausnahmsweise $e = 1{,}5d$;
rechtwinklig zur Kraftrichtung $e_1 = 1{,}5d$ bis $e_1 = 2d$.

Da $b = 2e_1$ ist, so folgt $b = 3d$ bis $b = 4d$ und umgekehrt $d = \frac{b}{4}$ bis $d = \frac{b}{3}$, Gleichungen, aus denen bei gegebener Breite der zulässige Nietdurchmesser (und umgekehrt) bestimmt werden kann.

Kleinster Abstand der Niete voneinander

$$t_{\min} = 3d, \quad \text{ausnahmsweise } t_{\min} = 2{,}5\,d.$$

Dienen die Niete nicht zur Kraftübertragung, sondern nur zum Zusammenheften nebeneinander liegender Teile ein und desselben Konstruktionsstabes, so darf die Entfernung dieser „Heftniete"

$t_{\max} = 6\,d$ bis $8\,d$ bei einem auf Druck und
$t_{\max} = 8\,d$ bis $10\,d$ bei einem auf Zug beanspruchten Stabe betragen.

b) Mehrreihige Vernietung (Abb. 13). Ist die Eisenbreite $b > 4d$, so muß eine mehrreihige (bzw. auch eine versetzte) Vernietung angeordnet werden. Zu den vorigen treten dann noch folgende Regeln hinzu:

α) Die Anordnung der Niete muß zur Schwerachse des anzuschließenden Stabes symmetrisch sein. Denn da nach Gl. 1) die Kraft P als gleichmäßig über die ganze Querschnittsfläche F verteilt eingeführt ist, so müssen auch die Niete symmetrisch zur Kraft P, d. h. zur Stabschwerlinie, angeordnet sein.

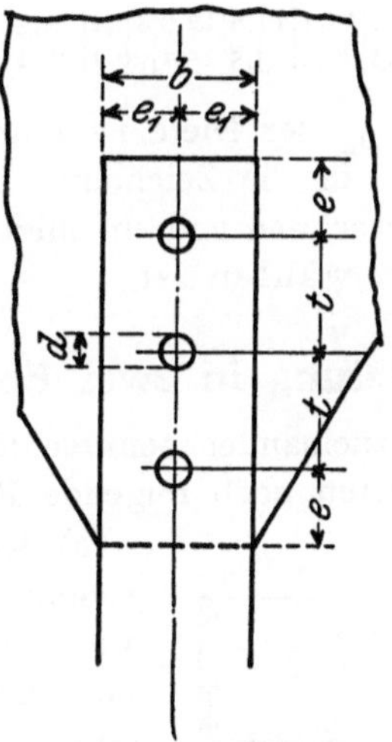

Abb. 12. Einreihige Vernietung.

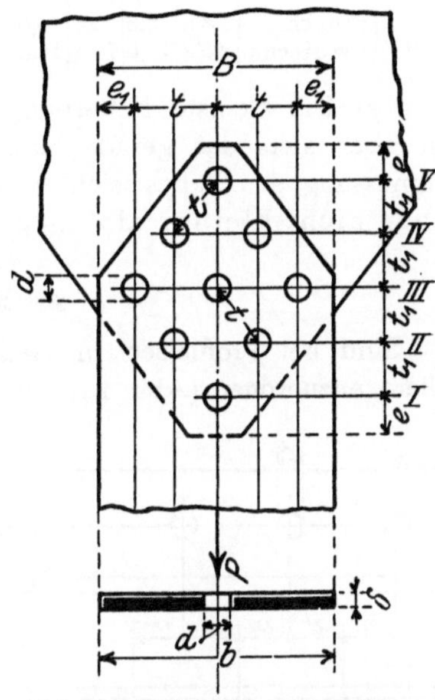

Abb. 13. Mehrreihige Vernietung.

β) In der ersten Nietenreihe (I, Abb. 13) darf stets nur ein Niet, in jeder folgenden nur ein Niet mehr als in der vorhergehenden angeordnet werden, weil man bei der Berechnung der tatsächlich vorhandenen Querschnittsfläche stets nur ein Nietloch in Abzug zu bringen pflegt.

Ist n die zur Übertragung der Kraft P erforderliche Nietanzahl, so überträgt (unter der Annahme, daß sich alle Niete gleichmäßig an der Kraftübertragung beteiligen) das Niet in der Reihe I die Kraft $\frac{P}{n}$ in das Anschlußblech, so daß das Flacheisen in der Reihe II nur noch die Kraft $P - \frac{P}{n}$ aufzunehmen hat. In der Reihe II hat daher die zu übertragende Kraft um $\frac{P}{n}$, die nutzbare Querschnittsfläche des Flacheisens aber um $d\delta$ gegenüber der Reihe I abgenommen. Soll daher die Beanspruchung des Flacheisens in der Reihe II nicht größer als in der Reihe I sein, so muß $d\delta \leqq \frac{P}{nk}$ oder nach Gl. 1): $d\delta \leqq \frac{F}{n}$ oder endlich nach Gl. 3): $d\delta \leqq \frac{F_s}{n\nu}$ sein. In der Reihe III hat die Kraft um $3\frac{P}{n}$, die nutzbare Querschnittsfläche um $2d\delta$ gegenüber der Reihe I abgenommen; daraus folgt ebenso wie vorher die Bedingung $d\delta \leqq \frac{3}{2}\frac{F_s}{n\nu}$. Die Beanspruchung in der Reihe I ist daher stets die größte, wenn $d\delta \leqq \frac{F_s}{n\nu}$ ist.

Für die

einschnittige	zweischnittige
Vernietung ergibt sich nach	
Gl. 3) und 4)	Gl. 8) und 9)
$d\delta \leqq \frac{\pi d^2}{4\nu}$ bzw. $d\delta \leqq \frac{2d\delta}{\nu}$	$d\delta \leqq \frac{\pi d^2}{2\nu}$ bzw. $d\delta \leqq \frac{2d\delta}{\nu}$
oder	
$\delta \leqq \frac{\pi d}{4\nu}$ bzw. $\nu \leqq 2$	$\delta \leqq \frac{\pi d}{2\nu}$ bzw. $\nu \leqq 2$.

Wenn daher die Spannung in der Reihe I von keiner Spannung in einer der nachfolgenden Reihen überschritten, d. h. die wirklich vorhandene Querschnittsfläche, die „Nutzfläche“, unter Abzug nur eines Nietlochs berechnet werden soll, dürfen die in der nachfolgenden Zusammenstellung angegebenen Blechstärken δ_{max} nicht überschritten werden.

$d =$	14			17			20			23			26			29 mm			
$\nu =$	$^4/_3$	$^5/_4$	$^6/_5$	$^4/_3$	$^5/_4$	$^6/_5$	$^4/_3$	$^5/_4$	$^6/_5$	$^4/_3$	$^5/_4$	$^6/_5$	$^4/_3$	$^5/_4$	$^6/_5$	$^4/_3$	$^5/_4$	$^6/_5$	
$\delta_{max}=$ einschn.	8,2	8,8	9,1	10,0	10,7	11,1	11,8	12,6	13,1	13,5	14,4	15,0	15,3	16,3	17,0	17,1	18,2	18,9	mm
$\delta_{max}=$ zweischn.	16,4	17,6	18,3	20,0	21,3	22,2	23,5	25,1	26,1	27,1	28,9	30,1	30,6	32,6	34,0	34,1	36,4	37,9	„

γ) Die kleinste Entfernung t_{min} der Niete ist schräg zu messen; für die Werkstatt ist aber stets das gerade Maß t_1 in die Zeichnung einzutragen, das aus der Breitenabmessung des Stabes leicht zu berechnen und im allgemeinen auf 0 oder 5 abzurunden, aber nicht kleiner als 2,5 d zu wählen ist.

2. Nietung in zwei Ebenen.

Sind bei Profileisen in zwei zueinander senkrechten (bzw. auch geneigten) Ebenen Niete anzuordnen (Abb. 14), so treten noch folgende Regeln hinzu:

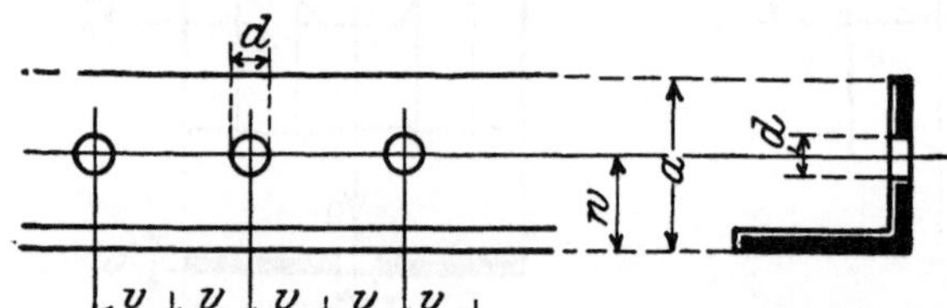

Abb. 14.

Abb. 15.

a) Jeder einzelne Teil des Profilquerschnitts ist mit so viel Nieten anzuschließen, wie der auf ihn entfallende Anteil der Gesamtkraft P erfordert. Für die rechtwinklig zum Anschlußblech liegenden Teile des Querschnitts sind besondere Winkelstücke zum Anschluß erforderlich (vgl. Aufg. 3, S. 12).

b) Die Niete müssen in den beiden Ebenen um das Maß

$$v = 2d, \quad \text{ausnahmsweise} \quad v = 1{,}5\,d$$

gegeneinander versetzt sein.

Der Abstand w der Nietlinie (hier meist Wurzellinie genannt) von der Kante, das „Wurzelmaß“, wird hierbei für Winkeleisen zu

$$w = \frac{a}{2} + 5 \text{ mm}, \quad \text{wenn } a \text{ auf 0 endigt,}$$

$$w = \frac{a}{2} + 2{,}5 \text{ mm}, \quad \text{wenn } a \text{ auf 5 endigt,}$$

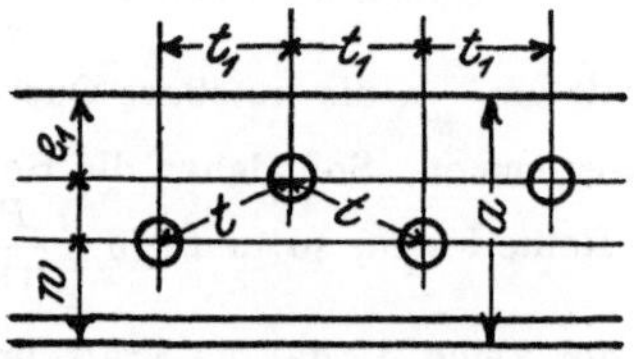

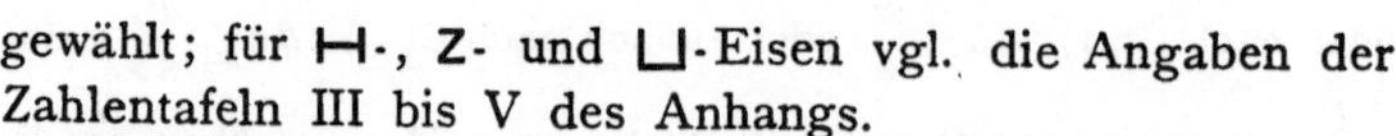

gewählt; für ⊢-, Z- und ⊔-Eisen vgl. die Angaben der Zahlentafeln III bis V des Anhangs.

Ist die Schenkelbreite $a > 4\,d$ (Abb. 15), so sind versetzte Nietreihen anzuordnen, wobei

$$e_1 = 1{,}5\,d \text{ bis } 2\,d \text{ und}$$

$$w = e_1 + 5 \text{ bis } e_1 + 15 \text{ mm}$$

gewählt wird. Für die Werkstatt ist auch hier das Maß t_1 einzuschreiben, das nicht kleiner als $2,5\,d$ zu wählen ist.

Die Wurzelmaße und Nietabstände für Formeisen (I und [) und Stabeisen (L, Z, ⊥) sind in DIN 1030 bis 1033 zusammengestellt.

C. Beispiele.

Aufgabe 1. Es ist der Stoß eines ∢ 120·80·10 zu berechnen und zu zeichnen. Nietdurchmesser im großen Schenkel 23 mm, im kleinen 20 mm. Da es sich um einen Druckstab handelt, sind bei der Berechnung der tatsächlichen Querschnittsfläche keine Nietlöcher abzuziehen. $k = 1000\ \mathrm{kg/cm^2}$; $k_s = \frac{3}{4} k$ $(\nu = \frac{4}{3})$; $k_l = 2 k_s$.

Auflösung. Nach dem Normalprofilbuch ist

$$F = 19{,}1\ \mathrm{cm^2};\quad \text{daher } P = 19{,}1 \cdot 1000 = 19\,100\ \mathrm{kg} \text{ und } F_s = \tfrac{4}{3} \cdot 19{,}1 = 25{,}4\ \mathrm{cm^2}.$$

$$\frac{70}{10}: f' = 7{,}0\ \mathrm{cm^2};\ P' = 7000\ \mathrm{kg};\ f_s' = 9{,}3\ \mathrm{cm^2};\ n_s' = \frac{9{,}3}{3{,}1} = 3 \text{ Stück};\ n_l' = \frac{9{,}3}{2 \cdot 2{,}0 \cdot 1{,}0} = 3 \text{ Stück}.$$

$$\frac{120}{10}: f'' = 12{,}1\ \mathrm{cm^2};\ P'' = 12100\ \mathrm{kg};\ f_s'' = 16{,}1\ \mathrm{cm^2};\ n_s'' = \frac{16{,}1}{4{,}2} = 4 \text{ Stück};\ n_l'' = \frac{16{,}1}{2 \cdot 2{,}3 \cdot 1{,}0} = 4 \text{ Stück}.$$

$$F = 19{,}1\ \mathrm{cm^2};\quad P = 19100\ \mathrm{kg};\quad F_s = 25{,}4\ \mathrm{cm^2}.$$

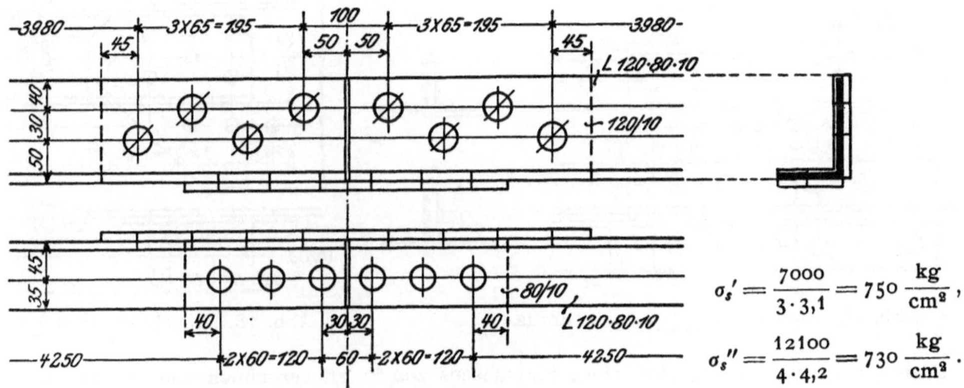

$$\sigma_s' = \frac{7000}{3 \cdot 3{,}1} = 750\ \frac{\mathrm{kg}}{\mathrm{cm^2}},\qquad \sigma_s'' = \frac{12100}{4 \cdot 4{,}2} = 730\ \frac{\mathrm{kg}}{\mathrm{cm^2}}.$$

Abb. 16. Stoß eines Winkeleisens.

Der Stoß ist in Abb. 16 dargestellt. Im größeren Schenkel sind, da $b = 120\ \mathrm{mm} > 4\,d = 92\ \mathrm{mm}$ ist, zwei gegeneinander versetzte Nietreihen angeordnet. Der Abstand der ersten Niete von der Stoßstelle ist im kleinen Schenkel zu $1{,}5\,d = 30\ \mathrm{mm}$, im großen zu $2\,d = 46 = \sim 50\ \mathrm{mm}$ gewählt. Die kleinste Teilung $3\,d = 60\ \mathrm{mm}$ im kleinen Schenkel ist im großen auf 65 mm vergrößert $(t = \sqrt{65^2 + 30^2} = \sim 72\ \mathrm{mm})$, um den Abstand der Niete in beiden Schenkeln gegen den Anfang der Nietung hin möglichst zu vergrößern. Die Stoßlaschen erhalten den Querschnitt 120/10 bzw. 80/10

Aufgabe 2. Es ist der Stoß des in Abb. 17 dargestellten, aus 2|80:8 gebildeten Zugquerschnitts zu berechnen und zu zeichnen:

$$k = 1200\ \mathrm{kg/cm^2};\quad k_s = 1000\ \mathrm{kg/cm^2};\quad \nu = 1{,}2;\quad k_l = 2\,k_s$$

Auflösung. Nach dem Normalprofilbuch ist

$$F = 2\,(12{,}3 - 2{,}0 \cdot 0{,}8) = 21{,}4\ \mathrm{cm^2},\quad \text{daher } F_s = 1{,}2 \cdot 21{,}4 = 25{,}7\ \mathrm{cm^2}.$$

Wagerechte Schenkel: $F = 2 \cdot 8{,}0 \cdot 0{,}8 = 12{,}8\ \mathrm{cm^2}$; gewählt sind $2 \cdot 3 = 6$ einschnittige Niete von 20 mm ϕ mit $6 \cdot 3{,}1 = 18{,}6\ \mathrm{cm^2}$ Scherfläche; daher die Beanspruchung auf

Abscheren $\sigma_s = \dfrac{12{,}8 \cdot 1200}{18{,}6} = 830\ \mathrm{kg/cm^2}$; Lochleibungsdruck $\sigma_l = \dfrac{12{,}8 \cdot 1200}{6 \cdot 2{,}0 \cdot 0{,}8} = 1600\ \mathrm{kg/cm^2}$;

Querschnitt der Stoßlasche $18{,}0 \cdot 0{,}8 = 14{,}4\ \mathrm{cm^2}$.

Lotrechte Schenkel: $F = 21{,}4 - 12{,}8 = 8{,}6\ \mathrm{cm^2}$; gewählt sind 3 doppelschnittige Niete von 20 mm ϕ mit $2 \cdot 3 \cdot 3{,}1 = 18{,}6\ \mathrm{cm^2}$ Scherfläche; daher die Beanspruchung auf

Abscheren $\sigma_s = \dfrac{8{,}6 \cdot 1200}{18{,}6} = 560\ \mathrm{kg/cm^2}$; Lochleibungsdruck $\sigma_l = \dfrac{8{,}6 \cdot 1200}{3 \cdot 2{,}0 \cdot 1{,}2} = 1440\ \mathrm{kg/cm^2}$;

Querschnitt der Stoßlasche $(9{,}0 - 2{,}0)\,1{,}2 = 8{,}4\ \mathrm{cm^2}$.

Der Stoß ist in Abb. 17 dargestellt; die Nietteilung ist zu $4\,d = 80\ \mathrm{mm}$ gewählt, so daß die Niete in beiden Schenkeln um $v = 2\,d$ gegeneinander versetzt sind.

Aufgabe 3. Ein ⊔ NP. 18 überträgt die in ihm wirkende Zugkraft $P = 23{,}0$ t auf ein Anschlußblech von 10 mm Stärke durch Niete von 20 mm ϕ. Es ist die erforderliche Nietanzahl zu berechnen und der Anschluß zu zeichnen. Da es sich um einen auf Zug beanspruchten Stab handelt, so ist bei der Berechnung der tatsächlich vorhandenen Fläche in jedem Flansch ein Nietloch von 20 mm ϕ abzuziehen. $k = 1000\ \mathrm{kg/cm^2}$; $k_s = \frac{3}{4} k$ $(\nu = \frac{4}{3})$; $k_l = 2 k_s$.

Auflösung. Nach dem Normalprofilbuch hat ⊔ NP. 18 eine Fläche von 28,0 cm²; daher bei 11 mm Flanschstärke:

$$F = 28{,}0 - 2 \cdot 1{,}1 \cdot 2{,}0 = 23{,}6\ \mathrm{cm^2}; \qquad F_s = \tfrac{4}{3} \cdot 23{,}6 = 31{,}5\ \mathrm{cm^2}.$$

Steg $\frac{180}{8}$: $f' = 14{,}4\ \mathrm{cm^2}$;

$f_s' = 19{,}2\ \mathrm{cm^2}$;

$n_s' = \dfrac{19{,}2}{3{,}1} = 6$ Stück;

$n_l' = \dfrac{19{,}2}{2 \cdot 2{,}0 \cdot 0{,}8} = 6$ Stück.

Flansch $\frac{62}{11}$: $f'' = (6{,}2 - 2{,}0)\, 1{,}1 = 4{,}6\ \mathrm{cm^2}$;

$f_s'' = 6{,}1\ \mathrm{cm^2}$;

$n_s'' = \dfrac{6{,}1}{3{,}1} = 2$ Stück;

$n_l'' = \dfrac{6{,}1}{2 \cdot 2{,}0 \cdot 0{,}9} = 2$ Stück[1]).

Der Anschluß ist in Abb. 18 dargestellt. Zum Anschluß der Flansche dienen Hilfswinkel 70·70·9; die Versetzung der Niete gegeneinander in Steg und Flansch beträgt $2{,}0\, d = 40$ mm.

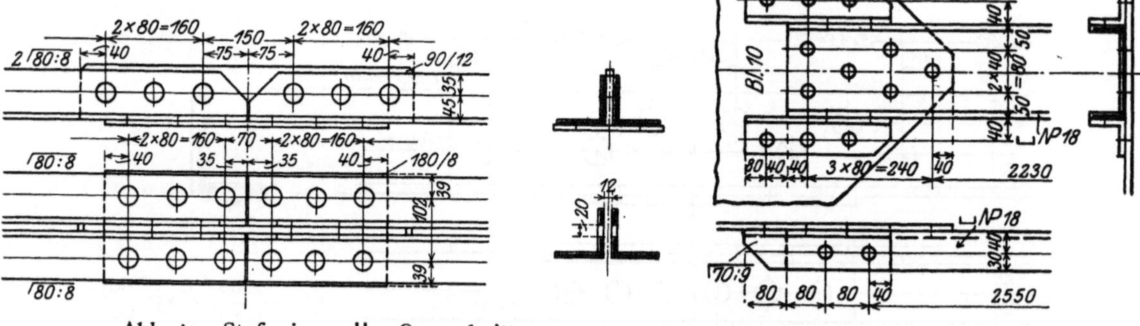

Abb. 17. Stoß eines ⅃⌊-Querschnitts.

Abb. 18. Anschluß eines ⊔ Nr. 18.

Aufgabe 4. Es ist der Stoß eines Flacheisens 200/12 zu berechnen und zu zeichnen. Durchmesser der doppelschnittigen Niete $d = 23$ mm; $k = 1000\ \mathrm{kg/cm^2}$; $k_s = \frac{3}{4} k$ $(\nu = \frac{4}{3})$; $k_l = 2 k_s$.

Auflösung. Da Flacheisen nur auf Zug beansprucht werden können, so ist bei der Berechnung der tatsächlich vorhandenen Fläche ein Nietloch von 23 mm ϕ abzuziehen. Daher wird

$F = (20{,}0 - 2{,}3)\, 1{,}2 = 21{,}2\ \mathrm{cm^2}$;

$F_s = \frac{4}{3} \cdot 21{,}2 = 28{,}3\ \mathrm{cm^2}$;

$$z_s = \frac{28{,}3}{2 \cdot 4{,}2} = 4 \text{ Stück};$$

$$z_l = \frac{21{,}3}{2 \cdot 2{,}3 \cdot 1{,}2} = 6 \text{ Stück}.$$

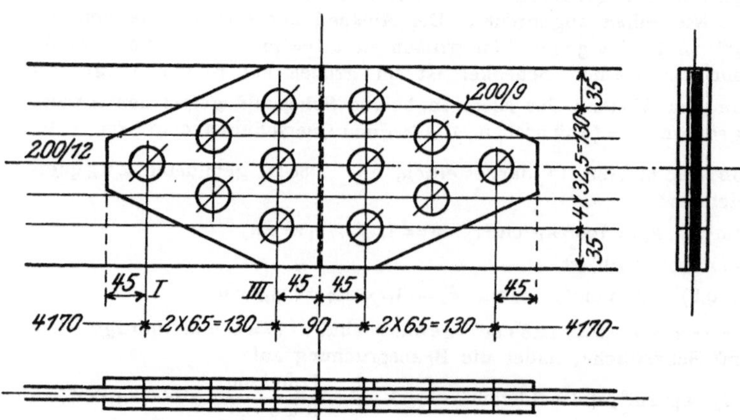

Abb. 19. Stoß eines Flacheisens.

Es sind daher beiderseits des Stoßes je 6 doppelschnittige Niete von 23 mm ϕ anzuordnen, wie in Abb. 19 dargestellt. In der Reihe I ist 1 Niet, in jeder folgenden Reihe je 1 Niet mehr angeordnet. Die Nietentfernung wird $\sqrt{65^2 + 32{,}5^2} = \sim 73$ mm.

In der Nietreihe III müssen die beiden Stoßlaschen die ganze Kraft aufnehmen. Da aber in dieser Reihe jede Lasche durch 3 Nietlöcher verschwächt ist, während bei der Berechnung der tatsächlich vorhandenen Fläche nur 1 Nietloch abgezogen ist, so müssen die beiden Stoßlaschen, um

1) Der Faktor 0,9 im Nenner ist die Stärke des zum Anschluß der Flansche dienenden Hilfswinkels 70·70·9.

insgesamt 21,2 cm² Fläche zu haben, eine größere Dicke als $\frac{12}{2} = 6$ mm erhalten; und diese Dicke x berechnet sich aus der Gleichung $2(20{,}0 - 3\cdot 2{,}3)x = 21{,}2$ zu $x = \sim 0{,}9$ cm.

Aufgabe 5. Ein ⊢⊣ NP. 14 überträgt auf ein in seiner Verlängerung liegendes ⊢⊣ NP. 14 einen Auflagerdruck $P = 1320$ kg (Abb. 20). Zur Übertragung dieses Druckes sollen seitlich der 5,7 mm starken Stege 2 Flacheisenlaschen angeordnet werden, die mit dem einen ⊢⊣ NP. 14 durch Niete von 16 mm ϕ, mit dem andern durch eine Schraube vom Durchmesser d verbunden sind. Es ist die erforderliche Zahl der Anschlußniete sowie der Schraubendurchmesser zu berechnen und der Anschluß zu zeichnen. $k = 1000$ kg/cm²; $k_s = \frac{4}{5}k$ $(\nu = \frac{4}{5})$; $k_l = 2k_s$.

Auflösung. Der Anschluß ist in Abb. 21 dargestellt. Mit $p = \frac{60}{2} + 30 + 5 + 35 = 100$ mm wird $M = 1320\cdot 10{,}0 = 13\,200$ cmkg; daher mit $n = 2$ und $e_{max} = 60$ mm nach Gl. 13a;

$$H_{max} = \frac{1}{2}\,\frac{6(2-1)}{1(2+1)}\,\frac{13\,200}{6{,}0} = 1100 \text{ kg}^{1)};$$

folglich nach Gl. 12: $R = \sqrt{\left(\frac{1320}{4}\right)^2 + 1100^2} = \sim 1160$ kg und daher die Beanspruchung auf

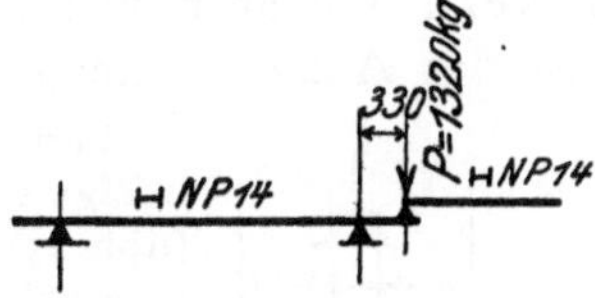

Abb. 20.

Abscheren: $\sigma_s = \frac{1160}{2\cdot 2{,}0} = 290$ (zul. 750) kg/cm²;

Lochleibungsdruck: $\sigma_l = \frac{1160}{1{,}6\cdot 0{,}57} = 1170$ (zul. 1500) kg/cm².

Der gesuchte Bolzendurchmesser ergibt sich mit $F = 1{,}32$ cm², $F_s = \frac{4}{5}\cdot 1{,}32 = 1{,}8$ cm² und $z = 1$ aus Gl. 8) zu $\frac{\pi d^2}{4} = \frac{1{,}8}{2\cdot 1}$ oder $d = 0{,}9$ cm;

aus Gl. 9) zu $d = \frac{1{,}8}{2\cdot 0{,}57\cdot 1} = 1{,}4$ cm. Mit Rücksicht auf die im Schaft auftretende (hier allerdings nur geringe) zusätzliche Biegungsbeanspruchung (vgl. Aufg. 6) ist eine ⁵/₈" Schraube von 16 mm Schaftdurchmesser gewählt.

Die Laschen erleiden das Biegungsmoment $\mathfrak{M} = 1320\cdot 7{,}0 = 9240$ cmkg, daher mit

$$J = 2\left(\frac{0{,}6\cdot 11{,}0^3}{12} - 2\cdot 1{,}6\cdot 3{,}0^2\right) = 99 \text{ cm}^4 \quad\text{und}\quad W = \frac{99}{5{,}5} = 18 \text{ cm}^3$$

die Biegungsbeanspruchung $\sigma_b = \frac{9240}{18} = 520$ (zul. 1000) kg/cm².

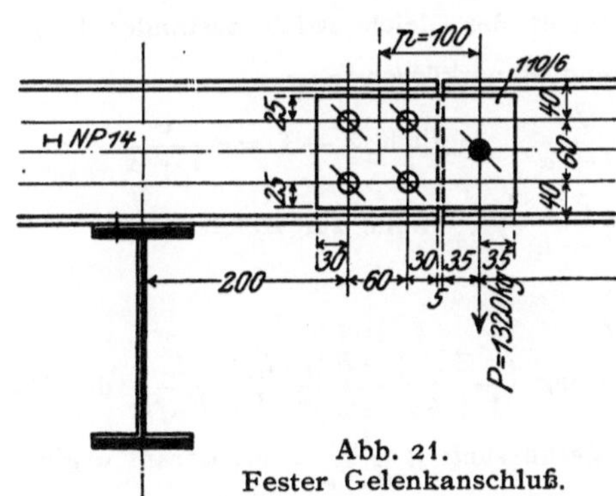

Abb. 21.
Fester Gelenkanschluß.

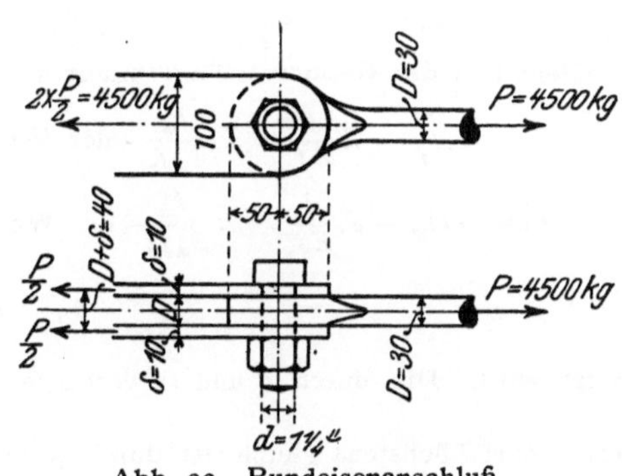

Abb. 22. Rundeisenanschluß.

Aufgabe 6. Ein Rundeisen von $D = 30$ mm ϕ überträgt die in ihm wirkende Zugkraft $P = 4500$ kg durch einen doppelschnittigen Bolzen auf 2 Flacheisenlaschen 100/10. Es ist der Bolzendurchmesser zu berechnen und der Anschluß zu zeichnen. $k = 1000$ kg/cm²; $k_s = \frac{4}{5}k$; $k_l = 2k_s$.

Auflösung. Der Anschluß ist in Abb. 22 dargestellt. Das Rundeisen ist am Ende zu einem kreisförmigen Auge von 100 mm ϕ und 30 mm Stärke ausgeschmiedet.

Der Anschlußbolzen ist nicht nur auf Abscheren und Lochleibungsdruck, sondern auch auf Biegung zu berechnen. Das größte Biegungsmoment ergibt sich mit den Bezeichnungen der Abb. 22 zu

$$M = \frac{P}{2}\,\frac{D+\delta}{2} - \frac{P}{2}\,\frac{D}{4} = \frac{P}{8}(D + 2\delta) \quad\text{oder}\quad M = \frac{4500}{8}(3{,}0 + 2\cdot 1{,}0) = 2810 \text{ cmkg}.$$

¹) Der Faktor $\frac{1}{2}$ muß hier in Gl. 13a hinzugefügt werden, weil in Abb. 21 je 2 Niete in jeder wagerechten Reihe stehen gegenüber je 1 Niet in Abb. 8.

Gewählt ist eine $1^1/_4''$ Schraube von 31,2 mm Schaftdurchmesser mit 7,7 cm² Schaftscherfläche und 3,0 cm³ Widerstandsmoment; daher ergibt sich die Beanspruchung auf

Abscheren: $\sigma_s = \frac{4500}{2 \cdot 7{,}7} = 300$ (zul. 750) kg/cm²;

Lochleibungsdruck: $\sigma_l = \frac{4500}{2 \cdot 1{,}0 \cdot 3{,}1} = 730$ (zul. 1500) kg/cm²;

Biegung: $\sigma_b = \frac{2810}{3{,}0} = 940$ (zul. 1000) kg/cm².

II. Die Verbindung ist auf Zug beansprucht.

Das gebräuchlichste Verbindungsmittel ist die Schraube; sie wird nur bei Zugankern und auch hier nur da, wo eine genaue Ablängung und dauernde Nachstellbarkeit des Ankers verlangt wird, durch den Keil ersetzt.

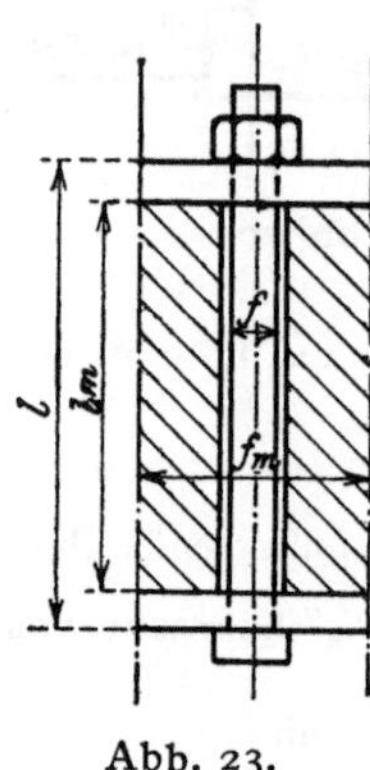

Abb. 23.

Verlängert sich ein Anker infolge der auftretenden Zugkraft Z oder aber infolge einer Temperaturänderung um t^0 gegenüber dem umgebenden Mauerkörper (Abb. 23), so würde sich der niedergeankerte Konstruktionsteil von seiner Unterlage abheben, wenn dem Anker nicht von vornherein eine gewisse Anfangsspannung gegeben worden wäre. Zur Berechnung der dieser Anfangsspannung entsprechenden Zugkraft $\mathfrak{Z}$ bezeichnen wir Länge, Fläche und Elastizitätsmodul für den Anker mit l, f, E, für den Mauerkörper mit l_m, f_m, E_m, und setzen die Anker-Gegenplatten sowie Muttern bzw. Keile als starr voraus, was für erstere wegen ihrer kräftigen Querschnittsausbildung, für letztere aber wegen ihrer im Vergleich zu l und l_m nur geringen Länge zulässig ist.

Im angespannten Zustand haben Druckkraft im Mauerkörper und Zugkraft im Anker absolut gleiche Größe $\mathfrak{Z}$, da ihre Summe gleich Null sein muß. Wird nunmehr der Anker von der Zugkraft Z bzw. der Temperaturerhöhung t^0 ergriffen, so dehnt er sich um $\frac{Zl}{Ef}$ bzw. $\varepsilon t l_m$ (ε = linearer Ausdehnungskoeffizient) gegenüber dem Mauerkörper aus; infolgedessen läßt die Anfangsspannung in diesem um einen einer gewissen Kraft $\mathfrak{X}$ bzw. $\mathfrak{X}_t$ entsprechenden Betrag nach; er dehnt sich um $\mathfrak{X}\frac{l_m}{E_m f_m}$ bzw. $\mathfrak{X}_t\frac{l_m}{E_m f_m}$; gleichzeitig verkürzt sich der Anker gegenüber seiner Länge im angespannten Zustand um $\mathfrak{X}\frac{l}{Ef}$ bzw. $\mathfrak{X}_t\frac{l}{Ef}$. Nach Eintritt des Gleichgewichtszustandes folgt aus der Gleichheit der Gesamtverlängerungen für Anker und Mauerkörper

$$Z\frac{l}{Ef} - \mathfrak{X}\frac{l}{Ef} = \mathfrak{X}\frac{l_m}{E_m f_m} \quad \text{der Wert} \quad \mathfrak{X} = \frac{E}{1+\alpha}, \quad \text{folglich} \quad Z - \mathfrak{X} = Z\frac{\alpha}{1+\alpha}$$

$$\text{bzw.} \quad \varepsilon t l_m - \mathfrak{X}_t\frac{l}{Ef} = \mathfrak{X}_t\frac{l_m}{E_m f_m} \quad \text{der Wert} \quad \mathfrak{X}_t = \frac{\varepsilon E t f}{1+\alpha}\frac{l_m}{l}, \quad \text{wenn zur Abkürzung}$$

$$14) \quad \alpha = \frac{Ef}{E_m f_m}\frac{l_m}{l}$$

gesetzt wird. Die durch Z und t^0 erzeugte Verlängerung $\left(\frac{Z}{1+\alpha} + \frac{\varepsilon E t f}{1+\alpha}\frac{l_m}{l}\right)\frac{l_m}{E_m f_m}$ des Mauerkörpers darf höchstens gleich der durch $\mathfrak{Z}$ erzeugten Verkürzung $\mathfrak{Z}\frac{l_m}{E_m f_m}$ sein; daraus ergibt sich der kleinste Wert der dem Anker zu gebenden Anfangskraft zu

$$15) \quad \mathfrak{Z} = \frac{1}{1+\alpha}\left(Z + \varepsilon E t f\frac{l_m}{l}\right).$$

Tritt neben Z eine Temperaturerniedrigung um t^0 ein, so ergibt sich die überhaupt im Anker auftretende größte Zugkraft zu

$$Z_{\max} = \mathfrak{Z} + Z\frac{\alpha}{1+\alpha} + \mathfrak{X}_t \quad \text{oder}$$

$$16) \quad Z_{\max} = Z + \frac{2}{1+\alpha}\varepsilon E t f\frac{l_m}{l}.$$

Die hierbei gleichzeitig im Mauerkörper auftretende größte Druckkraft berechnet sich zu

$$\mathfrak{Z} - \frac{Z}{1+\alpha} + \frac{1}{1+\alpha}\varepsilon E t f\frac{l_m}{l} = \frac{2}{1+\alpha}\varepsilon E t f\frac{l_m}{l}.$$

Da man für die Werte E_m und f_m auf Schätzung angewiesen ist, so empfiehlt es sich für die praktische Anwendung, statt der Gl. 15 und 16 die etwas zu großen Werte

$$15^a)\quad \mathfrak{Z} = Z + \varepsilon E t f \frac{l_m}{l},$$

$$16^a)\quad Z_{\max} = Z + 2\varepsilon E t f \frac{l_m}{l}$$

in die Rechnung einzuführen.

Sind die Anker vom Mauerkörper vollständig dicht umschlossen, so erübrigt sich die Rücksichtnahme auf Temperaturänderungen ($t = 0$); die zulässige Zugbeanspruchung beträgt alsdann nach den Vorschriften vom 24. Dezember 1919 für Flußeisen $k_z = 800\ \mathrm{kg/cm^2}$.

Liegen die Anker dagegen in offenen, zur Instandhaltung des Anstrichs begehbaren Ankerschächten, so hat man je nach der Lage der Konstruktion mit einem Wärmeunterschied $t = 10^0$ bis 30^0 zu rechnen, darf dann aber mit der zulässigen Zugbeanspruchung auf 1000 bis 1200 kg/cm² hinaufgehen, besonders wenn die Anfangsspannung durch genaue Ablängung mit Druckpressen und Keilen gleich der rechnerisch ermittelten gemacht wird.

Aufgabe 7. Eine Rundeisenstange von $d = 75$ mm ϕ überträgt die in ihr wirkende Zugkraft $P = 30\ t$ durch einen Keil auf ein Stahlformgußstück. Es sind die Abmessungen des Keils zu berechnen und die Verbindung aufzuzeichnen.

$$k = 1000\ \mathrm{kg/cm^2};$$
$$k_s = \tfrac{3}{4} k; \quad k_l = 2 k_s.$$

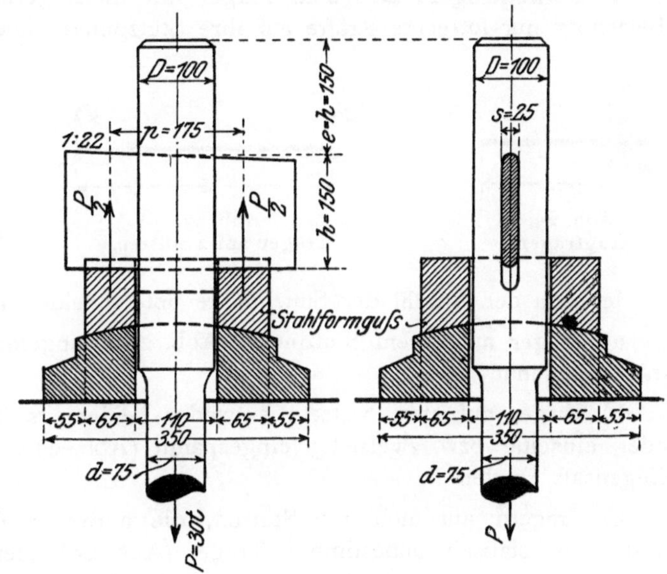

Abb. 24. Keilanschluß.

Auflösung. Die Keilverbindung ist in Abb. 24 dargestellt. Am Orte des Keils ist der Durchmesser d des Rundeisens durch Stauchen auf das größere Maß D gebracht, damit der durch das Keilloch verschwächte Querschnitt mindestens gleich dem der Rundeisenstange wird; zur Berücksichtigung der in Wirklichkeit eintretenden ungleichmäßigen Verteilung der Zugkraft P wählt man D etwas größer, nämlich zu $D = \frac{4}{3} \cdot d = \frac{4}{3} \cdot 75 = 100$ mm, wenn, wie üblich, die Keilstärke $s = \frac{D}{4} = 25$ mm eingeführt wird. Die Höhe h des Keils berechnet sich aus dem auftretenden größten Biegungsmoment, das sich mit den Bezeichnungen der Abb. 24 zu

$$M = \frac{P}{2} \cdot \frac{p}{2} - \frac{P}{2} \cdot \frac{D}{4} = \frac{P}{8}(2p - D)$$

ergibt; hier wird $M = \frac{30000}{8}(2 \cdot 17{,}5 - 10{,}0) = 93750$ cmkg.

Bei $h = 150$ mm Keilhöhe ergibt sich daher die Beanspruchung des Keils auf

Biegung: $\quad \sigma_b = \dfrac{93750 \cdot 6}{2{,}5 \cdot 15{,}0^2} = 1000$ (zul. 1000) kg/cm²,

Abscheren: $\quad \sigma_s = \dfrac{30000}{2 \cdot 2{,}5 \cdot 15{,}0} = 400$ (zul. 750) kg/cm²,

Lochleibungsdruck: $\quad \sigma_l = \dfrac{30000}{2{,}5 \cdot 10{,}0} = 1200$ (zul. 1500) kg/cm².

Drittes Kapitel.

Träger.

Unter einem Träger versteht man einen Konstruktionsteil, der die auf ihn entfallenden Lasten durch seinen Biegungswiderstand auf die Auflagerpunkte überträgt. Die Schwerachse der Träger liegt meist wagerecht, seltener schräg (z. B. bei Treppenwangen, Dachsparren). Man unterscheidet:

1. **Balkenträger:** Das sind Träger mit meist geradliniger Achse, die bei lotrechter Belastung nur lotrechte Kräfte auf ihre Stützpunkte übertragen.

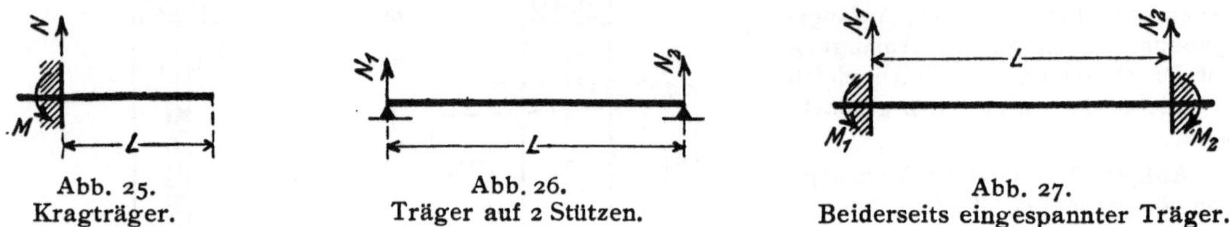

Abb. 25. Kragträger.

Abb. 26. Träger auf 2 Stützen.

Abb. 27. Beiderseits eingespannter Träger.

Je nach der Anzahl der Stützpunkte unterscheidet man:

a) Träger auf einem Stützpunkt (Abb. 25): eingemauerte, eingespannte oder Kragträger genannt.

b) Träger auf zwei Stützen, entweder beiderseits frei drehbar aufliegend (Abb. 26) oder einseitig bzw. zweiseitig eingespannt (Abb. 27), einfache Träger genannt, im Gegensatz zu den

c) Trägern auf mehreren Stützen, die entweder durchlaufende (kontinuierliche) und dann statisch unbestimmte Träger (Abb. 28) oder aber Träger mit Gelenken (statisch bestimmte Gerber- oder Auslegerträger, Abb. 29) sind. Letztere bestehen aus den einfachen Trägern (den „eingehängten Feldern") AB, die sich in den Gelenken A und B auf einseitig oder beiderseits überkragende Träger auf zwei Stützen (den „Kragträgern") auflagern; da an den Gelenkstellen das Biegungsmoment gleich Null ist, genügen zu ihrer Berechnung die 3 Gleichgewichtsbedingungen der Ebene.

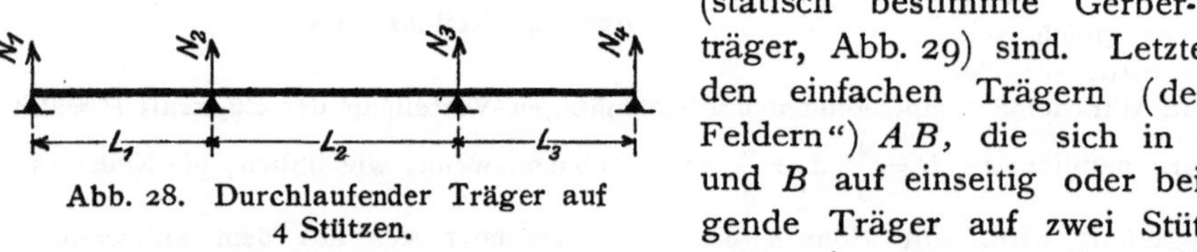

Abb. 28. Durchlaufender Träger auf 4 Stützen.

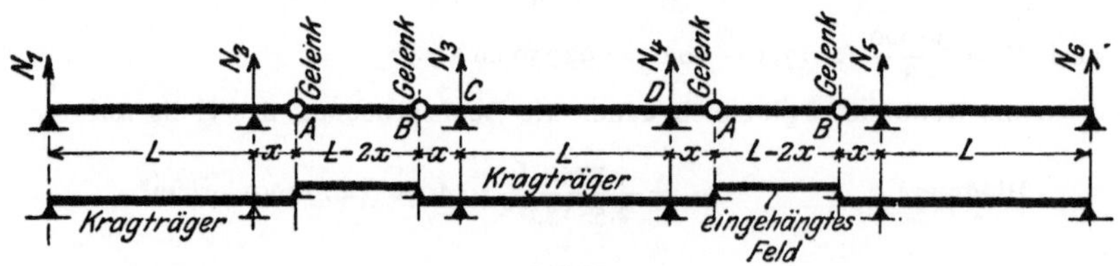

Abb. 29. Gerberträger.

2. **Bogenträger:** Das sind Träger mit gekrümmter Achse, die bei lotrechter Belastung nicht nur lotrechte, sondern auch wagerechte Kräfte („Horizontalschub" genannt) auf ihre Stützpunkte übertragen. Man unterscheidet:

a) Bögen ohne Gelenke (eingespannte Bögen, Gewölbe, Abb. 30), die dreifach statisch unbestimmt sind.

b) Bögen mit einem Gelenk im Scheitel (Eingelenkbögen, Abb. 31), die zweifach statisch unbestimmt sind.

c) Bögen mit zwei Gelenken in den Kämpferpunkten (Zweigelenkbögen, Abb. 32), die einfach statisch unbestimmt sind.

d) Bögen mit drei Gelenken, je eins im Scheitel und in den Kämpferpunkten (Dreigelenkbögen, Abb. 33), die statisch bestimmt und mit den drei Gleichgewichtsbedingungen der Ebene zu berechnen sind.

Nach der Form der Träger unterscheidet man:

a) vollwandige Träger, die der ganzen Länge nach einen ununterbrochenen durchlaufenden Querschnitt zeigen (z. B. I-Träger), und

b) Fachwerkträger, die aus einzelnen Stäben zusammengesetzt sind.

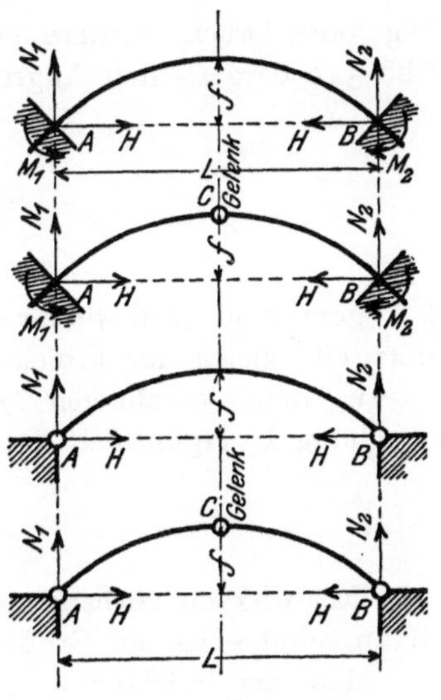

Abb. 30—33. Bogenträger.

A. Berechnung der Träger.

I. Vollwandige Träger.

1. Balkenträger.

a) Berechnung des Trägerquerschnitts. Zur Berechnung eines Trägers (Abb. 34) müssen gegeben sein:

α) Die Stützweite L, bei auf Mauern gelagerten Trägern nicht mit der Lichtweite L_i zu verwechseln; es ist $L = L_i + 2e$, wo e je nach der Größe der Lichtweite und Belastung für Hochbaukonstruktionen zu 0,15 bis 0,40 m, für Brückenüberbauten zu 0,25 bis 1,00 m, mindestens aber $e = \frac{1}{40} L_i$ zu wählen ist.

Abb. 34a.

Abb. 34b.

β) Die Belastungsbreite b, die sich aus der gegenseitigen Entfernung der nebeneinanderliegenden parallelen Träger ergibt.

γ) Die gleichförmig verteilte Belastung p in kg/m², aus der sich die gesamte gleichförmig verteilte Last für einen Träger zu $Q = pbL$ berechnet.

δ) Die auf den Träger wirkenden Einzellasten P, die auch beweglich sein können (z. B. bei Brücken- und Kranträgern).

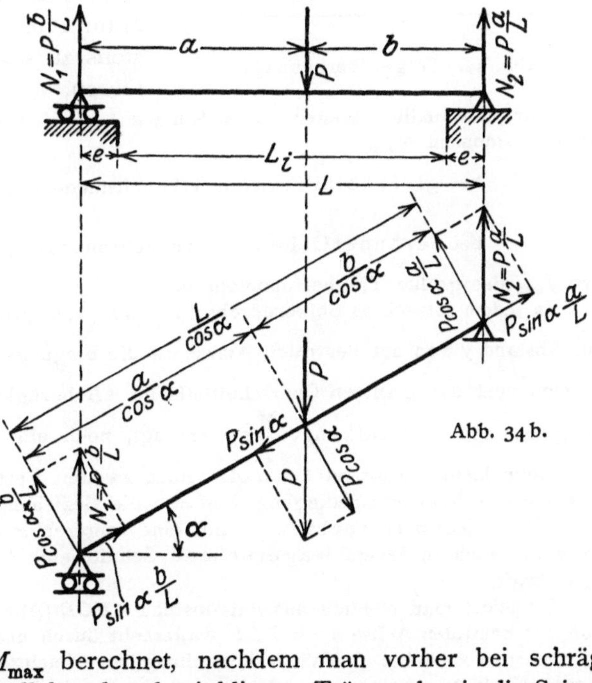

Aus diesen gegebenen Werten wird das größte Biegungsmoment $M_{\max}$ berechnet, nachdem man vorher bei schrägliegenden Trägern sämtliche Lasten parallel und rechtwinklig zur Trägerachse in die Seitenkräfte $P \sin \alpha$ und $P \cos \alpha$ (Abb. 34b) zerlegt hat; erstere beanspruchen den Träger auf

Zug oder Druck, letztere erzeugen ein Biegungsmoment, das sich z. B. für den in Abb. 34b dargestellten Angriff durch eine Einzellast P zu

$$M_{\max} = P\cos\alpha \frac{\frac{a}{\cos\alpha}\cdot\frac{b}{\cos\alpha}}{\frac{L}{\cos\alpha}} = P\frac{ab}{L},$$

d. h. gerade so groß wie für den wagerecht liegenden Träger (Abb. 34a) berechnet, dessen Stützweite gleich der Projektion des schrägliegenden ist.

Aus dem berechneten Moment $M_{\max}$ und der gegebenen zulässigen Biegungsbeanspruchung k_b ergibt sich das erforderliche Widerstandsmoment zu

$$W = \frac{M_{\max}}{k_b}.$$

Das wirklich vorhandene Widerstandsmoment des gewählten Trägerquerschnitts muß dann mindestens die Größe W haben.

Man hat indessen — besonders bei großer Spannweite und kleiner Belastung — noch zu beachten, daß die infolge der Lasten auftretende Durchbiegung δ des Trägers

bei Hochbaukonstruktionen den Wert $\delta = \frac{L}{500}$ bis $\frac{L}{600}$,

bei Brücken- und Krankonstruktionen den Wert $\delta = \frac{L}{1000}$

nicht überschreiten darf. Diese Durchbiegung setzt sich aus zwei Teilen δ_1 und δ_2 zusammen, von denen der erstere (δ_1) den Beitrag der ständigen Last, der zweite (δ_2) aber den Beitrag der Verkehrslast darstellt. Wird die Trägerachse — und das ist bei geringer Stützweite sowie bei gewalzten Trägern Regel — genau wagerecht ausgeführt, so ist $\delta = \delta_1 + \delta_2$. Erhält der Träger dagegen — und das ist bei größerer Stützweite die Regel — in der Mitte eine Übererhöhung u (Abb. 35), die mindestens zu $u = \delta_1$ gewählt wird, so ist $\delta = \delta_2$ einzuführen.

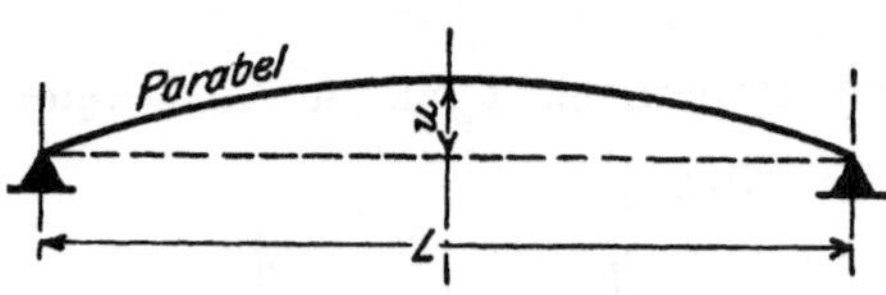

Abb. 35. Trägerüberhöhung.

Für vollwandige Träger auf 2 Stützen berechnet sich die Durchbiegung δ aus dem größten Biegungsmoment $M_{\max}$

bei gleichbleibendem Trägheitsmoment J zu 17a) $\delta = \frac{5}{48}\frac{L^2}{EJ}M_{\max}$,

bei veränderlichem Trägheitsmoment J zu 17b) $\delta = \frac{5{,}5}{48}\frac{L^2}{EJ_{\max}}M_{\max}$,

wo $J_{\max}$ das größte Trägheitsmoment ist.

In jedem lotrechten Balkendurchschnitt AB (Abb. 36a) wirkt außer dem Biegungsmoment M, das im Abstand y von der neutralen Achse nn die Biegungs- oder Normalspannung $\sigma_b = \frac{M}{J}y$ ($J =$ Trägheitsmoment der ganzen Querschnittsfläche AB bezüglich nn), also für das Flächenteilchen f die wagerechte Normalkraft $\frac{M}{J}fy$ erzeugt, noch eine lotrechte Scherkraft V. Legt man in dem sehr kleinen Abstand λ von AB einen zweiten Vertikalschnitt A_1B_1 (Abb. 36b), so ergibt sich aus der Gleichgewichtsbedingung $\Sigma M = 0$ die Beziehung $V = (M_1 - M) : \lambda$.

Wie in jedem lotrechten Schnitt eine wagerechte Normalkraft und eine lotrechte Scherkraft, so wirkt auch in jedem wagerechten Schnitt eine lotrechte Normalkraft und eine wagerechte Scherkraft.

Schneidet man nämlich das Balkenstück $ABCD$ (Abb. 36d) von der Länge „Eins" in der Höhe z von der neutralen Achse nn bei EF wagerecht durch und entfernt den einen Teil, z. B. den unteren, so muß man zunächst zur Wiederherstellung des Gleichgewichts an der Schnittstelle EF eine wagerechte Kraft $\mathfrak{H}$ anbringen, weil die auf die Vertikalschnitte EB und FC wirkenden wagerechten Normalkräfte $\frac{M}{J}\Sigma fy$ und $\frac{M_1}{J}\Sigma fy$ ungleiche Größe haben. Aus der Bedingung $\Sigma H = 0$ ergibt sich $\mathfrak{H} = \frac{M_1 - M}{J} \sum_z^e f y$. Da $M_1 - M = V$ und $\sum_z^e f y$ das statische Moment S des oberhalb EF gelegenen (in Abb. 36c durch Strichlage hervorgehobenen) Querschnittsteils in bezug auf die neutrale Achse nn ist, so ergibt sich die wagerechte Scherkraft für die Längeneinheit des Horizontalschnitts zu

$$18)\quad \mathfrak{H} = V \frac{S}{J}.$$

Sie ist an jeder Balkenstelle gleich der lotrechten Scherkraft für die Längeneinheit des Vertikalschnitts.

Das statische Moment S ändert sich mit der Höhenlage z des Horizontalschnitts EF und erreicht seinen größten Wert S_0 für $z = 0$; die größte wagerechte Scherkraft tritt daher in der neutralen Achse auf und beträgt für die Längeneinheit

$$18a)\quad \mathfrak{H}_0 = V \frac{S_0}{J}.$$

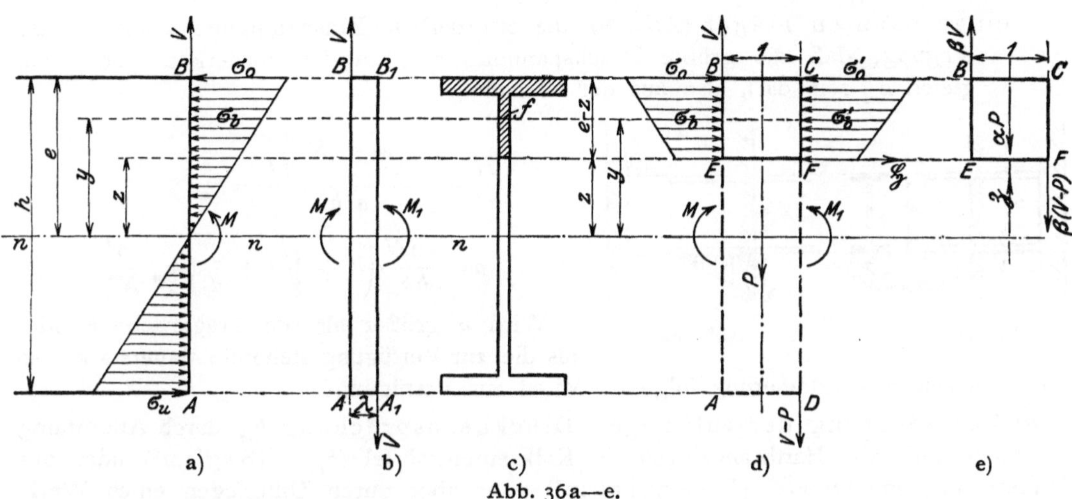

Abb. 36a—e.

Von der lotrechten Belastung P des Balkenstückes $ABCD$ (Abb. 36d), die sich nach irgendeinem Gesetz über die ganze Höhe $AB = h$ verteilt, entfällt auf die Höhe des Balkenstücks $BECF$ (Abb. 36e) der Anteil αP; von der im Vertikalschnitt AB bzw. CD wirkenden Scherkraft V bzw. $V - P$, die sich ebenfalls nach einem bestimmten Gesetz über die Höhe h verteilt, entfällt auf die Höhe EB bzw. FC der Anteil βV bzw. $\beta(V - P)$. Zur Herstellung des Gleichgewichts muß in der wagerechten Schnittfläche EF eine lotrechte Normalkraft $\mathfrak{Z}$ für die Längeneinheit hinzugefügt werden, die sich aus der Bedingung $\Sigma V = 0$ zu

$$19)\quad \mathfrak{Z} = P(\alpha - \beta)$$

berechnet. Die übliche Vernachlässigung dieser Normalkraft ist daher nur zulässig, wenn $\alpha = \beta$ ist, d. h. wenn sich die äußere Kraft P nach demselben Gesetz wie die lotrechte Scherkraft V über die Balkenhöhe verteilt.

Bei Balken von ⊢⊣-förmigem Querschnitt (Abb. 36c) darf aber die lotrechte Scherkraft als annähernd gleichförmig über die Höhe h des Stegs verteilt angenommen werden; die Annahme $\mathfrak{Z} = 0$ bedingt daher die Ausbildung der Konstruktion derart, daß sich auch die äußeren Kräfte (Lasten und Stützdrücke) gleichförmig über die Steghöhe h verteilen.

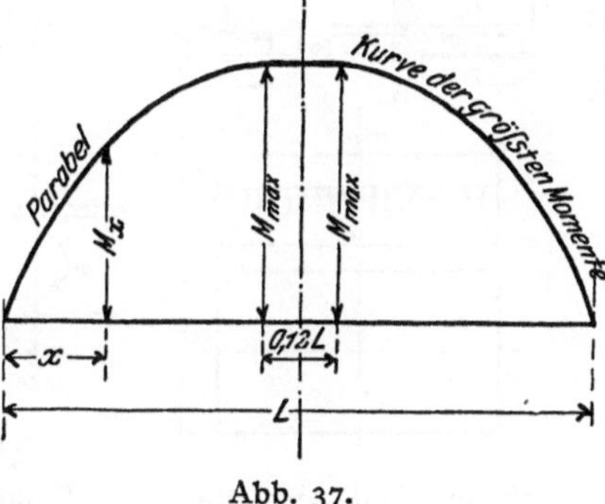

Abb. 37.

Der auf Grund der Gleichung $W = \frac{M_{\max}}{k_b}$ ermittelte Trägerquerschnitt kann der Abnahme der Biegungsmomente entsprechend allmählich verkleinert werden. Zur Berechnung des an irgendeiner Stelle x (Abb. 37) erforderlichen Widerstandsmoments W_x hat man das an dieser Stelle auftretende größte Biegungsmoment M_x zu ermitteln; trägt man alle diese M_x senkrecht zur Balkenachse auf, so ergibt die Verbindungslinie ihrer

Endpunkte die Kurve der größten Momente, und diese darf bei einem Träger auf 2 Stützen sowohl für die ständige Last als auch für die bewegliche Verkehrslast durch eine gerade Linie von der Länge 0,12 L und zwei sich an diese tangential anschließende Parabelstücke (Abb. 37) ersetzt werden. Zur Berechnung von M_x dient die Tafel 4 S. 200.

b) Berechnung der Auflagerung im Mauerwerk. Aus den gegebenen Lasten Q und P wird der größte Auflagerdruck N und beim eingespannten Balken außerdem das größte Einspannungsmoment M berechnet, wobei man etwa bewegliche Lasten in die ungünstigste Stellung zu bringen hat. Aus der zulässigen Beanspruchung k_m des Mauerwerks und der bekannten Trägerbreite b berechnet sich dann beim

Träger mit frei drehbaren Enden (Abb. 38) die erforderliche Auflagerfläche zu $F = \frac{N}{k_m}$ und daraus die erforderliche Auflagerlänge zu $a = \frac{F}{b} = \frac{N}{b\,k_m}$;

eingespannten Träger (Abb. 39) die erforderliche Einspannlänge a aus der Bedingung, daß die größte Druckspannung $\sigma_{\max}$ an der Vorderkante höchstens gleich k_m sein darf, also aus der Gleichung

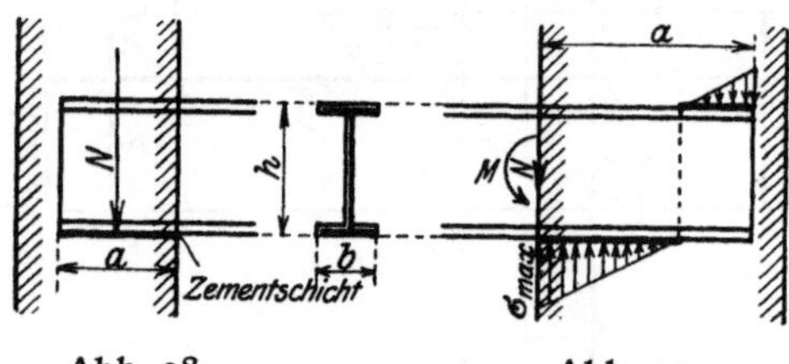

Abb. 38. Abb. 39.

$$\frac{N}{a\,b} + \frac{6\left(M + N\frac{a}{2}\right)}{a^2 b} = k_m$$

zu

$$a = \frac{2N}{b\,k_m}\left(1 + \sqrt{1 + \frac{3}{2}\,b\,k_m\,\frac{M}{N^2}}\right).$$

Wird a größer als die Trägerhöhe h oder als die zur Verfügung stehende Mauerstärke, so stehen zu seiner Verkleinerung folgende Mittel zur Verfügung:

α) Vergrößerung der zulässigen Druckbeanspruchung k_m durch Anordnung von Mauerwerk aus Hartbrandziegeln in Kalkzementmörtel ($k_m = 18\ \text{kg/cm}^2$) oder aus Klinkern in Zementmörtel ($k_m = 35\ \text{kg/cm}^2$) oder aber durch Unterlegen eines Werksteins (z. B. Granit mit $k_m = 60\ \text{kg/cm}^2$, Sand- oder Kalkstein mit $k_m = 20\ \text{kg/cm}^2$) oder endlich durch Anwendung beider Maßregeln.

Abb. 40. Frei auflieg. Träger.

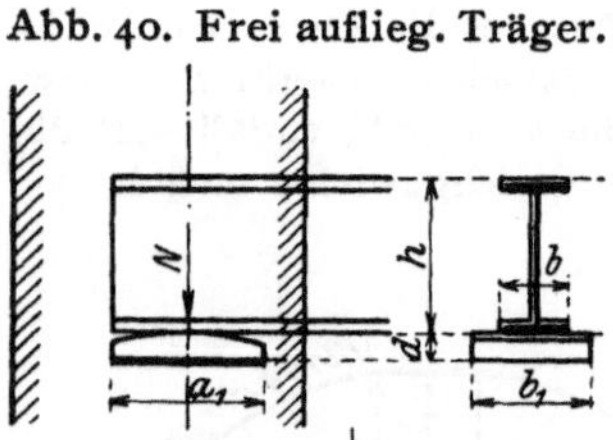

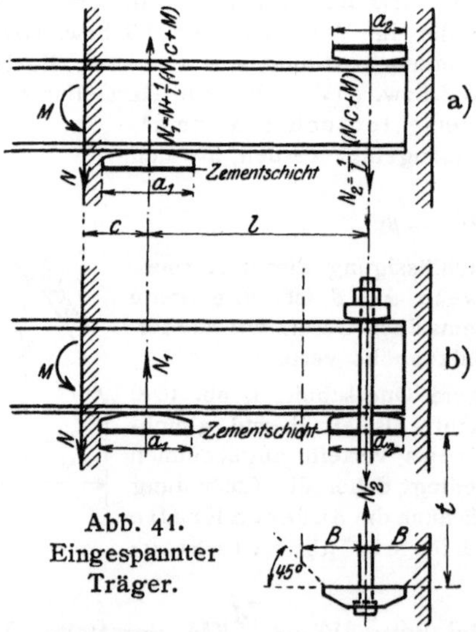

Abb. 41. Eingespannter Träger.

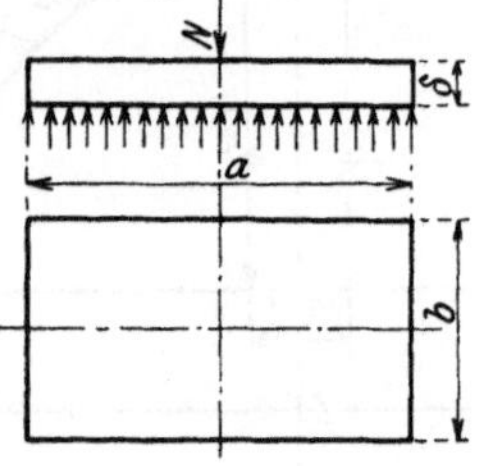

Abb. 42. Auflagerplatte.

β) Vergrößerung der Auflagerbreite b durch Anordnung einer Auflagerplatte von der größeren Breite b_1 (Abb. 40 und 41). Die Dicke δ dieser Platte berechnet sich nach Abb. 42 (in der man sich die eine Plattenhälfte in eine feste Wand eingespannt zu denken hat) aus der Gleichung $\frac{N}{2}\cdot\frac{a}{4} = \frac{b\,\delta^2}{6}\,k_b$ zu

$$20)\quad \delta = \sqrt{\frac{3}{4}\,\frac{N}{k_b}\,\frac{a}{b}},$$

wobei die zulässige Beanspruchung für Gußeisen $k_b = 250\ \text{kg/cm}^2$, für Stahlformguß $k_b = 1200\ \text{kg/cm}^2$ und für Schmiedstahl $k_b = 1400\ \text{kg/cm}^2$ beträgt.

Steht beim eingespannten Balken (Abb. 41a) zur Aufnahme des Stützdrucks N_2 oberhalb der Auflagerplatte nicht genügend oder überhaupt kein Mauergewicht zur Verfügung, so muß der Träger nach Abb. 41b bei N_2 im Mauerwerk nach unten verankert werden. Die Tiefe t der Verankerung ist so zu wählen, daß das Gewicht des auf der Ankerplatte ruhenden Mauerwerks mindestens gleich dem 1,5- bis 2,5 fachen von N_2 ist.

γ) Gleichzeitige Vergrößerung der zulässigen Druckbeanspruchung k_m und der Auflagerbreite b z. B. durch Anordnung einer Auflagerplatte auf einem Werkstein.

2. Bogenträger.

Außer den früheren Größen erfordert die Berechnung noch die Angabe der Pfeilhöhe f; sie beschränkt sich hier auf den nach der Parabel gekrümmten Dreigelenkbogen; die Ergebnisse dürfen bei Hochbaukonstruktionen hinreichend genau auch auf flache Kreisbögen mit dem Pfeilverhältnis $\frac{f}{L} = \frac{1}{4}$ bis $\frac{1}{6}$ übertragen werden.

a) Ermittlung der Stützdrücke, Biegungsmomente, Längs- und Scherkräfte.

α) **Volle senkrechte Belastung** (p kg/m² Grundriß, Abb. 43).

Die senkrechten Stützdrücke berechnen sich mit $pL = Q$ zu $N_1 = N_2 = \frac{Q}{2}$.

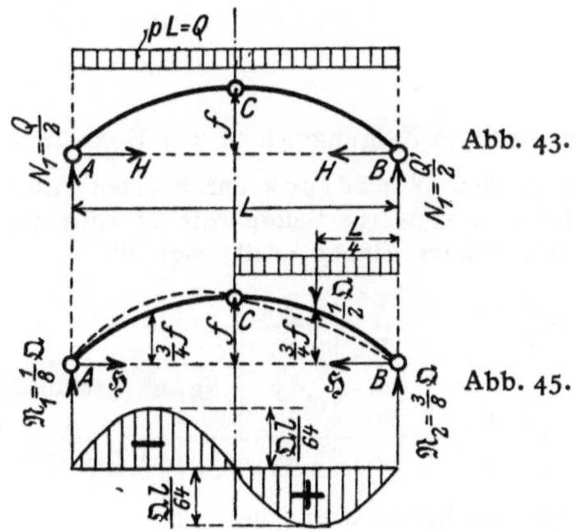
Abb. 43.

Abb. 45.

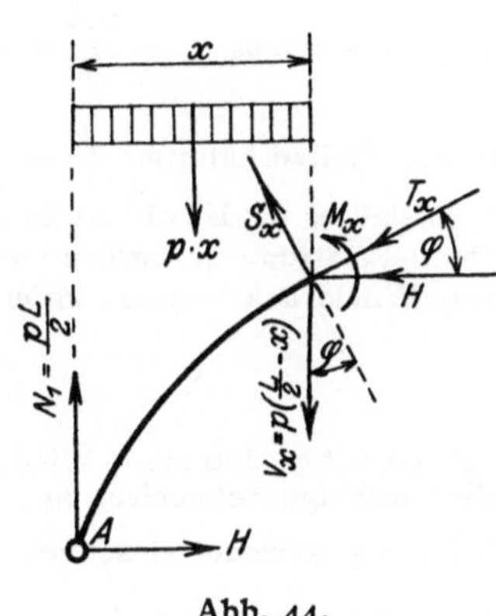
Abb. 44.

Denkt man sich die rechte Bogenhälfte entfernt und setzt für die übriggebliebene linke die Summe aller Momente für C als Drehpunkt gleich Null, so ergibt sich $N_1 \cdot \frac{L}{2} - \frac{Q}{2}\frac{L}{4} - Hf = 0$, folglich der Horizontalschub

$$21) \quad H = \frac{QL}{8f} = \frac{pL^2}{8f},$$

Das mit der Polweite H zu der gleichförmig verteilten Last pL gezeichnete Seileck fällt mit der Bogenlinie ACB zusammen, so daß Biegungsmomente im Bogen nicht auftreten.

Ist φ der Neigungswinkel der Bogenlinie in dem im Abstand x vom Kämpfergelenk A gelegenen Querschnitt (Abb. 44), so erzeugen die dort wirkenden Kräfte H und $V_x = p\left(\frac{L}{2} - x\right)$ die

tangentiale Normal- oder Längskraft $T_x = H\cos\varphi + V_x \sin\varphi$ und die

radiale Transversal- oder Scherkraft $S_x = H\sin\varphi - V_x\cos\varphi$ (die zur Berechnung der Nietteilung nach Gl. 26) dient). Da für den Parabelbogen $M_x = 0$ und $\operatorname{tg}\varphi = \frac{8f}{L^2}\left(\frac{L}{2} - x\right)$ ist, so folgt $T_x = \frac{H}{\cos\varphi}$ und $S_x = 0$.

β) **Einseitige senkrechte Belastung** ($\mathfrak{p}$ kg/m² Grundriß, Abb. 45).

Die senkrechten Stützdrücke berechnen sich mit $\mathfrak{p}L = \mathfrak{Q}$ zu $\mathfrak{N}_1 = \frac{1}{8}\mathfrak{Q}$ und $\mathfrak{N}_2 = \frac{3}{8}\mathfrak{Q}$.

Der Horizontalschub ergibt sich auf demselben Wege wie vorher zu

$$22)\quad \mathfrak{H}=\frac{\mathfrak{Q}L}{16f}=\frac{\mathfrak{p}L^2}{16f}.$$

Das mit der Polweite $\mathfrak{H}$ zu der einseitig verteilten Last $\frac{1}{2}\mathfrak{p}L$ gezeichnete Seileck besteht aus der geraden Linie AC und einer sich an diese in C tangential anschließenden, oberhalb der Bogenlinie CB verlaufenden Parabel. Es treten daher auf der unbelasteten Gewölbehälfte negative, auf der belasteten positive Biegungsmomente $\mathfrak{M}_x$ auf, die ihren Größtwert in $^1/_4$ der Spannweite mit

$$23)\quad \mathfrak{M}_{max}=-\mathfrak{M}_{min}=\frac{\mathfrak{Q}L}{64}=\frac{\mathfrak{p}L^2}{64}$$

erreichen; die an dieser Stelle gleichzeitig auftretende Längs- und Scherkraft berechnet sich mit $\operatorname{tg}\varphi_{max}=\frac{2f}{L}$ und $\mathfrak{V}_x=\frac{\mathfrak{p}L}{8}$ zu

$$\mathfrak{T}_{max}=\mathfrak{H}\cos\varphi_{max}+\frac{\mathfrak{p}L}{8}\sin\varphi_{max}=\mathfrak{H}\left(\cos\varphi_{max}+\frac{2f}{L}\sin\varphi_{max}\right)=\frac{\mathfrak{H}}{\cos\varphi_{max}}\quad\text{und}$$

$$\mathfrak{S}_{max}=\mathfrak{H}\sin\varphi_{max}-\frac{\mathfrak{p}L}{8}\cos\varphi_{max}=0.$$

Für die Pfeilverhältnisse $\frac{f}{L}=\frac{1}{4}$ bis $\frac{1}{6}$ ist der mittlere Neigungswinkel der Bogenlinie kleiner als 25^0, so daß es für Hochbaukonstruktionen genügt, den Winddruck durch einen Zuschlag zur senkrechten Belastung zu berücksichtigen, also seine wagerechte Seitenkraft zu vernachlässigen. Bei einem Winddruck von 125 kg/m² rechtwinklig getroffener Fläche ergibt sich für

$\frac{f}{L}=$	$\frac{1}{4}$	$\frac{1}{5}$	$\frac{1}{6}$	
der einseitige lotrechte Winddruck zu	30	20	15	kg/m² Grundriß,
die einseitige Schneelast zu	65	70	70	„ „ ;
daher die gesamte einseitige Belastung zu . .	95	90	85	kg/m² Grundriß.

Meist rechnet man mit einer einseitigen Last von 100 kg/m² Grundriß.

b) Berechnung des Trägerquerschnitts.

Ist für einen Bogenquerschnitt M_{max} das größte Biegungsmoment, T_{max} die gleichzeitig auftretende Längskraft, F der Flächeninhalt und W das Widerstandsmoment des gewählten Querschnitts, so darf die größte auftretende Spannung

$$\sigma_{max}=\frac{T_{max}}{F}+\frac{M_{max}}{W}$$

die als zulässig festgesetzte Grenze k nicht überschreiten.

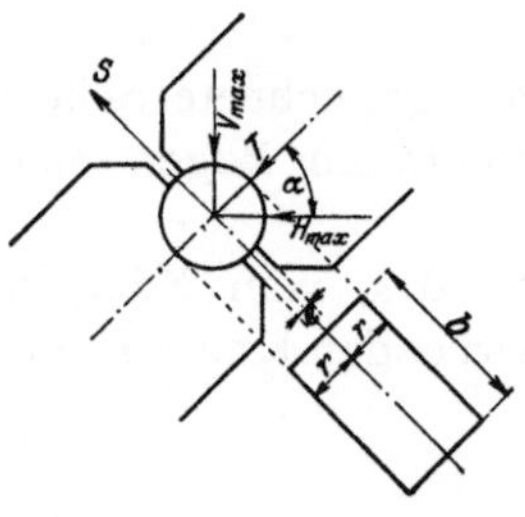

Abb. 46. Zylindergelenk.

c) Berechnung der Gelenke.

α) Zylindergelenke (Abb. 46). Ist H_{max} der größte auf das Gelenk wirkende Horizontalschub, V_{max} die gleichzeitig mit H_{max} auftretende lotrechte Scherkraft, so wirkt auf das Gelenk die Normalkraft

$$T=H_{max}\cos\alpha+V_{max}\sin\alpha$$

und die Transversalkraft

$$S=H_{max}\sin\alpha-V_{max}\cos\alpha,$$

wenn α der Neigungswinkel der Bogenlinie am Gelenkpunkt ist. Zur sicheren Aufnahme der Kraft S wird der Lichtraum e zwischen den beiden, den Zylinder umfassenden Gelenkkörpern nur gerade so groß gewählt, daß er die freie Drehbarkeit der Bogenteile gestattet; hierzu genügt je nach der Spannweite das Maß $e=20$ bis 40 mm, so daß jeder Körper den Zylinder mindestens auf das 0,8fache des halben Umfangs, also auf die Länge $0{,}8\,\pi r = \sim \frac{5}{2} r$ umfaßt. Unter der Annahme, daß sich T annähernd gleichförmig über die Hälfte des berührten Umfangs verteilt, ergibt sich die Gleichung $\frac{5}{4} r b \sigma = T$, aus der sich bei gegebenem r die Beanspruchung zu

$$24\text{a)}\quad \sigma = \frac{0{,}8\,T}{b\,r}$$

und bei gegebener zulässiger Beanspruchung k der Zylinderhalbmesser zu

$$24\text{b)}\quad r = \frac{0{,}8\,T}{b\,k}$$

berechnet; hierin ist für Körper

in Gußeisen $k = 600\ \text{kg/cm}^2$,
in Stahlformguß $k = 1200\ \text{kg/cm}^2$ zulässig.

Kann bei einem bestimmten Belastungsfall (z. B. bei Hallen durch Wind von innen) die Normalkraft T negativ, also eine Zugkraft werden, so müssen die beiden Gelenkkörper miteinander verbunden werden, ohne daß dabei die freie Drehbarkeit des Gelenks vernichtet wird. Einfacher ist in diesem Falle die Verwendung der

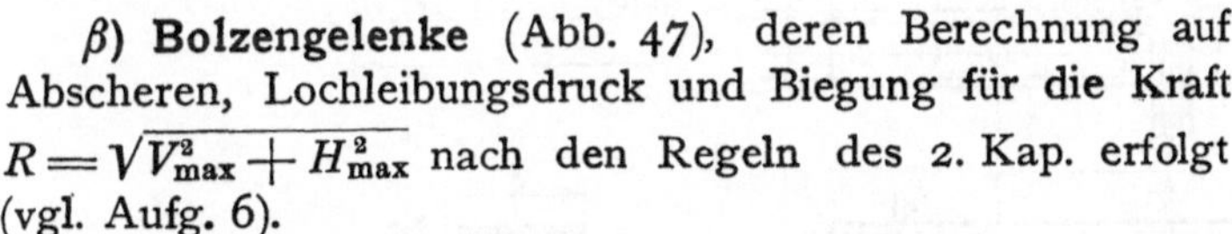

β) **Bolzengelenke** (Abb. 47), deren Berechnung auf Abscheren, Lochleibungsdruck und Biegung für die Kraft $R = \sqrt{V_{\max}^2 + H_{\max}^2}$ nach den Regeln des 2. Kap. erfolgt (vgl. Aufg. 6).

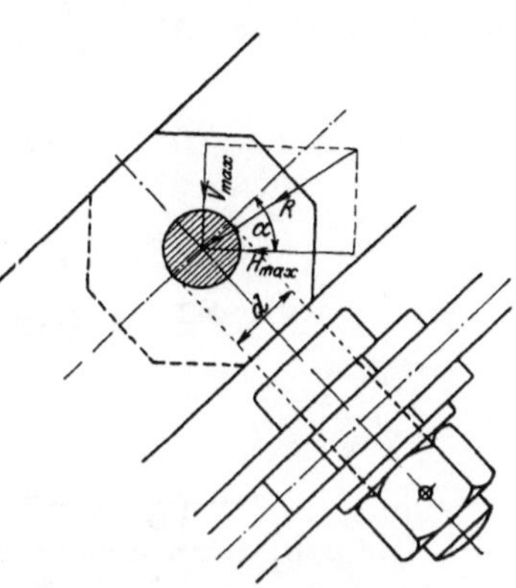

Abb. 47. Bolzengelenk.

γ) **Federgelenke** (Abb. 48) bestehen aus zwei Teilen: einer tangentialen, zur Aufnahme der Längskraft T bestimmten Platte A und einer radialen, aus 4 winkelförmigen Stahlblechen zusammengesetzten Feder F zur Aufnahme der Scherkraft S; der Gelenkpunkt liegt in der Mitte C der Tangentialplatte A. Um die Drehbarkeit des Gelenks zu ermöglichen, wird die Platte A auf eine gewisse Länge λ (= 150 bis 200 mm) nicht mit dem Bogen vernietet (Abb. 48b) und der abstehende Schenkel der 4 Winkelbleche nach unten verbreitert (Abb. 48c).

Ist b die Breite, δ die Stärke der Tangentialplatte A,

a die Höhe, δ_1 die Stärke jeder der 4 Federn F, so ist die Druckspannung in der Platte $\sigma = \frac{T}{b\,\delta}$ und die Scherspannung in den Federn $\sigma_s = \frac{S}{2\,a\,\delta_1}$. Zu diesen Spannungen treten die Biegungsspannungen σ_b bei einer Winkeländerung im Gelenkpunkt hinzu. Die Länge s der Sehne AC des Dreigelenkbogens ACB (Abb. 49) ändert sich bei einer Temperaturänderung von t^0 um $\varepsilon t s$ (ε = linearer Ausdehnungskoeffizient $= 12 \cdot 10^{-6}$), wobei sich das Gelenk C um Δf hebt bzw. Δf_1 senkt. Aus $(s + \varepsilon t s)^2 = \left(\frac{L}{2}\right)^2 + (f + \Delta f)^2$ bzw. $(s - \varepsilon t s)^2 = \left(\frac{L}{2}\right)^2 + (f - \Delta f_1)^2$ folgt mit Vernachlässigung der kleinen Größen Δf^2 und Δf_1^2 der Wert $\Delta f = \Delta f_1 = \varepsilon t \frac{s^2}{f}$. Aus $\frac{\sin \Delta\alpha}{\sin(\alpha - \Delta\alpha)} = \frac{\Delta f}{s}$ bzw. $\frac{\sin \Delta\alpha_1}{\sin(\alpha + \Delta\alpha_1)} = \frac{\Delta f_1}{s}$ folgt mit $\sin(\alpha + \Delta\alpha_1) \sim \sin\alpha = \sin(\alpha - \Delta\alpha)$, $\sin\alpha = \frac{L}{2s}$ und $\sin\Delta\alpha = \sim \Delta\alpha = \sin\Delta\alpha_1$ die Winkeländerung $\Delta\alpha = \Delta\alpha_1 = \varepsilon t \frac{L}{2f}$.

Zur Berücksichtigung der bei einseitigem Schnee- und Winddruck eintretenden zusätzlichen Winkeländerung führt man in die Rechnung den doppelten Wert

$$25)\quad \Delta\alpha = \Delta\alpha_1 = \varepsilon t \frac{L}{f}$$

ein. Der infolge dieser Winkeländerung in Platte und Feder eintretende Biegungszustand ist für eine Temperaturerniedrigung in Abb. 48e und 48f dargestellt. Die Platte A ist als ein bei C eingespannter Balken von der Länge $\frac{\lambda}{2}$ anzusehen, dessen Endtangente sich infolge des gleichbleibenden Moments M um $\Delta\alpha$ gedreht hat; mit

$$\Delta\alpha = \frac{M\frac{\lambda}{2}}{EJ} \text{ und } M = W\sigma_b = \frac{2J}{\delta}\sigma_b \text{ wird } \Delta\alpha = \frac{\lambda\sigma_b}{E\delta}, \text{ daher}$$

$$26)\quad \sigma_b = E\frac{\delta}{\lambda}\Delta\alpha = \varepsilon E t\frac{\delta}{\lambda}\frac{L}{f}.$$

Jede der 4 Federn öffnet sich am unteren Ende um $h\Delta\alpha$; aus Abb. 48f folgt $h\Delta\alpha = \frac{P\lambda_1^3}{3EJ_1}$; mit $P\lambda_1 = M_1$ und $M_1 = \frac{2J_1}{\delta_1}\sigma_{b1}$ wird $h\Delta\alpha = \frac{2}{3}\frac{\lambda_1^2\sigma_{b1}}{E\delta_1}$, daher

$$27)\quad \sigma_{b1} = \frac{3}{2}E\frac{\delta_1}{\lambda_1}\frac{h}{\lambda_1}\Delta\alpha = \frac{3}{2}\varepsilon E t\frac{\delta_1}{\lambda_1}\frac{h}{\lambda_1}\frac{L}{f}.$$

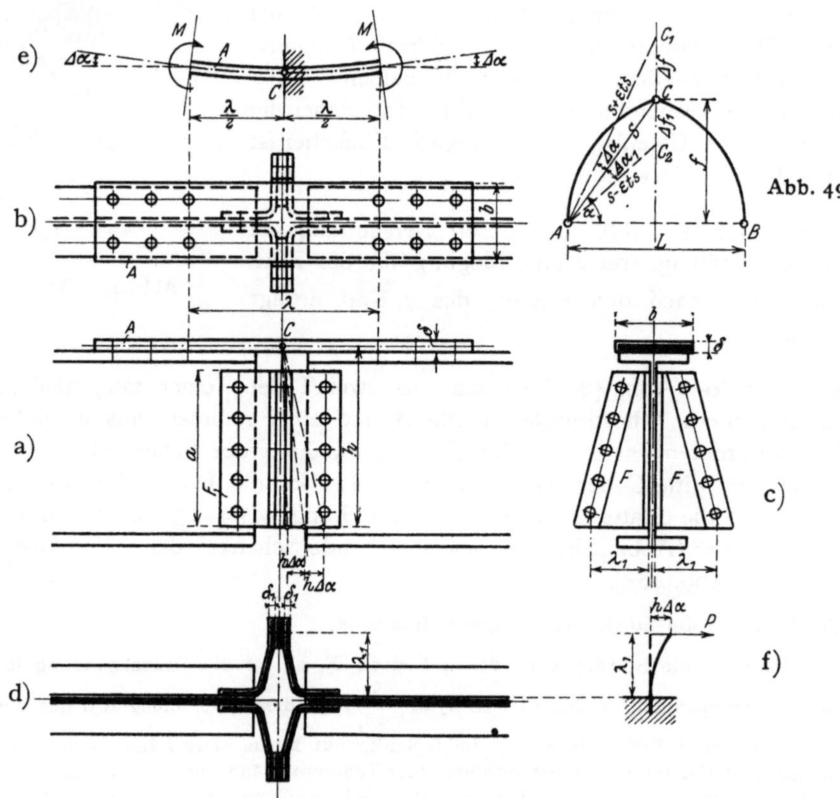

Abb. 48a–f. Federgelenk.

Zahlenbeispiel. $L = 20{,}0$ m; $f = 9{,}25$ m; $b = 200$ mm; $\delta = 12$ mm; $a = 400$ mm; $\delta_1 = 6$ mm; $h = 450$ mm; $\lambda = 150$ mm; $\lambda_1 = 200$ mm; $t = \pm 35^0$; $E = 2{,}15\cdot 10^6$. Für das Scheitelgelenk sei $T = 10000$ kg und $S = 4000$ kg. Dann wird

$$\Delta\alpha = 12\cdot 10^{-6}\cdot 35\cdot\frac{20{,}0}{9{,}25} = 9\cdot 10^{-4}.$$

Platte A: $\sigma = \frac{10000}{20{,}0\cdot 1{,}2} = 420$ kg/cm²; $\sigma_b = 2{,}15\cdot 10^6\cdot\frac{1{,}2}{15{,}0}\cdot 9\cdot 10^{-4} = 170$ kg/cm²; $\sigma_{\max} = 590$ kg/cm².

Feder F: $\sigma_s = \frac{4000}{2\cdot 40{,}0\cdot 0{,}6} = 170$ kg/cm²; $\sigma_{b1} = \frac{3}{2}\cdot 2{,}15\cdot 10^6\cdot\frac{0{,}6}{20{,}0}\cdot\frac{45{,}0}{20{,}0}\cdot 9\cdot 10^{-4} = 200$ kg/cm².

Da mit dem Vorzeichen von t auch die Art der Beanspruchung in Platte und Feder wechselt, ist die zulässige Spannung gegenüber der für die übrigen Konstruktionsteile festgesetzten Beanspruchung um 40 bis 50 v. H. zu vermindern.

II. Fachwerkträger.

1. Ein Fachwerk ist ein Gebilde aus einzelnen geraden Stäben, die in ihren Endpunkten, den „Knotenpunkten", miteinander verbunden sind. Man unterscheidet:

reine Fachwerke, bei denen alle Knotenpunkte als reibungslose Gelenke ausgebildet sind, so daß die einzelnen Stäbe durch eine in den Knotenpunkten angreifende äußere Belastung entweder nur auf Zug oder nur auf Druck beansprucht werden, und

gemischte Fachwerke, bei denen einzelne oder auch alle Knotenpunkte biegungsfest ausgebildet sind, so daß einzelne oder auch alle Stäbe durch eine in den Knotenpunkten angreifende äußere Belastung nicht nur auf Zug oder Druck, sondern auch auf Biegung beansprucht werden.

Die Fachwerke werden in ebene und räumliche eingeteilt. Ein allseitig von $\frac{\text{geraden Stäben}}{\text{ebenen Fachwerken}}$ begrenztes $\frac{\text{Ebenengebilde}}{\text{Raumgebilde}}$ heißt ein $\frac{\text{ebenes}}{\text{räumliches}}$ Fachwerk.

2. Soll ein Fachwerk unter dem Einfluß äußerer Kräfte im Gleichgewicht sein, so muß es sowohl seiner Form als auch seiner Lage nach unverschieblich sein.

A. Seiner Form nach oder innerlich unverschieblich ist das $\frac{\text{ebene}}{\text{räumliche}}$ Fachwerk, wenn es bei $\frac{n}{\nu}$ Knotenpunkten durch $\frac{2n-3}{3\nu-6}$ voneinander unabhängige Stücke (nämlich $\frac{s}{\sigma}$ Seiten und $\frac{w}{\omega}$ Winkel) bestimmt ist.

Das einfachste $\frac{\text{ebene}}{\text{räumliche}}$ Fachwerk ist das $\frac{\text{Dreieck}}{\text{Tetraeder}}$ mit $\frac{\text{drei}}{\text{vier}}$ Knotenpunkten und $\frac{\text{drei}}{\text{sechs}}$ Stäben; zum Anschluß eines neuen Knotenpunktes sind $\frac{\text{zwei}}{\text{drei}}$ nicht in derselben $\frac{\text{Linie}}{\text{Ebene}}$ liegende neue Stäbe, zum Anschluß von $\frac{n-3}{\nu-4}$ Knotenpunkten daher $\frac{2(n-3)}{3(\nu-4)}$ voneinander unabhängige Stäbe erforderlich; das dann entstehende $\frac{\text{ebene}}{\text{räumliche}}$ Fachwerk von $\frac{n}{\nu}$ Knotenpunkten ist durch $\frac{2(n-3)+3}{3(\nu-4)+6} = \frac{2n-3}{3\nu-6}$ Stäbe bestimmt. Das Raumfachwerk insbesondere ist auch dann innerlich unverschieblich, wenn alle es bildenden ebenen Fachwerke innerlich unverschieblich sind.

Die $\frac{2n-3}{3\nu-6}$ Stäbe sind nicht voneinander unabhängig, wenn sie ein inneres Gleichgewichtssystem bilden, d. h. wenn sich beim Fehlen äußerer Kräfte und bei Annahme einer beliebigen Stabkraft die Spannkräfte in allen übrigen Stäben aus den $\frac{\text{drei}}{\text{sechs}}$ Gleichgewichtsbedingungen $\frac{\text{der Ebene}}{\text{des Raumes}}$ eindeutig bestimmen lassen.

Abb. 50.

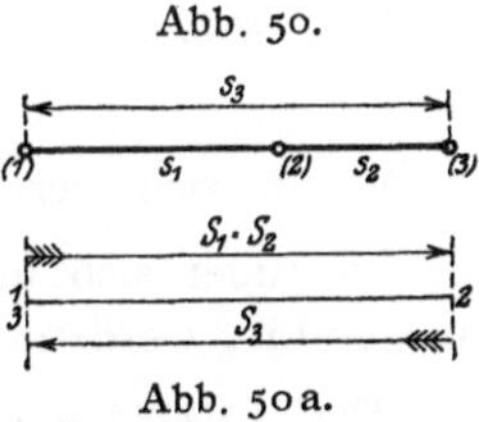

Abb. 50a.

Abb. 51.

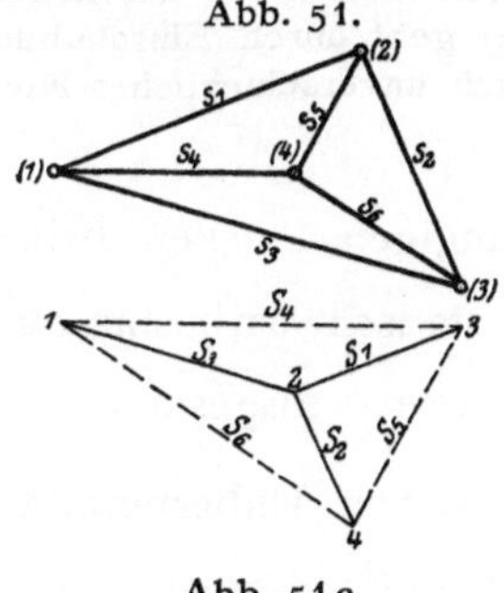

Abb. 51a.

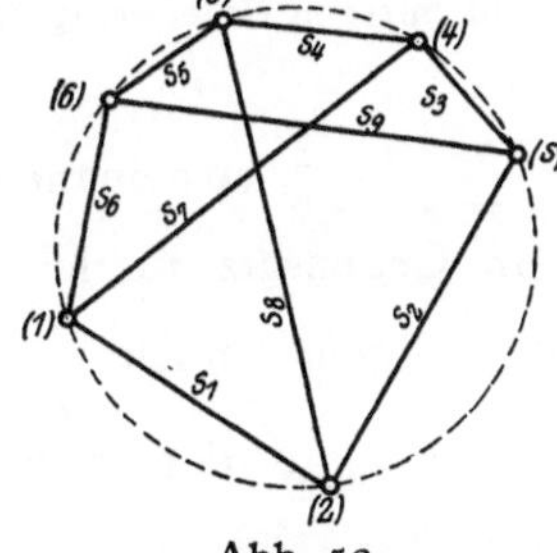

Abb. 52.

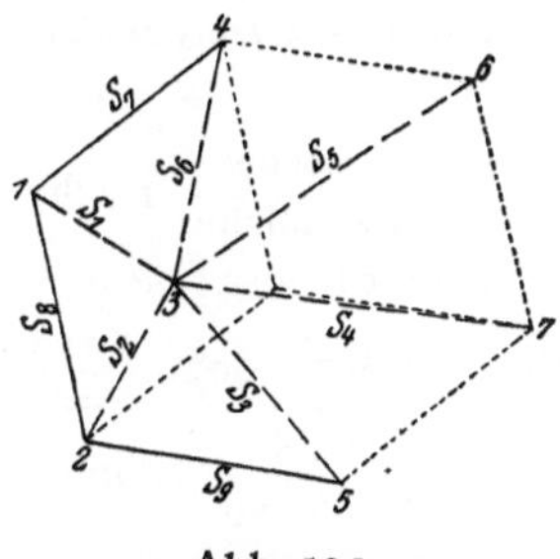

Abb. 52a.

Beispiele sind das $\frac{\text{Dreieck (Abb. 50)}}{\text{Tetraeder (Abb. 51)}}$, bei dem alle $\frac{n = 2\cdot 3 - 3 = 3}{\nu = 3\cdot 4 - 6 = 6}$ Stäbe in einer $\frac{\text{Linie}}{\text{Ebene}}$ liegen; aus der beliebig angenommenen Stabkraft S_2 im Stabe s_2 ergeben sich die Spannkräfte in den übrigen Stäben eindeutig durch den geschlossenen Kräfteplan $\frac{\text{Abb. 50a}}{\text{Abb. 51a}}$. Ein ebenes Fachwerk von $n = 6$ Knotenpunkten erfordert zur inneren Unverschieblichkeit $2n - 3 = 9$ Stäbe; bilden 6 Stäbe die Seiten eines einem Kegelschnitt einbeschriebenen Sechsecks, die übrigen 3 aber dessen 3 Hauptdiagonalen (Abb. 52), so sind die 9 Stäbe auf Grund des Paskalschen Satzes nicht unabhängig voneinander; nimmt man z. B. die Kraft S_8 im Stabe s_8 beliebig an, so liefert der geschlossene Kräfteplan (Abb. 52a) eindeutig die Spannkräfte in allen übrigen Stäben.

a) Ist $\dfrac{z = s + w}{\zeta = \sigma + \omega}$ die Zahl der das $\dfrac{\text{ebene}}{\text{räumliche}}$ Fachwerk bestimmenden, voneinander unabhängigen Stücke, so heißt das Fachwerk

in sich unverschieblich, wenn $\dfrac{z = 2n - 3}{\zeta = 3\nu - 6}$ ist, dagegen

in sich verschieblich, wenn $\dfrac{z < 2n - 3}{\zeta < 3\nu - 6}$ ist. Der Grad der Verschieblichkeit wird durch die Zahl $\dfrac{f = 2n - 3 - z}{\varphi = 3\nu - 6 - \zeta}$ angegeben, für das Raumfachwerk auch durch die Summe der Verschieblichkeitsgrade der es bildenden ebenen Fachwerke.

Er beträgt z. B. bei

dem n-eckigen Gelenkring (Abb. 53) (mit $z = s = n$) $f = n - 3$;

dem Raumfachwerk (Abb. 54) (mit $\nu = 2n$ und $\zeta = \sigma = 2n + 2n = 4n$) $\varphi = 6n - 6 - 4n = 2n - 6$; das Fachwerk wird aus n schrägliegenden, in sich unverschieblichen ebenen Fachwerken von Trapezform und 2 wagerechten, n-eckigen Gelenkringen gebildet; für letztere ist $f = n - 3$, daher für das Raumfachwerk $\varphi = 2f = 2n - 6$.

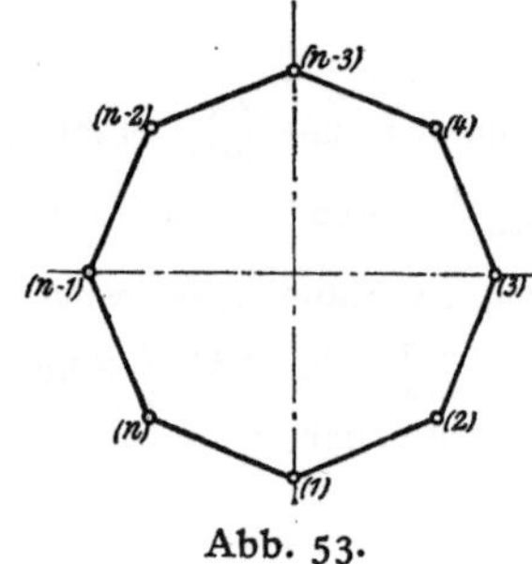

Abb. 53.

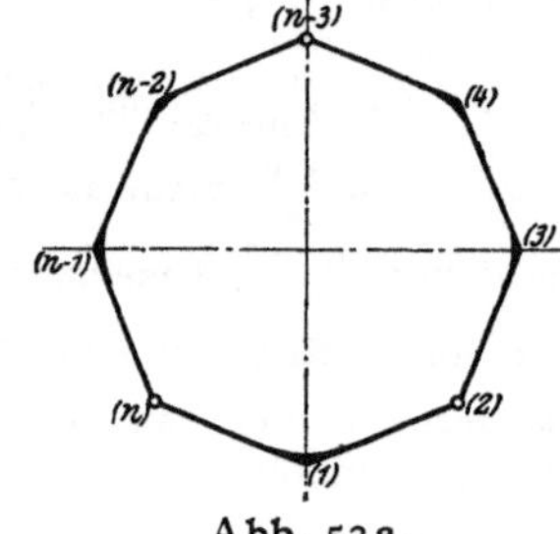

Abb. 53a.

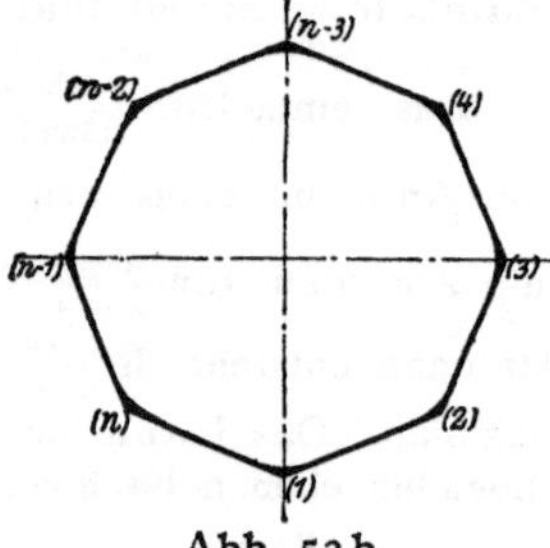

Abb. 53b.

b) In sich verschiebliche $\dfrac{\text{ebene}}{\text{räumliche}}$ Fachwerke können durch Hinzufügung von $\dfrac{f}{\varphi}$ neuen, unter sich und von den vorhandenen unabhängigen Stücken zu unverschieblichen ausgebildet werden.

Der n-eckige Gelenkring (Abb. 53) geht durch die biegungsfeste Ausbildung von $n - 3$ Knotenpunkten, d. h. durch Hinzufügung von $w = n - 3$ voneinander unabhängigen Winkeln in das in sich unverschiebliche Fachwerk Abb. 53a über. Das Raumfachwerk (Abb. 54) geht durch Einschaltung von je $n - 3$ Diagonalen im oberen und unteren Gelenkring in ein in sich unverschiebliches Fachwerk über.

c) $\dfrac{\text{Ebene}}{\text{Räumliche}}$ Fachwerke mit $\dfrac{z = 2n - 3}{\zeta = 3\nu - 6}$ voneinander unabhängigen Stücken heißen innerlich statisch bestimmt im Gegensatz zu den innerlich statisch unbestimmten, die außer den $\dfrac{z = 2n - 3}{\zeta = 3\nu - 6}$ „notwendigen" noch $\dfrac{r}{\varrho}$ überzählige, insgesamt also $\dfrac{z_r = 2n - 3 + r}{\zeta_\varrho = 3\nu - 6 + \varrho}$ Stücke enthalten; der Grad der innerlichen statischen Unbestimmtheit wird durch die Zahl $\dfrac{r = z_r - 2n + 3}{\varrho = \zeta_\varrho - 3\nu + 6}$ angegeben.

Er beträgt z. B. bei

dem n-eckigen, gelenklosen (biegungsfesten) Stabring (Abb. 53b) mit $s = n$ Seiten, $w = n$ Winkeln (daher $z_r = s + w = 2n$) $r = 2n - 2n + 3 = 3$;

dem Raumfachwerk (Abb. 54) mit gelenklosem oberen und unteren Ring bei $\nu = 2n$ Knotenpunkten, $\sigma = 4n$ Seiten, $\omega = 2n$ Winkeln (daher $\zeta_\varrho = \sigma + \omega = 6n$) $\varrho = 6n - 3 \cdot 2n + 6 = 6$.

d) Einzelne oder auch alle $\frac{\text{Stäbe}}{\text{ebenen Fachwerke}}$ eines $\frac{\text{ebenen}}{\text{räumlichen}}$ Fachwerks können für sich wieder als $\frac{\text{ebene}}{\text{räumliche}}$ Fachwerke ausgebildet werden und heißen dann $\frac{\text{ebene}}{\text{räumliche}}$ Scheiben, die Fachwerke selbst aber zusammengesetzte oder erweiterte im Gegensatz zu den vorher besprochenen einfachen.

α) Zwei in sich unverschiebliche $\frac{\text{in derselben Ebene liegende}}{\text{räumliche}}$ Scheiben von $\frac{n_1 \text{ bzw. } n_2}{\nu_1 \text{ bzw. } \nu_2}$ Knotenpunkten können durch Hinzufügung von $\frac{e}{\varepsilon}$ neuen, unter sich und von den vorhandenen unabhängigen Stücken zu einem in sich unverschieblichen $\frac{\text{ebenen}}{\text{räumlichen}}$ Fachwerk von $\frac{n}{\nu}$ Knotenpunkten miteinander verbunden werden. Ist die Zahl der den beiden $\frac{\text{ebenen}}{\text{räumlichen}}$ Scheiben gemeinsamen Knotenpunkte gleich

null, so ist $\frac{n = n_1 + n_2}{\nu = \nu_1 + \nu_2}$ und $\frac{e = [2(n_1 + n_2) - 3] - [(2n_1 - 3) + (2n_2 - 3)]}{\varepsilon = [3(\nu_1 + \nu_2) - 6] - [(3\nu_1 - 6) + (3\nu_2 - 6)]} = \frac{\text{drei}}{\text{sechs}}$;

eins, so ist $\frac{n = n_1 + n_2 - 1}{\nu = \nu_1 + \nu_2 - 1}$ und $\frac{e = 2[n_1 + (n_2 - 1)] - 3 - [(2n_1 - 3) + (2n_2 - 3)]}{\varepsilon = 3[\nu_1 + (\nu_2 - 1)] - 6 - [(3\nu_1 - 6) + (3\nu_2 - 6)]} = \frac{\text{eins}}{\text{drei}}$;

zwei, so ist $\frac{n = n_1 + n_2 - 2}{\nu = \nu_1 + \nu_2 - 2}$ und $\frac{e = 2[n_1 + (n_2 - 2)] - 3 - [(2n_1 - 3) + (2n_2 - 4)]}{\varepsilon = 3[\nu_1 + (\nu_2 - 2)] - 6 - [(3\nu_1 - 6) + (3\nu_2 - 7)]} = \frac{\text{null}}{\text{eins}}$.

Haben daher zwei in sich unverschiebliche $\frac{\text{in derselben Ebene liegende}}{\text{räumliche}}$ Scheiben mehr als $\frac{\text{einen}}{\text{zwei}}$ Knotenpunkte gemeinsam, so bilden sie zusammen ein in sich unverschiebliches $\frac{\text{ebenes}}{\text{räumliches}}$ Fachwerk.

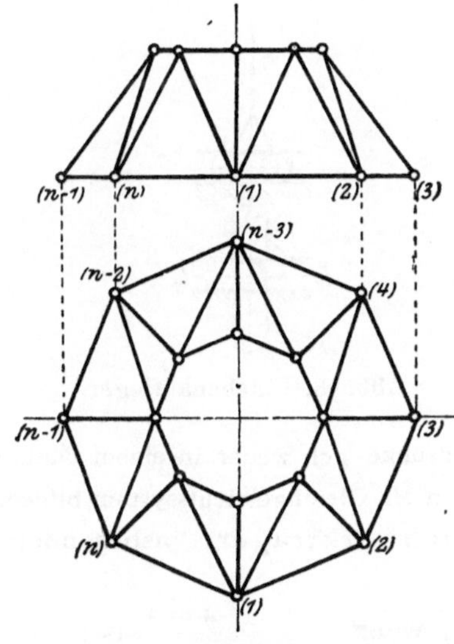

Abb. 54.

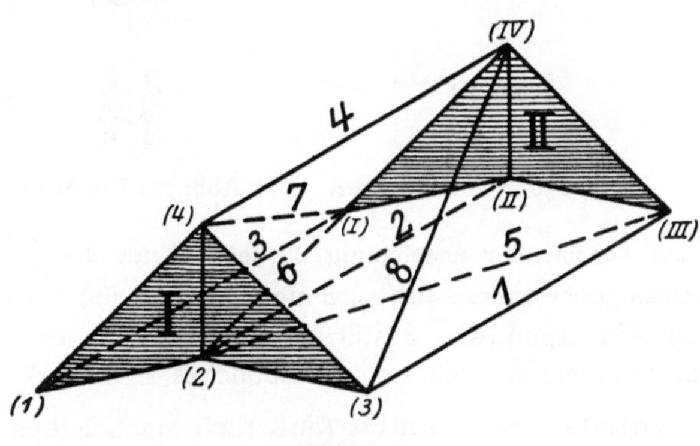

Abb. 55.

β) Zwei nicht in derselben Ebene liegende, in sich unverschiebliche ebene Scheiben von n_1 bzw. n_2 Knotenpunkten können durch Hinzufügung von v neuen, unter sich und von den vorhandenen unabhängigen Stücken zu einem in sich unverschieblichen räumlichen Fachwerk von ν Knotenpunkten miteinander verbunden werden. Ist die Zahl der den beiden Scheiben gemeinsamen Knotenpunkte gleich

null, so ist $\nu = n_1 + n_2$ und

$$v = [3(n_1 + n_2) - 6] - [(2n_1 - 3)] + (2n_2 - 3)] = n_1 + n_2;$$

eins, so ist $\nu = n_1 + n_2 - 1$ und

$$v = [3(n_1 + n_2 - 1) - 6] - [(2n_1 - 3) + (2n_2 - 3)] = n_1 + n_2 - 3;$$

zwei, so ist $\nu = n_1 + n_2 - 2$ und

$$v = [3(n_1 + n_2 - 2) - 6] - [(2n_1 - 3) + (2n_2 - 4)] = n_1 + n_2 - 5.$$

Für die beiden ebenen Scheiben I und II (Abb. 55) ohne gemeinsamen Knotenpunkt wird mit $n_1 = 4$ und $n_2 = 4$ die Zahl der hinzuzufügenden Stäbe $v = 8$; es sind daher zwischen den Knotenpunkten beider Scheiben die in Abb. 55 mit 1 bis 8 bezeichneten Stäbe einzuziehen, um beide zu einem in sich unverschieblichen Raumfachwerk zu verbinden.

B. Seiner Lage nach oder äußerlich unverschieblich ist das $\frac{\text{ebene}}{\text{räumliche}}$ Fachwerk, wenn die auf es in $\frac{\text{seiner eigenen Ebene}}{\text{beliebigen Ebenen}}$ wirkenden äußeren Kräfte miteinander im Gleichgewicht sind.

Soll die Berechnung des $\frac{\text{ebenen}}{\text{räumlichen}}$ Fachwerks mit Hilfe der $\frac{\text{drei}}{\text{sechs}}$ Gleichgewichtsbedingungen $\frac{\text{der Ebene}}{\text{des Raumes}}$ möglich sein, so dürfen die äußeren Kräfte bis auf $\frac{\text{drei}}{\text{sechs}}$ beliebig gewählt werden. In diesem Falle darf daher die Anzahl $\frac{a}{\alpha}$ der zur Auflagerung des $\frac{\text{ebenen}}{\text{räumlichen}}$ Fachwerks dienenden unbekannten, voneinander unabhängigen Stützdrücke höchstens $\frac{\text{drei}}{\text{sechs}}$ betragen; gerade so groß ist aber nach *A d α*) auch die Zahl $\frac{e}{\varepsilon}$ der voneinander unabhängigen Stücke, die zur Verbindung des $\frac{\text{ebenen}}{\text{räumlichen}}$ Fachwerks mit der als $\frac{\text{ebenes}}{\text{räumliches}}$ Fachwerk betrachteten Erde zu einem erweiterten $\frac{\text{ebenen}}{\text{räumlichen}}$ Fachwerk erforderlich ist. Die Stützdrücke darf man daher auch durch Auflagerstäbe ersetzen, die das $\frac{\text{ebene}}{\text{räumliche}}$ Fachwerk mit der Erde verbinden.

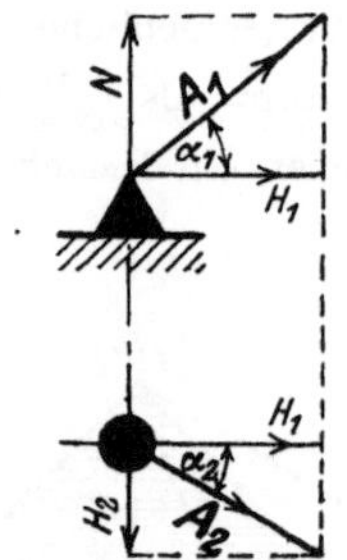

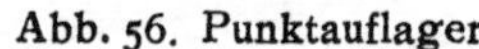
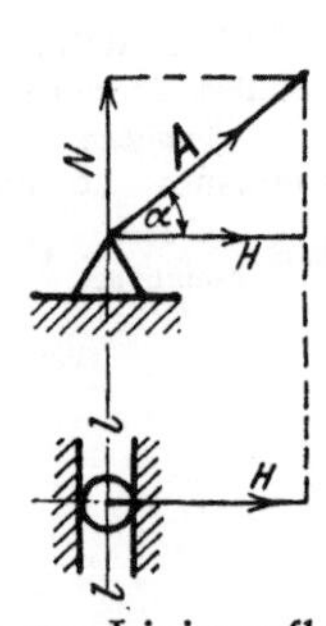

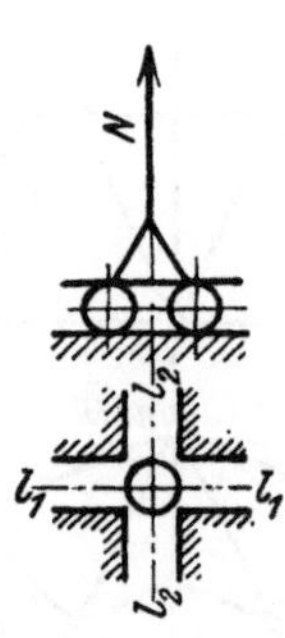

Abb. 56. Punktauflager. Abb. 57. Linienauflager. Abb. 58. Flächenauflager.

Um voneinander unabhängig zu sein, dürfen die $\frac{\text{drei}}{\text{sechs}}$ Stützdrücke sich weder in einem Punkte schneiden (insbesondere also auch nicht parallel sein) noch für sich ein Gleichgewichtssystem bilden.

a) Ein irgendwie gestütztes Fachwerk heißt ein Fachwerkträger; insbesondere nennt man ein in sich unverschiebliches Fachwerk

vollständig gestützt (äußerlich statisch bestimmt), wenn $\frac{a = 3}{\alpha = 6}$ ist;

unvollständig gestützt (äußerlich verschieblich), wenn $\frac{a < 3}{\alpha < 6}$ ist;

übervollständig gestützt (äußerlich statisch unbestimmt), wenn $\frac{a > 3}{\alpha > 6}$ ist.

b) Die Stützung der Fachwerke kann erfolgen durch:

α) Punktauflager (Abb. 56): feste Auflager, bei denen weder Ebene noch Richtung noch Größe des Stützdrucks bekannt ist, daher drei Unbekannte (z. B. die 3 Seitenkräfte N, H_1 und H_2 in Abb. 56) auftreten. Das Punktauflager kann durch drei nicht in derselben Ebene liegende Auflagerstäbe ersetzt werden, die das Fachwerk mit der festen Erde verbinden.

β) Linienauflager (Abb. 57): der Auflagerpunkt ist in einer Linie (*ll* in Abb. 57) verschieblich geführt, so daß der Stützdruck (bei Vernachlässigung der Reibung) in die rechtwinklig zu dieser Linie liegende Ebene fällt, während er der Richtung und Größe nach unbekannt bleibt, so daß zwei Unbekannte (z. B. die 2 Seitenkräfte N und H in Abb. 57) auftreten, die durch zwei in jener Ebene, aber nicht in derselben Geraden liegende Auflagerstäbe (Pendelpfeiler) ersetzt werden können.

γ) **Flächenauflager** (Abb. 58): der Auflagerpunkt ist auf einer Ebene ($l_1 l_2$ in Abb. 58) verschieblich geführt, so daß der Stützdruck (bei Vernachlässigung der Reibung) rechtwinklig zu dieser Ebene wirkt und nur der Größe nach unbekannt bleibt, so daß nur eine Unbekannte (N in Abb. 58) auftritt, die durch einen senkrecht zur Führungsebene stehenden Auflagerstab (Pendelstütze) ersetzt werden kann.

3. **Ein Mangel in der äußeren Lage,** d. i. eine unvollständige Stützung kann durch Ausbildung der inneren Form nicht ausgeglichen werden. Die Zahl der voneinander unabhängigen Stützdrücke muß daher bei einem $\frac{\text{ebenen}}{\text{räumlichen}}$ Fachwerk mindestens $\frac{\text{drei}}{\text{sechs}}$ betragen. Unvollständig gestützte Fachwerke sind für die Ausführung unbrauchbar.

4. **Ein Mangel in der inneren Form,** d. h. die innere Verschieblichkeit des Fachwerks kann dagegen durch übervollständige Stützung ausgeglichen werden. Man hat nur die zur inneren Unverschieblichkeit fehlenden $\frac{f = 2n - 3 - z}{\varphi = 3\nu - 6 - \zeta}$ Stücke durch $\frac{f + m}{\varphi + \mu}$ weitere, unter sich und von den $\frac{\text{drei}}{\text{sechs}}$ bereits vorhandenen unabhängige Stützdrücke zu ersetzen, so daß dann die Gesamtzahl der voneinander unabhängigen Stützdrücke $\frac{a_1 = f + 3 + m}{\alpha_1 = \varphi + 6 + \mu}$ beträgt. Ist dabei $\frac{m = 0}{\mu = 0}$, so ist der entstandene Fachwerkträger statisch bestimmt, im anderen Falle $\frac{m}{\mu}$ fach statisch unbestimmt. Bedingung für seine Brauchbarkeit ist aber, daß von jedem Knotenpunkt des $\frac{\text{ebenen}}{\text{räumlichen}}$ Fachwerkträgers mindestens $\frac{\text{zwei}}{\text{drei}}$ nicht in derselben $\frac{\text{geraden Linie}}{\text{Ebene}}$ liegende Stäbe ausgehen.

Das ebene Fachwerk Abb. 59 besteht aus den 3 ebenen Scheiben I, II und III, von denen I und II sowie II und III je einen Knotenpunkt gemeinsam haben; es fehlen daher $e = 2 \times 1 = 2$ Stücke, so daß der Grad der inneren Verschieblichkeit des erweiterten Fachwerks $f = 2$ ist; durch Hinzufügung der $f + 3 = 5$ Stützdrücke H, N_1 bis N_4 geht das Fachwerk in den in sich unverschieblichen statisch bestimmten Fachwerkträger (Gerberträger) Abb. 59a über.

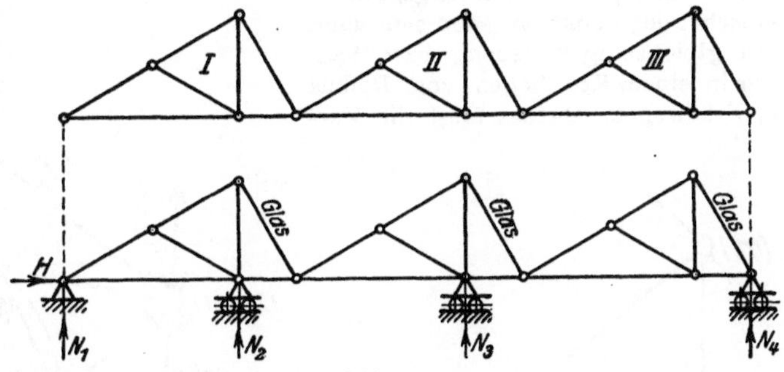

Abb. 59.

Abb. 59a.

Das räumliche Fachwerk Abbildung 54 hat den inneren Verschieblichkeitsgrad $\varphi = 2n - 6$; durch Hinzufügung der $\varphi + 6 = 2n$ Stützdrücke N_1 bis N_n und H_1 bis H_n geht es in den in sich unverschieblichen räumlichen statisch bestimmten Fachwerkträger (Schwedlerkuppel) Abb. 79 über.

Damit die $\frac{a_1}{\alpha_1}$ Stützdrücke voneinander unabhängig sind, dürfen sie sich nicht in ein und demselben Punkt schneiden (insbesondere also auch nicht alle parallel sein), weil sonst jede äußere Last das Fachwerk um diesen Schnittpunkt (der bei lauter parallelen Stützdrücken unendlich fern liegt) drehen würde; sie dürfen aber auch kein inneres Gleichgewichtssystem bilden; das tritt dann ein, wenn sich beim Fehlen äußerer Lasten und bei Annahme eines beliebigen der $\frac{a_1}{\alpha_1}$ Stützdrücke alle übrigen Stützdrücke und Stabkräfte aus den $\frac{\text{drei}}{\text{sechs}}$ Gleichgewichtsbedingungen $\frac{\text{der Ebene}}{\text{des Raumes}}$ berechnen lassen. Für den n-eckigen Gelenkring von gerader Seitenanzahl, dessen Knotenpunkte auf dem Umfang eines Kreises liegen (Abb. 60), ist beispielsweise $f = n - 3$, daher bei Voraussetzung der statischen Bestimmtheit $a_1 = f + 3 = n$. Läßt man diese n Stützdrücke tangential zum Umkreis wirken, so daß also die n Knotenpunkte radial verschieblich geführt sind, und nimmt etwa N_1 beliebig an, so ergibt der Kräfteplan (Abb. 60a) die letzte Seite $\overline{1n}$ parallel zu N_n, so daß die n Stützdrücke ein geschlossenes Kräftevieleck (Abb. 60a) und ein geschlossenes Seileck (Abb. 60 mit dem Pol 0 in Abb. 60a), also ein Gleichgewichtssystem bilden; der Gelenkring ist daher in sich verschieblich: man kann die ungeraden Knotenpunkte um ein kleines Maß nach innen, die geraden nach außen verschieben, wie es in Abb. 60 gestrichelt angedeutet ist, ohne die Längen der Stäbe s zu ändern. Bei einem Sehnenvieleck von ungerader Seitenanzahl (Abb. 61) bilden die tangential zum Umkreis angeordneten Stützdrücke **kein** inneres Gleichgewichtssystem, da sich nach Annahme eines beliebigen Wertes für N_1 die letzte Seite $\overline{1\,n}$ im Kräfteplan nicht parallel zu N_n ergibt; für den in Abb. 61 vorausgesetzten Fall eines **regelmäßigen** Vielecks von ungerader Seitenzahl wird $\overline{1\,n} \perp N_1$.

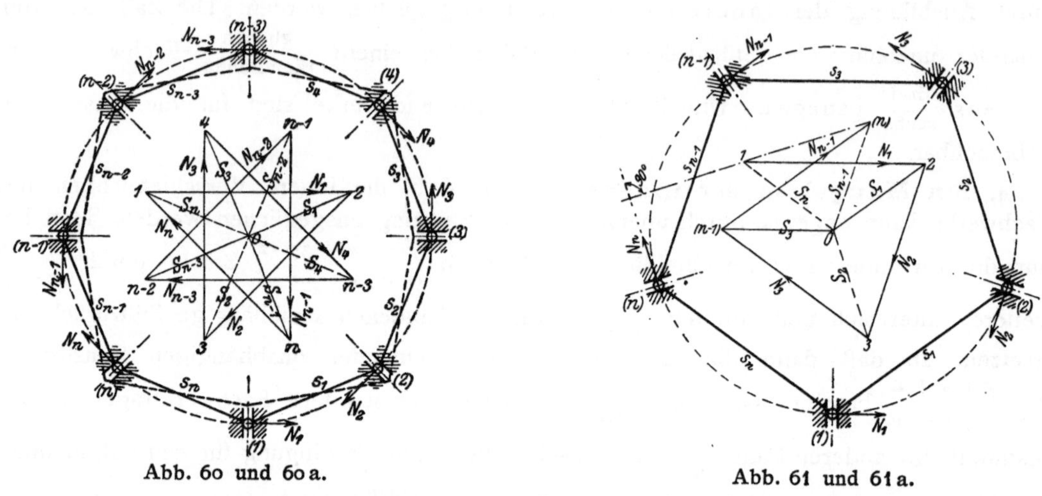

Abb. 60 und 60a. Abb. 61 und 61a.

Die Führung eines Knotenpunkts (m) der Abb. 60 und 61 in einer geraden Linie $l - l$ kann wie in Abb. 62 in Auf- und Grundriß dargestellt, auch dadurch erreicht werden, daß man ihn durch 2 Stäbe an zwei feste Punkte A und B der Erde anschließt, deren Verbindungslinie $A''B''$ im Punkte C'' **rechtwinklig** zur Führungsgeraden $l—l$ steht; der Punkt (m) kann sich dann unter gleichzeitiger Hebung bzw. Senkung in einem Kreisbogen vom Radius $(m')\,C'$ bewegen. Daraus folgt die Verschieblichkeit des in Abb. 63 im Grundriß dargestellten Raumfachwerks, bei dem die Knotenpunkte des oberen Ringes von **gerader** Seitenanzahl auf dem Umfange eines Kreises, die Seiten des unteren Ringes aber rechtwinklig zu den im Grundriß durch die oberen Knotenpunkte gezogenen Radien liegen; die Knotenpunkte des oberen Ringes können sich im Grundriß radial verschieben, wobei sie sich gleichzeitig im Aufriß um die gegenüberliegenden Seiten des unteren Ringes drehen.

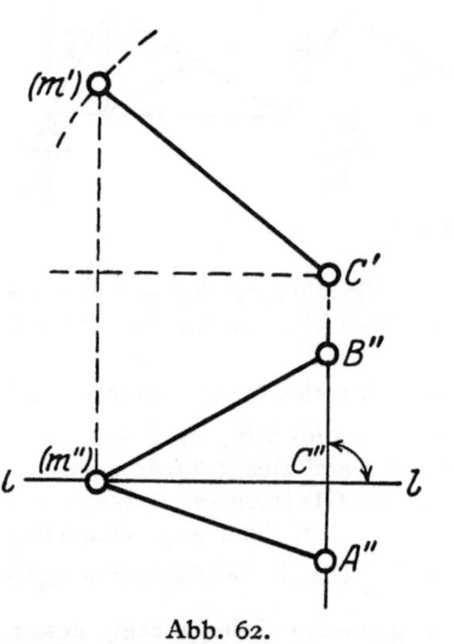

Abb. 62.

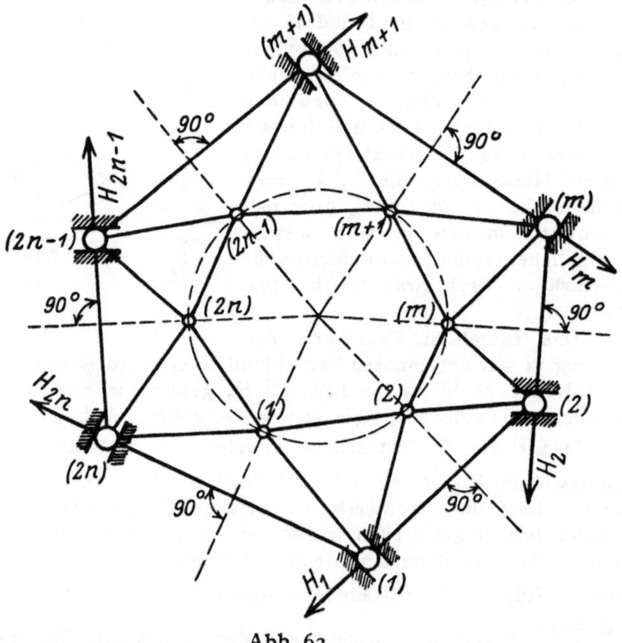

Abb. 63.

5. Die für die Anwendung wichtigsten **ebenen** Fachwerke werden durch Aneinanderreihen einzelner Dreiecke derart gebildet, daß jedes folgende Dreieck mit dem vorhergehenden eine Seite, also zwei Ecken gemeinsam hat. Ein solches Fachwerk bildet geometrisch ein Vieleck, dessen Umfangsseiten die Gurtstäbe oder Gurtungen (Ober- und Untergurt) und dessen Diagonalen die Zwischen- oder Füllungsstäbe (Schrägstäbe, Streben oder Diagonalen — Senkrechte, Vertikale, Pfosten oder Ständer — Wagerechte, Horizontale oder Riegel) heißen. Die wichtigsten ebenen Fachwerkträger sind:

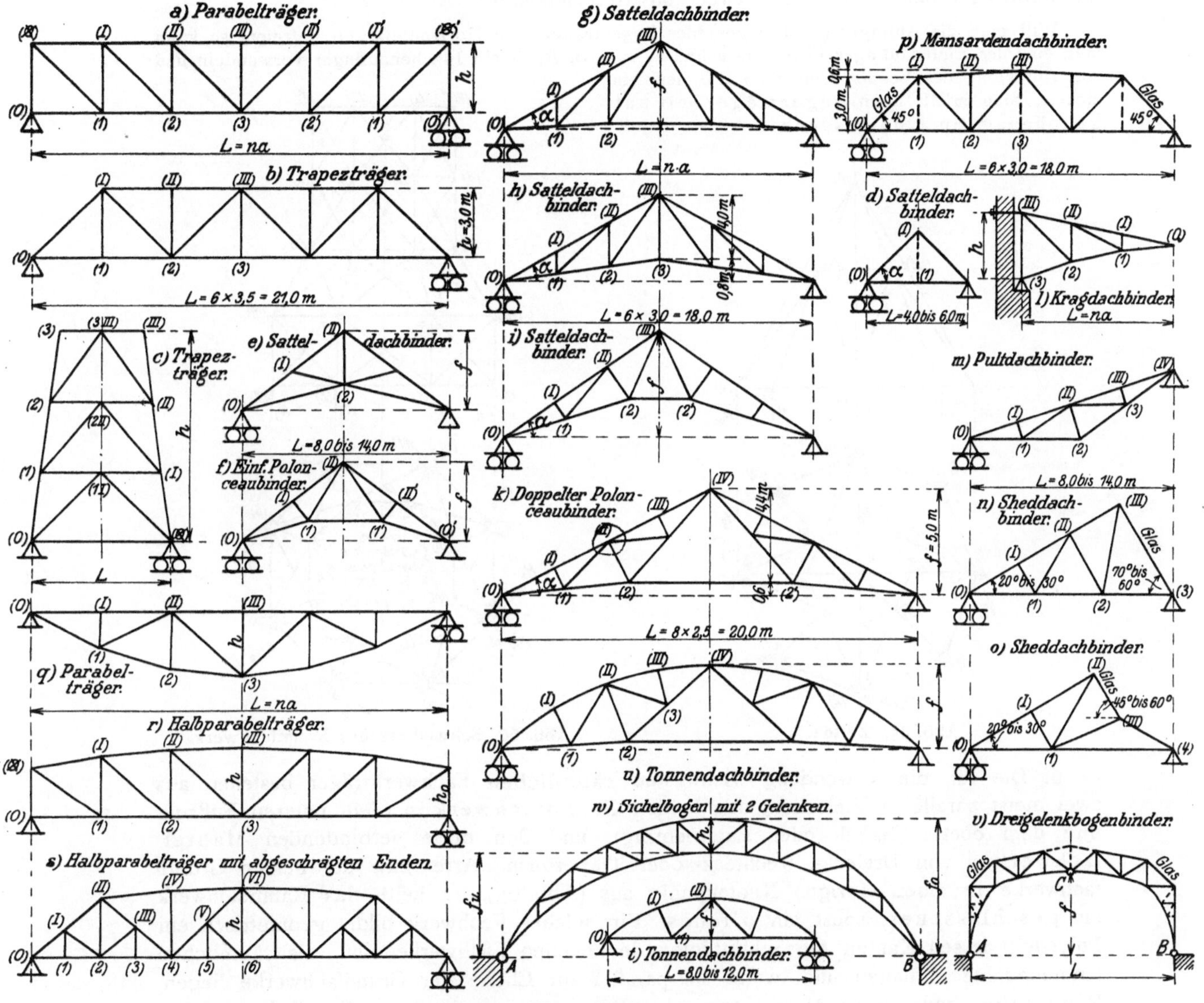

Abb. 64. Ebene Fachwerkträger.

a) **Parallel- und Trapezträger** (Abb. 64a—64c): die Knotenpunkte der Gurtungen liegen auf dem Umfang eines Parallelogramms oder Trapezes.

b) **Dreieck- und Binderträger** (Abb. 64d—64p): die Knotenpunkte der Gurtungen liegen auf dem Umfang eines Sattel-, Pult-, Shed-, Mansarden- oder Kniestockdachs.

c) **Kreis-, Parabel- und Ellipsenträger** (Abb. 64q—64u); die Knotenpunkte einer oder auch beider Gurtungen liegen auf einer Kreis- oder Korbbogenlinie, Parabel oder Ellipse.

Die Auflagerung dieser äußerlich statisch bestimmten Träger erfolgt in der Regel durch ein Linien- und ein Flächenauflager mit insgesamt $2+1=3$ Stützdrücken; solange man nur die äußere Verschieblichkeit des Fachwerks in seiner eigenen Ebene betrachtet, darf man ersteres das feste, letzteres das bewegliche Auflager nennen. Rechtwinklig zur Fachwerkebene setzen diese 3 Stützdrücke einer Verschiebung des ganzen Trägers keinen Widerstand entgegen.

d) Bogenfachwerkträger (Abb. 64v—64w): ersetzt man in den Abb. 30 und 32 den vollwandigen Bogen AB bzw. in den Abb. 30 und 33 die beiden Bogenteile AC und CB durch in sich unverschiebliche ebene Scheiben, so erhält man die Bogenfachwerkträger ohne, mit einem, zwei und drei Gelenken.

Will man die Auflager (Widerlager) der Bogenträger vom Horizontalschub befreien, so kann man eins der Linienauflager in Abb. 64v und 64w, z. B. B, in ein Flächenauflager verwandeln und zur Aufnahme des Schubs den Stab AB neu einziehen; man erhält dann Bogenträger mit aufgehobenem Horizontalschub.

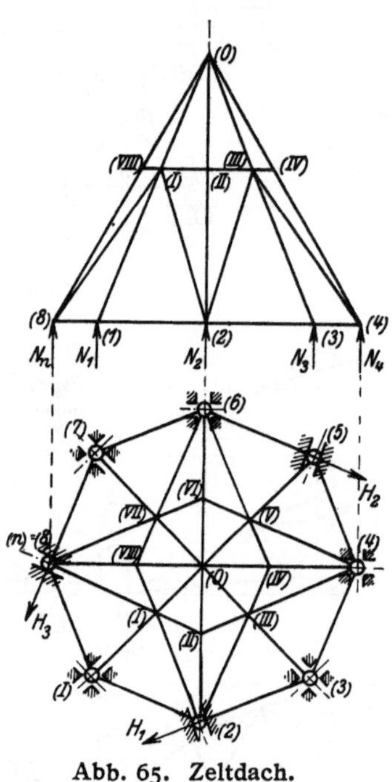

Abb. 65. Zeltdach.

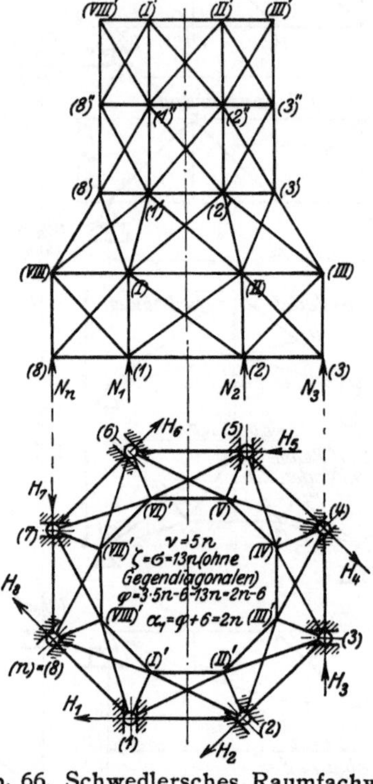

Abb. 66. Schwedlersches Raumfachwerk.

6. Die für die Anwendung wichtigsten **räumlichen** Fachwerkträger bestehen aus zwei meist parallelen Vielecken, den beiden Grundfachwerken (dem unteren Fußring und dem oberen Nabel- oder Laternenring), und den diese verbindenden Mantelfachwerken von Dreieck-, Rechteck- oder Trapezform. Artet eins der beiden Grundfachwerke in einen einzigen Knotenpunkt aus (Abb. 65), so heißt das Raumfachwerk ein geschlossenes, sonst ein offenes. Ein solches Fachwerk bildet geometrisch ein Polyeder, dessen Kanten die Schnittlinien der ebenen Fachwerke sind, die räumlichen Knotenpunkte enthalten und, wenn sie parallel zur Ebene der Grundfachwerke liegen, Ringstäbe, sonst aber Meridian- oder Rippenstäbe heißen; alle übrigen Stäbe werden als Diagonalen bezeichnet. Liegen Ringstäbe nur in den beiden Grundfachwerken (Abb. 79 und 80), so ist das Raumfachwerk ein eingeschossiges, im Gegenfalle ein mehrgeschossiges (Zwischenringe Abb. 65, 66 und 82). Die wichtigsten Raumfachwerkträger sind:

A. Schwedlersche Raumfachwerke: Fuß-, Laternen- und Zwischenringe bilden n-Ecke, die in parallelen (meist wagerechten) Ebenen derart liegen, daß ihre entsprechenden Seiten parallel sind, die Mantelfachwerke daher Trapeze bzw. bei lotrecht stehenden Geschossen Rechtecke bilden. Sind alle Ringe regelmäßige Vielecke und gleichzeitig die Meridianstäbe ein und desselben Geschosses alle gleich lang, so heißt das Raumfachwerk ein regelmäßiges. Man unterscheidet:

a) **Prismen- und Pyramidenfachwerkträger** (Turmfachwerke, Pfeiler, Zeltdächer, Abb. 65 bis 66): die räumlichen Knotenpunkte liegen auf der Oberfläche eines Prismas oder einer Pyramide.

Für Abb. 65 ist $\nu = 2n + 1$; $\zeta = \sigma = n + 2n + n + n = 5n$; daher $\varphi = 3(2n + 1) - 6 - 5n = n - 3$ und $\alpha_1 = \varphi + 6 = n + 3$; angeordnet sind 3 Linienauflager und $n - 3$ Flächenauflager mit $3 \cdot 2 + (n - 3) \cdot 1 = n + 3$ Stützdrücken (n lotrechte N_1 bis N_n und 3 wagerechte H_1 bis H_3).

Die in der Anwendung häufigsten Prismen- und Pyramidenfachwerke entstehen durch Verbindung von 2 in sich unverschieblichen ebenen Fachwerken von je n Knotenpunkten (ABA_1B_1 und CDC_1D_1 in Abb. 67) zu einem in sich unverschieblichen Fachwerk von $\nu = 2n$ Knotenpunkten durch Hinzufügung von $2n$ unter sich und von den vorhandenen unabhängigen neuen Stäben. Die beiden ebenen Fachwerke sollen in erster Linie die senkrechten Lasten aufnehmen und heißen die Hauptträger, die $2n$ neuen

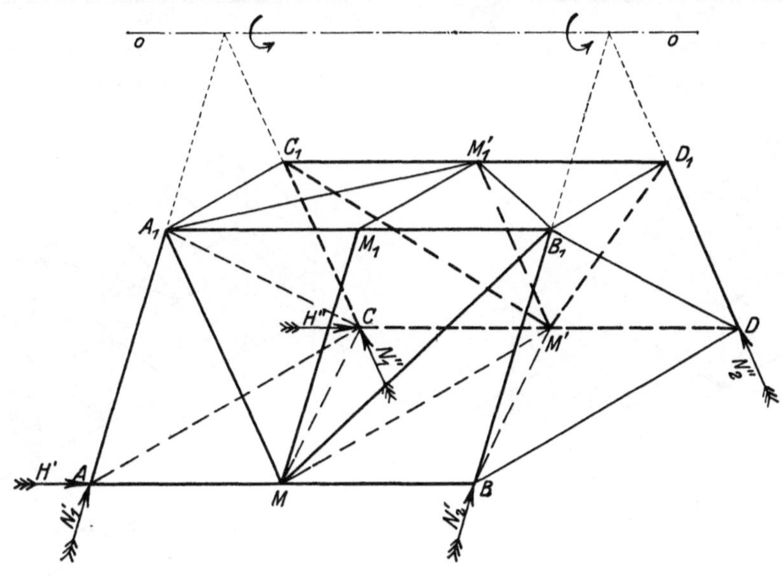

Abb. 67.

Stäbe aber dienen hauptsächlich zur Aufnahme der wagerechten Lasten und heißen Verbände, und zwar die in den Ebenen der Hauptträgergurtungen liegenden die wagerechten oder Windverbände ($ABCD$ und $A_1B_1C_1D_1$ in Abb. 67), die in den Ebenen der Füllungsstäbe liegenden aber die senkrechten oder Querverbände (ACA_1C_1 und BDB_1D_1 in Abb. 67). War jedes der beiden ebenen Fachwerke durch ein Linien- und ein Flächenauflager, insgesamt also durch 3 Auflagerdrücke (N_1, N_2 und H in Abb. 67) vollständig gestützt, so besitzt das entstandene Raumfachwerk zwar $2 \times 3 = 6$ Stützdrücke; da aber je 3 dieser Stützdrücke und daher auch ihre Resultierende in ein und derselben Ebene $\left(\frac{N_1', N_2', H'}{N_1'', N_2'', H''}\right.$ in der Ebene $\left.\frac{ABA_1B_1}{CDC_1D_1}\right)$ liegen, so schneiden beide Resultierende die Schnittlinie o—o der beiden Fachwerkebenen (die bei parallelen Ebenen unendlich fern liegt); jede diese Linie nicht schneidende äußere Last würde daher das Raumfachwerk um die Achse o—o drehen; um das zu verhindern, ist es erforderlich, eins der Auflager A oder C als Punktauflager auszubilden; da dadurch aber die Zahl der Stützdrücke auf $6 + 1 = 7$ steigt, wird das Raumfachwerk einfach äußerlich statisch unbestimmt. Man könnte die statische Bestimmtheit dadurch wiederherstellen, daß man das Fachwerk in sich verschieblich vom ersten Grad ausbildet, indem man die beiden Diagonalen A_1C und B_1D in den Ebenen der Endvertikalen durch die eine

Diagonale $M'M_1$ in der Ebene der Mittelvertikalen ersetzt, verzichtet aber meist darauf, weil die praktische Erfahrung die Vernachlässigung der äußerlichen statischen Unbestimmtheit als zulässig erwiesen hat. In der Regel geht man noch weiter und schreibt dem Raumfachwerk 8 Stützpunkte nach Abb. 68 vor, indem man das Flächenauflager B in ein Linienauflager verwandelt. Bei einer Länge des Stabes AC von nicht mehr als etwa 6 m, bei der die Änderungen durch Temperaturschwankungen nur unwesentlich sind, wählt man meist sogar 10 Stützdrücke nach Abb. 69, indem man C in ein Punkt- und D in ein Linienauflager verwandelt; man dürfte jetzt die Stäbe AC und BD fortlassen, behält sie aber meistens aus konstruktiven Gründen bei.

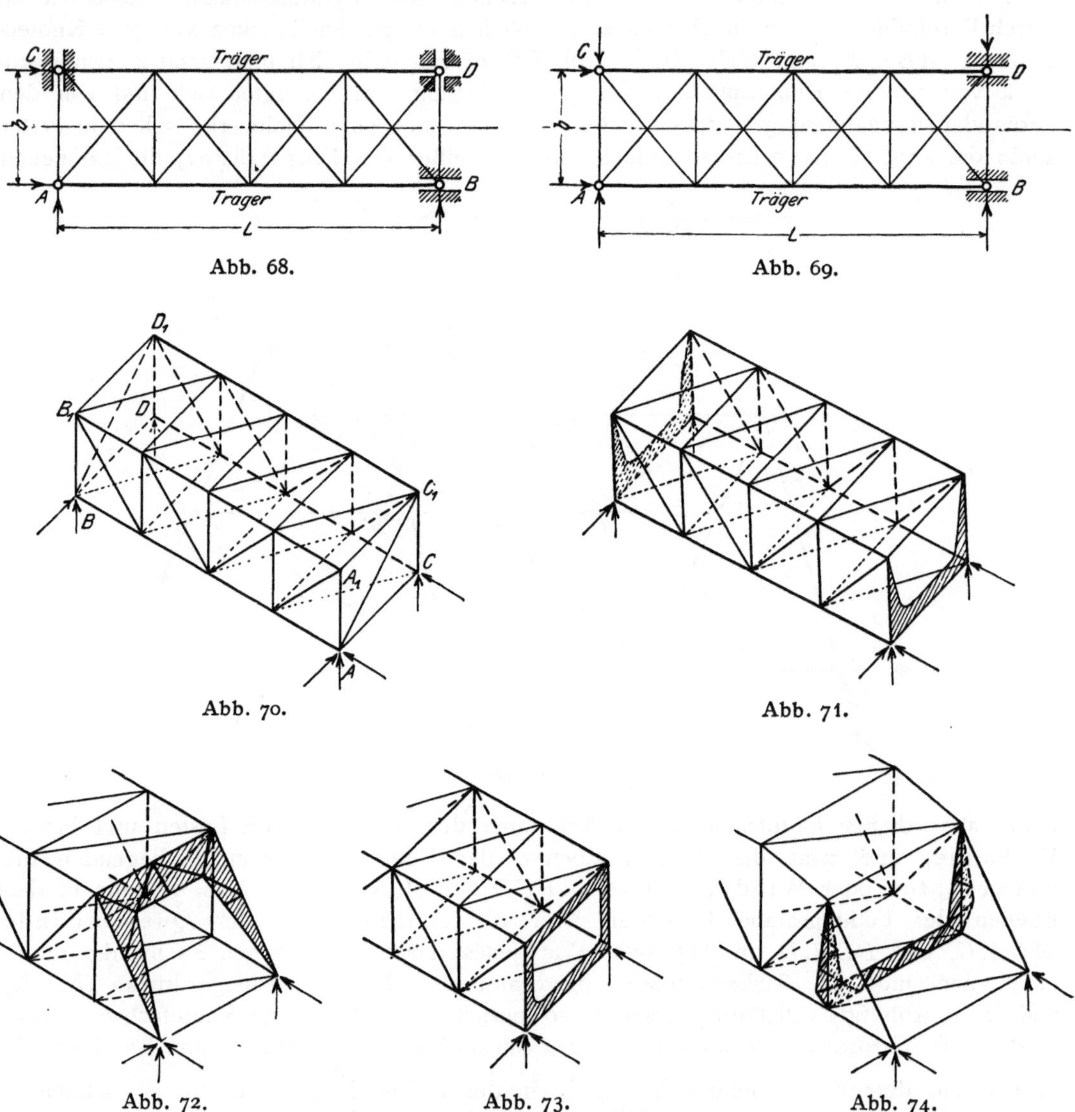

Abb. 68. Abb. 69. Abb. 70. Abb. 71. Abb. 72. Abb. 73. Abb. 74.

Für die Anordnung der $2n$ neu hinzukommenden Stäbe stehen zwei Wege offen:

α) Anordnung von zwei Windverbänden in den Ebenen der Gurtungen und zwei Querverbänden in den Ebenen der Endfüllungsstäbe (Abb. 70). Der in der Auflagerebene liegende Windverband $ABCD$ überträgt die auf ihn wirkenden wagerechten Kräfte unmittelbar, der andere $A_1B_1C_1D_1$ durch die beiden Querverbände ACA_1C_1 und BDB_1D_1 auf die Stützpunkte. Muß der Raum zwischen den Hauptträgern zur Durchfahrt frei bleiben, so werden die beiden Stäbe AC_1 und BD_1 der Querverbände durch zwei Winkel, d. h. durch biegungsfeste Ausbildung der Knotenpunkte A und B (oder C und D) in der Ebene der Füllungsstäbe ersetzt. Aus Symmetriegründen werden aber in der Regel entweder die beiden unteren Punkte A, C und B, D (Abb. 71) oder aber die beiden oberen Punkte A_1, C_1 und B_1, D_1 (Abb. 72) oder aber endlich die oberen und die unteren Punkte (Abb. 73) biegungsfest (Abb. 72 und 73) oder als ebene Scheiben (Abb. 74) ausgebildet.

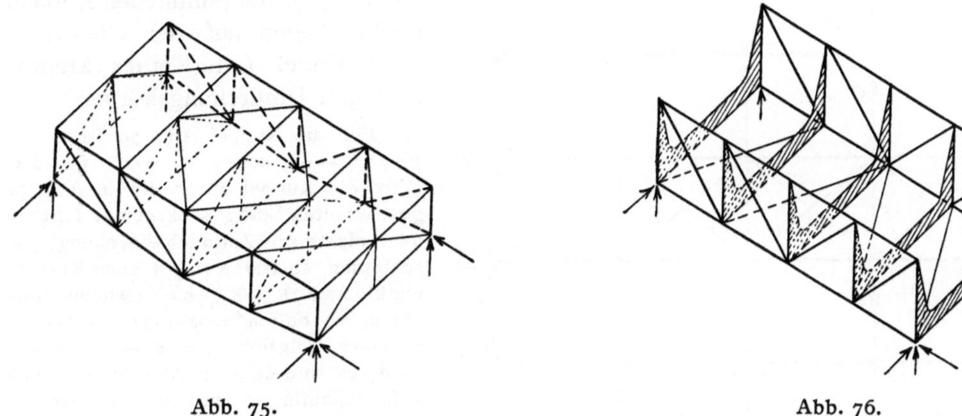

Abb. 75. Abb. 76.

Bei Trägern mit abgeschrägten Enden (ohne Endvertikalen) sowie bei Trägern mit gekrümmtem Obergurt kann der obere Windverband nicht bis zur Senkrechten durch die Auflagerpunkte durchgeführt werden; die biegungsfesten Querrahmen oder Portale liegen dann in der schrägen Enddiagonalebene (Abb. 72) oder in der Ebene einer Zwischenvertikalen (Abb. 74).

β) Anordnung eines Windverbands in der Ebene der oberen (Abb. 75) oder der unteren (Abb. 76) Hauptträgergurtungen und Querverbände in allen Vertikalebenen. Muß der Raum zwischen den Hauptträgern zur Durchfahrt frei bleiben, so besteht jedes der Querverbandvierecke nur aus 3 Seiten (Abb. 76), hat also den Verschieblichkeitsgrad $f = 2 \cdot 4 - 3 - 3 = 2$, so daß 2 Knotenpunkte in der Ebene des Vierecks biegungsfest ausgebildet werden müssen; der Querverband bildet dann einen offenen Halbrahmen.

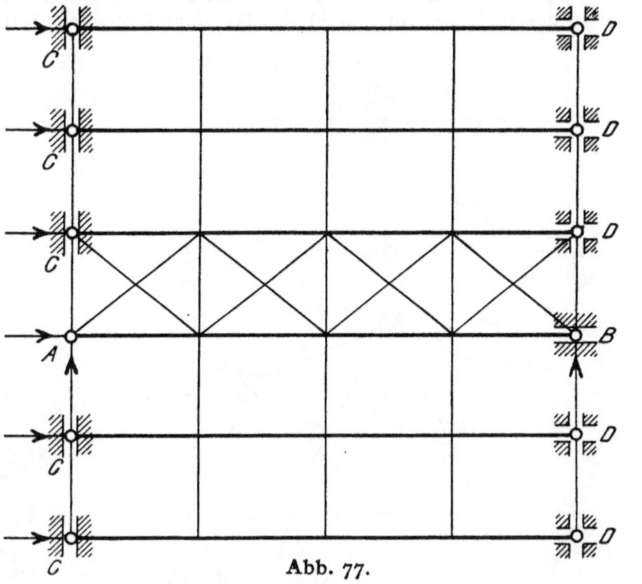

Abb. 77.

Wird an ein aus 2 Hauptträgern von je n Knotenpunkten durch Wind- und Querverbände gebildetes Raumfachwerk ein neuer Hauptträger von n Knotenpunkten durch n neue, unter sich und von den vorhandenen unabhängige Stäbe angeschlossen, so hat das entstehende neue, erweiterte Raumfachwerk $\nu = 3n$ Knotenpunkte und $\zeta = \sigma = 3(2n - 3) + 2n + n = 9n - 9$ Stäbe, daher den inneren Verschieblichkeitsgrad $\varphi = 3 \cdot 3n - 6 - (9n - 9) = 3$, der aber durch die übervollständige Stützung durch die 3 Stützdrücke des neu hinzukommenden Hauptträgers ausgeglichen wird.

An zwei zu einem innerlich und äußerlich unverschieblichen Raumfachwerk miteinander verbundene Hauptträger können daher beiderseits beliebig viele neue Hauptträger dadurch hinreichend angeschlossen werden, daß jeder Knotenpunkt eines neu hinzukommenden Trägers mit dem entsprechenden Knotenpunkt des nächst vorhergehenden durch einen Stab verbunden wird (Abb. 77). Jeder neu hinzukommende Träger erhält dabei ein Linien- und ein Flächenauflager (C und D). Ordnet man aber wegen der Längenänderungen bei Temperaturschwankungen in diesen n neuen Verbindungsstäben bewegliche Gelenke (g in Abb. 78) an, so müssen an jeder Seite eines solchen mit Gelenken versehenen Feldes je 2 Hauptträger durch Wind- und Querverbände zu einem in sich unverschieblichen Raumfachwerk miteinander verbunden werden.

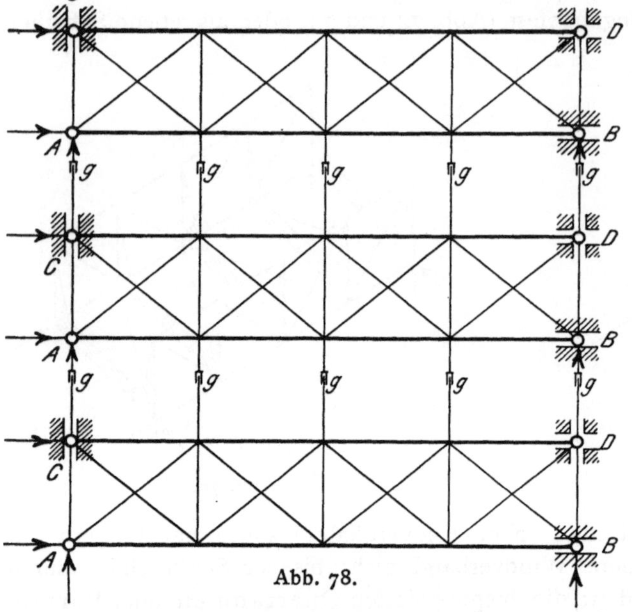

Abb. 78.

b) **Kuppelfachwerkträger** (Abbildung 79): die räumlichen Knotenpunkte liegen auf der Oberfläche einer Kugel (oder eines krummflächigen Umdrehungskörpers).

Für die Kuppel Abb. 79 ist $\varphi = 2n - 6$, daher $\alpha_1 = \varphi + 6 = 2n$. Wird die Kuppel durch die in Abb. 79 gestrichelten Stäbe (senkrechter Laternenaufsatz mit Zeltdachabdeckung) geschlossen, so treten $n + 1$ neue Knotenpunkte und $2n + n + n = 4n$ neue Stäbe hinzu, so daß $\varphi' = \varphi + 3(n + 1) - 4n = n - 3$, folglich $\alpha_1' = \varphi' + 6 = n + 3$ wird; es sind dann in Abb. 79 nur noch 3 Linienauflager und $n - 3$ Flächenauflager erforderlich; läßt man aber die n Linienauflager mit ihren $2n$ Stützdrücken bestehen, so wird die Kuppel $\mu = 2n - (n + 3) = (n - 3)$ fach äußerlich statisch unbestimmt.

Ordnet man bei der oben offenen Kuppel in den Knotenpunkten des Fußrings Punktauflager mit je 3 Stützdrücken (1 lotrechten und 2 wagerechten, Abb. 56) an und läßt dafür die n Stäbe s_1 bis s_n des Fußrings fort, so bleibt das Raumfachwerk statisch bestimmt.

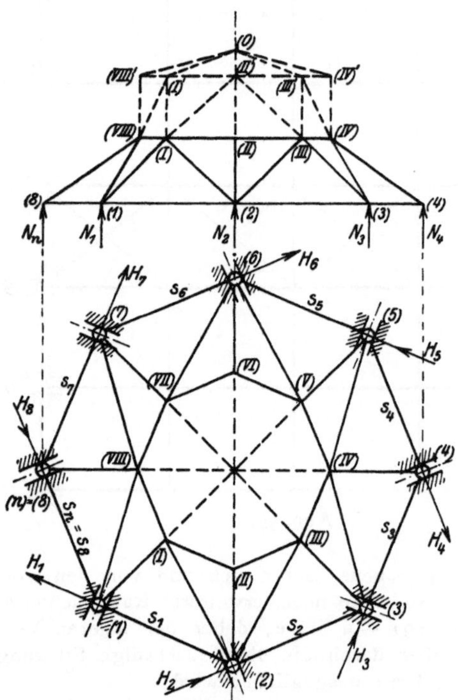

Abb. 79. Schwedlersches Raumfachwerk.

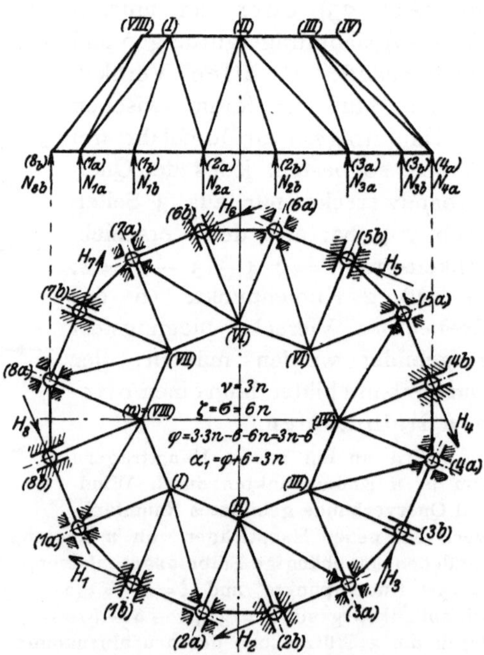

Abb. 80. Zimmermannsches Raumfachwerk.

B. Zimmermannsche Raumfachwerke (Abb. 80): Schwedlerfachwerke, bei denen die Ecken des unteren Grundfachwerks abgeschrägt sind, so daß dieses doppelt soviel

Knotenpunkte wie das obere erhält und die Mantelfachwerke abwechselnd Dreiecke (Eckfache) und Trapeze bzw. Rechtecke (Mittelfache) sind.

Die Ecken des unteren Grundfachwerks sind abwechselnd in Linien- und Flächenauflagern geführt; es ist $\nu = 3n$, $\zeta = \sigma = 6n$, $\varphi = 3n - 6$, daher $\alpha_1 = \varphi + 6 = 3n$; vorhanden sind $2n$ lotrechte und n wagerechte, insgesamt $3n$ Stützdrücke.

C. Scheibenraumfachwerke (Abb. 81): Schwedlerfachwerke, bei denen nicht nur die Ecken des unteren Grundfachwerks, sondern auch die Mittelpunkte seiner Seiten als Stützpunkte ausgebildet sind, so daß die Mantelfachwerke in Dreiecke übergehen.

An Stelle der n Linienauflager der Abb. 79 treten hier n Linien- und n Flächenauflager mit insgesamt $2n + n = 3n$ Stützdrücken; mit $\nu = n + 2n = 3n$ und $\zeta = \sigma = n + 3n + 2n = 6n$ wird $\varphi = 3 \cdot 3n - 6 - 6n = 3n - 6$, daher in der Tat $\alpha_1 = \varphi + 6 = 3n$. Daß von den Mantelfachdreiecken hier je 3 in dieselbe Ebene fallen, liegt an der besonderen Wahl der Zwischenpunkte auf den Seiten des unteren Grundfachwerks; es steht nichts im Wege, diese Punkte auch außerhalb dieser Seiten zu wählen; die Seiten selbst gehen dann in geknickte Linien über.

D. Netzwerkraumfachwerke (Abb. 82): Schwedlerfachwerke, bei denen jeder zweite Ring gegen den vorhergehenden gedreht ist, so daß die Mantelfachwerke in Dreiecke übergehen.

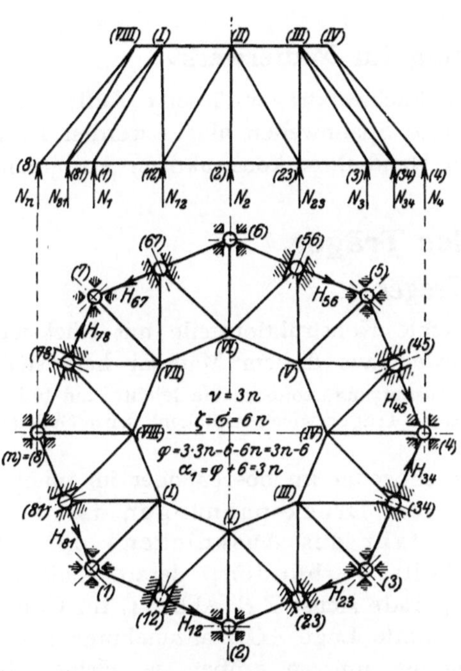

Abb. 81. Scheibenraumfachwerk.

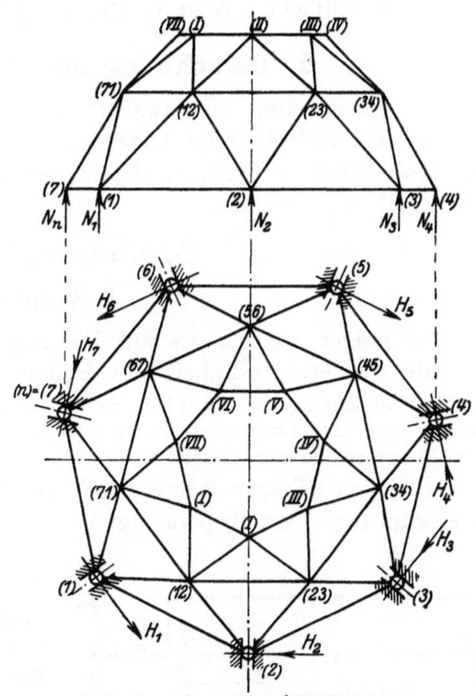

Abb. 82. Netzwerkraumfachwerk.

Netzwerkfachwerke sind regelmäßig, wenn alle Ringe wie in Abb. 82 regelmäßige n-Ecke bilden und der Drehwinkel des einen Rings gegenüber dem nachfolgendem gleich dem halben Zentriwinkel des n-Ecks ist. Regelmäßige Netzwerke von gerader Ringseitenzahl sind daher nach Abb. 63 wegen ihrer Verschieblichkeit unbrauchbar. Bei unregelmäßigen Netzwerken ist die Frage ihrer Brauchbarkeit auf Grund der an Abb. 63 geknüpften Bemerkungen leicht zu entscheiden.

In Abb. 82 ist $\varphi = 2(n - 3)$, daher $\alpha_1 = 2(n - 3) + 6 = 2n$; daher sind in den n Knotenpunkten des Fußrings n Linienauflager mit $2n$ Stützdrücken angeordnet.

1. Berechnung der Stabkräfte.

Zur Berechnung eines Fachwerkträgers müssen dieselben Größen L, b, p, Q, P_1, P_2, ... gegeben sein wie bei einem vollwandigen Träger. Aus diesen Werten berechnet man die auf die einzelnen Knotenpunkte entfallenden „Knotenlasten“; greift irgendeine Last zwischen zwei Knotenpunkten an, so wird sie nach dem Hebelgesetz auf diese beiden Punkte verteilt. Aus den Knotenlasten bestimmt man die Stützdrücke und darauf die Spannkräfte sämtlicher Stäbe (die „Stabkräfte") entweder rechnerisch oder zeichnerisch.

Greifen bei einem reinen Fachwerk die äußeren Kräfte nur in den Knotenpunkten an, so entsteht in jedem Stab entweder nur eine Zug- oder eine Druckkraft; greifen aber auch zwischen zwei Knotenpunkten Kräfte an, so tritt zu der Zug- oder Druckkraft des zwischen ihnen liegenden Stabes noch ein Biegungsmoment, das bei der Festsetzung der Querschnittsabmessungen zu berücksichtigen ist.

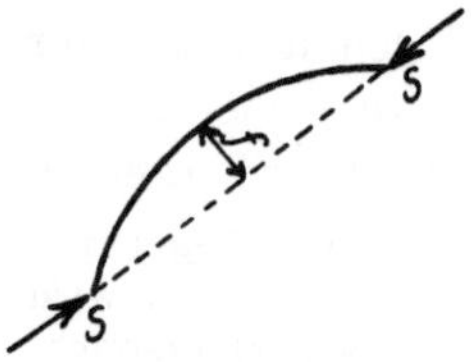

Abb. 83.

Außer durch die äußeren Lasten kann aber in einem Stabe auch durch die Stabkraft S selbst ein Biegungsmoment hervorgerufen werden, wenn nämlich der Stab in der Ausführung gekrümmt wird (Abb. 83). Ist f die Pfeilhöhe der Krümmung, so ist das auftretende Moment $M = \pm Sf$, wobei das Pluszeichen einer Zug-, das Minuszeichen einer Druckkraft S entspricht.

Geht ein durch die äußeren Lasten oder durch die Stabkrümmung oder durch beide Ursachen auf Biegung beanspruchter Stab über mehr als 2 Fachweiten ununterbrochen durch, so darf man bei der Querschnittsbestimmung die berechneten Momente mit ihrem 0,8fachen Wert in Rechnung stellen.

2. Berechnung der Auflagerung im Mauerwerk.

Für Spannweiten bis etwa 20 m wird für die Fachwerkträger dieselbe Auflagerung wie für die vollwandigen Täger gewählt; über diese Spannweiten hinaus werden Kipp- und Rollenlager verwendet, deren Berechnung an Hand ihrer konstruktiven Ausbildung unter B II erledigt wird.

B. Konstruktion der Träger.

I. Vollwandige Träger.

Die Träger werden als auf Biegung beanspruchte Konstruktionsteile mit Rücksicht auf die größere Festigkeit des Flußeisens durchweg aus diesem Material hergestellt.

Nur in den Fällen, wo nicht die günstige Materialausnutzung, sondern die leichte und billige Formgebung ausschlaggebend ist (z. B. bei Auflagerplatten, Trägerzwischenstücken), wird Gußeisen bzw. Stahlformguß verwendet.

Bei jedem Träger treten durch die Belastung entweder im oberen oder im unteren Querschnittsteil Druckspannungen auf. Mit diesen Druckspannungen ist aber stets die Gefahr des Ausknickens des gedrückten Teils verbunden, derart, daß die ursprünglich gerade Achse AB (Abb. 84) im Grundriß die gekrümmte Lage ACB anzunehmen strebt. Diese Gefahr ist um so größer, je kleiner die Trägerbreite b im Verhältnis zur Spannweite L und Höhe h ist. Bei keinem Träger — ob vollwandig, ob fachwerkförmig gegliedert — darf diese Knickgefahr des „Druckgurts" außer acht gelassen werden; und wenn der Träger nicht schon durch die gesamte Konstruktionsanordnung selbst gegen seitliches Ausweichen gesichert ist (z. B. die Deckenträger durch die Deckenbalken bzw. Deckenfüllung, die Dachbinder durch Pfetten und Windverband, die Brückenträger durch Quer- und Windverbände), sind stets besondere Vorkehrungen gegen das Ausknicken des Druckgurts zu treffen.

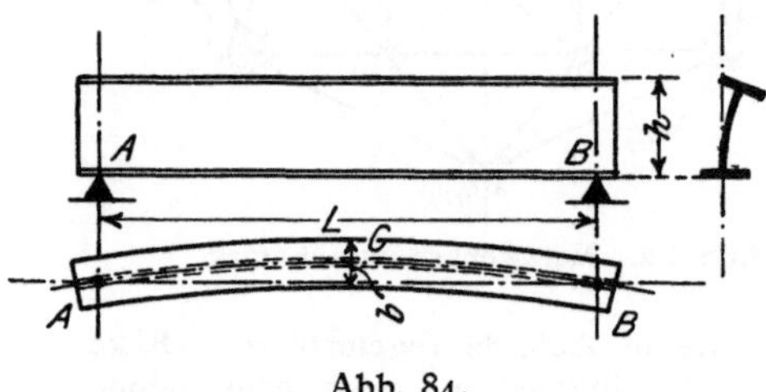

Abb. 84.

1. Querschnittsformen.

Soll eine Querschnittsform wirtschaftlich zur Verwendung als Träger sein, so muß einmal die Schwerachse in der Mitte der Höhe liegen; denn da für Flußeisen die zulässigen Beanspruchungen auf Zug und Druck gleich groß sind, so sollen auch die tatsächlich auftretenden größten Zug- und Druckspannungen gleich groß sein; dann aber die Hauptmasse der Flächenteile möglichst weit von der Schwerachse entfernt liegen, damit das Trägheitsmoment und damit das Widerstandsmoment möglichst groß wird.

Beide Bedingungen erfüllt der I-förmige Querschnitt.

Beispielsweise hat das Flacheisen $^{300}/_{44}$ bei 103,6 kg/m Gewicht ein Widerstandsmoment $\frac{1}{6}\cdot 4{,}4\cdot 30{,}0^2 = 660$ cm³, während das gleich tragfähige I NP. 30 nur 54,5 kg/m wiegt.

a) Gewalzte Träger. Von den Walzprofilen werden als Träger die I-, ⊔- und Z-Eisen, bei Decken und Dachkonstruktionen auch die Λ-Eisen verwendet.

Eine Verstärkung der gewalzten Träger kann erzielt werden durch:

α) auf- und untergelegte Flacheisen (Gurtplatten oder Lamellen, Abb. 85). Abgesehen von der Schwierigkeit der Nietung in den nur schmalen Flanschen der I-Eisen, hat diese Anordnung den Nachteil, daß die Flanschen durch die Nietlöcher, die bei der Berechnung des Widerstandsmoments in Abzug gebracht werden müssen, eine beträchtliche Verschwächung erfahren; sie wird daher nur ausnahmsweise verwendet.

Die horizontale Scherkraft H (Abb. 86) für den Nietabstand t berechnet sich nach Gl. 18 zu $H = \mathfrak{H} t = V\frac{S}{J}t$; da diese Kraft durch den Scherwiderstand der beiden hintereinander sitzenden Niete vom Durchmesser d aufgenommen werden muß, ist auch $H = 2\left(\frac{\pi d^2}{4}\right)k_s$; daraus ergibt sich die Nietteilung zu

$$28)\quad t = 2\,\frac{\left(\frac{\pi d^2}{4}\right)k_s}{V}\,\frac{J}{S},$$

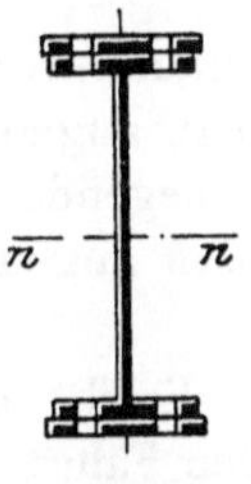

Abb. 85.

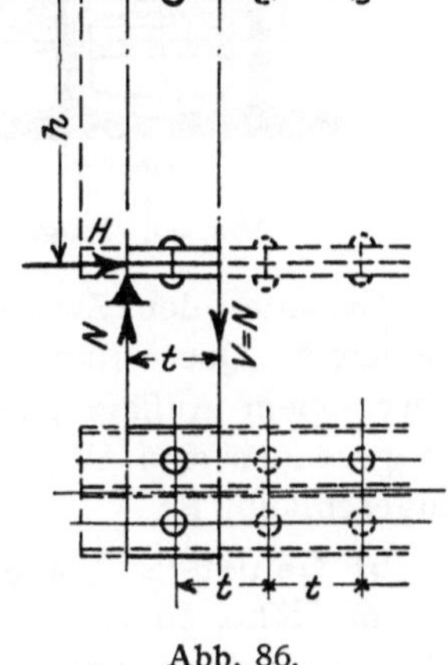

Abb. 86.

wobei J das Trägheitsmoment des ganzen Querschnitts, S das statische Moment der an einen Flansch angeschlossenen Lamellen (beide ohne Nietverschwächung) bedeutet (Beispiel vgl. Aufg. 74). Die Scherkraft V nimmt ihren größten Wert $V_{max} = N$ am Auflager an; die hier erforderliche kleinste Nietteilung t_{min} kann der Abnahme der Scherkraft entsprechend allmählich vergrößert werden, darf aber das Maß

$$29)\quad t_{max} = \begin{array}{l} 6\,d \text{ bis } 8\,d \text{ für den Druckgurt} \\ 8\,d \text{ bis } 10\,d \text{ für den Zuggurt} \end{array}$$

nicht überschreiten.

β) Verdoppelung bzw. Vervielfachung der Träger (Abb. 87). Um hierbei die nebeneinanderliegenden Träger in der gleichen Höhenlage zu erhalten, was zur Erzielung einer gleichmäßigen Lastverteilung erforderlich ist, müssen sie in 1,5 bis 2,5 m Entfernung, vor allem aber da, wo größere Einzellasten wirken (insbesondere also stets an den Auflagerstellen), miteinander verbunden werden.

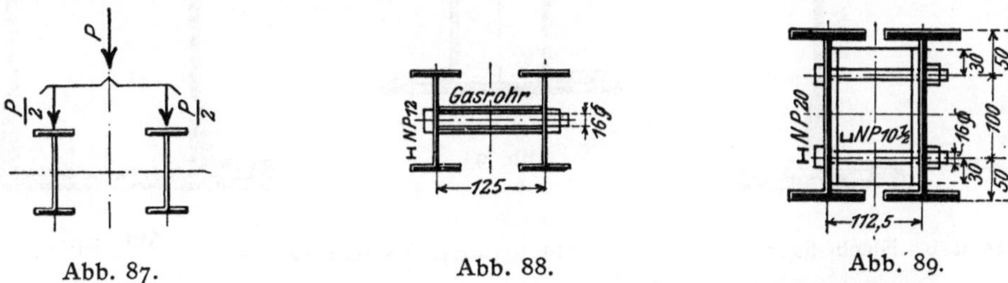

Abb. 87. Abb. 88. Abb. 89.

Bei Trägern von geringer Höhe, wie sie besonders zur Überdeckung von Maueröffnungen dienen, erfolgt die Verbindung durch Schraubenbolzen mit übergeschobenem Gasrohrstück (Abb. 88) oder besser mit eingeschaltetem ⊔-Eisenstück (Abb. 89).

Bei größerer Trägerhöhe sind dagegen stets besondere Zwischenstücke aus Gußeisen anzuordnen (Abb. 90), die sich ringsum an die Träger anlegen und durch ihren

Biegungswiderstand eine Höhenverschiebung des einen Trägers gegen den anderen verhindern; bis etwa 40 cm Trägerhöhe werden dabei 2, darüber hinaus 3 Verbindungsschrauben eingezogen.

Der Schraubendurchmesser d wird bis etwa 30 cm Höhe zu $^3/_4$″, bis etwa 40 cm Höhe zu $^7/_8$″, darüber hinaus zu 1″, die Breite des Zwischenstücks zu $b \geqq 3d$, seine Stärke zu $\delta = 0{,}6\,d$ gewählt.

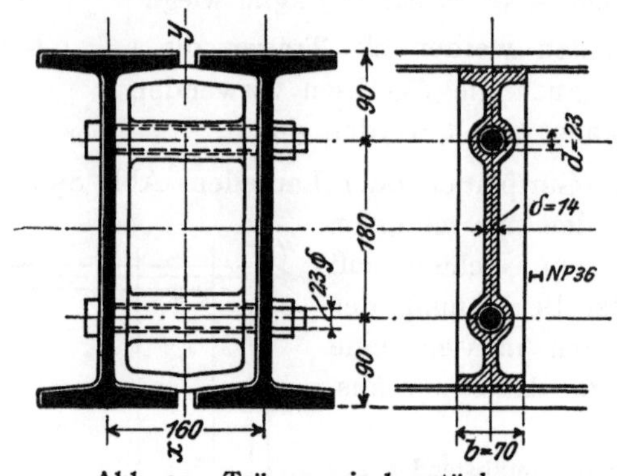

Abb. 90. Trägerzwischenstück.

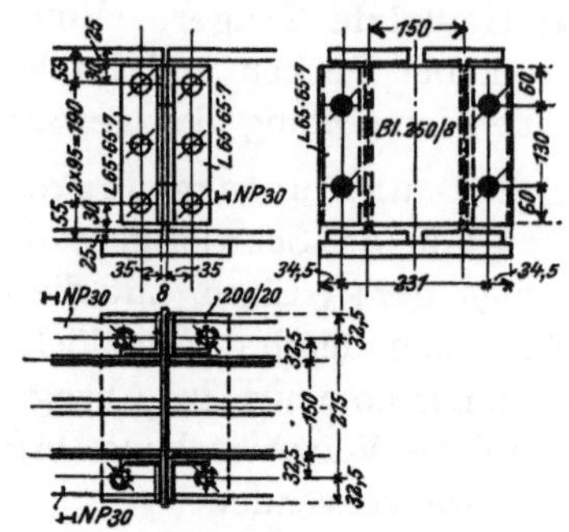

Abb. 91. Genietete Querverbindung.

Gestattet der Zwischenraum zwischen den Trägern das Nieten, so können auch genietete „Querverbindungen" angeordnet werden; eine solche ist in Abb. 91 für die über einem Auflagerpunkt liegende Stoßstelle eines Doppelträgers dargestellt: an den Trägerenden sind Winkeleisen angenietet, zwischen die ein Querblech eingeschaltet und angeschraubt ist.

b) Genietete Träger. Ergibt die Rechnung ein Walzprofil von mehr als etwa 40 cm Höhe, so ist in vielen Fällen die Verwendung zusammengenieteter ⊢⊣-Profile, der „Blechträger", vorteilhafter, die aus einem lotrechten, oben und unten durch je 2 gleichschenklige oder ungleichschenklige „Gurtwinkel" gesäumten „Stehblech" (Abb. 92a) und meist Lamellen (Abb. 92b) bestehen. Erfordert dabei die Übertragung der Last eine breite Auflagerfläche (z. B. bei der Überdeckung von Maueröffnungen), so verwendet man die Kastenträger, die aus ⊔-Eisen und Lamellen (Abb. 93) oder aber meist aus Stehblechen, Gurtwinkeln und Lamellen (Abb. 94) bestehen.

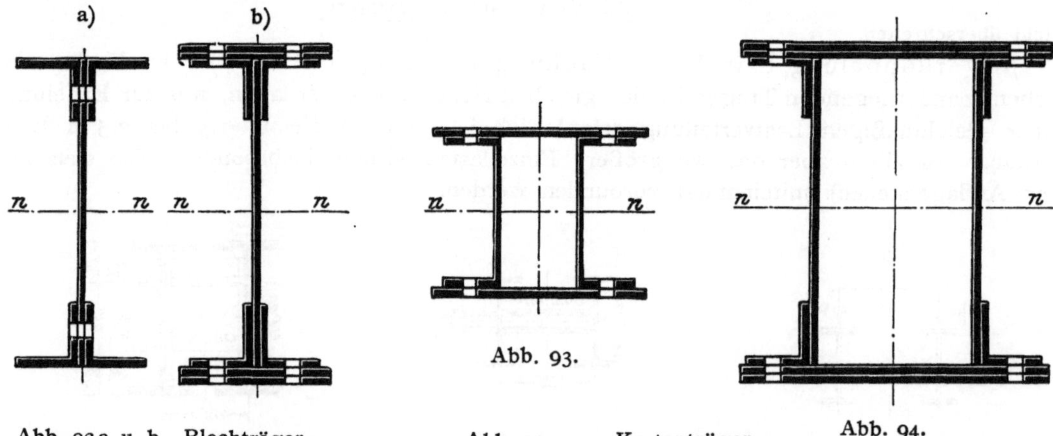

Abb. 93.

Abb. 94.

Abb. 92a u. b. Blechträger.

Abb. 93—94. Kastenträger.

Hätte z. B. die Rechnung ein erforderliches Widerstandsmoment $W = 7200\ \text{cm}^3$ ergeben, so würden 2 ⊢⊣ NP. 55 mit $W = 2 \cdot 3600 = 7200\ \text{cm}^3$ und einem Gewicht $g = 2 \cdot 166{,}4 = 332{,}8$ kg/m genügen; demselben Widerstandsmoment entspricht der Blechträger Abb. 108 $\left(\frac{900}{12} + 4 \,|\overline{120:11} + 2\,\frac{260}{12}\right)$ mit einem Gewicht von nur 213 kg/m; er hat aber dafür den Nachteil der größeren Konstruktionshöhe (924 gegen 550 mm) und vor allem den der erheblich kostspieligeren Herstellung in der Werkstatt. Ob der Minderaufwand an Gewicht oder aber der Mehraufwand für die Werkstattarbeit ausschlaggebend ist, kann nur von Fall zu Fall an Hand der Material- und Arbeitslohnkosten entschieden werden.

Bei der Berechnung des Trägheits- und Widerstandsmoments eines Blechträgers sind in **jeder** Gurtung **zwei** lotrechte Nietlöcher und außerdem 15 % der Stehblechstärke in Abzug zu bringen.

Ein weiterer Vorteil der genieteten Träger gegenüber den gewalzten liegt darin, daß man den Querschnitt entsprechend der Abnahme der größten Biegungsmomente verkleinern kann, sei es durch die (nur selten ausgeführte) Verringerung der Stehblechhöhe, sei es durch Fortlassen der Lamellen. Aus der in Abb. 37 dargestellten Kurve der größten Momente und aus der gegebenen zulässigen Biegungsbeanspruchung k_b ergibt sich unmittelbar die in Abb. 95 dargestellte Kurve der größten erforderlichen Widerstandsmomente. Trägt man die wirklich vorhandenen Widerstandsmomente (W_0 ohne, W_1 mit je 1, W_2 mit je 2, W_3 mit je 3 Lamellen oben und unten) auf, so erhält man die in Abb. 95 dargestellte treppenförmige Linie, die die Kurve der größten erforderlichen Widerstandsmomente umschließen muß und daher unmittelbar die für die einzelnen Lamellen erforderliche halbe Länge λ ergibt; in der Ausführung muß 2λ noch um ein Maß u beiderseits verlängert werden, um die für den Anschluß der betreffenden Lamelle erforderliche Nietanzahl unterzubringen.

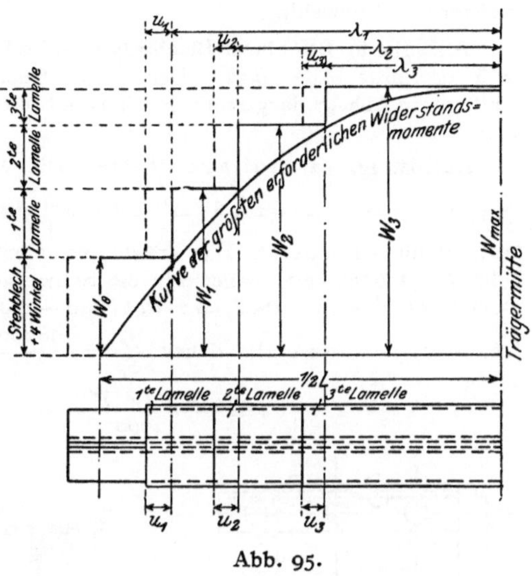

Abb. 95.

Das an der Stelle x (Abb. 37) erforderliche Widerstandsmoment W_x ergibt sich aus W_{max} aus der Parabelgleichung

$$\frac{W_{max} - W_x}{W_{max}} = \left(\frac{0{,}44\,L - x}{0{,}44\,L}\right)^2;$$

setzt man $0{,}44\,L - x = \lambda_x - 0{,}06\,L$, so berechnet sich die theoretisch erforderliche **Gesamtlänge** $2\lambda_x$ einer Lamelle zu

$$2\lambda_x = L\left(0{,}12 + 0{,}88\sqrt{1 - \frac{W_x}{W_{max}}}\right).$$

Zur Berechnung von $2\lambda_x$ dient die folgende Zahlenreihe; für zwischenliegende Werte von $\frac{W_x}{W_{max}}$ kann unter Benutzung der Werte $\Delta\frac{2\lambda_x}{L} : \Delta\frac{W_x}{W_{max}}$ geradlinig eingeschaltet werden.

$\frac{W_x}{W_{max}}$	$\frac{2\lambda_x}{L}$	$\frac{\Delta\frac{2\lambda_x}{L}}{\Delta\frac{W_x}{W_{max}}}$	$\frac{W_x}{W_{max}}$	$\frac{2\lambda_x}{L}$	$\frac{\Delta\frac{2\lambda_x}{L}}{\Delta\frac{W_x}{W_{max}}}$	$\frac{W_x}{W_{max}}$	$\frac{2\lambda_x}{L}$	$\frac{\Delta\frac{2\lambda_x}{L}}{\Delta\frac{W_x}{W_{max}}}$	$\frac{W_x}{W_{max}}$	$\frac{2\lambda_x}{L}$	$\frac{\Delta\frac{2\lambda_x}{L}}{\Delta\frac{W_x}{W_{max}}}$
					0,516			0,638			0,930
0,05	0,978	0,458	0,30	0,856	0,536	0,55	0,710	0,674	0,80	0,514	1,054
0,10	0,955	0,470	0,35	0,829	0,558	0,60	0,677	0,720	0,85	0,461	1,250
0,15	0,931	0,488	0,40	0,802	0,580	0,65	0,641	0,772	0,90	0,398	1,630
0,20	0,907	0,500	0,45	0,773	0,608	0,70	0,602	0,840	0,95	0,317	3,940
0,25	0,882	0,516	0,50	0,742	0,638	0,75	0,560	0,930	1,00	0,120	

Die horizontale Scherkraft H (Abb. 96) für den Nietabstand t berechnet sich nach Gl. 18) zu $H = \mathfrak{H}\,t = V\frac{S}{J}t$. Da die Niete zwischen Gurtwinkeln und Stehblech doppelschnittig sind, die Blechdicke δ aber in der Regel kleiner als $\frac{1}{4}\pi d$ ist, so muß H durch den Widerstand des Niets auf Lochleibungsdruck aufgenommen werden; daher $H = d\,\delta\,k_l = 2\,d\,\delta\,k_s$. Aus beiden Gleichungen folgt die Nietteilung

$$30)\quad t = \frac{d\,\delta\,k_l}{V}\,\frac{J}{S} = \frac{2\,d\,\delta\,k_s}{V}\,\frac{J}{S},$$

wobei J das Trägheitsmoment des ganzen Blechträgerquerschnitts, S aber das statische Moment eines Gurts (2 Winkel + Lamellen) bedeutet, beide Werte ohne Nietabzug berechnet. Die kleinste Nietteilung am Auflager ($V_{max} = N$) kann der Abnahme der Scherkraft V entsprechend unter Berücksichtigung der Gl. 29) allmählich vergrößert werden. Für Trägerhöhen $h \geqq \frac{L}{10}$ kann $\frac{J}{S}$ mit hinreichender Genauigkeit gleich der Entfernung h_1 der Wurzellinien eingeführt werden.

Die Nietteilung t_1 zwischen Gurtwinkeln und Lamellen ist nach Gl. 24) zu berechnen, wird aber meistens $= t$ gewählt.

Aufgabe 8. Bei einem Blechträger auf 2 Stützen beträgt die Scherkraft am Auflager $V_{max} = 30{,}0\,t$ in Trägermitte $V_{min} = 9{,}3\,t$. Der größte Querschnitt in Mitte ist in Abb. 105, der Querschnitt am Auflager in Abb. 97 dargestellt. Es sind die Nietteilungen an beiden Orten zu berechnen. $k_s = 750$ kg/cm²; $k_l = 2\,k_s$.

Auflösung. a) Auflagerstelle. Die Fläche des Querschnitts berechnet sich zu $80{,}0 \cdot 1{,}2 + 4 \cdot 19{,}1 + 25{,}0 \cdot 1{,}2 = 202{,}8$ cm²; seine Schwerachse $n - n$ liegt um $e = \frac{25{,}0 \cdot 1{,}2 \cdot 40{,}6}{202{,}8} = 6{,}0$ cm von Mitte Stehblech entfernt. Das Trägheitsmoment beträgt ohne Nietabzug für die Mitte der Stehblechhöhe $J = 206\,160$ cm⁴, daher für die Schwerachse $J_n = J - 202{,}8 \cdot 6{,}0^2 = 198\,860$ cm⁴, das statische Moment des oberen Gurts $S_0 = 2 \cdot 19{,}1\,(34{,}0 - 2{,}8) + 30{,}0 \cdot 34{,}6 = 2230$ cm³, das des unteren $S_u = 2 \cdot 19{,}1\,(46{,}0 - 2{,}8) = 1650$ cm³; daher $\frac{J_n}{S_0} = \frac{198\,860}{2230} = 84$ cm und nach Gl. 30):

$$t = \frac{2 \cdot 2{,}3 \cdot 1{,}2 \cdot 750}{30\,000} \cdot 84 = 11{,}6 \text{ cm}.$$

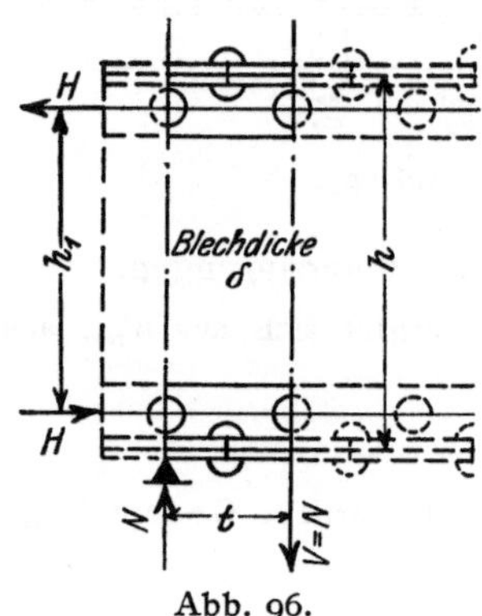

Abb. 96.

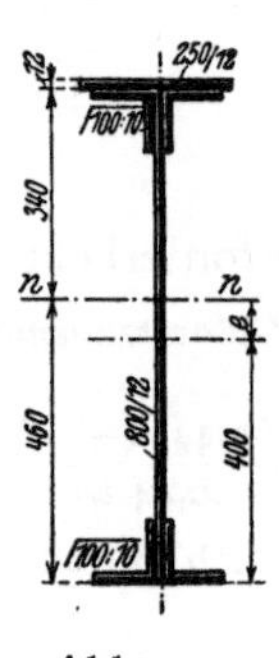

Abb. 97.

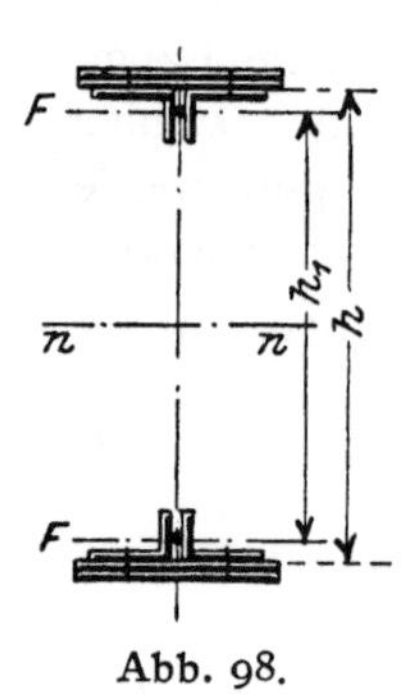

Abb. 98.

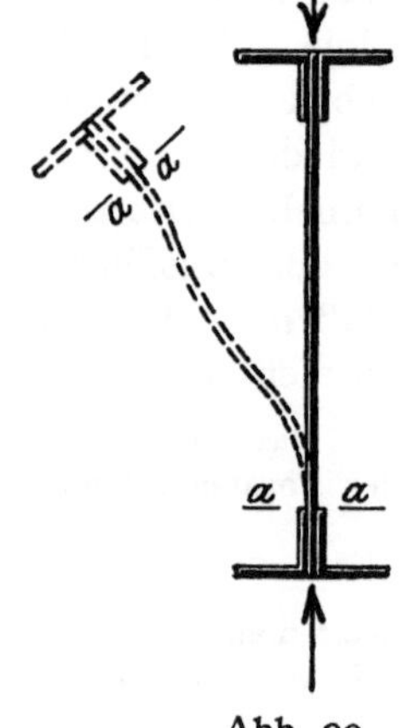

Abb. 99.

b) Trägermitte. Für die Schwerachse (Abb. 105) wird $J = 360\,460$ cm⁴ und $S = 2 \cdot 19{,}1\,(40{,}0 - 2{,}8) + 2 \cdot 30{,}0 \cdot 41{,}2 = 3890$ cm³, daher $\frac{J}{S} = 93$ cm und $t = \frac{2 \cdot 2{,}3 \cdot 1{,}2 \cdot 750}{9320} \cdot 93 = 41{,}4$ cm; da $t > 8\,d$ wird, so ist $d_{max} = 6\,d$ bis $8\,d = 138$ bis 184 mm zu wählen.

Für die Nietteilung zwischen Lamellen und Gurtwinkeln wird $S_1 = 2 \cdot 30{,}0 \cdot 41{,}2 = 2470$ cm³, $\frac{J}{S_1} = 145$ cm, daher mit $\frac{\pi d^2}{4} = 4{,}2$ cm² nach Gl. 28): $t_1 = \frac{2 \cdot 4{,}2 \cdot 750}{9300} \cdot 145 = 87{,}4$ cm.

Zur vorläufigen Querschnittsermittlung bei gegebener Stehblechhöhe h setzt man das Trägheitsmoment annähernd gleich $2\,F\left(\frac{h}{2}\right)^2 = \frac{F\,h^2}{2}$, wo F die Querschnittsfläche einer Gurtung (2 Winkel + Lamellen, Abb. 98) bedeutet; daraus ergibt sich das Widerstandsmoment genau genug zu $J : \frac{h}{2} = F\,h$ und endlich der erforderliche Gurtquerschnitt zu $F = \frac{W}{h}$, wenn W das durch die Rechnung ermittelte erforderliche Widerstandsmoment ist. Nach Ermittlung von F ist, falls keine Zahlentafeln zur Hand sind, das genaue Widerstandsmoment unter Berücksichtigung der Nietverschwächungen zu berechnen.

Infolge der im Verhältnis zu seiner Höhe nur sehr geringen Stärke des Stehblechs ist der Druckgurt eines Blechträgers in besonderem Maße der Gefahr der seitlichen Ausbiegung nach Abb. 84 ausgesetzt; sie wird noch dadurch erhöht, daß das Stehblech an den Angriffspunkten größerer Einzellasten infolge seines zur lotrechten Schwerachse sehr kleinen Trägheitsmoments durch die Kraft $\mathfrak{Z}$ (Abb. 36e) zusammengedrückt wird, also die in Abb. 99 angedeutete gestrichelte Lage anzunehmen bestrebt ist, wobei die Stellen $a - a$, an denen es die Gurtwinkel verläßt, die für das Abbiegen und Ausknicken gefährlichsten sind. Die für $\mathfrak{z} = 0$ aus Gl. 19) folgende Bedingung einer gleichförmigen Verteilung der äußeren Kräfte über die ganze Stehblechhöhe ist daher hier von besonderer Wichtigkeit. Sie wird dadurch verwirklicht, daß die Stehbleche in 1,0 bis 1,5 m Entfernung, vor allem aber da, wo größere Einzellasten angreifen (insbesondere also stets an den Auflagerstellen), durch beiderseits aufgenietete Profileisen in ┘└-, ┘┌-, ┤├- oder ┼-Form (Abb. 100a—d) ausgesteift werden, die mit Futterplatten[1]) ununterbrochen über die Gurtwinkel durchgeführt werden müssen.

Die Aufgabe dieser Aussteifungseisen, die äußere Kraft gleichmäßig über die ganze Stehblechhöhe zu verteilen, bedingt auch ihre gleichmäßige Ausbildung in ihrer ganzen Länge; das Kröpfen (Abbiegen) dieser Eisen an den Stellen a — a unter Fortlassung der Futterplatten ist daher zu verwerfen, ganz abgesehen von der Schwierigkeit der sauberen Herstellung und der durch das Kröpfen gerade an den gefährlichsten Stellen a — a herbeigeführten Materialverschwächung.

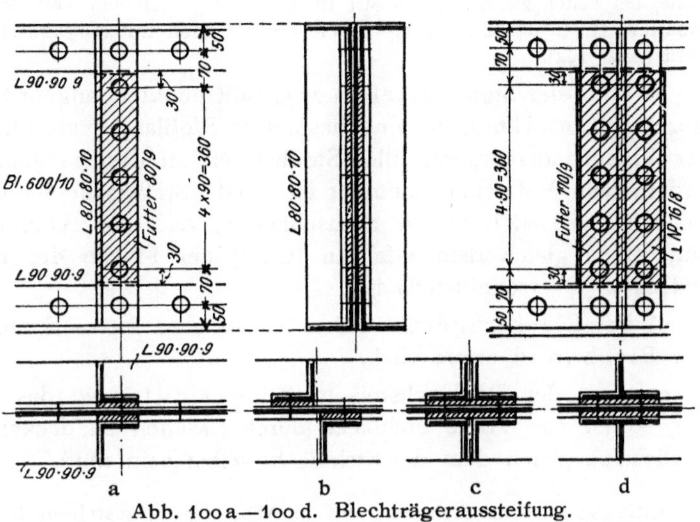

Abb. 100a—100d. Blechträgeraussteifung.

2. Stoß der Träger.

a) Der Stoß eines Trägers wird, wenn möglich, über einem Auflagerpunkt angeordnet, weil hier bei einem Balken auf 2 Stützen das Biegungsmoment gleich Null und lediglich die Scherkraft aufzunehmen ist, so daß zur Stoßdeckung zwei seitlich des Stegs bzw. Stehblechs angeordnete Stoßlaschen genügen (Abb. 101).

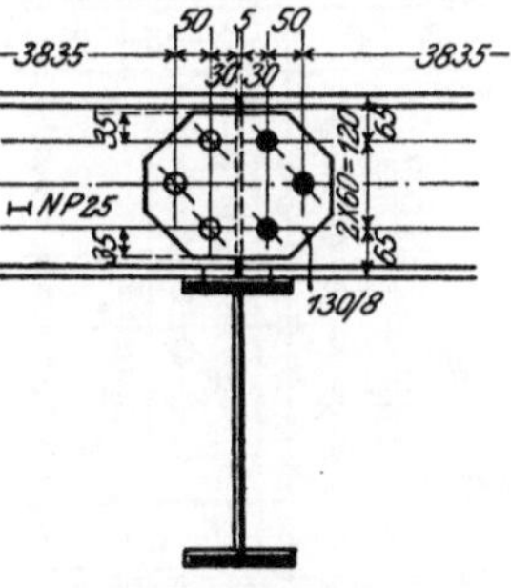

Abb. 101. Trägerstoß.

Bei Gerberträgern fallen die Stöße mit den Gelenkpunkten (A und B in Abb. 29) zusammen und werden abwechselnd fest und beweglich ausgebildet.

Der feste Stoß wird meist durch einen Gelenkbolzen (Abb. 21), nur bei sehr schwer belasteten Trägern großer Spannweite durch Einschaltung eines festen Auflagers ausgebildet.

Liegt die Trägerebene schräg (z. B. bei Dachpfetten), so ersetzt man die Flacheisenlaschen der Abb. 21 zur Herbeiführung einer größeren seitlichen Steifigkeit durch ⊔-Eisen (Abb. 102) oder Winkeleisen (Abb. 103).

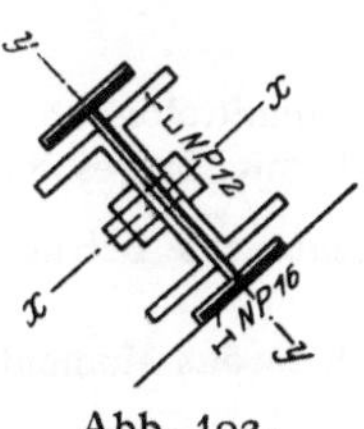

Abb. 102.

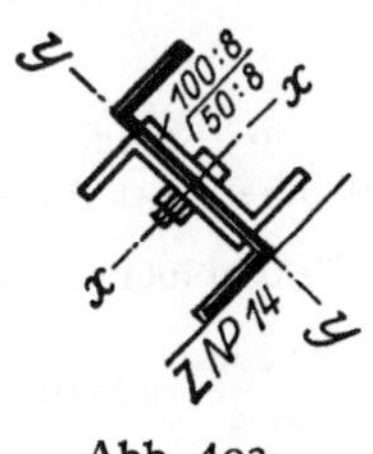

Abb. 103.

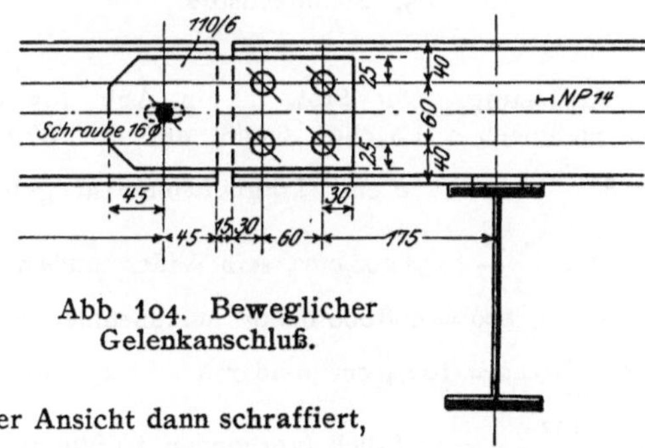

Abb. 104. Beweglicher Gelenkanschluß.

[1]) Die Futterplatten werden im Schnitt stets, in der Ansicht dann schraffiert, wenn es der Klarheit wegen zweckmäßig erscheint.

Der beweglische Stoß wird entweder durch einen Gelenkbolzen mit Langloch (Abb. 104, die das bewegliche Gelenk der Aufgabe 5 darstellt) oder aber durch Anordnung eines beweglichen Auflagers (vgl. 10. und 11. Kap.) ausgebildet.

Man unterscheidet (DIN 1034) Paßstöße, bei denen die Stirnflächen der gestoßenen Teile sich berühren sollen, in der Zeichnung durch eine Linie dargestellt; normale Stöße, bei denen ein unmittelbares Aufeinanderliegen der Stirnflächen der gestoßenen Teile bei normaler, guter Werkstattarbeit nicht verlangt wird, in der Zeichnung durch zwei Linien dargestellt (Abb. 101) und Fugenstöße, bei denen zwischen den Stirnflächen der gestoßenen Teile ein bestimmter Zwischenraum einzuhalten ist, in der Zeichnung durch zwei Linien mit Angabe des geforderten Abstandes dargestellt (Abb. 104).

b) Muß der Stoß zwischen zwei Stützpunkten angeordnet werden, so ist für jeden einzelnen Querschnittsteil eine besondere Stoßlasche anzuordnen, derart, daß die Summe der Widerstandsmomente aller Stoßlaschen mindestens gleich dem an der Stoßstelle erforderlichen Widerstandsmoment ist. Jede Stoßlasche ist dabei beiderseits der Stoßstelle mit so viel Nieten anzuschließen, daß die Summe der Nietquerschnittsflächen mindestens gleich dem ν-fachen (Gl. 3) der Fläche des durch die betreffende Lasche gedeckten Querschnittsteils ist.

c) Bei Blechträgern werden bis zu etwa 14 m Spannweite nur senkrechte Stöße der Blechwand erforderlich.

α) Liegt der Stehblechstoß in Trägermitte, wo das größte Biegungsmoment auftritt, so ist das volle Stehblech durch Laschen zu decken, deren Widerstandsmoment mindestens gleich dem des Stehblechs selbst sein muß.

Aufgabe 9. Das Stehblech des in Abb. 105 dargestellten Blechträgers auf 2 Stützen ist am Ort des Maximalmoments gestoßen; der Stoß ist zu berechnen und aufzuzeichnen. $k = 800$ kg/cm²; $k_s = 750$ kg/cm² $\left(\nu = 800:750 = \frac{16}{15}\right)$; $k_l = 2\,k_s$.

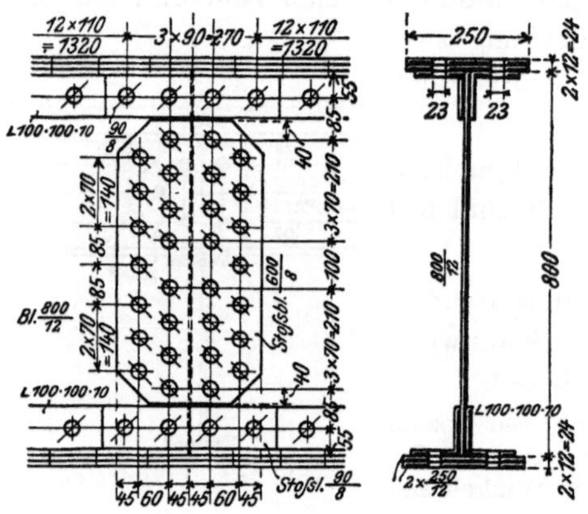

Abb. 105. Stehblechstoß.

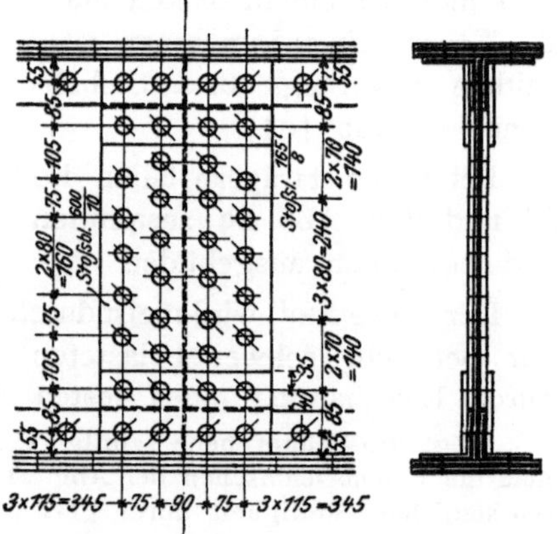

Abb. 106. Stehblechstoß.

Auflösung. Der Stoß ist in Abb. 105 dargestellt; zur Stoßdeckung sind unmittelbar auf das Stehblech 2 Laschen 600/8, auf die Winkelschenkel aber 2·2 Laschen 90/8 mit insgesamt $2 \cdot 0{,}8 \cdot \frac{78{,}0^3}{12} = 63\,270$ cm⁴ Trägheitsmoment gelegt. Das Trägheitsmoment des Stehblechs beträgt $J_s = 1{,}2 \cdot \frac{80{,}0^3}{12} = 51\,200$ cm⁴, sein Widerstandsmoment $W_s = \frac{51\,200}{42{,}4} = 1210$ cm³, so daß es das Moment $M_s = 1210 \cdot 800 = 968\,000$ cmkg aufzunehmen hat. Mit $F = 80{,}0 \cdot 1{,}2 = 96{,}0$ cm² wird nach Gl. 3): $F_s = \frac{15}{16} \cdot 96{,}0 = 102{,}4$ cm² und mit $d = 23$ mm nach Gl. 8): $z_s = \frac{102{,}4}{2 \cdot 4{,}2} = 13$ Stück bzw. nach Gl. 9): $z_l = \frac{102{,}4}{22 \cdot 2{,}3 \cdot 1{,}} = 19$ Stück (vorhanden 19 Stück).

Endlich ergibt sich mit $\Sigma e^2 = 2\cdot 69^2 + 52^2 + 38^2 + 24^2 + 10^2 + 45^2 + 31^2 + 17^2 = 17621$ cm² und $e_{max} = 69$ cm nach Gl. 11): $H_{max} = 968000 \dfrac{69}{17621} = 3800$ kg, daher die Beanspruchung auf

$$\text{Abscheren:} \qquad \sigma_s = \frac{3800}{2\cdot 4{,}2} = 470 \text{ (zul. 750) kg/cm}^2,$$

$$\text{Lochleibungsdruck:} \quad \sigma_l = \frac{3800}{2{,}3\cdot 1{,}2} = 1380 \text{ (zul. 1500) kg/cm}^2.$$

Außer den durch das Biegungsmoment erzeugten Normalspannungen wirken in der senkrechten Nietfuge auch noch die vertikalen Scherspannungen. Bei einem Träger auf 2 Stützen ist aber die an irgendeiner Balkenstelle gleichzeitig mit dem größten Moment auftretende Vertikalkraft nur gering und darf daher vernachlässigt werden; dem Anwachsen der Normalspannung entsprechend verkleinert man zweckmäßig die Nietteilung von der Stehblechmitte aus nach oben und unten.

Diese Vernachlässigung der vertikalen Scherspannungen ist aber nicht zulässig, wenn am Orte des Maximalmoments gleichzeitig die größte senkrechte Scherkraft auftritt, z. B. an der Einspannstelle des Kragträgers Abb. 25 oder über den Mittelstützen des durchlaufenden Trägers Abb. 28; hier ist der Nietberechnung nicht mehr H_{max}, sondern die Resultierende R aus H_{max} und der Vertikalkraft V nach Gl. 12) zugrunde zu legen.

Eine zweite Lösung der Aufgabe zeigt Abb. 106: die auf die Winkelschenkel gelegten Laschen übergreifen noch die oberste Nietreihe der unmittelbar auf dem Stehblech liegenden Stoßlaschen, deren Stärke gleich der Stärke der Gurtwinkel zu wählen ist. Neben einer besseren statischen Wirkung hat diese Anordnung vor allem den Vorteil, daß die in Abb. 105 an der Zusammenstoßstelle der Laschen unvermeidlichen Fugen, die zu Staubansammlung und Rost Anlaß geben, fortfallen. Bei großer Stehblechhöhe und Gurtwinkelstärke empfiehlt es sich zur Materialersparnis, die Stärke der Stoßlaschen unabhängig von der Winkelstärke zu wählen und den Unterschied in den Dicken durch oben und unten beigelegte Futterbleche auszugleichen.

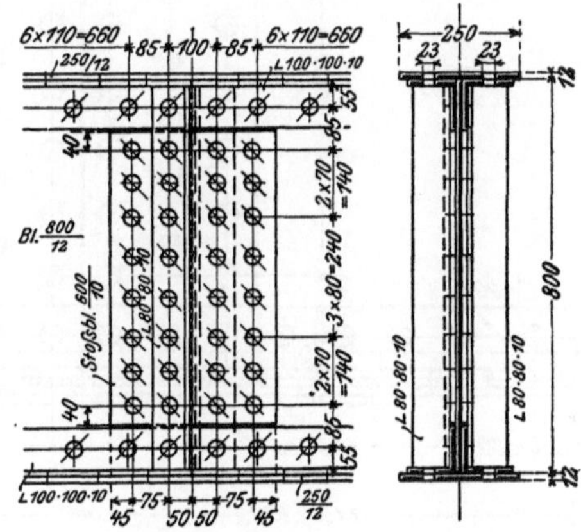

Abb. 107. Stehblechstoß.

β) Liegt der Stehblechstoß an einer Stelle, an der die Tragwirkung des Stehblechs zur Aufnahme des Biegungsmoments nicht voll ausgenutzt ist, so genügt es, ihn durch 2 nur von Winkel- zu Winkelkante gehende Laschen zu decken; er wird dann zweckmäßig am Ort einer Aussteifung angeordnet.

Aufgabe 10. Der in Aufg. 9 behandelte Blechträger hat mit je einer Lamelle oben und unten ein Widerstandsmoment $W_1 = 5410$ cm³, folglich ohne Stehblech $W_1' = W_1 - W_s' = 5410 - 1240 = 4170$ cm³, wobei $W_s' = \dfrac{1{,}2\cdot 80{,}0^3}{12\cdot 41{,}2} = 1240$ cm³ ist. Der Stoß der Blechwand liegt seitlich der Trägermitte, wo ein Moment $M = 38{,}0$ mt zu übertragen ist. Der Stoß ist zu berechnen und aufzuzeichnen. $k = 800$ kg/cm²; $\nu = \dfrac{16}{15}$; $k_l = 2\,k_s$.

Auflösung. Der Stoß ist in Abb. 107 dargestellt; er ist durch zwei unmittelbar auf das Stehblech gelegte Laschen $\dfrac{600}{10}$ mit $\dfrac{2\cdot 1{,}0\cdot 60{,}0^3}{12\cdot 41{,}2} = 870$ cm³ Widerstandsmoment gedeckt. Vom ganzen Moment $M = 38{,}0$ mt nehmen die Gurte $M_1 = 42\cdot 0{,}8 = 33{,}6$ mt auf, so daß durch das Stehblech $M_s = 38{,}0 - 33{,}6 = 4{,}4$ mt zu übertragen sind, die $\dfrac{440\,000}{800} = 550$ cm³ Widerstandsmoment erfordern (vorhanden 870 cm³). Mit $\Sigma e^2 = 2\,(52^2 + 38^2 + 24^2 + 8^2) = 9576$ cm² und $e_{max} = 52$ cm ergibt sich nach Gl. 11): $H_{max} = 440000\cdot\dfrac{52}{9576} = 2400$ kg, daher die Beanspruchung auf

$$\text{Abscheren:} \qquad \sigma_s = \frac{2400}{2\cdot 4{,}2} = 290 \text{ (zul. 750) kg/cm}^2,$$

$$\text{Lochleibungsdruck:} \quad \sigma_l = \frac{2400}{2{,}3\cdot 1{,}2} = 900 \text{ (zul. 1500) kg/cm}^2.$$

γ) Bei mehr als 14 m Spannweite werden außer im Stehblech auch in den Gurtwinkeln und Lamellen Stöße erforderlich, die sämtlich tunlichst an ein und dieselbe Trägerstelle als „konzentrierte Stöße" gelegt werden, und zwar zweckmäßig an eine zwischen den Aussteifungen der Blechwand liegende Stelle, um in der Anordnung der Niete freie Hand zu haben.

Aufgabe 11. Es soll der Stoß des in Abb. 108 dargestellten Blechträgers auf 2 Stützen berechnet und gezeichnet werden. $k = 1000\ \text{kg/cm}^2$; $k_s = 750\ \text{kg/cm}^2$ $(\nu = \frac{4}{5})$; $k_l = 2\,k_s$.

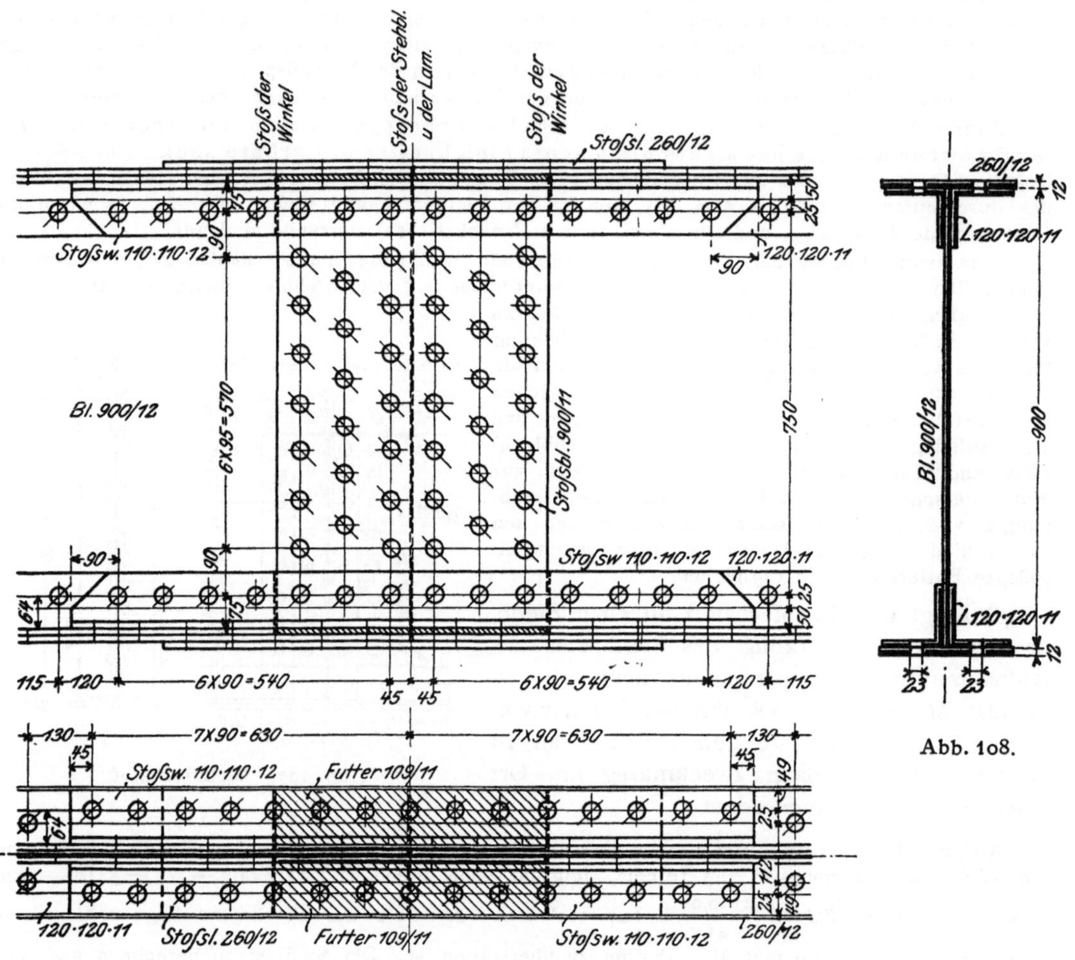

Abb. 108.

Abb. 108a. Stoß eines Blechträgers.

Auflösung. Der Stoß ist in Abb. 108a dargestellt. Die Gurtwinkel sind zweimal gestoßen, so daß die beiderseitigen Decklaschen des Stehblechs über dessen ganze Höhe durchgehen können; auf die Länge dieser Decklaschen werden dadurch oben und unten je 2 wagerechte Futterplatten von der Dicke der Winkelschenkel erforderlich, die unter Umständen zur Stoßdeckung der Lamellen mitbenutzt werden können. Der Lamellenstoß fällt mit dem Stehblechstoß zusammen und ist durch eine Lasche $\frac{260}{12}$, der Winkel 120·120·11 mit 25,4 cm² Fläche aber durch einen Winkel 110·110·12 mit 25,1 cm² Fläche gedeckt. Das gesamte Widerstandsmoment aller Stoßlaschen berechnet sich bei Abzug der Nietverschwächungen und ohne Berücksichtigung der wagerechten Futterbleche zu 8600 cm³ gegenüber 7260 cm³ des Querschnitts Abb. 108.

Stehblechstoß. $F = 90{,}0 \cdot 1{,}2 = 108{,}0\ \text{cm}^2$; $F_s = \frac{4}{3} \cdot 108{,}0 = 144{,}0\ \text{cm}^2$; daher mit $d = 23$ mm nach Gl. 8): $z_s = \frac{144{,}0}{2 \cdot 4{,}2} = 18$ Stück und nach Gl. 9): $z_l = \frac{144{,}0}{2 \cdot 2{,}3 \cdot 1{,}2} = 26$ Stück (vorhanden 26 Stück). Ferner wird mit $\Sigma e^2 = 3 \cdot 75^2 + 2\,(57^2 + 38^2 + 19^2) + 9{,}5^2 + 28{,}5^2 + 47{,}5^2 = 30\,140\ \text{cm}^2$, $e_{\max} = 75$ cm und $M_s = \frac{1{,}2 \cdot 90{,}0^3}{12 \cdot 46{,}2} \cdot 1000 = 1\,578\,000$ cmkg nach Gl. 11): $H_{\max} = 1\,578\,000 \frac{75}{30\,140} = 3900$ kg, daher die Beanspruchung auf

$$\text{Abscheren:} \qquad \sigma_s = \frac{3900}{2 \cdot 4{,}2} = 470 \text{ (zul. 750) kg/cm}^2,$$

$$\text{Lochleibungsdruck:} \qquad \sigma_l = \frac{3900}{2{,}3 \cdot 1{,}2} = 1420 \text{ (zul. 1500) kg/cm}^2.$$

Winkelstoß. $F = 25{,}4 - 2{,}3 \cdot 1{,}1 = 22{,}9$ cm²; $F_s = \frac{4}{3} \cdot 22{,}9 = 30{,}5$ cm²; daher mit $d = 23$ mm nach Gl. 4): $n_s = \frac{30{,}5}{4{,}2} = 8$ Stück und nach Gl. 5): $n_l = \frac{30{,}5}{2 \cdot 2{,}3 \cdot 1{,}1} = 6$ Stück (vorhanden in jedem Schenkel je 4 Stück).

Lamellenstoß. $F = (26{,}0 - 2 \cdot 2{,}3)\,1{,}2 = 25{,}7$ cm²; $F_s = \frac{4}{3} \cdot 25{,}7 = 34{,}3$ cm²; daher mit $d = 23$ mm nach Gl. 4): $n_s = \frac{34{,}3}{4{,}2} = 9$ Stück und nach Gl. 5): $n_l = \frac{34{,}3}{2 \cdot 2{,}3 \cdot 1{,}2} = 7$ Stück (vorhanden $2 \times 5 = 10$ Stück).

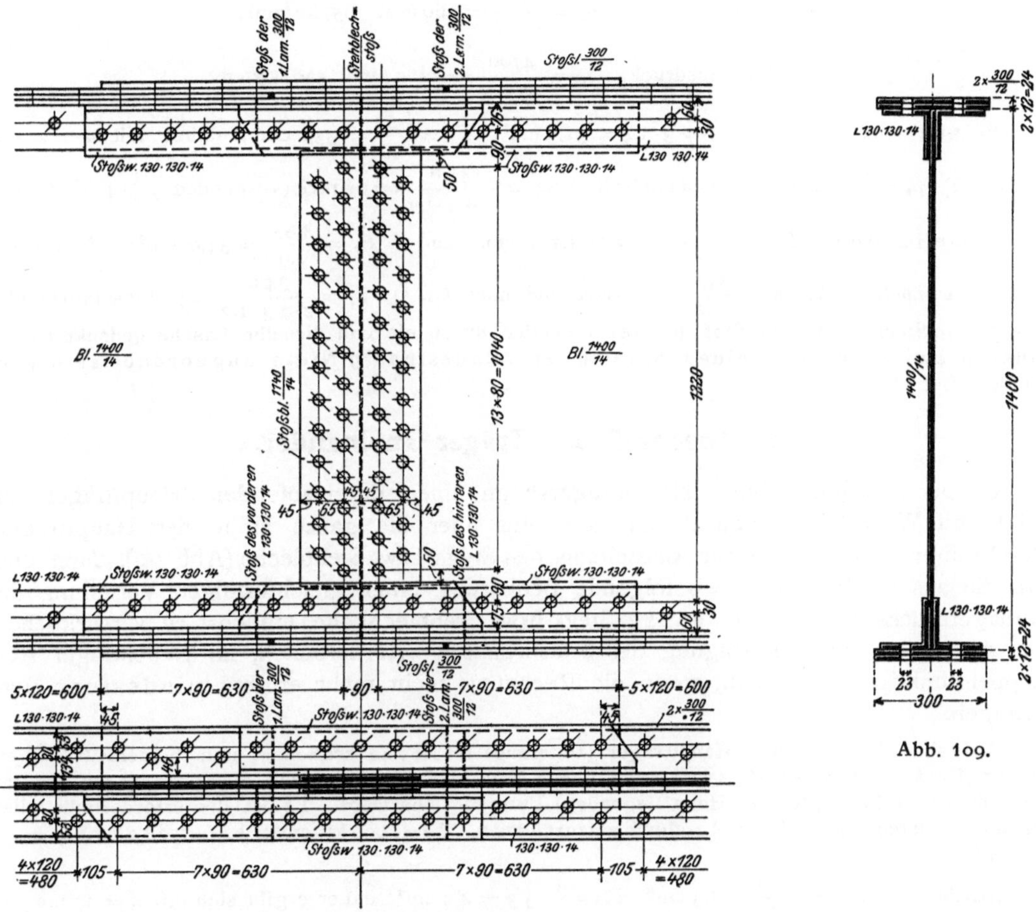

Abb. 109a. Stoß eines Blechträgers.

Abb. 109.

Aufgabe 12. Es soll der Stoß des in Abb. 109 dargestellten Blechträgers auf 2 Stützen berechnet und gezeichnet werden. $k = 850$ kg/cm²; $k_s = 0{,}9 \cdot 850 = 765$ kg/cm² $\left(\nu = \frac{10}{9}\right)$; $k_l = 2\,k_s$.

Auflösung. Der Stoß ist in Abb. 109a dargestellt. Die Stöße der beiden Winkel eines Gurts sind symmetrisch zu beiden Seiten des Stehblechstoßes versetzt angeordnet, so daß die lotrechten Schenkel der Stoßwinkel den zwischen den Gurtwinkeln sitzenden Teil des Stehblechs mitdecken; der übrige Teil der Blechwand ist durch 2 Laschen $\frac{1140}{14}$ gedeckt. Die Stöße der beiden Lamellen eines Gurts sind ebenfalls symmetrisch zum Stehblechstoß angeordnet und durch eine gemeinsame Stoßlasche $\frac{300}{12}$ gedeckt.

Stehblechstoß. Der mittlere Teil des Stehblechs nimmt das Moment $M_s' = \frac{1{,}4 \cdot 114{,}0^3}{12 \cdot 72{,}4} \cdot 850$ $= 1\,040\,000$ cmkg auf; daher mit $n = 14$ und $e_{max} = 104$ cm nach Gl. 13b): $H'_{max} = \frac{6 \cdot 13}{14 \cdot 27} \cdot \frac{2\,040\,000}{104} = 4100$ kg und die Beanspruchung auf

$$\text{Abscheren:} \quad \sigma_s = \frac{4100}{2 \cdot 4{,}2} = 490 \text{ (zul. 765) kg/cm}^2,$$

$$\text{Lochleibungsdruck:} \quad \sigma_l = \frac{4100}{2{,}3 \cdot 1{,}4} = 1280 \text{ (zul. 1530) kg/cm}^2.$$

Die in den Gurtwinkeln sitzenden Teile des Stehblechs nehmen das Moment $M_s'' = \frac{1{,}4\,(140{,}0^3 - 114{,}0^3)}{12 \cdot 72{,}4} \cdot 850 = 1\,690\,000$ cmkg auf; daher wird mit $\Sigma e^2 = 3 \cdot 122^2$ cm² und $e_{max} = 122$ cm nach Gl. 11): $H''_{max} = 1\,690\,000 \frac{122}{3 \cdot 122^2} = 4700$ kg und die Beanspruchung auf

$$\text{Abscheren:} \quad \sigma_s = \frac{4700}{2 \cdot 4{,}2} = 560 \text{ (zul. 765) kg/cm}^2,$$

$$\text{Lochleibungsdruck:} \quad \sigma_l = \frac{4700}{2{,}3 \cdot 1{,}4} = 1460 \text{ (zul. 1530) kg/cm}^2.$$

Winkelstoß. $F = 34{,}7 - 2{,}3 \cdot 1{,}4 = 31{,}5$ cm²; $F_s = \frac{1{,}53}{0{,}9} = 35{,}0$ cm²; daher mit $d = 23$ mm nach Gl. 4): $n_s = \frac{35{,}0}{4{,}2} = 9$ Stück und nach Gl. 5): $n_l = \frac{35{,}0}{2 \cdot 2{,}3 \cdot 1{,}4} = 6$ Stück (vorhanden $5 + 4 = 9$ Stück).

Lamellenstoß. $F = (30{,}0 - 2 \cdot 2{,}3)\ 1{,}2 = 30{,}5$ cm²; $F_s = \frac{30{,}5}{0{,}9} = 34{,}0$ cm²; daher mit $d = 23$ mm nach Gl. 4): $n_s = \frac{34{,}0}{4{,}2} = 9$ Stück und nach Gl. 5): $n_l = \frac{34{,}0}{2 \cdot 2{,}3 \cdot 1{,}2} = 7$ Stück (vorhanden $2 \times 5 = 10$ Stück). Da der Stoß beider Lamellen durch ein und dieselbe Lasche gedeckt ist, so müssen zwischen den beiden Stoßstellen mindestens 9 Niete angeordnet sein (vorhanden sind 10 Niete).

3. Anschluß der Träger aneinander.

a) Der Anschluß eines „Nebenträgers" an einen durchlaufenden „Hauptträger" erfolgt mit Winkeleisen, von denen stets eins über die ganze Höhe des Hauptträgers durchzuführen ist, einmal zur Aussteifung des Stegs bzw. Stehblechs (Abb. 99), dann aber um die aus Gl. 19) für $\mathfrak{Z} = 0$ folgende Bedingung einer gleichförmigen Verteilung des Auflagerdrucks N über die ganze Steg- bzw. Stehblechhöhe tunlichst zu verwirklichen. Die Anzahl der zur Übertragung des Stützdrucks N erforderlichen, im Nebenträger stets doppelschnittigen Niete soll, wenn die Rechnung nicht mehr ergibt, mindestens drei betragen.

Aufgabe 13. An einen Hauptträger (Unterzug) ⊢⊣ NP. 40 schließen sich beiderseits Nebenträger (Deckenbalken) ⊢⊣ NP. 25 an, von denen jeder einen Stützdruck $N = 3300$ kg auf den mit ihm bündig (d. h. in gleicher Höhe liegenden) Unterzug überträgt. Es ist die erforderliche Nietanzahl zu berechnen und der Anschluß aufzuzeichnen. $k = 1000$ kg/cm²; $k_s = 750$ kg/cm² ($\nu = \frac{4}{3}$); $k_l = 2\,k_s$.

Auflösung. $F = \frac{3300}{1000} = 3{,}3$ cm²; $F_s = \frac{4}{3} \cdot 3{,}3 = 4{,}4$ cm²; daher ergibt sich mit $d = 17$ mm für die Anschlußniete im

Deckenbalken mit 9 mm Stegstärke nach Gl. 8): $z_s = \frac{4{,}4}{2 \cdot 2{,}3} = 1$ Stück und nach Gl. 9): $z_l = \frac{4{,}4}{2 \cdot 1{,}7 \cdot 0{,}9} = 2$ Stück, so daß die Mindestzahl 3 zu wählen ist;

Unterzug mit 14,4 mm Stegstärke nach Gl. 8): $z_s = \frac{2 \cdot 4{,}4}{2 \cdot 2{,}3} = 2$ Stück und nach Gl. 9): $z_l = \frac{2 \cdot 4{,}4}{2 \cdot 1{,}7 \cdot 1{,}44} = 2$ Stück, so daß in jedem Schenkel die Mindestzahl 3 zu wählen ist.

Der Anschuß ist in Abb. 110 dargestellt; die durchlaufenden Winkeleisen sind über Kreuz angeordnet, so daß der Anschluß symmetrisch zu beiden Trägermittellinien wird. In den Deckenbalken sind oben beide, unten je ein Flansch abzuarbeiten. Die Breite der Anschlußwinkel, die mit

55 mm genügt hätte, ist zu 65 mm gewählt, um bei der geringen Versetzung der Niete in beiden Schenkeln von nur 20 mm die Ausbildung der Nietköpfe zu erleichtern.

b) Soll der anschließende Nebenträger frei drehbar gelagert sein (Abb. 26), so muß sein Anschluß durch einen reibungslosen Gelenkbolzen (entsprechend Abb. 21) vermittelt werden. Durch den festen Nietanschluß wird die freie Drehbarkeit verhindert, und es tritt eine teilweise Einspannung (Abb. 27) des Nebenträgers und damit eine zusätzliche Beanspruchung der Anschlußniete durch die das Einspannungsmoment ersetzenden Kräfte H (Abb. 8) ein, deren Größtwert sich bei der hier durchweg verwendeten einreihigen Vernietung (Abb. 7) aus Gl. 13a) ergibt. Noch ungünstiger wirkt das Einspannungsmoment auf die Anschlußniete im Hauptträger, die im oberen Teil durch die Kräfte H eine zusätzliche Beanspruchung auf Zug erleiden: je größer aber der Abstand e_{max} (Abb. 7) der äußersten Anschlußniete ist, um so kleiner wird nach Gl. 13a) die Zugkraft H_{max}, so daß auch unter diesem Gesichtspunkt die Durchführung wenigstens eines der Anschlußwinkel über die ganze Hauptträgerhöhe von Wichtigkeit ist.

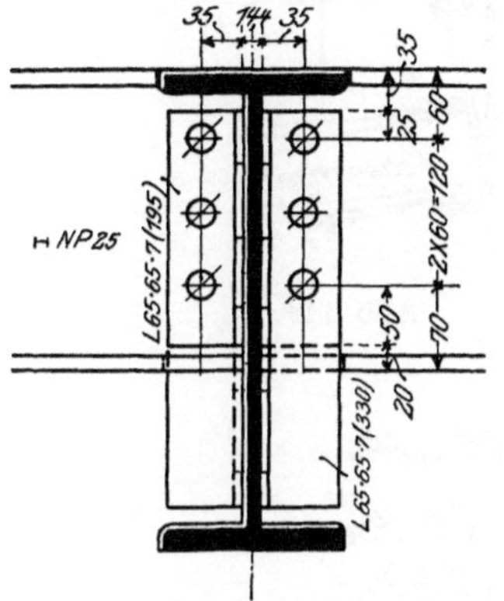

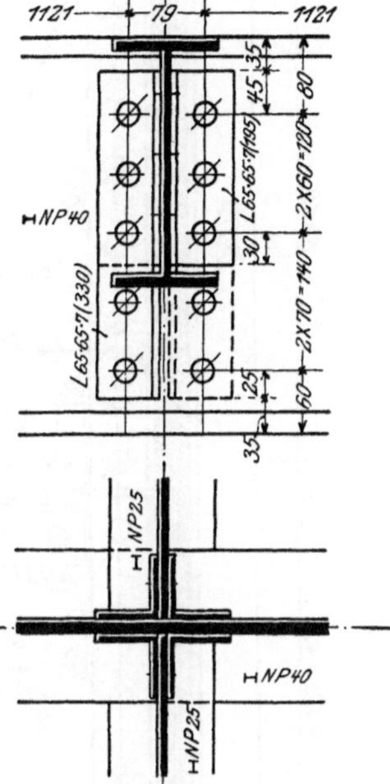

Abb. 110. Trägeranschluß.

Die Größe des durch den festen Nietanschluß des Nebenträgers entstehenden Einspannungsmoments läßt sich nur schwer ermitteln; sein Einfluß auf die Nietbeanspruchung wird bei Hochbaukonstruktionen mit ihren verhältnismäßig geringen Belastungen meist nur durch eine entsprechend niedrig bemessene zulässige Beanspruchung auf Abscheren und Lochleibungsdruck, bei Brückenbauten aber durch besondere konstruktive Maßregeln berücksichtigt, die im Kap. 10 und 11 erläutert sind.

c) Sind bei einem doppelseitigen Anschluß die von den beiden Nebenträgern übertragenen Stützdrücke nicht gleich groß oder ist der Anschluß nur einseitig, so tritt eine Beanspruchung des Hauptträgers auf Verdrehen ein. Die Aufgabe, die durch diese Beanspruchung angestrebte Schiefstellung der Hauptträger zu verhindern, fällt wiederum den über deren ganze Höhe durchgeführten Anschlußwinkeln zu. Sie genügen für sich allein aber dieser Aufgabe nicht mehr, wenn sich der Nebenträger nahe dem Zuggurt des Hauptträgers anschließt; Verdrehungsbeanspruchung und Knickgefahr des Druckgurts (Abb. 99) treten dann gleichzeitig auf und führen den durch Abb. 111 erläuterten Zustand herbei: der Hauptträger stützt sich gegen die Oberkante des Nebenträgers, sucht sich aber von dessen Unterkante loszulösen. In diesem Falle muß der Druckgurt des Hauptträgers durch lotrechte Aussteifungsbleche gegen den Oberflansch des Nebenträgers abgestützt werden; und da diese Bleche nach Abb. 111 auf Druck beansprucht werden, sind sie bei größerer Höhe und Breite zur Sicherung gegen Ausknicken durch Winkeleisen zu säumen.

Aufgabe 14. Ein ⊢⊣NP. 50 überträgt auf den in Abb. 109 dargestellten Blechträger den Auflagerdruck $N = 21\,300$ kg; seine Unterkante liegt 24 mm über Unterkante Stehblech. Es ist die erforderliche Nietanzahl zu berechnen und der Anschluß aufzuzeichnen.

$$k = 750 \text{ kg/cm}^2; \quad k_s = 700 \text{ kg/cm}^2 \ (\nu = \tfrac{15}{14}); \quad k_l = 2\,k_s.$$

Auflösung. $F = \dfrac{21\,300}{750} = 28{,}4 \text{ cm}^2$; $F = \dfrac{15}{14} \cdot 24{,}8 = 30{,}4 \text{ cm}^2$; daher ergibt sich mit $d = 23$ mm für die Anschlußniete im

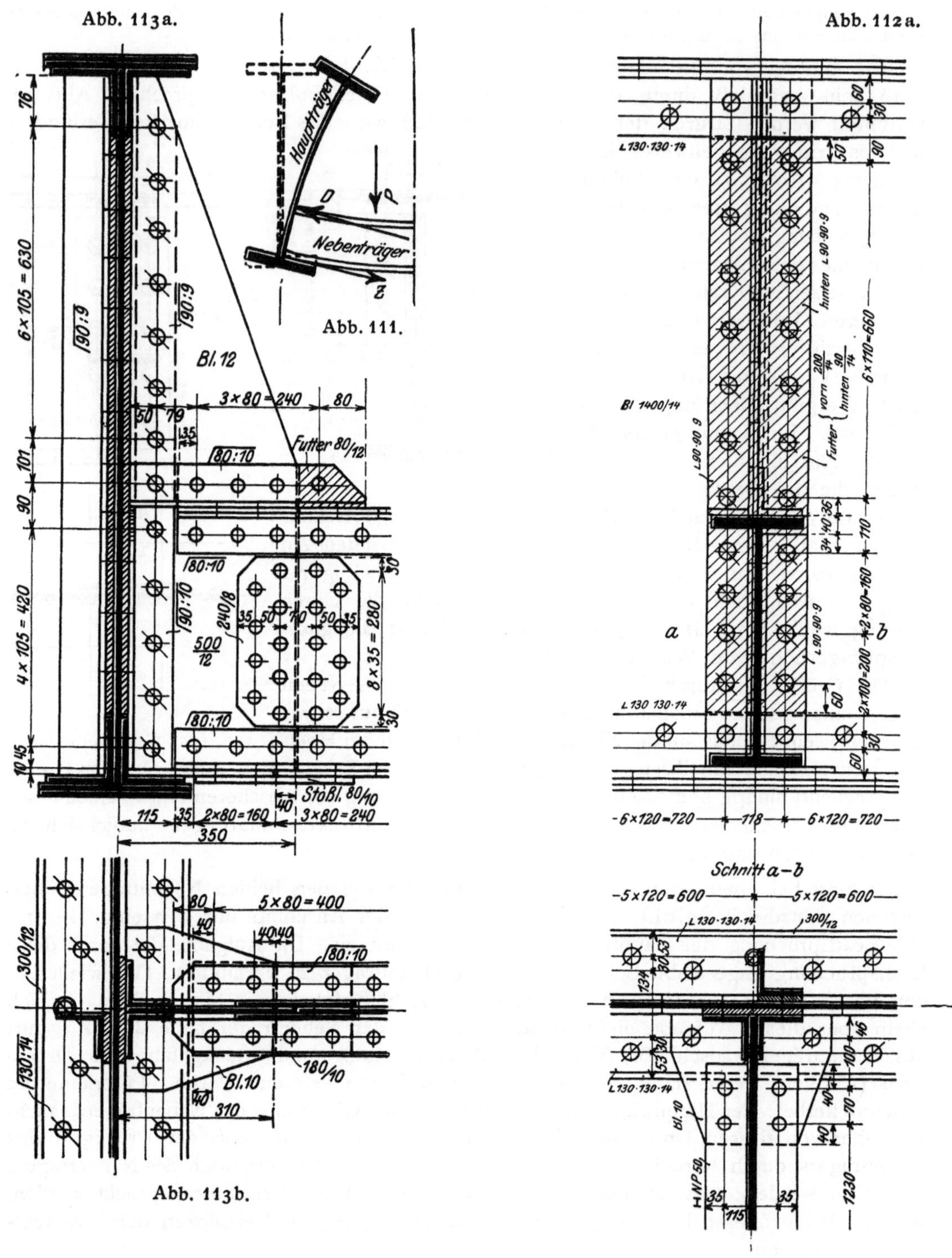

Abb. 113a.

Abb. 111.

Abb. 112a.

Abb. 113b.

Abb. 113. Trägeranschluß.

Abb. 112c.

Nebenträger mit 18 mm Stegstärke nach Gl. 8): $z_s = \frac{30,4}{2 \cdot 4,2} = 4$ Stück und nach Gl. 9):

$z_l = \frac{30,4}{2 \cdot 2,3 \cdot 1,8} = 4$ Stück;

Hauptträger mit $\delta > \frac{\pi}{8} d$ (Gl. 6) nach Gl. 4): $n_s = \frac{30,4}{4,2} = 8$ Stück.

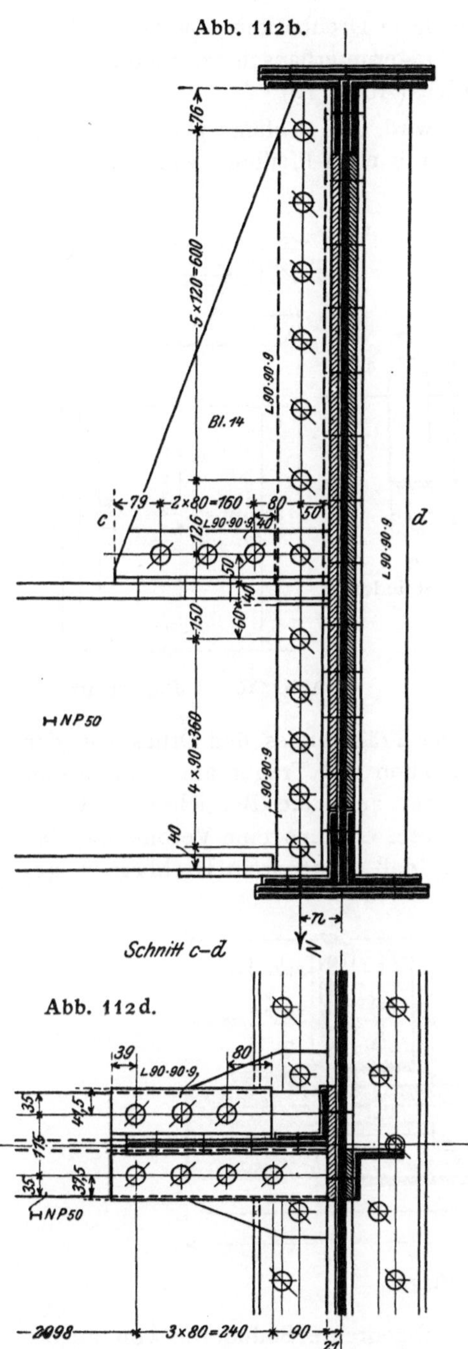

Abb. 112. Trägeranschluß.

Der Anschluß ist in Abb. 112 dargestellt. Im Nebenträger sind, um das auftretende Einspannungsmoment zu berücksichtigen und gleichzeitig eine allzu große Teilung zu vermeiden, 5 doppelschnittige, im Hauptträger 2 × 5 = 10 einschnittige Niete angeordnet. Über Kreuz ist zum durchlaufenden Anschlußwinkel außen ein Aussteifungswinkel angebracht. Das dreieckförmige Stützblech ist einerseits an den durchlaufenden Anschlußwinkel, andererseits mit wagerechten Hilfswinkeln 90·90·9 an den oberen Flansch des ⊢⊣NP. 50 angeschlossen. Die Anordnung von Saumwinkeln an der Schrägkante erschien hier bei der geringen Blechbreite und der gewählten Stärke von 14 mm entbehrlich. Zur Aufnahme der Kraft Z (Abb. 111) ist der untere Flansch des ⊢⊣NP. 50 durch ein wagerechtes Blech von 10 mm Stärke (Abb. 112c) an die unteren Gurtwinkel des Blechträgers angeschlossen.

Die lotrechten Anschlußwinkel bedingen ein Futterblech von der Stärke der Gurtwinkel. Dieses Blech ist in der an der Anschlußstelle erforderlichen Breite von 200 mm über die ganze Höhe zwischen den Gurtwinkeln durchzuführen, darf also nicht in zwei einzelne Platten von je 100 mm Breite aufgelöst werden, von denen die eine nur über die Höhe des kleineren Anschlußwinkels reicht. Denn um die Anschlußniete im Hauptträger vor übermäßigen Biegungsspannungen zu schützen, müssen Futterplatte und Stehblech ein einheitliches Ganze bilden, und das wird durch die überschießenden Niete im oberen Teil des Futters soweit, wie es praktisch möglich ist, erreicht.

Ist auch der Nebenträger ein Blechträger, so erfolgt die Ausbildung des Anschlusses nach Abb. 113: das Stehblech des Nebenträgers wird gestoßen und dann von der Stoßstelle ab mit dem Abstützblech des Druckgurts zu einem Ganzen vereinigt.

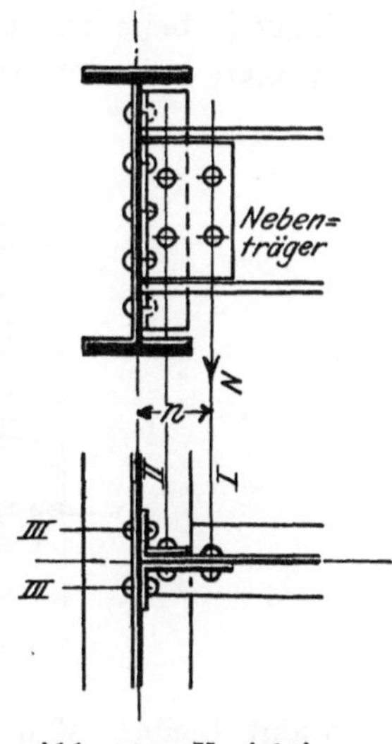

Abb. 114. Unrichtiger Trägeranschluß.

Das Verdrehungsmoment des Hauptträgers kann annähernd gleich Nn (Abb. 112b) gesetzt werden; es ist daher zweckmäßig, das Wurzelmaß der Anschlußwinkel klein zu halten, also deren Schenkelbreite nur gerade so groß zu wählen, wie der Nietdurchmesser verlangt.

Zu vermeiden ist der in Abbildung 114 dargestellte Anschluß, bei dem der größere durchlaufende Winkel gleichschenklig, der kleinere aber ungleichschenklig gewählt und von den beiden Anschlußnietreihen des Nebenträgers die erste (I) einschnittig, die zweite (II) aber zweischnittig angeordnet ist. Bei der Durchbiegung des Nebenträgers wird der Auflagerdruck N zunächst die einschnittige Reihe I und wegen des vergrößerten Verdrehungsmoments Nn auch die Nietreihen III im Hauptträger zugunsten der Reihe II überanstrengen.

4. Auflagerung der Träger im Mauerwerk.

a) Bei Hochhaukonstruktionen werden die eisernen Träger an ihren Auflagerstellen meist dann vollständig eingemauert, wenn mit nennenswerten Temperaturschwankungen nicht zu rechnen ist; da durch die Einmauerung die freie Drehbarkeit sowieso verloren geht, dürfen zur Auflagerung flußeiserne, mit dem Trägerunterflansch vernietete Unterlagplatten von 15 bis 30 mm Stärke verwendet werden (Abb. 119).

b) Soll die freie Drehbarkeit gewahrt bleiben, so wird eine Auflagerplatte aus Gußeisen oder Stahlformguß angeordnet, deren Oberfläche mit einer Pfeilhöhe von $^1/_{20}$ bis $^1/_{25}$

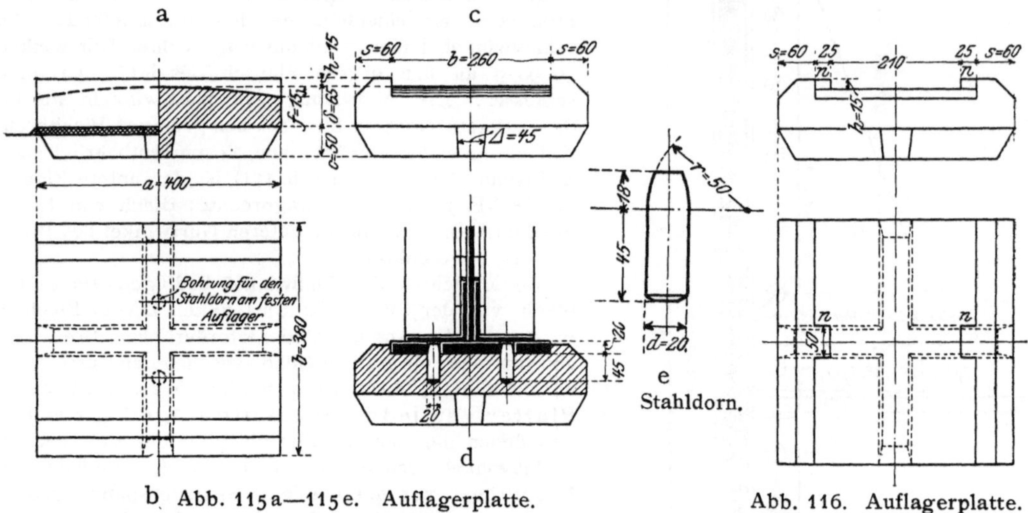

Abb. 115a—115e. Auflagerplatte. Abb. 116. Auflagerplatte.

der Plattenlänge gewölbt wird, um bei der Drehung des Trägerendes den Druck von der Plattenkante fernzuhalten. Bei einer Wärmeänderung kann der Träger am beweglichen Auflager auf dieser gewölbten Oberfläche gleiten (daher auch die Bezeichnung „Gleitlager“); beim festen Auflager muß zur Verhinderung dieses Gleitens eine Verbindung des Trägers mit der Auflagerplatte so hergestellt werden, daß seine freie Drehbarkeit ge-

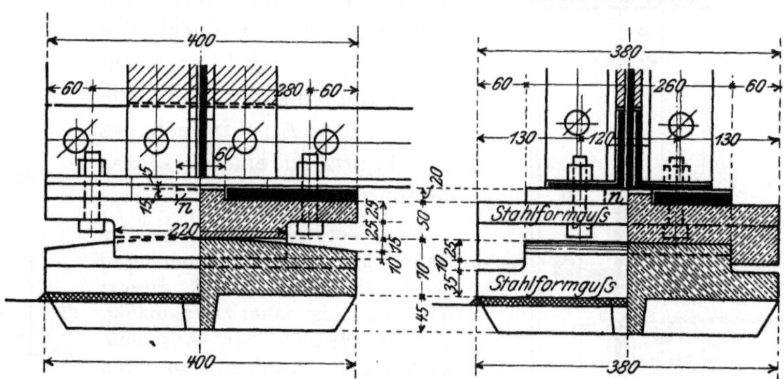

Abb. 117a. Bewegliches Auflager.

wahrt bleibt. Man erreicht dies durch oben konisch abgedrehte Stahldorne von 20 bis 30 mm Durchmesser (Abb. 115d u. e) oder aber durch in die Gleitfläche vorspringende Nasen (*n* in Abb. 116) oder endlich durch konisch zulaufende Zähne (*z* in Abb. 117 und 118), die in eine unter den Träger genietete, mit entsprechenden Aussparungen versehene flußeiserne Platte von 15 bis 20 mm Stärke (Abb. 115 und 118) oder aber in einen besonderen Lagerkörper (Abb. 117b) eingreifen. Alle Berührungs- und Gleitflächen müssen mit Maschinen genau nach Zeichnung bearbeitet werden. In der Regel wird das feste Auflager als Punkt-, das bewegliche als Linienauflager ausgebildet, indem eine Verschiebung des Trägers rechtwinklig zu seiner Ebene entweder durch an der unteren Grundplatte angebrachte Anschlagleisten von 10 bis 25 mm Höhe und 25 bis 60 mm Breite (Abb. 115 und 116) oder aber durch an der oberen Platte angegossene Vorsprünge von 20 bis 40 mm Höhe und 150 bis 250 mm Breite (Abb. 117) oder aber endlich durch die Zähne z selbst (Abb. 118) verhindert wird. Um eine Verschiebung der Auflagerplatte auf dem Mauerwerk zu verhindern, werden an ihrer Unterfläche Rippen von 50 bis 60 mm Höhe und 30 bis 50 mm Stärke entweder nur in der Querrichtung (Abb. 118) oder aber kreuzförmig (Abb. 115 bis 117) angegossen; weniger gut sind einzelne angegossene Runddorne. Zwischen Platte und Auflagerstein wird zur Herbeiführung einer gleichmäßigen Druckverteilung eine Zementschicht (1 Zement + 1 Sand) von 10 bis 20 mm oder seltener eine Bleiplatte von 5 bis 6 mm Stärke angeordnet.

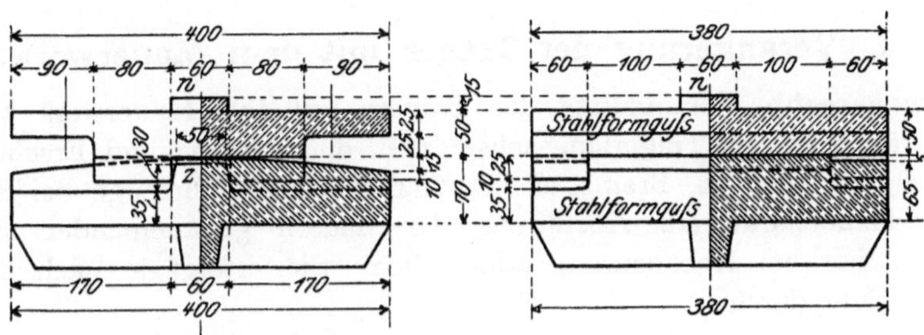

Abb. 117b. Festes Auflager.

Aufgabe 15. Der Stützdruck des in Abb. 105 dargestellten Blechträgers beträgt $N = 30100$ kg; es ist die Auflagerplatte aus Stahlformguß zu berechnen und aufzuzeichnen. Zulässige Beanspruchung für den Stahlformguß $k_b = 1000$ kg/cm², für den Auflagerquader $k_w = 20$ kg/cm².

Auflösung. Die Auflagerplatte ist in Abb. 115 dargestellt. Mit $a = 40$ cm und $b = 38$ cm ergibt sich die erforderliche Plattenstärke nach Gl. 20) zu $\delta = \sqrt{\frac{3}{4}\,\frac{30100}{1000}\,\frac{40}{38}} = 5{,}0$ cm; gewählt ist $\delta = 65$ mm, da die Voraussetzungen der Gl. 20 praktisch nie vollständig erfüllt sind und daher die Stärke der Platte nicht unter $^1/_6$ bis $^1/_7$ ihrer Länge betragen soll. Unter dem Blechträger ist eine flußeiserne Platte von 260 mm Breite und 20 mm Stärke angeordnet, so daß die seitlichen Anschlagleisten eine Breite von je $\frac{1}{2}(380 - 260) = 60$ mm erhalten. Die Stahldorne am festen Auflager (Abb. 115d u. e) überragen die gewölbte Oberfläche um 18 mm; dieses Maß muß um 2 bis 3 mm kleiner als die Stärke der flußeisernen Unterlagplatte sein, damit sich die Gurtwinkel nicht auf die Stahldorne auflegen. Statt dieser Stahldorne sind in Abb. 116 in der Mitte der Wölbfläche vorspringende Nasen n angeordnet, die in der flußeisernen Unterlagplatte seitliche Aussparungen von 26×51 mm bedingen. Der Druck auf den Auflagerquader berechnet sich zu

$$\sigma_w = \frac{30100}{40 \cdot 38} = 19{,}8 \text{ (zul. 20) kg/cm}^2.$$

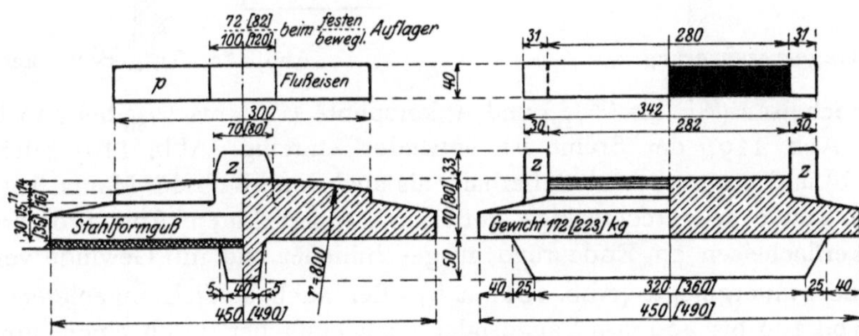

Abb. 118. Auflagerplatte.

Eine zweite Lösung der Aufgabe ist in Abb. 117a für das bewegliche und in Abb. 117b für das feste Auflager dargestellt. Das hier zweiteilige Lager besteht aus der unteren Lagerplatte und einem oberen Gußstück, das mit dem Träger durch Schrauben und durch eine runde oder quadratische, in eine Aussparung der flußeisernen Unterlagplatte passende Nase n befestigt ist; es hat seitliche, nach unten vorstehende Anschlagleisten, welche die untere Lagerplatte umfassen. Am festen Auflager erhält jede dieser Anschlagleisten in der Mitte eine Aussparung, in die ein am Unterteil angegossener, oben konisch zulaufender Zahn z eingreift. Diese verwickeltere Anordnung ist für im Freien liegende Träger zweckmäßig, da die Gleitflächen besser als in Abb. 115 vor Staub- und Schmutzansammlung geschützt liegen.

Eine dieser Lösung ähnliche, aber wegen Fortfall des oberen Lagerkörpers einfachere Anordnung der Gleitlager zeigt endlich Abb. 118[1]). Hier zeigt der Lagerkörper für das feste und bewegliche Auflager gleiche Ausbildung; er besitzt zu beiden Seiten der Gleitfläche vorspringende Zähne z, die in entsprechende Aussparungen der flußeisernen Unterlagplatte p eingreifen; die Breite dieser Aussparung ist beim festen Auflager nur 2, beim beweglichen aber zur Ermöglichung des Gleitens 30 bzw. 40 mm größer als die Zahnbreite. Die in Abb. 118 eingeklammerten Maße beziehen sich auf Brückenträger von 14 bis 17 m entsprechend einem größten Auflagerdruck von 54,0 t, die übrigen auf solche von 10 bis 13 m Spannweite entsprechend einem größten Auflagerdruck von 43,0 t.

5. Verankerung der Träger mit dem Mauerwerk.

a) Die **wagerechte** Verankerung des Trägers mit dem Mauerwerk wird beim Auftreten von Kräften in der Trägerlängsachse (z. B. durch Stöße und Erschütterungen der Maschinen bei Fabrikdecken, Brems- und Anfahrkräfte der Fahrzeuge bei Brücken) sowie bei geringer Mauerstärke (zur Abstützung der Mauern gegeneinander und gegen die Deckenkonstruktion bei Hochbauten) erforderlich. Sie erfolgt je nach der Größe der auftretenden Kräfte durch:

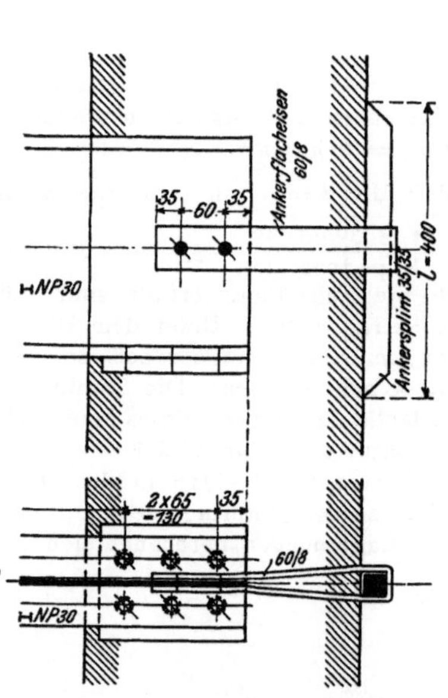

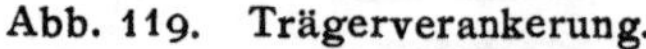

Abb. 119. Trägerverankerung.

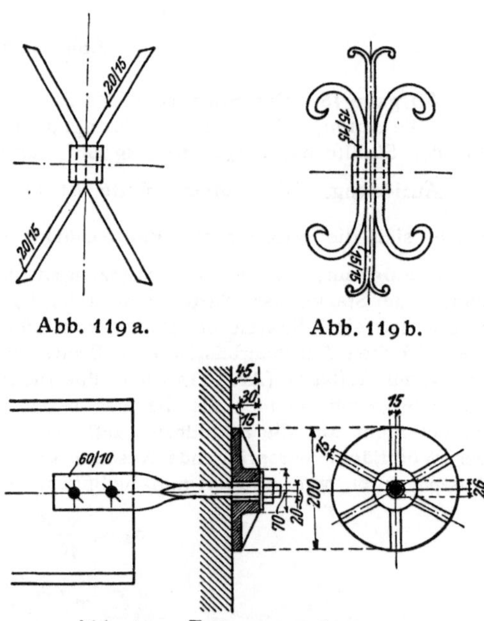

Abb. 119 a. Abb. 119 b.

Abb. 120. Trägerverankerung.

α) Ankerflacheisen ($^{50}/_{8}$ bis $^{100}/_{12}$) und Ankersplinte ($^{20}/_{20}$ bis $^{50}/_{50}$ bei 400 bis 600 mm Länge) nach Abb. 119; der Splint ist entweder einteilig (Abb. 119) oder mehrteilig (Abb. 119a u. b) und kann sowohl außerhalb als auch innerhalb der Mauer liegen; oft wird er auch durch runde oder rechteckige gußeiserne Ankerplatten (Abb. 120) ersetzt, wobei dann das Ankerflacheisen am Ende rund ausgeschmiedet und mit Gewinde versehen wird.

β) Auf- oder untergelegte (Abb. 121a u. b) oder auch seitlich angenietete (Abb. 121c) Winkeleisen von 100 bis 400 mm Länge oder noch einfacher durch einen durch den Steg gesteckten Rundeisensplint (Abb. 121d) von 20 bis 30 mm ϕ und 100 bis 300 mm Länge.

γ) Eine Mauerlatte (Abb. 122), d. i. ein über die ganze Mauer durchlaufender Balken, der bei geringer Mauerstärke gleichzeitig die Auflagerdrücke der einzelnen Träger durch seinen Biegungswiderstand möglichst gleichmäßig auf die ganze Länge der Mauer verteilen soll und daher zweckmäßig ⊢⊣-Form erhält.

[1]) Aus den „Musterentwürfen für eingleisige eiserne Brückenüberbauten von 10 bis 20 m Stützweite der Preußisch-Hessischen Staatseisenbahnen".

b) Die **senkrechte** Verankerung des Trägers mit dem Mauerwerk wird beim Auftreten negativer Stützdrücke erforderlich. Bei Balken auf zwei oder mehreren Stützen muß sie konstruktiv so durchgebildet werden, daß sie die freie Drehbarkeit und Längsverschieblichkeit des Trägers möglichst wenig hindert; man erreicht das durch Klemmplatten (Abb. 354, vgl. auch Abb. 243), die sich auf den Trägerunterflansch legen und ihn durch ihre Verankerung mit dem Mauerwerk gegen Abheben von der Auflagerplatte sichern. Bei eingemauerten Trägerenden genügt zur Aufnahme kleiner Zugkräfte meist schon die mit dem Trägerunterflansch verschraubte Mauerlatte (Abb. 122), sonst erfolgt die Ausbildung der Verankerung entsprechend Abb. 41b.

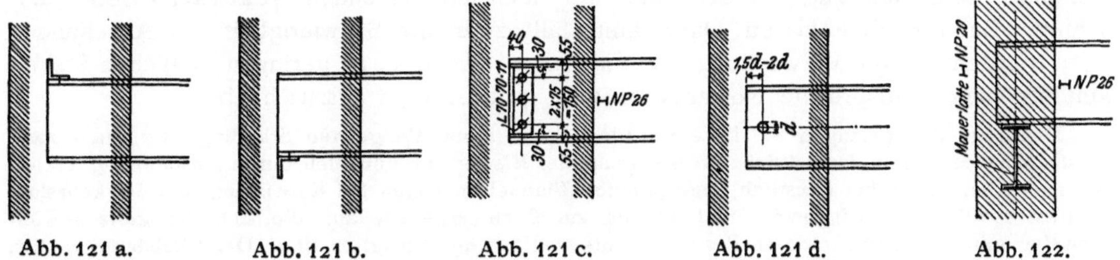

Abb. 121 a. Abb. 121 b. Abb. 121 c. Abb. 121 d. Abb. 122.

II. Fachwerkträger.

1. Querschnittsform der Stäbe.

Wirken bei einem Fachwerk nur in den Knotenpunkten Lasten, so wird jeder Stab entweder nur auf Zug oder nur auf Druck beansprucht; greifen dagegen auch zwischen den Knotenpunkten Lasten an oder werden einzelne Stäbe gekrümmt oder endlich einzelne oder auch alle Knotenpunkte biegungsfest ausgeführt, so tritt noch eine Biegungsbeanspruchung hinzu. Man hat daher 3 Fälle zu unterscheiden, je nachdem der Stab auf Zug oder auf Druck oder endlich auf Druck (Zug) und Biegung beansprucht ist.

Die Berechnung der Stabkräfte erfolgt unter der Voraussetzung, daß alle Stäbe in den Knotenpunkten durch reibungslose Gelenke, also frei drehbar miteinander verbunden sind. Die durch diese Stabkräfte in den einzelnen Stäben erzeugten Spannungen nennt man die Grund- oder Hauptspannungen. Da die Verbindung in Wirklichkeit durch feste Vernietung erfolgt, so ist die freie Drehbarkeit der Stabenden aufgehoben; es tritt eine Einspannung der Stäbe in den Knotenpunkten ein. Die Einspannungsmomente rufen in den Stäben zusätzliche Biegungsspannungen hervor, die man die Nebenspannungen nennt. Die Größe dieser Nebenspannungen wächst in erster Linie mit der Größe der Stabbreite. Es gilt daher als Regel, die Breite der Stäbe in der Ebene des Fachwerks nur eben so groß zu wählen, wie die Rücksicht auf die ordnungsmäßige Vernietung und die erforderliche Knicksicherheit verlangt. Bei den Gurtungen genügt hierzu insbesondere je nach der Größe der Spannweite L eine Stabbreite von 0,01 L bis 0,0075 L.

Bei den Füllungsstäben ist die Querschnittsform des einen Stabes von der des anderen unabhängig. Die Gurtstäbe gehen aber aus konstruktiven Gründen zur Verminderung der Stoßstellen stets über mehrere Felder durch, und zwar des Aussehens wegen in tunlichst gleicher Breite; sie müssen deshalb dem Anwachsen der Stabkraft entsprechend allmählich verstärkt werden. Man wählt daher für die kleinste auftretende Stabkraft einen Grundquerschnitt und führt seine Verstärkung so durch, daß sich die Lage der Schwerachse in den verschiedenen großen Querschnittsflächen möglichst wenig ändert.

Bleibt die Änderung der Gurtkraft in engen Grenzen, wie z. B. bei Binderträgern, so führt man den für die größte Stabkraft ermittelten Querschnitt unverändert über alle Felder durch.

a) Der Stab wird auf Zug beansprucht.

Da man die im Schwerpunkt des Stabquerschnitts angreifende Zugkraft bei der Berechnung der erforderlichen Fläche nach Gl. 1) als über die ganze Fläche gleichmäßig verteilt einführt, so ist diejenige Querschnittsform am günstigsten, bei der die Flächenteile möglichst gleichmäßig und dicht um den Schwerpunkt gelagert sind, eine Forderung, die der runde Querschnitt am vollkommensten erfüllt; daher auch seine Verwendung als Zuganker. Wegen des schwierigen und teueren Anschlusses in den Knotenpunkten findet er aber bei zusammengesetzten Konstruktionen nur ausnahmsweise Verwendung. Dasselbe gilt von dem ihm am nächsten stehenden quadratischen Querschnitt. Beim rechteckigen Querschnitt fällt zwar die Schwierigkeit des Anschlusses fort; trotzdem ist die Verwendnng von Flacheisen wegen ihrer geringen seitlichen Steifigkeit für stark beanspruchte Konstruktionsteile grundsätzlich auszuschließen.

Denn bei der geringen Stärke eines Flacheisens kann die genaue Stablänge zwischen zwei Knotenpunkten wegen der seitlichen Ausbiegung des Eisens nur künstlich durch Anspannung erzielt werden. Aber selbst bei künstlich angespannten Flacheisen treten bei Einwirkung der Verkehrslast deutlich sichtbare Schwingungen rechtwinklig zur Fachwerkebene auf, die sich der ganzen Konstruktion mitteilen und für deren Bestand nichts weniger als zuträglich sind. Der Übelstand wächst, wenn der Querschnitt aus zwei lose nebeneinanderliegenden Flacheisen gebildet ist; eine genau gleiche Ablängung beider Eisen zwischen zwei Knotenpunkten ist praktisch undurchführbar, so daß stets das stärker gespannte Flacheisen überanstrengt wird.

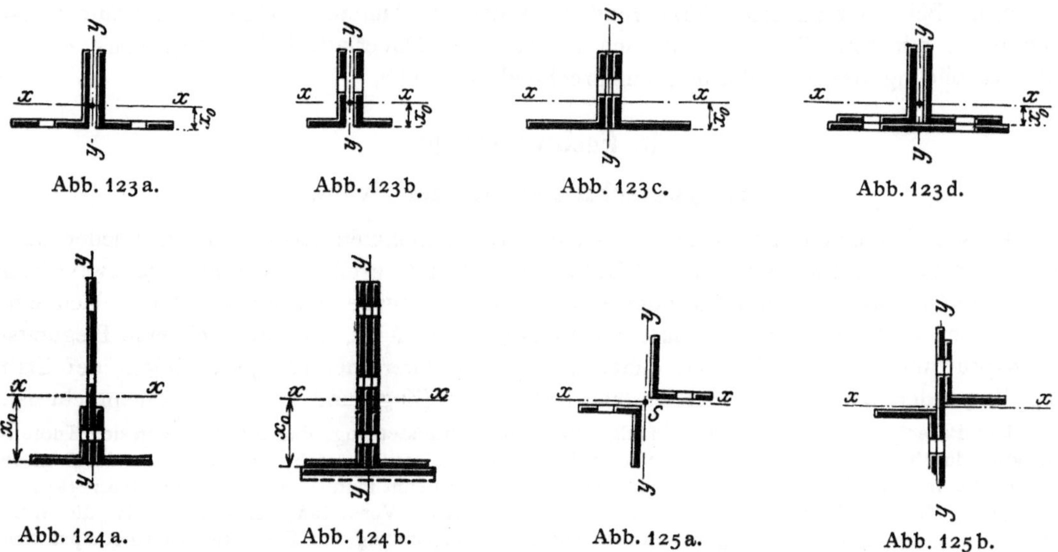

Abb. 123a. Abb. 123b. Abb. 123c. Abb. 123d.

Abb. 124a. Abb. 124b. Abb. 125a. Abb. 125b.

Es gilt als Regel, auch die auf Zug beanspruchten Stäbe in rechtwinklig zur Fachwerkebene steifen Profilen auszubilden, wobei die Querschnittsform im allgemeinen symmetrisch zu dieser Ebene ausgebildet wird. Bei der Berechnung der wirklich vorhandenen nutzbaren Fläche sind sämtliche in ein und denselben Querschnitt fallenden Nietlöcher abzuziehen; die Zahl dieser Nietlöcher ist aber durch entsprechende zweckmäßige Anordnung möglichst klein zu halten.

Die wichtigsten Querschnittsformen sind:

α) Der ⊥-förmige Querschnitt, selten aus einem gewalzten ⊥-Eisen, meist aus zwei gleichschenkligen oder ungleichschenkligen Winkeleisen (Abb. 123a u. b) oder aber aus Stehblech und Winkeleisen (Abb. 124a) gebildet. Die Verstärkung des Grundquerschnitts erfolgt durch senkrechte Flacheisen (Abb. 123c und 124b) und Lamellen (Abb. 123d) und 124b).

Der Lichtabstand der nebeneinanderliegenden Winkeleisen (Abb. 123a u. b) beträgt meist nur 8 bis 16 mm; die Instandhaltung des Anstrichs ist daher schwierig. Bei im Freien oder in Räumen mit stark säurehaltiger Luft liegenden Konstruktionen ist der Zwischenraum zwischen beiden Winkeln stets nach Abb. 123c durch ein Flacheisen zu schließen.

β) Der +-förmige Querschnitt, aus zwei gleichschenkligen oder ungleichschenkligen Winkeleisen (Abb. 125a) gebildet; die Verstärkung erfolgt durch senkrechte oder wagerechte Flacheisen (Abb. 125b) bzw. durch Hinzufügung von zwei weiteren Winkeleisen.

γ) Der ⊢⊣-förmige Querschnitt, gebildet aus gewalztem ⊢⊣-Eisen (Normalprofilen oder breitflanschigen Trägern, Abb. 126a) oder aus zwei nebeneinanderliegenden ⊔-Eisen (Abb. 126b) oder endlich aus Stehblech und Winkeleisen (Abb. 126c). Die Verstärkung der Grundquerschnitte erfolgt durch Flacheisen und Lamellen, wie in Abb. 126c gestrichelt angedeutet.

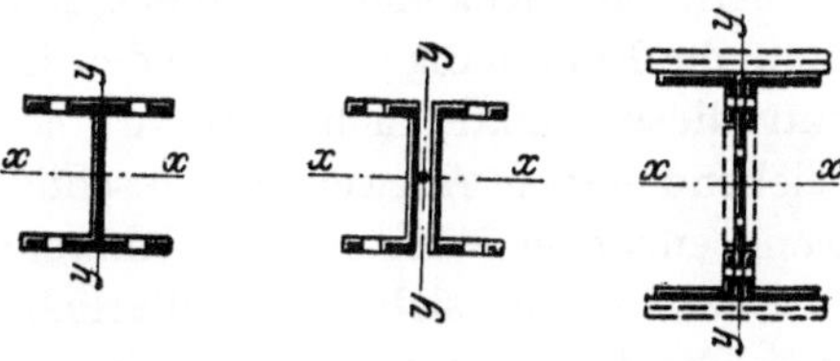

Abb. 126a. Abb. 126b. Abb. 126c.

δ) Der kastenförmige (zweiwandige) Querschnitt, gebildet durch Verdoppelung oder Auseinanderrücken der vorhergenannten Querschnitte (Abb. 127 bis 130); die Verstärkung der Grundquerschnitte ist gestrichelt angedeutet. Bei im Freien liegenden Trägern dürfen diese Kästen unten nicht durch eine durchlaufende Lamelle so geschlossen werden, daß sie eine Rinne für das Regenwasser bilden.

Für die Größe des Lichtabstandes der beiden Wandungen ist bei den Gurtungen neben der Knicksicherheit und der Möglichkeit einer ordnungsmäßigen Vernietung vor allem die Abmessung der Füllungsstäbe rechtwinklig zur Fachwerkebene maßgebend, die daher bei der Querschnittsermittelung an erster Stelle aus der erforderlichen Fläche und Knicksicherheit festzulegen ist. Je nach der Größe der Spannweite L wählt man den Lichtabstand zweckmäßig gleich dem 0,9- bis 0,8 fachen der Gurtbreite in der Fachwerkebene.

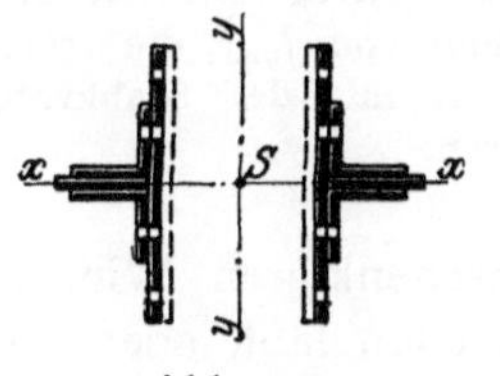

Abb. 127.

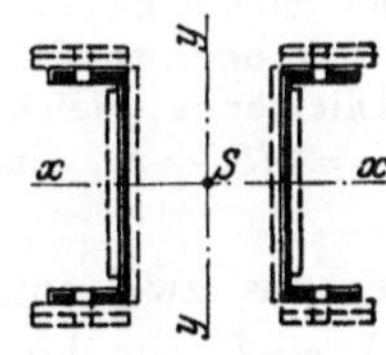

Abb. 128.

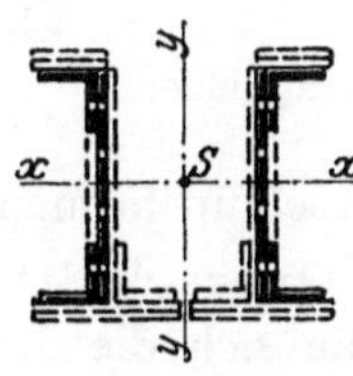

Abb. 129.

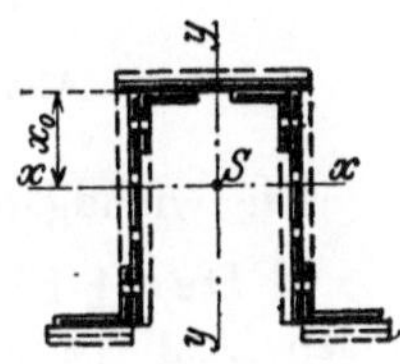

Abb. 130.

b) Der Stab wird auf Druck beansprucht.

Die durch die Nietlöcher herbeigeführte Querschnittsverschwächung wird bei der Berechnung der nutzbaren Fläche in der Regel nicht berücksichtigt, weil sich die Druckkraft durch den Nietschaft hindurch übertragen kann.

Da mit der Druckbeanspruchung stets die Gefahr des Ausknickens verbunden ist, so sind (vgl. 4. Kap., B) die Stabquerschnitte so zu wählen, daß einmal die Trägheitsmomente J_x und J_y für die beiden Querschnittshauptachsen annähernd gleich groß sind, dann aber die Flächenteile möglichst weit vom Schwerpunkt entfernt liegen, damit der Zahlenwert des Trägheitsmoments möglichst groß wird.

Ist S die Stabkraft in Tonnen,

s die freie Knicklänge in Meter,

$\mathfrak{S}$ der verlangte Sicherheitsgrad gegen Ausknicken, so berechnet sich das für den Stab erforderliche kleinste Trägheitsmoment (in cm^4) unter der Voraussetzung, daß die als reibungslose Gelenke gedachten Endpunkte des Stabes in seiner Achse geführt sind, aus der Eulerschen Knickgleichung mit $E = 2 \cdot 10^6 \text{ kg/cm}^2$ und $\pi^2 \approx 10$ zu

$$31) \quad J_{\min} = \frac{\mathfrak{S}}{2} S s^2,$$

und zwar ist bei Verwendung von Flußeisen für

Hochbaukonstruktionen: $\mathfrak{S} = 4$, daher $J_{\min} = 2 S s^2$,

Brücken- und Krankonstruktionen: $\mathfrak{S} = 5$, daher $J_{\min} = 2{,}5 S s^2$.

Hat umgekehrt der Stab das kleinste Trägheitsmoment $J_{\min}$ (in cm[4]), so berechnet sich seine Sicherheit gegen Ausknicken zu

$$31\text{a})\quad \mathfrak{S} = \frac{2\,J_{\min}}{S\,s^2}.$$

Als freie Knicklänge s eines Stabes ist stets die ganze Länge seiner Netzlinie, d. h. die Entfernung seiner beiden Endknotenpunkte einzuführen unter der Voraussetzung, daß diese Punkte nicht nur in, sondern auch rechtwinklig zur Fachwerkebene hinreichend gegen Ausweichen geschützt sind. Letztere Voraussetzung ist nur dann erfüllt, wenn entweder jeder einzelne Knotenpunkt durch einen nicht in der Trägerebene liegenden Stab an ein in sich und äußerlich unverschiebliches Raumfachwerk (an dessen Stelle auch die feste Erde treten kann) angeschlossen ist, oder aber wenn der ebene Träger mit einem nicht in seiner Ebene liegenden zweiten Träger durch Wind- und Querverbände zu einem in sich unverschieblichen räumlichen Fachwerkträger verbunden ist.

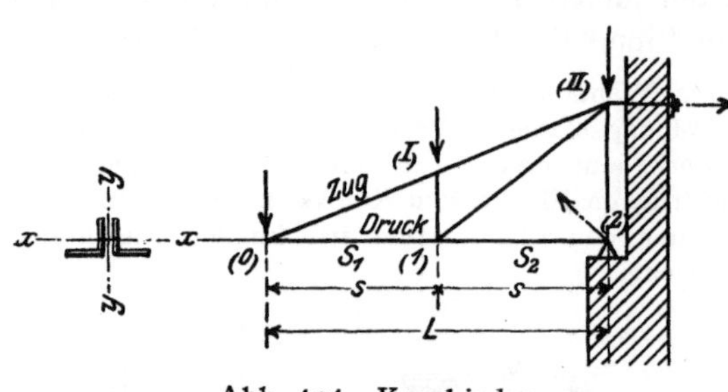

Abb. 131. Kragbinder.

Ein Beispiel der ungenügenden Sicherung gegen Ausknicken rechtwinklig zur Trägerebene bietet der Knotenpunkt (1) der unteren Gurtung des Binders Abb. 131, der in der Obergurtebene (0) — (II) durch einen Windverband und in der senkrechten Ebene (2) — (II) durch einen Querverband mit seinem Nachbarbinder verbunden ist. Hier ist zwar in der Binderebene zur Berechnung von $J_{x\,\min}$ die freie Knicklänge gleich der Stablänge s, rechtwinklig zur Binderebene aber zur Berechnung von $J_{y\,\min}$ die freie Knicklänge gleich $2s = L$ mit der Stabkraft $S = \frac{1}{2}(S_1 + S_2)$ einzuführen.

Die wichtigsten Querschnittsformen sind:

α) Der ⊥-förmige Querschnitt, entweder aus zwei ungleichschenkligen Winkeleisen (Abb. 132a), für die sich die Bedingung $J_x = J_y$ annähernd erfüllen läßt, oder aus zwei gleichschenkligen Winkeleisen (Abb. 132b) oder endlich aus Stehblech und Winkeleisen (Abb. 133a) und Lamellen (Abb. 133b) gebildet. Über die Schließung des Zwischenraums zwischen den Winkeleisen sowie über die Verstärkung dieser Grundquerschnitte gilt das bei den Zugstäben Gesagte.

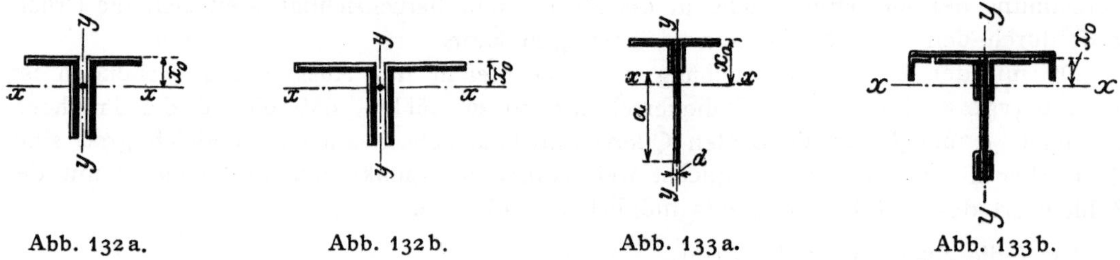
Abb. 132a. Abb. 132b. Abb. 133a. Abb. 133b.

β) Der ┼-förmige Querschnitt, gebildet aus zwei gleichschenkligen Winkeleisen (Abb. 134a) oder aus Stehblech und zwei gleich- oder ungleichschenkligen Winkeleisen (Abb. 134b). Verstärkung des Grundquerschnitts wie bei den Zugstäben.

γ) Der ⊢⊣-förmige Querschnitt, gebildet aus zwei mit abgewendeten Schenkeln angeordneten gleichschenkligen Winkeleisen (Abb. 135a, zur Vergrößerung von J_x gegenüber Abb. 132b) oder aus gewalztem ⊢⊣-Eisen (Normalprofilen oder breitflanschigen Trägern) oder aus zwei nebeneinanderliegenden ⊔-Eisen (Abb. 135b) oder endlich aus Stehblech und Winkeleisen entsprechend Abb. 126c.

δ) Der kastenförmige (doppelwandige) Querschnitt, gebildet durch Verdoppelung oder Auseinanderrücken der vorhergenannten Querschnitte (Abb. 136 bis 139); die Verstärkung der Grundquerschnitte ist gestrichelt angedeutet. Für die Größe des Lichtabstandes gilt das bei den Zugstäben Gesagte. Bei den gedrückten Obergurtstäben ist der Kasten oben stets durch eine Lamelle zu schließen.

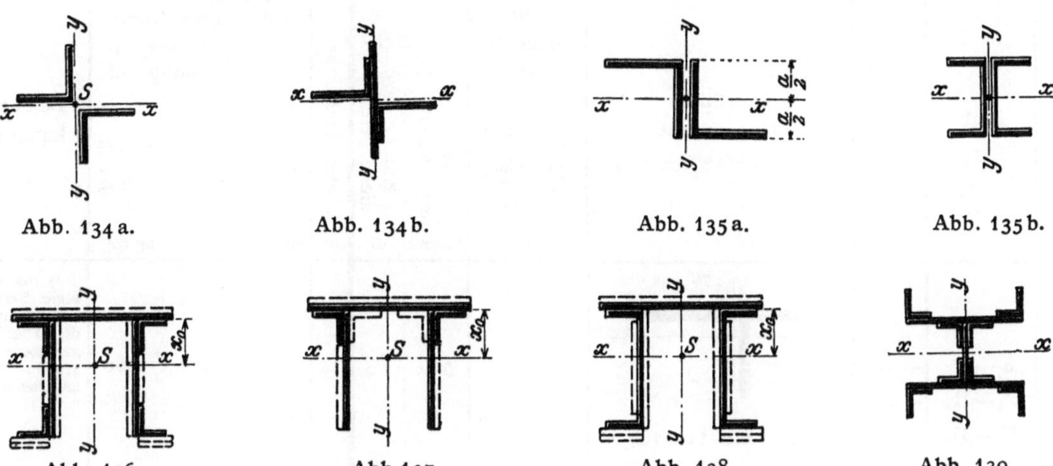

Abb. 134a. Abb. 134b. Abb. 135a. Abb. 135b.

Abb. 136. Abb. 137. Abb. 138. Abb. 139.

c) Der Stab wird auf Druck (oder Zug) und Biegung beansprucht.

Erleidet der Stab die Druckkraft S und das Biegungsmoment M (Abb. 140), so ergeben sich die auftretenden Spannungen zu

$$\sigma_{\max} = \frac{S}{F} + \frac{M}{W_1} \quad \text{und} \quad \sigma_{\min} = \frac{S}{F} - \frac{M}{W_2},$$

wobei $W_1 = \frac{J_x}{e_1}$ bzw. $W_2 = \frac{J_x}{e_2}$ das für die oberste bzw. unterste Faser maßgebende Widerstandsmoment ist und die Druckspannungen mit dem Pluszeichen eingeführt sind. Um $\sigma_{\max}$ möglichst klein zu erhalten, muß W_1 möglichst groß, also e_1 möglichst klein werden, d. h. die Schwerachse xx ist nach derjenigen Seite hin zu verschieben, an der die Spannungen aus Stabkraft und Biegungsmoment das gleiche Vorzeichen haben.

Für solche Stäbe sind daher bezüglich der wagerechten Schwerachse unsymmetrische Querschnitte nach Abb. 132a, 133, 136 und 138 vorteilhaft.

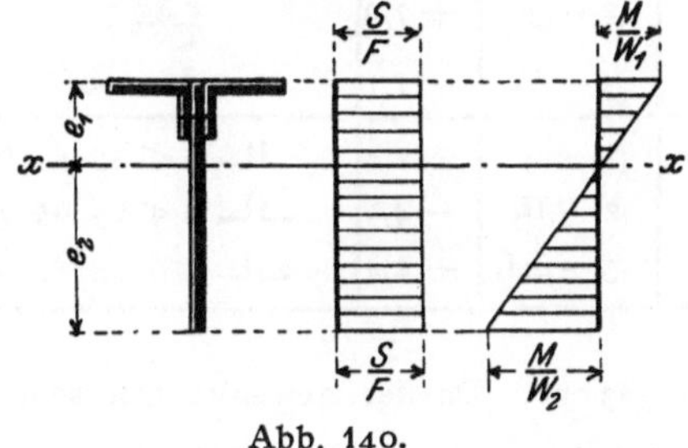

Abb. 140.

Wenn aber nur verhältnismäßig kleine Momente auftreten (z. B. bei Dachbindern, bei Kranträgern mit geringer Nutzlast), verwendet man meist den [- bzw.][-Querschnitt; der dadurch bedingte Mehraufwand an Gewicht wird durch die Ersparnis der bei den unsymmetrischen Querschnitten erforderlichen Nietarbeit meist reichlich ausgeglichen.

Aufgabe 16. Für den in Abb. 64k dargestellten, nur in den Knotenpunkten belasteten Binderträger sind die größten Stabkräfte in der nachfolgenden Zahlentafel 1 zusammengestellt; es sollen die Querschnitte sämtlicher Stäbe bestimmt werden.

$$k = 1000\ \text{kg/cm}^2;\ k_s = 750\ \text{kg/cm}^2\ (\nu = 4/3);\ k_l = 2k_s;\ \mathfrak{S} = 4\ \text{fach}.$$

Auflösung. Die Lösung der Aufgabe erfolgt am übersichtlichsten in einer Zahlentafel, in der die gewählten Querschnitte samt den wirklich vorhandenen Flächen und Trägheitsmomenten und die aus ihnen berechneten tatsächlichen Beanspruchungen und Knicksicherheiten, endlich Durchmesser, Anzahl und Beanspruchung der Niete auf Abscheren und Lochleibungsdruck aufgeführt sind. Zu der in Zahlentafel 1 enthaltenen Lösung der gestellten Aufgabe dienen folgende Erläuterungen.

a) Der Obergurt ist bei dem geringen Unterschied in den Stabkräften einheitlich von (0) bis (IV) durchgeführt; für seine Querschnittsbestimmung ist daher die größte Stabkraft $S = -24{,}4$ t maßgebend. Nach Gl. 1) wird $F = \frac{24400}{1000} = 24{,}4\ \text{cm}^2$, nach Gl. 31) mit $s = 2{,}8\ \text{m}: J_{\min} = 2 \cdot 24{,}4 \cdot 2{,}8^2$

Zahlentafel 1. Binder Abb. 64k

	Stab	Größte Stabkraft in t	Gewählter Querschnitt	Vorhanden an: Fläche cm²	Vorhanden an: Trägheitsmoment cm⁴	Tatsächliche: Beanspruchung kg/cm²	Tatsächliche: Knicksicherheit 𝔖	Knotenblechdicke mm	Der doppelschnittigen Niete: Durchmesser mm	Anzahl	Beanspruchung auf: Abscheren kg/cm²	Beanspruchung auf: Lochleibungsdruck kg/cm²	Bemerkungen
Obergurt	(0)—(I)	— 24,4				580	5	14		6	480	1260	¹) Bei alleiniger Berücksichtigung der in der Trägerebene liegenden Winkelschenkel.
	(I)—(II)	— 23,3											
	(II)—(III)	— 22,2	2 ∢ 110·110·10	42,4	478				23				
	(III)—(IV)	— 21,1		22,0¹)		950				5	510	1310	
Untergurt	(0)—(1)	+ 22,0				910		14		6	580	1310	
	(1)—(2)	+ 18,7	2 ∢ 75·75·10	24,2					20	5	600	1340	
	(2)—(2')	+ 11,3	2 ∢ 75·75·8	19,8		600				3	620	1350	
Diagonalen	(1)—(II)	+ 3,3		4,7¹)		700		14		2	370	810	
	(II)—(3)	+ 3,3	2 ∢ 55·55·6						17				
	(2)—(3)	+ 7,9		11,9		930				3	580	1290	
	(3)—(IV)	+ 11,1	2 ∢ 60·60·6							4	610	1360	
Vertikale	(1)—(I)	— 2,4	⅃L 2 ∢ 55·55·6	6,6¹)	35	360	28	14		2	270	600	
	(2)—(II)	— 4,6	⅃L 2 ∢ 65·65·7	9,1¹)	66	640	8,6		17	2	510	970	
	(3)—(III)	— 2,4	⅃L 2 ∢ 55·55·6	6,6¹)	35	360	28			2	270	600	

$= 383$ cm⁴. Da der gewählte Querschnitt (2 |110 : 10) eine Fläche von 42,4 cm² und ein kleinstes Trägheitsmoment von 478 cm⁴ hat, so wird die tatsächliche Beanspruchung $\sigma = \frac{24\,400}{42{,}4} = 580$ kg/cm² und die tatsächliche Knicksicherheit $\mathfrak{S} = 4 \cdot \frac{478}{383} = 5$ fach. Nach Gl. 3) wird ferner $F_s = \frac{4}{3} \cdot 24{,}4 = 32{,}5$ cm², daher mit $d = 23$ mm und $\delta = 14$ mm (Zwischenraum zwischen den beiden Winkeleisen) nach Gl. 8): $z_s = \frac{32{,}4}{2 \cdot 4{,}2} = 4$ Stück und nach Gl. 9): $z_l = \frac{32{,}5}{2 \cdot 2{,}3 \cdot 1{,}4} = 6$ Stück. Bei Wahl von 6 Anschlußnieten ergibt sich daher die tatsächliche Beanspruchung auf Abscheren zu $\sigma_s = \frac{24\,400}{2 \cdot 6 \cdot 4{,}2} = 480$ kg/cm² und auf Lochleibungsdruck $\sigma_l = \frac{24\,4000}{6 \cdot 2{,}3 \cdot 1{,}4} = 1260$ kg/cm². Diese Anzahl ist bei dem geringen Unterschied in den Stabkräften für alle Stäbe bis auf Stab (III) — (IV) beibehalten. Bei diesem Stab genügen zur Aufnahme der Stabkraft $S = -21{,}1$ t die in der Trägerebene liegenden Winkelschenkel mit $2 \cdot 11{,}0 \cdot 1{,}0 = 22{,}0$ cm² Fläche (vgl. den Anschluß in Abb. 342).

Zahlentafel 2. **Trapezträger Abb. 141.**

	Stab	Größte Stabkraft in t	Gewählter Querschnitt	Vorhanden an Fläche cm²	Vorhanden an Trägheitsmoment cm⁴	Tatsächliche Beanspruchung kg/cm²	Tatsächliche Knicksicherheit	Der einschnittigen Niete Durchmesser mm	Der einschnittigen Niete Anzahl	Der einschnittigen Niete Beanspruchung auf Abscheren kg/cm²	Bemerkungen
Obergurt	I—II	— 112,2	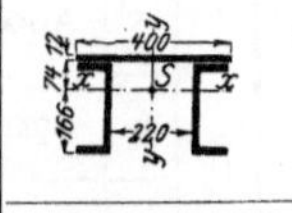 2 ⊔ NP. 24 $+\frac{400}{12}$	132,6	$J_x = 12020$ $J_y = 21700$	850	17	23	36	750	
	II—III	— 112,2									
	III—IV	— 141,0	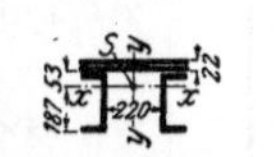 2 ⊔ NP. 24 $+\frac{400}{12}+\frac{400}{10}$	172,6	$J_x = 14580$ $J_y = 27040$	820	17		44	770	
Untergurt	o—1	+ 66,8	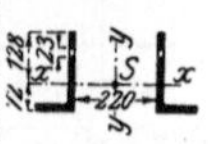 2 ∢ 200·100·16	84,0		800		23	22	730	
	1—2	+ 66,8									
	2—3	+ 136,2	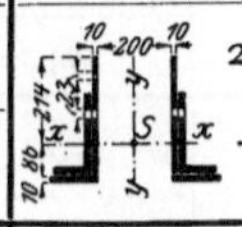 2 ∢ 200·100·16 $+2\frac{300}{10}+2\frac{120}{10}$	158,8		860			44	750	
	3—4	+ 136,2									
Diagonalen	o—I	— 88,5	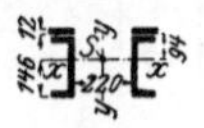 2 ⊔ NP. 24 $+2\frac{90}{12}$	106,2	$J_x = 9910$	830	9	23	28	760	
	I—2	+ 65,6	 2 ⊔ NP. 24	75,9		860		23	22	720	
	2—III	— 46,5	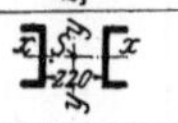 2 ⊔ NP. 18	56,0	$J_x = 2710$	830	5	20	20	740	
	III—4	+ 29,7 — 12,9	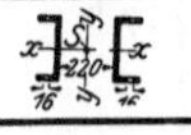 2 ⊔ NP. 14	34,4	$J_x = 1210$	860	7,6	17	18	730	
Vertikale	1—I	+ 25,3	 ⊢⊣ Diff. 20 B	58,4	$J_y = 5170$	430		23	8	760	
	2—II	o									
	3—III	+ 25,3									
	4—IV	o									

b) Der **Untergurt** wird wegen des im Knotenpunkt (2) vorhandenen Knicks von (0) bis (2) in demselben Profil durchgeführt. Für $S = + 22{,}0$ t wird nach Gl. 1): $F = \frac{22000}{1000} = 22{,}0$ cm²; der gewählte Querschnitt (2 |75 : 10) hat bei der Berücksichtigung der Verschwächung durch die Nietlöcher von 20 mm ϕ die Fläche $2(14{,}1 - 2\cdot 1{,}0) = 24{,}2$ cm², daher die tatsächliche Beanspruchung $\sigma = \frac{22000}{24{,}2} = 910$ kg/cm². Die Berechnung der Nietanschlüsse erfolgt genau wie beim Obergurt. Der Stab (2)—(2') ist wegen des Aussehens in gleicher Breite mit geringerer Schenkelstärke ausgeführt, daher seine geringe Beanspruchung.

c) Für die **Füllungsstäbe** ist hiernach nur noch hinzuzufügen, daß mit Rücksicht auf den durch die „Besonderen Vertragsbedingungen" (S. 8) vorgeschriebenen kleinsten Nietdurchmesser von 17 mm kleinere Schenkelbreiten als 55 mm unzulässig sind. Bei der Berechnung der tatsächlichen Beanspruchung auf Lochleibungsdruck ist bei den 6 mm starken Winkeleisen $\delta = 2 \times 6 = 12$ mm (gleich der Summe der beiden Winkelschenkel) einzuführen. Die Zahl der Anschlußniete ist mindestens gleich 2 zu wählen, auch wenn die Rechnung weniger ergibt. Wo nur die in der Träger-

Zahlentafel 3. **Halbparabelträger Abb. 142.**

	Stab	Größte Stabkraft in t	Größtes Biegungsmoment cmt	Gewählter Querschnitt	Vorhanden an: Fläche cm^2	Vorhanden an: Trägheitsmom. cm^4	Vorhanden an: Widerstandsmom. cm^3	Tatsächliche: Beanspruchung kg/cm^2	Tatsächliche: Knicksicherheit	Knotenblechdick mm	Der doppelschnitttigen Niete: Durchmesser mm	Der doppelschnitttigen Niete: Anzahl	Beanspruchung auf: Abscheren kg/cm^2	Beanspruchung auf: Lochleibungsdruck kg/cm^2	Bemerkungen
Obergurt	⊠—II	— 8,7				$J_x =$ 1446	$W_u =$ 101	640		10		5	390	1030	$\sigma_{VI-VIII} = -\frac{15800}{43,8} - \frac{84400}{253} = -361 - 324 = \sim -700$ kg/cm^2, $\sigma_{⊠-II} = -\frac{8700}{43.8} + \frac{84400}{101} = -200 + 840 = +640$ kg/cm^2.
	II—IV	— 12,6	84,4	$\frac{200}{10}$ +	43,8						17	6	470	1230	
	IV—VI	— 14,8		2 ∢ 70·70·9		$J_y =$ 264	$W_0 =$ 253					7	470	1250	
	VI—VIII	— 15,8						700	15			8	440	1160	
Untergurt	0—2	0													
	2—4	+ 8,3			19,8						17	4	460	1220	
	4—6	+ 12,0		2 ∢ 75·75·8								6	450	1180	
	6—8	+ 13,8						700				7	440	1160	
Hauptdiagonalen	⊠—2	+ 10,2			15,2	$J_x =$ 67		670				5	450	1200	*) Bei alleiniger Berücksichtigung der in der Trägerebene liegenden Winkelschenkel.
	II—4	+ 6,0											440	1180	
	IV—6	+ 4,4 — 0,3		2 ∢ 65·65·7	6,9*)	$J_y =$ 165					17	3			
	VI—8	+ 3,3 — 1,5							15						
Nebendiagon.	1—II	+ 3,3						700					250	650	
	3—IV	+ 2,9			4,7*)						17	3			
	5—VI	+ 2,8		2 ∢ 55·55·6											
	7—VIII	+ 2,7													
Hauptvertikale	0—⊠	— 5,8						660					430	1140	
	2—II	— 4,4													
	4—IV	— 3,4			9,1*)	67					17	3			
	6—VI	— 2,6		2 ∢ 65·65·7											
	8—VIII	— 3,7							6,2						
Nebenvertikale	1—I														
	3—III	— 3,4			4,7*)	35		720	14		17	3	250	670	
	5—V			2 ∢ 55·55·6											
	7—VII														

ebene liegenden Winkelschenkel durch Niete angeschlossen sind, sind bei der Berechnung der tatsächlich vorhandenen Fläche auch nur diese Schenkel berücksichtigt.

Aufgabe 17. Für den in Abb. 141 dargestellten, nur in den Knotenpunkten belasteten Trapezträger (Transportbrücke) sind die größten Stabkräfte in Zahlentafel 2 zusammengestellt; es sollen die Querschnitte sämtlicher Stäbe bestimmt werden. $k = 870$ kg/cm^2; $k_s = 0,9\,k$ $(\nu = {}^{10}/_{9})$; $k_l = 2\,k_s$; $\mathfrak{S} = 5$ fach.

Auflösung. Zwei Brückenträger sind durch Anordnung eines Windverbandes in der Untergurtebene zu einem räumlichen Fachwerkträger vereinigt; mit Rücksicht auf die freie Durchfahrt sind die Querverbände als offene Halbrahmen (Abb. 76) ausgebildet. Die Vertikalen erleiden daher

Zahlentafel 4. **Tonnendachbinder Abb. 143.**

	Stab	Größte Stabkraft in t	Größtes Biegungsmoment in cmt	Gewählter Querschnitt	Vorhanden an: Fläche cm²	Trägheitsmom. cm⁴	Widerstandsmom. cm³	Tatsächliche: Beanspruchung kg/cm²	Knicksicherheit	Knotenblechdicke mm	Der einschnittigen Niete: Durchmesser mm	Anzahl	Beanspruchung auf Abscheren kg/cm²	Bemerkungen
Obergurt	o—I	— 10,3	— 14,0			$J_x =$ 287		860		7		7	650	
	I—II	— 9,7	— 2,7	1 ⊔ NP. 10½	17,3		$W_x =$ 55		12 bzw. 9		17	7	610	$\sigma_{max} = \frac{10300}{17,3} + \frac{14000}{55} = 600 + 255 = \sim 860$ kg/cm².
	II—III	— 9,2	— 1,3			$J_y =$ 61						7	580	
Untergurt	o—2	+ 9,0						640				6		
	2—3	+ 9,0		1 ⊔ NP. 10½	14,1						17	6	670	
	3—3′	+ 8,7										6		
Diagonalen	1—2	+ 0,3 / — 0,2										2		*) Bei alleiniger Berücksichtigung des in der Trägerebene liegenden Winkelschenkels
	2—II	— 0,3										2		
	II—3	+ 0,2 / — 0,3		1 ∢ 65·65·7	3,4*)	14		90	18		17	2	70	
	3—III	+ 0,3 / — 0,2										2		

als Glieder dieser Halbrahmen Biegungsspannungen; ihre Berechnung ist nach den Regeln des 10. und 11. Kapitels durchzuführen. Aus ihrer Querschnittshöhe von 200 mm ergibt sich der Lichtabstand des doppelwandigen Gurtquerschnitts zu 220 mm (200 + 2 Bleche von je 10 mm Stärke). Die weitere Lösung ist in Zahlentafel 2· durchgeführt. Da die Anschlußniete hier einschnittig sind, überall aber $\delta \geqq \frac{\pi}{8} d$ (Gl. 6) ist, so erübrigt sich die Berechnung des Lochleibungsdrucks.

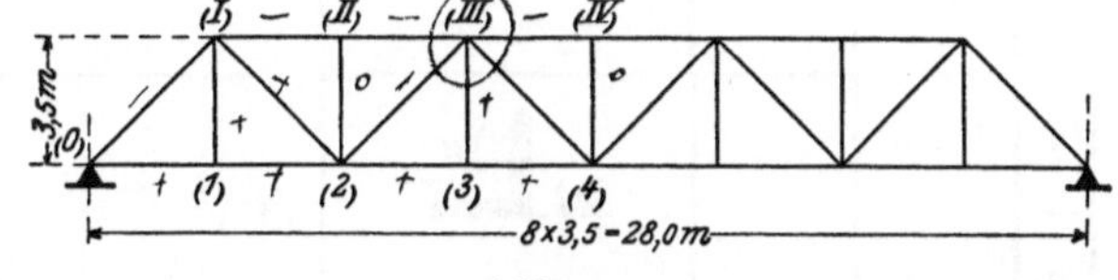

Abb. 141.

Aufgabe 18. Für den in Abb. 142 dargestellten, auch zwischen den Knotenpunkten durch die Krannutzlast belasteten Kranträger (Halbparabelträger) sind die größten Stabkräfte und Biegungsmomente in Zahlentafel 3 zusammengestellt; es sollen die Querschnitte sämtlicher Stäbe bestimmt werden. $k = 750$ kg/cm²; $k_s = 0{,}9\,k$ ($\nu = {}^{10}/_{9}$); $k_l = 2\,k_s$; $\mathfrak{S} = 5$ fach.

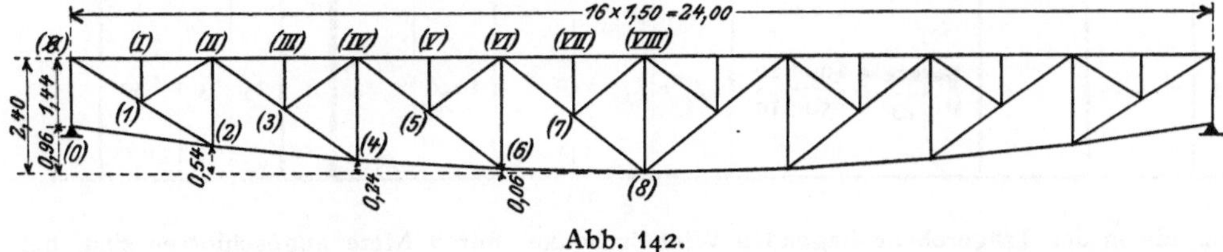

Abb. 142.

Auflösung. Die Lösung ist in Zahlentafel 3 durchgeführt. Der Obergurt ist mit Rücksicht auf die zusätzliche Biegungsbeanspruchung durch die Krannutzlast T-förmig ausgebildet; bei der in der letzten Spalte durchgeführten Berechnung der größten auftretenden Spannungen bedeutet das Pluszeichen eine Zug-, das Minuszeichen eine Druckspannung. Kleinere Winkelprofile als 55·55·6 sind mit Rücksicht auf die ordnungsmäßige Vernietung auszuschließen. Die Zahl der Anschlußniete muß mindestens 3 sein, auch wenn die Rechnung weniger ergibt. Bei den Füllungsstäben sind dort,

Zahlentafel 5. Kühlturm Abb. 145.

	Stab	Geschoß	Größte Stabkraft in t	Größtes Biegungsmoment in mt	Gewählter Querschnitt	Vorhanden an Fläche cm²	Vorhanden an Trägheitsmom. cm⁴	Vorhanden an Widerstandsmom. cm³	Tatsächliche Beanspruchung kg/cm²	Tatsächliche Knicksicherheit $\mathfrak{S}$	Knotenblechdicke mm	Der einschnittigen Niete Durchmesser mm	Der einschnittigen Niete Anzahl	Der einschnittigen Niete Beanspruchung auf Abscheren kg/cm²	Bemerkungen
Ringstäbe	O	1	— 0,9	0,50	⊓ NP. 12	5,0 17,0	43 364	61	180 820	24 50	10	17	3	140	
		2	— 2,4	1,32	⊓ NP. 16	6,8 24,0	85 925	116	350 1140	15 40		17	3	360	
		3	— 4,0	1,90	⊓ NP. 18	7,7 28,0	114 1354	150	520 1270	9 28		17	3	600	
		4	— 6,0	2,63	⊓ NP. 20	8,6 32,2	148 1911	191	700 1380	7 22		20	3	640	
Rippenstäbe	R	1	— 1,2		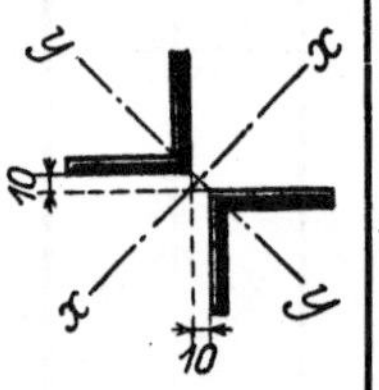 2 ∟ 80 : 8	12,8*)	230		640	8	10	20	4	640	*) Bei alleiniger Berücksichtigung der in der Ebene des Mantelfachwerkes liegenden Winkelschenkel.
		2	— 4,1												
		3	— 8,1												
		4	— 14,2		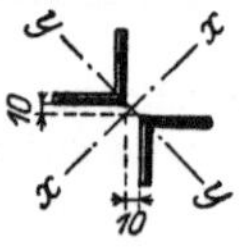 2 ∟ 80 : 10	16,0*)	278		900	4			5	760	
Diagonalen	D	1	+ 0,9		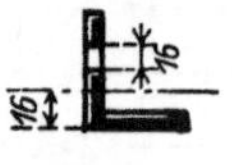 ∟ 55 : 8	3,1*)			840		10	17	2	580	
		2	+ 2,6												
		3	+ 4,4		 ∟ 75 : 9 / 50 : 6	5,0*)			880			20	2	700	
		4	+ 8,0		 ∟ 100 : 10 / 50 : 10	7,7*)			1040			23	3	850	

wo nur die in der Trägerebene liegenden Winkelschenkel durch Niete angeschlossen sind, bei der Berechnung der tatsächlich vorhandenen Fläche auch nur diese Schenkel berücksichtigt.

Aufgabe 19. Für den in Abb. 143 dargestellten Tonnendachbinder, dessen Obergurt stetig nach einem Kreisbogen gekrümmt ausgeführt und auch mitten zwischen den Knotenpunkten belastet ist, sind die größten Stabkräfte und Biegungsmomente (zusammengesetzt aus dem Einfluß der Stabkrümmung und der Zwischenbelastung) in Zahlentafel 4 zusammengestellt; es sollen die Querschnitte sämtlicher Stäbe bestimmt werden. $k = 1000$ kg/cm²; $k_s = 750$ kg/cm² ($\nu = {}^4/_3$); $k_l = 2\,k_s$; $\mathfrak{S} = 4$ fach.

Auflösung. Die Lösung ist in Zahlentafel 4 durchgeführt. Der Obergurt ist auch in der Mitte der Fachweite $a = 2{,}0$ m belastet und erhält daher nach Abb. 144 das Moment $M = \frac{Pa}{4} - Sf$; im vorliegenden Falle überwiegt für alle Gurtstäbe der Einfluß der Stabkrümmung. In der Binderebene ist zur Berechnung von $J_{x\,min}$ die ganze Stablänge s, rechtwinklig zur Binderebene aber zur Berechnung von $J_{y\,min}$ nur die halbe Stablänge $s/2$ als freie Knicklänge einzuführen, da die die Last P in Stabmitte übertragende Pfette ein Ausweichen rechtwinklig zur Binderebene verhindert.

Wegen der geringen Größe der Diagonalspannkräfte sind die Querschnitte ausnahmsweise einteilig ausgeführt. Da nun aber zwei benachbarte Binder nur in der Ebene ihrer Obergurte durch einen Windverband miteinander verbunden sind, so müßten zur Herbeiführung der inneren Unverschieblichkeit des aus beiden Bindern gebildeten Raumfachwerks zwischen den benachbarten Knotenpunkten der Untergurte Querverbände (Abb. 75) bzw. biegungsfeste Querrahmen (Abb. 76) angeordnet werden. Diese Querverbände läßt man aber bei Dachkonstruktionen immer dann fehlen, wenn in den Knotenpunkten des Untergurts nennenswerte äußere Kräfte nicht angreifen. Es ist dann aber besonders

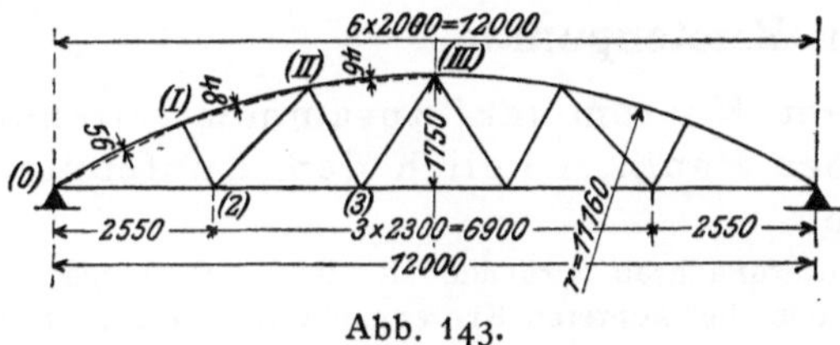

Abb. 143.

bei einteiligem Untergurtquerschnitt (also bei kleinem J_y) zweckmäßig, die Füllungsstäbe kräftiger auszubilden als die Rechnung verlangt, damit sie durch ihren rechtwinklig zur Binderebene vergrößerten Biegungswiderstand die fehlenden Querverbände wenigstens teilweise ersetzen.

Da für die angeordnete einschnittige Vernietung überall $\delta \leqq \frac{\pi}{8} d$ (Gl. 6) ist, so erübrigt sich die Berechnung des Lochleibungsdrucks.

Aufgabe 20. Für den in Abb. 145 dargestellten, über die ganze Höhe mit Holzbrettern verschalten

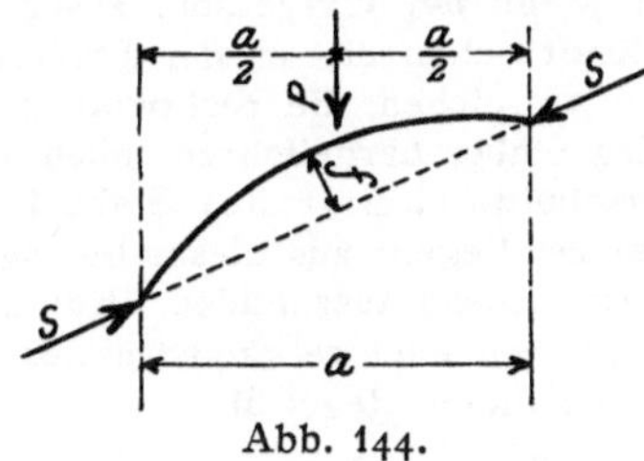

Abb. 144.

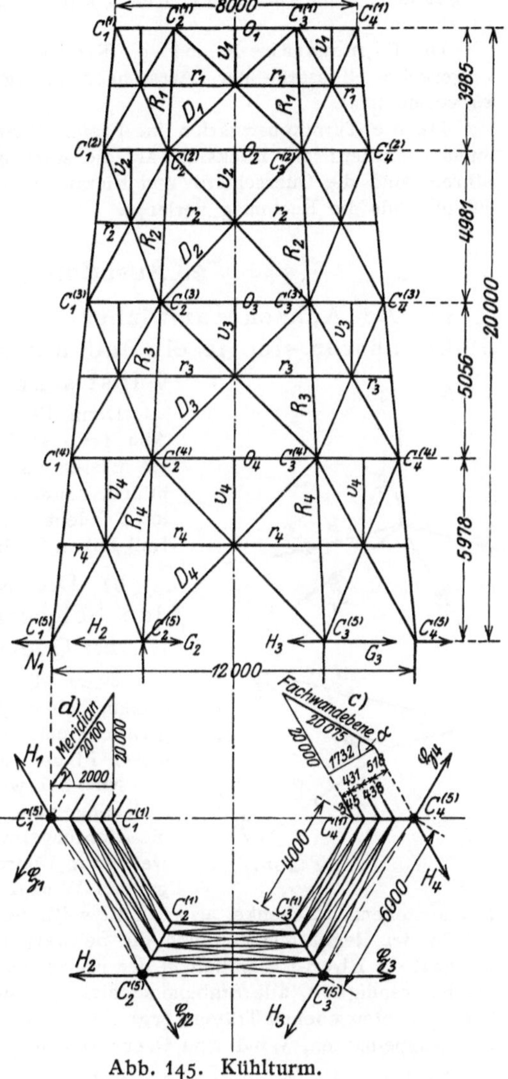

Abb. 145. Kühlturm.

Kühlturm sind die größten Stabkräfte und Biegungsmomente in Zahlentafel 5 zusammengestellt; es sollen die Querschnitte sämtlicher Stäbe bestimmt werden. $k = \frac{1200}{1400}$ kg/cm² $\frac{\text{ohne}}{\text{mit}}$ Berücksichtigung des Winddrucks von 150 kg/m²; $k_s = 1000$ kg/cm² ($\nu = {}^6/_5$); $k_l = 2\,k_s$; $\mathfrak{S} = 4$ fach.

Auflösung. Die Lösung ist in Zahlentafel 5 durchgeführt.

Die Ringstäbe O erhalten durch den Winddruck gegen die an ihnen befestigte Verschalung Biegungsmomente; sie sind in der Ebene des Mantelfachwerks durch die aus ⌐55 : 8 gebildeten Hilfsvertikalen in der Stabmitte gehalten, so daß hier nur die halbe, rechtwinklig zu dieser Ebene aber die ganze theoretische Stablänge als Knicklänge einzuführen ist. Die aus je einem wagerecht liegenden ⊔-Eisen gebildeten Stäbe sind nur mit dem einen, dem Turminneren zu liegenden Flansch in den Knotenpunkten angeschlossen (vgl. Abb. 152a), so daß zur Aufnahme der Stabkraft auch nur dieser eine Flansch in Rechnung zu stellen ist; daher ergibt sich z. B. für Stab O_8 die Beanspruchung im Knotenpunkt bei $7{,}0 \cdot 1{,}1 = 7{,}7$ cm² Fläche zu $\sigma = \frac{4000}{7{,}7} = 520$ kg/cm², dagegen in Stabmitte im äußeren (durch das Windmoment auf Druck beanspruchten) Flansch zu $\sigma_a = \frac{190000}{150} = 1270$ kg/cm², im inneren (durch das Windmoment auf Zug beanspruchten) Flansch zu

$$\frac{4000}{7{,}7} - \frac{190000}{150} = 520 - 1270 = -750 \text{ (Zug) kg/cm}^2 .$$

Die Diagonalen D sind in jedem Feld gekreuzt als Zugstäbe angeordnet, daher einteilig ausgebildet; beide Stäbe liegen nach außen, um die Holzverschalung im Inneren glatt durchführen zu können.

Die Rippenstäbe R sind vom Kreuzungspunkt der Diagonalen der einzelnen Felder aus durch wagerechte Hilfsstäbe der Länge nach untergeteilt, um zu große erforderliche Trägheitsmomente zu vermeiden.

Da die Turmkonstruktion im Freien liegt, sollen Blech- und Winkelstärken unter 8 mm vermieden werden; mit Rücksicht auf die starken Schwingungen, die hohe Türme bei Windanfall ausführen, sind die Querschnitte und Nietanschlüsse besonders in den oberen Geschossen stärker auszubilden als die Rechnung verlangt.

2. Ausbildung der Knotenpunkte.

a) Die Achsen sämtlicher an einem Knotenpunkt zusammentreffenden Stäbe müssen sich in ein und demselben Punkt, nämlich dem Knotenpunkt selbst schneiden.

Abb. 146a.

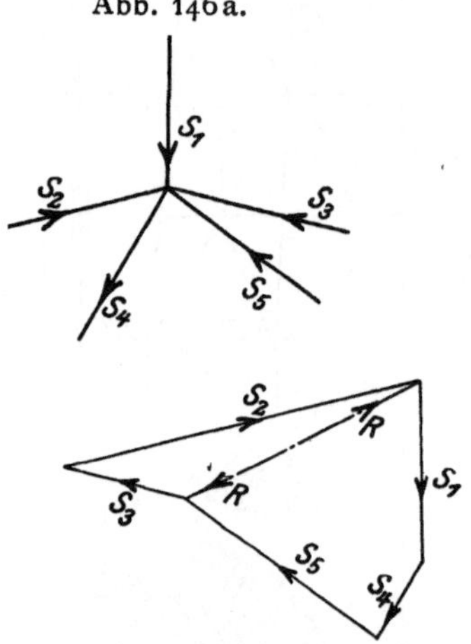

Abb. 146b.

Denn die in den Stabachsen wirkenden Kräfte, z. B. S_1 bis S_5 in Abb. 146a sind an dem betrachteten Knotenpunkt im Gleichgewicht; sie müssen daher nicht nur ein geschlossenes Kräftevieleck (Abb. 146b) bilden, sondern auch jede für sich in bezug auf den als reibungsloses Gelenk vorausgesetzten Knotenpunkt als Drehpunkt das Moment Null haben, d. h. durch diesen Drehpunkt gehen.

b) Die Richtungslinie der Stabkraft muß durch den Schwerpunkt des der Ausführung zugrunde gelegten Querschnitts gehen.

Denn die bei der Querschnittsberechnung gemachte Voraussetzung einer gleichförmigen Verteilung der Stabkraft über die ganze Querschnittsfläche bedingt, daß die Kraft im Schwerpunkt dieser Fläche angreift.

Nur bei wenig beanspruchten, aus einem oder zwei nebeneinanderliegenden Winkeleisen gebildeten Querschnitten läßt man wohl die Richtungslinie der Stabkraft mit der Wurzellinie zusammenfallen, wenn zur Übertragung der Kraft schon die in der Trägerebene liegenden Winkelschenkel allein ausreichen, die rechtwinklig zu dieser Ebene stehenden Schenkel also nur die seitliche Steifigkeit des Stabes herbeiführen sollen (Abb. 152).

In der Regel müssen auch die Schwerpunkte der Querschnitte sämtlicher Stäbe in ein und derselben Ebene, nämlich in der Ebene des Fachwerks selbst liegen; aus dieser Bedingung folgt die Notwendigkeit, alle Stabquerschnitte symmetrisch zu dieser Ebene auszubilden. Nur bei gering beanspruchten ebenen Trägern (vgl. Aufg. 19) sowie bei räumlichen Fachwerkkonstruktionen (Turm- und Kuppelbauten, Wind- und Querverbänden) weicht man von dieser Regel ab.

Ändert sich die Lage des Schwerpunkts bei einem über mehrere Fachweiten durchlaufenden Stab (z. B. beim Obergurt der Aufgabe 17), so läßt man die Richtungslinie der Stabkraft mit einer gemittelten Schwerpunktslage zusammenfallen (vgl. Aufg. 22).

c) In den Knotenpunkten läßt man die Gurtstäbe als die am stärksten beanspruchten Konstruktionsteile möglichst ununterbrochen durchgehen; die Füllungsstäbe werden dagegen in den Knotenpunkten rechtwinklig zu ihrer Achse abgeschnitten und entweder an das durchlaufende Gurtstehblech oder an ein besonderes Knotenblech angeschlossen, das 7 bis 24 mm Stärke erhält und einteilig bzw. bei kastenförmigen Querschnitten zwei- oder mehrteilig ausgebildet ist. Die auf Druck beanspruchten Füllungsstäbe sind möglichst nahe an den Knotenpunkt selbst heranzuführen. Jeder einzelne Teil eines Füllungsstabes muß dabei mit so viel Nieten angeschlossen werden, wie dem auf ihn entfallenden Teil der ganzen Stabkraft entspricht, vorausgesetzt, daß die ganze Querschnittsfläche zur Aufnahme der Stabkraft erforderlich ist; die rechtwinklig zum Knotenblech liegenden Querschnittsteile erfordern dabei besondere Anschlußwinkel (Abb. 18), in deren einem Schenkel ein, besser zwei Niete mehr als erforderlich angeordnet werden. Genügt dagegen zur Aufnahme der ganzen Stabkraft schon der in der Trägerebene liegende Querschnittsteil, so genügt es, auch nur diesen anzuschließen. Die Berechnung der erforderlichen Nietanzahl ist bereits bei der Querschnittsbestimmung der Stäbe durchgeführt. Zum Anschluß sind bei Hochbaukonstruktionen mindestens zwei, bei Brücken- und Kranbauten mindestens drei Niete zu wählen, auch wenn die Rechnung weniger ergibt. Die Anschlußniete müssen stets symmetrisch zur Stabachse angeordnet sein.

Die Größe und Stärke des Knotenblechs ist so zu wählen, daß die erforderliche Querschnittsfläche eines jeden angeschlossenen Stabes auch wirklich durch den anteiligen Querschnitt des Knotenblechs ersetzt wird. Sämtliche Ecken des Blechs, das im übrigen eine möglichst einfache Umrißform erhalten soll, müssen durch die Fachwerkstäbe verdeckt liegen oder aber mit den Kanten dieser Stäbe zusammenfallen.

Die Mittelkraft R der an das Knotenblech angeschlossenen Füllungsstäbe (S_1, S_4 und S_5 in Abb. 146) muß mit der gleich großen Mittelkraft der beiden in dem betrachteten Knotenpunkt angreifenden Gurtkräfte (S_2 und S_3) im Gleichgewicht sein; daher muß das Knotenblech mit so viel Nieten an die durchlaufende Gurtung angeschlossen werden, wie der größten Mittelkraft R_{max} entspricht, und zwar tunlichst gleichmäßig an alle Teile des Gurtungsquerschnitts. Die aus R_{max} errechnete Nietanzahl muß aber, um das Knotenblech zwischen den Nieten zur dichten Anlage an die Gurtstäbe zu bringen, immer dann vermehrt werden, wenn sich der Nietabstand für Druckstäbe größer als das 6 fache, für Zugstäbe größer als das 8 fache des Nietdurchmessers ergibt.

Aufgabe 21. Es ist der Knotenpunkt (II) der oberen Gurtung des Binderträgers Abb. 64k zu entwerfen (vgl. Zahlentafel 1).

Auflösung. Die Darstellung des Knotenpunkts zeigt Abb. 147. Nachdem die fünf am Punkt (II) zusammentreffenden Stabachsen strichpunktiert aufgetragen sind, entnimmt man den Normalprofiltabellen den Abstand der Schwerpunkte der gewählten Querschnitte von der Winkelkante, und zwar 31 mm für die Gurtstäbe ⌊110 : 10, 19 mm für den Vertikalstab ⌊65 : 7 und 16 mm für die Diagonalstäbe ⌊55 : 6. Hiernach werden sämtliche Winkeleisen mit ihren Wurzelmaßen eingezeichnet, die Gurtstäbe durchlaufend, die Zwischenstäbe aber an der Zusammenstoßstelle mit den Gurtwinkeln rechtwinklig zu ihrer Achse abgeschnitten. Das Maß e vom Knotenpunkt bis zum Ende des Füllungsstabes wird zweckmäßig so gewählt, daß sich für die ganze Länge der Winkeleisen ein auf 5 oder 0 abgerundetes Maß ergibt. Darauf wird in jedem Füllungsstab die in Zahlentafel 1 berechnete Nietanzahl eingezeichnet; da hier zur Übertragung der Stabkraft bei allen drei Stäben die in der Trägerebene liegenden Winkelschenkel genügen, so sind auch nur diese angeschlossen. Der Abstand der Niete vom Stabende wird zu $2d$, die Teilung zu $3d$ bis $3{,}5d$ gewählt, wobei alle Nietmaße auf 5 oder 0 abgerundet werden.

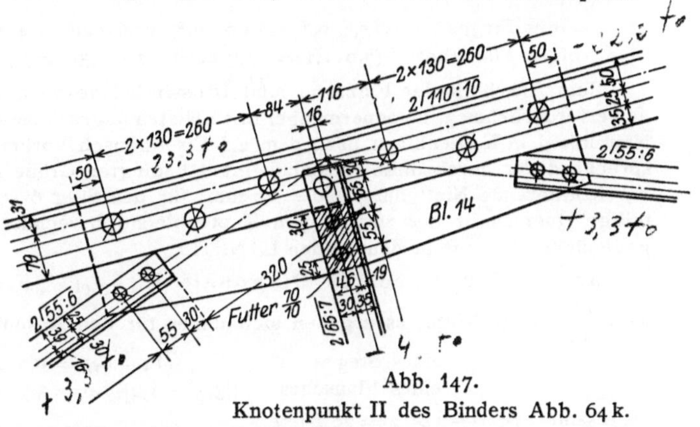

Abb. 147.
Knotenpunkt II des Binders Abb. 64k.

Der Stab (2) — (II) ist unter Einschaltung von Futterblechen über den Obergurtwinkel hinweggeführt, um das Knotenblech gegen Ausknicken und Ausbiegen rechtwinklig zur Ebene des Fachwerkträgers beim Austritt aus den Gurtwinkeln zu sichern.

Endlich werden die Abmessungen des Knotenblechs in tunlichst runden Maßen und so festgelegt, daß seine Ränder überall annähernd um $2d$ von den äußersten Nieten der angeschlossenen Stäbe abstehen. Die Stärke des Knotenblechs ist zu $\pi/4 \cdot 17 = 14$ mm gewählt, damit für den kleinsten Nietdurchmesser $d = 17$ mm die Bedingung $\delta \geq \pi/4 \cdot d$ erfüllt ist. Die anteilige Querschnittsfläche des Knotenblechs ergibt sich dann für den Vertikalstab zu $6{,}0 \cdot 1{,}4 = 8{,}4$ cm² bzw. für die Diagonalstäbe zu $5{,}5 \cdot 1{,}4 = 7{,}7$ cm², während nach Aufgabe 15 nur 4,6 bzw. 3,3 cm² erforderlich sind.

Da die beiden Gurtstäbe hier in ein und dieselbe gerade Linie fallen, ergibt sich die Resultierende R_{max} gleich der Differenz ihrer Stabkräfte, also nach Zahlentafel 1 zu $R_{max} = 23300 - 22200 = 1100$ kg, zu deren Aufnahme schon 1 Niet von 23 mm ϕ genügen würde. Da aber für Druckstäbe $t_{max} \leq 6d$ sein soll, so ergibt sich aus der vorher schon festgelegten Länge des Knotenblechs eine Teilung $t = 130$ mm.

Für die Ausführung in der Werkstatt wird der ganze Binder bis zur Mitte in der erläuterten Weise im Maßstabe 1 : 10, die Knotenbleche aber für sich noch besonders mit allen Bohrungen in natürlicher Größe aufgezeichnet.

Die einzelnen Stäbe des Fachwerkträgers erleiden durch ihr Eigengewicht Biegungsspannungen, die mit dem Abstand von der Schwerachse wachsen und sich zu den von den Stabkräften herrührenden Zug- bzw. Druckspannungen (den Längsspannungen) addieren. Stäbe mit unsymmetrischer Querschnittsausbildung werden daher im allgemeinen so in das Knotenpunktnetz eingezeichnet, daß die Summe aus den Längs- und Biegungsspannungen möglichst klein wird. Bei einem durch die Stabkraft auf Druck beanspruchten Stabe, z. B. dem Obergurt in Abb. 147, treten infolge des Biegungsmoments in Stabmitte an der oberen Kante Druckspannungen auf; daher ist der Stabquerschnitt so in das Netz einzuzeichnen, daß die Stabachse möglichst nahe an der oberen Kante des Profils liegt (vgl. Abb. 140); bei den durch die Stabkraft auf Zug beanspruchten Diagonalen der Abb. 147 muß umgekehrt die Stabachse möglichst nahe der unteren Profilkante liegen. Von dieser Regel weicht man nur selten aus triftigen Konstruktionsgründen ab, z. B. für den Untergurt in Abb. 347, wo der Anschluß in den Knotenpunkten (0) und (2) (Abb. 351 und 354) bei umgekehrter Profillage schwieriger gewesen wäre, oder für die Füllungsstäbe in Abb. 152a, die bei dem im Freien liegenden Kühlturm bei umgekehrter Lage Regenrinnen bilden würden.

Aufgabe 22. Es ist der Knotenpunkt (III) der oberen Gurtung des Trapezträgers Abb. 141 zu entwerfen (vgl. Zahlentafel 2).

Auflösung. Die Darstellung des Knotenpunkts zeigt Abb. 148. Für die drei Füllungsstäbe liegt der Schwerpunkt in der Mitte; für die Gurtstäbe liegt er links 74 mm, rechts 53 mm von Oberkante ⊔ NP. 24 entfernt; als Mittelwert ist die Entfernung von 60 mm gewählt, damit die Schwerachse des stärker beanspruchten Gurtstabes (III)—(IV) der gemittelten Stabachse möglichst nahe liegt.

Anschluß der linken Diagonale (2)—(III). Nach Zahlentafel 2 ist die vorhandene Fläche $F = 56{,}0$ cm² (2 ⊔ NP. 18) und die erforderliche Nietanzahl $n = 20$; daher sind für 1 cm² Fläche $\nu = \frac{20}{56{,}0} = 0{,}36$ Niete erforderlich; es ergeben sich daher für den Anschluß

eines Steges $(15{,}8 \cdot 0{,}8 = 12{,}6 \text{ cm}^2)$ $12{,}6 \cdot 0{,}36 = 4$,
eines Flansches $(7{,}0 \cdot 1{,}1 = 7{,}7 \text{ cm}^2)$ $7{,}7 \cdot 0{,}36 = 3$, insgesamt $2 \times 4 + 4 \times 3 = 20$ Niete.

Zum Anschluß der Flansche sind Hilfswinkel 70·70·9 erforderlich, die im einen Schenkel mit den erforderlichen 3, im anderen aber mit 4 Nieten angeschlossen sind, um sie durch das überschießende Niet mit dem Knotenblech bzw. dem ⊔-Eisenflansch vorher zu einem Ganzen zu vereinigen. Entsprechend der durch diese Anschlußwinkel bedingten Größe des Knotenblechs ergibt die regelmäßig durchzuführende Nietteilung ($4d = 80$ mm) für den Steg 6 statt der erforderlichen 4 Niete. Der anteilige Querschnitt der zweiteiligen Knotenbleche berechnet sich zu $2(18{,}0 + 2 \cdot 7{,}0)\,1{,}0 = 64{,}0$ cm² gegenüber 56,0 cm² in den beiden ⊔ NP. 18.

Anschluß der rechten Diagonale (III) — (4). $F = 34{,}4$ cm² (2 ⊔ NP. 14); $n = 20$; daher $\nu = \frac{20}{34{,}4} = 0{,}58$ Niete; es ergeben sich daher für den Anschluß

eines Steges $(14{,}0 \cdot 0{,}7 = 9{,}8 \text{ cm}^2)$ $9{,}8 \cdot 0{,}58 = 6$,
eines Flansches $([5{,}3 - 1{,}6] \cdot 1{,}0 = 3{,}7 \text{ cm}^2)$ $3{,}7 \cdot 0{,}58 = 2$,

insgesamt $2 \times 6 + 4 \times 2 = 20$ Niete.

Der Anschluß der Flansche erfolgt durch ∢ 60·60·8. Anteiliger Knotenblechquerschnitt $2(14{,}0 + 2 \cdot 6{,}0)\,1{,}0 = 52{,}0$ cm² gegenüber 34,4 cm² in den beiden ⊔ NP. 14.

Anschluß der Vertikalen (3) — (III). Das gewählte ⊢⊣ Diff. 20 B hat in den Flanschen $2(20{,}0 - 2 \cdot 2{,}3)\frac{0{,}95 + 1{,}81}{2} = 42{,}5$ cm², während nach Aufg. 17 und Zahlentafel 2 nur $\frac{25300}{870} = 29{,}1$ cm² erforderlich sind; es genügt daher, nur die Flansche, und zwar jeden mit $\frac{8}{2} = 4$ Nieten von 23 mm ϕ anzuschließen; gewählt sind $2 \times 6 = 12$ Anschlußniete zur Vermeidung einer zu großen Teilung.

Die den Vertikalstab unmittelbar mit dem Gurtstab verbindenden (hier 4) Niete werden zweckmäßig nicht zu den vorhandenen Anschlußnieten gerechnet.

Der Steg der Vertikalen ist stets dann durch Kopfwinkel (w in Abb. 148) mit den Lamellen des Obergurts zu verbinden, wenn die Knotenbleche (wie in Abb. 148) nur an einen Teil der Gurtung (nämlich hier nur an die Stege der ⊔ NP. 24) angeschlossen sind. Diese Winkel w bewirken unter Vermittlung der die Vertikale mit Knotenblech und Gurt verbindenden (daher auch als Anschlußniete für die Vertikale nicht mitzuzählenden) Niete den teilweisen Anschluß der Knotenbleche auch an die Lamellen des Obergurts, wie er hier bei der verhältnismäßig geringen Größe der Diagonalstabkräfte genügt. Treten besonders große Spannkräfte in den Füllungsstäben auf (z. B. in Stab (0) — (I) und (I) — (2) der Abb. 141), so soll man das Knotenblech möglichst an alle Querschnittsteile der Gurtstäbe durch besondere Hilfswinkel anschließen, die (vgl. Abb. 156 und 157) oben innen zwischen Lamellen und Knotenblechen, unten außen zwischen den Gurtflanschen und Knotenblechen angeordnet werden.

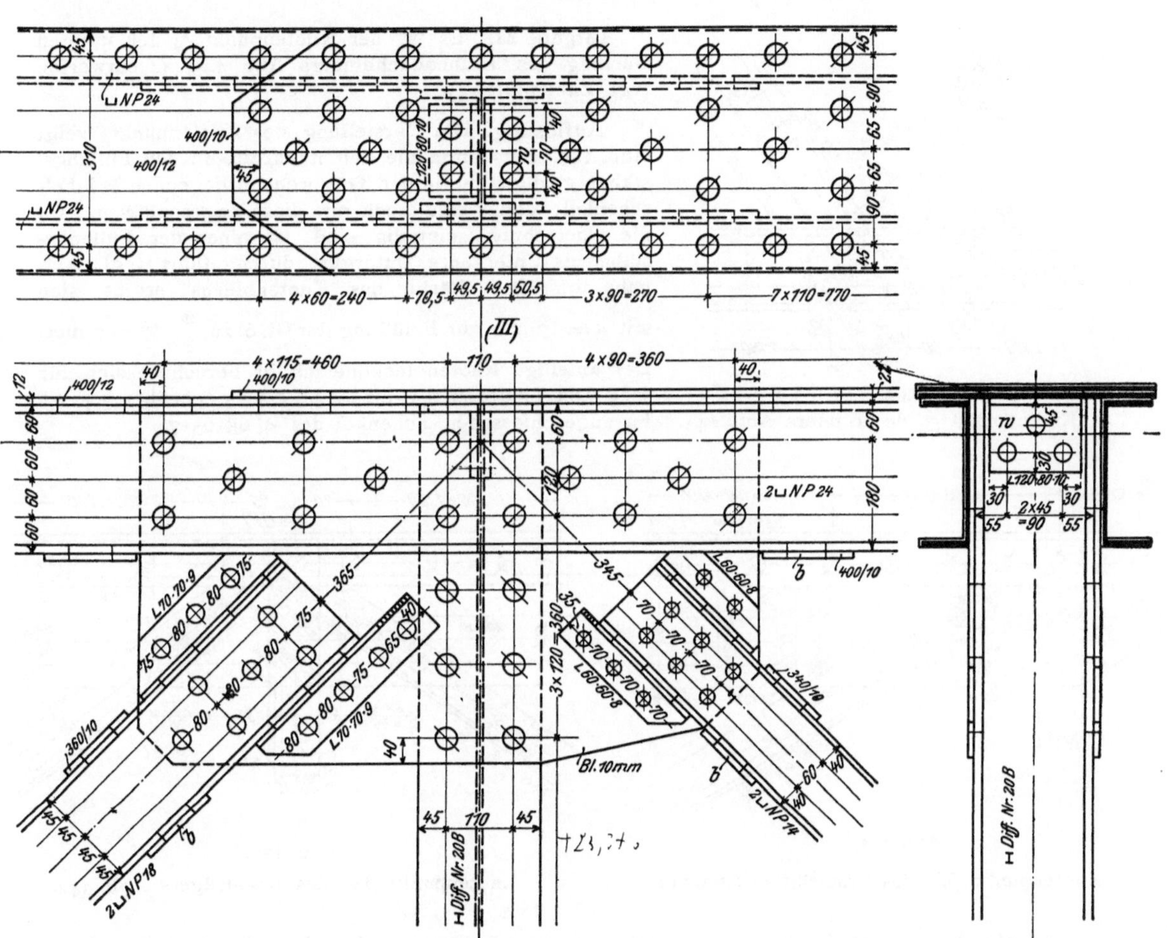

Abb. 148. Knotenpunkt (III) des Trapezträgers Abb. 141.

Anschluß des Knotenblechs an den Obergurt. Zur Berechnung der Resultierenden R_{max} (Abb. 146) macht man zweckmäßig die etwas zu ungünstige Annahme, daß die größten Spannkräfte in den beiden Diagonalen gleichzeitig, d. h. bei derselben Stellung der Verkehrslast eintreten; man erhält dadurch einen etwas zu großen Wert für R_{max}, der aber gerechtfertigt erscheint, weil man voraussetzt, daß sich die in das Knotenblech eingeführte Mittelkraft der Füllungsstäbe über den ganzen Gurtquerschnitt verteilt, während der Anschluß des Knotenblechs in Wirklichkeit nur an einen Teil des Querschnitts erfolgt. Da die Gurtstäbe hier in einer Geraden liegen, gegen die die Diagonalen um 45^0 geneigt sind, so ergibt sich (nach Zahlentafel 2) $R_{max} = (46{,}5 + 29{,}7) \sin 45^0 = 54{,}1$ t, so daß mit $F_s = \frac{10}{9} \cdot \frac{54100}{870} = 69{,}1$ cm² und $d = 23$ mm nach Gl. 4): $n_s = \frac{69{,}1}{4{,}2} = 17$ Niete erforderlich sind; zur Vermeidung zu großer Teilungen sind $2 \times 12 = 24$ Niete angeordnet.

Der Gurtquerschnitt vermehrt sich im Knotenpunkt (III) um eine Lamelle $^{400}/_{10}$, die (nach Zahlentafel 2) $44 - 36 = 8$ Anschlußniete von 23 mm ⌀ erfordert; vorhanden sind 12 Niete (bei Nichtzählung der im Winkel *w* sitzenden). **Um die zur Unterbringung dieser Niete erforderliche Länge ist die hinzukommende Lamelle über den Knotenpunkt (III) hinaus nach links zu verlängern.**

Unmittelbar neben dem Knotenblech müssen die beiden Teile eines kastenförmigen Querschnitts sowohl bei Zug- als auch bei Druckstäben durch rechtwinklig zur Fachwerkebene liegende Bindbleche (*b* Abb. 148) miteinander verbunden werden, die mit mindestens zwei hintereinandersitzenden Nieten an jeden Flansch anzuschließen sind.

Die Knotenblechstärke ist zu $\frac{\pi}{8} \cdot 23 = 10$ mm gewählt, um für den größten Nietdurchmesser $d = 23$ mm die Bedingung $\delta \geqq \frac{\pi}{8} d$ (Gl. 6) zu erfüllen.

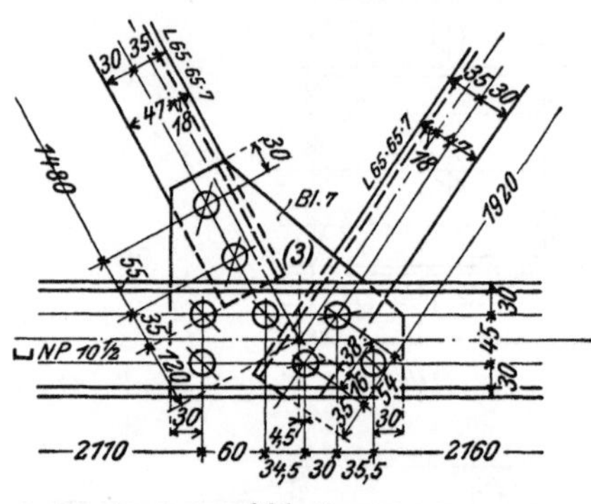

Abb. 149.
Knotenpunkt (3) des Binders Abb. 143.

Aufgabe 23. Es ist der Knotenpunkt (3) der unteren Gurtung des Tonnendachbinders Abb. 143 zu entwerfen (vgl. Zahlentafel 4).

Auflösung. Die Darstellung des Knotenpunkts zeigt Abb. 149. Zur Aufnahme der Stabkräfte in den Füllungsstäben genügen die in der Trägerebene liegenden Winkelschenkel; daher sind auch nur diese angeschlossen. Da die Querschnitte einteilig sind, ist einer der Füllungsstäbe bis Unterkante Untergurt durchgeführt (vgl. Aufgabe 19). Die Stärke des Knotenblechs ergibt sich mit $d = 17$ mm zur Erfüllung der Gl. 6) zu $\frac{\pi}{8} \cdot 17 = 7$ mm.

Der anteilige Knotenblechquerschnitt berechnet sich für jede Diagonale zu $6{,}5 \cdot 0{,}7 = 4{,}6$ cm² gegenüber 3,4 cm² im angeschlossenen Schenkel des ∢ 65·65·7.

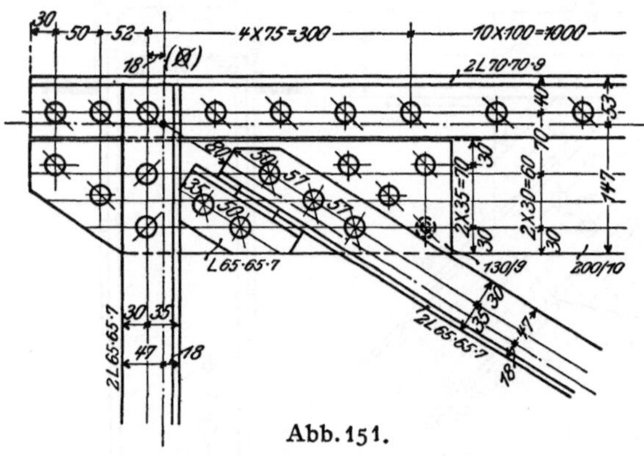

Abb. 151.
Knotenpunkt (⊠) des Kranträgers Abb. 142.

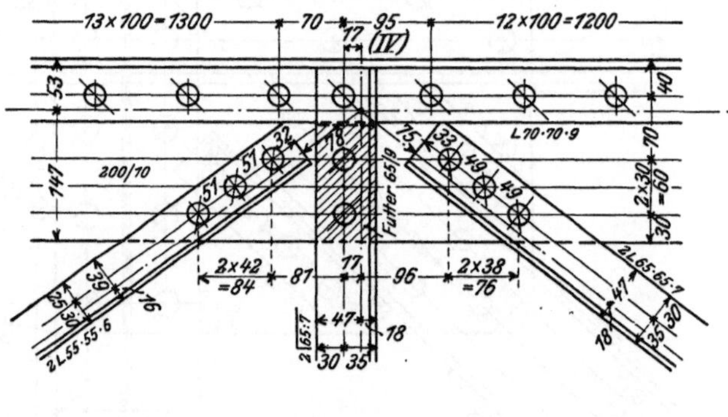

Abb. 150.
Knotenpunkt (IV) des Kranträgers Abb. 142.

Aufgabe 24. Es ist der Knotenpunkt (IV) der oberen Gurtung des Kranträgers Abb. 142 zu entwerfen (vgl. Zahlentafel 3).

Auflösung. Die Darstellung des Knotenpunkts zeigt Abb. 150. Die Füllungsstäbe sind unmittelbar an das durchlaufende Stehblech $^{200}/_{10}$ des Obergurts angeschlossen und nur mit ihren in der Trägerebene liegenden Schenkeln, da diese zur Aufnahme der Stabkraft genügen; der anteilige Knotenblechquerschnitt beträgt $6{,}5 \cdot 1{,}0 = 6{,}5$ bzw. $5{,}5 \cdot 1{,}0 = 5{,}5$ cm² gegenüber dem erforderlichen von $\frac{4400}{750} = 5{,}9$ bzw. $\frac{2900}{750} = 3{,}1$ cm². Die Vertikalwinkel sind zur Aussteifung des Gurtstehblechs mit Futterblechen über die Gurtwinkel durchgeführt.

In Abb. 151 ist der Knotenpunkt (⊠) dieses Kranträgers dargestellt. Die Diagonale (⊠) bis (2) muß auch mit ihren rechtwinklig zur Trägerebene liegenden Winkelschenkeln durch Hilfswinkel 65·65·7 angeschlossen werden. Um daher das Gurtstehblech vor Überbeanspruchung zu schützen, sind die Futter der Abb. 150 beiderseits verlängert und mit dem Stehblech durch besondere Niete zu einem Ganzen vereinigt. Bei noch größer werdenden Stabkräften in den Füllungsstäben wird die Unterbringung der erforderlichen Anschlußniete auf die Höhe des Stehblechs oft unmöglich; das Stehblech wird dann in den Knotenpunkten durch ein Knotenblech ersetzt und an dieses durch Stoßlaschen beiderseits angeschlossen.

Aufgabe 25. Es ist der Knotenpunkt $C^{(8)}$ des in Abb. 145 dargestellten Kühlturms zu entwerfen (vgl. Zahlentafel 5).

Auflösung. Der Knotenpunkt ist in Abb. 152 dargestellt. Da bei allen Füllungsstäben die in der Mantelfachwerkebene liegenden Querschnittsteile zur Aufnahme der Stabkraft genügen, fällt hier deren Richtungslinie mit der Wurzellinie zusammen. Eine im Punkte A des Meridians $C^{(3)} - C^{(5)}$ (Abb. 153) rechtwinklig zu ihm gelegte Ebene schneidet die Ebene der beiden anschließenden Mantelfachwerke in den Geraden AD und AE; sie schließen den Winkel 2φ ein, der sich aus

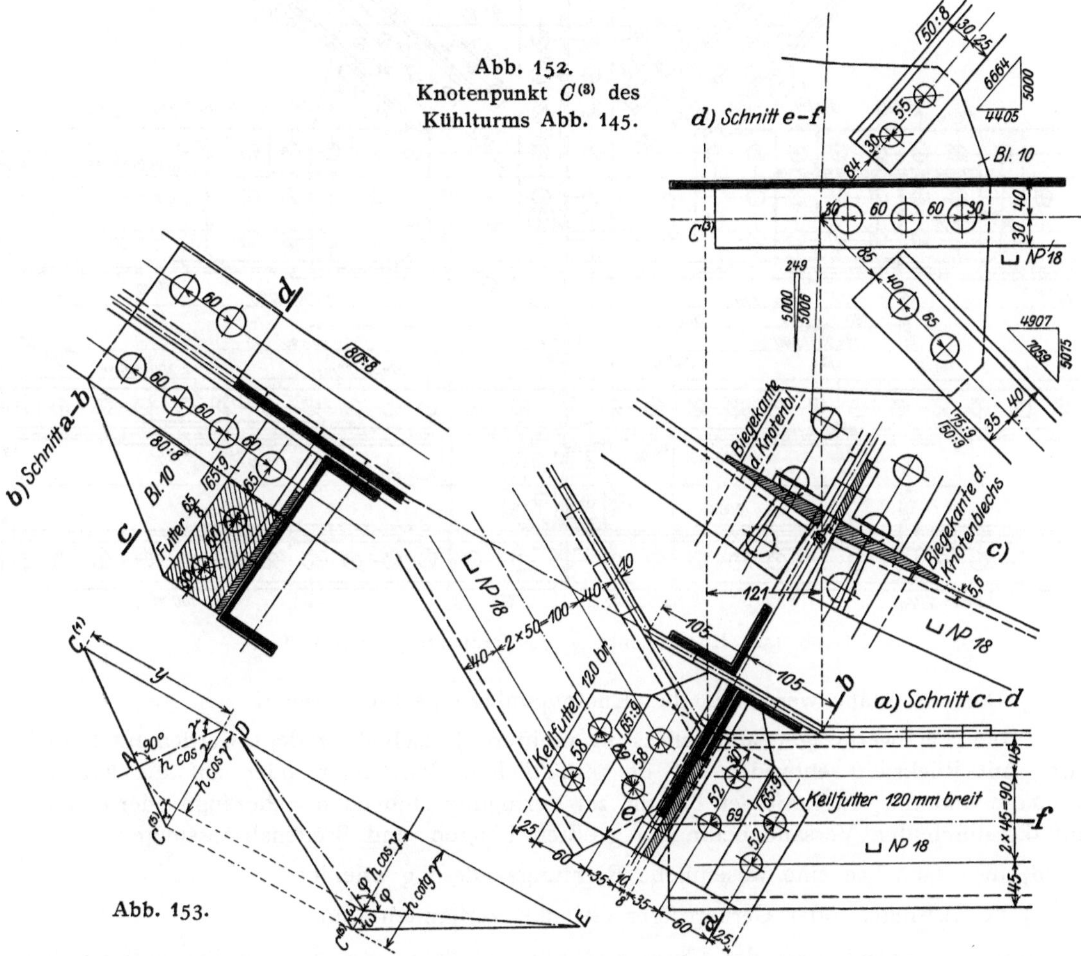

Abb. 152. Knotenpunkt $C^{(8)}$ des Kühlturms Abb. 145.

Abb. 153.

$\operatorname{tg}\varphi = \dfrac{h \operatorname{cotg}\gamma \operatorname{tg}\omega}{h \cos\gamma}$ zu $\operatorname{tg}\varphi = \dfrac{\operatorname{tg}\omega}{\sin\gamma}$ berechnet, wo γ der Neigungswinkel des Meridians, 2ω der im Grundriß gemessene Winkel zwischen den beiden Mantelfachebenen ist; mit dem aus Abb. 145d folgenden Wert $\sin\gamma = \dfrac{20000}{20100}$ und $\omega = 60^0$ wird $\operatorname{tg}\varphi = 1{,}74071$. Diesem Winkel entsprechend ist das Knotenblech zu beiden Seiten des ⅃⌐-förmigen Meridians abzubiegen. Um das abgebogene Blech auszusteifen und gleichzeitig den auf die Ringstäbe treffenden Winddruck unmittelbar auf den Meridian zu übertragen, sind die ⊔ NP. 18 mit Winkeleisen an ein in der Radialebene liegendes lotrechtes Blech angeschlossen; da der Steg des ⊔-Eisens rechtwinklig zur Mantelfachwerkebene (Abb. 145c) steht, so erfordert der Anschluß ein keilförmiges Futterstück, dessen Anzug sich bei 120 mm Breite aus Abb. 145c zu $120 \cdot \dfrac{1732}{20000} = 10{,}4$ mm ergibt.

Die Aussteifung der abgebogenen Knotenbleche ist bei der Durchbildung räumlicher Knotenpunkte schwierig, aber, besonders bei größeren Stabkräften in den Füllungsstäben, *von größter Wichtigkeit*, in erster Linie mit Rücksicht auf die *gedrückten* Stäbe, deren Endpunkte bei der Berechnung (Gl. 31) als in der Stabachse geführt, in einer zur Stabachse rechtwinkligen Ebene aber als unbeweglich vorausgesetzt werden; diese Unbeweglichkeit ist aber durch die abgebogenen dünnen Knotenbleche an sich nicht gegeben; *diese bedürfen daher auf alle Fälle der biegungsfesten Aussteifung, die erst dann als vollkommen anzusehen ist, wenn jeder beliebige durch das Knotenblech geführte Schnitt mindestens ein Aussteifungseisen trifft.*

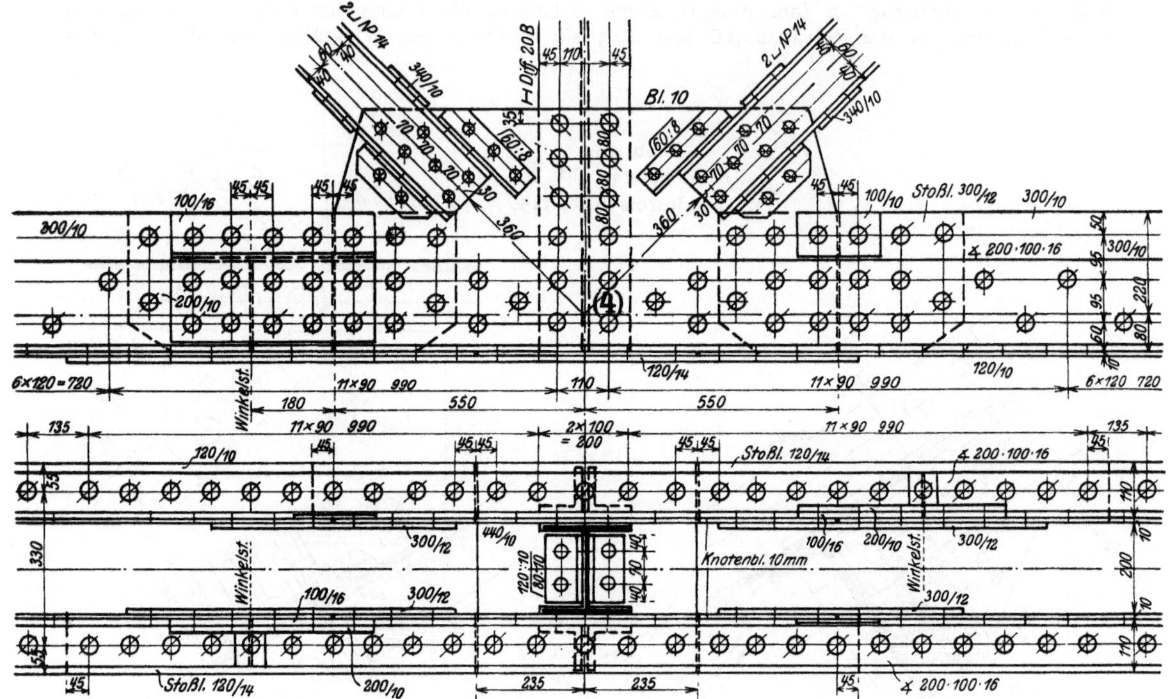

Abb. 154. Knotenponkt $_{(4)}$ des Trapezträgers Abb. 141.

d) Die *Gurtstäbe* werden in den Knotenpunkten gestoßen, wenn

α) der Fachwerkträger als Ganzes in mehrere Einzelteile zerlegt werden muß, und zwar mit Rücksicht entweder auf die erhältlichen Walzlängen oder auf die Art der Montage und die Tragkraft der bei ihr zur Verfügung stehenden Hebezeuge oder endlich auf die durch den Versand bedingten größten Längen- und Breitenabmessungen;

β) die Stabachse eine wesentliche Richtungsänderung erleidet;

γ) bei Ausleger- oder Gerberträger Gelenke vorhanden sind.

Jeder einzelne Teil des Gurtquerschnitts ist dabei mit der auf ihn entfallenden Nietanzahl durch eine besondere Stoßlasche zu decken; für die in der Trägerebene liegenden Querschnittsteile darf das Knotenblech als Stoßlasche *mit*benutzt werden. Auf die Vermeidung von Fugen, die zur Ansammlung von Staub, Schmutz und Rost Anlaß geben, ist besonders bei im Freien liegenden Trägern zu achten.

Aufgabe 26. Der in Abb. 141 dargestellte Trapezträger ist mit Rücksicht auf erhältliche Walzlängen, Montage und Versand nach der Vertikalen $_{(4)}$ bis $_{(IV)}$ in zwei Teile zerlegt; es ist der Stoß des Untergurts in Punkt $_{(4)}$ zu berechnen und zu entwerfen (vgl. Zahlentafel 2).

Auflösung. Der Stoß ist in Abb. 154 dargestellt. Nach Zahlentafel 2 ist die vorhandene Fläche $F = 158{,}8\ \text{cm}^2 \left(2\,\frac{300}{10} + 2 \measuredangle 200\cdot 100\cdot 16 + 2\,\frac{120}{10}\right)$ und die erforderliche Nietanzahl $n = 44$;

daher sind für 1 cm² Fläche $\frac{44}{158{,}8} = 0{,}28$ Niete erforderlich; es ergeben sich daher für den Anschluß eines Stehblechs: $\begin{cases}(10{,}0 - 2{,}3)\cdot 1{,}0 = 7{,}7\ \text{cm}^2\text{:}\ \ 7{,}7\cdot 0{,}28 = 2\\(20{,}0 - 2{,}3)\cdot 1{,}0 = 17{,}7\ \text{cm}^2\text{:}\ 17{,}7\cdot 0{,}28 = 5\end{cases}$

25,4 cm² 7,

eines Winkels: $\begin{cases}10{,}0\cdot 1{,}6 = 16{,}0\ \text{cm}^2\text{:}\ 16{,}0\cdot 0{,}28 = 4\\(18{,}4 - 2{,}3)\cdot 1{,}6 = 25{,}8\ \text{cm}^2\text{:}\ 25{,}8\cdot 0{,}28 = 7\end{cases}$

41,8 cm² 11,

einer Lamelle: $12{,}0\cdot 1{,}0 = 12{,}0\ \text{cm}^2\text{:}\ 12{,}0\cdot 0{,}28 = 4$,

insgesamt $2(7 + 11 + 4) = 44$ Niete.

Das Stehblech ist beiderseits des Knotenpunkts gestoßen und in das mit ihm bündig liegende, 10 mm starke Knotenblech durch innen liegende Laschen $^{300}/_{12}$ mit $(30{,}0 - 3\cdot 2{,}3)\,1{,}2 = 27{,}7$ cm² Fläche mit je 8 Anschlußnieten eingebunden; da bei der Berechnung der wirklich vorhandenen Fläche 2 Niete im Stehblech in Abzug gebracht sind, dürfen in der ersten Nietreihe der Stoßlasche auch nur 2 Niete angeordnet werden. Das außenliegende Flacheisen $^{100}/_{10}$ bzw. $^{100}/_{16}$ sichert die offene Fuge gegen Eindringen von Schmutz und Feuchtigkeit.

Die Winkeleisen sind in den beiden Gurtwänden symmetrisch zum Knotenpunkt (4) gestoßen, und zwar der wagerechte Schenkel $^{100}/_{16}$ durch eine Lamelle $^{120}/_{14}$ mit 16,8 cm² Fläche und 4 Anschlußnieten, der senkrechte aber durch die innere Stoßlasche $^{300}/_{12}$ des Stehblechs und eine äußere Stoßlasche $^{200}/_{10}$ mit $(1{,}2 + 1{,}0)(20{,}0 - 3\cdot 2{,}3) = 28{,}8$ cm² Fläche und 4 doppelschnittigen Nieten von 23 mm ϕ, die bei 860 kg/cm² tatsächlicher Zugbeanspruchung des Gurtquerschnitts die Beanspruchung $\sigma_s = \frac{25{,}8\cdot 860}{2\cdot 4\cdot 4{,}2} = 660$ (zul. $0{,}9\cdot 870 = 780$) kg/cm² und $\sigma_l = \frac{25{,}8\cdot 860}{4\cdot 2{,}3\cdot 1{,}6} = 1510$ (zul. $2\cdot 780 = 1560$) kg/cm² erleiden. Das äußere Flacheisen $^{100}/_{16}$ dient zur Schließung der sonst entstehenden Rinnenfuge von 16 mm Breite; die innere Lasche $^{300}/_{12}$ ist um eine Nietreihe über die äußere Lasche verlängert und mit 2 Nieten angeschlossen, ehe in der 1. Reihe des Winkelstoßes der Querschnitt durch 3 Niete verschwächt wird.

Die Lamellen sind am Knotenpunkt durch ein beide Gurtwände verbindendes wagerechtes Bindblech ersetzt, an das die Vertikale wieder durch Winkel w (vgl. Abb. 148) angeschlossen ist. Der Stoß ist durch die auch für den Stoß der wagerechten Winkelschenkel benutzten Laschen $^{120}/_{14}$ mit 4 Nieten gedeckt; zwischen Winkel- und Lamellenstoß müssen daher mindestens 4 Niete angeordnet werden (vorhanden 5 Niete).

Die Teilung der in zwei Ebenen erfolgenden Vernietung ist zu $4\,d = \sim 90$ mm gewählt.

Aufgabe 27. Der in Abb. 64k dargestellte Binderträger ist mit Rücksicht auf Versand und Montage nach der Linie (2)—(IV) geteilt; es ist der Stoß im Knotenpunkt (2) des Untergurts zu berechnen und zu entwerfen (vgl. Zahlentafel 1).

Auflösung. Der Stoß ist in Abb. 155 dargestellt. Die in der Trägerebene liegenden Winkelschenkel sind durch das 14 mm starke Knotenblech, die rechtwinklig dazu liegenden durch eine besondere Stoßlasche $\frac{170}{8}$ mit $(17{,}0 - 2\cdot 2{,}0)\cdot 0{,}8 = 10{,}4$ cm² Fläche gedeckt; diese überträgt von der im Stab (2)—(2′) herrschenden Zugkraft von 11,3 t den Betrag $\frac{11{,}3}{19{,}8}\cdot 2\cdot 7{,}5\cdot 0{,}8 = 6{,}8$ t, der mit $F_s = \frac{4}{3}\cdot 6{,}8 = 9{,}1$ cm² nach Gl. 4): $n_s = \frac{9{,}1}{3{,}1} = 3$ und nach Gl. 5): $n_l = \frac{9{,}1}{2\cdot 2{,}0\cdot 0{,}8} = 3$ einschnittige Niete von 20 mm ϕ erfordert; vorhanden sind in der Lasche 4 Niete. Der Restbetrag der Stabkraft mit $11{,}3 - 6{,}8 = 4{,}5$ t wird in das Knotenblech eingebunden und erfordert nach Gl. 8): $z_s = \frac{4{,}5}{2\cdot 3{,}1} = 2$ und nach Gl. 9): $z_l = \frac{4{,}5}{2\cdot 2{,}0\cdot 1{,}4} = 1$ doppelschnittige Niete von 20 mm ϕ; vorhanden sind im Knotenblech 2 doppelschnittige Niete.

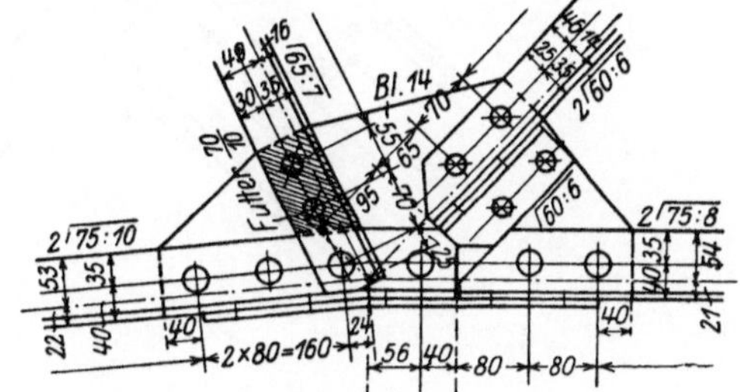

Abb. 155. Knotenpunkt (2) des Binders Abb. 64k.

Von der Stabkraft (1)—(2) bleibt durch das Knotenblech der Teil $18{,}7 - 6{,}8 = 11{,}9$ t zu übertragen, so daß es in einer Breite von $\frac{11{,}9}{1{,}4} = 8{,}5$ cm wirksam einzuführen ist; seine Mitwirkung auf diese die Winkelschenkelbreite um $8{,}5 - 7{,}5 = 1{,}0$ cm übertreffende Breite wird durch die über die Gurtwinkel mit Futterstücken hinweggeführten Winkel des Vertikalstabes (2)—(II) gewährleistet (vgl. Abb. 147). Mit $F_s = \frac{4}{3}\cdot 11{,}9 = 15{,}9$ cm² sind im Knotenblech nach Gl. 8): $z_s = \frac{15{,}9}{2\cdot 3{,}1} = 3$ und nach Gl. 9): $z_l = \frac{15{,}9}{2\cdot 2{,}0\cdot 1{,}4} = 3$ doppelschnittige Niete von 20 mm ϕ erforderlich. Die Gurtwinkel

75·75·10 des Gurtstabs $_{(}1_{)}$—$_{(}2_{)}$ sind über den Knotenpunkt $_{(}2_{)}$ hinaus mitgebogen, um ein Geraderecken der abgebogenen Stoßlasche $^{170}/_{8}$ zu verhindern.

Aufgabe 28. Der Obergurt des Trapezträgers Abb. 141 ist im Knotenpunkt $_{(}I_{)}$ wegen der dort eintretenden starken Richtungsänderung seiner Stabachse gestoßen; der Stoß soll berechnet und entworfen werden (vgl. Zahlentafel 2).

Auflösung. Der Stoß ist in Abb. 156 dargestellt. Die beiden ⊔ NP. 24 sind schräg (auf Gehrung) zusammengeschnitten; ihre Stege sind durch das Knotenblech gedeckt; die Stoßfuge ist durch ein aufgenietetes Flacheisen $^{70}/_{10}$ gegen den Zutritt von Staub und Feuchtigkeit geschützt; die unteren Flanschen sind durch im Knotenpunkt abgebogene Hilfswinkel 80·80·12 ineinander bzw. in das Knotenblech eingebunden; die oberen Flanschen sind durch innen angeordnete, ebenfalls abgebogene Winkel 100·100·12 ersetzt. Die Überführung der Lamelle $^{400}/_{12}$ des Gurtstabes $_{(}I_{)}$

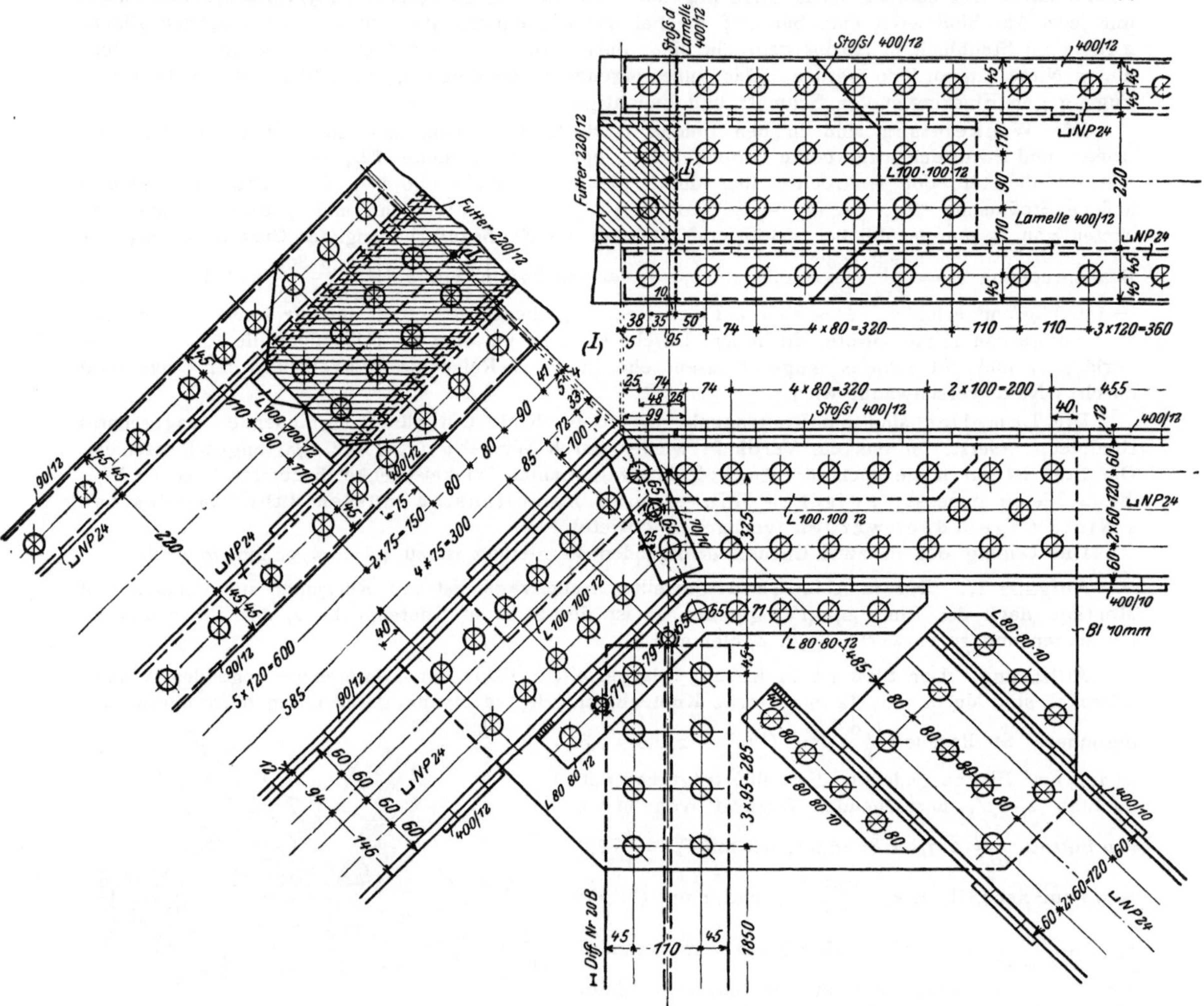

Abb. 156. Knotenpunkt $_{(}I_{)}$ des Trapezträgers Abb. 141.

bis $_{(}II_{)}$ in die beiden Lamellen $^{90}/_{12}$ des Stabes $_{(}0_{)}$ bis $_{(}I_{)}$ erfolgt durch eine Stoßlamelle $^{400}/_{12}$, die im Knotenpunkt abgebogen und durch die inneren Hilfswinkel ausgesteift ist.

Stab $_{(}I_{)}$—$_{(}II_{)}$. Nach Zahlentafel 2 ist die vorhandene Fläche $F = 132{,}6\ \text{cm}^2$ und die erforderliche Nietanzahl $n = 36$, so daß auf 1 cm² Fläche $\nu = \frac{36}{132{,}6} = 0{,}27$ Niete erforderlich sind; es ergeben sich daher für den Anschluß

eines Stegs	$(24{,}0 \cdot 0{,}95 = 22{,}8\ \text{cm}^2)$:	$22{,}8 \cdot 0{,}27 = 6$,
eines Flansches	$(7{,}55 \cdot 1{,}3 = 9{,}8\ \text{cm}^2)$:	$9{,}8 \cdot 0{,}27 = 3$,
einer Lamelle	$(40{,}0 \cdot 1{,}2 = 48{,}0\ \text{cm}^2)$:	$48{,}0 \cdot 0{,}27 = 13$,

insgesamt $2 \cdot 6 + 4 \cdot 3 + 13 = 37$ Niete. In den durch das Abbiegen verschwächten Teilen ist die erforderliche Nietanzahl um 2 bis 4 zu vermehren.

Stab $_{(}0_{)}$—$_{(}$I$_{)}$. $F = 106{,}2\ \text{cm}^2$; $n = 28$; daher $\nu = \frac{28}{106{,}2} = 0{,}26$; es ergeben sich daher für den Anschluß

eines Stegs $(24{,}0 \cdot 0{,}95 = 22{,}8\ \text{cm}^2)$: $22{,}8 \cdot 0{,}26 = 6$,
eines Flansches $(7{,}55 \cdot 1{,}3 = 9{,}8\ \text{cm}^2)$: $9{,}8 \cdot 0{,}26 = 2{,}5$,
einer Lamelle $(9{,}0 \cdot 1{,}2 = 10{,}8\ \text{cm}^2)$: $10{,}8 \cdot 0{,}26 = 3$,

insgesamt $2 \cdot 6 + 4 \cdot 2{,}5 + 2 \cdot 3 = 18$ Niete. Zwischen den Lamellen $^{90}/_{12}$ ist ein mit ihnen bündig liegendes Futter $^{220}/_{12}$ erforderlich.

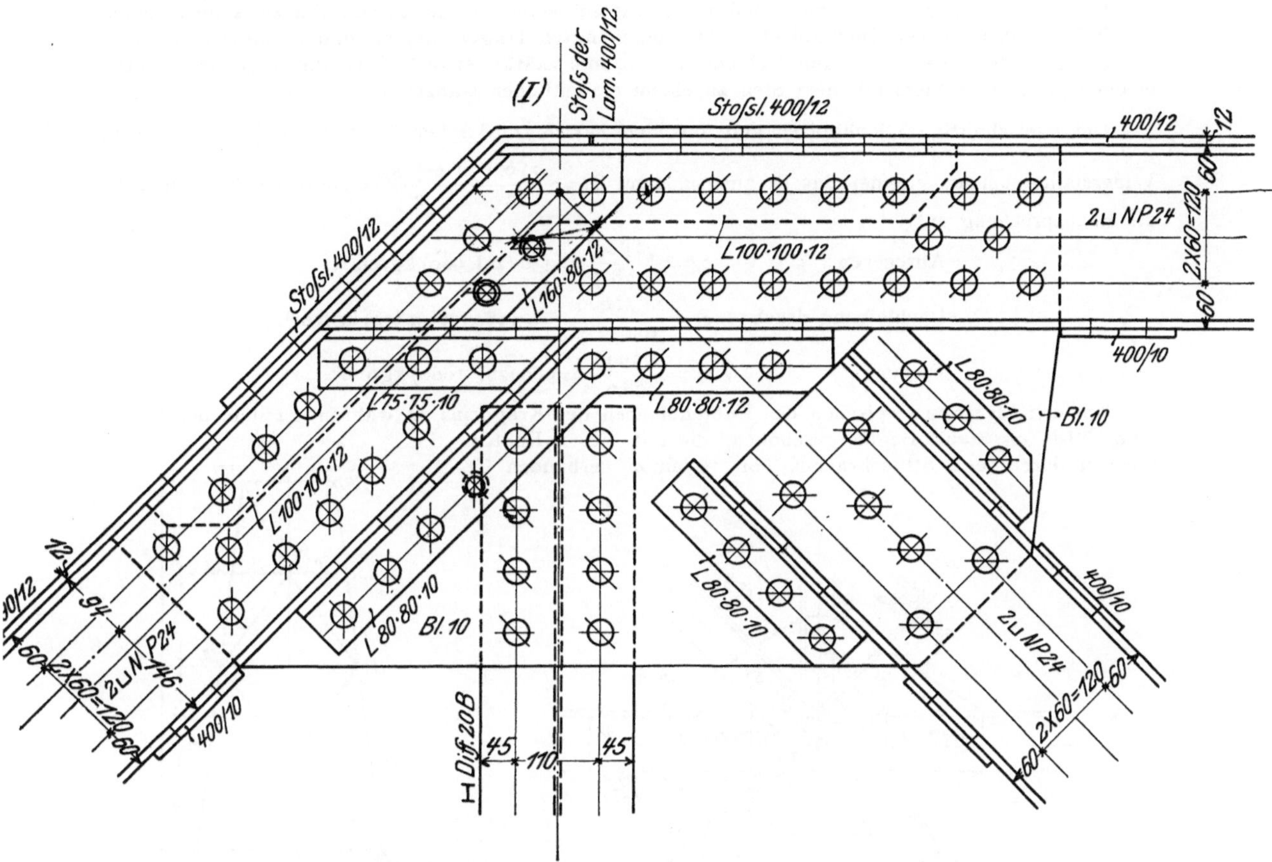

Abb. 157. Knotenpunkt $_{(}$I$_{)}$ des Trapezträgers Abb. 141.

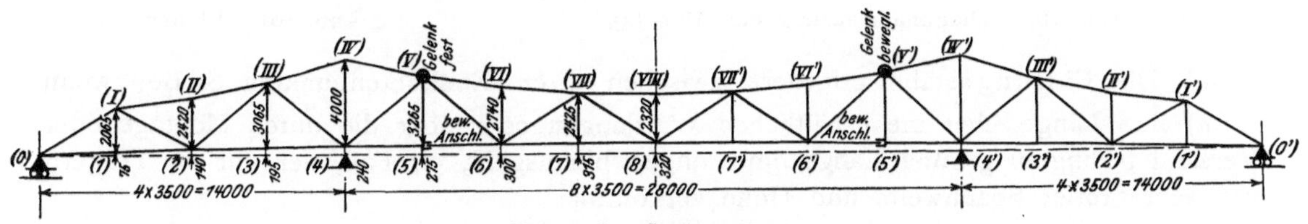

Abb. 158. Gerberträger.

Eine zweite Lösung der Aufgabe ist in Abb. 157 dargestellt. Die ⊔-Eisen des Schrägstabes $_{(}0_{)}$—$_{(}$I$_{)}$ stoßen stumpf gegen die unteren Flansche der Gurt-⊔-Eisen; die Stoßfuge ist durch aufgenietete Winkel 75·75·10 gegen den Zutritt von Staub und Feuchtigkeit geschützt. Die Gurt-⊔-Eisen gehen bis zu den Lamellen $^{90}/_{12}$ des Schrägstabs durch und fassen diese mit Hilfswinkeln 160·80·12. Die Stoßdeckung der Lamellen und ⊔-Eisenflanschen erfolgt wie in Abb. 156.

Aufgabe 29. Es soll der Stoß im festen Gelenkpunkt $_{(}$V$_{)}$ des Obergurts des in Abb. 158 dargestellten Gerberträgers entworfen werden. Der Auflagerdruck des eingehängten Trägers ist $N = 71{,}0$ t. $k = 1000\ \text{kg/cm}^2$; $k_s = 0{,}9\,k$ $(\nu = {}^{10}/_{9})$; $k_l = 2\,k_s$.

Auflösung. Der Stoß ist in Abb. 159 dargestellt; der Deutlichkeit wegen ist der eingehängte Träger rot eingezeichnet. Gurt- und Diagonalstab dieses Trägers sind in 2 je 10 mm starke

Knotenbleche eingebunden, die zu beiden Seiten des Stegs des Gurt-⊔-Eisens liegen, dessen unterer Flansch daher auf die Länge des äußeren Knotenblechs abgearbeitet und vorher durch Hilfswinkel 75·75·10 an das innere Knotenblech angeschlossen ist; auf dieselbe Länge ist zwischen beiden Blechen ein Futter von der Stärke des ⊔-Eisenstegs erforderlich. Die untere Lamelle der Diagonalen liegt mit dem inneren Knotenblech, die obere mit dem Futterblech bündig, so daß die Stoßlasche $^{220}/_{10}$ der unteren gegen das äußere Knotenblech stößt und in dieses durch eine zweite Stoßlasche $^{220}/_{10}$ eingebunden ist (vgl. Schnitt *e—f—g*). Die Gesamtblechstärke am Bolzen beträgt $2 \times 3 \times 10 = 60$ mm.

Die drei Stäbe des Kragarms sind an 2 Knotenbleche von je 24 mm Stärke angeschlossen, die dicht an den inneren Knotenblechen des eingehängten Trägers liegen; daher sind zum Anschluß der ⊔-Eisenstege des Gurts Futterbleche von 10 mm Stärke erforderlich, die vor den Knotenblechen durch je 6 Niete mit dem Steg zu einem einheitlichen Ganzen verbunden sind.

Der zweischnittige Gelenkbolzen von 100 mm ϕ hat 78,5 cm² Scherfläche und $\frac{\pi \cdot 10{,}0^3}{32} = 98{,}0$ cm³ Widerstandsmoment, erleidet das Biegungsmoment $\mathfrak{M} = \frac{71\,000}{2} \cdot \frac{2{,}4 + 5{,}0}{2} = 95\,900$ cmkg und daher die Beanspruchung auf

Abscheren: $\sigma_s = \frac{71\,000}{2 \cdot 78{,}5} = 450$ (zul. 900) kg/cm²,

Lochleibungsdruck: $\sigma_l = \frac{71\,000}{10{,}0 \cdot 2 \cdot 2{,}4} = 1480$ (zul. 1800) kg/cm²,

Biegung: $\sigma_b = \frac{95\,900}{98{,}0} = 980$ (zul. 1000) kg/cm².

Um den Lichtraum zwischen den Knotenblechen des Kragarms zu wahren, ist über den Bolzen eine Hülse aus Stahlformguß geschoben, die mit diesen Knotenblechen durch je 8 Stiftschrauben von 16 mm ϕ verbunden ist.

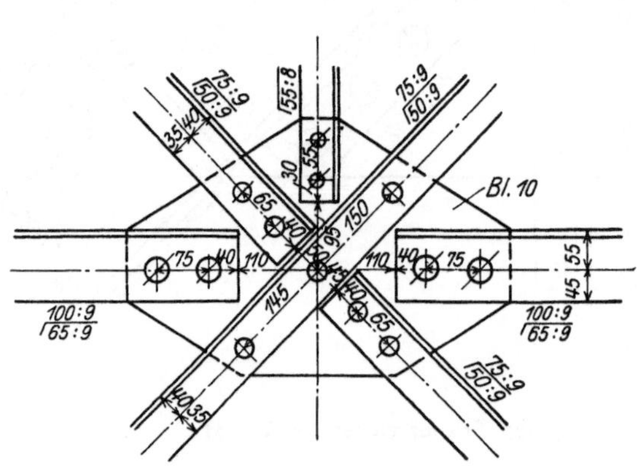

Abb. 160. Diagonalkreuzung der Abb. 145.

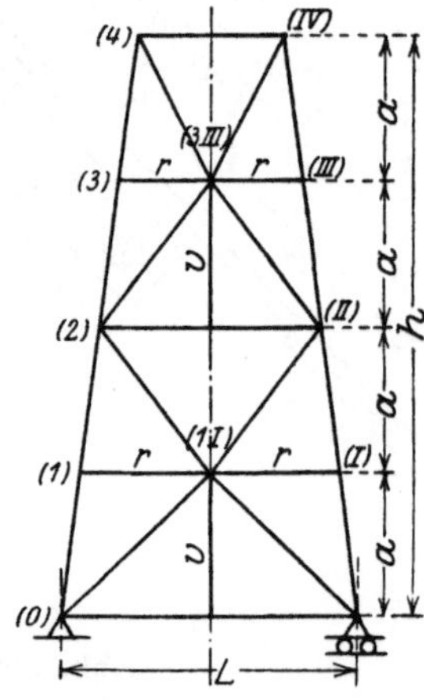

Abb. 161. Pfeiler.

e) Die Füllungsstäbe erfordern zwischen ihren Endknotenpunkten Stöße, wenn

α) ihre Länge über die erhältlichen Walzlängen oder über die durch Montage oder Versand bedingten größten Längsabmessungen hinausgeht, ein Fall, der nur bei Trägern von sehr großer Spannweite und Höhe vorkommt;

β) bei Anordnung gekreuzter Diagonalen die in der Fachwerkebene bündig liegenden Querschnitte die stoßfreie Durchführung beider Diagonalen an der Kreuzungsstelle nicht gestatten.

Genügen zur Aufnahme der ganzen Stabkraft schon die in der Trägerebene liegenden Querschnittsteile, so werden auch nur diese an das an der Kreuzungsstelle erforderliche, gleichzeitig als Stoßlasche dienende Knotenblech angeschlossen. Als Beispiel ist in Abb. 160 der Kreuzungspunkt der Diagonalen im 3. Geschoß des Kühlturms Abb. 145 dargestellt; die am inneren Flansch der wagerechten ⊔-Eisenringe befestigte Holzverschalung des Turmes bedingt die bündige Lage der Diagonalwinkeleisen mit nach außen gerichteten Schenkeln (vgl. Aufg. 20). Werden dagegen auch die rechtwinklig zur Trägerebene liegenden Querschnittsteile zur Aufnahme der Stabkraft mit herangezogen, so müssen auch sie mit besonderen Winkeleisen an das Knotenblech angeschlossen werden (vgl. Abb. 18). Es ist stets fehlerhaft, in dem einen Schenkel eines Winkeleisens oder in

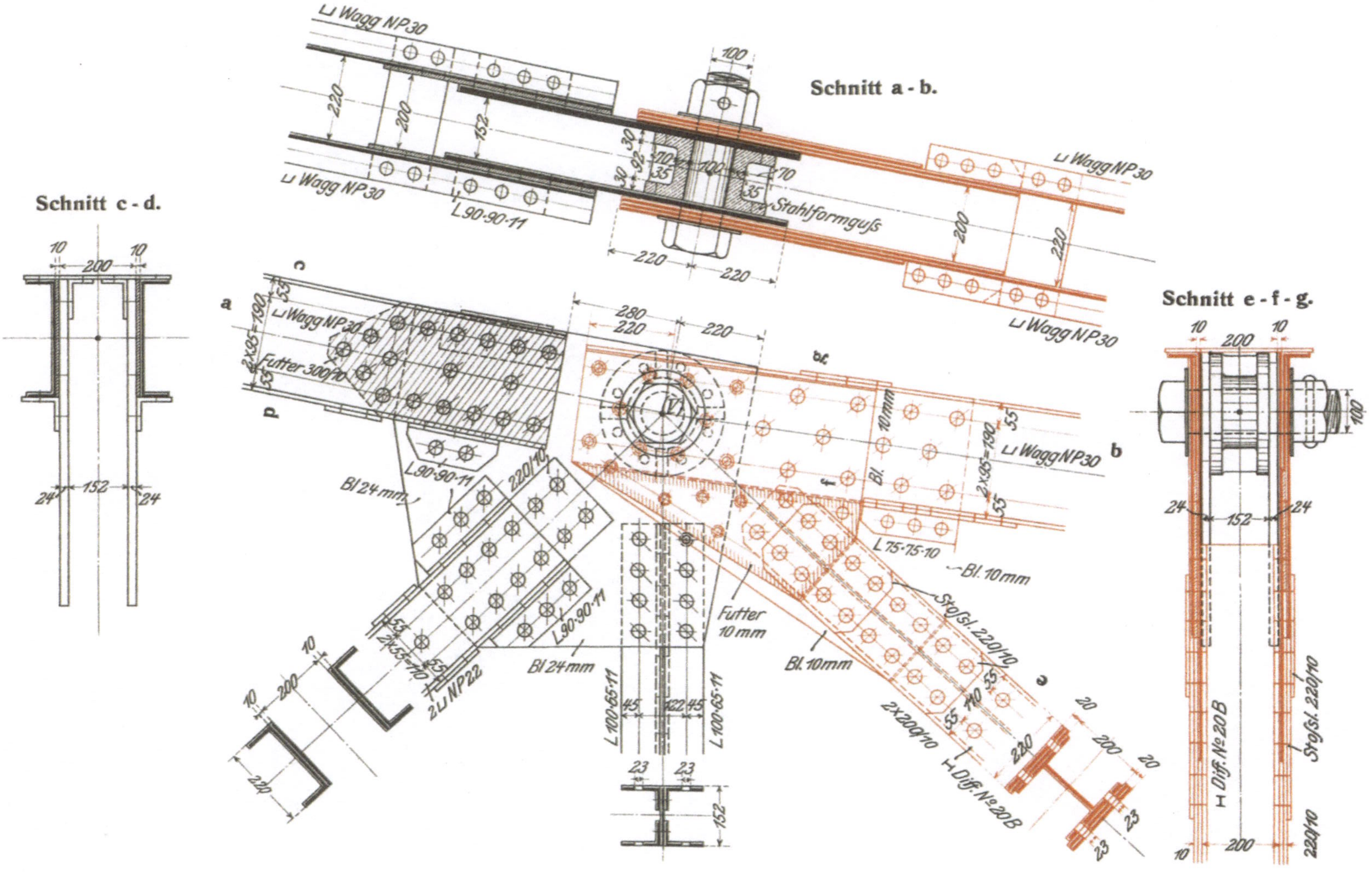

Schnitt a - b.

Schnitt c - d.

Schnitt e - f - g.

Abb. 159. Festes Gelenk des Brückenträgers Abb. 158.

Verlag von Julius Springer in Berlin.

dem Steg eines ⊔-Eisens **mehr** Niete anzuordnen, als der nutzbaren Querschnittsfläche des Schenkels bzw. Stegs entspricht, weil bei dieser Anordnung nicht nur der Schenkel bzw. Steg, sondern auch das Knotenblech über die zulässige Grenze hinaus beansprucht werden.

γ) bei Anordnung gekreuzter Diagonalen deren Stabachse im Kreuzungspunkt eine wesentliche Richtungsänderung erleidet.

Dieser Fall kommt häufig bei **Pfeilern** (Abb. 161) vor, wenn die Knicklänge der Gurtstäbe durch vom Kreuzungspunkt der Diagonalen ausgehende Hilfsstäbe (r in Abb. 161) in eine Anzahl **gleicher** Teile untergeteilt werden soll, im Gegensatz zu Abb. 145, bei der diese Unterteilung wegen der geradlinig durchgeführten Diagonalen ungleich wird. Für die Ausbildung des Stoßes gelten die unter β) angeführten Regeln.

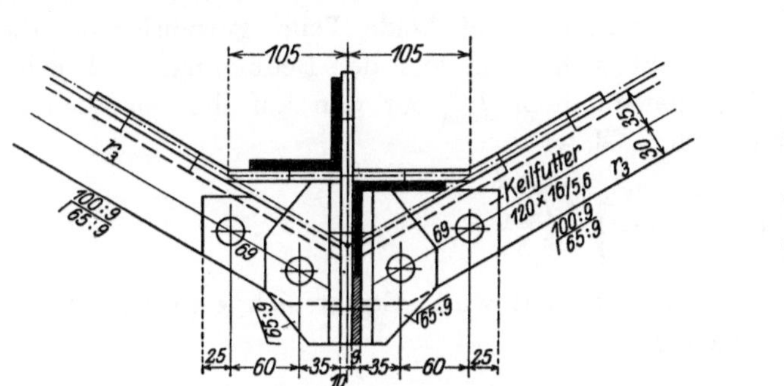

Abb. 162. Riegelanschluß der Abb. 145.

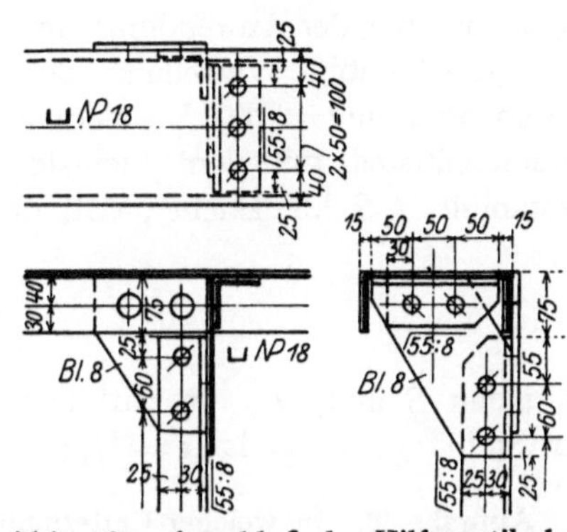

Abb. 163. Anschluß der Hilfsvertikalen.

Der Anschluß der zur **Verringerung der Knicklänge** eines Fachwerkstabes dienenden Hilfsstäbe (r und v in Abb. 145 und 161) ist mit Sorgfalt durchzubilden, damit der gewollte Zweck auch tatsächlich erreicht wird. Das gilt ganz besonders für **räumliche** Fachwerkträger, bei denen ein Abbiegen und daher eine Aussteifung der Anschlußbleche entsprechend den an Aufg. 25 geknüpften Ausführungen notwendig wird. Beispielsweise ist in Abb. 162 der Anschluß des Hilfsriegels r_3 an den Rippenstab R_3 der Abb. 145 dargestellt; die Aussteifung des abgebogenen Anschlußblechs ist wie in Abb. 152 dadurch erreicht, daß die Winkeleisen r_3 an ein in der Radialebene liegendes lotrechtes Blech angeschlossen sind. In Abb. 163 ist der Anschluß des lotrechten Hilfsstabes v_3 an den aus ⊔ NP. 18 gebildeten Ringstab O_3 der Abb. 145 dargestellt; der Stab r_3 hat hier nicht nur die Knicklänge des Stabes O_3 in der Trägerebene unterzuteilen, sondern auch eine zu große Durchbiegung des flach liegenden ⊔-Eisens durch sein Eigengewicht zu verhindern; um beiden Aufgaben gerecht zu werden, ist er nicht nur an den inneren Flansch, sondern auch an den Steg des ⊔ NP. 18 mit Knotenblechen angeschlossen.

3. Ausbildung der Stäbe zwischen den Knotenpunkten.

a) Einteilige Querschnitte. Ist bei einem Druckstab die freie Länge (a, Abb. 133a) eines Gurtblechs oder Winkelschenkels größer als das 8- bis 10fache seiner Dicke (d, Fig. 133a), so werden zwischen den Knotenpunkten Aussteifungen erforderlich, um ein

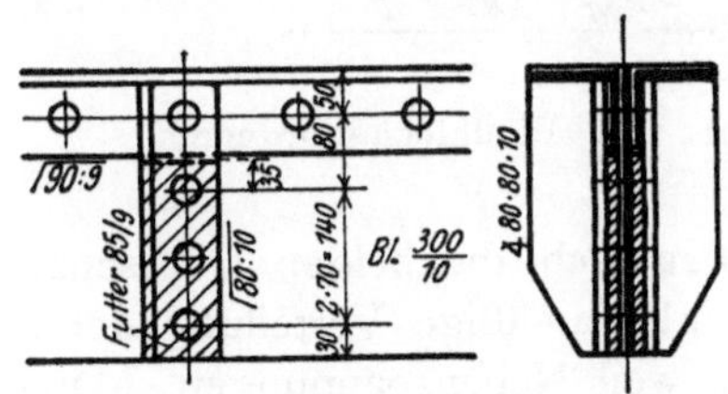

Abb. 164. Stehblechaussteifung.

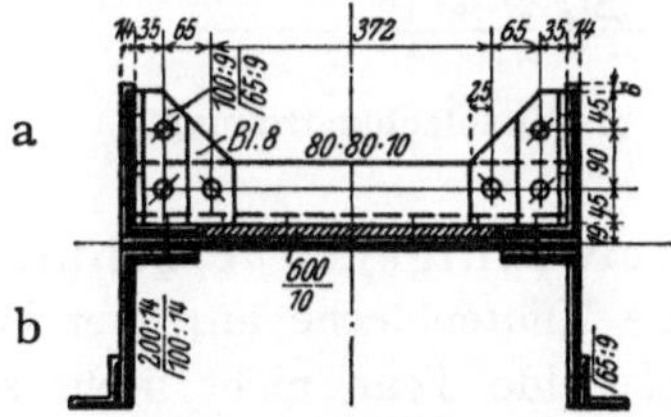

Abb. 165. Aussteifung der Winkelschenkel.

Ausknicken oder Falten des freien Randes zu verhindern. Die Aussteifung erfolgt entweder in einzelnen, 1,0 bis 1,5 mm voneinander entfernten Punkten durch aufgenietete Winkeleisen (Abb. 164 und 165a) oder aber durchlaufend durch Säumung der vorstehenden Blech- bzw. Winkelkante mit Flach- oder Winkeleisen (Abb. 133b und 165b); werden diese

Eisen in die Knotenbleche eingebunden, so dürfen sie bei der Berechnung der tatsächlich vorhandenen Querschnittsfläche mit in Ansatz gebracht werden.

b) Zweiteilige Querschnitte. Die nebeneinanderliegenden, nicht durchlaufend miteinander vernieteten Querschnittsteile müssen nicht nur in bzw. möglichst unmittelbar neben den Knotenpunkten, sondern auch zwischen den Knotenpunkten sowohl bei Zug- als auch bei Druckstäben in gewissen Entfernungen $\mathfrak{e}$ miteinander verbunden werden.

α) Druckstäbe. Sind die beiden Querschnittsteile nur um Knotenblechdicke voneinander entfernt, schließen sie sich also an ein und dasselbe Knotenblech an, so ist bei der Anwendung der erforderlichen Sorgfalt in Konstruktion und Ausführung eine gleichmäßige Verteilung der Stabdruckkraft S auf beide Teile gewährleistet; die Mittenentfernung $\mathfrak{e}$ der Verbindungen ergibt sich dann aus der Bedingung, daß jeder Querschnittsteil mit dem kleinsten Trägheitsmoment $J_{\min}$ für den auf ihn entfallenden Lastanteil $^1/_2\, S$ knicksicher, daß daher nach Gl. 31)

$$31\text{b)} \quad \mathfrak{e} = \sqrt{\frac{4\, J_{\min}}{\mathfrak{S}\, S}}$$

ist, wenn S in t, $J_{\min}$ in cm^4 und $\mathfrak{e}$ in m eingeführt wird. Ergibt sich $\mathfrak{e}$ größer als $^1/_4$ der Stablänge s, so ist $\mathfrak{e} = {}^1/_4\, s$ zu wählen.

Aufgabe 30. In welcher Entfernung müssen die beiden Obergurtwinkel 110·110·10 des Binderträgers Abb. 64k miteinander verbunden werden?

Auflösung. Nach Zahlentafel 1 ist $S = 24{,}4$ t, nach den Normalprofiltabellen $J_{\min} = 98$ cm^2, daher mit $\mathfrak{S} = 4$ (vgl. Aufg. 16) $\mathfrak{e} = \sqrt{\frac{4 \cdot 98}{4 \cdot 24{,}4}} = 2{,}0$ m; da die Stablänge $s = 2{,}8$ m ist, so sind beide Winkeleisen in den Viertelpunkten miteinander zu verbinden.

Die Verbindung erfolgt durch Bindbleche, d. s. Futterstücke von der Stärke des Knotenblechs, die an jeden Teil durch mindestens zwei (Abb. 166a), bei größerer Stabbreite besser drei hintereinandersitzende Niete anzuschließen sind (Abb. 166b). Bei kreuzförmigen Querschnitten (Abb. 167) werden die Bindbleche paarweise in den rechtwinklig zueinander stehenden Ebenen angeordnet.

Abb. 166a u. b. Bindblechanordnung.

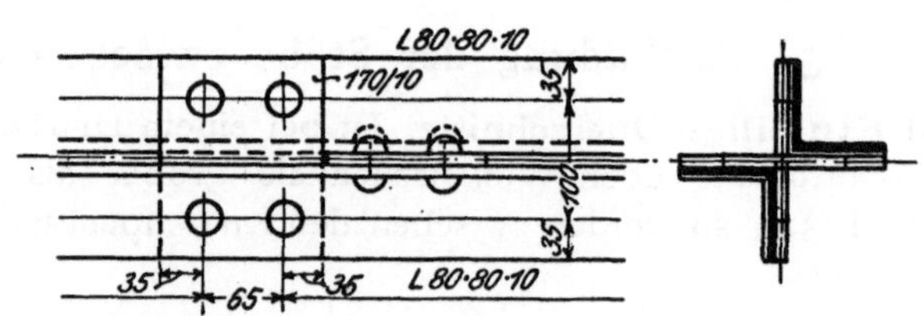

Abb. 167. Bindblechanordnung.

Bei zweiwandigen Querschnitten schließen sich die beiden Querschnittsteile an verschiedene Knotenbleche an; hier ist auf eine gleichmäßige Verteilung der Stabdruckkraft S auf beide Teile nicht mehr zu rechnen, weil Nebenspannungen, Mängel in der Ausführung, Ungleichmäßigkeit des Baustoffs, ungleiche Ablängung oder einseitiger Lastangriff Ausbiegungen der Stabachse hervorrufen können. Um diesen Einflüssen Rechnung zu tragen, ersetzt man Gl. 31b) durch

$$31\text{c)} \quad \mathfrak{e} = \frac{1}{2}\sqrt{\frac{4\, J_{\min}}{\mathfrak{S}\, S}}.$$

Aufgabe 31a. In welcher Entfernung müssen die beiden Querschnittsteile des Stabes $(0)-(I)$ des Trapezträgers Abb. 141 miteinander verbunden werden?

Auflösung. Nach Zahlentafel 2 ist $S = 88{,}5$ t und ferner für einen Querschnittsteil (1 ⊔ NP. 24 $+ {}^{90}/_{12}$) $J_{\min} = 363\ \text{cm}^4$, daher $\mathfrak{e} = \frac{1}{2}\sqrt{\frac{4\cdot 363}{5\cdot 88{,}5}} = \frac{1}{2}\cdot 1{,}8 = 0{,}9$ m; da die Stablänge $s = 4{,}95$ m ist, so sind die beiden Stabteile in den Sechstelpunkten, also in den Abständen ${}^1/_6 \cdot 4{,}95 = 0{,}82$ m miteinander zu verbinden.

Bindbleche sind an jeden der beiden Stabteile mit mindestens drei hintereinandersitzenden Nieten anzuschließen.

Tritt infolge einer der oben genannten Ursachen eine Ausbiegung der Stabachse ein, so treten rechtwinklig zu ihr Querkräfte auf, die am Stabende ihren größten Wert $\mathfrak{q}_{\max}$ erreichen und nach der Sinuslinie bis auf Null in Stabmitte abnehmen; im Abstand x von der Mitte hat die Querkraft daher den Wert $\mathfrak{q} = \mathfrak{q}_{\max} \sin \frac{\pi x}{s}$ (Abb. 168). Für die Berechnung darf man mit hinreichender Genauigkeit eine über die Stablänge s gleichförmig verteilte Querkraft $\mathfrak{p}$ einführen, die sich aus der Gleichung $\int_0^{s/2} \mathfrak{q}_{\max} \sin \frac{\pi x}{s}\, dx = \mathfrak{q}_{\max} \frac{s}{\pi} = \mathfrak{p}\frac{s}{2}$ zu $\mathfrak{p} = \frac{2}{\pi}\mathfrak{q}_{\max}$ berechnet. Für den in Abb. 169 dargestellten, mit je ${}^1/_2\,\mathfrak{p}$ im Ober- und Untergurt gleichförmig belasteten Fachwerkträger mit gekreuzten Diagonalen berechnen sich die Spannkräfte hinreichend genau zu

$$U_1 = -O_1 = \mathfrak{p}\,(n-1)\frac{\mathfrak{e}^2}{4\mathfrak{h}} \qquad D_1 = -D_1' = \mathfrak{p}\,(n-1)\frac{\mathfrak{e}}{4\cdot\sin\delta}$$

$$U_2 = -O_2 = \mathfrak{p}\,(3n-5)\frac{\mathfrak{e}^2}{4\mathfrak{h}} \qquad D_2 = -D_2' = \mathfrak{p}\,(n-3)\frac{\mathfrak{e}}{4\sin\delta}\,.$$

Abb. 168.

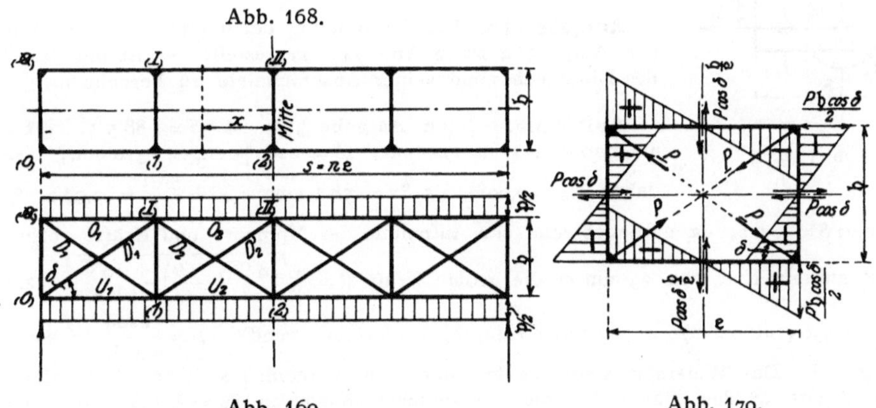

Abb. 169. Abb. 170.

Der in Abb. 170 dargestellte Rahmen ist innerlich dreifach statisch unbestimmt ($n = 4$, $s = 4$, $w = 4$; $z = 8$; $r = 8 - 2\cdot 4 + 3 = 3$); wird er mit den in Abb. 170 angegebenen 4 Kräften P belastet, so treten in den Ecken die Momente $\pm\frac{1}{4}P\mathfrak{h}\cos\delta$ und in Mitte der wagerechten bzw. lotrechten Rahmenstäbe die Querkräfte $P\cos\delta\,\frac{\mathfrak{h}}{\mathfrak{e}}$ bzw. $P\cos\delta$ auf. Setzt man nacheinander $P = D_1$, $D_2, \ldots$ und legt dann die einzelnen Rahmen (Abbildung 170) auf die entsprechenden Felder des Fachwerkträgers (Abb. 169), so erhält man angenähert, aber in Anbetracht der Unsicherheit in der Annahme des Wertes $\mathfrak{q}_{\max}$ hinreichend genau die Spannkräfte und Momente des Rahmenstabes Abb. 168 und erkennt leicht, daß die ungünstigste Beanspruchung der beiden Stabteile und der Bindebleche in der Vertikalebene $(1)-(I)$ auftritt. Da die Momentennullpunkte (Abb. 170) in Stabmitte liegen, so ergibt sich für den Knotenpunkt (I) die in Abb. 171 dargestellte Belastung, aus der sich das Moment im Punkt (I) für das Bindblech zu $\mathfrak{M}_b = \mathfrak{p}\,(n-2)\frac{\mathfrak{e}^2}{4}$, für den linken Gurtstab zu

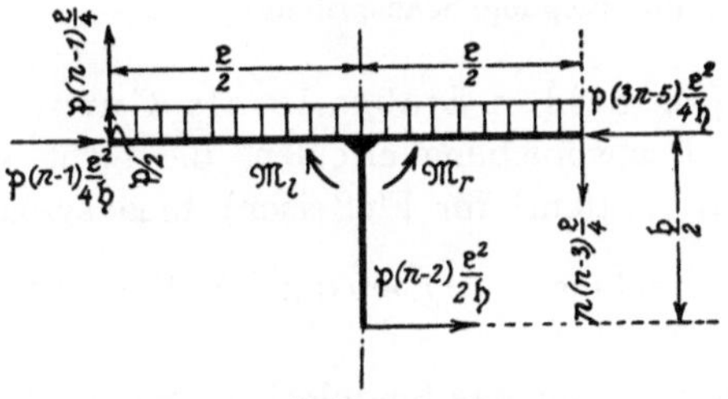

Abb. 171.

$\mathfrak{M}_l = -\mathfrak{p}(n-1)\frac{\mathfrak{e}^2}{8} + \frac{\mathfrak{p}}{2}\cdot\frac{1}{2}\left(\frac{\mathfrak{e}}{2}\right)^2 = -\mathfrak{p}(n-3)\frac{\mathfrak{e}^2}{16}$, und endlich für den rechten Gurtstab zu $\mathfrak{M}_r = \mathfrak{p}(n-3)\frac{\mathfrak{e}^2}{8} + \frac{\mathfrak{p}}{2}\cdot\left(\frac{\mathfrak{e}}{2}\right)^2 = \mathfrak{p}(2n-3)\frac{\mathfrak{e}^2}{16}$ berechnet. Da aber im Rahmenstab (Abb. 168) die einzelnen Rahmen (Abb. 170) nicht lose aneinander hängen, sondern fest miteinander verbunden sind, so darf man diese Momente (entsprechend den Momenten bei einem über mehr als 3 Stützen durchlaufenden Träger) auf den 0,8fachen Wert erniedrigen.

Die Bindebleche und ihre Anschlüsse sind für eine größte Querkraft zu berechnen, die 2% der gesamten Stabdruckkraft S beträgt[1]); mit den Bezeichnungen der Abb. 171 ergibt sich daher für das am stärksten beanspruchte Bindblech $_{(1)}$—$_{(1)}$ aus $2\left[\mathfrak{p}(n-1)\frac{\mathfrak{e}}{4} - \frac{\mathfrak{p}}{2}\frac{\mathfrak{e}}{2}\right] = {}^1/_{50}S$ der Wert $\mathfrak{p}\mathfrak{e} = \frac{S}{25(n-2)}$, daher das Moment $\mathfrak{M}_b = 0{,}8\cdot\frac{S\mathfrak{e}}{100} = 0{,}008\,S\mathfrak{e}$. Dieses Moment ersetzt man im Anschluß des Bindblechs (Abb. 172) durch die beiden parallelen Kräfte $\mathfrak{T} = \pm\frac{\mathfrak{M}_b}{t}$, wo t die Entfernung der äußersten Niete ist, und fügt zur Herstellung des Gleichgewichts die beiden parallelen Kräfte $\mathfrak{H} = \pm\frac{2\,\mathfrak{M}_b}{\mathfrak{h}'}$ hinzu, wenn $\mathfrak{h}'$ der Abstand der Nietreihen beider Stabteile ist; es bleibt dann zu untersuchen, ob die Niete die Kräfte $\mathfrak{T}$, $\mathfrak{H}$ und $0{,}01\,S$ ohne Überschreitung der zulässigen Scher- und Lochleibungsbeanspruchung aufnehmen können.

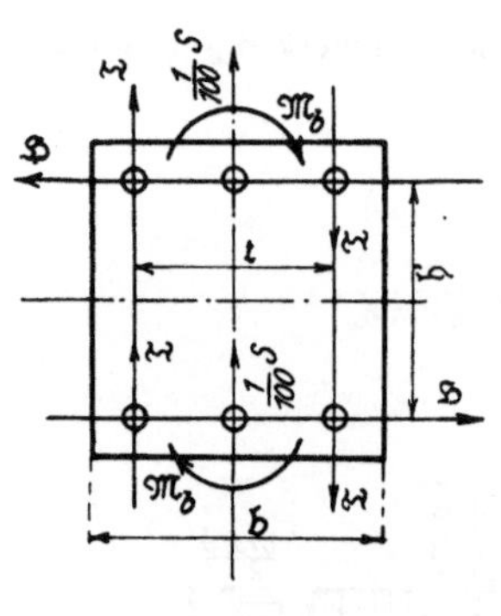

Abb. 172.

Aufgabe 31b. Die Verbindung der beiden Teile des Stabes $_{(0)}$—$_{(1)}$ der Aufg. 31a ist in Abb. 141 dargestellt; es ist die Beanspruchung des Bindblechs und seiner Anschlußniete zu berechnen.

Auflösung. Nach Aufgabe 31a ist $S = 88{,}5$ t; $\mathfrak{e} = 82$ cm; $\mathfrak{h} = 220 + 2\cdot 27 = 274$ mm; $\mathfrak{h}' = 220 + 2\cdot 45 = 310$ mm; $t = 150$ mm; daher $\mathfrak{M}_b = 0{,}008\cdot 88{,}5\cdot 82 = 58{,}1$ cmt; $\mathfrak{T} = \frac{58{,}1}{15} = 3{,}9$ t; $\mathfrak{H} = \frac{2\cdot 58{,}1}{31} = 3{,}8$ t; $0{,}01\,S = 0{,}9$ t; da 2 Bindebleche zur Aufnahme der Momente und Kräfte vorhanden sind, so entfällt auf ein Niet von 23 mm ϕ die größte Kraft $\mathfrak{R} = \sqrt{\left(\frac{3{,}9}{2} + \frac{0{,}9}{6}\right)^2 + \left(\frac{3{,}8}{6}\right)^2} = 2{,}2$ t; daher $\sigma_s = \frac{2200}{4{,}15} = 530$ (zul. $0{,}9\cdot 870 = 780$ nach Aufgabe 17) kg/cm² und $\sigma_l = \frac{2200}{2{,}3\cdot 1{,}0} = 960$ (zul. $2\cdot 780 = 1560$) kg/cm². Das Widerstandsmoment des Bindblechs berechnet sich bei Berücksichtigung des 15%igen Abzugs in der Stärke für die Nietverschwächung zu $\mathfrak{W} = \frac{1}{6}\cdot 0{,}85\cdot 1{,}0\cdot 23{,}0^2 = 75$ cm³, daher die Biegungsbeanspruchung $\sigma = \frac{58\,100}{75} = 770$ (zul. 870) kg/cm².

Die beiden Stabteile als Gurtungen sollen bei der vorausgesetzten Ausbiegung eine Beanspruchung erleiden, die nicht wesentlich über die halbe Proportionalitätsgrenze ($k_p = 2{,}4$ t/cm² für Flußeisen) hinausgeht; bei ihrer Berechnung ist mit Rücksicht auf die Abnahme der Querkraft von Stabende bis Stabmitte nur der oben berechnete $\frac{2}{\pi}$ fache Betrag der für das Bindblech maßgebenden größten Querkraft, also $\mathfrak{p}\mathfrak{e}\cdot\frac{2}{\pi} = \frac{S}{25(n-2)}\frac{2}{\pi} = \sim\frac{S}{40(n-2)}$ einzuführen, so daß sich das größte Moment zu $\mathfrak{M} = \frac{S}{40(n-2)}(2n-3)\frac{\mathfrak{e}}{16} = \frac{S\mathfrak{e}}{640}\frac{2n-3}{n-2}$ und die zusätzliche Druckkraft (Abb. 171) zu $O = \frac{S}{40(n-2)}(n-1)\frac{\mathfrak{e}}{4\mathfrak{h}}$

[1]) Vorschriften über Eisenbauwerke der deutschen Reichsbahn. Berlin: Wilhelm Ernst & Sohn 1922.

$= \frac{S}{160} \frac{\mathfrak{e}}{\mathfrak{h}} \frac{n-1}{n-2}$ ergibt. Bei der Berechnung der auftretenden Beanspruchung hat man zu beachten, daß die Bindbleche selbst eine Verstärkung des Gurts herbeiführen, weil sie bis zur Stelle des größten Moments bereits mit einem Niet angeschlossen sind; daher auch die Regel, mindestens drei Niete hintereinander im Bindblech anzuordnen.

Aufgabe 31c. Es ist die größte Beanspruchung des in Aufg. 31a und b behandelten Stabes $_{(}O_{)}$—$_{(}I_{)}$ des Trapezträgers Abb. 141 zu berechnen.

Auflösung. Mit $S = 88{,}5$ t; $\mathfrak{e} = 82$ cm; $\mathfrak{h} = 274$ mm; $n = 6$ wird $\mathfrak{M} = \frac{88{,}5 \cdot 82}{640} \cdot \frac{9}{4} = 25{,}6$ cmt und $O = \frac{88{,}5}{160} \cdot \frac{82}{27{,}4} \cdot \frac{5}{4} = 2{,}1$ t. Ohne Berücksichtigung der Verstärkung durch das Bindblech ist $F = 53{,}1$ cm²; $J_{\min} = 363$ cm⁴; $W = 57$ cm³; bei Berücksichtigung der beiden Nietquerschnitte von 23 mm ϕ in den beiden je 10 mm starken Bindblechen (Abb. 173; $k_s = 0{,}9\,k$; vgl. Aufg. 17) wird $F = 57{,}2$ cm²; $J_{\min} = 387$ cm⁴; $W = 62$ cm³; daher $\sigma = \frac{\frac{1}{2} \cdot 88{,}5 + 2{,}1}{57{,}2} + \frac{25{,}6}{62} = 0{,}81 + 0{,}41 = 1{,}22$ t/cm².

Die Verstärkung durch das mit mindestens 3 Nieten angeschlossene Bindblech berücksichtigt man einfacher dadurch, daß man bei der Berechnung von $\mathfrak{M}$ an Stelle von $\mathfrak{e}$ den Abstand $(\mathfrak{e} - t)$ der äußersten Niete zweier benachbarten Bindbleche und gleichzeitig den Gurtquerschnitt allein einführt; im vorliegenden Falle ergibt sich dann $\mathfrak{M} = \frac{88{,}5 \cdot 67}{640} \cdot \frac{9}{4} = 20{,}8$ cmt und $\sigma = \frac{\frac{1}{2} \cdot 88{,}5 + 2{,}1}{53{,}1} + \frac{20{,}8}{57} = 0{,}87 + 0{,}37 = 1{,}24$ t/cm².

Man erkennt, daß es für die Beanspruchung sowohl des Bindblechs und seiner Anschlüsse als auch des Druckstabes selbst vorteilhaft ist, den Abstand t der äußersten Niete nicht zu klein zu nehmen.

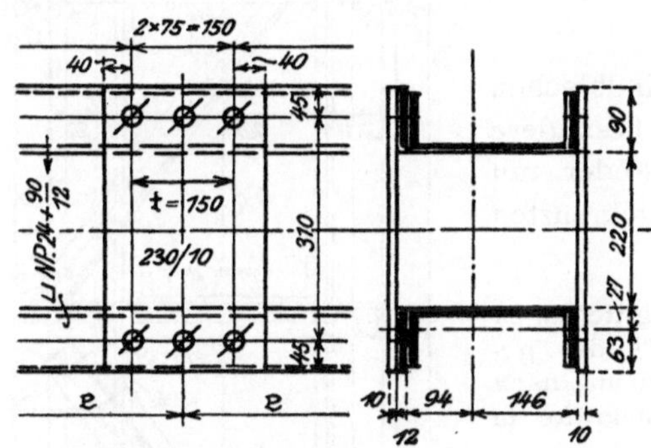

Abb. 173. Bindblech des Stabes $_{(}O_{)}$—$_{(}I_{)}$ in Abb. 141.

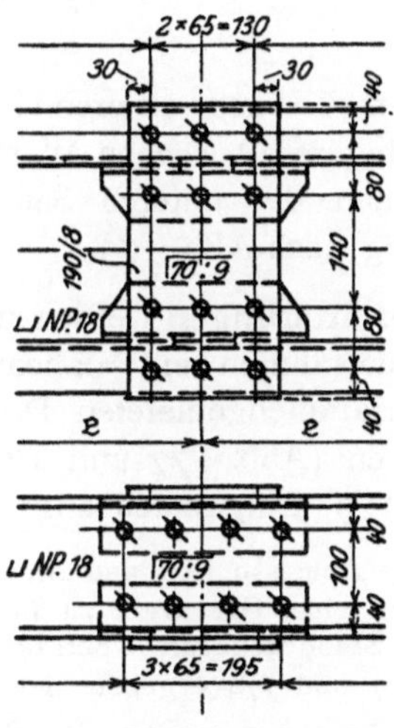

Abb. 174. Bindblechanordnung.

Eine noch weitergehende Verstärkung des Gurts erzielt man, wenn man das Bindblech nach Abb. 174 durch Winkel- oder ⊔-Eisen auch an die Stege der beiden Stabhälften anschließt; dadurch wird das Bindblech selbst gleichzeitig gegen Ausknicken gesichert, und diese Sicherung ist bei einem über etwa 220 mm hinausgehenden Lichtabstand beider Teile unbedingt geboten.

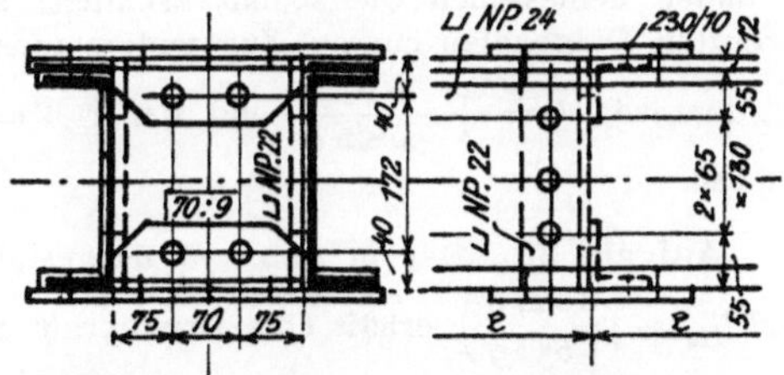

Abb. 175. Bindbleche mit Querrahmen.

Bei zweiseitig offenen Kastenquerschnitten ist es daneben, besonders bei größerer Steghöhe, zweckmäßig, bei jedem 2. bis 3. Bindblech einen Querrahmen zwischen den beiden Stabteilen anzuordnen, um ein Ausfalten des Stegs bzw. Stehblechs zu verhindern, wie es in Abb. 175 für den Stab $_{(}O_{)}$—$_{(}I_{)}$ der Aufg. 31 und in Abb. 178b für einen genieteten Querschnitt dargestellt ist. Bei den einseitig offenen Gurtstäben genügt bis etwa 400 mm Stabhöhe die Anordnung solcher, an alle Querschnittsteile anzuschließenden Querrahmen in 0,8 ÷ 1,0 mm Mittenentfernung. Für den Obergurt des Trapezträgers

Abb. 141 ist der Querrahmen in Abb. 176 dargestellt; er besteht aus einem ⊔ NP. 22 zur unmittelbaren Verbindung der Stege und aus Saumwinkeln 70·70·9 zum Anschluß an

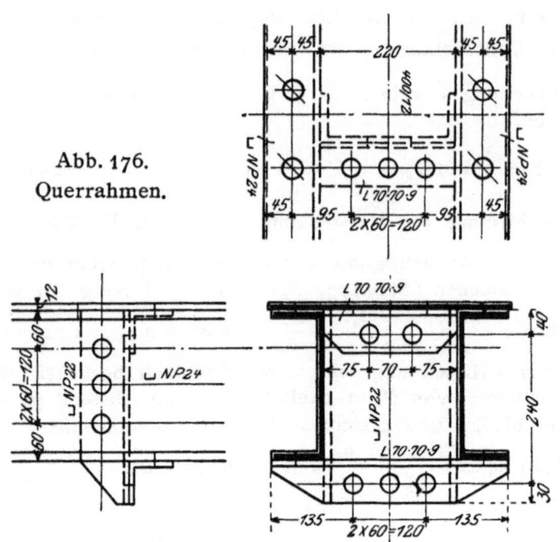

Abb. 176. Querrahmen.

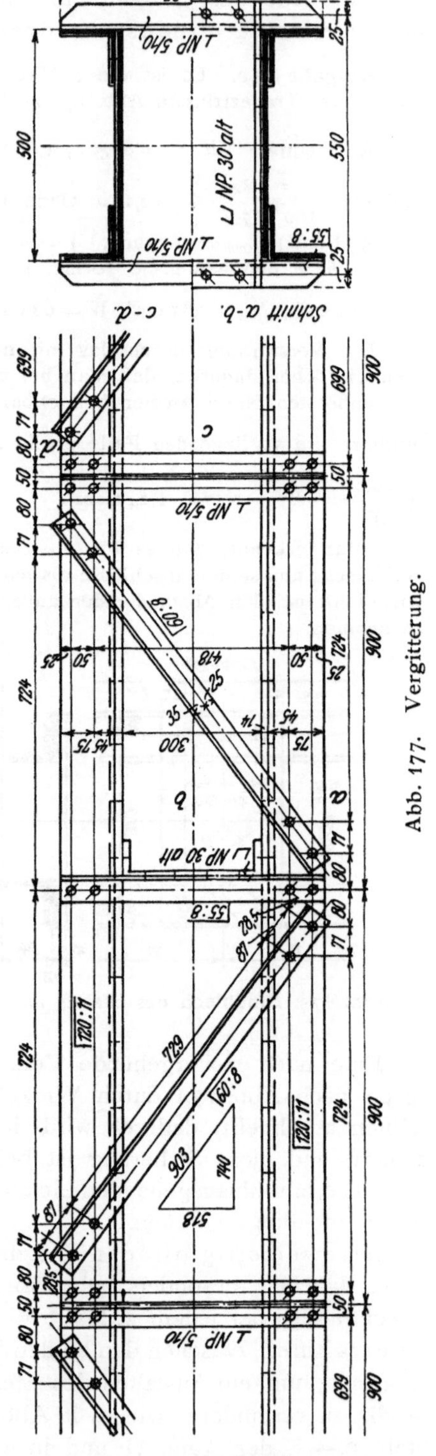

Abb. 177. Vergitterung.

die Lamelle und unteren Flansche. Legt man auf ein ruhigeres Aussehen Wert, so vermeidet man das Vorstehen der unteren Saumwinkel durch die Anordnung nach Abb. 175.

Vergitterungen werden zwischen den Bindblechen bzw. Querrahmen bei stark beanspruchten, insbesondere bei zusammengenieteten Druckstäben entweder mit einfachen (Abb. 177 und 178) oder mit gekreuzten (Abb. 179) Diagonalen angeordnet.

Die Abmessungen und Anschlüsse der Vergitterungen sind für eine Querkraft zu berechnen, die 2% der gesamten Stabdruckkraft S beträgt. Für die Anordnung nach Abb. 177 und 178 ergeben sich daher die Spannkräfte in den Diagonalen zu $D = \pm \frac{S}{50 \sin \delta}$ und in den Riegeln zu $V = -\frac{S}{50}$; für die gekreuzte Anordnung nach Abb. 179 wird genau genug $D = \pm \frac{S}{100 \sin \delta}$, während die Riegel nur geringe Spannkräfte erleiden und einen nach konstruktiven Gründen bemessenen Querschnitt erhalten; sollen die gekreuzten Diagonalen nur auf Zug widerstandsfähig sein, so ist für jede $D = + \frac{S}{50 \sin \delta}$ und daher $V = -\frac{S}{50}$ einzuführen.

Aufgabe 32. Der in Abb. 178 dargestellte Druckstab $\left(2^{300}/_{12} + 4\frac{100:9}{|65:9}\right)$ erhält eine Druckkraft $S = 110$ t; es ist die Beanspruchung der Vergitterung zu berechnen. $k = 1{,}2$ t/cm²; $k_s = 0{,}8\,k$; $\mathfrak{S} = 4$.

Auflösung. Die Spannkraft in der Diagonale berechnet sich zu $S = \pm \frac{110}{50}\frac{696}{220} = 7{,}0$ t; erforderliches Trägheitsmoment $J_{\min} = 2 \cdot 7{,}0 \cdot 0{,}696^2 = 7{,}0$ cm⁴; vorhanden sind $2\frac{60:7}{|40:7}$ mit $F =$

$2\,(6{,}0 - 1{,}7)\,0{,}7 = 6{,}0\ \text{cm}^2$ in den angeschlossenen Schenkeln und $J_{min} = 2\cdot 8 = 16\ \text{cm}^4$; $2 \times 2 = 4$ Anschlußniete von 17 mm ϕ genügen mit $0{,}8\cdot 4\cdot 2{,}27 = 7{,}3\ \text{cm}^2$ Scherfläche. Für den Riegel wird $V = -\frac{110}{50} = -2{,}2\ \text{t}$; $J_{min} = 2\cdot 2{,}2\cdot 0{,}22^2 = 0{,}2\ \text{cm}^4$; 2 Bindbleche $^{135}/_{10}$ genügen mit $J_{min} = 2\cdot 13{,}5 \cdot \frac{1{,}0^3}{12} = 2{,}2\ \text{cm}^4$.

Jede Diagonale ist mit **mindestens zwei Nieten** anzuschließen, auch wenn die Rechnung weniger ergibt; fehlt hierzu der Platz, so werden kleine Knotenbleche von 8 bis 10 mm Stärke angeordnet. Die nach außen vorstehenden Schenkel der Gitter-

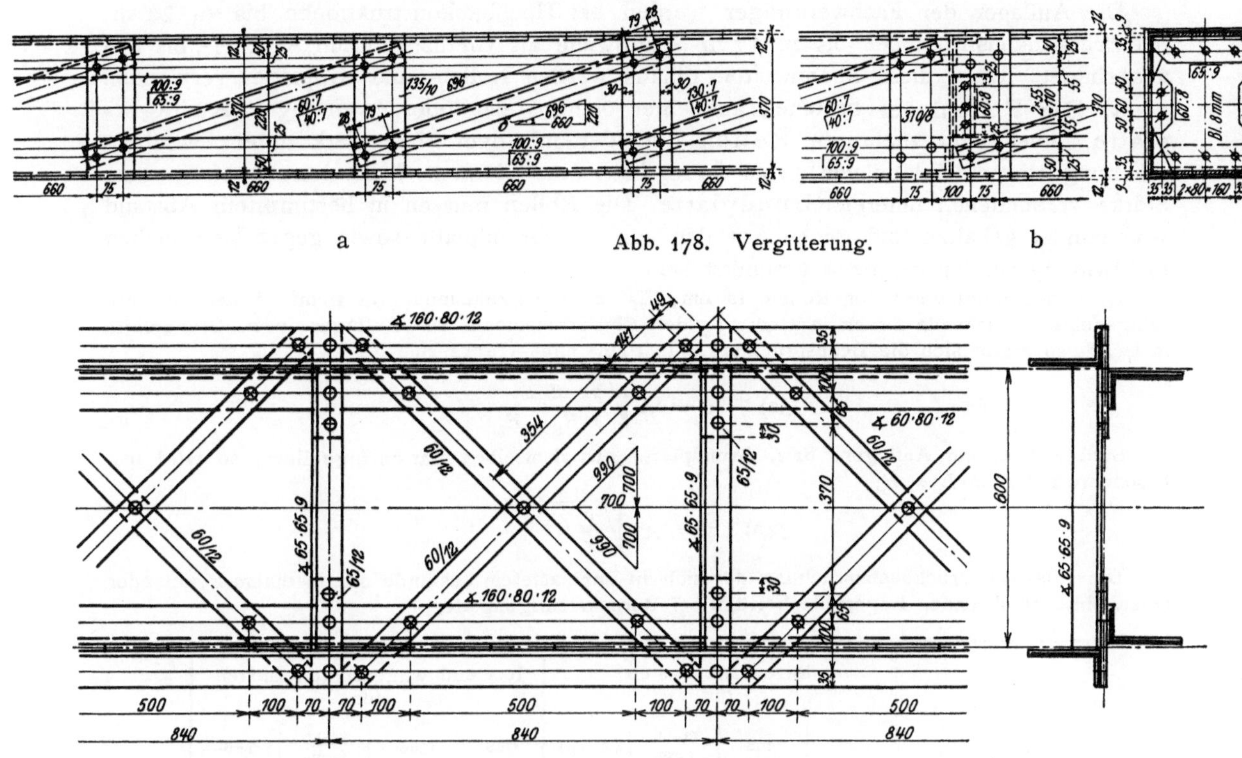

a Abb. 178. Vergitterung. b

Abb. 179. Vergitterung.

winkel der Abb. 177 wirken unruhig; ist es nicht möglich, die Schenkel wie in Abb. 178 nach innen zu legen, so kann man die Gitterstäbe als Flacheisen ausbilden, die an der Unterseite soweit gegen Knicken durch Winkeleisen ausgesteift sind, wie es der Lichtraum zwischen beiden Stabteilen gestattet; besser ist es aber dann, die Diagonalen gekreuzt nach Abb. 179 als Flacheisen auszuführen und gegebenen Falles nur auf Zug widerstandsfähig zu machen. Bei größerer Steghöhe ist es wieder zweckmäßig, außer der Vergitterung noch Querrahmen (Abb. 177 und 178b) anzuordnen, und zwar je nach der Größe der Stabkraft in $^1/_2$ bis $^1/_5$ der Stablänge S.

β) **Zugstäbe.** Die Entfernung e der Verbindungen wird zu $e = 1{,}0$ bis $2{,}0$ m gewählt, um eine möglichst gleiche Ablängung der nebeneinanderliegenden Querschnittsteile zwischen den Knotenpunkten zu gewährleisten.

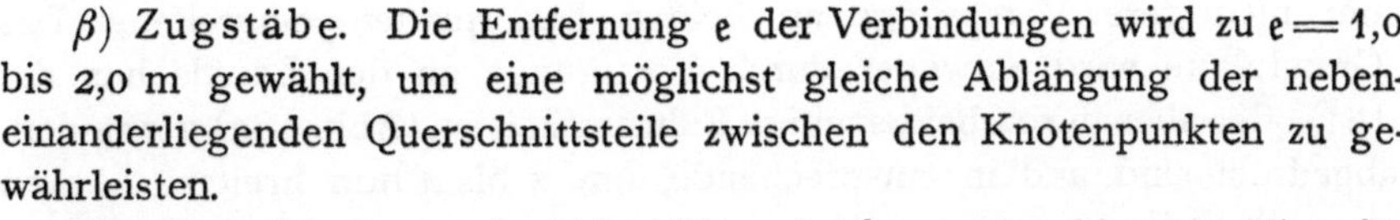

Für Futterbleche nach Abb. 166 und 167 genügt hier ein Niet, für Bindbleche nach Abb. 173 zwei Niete; statt der Bindbleche können auch ⊔-Eisen zwischen den Stegen bzw. Stehblechen nach Abb. 180 angeordnet werden.

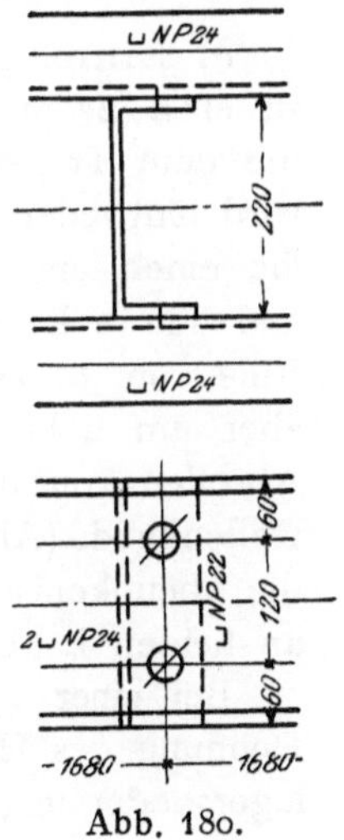

Abb. 180.

Erleiden Zugstäbe mit zweiteiligem Querschnitt durch ihr eigenes Gewicht oder aber besonders durch den Winddruck nennenswerte Biegungsmomente, so ist es zur Verminderung der zusätzlichen Biegungsspannungen wesentlich, die Einzelquerschnitte möglichst zu einem einheitlich wirkenden Gesamtquerschnitt zu vereinigen; bei Knotenpunktsentfernungen bis etwa 5 m genügen dazu Bindbleche in 1,0 bis 1,5 m Entfernung mit mindestens drei hintereinandersitzenden Nieten, darüber hinaus werden Querverbindungen und Vergitterungen in der bei den Druckstäben üblichen Anordnung gewählt.

4. Auflagerung.

Die Auflager der Fachwerkträger werden bei Hochbaukonstruktionen bis zu 24 m, bei Brückenkonstruktionen bis zu 17 m Spannweite als Gleitlager nach Abb. 115 bis 118 ausgebildet. Über diese Spannweiten hinaus werden Rollen- und Kipplager verwendet.

a) Die Rollenlager bestehen aus einer oberen, ein- oder zweiteiligen Auflagerplatte, einer oder mehreren Rollen und der mit dem Mauerwerk unter Zwischenschaltung einer Bleiplatte von 5 bis 6 mm bzw. einer Zementschicht von 10 bis 20 mm Stärke verbundenen unteren Grundplatte. Die Rollen müssen in bestimmtem Abstand voneinander gehalten und gegen Abrollen von der Grundplatte sowie gegen Verschieben rechtwinklig zur Trägerebene geschützt sein.

Ist r der Halbmesser der Rollen in cm, E_1 ihr Elastizitätsmodul in t/cm², p der auf ihre Längeneinheit wirkende Druck in t/cm, E_2 der Elastizitätsmodul der Auflager- bzw. Grundplatte in t/cm², so ergibt sich die Beanspruchung σ in t/cm² nach Hertz zu

$$32)\qquad \sigma = 0{,}6\sqrt{\frac{p}{r}\,\frac{E_1 E_2}{E_1 + E_2}}\,.$$

Sind Rollen und Auflager- bzw. Grundplatte aus demselben Baustoff gebildet, so wird insbesondere mit $E_1 = E_2 = E$:

$$32\text{a})\qquad \sigma = 0{,}42\sqrt{\frac{p}{r}\,E}\,.$$

Die zulässige Druckbeanspruchung der sich in unbelastetem Zustande nur in einem Punkt oder einer Linie berührenden Lagerteile beträgt bei Berücksichtigung der

	lotrechten Lasten für				lot- und wagerechten Lasten für				
	Gußeisen	Flußeisen	Stahlformguß	Schmiedestahl	Gußeisen	Flußeisen	Stahlformguß	Schmiedestahl	
bei 1 oder 2 Rollen . . .	4,0	5,0	7,0	8,0	5,0	6,5	8,5	9,5	t/cm²
bei mehr als 2 Rollen . .	3,0	4,0	6,0	7,0	4,0	5,5	7,5	8,5	

Die rollende Reibung ist zu 0,03 vom größten Auflagerdruck anzurechnen.

α) Einrollige Lager werden bei Hochbauten bis zu etwa 30 m, bei Brücken bis zu etwa 25 m Spannweite verwendet. Die obere Auflagerplatte ist einteilig und fest mit dem Träger verbunden. Die Verschiebung der Rolle rechtwinklig zur Trägerebene wird entweder durch seitliche Bunde (Abb. 181) von 15 bis 25 m Stärke verhindert, die einen um 30 bis 50 mm größeren Durchmesser erhalten und daher an die obere und untere Lagerplatte anschlagen, oder aber durch eine in Rollenmitte eingearbeitete Rille von 30 bis 50 mm Breite und 20 bis 30 mm Höhe (Abb. 182), in die ebenso breite, aber um 2 bis 4 mm niedrigere Vorsprünge an beiden Lagerplatten eingreifen. Das Abrollen von der Grundplatte wird entweder durch Vorsprünge an den Laufflächen der Rollenbunde (Abb. 181) oder aber durch beiderseitige Führungsleisten (Abb. 182) verhindert, die oben konisch abgedreht sind und in entsprechende, um 2 bis 4 mm breitere Lücken an beiden Lagerplatten eingreifen.

Bei einer Verschiebung der Rolle, sei es infolge der Wärmeschwankungen oder der Dehnung des Hauptträgers aus der Verkehrslast, sei es infolge Bewegungen des Widerlagers oder ungenauer Ausführung, wirkt der Stützdruck außerhalb der Achse der Grundplatte; man trägt diesem Umstand genügend Rechnung, wenn man der Querschnittsermittlung eine Verschiebung von $^1/_{1500}$ der Spannweite L zugrunde legt.

Aufgabe 33. Für den Trapezträger Abb. 64b beträgt der lotrechte Stützdruck infolge ständiger und Verkehrslast $N = 30{,}0$ t, der wagerechte Stützdruck infolge Winddruck rechtwinklig zur Trägerebene $H_w = 4{,}0$ t, angreifend in Oberkante Auflager; es ist das bewegliche Auflager zu berechnen und zu zeichnen. Zulässige Beanspruchung des Auflagersteins $k_w = 35$ kg/cm², des Stahlformgusses auf Druck $k = {}^{7,0}_{8,5}$ t/cm², auf Biegung ${}^{1,2}_{1,3}$ t/cm² ${}^{\text{ohne}}_{\text{mit}}$ Berücksichtigung der wagerechten Kräfte.

Auflösung. Das einrollige Auflager ist in Abb. 181 dargestellt; die Rolle besteht aus Schmiedestahl, die beiden Lagerplatten aus Stahlformguß. Der Druck p für die Längeneinheit der 360 mm langen Rolle berechnet sich zu $p = \frac{30{,}0}{36} = 0{,}84$ t/cm ohne und $p = \frac{30{,}0}{30} + \frac{4{,}0 \cdot 23 \cdot 6}{36^2} = 0{,}84 + 0{,}43$ $= 1{,}27$ t/cm mit Berücksichtigung des Winddrucks; daher $\sigma = 0{,}42\sqrt{\frac{0{,}84}{9} \cdot 2150} = 6{,}0$ (zul. 7,0) bzw. $0{,}42\sqrt{\frac{1{,}27}{9} \cdot 2150} = 7{,}5$ (zul. 8,5) t/cm². Die obere Lagerplatte erleidet das Moment $\mathfrak{M} = \frac{1}{8} \cdot 30{,}0 \cdot 43$ $= 161{,}3$ cmt; bei 360 mm Breite und 50 mm Stärke wird daher $\sigma = \frac{161\,300 \cdot 6}{36 \cdot 5^2} = 1080$ (zul. 1200) kg/cm². Die untere Grundplatte hat $F = 40 \cdot 42 = 1680$ cm², $W_1 = \frac{1}{6} \cdot 40 \cdot 42^2 = 11\,760$ cm³ und $W_2 = \frac{1}{6} \cdot 42 \cdot 40^2$ $= 11\,200$ cm³. Steht die Rolle in der Achse der Grundplatte, so ergibt sich der Druck auf den Auflagerstein bei Berücksichtigung des in Plattenoberkante angreifenden Reibungswiderstandes zu $\sigma_w = \frac{30\,000}{1680} + \frac{4000 \cdot 31}{11\,760} + \frac{0{,}03 \cdot 30\,000 \cdot 8}{11\,200} = 18{,}0 + 10{,}4 + 0{,}7 = 29{,}1$ kg/cm²; hat sich aber die Rolle um $\frac{L}{1500} = \frac{2100}{1500} = 1{,}4$ cm aus der Achse der Grundplatte verschoben, so wird $\sigma_w = \frac{30000}{1680} + \frac{30000 \cdot 1{,}4}{11\,200}$ $+ \frac{4000 \cdot 3{,}1}{11\,760} + \frac{0{,}03 \cdot 30\,000 \cdot 8}{11\,200} = 18{,}0 + 3{,}8 + 10{,}4 + 0{,}7 = 32{,}9$ kg/cm²; in der Plattenachse ist dabei $\sigma_w = 18{,}0 + 10{,}4 = 28{,}4$ kg/cm², so daß sich für den 30 mm vor der Rolle vorstehenden Plattenteil das Moment genau genug (etwas zu groß) zu $\mathfrak{M} = 3\left(32{,}9 \cdot \frac{20}{2} \cdot \frac{2}{3} \cdot 20 + 28{,}4 \cdot \frac{20}{2} \cdot \frac{1}{3} \cdot 20\right) = 3\,(4390 + 1890$ $= 18\,840$ cmkg, daher die Beanspruchung bei 5,5 cm mittlerer Höhe ($W = \frac{1}{6} \cdot 3 \cdot 5{,}5^2 = 15$ cm³) zu $\sigma = \frac{18\,840}{15}$ $= 1260$ (zul. 1300) kg/cm² berechnet.

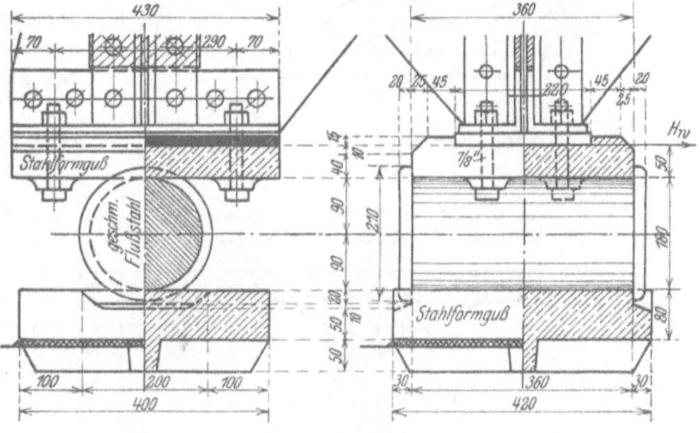

Abb. 181.

Eine andere Ausbildung des Einrollenlagers für einen größten Stützdruck von 62,0 t zeigt Abb. 182[1]) für Eisenbahnbrücken von 18 bis 20 m Stützweite. Die obere Auflagerplatte greift mit einem Vierkant in die flußeiserne Unterlagplatte des Trägers ein und ist außerdem mit diesem verschraubt. Die Führungsleisten zur Verhinderung des Abrollens sind fest mit der Rolle verschraubt.

Das diesem beweglichen Rollenlager entsprechend feste Auflager ist in Abb. 183[1]) für den Fall dargestellt, daß beide Auflager gleiche Konstruktionshöhe erhalten, um an beiden Widerlagern gleiche Höhe für den Auflagerstein zu erzielen. Die an beiden Seiten vorstehenden Zähne z verhindern wie in Abb. 118 gleichzeitig die Längs- und Querverschieblichkeit. Die große Höhe des Lagers bringt bei Einwirkung wagerechter Kräfte (Winddruck, Brems- und Fliehkraft) eine wesentliche Druckvermehrung zwischen Grundplatte und Auflagerstein mit sich (vgl. Aufg. 34); man kann daher unter Verzicht auf die gleiche Höhenlage beider Auflagerquadern das feste Auflager auch entsprechend den Abb. 115 bis 118 ausbilden.

β) Bei zweirolligen Lagern ist die obere Auflagerplatte zu wölben; ihre Verbindung mit dem Träger erfolgt bei einteiliger Ausführung durch oben konisch zugedrehte Stahl-

[1]) Aus den „Musterentwürfen für eingleisige Brückenüberbauten von 10 bis 20 m Stützweite der Preußisch-Hessischen Staatseisenbahnen".

dorne (Abb. 184) oder vorspringende Nasen (n entspr. Abb. 116), bei zweiteiliger Ausbildung aber durch konisch zugedrehte Zähne z nach Abb. 117 oder 118. Abrollen und Querverschiebungen werden wie beim Einrollenlager verhindert.

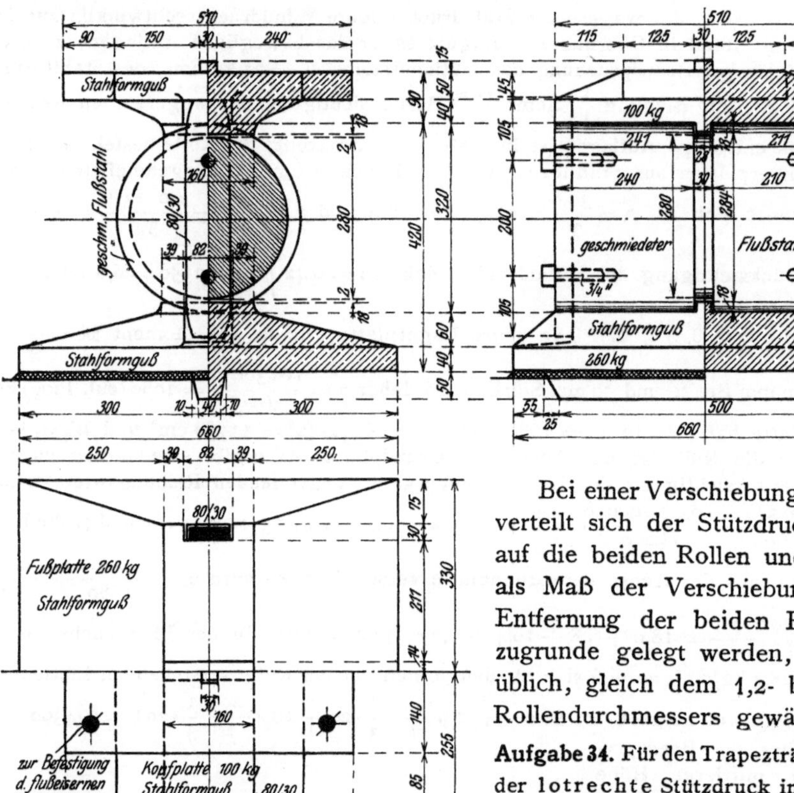

Abb. 182. Einrolliges Auflager.

Bei einer Verschiebung der oberen Platte verteilt sich der Stützdruck ungleichmäßig auf die beiden Rollen und die Grundplatte; als Maß der Verschiebung kann $^1/_{10}$ der Entfernung der beiden Rollenmittelpunkte zugrunde gelegt werden, wenn diese, wie üblich, gleich dem 1,2- bis 1,5 fachen des Rollendurchmessers gewählt wird.

Aufgabe 34. Für den Trapezträger Abb. 141 beträgt der **lotrechte** Stützdruck infolge ständiger und Verkehrslast $N = 122{,}0$ t (vgl. Aufg. 83) der **wagerechte** Stützdruck infolge Wind ⊥ zur Trägerebene $H_w = 12{,}8$ t (vgl. Aufg. 86) Bremskraft zur Trägerebene $H_b = 13{,}7$ t (vgl. Aufg. 78) angreifend in Oberkante Auflager.

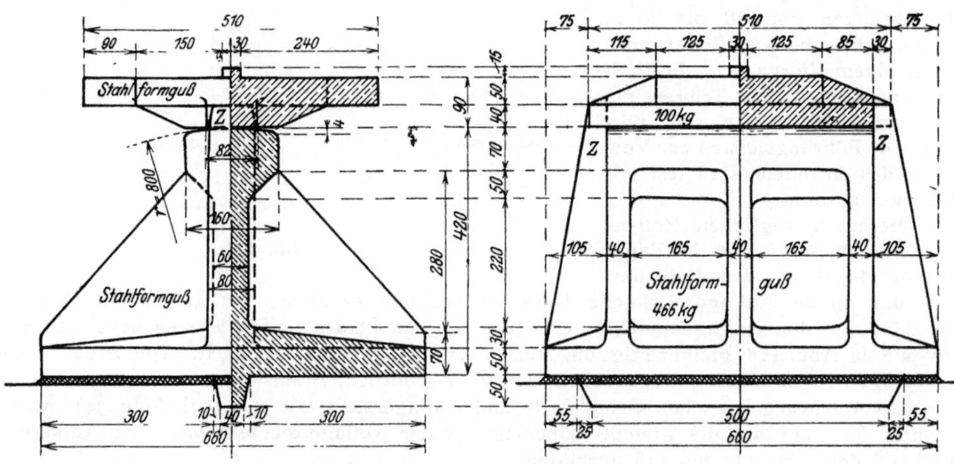

Abb. 183. Festes Auflager.

Es sind die Auflager zu berechnen und zu entwerfen. Zulässige Beanspruchung des Auflagersteins $\frac{40}{56}$, des Gußeisens auf Druck $\frac{900}{1000}$, auf Biegung $\frac{400}{450}$, des Stahlformgusses auf Druck $\frac{7000}{8500}$ auf Biegung $\frac{1200}{1300}$ kg/cm² $\frac{\text{ohne}}{\text{mit}}$ Berücksichtigung der wagerechten Kräfte.

Auflösung. Das bewegliche zweirollige Lager ist in Abb. 184 dargestellt. Die obere, nach einem Radius von 400 mm gewölbte Auflagerplatte aus Stahlformguß ist mit der flußeisernen Unterlagplatte des Trägers durch 3 Stahldorne von 30 mm ϕ verbunden; mit $p = \frac{122{,}0}{2 \cdot 42} = 1{,}48$ t/cm wird daher die Beanspruchung des Flußeisens $\sigma = 0{,}42 \sqrt{\frac{1{,}48 \cdot 2150}{40}} = 3{,}8$ (zul. 5,0) t/cm².

Das Moment für die obere Lagerplatte ergibt sich bei 300 mm Rollenentfernung zu $\mathfrak{M} = \frac{1}{4} \cdot 122{,}0 \cdot 30 = 915$ cmt; mit $W = \frac{1}{6} \cdot 42 \cdot 11^2 = 847$ cm³ wird $\sigma = \frac{915000}{847} = 1085$ (zul. 1200) kg/cm². Am Anfang der Wölbung wird $\mathfrak{M} = \frac{1}{2} \cdot 122{,}0 \cdot 7 = 427$ cmt; $W = \frac{1}{6} \cdot 42 \cdot 9^2 = 567$ cm³; $\sigma = 760$ kg/cm².

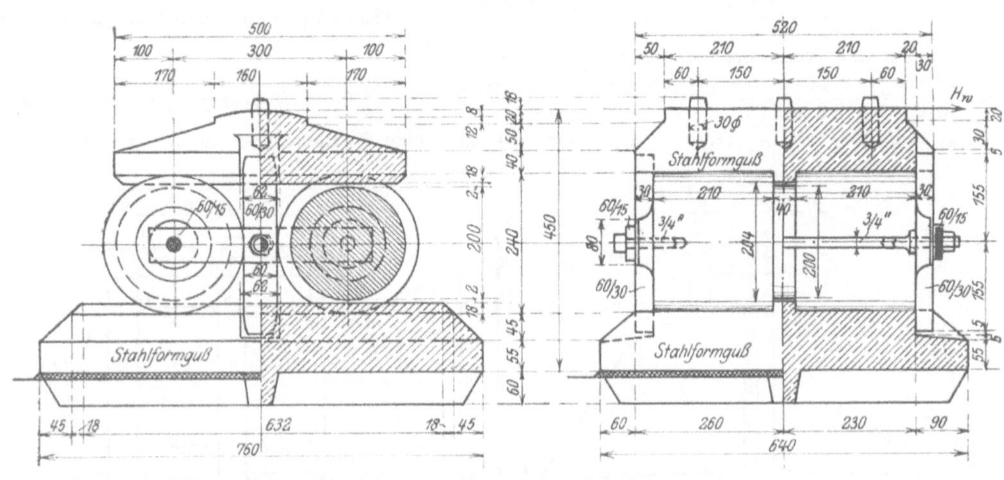

Abb. 184.

Der Druck p für die Längeneinheit der beiden Rollen von 240 mm ϕ und 420 mm nutzbarer Länge berechnet sich in der Mittelstellung zu

$$p = \frac{122{,}0}{2 \cdot 42} = 1{,}48 \text{ t/cm}, \text{ daher } \sigma = 0{,}42 \sqrt{\frac{1{,}48 \cdot 2150}{12}} = 6{,}8 \text{ (zul. 7,0) t/cm}^2 \text{ ohne und}$$

$$p' = 1{,}48 + \frac{12{,}8 \cdot 35}{2 \, \frac{46^3 - 4^3}{12 \cdot 23}} = 1{,}48 + 0{,}64 = 2{,}12 \text{ t/cm}, \text{ daher } \sigma' = \sqrt{\frac{2{,}12 \cdot 2150}{12}} = 8{,}2 \text{ (zul. 8,5) t/cm}^2 \text{ mit}$$

Berücksichtigung des Winddrucks. Verschiebt sich der Auflagerpunkt des Trägers um $v = 0{,}1 \cdot 300 = 30$ mm, so verschiebt sich der Rollenmittelpunkt um $v/2 = 15$ mm, so daß dann auf eine Rolle die größte Stützkraft $122{,}0 \cdot \frac{1}{30}\left(\frac{30}{2} + \frac{3}{2}\right) = 67{,}1$ t entfällt; damit wird $p = \frac{67{,}1}{42} = 1{,}6$ t/cm, $\sigma = 0{,}42 \sqrt{\frac{1{,}6 \cdot 2150}{12}} = 7{,}0$ (zul. 7,0) t/cm² bzw. $p' = 1{,}6 + 0{,}64 = 2{,}24$ t/cm, $\sigma' = 0{,}42 \sqrt{\frac{2{,}24 \cdot 2150}{12}} = 8{,}4$ (zul. 8,5) t/cm². Der Abstand beider Rollen ist durch in ihren Mittelpunkten drehbar befestigte Flacheisen gewahrt, in deren Mitte die oben und unten konisch zugedrehten Führungsleisten zum Schutz gegen Abrollen drehbar angeschlossen sind; der Anschluß erfolgt durch einen beide Leisten verbindenden Schraubenbolzen von 20 mm ϕ.

Die untere Grundplatte hat $F = 76 \cdot 64 \cdot 4864$ cm², $W_1 = \frac{1}{6} \cdot 76 \cdot 64^2 = 51\,880$ cm³, $W_2 = \frac{1}{6} \cdot 64 \cdot 76^2 = 61\,610$ cm³. In der Mittelstellung der Rollen ergibt sich daher der Druck auf den Auflagerstein bei Berücksichtigung des in Plattenoberkante angreifenden Reibungswiderstandes zu $\sigma_w = \frac{122\,000}{4864} + \frac{12\,800 \cdot 45}{51\,880} + \frac{0{,}03 \cdot 122\,000 \cdot 11}{61\,610} = 25{,}1 + 11{,}1 + 0{,}6 = 36{,}8$ kg/cm². Hat sich der Stützdruck um 30 mm verschoben, so daß die vordere Rolle um $\frac{1}{2}(760 - 300 - 30) = 215$ mm vom Plattenrand absteht, so wird $\sigma_w = 36{,}8 + \frac{122\,000 \cdot 3}{61\,610} = 36{,}8 + 6{,}0 = 42{,}8$ kg/cm²; in der Plattenachse wird dabei $\sigma_w' = 25{,}1 + 11{,}1 = 36{,}2$ kg/cm²; das größte Biegungsmoment unter den Vorderrollen berechnet sich daher für 1 cm Breite genau genug zu $\mathfrak{M} = 42{,}8 \cdot \frac{21{,}5^2}{3} + 36{,}2 \cdot \frac{21{,}5^2}{6} = 6590 + 2790 = 9380$ cmkg; daher bei 100 mm Stärke die Biegungsbeanspruchung $\sigma = \frac{9380 \cdot 6}{1 \cdot 10^2} = 560$ (zul. 1300) kg/cm².

Das in gleicher Höhe ausgebildete feste Auflager zeigt Abb. 185. Das geschmiedete, oben gewölbte Flußstahlstück zur unmittelbaren Auflagerung des Trägers liegt zwischen zwei 40 mm breiten Anschlagleisten des gußeisenen Lagerstuhls, die die Bremskraft $H_b = 13{,}7$ t aufzunehmen haben, daher die Scherbeanspruchung $\sigma_s = \frac{13700}{4 \cdot 42} = 80$ (zul. 150) kg/cm² erleiden. Der Winddruck $H_w = 12{,}8$ t wird durch die 3 gleichzeitig zur Trägerbefestigung dienenden Stahldorne von 30 mm ϕ übertragen. Das Flußstahlstück hat $42 \cdot 16 = 672$ cm² Grundfläche und $42 \cdot \frac{16^2}{6} = 1792$ cm³ bzw. $16 \cdot \frac{42^2}{6} = 4704$ cm³ Widerstandsmoment; daher die Druckbeanspruchung des Gußeisens $\sigma = \frac{122000}{672} + \frac{12800 \cdot 5}{4704} + \frac{(13700 + 0{,}03 \cdot 122000) \cdot 5}{1792} = 182 + 14 + 49 = 250$ (zul. 1000) kg/cm².
Der Druck auf den Auflagerquader berechnet sich zu

$$\sigma_{\max} = \frac{122000}{76 \cdot 64} + \frac{12800 \cdot 45 \cdot 6}{76 \cdot 64^2} + \frac{(13700 + 0{,}03 \cdot 122000) \cdot 45 \cdot 6}{64 \cdot 76^2} = 25{,}1 + 11{,}1 + 12{,}7 = 48{,}9 \text{ (zul. 56) kg/cm}^2$$

bzw. $\sigma_{\min} = 25{,}1 - 11{,}1 - 12{,}7 = 1{,}3$ kg/cm², so daß eine Verankerung nicht erforderlich ist.

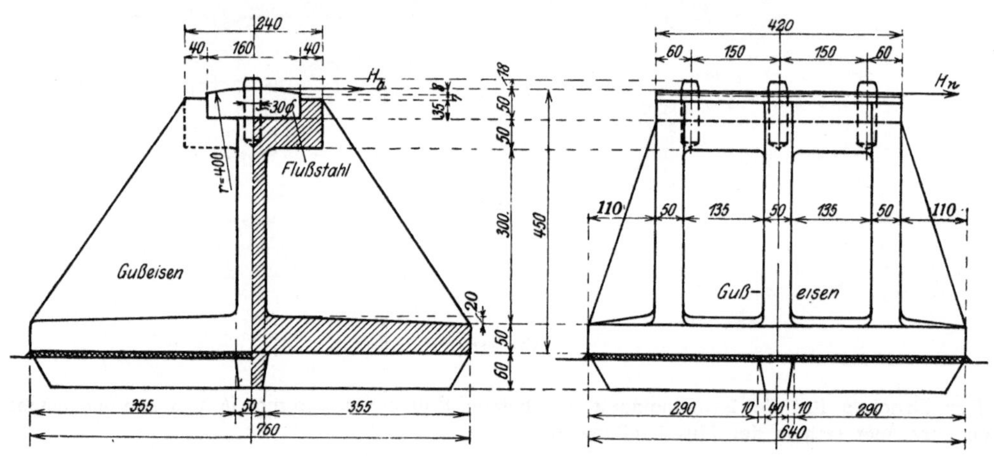

Abb. 185. Festes Auflager.

Das 110 mm vorstehende Plattenende erleidet für 1 cm Breite das (etwas zu große) Moment $\mathfrak{M} = 1 \cdot 48{,}9 \cdot \frac{11^2}{2} = 2960$ cmkg, daher bei 70 mm Stärke die Biegungsbeanspruchung $\sigma_b = \frac{2960 \cdot 6}{1 \cdot 7^2} = 360$ (zul. 450) kg/cm². Setzt man bei der Berechnung der Rippen sehr ungünstig eine überall gleichbleibende Pressung $\sigma_{\max} = 48{,}9$ kg/cm² voraus, so erhält eine Rippe das Moment $\mathfrak{M} = (5 + 17{,}75) \frac{26^2}{2} \cdot 48{,}9 = 376020$ cmkg, daher ohne Berücksichtigung der wagerechten Platte die Biegungsbeanspruchung $\sigma_b = \frac{376020}{5 \cdot 40^2} = 280$ (zul. 450) kg/cm².

γ) Bei mehrrolligen Lagern trägt man dem Umstand, daß der auf die einzelnen Rollen entfallende Druckanteil in der Regel nicht einwandfrei ermittelt werden kann, durch eine Verminderung der zulässigen Beanspruchung der eisernen Lagerteile Rechnung (vgl. S. 84). Die konstruktive Anordnung ist dieselbe wie beim Zweirollenlager. Als Maß der Verschiebung der oberen Platte kann $^1/_{10}$ der Entfernung der äußersten Rollenmittelpunkte zugrunde gelegt werden.

Ein für die Stützdrücke $N_0 = 59{,}0$ t und $H_w = 6{,}0$ t (vgl. Aufg. 36) entworfenes dreirolliges Lager, dessen Konstruktionshöhe auf 350 mm beschränkt ist, zeigt Abb. 186. In den Mittelpunkten der Rollen sind Stifte von 23 mm ϕ eingeschraubt, über die sich beiderseits Winkeleisen $75 \cdot 50 \cdot 10$ zur Wahrung des Rollenabstandes legen; die Winkel sind durch Schraubenbolzen von 23 mm ϕ (oder auch durch auf ihre wagerechten Schenkel genietete oder geschraubte Winkeleisen) zu einem abnehmbaren Rahmen miteinander verbunden. Das Abrollen wird durch beiderseits an die Grundplatte angeschraubte, die Lauffläche um 15 mm überragende Flacheisenstücke verhindert; statt dessen können auch, am besten in der Ebene der Rollenbunde, Erhöhungen angegossen werden, die aber zur Verhütung der Schmutz- und Wasseransammlung keinesfalls über die ganze Plattenbreite durchgehen dürfen.

δ) Ist $\lambda = \pm\, \varepsilon t L$ die größte Längenänderung des Trägers infolge einer Temperaturänderung um t^0, so kommt nur ein diesem Maß λ entsprechender Teil des Rollenumfangs nach beiden Seiten hin zum Abrollen; es ist daher gestattet, die seitlichen Teile einer Rolle nach Abb. 187 abzuschneiden: die Rolle geht in ein Pendel (Stelze) über,

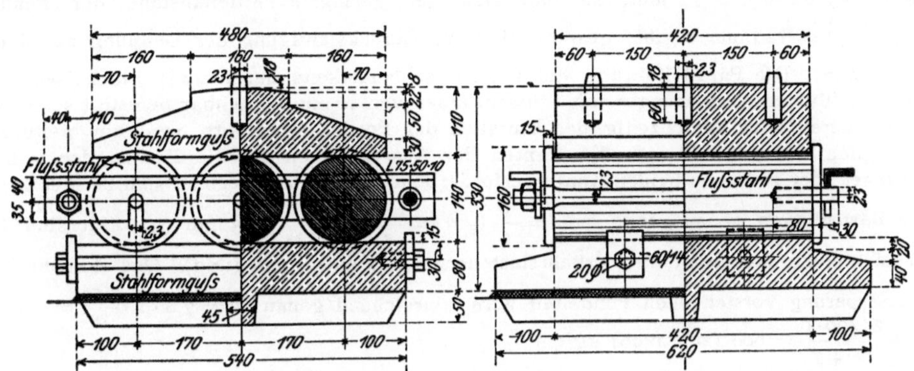

Abb. 186. Dreirollenlager.

dessen Dicke β annähernd gleich dem Radius r gewählt wird. Zur Auflagerung eines Trägers sind mindestens zwei Pendel erforderlich. Zur Parallelführung der nebeneinanderliegenden Pendel sind an jeder Stirnseite zwei Führungsleisten anzuordnen. Abrollen und Querverschiebung werden wie bei den Rollenlagern verhindert.

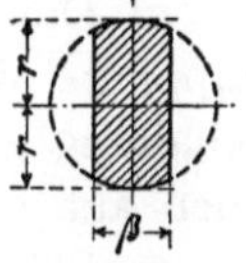

Abb. 187.

Bei der Verschiebung des Trägerendes um λ neigt sich der ursprünglich lotrechte Durchmesser eines Pendels um einen kleinen Winkel α, der bei der geringen Größe von λ hinreichend genau aus $\operatorname{tg} \alpha = \frac{\lambda}{2r}$ berechnet werden darf. Sollen die Pendel bei der äußersten Schiefstellung nicht zur Anlage aneinander kommen, so muß ihr Mittelabstand größer als $\frac{\beta}{\cos \alpha} = \beta\left(1 + \frac{\lambda^2}{8 r^2}\right)$ sein.

Aufgabe 35. Das bewegliche Gelenk im Knotenpunkt (V') des in Abb. 158 dargestellten Gerberträgers soll als Pendellager berechnet und entworfen werden. Der lotrechte Stützdruck des eingehängten Träges aus ständiger und Verkehrslast beträgt $N = 71{,}0$ t; der wagerechte Stützdruck aus Wind $H_w = 0{,}6$ t, angreifend in Oberkante Auflager. Die Lagerteile sind aus Schmiedstahl angefertigt: $k = 1000$ kg/cm²; $k_s = 0{,}9\, k$ $(\nu = {}^{10}/_{9})$; $k_l = 2\, k_s$.

Auflösung. Das Pendellager ist in Abb. 188 dargestellt. Der Druck p für die Längeneinheit der $(230 - 40) = 190$ mm langem Pendel von 125 mm ϕ berechnet sich zu

$$p_0 = \frac{71{,}0}{2 \cdot 19} = 1{,}87 \text{ t/cm}, \text{ daher } \sigma_0 = 0{,}42 \sqrt{\frac{1{,}87}{12{,}5}\, 2150} = 7{,}5 \text{ (zul. } 8{,}0) \text{ t/cm}^2 \text{ ohne und zu}$$

$$p_w = \frac{71{,}0}{2 \cdot 19} + \frac{0{,}6 \cdot 35{,}5}{2\,\frac{23^3 - 4^3}{12 \cdot 11{,}5}} = 1{,}87 + 0{,}13 = 2{,}0 \text{ t/cm}, \text{ daher } \sigma_w = 0{,}42 \sqrt{\frac{2{,}0}{12{,}5}\, 2150} = 7{,}8 \text{ (zul. } 9{,}5) \text{ t/cm}^2$$

mit Berücksichtigung des Winddrucks. Die obere Auflagerplatte erhält bei 140 mm Mittenentfernung der Pendel das Moment $\mathfrak{M} = \frac{71{,}0}{2} \cdot 7 = 248{,}5$ cmt, daher bei 105 mm Stärke die Beanspruchung $\sigma_b = \frac{248\,500 \cdot 6}{19 \cdot 10{,}5^2} = 710$ (zul. 1400) kg/cm². Die untere Lagerplatte hat $38 \cdot 24 = 912$ cm² Fläche und $38 \cdot \frac{24^2}{6} = 3648$ cm³ Widerstandsmoment; daher der Druck auf die flußeiserne Trägerplatte in der Mittelstellung $\sigma = \frac{71\,000}{912} + \frac{600 \cdot 42{,}5}{3648} = 90$ (zul. 1000) kg/cm²; für einen 1 cm breiten Plattenstreifen berechnet sich daher das größte Moment unter den Pendeln zu $\mathfrak{M} = 90 \cdot 1 \cdot \frac{12^2}{2}$ $= 6480$ cmkg, das Widerstandsmoment zu $1 \cdot \frac{7^2}{6} = 8{,}1$ cm³, daher die Biegungsbeanspruchung zu $\sigma_b = \frac{6480}{8{,}1} = 800$ (zul. 1300) kg/cm²; beide Spannungen bleiben auch bei einer Verschiebung des

Stützdrucks noch weit unter der zulässigen Grenze. Zur Übertragung des Stützdrucks in die Knotenbleche des Kragarms (der wieder in rot eingezeichnet ist) dienen $4 \times 6 = 24$ einschnittige Niete von 23 mm ϕ, die daher die Scherspannung $\sigma_s = \frac{71000}{24 \cdot 4{,}2} = 720$ (zul. 900) kg/cm² erleiden.

Bei einer Temperaturdifferenz $t = \pm 35^0$ gegen die Aufstellungstemperatur berechnet sich $\lambda = 12 \cdot 10^{-6} \cdot 35 \cdot 28 \cdot 10^3 = 12$ mm, so daß sich der geringste Mittenabstand der Pendel zu $120\left(1 + \frac{12^2}{8 \cdot 125^2}\right) = 120$ mm ergibt; gewählt sind zur Berücksichtigung der Dehnung aus der Verkehrslast 140 mm. Die Parallelführung der Pendel ist beiderseits durch zwei Flacheisen $^{45}/_{15}$ bewirkt, die in seitlichen Aussparungen mit Stiftschrauben von 16 mm ϕ drehbar befestigt seien. Durch diese Aussparungen wird gleichzeitig das Umfallen der Pendel verhindert, weil ein weiteres Abrollen unmöglich wird, sobald sich die Kanten der Aussparungen auf die Kanten der Führungsflacheisen legen; der zwischen beiden Kanten erforderliche Spielraum berechnet sich bei der geringen Größe der Bewegungen genau genug zu $x = \frac{\beta}{2} \operatorname{tg} \alpha = \frac{\beta \lambda}{4 r} = \frac{120 \cdot 12}{4 \cdot 125} = 3$ mm (gewählt sind 10 mm zur Berücksichtigung der durch die Verkehrslast hervorgerufenen Bewegung). Das Moment für den über der Aussparung vorstehenden Pendelteil wird hinreichend genau $\mathfrak{M} = 7{,}8 \cdot 1 \cdot \frac{2{,}5^2}{2} = 24{,}4$ cmt, daher $\sigma_b = \frac{24400 \cdot 6}{12 \cdot 4{,}5^2} = 600$ (zul. 1400) kg/cm².

Die Querverschiebung der Pendel ist durch 15 mm hohe, 40 mm breite Vorsprünge an beiden Lagerplatten verhindert, die in 16 mm tiefe, 40 mm breite Rillen der Pendel eingreifen.

Um den Platz für das 230 mm breite Pendellager zu gewinnen, ist die Lichtweite des kastenförmigen Gurt- und Diagonalquerschnitts von 220 mm (Abb. 159) auf 260 mm erweitert.

b) Die Kipplager.

α) Die Zapfenkipplager bestehen aus der oberen, fest mit dem Träger verbundenen Kipplatte, dem Zapfen und der unteren Kipplatte, die beim festen Auflager unter Zwischenschaltung einer Bleiplatte oder Zementschicht auf dem Auflagerstein, beim beweglichen aber auf 2 oder mehr Rollen oder Pendeln aufruht. Zapfen und untere Kipplatte in einem Stück zu gießen, ist zulässig, aber nicht empfehlenswert. Die Berechnung des Zapfens, der beiderseits zur Verhinderung der Querverschiebung mit Bunden versehen wird, erfolgt nach Gl. 24.

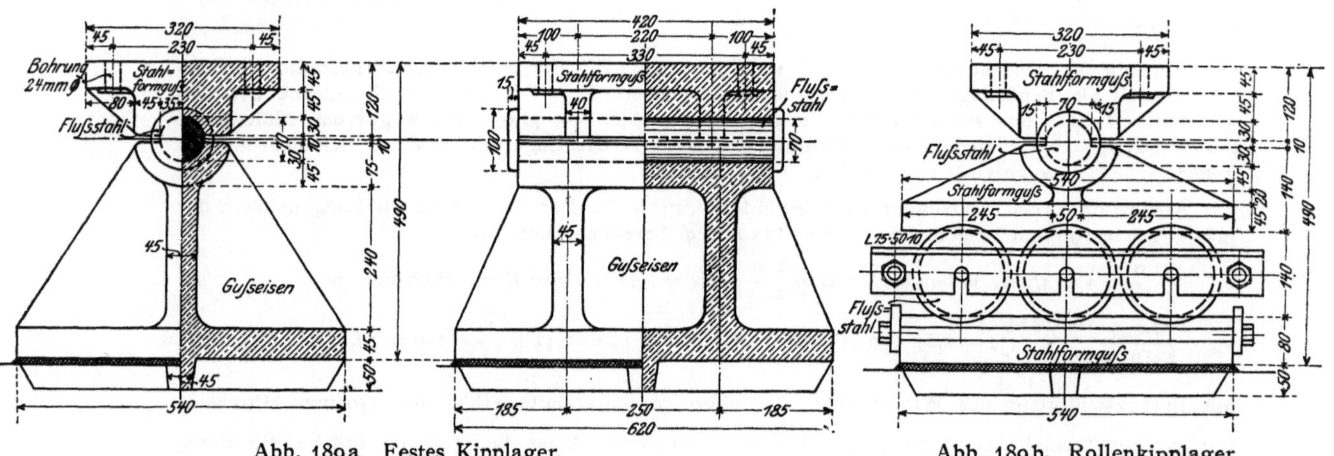

Abb. 189a. Festes Kipplager. Abb. 189b. Rollenkipplager.

Aufgabe 36. Das dreirollige Lager Abb. 186 soll als Kipplager berechnet und entworfen werden. $N_0 = 59{,}0$ t; $H_w = 6{,}0$ t. Zulässige Beanspruchung des Werksteins $k_w = \frac{30}{35}$ kg/cm² $\frac{\text{ohne}}{\text{mit}}$ Berücksichtigung des Winddrucks; sonst wie in Aufg. 34.

Auflösung. Das feste Auflager ist in Abb. 189a, das bewegliche in 189b dargestellt. Der Druck für die Längeneinheit des 420 mm langen Zapfens von 70 mm ϕ berechnet sich zu $\frac{59{,}0}{42} + \frac{6{,}0 \cdot 16 \cdot 6}{42^2} = 1{,}41 + 0{,}33 = 1{,}74$ t/cm, daher die Druckkraft für 1 cm Rollenlänge $T = 1{,}74 \cdot 1 = 1{,}74$ t, folglich nach Gl. 24a) die Druckbeanspruchung des Gußeisens $\sigma = \frac{0{,}8 \cdot 1740}{1 \cdot 3{,}5} = 400$ (zul. 1000) kg/cm². Der Druck p für die Längeneinheit der 3 Rollen von 420 mm Länge und 140 mm ϕ (vgl. Abb. 186)

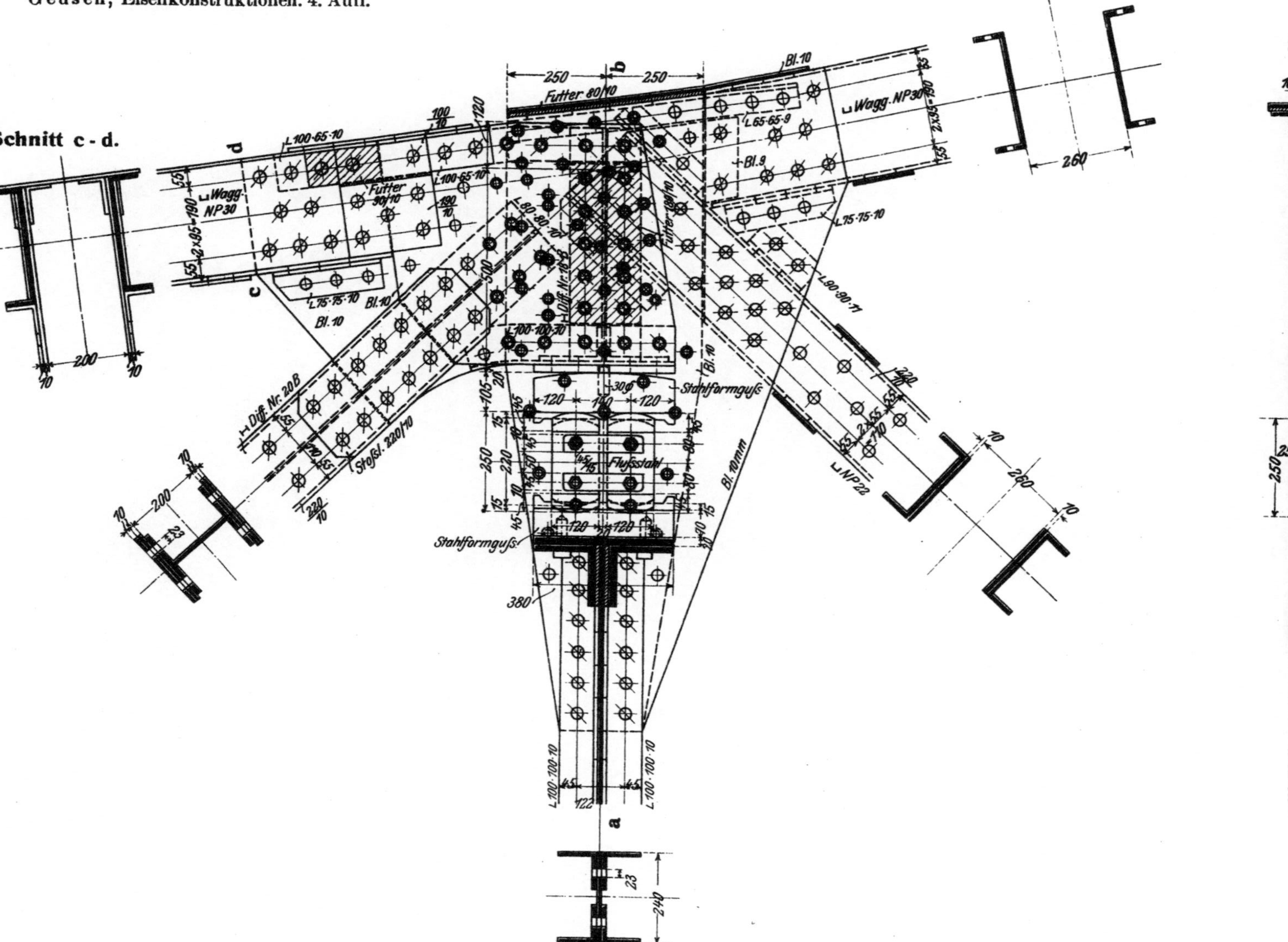

Abb. 188. Bewegliches Gelenk des Brückenträgers Abb. 158.

Verlag von Julius Springer in Berlin.

berechnet sich zu $p_0 = \frac{59,0}{3 \cdot 42} = 0,47$ t/cm, daher $\sigma_0 = 0,42 \sqrt{\frac{0,47}{7} \cdot 2150} = 5,0$ (zul. 7,0) t/cm² ohne und zu $p_w = \frac{59,0}{2 \cdot 42} + \frac{6,0 \cdot 41 \cdot 6}{42^2} = 0,47 + 0,84 = 1,31$ t/cm, daher $\sigma_w = 0,42 \sqrt{\frac{1,31}{7} 2150} = 8,4$ (zul. 8,5) t/cm² mit Berücksichtigung des Winddrucks. Der Auflagerquerschnitt der unteren Grundplatte hat $F = 54 \cdot 62 = 3348$ cm², $W_1 = 54 \cdot \frac{62^2}{6} = 34590$ cm³ und $W_2 = 62 \cdot \frac{54^2}{6} = 30130$ cm³, daher der Druck auf den Auflagerstein in der Mittelstellung $\sigma_w = \frac{59000}{3348} + \frac{6000 \cdot 49}{34590} = 17,6 + 8,5 = 26,1$ kg/cm². Hat sich der Trägerstützpunkt um $0,1 \cdot 340 = 34$ mm verschoben, so wird $\sigma_w = 17,6 + \frac{59000 \cdot 3,4}{30130} + 8,5 = 26,1 + 6,6 = 32,7$ (zul. 35) kg/cm². Der 100 mm vorstehende Plattenteil am beweglichen Auflager (Abb. 189b) erleidet daher unter der ungünstigen Voraussetzung einer gleichbleibenden Pressung für 1 cm Länge das Moment $\mathfrak{M} = 32,7 \cdot 1 \cdot \frac{10^2}{2} = 1635$ cmkg, folglich bei 60 mm Stärke die Biegungsbeanspruchung $\sigma_s = \frac{1635 \cdot 6}{1 \cdot 6^2} = 190$ (zul. 1300) kg/cm². Das Zapfenkipplager hat den Nachteil einer größeren Konstruktionshöhe.

β) Die Kugelkipplager bestehen aus der mit dem Träger fest verbundenen, unten nach einer Hohlkugel vom Radius r_1 geformten Auflagerplatte (Abb. 190), dem an der oberen Seite nach einer Kugel vom Radius r_2 abgedrehten Zapfen und der unteren Lagerplatte, die beim festen Auflager auf dem Auflagerstein, beim beweglichen aber auf Rollen oder Pendeln aufruht. Kugelzapfen und untere Lagerplatte in einem Stück zu gießen, ist zulässig, aber wegen der schwierigen Bearbeitung unzweckmäßig

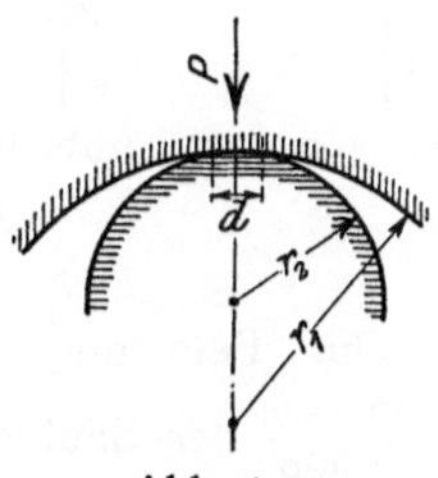

Abb. 190.
Kugelkipplager.

Sind E_1 und E_2 die Elastizitätsmoduln der sich nach Abb. 190 berührenden Körper, so bildet sich unter der Druckkraft P eine kreisförmige Druckfläche aus, deren Durchmesser sich nach Hertz zu

$$33) \quad d = 2 \sqrt[3]{\frac{2}{3} P \frac{r_1 r_2}{r_1 - r_2} \frac{E_1 + E_2}{E_1 E_2}}$$

berechnet; bestehen beide Körper aus demselben Baustoff, so ergibt sich insbesondere mit $E_1 = E_2 = E$:

$$33a) \quad d = 2 \sqrt[3]{\frac{4}{3} \frac{P}{E} \frac{r_1 r_2}{r_1 - r_2}}.$$

Die größte Druckspannung im Mittelpunkt der Fläche berechnet sich dann zu

$$34) \quad \sigma = \frac{3}{2} \frac{P}{\frac{\pi d^2}{4}}.$$

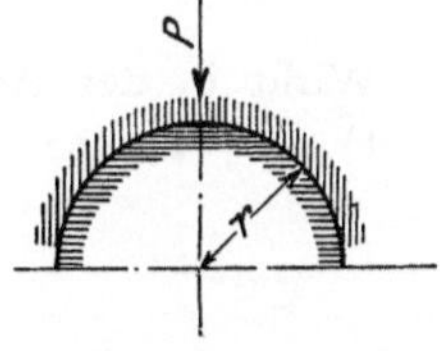

Abb. 191.

Die zulässige Druckbeanspruchung k beträgt hierbei für

Gußeisen $k = 3,5$ t/cm²,
Stahlformguß $k = 5,5$ t/cm².

Wird $r_1 = r_2 = r$ (Abb. 191), und berühren sich beide Körper annähernd nach der Halbkugel, so berechnet sich die größte Druckspannung unmittelbar unter der Kraft P annähernd zu

$$35) \quad \sigma = \frac{2P}{\pi r^2}.$$

Hier darf die zulässige Beanspruchung für

Gußeisen $k = 1,0$ t/cm²,
Stahlformguß $k = 3,0$ t/cm gewählt werden.

Ein Zahlenbeispiel findet sich in Aufg. 58.

Viertes Kapitel.

Säulen.

Eine Säule ist ein Konstruktionsteil mit lotrecht stehender Achse. Sie besteht aus drei Teilen, nämlich dem Kopf zur unmittelbaren Aufnahme der auf ihr ruhenden Last, dem vollwandigen oder fachwerkförmig gegliederten Schaft zur Fortleitung der Last und dem Fuß zur Übertragung der Last auf das Mauerwerk und durch dieses in den festen Baugrund. Man nennt die Säule

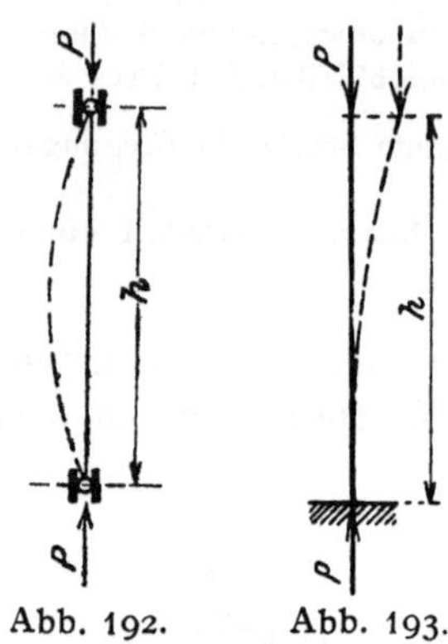

Abb. 192. Abb. 193.

beiderseits geführt, wenn ihr Kopf- und Fußpunkt in der zur Säulenachse rechtwinkligen Ebene unverschieblich gelagert, also nur in der Säulenachse verschieblich sind (Abb. 192); dagegen

freistehend, wenn ihr Fußpunkt eingespannt, ihr Kopfpunkt aber in jeder beliebigen Ebene verschieblich ist (Abb. 193).

A. Berechnung der Säulen.

Die Belastung einer Säule setzt sich zusammen aus lotrechten Kräften, die $\frac{\text{in}}{\text{außerhalb}}$ der Säulenachse angreifen und die Säule auf $\frac{\text{Druck}}{\text{Druck und Biegung}}$ beanspruchen, und aus wagerechten Kräften, die sie auf Biegung beanspruchen.

1. Die Säule wird nur auf Druck beansprucht.

1. Berechnung des Säulenquerschnitts.

Wirkt in der Achse einer Säule von der Höhe h die Kraft P, so erfordert sie nach Gl. 1) die Fläche

$$1) \quad F = \frac{P}{k}.$$

Ist $\mathfrak{S}$ die für die Säule verlangte Knicksicherheit, so ergibt sich aus der Eulerschen Gleichung für die beiderseits geführte Säule das kleinste erforderliche Trägheitsmoment zu $J_{\min} = \frac{\mathfrak{S}}{\pi^2 E} P h^2$. Setzt man hierin $P = 1000 P_1$, $h = 100 h_1$, wobei P_1 die Kraft in Tonnen, h_1 die freie Knicklänge in Meter bedeutet, so ergibt sich mit $\pi^2 = \sim 10$ für die beiderseits geführte Säule bei Verwendung von

Gußeisen mit $E = 1000$ t/cm²: $36a) \quad J_{\min} = \mathfrak{S} P_1 h_1^2$ mit $\mathfrak{S} = 8$ } für Säulen.

Flußeisen mit $E = 2000$ t/cm²: $36b) \quad J_{\min} = \frac{\mathfrak{S}}{2} P_1 h_1^2$ mit $\mathfrak{S} = 5$ } für Säulen.

Für die freistehende Säule ist ein viermal so großes Trägheitsmoment erforderlich.

Geht eine Säule durch mehrere Geschosse durch, so ist die Geschoßhöhe als Knicklänge einzuführen, vorausgesetzt, daß ihre Zwischenpunkte durch die anschließenden Deckenträger in der zur Säulenachse rechtwinkligen Ebene unverrückbar gehalten werden.

Aufgabe 37. In der Achse einer beiderseits geführten gußeisernen Säule von 3,0 m Höhe wirkt die Kraft $P = 15000$ kg; es ist der erforderliche Querschnitt zu bestimmen. $k = 500$ kg/cm².

Auflösung. Nach Gl. 1) wird $F = \frac{15000}{500} = 30{,}0$ cm² und nach Gl. 36a) $J_{min} = 8 \cdot 15{,}0 \cdot 3{,}0^2 = 1080$ cm⁴. Der in Abb. 194 dargestellte Querschnitt genügt mit $F = 58{,}9$ cm² und $J = 1167$ cm⁴.

Das nach Gl. 36) berechnete kleinste erforderliche Trägheitsmoment bezieht sich auf den Gesamtquerschnitt der Säule. Besteht dieser aus 2 Teilen, so sind diese in der nach Gl. 31b) berechneten Entfernung e, mindestens aber in den Viertelpunkten miteinander zu verbinden.

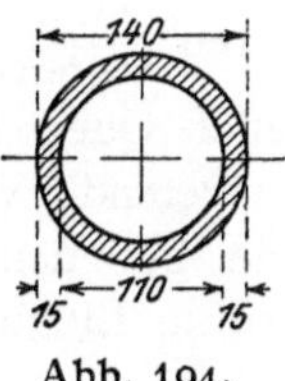

Abb. 194.

Aufgabe 38. In der Achse einer beiderseits geführten flußeisernen Säule von 4,8 m Höhe wirkt die Kraft $P = 40000$ kg; es ist der erforderliche Querschnitt zu bestimmen. $k = 1200$ kg/cm²; $k_s = {}^3/_4 k$ $(\nu = {}^4/_3)$; $\mathfrak{S} = 5$.

Auflösung. Nach Gl. 1) wird $F = \frac{40000}{1200} = 33{,}3$ cm² und nach Gl. 36b): $J_{min} = 2{,}5 \cdot 44{,}0 \cdot 4{,}8^2 = 2530$ cm⁴. Der in Abb. 195 dargestellte Querschnitt aus zwei, in 100 mm Lichtabstand liegenden ⊔ NP. 18 genügt mit $F = 2 \cdot 28{,}0 = 56{,}0$ cm² und $J_{min} = 2 \cdot 1354 = 2708$ cm⁴.

Mit $J_{min} = 114$ cm⁴ wird nach Gl. 31b): $e = \sqrt{\frac{4 \cdot 114}{5 \cdot 40{,}0}} = 1{,}5$ m, so daß die beiden ⊔-Eisen in den Viertelpunkten miteinander zu verbinden sind.

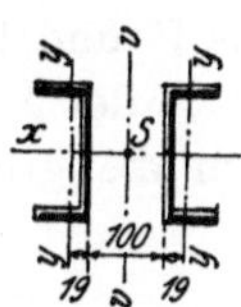

Abb. 195.

2. Berechnung der Auflagerung.

Die Übertragung des Säulendrucks P in den festen Baugrund erfolgt nach Abb. 196 durch Fußplatte, Werkstein und Fundamentmauerwerk in Ziegelsteinen oder meist Beton. Die zur Druckübertragung jeweils erforderliche Fläche F berechnet sich nach Gl. 1), wobei für k die zulässige Beanspruchung des unterhalb F gelegenen Baustoffs einzuführen ist. Da die Abmessungen des Werksteins und Fundamentmauerwerks von vornherein nicht bekannt sind, so werden deren Gewichte durch eine nachträgliche Vergrößerung der berechneten Fläche F berücksichtigt.

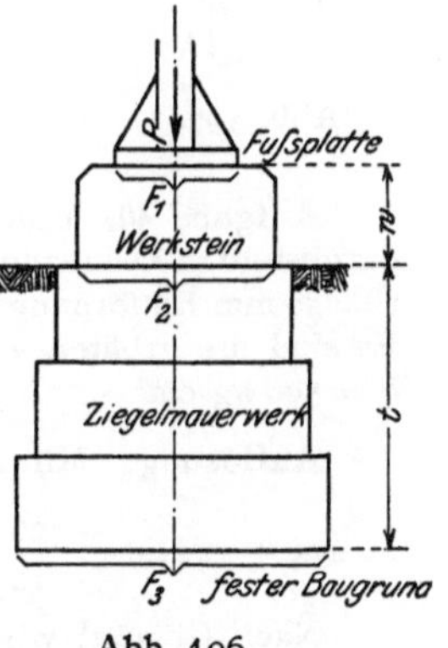

Abb. 196.

Aufgabe 39. Der Druck $P = 40{,}0$ t der in Aufg. 38 berechneten Säule wird durch einen Sandstein $(k_w = 20$ kg/cm²$)$ auf das Ziegelmauerwerk $(k_m = 7$ kg/cm²$)$ und durch dieses in den festen Baugrund $(k_f = 2{,}5$ kg/cm²$)$ übertragen. Es sollen die in Abb. 196 eingetragenen Flächen F_1, F_2 und F_3 berechnet werden.

Auflösung. Nach Gl. 1) wird $F_1 = \frac{40000}{20} = 2000$ cm²; gewählt ist eine Fußplatte 400 × 500 mm mit 2000 cm² Auflagerfläche. Ebenso wird $F_2 = \frac{40000}{7} = 5710$ cm²; daraus ergibt sich die Seitenlänge des quadratischen Werksteins zu $\sqrt{5710} = 76$ cm; gewählt ist zur Berücksichtigung des Eigengewichts $a = 800$ mm. Endlich wird $F_3 = \frac{40000}{2{,}5} = 16000$ cm², daher die Seitenlänge der quadratischen Grundfläche $a_1 = \sqrt{16000} = 126$ cm; zur Berücksichtignng des Eigengewichts sind $5^1/_2$ Stein mit $a = 26 \cdot 5{,}5 - 1 = 142$ cm gewählt.

Bei $w = 0{,}4$ m Höhe und 2500 kg/m³ Einheitsgewicht des Sandsteins,

$t = 1{,}2$ m Höhe und 1800 kg/m³ Einheitsgewicht des Mauerwerks und Erdreichs ergibt sich der gesamte Druck auf den Baugrund zu $P_1 = 40000 + 0{,}8^2 \cdot 0{,}4 \cdot 2400 + 1{,}4^2 \cdot 1{,}2 \cdot 1800 = \sim 45000$ kg, daher seine Beanspruchung $\sigma = \frac{45000}{142^2} = 2{,}3$ (zul. 2,5) kg/cm².

II. Die Säule wird auf Druck und Biegung beansprucht.

1. Berechnung des Säulenquerschnitts.

Ergeben die auf die Säule wirkenden äußeren Kräfte eine Resultierende R (Abb. 197), deren $\frac{\text{lotrechte}}{\text{wagerechte}}$ Seitenkraft $\frac{V}{W}$ im Abstand $\frac{v}{w}$ vom Säulenfußpunkt angreift, so erleidet jeder Querschnitt Druck- und Biegungsspannungen; die mit der Biegung gleichzeitig auftretende vertikale und horizontale Scherkraft kann bei der Querschnittsbestimmung wie bei den Trägern vernachlässigt werden. Für die freistehende Säule tritt das größte Biegungsmoment

$$M_{\max} = Vv + Ww = Vr$$

an der Einspannstelle auf, wo r den Abstand des Schnittpunktes der Resultierenden R aus V und W mit der Wagerechten durch den Fußpunkt von der Säulenachse bedeutet. Ist F der Flächeninhalt, $\mathfrak{W}$ das Widerstandsmoment des Säulenquerschnitts, so ergeben sich die größten Spannungen zu

$$37)\qquad \sigma_{\substack{\max\\ \min}} = \frac{V}{F} \pm \frac{M_{\max}}{\mathfrak{W}},$$

wobei das Pluszeichen eine Druck-, das Minuszeichen eine Zugspannung bedeutet.

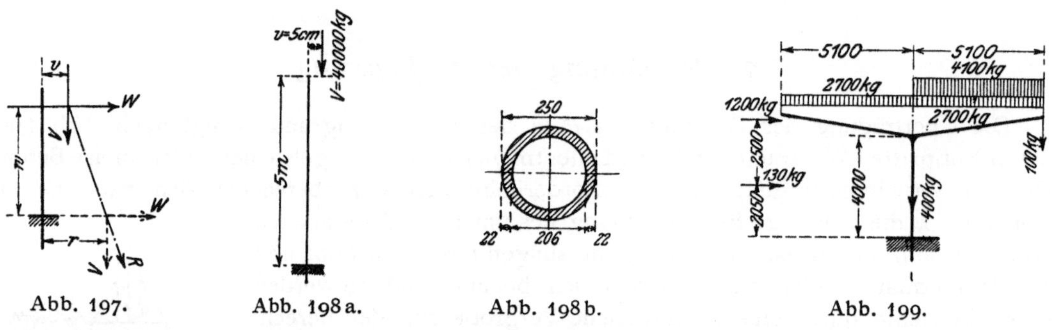

Abb. 197. Abb. 198a. Abb. 198b. Abb. 199.

Aufgabe 40. Eine beiderseits geführte gußeiserne Säule von 5,0 m Höhe hat den in Abb. 198b dargestellten Querschnitt mit $F = 157{,}6\ \text{cm}^2$, $J = 10\,330\ \text{cm}^4$ und $\mathfrak{W} = 827\ \text{cm}^3$. Sie ist mit der in $v = 50$ mm Entfernung von der Achse angreifenden lotrechten Kraft $V = 40{,}0$ t belastet (Abb. 198a). Es sind die größten auftretenden Spannungen sowie die tatsächliche Knicksicherheit zu berechnen. $k = 500\ \text{kg/cm}^2$.

Auflösung. Mit $M_{\max} = 40\,000 \cdot 5 = 200\,000$ cmkg wird nach Gl. 37): $\sigma_{\substack{\max\\ \min}} = \frac{40\,000}{157{,}6} \pm \frac{200\,000}{827}$ $= 254 \pm 242 = \frac{+\,496\ (\text{Druck})}{+\ \ 12\ (\text{Druck})}\ \text{kg/cm}^2$.

Nach Gl. 36a) wird $J_{\min} = 8 \cdot 40{,}0 \cdot 5{,}0^2 = 8000\ \text{cm}^4$, daher die wirklich vorhandene Knicksicherheit $\mathfrak{S} = 8 \cdot \frac{10\,330}{8000} = 10{,}3$ fach.

Aufgabe 41. Die in der Bildebene (Abb. 199) freistehende, rechtwinklig zur Bildebene aber durch die Querverbände zwischen den benachbarten Säulen beiderseits geführte Säule einer einstieligen Bahnsteighalle ist nach Abb. 199 belastet. Es soll der Querschnitt an der Einspannstelle berechnet werden. $k = \frac{1600}{1200}\ \text{kg/cm}^2$ $\frac{\text{mit}}{\text{ohne}}$ Berücksichtigung des Winddrucks. $\mathfrak{S} = 4$.

Auflösung. Ist die Säule beiderseits voll belastet, so ergibt sich der größte Säulendruck $P = 2\,(2700 + 4100 + 100) + 400 = 14\,200$ kg, daher nach Gl. 1): $F = \frac{14\,200}{1200} = 11{,}9\ \text{cm}^2$, und nach Gl. 36b):

$$J_{\min} = 4 \cdot {}^4\!/_2 \cdot 14{,}2 \cdot 4{,}0^2 = 1820\ \text{cm}^4 \text{ in der Bildebene}$$

und

$$J'_{\min} = {}^4\!/_2 \cdot 14{,}2 \cdot 4{,}0^2 = 450\ \text{cm}^4 \text{ rechtwinklig zur Bildebene.}$$

Bei der einseitigen Belastung nach Abb. 199 berechnet sich die Säulendruckkraft zu $V = 2 \cdot 2700 + 4100 + 100 + 400 = 10000$ kg und das größte Moment an der Einspannstelle zu $M_{\max} = 130 \cdot 2{,}05 + 1200 \cdot 4{,}55 + 4100 \cdot 2{,}55 + 100 \cdot 5{,}10 = 16690$ mkg. Der gewählte Querschnitt $^{380}/_{12} + 4 \sphericalangle 100 \cdot 65 \cdot 11$ (Abb. 200) hat $F = 101{,}2$ cm², $J_x = 26010$ cm⁴, $J_y = 1760$ cm⁴ und $W_x = 1220$ cm³ bei Berücksichtigung der Nietverschwächungen, erleidet daher die Beanspruchung

$$\sigma = \frac{10000}{102{,}2} + \frac{1669000}{1220} = 100 + 1370 = 1470 \text{ (zul. 1600) kg/cm}^2.$$

Abb. 200.

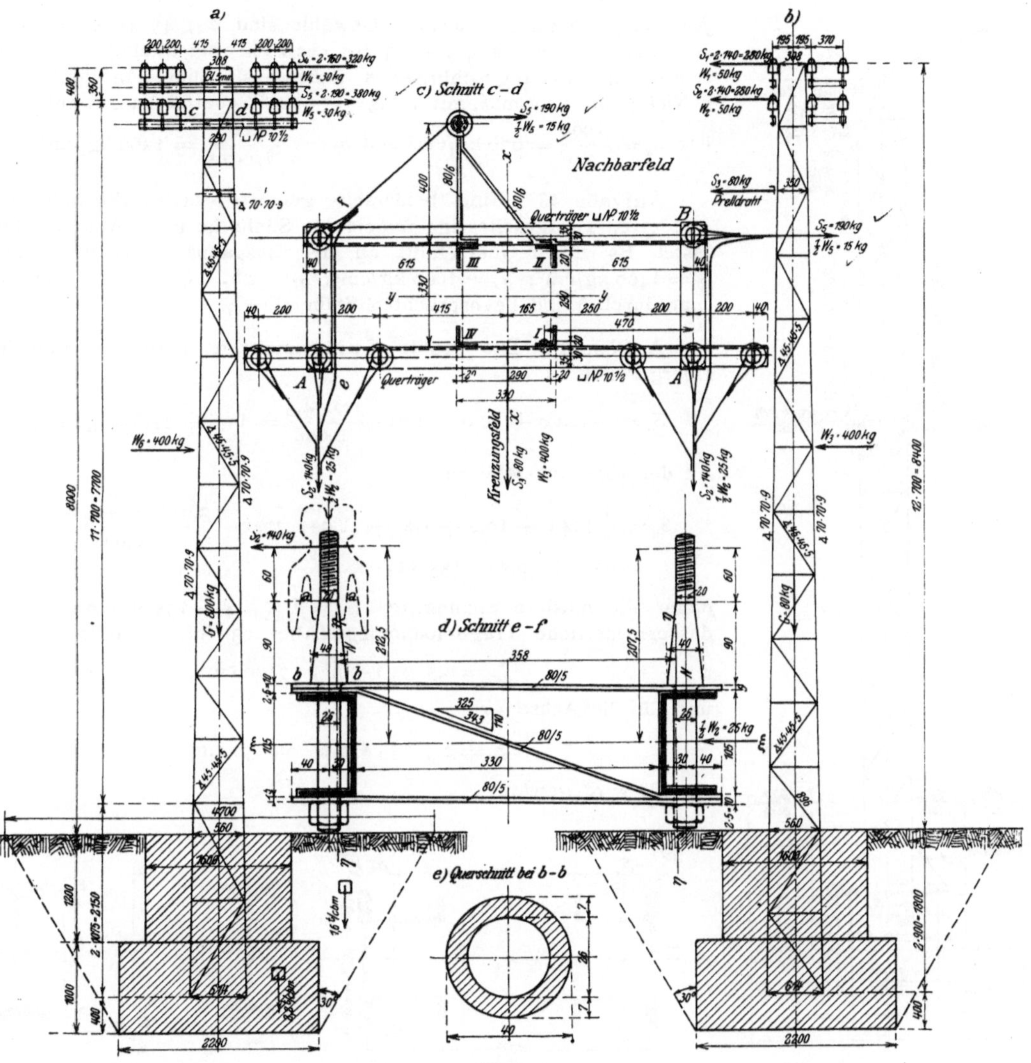

Abb. 201. Freileitungsmast.

Aufgabe 42. Eine freistehende Säule (Freileitungsmast) von 800 kg Eigengewicht ist nach Abb. 201 mit den wagerechten Seilzügen S und Windkräften W belastet[1]). Es soll der Querschnitt an der Einspannstelle berechnet werden. $k = 1200$ kg/cm²; $k_s = {}^3/_4 k$; $k_l = 2 k_s$. $\mathfrak{S} = 5$.

Auflösung. Für die Einspannstelle beträgt die senkrechte Druckkraft $V = 800$ kg und das Biegungsmoment

in der x-Achse infolge der Seilzüge $M_{xs} = 280\,(8{,}4 + 8{,}0) + 80 \cdot 7{,}0 = 5150$ mkg,
des Winddrucks $M_{xw} = 50\,(8{,}4 + 8{,}0) + 400 \cdot 4{,}2 = 2500$ mkg,

in der y-Achse infolge der Seilzüge $M_{ys} = 320 \cdot 8{,}4 + 380 \cdot 8{,}0 = 5730$ mkg,
des Winddrucks $M_{yw} = 30\,(8{,}4 + 8{,}0) + 400 \cdot 4{,}2 = 2170$ mkg.

[1]) Die lotrechten Seitenkräfte der Seilzüge sind wegen der Kleinheit ihrer Größe und ihres Hebelarms vernachlässigt.

Die größte **Gurtdruckkraft** des fachwerkförmig gegliederten Mastes ergibt sich daher bei 560 mm Trägerhöhe zu $O_{\min} = -\frac{800}{4} - \frac{5150 + 2500 + 5730}{2 \cdot 0{,}56} = -200 - 11\,900 = -12\,100$ kg (Eckpfosten I Abb. 201 c), die größte Zugkraft zu $U_{\max} = -200 + 11\,900 = +11\,700$ kg (Eckpfosten III Abb. 201 c). $J_{\min} = 2{,}5 \cdot 12{,}1 \cdot 0{,}7^2 = 15$ cm⁴. Gewählt ist 1 ∢ 70·70·9 mit $F = (11{,}9 - 1{,}6 \cdot 09) = 10{,}5$ cm² und $J_{\min} = 22$ cm⁴; daher $\sigma = \frac{11\,700}{10{,}5} = 1120$ (zul. 1200) kg/cm².

Die größte **Diagonalspannkraft** berechnet sich zu $D = \pm\, 1160 \frac{896}{560} = \pm\, 1900$ kg; $J_{\min} = 2{,}5 \cdot 1{,}9 \cdot 0{,}896^2 = 4$ cm⁴. Gewählt sind 2 ∢ 45·45·5 mit $J_{\min} = 6{,}5$ cm⁴ und $F = 2\,(4{,}5 - 1{,}3)\,0{,}5 = 3{,}2$ cm² bei alleiniger Berücksichtigung des angeschlossenen Schenkels. Zum Anschluß sind 2 Niete von 14 mm ⌀ mit $2 \cdot 1{,}5 = 3{,}0$ cm² Scherfläche gewählt; daher $\sigma_s = \frac{1900}{3{,}0} = 630$ kg/cm² und $\sigma_l = \frac{1900}{2 \cdot 1{,}4 \cdot 0{,}5} = 1360$ kg/cm².

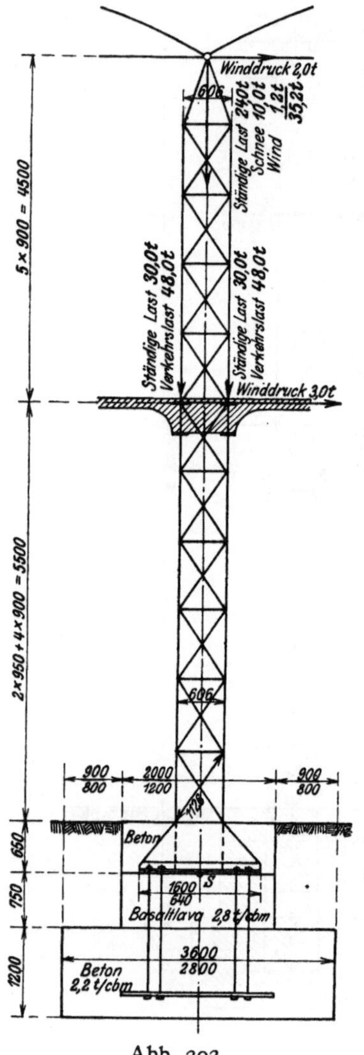

Abb. 202.

Aufgabe 43. Eine beiderseits geführte, fachwerkförmig gegliederte, zweigeschossige flußeiserne Säule ist nach Abb. 202 belastet. Es ist der Querschnitt an der Einspannstelle zu bestimmen $k = 1400$ kg/cm²; $k_s = 1000$ kg/cm²; $k_l = 2\,k_s$. $\mathfrak{S} = 5$ bzw. für die nur durch Wind beanspruchten Stäbe $\mathfrak{S} = 4$.

Auflösung. Die größte **Gurtspannkraft** berechnet sich im Obergeschoß zu

$$S_1 = \frac{1}{2}\,(24{,}0 + 10{,}0 + 1{,}2) + \frac{2{,}0 \cdot 4{,}5}{0{,}606} = 17{,}6 + 14{,}8 = 32{,}4 \text{ t},$$

an der Einspannstelle zu

$$S_2 = \frac{1}{2}\,(24{,}0 + 10{,}0 + 1{,}2) + 48{,}0 + 30{,}0 + \frac{2{,}0 \cdot 10{,}0 + 3{,}0 \cdot 5{.}5}{0{,}606}$$
$$= 95{,}6 + 60{,}2 = 155{,}8 \text{ t},$$

daher die mittlere Spannkraft $S_m = {}^1/_2\,(32{,}4 + 155{,}8) = 94{,}1$ t und das erforderliche Trägheitsmoment (Abb. 203) für die Achse xx:

$$J_x = 2{,}5 \cdot 94{,}1 \cdot 5{,}5^2 = 7120 \text{ cm}^4$$

und für die Achse yy:

$$J_y = 2{,}5 \cdot 155{,}8 \cdot 0{,}95^2 = 350 \text{ cm}^4.$$

Es wird gewählt

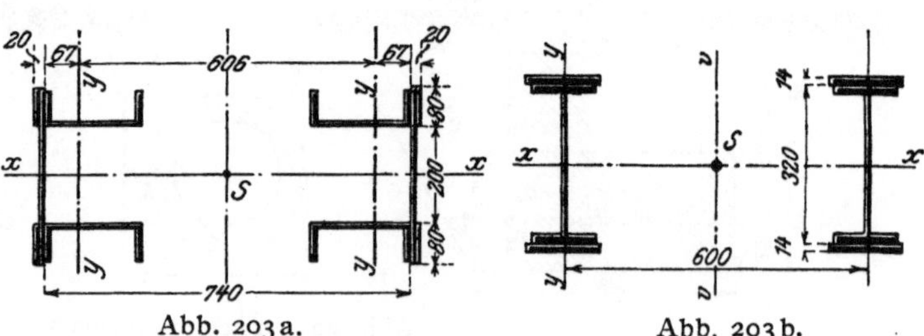

Abb. 203a. Abb. 203b.

entweder nach Abb. 203a: 2 ⊔ NP. $20 + 1\,\frac{360}{10} + 2\,\frac{80}{10}$ mit $F = 116{,}4$ cm², $J_x = 16\,700$ cm⁴ und $J_y = 8640$ cm⁴, daher $\sigma = \frac{155\,800}{116{,}4} = 1340$ (zul. 1400) kg/cm²;

oder nach Abb. 203b: 1 ⊢⊣ NP. $32 + 2\,\frac{140}{14}$ mit $F = 117{,}0$ cm², $J_x = 23\,450$ cm⁴ und $J_y = 1190$ cm⁴, daher $\sigma = \frac{155\,800}{117{.}0} = 1330$ (zul. 1400) kg/cm².

Die **Diagonalstäbe** werden nur durch die wagerechten Kräfte beansprucht. Unter der praktisch zulässigen Annahme, daß jede der gekreuzten Diagonalen eines Feldes das 0,6fache der Kraft aufnimmt, berechnet sich ihre Spannkraft zu $D = \pm\, 0{,}6 \cdot 5{,}0 \cdot \frac{1126}{606} = \pm\, 5{,}6$ t; $J_{\min} = 2 \cdot 5{,}6 \cdot 1{,}13^2$

$= 14{,}3\ \text{cm}^4$. Gewählt ist 1 ∢ 65·65·9 mit $J_{\min} = 17{,}2\ \text{cm}^4$ und $F = (6{,}5 - 1{,}6)\,0{,}9 = 4{,}4\ \text{cm}^2$ bei alleiniger Berücksichtigung des angeschlossenen Schenkels; daher $\sigma = \frac{5600}{4{,}4} = 1280$ (zul. 1400) kg/cm². Zum Anschluß sind 3 einschnittige Niete von 17 mm ⌀ mit $3 \cdot 2{,}27 = 6{,}8\ \text{cm}^2$ Scherfläche gewählt; daher $\sigma_s = \frac{5{,}6}{6{,}8} = 820$ (zul. 1000) kg/cm².

Die Horizontalstäbe erhalten nur geringe Spannkräfte; sie dienen zur Unterteilung der Knicklänge der freien ⊔-Eisenflansche und sind aus konstruktiven Gründen aus 2 ∢ 65·65·9 gebildet.

Abb. 204a. Wind von links. Abb. 204b. Wind von rechts.

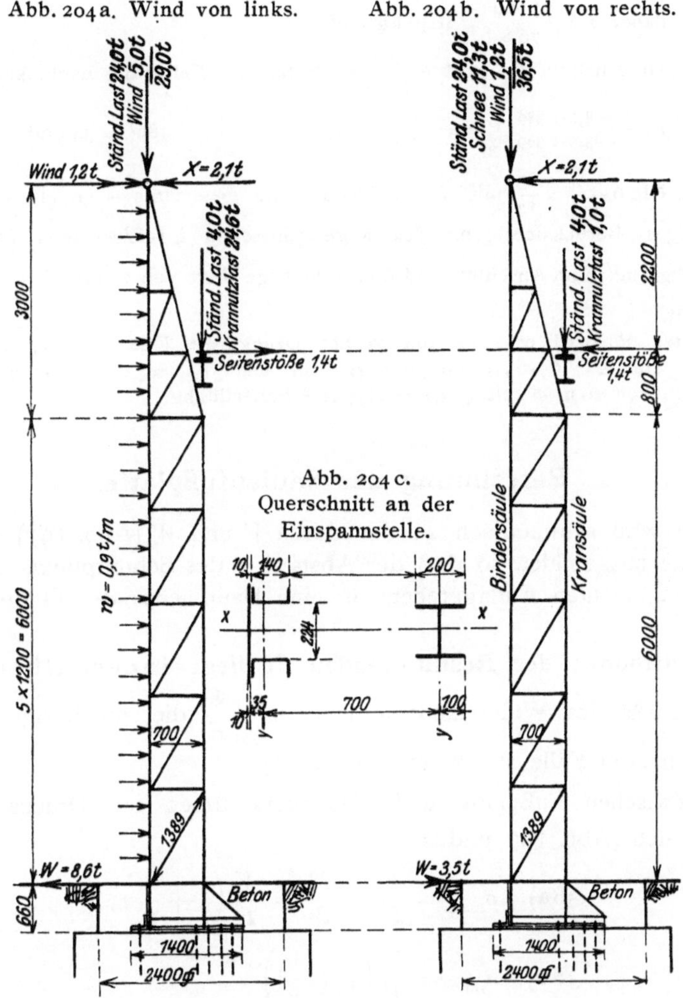

Abb. 204c. Querschnitt an der Einspannstelle.

Aufgabe 44. Eine beiderseits geführte, fachwerkförmig gegliederte Wandsäule ist nach $\frac{204\,\text{a}}{204\,\text{b}}$ bei Windanfall von $\frac{\text{links}}{\text{rechts}}$ belastet. Es ist der Querschnitt an der Einspannstelle zu bestimmen. $k = 1200$ kg/cm²; $k_s = 1000$ kg/cm²; $k_l = 2\,k_s$. $\mathfrak{S} = 5$.

Auflösung. Die größte Druckkraft in der Kransäule tritt bei der Belastung Abb. 204a ein und berechnet sich zu

$$S'_{\min} = 4{,}0 + 24{,}6 + \frac{(1{,}2 - 2{,}1)\,3{,}0 + 0{,}9 \cdot 3{,}0 \cdot 1{,}5 + 1{,}4 \cdot 0{,}8}{0{,}7} = 28{,}6 + 3{,}5 = 32{,}1\ \text{t}$$

unter dem Kranbahnträger und zu

$$S'_{\max} = 4{,}0 + 24{,}6 + \frac{(1{,}2 - 2{,}1)\,9{,}0 + 0{,}9 \cdot 9{,}0 \cdot 4{,}5 + 1{,}4 \cdot 6{,}8}{0{,}7} = 28{,}6 + 54{,}1 = 82{,}7\ \text{t}$$

an der Einspannstelle; daher die mittlere Spannkraft $S'_m = {}^1/_2\,(32{,}1 + 82{,}7) = 57{,}4$ t und

$$J_x = 2{,}5 \cdot 57{,}4 \cdot 6{,}0^2 = 5170\ \text{cm}^4, \quad J_y = 2{,}5 \cdot 82{,}7 \cdot 1{,}2^2 = 300\ \text{cm}^4.$$

Gewählt ist ⊢⊣ Diff. 20 B mit $F = 70{,}4$ cm², $J_x = 5170$ cm⁴ und $J_y = 1570$ cm⁴; daher $\sigma = \frac{82700}{70{,}4} = 1180$ kg/cm².

Die größte Druckkraft in der Bindersäule tritt bei der Belastung Abb. 204b ein und berechnet sich zu $S''_{min} = 36{,}5$ t am Kopf und zu $S''_{max} = 36{,}5 + \frac{2{,}1 \cdot 9{,}0 + 1{,}4 \cdot 6{,}8}{0{,}7} = 36{,}5 + 40{,}6 = 77{,}1$ t an der Einspannstelle; daher $S''_m = {}^1/_2 (36{,}5 + 77{,}1) = 56{,}8$ t und (Abb. 204c) $J_x = 2{,}5 \cdot 56{,}8 \cdot 9{,}0^2 = 11\,500$ cm⁴, $J_y = 2{,}5 \cdot 77{,}1 \cdot 1{,}2^2 = 280$ cm⁴. Gewählt sind 2 ⊔ NP. $14 + 1\frac{360}{10}$ mit $F = 76{,}8$ cm², $J_x = 10\,850$ cm⁴ und $J_y = 2290$ cm⁴; daher $\sigma = \frac{77\,100}{76{,}8} = 1040$ kg/cm².

Die Diagonalen erhalten die größte $\frac{\text{Zug}}{\text{Druck}}$kraft bei der Belastung nach Abb. $\frac{204\,\text{a}}{204\,\text{b}}$ mit

$$D = \frac{+\,8{,}6 \cdot 1{,}389 : 0{,}7}{-\,3{,}5 \cdot 1{,}389 : 0{,}7} = \frac{+\,17{,}1}{-\,7{,}0}\ \text{t}; \quad J_{min} = 2{,}5 \cdot 7{,}0 \cdot 1{,}389^2 = 34\ \text{cm}^4.$$

Gewählt sind 2 ⊔ NP. $6\frac{1}{2} + 2\frac{65}{12}$ mit $J_{min} = 56$ cm⁴ und $F = 2\,(6{,}5 - 2{,}0)\,(1{,}2 + 0{,}55) = 15{,}8$ cm² Fläche bei alleiniger Berücksichtigung des angeschlossenen ⊔-Eisenstegs (Abb. 242); daher $\sigma = \frac{17\,100}{15{,}8} = 1090$ kg/cm². Zum Anschluß sind 6 einschnittige Niete von 20 mm ⌀ mit $6 \cdot 3{,}1 = 18{,}6$ cm² Scherfläche gewählt.

Die wagerechten Riegel erhalten die größte Druckkraft $V = -\,8{,}6$ t; $J_{min} = 2{,}5 \cdot 8{,}6 \cdot 0{,}7^2 = 11$ cm⁴. Gewählt sind 2 ∢ 65·65·9 mit $F = 22{,}0$ cm² und $J_{min} = 34$ cm⁴. Zum Anschluß dienen 4 einschnittige Niete von 20 m ⌀ mit $4 \cdot 3{,}1 = 12{,}4$ cm² Scherfläche.

2. Berechnung der Säulenfußplatte.

Die Fußplatte wird symmetrisch zu der durch V und W (Abb. 197) bestimmten lotrechten Kraftebene ausgebildet, so daß der Abstand r des Schnittpunkts der Resultierenden R mit der wagerechten Auflagerebene in eine Hauptachse der Platte fällt.

a) Der Schnittpunkt der Resultierenden *R* liegt innerhalb der Fußplatte.

Ist F die Fläche, $\mathfrak{W}$ das Widerstandsmoment, $\varkappa = \frac{\mathfrak{W}}{F}$ die zugehörige Kernweite der Platte, so hat man zwei Fälle zu unterscheiden.

α) $r \leqq \varkappa$. Zwischen Fußplatte und Mauerwerk treten nur Druckspannungen auf, deren Größtwert sich (Abb. 197 und 205)

für $r < \varkappa_a$ zu

$$38\text{a)} \quad \sigma_{max} = \frac{V}{F} + \frac{M}{\mathfrak{W}} = \frac{V}{F}\left(1 + \frac{r}{\varkappa_b}\right),$$

für $r = \varkappa_a$ zu

$$38\text{b)} \quad \sigma_{max} = \frac{V}{F}\left(1 + \frac{\varkappa_a}{\varkappa_b}\right)$$

berechnet. Ist k_m die zulässige Beanspruchung des Auflagersteins, so ergibt die Bedingung $\sigma_{max} \leqq k_m$ die erforderliche Auflagerfläche F.

Aufgabe 45. Es ist die quadratische Fußplatte der in Aufg. 40 berechneten gußeisernen Säule zu bestimmen. $k_m = 20$ kg/cm².

Auflösung. Mit $F = a^2$, $r = 50$ mm und $\varkappa_a = \varkappa_b = \frac{a}{6}$ ergibt sich nach Gl. 38a):

$$20 = \frac{40\,000}{a^2}\left(1 + \frac{5 \cdot 6}{a}\right) \text{ oder } a^3 - 2000\,a - 60\,000 = 0 \text{ oder endlich } a = \sim 57 \text{ cm}.$$

Muß die Fußplatte wegen Raummangel in ihren Abmessungen beschränkt oder in bezug auf die Säulenachse unsymmetrisch ausgebildet werden, so wird die Säule zur Herabminderung der größten Druckspannung zwischen Fußplatte und Auflagerstein verankert.

Jeder die Fußplatte mit dem Ankerkörper verbindende Anker wird mit einer gewissen Kraft von vornherein angespannt. Sind $f_1, f_2, f_3, \ldots$ die wirksamen Querschnittsflächen der einzelnen, symmetrisch zur Kraftebene angeordneten Anker (Abb. 205), $\zeta_1, \zeta_2, \zeta_3, \ldots$ ihre parallel zur Kraftebene gemessenen Entfernungen vom Plattenschwerpunkt S, so ergeben sich unter der Voraussetzung, daß alle Anker mit derselben Spannung $\sigma_\mathfrak{z}$ angespannt sind, die zur Erzeugung dieser Anfangsspannung erforderlichen Kräfte zu $\mathfrak{Z}_1 = f_1 \sigma_\mathfrak{z}$, $\mathfrak{Z}_2 = f_2 \sigma_\mathfrak{z}, \ldots$, daher die Resultierende

$$39)\quad \mathfrak{Z} = \sigma_\mathfrak{z} \Sigma f.$$

Aus $\mathfrak{Z} z = \mathfrak{Z}_1 \zeta_1 + \mathfrak{Z}_2 \zeta_2 + \ldots$ folgt der parallel zur Kraftebene gemessene Abstand z dieser Resultierenden vom Schwerpunkt S zu

$$40)\quad z = \frac{\Sigma \mathfrak{Z} \zeta}{\mathfrak{Z}} = \frac{\Sigma f \zeta}{\Sigma f}.$$

Sind Querschnitt und Lage der Anker symmetrisch zur Schwerachse, so ist $\Sigma f \zeta = 0$, daher auch $z = 0$, d. h. die Resultierende $\mathfrak{Z}$ greift im Plattenschwerpunkt an.

Mit dem durch Gl. 14) bestimmten Wert α ergibt sich die durch V, $M = Vr$, $\mathfrak{Z}$ und eine Temperaturerniedrigung des Ankers um t^0 gegenüber dem Ankerkörper (vgl. Gl. 16) erzeugte größte Druckspannung zu

$$41)\quad \sigma_{\max} = \frac{V}{(1+\alpha)F}\left(1 + \frac{r}{\varkappa_b}\right) + \frac{\mathfrak{Z}}{F}\left(1 - \frac{z}{\varkappa_b}\right) + \frac{\varepsilon E t}{1+\alpha} \frac{f}{f_m} \frac{l_m}{l},$$

wobei das Verhältnis der Ankerfläche f zur Fläche f_m des für den Anker wirksamen Teils des Ankerkörpers für alle Anker gleich groß eingeführt werden darf, da f_m in einer bestimmten, allerdings nur durch Schätzung zu ermittelnden Weise von f abhängt. Aus der Bedingung $\sigma_{\max} \leqq k_m$ bestimmt sich die gesuchte Resultierende $\mathfrak{Z}$. Die zur Berechnung der Ankerquerschnittsfläche f erforderliche zulässige Anfangsspannung $k_\mathfrak{z}$ erhält man dann wie folgt. Ist σ_z die durch die tatsächlich auftretende Ankerzugkraft Z erzeugte, k_z aber die zulässige Zugbeanspruchung des Ankers, so ergibt sich nach Gl. 15):

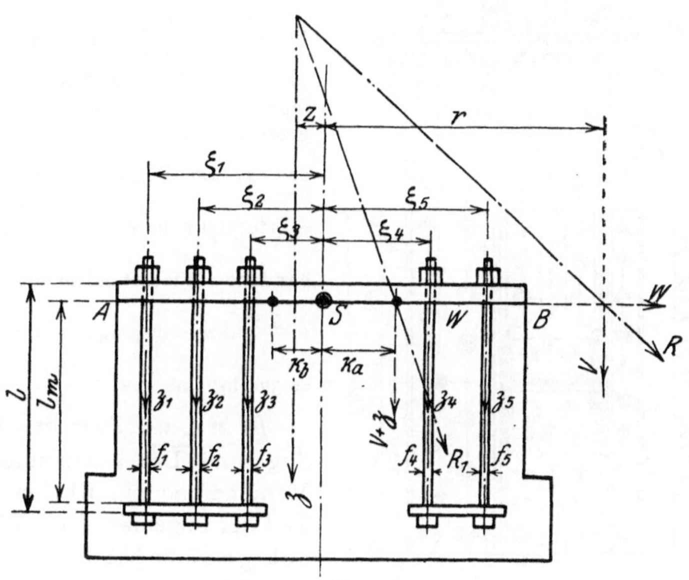

Abb. 205. Verankerung.

$$f k_\mathfrak{z} = \frac{1}{1+\alpha}\left(f \sigma_z + \varepsilon E t f \frac{l_m}{l}\right) \quad \text{und nach Gl. 16):} \quad f k_z = f \sigma_z + \frac{2}{1+\alpha} \varepsilon E t f \frac{l_m}{l};$$

aus beiden Gleichungen folgt:

$$42)\quad k_\mathfrak{z} = \frac{1}{1+\alpha}\left(k_z - \varepsilon E t \frac{l_m}{l} \frac{1-\alpha}{1+\alpha}\right).$$

Für die praktische Anwendung darf man aus den bei Gl. 16) erörterten Gründen $\alpha = 0$ setzen, also die Resultierende $\mathfrak{Z}$ aus der Gleichung

$$41\text{a})\quad \frac{V}{F}\left(1 + \frac{r}{\varkappa_b}\right) + \frac{\mathfrak{Z}}{F}\left(1 - \frac{z}{\varkappa_b}\right) + \varepsilon E t \frac{f}{f_m} \frac{l_m}{l} \leqq k_m$$

und die zulässige Anfangsspannung aus der Gleichung

$$42\text{a})\quad k_\mathfrak{z} = k_z - \varepsilon E t \frac{l_m}{l}$$

bestimmen; man berücksichtigt dabei die Vernachlässigung von α durch den erniedrigten Spannungswert $k_z = \frac{800}{1000}$ kg/cm² $\frac{\text{ohne}}{\text{mit}}$ Berücksichtigung der wagerechten Kräfte.

Die Säulenanker liegen meistens im Ankerkörper dicht eingeschlossen, so daß ein Temperaturunterschied zwischen beiden nicht zu berücksichtigen, in den Gl. 41) und 42) daher $t = 0$ einzuführen ist.

Außer den Zugkräften haben die Anker noch die wagerechte Seitenkraft W durch ihren Scherwiderstand zu übertragen, soweit sie nicht durch den Reibungswiderstand zwischen Fußplatte und Ankerkörper aufgenommen wird.

Aufgabe 46. Eine in der Achse mit $V = 63{,}0$ t belastete, aus ⊢┤ Diff. 20 B gebildete Säule (Abb. 206) erhält eine in bezug auf die Säulenachse unsymmetrische rechteckige Fußplatte von $a = 660$ mm Breite und $b = 460$ mm Länge. Die größte auftretende Druckspannung $\sigma_{\max}$ soll durch eine Verankerung auf das zulässige Maß $k_m = 30$ kg/cm² erniedrigt werden, wenn sich $\sigma_{\max} > k_m$ ergibt. Es ist Zahl und Querschnitt der erforderlichen Anker festzulegen. $t = 0$; $k = 1200$ kg/cm².

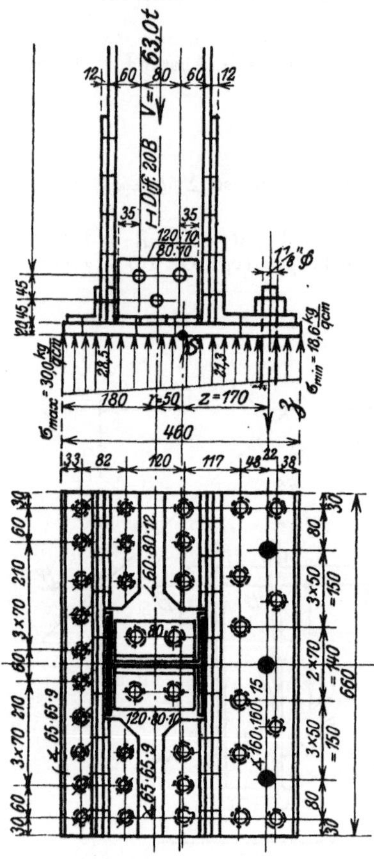

Abb. 206. Säulenfuß.

Auflösung. Nach Abb. 206 ist $r = 50$ mm, daher ergibt sich mit $\varkappa_a = \varkappa_b = \frac{460}{6}$ aus Gl. 38a): $\sigma_{\max} = \frac{V}{F}\left(1 + \frac{r}{\varkappa}\right)$ $= \frac{63000}{3036}\left(1 + \frac{5 \cdot 6}{46}\right) = 34{,}3$ kg/cm² $> k_m$. Es werden daher drei Anker von gleichem Querschnitt f im Abstand $z = 170$ mm vom Plattenschwerpunkt S angeordnet. Dann ergibt sich aus Gl. 41a): $34{,}3 + \frac{\mathfrak{Z}}{3036}\left(1 - \frac{17 \cdot 6}{46}\right) = 30$ der Wert $\mathfrak{Z} = 10700$ kg. Auf jeden der 3 Anker entfällt daher die Zugkraft $\frac{10700}{3} = 3600$ kg, die eine Fläche $f = \frac{3600}{800} = 4{,}5$ cm² erfordert; gewählt ist eine $1^1/_8$″ Schraube mit 4,5 cm² Kernfläche. Die zwischen Platte und Auflagerstein eintretende Druckverteilung ist in Abb. 206 dargestellt. Für einen 1 cm langen Plattenstreifen berechnet sich das größte Biegungsmoment zu $\mathfrak{M} = \frac{1}{2} \cdot \frac{5{,}9^2}{3}(2 \cdot 30{,}0 + 28{,}5)$ $= 510$ cmkg bzw. $\frac{1}{2} \cdot \frac{15{,}3^2}{3}(2 \cdot 18{,}6 + 21{,}3) = 2280$ cmkg, das vorhandene Widerstandsmoment zu $\mathfrak{W} = 1 \cdot \frac{2{,}9^2}{6} = 1{,}4$ cm³ bzw. $1 \cdot \frac{3{,}5^2}{6} = 2{,}0$ cm³, daher die Biegungsbeanspruchung $\sigma_b = \frac{510}{1{,}4}$ $= 370$ kg/cm² bzw. $\frac{2280}{2{,}0} = 1140$ kg/cm².

β) $r > \varkappa$. Zwischen Fußplatte und Mauerwerk treten Zug- und Druckspannungen auf, so daß bei fehlender Verankerung ein Klaffen der Fuge eintritt und nur ein Teil der Fugenlänge zur Wirkung kommt. Für die rechteckige Platte (Abb. 207) ergibt sich diese wirksame Länge mit $c = \frac{b}{2} - r$ zu $3c$ und die größte Kantenpressung zu

$$\sigma_{\max} = \frac{2V}{3ac}.$$

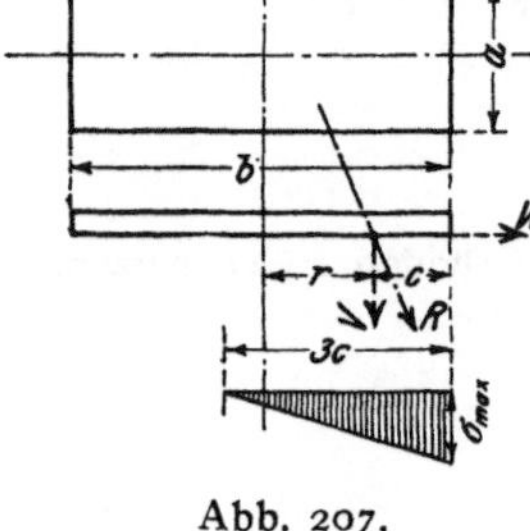

Abb. 207.

Aus $\sigma_{\max} = k_m$ ergibt sich die kleinste erforderliche Plattenlänge zu

$$b = \frac{4V}{3ak_m} + \frac{2M}{V}.$$

Soll aber — und das gilt bei Säulen als Regel — ein Lüften der Fußplatte vermieden werden, so muß, wenn eine Vergrößerung der Plattenlänge b unmöglich ist, die Fußplatte mit dem Fundament verankert werden.

Die durch die Resultierende $\mathfrak{Z}$ (Abb. 205) erzeugte Druckspannung $\frac{\mathfrak{Z}}{F}\left(1 + \frac{z}{\varkappa_a}\right)$ muß eine Verkürzung des Ankerkörpers herbeiführen, die mindestens gleich der durch $V, M = Vr$ und eine Temperaturerhöhung des Ankers um t^0 gegenüber dem Ankerkörper erzeugten Verlängerung ist; entsprechend Gl. 16) ergibt sich daher

$$\frac{\mathfrak{Z}}{F}\left(1 + \frac{z}{\varkappa_a}\right) = \frac{1}{1+\alpha}\left\{\frac{V}{F}\left(\frac{r}{\varkappa_a} - 1\right) + \varepsilon E t \frac{f}{f_m}\frac{l_m}{l}\right\} \quad \text{oder}$$

$$43) \qquad \mathfrak{Z} = \frac{1}{1+\alpha}\left\{V\frac{r - \varkappa_a}{z + \varkappa_a} + \varepsilon E t \frac{f}{f_m}\frac{l_m}{l}\frac{F\varkappa_a}{z + \varkappa_a}\right\}.$$

Die dann nach Gl. 38b) berechnete größte Druckspannung

$$44)\quad \sigma_{max} = \frac{1+\frac{\varkappa_a}{\varkappa_b}}{1+\alpha}\left\{\frac{V}{F}\frac{z+r}{z+\varkappa_a} + \varepsilon E t \frac{f}{f_m}\frac{l_m}{l}\frac{\varkappa_a}{z+\varkappa_a}\right\}$$

muß $\leqq k_m$ sein.

Ist $V=0$, so wird $Vr = M$ und Gl. 43) und 44) gehen über in

$$45\text{a})\quad \mathfrak{Z} = \frac{1}{1+\alpha}\left\{\frac{M}{z+\varkappa_a} + \varepsilon E t \frac{f}{f_m}\frac{l_m}{l}\frac{F\varkappa_a}{z+\varkappa_a}\right\},$$

$$46\text{a})\quad \sigma_{max} = \frac{1+\frac{\varkappa_a}{\varkappa_b}}{1+\alpha}\left\{\frac{M}{F(z+\varkappa_a)} + \varepsilon E t \frac{f}{f_m}\frac{l_m}{l}\frac{\varkappa_a}{z+\varkappa_a}\right\}.$$

Für die rechteckige Platte (Abb. 207) wird mit $\varkappa_a = \varkappa_b = \frac{b}{6}$:

$$45\text{b})\quad \mathfrak{Z} = \frac{1}{1+\alpha}\left\{V\frac{6r-b}{6z+b} + \varepsilon E t \frac{f}{f_m}\frac{l_m}{l}\frac{ab^2}{6z+b}\right\},$$

$$46\text{b})\quad \sigma_{max} = \frac{1}{1+\alpha}\left\{\frac{12V}{ab}\frac{z+r}{6z+b} + 2\varepsilon E t \frac{f}{f_m}\frac{l_m}{l}\frac{b}{6z+b}\right\},$$

und insbesondere mit $z=0$:

$$45\text{c})\quad \mathfrak{Z} = \frac{1}{1+\alpha}\left\{\frac{6M}{b} - V + \varepsilon E t \frac{f}{f_m}\frac{l_m}{l}ab\right\},$$

$$46\text{c})\quad \sigma_{max} = \frac{1}{1+\alpha}\left\{\frac{12M}{ab^2} + 2\varepsilon E t \frac{f}{f_m}\frac{l_m}{l}\right\}.$$

Aufgabe 47a. Die in Aufg. 42 berechnete Säule erhält eine zur Säulenachse symmetrisch ausgebildete rechteckige Fußplatte von 1600 mm Länge und 640 mm Breite (Abb. 202); es ist die etwa erforderliche Verankerung zu berechnen. $k_m = 40$ kg/cm². $t=0$. $\alpha=0$.

Auflösung. a) Bei einseitiger Deckennutzlast und ohne Schneebelastung berechnet sich das Moment für den Schwerpunkt S der Fußplatte nach Abb. 202 zu $M = 2{,}0\cdot 10{,}65 + 3{,}0\cdot 6{,}15 + 48{,}0\cdot 0{,}303 = 54{,}3$ mt, die gleichzeitig auftretende Vertikalkraft einschließlich des auf der Fußplatte ruhenden Betongewichtes zu $V = 24{,}0 + 1{,}2 + 2\cdot 30{,}0 + 48{,}0 + 2{,}0\cdot 1{,}2\cdot 0{,}65\cdot 2{,}2 = 136{,}6$ t, daher $r = \frac{54{,}3}{136{,}6} = 0{,}40 \text{ m} > \frac{\varkappa}{6} = \frac{1{,}6}{6} = 0{,}27$ m. Die danach erforderlichen Anker werden mit gleichem Querschnitt symmetrisch zum Schwerpunkt S angeordnet, so daß sich mit $z=0$ nach Gl. 45c): $\mathfrak{Z} = \frac{6\cdot 54{,}3}{1{,}6} - 136{,}6 = 67{,}0$ t ergibt.

b) Ohne Deckennutz- und Schneelast wird $M = 2{,}0\cdot 10{,}65 + 3{,}0\cdot 6{,}15 = 39{,}8$ mt; $V = 24{,}0 + 1{,}2 + 60{,}0 + 3{,}4 = 88{,}6$ t; $r = \frac{39{,}8}{88{,}6} = 0{,}45 > \frac{\varkappa}{6}$; daher $\mathfrak{Z} = \frac{6\cdot 39{,}8}{1{,}6} - 88{,}6 = 60{,}7$ t.

Auf jeden der angeordneten 8 Anker entfällt daher die größte Zugkraft $\frac{67{,}0}{8} = 8{,}4$ t; gewählt sind Anker von $1^1/_2''\,\phi$ mit 8,4 cm² Kernfläche. Die größte Pressung des Auflagersteins ergibt sich nach Gl. 46c) zu $\sigma_{max} = \frac{12\cdot 54{,}3\cdot 10^5}{64\cdot 160^2} = 40{,}0$ kg/cm².

c) Bei voller Belastung wird $M = 39{,}8$ mt und $V + \mathfrak{Z} = 35{,}2 + 2(30{,}0 + 48{,}0) + 0{,}64\cdot 1{,}6\cdot 0{,}65\cdot 2{,}2 + 67{,}0 = 259{,}7$ t; daher $\sigma_{max} = \frac{259\,700}{64\cdot 160} + \frac{3\,980\,000\cdot 6}{64\cdot 160^2} = 25{,}4 + 14{,}6 = 40{,}0$ kg/cm².

Aufgabe 47b. Die in Aufg. 42 berechnete Säule wird aus dem in Abb. 203b dargestellten Querschnitt (2 ⊢⊣ NP. 32 + $4^{140}/_{14}$) ausgeführt, auf Beton ($k = 30$ kg/cm²) aufgelagert und durch 2 symmetrisch zur Säulenachse angeordnete Anker von $2''\,\phi$ ($F_z = 2\cdot 14{,}9 = 29{,}8$ cm²; $k_z = 1{,}0$ t/cm²) niedergehalten. Es sollen unter der Voraussetzung $\alpha = 0$ und $t = 0$ die Länge b und Breite a der rechteckigen Auflagerplatte bestimmt werden.

Auflösung. Führt man für das Gewicht der auf der Fußplatte lagernden Betonschicht hinreichend genau die in Aufg. 47a ermittelten Werte ein, so erhält man mit $\mathfrak{Z} = 29{,}8\cdot 1{,}0 = 29{,}8$ t und $z=0$ für die 3 Belastungsfälle der Aufg. 47a:

a) aus Gl. 45c): $29{,}8 = \frac{6\cdot 54{,}3}{b} - 136{,}6$, daher $b = 1{,}96$ m;

aus Gl. 46c): $300 = \frac{12\cdot 54{,}3}{a\cdot 1{,}96^2}$, daher $a = 0{,}57$ m;

b) aus Gl. 45c): $29{,}8 = \frac{6 \cdot 39{,}8}{b} - 88{,}6$, daher $b = 2{,}02$ m;

aus Gl. 46c): $300 = \frac{12 \cdot 39{,}8}{a \cdot 2{,}02^2}$, daher $a = 0{,}39$ m;

c) mit $b = 2{,}1$ m und $V + \mathfrak{Z} = 259{,}7 - 67{,}0 + 29{,}8 = 192{,}7 + 29{,}8 = 222{,}5$ t wird $300 = \frac{222{,}5}{a \cdot 2{,}1} + \frac{6 \cdot 39{,}8}{a \cdot 2{,}1^2}$, daher $a = 0{,}35 + 0{,}18 = 0{,}53$ m. Wird darnach eine Platte $b = 2{,}1$ m und $a = 0{,}54$ m gewählt, so ergeben sich für die 3 Belastungsfälle folgende Beanspruchungen:

a) $\sigma = \left(\frac{136{,}6 + 29{,}8}{54 \cdot 210} \pm \frac{5430 \cdot 6}{54 \cdot 210^2}\right) 10^3 = 14{,}7 \pm 13{,}7 = \begin{matrix} +28{,}4 \\ +\ 1{,}0 \end{matrix}$ kg/cm²;

b) $\sigma = \left(\frac{88{,}6 + 29{,}8}{54 \cdot 210} \pm \frac{3980 \cdot 6}{54 \cdot 210^2}\right) 10^3 = 10{,}5 \pm 10{,}3 = \begin{matrix} +20{,}8 \\ +\ 0{,}2 \end{matrix}$ kg/cm²;

c) $\sigma = \left(\frac{222{,}5}{54 \cdot 210} \pm \frac{3980 \cdot 6}{54 \cdot 210^2}\right) 10^3 = 19{,}7 \pm 10{,}3 = \begin{matrix} +30{,}0 \\ +\ 9{,}4 \end{matrix}$ kg/cm².

b) Der Schnittpunkt der Resultierenden *R* liegt außerhalb der Fußplatte. Die Säule muß entweder mit dem Fundament verankert oder eingespannt werden.

α) Verankerung der Säule. Zur Berechnung der Anker dienen die Gl. 40) bis 46) unter der auch hier gültigen Voraussetzung, daß ein Lüften der Fußplatte nicht eintreten soll.

Aufgabe 48. Es sollen die Isolatorstützen A und B (Abb. 201c) samt den zugehörigen Querträgern berechnet werden. $k = \frac{1200}{1500}$ kg/cm² für das $\frac{\text{Kreuzungsfeld}}{\text{Nachbarfeld}}$; $k_z = 0{,}75\,k$ für die Anker. $\mathfrak{S} = 4$. $\alpha = 0$. $t = 0$.

Auflösung. Der Seilzug beträgt im $\frac{\text{Kreuzungsfeld } 140 \text{ kg}}{\text{Nachbarfeld } 190 \text{ kg}}$, daher das Moment für den Querschnitt a—a der Isolierstütze (Abb. 201d) $\mathfrak{M} = \frac{140 \cdot 6}{190 \cdot 6} = \frac{840}{1140}$ cmkg; bei 20 mm ϕ und 0,785 cm³ Widerstandsmoment ergibt sich die Biegungsspannung zu $\sigma_b = \frac{840 : 0{,}785}{1140 : 0{,}785} = \frac{1070}{1450}$ kg/cm². Das Einspannungsmoment für den Querschnitt b-b (Abb. 201d) ergibt sich zu $M = \frac{140 \cdot 15}{190 \cdot 15} = \frac{2100}{2850}$ cmkg, die Kernweite des ringförmigen Druckquerschnitts (Abb. 201e) zu $\varkappa = \frac{40}{8}\left[1 + \left(\frac{26}{40}\right)^2\right] = 7{,}1$ mm, folglich nach Gl. 45a) mit $z = 0$ die Zugkraft $\mathfrak{Z} = \frac{2100 : 0{,}71}{2850 : 0{,}71} = \frac{3000}{4000}$ kg und mit $F\varkappa = \mathfrak{W} = 5{,}17$ cm³ nach Gl. 46a) die größte Pressung in der Ringfläche zu $\sigma_{max} = \frac{2 \cdot 2100 : 5{,}17}{2 \cdot 2850 : 5{,}17} = \frac{810}{1100}$ kg/cm². Da der Anker im Schwerpunkt des Einspannquerschnitts angeordnet ist, tritt eine Zugkraft Z infolge des Moments M nicht auf; und da auch ein Temperaturunterschied zwischen Anker und ⊔-Eisen als Ankerkörper nicht in Betracht kommt, so ist die berechnete Kraft $\mathfrak{Z}$ die größte überhaupt im Anker auftretende Zugkraft. Bei 25 mm Schaftdurchmesser hat der Anker eine Kernfläche von 3 58 cm², erleidet daher die Beanspruchung $\sigma_z = \frac{3000 : 3{,}58}{4000 : 3{,}58} = \frac{840}{1120}\left(\text{zul. } \frac{900}{1125}\right)$ kg/cm².

Die Betrachtung der Isolierstütze als eines Balkens auf 2 Stützen würde zu dem Stützenmoment $M = \frac{140 \cdot 15{,}5}{190 \cdot 15{,}5} = \frac{2170}{2950}$ cmkg und daher bei 1,73 cm³ Widerstandsmoment des Ankers zu der Biegungsbeanspruchung $\sigma_b = \frac{1260}{1690}$ kg/cm² führen.

Jedes der beiden, am Ort der Isolatorstützen nach Abb. 201d miteinander verbundenen Querträger-⊔-Eisen erleidet zunächst durch Seilzug und Winddruck in der Achse $\xi\,\xi$ das Moment $M_\xi = {}^1/_2\,(140 + 25)\,47 = 3880$ cmkg. Durch das Verdrehungsmoment $M_d = 140 \cdot 21{,}25 = 2975$ cmkg entstehen die senkrechten Stützdrücke $N = \pm \frac{2975}{35{,}8} =$ rund ± 90 kg, daher in der Achse $\eta\,\eta$ das Moment $M_\eta = \pm 90 \cdot 47 = \pm 4230$ cmkg. Der Querträger B erhält endlich noch die Zugkraft 190 kg und in der Achse $\eta\,\eta$ das Zusatzmoment $M'_\eta = 190 \cdot 20{,}75 = 3930$ cmkg. Das mit Rücksicht auf die für den Anker erforderliche Flanschbreite gewählte ⊔ NP. 10½ hat $F = 17{,}3$ cm², $W_\xi = 54{,}7$ cm³,

$W_\eta = 13{,}2$ cm³, erleidet daher die Beanspruchung $\sigma_A = \frac{3880}{13{,}2} + \frac{4230}{54{,}7} = 300 + 80 = 380$ kg/cm² bzw. $\sigma_B = \frac{160}{17{,}3} + \frac{3880}{13{,}2} + \frac{3930 - 4230}{54{,}7} = 10 + 300 - 5 = 305$ kg/cm².

Die Diagonale der Querverbindung (Abb. 201 d) erhält die Zugkraft $D = 90 \cdot \frac{343}{110}$ = rund 300 kg; das gewählte Flacheisen $^{80}/_5$ hat eine Fläche von $(8 - 2{,}6)\, 0{,}5 = 2{,}7$ cm². Der Untergurt erhält die Druckkraft $U = -90 \cdot \frac{358}{110} - \frac{25}{2} + \frac{140}{2} = -240$ kg; $J_{\min} = 2 \cdot 0{,}24 \cdot 0{,}358^2 = 0{,}06$ cm⁴; das gewählte Flacheisen $^{80}/_5$ hat $J_{\min} = 8 \cdot \frac{0{,}5^3}{12} = 0{,}08$ cm⁴. Der Obergurt erhält aus praktischen Gründen dasselbe Profil.

Aufgabe 49. Es ist die Fußplatte der in Aufg. 44 berechneten Säule zu bestimmen.

$k_m = 35$ kg/cm². $t = 0$. $\alpha = 0$.

Auflösung. Für die in Abb. 208 dargestellte Fußplatte berechnet sich die Fläche zu $F = 1{,}4 \cdot 1{,}2 - 0{,}32 \cdot 1{,}04 = 1{,}3472$ m², der Schwerpunktsabstand von der Kante B zu

$$\left(1{,}2 \cdot \frac{1{,}4^2}{2} - \frac{0{,}32 \cdot 1{,}04^2}{3}\right) : 1{,}3472$$

$= 0{,}788$ m, das Trägheitsmoment für die Schwerachse zu $J = 1{,}2 \cdot \frac{1{,}4^3}{3} - \frac{0{,}32 \cdot 1{,}04^3}{6} - 1{,}3472 \cdot 0{,}788^2 = 0{,}2011$ m⁴, die Widerstandsmomente zu $W_A = \frac{0{,}2011}{0{,}612} = 0{,}3287$ m³,

$$W_B = \frac{0{,}2011}{0{,}788} = 0{,}2552 \text{ m}^3$$

daher endlich die Kernweiten zu

$$\varkappa_a = \frac{0{,}3287}{1{,}3472} = 0{,}244 \text{ m und}$$

$$\varkappa_b = \frac{0{,}2552}{1{,}3472} = 0{,}189 \text{ m}.$$

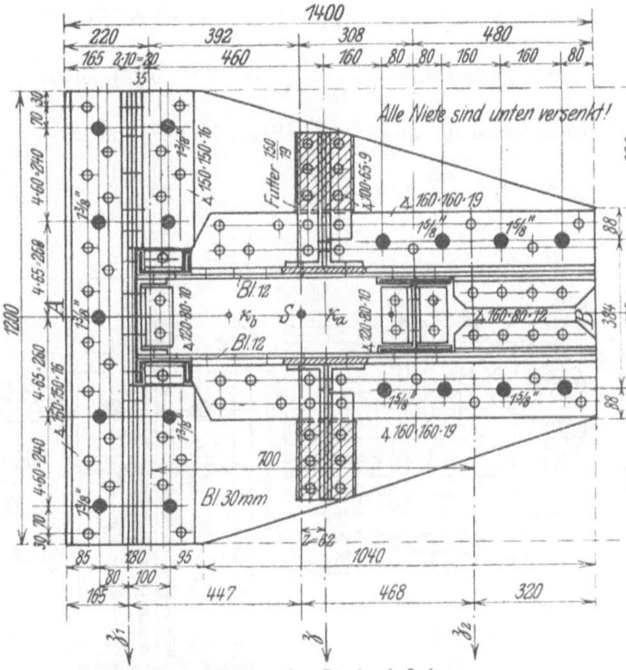

Abb. 208. Säulenfußplatte.

Das größte $\frac{\text{rechts}}{\text{links}}$ drehende Moment tritt bei der Belastung nach Abb. $\frac{204\,\text{a}}{204\,\text{b}}$ mit

$$\frac{M_r}{M_l} = \frac{0{,}9 \cdot 9{,}0 \cdot 5{,}1 + (1{,}2 - 2{,}1)\, 9{,}6 + 1{,}4 \cdot 7{,}4 + 28{,}6 \cdot 0{,}308 - 29{,}0 \cdot 0{,}392}{2{,}1 \cdot 9{,}6 + 1{,}4 \cdot 7{,}4 + 26{,}5 \cdot 0{,}392 - 5{,}0 \cdot 0{,}308} = \frac{40{,}5}{43{,}3}$$

mt auf; die gleichzeitig wirkende Vertikalkraft berechnet sich einschließlich des auf der Fußplatte ruhrenden Betongewichts zu $\frac{V_r}{V_l} = \frac{29{,}0 + 28{,}6 + 2{,}4^2 \cdot 0{,}6 \cdot 2{,}2}{36{,}5 + 5{,}0 + 2{,}4^2 \cdot 0{,}6 \cdot 2{,}2} = \frac{65{,}2}{49{,}1}$ t; daher der Abstand der Resultierenden $\frac{r_r}{r_l} = \frac{0{,}621}{0{,}882}$ m. Soll die nach Gl. 43) zu berechnende Ankerkraft $\mathfrak{Z}$ für beide Drehrichtungen denselben Wert erlangen, so ergibt sich mit Bezugnahme auf Abb. 205 die Gleichung

$$V_r \frac{r_r - \varkappa_a}{z + \varkappa_a} = V_l \frac{r_l - \varkappa_b}{z + \varkappa_b} \quad \text{oder} \quad 65{,}2 \frac{0{,}621 - 0{,}244}{z + 0{,}244} = 49{,}1 \frac{0{,}882 - 0{,}189}{-z + 0{,}189},$$

aus der sich $z = -0{,}062$ m ergibt; das Minuszeichen deutet an, daß die Resultierende $\mathfrak{Z}$ nicht wie in Abb. 205 links, sondern rechts vom Schwerpunkt S liegt (Abb. 208). Damit ergibt sich nach Gl. 43): $\mathfrak{Z} = 65{,}2 \frac{0{,}621 - 0{,}244}{-0{,}062 + 0{,}244} = 49{,}1 \frac{0{,}882 - 0{,}189}{0{,}062 + 0{,}189} = 135{,}4$ t (gemittelt aus den beiden Werten 135,1 und 135,6 t) und mit den Maßangaben der Abb. 208: $\frac{\mathfrak{Z}_1}{\mathfrak{Z}_2} = \frac{135{,}4 \frac{468 - 62}{915}}{135{,}4 \frac{447 + 62}{915}} = \frac{60{,}2}{75{,}4}$ t; gewählt sind $\frac{9}{8}$ Anker von $\frac{1^3/_8{}''}{1^5/_8{}''}$ ϕ mit $\frac{9 \cdot 6{,}8 = 61{,}2}{8 \cdot 9{,}5 = 76{,}0}$ cm² Kernfläche.

Dann berechnen sich die Spannungen

$$\sigma_{B\,\max} = \frac{65{,}2 + 135{,}4}{1{,}3472} + \frac{40{,}5 + 135{,}4 \cdot 0{,}062}{0{,}2552} = 149 + 192 = 341\ \text{t/m}^2 = 34{,}1\ \text{kg/cm}^2.$$

$$\sigma_{A\,\min} = \frac{65{,}2 + 135{,}4}{1{,}3472} - \frac{40{,}5 + 135{,}4 \cdot 0{,}062}{0{,}3287} = 149 - 149 = 0\,.$$

$$\sigma_{A\,\max} = \frac{49{,}1 + 135{,}4}{1{,}3472} + \frac{43{,}3 - 135{,}4 \cdot 0{,}062}{0{,}3287} = 137 + 106 = 243\ \text{t/m}^2 = 24{,}3\ \text{kg/cm}^2.$$

$$\sigma_{B\,\min} = \frac{49{,}1 + 135{,}4}{1{,}3472} - \frac{43{,}3 - 135{,}4 \cdot 0{,}062}{0{,}2552} = 137 - 137 = 0\,.$$

Setzt man in Gl. 44): $\sigma_{\max} = k_m$, so ergeben Gl. 45) und 46) die zusammengehörigen Werte

$$47^{\alpha})\quad \mathfrak{Z} = F k_m \frac{\varkappa_b}{\varkappa_a + \varkappa_b} - \frac{V}{1+\alpha}, \qquad 47^{\beta})\quad \mathfrak{Z} z = \frac{M}{1+\alpha} - F k_m \frac{\varkappa_a \varkappa_b}{\varkappa_a + \varkappa_b} + \varepsilon E t \frac{f}{f_m} \frac{l_m}{l} F \varkappa_a\,,$$

und insbesondere für die rechteckige Platte (Abb. 207)

$$47\,\mathrm{a}^{\alpha})\quad \mathfrak{Z} = \frac{a\,b}{2} k_m - \frac{V}{1+\alpha}, \qquad 47\,\mathrm{a}^{\beta})\quad \mathfrak{Z} z = \frac{M}{1+\alpha} k_m - \frac{a b^2}{12} k_m + \varepsilon E t \frac{f}{f_m} \frac{l_m}{l} \frac{a\,b^2}{6}\,.$$

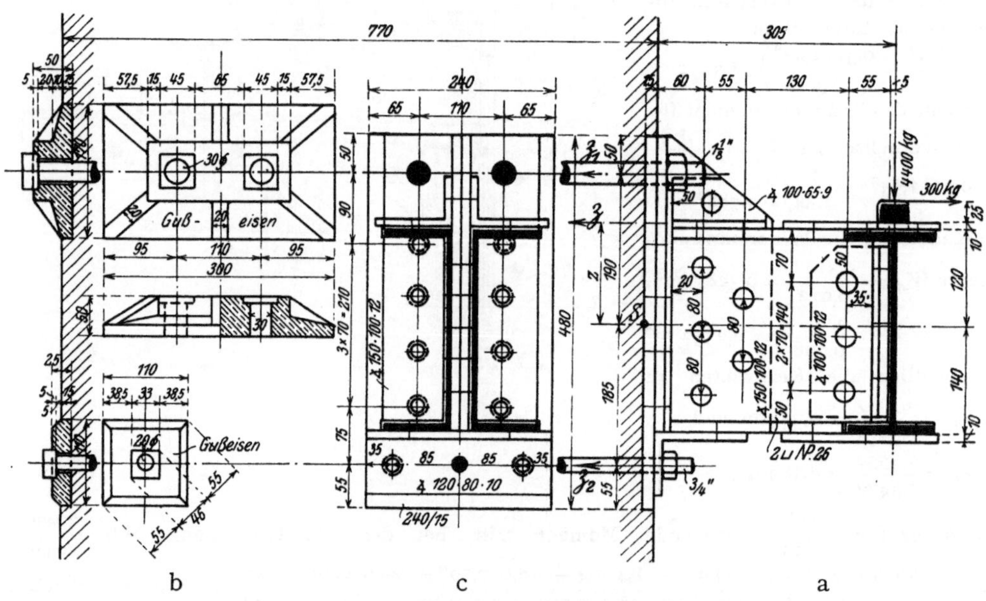

Abb. 209. Wandbefestigung eines Kranbahnträgers.

Aufgabe 50. Welchen Durchmesser müssen die zur Befestigung des in Abb. 209 dargestellten Kranbahnträgers erforderlichen Wandschrauben erhalten, wenn, $t = 0$ und $\alpha = 0$ vorausgesetzt, $k_m \leqq 12$ kg/cm² und $k_{\mathfrak{z}} \leqq 700$ kg/cm² sein soll?

Auflösung. Mit $V = -\,300$ kg und $M = 4400 \cdot 32{,}0 + 300 \cdot 15{,}5 = 145\,450$ cmkg wird nach Gl. 47 a$^{\alpha}$): $\mathfrak{Z} = 24 \cdot \frac{48}{2} \cdot 12 + 300 = 7210$ kg und nach Gl. 47 a$^{\beta}$): $z = \frac{1}{7210}\left(145\,450 - \frac{24 \cdot 48^2}{12} \cdot 12\right) = \frac{90\,150}{7210} = 12{,}5$ cm. Man hat daher nach Abb. 209 die beiden Gleichungen $\mathfrak{Z}_1 + \mathfrak{Z}_2 = 7210$ und $\mathfrak{Z}_1 \cdot 19{,}0 - \mathfrak{Z}_2 \cdot 18{,}5 = 90\,150$, aus denen sich $\begin{matrix}\mathfrak{Z}_1 = 5960\\ \mathfrak{Z}_2 = 1250\end{matrix}$ kg berechnet. Gewählt sind $\frac{2}{1}$ Schrauben von $\frac{1^1/_8{}''}{^3/_4{}''}$ ϕ mit $\frac{9{,}0}{2{,}0}$ cm² Kernfläche, daher die Beanspruchung $\sigma_{\mathfrak{z}} = \frac{5960 : 9{,}0}{1250 : 2{,}0} = \frac{600}{630}$ kg/cm². Außerdem erleiden die Schrauben bei $2 \cdot 6{,}4 + 1 \cdot 2{,}8 = 15{,}6$ cm² Schaftfläche die Scherbeanspruchung $\sigma_s = \frac{4400}{15{,}6} = 280$ kg/cm², wenn man von der unmittelbaren Druckübertragung durch die Wandplatte und von der Mitwirkung der Reibung absieht.

Die Ankergegenplatten $\frac{300\cdot 170}{110\cdot 110}$ (Abb. 209b) ergeben die Mauerpressung $\sigma_m = \frac{5960:510}{1250:121} = \frac{11{,}7}{10{,}3}$ kg/cm²; sie erleiden für 1 cm Breite das größte Moment $\mathfrak{M} = \frac{\frac{1}{2}\cdot 11{,}7\cdot 1\cdot 5{,}75^2}{\frac{1}{2}\cdot 10{,}3\cdot 1\cdot 5{,}5^2} = \frac{193}{156}$ cmkg, daher bei $\frac{1}{6}\cdot 1\cdot 2{,}5^2 = 1{,}0$ cm³ Widerstandsmoment die Biegungsbeanspruchung $\sigma_b = \frac{193}{156}$ kg/cm².

β) Einspannung der Säule. Die senkrechte Seitenkraft V (Abb. 197) wird durch eine wagerechte Fußplatte, das Moment $M = Vv + Ww = Rr$ aber durch das Gegenmoment zweier vom Fundament ausgehenden wagerechten Kräfte (Abb. 210) aufgenommen. Ist d die Breite, e die Höhe der wirksamen Druckfläche des Fundamentkörpers, so erzeugt die wagerechte Seitenkraft W die überall gleiche Druckspannung $\sigma = \frac{W}{de}$ und das Moment $\mathfrak{M} = M + W\frac{e}{2}$ die größte Biegungsspannung $\sigma_b = \frac{6\,\mathfrak{M}}{d\,e^2}$; aus $\sigma + \sigma_b \leqq k_m$ ergibt sich die kleinste erforderliche Einspannhöhe zu

$$48)\qquad e = \frac{2W}{d\,k_m}\left(1 + \sqrt{1 + \frac{3}{2}\,d\,k_m\frac{M}{W^2}}\right).$$

Die tatsächliche Einmauerungstiefe t wird zu $e + 50$ bis $e + 100$ mm gewählt.

Damit der hier durchweg aus Beton bestehende Einspannkörper in den Ebenen I bis I (Abb. 210) nicht abgeschert wird, muß die Breite x für 1 cm Höhe der Gleichung $2\,x\cdot 1\cdot k_s = d\cdot 1\cdot \sigma_{\max}$ genügen, wo k_s die mittlere zulässige Scherbeanspruchung des Betons ist; aus ihr ergibt sich

$$49)\qquad x = \frac{d}{2}\,\frac{\sigma_{\max}}{k_s}.$$

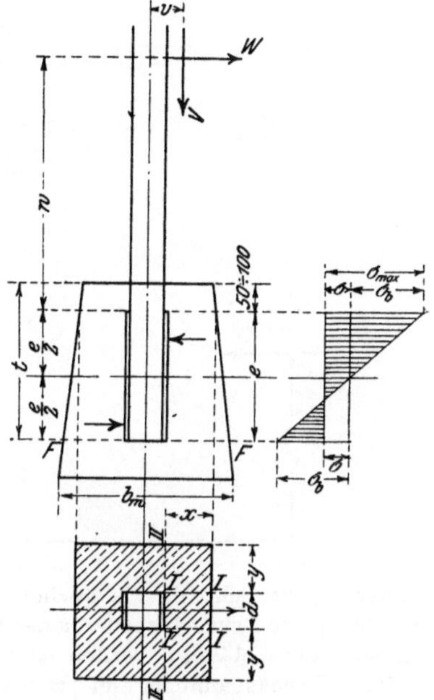

Abb. 210. Säuleneinspannung.

Damit der Beton in der Ebene II bis II nicht abgerissen wird, muß die Länge y der Gleichung $2\,y\cdot 1\cdot k_z = d\cdot 1\cdot \sigma_{\max}$ genügen; da für Beton $k_z = k_s$ eingeführt werden darf, ergibt sich

$$49\text{a})\qquad y = x.$$

Damit endlich durch das Biegungsmoment $d\cdot 1\cdot \sigma_{\max}\cdot \frac{d}{8}$ der zwischen den Ebenen I bis I gelegene Betonteil nicht überanstrengt wird, muß x auch der Gleichung $1\cdot \frac{x^2}{6}\cdot k_b = d\cdot 1\cdot \sigma_{\max}\cdot \frac{d}{8}$ genügen, aus der sich mit $k_b = k_s$ der Wert

$$49\text{b})\qquad x = \frac{d}{2}\sqrt{\frac{3\,\sigma_{\max}}{k_s}}$$

ergibt. In der Ebene F—F hat der Fundamentkörper sämtliche Kräfte und Momente aufzunehmen.

Aufgabe 51. Die in Aufg. 41 berechnete Säule (einstielige Bahnsteighalle) ist nach Abb. 211 in ein Betonfundament eingespannt, dessen zulässige Beanspruchung auf Druck $k = \frac{20}{25}$ kg/cm² $\frac{\text{ohne}}{\text{mit}}$ Berücksichtigung des Winddrucks, auf Zug und Abscheren $k_z = k_s = 4{,}5$ kg/cm² beträgt. Es sollen Einspannungstiefe und Fundamentabmessungen berechnet werden.

Auflösung. Nach Aufg. 41 und Abb. 211 berechnet sich $V = 10000$ kg, $W = 1330$ kg und $M = 16690 + 1330\cdot 0{,}1 = 16820$ mkg, daher mit $d = 300$ mm nach Gl. 48): $e = \frac{2\cdot 1330}{30\cdot 25}\left(1 + \sqrt{1 + \frac{3}{2}\cdot 30\cdot 25\,\frac{1682000}{1330^2}}\right) = 120$ cm. Nach Gl. 49) und 49a) wird $x = y = \frac{30}{2}\,\frac{25}{4{,}5} = 83$ cm; gewählt ist $x = y = 85$ cm, so daß sich nach Gl. 49b) die Biegungsspannung zu $\sigma_z = \frac{3}{4}\cdot 30^2\cdot \frac{25}{85^2} = 2{,}4$ (zul. 4,5) kg/cm² ergibt.

In der Ebene F—F ist $V = 10000 + 2{,}1\cdot 2{,}0\cdot 1{,}3\cdot 2200 + 300$ (Gewicht des Säulenfußes) $= 22300$ kg, $W = 1330$ kg, $M = 16690 + 1330\cdot 1{,}3 = 18420$ mkg, daher die Spannungen im Beton

$$\sigma = \frac{22300}{200\cdot 210} \pm \frac{1842000\cdot 6}{200\cdot 210^2} = 0{,}53 \pm 1{,}25 = \frac{+1{,}8\ (\text{Druck})}{-0{,}7\ (\text{Zug})}\left(\text{zul. } \frac{20}{4{,}5}\right)\ \text{kg/cm}^2.$$

Aufgabe 52. Für den in Aufg. 42 berechneten Freileitungsmast sollen die im Betonfundament (Abb. 201) auftretenden größten Spannungen berechnet werden.

Auflösung. Nach Abb. 201 ist $t = 1800$ mm, daher $e = 1800 - 100 = 1700$ mm, $d = 2 \cdot 70 = 140$ mm. Ferner berechnet sich nach Aufg. 42 Horizontalkraft und Biegungsmoment in der

x-Achse zu $W_x = 640 + 500 = 1140$ kg; $\mathfrak{M}_x = 5150 + 2500 + 1140 \cdot 0{,}95 = 8730$ mkg;
y-Achse zu $W_y = 700 + 460 = 1160$ kg; $\mathfrak{M}_y = 5730 + 2170 + 1160 \cdot 0{,}95 = 9000$ mkg.

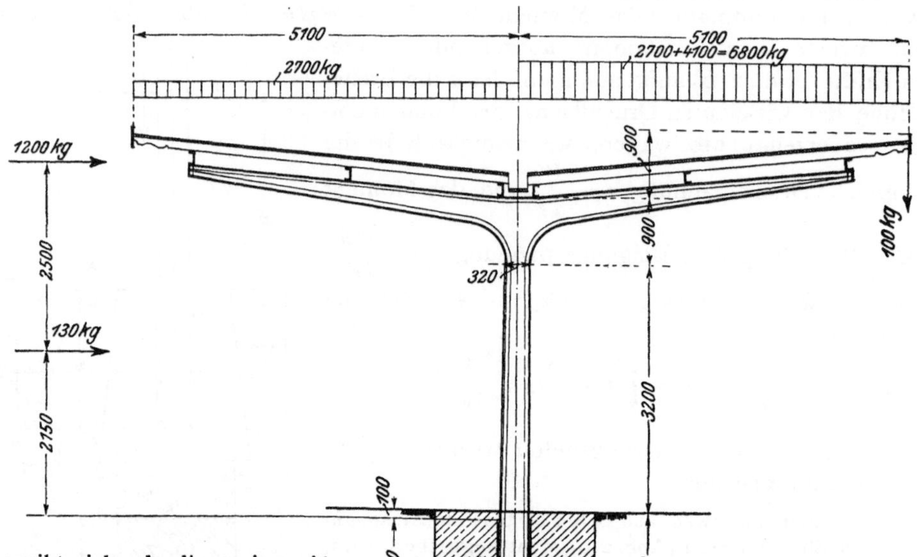

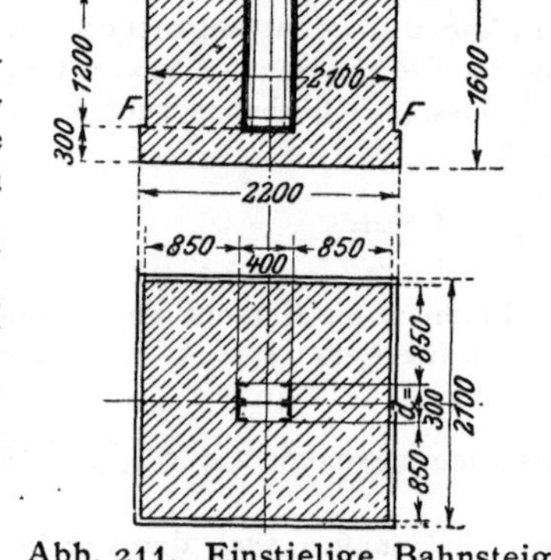

Abb. 211. Einstielige Bahnsteighalle.

Daher ergibt sich, da die geringe Abweichung der Druckflächen von der Vertikalen vernachlässigt werden darf, die größte Druckspannung im Beton zu $\sigma_{max} = \frac{1160}{14 \cdot 170} + \frac{6 \cdot 900\,000}{14 \cdot 170^2} = 0{,}5 + 13{,}4 = 13{,}9$ kg/cm². Mit $x = y = \frac{1600 - 600}{2} = 500$ mm wird die auftretende Scherspannung nach Gl. 49: $\sigma_s = \frac{14}{2}\,\frac{13{,}9}{50} = 2{,}0$ kg/cm². Das Biegungsmoment berechnet sich für 1 cm Höhe zu

$$\mathfrak{M} = 1 \cdot 7 \cdot 13{,}9 \cdot \tfrac{7}{2} = 340 \text{ cmkg},$$

daher die Biegungsspannung zu $\sigma_b = \frac{340 \cdot 6}{1 \cdot 50^2} = 0{,}8$ kg/cm². Gleichzeitig mit σ_s tritt im Querschnitt I—I noch eine durch W_x und $\mathfrak{M}_x$ erzeugte Zugspannung σ_z auf; mit $\sigma'_{max} = \frac{1140}{14 \cdot 170} + \frac{6 \cdot 873\,900}{14 \cdot 170^2} = 0{,}5 + 13{,}0 = 13{,}5$ kg/cm² wird $\sigma_z = \frac{1 \cdot 14 \cdot 13{,}5}{2 \cdot 50} = 1{,}9$ kg/cm², so daß sich die Hauptspannung genau genug zu $\sigma = 0{,}35 \cdot 1{,}9 + 0{,}65 \sqrt{1{,}9^2 + 4 \cdot 2{,}0^2} = 3{,}5$ kg/cm² berechnet.

3. Berechnung der Auflagerung.

Auf die Fuge CD zwischen Werkstein und Ziegel- oder Betonmauerwerk (Abb. 212) wirkt

die lotrechte Last $V_w = V + \mathfrak{Z} + G_w$ (G_w = Gewicht des Werksteins),
das Moment $M_w = M - \mathfrak{Z} z + W t_w$ (t_w = Höhe des Werksteins).

Sind a_w und b_w die Abmessungen des rechteckigen Werksteins, so ergeben sich die Spannungen

$$\sigma_{\substack{max\\min}} = \frac{V_w}{a_w b_w} \pm \frac{6 M_w}{a_w b_w^2}.$$

Ergibt sich $\sigma_{\min}$ negativ (als Zugspannung), so ist mit $r_w = \frac{M_w}{V_w}$ nur der Teil $3\,c_w = 3\left(\frac{b_w}{2} - r_w\right)$ der Fuge CD als wirksam einzuführen und man erhält nach Gl. 38b) mit $\varkappa_a = \varkappa_b$:

$$\sigma_{\max} = \frac{2\,V_w}{3\,a_w\,c_w}.$$

Ergibt sich $\sigma_{\max} > k_m$, so sind die Abmessungen des Werksteins zu vergrößern.

Auf die rechteckige Fundamentalsohle EF wirkt die senkrechte Last $V_m = V + G_w + G_m$ (G_m = Gewicht des Fundaments einschließlich Erdlast) und das Moment $M_m = M + W(t_w + t_m)$, wenn t_m die Fundamenthöhe ist. Die Berechnung der Spannungen erfolgt wie vorher.

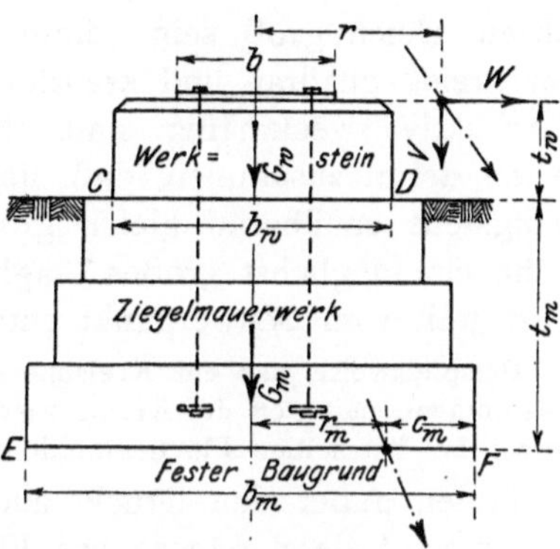

Abb. 212. Säulenfundament.

Aufgabe 53. Das Fundament der in Aufg. 43 und 47 berechneten Säule ist in Abb. 202 dargestellt; es sollen die größten auftretenden Spannungen berechnet werden. $\frac{k_m}{k_f} = \frac{18}{4}$ kg/cm² für den $\frac{\text{Beton}}{\text{Baugrund}}$.

Auflösung. 1. Fuge CD. Bei einseitiger Deckennutzlast und ohne Schneebelastung wird nach Aufg. 47 und Abb. 202: $V_w = 136{,}6 + 67{,}0 + 2{,}0 \cdot 1{,}2 \cdot 0{,}75 \cdot 2{,}8 = 208{,}6$ t und $M_w = 54{,}3 + 5{,}0 \cdot 0{,}75 = 58{,}1$ mt; daher $\sigma_{\max} = \frac{208\,600}{120 \cdot 200} + \frac{5\,810\,000 \cdot 6}{120 \cdot 200^2} = 8{,}7 + 7{,}7 = 16{,}4$ kg/cm².

Bei voller Belastung wird $V_w = 35{,}2 + 3\,(30{,}0 + 48{,}0) + 67{,}0 + 2{,}0 \cdot 1{,}2\,(0{,}65 \cdot 2{,}2 + 0{,}75 \cdot 2{,}8) = 266{,}7$ t und $M_w = 39{,}8 + 5{,}0 \cdot 0{,}75 = 43{,}6$ mt; daher $\sigma_{\max} = \frac{266\,700}{120 \cdot 200} + \frac{4\,360\,000 \cdot 6}{120 \cdot 200^2} = 11{,}1 + 5{,}5 = 16{,}6$ kg/cm².

2. Fundamentalsohle EF. Bei einseitiger Deckennutzlast und ohne Schneebelastung wird $V_m = 208{,}6 + 3{,}6 \cdot 2{,}8 \cdot 1{,}2 \cdot 2{,}2 + (3{,}6 \cdot 2{,}8 - 2{,}0 \cdot 1{,}2)\,1{,}4 \cdot 1{,}6 = 208{,}6 + 26{,}6 + 17{,}2 = 252{,}4$ t und $M_m = 58{,}1 + 5{,}0 \cdot 1{,}2 = 64{,}1$ mt; daher $\sigma_{\max} = \frac{252\,400}{280 \cdot 360} + \frac{6\,410\,000 \cdot 6}{280 \cdot 360^2} = 2{,}5 + 1{,}1 = 3{,}6$ kg/cm².

Bei voller Belastung wird $V_m = 266{,}7 + 26{,}6 + 17{,}2 = 310{,}5$ t und $M_m = 43{,}6 + 5{,}0 \cdot 1{,}2 = 49{,}6$ mt; daher $\sigma_{\max} = \frac{310\,500}{280 \cdot 360} + \frac{4\,960\,000 \cdot 6}{280 \cdot 360^2} = 3{,}0 + 0{,}8 = 3{,}8$ kg/cm².

Aufgabe 54. Das Betonfundament des in Aufg. 42 berechneten Freileitungsmastes ist in Abb. 201 dargestellt; es soll die größte Pressung des Baugrundes unter der Voraussetzung berechnet werden, daß das Gewicht des auflastenden Erdreichs bis zu einem Böschungswinkel von 30° gegen die Vertikale berücksichtigt wird. $k_f = 2{,}5$ kg/cm².

Auflösung. Auf die Fundamentsohle wirkt nach Aufg. 42 und Abb. 201 die lotrechte Last $V = 0{,}8 + \frac{2{,}2}{3}(4{,}7^2 + 2{,}2^2 + 4{,}7 \cdot 2{,}2)\,1{,}6 + (2{,}2^2 \cdot 1{,}0 + 1{,}6^2 \cdot 1{,}2)\,(2{,}2 - 1{,}6) = 0{,}8 + 43{,}7 + 4{,}7 = 49{,}2$ t und das Moment

in der x-Achse infolge $\begin{cases} \text{der Seilzüge} & M_{xs} = 5150 + 640 \cdot 2{,}2 = 6560 \text{ mkg}, \\ \text{des Winddrucks} & M_{xw} = 2500 + 500 \cdot 2{,}2 = 3600 \text{ mkg}; \end{cases}$

in der y-Achse infolge $\begin{cases} \text{der Seilzüge} & M_{ys} = 5730 + 700 \cdot 2{,}2 = 7270 \text{ mkg}, \\ \text{des Winddrucks} & M_{yw} = 2170 + 460\ 2{,}2 = 3180 \text{ mkg}. \end{cases}$

Daher ergeben sich die größten Beanspruchungen des Baugrunds zu

$$\sigma_{\substack{\max\\ \min}} = \frac{49\,200}{220^2} \pm \frac{(6560 + 3600 + 7270) \cdot 100 \cdot 6}{220^3} = 1{,}02 \pm 0{,}98 = \begin{matrix} +\,2{,}00 \text{ (Druck)} \\ +\,0{,}04 \text{ (Druck)} \end{matrix} \text{ kg/cm}^2.$$

Aufgabe 55. Daß Betonfundament der in Aufg. 41 und 51 berechneten Säule (einstielige Bahnhofshalle) ist in Abb. 211 dargestellt; es soll die größte Pressung des Baugrundes berechnet werden. $k_f = 2{,}5$ kg/cm².

Auflösung. Auf die Fundamentsohle wirkt nach Aufg. 51 und Abb. 211 die lotrechte Last $V_m = 10{,}0 + 0{,}3 + 2{,}2 \cdot 2{,}1 \cdot 1{,}6 \cdot 1{,}6 + (2{,}1 \cdot 2{,}0 \cdot 1{,}3 + 2{,}2 \cdot 2{,}1 \cdot 0{,}3)(2{,}2 - 1{,}6) = 10{,}3 + 11{,}8 + 4{,}1 = 26{,}2$ t und das Moment $M_m = 16690 + 1330 \cdot 1{,}6 = 18820$ mkg; daher $r_m = \frac{18820}{26200} = 0{,}72 \text{ m} > \varkappa = \frac{2{,}2}{6} = 0{,}37$ cm; $c_m = \frac{2{,}2}{2} - 0{,}72 = 0{,}38$ m und $\sigma_{max} = \frac{2 \cdot 26200}{3 \cdot 38 \cdot 210} = 2{,}2$ kg/cm².

B. Konstruktion der Säulen.

Wird eine Säule nur auf Druck beansprucht, so kann sie sowohl aus Guß- als auch aus Flußeisen hergestellt werden. Um hierbei nach allen Richtungen die gleiche Knicksicherheit zu haben, sollen die Trägheitsmomente für die beiden Hauptschwerachsen gleich groß sein; diese Forderung ist aber für einfache Querschnitte nur bei den kreis-, quadrat- und kreuzförmigen erfüllt, die andererseits nur in wenigen Fällen konstruktiv zweckmäßig sind. Man setzt daher die Säulenquerschnitte aus einzelnen Teilen derart zusammen, daß die Trägheitsmomente für die beiden Hauptschwerachsen wenigstens annähernd gleich groß sind. Um dann bei möglichst kleiner Querschnittsfläche ein möglichst großes Trägheitsmoment zu erzielen, müssen die Flächenteile möglichst weit vom Schwerpunkt entfernt liegen.

Beispielsweise hat ein Kreisquerschnitt von 120 mm ϕ 113,1 cm² Fläche und 1020 cm⁴ Trägheitsmoment, dagegen der Kreisringquerschnitt von 200 mm äußerem und 160 mm innerem Durchmesser bei demselben Flächeninhalt ein Trägheitsmoment von 4640 cm⁴.

Treten außer den Druck- auch nennenswerte Biegungsspannungen in einer Säule auf, so wird sie durchweg aus Flußeisen hergestellt.

I. Gußeiserne Säulen.

1. Querschnittsform.

Die gebräuchlichste Querschnittsform ist die kreisringförmige (Abb. 213), die den eben aufgestellten Bedingungen: Trägheitsmomente für alle Schwerachsen gleich groß, Flächenteile möglichst weit vom Schwerpunkt entfernt, vollkommen entspricht.

Der früher bei der Überdeckung weitgespannter Schaufensteröffnungen vielfach angewendete H- oder kastenförmige oder auch aus beiden Formen zusammengesetzte Querschnitt (Abb. 214) kommt heute nur noch selten zur Verwendung, da die flußeisernen Säulen bei größerer Tragfähigkeit eine geringere Breite erfordern, daher ein Mehr an Lichtweite für die Öffnung ergeben.

Die Säulen werden meist liegend gegossen; da hierbei infolge der Durchbiegung des Kerns und des Auftriebs des flüssigen Eisens leicht ungleiche Wandstärken nach Abb. 215 entstehen, so soll die Wanddicke mindestens 10, besser 12 bis 15 mm betragen.

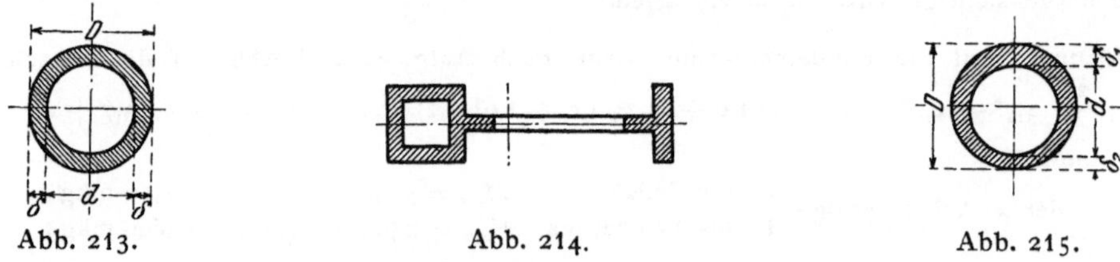

Abb. 213. Abb. 214. Abb. 215.

Nach DIN 1000 darf der Unterschied der Wanddicken eines Querschnitts, der überall mindestens den vorgeschriebenen Flächeninhalt haben muß, bei Säulen bis zu 400 mm mittlerem Durchmesser und 4 m Länge die Größe von 5 mm nicht überschreiten. Bei Säulen von größerem Durchmesser und größerer Länge wird der zulässige Unterschied für je 100 mm Mehrdurchmesser und für je 1 m Mehrlänge um je $^1/_2$ mm erhöht.

Die Einhaltung der vorgeschriebenen Wandstärke ist durch Anbohren an geeigneten Stellen, jedesmal in zwei einander gegenüberliegenden Punkten, bei liegend gegossenen Säulen in der dem etwaigen Durchsacken des Kerns entsprechenden Richtung nachzuweisen.

Sollen Säulen aufrecht gegossen werden, so ist das besonders anzugeben.

Die Schwierigkeit der Erzeugung einer gleichmäßigen Wanddicke wächst mit der Länge der Säule, deren Grenze etwa 8 m ist. Aber schon bei Säulen von mehr als 4 bis 5 m Länge empfiehlt es sich, den Schaft in mehreren Teilen gießen zu lassen und die einzelnen Teile nach Abb. 216 aufeinander zu pfropfen. Der obere Teil erhält hierbei eine um die Wanddicke δ zurückgesetzte ringförmige Anschlagleiste von etwa $1{,}5\,\delta$ Höhe zur Verhinderung einer seitlichen Verschiebung. Zur Erzielung einer gleichmäßigen Druckübertragung müssen die Außen- und Innenkanten der einzelnen Teile senkrecht übereinander liegen und die wagerechten Druckflächen entweder durch Bearbeitung oder durch Zwischenschaltung einer 2 bis 3 mm starken Bleiplatte zur vollständigen Berührung gebracht werden; mit Rücksicht auf die Knicksicherheit werden die Trennungsfugen in der Nähe des Kopfes oder Fußes angeordnet.

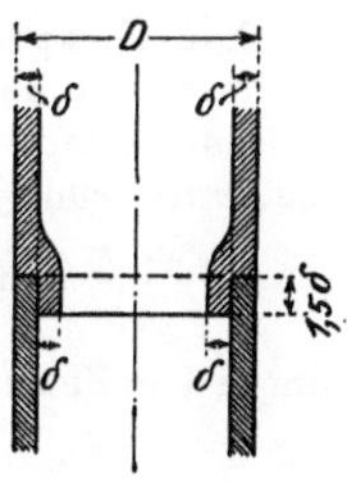

Abb. 216.

2. Kopf- und Fußausbildung.

Kopf und Fuß werden als quadratische, rechteckige, seltener runde wagerechte Platten ausgebildet, die mit dem Schaft durch lotrechte Rippen verbunden sind; die Zahl der Rippen beträgt je nach der Größe der zu übertragenden Last 4 bis 16.

a) Bei wenig belasteten Säulen von geringer Höhe werden Kopf, Schaft und Fuß in einem Stück gegossen.

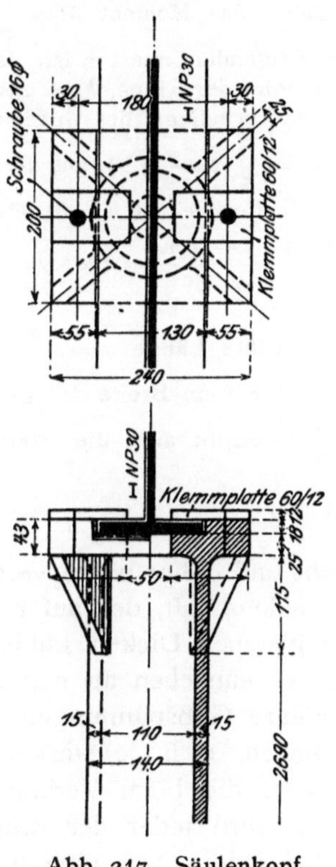

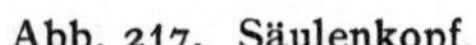
Abb. 217. Säulenkopf.

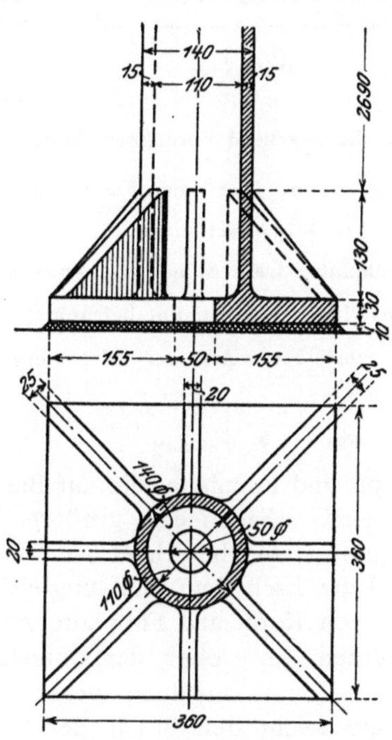

Abb. 218. Säulenfuß.

Aufgabe 56. Es soll Kopf und Fuß der in Aufg. 37 berechneten gußeisernen Säule entworfen werden.

Auflösung. Die Ausführung ist in Abb. 217 und 218 für den Fall dargestellt, daß auf der Säule ein ⊢⊣ NP. 30 auflagert.

Die 25 mm starke rechteckige Kopfplatte ist mit 18 mm hohen seitlichen Anschlagleisten versehen und durch 4 Diagonalrippen von 25 mm Stärke und 115 mm Höhe gegen den Säulenschaft abgestützt; um einseitige Kantenpressungen zu vermeiden, ist die Platte an der Oberfläche nach

Art der Gleitlager gewölbt, so daß der Druck des Trägers in der Säulenachse angreift. Um die freie Drehbarkeit des Trägers zu wahren, ist er mit der Kopfplatte in der Säulenachse durch Klemmplatten verbunden, das sind Flacheisen, die mit der Platte fest verschraubt sind und sich auf die unteren Trägerflanschen legen, so daß die entstehende Reibung eine Verschiebung des Säulenkopfes verhindert.

Die Fußplatte (Abb. 218) ist quadratisch mit 360 mm Seitenlänge und 30 mm Dicke ausgebildet und durch 8 Rippen von 25 mm Stärke und 130 mm Höhe gegen den Schaft abgestützt. Zwischen Platte und Mauerwerk ist zur Herbeiführung einer gleichmäßigen Druckverteilung eine Bleiplatte von 5 bis 6 mm oder eine Zementschicht von 10 bis 20 mm Stärke einzuschalten. Bei $36^2 - \frac{5{,}0^2\pi}{4} = 1280$ cm² Auflagerfläche ergibt sich der Druck auf das Ziegelmauerwerk in verlängertem Zementmörtel zu $\sigma_m = \frac{15000}{1280} = 11{,}8$ kg/cm².

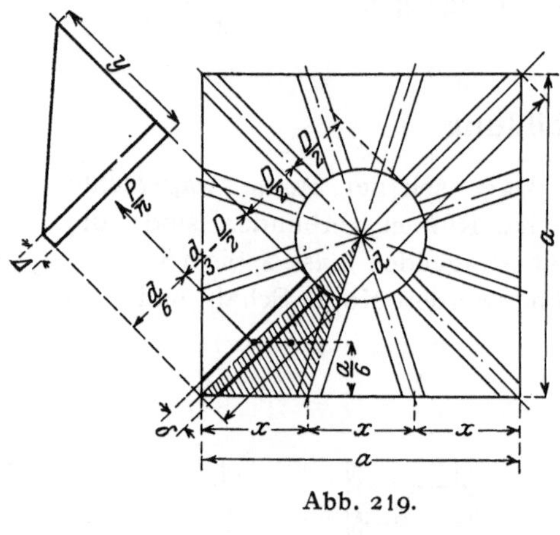

Abb. 219.

Wird die Fußplatte durch n Rippen (Abb. 219) mit dem Säulenschaft verbunden, so entfällt auf jede Rippe von der gesamten Säulenlast P der Betrag P/n, und zwar setzt sich P/n aus den beiden gleichen Teilen zusammen, die jedes der der Rippe benachbarten dreieckigen Felder (von denen eins in Abb. 219 durch Strichlage hervorgehoben ist) überträgt. Ist a die Seitenlänge der quadratischen Platte, so wirkt in jedem Dreieckfeld die Mittelkraft P/n im Dreieckschwerpunkt, also um $a/6$ von der Plattenkante entfernt; für die Rippe greift daher die Kraft P/n im Abstand $d/6$ an, wenn d die Länge der am weitesten ausladenden Diagonalrippe ist. Für diese ergibt sich daher das Moment $M = \frac{P}{n}\left(\frac{d}{3} - \frac{D}{2}\right)$, wenn D der äußere Säulendurchmesser ist. Ist nun δ die Stärke, y die Gesamthöhe der Rippe, $k_b = 250$ kg/cm² die zulässige Biegungsbeanspruchung des Gußeisens, so folgt die Gleichung $\delta y^2 k_b = \frac{P}{n}(2d - 3D)$, aus der sich bei gegebenem y die Stärke δ berechnen läßt. Für das vorliegende Beispiel ist $n = 8$, $P = 15000$ kg, $d = 36\sqrt{2} = 51$ cm, $D = 14$ cm, $\delta = 2{,}5$ cm, daher $y^2 = \frac{15000}{8}\,\frac{2\cdot 51 - 3\cdot 14}{2{,}5\cdot 250} = 180$; $y = 13{,}4$ cm; gewählt ist $y = 3{,}0 + 13{,}0 = 16{,}0$ cm.

Die Fußplatte trägt sich zwischen zwei Rippen auf die größte Länge $x = \frac{4a}{n}$ frei und darf als an den Rippen eingespannt betrachtet werden, so daß sie für 1 cm Breite das größte Moment $\mathfrak{M} = \frac{\sigma_m \cdot x^2}{12}$ erleidet. Aus der Gleichung $\frac{1\cdot\varDelta^2}{6}\,k_b = \frac{\sigma_m}{12}\left(\frac{4a}{n}\right)^2$ ergibt sich die Plattenstärke zu

$$\varDelta = \frac{2a}{n}\sqrt{\frac{2\sigma_m}{k_b}} = \frac{2\cdot 36}{8}\sqrt{\frac{2\cdot 11{,}8}{250}} = 2{,}8 \text{ cm; gewählt sind } 3{,}0 \text{ cm.}$$

b) Kopf- und Fußplatte, die auf Biegung beansprucht und daher mit $k_b = 250$ kg/cm² berechnet sind, erhalten eine größere Stärke als der Säulenschaft, der auf reinen Druck mit $k = 500$ kg/cm² berechnet ist. Infolge dieser ungleichen Dicken kühlen sich die einzelnen Teile nach dem Guß ungleichmäßig ab, und es entstehen an den Zusammenstoßstellen von Kopf- und Fußplatte mit dem Schaft innere Gußspannungen, die um so größer werden, je größer der Unterschied in den Dicken, d. h. je stärker die Säule belastet ist. Zur Vermeidung dieser inneren Spannungen, die beim Verladen oder bei der Montage leicht den Bruch der Säule herbeiführen, wird jeder der drei Teile bei größeren Säulen für sich gesondert gegossen, um bei jedem Teil überall annähernd gleiche Wandstärken zu erzielen; die einzelnen Teile werden entsprechend der Abb. 216 aufeinander gepfropft. Der gesonderte Guß des Fußes bringt daneben den Vorteil der leichteren Montage mit sich.

Aufgabe 57. Es ist der Fuß der in Aufg. 40 und 45 berechneten Gußsäule zu entwerfen.

Auflösung. Der Fuß ist in Abb. 220 dargestellt. Die Fußplatte hat die Fläche $F = 57^2 - \frac{5^2\cdot\pi}{4} = 3230$ cm² und das Widerstandsmoment $W = \left(\frac{57^4}{12} - \frac{\pi\cdot 5^4}{64}\right) : 28{,}5 = 30860$ cm³, so daß sich nach Aufg. 40 die größte Pressung zwischen Platte und Mauerwerk zu $\sigma_{max} = \frac{40000}{3230} + \frac{40000 \cdot 5}{30860} = 12,4 + 6,5 = 18,9$ kg/cm² ergibt. Für die Diagonalrippe darf man hinreichend genau mit der mittleren Pressung $\sigma_m = \frac{18,9 + 12,4}{2} = 15,7$ kg/cm² rechnen, so daß sich $\frac{P}{n} = \frac{57^2}{8} \cdot 15,7 = 6400$ kg und mit $d = 57\sqrt{2} = 80$ cm, $D = 25$ cm, $\delta = 4$ cm die Rippenhöhe aus der Gleichung $y^2 = 6400 \frac{2 \cdot 80 - 3 \cdot 25}{4 \cdot 250} = 544$ zu $y = 23,3$ cm ergibt; vorhanden sind $5,0 + 20,0 = 25,0$ cm. Bei der Berechnung der Plattenstärke führt man $\sigma_m = \sigma_{max} = 18,9$ kg/cm² ein und berücksichtigt die Abnahme der Pressung durch die Erhöhung der zulässigen Biegungsbeanspruchung auf $k_b = 300$ kg/cm²; es ergibt sich dann $\Delta = 2,57 \sqrt{\frac{2 \cdot 18,9}{300}} = 5$ cm.

Durch eine in der Säulenachse angebrachte Steinschraube kann das Fußstück nach der Aufstellung gegen zufällige oder böswillige Verschiebung geschützt werden.

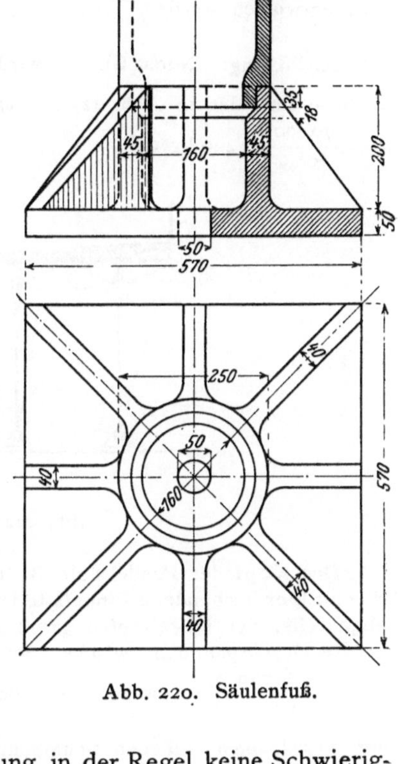

Abb. 220. Säulenfuß.

3. Trägerauflagerung.

a) Lagert ein Träger auf einer Gußsäule auf, so hat man dafür zu sorgen, daß der Stützdruck des Trägers möglichst zentrisch, d. h. in der Achse der Säule übertragen wird, um Biegungsspannungen tunlichst zu vermeiden; weit ausladende Konsolen sind daher entweder ganz zu umgehen oder aber, wenn man wegen des äußeren Ansehens nicht auf sie verzichten will, entweder mit einigen Millimetern Spiel gegen Trägerunterkante anzuordnen oder nachträglich aus Zink, Kupfer, Bronze oder Eisen (gegossen oder getrieben) anzuschrauben.

Gußsäulen, die durch mehrere Geschosse durchgehen, werden nicht mehr ausgeführt; die Säule endigt daher stets unter dem Träger, so daß die zentrische Auflagerung in der Regel keine Schwierigkeiten bietet; ist sie bei einseitigem Lastangriff nicht vollständig durchzuführen, so muß man die vorhandene Exzentrizität bei der Berechnung der Säulenabmessungen berücksichtigen (Aufg. 40).

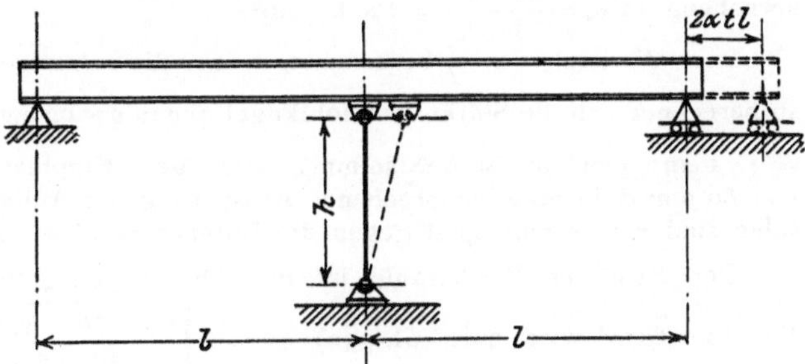

Abb. 221. Pendelsäule mit Zapfenkipplager.

b) Dient die Gußsäule zur Unterstützung eiserner Brückenträger, die im Freien größeren Wärmeschwankungen ausgesetzt sind, so erzeugt der Widerstand, den die Säulenkopfplatte der Längsbewegung des Trägers infolge der Reibung entgegensetzt, in der Säule selbst Biegungsbeanspruchungen, die unter Umständen beträchtliche Zusatzspannungen verursachen können. Zur Vermeidung dieses Übelstandes bildet man die Säule als Pendelsäule (Abb. 221) aus; Kopf und Fuß werden dabei durch Zapfenkipplager ersetzt, deren obere bzw. untere Kippplatte mit dem Träger bzw. Fundament fest verbunden ist. Bei Längenänderungen des Trägers kann sich jetzt der Säulenschaft drehen, bleibt daher stets in seiner Achse belastet; die bei der Drehung auftretende, nur kleine wagerechte Seitenkraft des Säulendrucks wird durch die Kippplatten in das feste Trägerauflager bzw. Fundament übertragen.

Liegen dabei mehrere Träger nebeneinander (Abb. 222), die durch Querrahmen fest miteinander verbunden sind, so werden die Zapfen- durch Kugelkipplager ersetzt, so daß der Säulenschaft nach allen Richtungen hin drehbar gelagert und daher auch von den durch die Längenänderungen der Querrahmen sonst entstehenden Biegungsspannungen befreit ist.

Aufgabe 58. In der Achse einer gußeisernen Pendelsäule von 4 m freier Höhe zwischen den Kugelzapfen wirkt die Kraft $P = 70$ t. Es soll der Querschnitt der Säule berechnet und Kopf und Fuß entworfen werden. $k = \frac{500}{300}$ kg/cm² für $\frac{\text{Druck}}{\text{Zug}}$; $k_s = 200$ kg/cm². $\mathfrak{S} = 8$.

Auflösung. Nach Gl. 1) wird $F = \frac{70000}{500} = 140{,}0$ cm² und nach Gl. 36a) $J_{\min} = 8 \cdot 70{,}0 \cdot 4{,}0^2 = 8960$ cm⁴; der in Abb. 223a dargestellte Querschnitt hat $F = 168{,}9$ cm², $J = 9890$ cm⁴, daher $\sigma = \frac{70000}{168{,}9} = 420$ kg/cm².

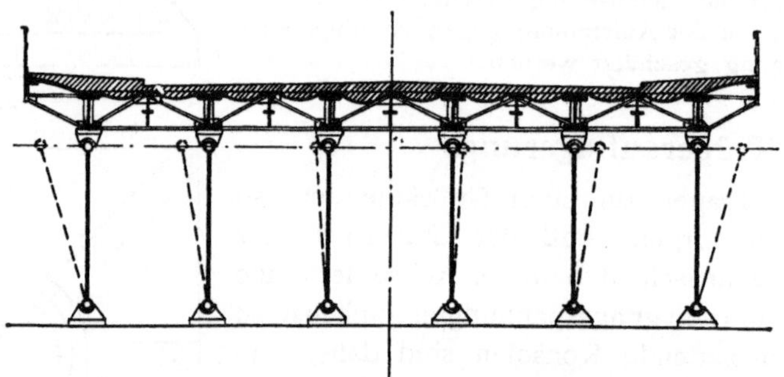

Abb. 222. Pendelsäulen mit Kugelkipplager.

Der Kopf der Pendelsäule ist in Abb. 223 dargestellt. Die obere, fest mit dem auflagernden Blechträger verbundene Kipplatte ist an der Unterseite nach einer Hohlkugel von $r = 95$ mm Radius abgedreht; der Kugelzapfen greift mit einem 55 mm hohen Ring in den Säulenschaft ein. Die größte Druckspannung zwischen den sich voll berührenden Halbkugeln berechnet sich nach Gl. 35 zu $\sigma = \frac{2 \cdot 70000}{\frac{1}{4}\pi \cdot 19{,}0^2} = 500$ kg/cm². Das Moment für die 55 mm hohe ringförmige Nase, mit der sich der Kugelzapfen auf den Schaft auflegt, berechnet sich für 1 cm Umfang zu $\mathfrak{M} = \frac{420 \cdot 1 \cdot 2{,}5^2}{2} = 1310$ cmkg, daher die Biegungsbeanspruchung zu $\sigma_b = \frac{1310 \cdot 6}{1 \cdot 5{,}5^2} = 260$ kg/cm² und die Scherbeanspruchung zu $\sigma_s = \frac{420 \cdot 2{,}5}{1 \cdot 5{,}5} = 190$ kg/cm².

Ist σ die nach Gl. 35) berechnete, k aber die zulässige Druckbeanspruchung des Kugelmaterials, so berechnet sich die Stärke der Hohlkugel genau genug aus der Gleichung $\delta = \frac{r}{2} \frac{\sigma}{k}$ zu $\delta = \frac{9{,}5}{2} \cdot \frac{500}{500} = 4{,}75$ cm; gewählt ist $\delta = 50$ mm. Die obere Kipplatte greift mit einem 15 mm hohen Ansatz von 60 mm ϕ in eine entsprechende Aussparung der Auflagerplatte des Blechträgers ein; ihre Konsolen sind mit 10 mm Spiel gegen die Unterkante dieser Platte angeordnet.

Der Fuß der Pendelsäule ist in Abb. 224 dargestellt. Mit $r_1 = 90$ mm, $r_2 = 88$ mm und $E = 1000$ t/cm² wird nach Gl. 33a): $d = 2\sqrt[3]{\frac{4}{3} \cdot \frac{70}{1000} \frac{9{,}0 \cdot 8{,}8}{9{,}0 - 8{,}8}} = 6{,}7$ cm und damit nach Gl. 34): $\sigma = \frac{3}{2} \frac{70000}{\frac{1}{4}\pi \cdot 6{,}7^2} = 3000$ (zul. 3500) kg/cm². Der Druck auf die Ringfläche des Fußstücks von $\frac{\pi}{4}(32^2 - 22^2) = 424{,}1$ cm² Querschnitt berechnet sich zu $\sigma = \frac{70000}{424{,}1} = 170$ kg/cm², daher das Moment für die 70 mm hohe ringförmige Nase des Kugelzapfens für 1 cm Umfang zu $\mathfrak{M} = 170 \cdot 1 \cdot \frac{5^2}{2} = 2130$ cmkg, die Biegungsbeanspruchung zu $\sigma_b = \frac{2130 \cdot 6}{1 \cdot 7^2} = 260$ kg/cm² und die Scherbeanspruchung zu $\sigma_s = \frac{170 \cdot 5}{1 \cdot 7} = 120$ kg/cm².

Abb. 223. Kopf einer Pendelsäule.

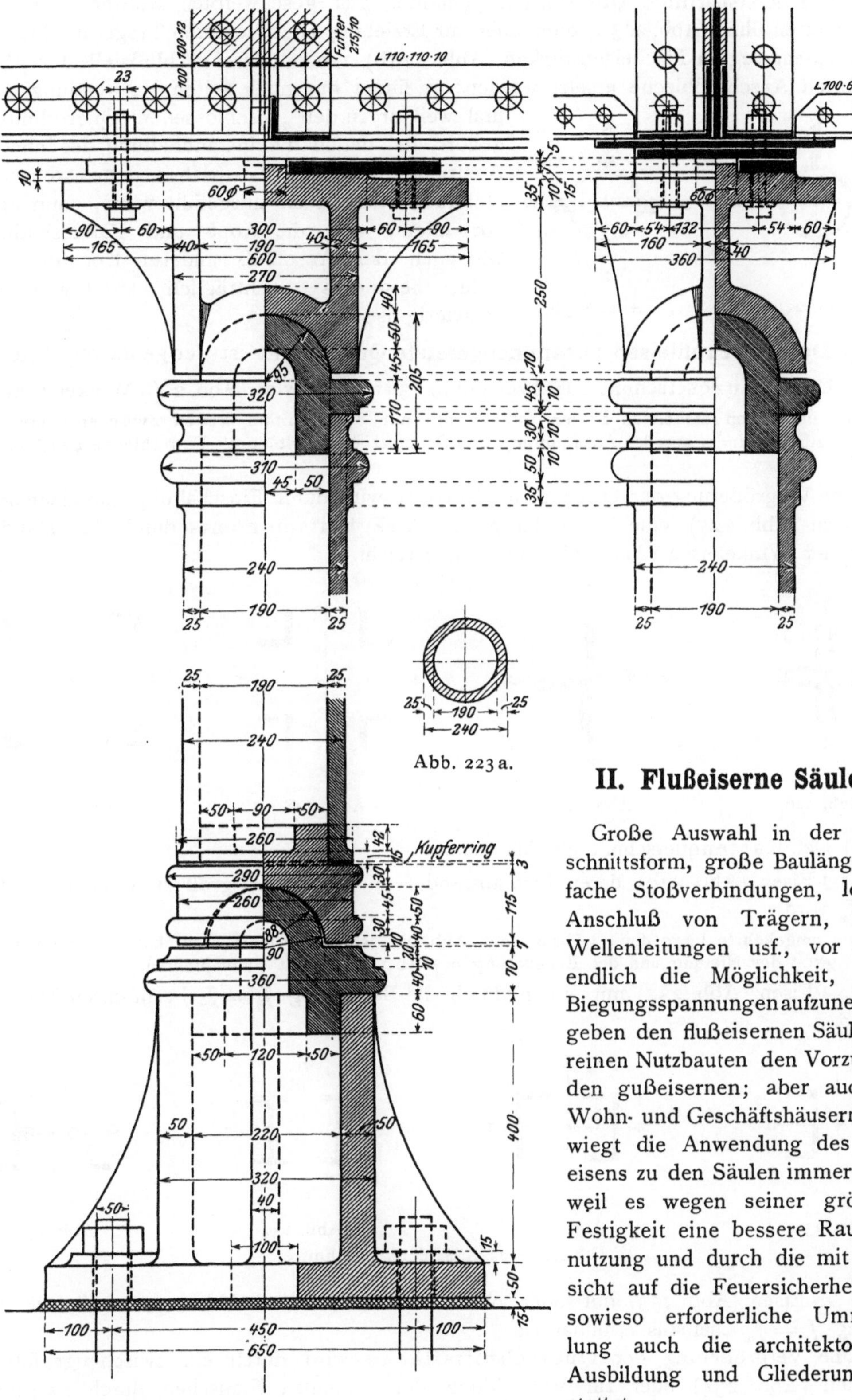

Abb. 223a.

Abb. 224. Fuß einer Pendelsäule.

II. Flußeiserne Säulen.

Große Auswahl in der Querschnittsform, große Baulänge, einfache Stoßverbindungen, leichter Anschluß von Trägern, Rohr-, Wellenleitungen usf., vor allem endlich die Möglichkeit, große Biegungsspannungen aufzunehmen, geben den flußeisernen Säulen bei reinen Nutzbauten den Vorzug vor den gußeisernen; aber auch bei Wohn- und Geschäftshäusern überwiegt die Anwendung des Flußeisens zu den Säulen immer mehr, weil es wegen seiner größeren Festigkeit eine bessere Raumausnutzung und durch die mit Rücksicht auf die Feuersicherheit hier sowieso erforderliche Ummantelung auch die architektonische Ausbildung und Gliederung gestattet.

1. Querschnittsform.

a) Der kreisförmige Querschnitt: gebildet aus geschweißten Rohren oder aus Quadranteisen ohne (Abb. 225a) oder aber zur Erzielung eines besseren Trägeranschlusses mit zwischengelegten Flacheisenstücken (Abb. 225b), die an der Anschlußstelle fortfallen oder durch Anschlußbleche ersetzt werden; er findet nur noch selten Verwendung, einmal weil er zu den „geschlossenen" Querschnitten gehört, bei denen die Instandhaltung des inneren Anstrichs unmöglich ist (daher denn wohl der Hohlraum mit Beton ausgefüllt wird), dann aber vor allem, weil die Kopf- und Fußausbildung wie auch der Anschluß anderer Konstruktionsteile, besonders nachträglich anzubringender, schwierig ist.

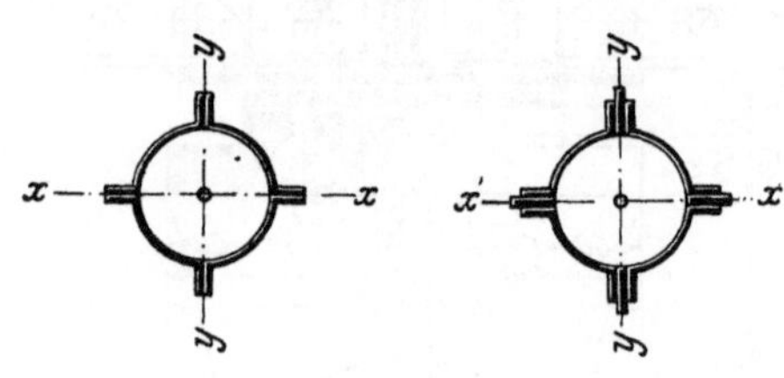

Abb. 225a. Abb. 225b.

b) Der aus Profileisen zusammengesetzte Querschnitt ist der gebräuchlichste.

α) Der Kreuzquerschnitt aus zwei (Abb. 134a) oder vier (Abb. 226) Winkeleisen.

Bei im Freien stehenden Säulen müssen die nur 8 bis 20 mm weiten Zwischenräume der Abb. 226 zur Verhinderung der Ansammlung von Schmutz und Rost durch Futterbleche geschlossen werden.

Eine Vergrößerung der Querschnittsfläche wird durch Einschaltung durchlaufender Flacheisen (Abb. 227), eine Vergrößerung des Trägheitsmoments durch Auseinanderrücken der Winkeleisen (Abb. 228 und 229) erreicht.

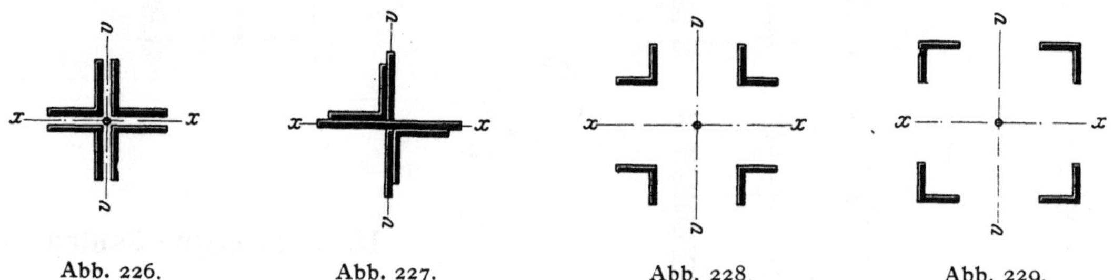
Abb. 226. Abb. 227. Abb. 228. Abb. 229.

β) Der Kastenquerschnitt gebildet aus:

2 ⊔-Eisen (Abb. 230), deren Lichtabstand i mindestens so groß zu wählen ist, daß $J_v = J_x$ wird.

Die umgekehrte Lage der ⊔-Eisen nach Abb. 231 ist bei kleinem Lichtabstand e wegen der Schwierigkeit der Nietung und der Erneuerung des Anstrichs nicht zu empfehlen.

2 I-Eisen (Abb. 232) mit einem durch die Bedingung $J_v = J_x$ bestimmten Mindestabstand a.

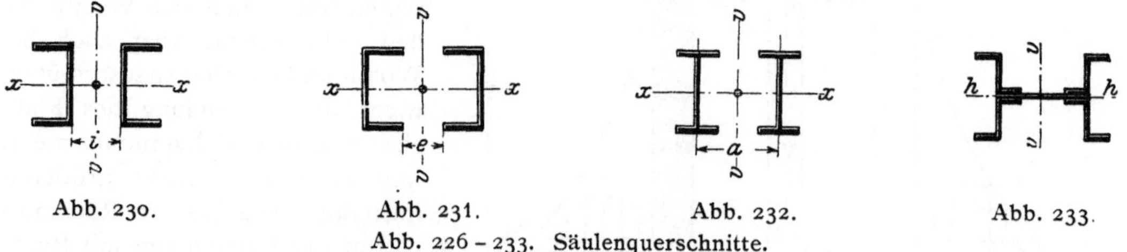
Abb. 230. Abb. 231. Abb. 232. Abb. 233.

Abb. 226 – 233. Säulenquerschnitte.

4 Z-Eisen (Abb. 233) mit oder ohne durchlaufendes Stehblech, für die die Bedingung $J_v = J_h$ ebenfalls erfüllbar ist.

Eine Vergrößerung der Querschnittsfläche wird durch ein zwischengenietetes I-Eisen (Abb. 234) oder zur Vermeidung der schmalen Flanschen durch zwischengenietete ⊔-Eisen erreicht, zwischen deren Stegen nach Bedarf noch ein oder mehrere

Flacheisen (Abb. 235) angeordnet werden können; solche Formen eignen sich für kurze, aber sehr schwer belastete Säulen, für deren Querschnittsbestimmungen nicht das Trägheitsmoment, sondern die Fläche maßgebend ist.

Eine Vergrößerung des Trägheitsmoments wird durch Lamellen (Abb. 236) erzielt, die man vielfach auch durchlaufend (Abb. 237) anordnet, wobei dann aber der obenerwähnte Nachteil des „geschlossenen" Querschnitts mit in Kauf genommen wird.

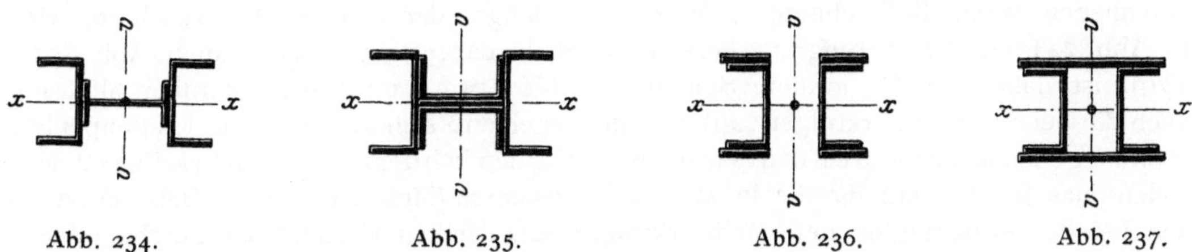

Abb. 234. Abb. 235. Abb. 236. Abb. 237.

γ) Der Doppelquerschnitt, für fachwerkförmig gegliederte Säulen, aus ⊔-Eisen (Abb. 238a u. c), ⊢⊣-Eisen (Abb. 238b), ⊔- und ⊢⊣-Eisen (Abb. 238d), Stehblechen und Winkeleisen ohne oder mit Lamellen (Abb. 238e) oder endlich durch Verdoppelung der Kreuzquerschnitte Abb. 134a, 226 und 227.

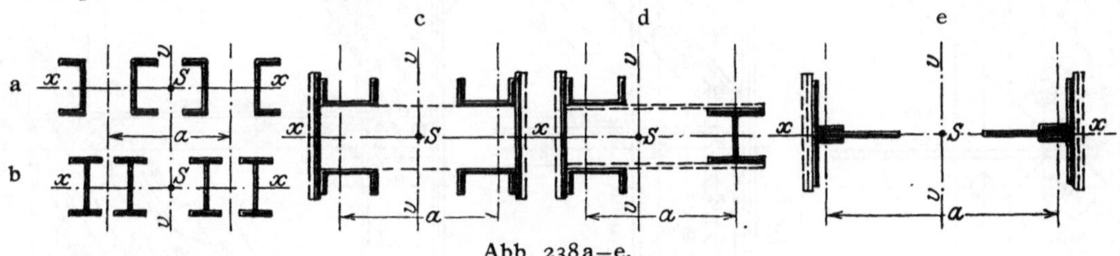

Abb. 238a—e.

Abb. 234—238. Säulenquerschnitte.

2. Schaftausbildung.

Bei zwei- und mehrteiligen Säulendurchschnitten müssen die nebeneinanderliegenden, nicht durchlaufend miteinander vernieteten Querschnittsteile in den nach Gl. 31b) berechneten Entfernungen $\mathfrak{e}$, mindestens aber in den Viertelpunkten miteinander verbunden werden.

a) Wird die Säule nur durch in ihrer Achse wirkende lotrechte Lasten, also nur auf Druck beansprucht, so genügen zur Verbindung einzelne Bindbleche, die an jeden Querschnittsteil mit mindestens drei hintereinandersitzenden Nieten anzuschließen sind (Abb. 173).

Kopf und Fuß der Säule werden bei der Berechnung als in der Achse gelenkig geführt angenommen; in Wirklichkeit ist wegen der stets vorhandenen großen Kopf- und Fußplatten mit einer teilweisen Einspannung der Säulenenden, daher mit einer wesentlichen Verringerung der Knickgefahr zu rechnen, so daß die nach Gl. 31b) berechnete Entfernung der Bindbleche eine genügende Sicherheit gewährleistet.

b) Wird die Säule infolge exzentrischen Angriffs der lotrechten Lasten oder durch wagerechte Lasten auf Biegung beansprucht, so werden die einzelnen Querschnittsteile untereinander fachwerkförmig vergittert (Abb. 201, 202, 204).

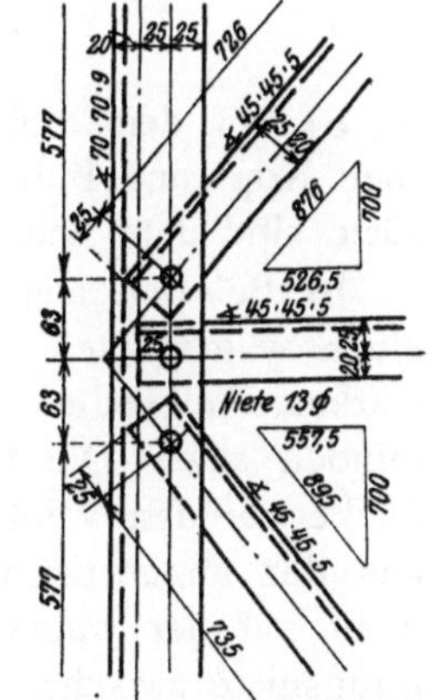

Abb. 239. Vergitterung der Säule Abb. 201.

Nur bei ganz geringen Werten der Diagonal- und Horizontalspannkräfte, wie sie bei Licht- und Freileitungsmasten auftreten, begnügt man sich mit dem Anschluß durch 1 Niet, wie in Abb. 239 für den in Aufg. 42 berechneten Freileitungsmast dargestellt.

Sind die Horizontalriegel wie in Abb. 201 a u. b in den benachbarten Gitterebenen gegeneinander versetzt, so hat man in Gl. 31 b) für J_{min} das kleinste Trägheitsmoment eines Eckpfostenwinkels einzuführen (vgl. Aufg. 42); liegen sie dagegen in derselben wagerechten Ebene und sind ebenso wie die Diagonalen mit mindestens 2 Nieten an Knotenbleche angeschlossen (Abb. 240), so darf in Gl. 31 a) für J_{min} das Trägheitsmoment bezogen auf die zu einem Winkelschenkel parallele Schwerachse eingeführt werden.

Als Regel gilt für alle anderen Fälle, die Gitterstäbe mit mindestens 2 Nieten anzuschließen, wenn die Rechnung nicht mehr verlangt; der exzentrische Anschluß, wie er in Abb. 241 für die in Aufg. 43 berechnete Säule dargestellt ist (vgl. auch Abb. 177 bis 179), ist dabei nur für mittlere Spannkräfte bis etwa 8 t zulässig; darüber hinaus gilt auch die bei den Fachwerkträgern aufgestellte Regel, daß sich alle an einem Knotenpunkt zusammentreffenden Stäbe in ein und demselben Punkt, nämlich dem Knotenpunkt selbst schneiden sollen; das in Abb. 242 für die in Aufg. 44 berechnete Säule dargestellte Beispiel ist nach den bei der Konstruktion der Fachwerkträger aufgestellten Grundsätzen durchgebildet.

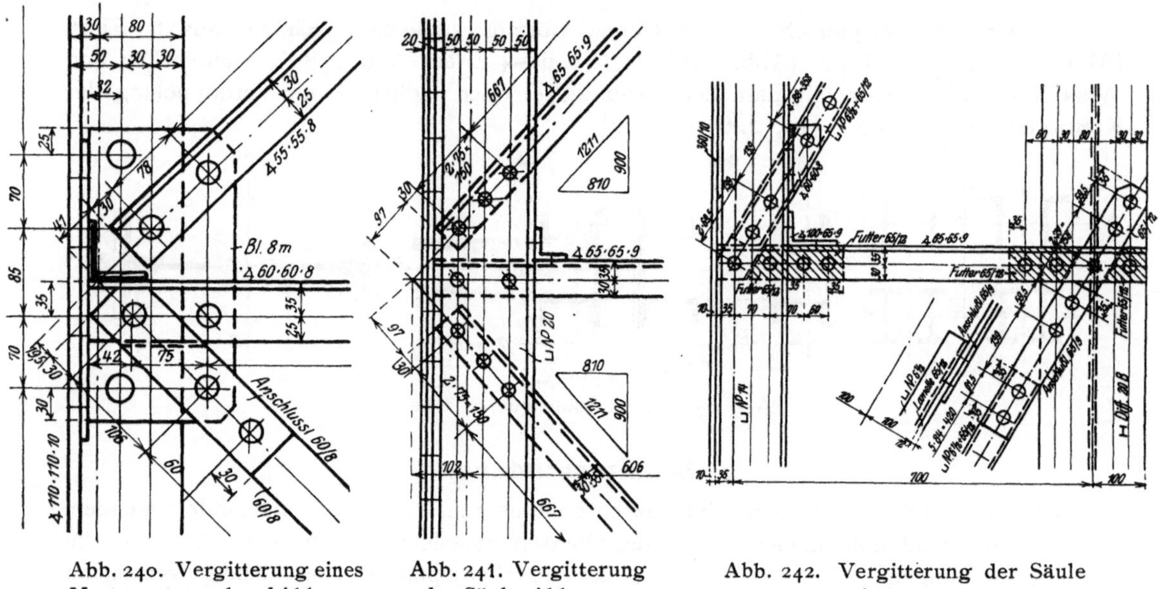

Abb. 240. Vergitterung eines Mastes entsprechend Abb. 201.

Abb. 241. Vergitterung der Säule Abb. 202.

Abb. 242. Vergitterung der Säule Abb. 204.

3. Kopf- und Fußausbildung.

a) Bei den aus geschweißten Rohren oder Quadranteisen gebildeten Säulen stellt man Kopf und Fuß wohl aus Gußeisen her; die bei den Gußsäulen entwickelten Grundsätze sind dann auch hier maßgebend.

b) Bei den aus Profileisen zusammengesetzten Säulen bestehen Kopf und Fuß aus einer wagerechten, 15 bis 30 mm starken Platte und aus lotrechten, 10 bis 14 mm starken Fußblechen, die unter sich und mit dem Schaft durch wagerechte Winkel verbunden sind. Die wagerechte Fußplatte darf höchstens um das 2- bis $2^1/_2$ fache ihrer Dicke vor den Winkelkanten vorstehen. Die Höhe der lotrechten Fußbleche ergibt sich aus der ungünstigen Annahme, daß der Säulenquerschnitt infolge mangelhafter Arbeit nicht auf der wagerechten Platte aufsteht, daher die gesamte Kraft durch die Verbindungsniete zwischen Schaft und lotrechten Blechen übertragen werden muß. Die hierfür errechnete Nietanzahl muß dann auch zwischen den Fußwinkeln und den lotrechten Blechen vorhanden sein, wobei man die den Schaft unmittelbar mit den Fußwinkeln verbindenden Niete in beiden Fällen mitzählen darf.

Zwischen Fußplatte und Auflagerstein wird zur Erzielung einer gleichmäßigen Druckübertragung eine Bleiplatte von 5 bis 6 mm oder eine Zementschicht von 20 bis 50 mm Stärke eingeschaltet; über das Vergießen der Fußplatte vgl. S. 259.

Aufgabe 59 a. Es ist Kopf und Fuß der in Aufg. 38 und 39 berechneten Säule zu entwerfen

Auflösung. Der Kopf ist in Abb. 243 für den Fall dargestellt, daß auf der Säule ein aus 2 ⊢⊣ NP. 36 gebildeter Unterzug auflagert. Zur Übertragung der Kraft $P = 40000$ kg sind nach Aufg. 38 $F_s = {}^4/_3 \cdot 33{,}3 = 44{,}4$ cm² Scherfläche erforderlich. Die wagerechte, 20 mm starke Kopfplatte, auf der der Unterzug unmittelbar aufruht, ist mit den Stegen der ⊔⊔ NP. 18 durch ∢ 120·120·11 mit $2 \times 3 = 6$ Nieten von 20 mm ϕ und mit den lotrechten Kopfblechen durch ∢ 100·65·11 mit $2 \times 2 = 4$ Nieten von 20 mm ϕ und $2 \times 3 = 6$ Nieten von 23 mm ϕ verbunden, so daß insgesamt $(6 + 4)\,3{,}1 + 6 \cdot 4{,}2 = 56{,}2$ cm² Scherfläche vorhanden sind. Die Verbindung der lotrechten Bleche mit den Flanschen der ⊔⊔ NP. 18 erfordert daher $44{,}4 - 6 \cdot 3{,}1 = 25{,}8$ cm² Scherfläche, so daß die vorhandenen $4 \times 4 = 16$ Niete von 20 mm ϕ mit $16 \cdot 3{,}1 = 49{,}6$ cm² Scherfläche reichlich genügen.

Von der Gesamtkraft $P = 40000$ kg hat daher $\frac{\text{ein Steg}}{\text{ein Flansch}}$ den Anteil $\frac{3 \cdot 3{,}1 \cdot 900}{{}^1/_2\,(20000 - 3 \cdot 3{,}1 \cdot 900)} = \frac{8400}{5800}$ kg aufzunehmen; bei $\frac{18{,}0 \cdot 0{,}8 = 14{,}4}{6{,}2 \cdot 1{,}1 = 6{,}8}$ cm² Fläche ergibt sich daher die Druckbeanspruchung zu $\sigma = \frac{560}{850}$ kg/cm².

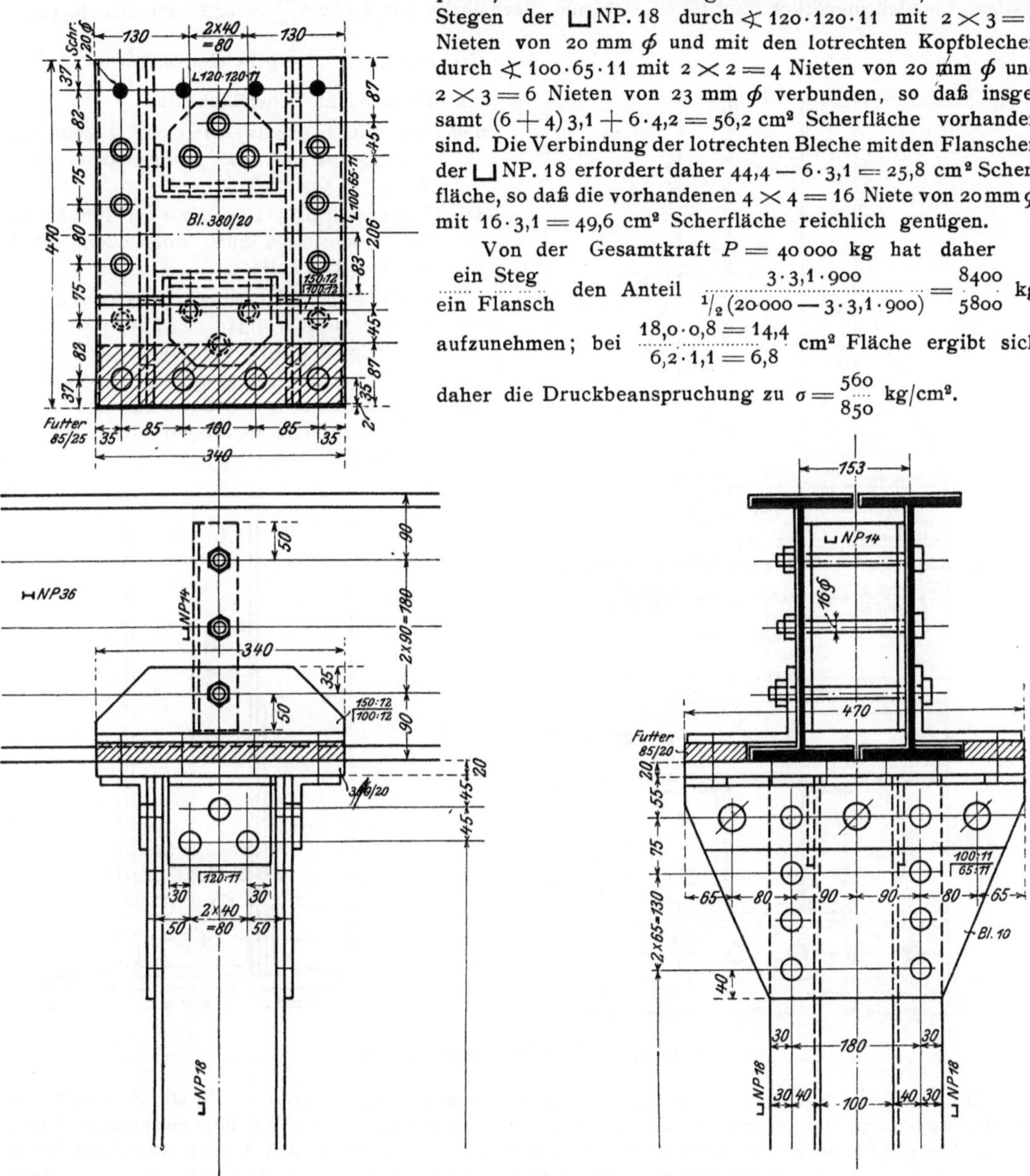

Abb. 243. Säulenkopf (Aufg. 38/39).

Die Befestigung des Unterzugs erfolgt durch wagerechte Winkeleisen 150 · 100 · 12, die mit Rücksicht auf die Montage nur an der einen Seite mit der Kopfplatte vernietet, an der andern aber aufgeschraubt sind. Zur Verbindung beider Träger und zur Aussteifung ihrer Stege genügt das zwischengelegte ⊔⊔ NP. 14, da eine lotrechte Verschiebung des einen Trägers gegenüber dem andern unmittelbar über der Säule ausgeschlossen ist.

Der Fuß ist in Abb. 244 dargestellt. In den Stegen sind wieder $2 \times 3 = 6$, in den wagerechten Fußwinkeln bzw. den Flanschen $2 \times 7 = 14$ Niete von 20 mm ϕ mit insgesamt $20 \cdot 3{,}1 = 62{,}0$ cm² Scherfläche angeordnet. Die senkrechten Fußbleche sind um eine Nietteilung höher als erforderlich gemacht, um eine möglichst gleichmäßige Druckverteilung in der Auflagerfläche herbeizuführen. Der Fuß ist durch 4 Steinschrauben gegen Verschieben gesichert.

Aufgabe 59b. Es ist der Fuß der in Aufg. 43 und 47 berechneten Säule zu entwerfen.

Auflösung. Der Fuß ist in Abb. 245 dargestellt. Die größte Druckkraft in einem Gurt berechnet sich nach Aufg. 43 zu $S_{min} = 155{,}8$ t und erfordert $F_s = 155{,}8$ cm² Scherfläche. Die Anschlußniete haben 20 mm ϕ; soweit sie zweischnittig sind, zählen sie mit Rücksicht auf den zulässigen Lochleibungsdruck nach Gl. 6 bei 14 mm Blechstärke nur $1{,}4 : 2{,}0 \frac{\pi}{8} = 1{,}78$ fach. Bei 116,4 cm² Gesamtgurtfläche ergibt sich mit $\frac{155{,}8}{116{,}4} = 1{,}34$ die erforderliche Scherfläche für

den Steg mit $20{,}0 \cdot 0{,}85 = 17{,}0$ cm² Fläche zu $17{,}0 \cdot 1{,}34 = 23{,}0$ cm²; vorhanden sind $12 \cdot 3{,}1 = 37{,}2$ cm²;

den Flansch mit $6{,}85 \cdot 1{,}15 = 7{,}9$ cm² Fläche zu $7{,}9 \cdot 1{,}34 = 10{,}9$ cm²; vorhanden sind $4 \cdot 3{,}1 = 12{,}4$ cm²;

die Lamellen mit $(36{,}0 + 2 \cdot 8{,}0)\, 1{,}0 = 52{,}0$ cm² Fläche zu $52{,}0 \cdot 1{,}34 = 70{,}2$ cm²; vorhanden sind $2\,(6 \cdot 1{,}78 + 1)\, 3{,}1 = 72{,}4$ cm²;

insgesamt $2 \cdot 37{,}2 + 4 \cdot 12{,}4 + 72{,}4 = 196{,}4$ cm²; die äußeren Flansche werden durch den Überschuß an Nietfläche in Stegen und Lamellen eingebunden.

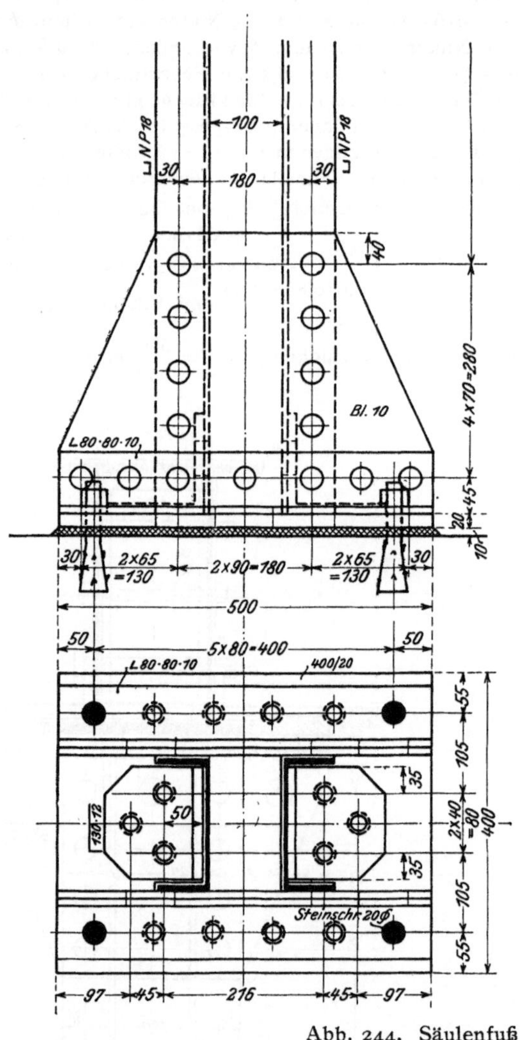

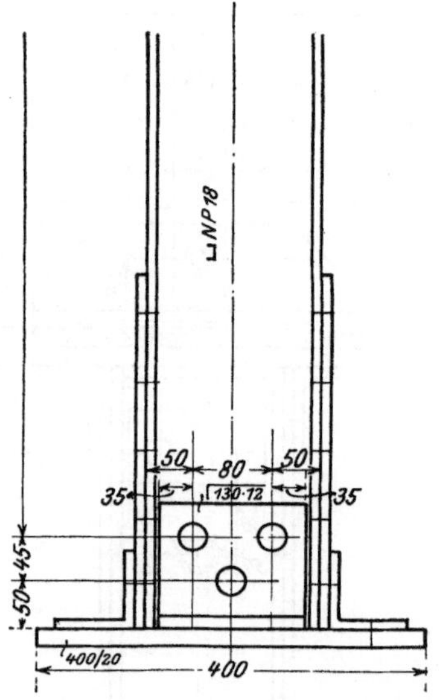

Abb. 244. Säulenfuß (Aufg. 38/39).

Die lotrechten Fußbleche sind an die wagerechten Fußwinkel 200·100·16 durch $2 \times 1 = 2$ einschnittige Niete von 23 mm ϕ, $2 \times 3^1/_2 = 7$ einschnittige und $2 \times 3 = 6$ doppelschnittige Niete von 26 mm ϕ (die aber nur $1{,}4 : 2{,}6\, \pi/8 = 1{,}37$ fach zählen) sowie in den kurzen zur Aussteifung der Fußwinkel dienenden Querwinkeln durch $2 \times 2 = 4$ doppelschnittige Niete von 23 mm ϕ (die aber nur $1{,}0 : 2{,}3\, \pi/8 = 1{,}17$ fach zählen) angeschlossen, so daß insgesamt $(2 + 4 \cdot 1{,}17)\, 4{,}2 + (7 + 6 \cdot 1{,}37)\, 5{,}3 = 107{,}7$ cm² Scherfläche vorhanden sind und daher von der Gurtkraft S_{min} der Teil $155{,}8 - 107{,}7 = 48{,}1$ t unmittelbar durch die lotrechten Fußbleche und die zu ihrer Aussteifung innen durchgeführten Winkeleisen *a* übertragen wird.

Die größte Zugkraft in einem Gurt berechnet sich nach Aufg. 43 zu $S_{max} = \frac{39{,}8}{0{,}606} - {}^1/_2\,(24{,}0 + 1{,}2) - 30{,}0 = 23{,}7$ t, zu deren Aufnahme 23,7 cm² Scherfläche erforderlich sind. Vorhanden sind in den Fußwinkeln $2 \times 6^1/_2 = 13$ einschnittige Niete von 26 mm ϕ und $2 \times 1 = 2$ einschnittige Niete von 23 mm ϕ, in den Querwinkeln $2 \times 2 = 4$ einschnittige Niete von 23 mm ϕ mit insgesamt $13 \cdot 5{,}3 + (2 + 4) \cdot 4{,}2 = 94{,}1$ cm² Scherfläche.

Die Lösung für den in Abb. 203b dargestellten Querschnitt zeigt Abb. 246. Der Säulenquerschnitt ist mit zwei 14 mm starken Fußblechen in zwei durchlaufende ⊔NP. 20 eingebunden, die an ihren Enden die Anker tragen. Für den Belastungsfall c) der Aufg. 46b ergibt sich die in Abb. 246a dargestellte Druckbeanspruchung und die daraus leicht zu berechnende Momentfläche für die Fußplatte. Beispielsweise berechnet sich das Moment im Abstand 0,32 m vom Plattenende zu $\mathfrak{M} = 54 \cdot \frac{32^2}{6}(2 \cdot 30 + 26,8) = 550900$ cmkg; an dieser Stelle ist das wagerechte, 20 mm starke Fußblech mit $2 \times 5 = 10$ Nieten von 20 mm ϕ, also mit $10 \cdot 3,14 \cdot \frac{1000}{1400} = 22,4$ cm² (vgl. Aufg. 42) eingebunden; daher ergibt sich $F = 2 \cdot 32,2 + 22,4 = 86,8$ cm²; die neutrale Achse liegt im Abstand $\frac{22,4 \cdot 11,0}{86,8} = 2,8$ cm von Stegmitte; daher wird $J = 2 \cdot 1911 + 22,4 \cdot 11,0^2 - 86,8 \cdot 2,8^2 = 5850$ cm⁴, $W = \frac{5850}{12,8} = 450$ cm³ und $\sigma = \frac{550000}{450} = 1220$ (zul. 1400) kg/cm².

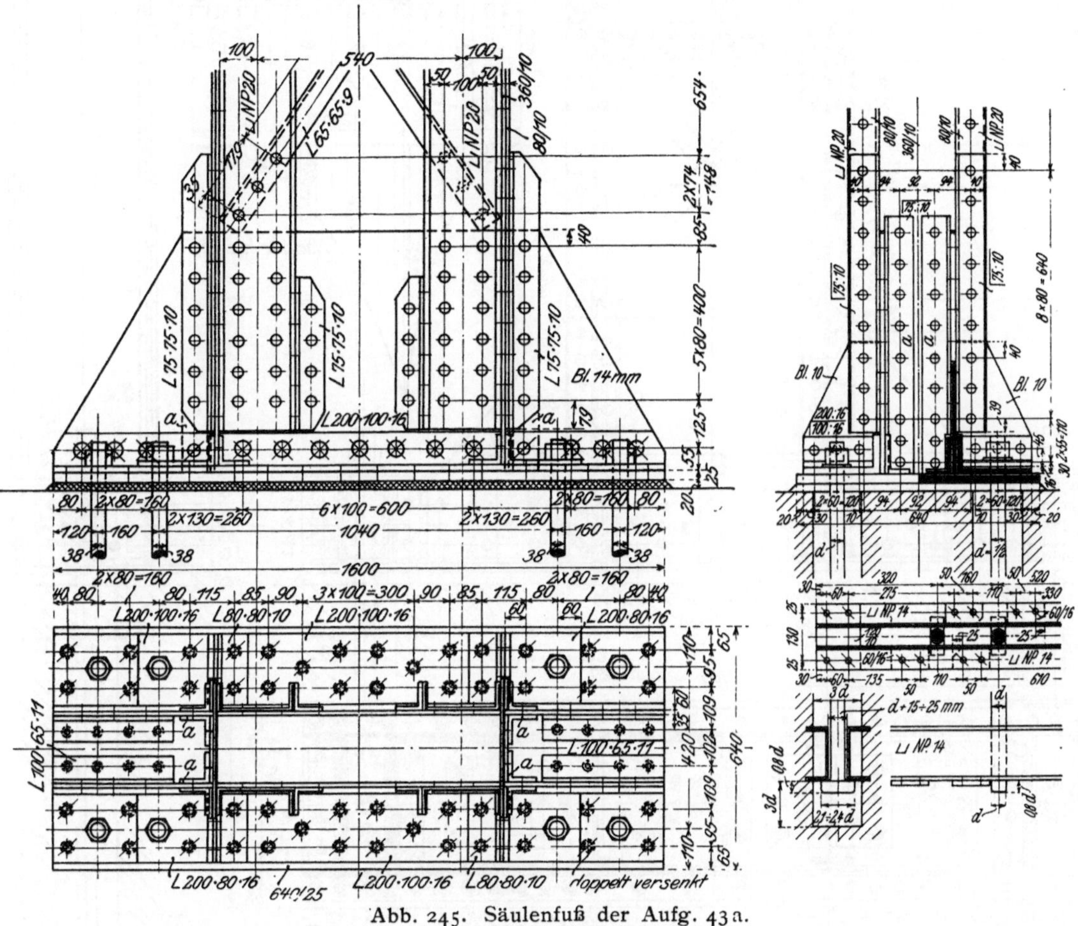

Abb. 245. Säulenfuß der Aufg. 43a.

Die **Anker** erfordern im Fundamente Unterzüge, die nach Abb. 245 und 246 aus ⌊- oder besser ⊔-Eisen ausgebildet und bei der Herstellung des Fundaments mit einbetoniert werden; ihre Druckfläche ist so zu bemessen, daß die zulässige Betonpressung durch die größte auftretende Ankerzugkraft nicht überschritten wird. Beispielsweise ergibt sich für Abb. 246 eine erforderliche Auflagerfläche von $\frac{14900}{30} = 500$ cm², daher eine erforderliche Auflagerlänge von $\frac{500}{2 \cdot 10} = 25$ cm; das Moment für den beiderseits eingespannten Unterzug wird im ungünstigsten Falle $\frac{14900}{2} \cdot 8 = 59600$ cmkg, daher mit $W = \frac{2 \cdot 235}{7,02} = 67$ cm³ (2 ⌈100 : 14) der Beanspruchung $\sigma = \frac{59600}{67} = 890$ (zul. 1400) kg/cm²; die Pressung zwischen Ankerkopf und Winkeleisen wird $\sigma = \frac{14900}{2 \cdot 1,4 \cdot 5,1} = 1050$ kg/cm².

Die Anker selbst werden in der Regel erst bei der Aufstellung der Säule selbst eingezogen; daher sind im Beton quadratische oder rechteckige Kanäle auszusparen, die nach beendigter Montage vor dem Vergießen der Fußplatte mit Beton ausgefüllt werden.

Weitere Beispiele für die Fußausbildung sind in Abb. 206 und 208 gegeben. Ist der aus lotrechten und wagerechten Fußblechen und ihren Verbindungswinkeln gebildete ⊥⊥-förmige Querschnitt zur Aufnahme der Biegungsmomente nicht ausreichend, so werden die lotrechten Bleche an den Außenkanten durch Gurtwinkel verstärkt. Die Berechnung der Nietteilungen erfolgt wie bei den Blechträgern.

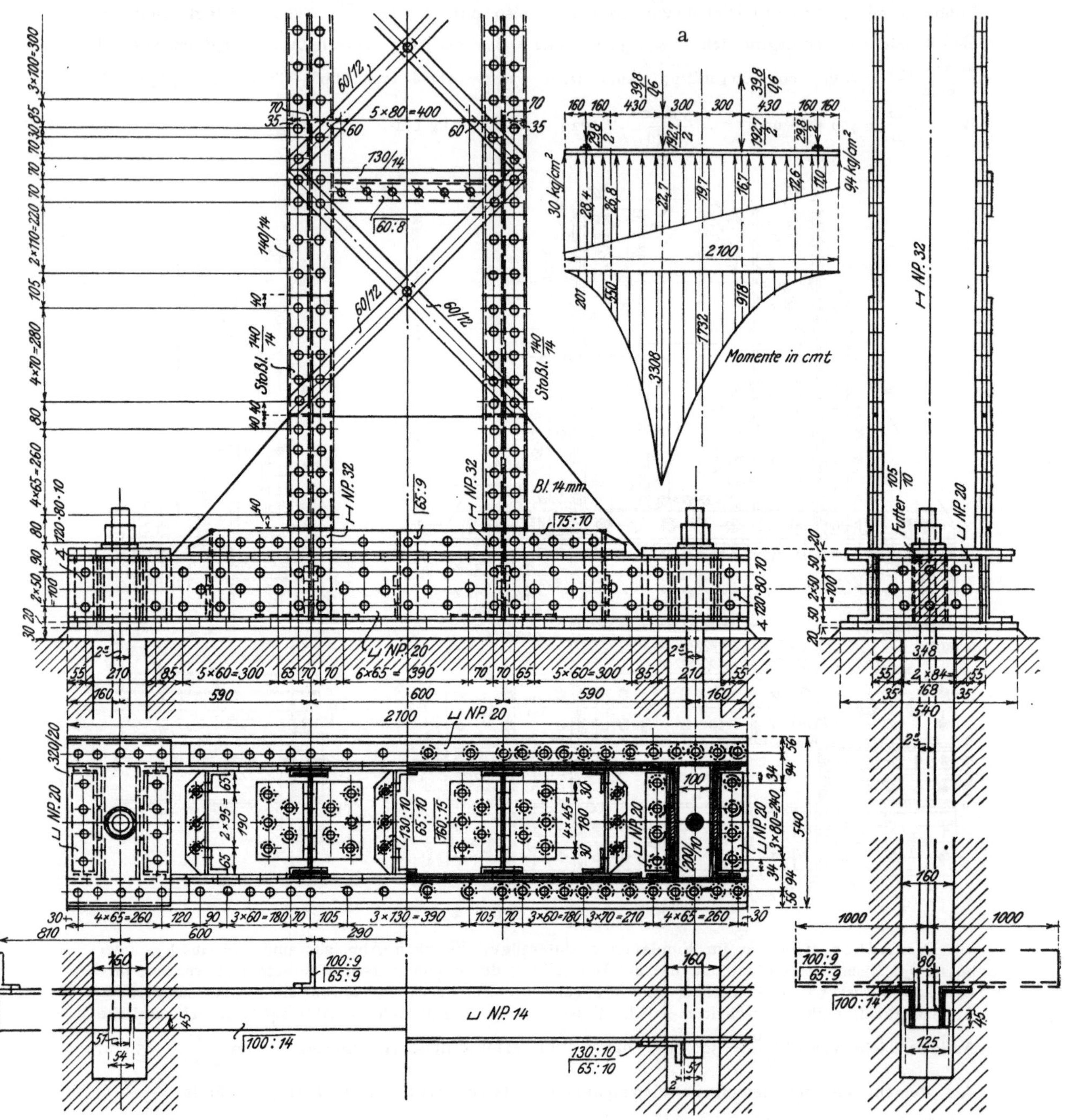

Abb. 246. Säulenfuß der Aufg. 42b.

Aufgabe 60. Es ist der Fuß der in Aufg. 41 und 46 berechneten Säule (einstielige Bahnsteighalle) zu entwerfen.

Auflösung. Der Fuß ist in Abb. 247 dargestellt. Die wagerechte Fußplatte 560×300 hat nach Aufg. 41 die größte lotrechte Kraft $P = 14200$ kg zu übertragen, daher die Druckbeanspruchung des Betons $\sigma_m = \frac{14\,200}{56 \cdot 30} = 8{,}4$ kg/cm² (zulässig 20 kg/cm² nach Aufg. 51); die Beanspruchung ist mit Rücksicht auf die nur 300 mm tiefer liegende Fundamentsohle gering gehalten. Zur Erleichterung der Montage ist der Fuß durch 2 Steinschrauben mit dem Beton verbunden.

Die nach Aufg. 51 erforderliche Druckbreite $d = 300$ mm (vgl. Abb. 211) ist durch ein beiderseits aufgenietetes ⊔ NP. 30 alt erzielt, das oben und unten zur Aussteifung des Stegs mit Winkeleisen gesäumt ist.

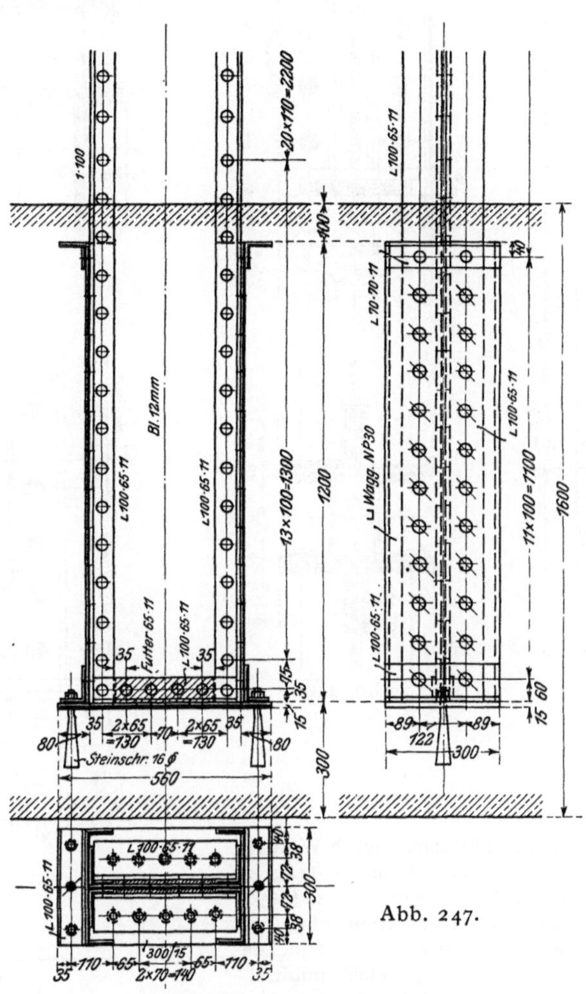

Abb. 247.

4. Trägerauflagerung.

Endigt die Säule unter dem Träger, so bietet die zentrische Auflagerung in der Regel keine Schwierigkeit.

Geht die Säule durch mehrere Geschosse, so führt man sie als den tragenden Hauptkonstruktionsteil stets ununterbrochen durch. Die gleichzeitige ungeschwächte Durchführung des Trägers ist nur bei einteiligem Träger- und zweiteiligem Säulenquerschnitt möglich.

Ein Ausführungsbeispiel zeigt Abb. 248; daß über dem Träger gestrichelt eingezeichnete Winkeleisen w ist zur Verhinderung der seitlichen Ausbiegung des gedrückten Trägerflansches nur dann erforderlich, wenn der Träger nicht schon durch die Konstruktion selbst z. B. durch rechtwinklig an ihn anschließende Nebenträger gegen seitliche Verschiebung hinreichend geschützt ist.

In den meisten Fällen muß man sich damit begnügen, den Träger möglichst nahe an die Säulenachse heranzuführen und die durch den exzentrischen Lastangriff hervor gerufenen Biegungsmomente bei der Querschnittsbestimmung in Rechnung zu stellen.

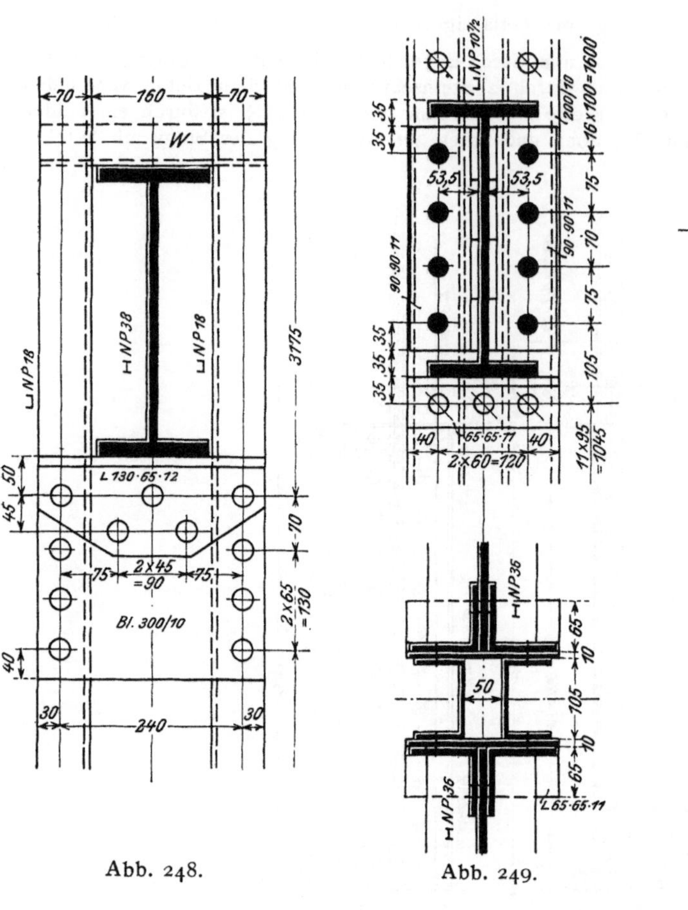

Abb. 248.

Abb. 249.

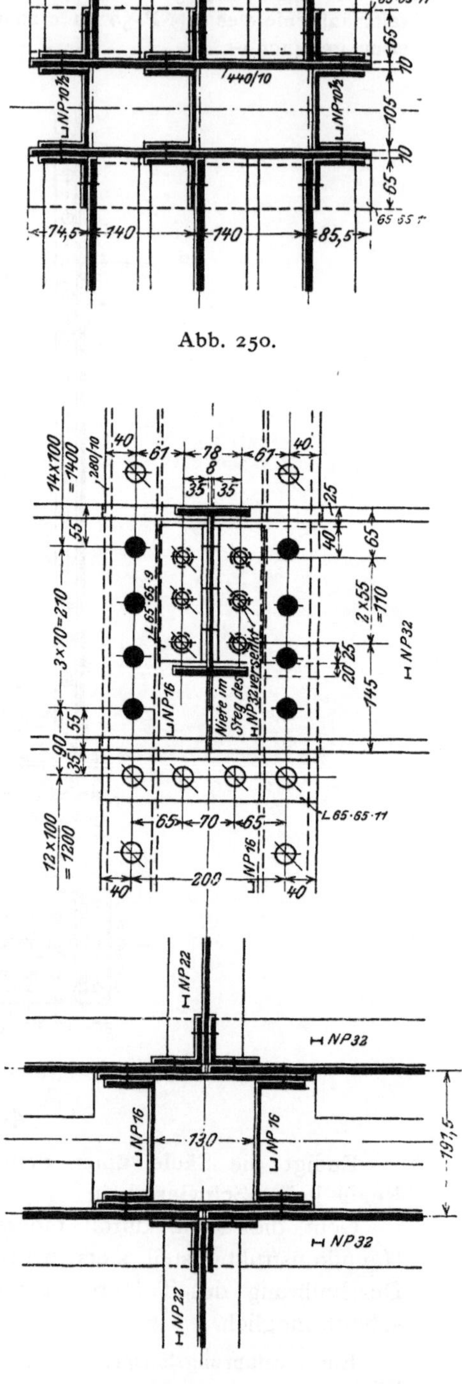

Abb. 250.

Abb. 251.

Der Anschluß des Trägers erfolgt meist durch Winkeleisen im Steg (Abb. 249 und 250); unterhalb des Trägers besondere Winkeleisen (65·65·11 in Abb. 249 und 250) anzubringen, ist nicht unbedingt erforderlich, aber zur Erleichterung der Montage zweckmäßig. In manchen Fällen wird es möglich, den Trägersteg selbst unmittelbar an die Säule anzuschließen, beispielsweise bei dem in Abb. 251 dargestellten Anschluß eines aus 2 ⊢⊣ NP. 32 gebildeten Unterzugs an eine aus 2 ⊔ NP. 16 + 2 $^{280}/_{10}$ bestehende kastenförmige Säule; die inneren Flanschen der in der Säulenachse gestoßenen Träger sind abgearbeitet, so daß sich die Stege an die Säulenlamellen anlegen können; die aus ⊢⊣ NP. 22 gebildeten Nebenträger sind an dem Unterzug mit im Steg versenkten Nieten angeschlossen.

Zweiter Abschnitt.

Hochbaukonstruktionen.

Einheitsgewichte und zulässige Beanspruchungen der Baustoffe

(nach den Bestimmungen vom 24. Dezember 1919).

I. Steine.

Gegenstand	Einheitsgewicht γ kg/m³	Zulässige Druckbeanspruchung in kg/cm² in Auflagersteinen	in Pfeilern und Gewölben	in schlanken Pfeilern und Säulen	Bemerkungen
Mauerwerk aus natürlichen Steinen:					Als schlank gelten Pfeiler und Säulen, deren geringste Stärke kleiner als $^1/_{10}$ der Höhe ist.
Quadermauerwerk in Granit	2800	60	40	25	
Quadermauerwerk in Basalt	3000	65	45	30	
Quadermauerwerk in Basaltlava	2800	20	15	10	
Quadermauerwerk in Sandstein	2700	20	15	10	
Bruchsteine in Kalkmörtel	2500		5 bis 7		Je nach Beschaffenheit.
Mauerwerk aus künstlichen Steinen:		im Mauerwerk			
Mauerziegel 2. Klasse in Kalkmörtel	1800	7			1 Kalk : 3 Sand.
Mauerziegel 1. Klasse, Kalksandsteine in Kalkmörtel	1800	10			1 Kalk : 3 Sand.
Mauerziegel 1. Klasse, Kalksandsteine in Kalk-Zementmörtel	1800	14			1 Zement : 2 Kalk : 8 Sand.
Hartbrandziegel, Kalksandhartsteine in Kalk-Zementmörtel	1800	18			1 Zement : 2 Kalk : 8 Sand.
Klinker in Zemenmörtel	1900	35			1 Zement : 3 Sand.
Schwemmsteine	1000	3			Mindestdruckfestigkeit 20 kg/cm².
Schlackensteine	2200	3 bis 6			Je nach Beschaffenheit.
Mauerwerk aus Beton:					
Zementbeton	2200	35			$k_z = 5$ kg/cm² (Mischung 1 : 5).
Fundamentbeton geschüttet	2200	6 bis 8			
Fundamentbeton gestampft		10 bis 15			
Schlackenbeton	2200	5			1 Zement + 3 Sand + 7 Hochofenschlacke.
Bimsbeton	1600	10			1 Zement + 3 Sand + 3 Bimskies.
Guter Baugrund		3 bis 4			
Glas: geblasenes Rohglas	2600	$k_b = 120$ kg/cm²			
gegossenes Rohglas	2600	$k_b = 80$ „			
Drahtglas	2700	$k_b = 160$ „			

Gegenstand	Einheitsgewicht γ kg/m³	Gegenstand	Einheitsgewicht γ kg/m³
Asphalt: gegossen oder gestampft	1500	**Hochofenschlacke** Stückschlacke	1400
Asphaltpappe	3 kg/m²	granulierter Schlackensand	1000
Asphaltfilzplatten, 7 bis 10 mm stark	11 bis 15 kg/m²	**Bimssteinsand**	700
Erde, Sand, Lehm naß	2100	**Kohlen** Braunkohlen	750
Erde, Sand, Lehm trocken	1600	Steinkohlen	900
Kies naß	2000	Preßkohlen	1000
Kies trocken	1700	**Koks** Zechenkoks	500
Koksasche	750	Gaskoks	450
Kesselschlacke	1000	**Gips,** gegossen	1000

II. Holz.

Holzart		Einheitsgewicht γ kg/m³	Zulässige Beanspruchung parallel zur Fasser in kg/cm²				Bemerkungen
			Zug k_z	Druck k_d	Biegung k_b	Abscheren k_s	
Fichte (Rottanne) .	gesundes, trockenes Holz von einwandfreier Beschaffenheit	600	90	50	80	8	Bei Bauten für vorübergehende Zwecke (Rüstungen, Ausstellungshallen u. dgl.) dürfen die Zahlen um 25 v. H. erhöht werden.
Tanne (Weißtanne)		600	80	50	90	8	
Kiefer (Föhre) . .		700	100	60	100	10	
Lärche		650	100	60	100	10	Stützen und gedrückte Bauglieder ($E = 100000$ kg/cm²) müssen eine zehnfache ($J_{min} = 100 P_1 h_1^2$), bei Bauten zu vorübergehenden Zwecken eine siebenfache ($J_{min} = 70 P_1 h_1^2$) Knicksicherheit haben.
Eiche		900	100	80	100	10	
Buche		800					

III. Metalle.

Gegenstand	Einheitsgewicht γ kg/m³	Zulässige Beanspruchung in kg/cm²					Bemerkungen
		Zug k_z	Druck k_d	Biegung k_b	Abscheren k_s	Lochleibung k_l	
Eisen: Gußeisen	7250	250	500	250	200	—	In Lagern $k_d = 1000$ kg/cm².
Flußeisen	7850	1200	1200	1200	1000	2000	
Flußstahl { gegossen (Stahlformguß) . . .	7860	—	—	1200	—	—	
Flußstahl { gewalzt oder geschmiedet . .		1400	1400	1400	—	—	
Blei	11400	—	—	—	—	—	
Kupfer, gewalzt	8900	—	—	—	—	—	
Zink { gewalzt	7200	—	—	—	—	—	
Zink { gegossen	6900	—	—	—	—	—	
Bronze	8600	—	—	—	—	—	
Zinn, gewalzt	7400	—	—	—	—	—	
Messing	8600	—	—	—	—	—	

Fünftes Kapitel.

Deckenkonstruktionen.

Das Eisen hat bei seiner Verwendung zu Deckenkonstruktionen gegenüber dem Holz den Vorzug größerer Tragfähigkeit bei geringerer Konstruktionshöhe sowie der Unempfänglichkeit gegen Fäulnis, Schwamm und Wurmfraß; es ist zwar nicht brennbar, aber nicht unbedingt feuersicher (vgl. 1. Kap.).

Die einzelnen Teile einer Deckenkonstruktion (Abb. 252) sind:

1. Die Füllung, die den Raum zwischen den meist in gleicher Entfernung voneinander angeordneten

2. Deckenbalken ausfüllt; diese sind entweder nur an ihren Endpunkten aufgelagert oder aber in einem oder mehreren Zwischenpunkten durch

3. Unterzüge unterstützt, die wiederum ebenfalls entweder nur an den Endpunkten aufgelagert oder aber in einem oder mehreren Zwischenpunkten durch

4. Säulen unterstützt sind.

A. Berechnung der Deckenkonstruktionen.

Belastungen.

1. Die ständige Last (Fußbodenbelag, Lagerhölzer, Deckenfüllung, Balken, Deckenputz) ergibt sich aus folgender Zusammenstellung.

Holzbalkendecken	Gewicht kg/m²	Gewölbte Decken (preußische Kappen bis 2 m Spannweite)	Gewicht kg/m²	Ebene Decken	Gewicht kg/m²
Balken, 24/26 cm stark, in 1,0 m Mittenentfernung	41	1/2 Stein stark aus Ziegelsteinen (einschl. Hintermauerung)	275	10 cm stark aus Beton einschl. Eiseneinlagen	240
Lagerhölzer, 10/10 cm stark, in 1,0 m Mittenentfernung	7	1 Stein stark aus Ziegelsteinen (einschl. Hintermauerung)	540	Stegzementdielen mit Eisen (nur für Dächer zulässig) 5 cm stark	90
Halber Windelboden, bei 1,0 m Balkenentfernung	150	1/2 Stein stark aus Hohlziegeln (einschl. Hintermauerung)	200	Stegzementdielen 8 cm stark	120
Ganzer Windelboden, bei 1,0 m Balkenentfernung	293	1/2 Stein stark a. Schwemmsteinen (einschl. Hintermauerung)	155	Stegzementdielen 10 cm stark	155
Rohrung und Putz	20	5 cm stark aus Rabitz (in der Grundfläche gemessen)	100	Zementestrich (je 1 cm Stärke)	22
Bretterfußboden bzw. Schalung 2,0 cm stark	13	Auffüllung mit Sand od. Lehm (je 1 cm Stärke)	16	Gipsestrich (je 1 cm Stärke)	21
Bretterfußboden bzw. Schalung 2,5 cm stark	16	Auffüllung mit Kesselschlacke (je 1 cm Stärke)	10	Gußasphalt (je 1 cm Stärke)	14
Bretterfußboden bzw. Schalung 3,0 cm stark	20	Auffüllung mit Koksasche (je 1 cm Stärke)	7	Kalkputz (je 1 cm Stärke)	17
Bretterfußboden bzw. Schalung 3,5 cm stark	23	Auffüllung mit Schlackenbeton (1 : 8) (je 1 cm Stärke)	12	Kalkzementputz (je 1 cm Stärke)	19
Bretterfußboden bzw. Schalung 6,0 cm stark	40			Zementputz (je 1 cm Stärke)	21
				Rabitzputz (je 1 cm Stärke)	15

2. Die Verkehrslast beträgt für

	kg/m²
Dachbodenräume in Wohngebäuden zu hauswirtschaftlichen Zwecken	125
Wohngebäude (durch Möbel, Menschen u. dgl.)	200
Kontorhäuser, Dienstgebäude, Krankenhäuser, Läden, Verkaufs- und Ausstellungsräume mit weniger als 50 m² Grundfläche, Dachbodenräume, falls nicht größere Belastungen (z. B. durch Warenvorräte, Akten od. dgl.) anzurechnen sind	250
Klassenzimmer in Schulen und Hörsäle, Holztreppen in Klein- und Mittelhäusern	350
Geschäftshäuser, Warenhäuser, Versammlungsräume, Turnhallen, Theater	500
Hausbalkone	400
Treppen und deren Zugänge und Podeste, Fluren zu Unterrichts- und Versammlungsräumen	500
Werkstätten und Fabriken für leichteren Betrieb, Decken unter nicht befahrbaren Höfen	500
Durchfahrten und befahrbare Höfe, wenn nicht größere Einzellasten (Raddrücke) zu berücksichtigen sind	800

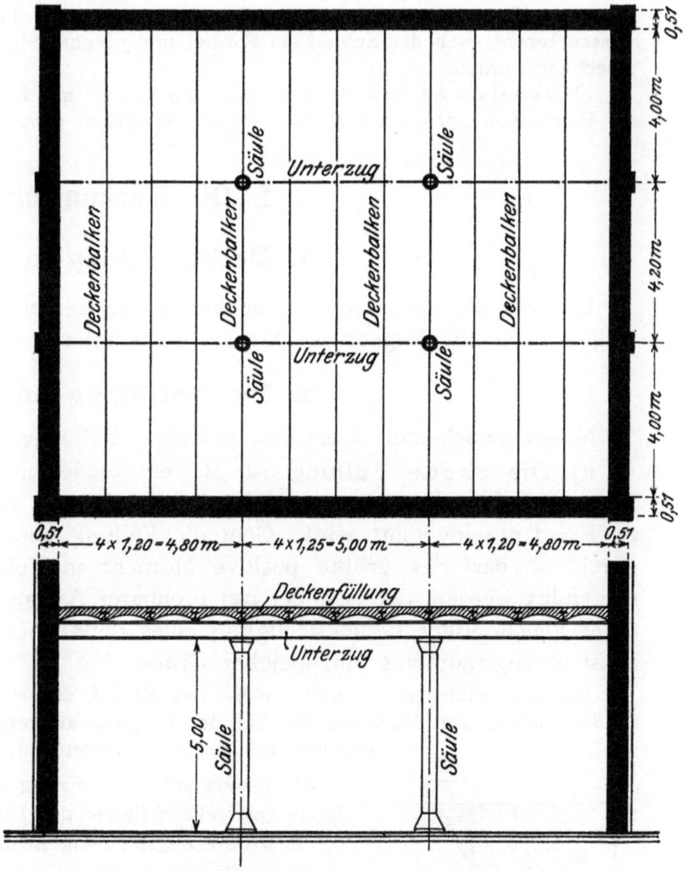

Abb. 252. Deckenanlage.

Für Aktengerüste und Schränke in Registraturen, Büchereien, Archiven usw. ist einschließlich der Hohlräume eine Nutzlast von 500 kg für das Raummeter dieser Gerüste oder Schränke anzunehmen.

Für Werkstätten und Fabriken mit schwerem Betrieb ist die Verkehrslast in jedem Fall besonders zu ermitteln, und wenn stoßweise wirkende Erschütterungen, z. B. durch Maschinen oder schwere Kraftwagen, zu erwarten sind, um 50 bis 100 v. H. zu erhöhen.

Für Abschlußgeländer von Treppen und Hausbalkonen ist eine in Holmhöhe nach außen wirkende Seitenkraft von 40 kg/m, in öffentlichen Gebäuden von 100 kg/m einzuführen.

Für leichte Trennungswände (geputzte Holzwände, Gipsdielen- und Drahtputzwände usf.) ist bei Nutzlasten unter 500 kg/m² ein Zuschlag von mindestens $\frac{75}{150}$ kg/m² bei einer Wandstärke von $\frac{6,5}{13}$ cm (einschl. des beiderseitigen Putzes) zur Nutzlast zu machen; bei Verkehrslasten von 500 kg/m² oder mehr erübrigt sich dieser Zuschlag.

Eine etwaige Belastung durch Transmissionen, Bremskräfte der Laufkrane usf. ist besonders zu berücksichtigen. Die Bremskraft ist zu mindestens $^1/_7$ der abgebremsten größten Raddrücke, der Schrägzug zu $^1/_{15}$ der größten abgebremsten Tragfähigkeit eines Krans einzuführen; bei mehreren Kranbahnen ist nur der Schrägzug des größten bei der Berechnung der Stützen zu berücksichtigen.

Zulässige Beanspruchungen.

1. Die Träger zur Unterstützung von Decken und Treppen dürfen höchstens mit 1200 kg/cm² beansprucht werden. Bei der Berechnung der Angriffsmomente ist die Entfernung der Auflagermitten als Stützweite einzuführen.

Die Durchbiegung soll bei stark beanspruchten Transmissionsträgern sowie bei denjenigen über 7 m langen Trägern und Unterzügen, die ein Gebäude aussteifen und an Stelle der sonst vorhandenen Quer- und Längswände treten, $^1/_{500}$ der freien Länge nicht überschreiten.

2. Die Stützen. a) Flußeiserne Stützen dürfen mit 1200 kg/cm², bei genauer Berechnung der durch die ungünstigste Laststellung (Winddruck, Einzellasten, z. B. Kranbahnträger, exzentrischer Kraftangriff u. dgl.) eintretenden größten Kantenpressung mit 1400 kg/cm² beansprucht werden. Sie müssen ferner nach der Eulerschen Formel mit 5facher Sicherheit gegen Knicken ($J_{\min} = 2,5\, P_1 h_1^2$) berechnet werden.

b) Gußeiserne Säulen dürfen mit 500 kg/cm² auf Druck beansprucht werden und sind nach der Eulerschen Formel mit 6- bis 8facher Sicherheit ($J_{\min} = 6\, P_1 h_1^2$ bis $8\, P_1 h_1^2$) zu berechnen.

I. Die Deckenfüllung.

1. Deckenfüllung aus Holz.

Die von Deckenbalken zu Deckenbalken freiliegenden Bretter oder Bohlen sind als Träger nach den Regeln des Kap. 3 zu berechnen.

2. Deckenfüllung aus Stein.

Man unterscheidet ebene und gewölbte Füllungen.

a) Die ebene Füllung ist als ein beiderseits auf den Deckenbalken gelagerter Träger zu berechnen, dessen Abmessung parallel zu den Deckenbalken in der Regel zu $b = 1$ m eingeführt wird. Geht die Füllung über mehr als 2 Felder ununterbrochen durch, so darf das größte positive Moment in Feldmitte zu $^4/_5$ desjenigen Wertes M eingeführt werden, der sich bei frei drehbarer Auflagerung auf 2 Stützen ergeben würde, unter gleichzeitiger Berücksichtigung eines dann über den Stützen auftretenden negativen Einspannungsmoments von gleicher Größe.

Da das Steinmaterial, insbesondere der Mörtel, nur eine geringe Zugfestigkeit besitzt, müssen in der Füllung zur Aufnahme der bei der Biegung auftretenden Zugspannungen Eiseneinlagen angeordnet werden. Ist für einen bestimmten Querschnitt von der Breite $b = 1$ m

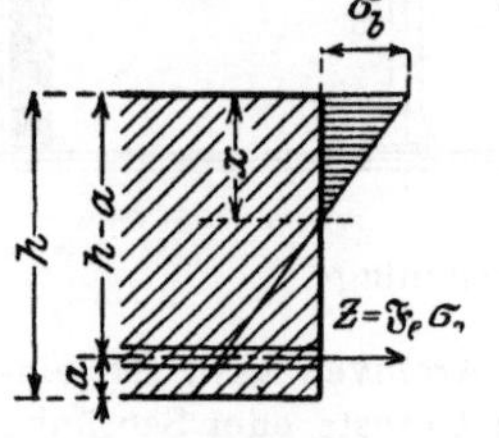

Abb. 253.

M das größte auftretende Biegungsmoment in cmkg,

f_e die Querschnittsfläche der Eiseneinlagen in cm²,

σ_e die größte Zugspannung in der Eiseneinlage in kg/cm²,

σ_b die größte Druckspannung im Steinmaterial in kg/cm²,

h die Stärke der Füllung in cm,

a der Abstand der Eiseneinlagen von der Unterkante (Abb. 253),

$n = \frac{E_e}{E_b} = \frac{\text{Elastizitätsmodul des Eisens}}{\text{Elastizitätsmodul des Steinmaterials}}$ ($n = 15$ für Beton), so berechnet sich der Abstand x der neutralen Achse von der Oberkante bei Vernachlässigung der im Beton auftretenden Zugspannungen aus der Bedingung, daß die statischen Momente des Druck- und Zugquerschnitts gleich groß sein müssen, also aus der Gleichung $100\,\frac{x^2}{2} = n f_e (h - a - x)$ zu

$$50)\quad x = \frac{n f_e}{100}\left[\sqrt{1 + \frac{200\,(h-a)}{n f_e}} - 1\right]$$

und daraus mit $z = h - a - \frac{x}{3}$:

$$51)\quad \sigma_e = \frac{M}{f_e z}, \qquad 52)\quad \sigma_b = \frac{x}{n\,(h-a-x)}\,\sigma_e.\,^{1)}$$

Aufgabe 61. Die Belastung der in Abb. 252 dargestellten Decke beträgt von der $\frac{\text{ständigen}}{\text{Verkehrs-}}$ Last $\frac{400}{800}$ kg/cm². Die Deckenfüllung besteht aus einer ebenen Eisenbetonplatte von $h = 8$ cm Stärke, in die an der Zugseite im Abstand $a = 1{,}5$ cm von der Ober- bzw. Unterkante für 1 m Breite je 10 Rundeisen von 7 mm ϕ mit $f_e = 10 \cdot 0{,}38 = 3{,}8$ cm² Fläche eingelegt sind. Es sind die im Beton und Eisen auftretenden größten Spannungen zu berechnen.

Auflösung. Bei 1,25 m größter Entfernung der Deckenbalken entfällt auf 1 m Breite der Füllung die Gesamtlast $Q = 1{,}25 \cdot 1{,}0\,(400 + 800) = 1500$ kg und, da die Platte über mehr als 2 Felder ununterbrochen durchläuft, das Moment $M = \frac{4}{5} \cdot 1500 \cdot \frac{125}{8} = 18750$ cmkg. Daher wird nach Gl. 50):
$x = \frac{15 \cdot 3{,}8}{100}\left[\sqrt{1 + \frac{200 \cdot 6{,}5}{15 \cdot 3{,}8}} - 1\right] = 2{,}2$ cm und mit $z = 6{,}5 - \frac{2{,}2}{3} = 5{,}8$ cm nach Gl. 51): $\sigma_e = \frac{18750}{3{,}8 \cdot 5{,}8}$ $= 850$ kg/cm² und nach Gl. 52): $\sigma_b = \frac{2{,}2}{15 \cdot 4{,}3} \cdot 850 = 29$ kg/cm².

Ist $\frac{k_b}{k_e}$ die zulässige Beanspruchung des $\frac{\text{Steinmaterials}}{\text{Eisens}}$ in kg/cm², so ergibt sich mit $s = \frac{n k_b}{k_e + n k_b}$ die erforderliche Deckenstärke aus $h - a = \sqrt{\frac{6}{(3-s)\,s k_b}\,\frac{M}{b}}$ und die erforderliche Eisenfläche zu $f_e = \frac{3M}{(h-a)(3-s)\,k_e}$. Mit $\frac{k_b}{k_e} = \frac{35}{1000}$ kg/cm² ergibt sich für die Zahlenwerte der Aufg. 61: $s = 0{,}34$; $h - a = 6{,}0$ cm; $f_e = 3{,}5$ cm².

b) Die gewölbte Füllung darf für die praktische Anwendnng hinreichend genau nach den Gl. 21) bis 23) berechnet werden.

Aufgabe 62. Die Füllung der in Abb. 252 dargestellten Decke besteht aus 12 cm starken Ziegelsteingewölben von $f = 0{,}18$ m Pfeilhöhe. Es sollen unter Zugrundelegung der Belastungen der Aufg. 61 die größten Spannungen im Gewölbe berechnet werden.

Auflösung. α) Volle lotrechte Belastung: $Q = (400 + 800)\,1{,}25 \cdot 1{,}0 = 1500$ kg für $b = 1$ m Gewölbebreite. Nach Gl. 21) wird der Horizontalschub $H = \frac{1500 \cdot 1{,}25}{8 \cdot 0{,}18} = 1300$ kg und die Druckspannung im Scheitel $\sigma_m = \frac{1300}{100 \cdot 12} = 1{,}1$ kg/cm²; sie nimmt nach den Kämpfern hin nur unwesentlich zu.

β) Einseitige lotrechte Belastung: $Q = 400 \cdot 1{,}25 \cdot 1{,}0 = 500$ kg; $\mathfrak{Q} = 800 \cdot 1{,}25 \cdot 1{,}0$ $= 1000$ kg. Nach Gl. 21) und 22) ergibt sich der Horizontalschub zu $\mathfrak{H} = \frac{500 \cdot 1{,}25}{8 \cdot 0{,}18} + \frac{1000 \cdot 1{,}25}{16 \cdot 0{,}18}$ $= 900$ kg und nach Gl. 23) das größte Moment in $^1/_4$ der Spannweite zu $\mathfrak{M} = \pm \frac{1000 \cdot 125}{64}$ $= \pm\, 2000$ cmkg. Da die Längskraft an dieser Stelle hinreichend genau gleich dem Horizontalschub $\mathfrak{H}$ gesetzt werden darf, so schneidet die Resultierende die Fuge im Abstand $r = \frac{2000}{900} = 2{,}2$ cm $> \varkappa = \frac{12}{6} = 2{,}0$ cm vom Schwerpunkt, also um $\frac{12}{2} - 2{,}2 = 3{,}8$ cm von der Kante entfernt, und die größte Pressung im Gewölbe berechnet sich zu $\sigma_m = \frac{2 \cdot 900}{3 \cdot 100 \cdot 3{,}8} = 1{,}6$ kg/cm².

---

[1]) „Bestimmungen für die Ausführung von Bauwerken aus Beton und Eisenbeton" vom 13. Januar 1916 und „Musterbeispiele" zu diesen Bestimmungen vom 3. Juni 1919.

3. Deckenfüllung aus Eisen.

Sie kann gebildet werden durch:

a) Wellblech, das entweder eben als Balkenträger oder aber gebogen (bombiert) als Bogenträger zur Verwendung kommt.

Aufgabe 63. Die Füllung der in Abb. 252 dargestellten Decke besteht aus Wellblech; unter Zugrundelegung der Belastungen der Aufg. 61 soll das erforderliche Wellblechprofil bestimmt werden. $k = 1000$ kg/cm².

Auflösung. α) Ebene Füllung. Nach Aufg. 61 wird für 1 m Wellblechbreite das Moment $M = 1500 \cdot \frac{125}{8} = 23440$ cmkg, daher das erforderliche Widerstandsmoment $W = 23{,}4$ cm³, so daß ein Wellblech $90 \times 70 \times 1$ mm mit $W = 34{,}8$ cm³ für 1 m Breite reichlich genügt.

β) Gewölbte Füllung. Wählt man ein Wellblech $100 \times 30 \times 1$ cm mit $F = 12{,}0$ cm² und $W = 8{,}4$ cm³ für 1 m Breite, so berechnet sich die größte Beanspruchung mit den Zahlenangaben der Aufg. 63β zu $\sigma_{max} = \frac{900}{12{,}0} + \frac{2000}{8{,}4} = 75 + 240 = 315$ kg/cm².

b) Tonnen- und Buckelbleche, die aber ebenso wie die

c) Belageisen bei Hochbaukonstruktionen nur selten Verwendung finden; ihre Berechnung findet sich im 10. und 11. Kapitel.

II. Die Deckenbalken und Unterzüge.

Sie werden als Balkenträger nach den Regeln des 3. Kap. berechnet.

Geht ein Deckenbalken oder Unterzug über mehrere Felder ununterbrochen durch, so führt man die Berechnung zugunsten der Sicherheit doch meistens so durch, als ob es sich um einen Träger auf 2 Stützen mit frei drehbaren Enden handelte. Bei großen Spannweiten und schwerer Belastung ist es indessen oft vorteilhaft, den Träger mit Gelenken nach Abb. 29 auszubilden und dabei den Abstand x der Gelenke von den Stützen so zu bestimmen, daß die größten Momente im eingehängten Feld und im Kragträger annähernd gleichen Wert haben.

Aufgabe 64. Die Deckenbalken und Unterzüge der in Abb. 252 dargestellten Decke sollen unter Zugrundelegung der Belastungen der Aufg. 61 mit $k = 875$ kg/cm² berechnet werden.

Auflösung. 1. Deckenbalken. $L = 4{,}2$ m; $b = 1{,}25$ m; $p = 1200$ kg/m²; daher $Q = 4{,}2 \cdot 1{,}25 \cdot 1200 = 6300$ kg, zuzüglich Eigengewicht rund $Q = 6500$ kg; $M = 6500 \cdot \frac{420}{8} = 341\,300$ cmkg; $W = \frac{341\,300}{875} = 390$ cm³. Gewählt ist ⊢⊣ NP. 25 mit $W = 396$ cm³.

Stützdruck $N = 3250$ kg; Trägerbreite $b = 110$ mm; daher die erforderliche Auflagerlänge bei $k_m = 12$ kg/cm² zulässiger Beanspruchung des Ziegelmauerwerks in Kalkzementmörtel $a = \frac{3250}{12 \cdot 11{,}0} = 25$ cm.

2. Unterzug. $L = 5{,}0$ m; $b = {}^1/_2\,(4{,}2 + 4{,}0) = 4{,}1$ m; $p = 1200$ kg/m²; daher $Q = 5{,}0 \cdot 4{,}1 \cdot 1200 = 24\,600$ kg, zuzüglich Eigengewicht für Balken und Unterzug rund $Q = 25\,400$ kg; $M = 25\,400 \cdot \frac{5{,}0}{8} = 15\,880$ mkg; $W = \frac{1\,588\,000}{875} = 1820$ cm³. Gewählt ist ⊢⊣ NP. 45 mit $W = 2040$ cm³.

Stützdruck $N = 12\,700$ kg; gußeiserne Auflagerplatte 280×440 mm; daher der Druck auf das Mauerwerk in Kalkzementmörtel $\sigma_m = \frac{12\,700}{28{,}0 \cdot 40{,}0} = 11{,}4$ kg/cm². Plattenstärke nach Gl. 20)

$$\delta = \sqrt{\frac{3}{4} \cdot \frac{12\,700}{250} \cdot \frac{40}{28}} = 7{,}5 \text{ cm}.$$

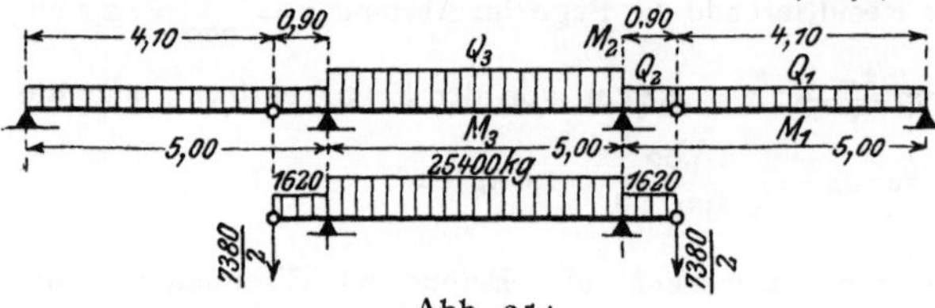

Abb. 254.

Aufgabe 65. Der Unterzug der Aufg. 64 ist nach Abb. 254 als Gerberträger ausgebildet; welches ⊢⊣-Profil ist zu wählen?

Auflösung. Die in Abb. 254 eingetragenen Belastungen der einzelnen Trägerstrecken berechnen sich zu: $Q_3 = 25400$ kg wie in Aufg. 64;

$Q_2 = 25400 \frac{0{,}9}{5{,}0} = 4570$ kg, und zwar $\dfrac{4{,}1 \cdot 0{,}9 \cdot 800 = 2950}{4570 - 2950 = 1620}$ kg von der $\dfrac{\text{Verkehrs-}}{\text{ständigen}}$ Last;

$Q_1 = 25400 \frac{4{,}1}{5{,}0} = 20830$ kg, und zwar $\dfrac{4{,}1 \cdot 4{,}1 \cdot 800 = 13450}{20830 - 13450 = 7380}$ kg von der $\dfrac{\text{Verkehrs-}}{\text{ständigen}}$ Last.

Damit ergeben sich die größten Momente

im eingehängten Felde zu $M_1 = 20830 \cdot \frac{4{,}1}{8} = 10680$ mkg;

über der Mittelstütze zu $M_2 = (4570 + 20830) \frac{0{,}9}{2} = 11430$ mkg;

in Mitte Kragträger zu $M_3 = 25400 \cdot \frac{5{,}0}{8} - (1620 + 7380) \frac{0{,}9}{2} = 11820$ mkg.

Daher $W = \frac{1182000}{875} = 1360 \text{ cm}^3$, so daß ⊢⊣ NP. 40 mit $W = 1459 \text{ cm}^3$ genügt; hinzu tritt das Mehr an Eisen und Arbeit für die Ausbildung der Gelenke.

III. Die Säulen.

Sie werden nach den Regeln des 4. Kap. berechnet. Der größte Säulendruck P ergibt sich aus den größten Stützdrücken der Unterzüge zuzüglich eines Zuschlags für das Eigengewicht.

Aufgabe 66. Es soll die größte Säulendruckkraft P der in Abb. 252 dargestellten Decke für den Fall berechnet werden, daß die Unterzüge nach Abb. 254 als Gerberträger ausgebildet sind.

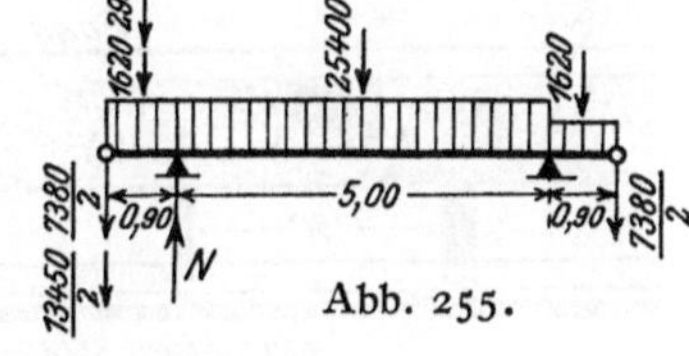

Abb. 255.

Auflösung. Der größte Stützdruck des Kragträgers ergibt sich bei der in Abb. 255 dargestellten Belastung, und zwar zu

$N = \frac{1}{2} \cdot 25400 + 1620 + \frac{1}{2} \cdot 7380 + \frac{1}{5{,}0}\left(2950 \cdot 5{,}45 + \frac{1}{2} \cdot 13450 \cdot 5{,}9\right)$

$= 29160$ kg; daher die größte Säulenkraft einschließlich des Eigengewichts rund $P = 30{,}0$ t.

B. Konstruktion der Decken.

Die Ausbildung der Deckenbalken, Unterzüge und Säulen ist bereits im 3. bis 5. Kap. erledigt; es erübrigt die Besprechung der Deckenfüllung.

1. Deckenfüllung in Holz.

Bei Holzbalkendecken werden die etwa erforderlichen Unterzüge meist aus Eisen hergestellt, um an Konstruktionshöhe zu sparen. Um den gedrückten Flansch des Unterzugs

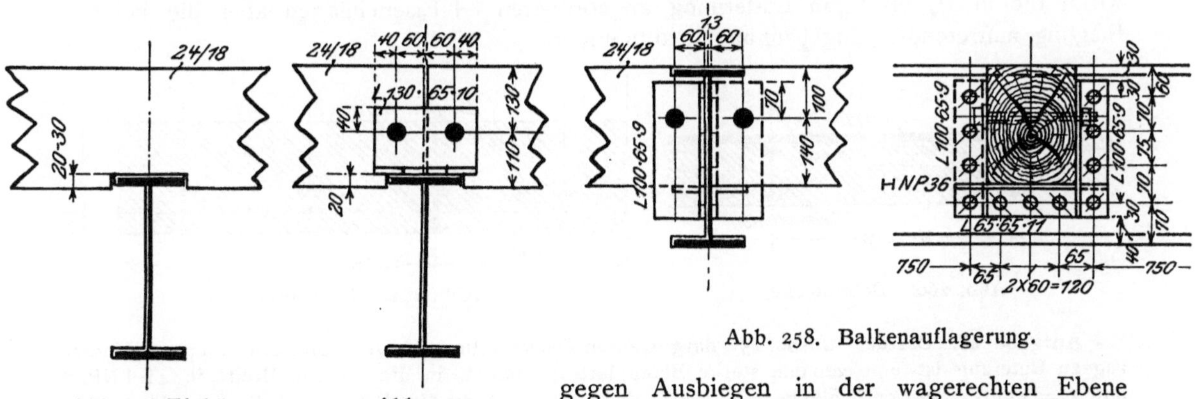

Abb. 256. Einkämmung des Holzbalkens.

Abb. 257. Holzbalkenstoß.

Abb. 258. Balkenauflagerung.

gegen Ausbiegen in der wagerechten Ebene nach Abb. 84 zu schützen, werden die Holzbalken entweder 2 bis 3 cm tief eingekämmt (Abb. 256) oder aber durch Winkeleisen (ein- oder zweiseitig, Abb. 257) mit dem Unterzug verbunden; letzteres ist Regel beim Stoß der Holzbalken.

Liegen Balken und Unterzug ganz oder annähernd bündig, so werden die Balken auf wagerechten, an den Trägersteg genieteten Winkeleisen gelagert (Abb. 258); ein nebengelegtes senkrechtes Winkeleisen bewirkt die Aussteifung des Stegs und wird zur Sicherung des gedrückten Flansches gegen seitliches Ausbiegen mit dem Holzbalken durch eine Schraube verbunden.

Überall da, wo die Gefahr der Schweißwasserbildung am Eisen vorhanden ist, müssen in den Berührungsflächen zwischen Holz und Eisen Asphaltpappstreifen zur Verhinderung des Anfaulens eingelegt werden.

2. Deckenfüllung in Stein.

Wegen der Unempfänglichkeit des Steinmaterials gegen die Fehler des Holzes und Eisens, insbesondere gegen das Feuer, bei öffentlichen Gebäuden und reinen Nutzbauten durchweg verwendet.

a) Ebene Füllung. α) Bei Verwendung von Ziegelvoll- oder -hohlsteinen wird die Füllung auf den unteren Trägerflanschen aufgelagert (Abb. 259); die in den Fugen zur Aufnahme der auftretenden Zugspannungen angeordneten Einlagen aus Rund-, Flach- oder Profileisen müssen in Zementmörtel verlegt werden. Eine solche aus einzelnen Steinen gebildete Füllung erfordert eine sehr sorgfältige Überwachung sowohl der zu verwendenden Baustoffe als auch besonders der Ausführung, wenn man gegen das Herausfallen einzelner Steine genügend gesichert sein will. Wo große und einseitige Verkehrslasten und Erschütterungen auftreten, z. B. bei Tanzsälen, öffentlichen Gebäuden, Fabriken, ist stets die

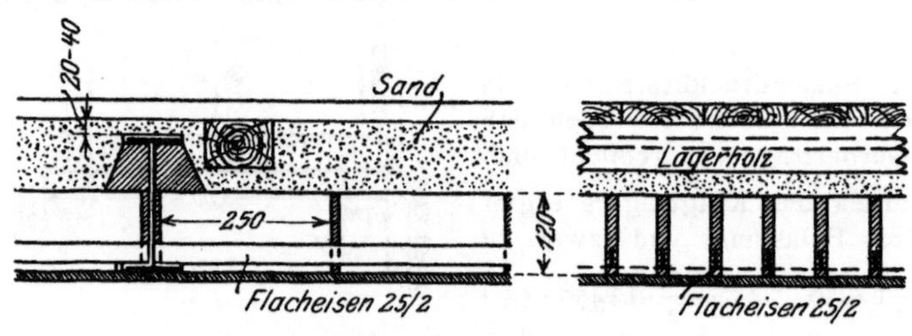

Abb. 259. Steindecke.

β) Verwendung von Beton vorzuziehen. Die in Abb. 260 dargestellte Anordnung, bei der die Träger allseitig gegen den unmittelbaren Angriff der Hitze und Flammen geschützt liegen, ergibt bei größerer Trägerhöhe ein hohes Eigengewicht, gehört aber auch ihrer statischen Wirkung nach zu den gewölbten Füllungen, wie gestrichelt angedeutet. Für große Lasten und starke Erschütterungen hat sich die in Abb. 261 dargestellte Anordnung bewährt, bei der die Betonplatte selbst gleichzeitig als Deckenbalken wirkt, die in $^1/_4$ bis $^1/_3$ m Entfernung angeordneten ⊢⊣-Eiseneinlagen aber die bei der Biegung auftretenden Zugspannungen aufnehmen.

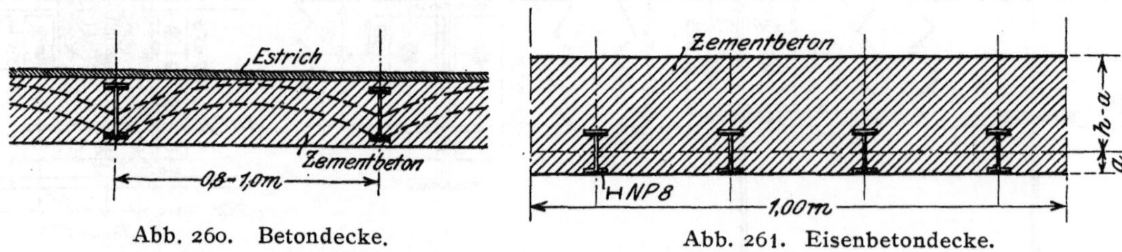

Abb. 260. Betondecke. Abb. 261. Eisenbetondecke.

Aufgabe 67. Bei der in Abb. 252 dargestellten Decke fallen die Deckenbalken fort; von Unterzug zu Unterzug ist eine 220 mm starke Betonplatte gespannt, in die für 1 m Breite je 4 ⊢⊣ NP. 8 mit $f_e = 4 \cdot 7{,}6 = 30{,}3$ cm² Fläche eingelegt sind. Es sind die in Beton und Eisen auftretenden größten Spannungen für eine Gesamtbelastung $p = 1300$ kg/m² zu berechnen.

Auflösung. Für einen 1 m breiten Plattenstreifen wird bei 4,2 m größter Stützweite die Gesamtlast $Q = 4{,}2 \cdot 1{,}0 \cdot 1300 = 5500$ kg und, da die Platte über mehr als 2 Felder ununterbrochen durchläuft, das Moment $M = \frac{4}{5} \cdot 5500 \cdot \frac{4{,}2}{8} = 2310$ mkg. Mit $a = \frac{80}{2} = 40$ mm wird nach Gl. 50):

$$x = \frac{15 \cdot 30{,}4}{100}\left[\sqrt{1 + \frac{200\,(22{,}0 - 4{,}0)}{15 \cdot 30{,}4}} - 1\right] = 9{,}0 \text{ cm}$$

daher nach Gl. 51):
$$\sigma_e = \frac{231\,000}{30{,}4\,(18{,}0 - 3{,}0)} = 500 \text{ kg/cm}^2$$

und nach Gl. 52):
$$\sigma_b = \frac{9{,}0}{15\,(18{,}0 - 9{,}0)}\,500 = 33{,}3 \text{ kg/cm}^2.$$

Bei zwischen den Deckenbalken liegenden Eisenbetonplatten werden entweder die unteren (Abb. 262) oder die oberen (Abb. 263) Flanschen zur Auflagerung benutzt.

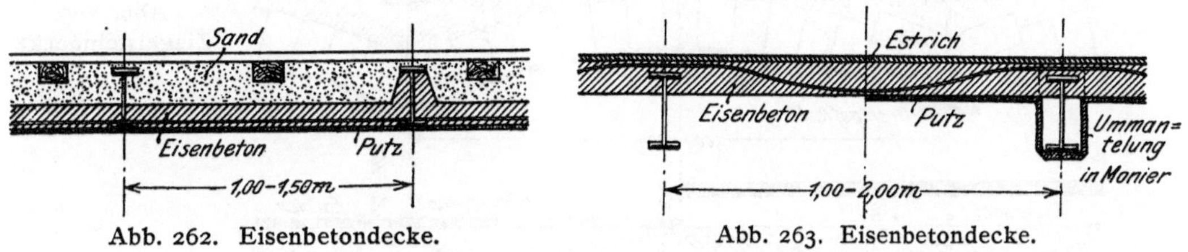

Abb. 262. Eisenbetondecke.

Abb. 263. Eisenbetondecke.

Im Falle der Abb. 263 bildet die Füllung einen über mehrere Öffnungen durchlaufenden Träger (Abb. 28), bei dem über den Stützpunkten, das sind hier die Deckenbalken, negative Momente auftreten, die in den oberen Fasern Zugspannungen erzeugen; daher die allmähliche Überführung der Eiseneinlagen von der Plattenunterkante in Feldmitte zur Oberkante über den Deckenbalken. Treten große bewegliche Lasten auf, so werden 2 Eiseneinlagen, eine an der Ober- und eine an der Unterkante, eingelegt (vgl. Abb. 264).

Eine wesentliche Verstärkung der Tragfähigkeit erzielt man durch die Anordnung von Vouten, indem der Beton nach Abb. 264 bogenförmig oder schräg auf die unteren Trägerflansche hinabgeführt wird.

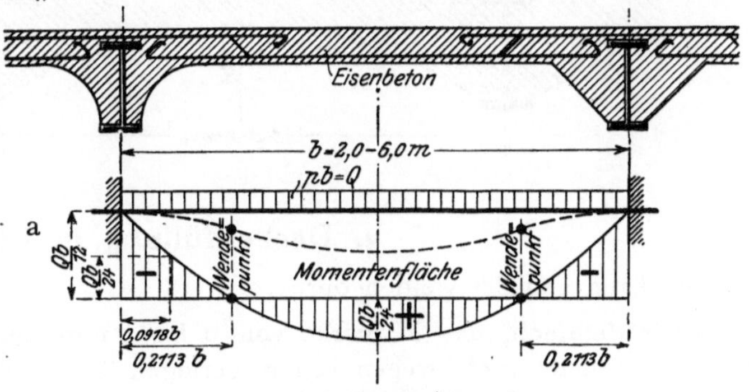

Abb. 264. Voutendecke.

Die Wirkung der Vouten besteht darin, daß sie die Träger und damit die Eisenbetonplatte selbst an der freien Drehung hindern, d. h. die Platte nach Abb. 28 einspannen. Die bei Voraussetzung einer vollkommenen Einspannung bei gleichförmig verteilter Belastung auftretenden Biegungsmomente sind in Abb. 264a dargestellt; in Feldmitte ergibt sich $M_{\max} = \frac{Q\,b}{24}$, über den Stützpunken $M_{\min} = -\frac{Q\,b}{12}$. Will man an beiden Stellen mit derselben Fläche f_e der Eiseneinlagen auskommen, so muß die Stärke der Betonplatte an den Auflagern mindestens doppelt so groß wie in Feldmitte sein. Da eine vollkommene Einspannung praktisch niemals erreichbar ist, so hat man bei ihrer Annahme die zulässigen Beanspruchungen um 10 bis 15% gegenüber den sonst üblichen zu ermäßigen.

b) Gewölbte Füllung. *α*) Bei Verwendung von Ziegelvoll- oder -hohlsteinen (Abb. 265) erhalten die Gewölbe bei Spannweiten bis zu 1,5 m eine Stärke von $^1/_2$ Stein. Um an den Kämpfern zu kleine Steinstücke zu vermeiden, wird dort eine Roll- oder eine doppelte Läuferschicht angeordnet. Die Auffüllung der Gewölbe erfolgt bei Holzfußböden in trockenem Sand, sonst in Magerbeton (Bims- oder Schlackenbeton; Schlacken mit Schwefelgehalt auszuschließen, da Schwefel das Eisen angreift!). Die Unterfläche erhält einen Putz, der gleichzeitig als Feuerschutz für die Trägerunterflanschen dient; man verwendet auch wohl besonders geformte Kämpfersteine, die den Trägerflansch umfassen.

β) Bei Verwendung von Beton (mit oder ohne Eiseneinlagen) werden die Träger zweckmäßig auf ihre ganze Höhe umstampft (Abb. 266), um ein gutes Widerlager für die Gewölbe zu schaffen. Bei Auffüllung der Gewölbe mit Beton ist zur Vermeidung der zweierlei Art von Beton für Gewölbe und Auffüllung die in Abb. 267 dargestellte Anordnung zweckmäßiger. In allen Fällen muß die Auffüllung die Deckenträger 2 bis 4 cm überragen.

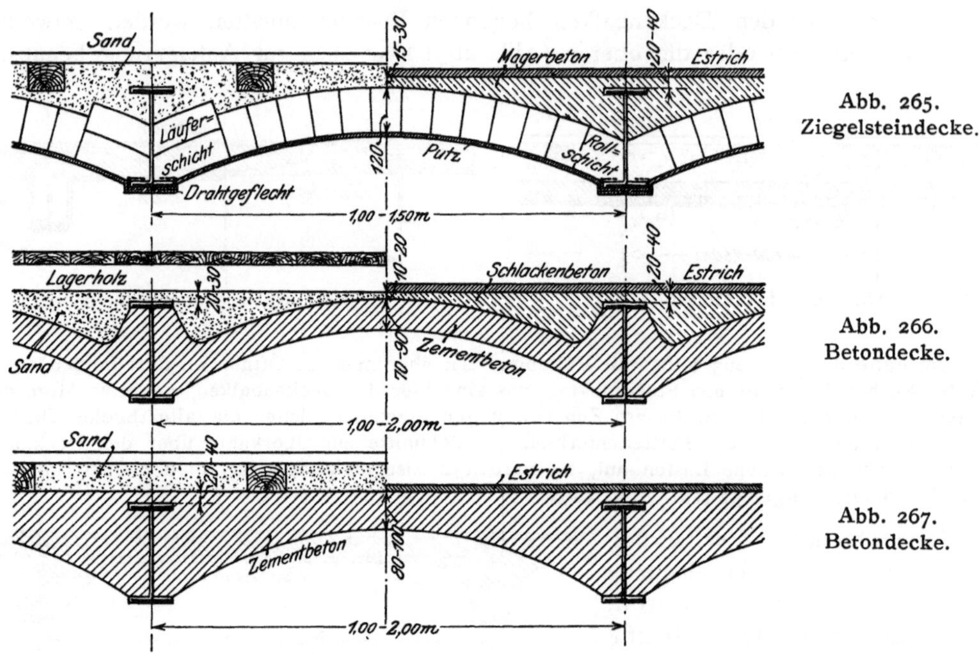

Abb. 265. Ziegelsteindecke.

Abb. 266. Betondecke.

Abb. 267. Betondecke.

3. Deckenfüllung in Eisen.

Sie kann gebildet werden durch:

a) Riffelblech, das in Stärke von 6 bis 8 mm unmittelbar auf die oberen Trägerflansche genietet wird; wegen seiner geringen Tragfähigkeit nur bei enger Teilung der Deckenbalken und geringer Nutzlast verwendbar, z. B. zur Abdeckung von Laufstegen an Brücken, Kranen, Maschinen und zu Treppenstufen.

b) Wellblech, bei Decken nur noch selten verwendet.

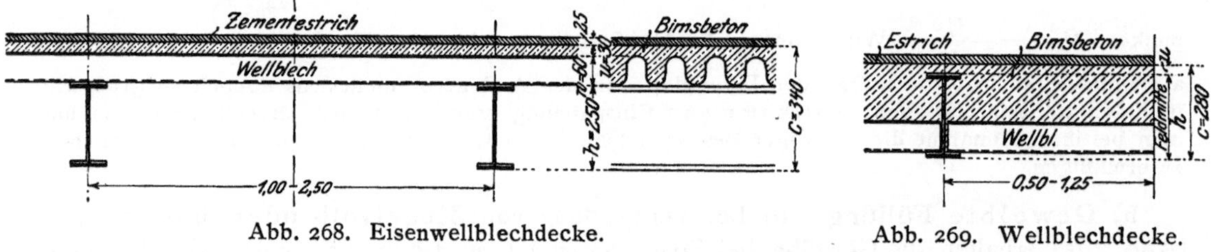

Abb. 268. Eisenwellblechdecke.

Abb. 269. Wellblechdecke.

α) Ebenes Wellblech. Die Lage auf den oberen Trägerflanschen nach Abb. 268 erfordert eine große Gesamtdicke c der Decke; diese läßt sich um die Wellblechhöhe w verringern, wenn die unteren Flanschen nach Abb. 269 als Auflager benutzt werden, wodurch aber ein großes Gewicht der Auffüllung (Sand oder Magerbeton) bedingt wird; man lagert daher wohl das Wellblech nach Abb. 270 auf besondere, seitlich an den Steg genietete Winkeleisen, nimmt dabei aber den Mehraufwand an Eisen und Nietarbeit in Kauf.

β) Gebogenes (bombiertes) Wellblech spannt sich als Kappengewölbe zwischen die Deckenbalken (Abb. 271); um es am Kämpfer mit seiner ganzen Fläche zur Auflagerung zu bringen; wird ein durchlaufendes Winkeleisen angeordnet, das sich unmittelbar gegen den Träger oder aber gegen einen zwischen Steg und Flansch eingebrachten Betonzwickel stützt.

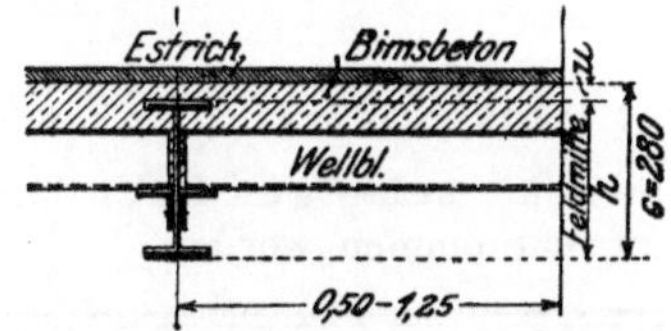

Abb. 270. Eisenwellblechdecke.

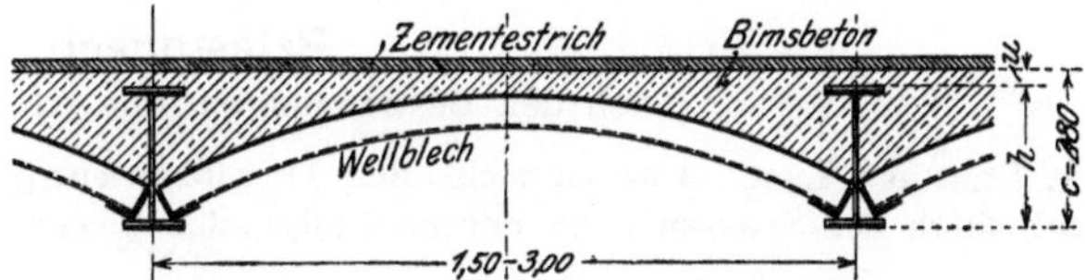

Abb. 271. Gewölbte Wellblechdecke.

c) **Tonnen- und Buckelbleche** sowie **Belageisen** werden bei Decken nur selten bei sehr schweren Lasten verwendet; über ihre Konstruktion vgl. 10. und 11. Kap.

Sechstes Kapitel.

Dachkonstruktionen.

Die einzelnen Teile einer Dachkonstruktion (Abb. 272) sind:

1. Die Dachdeckung oder Dachhaut, die das Gebäude nach außen wasser-, wärme- und feuersicher abschließen soll; sie wird von den 0,8 bis 1,25 m voneinander entfernten.

2. Sparren oder auch unmittelbar von den

3. Pfetten (Trauf-, Zwischen- und Firstpfetten) getragen, die meist in gleichen wagerechten Entfernungen (Fachweiten) $a = 2{,}5$ bis $3{,}5$ m angeordnet und durch die

4. Binder unterstützt sind. Die Entfernung der einzelnen Binder voneinander, die „Binderweite", wird meist gleich groß, und zwar zu $b = 3{,}5$ bis $10{,}0$ m, gewählt; sie sind die Hauptträger der ganzen Dachkonstruktion, die deren ganze Last auf die Seitenmauern und durch diese in den Baugrund übertragen. Um eine Drehung des einzelnen Binders um die Verbindungslinie seiner Auflagerpunkte und ein Heraustreten der Knotenpunkte des gedrückten Obergurts aus der Binderebene heraus zu verhindern, werden je zwei Binder durch den in der Obergurtebene liegenden

5. Windverband miteinander verbunden.

6. Rinnen von 0,8 bis 1,0 cm² mittlerem Querschnitt für jedes

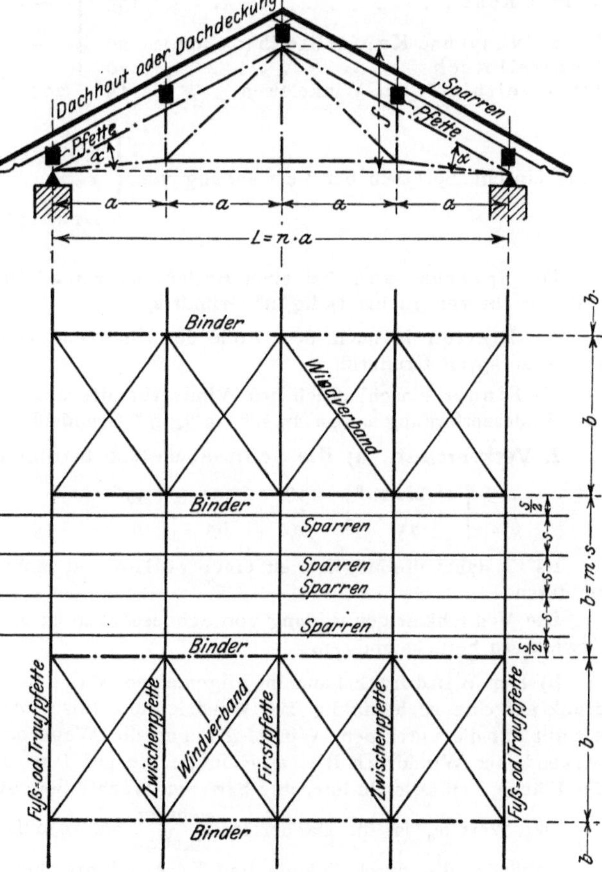

Abb. 272. Dachkonstruktion.

Quadratmeter der Grundfläche des zu entwässernden Dachs; sie werden mit einem Gefälle von 1 : 125 bis 1 : 100 verlegt und in Entfernungen von 15 bis 25 m durch Abfallrohre von 13 bis 15 cm ϕ entwässert.

A. Berechnung der Dachkonstruktionen.

Belastungen

(nach den Bestimmungen vom 24. Dezember 1919).

1. Ständige Last. Das Gewicht der Dachdeckung in kg für 1 m² schräger Dachfläche einschließlich der Sparren kann der nachfolgenden Zusammenstellung entnommen werden.

Dachdeckung		Latten 4,5 × 6,5 cm		Schalung		Insgesamt kg/m² Dachfläche	Kleinste Dachneigung	
	einschl. Sparren kg/m²	Entfernung cm	kg/m²	2,5 cm stark kg/m²	3,5 cm stark kg/m²		$\frac{F}{L}$	α
Biberschwänze: Spließdach	65	20	10	—	—	75	1/3	33° 40′
Biberschwänze: Doppeldach	85	14	10	—	—	95	1/4	26° 30′
Biberschwänze: Kronendach	95	25	10	—	—	105	1/4	26° 30′
Dachpfannen auf Lattung	75	24	10	—	—	85	1/3	33° 40′
Dachpfannen auf Stülpschaltung	80	24	—	20	—	100	1/3	33° 40′
Falzziegel	55	33,5	10	—	—	65	1/6	18° 30′
Schiefer: deutscher	45	—	—	20	—	65	1/3	33° 40′
Schiefer: englischer	35	20	10	—	—	45	1/5	21° 50′
Asphaltpappe, doppellagig	35	—	—	20	—	55	1/20	5° 40′
Holzzement	155	—	—	—	25	180	1/50	2° 20′
Zink- (Nr. 13) und Kupferblech (0,6 mm)	20	—	—	20	—	40	1/50	2° 20′
Zinkwellblech	20	—	—	20	—	40	1/20	5° 40′
Eisenwellblech auf Winkeleisen	15	200	10	—	—	25	1/20	5° 40′
Glas einschl. Sprossen bei Verwendung von Rohglas 4 mm stark						22	1/3	33° 40′
Glas einschl. Sprossen bei Verwendung von Rohglas 5 „ „						25	1/3	33° 40′
Glas einschl. Sprossen bei Verwendung von Rohglas 6 „ „						30	1/3	33° 40′
Glas einschl. Sprossen bei Verwendung von Drahtglas 5 mm stark						30	1/3	33° 40′
Glas einschl. Sprossen bei Verwendung von Drahtglas 6 „ „						35	1/3	33° 40′

Die Sparren haben bei einer Entfernung von 0,8 bis 1,25 m sowohl in Holz als auch in Eisen ein Gewicht von 12 bis 15 kg/m² Grundriß,

die Pfetten je nach der Größe der Binderentfernung b und der Fachweite a (Abb. 272) von 15 bis 20 kg/m² Grundriß,

die Binder einschließlich des Windverbandes endlich je nach der Größe der Spannweite L und der Binderentfernung b von 15 bis 35 kg/m² Grundriß.

2. Verkehrslast. **a)** Die Schneebelastung beträgt bei einem Dachneigungswinkel:

$\alpha =$	0° bis 20°	25°	30°	35°	40°	45°	> 45°	
$p_s =$	75	70	65	60	55	50	0	kg/m² Grundriß.

Es ist dabei die Möglichkeit einer vollen und einer einseitigen Schneebelastung zu berücksichtigen.

Die Möglichkeit der Bildung von Schneesäcken ist zu prüfen und gegebenenfalls bei erheblichem Gewicht zu berücksichtigen.

b) Der Winddruck kann im allgemeinen wagerecht angenommen werden. Ist w_0 der Winddruck auf eine rechtwinklig zur Windrichtung (also lotrecht) stehende Fläche von 1 m² Größe, so entfällt auf die unter dem Winkel α gegen die Wagerechte geneigte Fläche F, rechtwinklig zu ihr wirkend, der Winddruck $W = w_0 F \sin^2 \alpha$; die auf 1 m² der lotrechten bzw. wagerechten Projektion der Fläche F entfallende lotrechte bzw. wagerechte Seitenkraft des Winddrucks ist ebenfalls $w_0 \sin^2 \alpha$.

Der Wert w_0 ist für Dächer in $\frac{\text{weniger}}{\text{mehr}}$ als 25 m Höhe mit $\frac{125}{150}$ kg/m² einzuführen.

Gebäude, die durch Wände und Decken hinreichend ausgesteift sind, brauchen in der Regel nicht auf Winddruck untersucht zu werden.

Bei offenen Hallen ist ein auf Dach und Wände von innen nach außen, bei freistehenden Dächern ein von unten nach oben wirkender Winddruck von 60 kg für 1 m² rechtwinklig getroffener Fläche zu berücksichtigen.

c) Als Menschenbelastung ist

für wagerechte oder bis $^1/_{20}$ geneigte Dächer 250 kg/m² einschließlich Wind- und Schneelast einzuführen, wenn zeitweiliger Aufenthalt von Menschen, z. B. zu Spiel-, Beobachtungs- und Erholungszwecken nicht ausgeschlossen ist;

für alle Dächer in der Mitte der einzelnen Pfetten, Sparren oder Sprossen sowie für die Dachhaut unter Außerachtlassung der Wind- und Schneelast eine Einzellast von 100 kg für Personen anzunehmen, die das Dach bei Reinigungs- oder Wiederherstellungsarbeiten betreten, wenn die auf diese Konstruktionsteile wirkende Wind- und Schneelast zusammen weniger als 200 kg beträgt.

Zulässige Beanspruchungen.

1. Dächer, Fachwerkwände, Träger zur Unterstützung von Wänden, Kranbahnträger u. dgl. dürfen in denjenigen Teilen, deren Querschnittsgröße durch die $\dfrac{\text{ständige, Nutz- und Schneelast allein}}{\text{ständige, Nutz-, Schnee- und Windlast von 150 kg/m}^2}$ bedingt ist, mit $\dfrac{1200}{1400}$ kg/cm² beansprucht werden. Maßgebend ist derjenige Fall, der den größten Querschnitt ergibt. Für die Berechnung der Träger zur Unterstützung von Wänden ist dabei die Entfernung der Auflagermitten als Stützweite einzuführen. Anker dürfen nur mit 800 kg/cm² beansprucht werden.

Die Spannung von 1400 kg/cm² darf ausnahmsweise bis zu 1600 kg/cm² bei Dächern gesteigert werden, wenn für eine den strengsten Anforderungen genügende Durchbildung, Berechnung und Ausführung volle Sicherheit gewährleistet erscheint.

Bei fachwerkartigen Bauteilen brauchen die Neben- und Zwängungsspannungen nicht berücksichtigt zu werden.

2. Die Scherspannung der Niete und gedrehten Schrauben darf höchstens 1000 kg/cm², der Lochleibungsdruck 2000 kg/cm², bei gewöhnlichen Schrauben die Scherspannung höchstens 750 kg/cm², der Lochleibungsdruck 1500 kg/cm² betragen. Hierbei ist für Niete und kegelförmig abgedrehte Bolzen der Bohrungsdurchmesser, für Schrauben der Schaftdurchmesser in Rechnung zu stellen.

3. Die Knicksicherheit der auf Druck beanspruchten Glieder muß, nach der Eulerschen Formel berechnet, im ungünstigsten Falle eine 4fache sein ($J_{\text{mm}} = 2\,P_1\,h_1^2$). Als Länge h_1 dieser Glieder ist die ganze Systemlänge einzuführen.

I. Dachdeckung.

1. Wellblechdeckung.

Das Wellblech kommt entweder eben auf eiserner Unterkonstruktion oder aber gebogen (bombiert) freitragend zur Verwendung.

a) Ebene Wellblechdeckung. Das ebene Wellblech ist als ein von Pfette zu Pfette freiliegender Träger zu berechnen, dessen Breitenabmessung (parallel zu den Pfetten) meist gleich 1 m eingeführt wird.

Aufgabe 68. Die in Abb. 272 dargestellte Dachkonstruktion von $L = 12$ m Stützweite ist mit Wellblech gedeckt. Die Gesamtbelastung beträgt 150 kg/m² Grundriß. Es ist das erforderliche Wellblechprofil zu bestimmen. $k = 1200$ kg/cm².

Auflösung. Die Spannweite des Wellblechs stimmt mit der Fachweite $a = \frac{L}{4} = 3{,}0$ m überein (vgl. Abb. 34); daher ergibt sich die Gesamtlast für 1 m Breite zu $Q = 150 \cdot 1{,}0 \cdot 3{,}0 = 450$ kg und das größte Moment zu $M = 450 \cdot \frac{300}{8} + 100 \cdot \frac{300}{4} = 16900 + 7500 = 24400$ cmkg, wenn in Mitte eine Einzellast von 100 kg für einzelne, das Dach bei Wiederherstellungs- und Reinigungsarbeiten betretende Arbeiter angenommen wird. $W = \frac{24400}{1200} = 20{,}4$ cm³; gewählt ist Wellblech NP. $100 \cdot 50 \cdot 1^1/_4$ mit $W = 24{,}0$ cm³ für 1 m Breite.

b) Gebogene Wellblechdeckung (freitragende oder bombierte Wellblechdächer). Das Wellblech spannt sich als Kappengewölbe mit einer Pfeilhöhe $f = \frac{L}{4}$ bis $\frac{L}{6}$ (Abb. 43) zwischen eiserne auf den Seitenmauern gelagerte Längsträger, die zum Ausgleich des

Gewölbeschubs in Entfernungen $a = 2{,}0$ bis $4{,}0$ m durch Anker miteinander verbunden sind.

α) Das Wellblechgewölbe kann hinreichend genau nach den Gl. 21) bis 23) berechnet werden.

Aufgabe 69. Ein freitragendes Wellblechdach von $L = 20{,}0$ m Stützweite und $f = 3{,}6$ m Pfeilhöhe ist durch Eigengewicht mit 50 kg/m², durch Schnee mit 70 kg/m² und durch Wind mit 20 kg/m² Grundriß (vgl. S. 22) belastet; es ist das erforderliche Wellblechprofil zu bestimmen. $k = 1200$ kg/cm².

Auflösung. Bei voller Schneebelastung und Winddruck wird für 1 m Breite die Gesamtlast $Q = 20{,}0 \cdot 1{,}0\,(50 + 70) = 2400$ kg bzw. $\mathfrak{Q} = 20{,}0 \cdot 1{,}0 \cdot 20 = 400$ kg, daher nach Gl. 21) und 22) der Horizontalschub $H = \frac{2400 \cdot 20{,}0}{8 \cdot 3{,}6} + \frac{400 \cdot 20{,}0}{16 \cdot 3{,}6} = 1800$ kg und nach Gl. 23) das Moment in $^1/_4$ der Spannweite $M = \pm \frac{400 \cdot 20{,}0}{64} = \pm 125$ mkg. Bei einseitiger Schneelast und Winddruck wird $Q = 20{,}0 \cdot 1{,}0 \cdot 50 = 1000$ kg; $\mathfrak{Q} = 20{,}0 \cdot 1{,}0\,(70 + 20) = 1800$ kg; $\mathfrak{H} = \frac{1000 \cdot 20{,}0}{8 \cdot 3{,}6} + \frac{1800 \cdot 20{,}0}{16 \cdot 3{,}6} = 1320$ kg; $\mathfrak{M} = \pm \frac{1800 \cdot 20{,}0}{64} = \pm 560$ mkg. Da die Längskraft an dieser Stelle genau genug gleich dem Horizontalschub $\mathfrak{H}$ eingeführt werden darf, so erleidet das gewählte Wellblechprofil $100 \cdot 100 \cdot 1^1/_4$ mm (dessen Stärke für die Ausführung mit Rücksicht auf die Rostgefahr zu 2 mm gewählt ist) mit $F = 32{,}1$ cm² und $W = 72{,}4$ cm³ für 1 m Breite die Beanspruchung

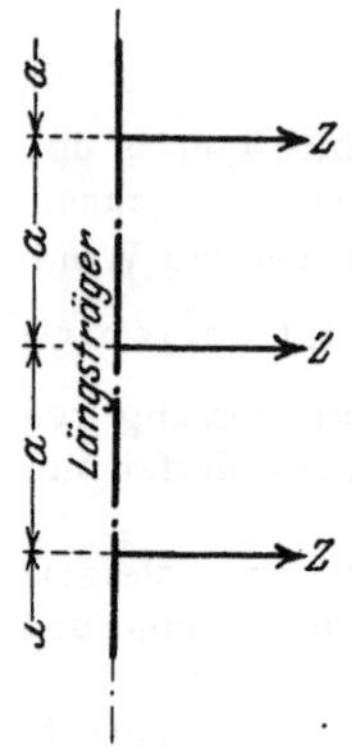

$$\sigma = \frac{1320}{32{,}1} + \frac{56\,000}{72{,}4} = 410 + 770 = 1180 \text{ kg/cm}^2.$$

Abb. 273.

β) Die Anker erhalten, wenn H_{max} der größte Horizontalschub für 1 m Gewölbebreite und a die Ankerentfernung (Abb. 273) ist, die größte Zugkraft $Z = a\,H_{max}$.

Aufgabe 70. Für das in Aufg. 69 berechnete Wellblechdach beträgt die Ankerentfernung $a = 3{,}0$ m; es ist der erforderliche Ankerquerschnitt zu bestimmen; $k = 800$ kg/cm².

Auflösung. Nach Aufg. 69 ist $H_{max} = 1800$ kg, daher $Z = 3{,}0 \cdot 1800 = 5400$ kg. Gewählt ist ein Rundeisen $1^3/_8''$ ⌀ mit 6,8 cm² Kernfläche, daher die Beanspruchung $\sigma = \frac{5400}{6{,}8} = 790$ kg/cm².

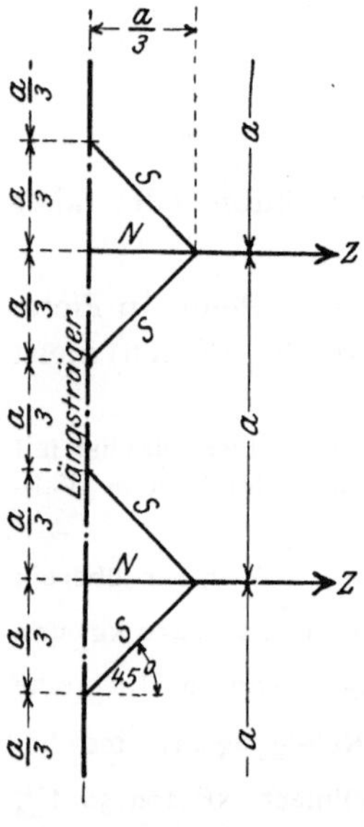

Werden die Anker nach Abb. 274 oder 275 gegabelt ausgeführt, so ergeben sich die Zugkräfte für

Abb. 274:

im Hauptanker 53a) $Z = a\,H_{max}$;

„ Nebenanker 53b) $N = \frac{a}{3} H_{max}$;

„ Schräganker 53c) $S = \frac{a}{3 \sin 45^0} H_{max} = \frac{N}{\sin 45^0}$.

Abb. 275:

im Hauptanker 54a) $Z = a\,H_{max}$;

„ Schräganker 54b) $S = \frac{a}{2 \sin 45^0} H_{max}$.

Den Neigungswinkel der Schräganker zu 45° zu wählen, ist nicht erforderlich, aber empfehlenswert.

Abb. 274. Gabelanker.

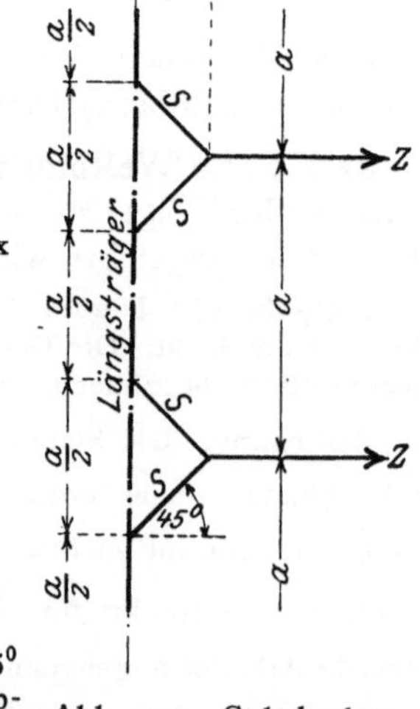

Abb. 275. Gabelanker.

γ) Die Längsträger (Abb. 273 bis 275) liegen entweder wagerecht und sind dann ihrer ganzen Länge nach durch Mauern oder Träger unterstützt, oder aber schräg (Abb. 276) und sind dann meist nur in einzelnen, der Ankerentfernung a entsprechenden Punkten aufgelagert.

aa) Wagerechte, durchlaufend unterstützte Längsträger werden nur durch den Horizontalschub beansprucht, und zwar

in	Abb. 273	Abb. 274	Abb. 275
durch das Moment und	55) $M = \frac{4}{5} Z \frac{a}{8}$	56a) $M = \frac{4}{5} \frac{Za}{72}$	57a) $M = \frac{4}{5} \frac{Za}{32}$
durch die Längskraft		56b) $L = \frac{Z}{3}$	57b) $L = \frac{Z}{2}$

Der den Momenten zugefügte Beiwert $^4/_5$ ist nur dann zulässig, wenn der Längsträger über mehr als 2 Felder ununterbrochen durchläuft.

bb) Schrägliegende, nur in den Ankerangriffspunkten unterstützte Längsträger (Abb. 276) werden durch den Horizontalschub H und den lotrechten Stützdruck N beansprucht. Zerlegt man diese Kräfte nach den Hauptachsen xx und yy des Längsträgers, so ergeben sich die Momente

in der Ebene xx zu $M_x = \frac{4}{5}(H \sin\alpha - N \cos\alpha)\frac{a}{8}$,

in der Ebene yy zu $M_y = \frac{4}{5}(H \cos\alpha + N \sin\alpha)\frac{a}{8}$,

wobei auch hier der Beiwert $^4/_5$ nur dann einzuführen ist, wenn der Längsträger über mehr als 2 Felder ununterbrochen durchläuft. Die Achse yy fällt mit der Bogentangente im Kämpfer zusammen.

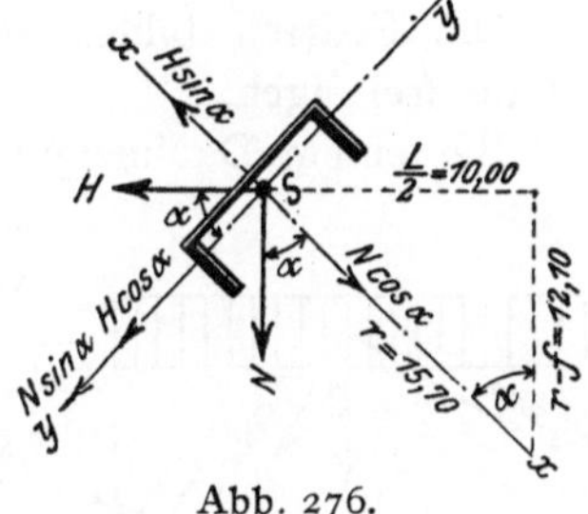

Abb. 276.

Aufgabe 71. Die schrägliegenden, über 3 Felder ununterbrochen durchlaufenden Längsträger des in Aufg. 69 berechneten Wellblechdachs sind aus ⊔ NP. 26 mit $W_x = 371$ cm³ und $W_y = 48$ cm³ gebildet; es ist die größte auftretende Spannung zu ermitteln.

Auflösung. Nach Aufg. 69 wird für 1 m Breite und 3,0 m Ankerentfernung bei voller Schneebelastung und Winddruck $N_1 = 3\,(1200 + {}^3/_8 \cdot 400) = 4050$ kg, $N_2 = 3\,(1200 + {}^1/_8 \cdot 400) = 3750$ kg und $H = 3 \cdot 1800 = 5400$ kg, bei einseitiger Schneelast und Winddruck $\mathfrak{N}_1 = 3\,(500 + {}^3/_8 \cdot 1800) = 3525$ kg, $\mathfrak{N}_2 = 3\,(500 + {}^1/_2 \cdot 1800) = 2175$ kg und $\mathfrak{H} = 3 \cdot 1320 = 3960$ kg. Mit dem Bogenradius $r = \frac{10{,}0^2 + 3{,}6^2}{2 \cdot 3{,}6} = 15{,}7$ m wird $\sin\alpha = \frac{10{,}7}{15{,}7} = 0{,}64$ und $\cos\alpha = \frac{15{,}7 - 3{,}6}{15{,}7} = 0{,}77$, daher

bei	voller Schneelast und Wind		einseitiger Schneelast und Wind		
am	linken Kämpfer	rechten Kämpfer	linken Kämpfer	rechten Kämpfer	
$H \sin\alpha - N \cos\alpha =$	$5400 \cdot 0{,}64 - 4050 \cdot 0{,}77 = 340$	$5400 \cdot 0{,}64 - 3750 \cdot 0{,}77 = 570$	$3960 \cdot 0{,}64 - 3525 \cdot 0{,}77 = -180$	$3960 \cdot 0{,}64 - 2175 \cdot 0{,}77 = 860$	kg
$H \cos\alpha + N \sin\alpha =$	$5400 \cdot 0{,}77 + 4050 \cdot 0{,}64 = 6750$	$5400 \cdot 0{,}77 + 3750 \cdot 0{,}64 = 6560$	$3960 \cdot 0{,}77 + 3525 \cdot 0{,}64 = 5310$	$3960 \cdot 0{,}77 + 2175 \cdot 0{,}64 = 4440$	kg
$M_x =$	$\frac{4}{5} \cdot 340 \cdot \frac{300}{8} = 10\,200$	$\frac{4}{5} \cdot 570 \cdot \frac{300}{8} = 17\,100$	$\frac{4}{5} \cdot 180 \cdot \frac{300}{8} = 5400$	$\frac{4}{5} \cdot 860 \cdot \frac{300}{8} = 25\,800$	cmkg
$M_y =$	$\frac{4}{5} \cdot 6750 \cdot \frac{300}{8} = 202\,500$	$\frac{4}{5} \cdot 6560 \cdot \frac{300}{8} = 196\,800$	$\frac{4}{5} \cdot 5310 \cdot \frac{300}{8} = 159\,000$	$\frac{4}{5} \cdot 4440 \cdot \frac{300}{8} = 133\,200$	cmkg
$\sigma_x = M_x : W_y =$	210	360	110	540	kg/cm²
$\sigma_y = M_y : W_x =$	550	530	430	360	kg/cm²
$\sigma_{max} =$	760	890	540	900	kg/cm²

2. Glasdeckung.

Die Glastafeln werden in der Regel an ihren Langseiten aufgelagert; sie bilden Träger auf 2 Stützen, deren zulässige Beanspruchung für $\frac{\text{geblasenes}}{\text{gegossenes}}$ Rohglas zu $\frac{125}{85}$ kg/cm², für Drahtglas zu 165 kg/cm² eingeführt werden kann.

Die Stärke δ der Glastafeln kann der nachfolgenden Zusammenstellung entnommen werden, in der die Sprossenweite s gleich der Stützweite der Glastafeln ist.

	Sprossenweite $s =$	400	500	600	700	800	900	1000	1100	1200	mm
$\delta =$	geblasenes Rohglas	4	5								mm
	gegossenes Rohglas		6	7	8	9	11	12			mm
	Drahtglas		5	6	6	7	7	8	9	10	mm

II. Sparren.

Die Sparren bilden schrägliegende Träger nach Abb. 34b, die sich von Pfette zu Pfette freitragen.

Bei einem Dachneigungswinkel $\alpha \leqq 25^0$ (Abb. 272) genügt es, ständige Last, Schnee und Winddruck als lotrechte, gleichmäßig über den Grundriß verteilte Gesamtlast einzuführen, also die wagerechte Seitenkraft des Winddrucks zu vernachlässigen.

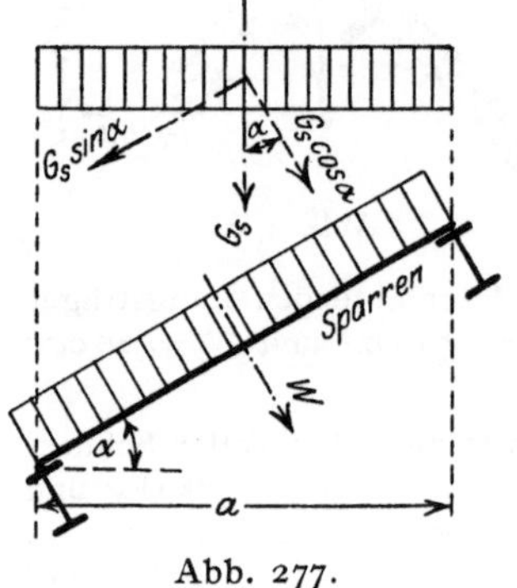

Abb. 277.

Ist $\alpha > 25^0$, so ist der Winddruck W (Abb. 277) rechtwinklig zum Sparren wirkend einzuführen, und die aus ständiger Last und Schnee zusammengesetzte lotrechte Belastung G_s rechtwinklig und parallel zum Sparren in die Seitenkräfte $G_s \cos\alpha$ und $G_s \sin\alpha$ zu zerlegen; den Einfluß der letzteren, im Sparren als Zug- oder Druckkraft wirksamen Seitenkraft darf man bei der Querschnittsermittlung des Sparrens in der Regel vernachlässigen; sie wird durch die Pfetten auf die Binder übertragen, wie unter III. erläutert.

III. Die Pfetten.

1. Ermittlung der äußeren Lasten.

Man hat 2 Fälle zu unterscheiden, je nachdem die Mittellinie der Pfette rechtwinklig zur Dachfläche oder aber lotrecht steht.

a) Die Mittellinie der Pfette steht rechtwinklig zur Dachfläche (Abb. 278). Die gesamte lotrechte, gleichförmig verteilte Last G (ständige Last + Schnee) ist in die Seitenkräfte $G \cos\alpha$ und $G \sin\alpha$ zu zerlegen. Für das durch $G \cos\alpha$ und den rechtwinklig zur Dachfläche wirkenden Winddruck W erzeugte Biegungsmoment M_y kommt das Widerstandsmoment W_x in bezug auf die x-Achse, für das durch $G \sin\alpha$ erzeugte Moment M_x aber das kleinere Widerstandsmoment W_y in bezug auf die y-Achse in Betracht.

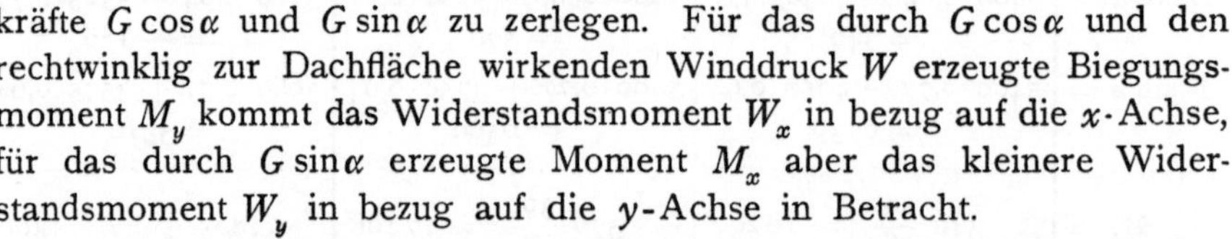

Abb. 278.

α) Bildet die Dachhaut eine ununterbrochen durchlaufende, mit den Pfetten fest verbundene Platte aus Eisenbeton, so nimmt diese die Seitenkräfte $G \sin\alpha$ sämtlicher Pfetten einer Dachhälfte auf und überträgt sie als vollwandiger Balken von der Spannweite b und der Höhe $\frac{L}{2 \sin\alpha}$ (Abb. 272) unmittelbar auf die Binder; die in der Eisenbetonplatte rechtwinklig zu den Haupttrageisen liegenden Druckverteilungseisen genügen bei der meist vorhandenen flachen Dachneigung zur Aufnahme des in der Dachfläche wirkenden Moments $\Sigma M_x = \frac{4}{5} \cdot \frac{n}{2} G \sin\alpha \frac{b}{8}$, wobei der Faktor $\frac{4}{5}$ aber nur zulässig ist, wenn sich die Eisenbetonplatte über mehr als 2 Binderfelder erstreckt.

β) Bildet die Dachfläche eine ununterbrochene, aber nicht durchlaufende, sondern auf den Pfetten gestoßene Platte aus Stegzementdielen (Abb. 279), so übertragen diese

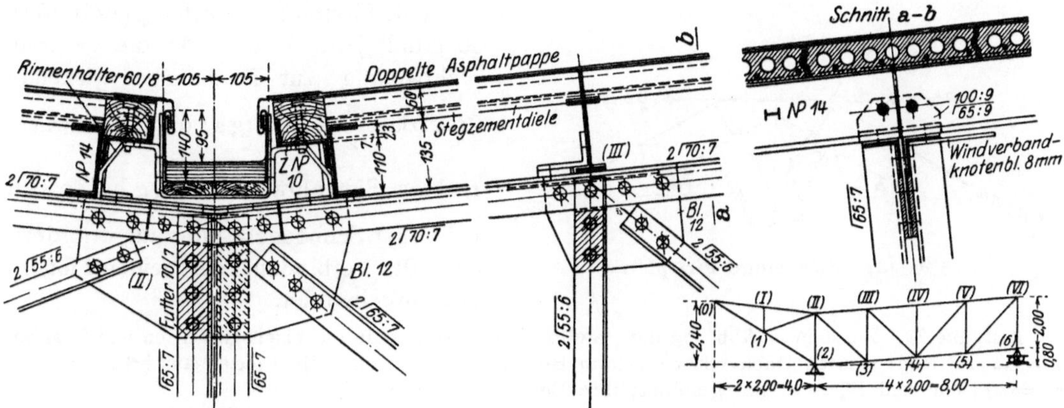

Abb. 279. Stegzementdieleneindeckung.

die Seitenkräfte $G \sin\alpha$ sämtlicher Pfetten einer Dachseite auf die Traufpfetten, die daher parallel zur Dachfläche entsprechend biegungsfest ausgebildet werden müssen; ihre Berechnung erfolgt ganz ähnlich wie in Aufg. 72; auch hier ist die Dachneigung und damit das Zusatzmoment meist nur klein.

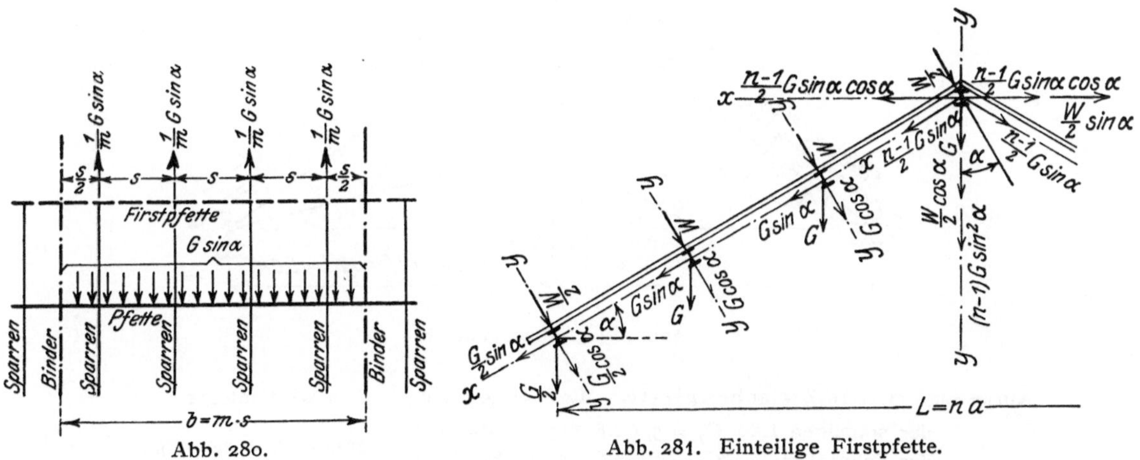

Abb. 280. Abb. 281. Einteilige Firstpfette.

γ) Ist die Dachhaut auf Sparren gelagert (Abb. 280), so wird jede Pfette parallel zur Dachfläche nur durch ihr eignes Gewicht G_p auf Biegung beansprucht, und zwar bei der Sparrenentfernung s durch das Moment $M_p = \frac{4}{5} \frac{G_p \sin\alpha}{m} \frac{s}{8}$, das aber bei der geringen Größe von G_p in der Regel vernachlässigt werden kann. Die Sparren übertragen die gesamten parallel der Dachfläche wirkenden Seitenkräfte $G \sin\alpha$ auf die Firstpfette.

Ist die Firstpfette einteilig (Abb. 281), so erhält sie von den $\frac{n-1}{2}$ Seitenkräften $G \sin\alpha$ jeder Dachseite die gesamte lotrechte Zusatzkraft $(n-1)\, G \sin^2\alpha$; die beiden wagerechten Seitenkräfte $\frac{n-1}{2} G \sin\alpha \cos\alpha$ heben sich bei voller Schneebelastung, auf deren Betrachtung man sich beschränken darf, auf. Die Firstpfette ist daher in der lotrechten x-Achse durch die Kraft $G[1+(n-1)\sin^2\alpha]+{}^1/_2\,W\cos\alpha$, in der wagerechten y-Achse durch die Last ${}^1/_2\,W\sin\alpha$ gleichförmig belastet.

Sind die Zwischenpfetten durch das Moment M_y nicht bis zur zulässigen Grenze k beansprucht, so können sie (ebenso wie die Traufpfette) einen Teil der Seitenkräfte $G\sin\alpha$ aufnehmen, der dann für die Firstpfette in Abzug kommt, vgl. Aufg. 72.

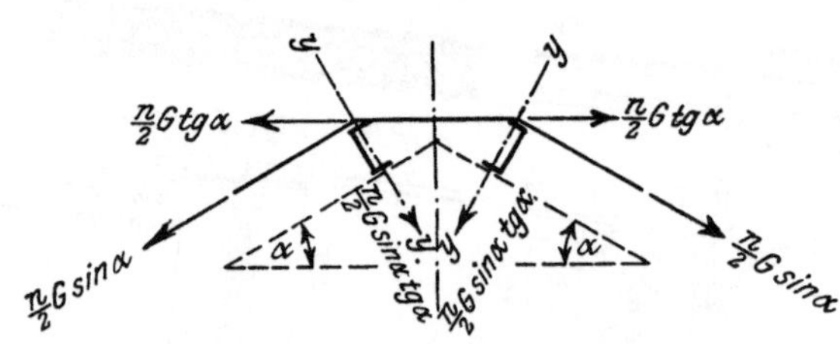

Abb. 282. Zweiteilige Firstpfette.

Ist die Firstpfette zweiteilig (Abb. 282), so erhält jeder ihrer Teile die gesamte rechtwinklig zur Dachfläche wirkende Zusatzlast $\frac{n}{2}G\sin\alpha\,\mathrm{tg}\,\alpha$; die beiden wagerechten Seitenkräfte $\frac{n}{2}G\,\mathrm{tg}\,\alpha$ heben sich bei voller Schneebelastung auf, erfordern aber die Verbindung der beiden Pfettenteile miteinander.

Aufgabe 72. Bei dem in Abb. 283 dargestellten, mit Falzziegeln auf eisernen Latten und Sparren ($s = 1{,}25$ m) eingedeckten Dach von $b = 5{,}0$ m Binderentfernung sind die Pfetten aus ⊢┤ NP. 20 mit $W_x = 214$ cm³ und $W_y = 26$ cm³ gebildet; ihre Belastung beträgt

von der ständigen Last $= 115$ kg/m² Grundriß,
von der Schneelast $= 60$ kg/m² Grundriß,
von der Windlast $150\cdot\sin^2\alpha = 50$ kg/m² schräger Dachfläche.

Es ist die Beanspruchung der Pfetten bei voller Schneelast auf beiden Dachseiten zu ermitteln. $k = 1200$ kg/cm².

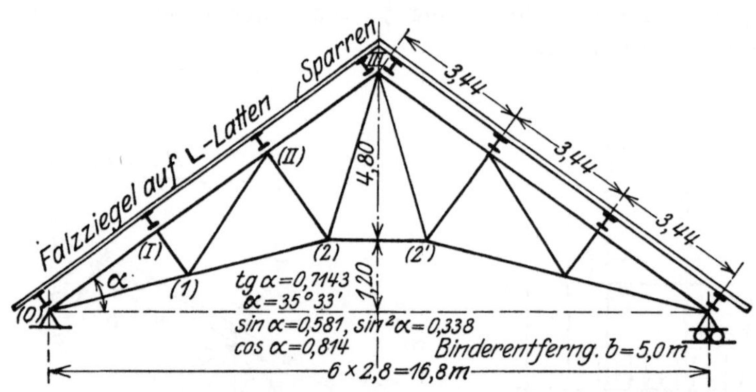

Abb. 283. Falzziegeldach.

Auflösung. 1. Die Zwischenpfette. Mit $b = 5{,}0$ m, $a = 2{,}8$ m wird infolge

der ständigen Last $G_0 = 5{,}0\cdot 2{,}8\cdot 115 = 1610$ kg
der Schneelast $G_s = 5{,}0\cdot 2{,}8\cdot 60 = 840$ kg } insgesamt $G = 2450$ kg;
der Windlast $W = 5{,}0\cdot 3{,}44\cdot 50 = 860$ kg.

Mit $G\cos\alpha = 2450\cdot 0{,}814 = 2000$ kg,
$G\sin\alpha = 2450\cdot 0{,}581 = 1420$ kg wird $M_g = 2000\cdot{}^{500}/_8 = 125\,000$ cmkg,
ferner $M_w = 860\cdot{}^{500}/_8 = 54\,000$ cmkg, insgesamt
$M_y = 179\,000$ cmkg.

Ohne Überschreitung der zulässigen Beanspruchung $k = 1200$ kg/cm² kann das ⊢┤ NP. 20 eine parallel zur Dachfläche wirkende Kraft X aufnehmen, die sich aus der Gleichung $1200 = \frac{179\,000}{214} + \frac{X\cdot 500}{8\cdot 26}$ zu $X = 150$ kg berechnet.

2. Die Traufpfette erhält nur die Hälfte der Lasten ($a = 1{,}4$ m) und damit auch nur die Hälfte der Biegungsmomente der Zwischenpfette, kann daher eine parallel zur Dachfläche wirkende Last Y aufnehmen, die sich aus der Gleichung $1200 = \frac{89\,500}{214} + \frac{Y\cdot 500}{8\cdot 26}$ zu $Y = 320$ kg berechnet.

3. Die Firstpfette. Jeder Teil erhält wie die Traufpfette zunächst das Moment $M_y' = 89\,500$ cmkg. Parallel zur Dachfläche wirkt auf jeder Dachseite die Kraft $^6/_2\, G \sin\alpha - 2X - Y = 3 \cdot 1420 - 2 \cdot 150 - 320 = 3640$ kg, die in der y-Achse die Seitenkraft $3640 \cdot \operatorname{tg}\alpha = 2600$ kg, folglich das Zusatzmoment $M_y'' = 2600 \cdot {}^{500}/_8 = 163\,000$ cmkg erzeugt; die Beanspruchung berechnet sich daher zu $\sigma = \dfrac{89\,500 + 163\,000}{214} = 1180$ kg/cm².

Ist wie bei der in Abb. 284 dargestellten, ebenfalls mit Falzziegeln auf eisernen Latten und Sparren eingedeckten Dachkonstruktion eine Verbindung der gegenüberliegenden Pfetten in den

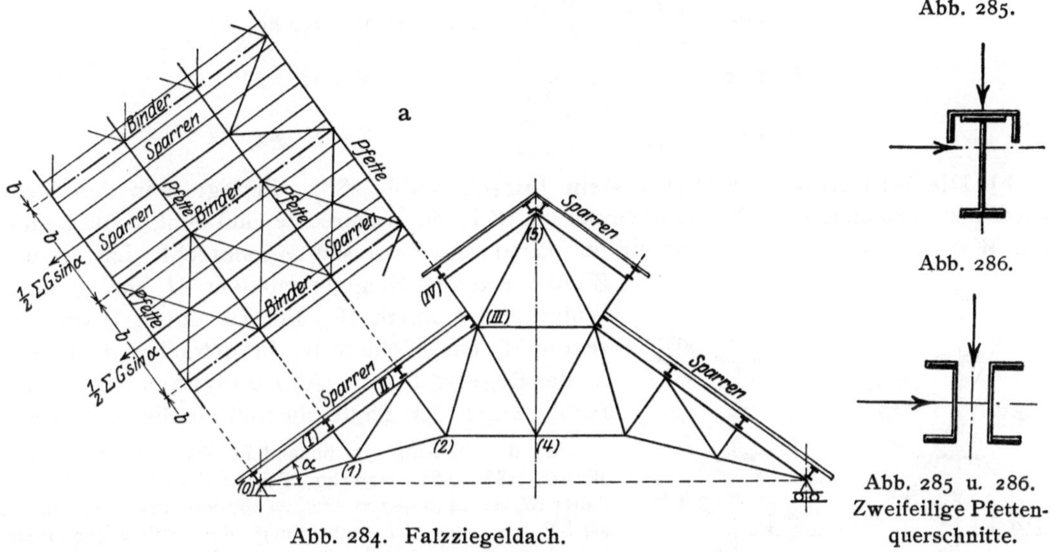

Abb. 285.

Abb. 286.

Abb. 284. Falzziegeldach.

Abb. 285 u. 286. Zweifeilige Pfettenquerschnitte.

Knotenpunkten (III) und (III'), also ein Ausgleich der wagerechten Seitenkräfte $\Sigma G \operatorname{tg}\alpha$ (Abb. 282) unmöglich, so muß eine der Pfetten, meist die Traufpfette (0) oder die oberste Pfette (III) die ganze Kraft $\Sigma G \sin\alpha$ der zugehörigen Dachseite (abzüglich des etwa von den übrigen Pfetten übertragenen Anteils, vgl. Aufg. 72) durch ihren Biegungswiderstand auf die Binder übertragen; sie erhält dann einen in 2 Ebenen biegungsfest ausgebildeten Querschnitt nach Abb. 285 oder 286. Man erzielt aber in einem solchen Falle meist eine erhebliche Eisenersparnis, wenn man die zur Aufnahme der Kraft $\Sigma G \sin\alpha$ bestimmte Pfette in ihrer Mitte (bzw. bei sehr großer Binderentfernung b auch in mehreren Zwischenpunkten) nach Abb. 284a durch einen in der schrägen Dachfläche liegenden Fachwerkträger, dessen Diagonalen gleichzeitig Glieder des Windverbandes bilden können, an den Knotenpunkten der benachbarten Bilder aufhängt.

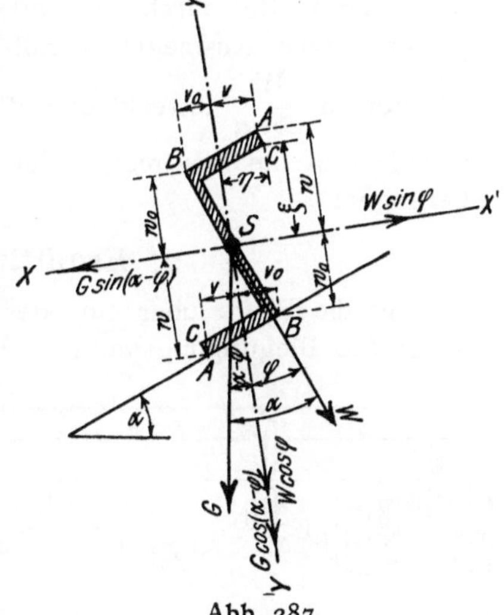

Abb. 287.

Ist die Pfette aus einem Z-Eisen gebildet (Abb. 287), dessen Hauptachse yy mit der Mittellinie des Stegs den Winkel φ einschließt (vgl. Anhang Zahlentafel IV), so zerlegt man die lotrechte Kraft G und den Winddruck W in die Seitenkraft $G\cos(\alpha - \varphi) + W\cos\varphi$ in der Richtung der y-Achse und in $G\sin(\alpha - \varphi) - W\sin\varphi$ in der Richtung der x-Achse und berechnet die Momente M_y und M_x. Mit Hilfe der in Zahlentafel IV des Anhangs angegebenen zusammengehörigen Werte $\dfrac{J_x}{w}$ und $\dfrac{J_y}{v}$ bzw. $\dfrac{J_x}{\xi}$ und $\dfrac{J_y}{\eta}$ bzw. $\dfrac{J_x}{w_0}$ und $\dfrac{J_y}{v_0}$ berechnen sich dann die Spannungen in den Punkten A, C und B. Damit das in der x-Achse wirkende Moment M_x möglichst klein wird, ist das Z-Eisen nach Abb. 287 so anzuordnen, daß sein oberer Flansch zum First zeigt. In der umgekehrten Lage wäre $\sphericalangle\,\varphi$ negativ einzuführen; die in die y-Achse fallende Seitenkraft nähme dann den etwas kleineren Wert $G\cos(\alpha + \varphi) + W\cos\varphi$, die in die x-Achse fallende aber den erheblich größeren Wert $G\sin(\alpha + \varphi) + W\sin\varphi$ an.

Aufgabe 73. Die Zwischenpfetten der in Aufg. 72 (Abb. 283) behandelten Dachkonstruktion sind aus Z NP. 20 gebildet; es ist die Beanspruchung zu ermitteln.

Auflösung. Mit $\varphi = 17^0\,23$, $\sin\varphi = 0{,}300$, $\cos\varphi = 0{,}954$, daher $\alpha - \varphi = 35^0\,33' - 17^0\,23' = \sim 18^0$, $\sin(\alpha - \varphi) = 0{,}309$, $\cos(\alpha - \varphi) = 0{,}951$ wird nach den Zahlenwerten der Aufg. 72:

$$G\cos(\alpha - \varphi) + W\cos\varphi = 2450 \cdot 0{,}951 + 860 \cdot 0{,}954 = 2330 + 820 = 3150 \text{ kg},$$
$$G\sin(\alpha - \varphi) - W\sin\varphi = 2450 \cdot 0{,}309 - 860 \cdot 0{,}300 = 760 - 260 = 500 \text{ kg};$$

daher $M_y = 3150 \cdot \frac{500}{8} = 197000$ cmkg; damit ergibt sich (vgl. Zahlentafel IV), wenn wieder X die in der x-Achse wirkende Kraft bedeutet, die das Z NP. 20 ohne Überschreitung der zulässigen Beanspruchung $k = 1200$ kg/cm² aufnehmen kann, für den Punkt

$$A\colon\ 1200 = \frac{197000}{213} + \frac{X \cdot 500}{8 \cdot 35{,}3} \text{ und daraus } X = 150 \text{ kg},$$
$$B\colon\ 1200 = \frac{197000}{267} + \frac{X \cdot 500}{8 \cdot 42{,}6} \quad " \quad " \quad X = 310 \text{ kg},$$
$$C\colon\ 1200 = \frac{197000}{228} + \frac{X \cdot 500}{8 \cdot 33{,}4} \quad " \quad " \quad X = 180 \text{ kg}.$$

b) Die Mittellinie der Pfette steht lotrecht (Abb. 288). Zerlegt man den rechtwinklig zur Dachfläche wirkenden Winddruck W in die wagerechte und senkrechte Seitenkraft $W\sin\alpha$ und $W\cos\alpha$, so kommt für das durch die gesamte senkrechte Last G und $W\cos\alpha$ erzeugte Biegungsmoment M_y das größere Widerstandsmoment W_x, für das durch $W\sin\alpha$ erzeugte M_x das kleinere W_y in Betracht; da $W\sin\alpha$ in der Regel $< G\sin\alpha$ (Abb. 278) ist, so ist die lotrechte Lage der Pfette theoretisch die günstigere.

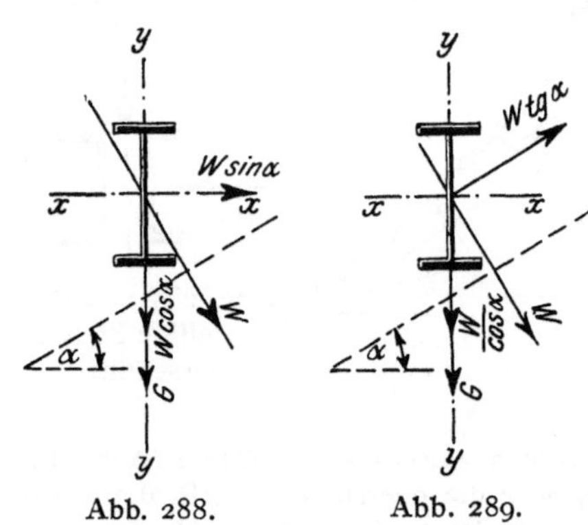

Abb. 288. Abb. 289.

Für die in Aufg. 72 behandelte Zwischenpfette wird $W\cos\alpha = 860 \cdot 0{,}814 = 700$ kg, $W\sin\alpha = 860 \cdot 0{,}581 = 510$ kg, daher $M_y = (2450 + 700)\,{}^{5000}/_{8} = 197000$ cmkg, so daß das I NP. 20 ohne Überschreitung der zulässigen Beanspruchung $k = 1200$ kg/cm² eine in der x-Achse wirkende Kraft X aufnehmen kann, die sich aus der Gleichung $1200 = \frac{197000}{214} + \frac{X \cdot 500}{8 \cdot 26}$ zu $X = 110$ kg $= 0{,}215\, W\sin\alpha$ berechnet, während sich bei der Pfettenlage nach Abbildung 283 nur $X = 150$ kg $= 0{,}105\, G\sin\alpha$ ergab.

Ist die Pfette durch die ununterbrochen durchlaufende Dachhaut oder durch die Sparren gegen Ausbiegen parallel zur Dachfläche geschützt, so zerlegt man W nach Abb. 289 in $\frac{W}{\cos\alpha}$ lotrecht und $W\operatorname{tg}\alpha$ parallel zur Dachfläche; letztere Seitenkraft wird entweder auf die Traufpfette oder aber meist nach Abb. 281 bzw. 282 auf die Firstpfette übertragen.

2. Ermittlung der Biegungsmomente.

Geht die Pfette über ein oder mehrere Binderfelder ununterbrochen durch, so wird das größte Biegungungsmoment wie bei einem Balken auf 2 Stützen berechnet.

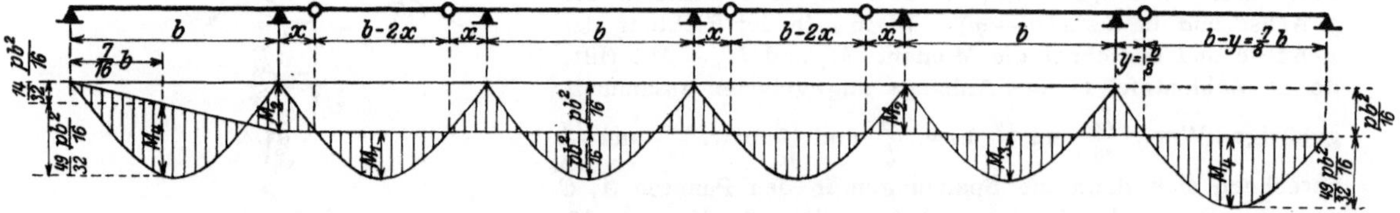

Abb. 290. Pfette mit Gelenken.

Ist die Pfette dagegen nach Abb. 29 mit Gelenken versehen, so wählt man meist die in Abb. 290 dargestellte Anordnung, bei der die Gelenke den aus der Gleichung $\frac{p\,b^2}{8}\left(\frac{b/2 - x}{b/2}\right)^2 = \frac{1}{2} \cdot \frac{p\,b^2}{8}$ berechneten Abstand

$$58a)\quad x=\frac{b}{2}\left(1-\frac{1}{\sqrt{2}}\right)=0{,}1465\,b \text{ in den Mittelfeldern bzw.}$$

$$58b)\quad y=\frac{b}{8} \text{ im Endfeld}$$

von den benachbarten Stützen haben, weil dann die Momente M_1 im eingehängten Feld, M_2 über der Stütze und M_3 in Mitte Kragträger gleich groß, nämlich

$$59)\quad M_1=-M_2=M_3=\frac{p\,b^2}{16}$$

werden; die größten Momente in den Endfeldern treten dabei im Abstand $\frac{7}{16}b$ von der Endstütze auf und berechnen sich zu

$$60)\quad M_1=\frac{49}{32}\frac{p\,b^2}{16}.$$

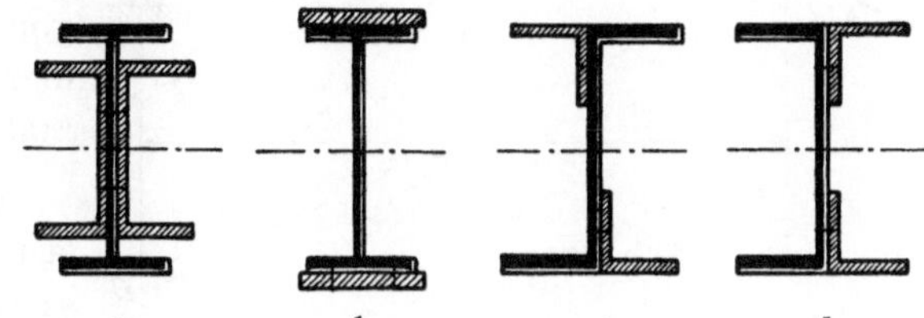

Abb. 291. Pfettenverstärkung im Endfeld.

Eine ungleiche Höhe der Pfetten in den Mittel- und Endfeldern ist meist undurchführbar, auch wenig empfehlenswert. Die in den Endfeldern erforderliche Verstärkung der Pfetten erfolgt zweckmäßig nach Abb. 291, wobei in Abb. 291 d die beiden Winkel zur Verringerung der Nietarbeit auch durch ein ⊔-Eisen desselben Profils ersetzt werden können. Verkürzt man den Binderabstand in den beiden Endfeldern auf $b_1=(1-0{,}1465)\,b=0{,}8535\,b$, so berechnet sich das größte Moment in allen Feldern nach Gl. 59.

Bei Binderentfernungen $b>8$ m werden die Pfetten als Fachwerkträger ausgebildet, auf die das Vorhergehende sinngemäße Anwendung findet.

IV. Die Binder.

1. Die Binder werden meist als Fachwerkträger ausgebildet, deren Berechnung folgende Belastungen zugrunde zu legen sind.

a) Ständige Last, bestehend aus dem Gewicht der Dachdeckung, Sparren und Pfetten, dem Eigengewicht der Binder einschließlich des Windverbands, endlich aus etwa an dem Binder angehängten unveränderlichen Lasten, z. B. eine am Untergurt aufgehängte Decken- oder Gewölbekonstruktion (Abb. 347), angehängte Rohr-, Wellen- oder Lichtleitungen (Abb. 350).

b) Schneelast, die als eine über den Grundriß gleichförmig verteilte Belastung einzuführen ist; bei einem Dachneigungswinkel $\alpha\leqq 20^0$ beträgt ihre Größe 75 kg/m² und nimmt für je 1^0 Mehrneigung um je 1 kg/m² ab; für $\alpha>45^0$ ist eine Schneelast nicht weiter in Betracht zu ziehen, da an steilen Dachflächen nur geringfügige Schneemassen haften bleiben; ist aber bei der Durchdringung benachbarter Dachflächen die Möglichkeit der Bildung von Schneesäcken gegeben, so ist deren Gewicht zu berücksichtigen.

c) Winddruck, der bei Dächern in $\frac{\text{weniger}}{\text{mehr}}$ als 25 m Höhe mit $w=\frac{125}{150}$ kg/m² rechtwinklig getroffener Flächen einzuführen ist. Ist b die Binderentfernung, f die Binderhöhe (Abb. 292), so berechnet sich der auf die schräge Dachfläche rechtwinklig zu ihr wirkende Winddruck zu $W=w\,b\,\frac{L}{2\cos\alpha}\sin^2\alpha$ oder

$$W=w\,b\,f\sin\alpha.$$

Ist der Binder nach Abb. 292 mit einem festen und einem beweglichen Auflager versehen, so hat man den Wind einmal von der Seite des festen Auflagers (Stützdrücke A und B) und dann von der Seite des beweglichen Auflagers (Stützdrücke $\mathfrak{A}$ und $\mathfrak{B}$) wirkend anzunehmen und für beide Kraftangriffe die Stabkräfte zu bestimmen.

Ist dagegen der Binder beiderseits festaufgelagert (z. B. auf eisernen Säulen, Abb. 293), so darf man hinreichend genau annehmen, daß die wagerechte Seitenkraft $W \sin\alpha$ von beiden Auflagern zu gleichen Teilen aufgenommen wird; die lotrechten Stützdrücke berechnen sich zu

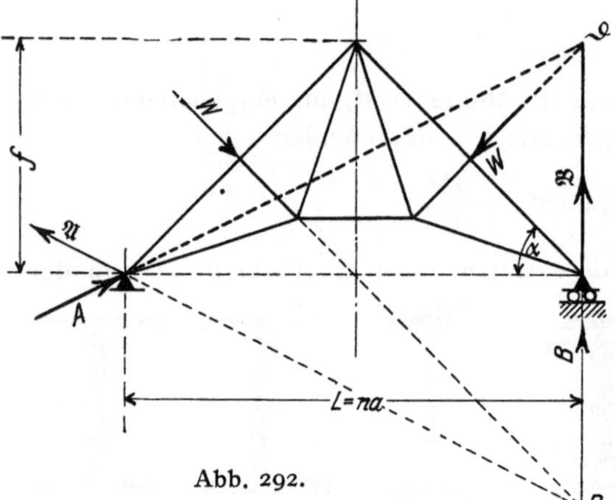

Abb. 292.

$$N_1 = \frac{3}{4} W \cos\alpha - \frac{f}{2L} W \sin\alpha,$$

$$N_2 = \frac{1}{4} W \cos\alpha + \frac{f}{2L} W \sin\alpha,$$

können aber auch leicht durch ein Seilpolygon (1, 2, s in Abb. 293) ermittelt werden; hier genügt eine einmalige Bestimmung der Stabkräfte. Vgl. auch 7. Kap. II, 1, a α).

d) Bewegliche Lasten, z. B. die Nutzlast und der Schrägzug eines am Binder angehängten Flaschenzugs oder einer auf dem Untergurt verschieblichen Laufkatze oder einer am Binder angehängten Decke.

2. Ist p die gleichförmig verteilte lotrechte Belastung für 1 m² Grundriß, so ergeben sich die lotrechten Knotenlasten zu $P = p\,a\,b$ für die freien und zu $P' = {}^1/_2\,p\,a\,b$ für die Auflagerknotenpunkte (Abb. 272). Der Winddruck $W = w\,b\,f \sin\alpha$ erzeugt die rechtwinklig zur Dachfläche wirkenden Knotenlasten $P_w = \frac{2W}{n}$ in den Knotenpunkten zwischen First und Traufe bzw. $P_w = \frac{W}{n}$ im First- und Traufpunkt.

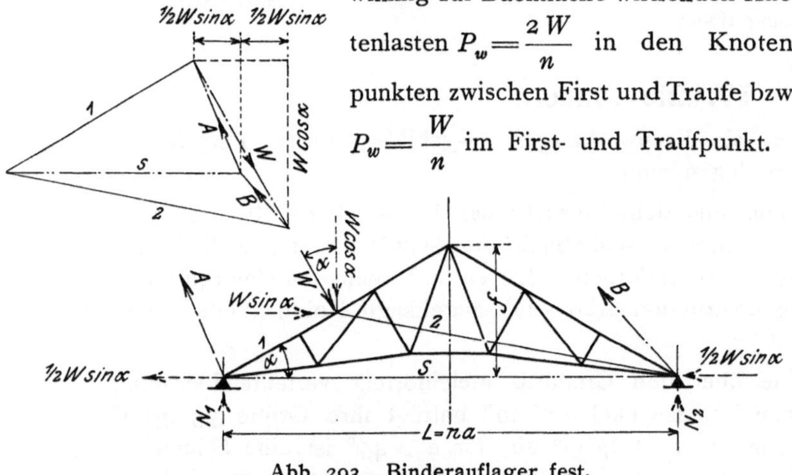

Abb. 293. Binderauflager fest.

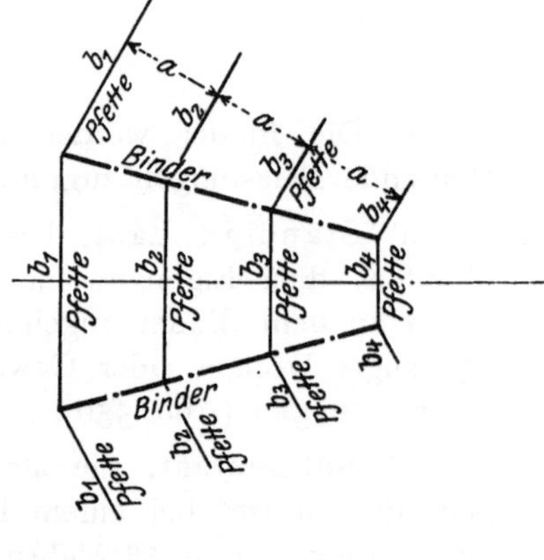

Abb. 294.

Sind die Binder im Grundriß nicht parallel zueinander (Abb. 294), so tritt an Stelle der unveränderlichen Binderweite b für jeden Knotenpunkt die zugehörige mittlere Binderentfernung (b_1, b_2, b_3 und b_4 in Abb. 294). Ganz ähnlich hat man bei veränderlichem Pfettenabstand a sowie bei einem Wechsel des Dachneigungswinkels α vorzugehen.

3. Die aus den Knotenlasten rechnerisch oder zeichnerisch ermittelten Stabkräfte bilden die Grundlage für die nach den Regeln des 3. Kap. durchzuführende Querschnittsbestimmung.

V. Der Windverband.

Für Gebäude, deren Umfassungswände für sich ohne Zuhilfenahme der Dachkonstruktion standfest ausgeführt sind, erübrigt sich die Berechnung des Windverbands.

Wird dagegen die Standfestigkeit der Längs- und Giebelmauern gegen Winddruck erst durch die Mitwirkung der eisernen Dachkonstruktion herbeigeführt, so erfolgt die Berechnung des Windverbandes nach den Regeln des 7. Kap.

B. Konstruktion der eisernen Dächer.

I. Die Dachdeckung.

Erfolgt die Eindeckung der eisernen Dächer in Biberschwänzen, Dachpfannen, Falzziegeln, Schiefer, Holzzement oder Asphaltpappe, so finden die für die Holzdächer gültigen Regeln Anwendung.

Liegt das Dach über einem Raum, in dem sich ständig Arbeiter aufhalten, bei dem daher auf die Wärmesicherheit der Eindeckung besonderer Wert zu legen ist (Fabrikräume, Werkstätten), oder soll die Dachdeckung gegen die Übertragung des Feuers, insbesondere von außenher beim Brand eines Nachbargebäudes, unempfindlich sein, so wird die Bretterschalung der Holzdächer durch eine massive ebene oder gewölbte Dachplatte ersetzt, die man zur Verringerung des Eigengewichts aus Hohlsteinen oder Bimsbeton herstellt. Bei Ziegeldeckungen auf Latten werden die Holzlatten überall da durch eiserne, meist winkelförmige Latten (Abb. 339) ersetzt, wo Hitze und Flammen unmittelbar das Dach angreifen können (Gießereien, Stahlwerke).

1. Wellblechdeckung.

Der Hauptvorteil des Wellblechs als Dacheindeckungsmittel ist seine im Verhältnis zum Eigengewicht große Tragfähigkeit, die die Wahl großer Fachweiten (*a* Abb. 272) ermöglicht und ein geringes Eisengewicht der Unterkonstruktion (Pfetten und Binder) bedingt, zumal wegen der guten Wasserabführung in den Wellentälern ein kleiner Dachneigungswinkel gewählt werden kann. Demgegenüber stehen als schwerwiegende Nachteile die leichte Zerstörbarkeit durch Rost und die gute Wärmeleitung.

Man hat den ersteren Nachteil durch Auffüllung der Wellen mit Bimsbeton und Aufkleben einer einfachen oder doppelten Papplage, den letzteren durch eine besondere, unterhalb der Wellblechdecke angebrachte wärmeschützende Verschalung (z. B. aus Gipsdielen oder Rabitzputz) zu umgehen gesucht; indessen sind diese Maßregeln, da sie den Hauptvorzug des Wellblechs, nämlich das geringe Gewicht der Eindeckung preisgeben, nur als Notbehelf bei bestehenden Dächern anzusehen. Bei Neuanlagen kommt das Wellblech fast nur noch für offene Hallenbauten zur Verwendung.

Das Wellblech wird stets verzinkt, 1 bis 2 mm stark, verwendet, und zwar je nach der Größe der Wellen in Tafeln von 1,5 bis 4,5 m Länge und 0,6 bis 0,9 m Nutzbreite; die tatsächlich anzuliefernde Breite einer Tafel übertrifft diese Nutz- oder Baubreite (Abb. 295) beiderseits um etwa $^1/_4$ der Wellenbreite. Bei Pfettendächern kommt flaches oder Trägerwellblech, bei bombierten Dächern stets Trägerwellblech zur Verwendung.

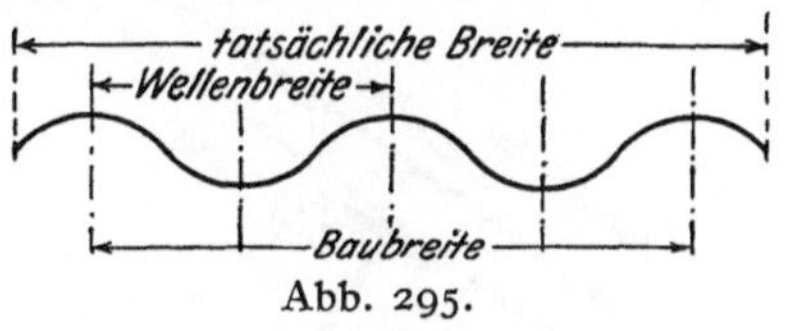

Abb. 295.

In der schrägen Dachfläche entstehen senkrechte, vom First zur Traufe laufende Fugen, in denen die Tafeln der Breite nach, und wagerechte, parallel den Pfetten laufende Fugen, in denen sie der Länge nach zusammenstoßen. In beiden Fugen müssen sich die Tafeln zur Herbeiführung der Dichtigkeit gegenseitig überdecken; die zu ihrer Verbindung erforderlichen Niete müssen stets in den Wellenbergen sitzen, da etwa in den Wellentälern befindliche Nietköpfe den Abfluß des Regenwassers verzögern und dadurch zur Rostbildung Anlaß geben.

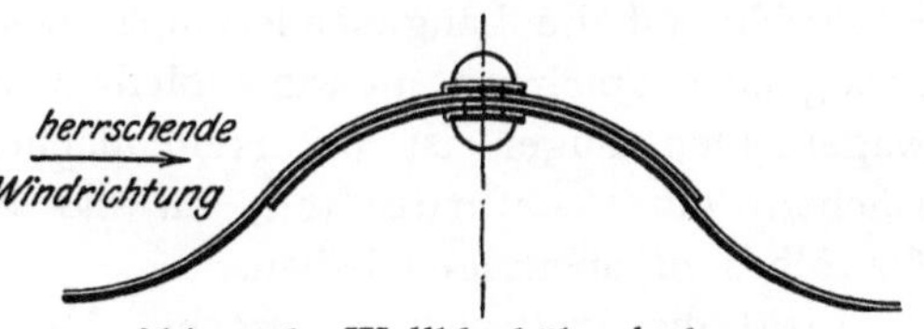

Abb. 296. Wellblechüberdeckung.

a) Senkrechte Fugen. Die Tafeln überdecken sich gegenseitig um etwa $^1/_4$ der Wellenbreite (Abb. 296) und werden in Abständen von 400 bis 600 mm durch Niete von 6 bis 8 mm ϕ zusammengeheftet, wobei unter den Nietköpfen zur Vergrößerung der Gesamtblechdicke keine Rundplättchen aus Zink- oder verzinktem Eisenblech angeordnet werden. Die Überdeckungsfuge wird tunlichst windab, d. h. mit der herrschenden Windrichtung gelegt, um ein Hineintreiben des Regenwassers zu verhindern.

Die Abschlußfuge am Giebel wird bei offenen Hallen durch ein über die Pfetten gelegtes Winkeleisen (Abb. 297) gebildet, an das das Wellblech unmittelbar oder unter Einschaltung eines besonderen Endstücks angeschlossen ist, bei durch Giebelmauern geschlossenen Gebäuden aber durch einen Deckblechstreifen (Abb. 298), der mit Haken an der Mauer befestigt wird; um schräge Fugen im Mauerwerk zu vermeiden, wird dieser Deckstrreifen aus einzelnen trapezförmigen Blechen (Abb. 298a) zusammengesetzt.

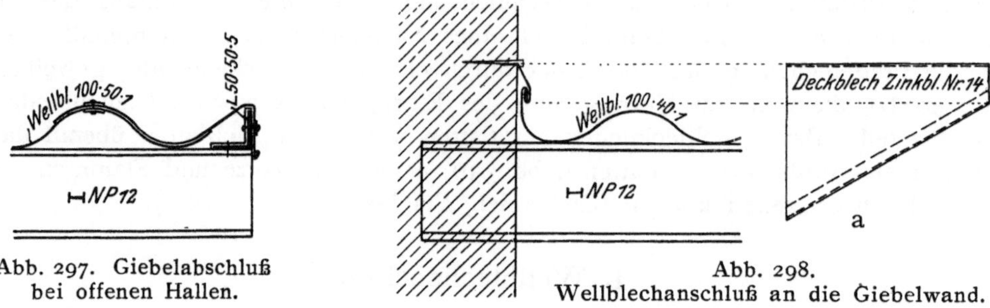

Abb. 297. Giebelabschluß bei offenen Hallen.

Abb. 298. Wellblechanschluß an die Giebelwand.

b) Wagerechte Fugen. Die Wellblechtafeln überdecken sich

bei einer Dachneigung	$\operatorname{tg}\alpha = \frac{1}{2}$	$\frac{1}{2{,}5}$	$\frac{1}{3}$	$\frac{1}{3{,}5}$	$\frac{1}{4}$
um etwa	$u = 12$	14	16	18	20 cm.

Der Stoß wird am besten über einer Pfette angeordnet (Abb. 299). Der obere Rand der unteren Tafel wird in jedem zweiten bis vierten Wellental durch oben versenkte Niete von 8 bis 10 mm ϕ mit dem Pfettenflansch verbunden und von dem unteren Rand der oberen Tafel überdeckt; letztere wird gegen Abheben durch Haften aus verzinktem Eisenblech ($^{30}/_{4}$ bis $^{50}/_{6}$) gesichert, die in jedem zweiten bis dritten Wellenberg durch 2 bis 3

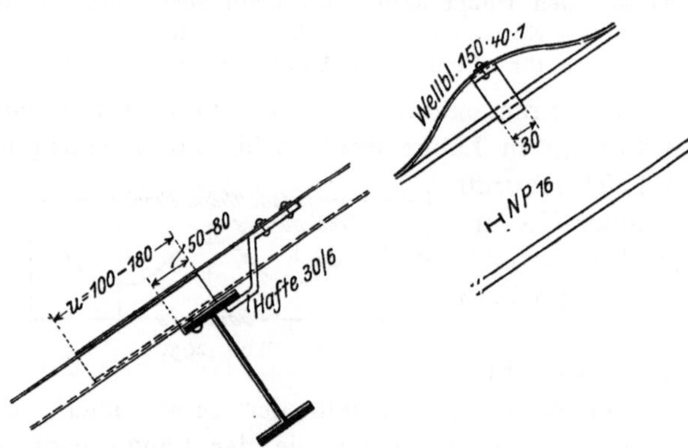

Abb. 299. Wellblechstoß beim Binderdach.

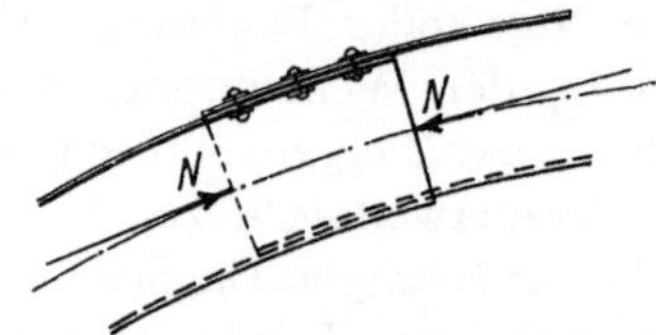

Abb. 300. Wellblechstoß beim bombierten Dach.

Niete von 6 bis 8 mm ϕ befestigt sind und unter den Pfettenflansch greifen, wobei mit Rücksicht auf die Längenänderungen des Wellblechs bei Temperaturschwankungen ein genügender Spielraum gewahrt bleiben muß. Eine Vernietung beider Tafeln in den wagerechten Fugen ist bei Pfettendächern nur schädlich, dagegen bei bombierten Dächern stets erforderlich, da die Niete (Abb. 300) hier den Längsdruck N des Gewölbes zu übertragen haben.

Liegt die Pfettenachse lotrecht (Abb. 301), was insbesondere bei den Trauf- und Firstpfetten vorkommt, so werden die Wellblechtafeln durch einzelne Flacheisen oder auch durchlaufende Bleche von 5 bis 6 mm Stärke an den oberen Pfettenflansch angeschlossen.

In der Firstfuge erfolgt die Abdichtung durch einen gebogenen Wellblechstreifen von demselben Profil (Abb. 302), der in den Wellenbergen mit den Tafeln durch 2 bis 3 Niete von 6 bis 8 mm ϕ verbunden ist.

Die Trauffuge erfordert noch für die bombierten Dächer eine besondere Besprechung. In der Regel werden die Längsträger schräg angeordnet (Abb. 303) und an den Angriffs-

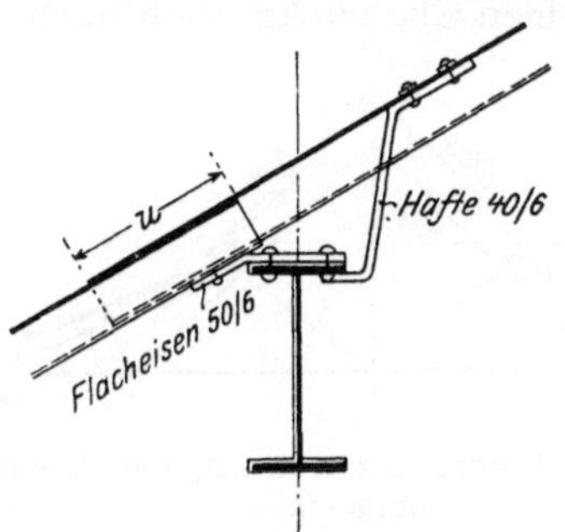

Abb. 301. Wellblechstoß.

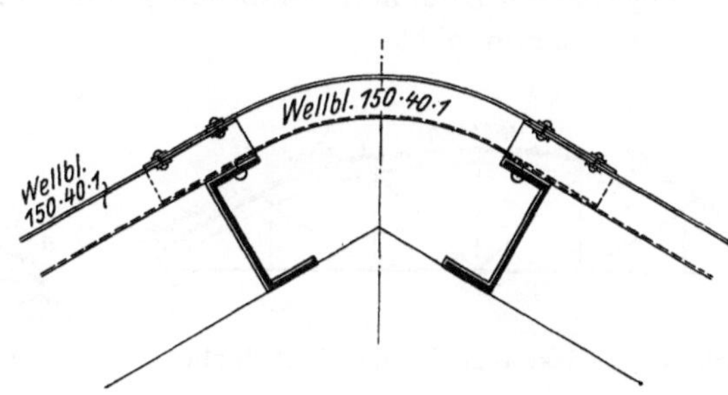

Abb. 302. Überdeckung der Firstfuge.

punkten der Anker durch guß- oder flußeiserne Auflagerböcke unterstützt. Der Horizontalschub des Gewölbes wird durch U-förmige Blechschuhe b von 1 bis 3 mm Stärke auf den Längsträger übertragen; sie sind je nach der Größe des Schubs in jedem ersten bis dritten Wellenberg angeordnet, dort vernietet und am unteren Ende durch eine Schraube von 6 bis 8 mm ϕ mit übergeschobenem Gasrohrstück ausgesteift. Das Abheben der untersten Wellblechtafel wird durch in jedem zweiten bis vierten Wellenberg angeordnete Schrauben von 6 bis 10 mm ϕ verhindert, die unten abgebogen sind und den Flansch des Längsträgers umfassen. Die Anker greifen an den Auflagerböcken an und werden zur Vermeidung einer zu großen Durchbiegung in Abständen von 2,5 bis 4,0 m durch Rundeisen von 8 bis 13 m ϕ oder Flacheisen $^{40}/_{8}$ bis $^{60}/_{10}$ am Wellblechgewölbe aufgehängt; in der Mitte werden sie zur richtigen Ablängung mit Spannschlössern versehen; vgl. über die konstruktive Ausbildung IV, 2b.

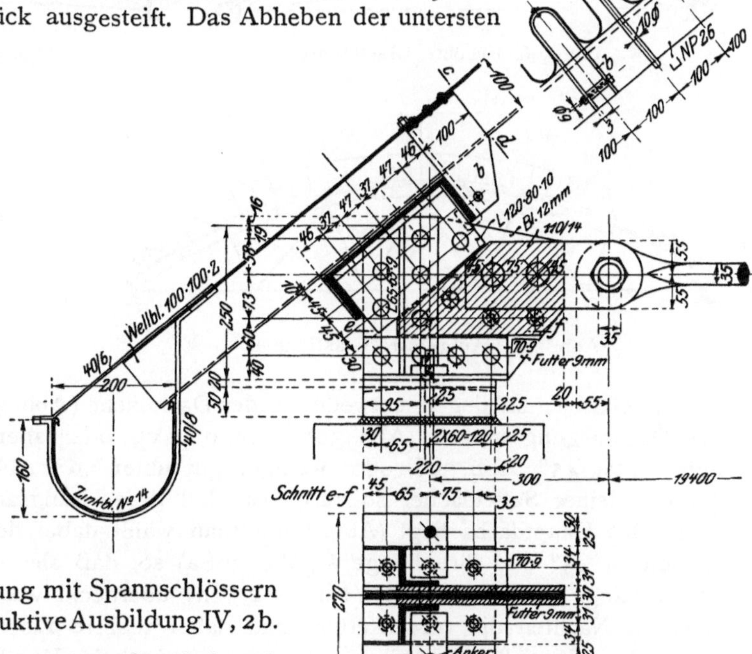

Abb. 303. Auflagerpunkt eines bombierten Wellblechdaches.

Statt der Rundeisen werden, insbesondere bei nach Abb. 274 oder 275 gegabelten Ankern, auch L- oder U-Eisen verwendet.

2. Glasdeckung.

Die zur Verwendung kommenden Glassorten sind:

Geblasenes Rohglas, 3 bis 5 mm stark, hergestellt durch Blasen eines Hohlzylinders, der nachher der Länge nach durchgeschnitten und abgewickelt wird.

Gegossenes Rohglas, 6 bis 12 mm stark, hergestellt durch Gießen der flüssigen Glasmasse auf vorgewärmte Metallplatten.

Drahtglas, 5 bis 10 mm stark, hergestellt aus Rohglas, in das an der einen Tafelseite ein Drahtnetz von 1 mm Stärke eingelegt ist; große Tragfähigkeit, daher größere Sprossenentfernungen und damit Ersparnis an Eisen; Feuersicherheit, insofern es fast bis zum Schmelzpunkt der Glasmasse dicht bleibt; Fortfall der sonst unter den Glasflächen zum Schutz gegen Herabfallen zerbrochener Scheiben erforderlichen Drahtnetze, da das eingebettete Drahtnetz erfahrungsgemäß die einzelnen Glasstücke auch nach dem Bruch noch zusammenhält.

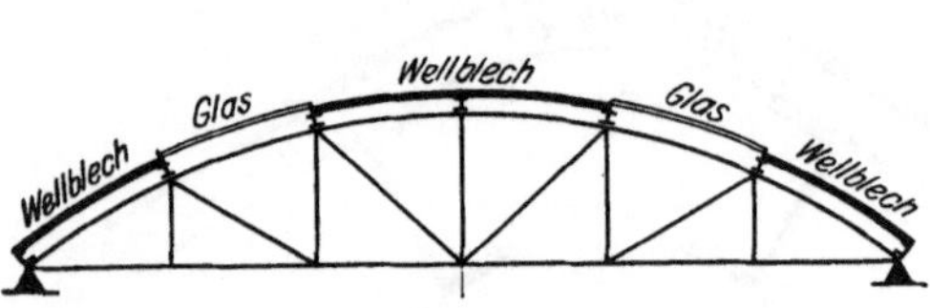

Abb. 304. Glasfläche in der Dachfläche.

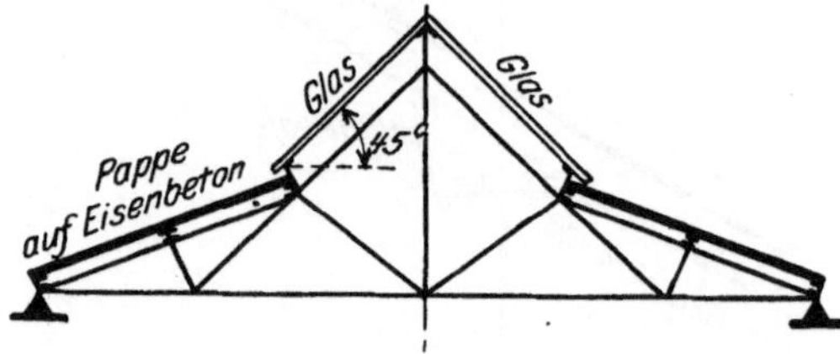

Abb. 305. Binder mit wechselndem Dachneigungswinkel.

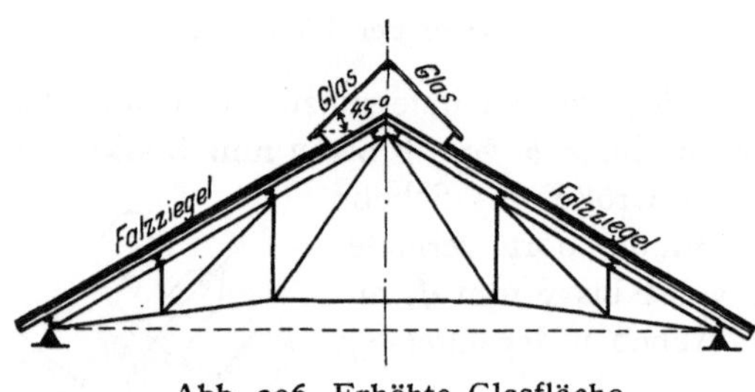

Abb. 306. Erhöhte Glasfläche.

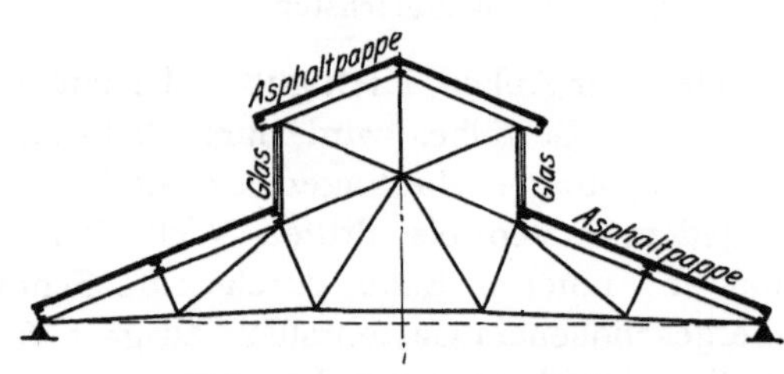

Abb. 307. Laternenaufsatz.

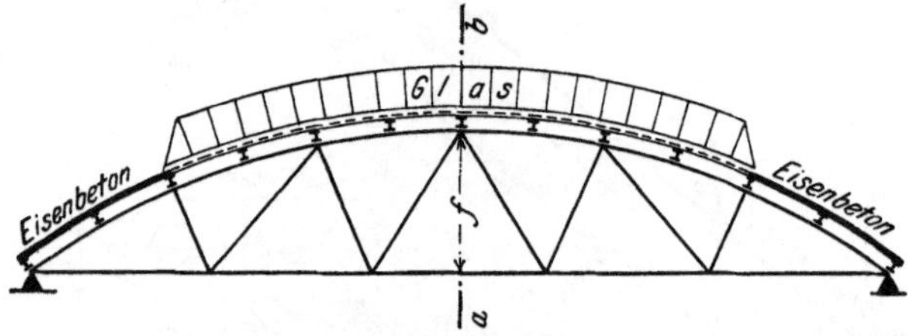

Abb. 308. Aufgelöste Glasflächen.

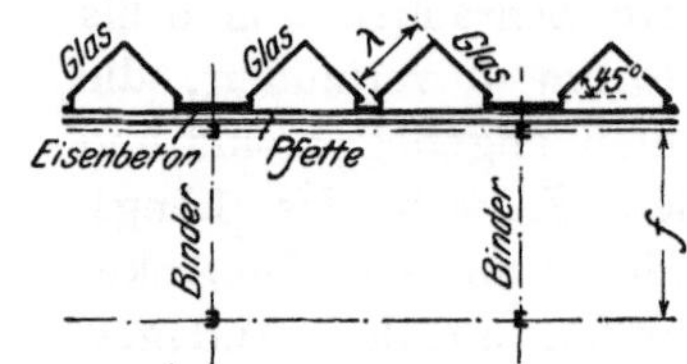

Abb. 308a. Schnitt a—b.

Die Glasflächen liegen entweder in der Dachfläche (Abb. 304), oft unter Vergrößerung des Dachneigungswinkels (Abb. 305, 64n, o, p, v), oder aber in Form einer Laterne erhöht (unter 45°, Abb. 306, oder weniger gut unter 90°, Abb. 307) oder endlich in eine Anzahl kleiner Satteldächer so aufgelöst, daß deren Längsachse rechtwinklig zur Längsachse des Hauptdachs liegt (Abb. 308); man wählt dabei den Neigungswinkel der Glasflächen zu 45° und ihre Länge λ (Abb. 308a) so, daß sie mit der im Handel gebräuchlichen Länge einer Glastafel (1,0 bis 2,5 m) überdeckt werden kann; diesen Vorteilen steht als Nachteil die verwickeltere und daher teurere Eisenkonstruktion gegenüber.

In der Oberlichtfläche bilden sich genau wie beim Wellblechdach wagerechte und senkrechte Fugen. Alle Fugen müssen gegen das Eindringen und Eintreiben von Regen und Schnee dicht sein; daher soll vor allem die Neigung der Glasfläche nicht zu klein sein, am besten $\operatorname{tg}\alpha = 1$ ($\alpha = 45^0$), jedoch nicht kleiner als $\operatorname{tg}\alpha = \frac{1}{3,5}$ ($\alpha = 16^0$).

a) Wagerechte Fugen. Die Glastafeln überdecken sich je nach der Dachneigung um 40 bis 140 mm. Man unterscheidet:

α) Enge Fugen von 2 bis 6 mm; die Dichtung erfolgt entweder durch Kitt, der nach Abb. 309 auf die ganze Überdeckungslänge oder nach Abb. 314 nur auf einen 10 bis 15 mm breiten Kantenstreifen eingebracht wird, oder aber, weil der Kitt, wenn er nicht sorgfältig in Anstrich gehalten wird, schnell verwittert, besser durch einen in $^1/_4$ mm starkes Bleipapier eingeschlagenen Filzstreifen (Abb. 310), der durch Haken aus Zink-, Kupfer- oder verzinktem Eisenblech an der unteren Glastafel aufgehängt wird; auch verwendet man Streifen aus zusammengerolltem Bleipapier, Gummi oder endlich in Wasserglas verlegte Glasstreifen.

Infolge der ungleichmäßigen Wärme innen und außen bildet sich auf der Unterfläche des Glases Schweiß- oder Schwitzwasser, das im Innern abtropft, sobald es auf die wagerechte Glaskante trifft (Abb. 309). Soll der abgedeckte Raum vollständig dicht und tropfsicher sein, so muß dieses Schweißwasser durch eine besondere, innen angebrachte Schweißwasserrinne aufgefangen werden.

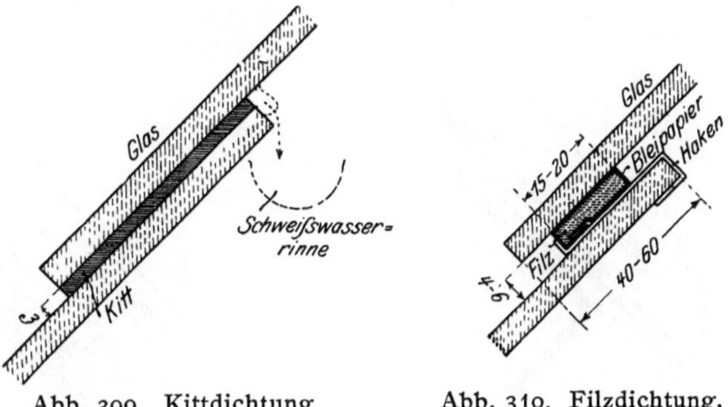

Abb. 309. Kittdichtung. Abb. 310. Filzdichtung.

β) Weite Fugen, > 6 mm; zur Dichtung verwendet man ein H- oder ⊔-förmiges Profileisen (Abb. 311), das in Tafelmitte schwach abgeknickt und dort zur Ableitung des Schweißwassers mit einem Bohrloch versehen wird. Oft verzichtet man aber ganz auf eine besondere Dichtung und bringt im Innern zur Ableitung des eindringenden Regenwassers eine Rinne an (Abb. 312), die in die senkrechten Fugen entwässert.

In beiden Fällen erfolgt die Sicherung der Glastafeln gegen Abgleiten und Abheben in den lotrechten Fugen.

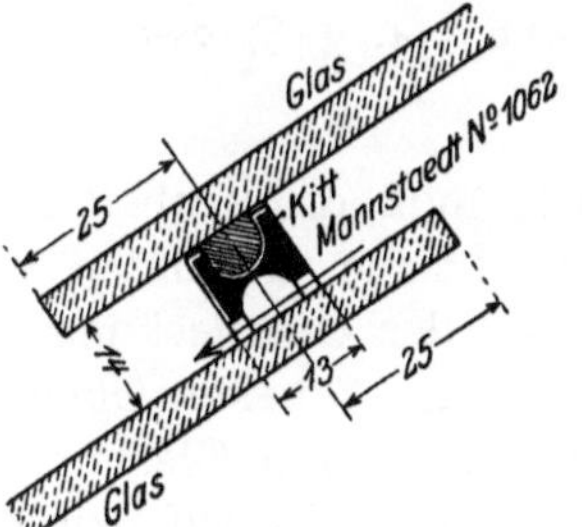

Abb. 311. Dichtung mit Profileisen.

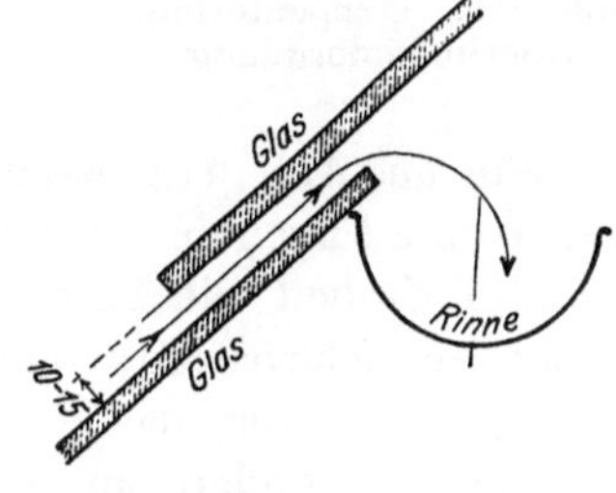

Abb. 312. Anordnung einer Regenrinne.

Die wagerechten Fugen sind auf die Dauer sehr schwierig dicht zu halten; man sucht sie deshalb so weit wie möglich zu vermeiden.

b) Senkrechte Fugen. Die Glastafeln werden von den Sparren getragen, die hier Sprossen heißen und deren Entfernung etwas größer als die (durch 3 teilbar zu wählende) Glastafelbreite ist, meist 0,5 bis 0,8 m. Nur bei kleinen Oberlichtflächen ist es zulässig, die Dichtung zwischen Glas und Sprosse so auszuführen, daß beide Teile fest miteinander verbunden sind; bei größeren Flächen muß die freie Beweglichkeit des Eisens gegenüber dem Glas gewahrt bleiben, damit bei den unvermeidlichen Bewegungen der Eisenkonstruktion, insbesondere bei Wärmeschwankungen, kein Bruch eintritt. Die Sprossen müssen den Glastafeln eine genügende Auflagerfläche bieten, deren Breite mindestens 5 mm betragen soll. Man unterscheidet:

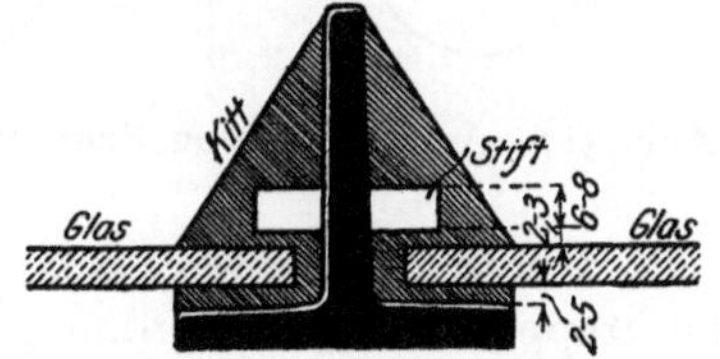

Abb. 313. ⊥-Sprosse.

α) Geschlossene Sprossen aus ⊥- oder +-Eisen. Die Glastafeln erhalten eine Kittunterlage von 2 bis 5 mm Stärke (Abb. 313) und werden gegen Abheben durch Stifte von 6 bis 8 mm ⌀ gesichert, die 2 bis 3 mm über der Glasoberfläche und 100 bis 200 mm von den Tafelrändern entfernt durch den Steg gesteckt sind. Die Dichtung erfolgt durch Glaserkitt (Leinöl + gemahlene Kreide), der zur Verhinderung des Verwitterns sorgfältig in Anstrich zu halten ist. Das Abgleiten der Glastafeln wird durch Umbiegen des Flansches (an der Traufe, Abb. 314) oder aber durch Vornieten von kurzen Winkeleisenstücken (Abb. 315, 323 und 324) verhindert.

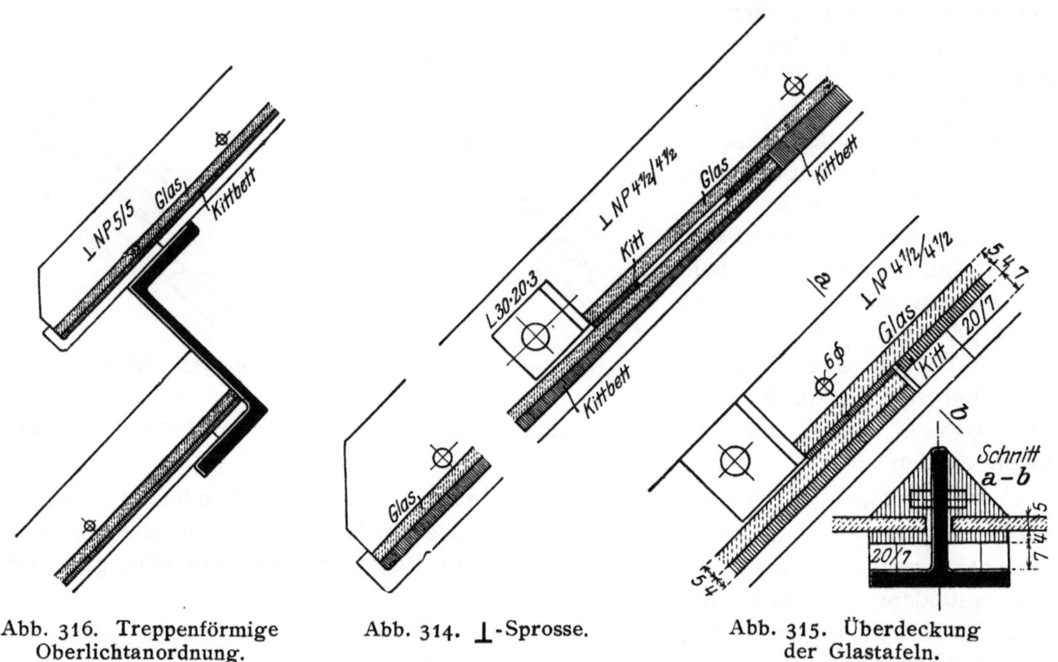

Abb. 316. Treppenförmige Oberlichtanordnung.

Abb. 314. ⊥-Sprosse.

Abb. 315. Überdeckung der Glastafeln.

Wie aus Abb. 314 ersichtlich, muß das Kittbett keilförmig ausgebildet werden, wenn wagerechte Fugen in der Oberlichtfläche vorhanden sind; statt dessen bei überall gleich starkem Kittbett die Sprossen an der Überdeckungsfuge abzubiegen (zu „kröpfen“), ist wenig empfehlenswert; man vermeidet beide Übelstände durch die Anordnung nach Abb. 315, bei der das Kittbett der oberen Glastafel nicht unmittelbar auf dem Flansch der Sprosse, sondern auf einem beiderseits auf den Flansch aufgenieteten Flacheisen (*a*)

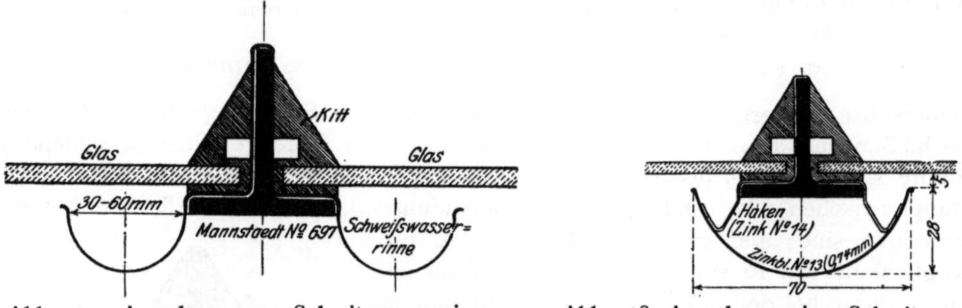

Abb. 317. Anordnung von Schwitzwasserrinnen.

Abb. 318. Anordnung einer Schwitzwasserrinne.

ruht, dessen Stärke der Dicke der Überdeckungsfuge entsprechend gewählt wird. Auch die treppenförmige Anordnung des Oberlichts nach Abb. 316 ist eine zur Vermeidung des keilförmigen Kittbetts und der wagerechten Überdeckungsfuge selbst zweckmäßige konstruktive Maßregel.

Soll Vorsorge zur Ableitung des Schweißwassers getroffen werden, so wird über die Sprosse eine Rinne aus Zinkblech gehängt (Abb. 317), die entweder unmittelbar nach außen oder aber in die wagerechte Längsrinne (Abb. 309 und 330) entwässert. Da sich aber erfahrungsgemäß auch an der eisernen Sprosse selbst Schweißwasser bildet, weil sie oben von der Außenluft, unten von der wärmeren Innenluft umspült ist, so ist es zweckmäßiger, die Schweißwasserrinne nach Abb. 318 unter die Sprosse zu hängen und in 0,8 bis 1,5 m Entfernung durch Haken aus Zink-, Kupfer- oder verzinktem Eisenblech zu befestigen (vgl. auch Abb. 330 rechts).

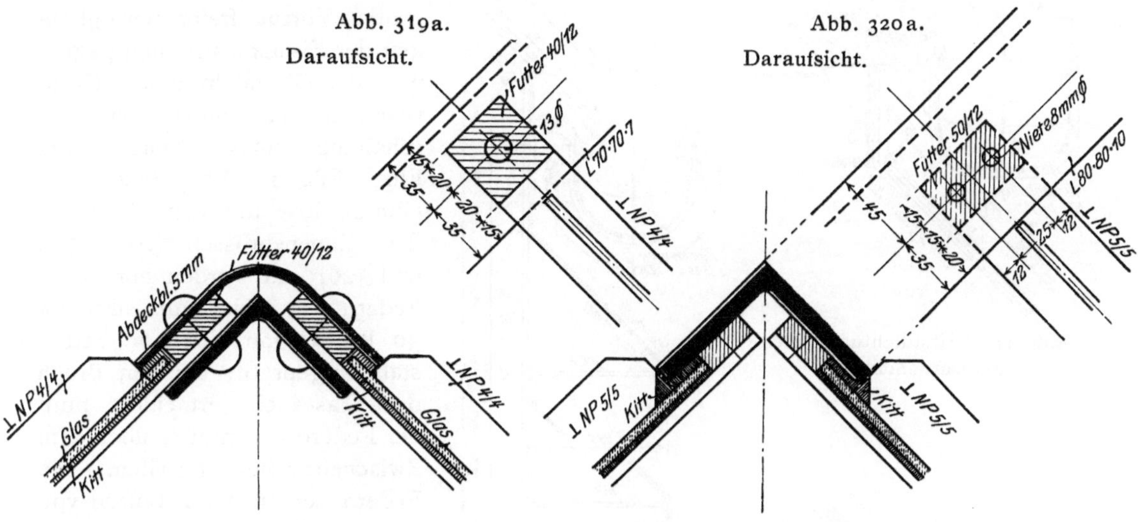

Abb. 319. Firstdichtung. Abb. 320. Firstdichtung.

Die Firstfuge wird entweder durch Kitt oder besser durch ein Abdeckblech gedichtet. Ein Ausführungsbeispiel zeigt Abb. 319; das 5 mm starke Dichtungsblech ist unter Einschaltung von Futterstücken mit den Flanschen der ⊥-Sprossen und mit der aus einem Winkeleisen gebildeten Firstpfette vernietet; in den durch die Futterstücke gebildeten Hohlraum werden die Glastafeln eingeschoben und durch Kitt gedichtet. Eine Abänderung dieser Anordnung zeigt Abb. 320, bei der das Winkeleisen der Firstpfette unmittelbar als Abdichtungsblech verwendet wird. Die nach demselben Grundsatz ausgeführte Dichtung des Firstpunkts eines Sheddachs zeigt Abbildung 321; das hier zur Bildung des Hohlraums aufgenietete ⊤NP. $^{9}/_{9}$ hat gleichzeitig die Aufgabe, den Widerstand der Firstfette gegen Biegung parallel der flachen Dachfläche zu vergrößern. Die Dichtung der Firstfuge mit Kitt ist in Abb. 322 für den Knickpunkt der Mansardendachfläche Abb. 64p dargestellt.

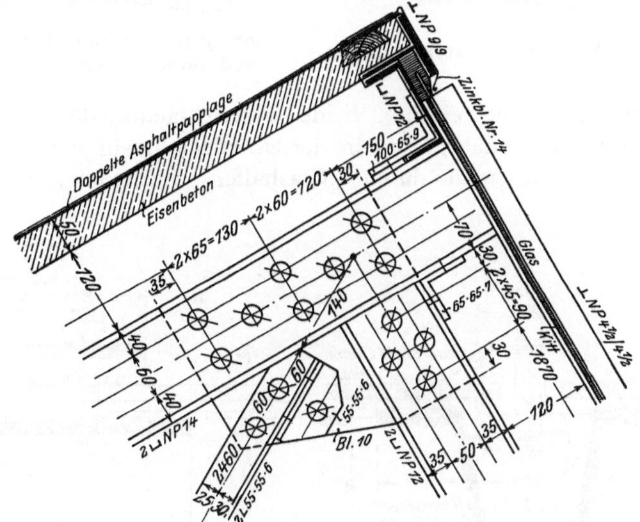

Abb. 321. Firstdichtung eines Sheddachs.

Die Trauffuge entwässert entweder unmittelbar (Abb. 323) oder durch eine besondere Rinne (Abb. 324) auf die anschließende Dachfläche. Die Abdichtung und Rinnenausbildung zwischen satteldachförmigen Oberlichten nach Abb. 308a ist in Abb. 330 rechts dargestellt; zur Befestigung des den Raum zwischen den Sprossenflanschen abdichtenden Zinkblechs wird ein durchlaufendes Flacheisen ($^{30}/_{5}$ in Abb. 330 rechts) oder Winkeleisen (30·30·4 in Abb. 330 links) angeordnet. Die nach Abb. 318 unter die Sprosse gehängte Schweißwasserrinne entwässert entweder wie in Abb. 330 in eine innere Längsrinne oder aber, wegen der schwierigen Dichtung und wegen der größeren erforderlichen Konstruktionshöhe weniger gut, in die äußere Rinne.

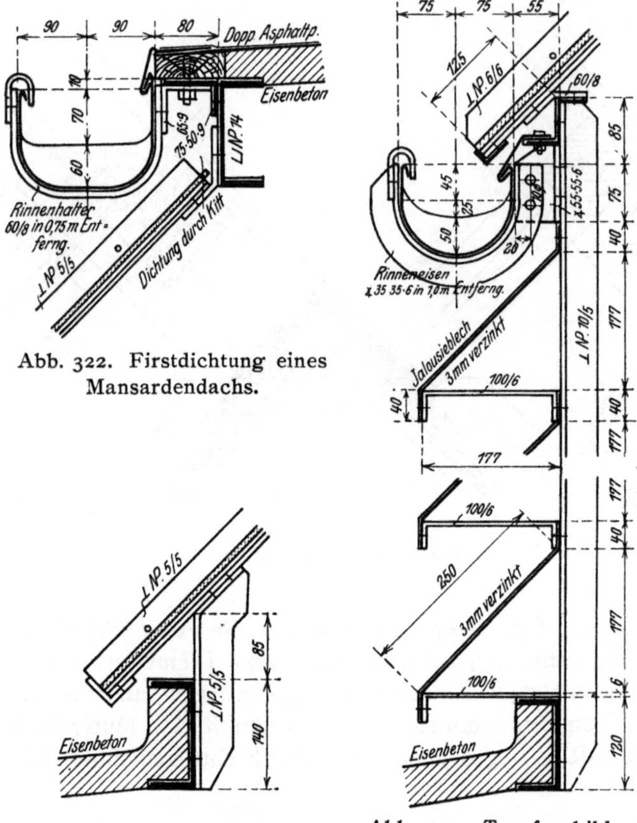

Abb. 322. Firstdichtung eines Mansardendachs.

Abb. 323. Traufausbildung.

Abb. 324. Traufausbildung und Jalousieanordnung.

β) Rinnensprossen, die den großen Vorzug freier Beweglichkeit der Eisenkonstruktion gegenüber den Glastafeln haben. Diese ruhen nämlich unter Zwischenschaltung eines Streifens aus Filz, Filz in Bleipapier oder Gummi lose auf den Flanschen der Rinnensprossen (Abb. 325 und 326) und werden nur durch Federn aus 1 bis 2 mm starkem, 30 bis 50 mm breitem Federstahl angepreßt; um den Bruch des Glases zu vermeiden, muß der Federdruck mitten über dem Zwischenstreifen angreifen. Die Federn werden durch Bolzen von 8 bis 10 mm ϕ niedergehalten, die unten in Bügeln sitzen; diese Bügel sind entweder winkelförmig an den Steg (Abb. 325 b) oder als Flacheisen auf die Flanschen (Abb. 326) der Sprosse genietet. In der wagerechten Überdeckungsfuge der Glastafeln wird entweder nach Abb. 325 für jede Tafel eine besondere oder aber nach Abb. 326 und 327 nur eine einzige, beide Tafeln niederhaltende Feder angeordnet, die außerhalb (Abb. 327) oder mitten in der Überdeckungsfuge (Abb. 326) sitzen kann. Das Abgleiten der Tafeln wird durch „Glashalter“ verhindert, das sind Haken aus Zink-, Kupfer-

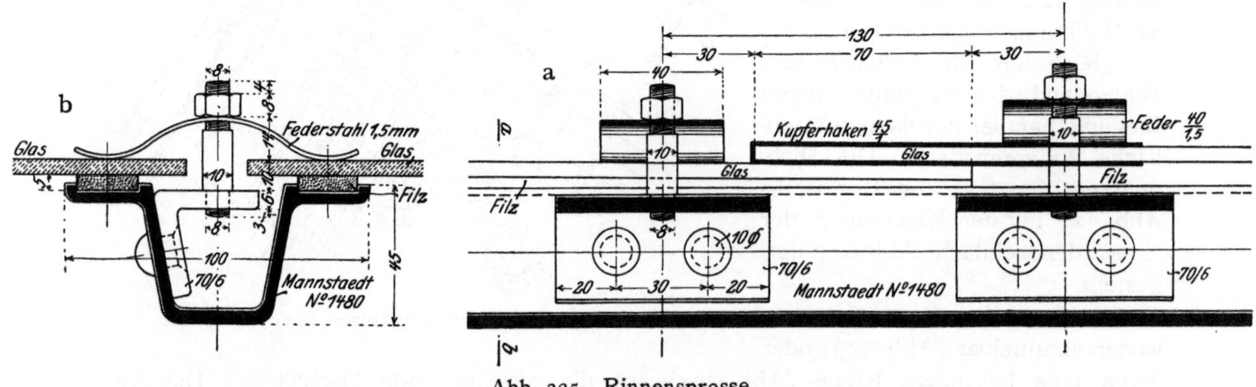

Abb. 325. Rinnensprosse.

oder verzinktem Eisenblech, die über die Federbolzen geschoben werden; um ihre Drehung um diesen Bolzen beim Einschieben der Glastafeln zu verhindern, werden sie an der Unterfläche mit einem hakenförmig abgebogenen Blechstück versehen (Abb. 326), dessen Breite 1 bis 2 mm kleiner als der Lichtraum zwischen den Glastafeln ist.

Sind wie in Abb. 325 bis 327 wagerechte Fugen vorhanden, so müssen die Filzstreifen wegen der erforderlichen Überdeckung der Glastafeln keilförmig ausgebildet werden, wenn man das Aufnieten keilförmiger Flacheisen auf die Flanschen oder das Abkröpfen

Schnitt *a—b*. Schnitt *c—e*.

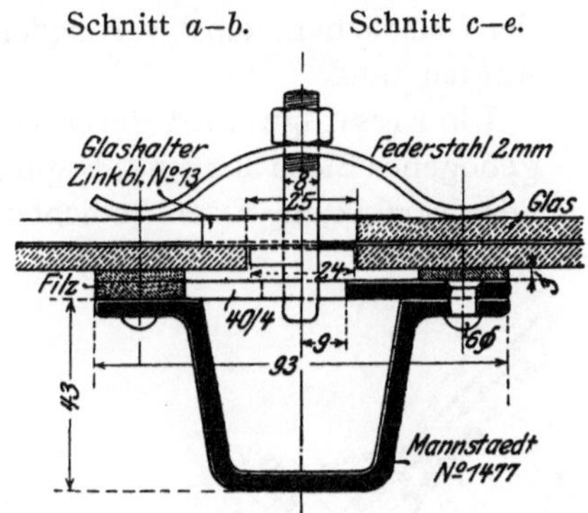

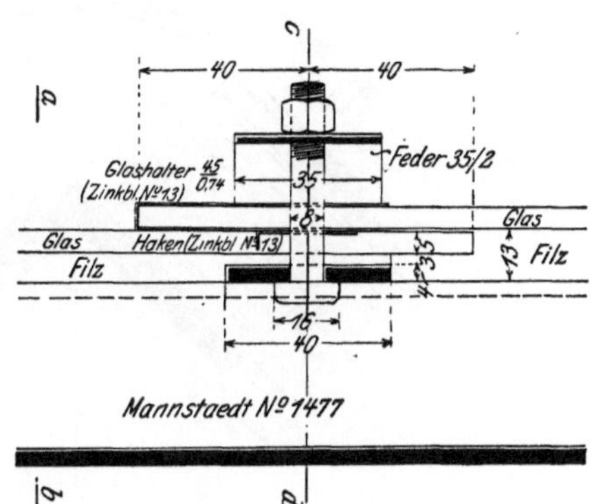

Abb. 326. Rinnensprosse.

der Sprossen vermeiden will; auch werden zur Herbeiführung vollständiger Tropfsicherheit Rinnen zur Ableitung des sich an Glas und Sprosse bildenden Schweißwassers erforderlich. Diese beiden Nachteile werden bei der in Abb. 328 dargestellten Anordnung vermieden, bei der für die unmittelbare Auflagerung der Glastafeln ein besonderer Träger *a* aus Flach- oder Profileisen vorhanden ist, der in Abständen von 0,5 bis 0,8 m durch Bügel *b* gegen die eigentliche Rinnensprosse *c* abgestützt ist; das sich an den Glastafeln und am Glasträger *a* bildende Schweißwasser tropft unmittelbar in die Rinne *c* ab, die selbst, weil allseitig nur von der Innenluft umgeben, der Schweißwasserbildung entzogen ist. An der Überdeckungsstelle der Glastafeln werden die Träger *a* durch höhere Bügel *b* um die Glasstärke höher gerückt, so daß die Keilform der Filzunterlagen vermieden ist. Statt der Blattfedern (Abb. 325 und 326) sind hier Spiralfedern verwendet, die sich mit Unterlagsscheiben auf den, den äußeren Filz-

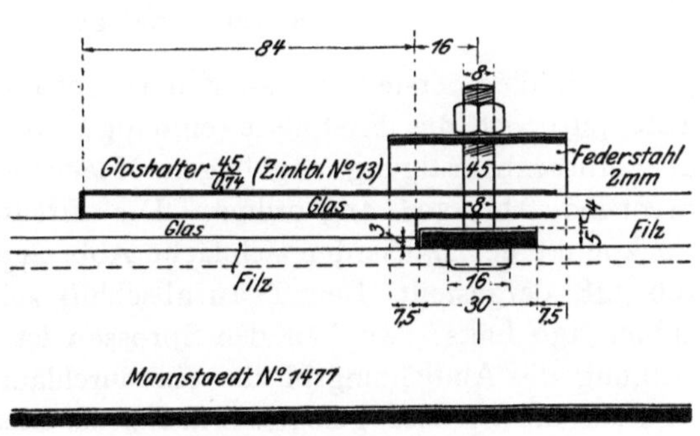

Abb. 327. Rinnensprosse.

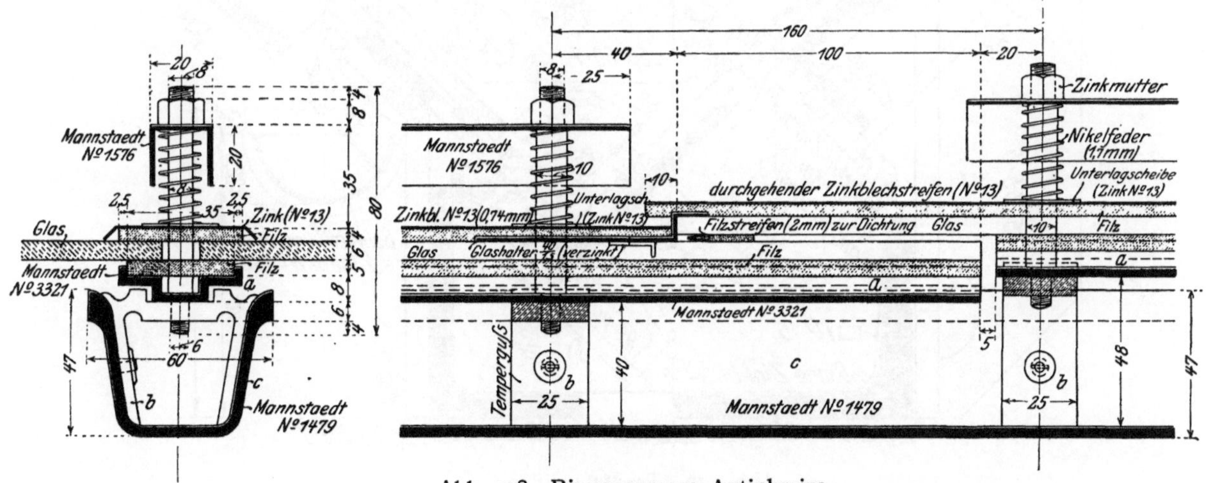

Abb. 328. Rinnensprosse Antipluvius.

streifen schützenden, lang durchlaufenden Zinkblechstreifen auflegen. Das über den Federn auf die Bolzen geschobene ⊔-Eisen dient bei Wiederherstellungs- und Reinigungsarbeiten zur Auflagerung von Rüstbrettern, da das Betreten der Glasflächen selbst vermieden werden muß.

Die Firstfuge wird durch ein gebogenes Blech aus Zink, Kupfer oder verzinktem Eisen gedichtet,

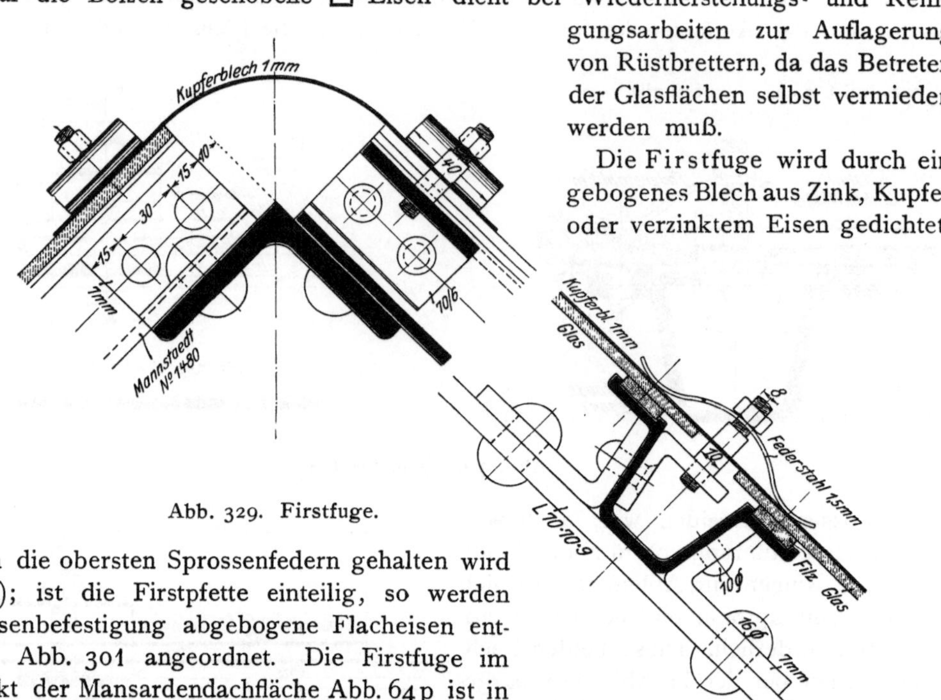

Abb. 329. Firstfuge.

das durch die obersten Sprossenfedern gehalten wird (Abb. 329); ist die Firstpfette einteilig, so werden zur Sprossenbefestigung abgebogene Flacheisen entsprechend Abb. 301 angeordnet. Die Firstfuge im Knickpunkt der Mansardendachfläche Abb. 64p ist in Abb. 348 dargestellt. Den Traufabschluß zeigt Abbildung 330 links; zwischen den Sprossen ist zur Befestigung des Abdichtungsblechs ein durchlaufendes Winkeleisen angeordnet, das sich an ein über die Sprosse gelegtes Flacheisen anschließt, das gleichzeitig das Abgleiten der

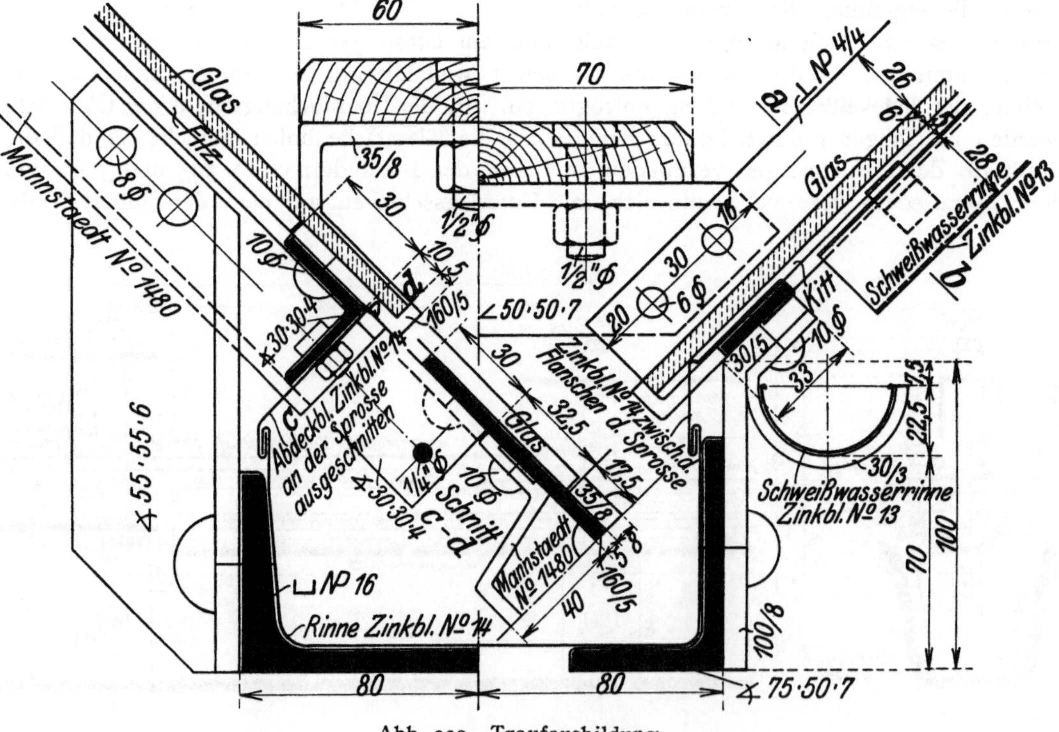

Abb. 330. Traufausbildung.

Glastafeln verhindert und einen Bügel zur Auflagerung eines Laufbretts trägt, das die Reinigung des Oberlichts erleichtert und die Schneeanhäufung in der Rinne verhindert.

Überall hat die Befestigung der Rinnensprossen an den Pfetten durch seitlich angebrachte Winkeleisen oder abgebogene Flacheisen so zu erfolgen, daß **jede Bohrung im Rinnenboden vermieden wird.**

II. Die Sparren.

Die Entfernung s der Sparren voneinander (Abb. 272) beträgt $s = 0{,}75$ bis $1{,}75$ m. Die Einteilung erfolgt meist so, daß der Binder zwischen zwei Sparren liegt.

1. **Holzsparren** erhalten rechteckigen Querschnitt ($b/h = {}^2/_3$ bis ${}^5/_7$ bis ${}^3/_4$) und werden mit den Holzpfetten durch eine 2 bis 3 cm tiefe Einkämmung (Abbildung 331), mit den **Eisen**pfetten durch Einkämmen und Winkeleisenstücke (Abb. 332 und 333) verbunden. Im First wird die gegenseitige Verbindung der gegenüberliegenden Sparren durch Scherzapfen und Schraube bewirkt (Abb. 334).

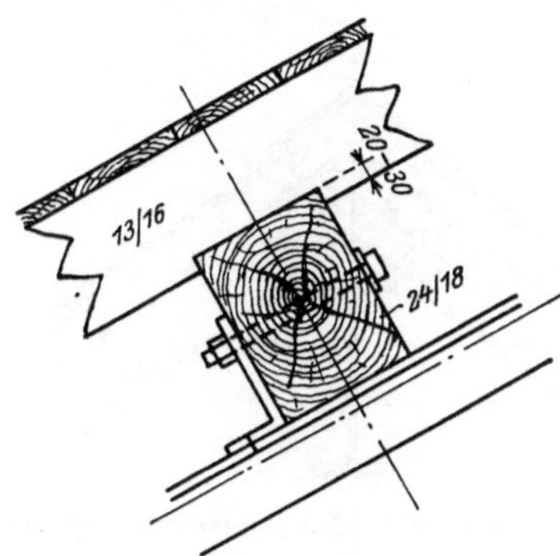

Abb. 331. Holzsparren auf Holzpfette.

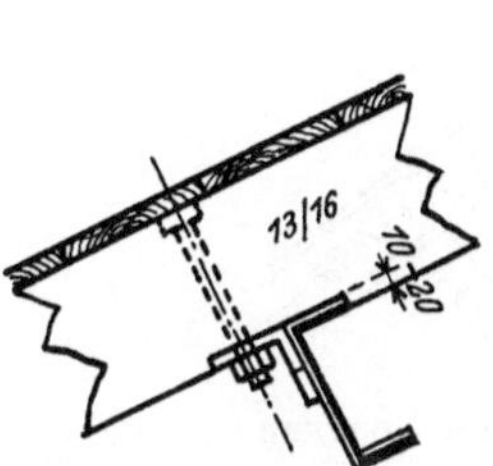

Abb. 332. Holzsparren auf Eisenpfette.

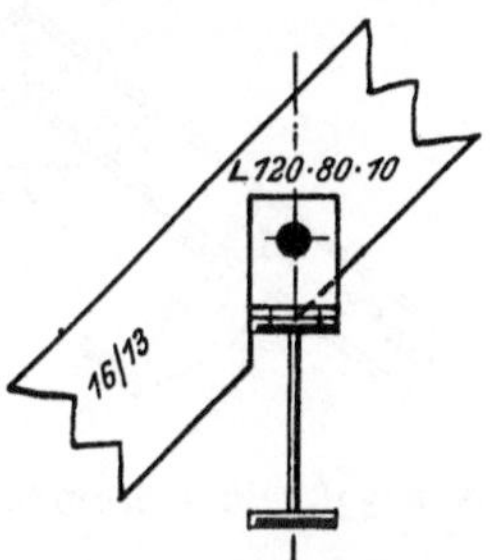

Abb. 333. Holzsparren auf Eisenpfette.

2. **Eisensparren** erhalten ⊔-, H-, auch wohl ⋀-förmigen Querschnitt und werden mit den Pfetten durch Winkeleisenstücke nach Abb. 335 und 336 oder zur Vermeidung der Nietverschwächung im Pfettenflansch nach Abb. 337 und 338 verbunden. Der Anschluß der gegenüberliegenden Sparren im First durch Bleche oder Winkeleisen ist für zwei- und einteilige Firstpfetten in Abb. 338 und 339 dargestellt.

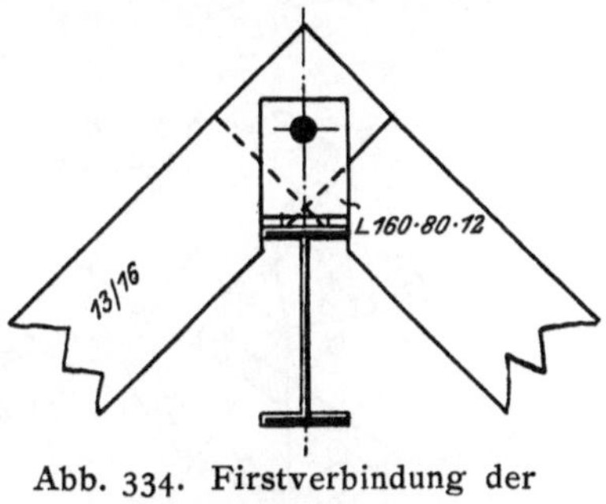

Abb. 334. Firstverbindung der Holzsparren.

Die in Abb. 339 zur Auflagerung der Falzziegel verwendeten eisernen Latten werden durchweg aus Winkeleisen hergestellt; die durch G und W (vgl. Abb. 278) hervorgerufene größte Biegungsspannung nimmt den kleinsten Wert an, wenn die liegenden Winkelschenkel wie in Abb. 339 zur Traufe zeigen.

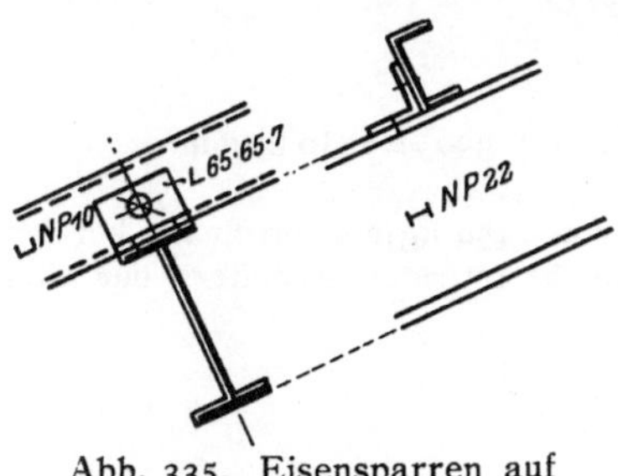

Abb. 335. Eisensparren auf Eisenpfette.

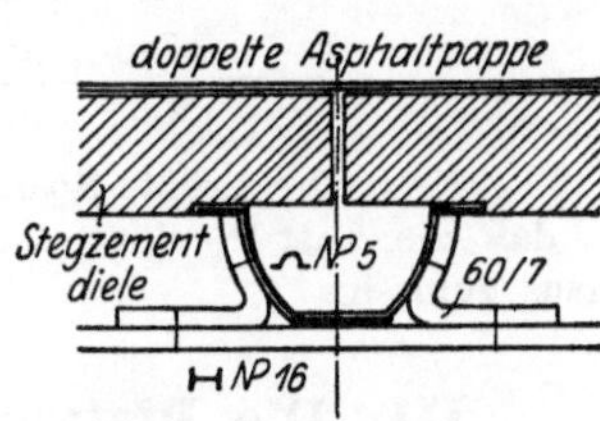

Abb. 336. ⋀-Sparren.

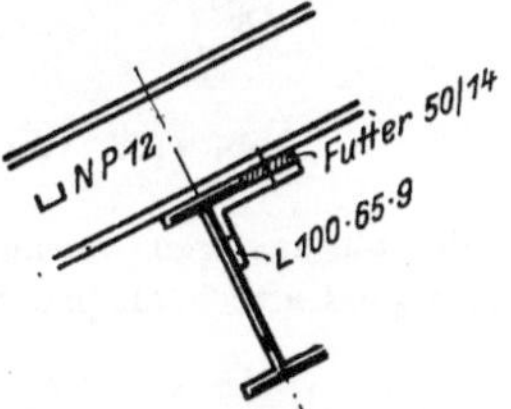

Abb. 337. Eisensparren auf Eisenpfette.

Für die in Aufg. 72 behandelte Dachkonstruktion wird bei $s = 1{,}25$ m Sparrenentfernung und 0,31 m schräger, also $0{,}31 \cos\alpha = 0{,}25$ m wagerechter Lattenentfernung sowie bei 100 kg/m² Grundriß ständiger Belastung:

$$\left.\begin{aligned} G_0 &= 0{,}25 \cdot 1{,}25 \cdot 100 = 30\ \text{kg}, \\ G_s &= 0{,}25 \cdot 1{,}25 \cdot \ 60 = 20\ \text{kg}, \end{aligned}\right\}\ \text{insgesamt } G = 50\ \text{kg};$$
$$W = 0{,}31 \cdot 1{,}25 \cdot \ 50 = 20\ \text{kg}.$$

Mit Bezugnahme auf Abb. 340 wird damit

$$G \cos (45^0 - \alpha) = G \cos 9^0\, 27' = 50 \cdot 0{,}986 = 50\ \text{kg},$$
$$G \sin (45^0 - \alpha) = G \sin 9^0\, 27' = 50 \cdot 0{,}164 = 8\ \text{kg},$$
$$W \cos 45^0 = W \sin 45^0 = 20 \cdot 0{,}707 = 14\ \text{kg};$$ daher ergeben sich die Momente
$$M_y = {}^4/_5\,(50 + 14)\ {}^{125}/_8 = 800\ \text{cmkg},$$
$$M_x = {}^4/_5\,(8 + 14)\ {}^{125}/_8 = 275\ \text{cmkg},$$

wobei der Beiwert $^4/_5$ dem Umstand Rechnung trägt, daß die Latte stets über mehr als 2 Felder ununterbrochen durchgeht.

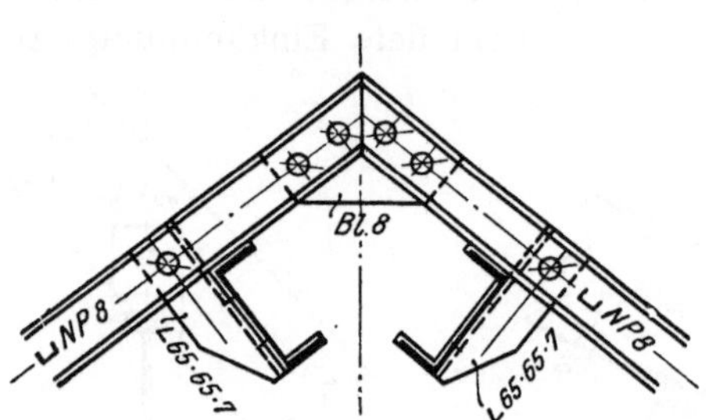

Abb. 338. Firstverbindung eiserner Sparren.

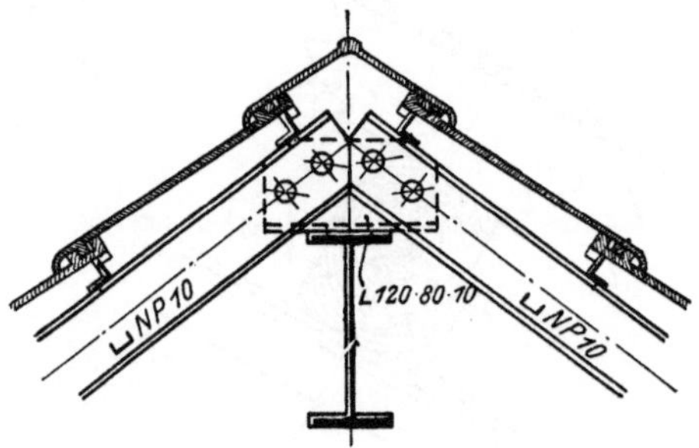

Abb. 339. Firstverbindung eiserner Sparren.

Wirkt neben der ständigen Last $[G_0 \cos (45^0 - \alpha) = 30\ \text{kg};\ G_0 \sin (45^0 - \alpha) = 5\ \text{kg}]$ in der Lattenmitte die Einzellast $P = 100$ kg $[P \cos (45^0 - \alpha) = 99\ \text{kg};\ P (\sin (45^0 - \alpha) = 16\ \text{kg}]$, so ergeben sich die Momente $M_y = {}^4/_5\,(30 + 2 \cdot 99)\ {}^{125}/_8 = 2850$ cmkg, $M_x = {}^4/_5\,(5 + 2 \cdot 16)\ {}^{125}/_8 = 463$ cmkg.

Die größte Beanspruchung des gewählten Winkeleisens $40 \cdot 40 \cdot 4$ mit $x_0 = 11{,}2$ mm, $J_x = 7{,}09\ \text{cm}^4$ und $J_y = 1{,}86\ \text{cm}^4$ tritt entweder im Punkte A oder B auf; für den Punkt A ergeben sich nach Abb. 340 die Widerstandsmomente

$$W_x^{(A)} = \frac{7{,}09}{4{,}0 \cdot 0{,}707} = 2{,}5\ \text{cm}^2 \quad \text{und}$$

$$W_y^{(A)} = \frac{1{,}86}{4{,}0 \cdot 0{,}707 - 1{,}12 \cdot 1{,}41} = 1{,}5\ \text{cm}^3,$$

daher die Spannung

$$\sigma_A = \frac{2850}{2{,}5} + \frac{463}{2{,}5} = 1140 + 310 = 1450\ \text{kg/cm}^2;$$

für den Punkt B wird

$$W_x^{(B)} = \frac{7{,}9}{3{,}6 \cdot 0{,}707} = 2{,}8\ \text{cm}^3 \quad \text{und}$$

$$W_y^{(B)} = \frac{1{,}86}{3{,}6 \cdot 0{,}707 - 0{,}72 \cdot 1{,}41} = 1{,}2\ \text{cm}^3,$$

daher die Spannung

$$\sigma_B = \frac{2850}{2{,}8} + \frac{463}{1{,}2} = 1020 + 390 = 1410\ \text{kg/cm}^2.$$

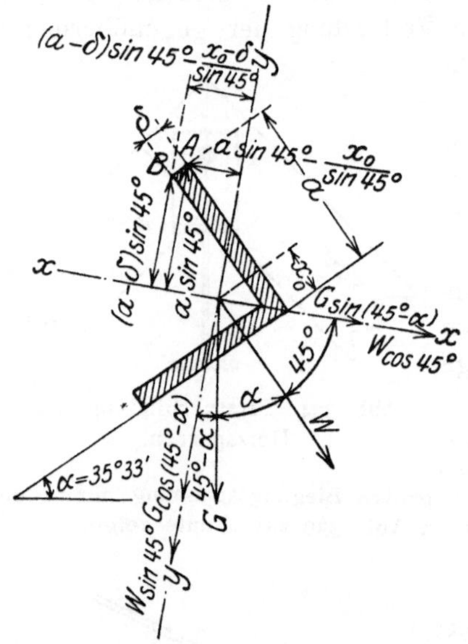

Abb. 340. Winkellatte.

Die größte Spannung von $1450\ \text{kg/cm}^2$ erscheint bei der sehr ungünstigen Voraussetzung, daß die Last P eines das Dach betretenden Arbeiters nur eine einzige Latte beansprucht, durchaus zulässig.

III. Die Pfetten.

1. Holzpfetten erhalten rechteckigen, eiserne Pfetten ⊢⊣, ⊔, Z, bei Binderentfernungen über 8 m auch fachwerkförmig gegliederten Querschnitt. Die Mittellinie der Pfette muß stets durch den zugehörigen Binderknotenpunkt gehen. Für eine genügende Sicherheit der Pfette gegen Gleiten und Kanten und für ihre dauernd sichere Verbindung mit dem

Binderobergurt ist in allen Fällen besonders Sorge zu tragen; ein bloßes Vernieten bzw. Verschrauben der Pfette oder ihrer Flanschen mit dem Obergurt oder ihre Abstützung durch abgebogene Flacheisen ist nicht gestattet.

a) Die Mittellinie der Pfette steht rechtwinklig zur Dachfläche. Ihre Befestigung erfolgt in einfachster Weise durch ein vorgelegtes Winkeleisen (Abb. 331), das bei ⟝⟞-förmigem Querschnitt die Einschaltung eines Futterstücks bedingt (Abb. 341); diese Befestigungswinkel werden in der Werkstatt auf den Binderobergurt genietet und gewährleisten dadurch in der Ausführung eine gerade durchlaufende Lage der Pfettenachse.

Sind keine Gelenkpunkte vorhanden, so liegt der Pfettenstoß unmittelbar über dem Binder (Abb. 341).

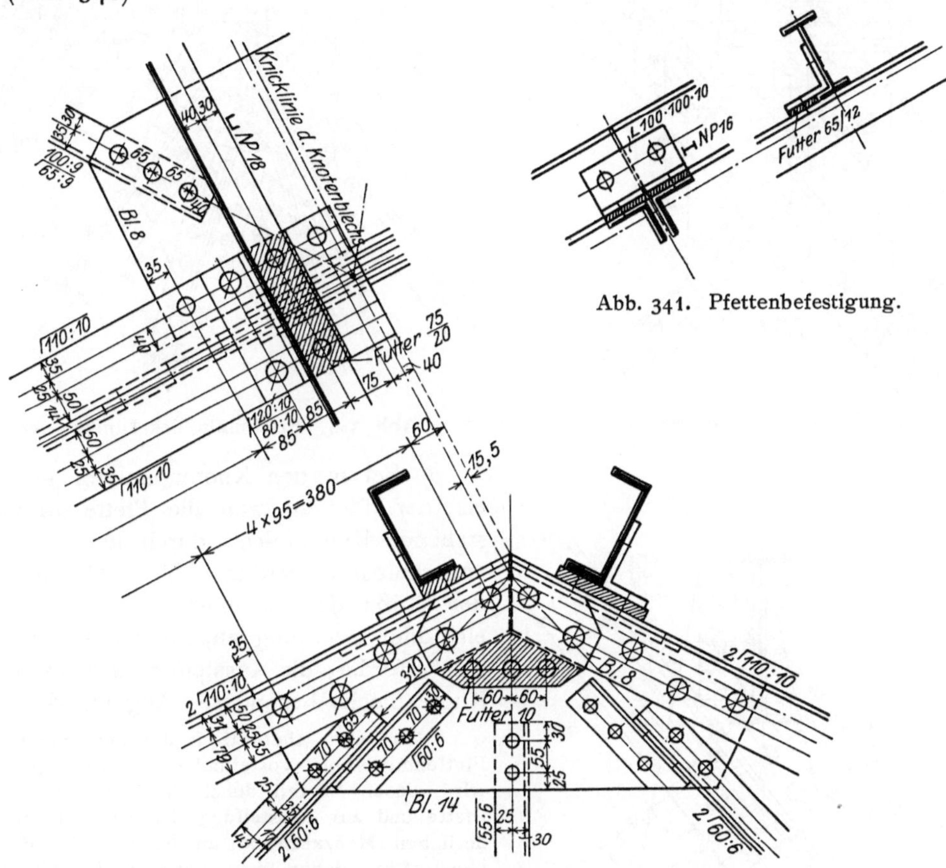

Abb. 341. Pfettenbefestigung.

Abb. 342. Firstpunkt des Binders Abb. 64k.

Die Firstpfette wird zweiteilig ausgebildet (Abb. 342); man kann ihr ebenso wie der Traufpfette durch Einschaltung von Futterblechen ein von der Höhe der Zwischenpfetten unabhängiges Profil geben. Da beide Pfettenteile außerhalb des Firstknotenpunkts auf dem Obergurt aufruhen, so entstehen in diesem zusätzliche Biegungsspannungen, zu deren Aufnahme das Knotenblech entsprechend groß auszubilden ist.

b) Die Mittellinie der Pfette steht lotrecht. Ihre Befestigung mit dem Binderobergurt kann auf zwei Wegen erfolgen.

α) Bei Holzpfetten und ununterbrochen durchlaufenden, z. B. mit Gelenken versehenen eisernen Pfetten wird das Knotenblech über den Obergurt hinaus verlängert und mit wagerechten Winkeleisen gesäumt (Abb. 343 und 344); auf diesen wird die Pfette aufgelagert und durch nebengelegte Winkeleisen gegen Verschieben und Kanten gesichert. Besondere Sorgfalt ist auf die seitliche Aussteifung des vorstehenden dünnen Knotenblechs durch seitlich angenietete Winkeleisen zu legen, um das Blech gegen Abbiegen und den Obergurtknotenpunkt gegen Knicken aus der Binderebene heraus zu schützen. Es gilt als Regel, diese Aussteifung so zu bewirken, daß jeder beliebige durch das Knotenblech gelegte Schnitt mindestens einen der Auflager- bzw. Aussteifungswinkel trifft.

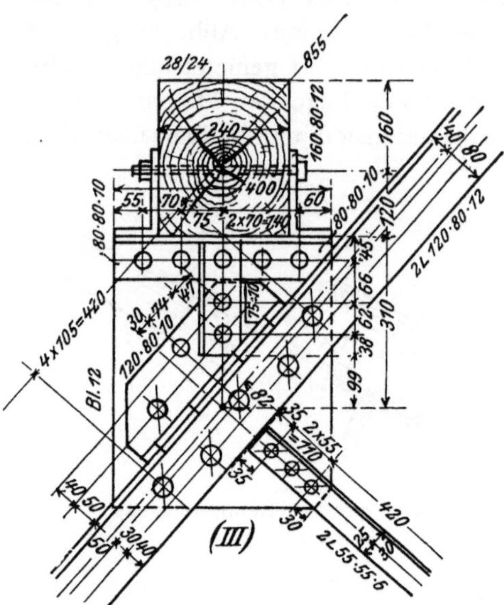

Abb. 343. Lotrechte Pfettenlage.

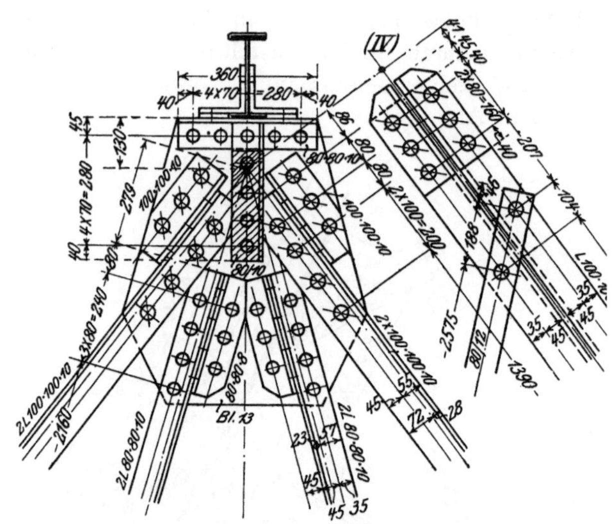

Abb. 344. Firstpunkt des Binders Abb. 346.

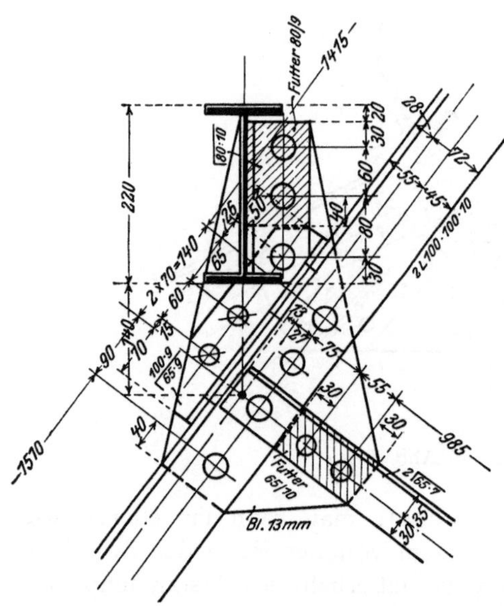

Abb. 345. Lotrechte Pfettenlage.

β) Bei in den Knotenpunkten gestoßenen eisernen Pfetten kann die Pfette an das vorstehende Knotenblech durch lotrechte Winkel angeschlossen werden (Abb. 345), die je nach der Größe des zu übertragenden Stützdrucks ein- oder zweiseitig angeordnet werden. Auch hier erfordert die Aussteifung des vorstehenden Knotenblechs besonderes Augenmerk.

Wenn auch theoretisch die lotrechte Lage der Pfettenmittellinie vorteilhafter ist (vgl. A III b), so wird dieser Vorteil durch den zum Anschluß der Pfette und zur Aussteifung des Knotenblechs erforderlichen Mehraufwand an Eisen und Arbeit weit übertroffen; daher man denn auch die lotrechte Pfettenlage nur bei steilen Dächern (Abb. 346) und da wählt, wo die Pfetten im Grundriß keinen rechten Winkel mit den Bindern bilden (Abb. 294).

Sind die Pfetten weder durch eine ununterbrochen durchlaufende Dachhaut, z. B. aus Eisenbeton, noch durch Sparren gegen Durchbiegung parallel zur Dachfläche gesichert, so werden sie entweder zwischen den Bindern durch Rund- oder Winkeleisen, die gleichsam die Sparren ersetzen, miteinander verbunden, oder aber, besonders bei steilen Dächern, nach Abb. 285 oder 286 nach zwei Ebenen biegungsfest ausgebildet.

2. Bei Gebäuden von mehr als etwa 20 m Länge werden die Pfetten mit teils festen, teils beweglichen Gelenken nach Abb. 290 versehen, einmal der Eisenersparnis wegen, dann aber vor allem, um den Längenänderungen bei Temperaturwechsel Rechnung zu tragen. Die Ausbildung dieser Gelenke erfolgt nach Abb. 21, 102 bis 104; sie liegen stets in denjenigen Binderfeldern, die ohne Windverbanddiagonalen sind (vgl. DIN 1010—1012).

IV. Die Binder.

1. Rein eiserne Binder.

Die im 3. Kap. für die Ausbildung der Stabquerschnitte und Knotenpunkte der Fachwerkträger aufgestellten Regeln sind in ihrer Anwendung auf Dachbinder wie folgt zu ergänzen.

a) Gurtstäbe. α) Die gebräuchlichsten Querschnitte sind bei reiner Längsbeanspruchung der Stäbe die aus 2 gleichschenkligen oder ungleichschenkligen Winkeleisen zusammengesetzten (Abb. 123 und 132); kreuzförmige Querschnitte (Abb. 125 und 134) werden für den Obergurt meist nur bei lotrechter Pfettenlage verwendet Treten infolge Stabkrümmung oder Belastung zwischen den Knotenpunkten Biegungsmomente auf, so wird der aus 2 bzw. bei Tonnendächern nach Abb. 143 aus 1 ⊔-Eisen gebildete Querschnitt gewählt.

Der lichte Abstand der beiden nebeneinander liegenden Profileisen, d. i. die Knotenblechdicke δ wird in der Regel mindestens so groß gewählt, daß für den kleinsten Nietdurchmesser $d_{\min}$ bei einschnittigen Nieten $\delta \geqq \frac{\pi}{8} d_{\min}$, bei zweischnittigen $\delta \geqq \frac{\pi}{4} d_{\min}$ ist; danach beträgt bei Spannweiten von 8 bis 24 mm die Stärke δ etwa 8 bis 16 mm.

Kastenförmige Querschnitte mit doppelten Knotenblechen werden wegen der teureren Nietarbeit nur bei schwer belasteter Konstruktion von großer Spannweite gewählt.

β) Der kleinste Durchmesser ist $d_{\min} = 17$ mm, und da das Niet rechtwinklig zur Kraftrichtung $1{,}5\,d$ vom Rand abstehen soll, so ergibt sich als kleinste zu verwendende Profilbreite 55 mm; bei mehr als 10 bis 12 m Spannweite geht man bei Verwendung von Winkeleisen besser nicht unter ∟ 65·65·7 hinab.

Diese Regel ist besonders bei den Untergurtstäben aus zwei Gründen zu beachten. Einmal würde nämlich eine genaue Anpassung der auszuführenden Querschnittsfläche an die rechnerisch erforderliche dem Umstand keine Rechnung tragen, daß die bei Anwendung der Gl. 1) vorausgesetzte gleichmäßige Verteilung der Stabkraft über die ganze Fläche bei 2 nebeneinander liegenden Profileisen nicht erfüllt ist, daß vielmehr die in der Nähe des Schwerpunkts liegenden Flächenteile stets stärker als die weiter abliegenden beansprucht sind. Zweitens aber genügt der in der Obergurtebene liegende Windverband (Abb. 272) noch nicht, um 2 Binder zu einem in sich unverschieblichen Raumfachwerk miteinander zu verbinden; es wäre hierzu vielmehr noch ein Windverband in der Untergurtebene (Abb. 55) oder aber in allen Knotenpunkten des Untergurts Querverbände (Abb. 75) erforderlich, um die in diesen Punkten rechtwinklig zur Binderebene angreifenden Kräfte auf den Windverband zu übertragen. Diese Querverbände führt man aber, solange der Untergurt auf Zug beansprucht ist, in der Regel nicht aus, weil äußere Kräfte dieser Art bei Dachbindern meist nicht auftreten.

Die Knotenpunkte des Untergurts sind endlich auch gleichzeitig die Endpunkte der gedrückten Füllungsstäbe, die man bei der Querschnittsbestimmung nach Gl. 31) als in den Endpunkten der Stabachse geführt ansieht; diese Führung hat bei fehlenden Querverbänden die seitliche Steifigkeit der Untergurtstäbe herbeizuführen. Berücksichtigt man dazu noch die möglichen Fehler einer ungenauen Montage und die Erschütterungen der Konstruktion durch die Verkehrslast, so erhellt die Wichtigkeit der Regel, die Untergurtstäbe nicht allzu ängstlich der Rechnung anzupassen.

Wirken am Untergurt äußere Kräfte, z. B. der Winddruck bei offenen Hallen, die Nutzlast eines angehängten Flaschenzugs, einer verschieblichen Laufkatze oder einer Decke, so ist die seitliche Aussteifung seiner Knotenpunkte durch Verbindung zweier Binder zu einem in sich unverschieblichen Raumfachwerk unbedingt erforderlich.

γ) Der Stoß des Obergurts wird bei gleichbleibender Dachneigung im First angeordnet; das für den stärkst beanspruchten Gurtstab erforderliche Profil wird von Traufe zu First durchgeführt (vgl. Aufg. 16). Die Stoßanordnung erfolgt bei zweiteiliger Firstpfette meist nach Abb. 342, die den Knotenpunkt (IV) des Binders Abb. 64k darstellt; die Obergurtwinkel sind auf Gehrung zusammengeschnitten, so daß eine unmittelbare Druckübertragung in den in der Binderebene liegenden Winkelschenkeln stattfindet, die mit 2 · 11,0 · 1,0 = 22,0 cm² Fläche zur Aufnahme der Stabkraft von 21,1 t genügen (vgl. Zahlentafel 1) und mit 5 doppelschnittigen Nieten von 23 mm ⌀ an das 14 mm starke Knotenblech anschließen; um seine Mitwirkung auf $\frac{21,1}{1,4} = 15,1$ cm zu sichern, ist die Stoßfuge beiderseits noch mit 8 mm starken Blechen gedeckt. Genügt die Stoßdeckung in der Binderebene allein noch nicht, so werden im First abgebogene Stoßwinkel angeordnet. Die Stoßanordnung bei einteiliger Firstpfette ist in Abb. 344 für den Knotenpunkt (IV) des Binders Abb. 346 und in Abb. 321 für den Firstpunkt eines Sheddachs dargestellt.

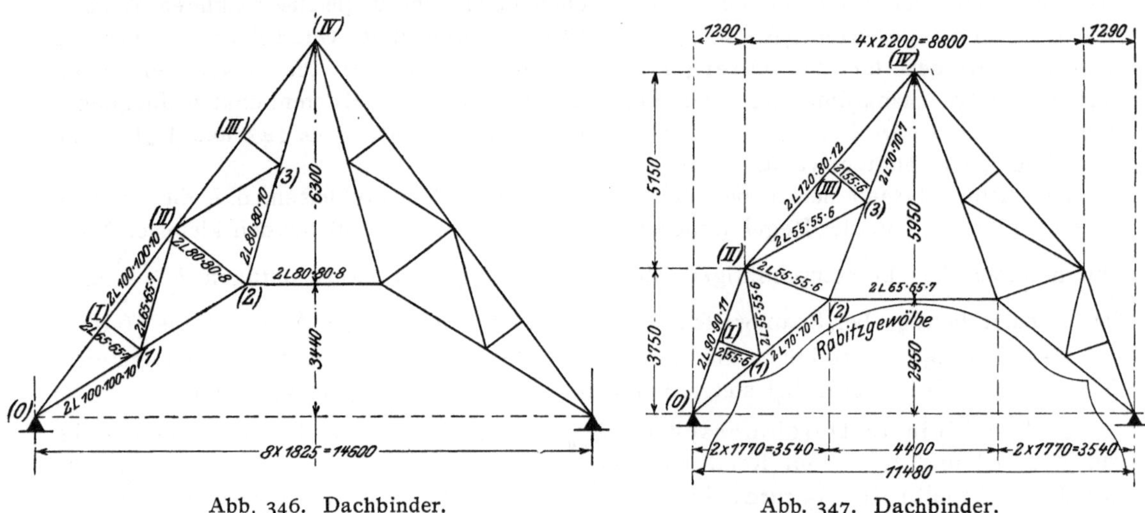

Abb. 346. Dachbinder. Abb. 347. Dachbinder.

Findet innerhalb der Dachfläche in einem Knotenpunkt eine starke Richtungsänderung des Obergurts statt, wie z. B. im Punkt (II) des Binders Abb. 347, so wird auch hier ein Stoß angeordnet, der dann gleichzeitig den Wechsel des Querschnitts gestattet. Ein Ausführungsbeispiel zeigt Abb. 348 für den Knotenpunkt (I) des Mansardendachs Abb. 64p.

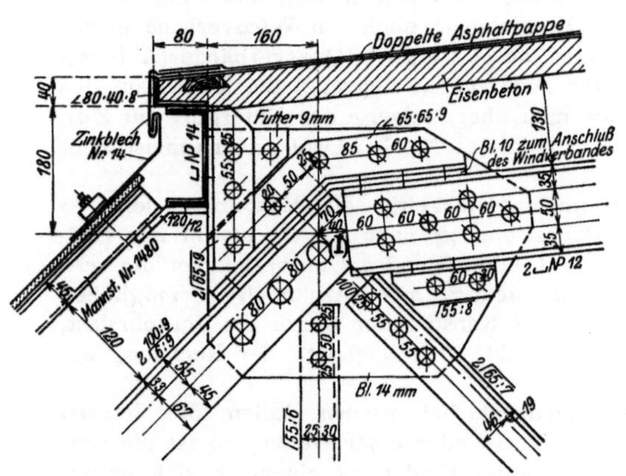

Abb. 348.
Knotenpunkt (I) des Mansardendachs Abb. 64p.

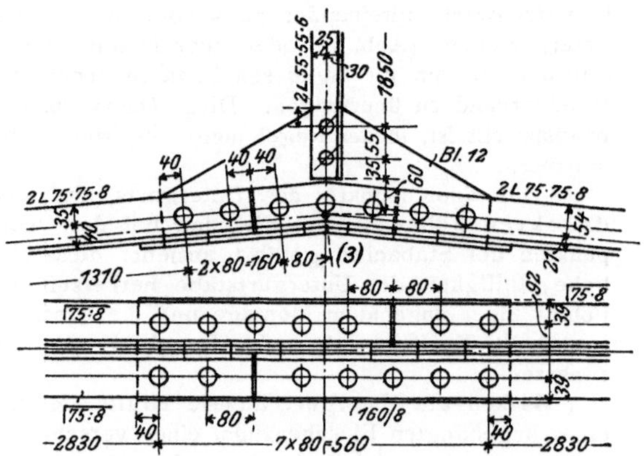

Abb. 349.
Knotenpunkt (3) des Binders Abb. 64h.

δ) Der Stoß des Untergurts wird bei wagerechter oder nur in der Mitte geknickter Stabachse (Abb. 64h) im mittleren Knotenpunkt angeordnet, wie in Abb. 349 für den Knotenpunkt (3) des Binders, Abb. 64h, dargestellt; die lotrechten Winkelschenkel sind durch das Knotenblech, die wagerechten durch eine besondere Stoßlasche $^{160}/_{8}$ gestoßen; da diese in der Mitte abgebogen, daher bei Eintritt der Stabzugkräfte der

Gefahr des Geradereckens ausgesetzt ist, sind die Gurtwinkel beiderseits neben dem Knotenpunkt versetzt gestoßen. Eine zweite Lösung zeigt Abb. 350 für den Fall, daß das Knotenblech nach unten vorstehen darf; hier liegt der Gurtwinkelstoß unmittelbar im Knotenpunkt; die wagerechten Winkelschenkel sind durch abgebogene Hilfswinkel in das Knotenblech eingebunden; ein Geraderecken dieser Hilfswinkel ist wegen ihrer festen Verbindung mit dem Knotenblech ausgeschlossen.

Ist der Untergurt mehrfach geknickt (Abb. 64 g, i, k), so wird an jeder Knickstelle ein Stoß angeordnet, der dann auch den Wechsel des Profils gestattet. Neben dem bereits in Abb. 155 vorgeführten Beispiel ist in Abb. 351 der Knotenpunkt (2) des Binders Abb. 347 dargestellt, der ein Rabitzgewölbe zu tragen hat, dessen Gewicht durch die angehängten ⊔ NP. 16 auf die unteren Knotenpunkte übertragen wird.

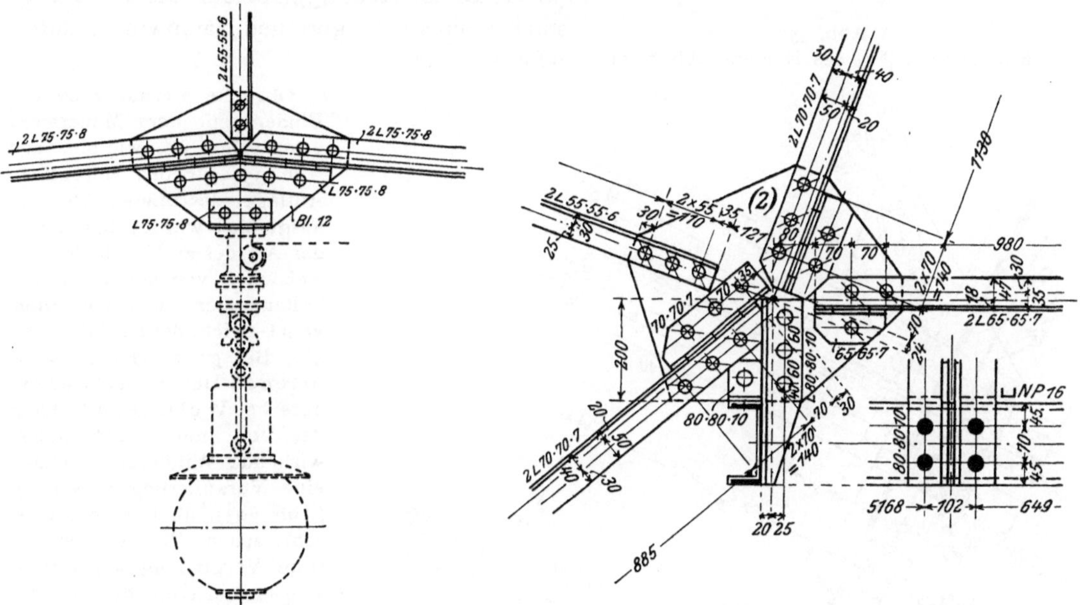

Abb. 350. Knotenpunkt (3) des Binders Abb. 64 h. Abb. 351. Knotenpunkt (2) des Binders Abb. 347.

b) **Füllungsstäbe.** *α*) Die gebräuchlichsten Querschnitte werden aus 2 gleich- oder ungleichschenkligen Winkeleisen (Abb. 123 und 132) gebildet, die man bei langen Druckstäben zur Vergrößerung des Trägheitsmoments auch über Kreuz (Abb. 134a) oder mit abgewendeten Schenkeln (Abb. 135a) anordnet. Bei kastenförmigem Gurtquerschnitt wird vielfach auch 1 ⊔-Eisen gewählt, dessen Höhe gleich dem um die doppelte Knotenblechdicke verminderten Lichtabstand der beiden Gurtteile ist.

β) Der kleinste Nietdurchmesser beträgt für $\frac{\text{gedrückte}}{\text{gezogene}}$ Stäbe $d_{min} = \frac{17}{14}$ mm, daher die kleinste zu verwendende Profilbreite $\frac{55}{45}$ mm; bei Stablängen über 3,0 bis 3,5 m geht man bei Verwendung von Winkeleisen besser nicht unter 65·65·7 bzw. 55·55·6 hinab. Die Zahl der Anschlußniete muß, auch wenn die Rechnung weniger ergibt, mindestens zwei betragen.

c) **Auflagerung.** *α*) Zur Auflagerung auf Mauerwerk kommen bei Bindern bis etwa 24 m Spannweite meist Gleitlager zur Verwendung. Die Mitte der Auflagerplatte muß stets mit der Lotrechten durch den Auflagerknotenpunkt zusammenfallen; hierauf ist besonders bei den Pultdächern zu achten, für deren Auflagerung in Abb. 352 als Ausführungsbeispiel der Knotenpunkt (IV) des Binders Abb. 64 m dargestellt ist. Das Knotenblech wird in einem passenden, je nach der Binderart frei

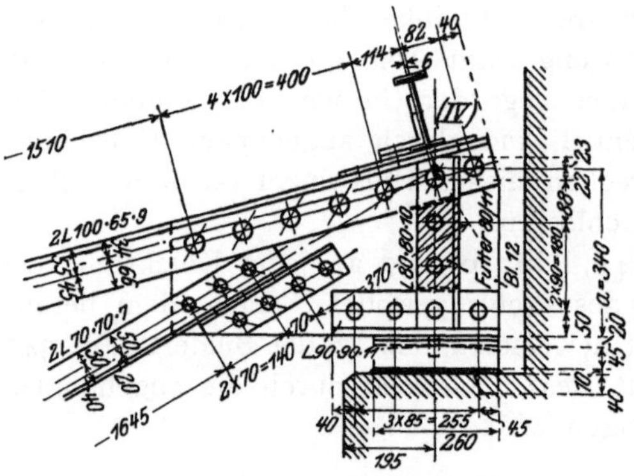

Abb. 352.
Knotenpunkt (IV) des Binders Abb. 64 m.

zu wählenden Abstand *a* wagerecht abgeschnitten und durch wagerechte Winkeleisen gesäumt; diese liegen unter Einschaltung einer 15 bis 20 mm starken Platte unmittelbar auf dem Gleitlager. Ist das Knotenblech nicht schon durch die Gurtwinkel selbst bis zur Auflagerebene aufgesteift, wie in Abb. 354, die den Knotenpunkt (0) des Binders Abb. 347 darstellt, so muß diese Aussteifung durch besondere lotrechte Auflagerwinkel erfolgen, die einfach (Abb. 352) oder doppelt (als ⊥-Eisen, Abb. 353) beiderseits mit Futterstücken über Obergurt und Saumwinkel durchzuführen sind.

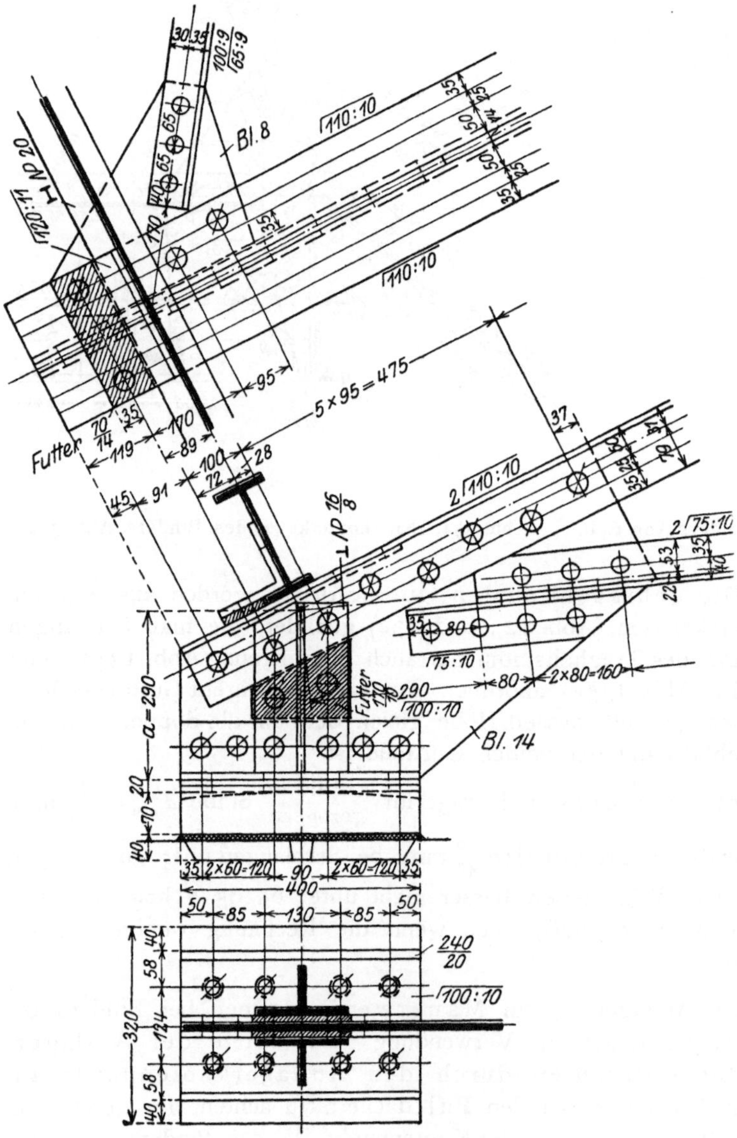

Ob eine Verankerung des Binders mit dem Mauerwerk erforderlich ist, wie sie nach Abb. 354 für das bewegliche Auflager des Binders Abb. 347 ausgeführt wurde, hängt von der Art des zn überdachenden Gebäudes, von der Stärke der Seitenmauern und vor allem vom Gewicht der Dachdeckung ab. Bei ganz oder teilweise offenen Hallen macht besonders bei Wellblechdeckung der von innen nach außen wirkende Winddruck vielfach eine Verankerung notwendig (Abb. 303); aber auch bei geschlossenen Räumen ist die feste Verbindung der Umfassungsmauern mit den Bindern immer dann erforderlich, wenn ihre Standfestigkeit erst durch Mitwirkung der Dachkonstruktion gewährleistet ist (vgl. Kap. 7).

β) Bei der Auflagerung der Binder auf einer Säule oder einem Unterzug fallen die Gleitlager fort, im übrigen bleibt aber die Durchführung des Knotenpunkts grundsätzlich dieselbe (Abbildung 373). Ein Ausführungsbeispiel für die Auflagerung zweier Sheddachbinder (Abb. 64n) auf einem aus 2 ⊔ NP. 20 gebildeten Unterzug zeigt Abb. 355; die Rinne ist zur Reinigung der Glasflächen genügend breit und begehbar einzurichten.

Abb. 353. Knotenpunkt (0) des Binders Abb. 64 k.

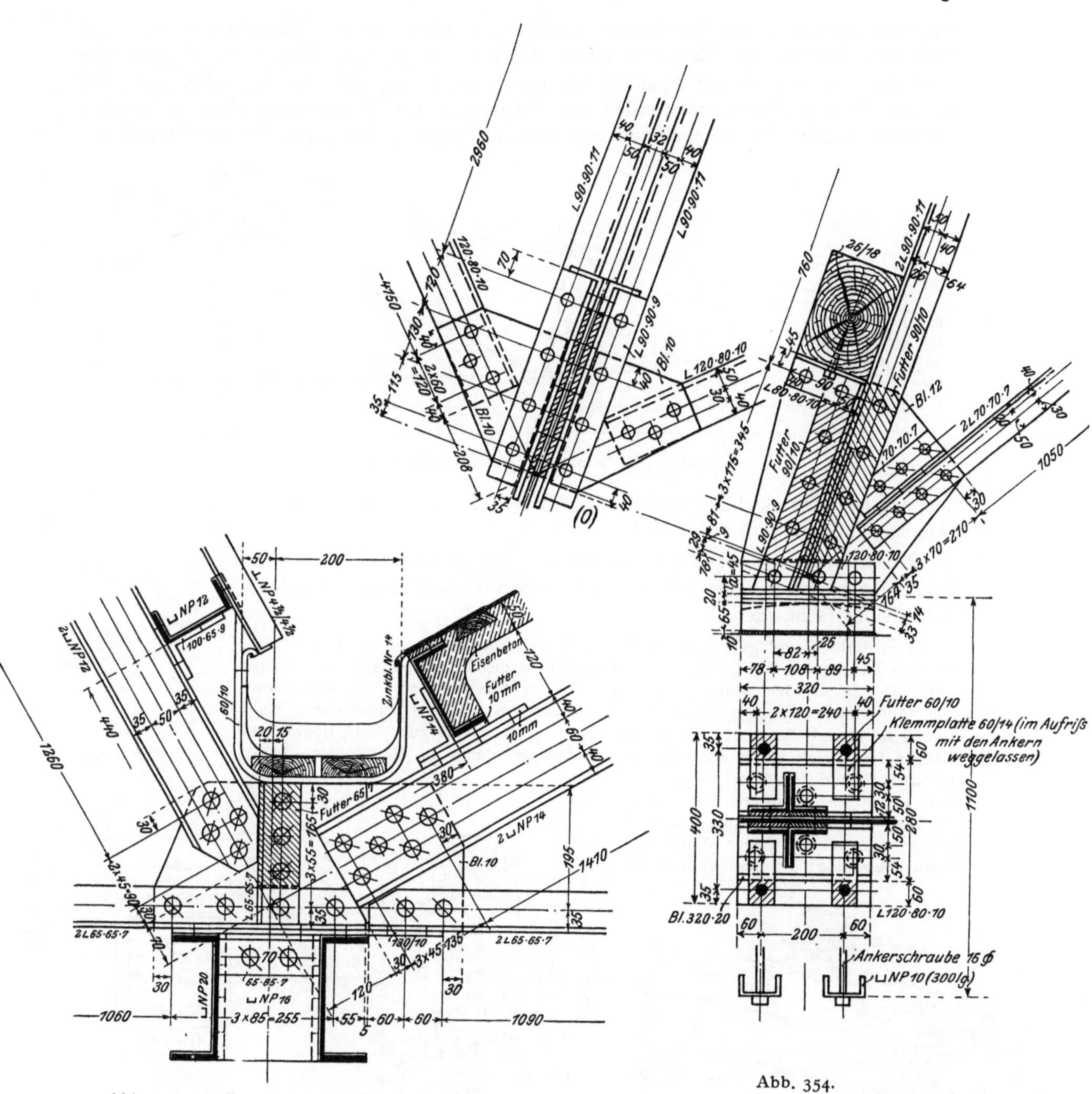

Abb. 355. Auflagerpunkt eines Sheddachs.

Abb. 354. Knotenpunkt (0) des Binders Abb. 347.

2. Gemischt eiserne Binder.

a) Holz-Eisen-Binder. Die Binder werden nach dem Polonceausystem mit winkelrecht zum Obergurt stehenden Vertikalstäben (Abb. 64f, i, k) ausgeführt (Abb. 356).

α) *Querschnittsform der Stäbe.* Der *Obergurt* wird in Holz ausgeführt, und zwar mit quadratischem / rechteckigem Querschnitt, wenn nur in / auch zwischen den Knotenpunkten Pfetten angeordnet sind. Alle auf *Zug* beanspruchten Stäbe, also der *Untergurt* und die *Diagonalen* werden aus Flußeisen mit rundem Querschnitt ausgeführt; *jeder* Zugstab muß mit einer Spannvorrichtung versehen sein, um die genaue Stablänge und etwaige

Ungenauigkeiten in der Ausführung regeln zu können; daher wird entweder das Stabende mit Gewinde und Mutter versehen, wie bei Stab (0)—(1), Abb. 356 und 357; oder aber der Stab enthält ein Spannschloß wie Stab (1)—(2) und (1)—(II), Abb. 356. Bei Längen über 4,5 bis 5,0 m werden die Zugstangen zur Vermeidung einer zu großen Durchbiegung in der Mitte aufgehängt, wie Stab (1)—(2) Abb. 356. Die auf Druck be-

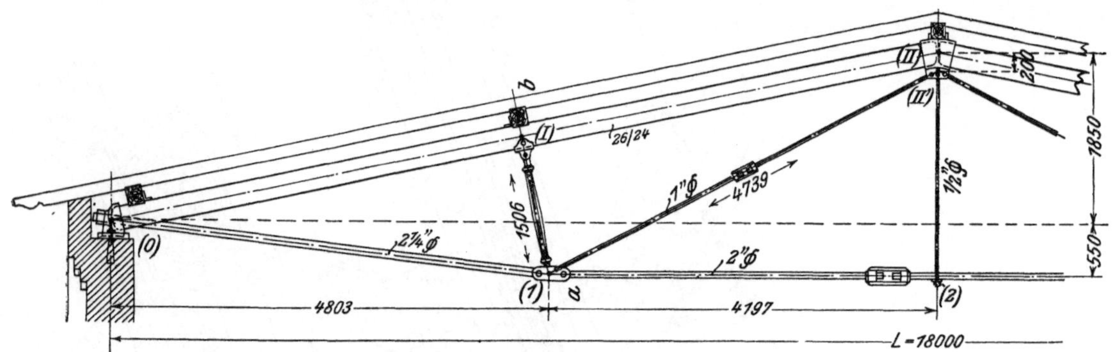

Abb. 356. Einfacher Polonceaubinder.

anspruchten Vertikalen werden aus Gußeisen mit kreuzförmigem Querschnitt (Abb. 359) ausgeführt.

β) Ausbildung der Knotenpunkte. Die Achsen aller an einem Knotenpunkt zusammentreffenden Stäbe sollen sich in diesem Knotenpunkt selbst schneiden.

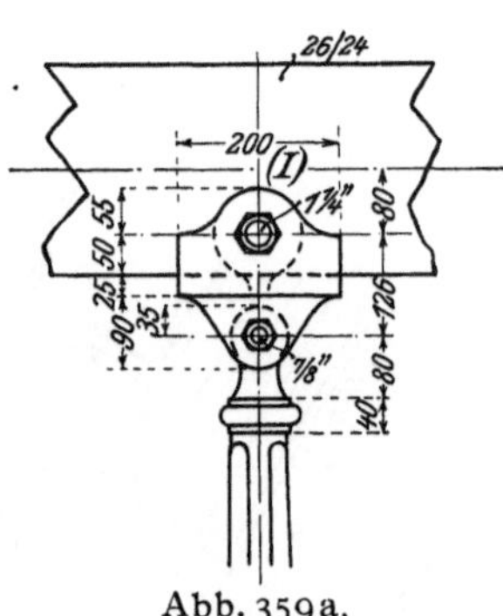

Abb. 359a.

Von dieser Regel geht man zur Ermöglichung einer einfacheren Herstellung nur bei Diagonalen mit geringen Spannkräften in den Knotenpunkten des Obergurts ab. So ist der Stab (1)—(II) Abb. 356 im First um 200 mm unterhalb des theoretischen Knotenpunkts in (II') angeschlossen. Dieser exzentrische Anschluß ist ohne Bedeutung, solange die beiden symmetrisch zu (2)—(II) liegenden Diagonalen gleich große Spannkräfte erleiden und daher in (II) nur eine lotrechte Resultierende ergeben, was bei voller gleichförmiger Belastung zutrifft. Ungleiche Spannkräfte entstehen nur bei einseitiger Wind- und Schneebelastung; sie sind aber meist so klein, daß das durch ihre wagerechten Seitenkräfte in (II) erzeugte Biegungsmoment durch eine entsprechend kräftige Ausbildung des Knotenpunktes (Abb. 358) unschwer aufgenommen werden kann.

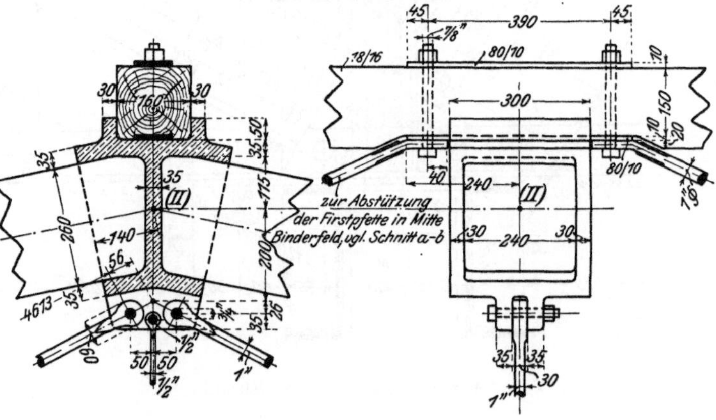

Abb. 358. Firstpunkt des Binders Abb. 356.

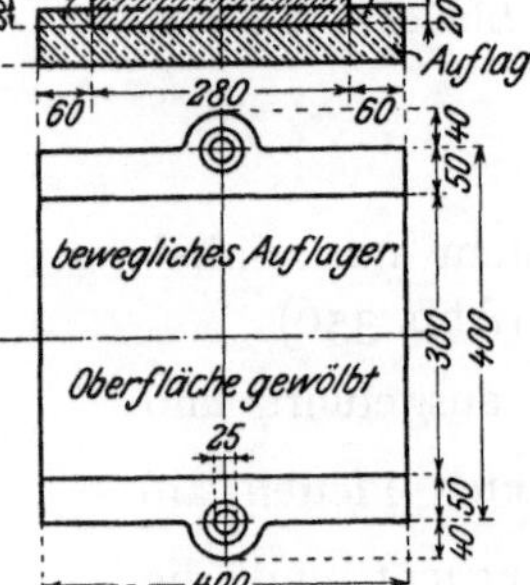

Abb. 357. Knotenpunkt (0) des Binders Abb. 356.

Die Knotenpunkte des Obergurts werden durch gußeiserne Schuhe gebildet, wie in den Abb. 357 bis 359 für die Knotenpunkte (0) bis (II) dargestellt. Bei Punkt (0) durchdringt der Untergurtstab (0)—(1) den Obergurt (Abb. 357); das hierbei erfahrungsgemäß leicht auftretende Aufspleißen der unteren Holzfasern wird zweckmäßig durch eine

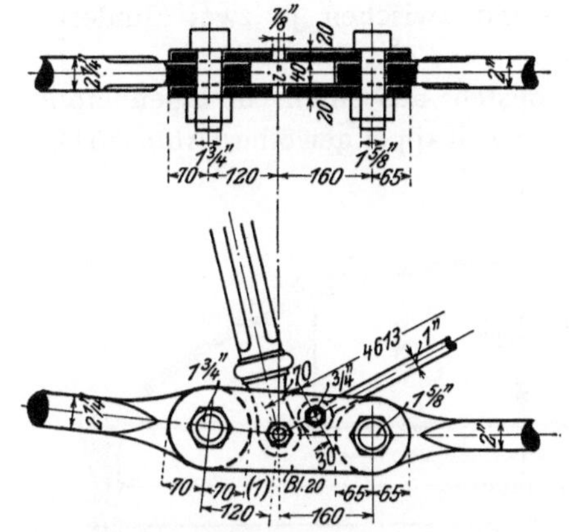

Abb. 360. Knotenpunkt (1) des Binders Abb. 356.

aufgeschraubte Eisenplatte (s in Abb. 357) verhindert. Der Auflagerschuh in Punkt (0) liegt auf der eigentlichen Auflagerplatte, die nur beim festen Auflager mit den Vorsprüngen n (Abb. 357) versehen ist.

Die Knotenpunkte des Untergurts werden durch doppelte Knotenbleche (Abb. 360) gebildet, an die sich die einzelnen Stäbe mit zweischnittigen Bolzen anschließen. Um die Biegungsbeanspruchung dieser Bolzen in engen Grenzen zu halten, wird der Lichtraum i zwischen den Knotenblechen nur gerade so groß gewählt, wie es die Übertragung der Kräfte und der zulässige Lochleibungsdruck fordern. Die Stärke der Knotenbleche ist mindestens so groß zu wählen, daß jeder Querschnitt bei Abzug der Bolzenlöcher die größte in ihm auftretende Stabkraft ohne Überschreitung der zulässigen Beanspruchung aufnehmen kann.

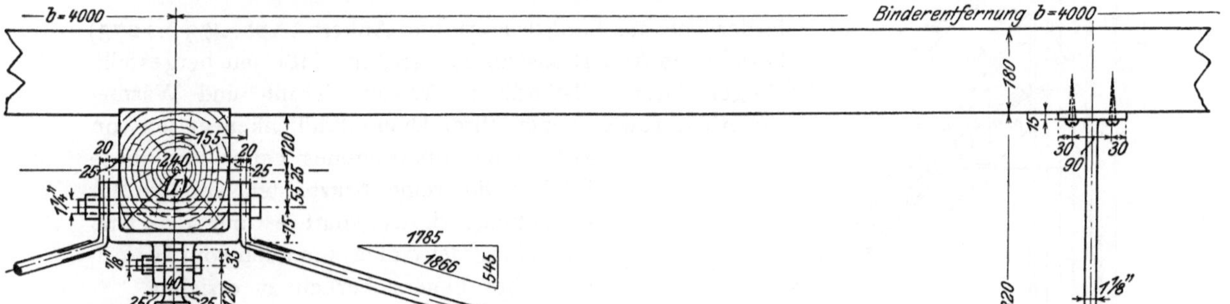

Abb. 359b. Knotenpunkt (I) des Binders Abb. 356.

γ) Querverbindungen. Wegen der geringen Seitensteifigkeit der Rundeisen sind die Knotenpunkte des Untergurts im besonderen Maße der Gefahr des Ausbiegens aus der lotrechten Binderebene ausgesetzt. Daher ist es bei Spannweiten von mehr als 10 bis 12 m erforderlich, in den Ebenen der Vertikalstäbe Querverbindungen zwischen den benachbarten Bindern anzuordnen, deren konstruktive Durchbildung aus Abb. 359b hervorgeht. Dienen diese Querverbindungen wie in Abb. 359b gleichzeitig zur Unterstützung der Pfetten, so sind sie in allen Binderfeldern anzuordnen; tragen sich die Pfetten dagegen von Binder zu Binder frei, so genügt es, abwechselnd zwischen je zwei Bindern Querverbände einzuschalten.

b) Eisenbeton-Eisen-Binder. Die Dachkonstruktion besteht aus einem in Eisenbeton hergestellten, außen mit doppelter Asphaltpappe abgedichteten Kappengewölbe (Abb. 361), dessen Pfeil zu $^1/_4$ bis $^1/_6$, am besten $^1/_5$ der Spannweite gewählt wird. Die zur Aufnahme und zum Ausgleich des Gewölbeschubs erforderliche, aus Längsträgern und Ankern (Abb. 273 bis 275) bestehende Ankerkonstruktion wird in Flußeisen hergestellt. Wegen ihrer vollständigen Wasser-, Tropf- und Wärmesicherheit sowie wegen ihrer Unempfindlichkeit gegen von außen her übertragenes Feuer sind diese Dächer für reine Nutzbauten von großer Bedeutung; dazu bedarf es nur der Ummantelung der Anker, um auch vom Innenraum her Feuersicherheit zu erzielen.

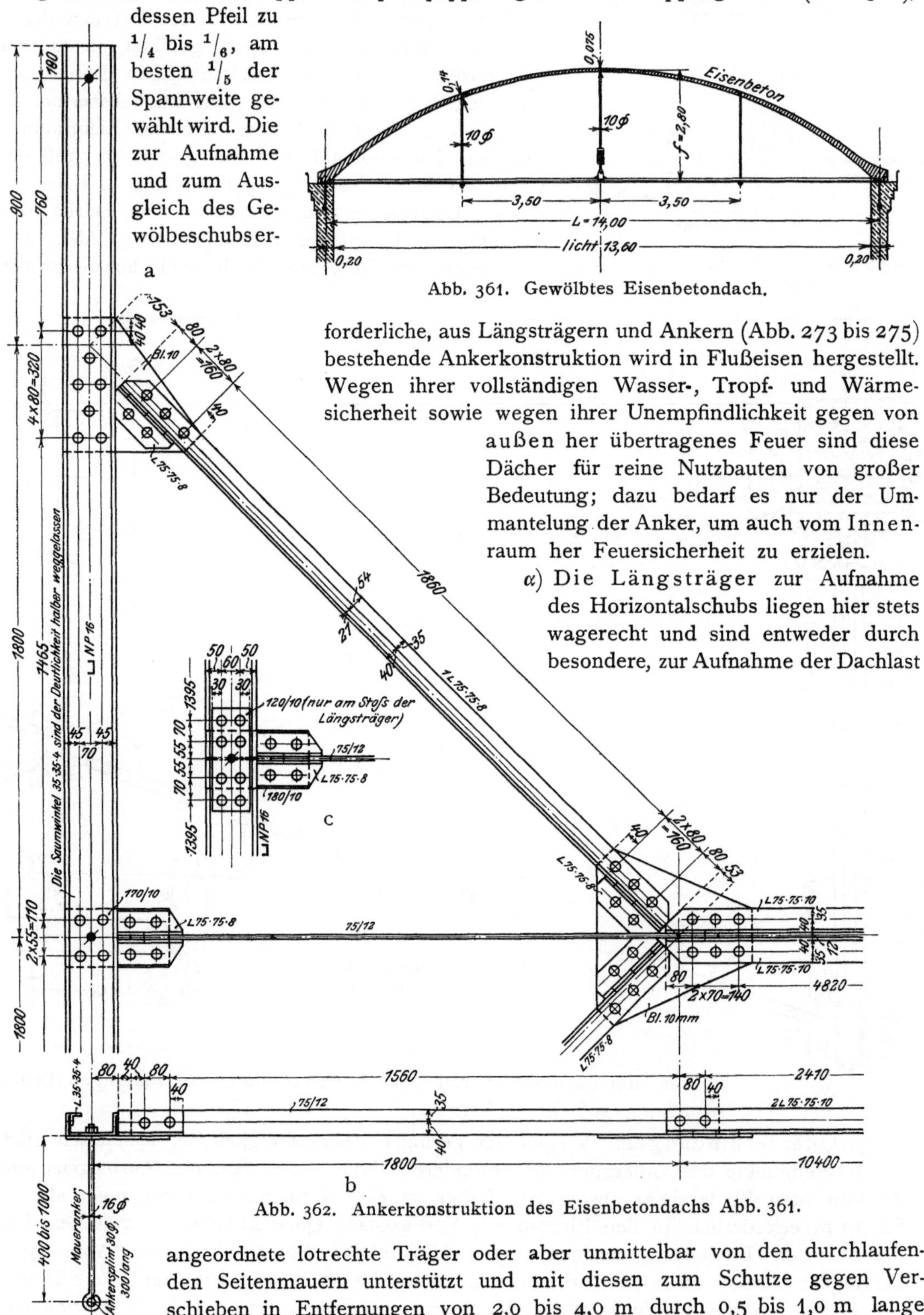

Abb. 361. Gewölbtes Eisenbetondach.

Abb. 362. Ankerkonstruktion des Eisenbetondachs Abb. 361.

α) Die Längsträger zur Aufnahme des Horizontalschubs liegen hier stets wagerecht und sind entweder durch besondere, zur Aufnahme der Dachlast angeordnete lotrechte Träger oder aber unmittelbar von den durchlaufenden Seitenmauern unterstützt und mit diesen zum Schutze gegen Verschieben in Entfernungen von 2,9 bis 4,0 m durch 0,5 bis 1,0 m lange

Maueranker von 16 bis 20 mm ϕ verbunden (Abb. 362b). Sie erhalten ⊔- und nur bei sehr großen Ankerentfernungen (*a*, Abb. 273) I-förmigen Querschnitt; der äußere Flansch ist oben mit einem Winkeleisen 30·30·4 bis 45·45·5 (Abb. 362b, 363, 364) gesäumt, um das Herausspringen der Eiseneinlagen des Gewölbes beim Stampfen des Betons zu verhindern. Der Stoß wird stets an dem Angriffspunkt eines Ankers angeordnet; hier ist das Moment gleich Null, und es genügt daher zur Stoßdeckung ein über (Abb. 362c) oder unter (Abb. 364) den Steg gelegtes Flacheisen.

Aufgabe 74. Die Anker der in Abb. 361 dargestellten Dachkonstruktion sind nach Abb. 274 mit $a = 5{,}4$ m gegabelt angeordnet. Der größte Horizontalschub aus ständiger Schnee- und Windlast beträgt $H_{max} = 2810$ kg für 1 m Gewölbebreite. Es sind die Anker und Längsträger zu berechnen. $k = 1000$ kg/cm².

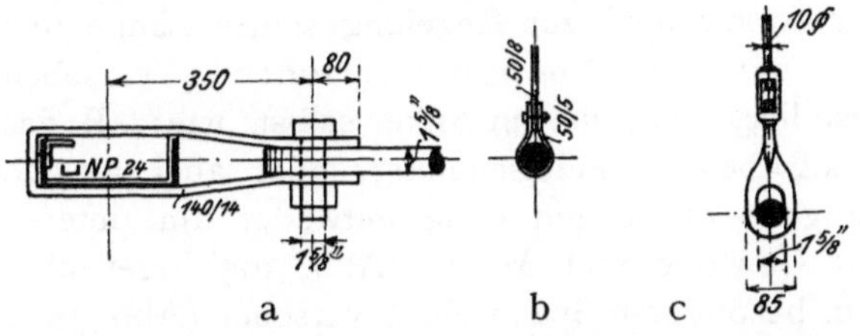

Abb. 363. Rundeisenankeranschluß und -aufhängung.

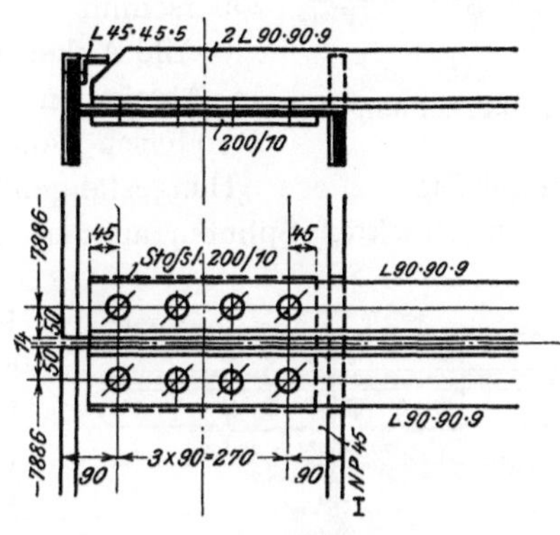

Abb. 364. Anschluß des Ankers an den Längsträger.

Auflösung. 1. Die L ä n g s t r ä g e r erhalten als über 6 Felder von je 1,8 m Weite ununterbrochen durchlaufende Träger mit $Z = 5{,}4 \cdot 2810 = 15200$ kg (vgl. Gl. 53a) nach Gl. 56a) das Moment $M = \frac{4}{5} \cdot 15200 \cdot \frac{5{,}4}{72} = 912$ mkg und nach Gl. 56b) die Längskraft $L = \frac{15200}{3} = 5100$ kg; das an der Giebelwand um 0,9 m überkragende Ende (Abb. 362a) erhält die Last $Q = 0{,}9 \cdot 2810 = 2530$ kg und daher das Moment $M_1 = 2530 \cdot \frac{0{,}9}{2} = 1139$ mkg. Das gewählte ⊔ NP. 16 hat $F = 24{,}0$ cm² und $W = 116$ cm³, erleidet daher die Beanspruchung $\sigma = \frac{5100}{24{,}0} + \frac{91200}{116} = 210 + 790 = 1000$ kg/cm² bzw. $\sigma_1 = \frac{113900}{116} = 980$ kg/cm².

2. Die A n k e r. a) Die N e b e n a n k e r erhalten nach Gl. 53b) die Zugkraft $N = \frac{5{,}4}{3} \cdot 2810 = 5060$ kg. Gewählt ist $\frac{75}{12}$ mit $(7{,}5 - 2{,}0)\,1{,}2 = 6{,}6$ cm²; daher $\sigma = \frac{5060}{6{,}6} = 770$ kg/cm².

Die Wahl eines Flacheisens ist hier bei der geringen Länge von 1,8 m zulässig, weil die Anker durch die stets vorhandene Anspannvorrichtung genau abgelängt werden können. Die Stärke der Flacheisen soll aber nicht unter 12 mm und ihre Beanspruchung nicht bis an die zulässige Grenze hinan gewählt werden.

b) Die H a u p t a n k e r erhalten nach Gl. 53a) die Zugkraft $Z = 5{,}4 \cdot 2810 = 15200$ kg. Gewählt sind 2 ∢ 75 · 75 · 10, deren wagerechte Schenkel mit $2\,(7{,}5 - 2{,}0)\,1{,}0 = 11{,}0$ cm² die Zugkraft $15200 - 5060 = 10140$ kg und deren lotrechte Schenkel mit $2\,(6{,}5 - 2{,}0)\,1{,}0 = 9{,}9$ cm² die Zugkraft $N = 5060$ kg zu übertragen haben.

Da durch das Eigengewicht zusätzliche Biegungsspannungen entstehen, empfiehlt es sich, die Beanspruchung unterhalb der zulässigen zu halten.

c) Die S c h r ä g a n k e r erhalten nach Gl. 53c) die Zugkraft $S = \frac{5060}{\sin 45^0} = 7200$ kg. Das gewählte, in beiden Schenkeln angeschlossene ∢ 75 · 75 · 8 hat $F = 11{,}5 - 2{,}0 \cdot 0{,}8 = 9{,}9$ cm², daher $\sigma = \frac{7200}{9{,}9} = 740$ kg/cm².

β) Die A n k e r dienen zum Ausgleich des auf die Längsträger wirkenden Gewölbeschubs.

G e r a d e A n k e r nach Abb. 273 erhalten je nach der Größe der Spannweite meist eine Ankerentfernung $a = 2{,}0$ bis $4{,}0$ m und runden Querschnitt (Abb. 363). Müssen aber die Anker mit Rücksicht auf die Feuersicherheit oder auf die Rostbildung (in Räumen mit stark säurehaltiger Luft) oder endlich auf die Tropfsicherheit ummantelt werden, so wählt man zur Verminderung der Ummantelungskosten Ankerentfernungen bis zu 10,0 m und ┘-, ┘└- oder ┤┌-förmige Ankerquerschnitte (Abb. 364); für die Längsträger kommen dann wegen der großen Biegungungsmomente nur ⊢⊣-Eisen in Betracht.

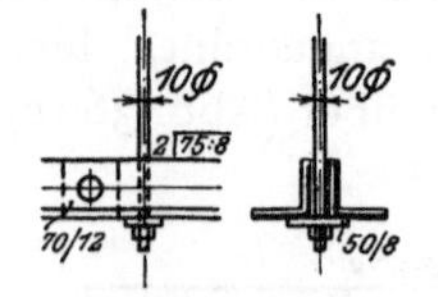

Abb. 365. Ankeraufhängung.

Gabelanker nach Abb. 274 und 275 erhalten Entfernungen $a = 4{,}5$ bis 7,5 m und durchweg ┘-, ┘└-, ┤┌- oder └┘-förmigen Querschnitt.

Alle Anker werden zur Vermeidung einer zu großen Durchbiegung in Abständen von 2,5 bis 4,0 m durch Flacheisen (Abb. 363b) oder Rundeisen von 10 bis 13 m ϕ (Abb. 363c, 365, 366) am Gewölbe aufgehängt; diese „Hängestangen" werden durch Umbiegen, bei Flacheisen auch mit durchgesteckten Splinten an den Eiseneinlagen des Betongewölbes befestigt.

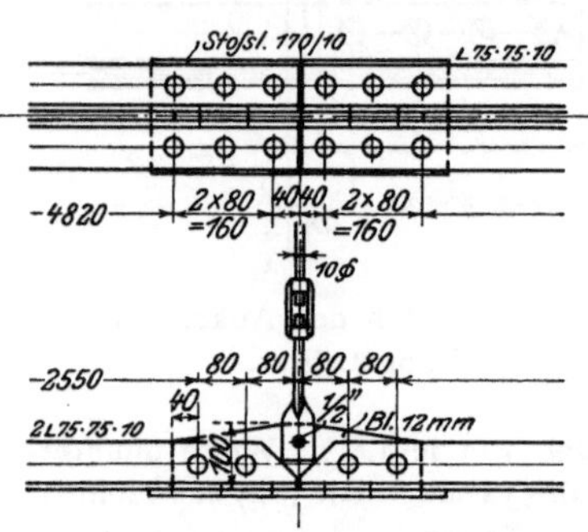

Abb. 366. Ankerstoß.

Jeder Anker muß zur Regelung seiner Länge und Höhenlage mit einer Anspannvorrichtung versehen sein; diese liegt entweder im Anker selbst, wie z. B. das Spannschloß beim Rundeisenanker, oder aber in den Hängestangen; diese sind dann entweder am unteren Ende mit Gewinde und Mutter (Abb. 365) oder aber mit einem besonderen Spannschloß versehen (Abb. 363c und 366). Der Anschluß der Anker an die Längsträger erfolgt bei Rundeisenankern durch schlaufenförmige Flacheisen (Abb. 363a), deren Querschnittsabmessungen mit Rücksicht auf die durch das Umbiegen entstehenden zusätzlichen Biegungsbeanspruchungen reichlich zu wählen sind; profilförmige Anker schließen sich entweder unmittelbar (Abb. 364) oder mit Knotenblechen von 8 bis 12 mm Stärke (Abb. 363) an den Steg an. Bei mehr als etwa 8 m Länge wird die Anordnung eines Stoßes erforderlich, der zweckmäßig in Ankermitte liegt. Bei Rundeisen bildet das Spannschloß die natürliche Stoßstelle; profilförmige Anker werden durch lotrechte und wagerechte Flacheisen gestoßen, wie in Abb. 366 für den Stoß des Hauptankers der Aufg. 74 dargestellt.

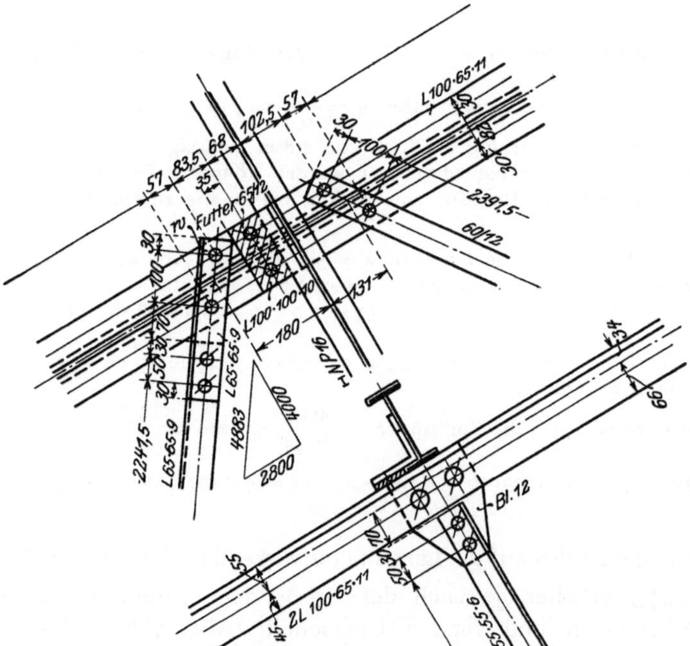

Abb. 367. Anschluß der Windverbanddiagonalen.

V. Der Windverband.

a) Die Diagonalen des Windverbands werden meist gekreuzt angeordnet (Abb. 272) und aus einem Winkel- und einem Flacheisen, bei größeren Binderweiten besser nur aus Winkeleisen hergestellt. Je nach der Größe der Spannweite L und Fachweite a (Abb. 272) wählt man Winkeleisen von 65 bis 100 mm Schenkelbreite, noch besser zur Verringerung der Durchbiegung ungleichschenklige Winkeleisen 75 · 50 · 7 bis

120 · 80 · 12, deren größerer Schenkel lotrecht steht; Flacheisen gibt man die kleinste durch den Durchmesser der Anschlußniete bestimmte Breite bei größerer Stärke, etwa $^{60}/_{12}$ bis $^{100}/_{16}$. Diagonalen von mehr als 3,5 bis 4,0 m Länge werden zur Verringerung der Durchbiegung durch Flach- oder Rundeisen an Sparren, Pfetten oder Dachdeckung aufgehängt.

b) Bei kleineren Dachkonstruktionen legt man wohl die Diagonalen unmittelbar auf den Obergurt (Abb. 344 und 367), wobei für den Anschluß der Winkelprofile Hilfswinkel (*w* in Abb. 367) erforderlich werden; die Mittellinien der Diagonalen schneiden sich hierbei nicht im zugehörigen Knotenpunkt. Um diese Forderungen zu erfüllen, werden die Diagonalen bei größeren Konstruktionen mit besonderen, 8 bis 10 mm starken Knotenblechen angeschlossen (Abb. 353 und 354), die auf oder unter die Schenkel des Obergurts gelegt und im First abgebogen werden (Abb. 342); der Anschluß der Flacheisen an diese Windverbandknotenbleche muß mit mindestens 2, der der Winkeleisen mit mindestens 3 Nieten von 17 bis 23 mm ϕ erfolgen.

Dient der Windverband zur Übertragung der auf Längs- und Giebelwände wirkenden Winddrücke (vgl. 7. Kap.), so erfolgt seine Querschnittsbestimmung nach den für die Fachwerkträger aufgestellten Regeln.

Siebentes Kapitel.

Fachwerkwände.

I. Konstruktion der Fachwerkwände.

1. Die einzelnen Teile

einer Fachwerkwand (Abb. 368) sind: die Schwelle *a*, die entweder ihrer ganzen Länge nach durch Mauern oder Träger oder aber nur in einzelnen Punkten unterstützt ist; ihr parallel läuft das zur Auflagerung der Decken- bzw. Dachkonstruktion dienende Rähm *b*; beide sind durch die Ständer oder Pfosten *c* miteinander verbunden, die entweder nach Abb. 368 alle gleichartig ausgebildet sind oder aber nach Abb. 369 in die Hauptpfosten *C* zur Aufnahme der Deckenunterzüge bzw. Dachbinder und in die Zwischenpfosten *c* zerfallen, die, in 1,5 bis 3,0 m Entfernung angeordnet, nur zur Unterteilung der Wandfläche dienen; denselben Zweck haben die in 1,5 bis 3,0 m Höhenentfernung angeordneten wagerechten Riegel *e*, die gleichzeitig die Tür- und Fensteröffnungen nach oben und unten begrenzen. Um die durch Schwelle, Rähm und Pfosten gebildeten Rechtecke gegen Verschieben in der Wandebene zu sichern, werden endlich die Streben *d* einfach (Abb. 368) oder kreuzförmig (Abb. 369) eingezogen.

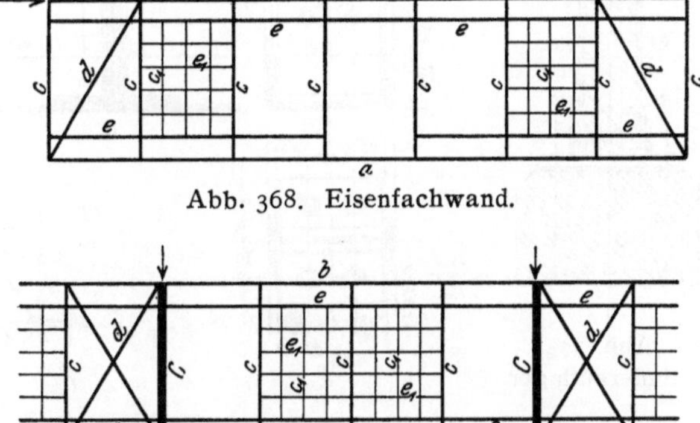

Abb. 368. Eisenfachwand.

Abb. 369. Eisenfachwand zwischen Säulen.

Die Vorteile der eisernen Fachwerkwände sind: geringe Stärke, daher gute Raumausnutzung; große Tragfähigkeit, die nicht an die Erhärtungszeit des Mörtels gebunden ist, daher Abkürzung der Bauzeit; endlich die Möglichkeit, die Wand durch Lösen der Schraubenverbindungen schnell und billig abzubrechen und an anderer Stelle wieder aufzurichten, daher leichte Vergrößerung des Innenraums.

2. Die Ausfüllung

der Fachwerkwände erfolgt entweder in Mauerwerk oder aber in Wellblech bzw. Glas.

a) Ausfüllung im Mauerwerk. α) Bei beiderseits verputzten Innenwänden erhalten alle Teile ⌶- bezw. ⊔-förmigen Querschnitt, in der Regel NP. 14, seltener NP. 12; mit Vorteil verwendet man wegen ihres gegenüber den Normalprofilen geringeren Gewichts auch die dünnwandigen ⊢⊣- und ⊔-Eisen der Mannstaedt Werke A.-G. (Zahlentafel III). Ständer und Streben schließen sich an Schwelle und Rähm, die Riegel aber an die durchgehenden Pfosten an. Um ein Ausarbeiten der Flanschen an den Anschlußstellen zu vermeiden, werden die anschließenden Teile rechtwinklig zu ihrer Achse abgeschnitten und durch ungleichschenklige Winkel angenietet bzw. angeschraubt, wie es in Abb. 370 für den Anschluß des Riegels an den Pfosten, in Abb. 371 für den Anschluß des Pfostens an die Schwelle zeigt (vgl. DIN 1005/1007).

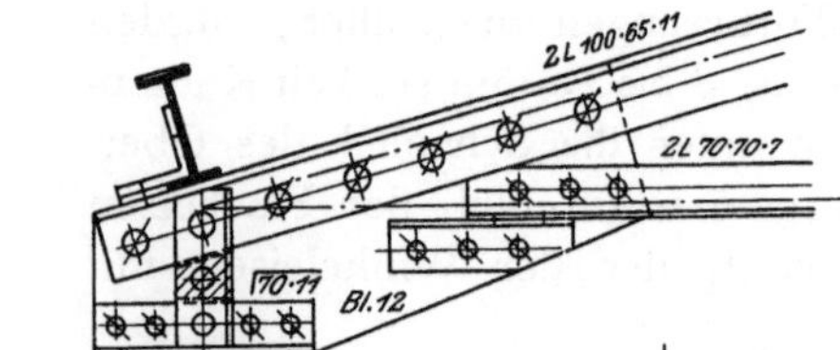

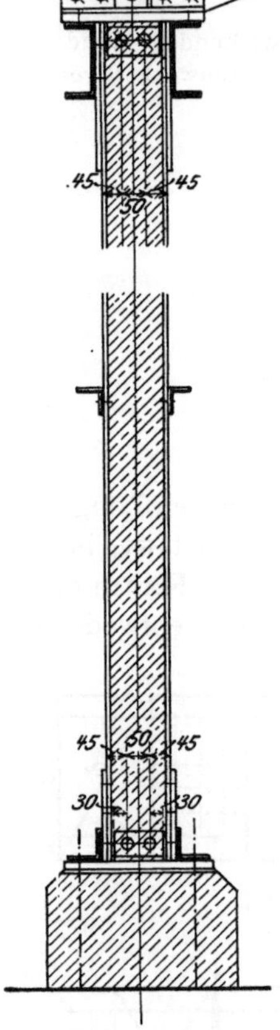

Abb. 373. Binderauflager.

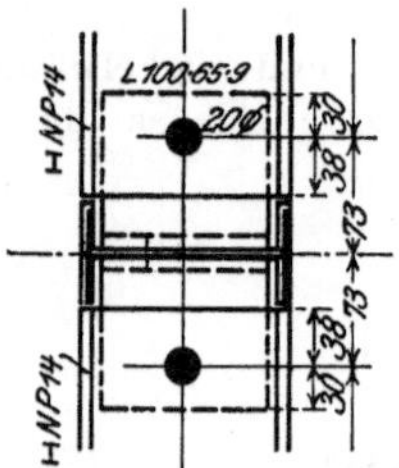

Abb. 370. Anschluß des Riegels an den Pfosten.

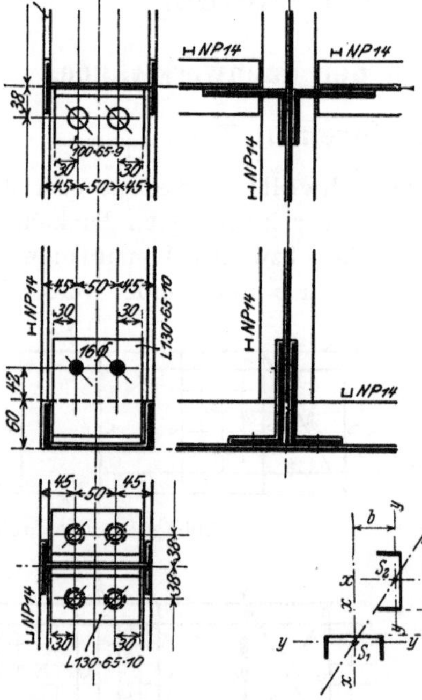

Abb. 371. Anschluß des Pfostens an die Schwelle.

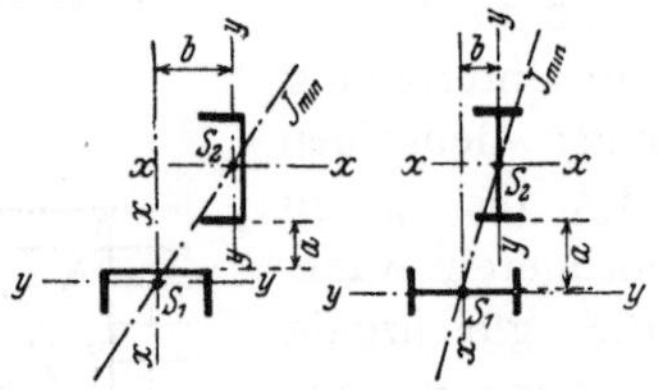

Abb. 372. Eckpfostenquerschnitte.

Abb. 374. Anschluß des Binder an den Pfosten.

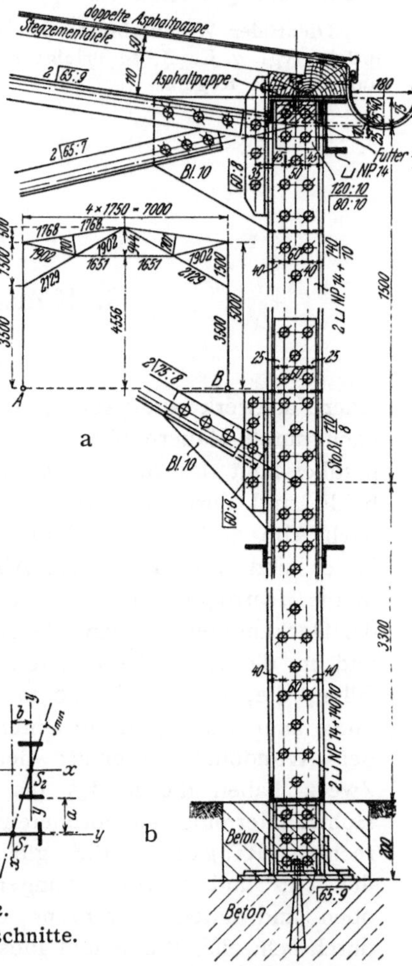

Bei den für die Eckpfosten gebräuchlichen, nach Abb. 372 aus 2 ⊔- oder ⊢⊣-Eisen gleichen Profils zusammengesetzten Querschnitten ist die Verbindungslinie der Einzelschwerpunkte S_1 und S_2 diejenige Trägheitshauptachse, für die das kleinste Trägheitsmoment eintritt, und zwar ist, ganz

unabhängig von der Größe der Abstände a und b (die oft = o sind) $J_{min} = J_x + J_y$, wo J_x und J_y die Hauptträgheitsmomente des Einzelprofils sind.

Die Riegel werden auch aus Flacheisen von 50 bis 80 mm Breite und 4 bis 8 mm Stärke gebildet, die in den Lagerfugen in Zementmörtel verlegt werden.

β) Bei Außenwänden reiner Nutzbauten erhalten meist nur die Ständer, seltener die Streben ⊔- oder H-förmigen Querschnitt, während alle übrigen Glieder der Wand aus beiderseits außen vorgelegten L- oder ⊔-Eisen bestehen (Abb. 373 und 374).

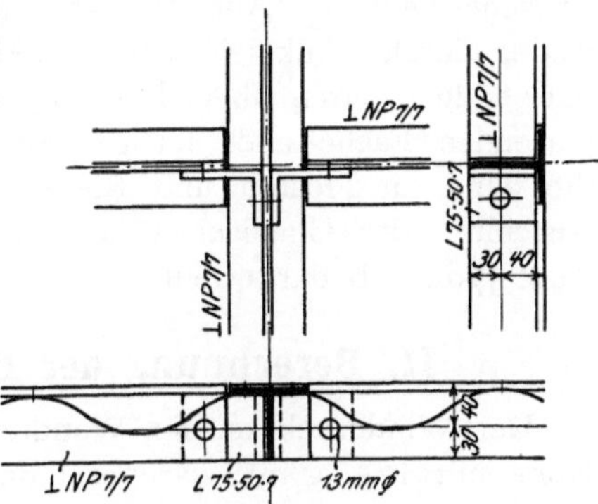

Abb. 375. Anschluß der Riegel an den Pfosten.

Sind Hauptpfosten C vorhanden, so werden sie entweder kastenförmig in annähernd gleicher Steghöhe wie die Zwischenpfosten c oder aber mit größerer Steghöhe I- oder kastenförmig ausgebildet; in beiden Fällen erfolgt ihre Berechnung und Konstruktion als Säulen nach den Regeln des 4. Kap. Wird das Rähm dabei durch zwischen den Hauptpfosten angreifende Unterzug- oder Binderlasten beansprucht, so ist es biegungsfest aus ⊔-Eisen (Abb. 373 und 374) oder als Fachwerkträger (Abb. 379a) auszubilden.

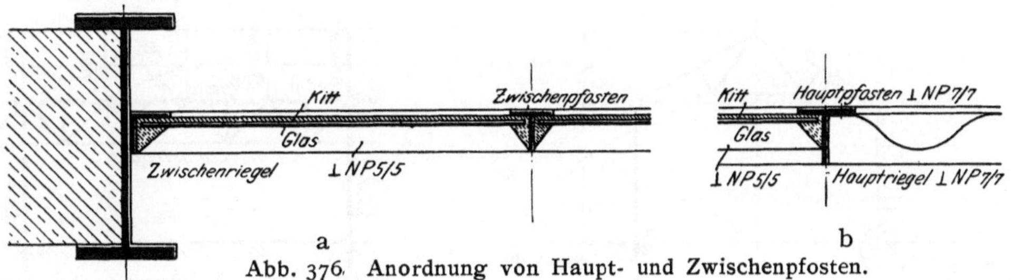

a b

Abb. 376. Anordnung von Haupt- und Zwischenpfosten.

Abb. 377b. Anschluß der Zwischenriegel an die Zwischenpfosten.

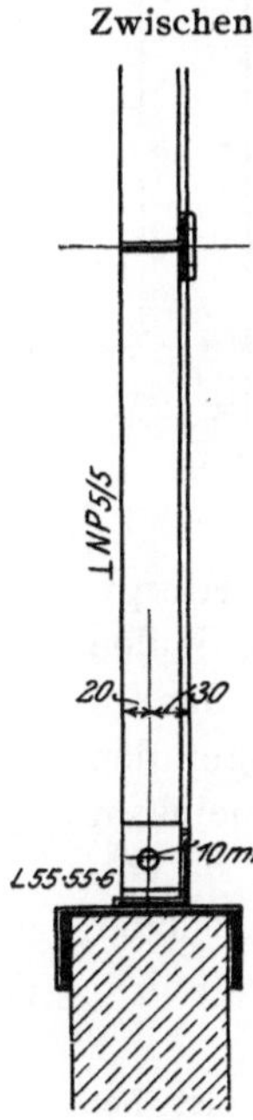

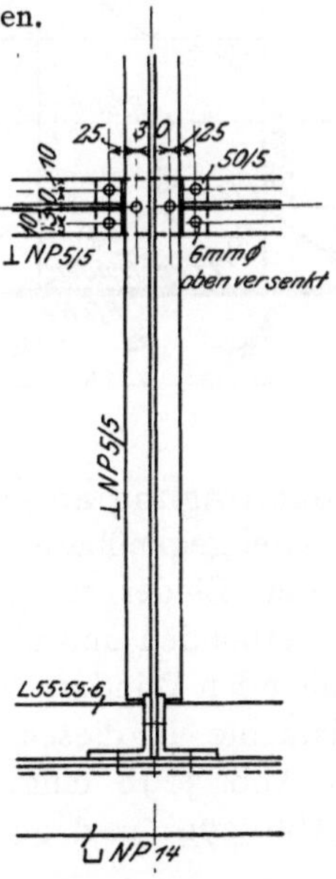

Abb. 377a. Anschluß der Zwischenpfosten an die Schwelle.

Die einzelnen Wandglieder sind außer für die lotrechten Lasten noch für einen wagerechten Winddruck zu berechnen, der bis zu 15 m Höhe 100 kg/m², bis zu 25 m Höhe 125 kg/m² und über 25 m Höhe 150 kg/m² beträgt. Die Größe der Fache soll bei $^1/_2$ St. Ziegelausmauerung in der Regel 16 m² nicht überschreiten.

b) Ausfüllung in Wellblech oder Glas.

Sämtliche Teile der Wand werden in der Regel aus ⊥- oder L-Eisen gebildet. Auch hier erfolgt der gegenseitige Anschluß zur Vermeidung des Abarbeitens der Flanschen mit ungleichschenkligen Winkeleisen (Abb. 375).

Bei Wellblechausfüllung genügt bei Freilagen bis 2,5 m zur Aufnahme des wagerechten Winddrucks das Profil 150·40·1 mm, das in den Wellentälern an die wagerechten Wandteile durch Niete von 6 bis 8 mm ϕ angeschlossen wird.

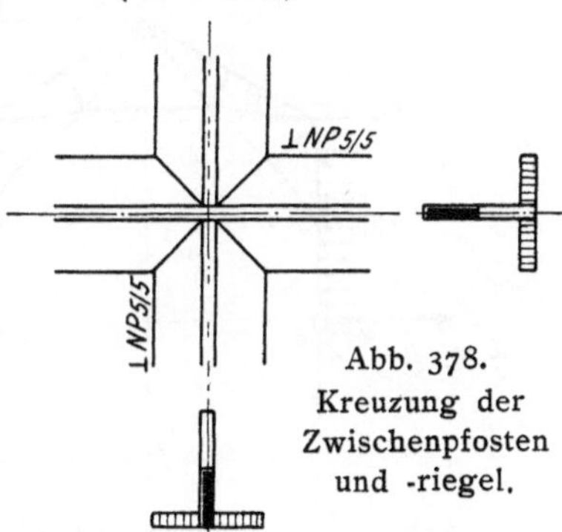

Abb. 378. Kreuzung der Zwischenpfosten und -riegel.

Zur Glasausfüllung wird geblasenes Rohglas oder Drahtglas verwendet; die Glastafeln werden meist quadratisch mit 0,48 bis 0,6 m Seitenlänge ausgeführt. Dadurch wird eine Unterteilung der zu verglasenden Flächen durch Zwischenpfosten c_1 und Zwischenriegel e_1 (Abb. 368, 369 und 376) erforderlich, deren Anschluß aneinander entweder durch Winkeleisenstücke (Abb. 377a) oder durch Flacheisenlaschen (Abb. 377b) oder endlich durch Überschneiden (Abb. 378) erfolgt. Statt dessen können in die zu verglasenden Fache auch fertige Fenster aus Guß- oder Flußeisen eingesetzt werden, für die dann an Pfosten und Riegeln Anschläge aus Winkeleisen vorzusehen sind. Der Anschluß der Glasflächen an die Ausfüllung im Mauerwerk und Wellblech ist in Abb. 376a u. b dargestellt.

II. Berechnung der Fachwerkgebäude gegen Winddruck.

Der Winddruck ist für Wandteile bis zu 15 m Höhe mit 100 kg/m², bis zu 25 m Höhe mit 125 kg/m², darüber hinaus mit 150 kg/m² einzuführen.

1. Der Winddruck auf die Längswand

kann in zweierlei Weise in die Fundamente übertragen werden, nämlich entweder unmittelbar an jedem Hauptpfosten, der hier kurz Säule heißt, oder aber unter Einschaltung eines Windträgers nur an den die Giebelwände begrenzenden Eckpfosten.

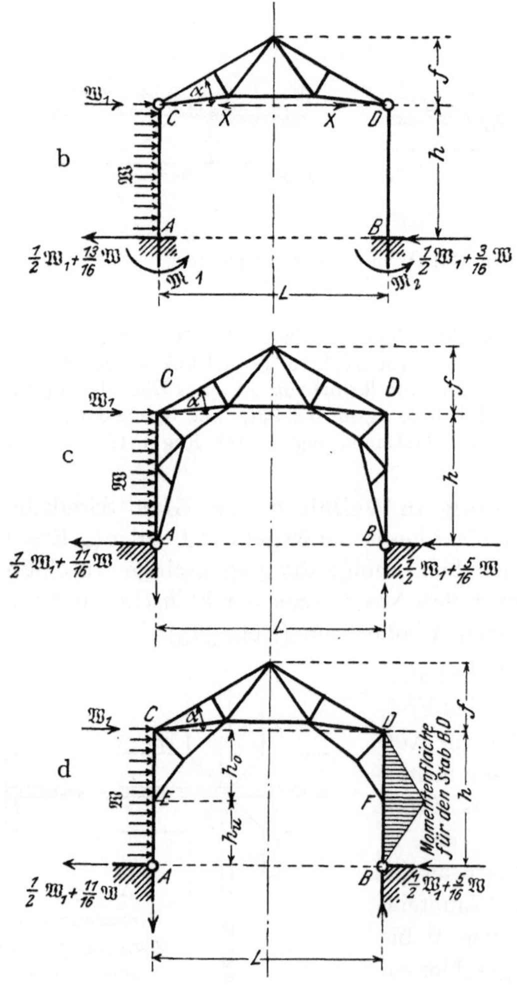

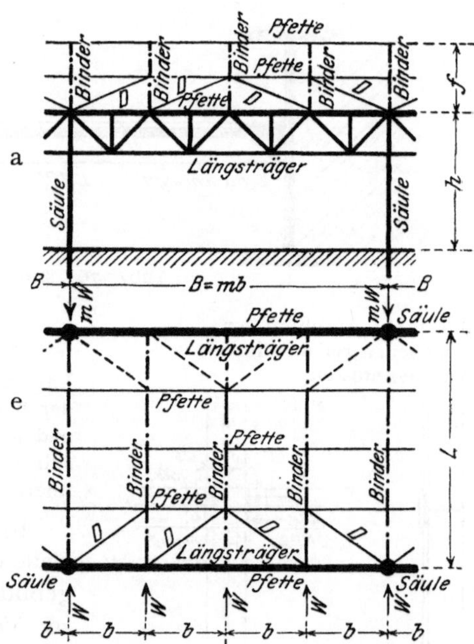

Abb. 379. Winddruck auf die Längswand.

a) Windübertragung an jedem Hauptpfosten.

Je zwei gegenüberliegende Säulen sind durch den Binder zu einem Ganzen miteinander verbunden und übertragen den auf sie entfallenden Winddruck gemeinsam in die Fundamente. In diesen sind sie entweder nach Abb. 379b eingespannt oder aber nach Abb. 379c u. d gelenkig aufgelagert.

Das ebene Fachwerk, Abb. 379b, ist bei $n = 4$ Knotenpunkten (A, B, C, D) durch $s = 3$

Stäbe bzw. Scheiben (AC, CD, DB) und $w=2$ Winkel (A, B) bestimmt; es ist daher wegen $z=3+2=5=2n-3$ in sich unverschieblich; zu seiner vollständigen Stützung sind 3 Stützdrücke erforderlich; da aber 2 Linienauflager (A, B) mit $a=2\times 2=4$ voneinander unabhängigen Stützdrücken vorhanden sind, ist es einfach äußerlich statisch unbestimmt. Dasselbe gilt für die in sich unverschieblichen Fachwerke, Abb. 379c u. d, für die $z=s=1$ (Scheibe $ACDB$), $n=2$ (A, B), $z=1=2n-3$, $a=4$ ist. Als statisch unbestimmte Größe wird zweckmäßig in Abb. 379b der wagerechte Druck X zwischen den Gelenken C und D, in Abb. 379c u. d aber der wagerechte Gegendruck X des rechten Linienauflagers B eingeführt.

Ist b die Binderentfernung, $B=mb$ die Säulenentfernung (Abb. 379a u. e), h die Höhe der durch Ausmauerung oder Verglasung geschlossenen Längswand, f die Binderhöhe, α der Dachneigungswinkel, w der Winddruck für 1 m² rechtwinklig getroffener Fläche, so entfällt auf ein Säulenpaar von der Längswand her der über die Höhe h gleichmäßig verteilte Winddruck $\mathfrak{W}=wBh$, von der Dachkonstruktion her aber der wagerechte Winddruck $\mathfrak{W}_1=wfB\sin^2\alpha$, den man als Einzellast am Kopf des windseits gelegenen Ständers einführen darf.

Es können nun entweder alle Binder durch je ein Ständerpaar gestützt werden, so daß also die Säulenentfernung B gleich der Binderentfernung b ist, oder aber nur einzelne Binder, so daß B gleich einem Vielfachen von b ist ($B=mb$ in Abb. 379a u. e); im letzteren Fall werden die lotrechten Stützdrücke der zwischen den Ständern liegenden Binder mittelbar durch das biegungsfest oder als Fachwerkträger ausgebildete Rähm, hier auch Längsträger genannt, auf die benachbarten Säulen übertragen; die Übertragung der wagerechten Stützdrücke erfordert aber die Einschaltung eines meist in der schrägen Obergurtebene liegenden Windträgers, dessen Gurtungen durch die Pfetten gebildet werden und dessen Diagonalen D (Abb. 379a u. e) gleichzeitig Glieder des in Abb. 379 nicht eingezeichneten Windverbands sein können; dieser Windträger von der Stützweite B ist nach den unter b) gegebenen Regeln zu berechnen.

α) Einspannung der Säulen nach Abb. 379b. Bei der praktisch stets zulässigen Vernachlässigung der Formänderungsarbeit der Binderstäbe müssen die beiden Kopfpunkte C und D eine gleich große wagerechte Durchbiegung erleiden, so daß sich aus der Gleichung $(\mathfrak{W}_1-X)\frac{h^3}{3EJ}+\mathfrak{W}\frac{h^3}{8EJ}=X\frac{h^3}{3EJ}$, in der $\frac{E}{J}$ das für beide Ständer gleich große $\frac{\text{Elastizitätsmaß}}{\text{Trägheitsmoment}}$ bedeutet, die statisch unbestimmte Größe X zu

$$61)\quad X=\tfrac{1}{2}\mathfrak{W}_1+\tfrac{3}{16}\mathfrak{W}$$

ergibt; damit berechnet sich das Einspannungsmoment auf der $\frac{\text{Wind}}{\text{Lee}}$seite zu

$$62)\quad \frac{\mathfrak{M}_1}{\mathfrak{M}_2}=\frac{(\frac{5}{16}\mathfrak{W}+\frac{1}{2}\mathfrak{W}_1)h}{(\frac{3}{16}\mathfrak{W}+\frac{1}{2}\mathfrak{W}_1)h}.$$

Ändert sich die Temperatur in allen Binderstäben um t^0, so verschiebt sich jeder der Punkte C und D wagerecht um $\frac{1}{2}\varepsilon tL$; der Widerstand X_t, den die Säulen dieser Verschiebung entgegensetzen, berechnet sich unter den gemachten Voraussetzungea aus der Gleichung $\frac{1}{2}\varepsilon tL=X_1\frac{h^3}{3EJ}$ zu $X_t=\frac{3}{2}\varepsilon EtJ\frac{L}{h^3}$; sein Pfeil ist bei einer Temperatur$\frac{\text{erhöhung}}{\text{erniedrigung}}$ nach $\frac{\text{innen}}{\text{außen}}$ gerichtet; er erzeugt in den Ständern die Einspannungsmomente $\mathfrak{M}_1'=-\mathfrak{M}_2'=-\frac{3}{2}\varepsilon EtJ\frac{L}{h^2}$. Als Grenzen der Wärmeschwankungen ist bei offenen Hallen $t=\pm 35^0$ C, bei ringsum geschlossenen Gebäuden $t=\pm 20^0$ C gegen die mittlere Aufstellungstemperatur von 10^0 C anzunehmen.

Endlich entsteht noch durch die lotrechte Belastung des Binders wegen seiner beiderseits festen Verbindung mit den Säulen ein auf diese nach außen wirkender Horizontalschub X_s, der die Einspannungsmomente $\mathfrak{M}_1''=-\mathfrak{M}_2''=-X_s h$ erzeugt.

Der Einfluß der nach außen wirkenden Kräfte X_t und X_s darf bei geschlossenen Hallen immer dann vernachlässigt werden, wenn beide Ständer gleich stark ausgeführt sind, weil er für den durch den Wind am stärksten beanspruchten Ständer AC entlastend wirkt; seine belastende Wirkung für den windab gelegenen Ständer BD wird durch das hier viel kleinere Windmoment $\mathfrak{M}_2$ ausgeglichen.

Der **Binder** ist durch die Windkräfte nach Abb. 293 und außerdem durch die beiden Einzellasten $X' = \frac{8}{16}\mathfrak{W} + X_t + X_s$ belastet[1]). Der Einfluß dieser Zusatzkräfte X' auf die Spannkräfte des Binders darf in der Regel vernachlässigt werden; nur ist in jedem Falle zu beachten, daß sie im Untergurt Druckspannungen erzeugen, die bei leichten Dächern die durch ständige Last und Wind erzeugten Zugkräfte überschreiten können und dann eine Sicherung der Untergurtknotenpunkte gegen Ausknicken aus der Binderebene heraus erfordern.

Wird bei Spannweiten bis zu 16 m der fachwerkförmig gegliederte Binder durch einen vollwandigen Binder von der Spannweite $CD = l$ ersetzt und der wagerechte Gegendruck X im Gelenkpunkt D als statisch unbestimmte Größe eingeführt, so berechnet sich diese Größe bei der zulässigen Vernachlässigung der Formänderungsarbeit der Längs- und Querkräfte zu $X = \frac{\delta_{0x}}{\delta_{xx}}$ infolge der äußeren Lasten und zu $X_t = \frac{\varepsilon t l}{\delta_{xx}}$ infolge einer für alle Stäbe gleich großen Temperaturänderung um $\pm t^0$; für die wichtigsten Dachformen können die Werte δ_{0x} und δ_{xx} den nachfolgenden Zahlentafeln I bis III entnommen werden.

β) Gelenkauflagerung der Säulen nach Abb. 379c u. d. Die Säulen sind entweder nach Abb. 379c über die ganze Höhe h oder nach Abb. 379d (vgl. auch Abb. 374a) nur über einen Teil h_0 der Gesamthöhe fachwerkförmig gegliedert.

Für die vorläufige Berechnung der zur Ermittlung des statisch unbestimmten wagerechten Gegendrucks X des Auflagers B erforderlichen Querschnittsabmessungen kann man in beiden Fällen angenähert $X = \frac{1}{2}\mathfrak{W}_1 + \frac{5}{16}\mathfrak{W}$ einführen, X_t und X_s aber vernachlässigen. Für die Anordnung nach Abb. 379c ergeben sich dann die Spannkräfte unmittelbar durch Zeichnen eines Kräfteplans, nachdem man vorher $\mathfrak{W}$ auf die Knotenpunkte des Ständers AC, $\mathfrak{W}_1$ auf die der windseits gelegenen Dachfläche verteilt hat. Bei der Anordnung nach Abb. 379d hat man zunächst den Ständer AC als einen in E und C gestützten, gleichmäßig mit $\mathfrak{W}$ und im Endpunkt A mit $\frac{1}{2}\mathfrak{W}_1 + \frac{11}{16}\mathfrak{W}$ belasteten Kragträger zu betrachten, dessen Stützdrücke mit umgekehrtem Pfeil als Knotenlasten in E und C auf den fachwerkförmigen Teil (Abb. 379f) wirken; dasselbe gilt von den Stützdrücken des in F und D gelagerten, im Endpunkt B mit $\frac{1}{2}\mathfrak{W}_1 + \frac{5}{16}\mathfrak{W}$ belasteten Kragträgers BD. Fügt man noch die durch den Wind erzeugten lotrechten Binderlasten hinzu, die sich nach Abb. 293 aus der Gesamtlast $\mathfrak{W}_1 \operatorname{cotg} \alpha$ berechnen, so erhält man die in Abb. 379f angegebene Gesamtbelastung des fachwerkförmigen Teils, aus der sich die Spannkräfte zeichnerisch oder rechnerisch ermitteln lassen. Bei der Querschnittsbestimmung hat man die in den Stäben AC und BD wirksamen Biegungsmomente zu berücksichtigen.

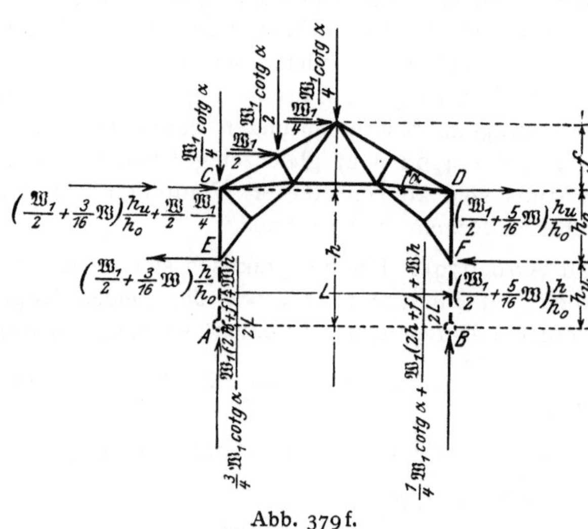

Abb. 379f.

Bei Spannweiten bis zu etwa 16 m verbindet man die gelenkig aufgelagerten Säulen vielfach auch durch einen der äußeren Dachform angepaßten biegungsfesten Stabzug zu einem Zweigelenkrahmen; der wagerechte Gegendruck X des rechten Gelenks B ergibt sich dann bei der stets zulässigen Vernachlässigung der Formänderungsarbeit der Längs- und Querkräfte zu $X = \frac{\delta_{0x}}{\delta_{xx}}$ infolge der äußeren Lasten und zu $X_t = \frac{\varepsilon t l}{\delta_{xx}}$ infolge einer für alle Stäbe gleich großen Temperaturänderung um $\pm t^0$, wenn l die wagerechte Entfernung der beiden Gelenke A und B ist. Für die wichtigsten Dachformen können die Werte δ_{0x} und δ_{xx} den nachfolgenden Zahlentafeln IV bis VI entnommen werden.

---

[1]) Bei positivem X_t ist bei der Berechnung von X_s die Schneelast nicht zu berücksichtigen, da eine Temperaturerhöhung gegenüber der Aufstellungstemperatur von 10^0 und Schneefall nicht gleichzeitig auftreten.

Pultdächer.	Abb. I.	Abb. II.	**Zahlentafel I.**
Infolge der Lasten wird $X = \frac{\delta_{0x}}{\delta_{xx}}$. Infolge einer Temperaturänderung sämtlicher Stäbe um $\pm t^0$ wird $X_t = \frac{\varepsilon t l}{\delta_{xx}}$	$\frac{h_1}{EJ'} = \mathfrak{h}_1$, $\frac{h_2}{EJ''} = \mathfrak{h}_2$, $\frac{s}{EJ} = \mathfrak{s}$.	$\frac{h}{EJ'} = \mathfrak{h}$ $\frac{l}{EJ} = \mathfrak{l}$	Eingespannte Säulen.
$\delta_x =$	$\frac{1}{3}(\mathfrak{h}_1 h_1^2 + \mathfrak{h}_2 h_2^2)$	$\frac{2}{3}\mathfrak{h}\, h^2$	$= \delta_{xx}$

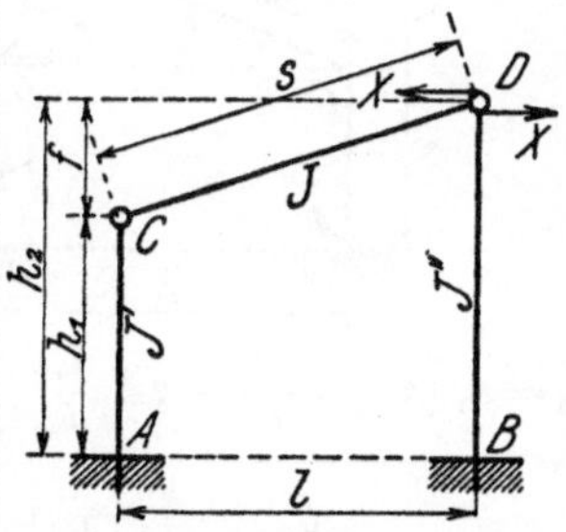

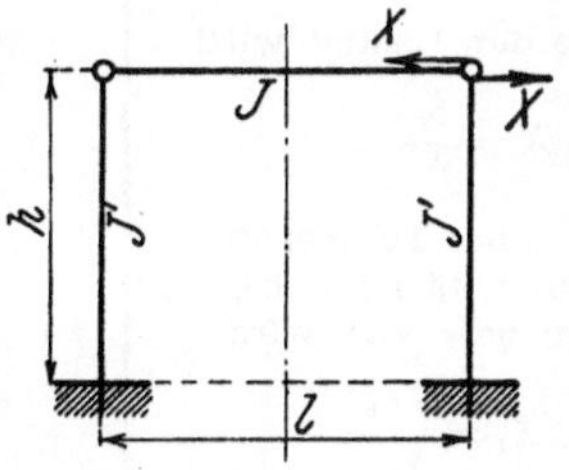

Belastungsfall		δ_{0x}	Abb.	δ_{0x}		Belastungsfall
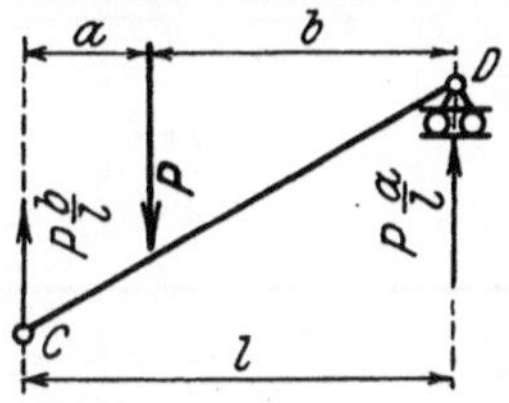		$\delta_{0x} = 0$	I und II	$\delta_{0x} = 0$		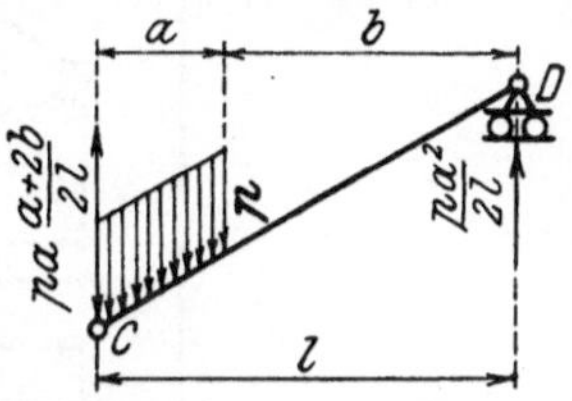
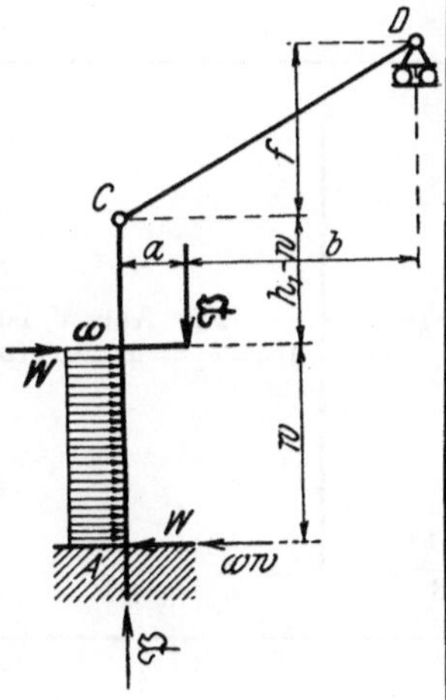	$\mathfrak{P}$	$\frac{\mathfrak{P}\,a}{2h_1}\mathfrak{h}_1 w(2h_1 - w)$	I	$\frac{\mathfrak{P}\,b}{2h_2}\mathfrak{h}_2 w(2h_2 - w)$	$\mathfrak{P}$	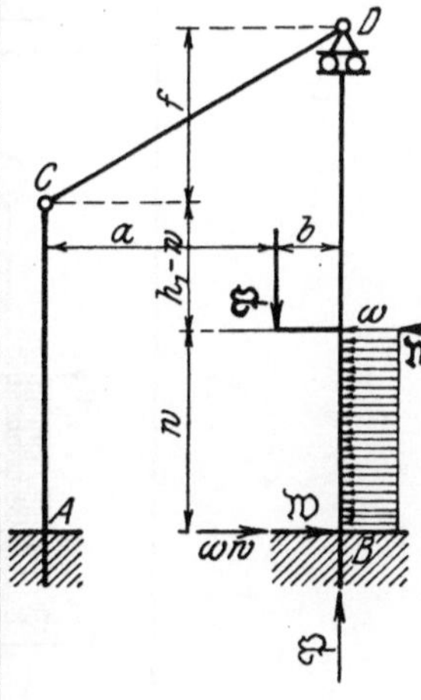
		$\frac{\mathfrak{P}\,a}{2h}\mathfrak{h}\, w(2h - w)$	II	$\frac{\mathfrak{P}\,b}{2h}\mathfrak{h}\, w(2h - w)$		
	W	$\frac{W}{6h_1}\mathfrak{h}_1 w^2(3h_1 - w)$ Für $w = h_1$ wird $\delta_{0x} = \frac{W h_1^2}{3}\mathfrak{h}_1$	I	$\frac{\mathfrak{W}}{6h_2}\mathfrak{h}_2 w^2(3h_2 - w)$ Für $w = h_2$ wird $\delta_{0x} = \frac{\mathfrak{W} h_2^2}{3}\mathfrak{h}_2$	$\mathfrak{W}$	
		$\frac{W}{6h}\mathfrak{h}\, w^2(3h - w)$ Für $w = h$ wird $\delta_{0x} = \frac{W h^2}{3}\mathfrak{h}$, daher $X = \frac{W}{2}$	II	$\frac{\mathfrak{W}}{6h}\mathfrak{h}\, w^2(3h - w)$ Für $w = h$ wird $\delta_{0x} = \frac{\mathfrak{W} h^2}{3}\mathfrak{h}$, daher $X = \frac{\mathfrak{W}}{2}$		
	ω	$\frac{\omega w^3}{24h_1}\mathfrak{h}_1(4h_1 - w)$ Für $w = h_1$ wird $\delta_{0x} = \frac{\omega h_1^3}{8}\mathfrak{h}_1$	I	$\frac{\omega w^3}{24h_2}\mathfrak{h}_2(4h_2 - w)$ Für $w = h_2$ wird $\delta_{0x} = \frac{\omega h_2^3}{8}\mathfrak{h}_2$	ω	
		$\frac{\omega w^3}{24h}\mathfrak{h}(4h - w)$ Für $w = h$ wird $\delta_{0x} = \frac{\omega h^3}{8}\mathfrak{h}$, daher $X = \frac{3}{16}\omega h$.	II	$\frac{\omega w^3}{24h}\mathfrak{h}(4h - w)$ Für $w = h$ wird $\delta_{0x} = \frac{\omega h^3}{8}\mathfrak{h}$, daher $X = \frac{3}{16}\omega h$.		
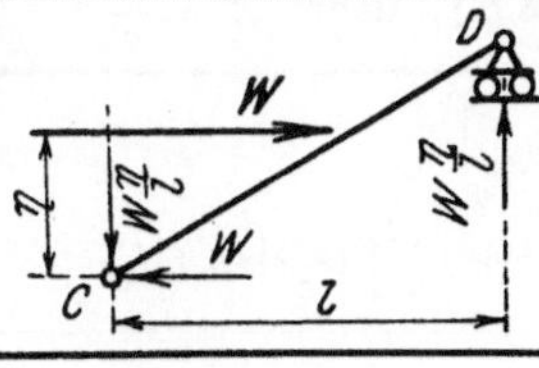		Unabhängig von η wird $\delta_{0x} = W\mathfrak{h}_1\frac{h_1^2}{3}$	I	$\omega\,\mathfrak{h}_1\frac{h_1^2}{3}\eta$ Für $\eta = f$ wird $\delta_{0x} = \frac{1}{3}\omega\,\mathfrak{h}_1 h_1^2 f$		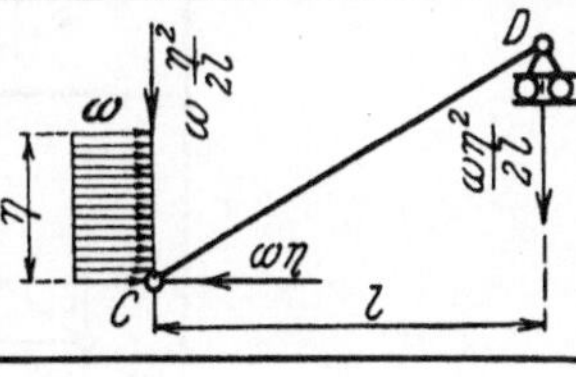

Zahlentafel II.

Shed- und Satteldächer.

Infolge der Lasten wird

$$X = \frac{\delta_{0x}}{\delta_{xx}}.$$

Infolge einer Temperaturänderung sämtlicher Stäbe um $\pm t^0$ wird

$$X_t = \frac{\varepsilon t l}{\delta_{xx}}.$$

Abb. IV.

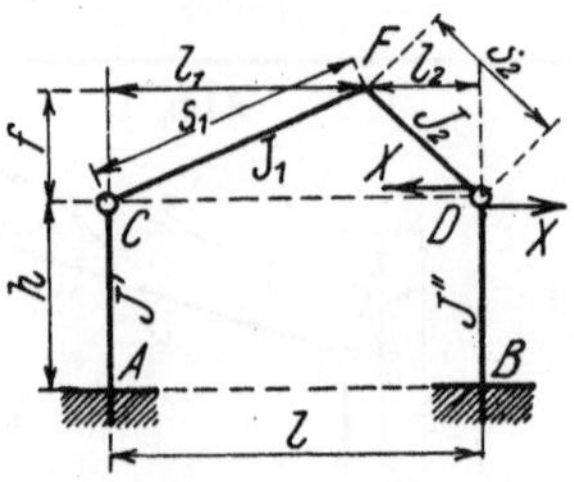

$$\frac{h}{EJ'} = \mathfrak{h}_1 \qquad \frac{h}{EJ''} = \mathfrak{h}_2 \qquad \frac{s_1}{EJ_1} = \mathfrak{z}_1 \qquad \frac{s_2}{EJ_2} = \mathfrak{z}_2$$

$$\sigma_1 = \mathfrak{z}_1\left(1 + 2\frac{l_2}{l}\right) + 2\,\mathfrak{z}_2\frac{l_2}{l} \qquad \sigma_2 = 2\,\mathfrak{z}_1\frac{l_1}{l} + \mathfrak{z}_2\left(1 + 2\frac{l_1}{l}\right)$$

$$\delta_{xx} = \frac{h^2}{3}\left[\mathfrak{h}_1 + \mathfrak{h}_2 + (\mathfrak{z}_1 + \mathfrak{z}_2)\frac{f^2}{h^2}\right]$$

Belastungsfall	δ_{0x}	Abb.
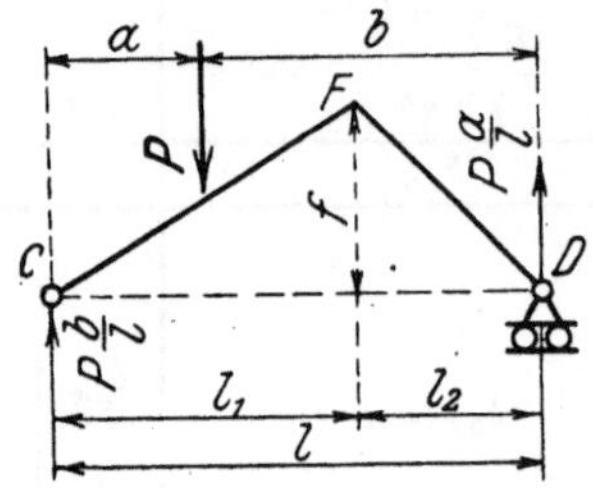	$\frac{Pf}{6}\,a\left(\sigma_1 - \mathfrak{z}_1\frac{a^2}{l_1^2}\right)$ Für $a = l_1$ wird $\delta_{0x} = \frac{Pf}{3}\frac{l_1 l_2}{l}(\mathfrak{z}_1 + \mathfrak{z}_2)$	IV
	$\frac{Pf}{6}\,\mathfrak{z}\,a\left(3 - 4\frac{a^2}{l^2}\right)$ Für $a = l/2$ wird $\delta_{0x} = \frac{Pf}{6}\,l\,\mathfrak{z}$	V
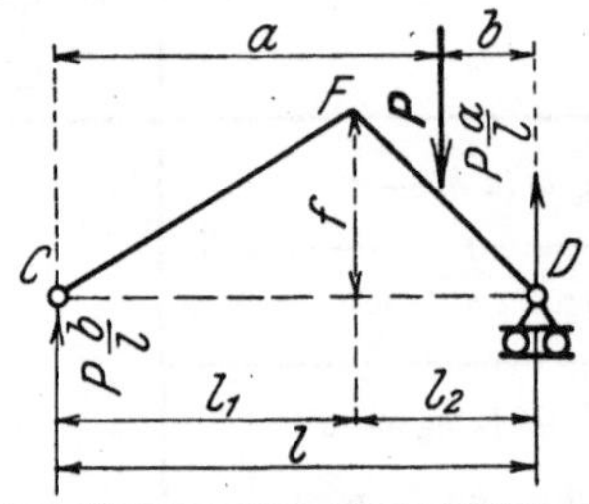	$\frac{Pf}{6}\,b\left(\sigma_2 - \mathfrak{z}_2\frac{a^2}{l_2^2}\right)$ Für $b = l_2$ wird $\delta_{0x} = \frac{Pf}{3}\frac{l_1 l_2}{l}(\mathfrak{z}_1 + \mathfrak{z}_2)$	IV
	$\frac{Pf}{6}\,\mathfrak{z}\,b\left(3 - 4\frac{b^2}{l^2}\right)$ Für $b = l/2$ wird $\delta_{0x} = \frac{Pf}{6}\,l\,\mathfrak{z}$	V
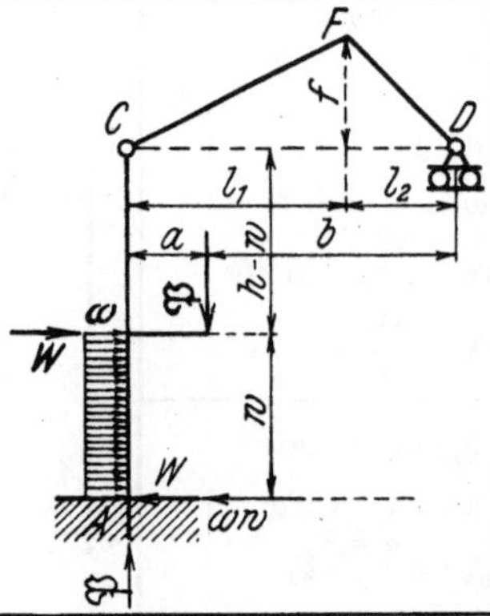	$\mathfrak{P}$: $\frac{\mathfrak{P}\,a}{2h}\,\mathfrak{h}_1\,w\,(2h - w)$ W: $\frac{W}{6h}\,\mathfrak{h}_1\,w^2(3h - w)$ Für $w = \mathfrak{h}$ wird $\delta_{0x} = \frac{Wh^2}{3}\,\mathfrak{h}_1$ ω: $\frac{\omega\,w^3}{24\,h}\,\mathfrak{h}_1\,(4h - w)$ Für $w = h$ wird $\delta_{0x} = \frac{w\,h^3}{8}\,\mathfrak{h}_1$ Für Abb. V ist $\mathfrak{h}_1 = \mathfrak{h}_2 = \mathfrak{h}$ einzuführen	IV und V
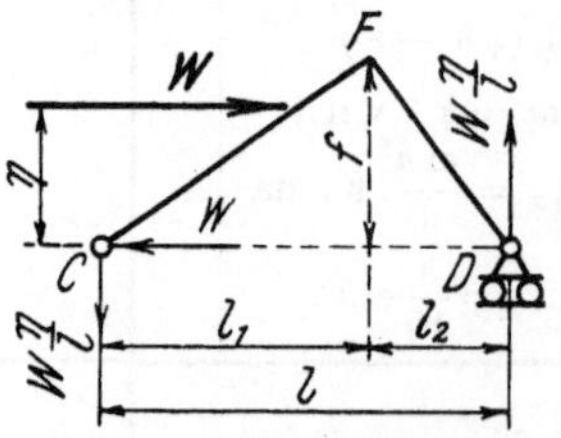	$\frac{W}{6}\left[2\,\mathfrak{h}_1 h^2 + f\eta\left(\sigma_1 - \mathfrak{z}_1\frac{\eta^2}{f^2}\right)\right]$ Für $\eta = f$ wird $\delta_{0x} = \frac{W}{3}\left[\mathfrak{h}_1 h^2 + f^2\frac{l_2}{l}(\mathfrak{z}_1 + \mathfrak{z}_2)\right]$	IV
	$\frac{W}{6}\left[2\,\mathfrak{h}\,h^2 + \mathfrak{z}\,f\eta\left(3 - \frac{\eta^2}{f^2}\right)\right]$ Für $\eta = f$ wird $\delta_{0x} = \frac{W}{3}(\mathfrak{h}\,h^2 + \mathfrak{z}\,f^2)$, daher $X = \frac{W}{2}$	V
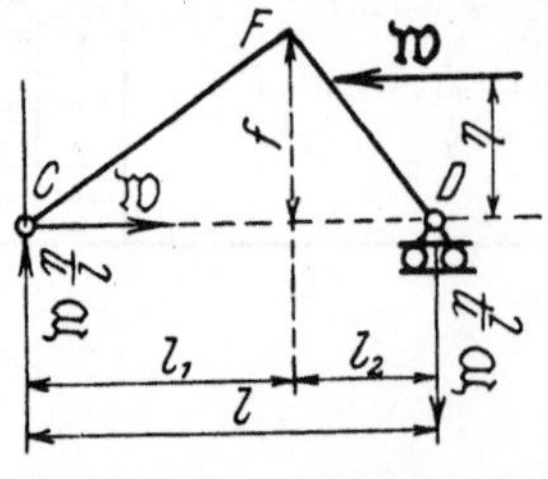	$\frac{\mathfrak{W}}{6}\left[2\,\mathfrak{h}_2 h^2 + f\eta\left(\sigma_2 - \mathfrak{z}_2\frac{\eta^2}{f^2}\right) - 6\,\delta_{xx}\right]$ Für $\eta = f$ wird $\delta_{0x} = -\frac{\mathfrak{W}}{3}\left[\mathfrak{h}_1 h^2 + f^2\frac{l_2}{l}(\mathfrak{z}_1 + \mathfrak{z}_2)\right]$	IV
	$\frac{\mathfrak{W}}{6}\left[2\,\mathfrak{h}\,h^2 + \mathfrak{z}\,f\eta\left(3 - \frac{\eta^2}{f^2}\right) - 6\,\delta_{xx}\right]$ Für $\eta = f$ wird $\delta_{0x} = -\frac{\mathfrak{W}}{3}(\mathfrak{h}\,h^2 + \mathfrak{z}\,f^2)$, daher $X = -\frac{\mathfrak{W}}{2}$	V

Zahlentafel II.

Eingespannte Säulen.

Abb. V.

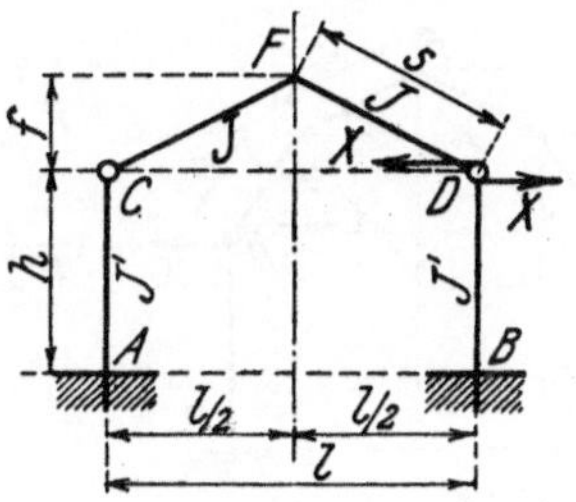

$$\frac{h}{E J'} = \mathfrak{h} \qquad \frac{s}{E J} = \mathfrak{s}$$

$$\delta_{xx} = \frac{2}{3} h^2 \left(\mathfrak{h} + \mathfrak{s} \frac{f^2}{h^2}\right)$$

Abb.	δ_{0x}	Belastungsfall
IV	$\frac{pf}{12} a^2 \left(\sigma_1 - \mathfrak{s}_1 \frac{a^2}{2 l_1^2}\right)$ Für $a = l_1$ wird $\delta_{0x} = \frac{p l_1^2}{24} f (2\sigma_1 - \mathfrak{s}_1)$	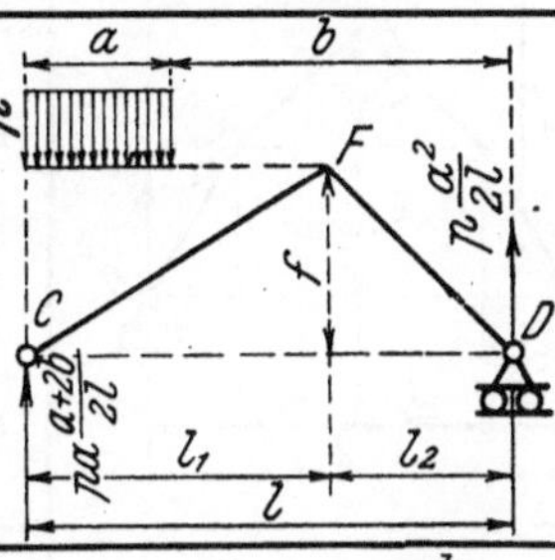
V	$\frac{pf}{12} \mathfrak{s} a^2 \left(3 - 2\frac{a^2}{l^2}\right)$ Für $a = \frac{l}{2}$ wird $\delta_{0x} = \frac{5}{96} p l^2 f \mathfrak{s}$	
IV	$\frac{pf}{12} b^2 \left(\sigma_2 - \mathfrak{s}_2 \frac{b^2}{l_2^2}\right)$ Für $b = l_2$ wird $\delta_{0x} = \frac{p l_2^2}{24} f (2\sigma_2 - \mathfrak{s}_2)$	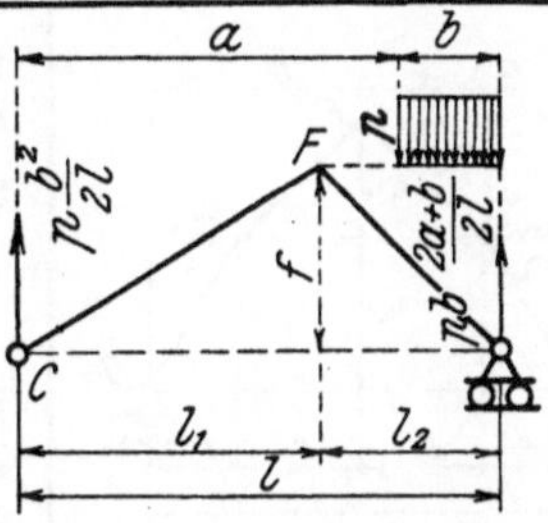
V	$\frac{pf}{12} \mathfrak{s} b^2 \left(3 - 2\frac{b^2}{l^2}\right)$ Für $a = l/2$ wird $\delta_{0x} = \frac{5}{96} p l^2 f \mathfrak{s}$	
IV und V	$\frac{\mathfrak{P} b}{2h} \mathfrak{h}_2 w (2h - w)$ — $\mathfrak{P}$ $\frac{\mathfrak{W}}{6h} \mathfrak{h}_2 w^2 (3h - w)$ — $\mathfrak{W}$ Für $w = h$ wird $\delta_{0x} = \frac{\mathfrak{W} h^2}{3} \mathfrak{h}_2$ $\frac{\omega w^3}{24h} \mathfrak{h}_2 (4h - w)$ — ω Für $w = h$ wird $\delta_{0x} = \frac{\omega h^3}{8} \mathfrak{h}_2$ Für Abb. V ist $\mathfrak{h}_1 = \mathfrak{h}_2 = \mathfrak{h}$ einzuführen	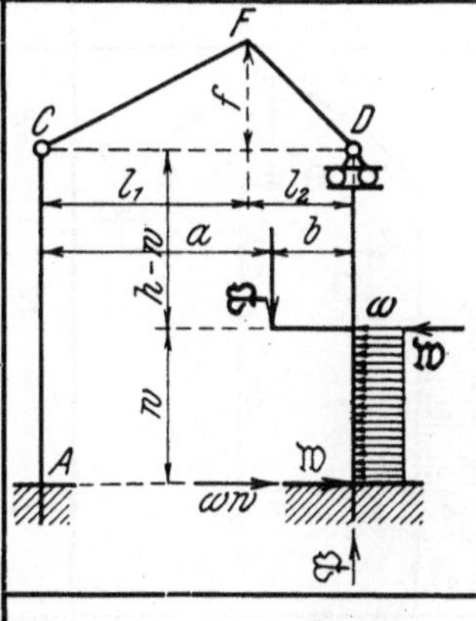
IV	$\frac{\omega\eta}{24}\left[8\mathfrak{h}_1 h^2 + f\eta\left(2\sigma_1 - \mathfrak{s}_1 \frac{\eta^2}{f^2}\right)\right]$ Für $\eta = f$ wird $\delta_{0x} = \frac{\omega f}{24}[8\mathfrak{h}_1 h^2 + (2\sigma_1 - \mathfrak{s}_1) f^2]$	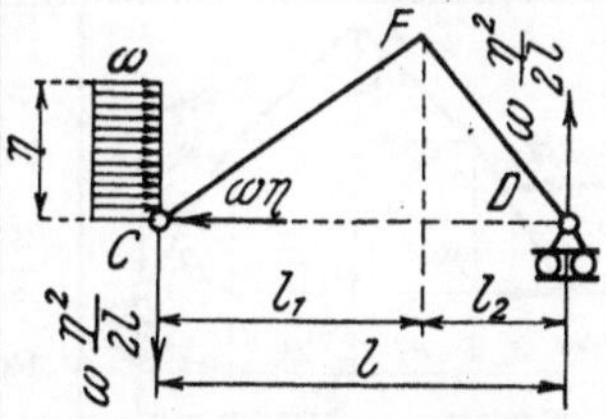
V	$\frac{\omega\eta}{24}\left[8\mathfrak{h} h^2 + \mathfrak{s} f\eta\left(6 - \frac{\eta^2}{f^2}\right)\right]$ Für $\eta = f$ wird $\delta_{0x} = \frac{\omega f}{24}(8\mathfrak{h} h^2 + 5\mathfrak{s} f^2)$	
IV	$\frac{\omega\eta}{24}\left[8\mathfrak{h}_2 h^2 + f\eta\left(2\sigma_2 - \mathfrak{s}_2 \frac{\eta^2}{f^2}\right) - 24\delta_{xx}\right]$ Für $\eta = f$ wird $\delta_{0x} = \frac{\omega f}{24}[8\mathfrak{h}_2 h^2 + (2\sigma_2 - \mathfrak{s}_2) f^2 - 24\delta_{xx}]$	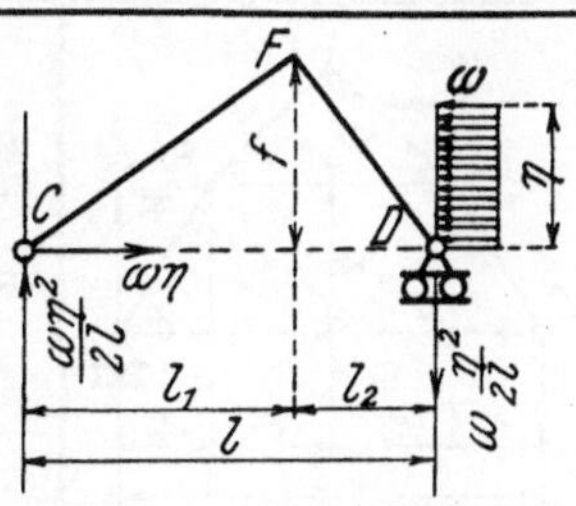
V	$\frac{\omega\eta}{24}\left[8\mathfrak{h} h^2 + \mathfrak{s} f\eta\left(6 - \frac{\eta^2}{f^2}\right) - 24\delta_{xx}\right]$ Für $\eta = f$ wird $\delta_{0x} = -\frac{\omega f}{24}(8\mathfrak{h} h^2 + 11\mathfrak{s} f^2)$	

Zahlentafel III.

Mansardendächer.

Infolge der Lasten wird

$$X = \frac{\delta_{0x}}{\delta_{xx}}.$$

Infolge einer Temperaturänderung sämtlicher Stäbe um $\pm t^0$ wird

$$X_t = \frac{\varepsilon t l}{\delta_{xx}}.$$

Abb. V.

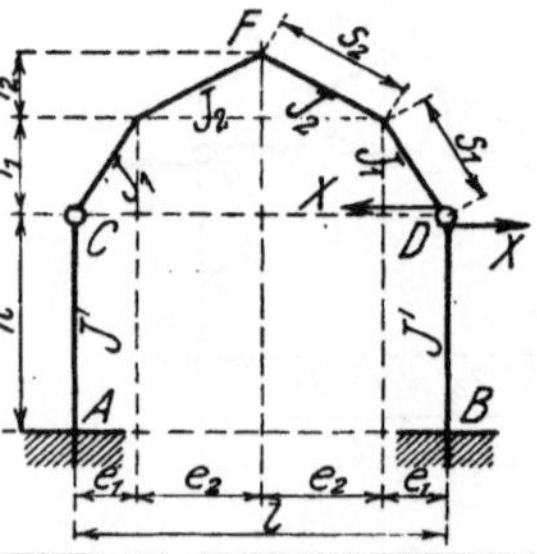

$$\frac{h}{E J'} = \mathfrak{h} \qquad \frac{s_1}{E J_1} = \mathfrak{s}_1 \qquad \frac{s_2}{E J_2} = \mathfrak{s}_2$$

$$\delta_{xx} = \tfrac{2}{3}\left[\mathfrak{h}\, h^2 + \mathfrak{s}_1 f_1^2 + \mathfrak{s}_2 (3 f_1^2 + 3 f_1 f_2 + f_2^2)\right]$$

Belastungsfall		δ_{0x}	Ab
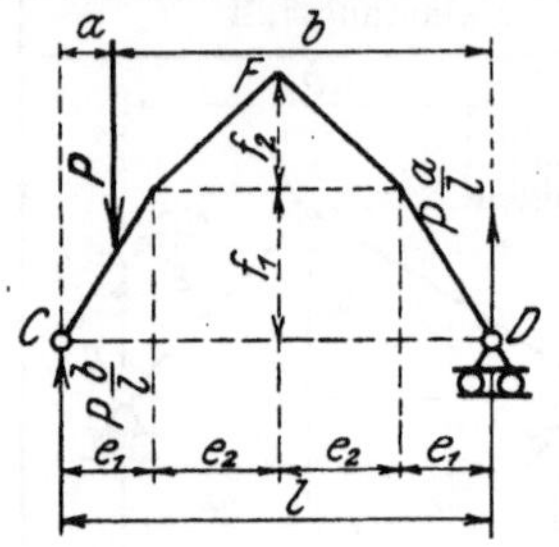		$\frac{P a}{6}\left[\mathfrak{s}_1 f_1 \left(3 - \frac{a^2}{e_1^2}\right) + 3\,\mathfrak{s}_2 (2 f_1 + f_2)\right]$ Für $a = e_1$ wird $\delta_{0x} = \frac{P e_1}{6}\left[2\,\mathfrak{s}_1 f_1 + 3\,\mathfrak{s}_2 (2 f_1 + f_2)\right]$	V
		$\frac{P a}{6} f \left[\mathfrak{s}_1 \left(3 - \frac{a^2}{e^2}\right) + 3\,\mathfrak{s}_2\right]$ Für $a = e$ wird $\delta_{0x} = \frac{P e}{6} f (2\,\mathfrak{s}_1 + 3\,\mathfrak{s}_2)$	V
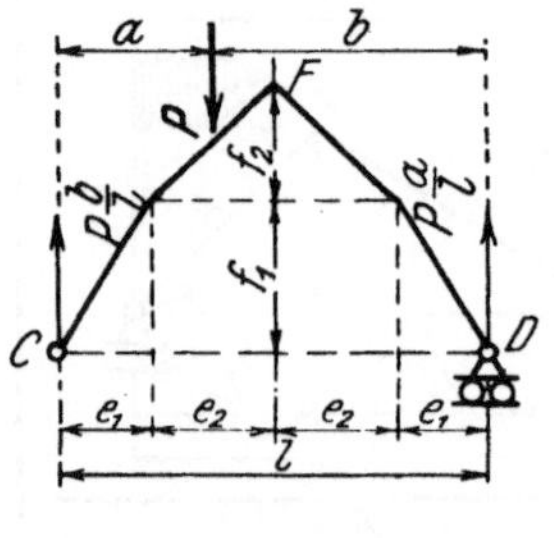		$\frac{P}{6}\left[2\,\mathfrak{s}_1 e_1 f_1 + \mathfrak{s}_2 \left\{3 (2 f_1 + f_2)\, a - 3 f_1 \frac{(a - e_1)^2}{e_2} - f_2 \frac{(a - e_1)^3}{e_2^2}\right\}\right]$ Für $a = e_1 + e_2 = l/2$ wird $\delta_{0x} = \frac{P}{6}\left[2\,\mathfrak{s}_1 e_1 f_1 + \mathfrak{s}_2 \{3 f_1 (2 e_1 + e_2) + f_2 (3 e_1 + 2 e_2)\}\right]$	V
		$\frac{P}{6} f \left[2\,\mathfrak{s}_1 e + 3\,\mathfrak{s}_2 \left\{a - \frac{(a - e)^2}{s_2}\right\}\right]$ Für $a = e + {}^1/_2\, s_2 = {}^1/_2\, l$ wird $\delta_{0x} = \frac{P f}{6}\left[2\,\mathfrak{s}_1 e + 3\,\mathfrak{s}_2 (e + {}^1/_4\, s_2)\right]$	V
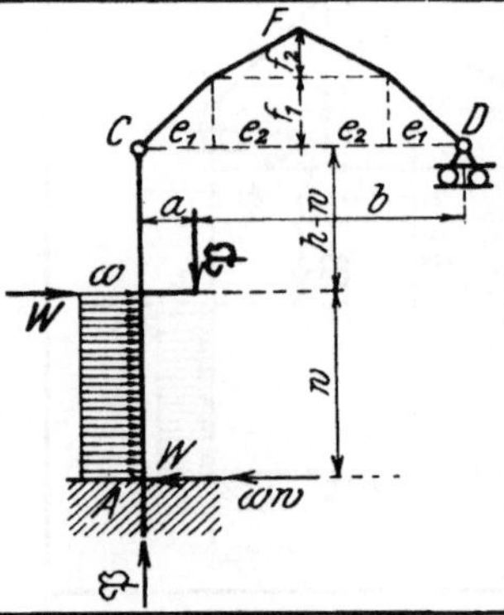	$\mathfrak{P}$	$\frac{\mathfrak{P} a}{2 h}\, \mathfrak{h}\, w (2 h - w)$	
	W	$\frac{W}{6 h}\, \mathfrak{h}\, w^2 (3 h - w)$ Für $w = h$ wird $\delta_{0x} = \frac{W h^2}{3}\, \mathfrak{h}$	V ur V
	ω	$\frac{\omega w^3}{24 h}\, \mathfrak{h} (4 h - w)$ Für $w = h$ wird $\delta_{0x} = \frac{\omega h^3}{8}\, \mathfrak{h}$	
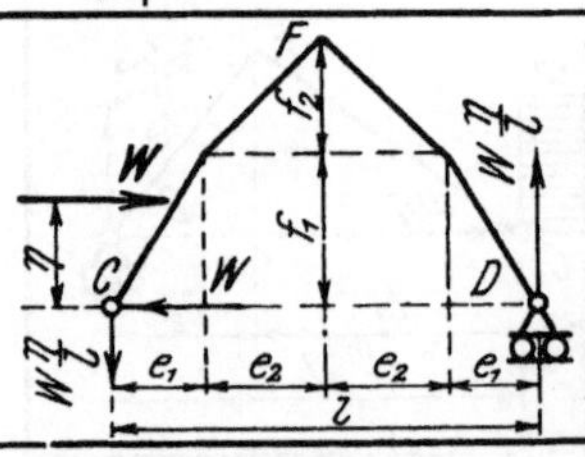		$\frac{W}{3}\, \mathfrak{h}\, h^2 + \frac{W \eta}{6}\left[\mathfrak{s}_1 f_1 \left(3 - \frac{\eta^2}{f_1^2}\right) + 3\,\mathfrak{s}_2 (2 f_1 + f_2)\right]$ Für $\eta = f_1$ wird $\delta_{0x} = \frac{W}{6}\left[2\,\mathfrak{h}\, h^2 + f_1 \{2\,\mathfrak{s}_1 f_1 + 3\,\mathfrak{s}_2 (2 f_1 + f_2)\}\right]$	V
		$\frac{W}{3}\, \mathfrak{h}\, h^2 + \frac{W \eta}{6} f \left[\mathfrak{s}_1 \left(3 - \frac{\eta^2}{f^2}\right) + 3\,\mathfrak{s}_2\right]$ Für $\eta = f$ wird $\delta_{0x} = \frac{W}{6}\left[2\,\mathfrak{h}\, h^2 + f^2 (2\,\mathfrak{s}_1 + 3\,\mathfrak{s}_2)\right]$	V
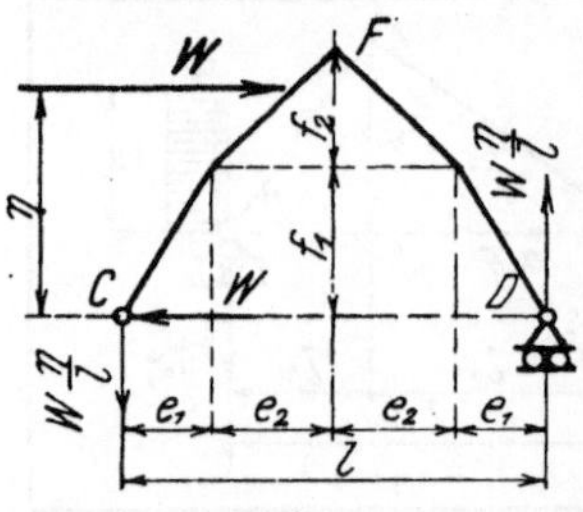		$\frac{W}{3}(\mathfrak{h}\, h^2 + \mathfrak{s}_1 f_1^2) + \frac{W}{2}\,\mathfrak{s}_2 \left[(2 f_1 + f_2)\, \eta - (\eta - f_1)^2 \frac{2 f_1 + \eta}{3 f_2}\right]$ Für $\eta = f_1 + f_2$ wird $\delta_{0x} = \frac{W}{3}\left[\mathfrak{h}\, h^2 + \mathfrak{s}_1 f_1^2 + \mathfrak{s}_2 (3 f_1^2 + 3 f_1 f_2 + f_2^2)\right]$; daher $\mathfrak{X} = \frac{W}{2}$	V

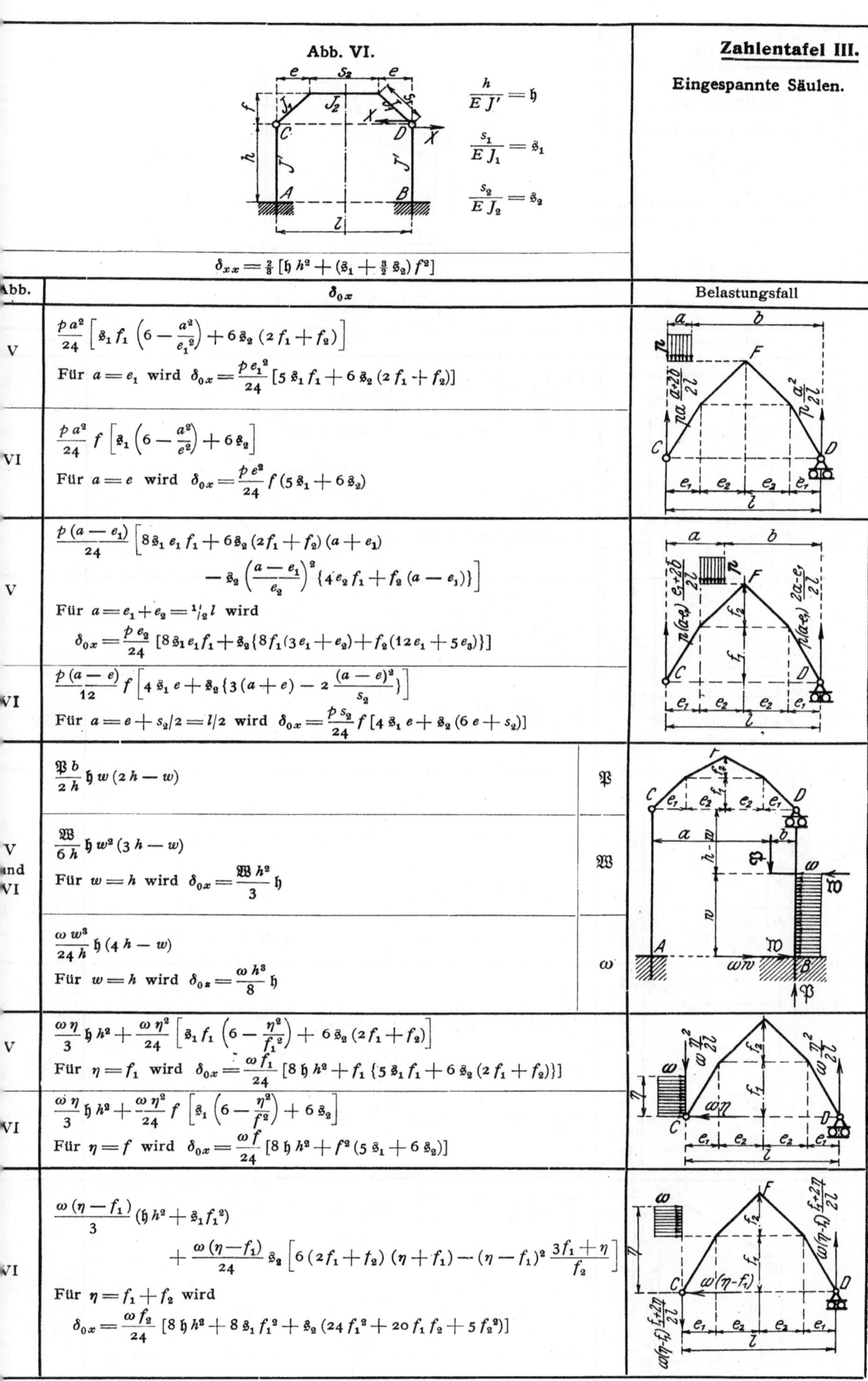

Zahlentafel III.

Eingespannte Säulen.

Abb. VI.

$\frac{h}{EJ'} = \mathfrak{h}$

$\frac{s_1}{EJ_1} = \mathfrak{s}_1$

$\frac{s_2}{EJ_2} = \mathfrak{s}_2$

$$\delta_{xx} = \tfrac{2}{3}\left[\mathfrak{h}\, h^2 + \left(\mathfrak{s}_1 + \tfrac{3}{2}\mathfrak{s}_2\right) f^2\right]$$

Abb.	δ_{0x}		Belastungsfall
V	$\frac{p a^2}{24}\left[\mathfrak{s}_1 f_1\left(6 - \frac{a^2}{e_1^2}\right) + 6\,\mathfrak{s}_2\,(2 f_1 + f_2)\right]$ Für $a = e_1$ wird $\delta_{0x} = \frac{p e_1^2}{24}\left[5\,\mathfrak{s}_1 f_1 + 6\,\mathfrak{s}_2\,(2 f_1 + f_2)\right]$		
VI	$\frac{p a^2}{24} f\left[\mathfrak{s}_1\left(6 - \frac{a^2}{e^2}\right) + 6\,\mathfrak{s}_2\right]$ Für $a = e$ wird $\delta_{0x} = \frac{p e^2}{24} f\,(5\,\mathfrak{s}_1 + 6\,\mathfrak{s}_2)$		
V	$\frac{p(a - e_1)}{24}\left[8\,\mathfrak{s}_1 e_1 f_1 + 6\,\mathfrak{s}_2\,(2 f_1 + f_2)(a + e_1) - \mathfrak{s}_2\left(\frac{a - e_1}{e_2}\right)^2\{4 e_2 f_1 + f_2\,(a - e_1)\}\right]$ Für $a = e_1 + e_2 = {}^1\!/_2\, l$ wird $\delta_{0x} = \frac{p e_2}{24}\left[8\,\mathfrak{s}_1 e_1 f_1 + \mathfrak{s}_2\{8 f_1(3 e_1 + e_2) + f_2(12 e_1 + 5 e_2)\}\right]$		
VI	$\frac{p(a - e)}{12} f\left[4\,\mathfrak{s}_1 e + \mathfrak{s}_2\left\{3(a + e) - 2\,\frac{(a - e)^2}{s_2}\right\}\right]$ Für $a = e + s_2/2 = l/2$ wird $\delta_{0x} = \frac{p s_2}{24} f\left[4\,\mathfrak{s}_1 e + \mathfrak{s}_2\,(6 e + s_2)\right]$		
V und VI	$\frac{\mathfrak{P}\, b}{2h}\,\mathfrak{h}\, w\,(2h - w)$	$\mathfrak{P}$	
	$\frac{\mathfrak{W}}{6h}\,\mathfrak{h}\, w^2\,(3h - w)$ Für $w = h$ wird $\delta_{0x} = \frac{\mathfrak{W} h^2}{3}\,\mathfrak{h}$	$\mathfrak{W}$	
	$\frac{\omega w^3}{24 h}\,\mathfrak{h}\,(4h - w)$ Für $w = h$ wird $\delta_{0x} = \frac{\omega h^3}{8}\,\mathfrak{h}$	ω	
V	$\frac{\omega\eta}{3}\,\mathfrak{h}\, h^2 + \frac{\omega\eta^2}{24}\left[\mathfrak{s}_1 f_1\left(6 - \frac{\eta^2}{f_1^2}\right) + 6\,\mathfrak{s}_2\,(2 f_1 + f_2)\right]$ Für $\eta = f_1$ wird $\delta_{0x} = \frac{\omega f_1}{24}\left[8\,\mathfrak{h}\, h^2 + f_1\{5\,\mathfrak{s}_1 f_1 + 6\,\mathfrak{s}_2\,(2 f_1 + f_2)\}\right]$		
VI	$\frac{\omega\eta}{3}\,\mathfrak{h}\, h^2 + \frac{\omega\eta^2}{24} f\left[\mathfrak{s}_1\left(6 - \frac{\eta^2}{f^2}\right) + 6\,\mathfrak{s}_2\right]$ Für $\eta = f$ wird $\delta_{0x} = \frac{\omega f}{24}\left[8\,\mathfrak{h}\, h^2 + f^2\,(5\,\mathfrak{s}_1 + 6\,\mathfrak{s}_2)\right]$		
VI	$\frac{\omega(\eta - f_1)}{3}(\mathfrak{h}\, h^2 + \mathfrak{s}_1 f_1^2) + \frac{\omega(\eta - f_1)}{24}\,\mathfrak{s}_2\left[6\,(2 f_1 + f_2)(\eta + f_1) - (\eta - f_1)^2\,\frac{3 f_1 + \eta}{f_2}\right]$ Für $\eta = f_1 + f_2$ wird $\delta_{0x} = \frac{\omega f_2}{24}\left[8\,\mathfrak{h}\, h^2 + 8\,\mathfrak{s}_1 f_1^2 + \mathfrak{s}_2\,(24 f_1^2 + 20 f_1 f_2 + 5 f_2^2)\right]$		

Zahlentafel IV.

Pultdächer.

Infolge der Lasten wird

$$X = \frac{\delta_{0x}}{\delta_{xx}}.$$

Infolge einer Temperaturänderung sämtlicher Stäbe um $\pm t^0$ wird

$$X = \frac{\varepsilon t l}{\delta_{xx}}.$$

Abb. VII.

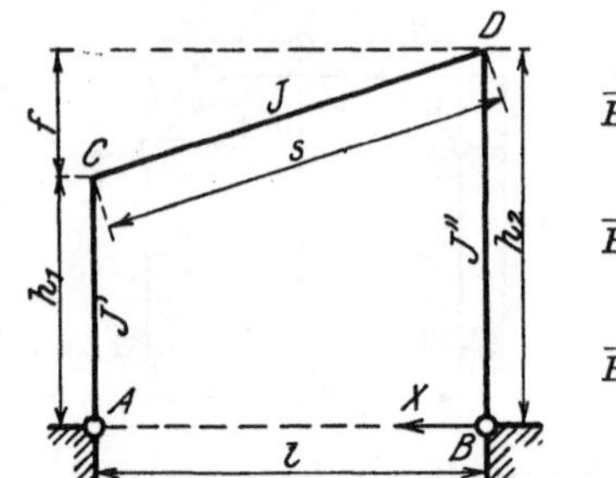

$$\frac{h_1}{EJ'} = \mathfrak{h}_1 \qquad \frac{h_2}{EJ''} = \mathfrak{h}_2 \qquad \frac{s}{EJ} = \mathfrak{s}$$

$$\delta_{xx} = \frac{1}{3}\left[\mathfrak{h}_1 h_1^2 + \mathfrak{h}_2 h_2^2 + \mathfrak{s}\left(h_1^2 + h_1 h_2 + h_2^2\right)\right]$$

Belastungsfall	δ_{0x}	Abb.
	$\frac{P\mathfrak{s}}{6}\, a\left(1-\frac{a}{l}\right)\left[3h_1 + f\left(1+\frac{a}{l}\right)\right]$ Für $\frac{a}{l} = \frac{1}{2}$ wird $\delta_{0x} = \frac{Pl}{16}\,\mathfrak{s}\,(h_1 + h_2)$	VII
	$\frac{Ph}{2}\,\mathfrak{l}\, a\left(1-\frac{a}{l}\right)$ Einflußlinie für X eine Parabel mit dem Pfeil $\frac{3}{8}\,\frac{l\,\mathfrak{l}}{h\,(2\,\mathfrak{h} + 3\,\mathfrak{l})}$	VIII
	$\mathfrak{P}\,\frac{a}{6}\left[3\,\mathfrak{h}_1\,\frac{h_1^2 - w^2}{h_1} + \mathfrak{s}\,(2h_1 + h_2)\right]$	VII
	$\mathfrak{P}\,\frac{a}{2}\left[\mathfrak{h}\,\frac{h^2 - w^2}{h} + \mathfrak{l}\,h\right]$	VIII
	$\frac{Ww}{6}\left[\mathfrak{h}_1\left(3h_1 - \frac{w^2}{h_1}\right) + \mathfrak{s}\,(2h_1 + h_2)\right]$ Für $w = h_1$ wird $\delta_{0x} = \frac{Wh_1}{6}\left[2\,\mathfrak{h}_1 h_1 + \mathfrak{s}\,(2h_1 + h_2)\right]$	VII
	$\frac{Ww}{6}\left[\mathfrak{h}\left(3h - \frac{w^2}{h}\right) + 3\,\mathfrak{l}\,h\right]$ Für $w = h$ wird $\delta_{0x} = \frac{Wh^2}{6}(2\,\mathfrak{h} + 3\,\mathfrak{l})$, daher $X = {}^1/_2\, W$	VIII
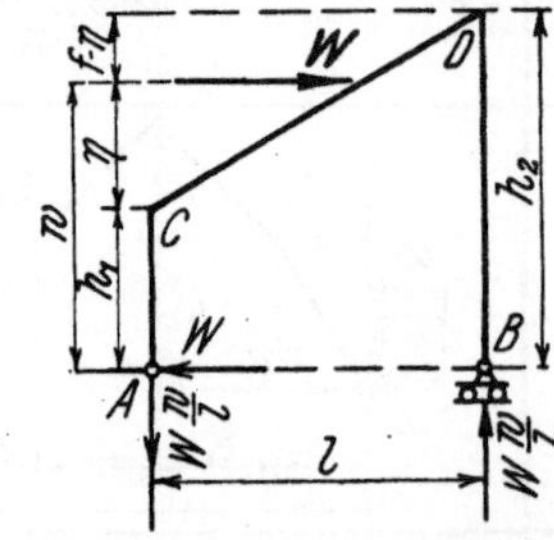	$\frac{W}{6}\left[2\,\mathfrak{h}_1 h_1^2 + \mathfrak{s}\left\{(2h_1 + h_2)\,w - (3h_1 + \eta)\,\frac{\eta^2}{f}\right\}\right]$ Für $\eta = 0$ wird $\delta_{0x} = \frac{Wh_1}{6}\left[2\,\mathfrak{h}_1 h_1 + \mathfrak{s}\,(2h_1 + h_2)\right]$ Für $\eta = f$ wird $\delta_{0x} = \frac{Wh_1}{6}\left[2\,\mathfrak{h}_1 h_1 + \mathfrak{s}\,(2h_1 + h_2)\right]$	VIII
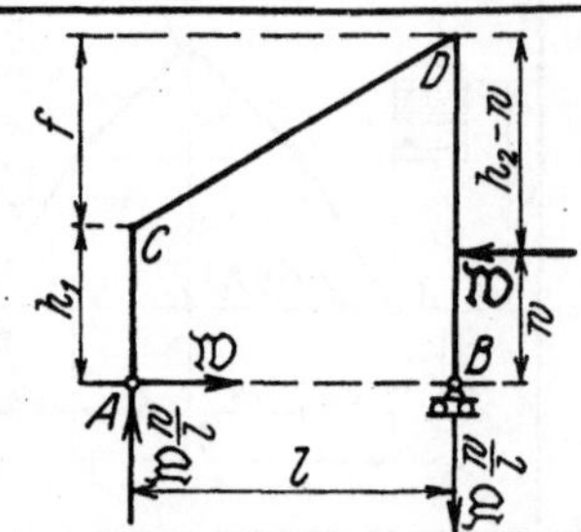	$\frac{\mathfrak{W}}{6}\left[w\left\{\mathfrak{h}_2\left(3h_2 - \frac{w^2}{h_2}\right) + \mathfrak{s}\,(h_1 + 2h_2) - 6\,\delta_{xx}\right\}\right]$ Für $w = h_2$ wird $\delta_{0x} = -\frac{\mathfrak{W} h_1}{6}\left[2\,\mathfrak{h}_1 h_1 + \mathfrak{s}\,(2h_1 + h_2)\right]$	VII
	$-\frac{\mathfrak{W}}{6}\left[\mathfrak{h}\left(4h^2 - 3hw + \frac{w^3}{h}\right) + 3\,\mathfrak{l}\,h\,(2h - w)\right]$ Für $w = h$ wird $\delta_{0x} = -\frac{\mathfrak{W} h^2}{6}(2\,\mathfrak{h} + 3\,\mathfrak{l})$, daher $X = -{}^1/_2\,\mathfrak{W}$	VIII

Zahlentafel IV.

Gelenkauflagerung der Säulen.

Abb. VIII.

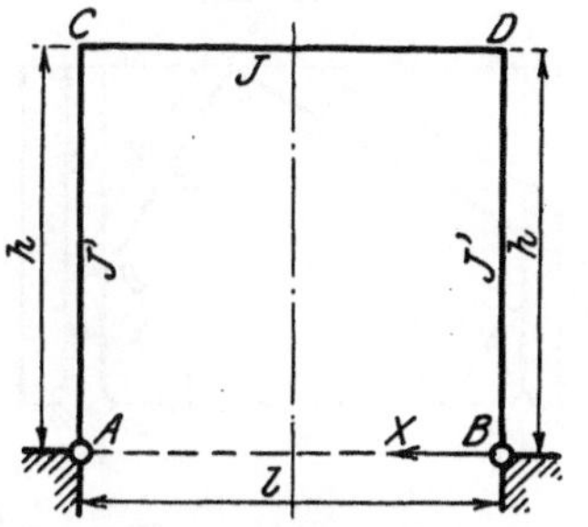

$$\frac{h}{EJ} = \mathfrak{h} \qquad \frac{l}{EJ} = \mathfrak{l}$$

$$\delta_{xx} = \frac{h^2}{3}(2\,\mathfrak{h} + 3\,\mathfrak{l})$$

Abb.	δ_{0x}	Belastungsfall
VII	$\frac{p\,a^2}{24}\,\mathfrak{z}\left[2\,h_1\left(3 - 2\,\frac{a}{l}\right) + f\left(2 - \frac{a^2}{l^2}\right)\right]$ Für $\frac{a}{l} = 1$ wird $\delta_{0x} = \frac{p\,l^2}{24}\,\mathfrak{z}\,(h_1 + h_2)$	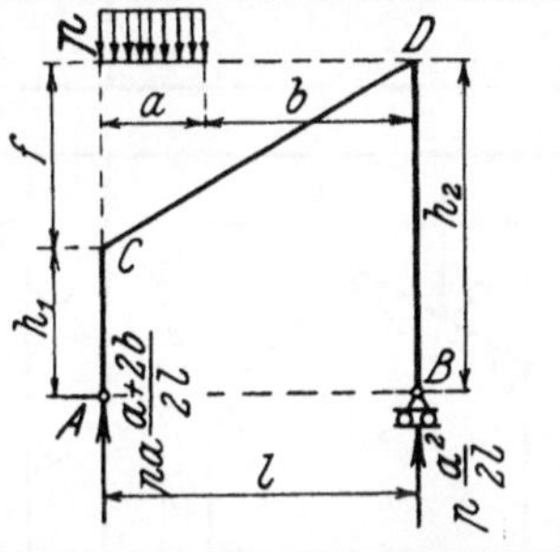
VIII	$\frac{p\,a^2}{12}\,\mathfrak{l}\,h\left(3 - 2\,\frac{a}{l}\right)$ Für $\frac{a}{l} = 1$ wird $\delta_{0x} = \frac{p\,l^2}{12}\,\mathfrak{l}\,h$	
VII	$\mathfrak{P}\,\frac{b}{6}\left[3\,\mathfrak{h}_2\,\frac{h_2^2 - w^2}{h_2} + \mathfrak{z}\,(h_1 + 2\,h_2)\right]$	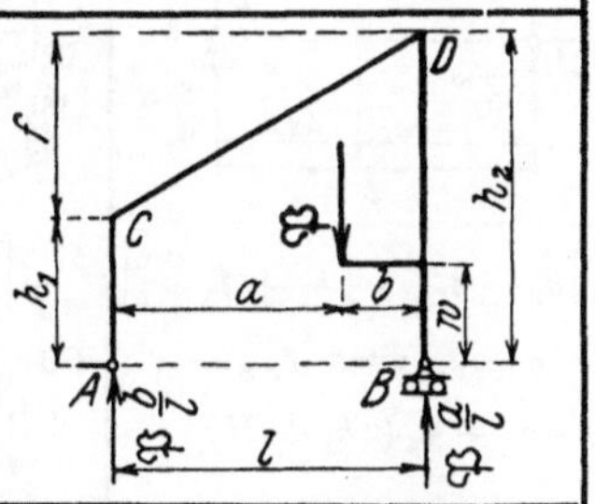
VIII	$\mathfrak{P}\,\frac{b}{2}\left[\mathfrak{h}\,\frac{h^2 - w^2}{h} + \mathfrak{l}\,h\right]$	
VII	$\frac{\omega\,w^2}{24}\left[\mathfrak{h}_1\left(6\,h_1 - \frac{w^2}{h_1}\right) + 2\,\mathfrak{z}\,(2\,h_1 + h_2)\right]$ Für $w = h_1$ wird $\delta_{0x} = \frac{\omega\,h_1^2}{24}[5\,\mathfrak{h}_1\,h_1 + 2\,\mathfrak{z}\,(2\,h_1 + h_2)]$	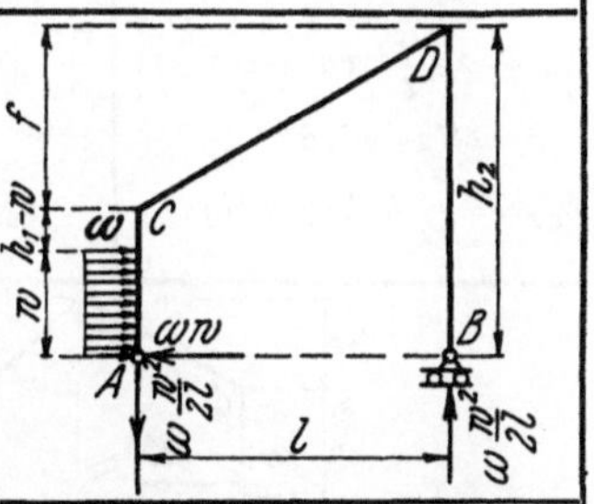
VIII	$\frac{\omega\,w^2}{24}\left[\mathfrak{h}\left(6\,h - \frac{w^2}{h}\right) + 6\,\mathfrak{l}\,h\right]$ Für $w = h$ wird $\delta_{0x} = \frac{\omega\,h^3}{24}(5\,\mathfrak{h} + 6\,\mathfrak{l})$	
VIII	$\frac{\omega\,\eta}{24}\left[8\,\mathfrak{h}_1\,h_1^2 + \mathfrak{z}\left\{2\,(2\,h_1 + h_2)\,(2\,h_1 + \eta) - (4\,h_1 + \eta)\,\frac{\eta^2}{f}\right\}\right]$ Für $\eta = f$ wird $\delta_{0x} = \frac{\omega\,f}{24}[8\,\mathfrak{h}_1\,h_1^2 + \mathfrak{z}\,(7\,h_1^2 + 4\,h_1\,h_2 + h_2^2)]$	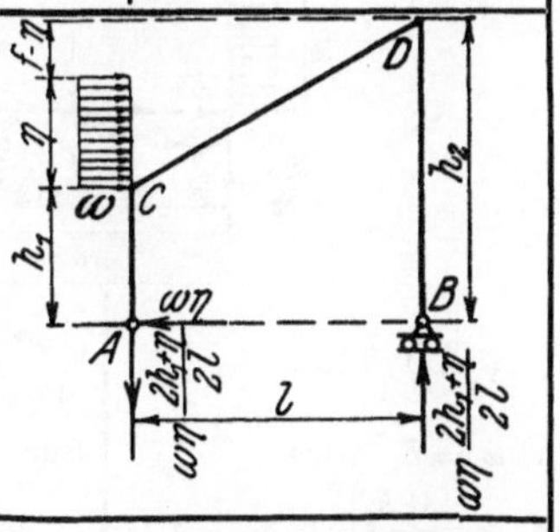
VII	$\frac{\omega\,w}{24}\left[w\left\{\mathfrak{h}_2\left(6\,h_2 - \frac{w^2}{h_2}\right) + 2\,\mathfrak{z}\,(h_1 + 2\,h_2)\right\} - 24\,\delta_{xx}\right]$ Für $w = h_2$ wird $\delta_{0x} = -\frac{\omega\,h_2}{24}[8\,\mathfrak{h}_1\,h_1^2 + 3\,\mathfrak{h}_2\,h_2^2 + 2\,\mathfrak{z}\,(4\,h_1^2 + 3\,h_1\,h_2 + 2\,h_2^2)]$	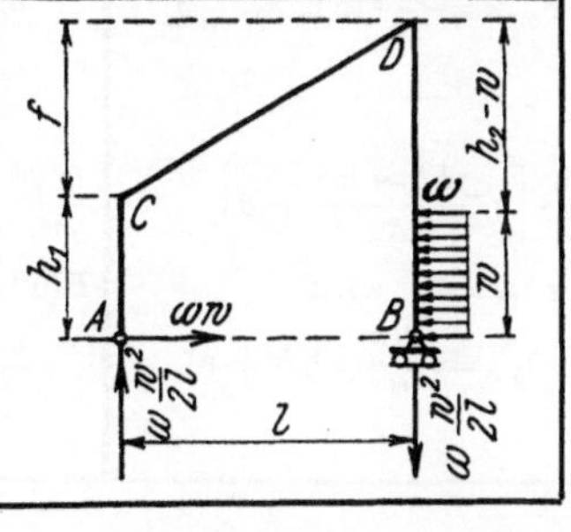
VIII	$-\frac{\omega\,w}{24}\left[\mathfrak{h}\left(16\,h^2 - 6\,h\,w + \frac{w^3}{h}\right) + 6\,\mathfrak{l}\,h\,(4h - w)\right]$ Für $w = h$ wird $\delta_{0x} = -\frac{\omega\,h^3}{24}(11\,\mathfrak{h} + 18\,\mathfrak{l})$	

Zahlentafel V.

Shed- und Satteldächer.

Infolge der Lasten wird

$$X=\frac{\delta_{0x}}{\delta_{xx}}.$$

Infolge einer Temperaturänderung sämtlicher Stäbe um $\pm t^0$ wird

$$X_t=\frac{\varepsilon t l}{\delta_{xx}}.$$

Abb. IX.

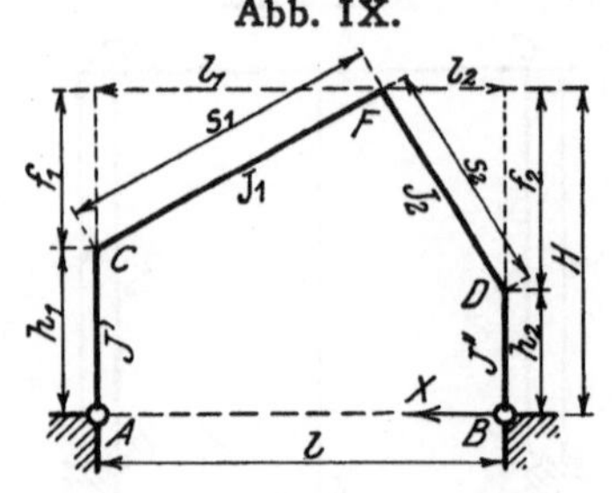

$$\frac{h_1}{EJ'}=\mathfrak{h}_1 \qquad \frac{h_2}{EJ''}=\mathfrak{h}_2 \qquad \frac{s_1}{EJ_1}=\mathfrak{s}_1 \qquad \frac{s_2}{EJ_2}=\mathfrak{s}_2$$

$$\sigma_1=\mathfrak{s}_1\left[2h_1+H+\frac{l_2}{l}(h_1+2H)\right]+\mathfrak{s}_2\frac{l_2}{l}(h_2+2H)$$

$$\sigma_2=\mathfrak{s}_1\frac{l_1}{l}(h_1+2H)+\mathfrak{s}_2\left[2h_2+H+\frac{l_1}{l}(h_2+2H)\right]$$

$$\delta_{xx}=\frac{1}{3}\left[\mathfrak{h}_1h_1^2+\mathfrak{h}_2h_2^2+\mathfrak{s}_1(h_1^2+h_1H+H^2)+\mathfrak{s}_2(h_2^2+h_2H+H^2)\right]$$

Abb.	Werte δ_{0x}			
IX	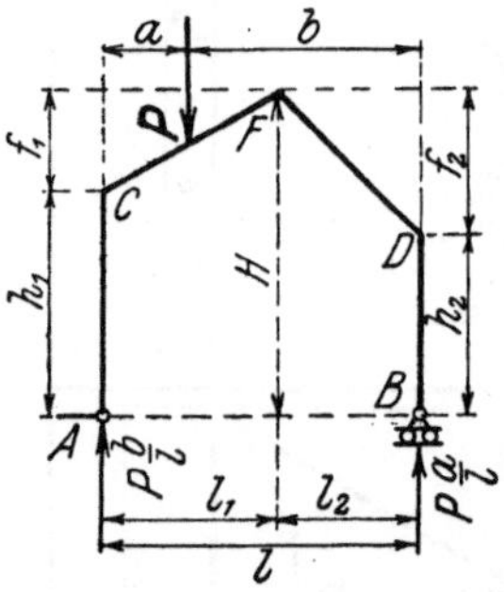 $\frac{Pa}{6}\left[\sigma_1-\mathfrak{s}_1\frac{a}{l_1}\left(3h_1+f_1\frac{a}{l_1}\right)\right]$ Für $a=l_1$ wird $\delta_{0x}=$ $\frac{Pl_1}{6}[\sigma_1-\mathfrak{s}_1(2h_1+H)]$	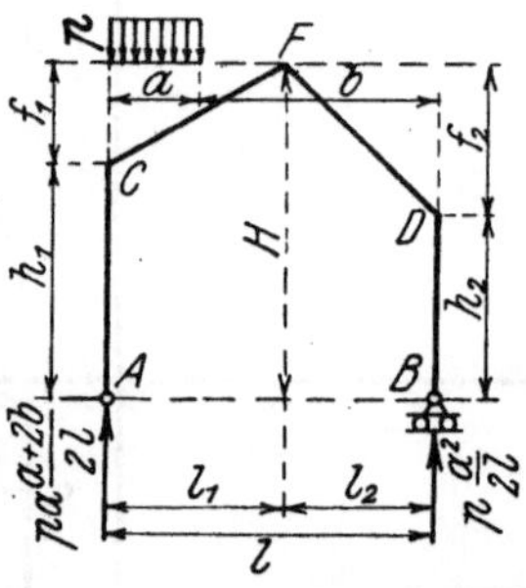 $\frac{pa^2}{12}\left[\sigma_1-\mathfrak{s}_1\frac{a}{l_1}\left(2h_1+f_1\frac{a}{2l_1}\right)\right]$ Für $a=l_1$ wird $\delta_{0x}=$ $\frac{pl_1^2}{24}[2\sigma_1-\mathfrak{s}_1(3h_1+H)]$	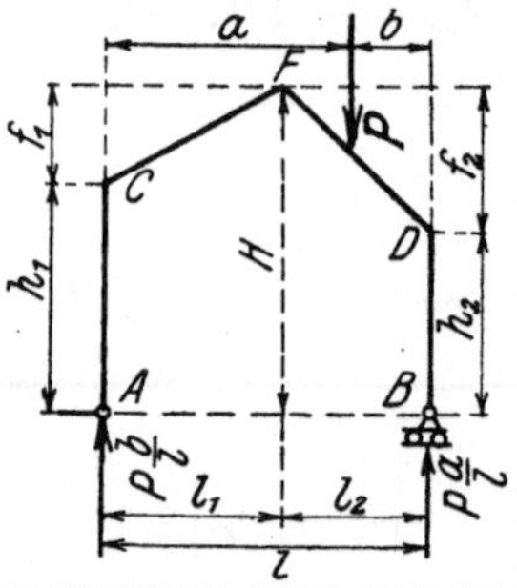 $\frac{Pb}{6}\left[\sigma_2-\mathfrak{s}_2\frac{b}{l_2}\left(3h_2+f_2\frac{b}{l_2}\right)\right]$ Für $b=l_2$ wird $\delta_{0x}=$ $\frac{Pl_2}{6}[\sigma_2-\mathfrak{s}_2(2h_2+H)]$	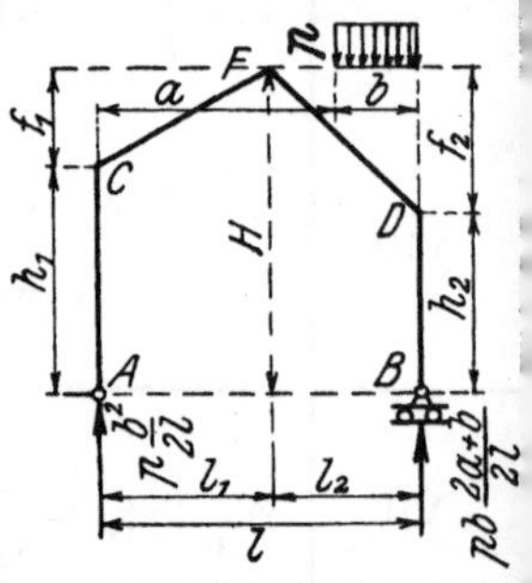 $\frac{pb^2}{12}\left[\sigma_2-\mathfrak{s}_2\frac{b}{l_2}\left(2h_2+f_2\frac{b}{2l_2}\right)\right]$ Für $b=l_2$ wird $\delta_{0x}=$ $\frac{pl_2^2}{24}[2\sigma_2-\mathfrak{s}_2(3h_2+H)]$
X	$\frac{Pa}{6}\left[\sigma-2\mathfrak{s}\frac{a}{l}\left(3h+2f\frac{a}{l}\right)\right]$ Für $a=l/2$ wird $\delta_{0x}=\frac{Pl}{12}\mathfrak{s}(h+2H)$	$\frac{pa^2}{12}\left[\sigma-2\mathfrak{s}\frac{a}{l}\left(2h+f\frac{a}{l}\right)\right]$ Für $a=l/2$ wird $\delta_{0x}=\frac{pl^2}{96}\mathfrak{s}(3h+5H)$	$\frac{Pb}{6}\left[\sigma-2\mathfrak{s}\frac{b}{l}\left(3h+2f\frac{b}{l}\right)\right]$ Für $a=l/2$ wird $\delta_{0x}=\frac{Pl}{12}\mathfrak{s}(h+2H)$	$\frac{pb^2}{12}\left[\sigma-2\mathfrak{s}\frac{b}{l}\left(2h+f\frac{b}{l}\right)\right]$ Für $b=l/2$ wird $\delta_{0x}=\frac{pl^2}{96}\mathfrak{s}(3h+5H)$
IX	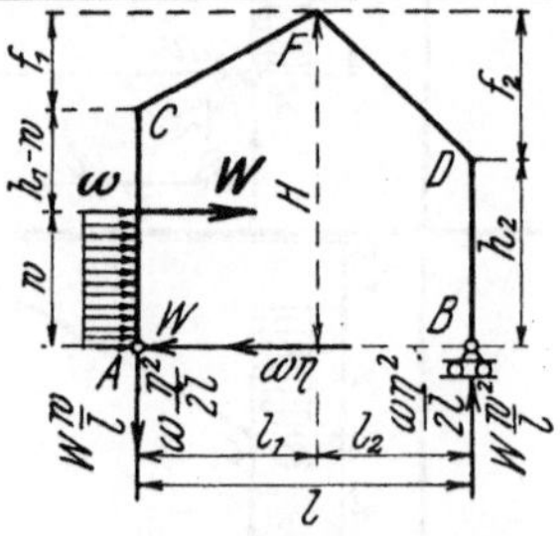 $\frac{Ww}{6}\left[\mathfrak{h}_1\frac{3h_1^2-w^2}{h_1}+\sigma_1\right]$ Für $w=h_1$ wird $\delta_{0x}=\frac{Wh_1}{6}(2\mathfrak{h}_1h_1+\sigma_1)$	$\frac{\omega w^2}{12}\left[\mathfrak{h}_1\frac{6h_1^2-w^2}{2h_1}+\sigma_1\right]$ Für $w=h_1$ wird $\delta_{0x}=\frac{\omega h_1^2}{24}(5\mathfrak{h}_1h_1+2\sigma_1)$	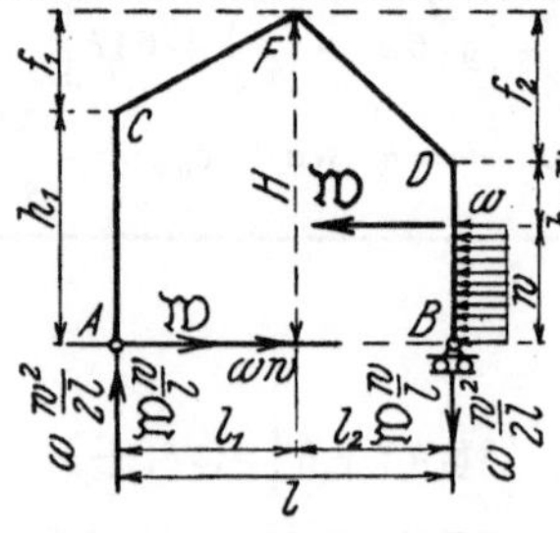 $\mathfrak{W}\left[\frac{w}{6}\left(\mathfrak{h}_2\frac{3h_2^2-w^2}{h_2}+\sigma_2\right)-\delta_{xx}\right]$ Für $w=h_2$ wird $\delta_{0x}=$ $\mathfrak{W}\left[\frac{h_2}{6}(2\mathfrak{h}_2h_2+\sigma_2)-\delta_{xx}\right]$	$\omega w\left[\frac{w}{12}\left(\mathfrak{h}_2\frac{6h_2^2-w^2}{2h_2}+\sigma_2\right)-\delta_{xx}\right]$ Für $w=h_2$ wird $\delta_{0x}=$ $\omega h_2\left[\frac{h_2}{24}(5\mathfrak{h}_2h_2+2\sigma_2)-\delta_{xx}\right.$
X	$\frac{Ww}{6}\left[\mathfrak{h}\frac{3h^2-w^2}{h}+\sigma\right]$ Für $w=h$ wird $\delta_{0x}=\frac{Wh}{6}(2\mathfrak{h}h+\sigma)$	$\frac{\omega w^2}{12}\left[\mathfrak{h}\frac{6h^2-w^2}{2h}+\sigma\right]$ Für $w=h$ wird $\delta_{0x}=\frac{\omega h^2}{24}[5\mathfrak{h}h+2\sigma]$	$\mathfrak{W}\left[\frac{w}{6}\left(\mathfrak{h}\frac{3h^2-w^2}{h}+\sigma\right)-\delta_{xx}\right]$ Für $w=h$ wird $\delta_{0x}=$ $-\frac{\mathfrak{W}}{6}[2\mathfrak{h}h^2+\mathfrak{s}(h^2+hH+4H^2)]$	$\omega w\left[\frac{w}{12}\left(\mathfrak{h}\frac{6h^2-w^2}{2h}+\sigma\right)-\delta_{xx}\right]$ Für $w=h$ wird $\delta_{0x}=-\frac{\omega h}{24}[11\mathfrak{h}h^2+2\mathfrak{s}(5$ $+5hH+8H^2)]$

Zahlentafel V.

Gelenkauflagerung der Säulen.

Abb. X.

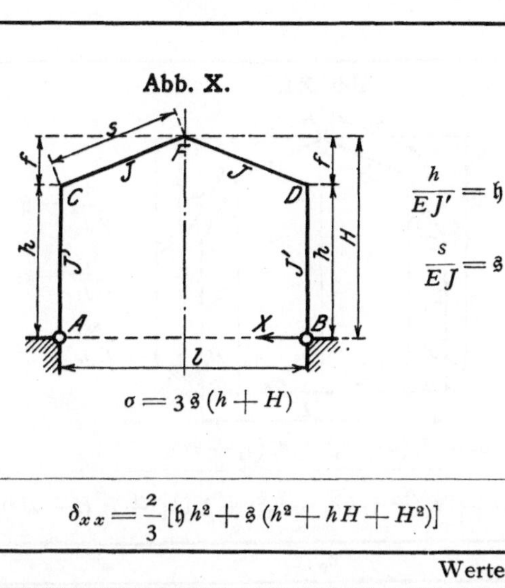

$$\frac{h}{E J'} = \mathfrak{h} \qquad \frac{s}{E J} = \mathfrak{s}$$

$$\sigma = 3\,\mathfrak{s}\,(h + H)$$

$$\delta_{xx} = \frac{2}{3}\left[\mathfrak{h}\, h^2 + \mathfrak{s}\,(h^2 + h H + H^2)\right]$$

bb	Werte δ_{0x}			
X	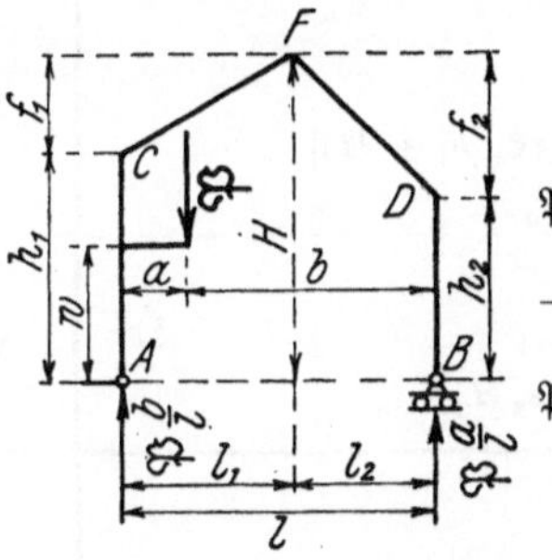 $\mathfrak{P}\,\frac{a}{6}\left[3\,\mathfrak{h}_1\,\frac{h_1^2 - w^2}{h_1} + \sigma_1\right]$		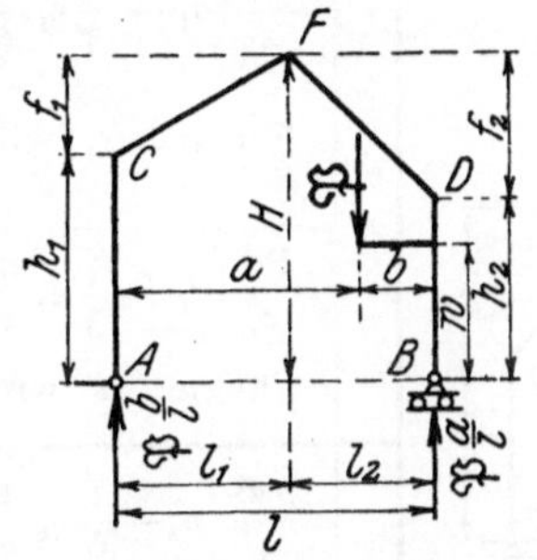 $\mathfrak{P}\,\frac{b}{6}\left[3\,\mathfrak{h}_2\,\frac{h_2^2 - w^2}{h_2} + \sigma_2\right]$	
X	$\mathfrak{P}\,\frac{a}{2}\left[\mathfrak{h}\,\frac{h^2 - w^2}{h} + \mathfrak{s}\,(h + H)\right]$		$\mathfrak{P}\,\frac{b}{2}\left[\mathfrak{h}\,\frac{h^2 - w^2}{h} + \mathfrak{s}\,(h + H)\right]$	
X	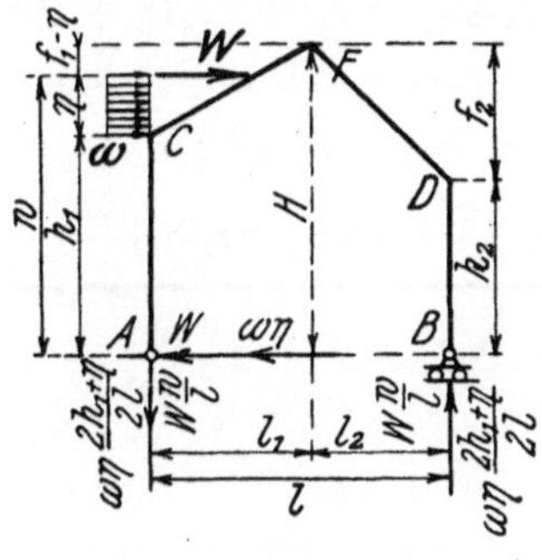 $\frac{W}{6}\left[2\,\mathfrak{h}_1\, h_1^2 + \sigma_1 w - \mathfrak{s}_1\,\frac{\eta^2}{f_1}\,(3\,h_1 + \eta)\right]$ Für $\eta = f_1$ wird $\delta_{0x} = \frac{W}{6}\left[2\,\mathfrak{h}_1\, h_1^2 + \sigma_1 H - \mathfrak{s}_1 f_1\,(2\,h_1 + H)\right]$	$\frac{\omega\eta}{24}\left[8\,\mathfrak{h}_1\, h_1^2 + 2\,\sigma_1\,(2\,h_1 + \eta) - \mathfrak{s}_1\,\frac{\eta^2}{f_1}\,(4\,h_1 + \eta)\right]$ Für $\eta = f_1$ wird $\delta_{0x} = \frac{\omega f_1}{24}\left[8\,\mathfrak{h}_1\, h_1^2 + 2\,\sigma_1\,(h_1 + H) - \mathfrak{s}_1 f_1\,(3\,h_1 + H)\right]$	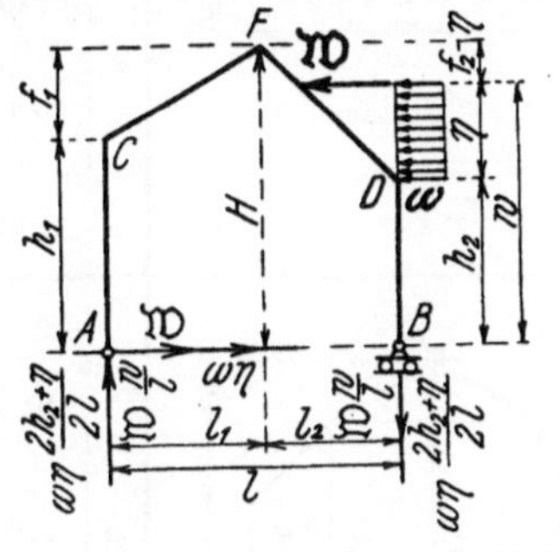 $\frac{\mathfrak{W}}{6}\left[2\,\mathfrak{h}_2\, h_2^2 + \sigma_2 w - \mathfrak{s}_2\,\frac{\eta^2}{f_2}\,(3\,h_2 + \eta) - 6\,\delta_{xx}\right]$ Für $\eta = f_2$ wird $\delta_{0x} = \frac{\mathfrak{W}}{6}\left[2\,\mathfrak{h}_2\, h_2^2 + \sigma_2 H - \mathfrak{s}_2 f_2\,(2\,h_2 + H) - 6\,\delta_{xx}\right]$	$\frac{\omega\eta}{24}\left[8\,\mathfrak{h}_2\, h_2^2 + 2\,\sigma_2\,(2\,h_2 + \eta) - \mathfrak{s}_2\,\frac{\eta^2}{f_2}\,(4\,h_2 + \eta) - 24\,\delta_{xx}\right]$ Für $\eta = f_2$ wird $\delta_{0x} = \frac{\omega f_2}{24}\left[8\,\mathfrak{h}_2\, h_2^2 + 2\,\sigma_2\,(h_2 + H) - \mathfrak{s}_2 f_2\,(3\,h_2 + H) - 24\,\delta_{xx}\right]$
X	$\frac{W}{6}\left[2\,\mathfrak{h}\, h^2 + \sigma w - \mathfrak{s}\,\frac{\eta^2}{f}\,(3\,h + \eta)\right]$ Für $\eta = f$ wird $\delta_{0x} = \frac{W}{2}\,\delta_{xx}$, daher $X = \frac{W}{2}$	$\frac{\omega\eta}{24}\left[8\,\mathfrak{h}\, h^2 + 2\,\sigma\,(2\,h + \eta) - \mathfrak{s}\,\frac{\eta^2}{f}\,(4\,h + \eta)\right]$ Für $\eta = f$ wird $\delta_{0x} = \frac{\omega f}{24}\left[8\,\mathfrak{h}\, h^2 + \mathfrak{s}\,(9\,h^2 + 10\,h H + 5\,H^2)\right]$	$\frac{\mathfrak{W}}{6}\left[2\,\mathfrak{h}\, h^2 + \sigma w - \mathfrak{s}\,\frac{\eta^2}{f}\,(3\,h + \eta) - 6\,\delta_{xx}\right]$ Für $\eta = f$ wird $\delta_{0x} = -\frac{\mathfrak{W}}{2}\,\delta_{xx}$, daher $X = -\frac{\mathfrak{W}}{2}$	$\frac{\omega\eta}{24}\left[8\,\mathfrak{h}\, h^2 + 2\,\sigma\,(2\,h + \eta) - \mathfrak{s}\,\frac{\eta^2}{f}\,(4\,h + \eta) - 24\,\delta_{xx}\right]$ Für $\eta = f$ wird $\delta_{0x} = -\frac{\omega f}{24}\left[8\,\mathfrak{h}\, h^2 + \mathfrak{s}\,(7\,h^2 + 6\,h H + 11\,H^2)\right]$

Zahlentafel VI.

Mansardendächer.

Infolge der Lasten wird

$$X = \frac{\delta_{0x}}{\delta_{xx}}.$$

Infolge einer Temperaturänderung sämtlicher Stäbe um $\pm t^0$ wird

$$X_t = \frac{\varepsilon t l}{\delta_{xx}}.$$

Abb. XI.

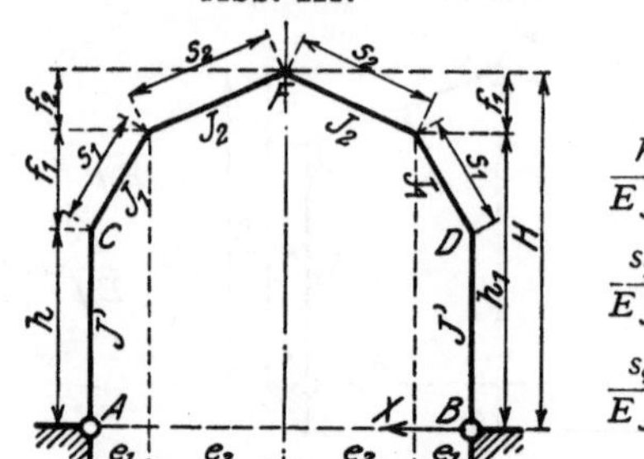

$$\frac{h}{EJ'} = \mathfrak{h} \qquad \frac{s_1}{EJ_1} = \mathfrak{s}_1 \qquad \frac{s_2}{EJ_2} = \mathfrak{s}_2$$

$$\sigma_1 = \mathfrak{s}_1(h + h_1) + \mathfrak{s}_2(h_1 + H)$$

$$\delta_{xx} = \frac{2}{3}\left[\mathfrak{h}h^2 + \mathfrak{s}_1(h^2 + hh_1 + h_1^2) + \mathfrak{s}_2(h_1^2 + h_1H + H^2)\right]$$

Belastungsfall		δ_{0x}	Abb.
	P	$\frac{Pa}{2}\left[\sigma_1 - \frac{1}{3}\mathfrak{s}_1\frac{a}{e_1}\left(3h + f_1\frac{a}{e_1}\right)\right]$ Für $a = e_1$ wird $\delta_{0x} = \frac{Pe}{6}[\mathfrak{s}_1(h + 2h_1) + 3\mathfrak{s}_2(h_1 + H)]$	XI
		$\frac{Pa}{2}\left[\sigma_1 - \frac{1}{3}\mathfrak{s}_1\frac{a}{e}\left(3h + f\frac{a}{e}\right)\right]$ Für $a = e$ wird $\delta_{0x} = \frac{Pe}{6}[\mathfrak{s}_1(h + 2H) + 3\mathfrak{s}_2H]$	XII
	p	$\frac{pa^2}{4}\left[\sigma_1 - \frac{1}{6}\mathfrak{s}_1\frac{a}{e_1}\left(4h + f_1\frac{a}{e_1}\right)\right]$ Für $a = e_1$ wird $\delta_{0x} = \frac{pe_1^2}{24}[\mathfrak{s}_1(3h + 5h_1) + 6\mathfrak{s}_2(h_1 + H)]$	XI
		$\frac{pa^2}{4}\left[\sigma - \frac{1}{6}\mathfrak{s}_1\frac{a}{e}\left(4h + f\frac{a}{e}\right)\right]$ Für $a = e$ wird $\delta_{0x} = \frac{pe^2}{24}[\mathfrak{s}_1(3h + 5H) + 6\mathfrak{s}_2H]$	XII
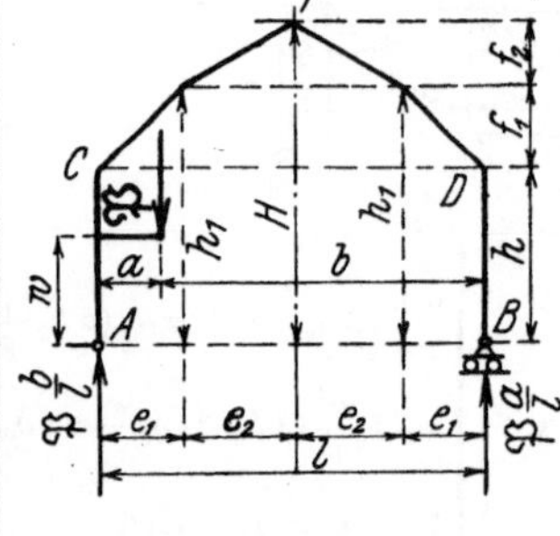	$\mathfrak{P}$	$\mathfrak{P}\frac{a}{2}\left[\mathfrak{h}\frac{h^2 - w^2}{h} + \sigma_1\right]$	XI
		$\mathfrak{P}\frac{a}{2}\left[\mathfrak{h}\frac{h^2 - w^2}{h} + \sigma\right]$	XII
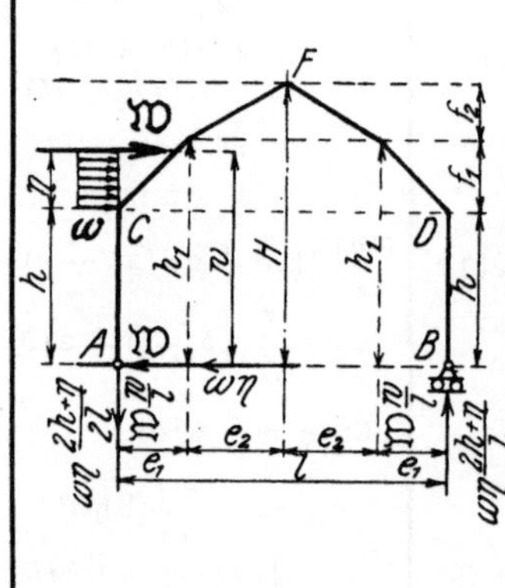	$\mathfrak{W}$	$\frac{\mathfrak{W}}{6}\left[2\mathfrak{h}h^2 + 3\sigma_1w - \mathfrak{s}_1\frac{\eta^2}{f_1}(3h + \eta)\right]$ Für $\eta = f_1$ wird $\delta_{0x} = \frac{\mathfrak{W}}{6}[2\mathfrak{h}h^2 + 3\sigma_1h_1 - \mathfrak{s}_1f_1(2h + h_1)]$	XI
		$\frac{\mathfrak{W}}{6}\left[2\mathfrak{h}h^2 + 3\sigma w - \mathfrak{s}_1\frac{\eta^2}{f}(3h + \eta)\right]$ Für $\eta = f$ wird $\delta_{0x} = \frac{\mathfrak{W}}{2}\delta_{xx}$, daher $X = \frac{\mathfrak{W}}{2}$	XII
	ω	$\frac{\omega\eta}{24}\left[8\mathfrak{h}h^2 + 6\sigma_1(2h + \eta) - \mathfrak{s}_1\frac{\eta^2}{f_1}(4h + \eta)\right]$ Für $\eta = f_1$ wird $\delta_{0x} = \frac{\omega f_1}{24}[8\mathfrak{h}h^2 + 6\sigma_1(h + h_1) - \mathfrak{s}_1f_1(3h + h_1)]$	XI
		$\frac{\omega\eta}{24}\left[8\mathfrak{h}h^2 + 6\sigma(2h + \eta) - \mathfrak{s}_1\frac{\eta^2}{f}(4h + \eta)\right]$ Für $\eta = f$ wird $\delta_{0x} = \frac{\omega f}{24}[8\mathfrak{h}h^2 + 6\sigma(h + H) - \mathfrak{s}_1f(3h + H)]$	XII

Zahlentafel VI.

Gelenkauflagerung der Säulen.

Abb. XII.

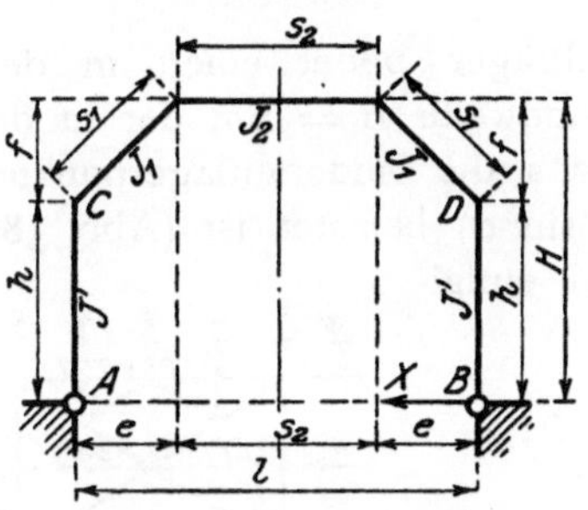

$$\frac{h}{EJ'} = \mathfrak{h} \qquad \frac{s_1}{EJ_1} = \mathfrak{s}_1 \qquad \frac{s_2}{EJ_2} = \mathfrak{s}_2$$

$$\sigma = \mathfrak{s}_1 (h + H) + \mathfrak{s}_2 H$$

$$\delta_{xx} = \frac{2}{3} [\mathfrak{h} h^2 + \mathfrak{s}_1 (h^2 + hH + H^2) + {}^3/_2 \mathfrak{s}_2 H^2]$$

Abb.	δ_{0x}		Belastungsfall
XI	$\frac{P}{6} \left[\mathfrak{s}_1 e_1 (h + 2h_1) + 3\mathfrak{s}_2 (h_1 + H) a - \mathfrak{s}_2 \frac{\xi^2}{e_2} \left(3h_1 + f_2 \frac{\xi}{e_2}\right)\right]$ Für $a = e_1 + e_2 = l/2$ wird $\delta_{0x} = \frac{P}{6} [\mathfrak{s}_1 e_1 (h + 2h_1) + \mathfrak{s}_2 \{h_1 (3e_1 + e_2) + H(3e_1 + 2e_2)\}]$	P	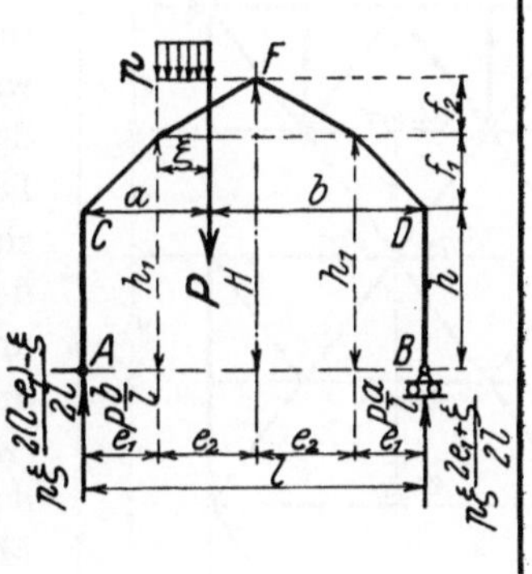
XII	$\frac{P}{6} \left[\mathfrak{s}_1 e (h + 2H) + 3\mathfrak{s}_2 H \left(a - \frac{\xi^2}{s_2}\right)\right]$ Für $a = l/2$ wird $\delta_{0x} = \frac{P}{6} \left[\mathfrak{s}_1 e (h + 2H) + \frac{3}{2} \mathfrak{s}_2 H \left(l - \frac{s_2}{2}\right)\right]$		
XI	$\frac{p\xi}{24} \left[4\mathfrak{s}_1 e_1 (h + 2h_1) + 6\mathfrak{s}_2 (h_1 + H)(a + e_1) - \mathfrak{s}_2 \frac{\xi^2}{e_2^2} (4h_1 e_2 + \xi f_2)\right]$ Für $a = e_1 + e_2 = l/2$ wird $\delta_{0x} = \frac{pe_2}{24} [4\mathfrak{s}_1 e_1 (h + 2h_1) + \mathfrak{s}_2 \{3h_1 (4e_1 + e_2) + H(12e_1 + 5e_2)\}]$	p	
XII	$\frac{p\xi}{12} \left[2\mathfrak{s}_1 e (h + 2H) + \mathfrak{s}_2 H \left\{3(a + e) - 2\frac{\xi^2}{s_2}\right\}\right]$ Für $a = e_1 + e_2 = l/2$ wird $\delta_{0x} = \frac{ps_2}{24} [2\mathfrak{s}_1 e (h + 2H) + \mathfrak{s}_2 H (6e + s_2)]$		
XI	$\frac{\mathfrak{W}}{6} \left[2\mathfrak{h} h^2 + 2\mathfrak{s}_1 (h^2 + hh_1 + h_1^2) + 3\mathfrak{s}_2 (h_1 + H) w - \mathfrak{s}_2 \frac{\zeta^2}{f_2} (3h_1 + \zeta)\right]$ Für $\zeta = f_2$ wird $\delta_{0x} = \frac{\mathfrak{W}}{2} \delta_{xx}$, daher $X = \frac{\mathfrak{W}}{2}$	W	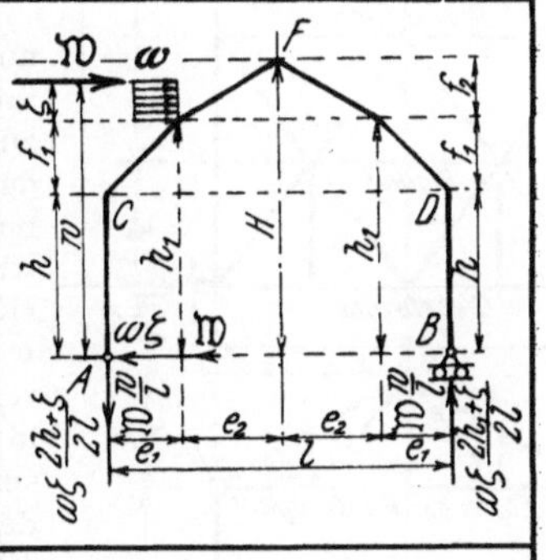
XI	$\frac{\omega\zeta}{24} \left[8\mathfrak{h} h^2 + 8\mathfrak{s}_1 (h^2 + hh_1 + h_1^2) + 6\mathfrak{s}_2 (h_1 + H)(2h_1 + \zeta) - \mathfrak{s}_2 \frac{\zeta^2}{f_2} (4h_1 + \zeta)\right]$ Für $\zeta = f_2$ wird $\delta_{0x} = \frac{\omega f_2}{24} [8\mathfrak{h} h^2 + 8\mathfrak{s}_1 (h^2 + hh_1 + h_1^2) + \mathfrak{s}_2 (9h_1^2 + 10h_1 H + 5H^2)]$	ω	
XI	$\frac{Ww}{6} \left[\mathfrak{h} \left(3h - \frac{w^2}{h}\right) + 3\sigma_1\right]$ Für $w = h$ wird $\delta_{0x} = \frac{Wh}{6} (2\mathfrak{h} h + 3\sigma_1)$	W	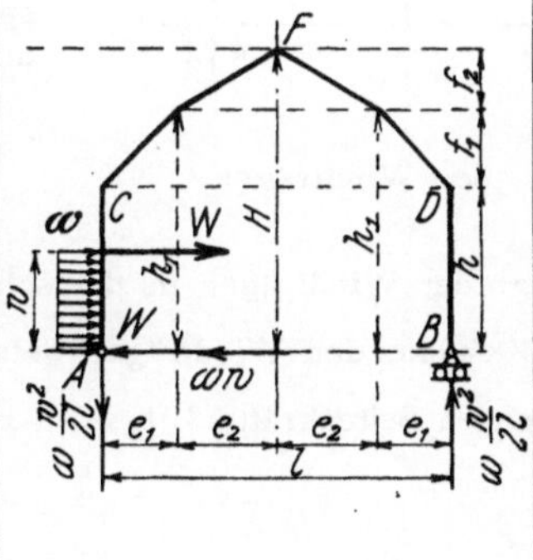
XII	$\frac{Ww}{6} \left[\mathfrak{h} \left(3h - \frac{w^2}{h}\right) + 3\sigma\right]$ Für $w = h$ wird $\delta_0 = \frac{Wh}{6} (2\mathfrak{h} h + 3\sigma)$		
XI	$\frac{\omega w^2}{24} \left[\mathfrak{h} \left(6h - \frac{w^2}{h}\right) + 6\sigma_1\right]$ Für $w = h$ wird $\delta_{0x} = \frac{\omega h^2}{24} (5\mathfrak{h} h + 6\sigma_1)$	ω	
XII	$\frac{\omega w^2}{24} \left[\mathfrak{h} \left(6h - \frac{w^2}{h}\right) + 6\sigma\right]$ Für $w = h$ wird $\delta_{0x} = \frac{\omega h^2}{24} (5\mathfrak{h} h + 6\sigma)$		

b) Anordnung des Windträgers. Der Windträger bildet einen in der Binderuntergurtebene liegenden Parallelträger von der Spannweite $B = m b$, der in den Giebelwänden aufgelagert und in seinen Knotenpunkten, d. s. die Binderauflagerpunkte mit den Windkräften $W = \frac{1}{2} w b h + w b f \sin^2 \alpha = w b (\frac{1}{2} h + f \sin^2 \alpha)$ belastet ist (Abb. 380a). Der auf eine Giebelwand entfallende Stützdruck

$$N = \frac{1}{2} \Sigma W = \frac{m}{2} W$$

(Abb. 380b) wird durch die als Fachwerkträger auf 2 Stützen ausgebildete Wand in die Fundamente übertragen; ist die Anordnung durchlaufender Streben (Δ, Abb. 380b) wegen der erforderlichen Durchfahrtöffnungen nicht möglich, so wird die Giebelwand nach Abb. 379c oder d ausgebildet (vgl. Abb. 385b). Die Pfosten der Längswand sind meist unter jedem Binderauflagerpunkt angeordnet und gegenüber dem Winddruck als Träger auf 2 Stützen (A und C, Abb. 380c) für das größte Windmoment $M_w = \frac{1}{8} w b h^2$, gegenüber den lotrechten Lasten aber als Säulen zu berechnen.

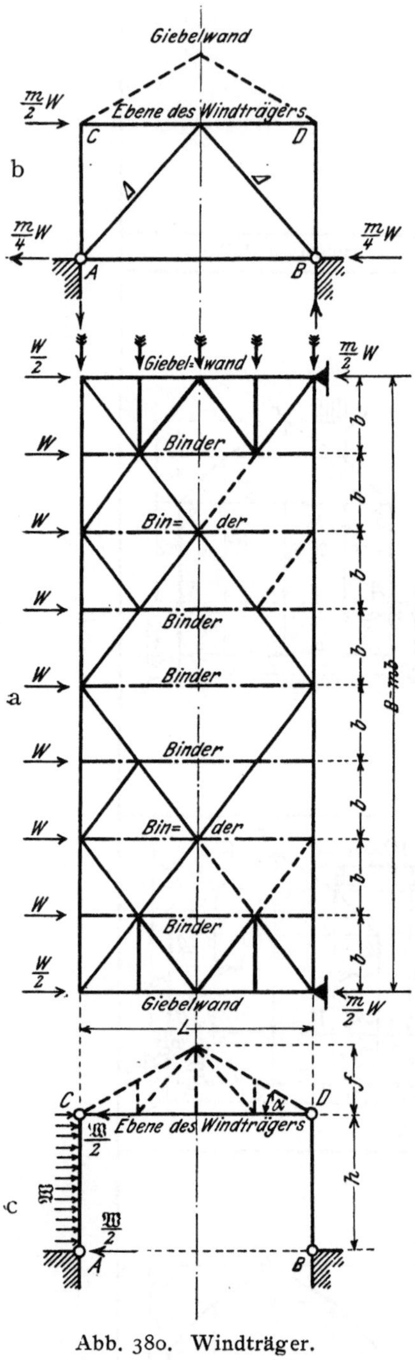

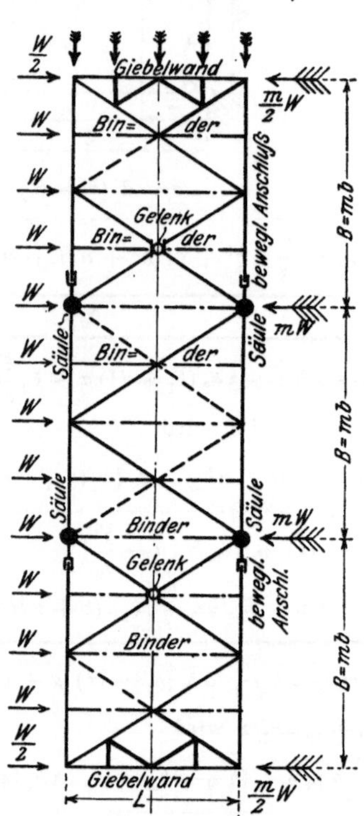

Abb. 381. Windträger mit Gelenken.

Bei großer Gebäudelänge werden außer den Giebelwänden noch ein oder mehrere, nach Abb. 379b, c oder d ausgebildete Ständerpaare als Stützpunkte für den Windträger benutzt, um zu große Querschnittsabmessungen zu vermeiden (Abb. 381). Um dann gleichzeitig der freien Längsbeweglichkeit der Konstruktion bei Wärmeschwankungen Rechnung zu tragen, wird der Windträger mit in der Längsrichtung des Gebäudes beweglichen Gelenken versehen, die dann auch den längsverschieblichen Anschluß der Gurtungen in dem betreffenden Feld bedingen; die Ausbildung eines solchen Gelenks erfolgt grundsätzlich entsprechend Abb. 104 (vgl. auch Abb. 528).

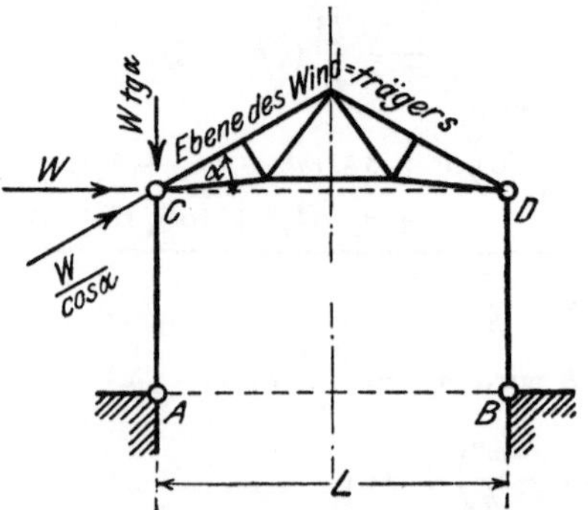

Abb. 380. Windträger.

Abb. 382. Schrägliegender Windträger.

Liegt der Windträger in der schrägen Obergurtebene, so hat man die wagerechten Knotenlasten W in die den Windträger belastenden Seitenkräfte $\frac{W}{\cos \alpha}$ und in die von den Ständern aufzunehmenden Seitenkräfte $W \operatorname{tg} \alpha$ zu zerlegen (Abb. 382).

2. Der Winddruck auf die Giebelwand

wird von den Pfosten (Abb. 383b) aufgenommen und teils in die untere Schwelle und durch diese in das Fundament, teils auf den der Wand am nächsten liegenden Windverband der Dachkonstruktion (Abb. 383c), durch diesen auf die Säulenköpfe und von dort endlich durch die in den Längswänden angeordneten Streben (*D*, Abb. 384a) in die Fundamente übertragen. Die Pfosten der Giebelwand bilden hierbei Träger auf

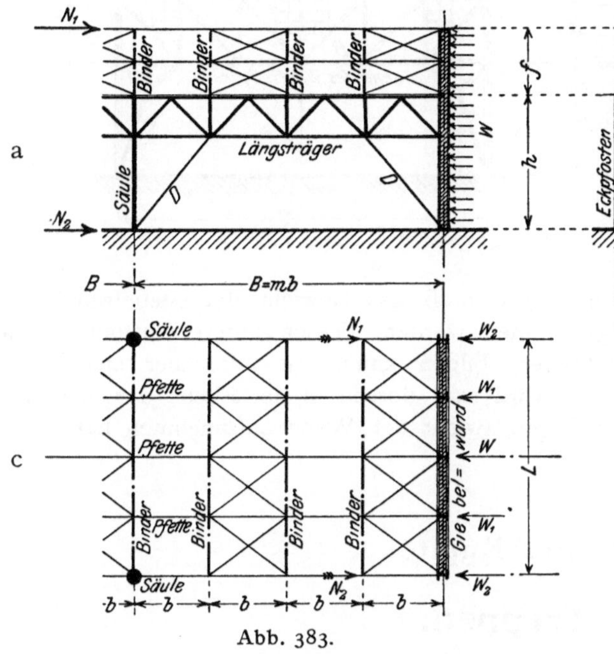

Abb. 383.

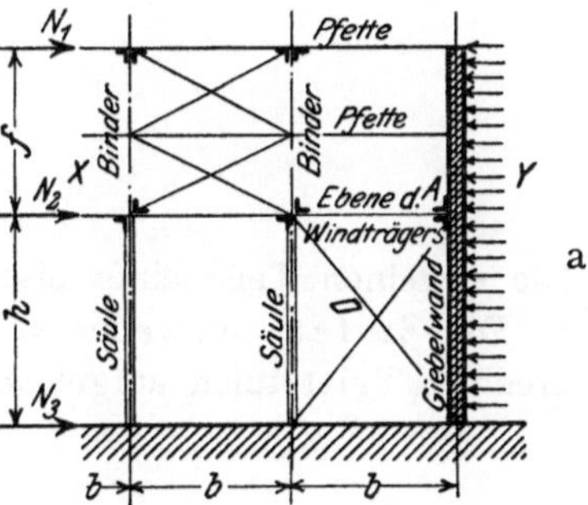

2 Stützen, deren Spannweite für den am ungünstigsten beanspruchten mittleren Pfosten $h+f$ beträgt; ist $\mathfrak{W}$ der gesamte auf diesen Pfosten treffende Winddruck, den man unter Vernachlässigung der am oberen Ende dreieckförmig abnehmenden Belastungsbreite als gleichförmig verteilt einführen darf, so berechnet sich sein Windmoment zu $M_w = \frac{1}{8}\mathfrak{W}(h+f)$.

Dieses Moment erfordert bei großen Gebäudehöhen *h* beträchtliche Pfostenquerschnitte; es ist dann zweckmäßig, in der Ebene des Binderuntergurts einen besonderen Windträger anzuordnen (Abb. 384, vgl. auch Abb. 380 und 381), der die Spannweite der Pfosten auf das Maß *h* verkleinert und die auf ihn von den Pfosten übertragenen wagerechten Stützdrücke als Parallelträger (Abb. 384b) auf die Längswände und durch die in diesen angeordneten Streben (*D*, Abb. 384a) in die Fundamente überträgt.

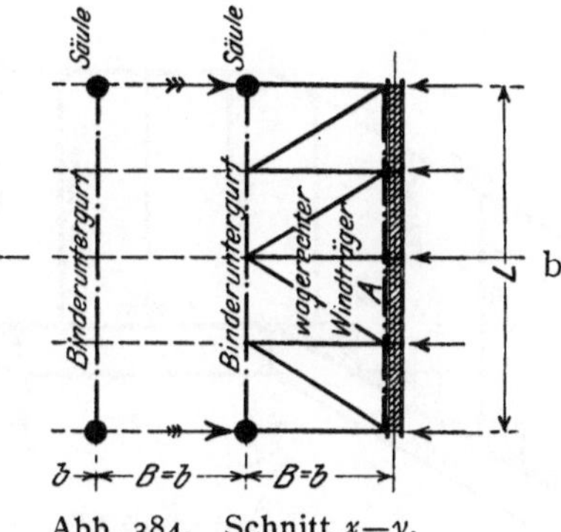

Abb. 384. Schnitt x—y.

Um bei besonders großem *h* eine günstigere Unterteilung der ganzen Pfostenlänge $h+f$ zu erzielen, wird der Windträger nach Abb. 385 unterhalb des Binderuntergurts angeordnet. Seine innere Gurtung (*A*, Abb. 385a) wird dann zur Vermeidung der Durchbiegung durch das eigene Gewicht entweder an den Binderknotenpunkten oder durch besondere Streben (Z, Abb. 385a) an der Giebelwand selbst aufgehängt. Statt des einen können im Bedarfsfalle auch mehrere Windträger in passenden Höhenentfernungen übereinander angeordnet werden.

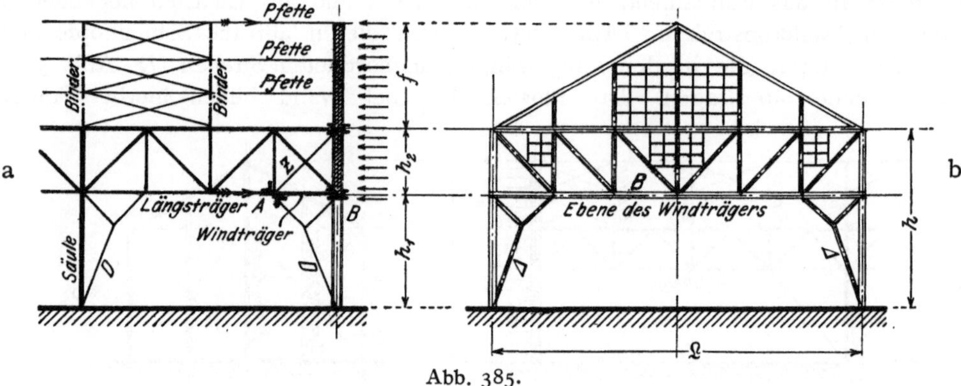

Abb. 385.

Bei unten offenen Hallen (Abb. 385b) muß das Gewicht der Giebelwand durch einen besonderen Parallelträger aufgenommen werden, dessen untere Gurtung B dann gleichzeitig den Obergurt des Windträgers bilden kann. Ist mit einer späteren Erweiterung des Gebäudes zu rechnen, so wird statt dessen in der Ebene der Giebelwand ein Binder angeordnet, der dann das Eigengewicht der Wand aufzunehmen hat.

Achtes Kapitel.

Treppen.

Die einzelnen Teile einer eisernen Treppe (Abb. 386) sind:

1. Die Stufen, entweder volle Blockstufen oder in die lotrechten Setz- und die wagerechten Trittstufen aufgelöst. Die Breite b des Auftritts ist mit der Steigung s durch die Gleichung $2s + b = 63$ cm verbunden; hierin ist für $\frac{\text{viel}}{\text{wenig}}$ begangene Treppen $s = \frac{16 \text{ bis } 18\,\text{cm}}{\leq 24\,\text{cm}}$, für leiterförmige Treppen $s \leq 30$ cm. Zur Unterstützung der Stufen dienen

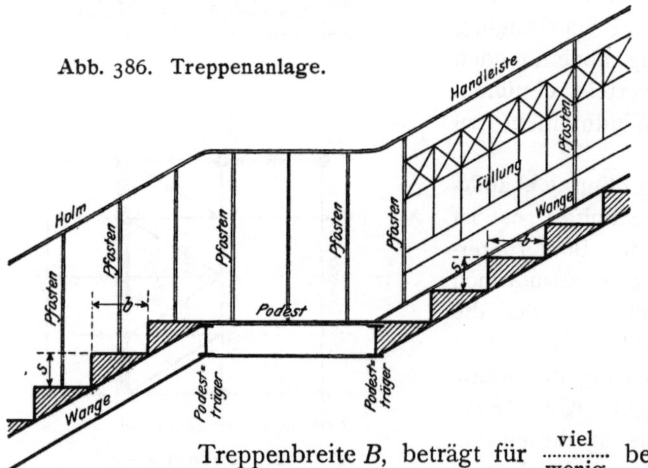

Abb. 386. Treppenanlage.

2. die Wangen, die entweder ganz unterhalb der Stufen liegen (aufgesattelte Treppe, Abb. 386 links) oder aber in gleicher Höhe mit den Stufen (eingeschobene Treppe, Abbildung 386 rechts). Die Entfernung der Wangen voneinander, d. i. die Treppenbreite B, beträgt für $\frac{\text{viel}}{\text{wenig}}$ begangene Treppen $\frac{\text{min. } 1{,}2\text{ m}}{0{,}5 \text{ bis } 0{,}6\text{ m}}$, für leiterförmige 0,25 bis 0,4 m. Die Wangen werden durch

3. die Podestträger unterstützt, die die Podeste begrenzen, das sind Ruheplätze, deren Länge gleich einem Vielfachen der Schrittweite von 0,6 m gemacht wird und zwischen denen bei häufig begangenen Treppen mindestens 3, höchstens 15 Stufen liegen, die zusammen einen Treppenlauf bilden. Je nach der Form der Treppenläufe

teilt man die Treppen in gerade, gewundene und Wendeltreppen (Abb. 398) ein. An der freien Seite eines jeden Treppenlaufs und Podests befindet sich ein

4. Geländer, das aus der Handleiste (oder Holm) und den diese tragenden Pfosten besteht; diese sind entweder eng (Abb. 386 links) oder aber weit (Abb. 386 rechts) gestellt und erfordern dann zum Schutz gegen Durchfallen eine aus Zwischenpfosten und Riegeln einfach oder verziert ausgeführte Geländerfüllung.

A. Berechnung der Treppen.

Der Berechnung sind folgende Belastungen zugrunde zu legen:

lotrecht: a) die in jedem Fall besonders zu ermittelnde ständige Last;

b) die Nutzlast, die für $\frac{\text{viel}}{\text{wenig}}$ begangene Treppen $\frac{500}{250}$ kg/m² beträgt; für leiterförmige Treppen genügt die Berücksichtigung einer Einzellast von $\frac{400}{200}$ kg für die $\frac{\text{Wangen}}{\text{Stufen}}$;

c) bei im Freien liegenden Treppen die Schneelast von 75 kg/m² Grundriß;

wagerecht: a) eine am Holm angreifende gleichförmig verteilte Geländerlast, die bei $\frac{\text{viel}}{\text{wenig}}$ begangenen Treppen zu $\frac{100 \text{ bis } 120}{60 \text{ bis } 80}$ kg/m Grundrißlänge einzuführen ist;

b) bei im Freien liegenden Treppen der Winddruck.

1. **Die Trittstufe** bildet einen Träger auf 2 Stützen, dessen Spannweite bei $\frac{\text{fehlenden}}{\text{vorhandenen}}$ Setzstufen gleich der $\frac{\text{Treppenbreite } B}{\text{Trittbreite } b}$ ist.

2. **Die Setzstufe** bildet einen Träger auf 2 Stützen, dessen Spannweite gleich der Treppenbreite B ist.

3. **Die Wange** bildet einen schrägliegenden Träger auf 2 Stützen nach Abb. 34b, dessen wagerecht gemessene Spannweite L gleich der Entfernung der sie tragenden Podestträger ist.

Die Wangen werden in der Regel an beiden Endpunkten fest an die Podestträger angeschlossen (Abb. 387); jede Wange ist dann äußerlich einfach statisch unbestimmt; denn bei $s = 1$ Stab (AB), $n = 2$ Knotenpunkten (A und B) ist die Bedingung $z = 1 = 2n - 3$ für die innere Unverschieblichkeit vorhanden, so daß zur vollständigen Stützung 3 Stützdrücke genügen, während 4 vorhanden sind; eine Treppenanlage mit r Wangen ist daher insgesamt $r$fach statisch unbestimmt.

Führt man für die Wange AB (Abb. 387) den Horizontalschub H_I als statisch unbestimmte Größe ein, so ergeben sich die Stützdrücke zu $\frac{N_I' = 0{,}5\,Q_I + H_I \operatorname{tg}\alpha}{N_I'' = 0{,}5\,Q_I - H_I \operatorname{tg}\alpha}$ und man erkennt leicht, daß die nur lotrecht belastete Wange ohne Rücksicht auf H_I nach Abb. 34b berechnet werden darf.

4. **Der Podestträger** ist belastet:

lotrecht (Abb. 387b) mit der gleichförmig verteilten Podestlast $\mathfrak{Q}$ und den Stützdrücken N_I'' bzw. N_{II}' der ab- bzw. aufsteigenden Wange;

wagerecht (Abb. 387c) mit den Horizontalschüben H_I bzw. H_{II} der ab- bzw. aufsteigenden Wange.

Um zu einem für die praktische Anwendung hinreichend genauen Annäherungswert für den Horizontalschub H_I der Wange AB (Abb. 387) zu gelangen, setzen wir alle Treppenläufe und Podeste voll belastet voraus; soweit diese nicht an den betrachteten Podestträger B (Abb. 387) anschließen, nehmen ihre Einflüsse nach oben und unten rasch ab und gleichen sich wegen ihres wechselnden Vorzeichens zum größten Teil aus. Dann wird $Q_I = Q_{II} = Q$, $N_I'' + N_{II}' = Q$ und $H_I = H_{II} = H$. Ferner ersetzen wir die genauen Belastungszustände, Abb. 387b und 387c, durch die in Abb. 387b₁ bzw. 387c₁ dargestellten und setzen endlich den Podestträger B (Abb. 387d) in wagerechter Richtung als über die ganze Spannweite $\mathfrak{L}$ freitragend voraus. Er erleidet dann in der Mitte die lotrechte Durchbiegung (Abb. 387 b_1) $\delta_y = \frac{\mathfrak{L}^3}{48 E J_x}(Q + {}^5/_8\,\mathfrak{Q})$ und die wagerechte Durchbiegung (Abb. 387 c_1) $\delta_x = \frac{H\mathfrak{L}^3}{24 E J_y}$; zerlegt man beide parallel und rechtwinklig zur Wange, so ergibt sich die in die Richtung der Wange fallende Durchbiegung (Abb. 387 d) zu $\delta_y \sin\alpha - \delta_x \cos\alpha$, und diese muß eine Funktion der durch die Längskräfte erzeugten Verkürzung der Wangen sein. Da man aber die Wirkung der Längskräfte gegenüber der der Biegungsmomente vernachlässigen kann, so ergibt sich die Gleichung $\delta_y \sin\alpha - \delta_x \cos\alpha = 0$ und aus ihr bei Einsetzung der gefundenen Werte der Horizontalschub

$$63)\quad H = \frac{1}{2}\frac{J_y}{J_x}(Q + {}^5/_8\,\mathfrak{Q})\,\mathrm{tg}\,\alpha$$

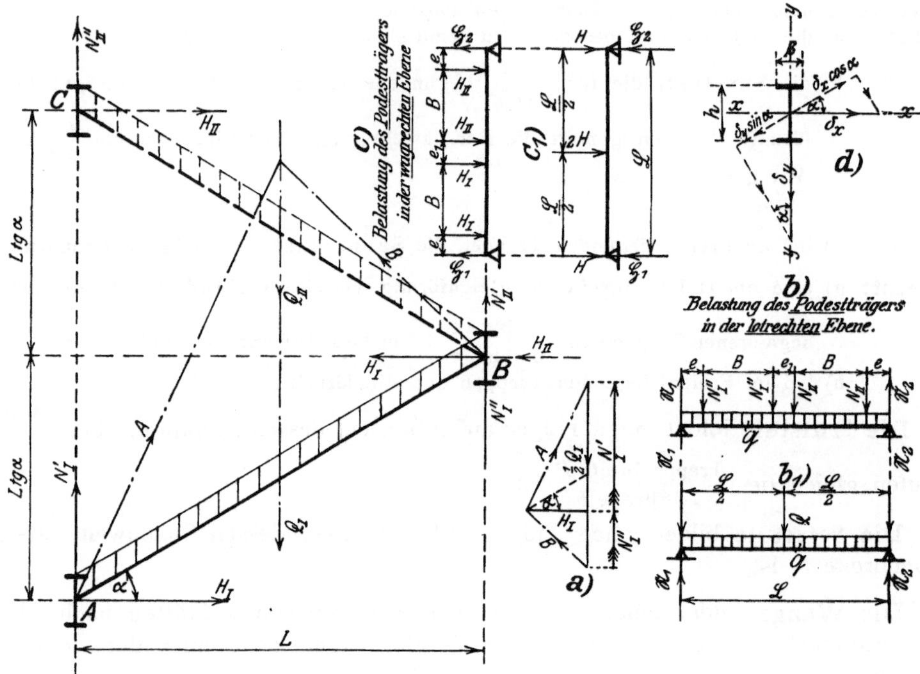

Abb. 387. Wangen- und Podestträger.

Da sich nach Abb. 387 b_1 und 387 c_1 die Momente zu $M_y = \frac{\mathfrak{L}}{4}(Q + {}^1/_2\,\mathfrak{Q})$ und $M_x = \frac{H\mathfrak{L}}{2} = \frac{\mathfrak{L}\,\mathrm{tg}\,\alpha}{4}\frac{J_y}{J_x}(Q + {}^5/_8\,\mathfrak{Q})$, nach Abb. 387 d aber die Widerstandsmomente zu $W_x = \frac{J_x}{h}$ und $W_y = \frac{2J_y}{\beta}$ [1]) ergeben, so berechnet sich die größte Spannung im Podestträger zu

$$64)\quad \sigma_{\max} = \frac{\mathfrak{L}}{4W_x}\left\{Q\left(1 + \frac{\beta}{h}\,\mathrm{tg}\,\alpha\right) + {}^1/_2\,\mathfrak{Q}\left(1 + {}^5/_4\frac{\beta}{h}\,\mathrm{tg}\,\alpha\right)\right\}.$$

Ist z. B. für den aus ⊢⊣ NP. 22 mit $\beta = 98$ mm und $W_x = 278\ \mathrm{cm}^3$ gebildeten Podestträger die $\frac{\text{Wangen}}{\text{Podest}}$last $\frac{Q}{\mathfrak{Q}} = \frac{2500}{2200}$ kg, $\mathfrak{L} = 2{,}8$ m, $\mathrm{tg}\,\alpha = 0{,}6$, so wird $\sigma_{\max} = \frac{280}{4\cdot 278}(2500\cdot 1{,}27 + 2200\cdot 0{,}67) = 1170\ \mathrm{kg/cm}^2$. Bei Vernachlässigung des Horizontalschubs fallen in Gl. 64) die Glieder mit dem Beiwert $\mathrm{tg}\,\alpha$ fort, und es würde für ⊢⊣ NP. 20 mit $W_x = 214\ \mathrm{cm}^3$ die größte Beanspruchung $\sigma'_{\max} = \frac{280}{4\cdot 214}(2500 + 1100) = 1180\ \mathrm{kg/cm}^2$. Diese Vernachlässigung ist immer dann gestattet, wenn die ein und dasselbe Podest unterstützenden Podestträger durch ein durchlaufendes Riffelblech oder eine ununterbrochene Beton- oder Eisenbetonplatte derart miteinander verbunden sind, daß ihr wagerechter Biegungswiderstand den Horizontalschub auf die Längsmauern zu übertragen vermag.

[1]) Ist der Querschnitt des Podestträgers zur y-Achse unsymmetrisch, so ist β gleich dem doppelten Abstand des am weitesten von der y-Achse entfernten Querschnittspunktes; so wäre z. B. für ⊔ NP. 22 der Wert $\beta = 2\,(8{,}0 - 2{,}1) = 11{,}8$ cm einzuführen.

5. Die Handleiste bildet einen gleichförmig mit der Geländerlast (60 bis 120 kg/m) belasteten Träger auf 2 Stützen, dessen Spannweite gleich der Entfernung der sie tragenden Pfosten ist.

6. Die Pfosten bilden am Fußpunkt eingespannte Balken, an deren freiem Ende die Stützdrücke der anschließenden Holmfelder als Einzellasten wirken; ihr Anschluß an die Wangen bzw. Podestträger ist nach Gl. 11) bis 13) zu berechnen.

B. Konstruktion der Treppen.

Man unterscheidet gemischt eiserne Treppen, bei denen das Eisen hauptsächlich nur für die tragenden Wangen und Podestträger verwendet wird, und rein eiserne, in allen Teilen aus Eisen hergestellte Treppen.

1. Gemischt eiserne Treppen.

Die Wangen sind aus ⊔, ⊢⊣, Blech- oder Fachwerkträgern, bei untergeordneten Treppen mit geringer Breite und Nutzlast auch wohl aus Flacheisen hergestellt; die Stufen werden gebildet aus:

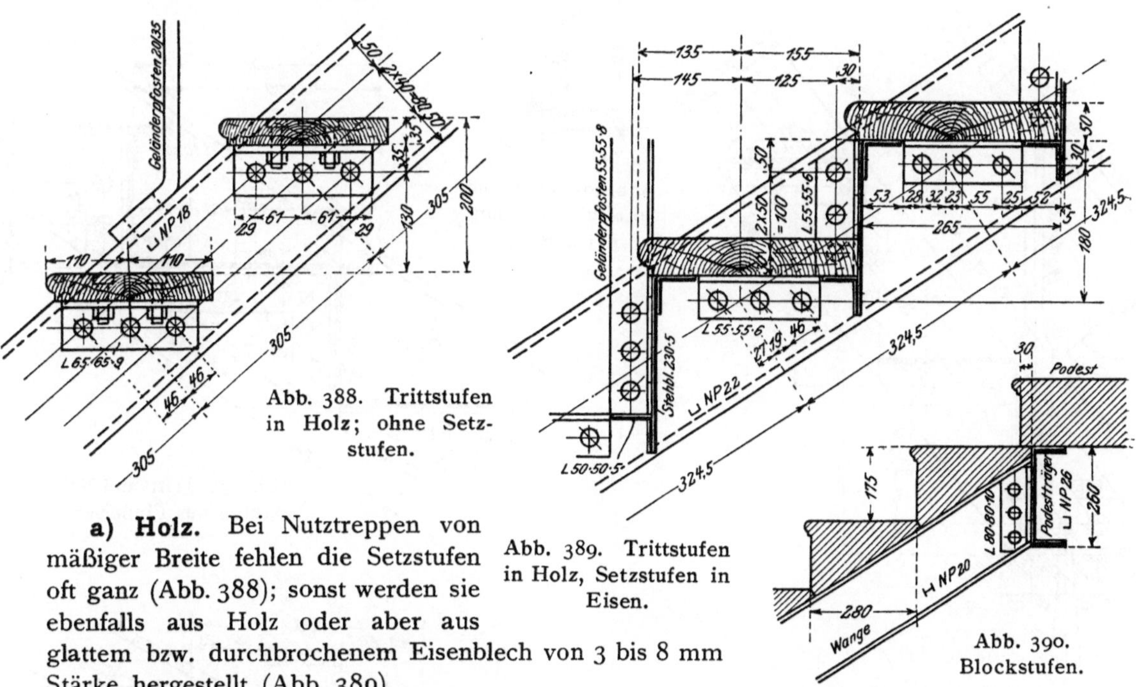

Abb. 388. Trittstufen in Holz; ohne Setzstufen.

Abb. 389. Trittstufen in Holz, Setzstufen in Eisen.

Abb. 390. Blockstufen.

a) Holz. Bei Nutztreppen von mäßiger Breite fehlen die Setzstufen oft ganz (Abb. 388); sonst werden sie ebenfalls aus Holz oder aber aus glattem bzw. durchbrochenem Eisenblech von 3 bis 8 mm Stärke hergestellt (Abb. 389).

b) Stein. Es werden entweder Blockstufen aus Werk- oder Kunststein verwendet (Abb. 390), die sich von Wange zu Wange freitragen, oder aber es wird zwischen den Wangen bzw. den Podesten eine ebene oder gewölbte Füllung aus Ziegelsteinen, Beton oder Eisenbeton (vgl. 7. Kap.) gespannt, auf der die aus Werk-, Kunst-, Ziegelstein oder Beton hergestellten, oben mit einem Holz- oder Estrichbelag versehenen Stufen aufruhen.

2. Rein eiserne Treppen.

Neben flußeisernen Wangen aus |, ⊢⊣, ⊔, Blech- oder Fachwerkträgern kommen bei Ziertreppen auch gußeiserne Wangen zur Verwendung. Die Stufen werden gebildet aus:

a) Gußeisen. Tritt- und Setzstufe werden entweder in einem Stück gegossen und gegenseitig durch Rippen ausgesteift, wie es Abb. 391 für eine aufgesattelte, Abb. 391

für eine eingeschobene Treppe zeigt, oder aber jede für sich gesondert (Abb. 393), wobei dann ihre gegenseitige Verbindung durch Nut und Feder bzw. Schrauben erfolgt.

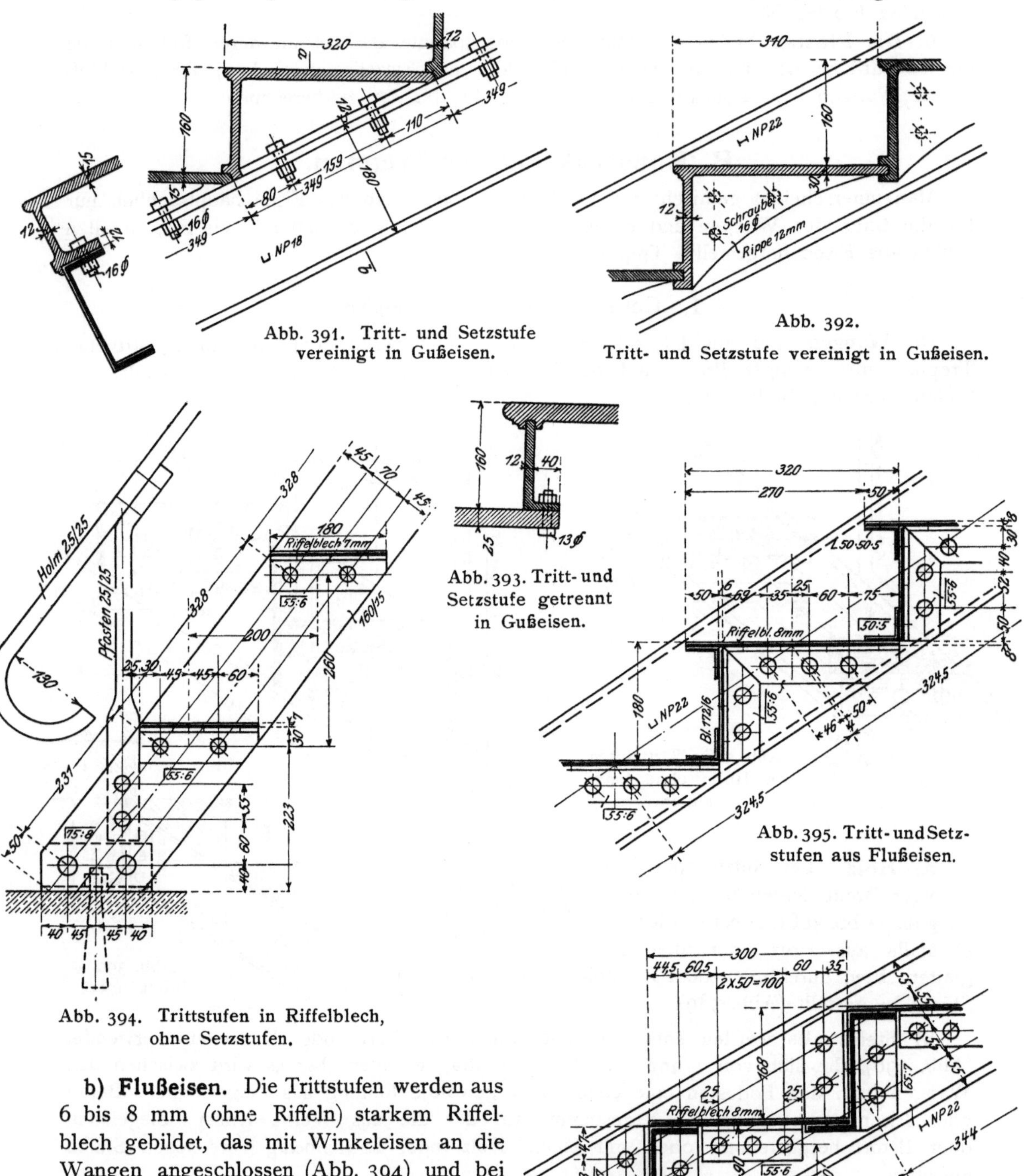

Abb. 391. Tritt- und Setzstufe vereinigt in Gußeisen.

Abb. 392. Tritt- und Setzstufe vereinigt in Gußeisen.

Abb. 393. Tritt- und Setzstufe getrennt in Gußeisen.

Abb. 394. Trittstufen in Riffelblech, ohne Setzstufen.

Abb. 395. Tritt- und Setzstufen aus Flußeisen.

b) Flußeisen. Die Trittstufen werden aus 6 bis 8 mm (ohne Riffeln) starkem Riffelblech gebildet, das mit Winkeleisen an die Wangen angeschlossen (Abb. 394) und bei mehr als etwa 0,6 m Treppenbreite an den Rändern durch Winkeleisen 45 · 45 · 5 bis 55 · 55 · 8 gesäumt wird. Die Setzstufen fehlen bei wenig begangenen Nutztreppen oft ganz (Abb. 394); sonst werden sie aus glattem oder durchbrochenem Blech von 4 bis 6 mm Stärke gebildet und an die Trittstufen

Abb. 396. Setzstufen aus **Z**-Eisen.

und Wangen mit Winkeleisen angeschlossen (Abbildung 395); bei schwer belasteten, breiten Nutztreppen ist ihre Ausbildung aus ⊔- oder Z-Eisen (Abb. 396) zur Verminderung der Nietarbeit zweckmäßig.

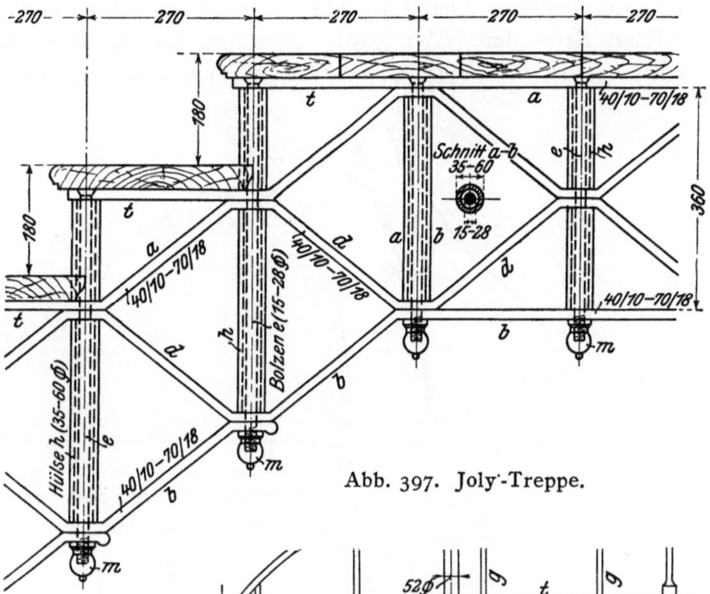

Eine besondere Art eiserner Treppen mit fachwerkförmig gegliederten Wangen bilden die Joly-Treppen des Eisenwerks Joly-Wittenberg (Abb. 397). Die Gurtungen *a* und *b* der Wangen und Podestträger werden ebenso wie die Diagonalen *d* aus Flacheisen geschmiedet; die Vertikalen bestehen aus unten mit Gewinde versehenen Bolzen *e*, über die zur Sicherung des lotrechten Abstandes aller Teile einfach oder verziert aus Gußeisen hergestellte Hülsen *h* geschoben sind; das untere Gewinde nimmt die einfach oder verziert ausgeführte Mutter *m* auf, durch die alle Teile fest zusammengezogen werden. Die aus Holz, Kunststein oder Riffelblech gebildeten Trittstufen ruhen auf den wagerechten Verlängerungen *t* des Obergurts. Die Setzstufen fehlen bei reinen Nutztreppen wie in Abb. 397 ganz; sonst werden sie aus glattem oder durchbrochenem Blech oder aus Kunstguß hergestellt und in Nuten der Hülsen befestigt.

Abb. 397. Joly-Treppe.

3. Die Wendeltreppen

(Abb. 398) werden mit 0,6 bis 2,5 m ϕ in Guß- oder Flußeisen hergestellt. Sie bestehen aus der Spindel *p* (Abb. 398 und 399), die entweder durchlaufend aus Rundeisen von 30 bis 60 mm ϕ oder einem Gasrohr gebildet und am Fuß mit oder ohne Einschaltung eines gußeisernen Auflagerschuhs fest in Mauerwerk oder Beton gelagert ist, oder aber bei gußeisernen Treppen auch aus einzelnen Teilen von der Höhe der Setzstufen zusammengesetzt wird. Über die Spindel sind die nach einem Kreisausschnitt geformten Trrittstufen (Abb. 399a) geschoben, die im Kreismittelpunkt mit einer dem Spindeldurchmesser entsprechenden Bohrung *p* versehen sind, während die am Umfang angebrachten beiden Bohrungen *g* zum Durchstecken der Ge-

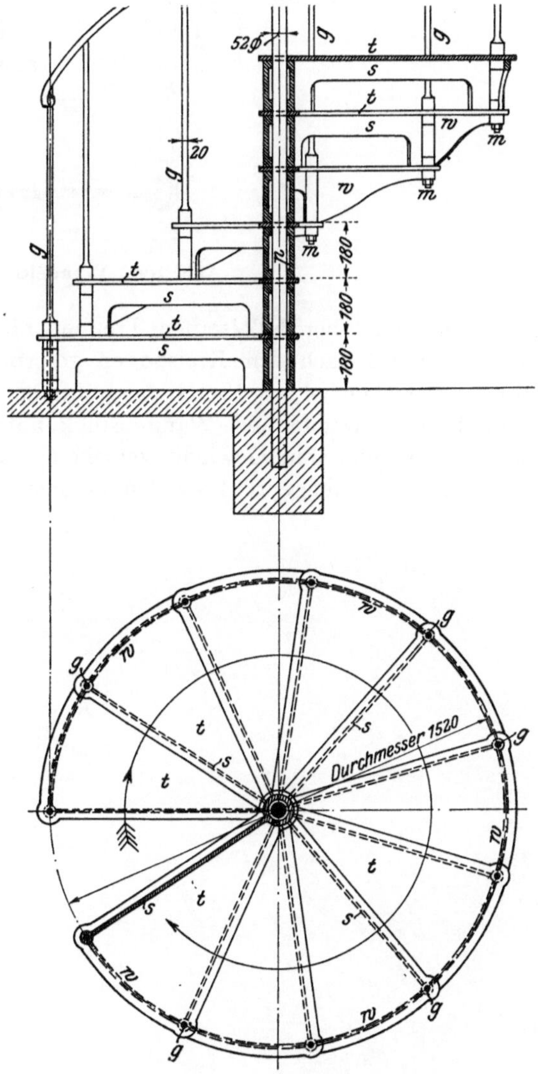

Abb. 398. Wendeltreppe.

länderstäbe dienen. Der lotrechte Abstand der Trittstufen wird durch die gerade ausgebildeten Setzstufen (Abb. 399b) gewahrt, die ebenfalls mit den Bohrungen p und g versehen sind; die Bohrung g erstreckt sich indessen nur über einen Teil der Stufen-

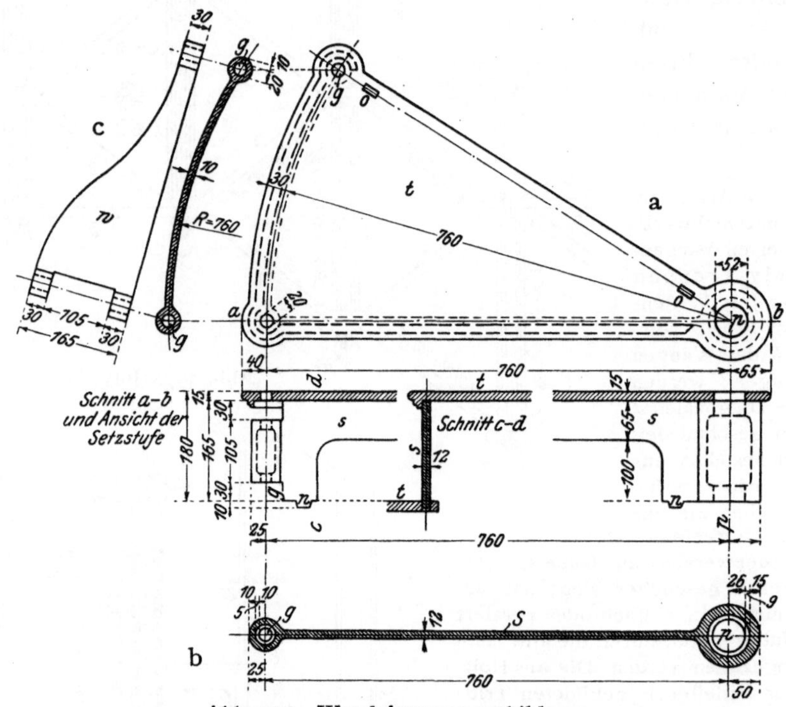

Abb. 399. Wendeltreppenausbildung.

höhe, damit das (bei flußeisernen Treppen oft ganz fehlende) Wangenstück (Abb. 399c), das im Grundriß nach dem Kreisbogen geformt und an den beiden Enden mit den Bohrungen g versehen ist, die Setzstufe umfassen kann. Die Geländerpfosten werden durch die in Tritt-, Setzstufe und Wangenstück aufeinanderfallenden Bohrungen g (Abb. 398) gesteckt und unten mit Gewinde versehen, so daß durch Anziehen der Muttern m alle Teile fest zusammengepreßt werden können.

Dritter Abschnitt.

Der Brückenbau.

Neuntes Kapitel.

Zweck, Einteilung und allgemeine Anordnung.

1. Die eisernen Brücken dienen dazu, bei der Kreuzung zweier, in einer Geraden oder in einer Kurve liegenden Verkehrswege den einen über den anderen wegzuführen. Je nachdem der durch die Brücke überführte Verkehrsweg eine Eisenbahn, eine Straße oder ein Wasserlauf ist, unterscheidet man Eisenbahn-, Straßen- und Kanalbrücken.

Ist der Kreuzungswinkel beider Verkehrswege ein rechter, so heißt die Brücke eine gerade, im Gegenfall eine schiefe.

Gestattet die Brücke den Übergangsverkehr jederzeit, so ist sie eine feste; muß dagegen der Verkehr mit Rücksicht auf den unter der Brücke liegenden Verkehrsweg zeitweilig unterbrochen werden, so ordnet man eine bewegliche Brücke an (Roll-, Zug-, Hub-, Klapp- und Drehbrücken).

2. Die einzelnen Teile einer eisernen Brücke (Abb. 400) sind:

a) Die Fahrbahndecke (Straßen- bzw. Eisenbahnoberbau), deren Gesamtbreite in die eigentliche Fahrbahn und die Fußwege zerfällt; erstere fällt bei den nur dem Personenverkehr dienenden Fußgängerbrücken, letztere oft bei Eisenbahnbrücken und bei Straßenbrücken mit geringem Fuhrwerkverkehr (Landstraßenbrücken) ganz fort. Die Fahrbahndecke ist an beiden Seiten durch ein Geländer abgeschlossen.

Je nach der Lage der Fahrbahn unterscheidet man Trogbrücken mit unten (nahe der Untergurtebene, Abb. 400b) und Deckbrücken mit oben (über oder nahe der Obergurtebene, Abb. 400c) liegender Fahrbahn.

Die Höhe von Oberkante Fahrbahndecke (Schienen- bzw. Straßenoberkante in Brückenmitte) bis zur Unterkante der Konstruktion (*C. U.*) heißt die Bau- oder Konstruktionshöhe der Brücke (*c* in Abb. 400b u. c).

Zur Unterstützung der Fahrbahndecke dient

b) Die Fahrbahntafel, die aus Holz, Eisen, Beton bzw. Eisenbeton hergestellt und durch

c) die Längsträger unterstützt wird, die man Fahrbahn-, Fußweg- oder Randlängsträger nennt, je nachdem sie unterhalb der Fahrbahn oder unterhalb der Fußwege oder an deren Grenzlinien liegen. Sie geben ihre Last an

d) die Querträger ab, von denen die die Auflagerpunkte verbindenden die Endquerträger, die übrigen die Zwischenquerträger heißen. Sie schließen sich an

e) die Hauptträger an, die endlich die gesamte Brückenlast durch die Auflager auf die Widerlager bzw. Pfeiler übertragen. Je nach der Ausbildung der Hauptträger unterscheidet man vollwandige oder Blechträgerbrücken und Fachwerkbrücken.

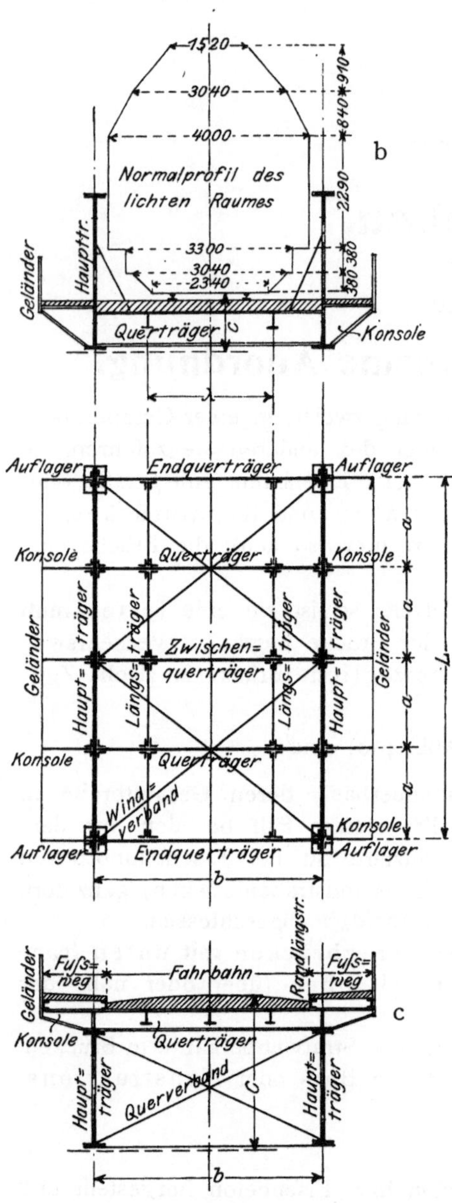

Abb. 400. Brückengrundriß und -querschnitt.

Übertragen die Hauptträger bei lotrechter Belastung nur lotrechte Drücke auf ihre Auflagerpunkte, so heißt die Brücke eine Balkenbrücke; treten dagegen bei lotrechter Belastung auch wagerechte Stützdrücke auf, so heißt sie eine $\frac{\text{Bogenbrücke}}{\text{Hängebrücke}}$, wenn der wagerechte Gegendruck der Widerlager nach $\frac{\text{innen}}{\text{außen}}$ wirkt.

Man unterscheidet Brücken mit zwei und mit mehreren Hauptträgern. Liegt die Fahrbahn unten, so werden stets nur zwei Hauptträger angeordnet, die entweder ganz außerhalb der Fahrbahndecke (Abb. 425) oder aber zwischen Fahrbahn und Fußwegen (Abb. 400b) liegen, wobei dann die Fußwege durch besondere in der Verlängerung der Querträger liegende Konsolen unterstützt werden. Liegt die Fahrbahn oben, so können sowohl zwei (Abbildung 400c) als auch mehrere (Abb. 453 und 506) Hauptträger angeordnet werden; die Fahrbahndecke ruht dann entweder mit ihrer ganzen Breite oder aber meist nur mit der eigentlichen Fahrbahnbreite unmittelbar auf den Hauptträgern, während die Fußwege ganz oder zum Teil durch Konsolen oder durch besondere, leichter ausgebildete Hauptträger (Abb. 445 und 483) unterstützt sind.

Zur Verbindung der Hauptträger zu einem in sich unverschieblichen räumlichen Fachwerk dienen

f) die Wind- und Querverbände, deren verschiedene Anordnungen im 3. Kap. besprochen sind. Sind 2 Windverbände oder aber 1 Windverband und Querverbände in allen Vertikalebenen vorhanden (Abb. 70 bis 75), so heißt die Brücke eine geschlossene im Gegensatz zu einer offenen (Abb. 76), bei der 1 Windverband in der Untergurtebene und Querrahmen in allen Vertikalebenen angeordnet sind.

Zehntes Kapitel.

Eisenbahnbrücken.

A. Berechnung der Eisenbahnbrücken

(nach den „Vorschriften für Eisenbauwerke" der Deutschen Reichsbahn vom Jahre 1922).

Für die Berechnung **neuer** Brücken ist die amtliche Ausgabe dieser Vorschriften vom 25. Febr. 1925 82 D 2531 maßgebend.

Belastungen.

Die Belastung einer Eisenbahnbrücke zerfällt in

1. Die Hauptkräfte: ständige Last, lotrechte Verkehrslast, wagerechte Fliehkraft, Wärmeschwankungen; stark exzentrische Stabanschlüsse, Stabkrümmung, unmittelbare Stabbelastung zwischen den Knotenpunkten.

2. Die Wind- und Zusatzkräfte: Winddruck, Brems- und Anfahrkräfte, Seitenstöße der Verkehrslast, Reibungswiderstände der Lager, Ausweichen der Widerlager, Setzen der Pfeiler.

Eine Belastung durch Schnee braucht bei Eisenbahnbrücken nicht angenommen zu werden.

1. Hauptkräfte.

a) Ständige Last. Schienen einschl. Kleineisenzeug 125 bis 150 kg/m Gleis; Entgleisungszwangsschienen 150 kg/m Gleis. Das Gewicht p der Fahrbahntafel in kg für 1 m Gleis beträgt nach Dircksen-Schaper[1]):

Zahlentafel 1.	Querschwellenoberbau (Schwellen, Bohlenbelag)	b m	p kg/m	Durchführung des Schotterbetts (Schwellen, 36 cm starke Bettung)	b m	p kg/m
Blechträger	Unmittelbare Schwellenauflagerung nach Abb. 447	1,8 2,0	640 780	Fahrbahn unten nach Abb. 427	3,3 3,7	2840 3260
	versenkte Fahrbahn nach Abb. 475	3,0 3,3 3,7	600 630 660	Fahrbahn oben nach Abb. 453 für 1 m² Brücke		920
Fachwerkträger	Fahrbahn oben nach Abb. 407	2,5 bis 3,5	550	Raumgewichte: Holz . . . . 1 t/m³ Beton . . . . 2,2 „ Schotter . . . . 2,0 „ Stampf- und Gußasphalt . . . 2,2 „ Bimsbeton ohne/mit Sandzusatz . 1,1/1,6 „		
	Fahrbahn unten nach Abb. 406	4,8 bis 5,0	680			

Die Gewichte der Fahrbahntafel (Buckel- oder Tonnenblechbelag), der Längs- und Querträger, Fußwegbelag einschl. Träger und Geländer sind auf Grund der statischen Berechnung unmittelbar zu errechnen. Das Gewicht der Hauptträger einschl. Wind- und Querverbände wird durch Formeln[1]) (vgl. unter IV) oder durch Vergleich mit ausgeführten Brücken ähnlicher Abmessungen angenähert ermittelt.

In der Festigkeitsberechnung ist die auf Grund der genauen Gewichtsberechnung ermittelte wirkliche ständige Last der angenommenen gegenüberzustellen. Wenn die auf Grund dieser wirklichen Last ermittelten Gesamtspannungen die zulässigen in den gefährdetsten Teilen um $3^0/_0$ oder mehr überschreiten, so ist die Festigkeitsberechnung neu aufzustellen.

Das bei einem Träger auf zwei Stützen infolge der gleichmäßig verteilten ständigen Last g in Abstand x von der Stütze eintretende Moment $M_x = \frac{1}{2} g x (L - x)$ kann aus dem größten Moment $M_{max} = \frac{1}{8} g L^2$ in Balkenmitte mit Hilfe der Zahlenwerte der Zahlentafel 2 berechnet werden; für zwischenliegende Werte von $\frac{x}{L}$ ist geradlinig einzuschalten.

---

[1]) Dircksen-Schaper: Hilfswerte für das Entwerfen und die Berechnung von Brücken mit eisernem Überbau. Berlin 1913.

Zahlentafel 2. Werte $\frac{M_x}{M_{max}}$ für gleichmäßig verteilte ständige Last.

$\frac{x}{L}$	$\frac{M_x}{M_{max}}$	$\Delta\frac{M_x}{M_{max}} : \Delta\frac{x}{L}$	$\frac{x}{L}$	$\frac{M_x}{M_{max}}$	$\Delta\frac{M_x}{M_{max}} : \Delta\frac{x}{L}$	$\frac{x}{L}$	$\frac{M_x}{M_{max}}$	$\Delta\frac{M_x}{M_{max}} : \Delta\frac{x}{L}$	$\frac{x}{L}$	$\frac{M_x}{M_{max}}$	$\Delta\frac{M_x}{M_{max}} : \Delta\frac{x}{L}$	$\frac{x}{L}$	$\frac{M_x}{M_{max}}$	$\Delta\frac{M_x}{M_{max}} : \Delta\frac{x}{L}$
0,00	0,000	4,0	0,10	0,360	3,2	0,20	0,640	2,4	0,30	0,840	1,6	0,40	0,960	0,8
0,01	0,040	3,8	0,11	0,392	3,0	0,21	0,664	2,2	0,31	0,856	1,4	0,41	0,968	0,6
0,02	0,078	3,8	0,12	0,422	3,0	0,22	0,686	2,2	0,32	0,870	1,4	0,42	0,974	0,6
0,03	0,116	3,8	0,13	0,452	3,0	0,23	0,708	2,2	0,33	0,884	1,4	0,43	0,980	0,6
0,04	0,154	3,6	0,14	0,482	2,8	0,24	0,730	2,0	0,34	0,898	1,2	0,44	0,986	0,4
0,05	0,190	3,6	0,15	0,510	2,8	0,25	0,750	2,0	0,35	0,910	1,2	0,45	0,990	0,4
0,06	0,226	3,4	0,16	0,538	2,6	0,26	0,770	1,8	0,36	0,922	1,0	0,46	0,994	0,2
0,07	0,260	3,4	0,17	0,564	2,6	0,27	0,788	1,8	0,37	0,932	1,0	0,47	0,996	0,2
0,08	0,294	3,4	0,18	0,590	2,6	0,28	0,806	1,8	0,38	0,942	1,0	0,48	0,998	0,2
0,09	0,328	3,2	0,19	0,616	2,4	0,29	0,824	1,6	0,39	0,952	0,8	0,49	1,000	0,0
0,10	0,360		0,20	0,640		0,30	0,840		0,40	0,960		0,50	1,000	

b) **Verkehrslast.** *α*) Lastenzüge. Der Berechnung sind folgende Lastenzüge zugrunde zu legen.

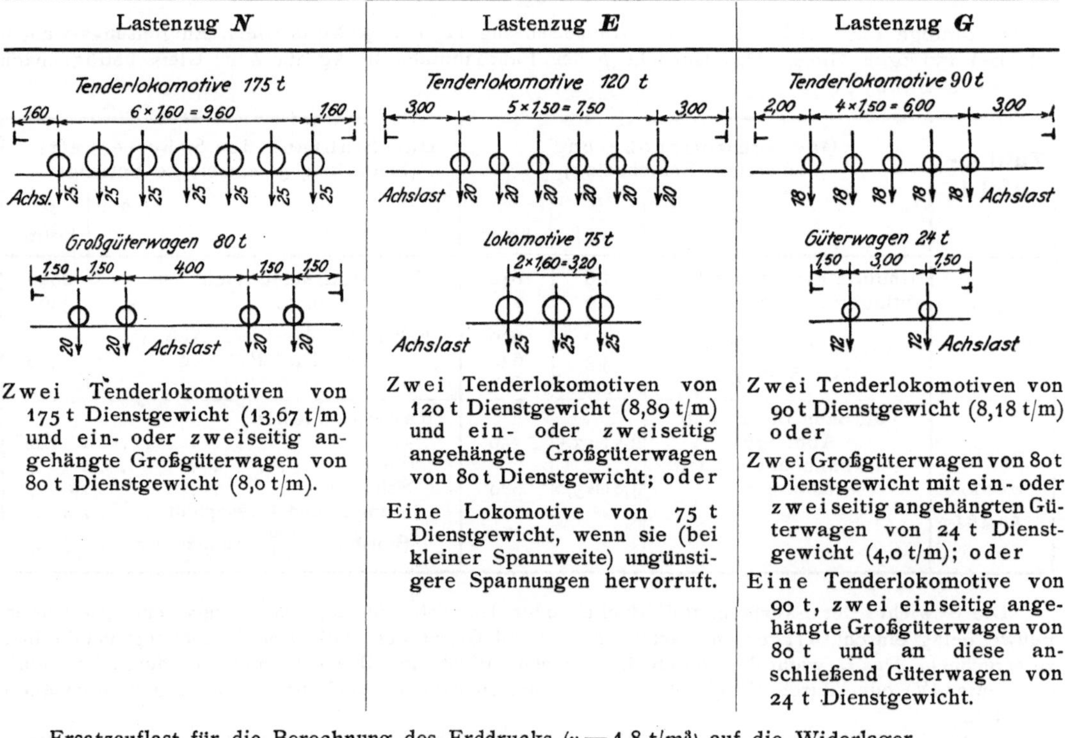

Lastenzug *N*	Lastenzug *E*	Lastenzug *G*
Zwei Tenderlokomotiven von 175 t Dienstgewicht (13,67 t/m) und ein- oder zweiseitig angehängte Großgüterwagen von 80 t Dienstgewicht (8,0 t/m).	Zwei Tenderlokomotiven von 120 t Dienstgewicht (8,89 t/m) und ein- oder zweiseitig angehängte Großgüterwagen von 80 t Dienstgewicht; oder Eine Lokomotive von 75 t Dienstgewicht, wenn sie (bei kleiner Spannweite) ungünstigere Spannungen hervorruft.	Zwei Tenderlokomotiven von 90 t Dienstgewicht (8,18 t/m) oder Zwei Großgüterwagen von 80 t Dienstgewicht mit ein- oder zweiseitig angehängten Güterwagen von 24 t Dienstgewicht (4,0 t/m); oder Eine Tenderlokomotive von 90 t, zwei einseitig angehängte Großgüterwagen von 80 t und an diese anschließend Güterwagen von 24 t Dienstgewicht.

Ersatzauflast für die Berechnung des Erddrucks ($\gamma = 1,8$ t/m³) auf die Widerlager

$2,2 \cdot 1,8 = 4,0$ t/m²	$1,8 \cdot 1,8 = 3,2$ t/m²	$1,6 \cdot 1,8 = 2,9$ t/m²

bei gleichmäßiger Verteilung der Gleislast auf 3,5 m Breite.

Da kalte Lokomotiven auch in der Mitte von Zügen befördert werden müssen, kommt bei großen Stützweiten für die Berechnung der Querkräfte (Zahlentafel 5) auch ein Lastenzug in Frage, der aus 2 Lokomotiven 10 Güterwagen — 2 Lokomotiven — 10 Güterwagen — 2 Lokomotiven zusammengesetzt ist.

Die größten Biegungsmomente für einfache Balkenträger auf 2 Stützen können mit Hilfe der Angaben der Zahlentafel 3 berechnet werden; für zwischenliegende Werte der Stützweite L ist mit Benutzung der Werte $\Delta M_{max} : \Delta L$ geradlinig einzuschalten.

Zahlentafel 3. Größte Momente M_{max} für ein Gleis.

L	Lastenzug: N		E		G	
	M_{max}	$\frac{\Delta M_{max}}{\Delta L}$	M_{max}	$\frac{\Delta M_{max}}{\Delta L}$	M_{max}	$\frac{\Delta M_{max}}{\Delta L}$
m	mt	t	mt	t	mt	t
1,0	**6,25**		**6,25**		**5,0**	
		6,25		6,25		5,0
1,2	7,50		7,50		6,0	
		6,25		6,25		5,0
1,4	8,75		8,75		7,0	
		6,25		6,25		5,0
1,6	10,00		10,00		8,0	
		6,25		6,25		5,0
1,8	11,25		11,25		9,0	
		6,25		6,25		5,0
2,0	**12,50**		**12,50**		**10,0**	
		6,25		6,25		5,0
2,2	13,75		13,75		11,0	
		6,25		6,25		5,0
2,4	15,00		15,00		12,0	
		6,25		6,25		6,0
2,6	16,25		16,25		13,2	
		8,25		8,25		9,0
2,8	17,90		17,90		15,0	
		11,50		11,50		9,5
3,0	**20,20**		**20,20**		**16,9**	
		11,50		11,50		9,5
3,2	22,50		22,50		18,8	
		12,00		12,00		9,5
3,4	24,90		24,90		20,7	
		13,00		13,00		9,5
3,6	27,50		27,50		22,6	
		18,75		18,75		9,5
3,8	31,25		31,25		24,5	
		18,75		18,75		12,5
4,0	**35,00**		**35,00**		**27,0**	
		18,80		18,75		13,5
5,0	53,80		53,75		40,5	
		18,90		18,75		15,2
6,0	72,70		72,50		55,7	
		26,05		18,75		20,8
7,0	98,75		91,25[1]		76,5	
		31,25		18,75		22,5
8,0	130,0		110		99,0	
		31,3		27,0		22,5
9,0	161,3		137		122	
		36,7		30,0		22,5
10,0	**198**		**167**		**144**	
		43,5		29,5		22,5
12,0	285		226		189	
		44,0		30,0		29,0
14,0	373		286		247	
		44,0		32,0		32,5
16,0	461		350		312	
		55,0		35,5		32,5
18,0	571		421		377	
		61,0		45,0		41,0
20,0	**693**		**511**		**459**	
		69,0		47,5		45,0
22,0	831		606		549	
		80,5		50,0		46,5
24,0	992		706		642	
		86,0		50,0		48,0
26,0	1164		806		738	
		90,5		55,0		48,5
28,0	1345		916		835	
		95,5		60,0		53,0
30,0	**1356**		**1036**		**941**	

L	Lastenzug: N		E		G	
	M_{max}	$\frac{\Delta M_{max}}{\Delta L}$	M_{max}	$\frac{\Delta M_{max}}{\Delta L}$	M_{max}	$\frac{\Delta M_{max}}{\Delta L}$
m	mt	t	mt	t	mt	t
30,0	**1536**		**1036**		**941**	
		99,0		70,0		57,0
32,0	1734		1176		1055	
		103,5		75,5		62,5
34,0	1941		1327		1180	
		107,5		76,5		62,5
36,0	2156		1480		1305	
		108,5		80,0		68,5
38,0	2373		1640		1442	
		113,0		85,0		68,5
40,0	**2599**		**1810**		**1579**	
		117,5		88,0		69,5
42,0	2834		1986		1718	
		121,0		94,5		71,5
44,0	3076		2175		1861	
		126,0		97,5		71,5
46,0	3328		2370		2004	
		131,0		100,0		71,5
48,0	3590		2570		2147	
		136,0		102,5		75,0
50,0	**3862**		**2775**		**2297**	
		138,5		105,0		77,5
52,0	4139		2985		2452	
		143,5		105,0		77,5
54,0	4426		3196		2607	
		147,5		113,0		79,0
56,0	4721		3422		2765	
		148,5		120,0		80,5
58,0	5018		3662		2926	
		153,5		126,5		81,0
60,0	**5325**		**3915**		**3088**	
		160,2		130,0		83 5
65,0	6126		4565		3507	
		172,4		142,0		88,4
70,0	6988		5275		3949	
		182,4		150,0		91,4
75,0	7900		6025		4406	
		190,4		162,4		92,6
80,0	8852		6837		4869	
		200,0		170,0		99,6
85,0	9852		7687		5367	
		212,6		181,2		110,6
90,0	**10 915**		**8593**		**5920**	
		222,0		190,0		115,2
95,0	12 025		9543		6496	
		230,6		202,4		120,4
100	13 178		10 555		7098	
		246,3		215,9		128,2
110	15 641		12 714		8380	
		266,3		236,2		137,9
120	18 304		15 076		9759	
		286,3		256,2		147,8
130	**21 167**		**17 638**		**11 237**	
		306,3		272,7		158,3
140	24 230		20 365		12 820	
		326,3		298,8		175,3
150	27 493		23 353		14 573	

[1]) Bis $L = 7{,}0$ m erzeugt eine Lokomotive von 75 t Dienstgewicht das größere Maximalmoment.

Zur Berechnung des Moments M_x im Abstand x von der Stütze dient die unter Zugrundelegung der Abb. 37 berechnete Zahlentafel 4; für zwischenliegende Werte von $\frac{x}{L}$ ist mit Benutzung der Werte $\Delta \frac{M_x}{M_{max}} : \Delta \frac{x}{L}$ geradlinig einzuschalten.

Die größte Querkraft Q_x tritt für einen um x vom linken Auflager eines einfachen Trägers auf 2 Stützen entfernten Schnitt (m) ein, wenn die 1. Achse des Lastenzugs gerade über (m) steht und der rechts vom Schnitt gelegene Trägerteil von der Länge $l = L - x$ voll belastet ist; mit den Bezeichnungen der Abb. 401a wird

$$Q_x L = \Sigma P c + (l - c_1) \Sigma P .$$

Zur Berechnung der Werte $\Sigma P b$, ΣP und c_1 dient die Zahlentafel 5.

Wird bei mittelbarer Belastung (Abb. 401b) der Zug um das sehr kleine Maß e in das m-te Feld nach links verschoben, so berechnet sich die Querkraft in diesem Felde aus $Q_x' L = \Sigma P c + (l - c_1 + e) \Sigma P - P_1 \frac{e}{a} L$, so daß sich $Q_x' - Q_x = \frac{e}{L} \Sigma P - \frac{e}{a} P_1$ ergibt; die Grundstellung (Abb. 401a) ist daher die gefährlichste, solange $\frac{\Sigma P}{P_1} \leqq \frac{L}{a}$ ist; bei n gleichen Fachweiten a

Zahlentafel 4. **Werte $\frac{M_x}{M_{\max}}$ für die Verkehrslast.**

(Vgl. Abb. 37.)

$\frac{x}{L}$	$\frac{M_x}{M_{\max}}$	$\Delta \frac{M_x}{M_{\max}} : \Delta \frac{x}{L}$	$\frac{x}{L}$	$\frac{M_x}{M_{\max}}$	$\Delta \frac{M_x}{M_{\max}} : \Delta \frac{x}{L}$	$\frac{x}{L}$	$\frac{M_x}{M_{\max}}$	$\Delta \frac{M_x}{M_{\max}} : \Delta \frac{x}{L}$	$\frac{x}{L}$	$\frac{M_x}{M_{\max}}$	$\Delta \frac{M_x}{M_{\max}} : \Delta \frac{x}{L}$	$\frac{x}{L}$	$\frac{M_x}{M_{\max}}$	$\Delta \frac{M_x}{M_{\max}} : \Delta \frac{x}{L}$
0,00	0,000	4,5	0,10	0,404	3,4	0,20	0,703	2,4	0,30	0,899	1,4	0,40	0,992	0,3
0,01	0,045	4,4	0,11	0,437	3,4	0,21	0,727	2,3	0,31	0,913	1,3	0,41	0,995	0,3
0,02	0,089	4,3	0,12	0,471	3,2	0,22	0,750	2,2	0,32	0,926	1,1	0,42	0,998	0,1
0,03	0,132	4,2	0,13	0,503	3,2	0,23	0,772	2,1	0,33	0,937	1,1	0,43	0,999	0,1
0,04	0,174	4,0	0,14	0,535	3,0	0,24	0,793	2,0	0,34	0,948	1,0	0,44	1,000	0,0
0,05	0,214	4,0	0,15	0,565	3,0	0,25	0,813	2,0	0,35	0,958	0,9	0,45	1,000	0,0
0,06	0,254	3.9	0,16	0,595	2,8	0,26	0,833	1,8	0,36	0,967	0,7	0,46	1,000	0,0
0,07	0,293	3,8	0,17	0,623	2,8	0,27	0,851	1,7	0,37	0,974	0,7	0,47	1,000	0,0
0,08	0,331	3,6	0,18	0,651	2,6	0,28	0,868	1,6	0,38	0,981	0,6	0,48	1,000	0,0
0,09	0,367	3,6	0,19	0,677	2,6	0,29	0,884	1,5	0,39	0,987	0,5	0,49	1,000	0,0
0,10	0,404		0,20	0,703		0,30	0,899		0,40	0,992		0,50	1,000	

wird $L = n a$, daher kennzeichnet $\frac{\Sigma P}{P_1} \leqq n$ die Grundstellung als die maßgebende. Ist aber $\frac{\Sigma P}{P_1} > n$, so stellt man die Last P_2 über (m); ist dann $\frac{\Sigma P}{P_1 + P_2} \leqq n$, so ist eine weitere Verschiebung nicht erforderlich; ist aber $\frac{\Sigma P}{P_1 + P_2} > n$, so stellt man P_3 über (m) usf. Die in der Anwendung wichtigsten Werte $\frac{\Sigma P}{P_1}$ sind in Zahlentafel 5 mit aufgeführt; aus ihnen erhält man $\frac{\Sigma P}{P_1 + P_2} = \frac{1}{2} \frac{\Sigma P}{P_1}$ und $\frac{\Sigma P}{P_1 + P_2 + P_3} = \frac{1}{3} \frac{\Sigma P}{P_1}$.

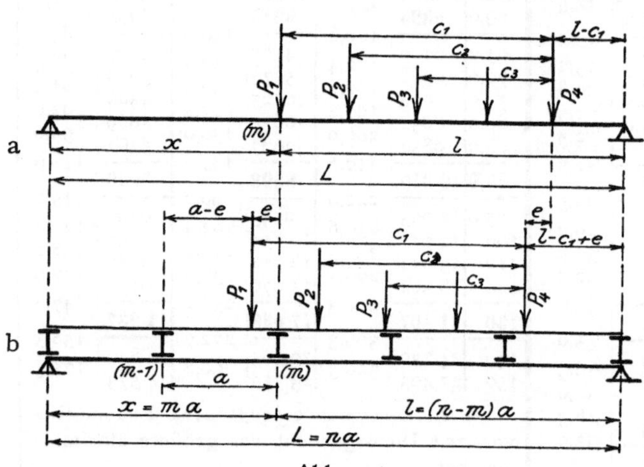

Abb. 401.

β) Fußwege und Bahnsteige. Dienen die Fußwege nur zu Bahnzwecken, so beträgt ihre Verkehrslast $p_v = 400$ kg/m²; gleichzeitige Belastung dieser Fußwege und der Gleise ist nicht anzunehmen; ihre Geländer sind für eine wagerechte, am Geländerholm angreifende Kraft $w = 50$ kg/m zu berechnen.

Dienen die Fußwege dem öffentlichen Verkehr, so ist $p = 500$ kg/m² und $w = 100$ kg/m einzuführen.

Für Bahnsteige ist eine Karreneinzellast $P = 1{,}0$ t und außerhalb der 1×2 m² großen Karrenfläche $p_v = 500$ kg/m² anzunehmen.

c) Fliehkraft. Ist v die Zuggeschwindigkeit in km/Std., r der Krümmungshalbmesser in m, so berechnet sich die in 2,0 m über der Schienenoberkante angreifende Fliehkraft zu

$$H_f = \frac{P v^2}{g r} \left(\frac{1000}{3600}\right)^2 = P \frac{v^2}{127 r};$$

setzt man

$$65) \qquad \zeta = \frac{v^2}{127 r} \qquad (v \text{ in km/Std., } r \text{ in m einzusetzen}),$$

so wird

$$66) \qquad H_f = P \zeta .$$

Die durch die lotrechte Verkehrslast erzeugten Biegungsmomente M_x (Zahlentafel 2 und 3) hat man daher mit dem Beiwert ζ zu multiplizieren, um die bei derselben Laststellung durch die Fliehkraft in der wagerechten Ebene erzeugten Biegungsmomente zu erhalten.

Zahlentafel 5. **Berechnung der Querkräfte Q_x für ein Gleis.**

Lastenzug

N

l m	ΣPc mt	ΣP t	c_1 m	$\frac{\Sigma P}{P_1}$
0,0—1,6	0	25	0,0	1
1,6—3,2	40	50	1,6	2
3,2—4,8	120	75	3,2	3
4,8—6,4	240	100	4,8	4
6,4—8,0	400	125	6,4	5
8,0—9,6	600	150	8,0	6
9,6—12,8	840	175	9,6	7
12,8—14,4	1 400	200	12,8	8
14,4—16,0	1 720	225	14,4	9
16,0—17,6	2 080	250	16,0	10
17,6—19,2	2 480	275	17,6	11
19,2—20,8	2 920	300	19,2	12
20,8—22,4	3 400	325	20,8	13
22,4—25,5	3 920	350	22,4	14
25,5—27,0	5 005	370	25,5	14,8
27,0—31,0	5 560	390	27,0	15,6
31,0—32,5	7 120	410	31,0	16,4
32,5—35,5	7 735	430	32,5	17,2
35,5—37,0	9 025	450	35,5	18
37,0—41,0	9 700	470	37,0	18,8
41,0—42,5	11 580	490	41,0	19,6
42,5—45,5	12 315	510	42,5	20,4
45,5—47,0	13 845	530	45,5	21,2
47,0—51,0	14 640	550	47,0	22
51,0—52,5	16 840	570	51,0	22,8
52,5—55,5	17 695	590	52,5	23,6
55,5—57,0	19 465	610	55,5	24,4
57,0—61,0	20 380	630	57,0	25,2
61,0—62,5	22 900	650	61,0	26
62,5—65,5	23 875	670	62,5	26,8
65,5—67,0	25 885	690	65,5	27,6
67,0—71,0	26 920	710	67,0	28,4
71,0—72,5	29 760	730	71,0	29,2
72,5—75,5	30 855	750	72,5	30
75,5—77,0	33 105	770	75,5	30,8
77,0—81,0	34 260	790	77,0	31,6
81,0—82,5	37 420	810	81,0	32,4
82,5—85,5	38 635	830	82,5	33,2
85,5—87,0	41 125	850	85,5	34
87,0—91,0	42 400	870	87,0	34,8
91,0—92,5	45 880	890	91,0	35,6
92,5—95,5	47 215	910	92,5	36,4
95,5—97,0	49 945	930	95,5	37,2
97,0—101,0	51 340	950	97,0	38
101,0—102,5	55 140	970	101,0	38,8
102,5—105,5	56 595	990	102,5	39,6
105,5—107,0	59 565	1010	105,5	40,4
107,0—111,0	61 080	1030	107,0	41,2
111,0—112,5	65 200	1050	111,0	42
112,5—115,5	66 775	1070	112,5	42,8
115,5—117,0	69 985	1090	115,5	43,6
117,0—121,0	71 620	1110	117,0	44,4
121,0—122,5	76 060	1130	121,0	45,2
122,5—125,6	77 755	1150	122,5	46
125,6—127,2	81 320	1175	125,6	47
127,2—128,8	83 200	1200	127,2	48
128,8—130,4	85 120	1225	128,8	49
130,4—132,0	87 080	1250	130,4	50
132,0—133,6	89 080	1275	132,0	51
133,6—135,2	91 120	1300	133,6	52
135,2—138,4	93 200	1325	135,2	53
138,4—140,0	97 440	1350	138,4	54
140,0—141,6	99 600	1375	140,0	55

E

l m	ΣPc mt	ΣP t	c_1 m	$\frac{\Sigma P}{P_1}$
0,0—1,6	0	25	0,0	1
1,6—3,2	40	50	1,6	2
3,2—7,2[1]	120	75	3,2	3
7,2—7,5	300	100	6,0	5
7,5—12,0	450	120	7,5	6
12,0—13,5	990	140	12,0	7
13,5—17,5	1 200	160	13,5	8
17,5—19,0	1 840	180	17,5	9
19,0—20,5	2 110	200	19,0	10
20,5—21,0	2 190	220	19,5	11
21,0—25,5	2 520	240	21,0	12
25,5—27,0	3 600	260	25,5	13
27,0—31,0	3 990	280	27,0	14
31,0—32,5	5 110	300	31,0	15
32,5—35,5	5 560	320	32,5	16
35,5—37,0	6 520	340	35,5	17
37,0—41,0	7 030	360	37,0	18
41,0—42,5	8 470	380	41,0	19
42,5—45,5	9 040	400	42,5	20
45,5—47,0	10 240	420	45,5	21
47,0—51,0	10 870	440	47,0	22
51,0—52,5	12 630	460	51,0	23
52,5—55,5	13 320	480	52,5	24
55,5—57,0	14 760	500	55,5	25
57,0—61,0	15 510	520	57,0	26
61,0—62,5	17 590	540	61,0	27
62,5—65,5	18 400	560	62,5	28
65,5—67,0	20 080	580	65,5	29
67,0—71,0	20 950	600	67,0	30
71,0—72,5	23 350	620	71,0	31
72,5—75,5	24 280	640	72,5	32
75,5—77,0	26 200	660	75,5	33
77,0—81,0	27 190	680	77,0	34
81,0—82,5	29 910	700	81,0	35
82,5—85,5	30 960	720	82,5	36
85,5—87,0	33 120	740	85,5	37
87,0—91,0	34 230	760	87,0	38
91,0—92,5	37 270	780	91,0	39
92,5—95,5	38 440	800	92,5	40
95,5—97,0	40 840	820	95,5	41
97,0—101,0	42 070	840	97,0	42
101,0—102,5	45 430	860	101,0	43
102,5—105,5	46 720	880	102,5	44
105,5—107,0	49 360	900	105,5	45
107,0—111,0	50 710	920	107,0	46
111,0—112,5	54 390	940	111,0	47
112,5—115,5	55 800	960	112,5	48
115,5—117,0	58 680	980	115,5	49
117,0—121,0	60 150	1000	117,0	50
121,0—122,5	64 150	1020	121,0	51
122,5—125,5	65 680	1040	122,5	52
125,5—127,0	68 800	1060	125,5	53
127,0—131,0	70 390	1080	127,0	54
131,0—132,5	74 710	1100	131,0	55
132,5—134,0	76 360	1120	132,5	56
134,0—134,5	76 900	1140	133,0	57
134,5—139,0	78 610	1160	134,5	58
139,0—140,5	83 830	1180	139,0	59
140,5—144,5	85 600	1200	140,5	60
144,5—146,0	90 400	1220	144,5	61
146,0—147,5	92 230	1240	146,0	62
147,5—148,0	92 830	1260	146,5	63
148,0—152,5	94 720	1280	148,0	64

G

l m	ΣPc mt	ΣP t	c_1 m	$\frac{\Sigma P}{P_1}$
0,0—1,5	0	20	0,0	1
1,5—3,643	30	40	1,5	2
3,643—4,5	81	54	3,0	3
4,5—6,0	162	72	4,5	4
6,0—9,5	270	90	6,0	5
9,5—11,0	585	110	9,5	6,11
11,0—14,75	750	130	11,0	7,22
14,75—16,0	1 197	162	14,5	9
16,0—20,5	1 440	180	16,0	10
20,5—23,5	2 250	192	20,5	10,67
23,5—25,077	2 826	204	23,5	11,33
25,077—26,5	3 130	230	25,0	12,78
26,5—29,5	3 475	250	26,5	13,89
29,5—32,5	4 225	262	29,5	14,56
32,5—35,5	5 011	274	32,5	15,22
35,5—38,5	5 833	286	35,5	15,89
38,5—41,5	6 691	298	38,5	16,56
41,5—44,5	7 585	310	41,5	17,22
44,5—47,5	8 515	322	44,5	17,89
47,5—50,5	9 481	334	47,5	18,56
50,5—53,5	10 483	346	50,5	19,22
53,5—56,5	11 521	358	53,5	19,89
56,5—59,5	12 595	370	56,5	20,56
59,5—62,5	13 705	382	59,5	21,22
62,5—65,5	14 851	394	62,5	21,89
65,5—68,5	16 033	406	65,5	22,56
68,5—71,5	17 251	418	68,5	23,22
71,5—74,5	18 505	430	71,5	23,89
74,5—77,5	19 795	442	74,5	24,56
77,5—80,5	21 121	454	77,5	25,22
80,5—83,5	22 483	466	80,5	25,89
83,5—86,5	23 881	478	83,5	26,56
86,5—89,5	25 315	490	86,5	27,22
89,5—91,0	26 785	510	89,5	28,33
91,0—94,75	27 550	530	91,0	29,44
94,75—96,0	29 397	562	94,5	31,22
96,0—100,5	30 240	580	96,0	32,22
100,5—102,0	32 850	592	100,5	32,89
102,0—102,75	33 738	604	102,0	33,56
102,75—104,0	34 037	616	102,5	34,22
104,0—105,5	34 961	634	104,0	35,22
105,5—107,0	35 912	652	105,5	36,22
107,0—111,5	36 890	670	107,0	37,22
111,5—114,5	39 905	682	111,5	37,89
114,5—117,5	41 951	694	114,5	38,56
117,5—120,5	44 033	706	117,5	39,22
120,5—123,5	46 151	718	120,5	39,89
123,5—126,5	48 305	730	123,5	40,56
126,5—129,5	50 495	742	126,5	41,22
129,5—132,5	52 721	754	129,5	41,89
132,5—135,5	54 983	766	132,5	42,56
135,5—138,5	57 281	778	135,5	43,22
138,5—141,5	59 615	790	138,5	43,89
141,5—144,5	61 985	802	141,5	44,56
144,5—147,5	64 391	814	144,5	45,22
147,5—150,5	66 833	826	147,5	45,89

[1] Bis $l = 7{,}2$ m erzeugt eine Lokomotive von 75 t Dienstgewicht die größere Querkraft.

Für die nach der „Eisenbahnbau- und Betriebsordnung vom 4. 11. 1904“ für die verschiedenen Halbmesser zugelassenen **größten** Zuggeschwindigkeiten v_{max} ergeben sich für den Beiwert

$$65\text{a)} \qquad \zeta_{max} = \frac{v_{max}^2}{127\,r}$$

die Werte der Zahlentafel 6. Für die mittlere Geschwindigkeit $v_m = \frac{1}{2} v_{max}$ ergibt sich nach Gl. 65):

$$65\text{b)} \qquad \zeta_{min} = \tfrac{1}{4} \zeta_{max}.$$

Zahlentafel 6. **Werte ζ_{max} zur Berechnung der Fliehkraft.**

$v_{max}=$	45	50	60	65	75	80	85	90	95	100	105	110	115	120		km/Std.
$r=$	180	200	250	300	400	500	600	700	800	900	1000	1100	1200	1500	2000	m
$\zeta_{max}=$	0,0886	0,0984	0,1134	0,1109	0,1107	0,1008	0,0948	0,0911	0,0888	0,0875	0,0868	0,0866	0,0868	0,0756	0,0567	

Ist M_{max} das nach der Zahlentafel 3 für die Spannweite L des Trägers berechnete größte Moment durch die Verkehrslast für ein Gleis, so berechnet sich die gleichförmig verteilte Last p_v, die in Trägermitte ein gleich großes Moment erzeugen würde, aus der Gleichung $\frac{1}{8} p_v \cdot L^2 = M_{max}$ zu

$$67\text{a)} \qquad p_v = \frac{8\,M_{max}}{L^2}.$$

Die durch die Fliehkraft erzeugte **wagerechte** gleichförmig verteilte Belastung p_f ergibt sich dann zu

$$67\text{b)} \qquad p_f = \zeta p_v.$$

d) Wärmeschwankungen. Als Grenzen sind -25^0 C und $+45^0$ C anzunehmen, so daß bei einer mittleren Aufstellungstemperatur von $+10^0$ C mit einem Wärmeunterschied von $\pm 35^0$ C zu rechnen ist.

Für ungleiche Erwärmung einzelner Teile ein und desselben Trägers kommt ein Wärmeunterschied von $\pm 15^0$ C in Betracht.

2. Wind- und Zusatzkräfte.

a) Winddruck. Der Winddruck ist wagerecht und bei $\frac{\text{belasteter}}{\text{unbelasteter}}$ Brücke mit $\frac{150}{250}$ kg/m² anzunehmen. Als vom Wind vollgetroffene Fächen sind anzunehmen:

Zahlentafel 7.	Winddruckflächen bei unbelasteter Brücke	Winddruckflächen bei belasteter Brücke
Vollwandige Träger	Vorderer Hauptträger und das etwa darüber hinausragende Fahrbahnband	Vorderer Hauptträger und das etwa darüber hinausragende Fahrbahn- und Verkehrsband
Fachwerkträger	Das Fahrbahnband und beide Hauptträger, soweit sie nicht durch das Fahrbahnband verdeckt sind	Deckbrücken: Vorderer und hinterer Hauptträger, Fahrbahn- und Verkehrsband. Trogbrücken: $^3/_4$ des vorderen und hinteren Hauptträgers, $^3/_4$ des Fahrbahnbandes und das Verkehrsband.

Das Verkehrsband ist als eine zusammenhängende Fläche von 3,5 m über Schienenoberkante anzunehmen.

Bilden Fahrbahnträger oder vollwandige Hauptträger die Gurtungen von Windverbänden, so brauchen die durch den Winddruck in ihnen erzeugten Spannungen nicht nachgewiesen zu werden.

b) Brems- und Anfahrkräfte. Die in der Fahrrichtung in Höhe Schienenoberkante wirkende Bremskraft ist zu $^1/_7$ des Gewichts aller den Überbau belastenden Lokomotiv- und Tenderachsen und der Hälfte aller den Überbau belastenden Wagenachsen anzunehmen.

Der entgegengesetzt der Fahrrichtung in Höhe Schienenoberkante wirkende Anfahrwiderstand ist mit $^1/_7$ des Gewichts aller den Überbau belastenden Lokomotivachsen in Rechnung zu stellen.

c) Seitenstöße der Verkehrslast. Bei der Berechnung der Wind- und Schlingerverbände der Fahrbahn ist zur Berücksichtigung der durch die Lokomotiven auf die Schienen ausgeübten Seitenstöße für jedes Gleis eine wagerechte, rechtwinklig zur Gleisachse wirkende Kraft von $^1/_5$ der größten Lokomotivachslast an der ungünstigsten Stelle anzunehmen.

Werden die Gurtungen dieser Verbände von den Fahrbahnträgern oder von vollwandigen Hauptträgern gebildet, so kann die Wirkung der Seitenstöße auf sie vernachlässigt werden.

Bei Brücken in Krümmungen sind die Seitenstöße und Fliehkräfte nicht gleichzeitig zu berücksichtigen, sondern nur die größere Kraftwirkung in Rechnung zu stellen.

d) Reibungswiderstände beweglicher Lager. Die gleitende Reibung ist zu 0,2, die rollende Reibung zu 0,03 vom Auflagerdruck anzunehmen.

e) Ausweichen der Widerlager und Setzen der Pfeiler. Wo diese Einflüsse auf den Spannungszustand der eisernen Überbauten einwirken, sind sie nach den möglichen Maßen zu berechnen und wie Zusatzkräfte zu behandeln.

Zulässige Beanspruchungen.

Die durch die lotrechte Verkehrslast hervorgerufenen Wirkungen sind mit der in Zahlentafel 8 angegebenen Stoßzahl φ zu multiplizieren. Als Stützweite ist hierbei anzunehmen:

für die Fahrbahnlängs- bzw. -querträger die Achsenentfernung der Quer- bzw. Hauptträger;

für Träger auf zwei Stützen die Stützweite selbst,

für durchlaufende Träger bei jeder Öffnung die zugehörige Stützweite;

für Gerberträger beim eingehängten Feld die Entfernung der Gelenkpunkte; beim Kragträger einschl. der Kragarme die Entfernung seiner Auflagerpunkte.

Zahlentafel 8. Stoßzahl φ.

Stützweite L bis m	Schienen unmittelbar auf Eisenkonstruktion	Schienen auf Schwellen	Schienen auf Bettung
0	1,80	1,65	1,50
1	1,79	1,64	1,50
2	1,77	1,63	1,49
3	1,75	1,62	1,49
4	1,73	1,61	1,49
5	1,71	1,60	1,49
6	1,70	1,59	1,48
7	1,69	1,59	1,48
8	1,67	1,58	1,48
9	1,66	1,57	1,48
10	1,65	1,57	1,47
20	1,55	1,51	1,45
30	1,49	1,47	1,43
40	1,45	1,43	1,41
50	1,42	1,41	1,40
60		1,39	
70		1,37	
80		1,36	
90		1,35	
100		1,34	
110		1,33	
120		1,32	
130		1,31	
≧ 140		1,30	

Zahlentafel 9. Zulässige Beanspruchung der Wind- und Querverbände.

Stützweite L	Flußeisen $\sigma_Q = 2400$ kg/cm²	Flußstahl $\sigma_Q = 3800$ kg/cm²
10	970	1510
20	1030	1610
30	1070	1680
40	1100	1720
50	1130	1760
60	1150	1800
70	1170	1820
80	1180	1840
90	1190	1850
100	1200	1870
110	1200	1880
120	1210	1900
130	1220	1910
140	1230	1920
150	1230	1920

Für zwischenliegende Werte der Stützweite L ist geradlinig einzuschalten.

Für Druckstäbe gelten sinngemäß die Angaben unter 2.

Zahlentafel 10. Knickzahlen ω.

Schlankheitsgrad $\lambda = \frac{s}{i}$	Flußeisen $\sigma_Q = 2400 \frac{kg}{cm^2}$ Knickzahl ω	Flußeisen $\frac{\Delta\omega}{\Delta\lambda}$	Flußstahl $\sigma_Q = 3800 \frac{kg}{cm^2}$ Knickzahl ω	Flußstahl $\frac{\Delta\omega}{\Delta\lambda}$
0				
10				
20				
30	1,17		1,17	
40				
50				
60				
70	1,50	0,033	1,64	0,047
80	1,86	0,036	2,23	0,059
90	2,24	0,038	3,02	0,079
100	2,64	0,040	4,09	0,107
110	3,19	0,055	4,95	0,086
120	3,80	0,061	5,89	0,094
130	4,46	0,066	6,92	0,103
140	5,17	0,071	8,02	0,110
150	5,94	0,077	9,21	0,119
160	6,76	0,082	10,47	0,126
170	7,63	0,087	11,82	0,135

Für zwischenliegende Werte des Schlankheitsgrades $\lambda = \frac{s}{i}$ ist mit Benutzung der Werte $\Delta\omega : \Delta\lambda$ geradlinig einzuschalten.

1. Zug- und Biegungsbeanspruchung.

a) Die zulässige Beanspruchung k auf Zug und Biegung der Haupt- und Fahrbahnträger ist von der Streckgrenze des verwendeten Eisens abhängig. Für

Flußeisen (mit einer Mindeststreckgrenze von 2400 kg/cm²) beträgt

$$\text{bei Wirkung der } \frac{\text{Hauptkräfte}}{\text{Haupt-, Wind- und Zusatzkräfte}} \; k = \frac{1400}{1600} \text{ kg/cm}^2.$$

Für ein hochwertiges Eisen mit der höheren Streckgrenze σ_Q erhöht sich die zulässige Beanspruchung im Verhältnis $\frac{\sigma_Q}{2400}$, beträgt daher allgemein

$$\text{bei Wirkung der } \frac{\text{Hauptkräfte}}{\text{Haupt-, Wind- und Zusatzkräfte}} \; k = \frac{{}^7/_{12}\,\sigma_Q}{{}^2/_3\,\sigma_Q} \text{ kg/cm}^2.$$

b) Für die flußeisernen Glieder von Fußwegen ist $k = 1400$ kg/cm².

c) Für die Glieder der Wind- und Querverbände gelten die Werte der Zahlentafel 9.

2. Druckbeanspruchung.

a) Die zulässige Beanspruchung k_d auf Druck beträgt bei axialem Kraftangriff

$$68) \quad k_d = \frac{k}{\omega}.$$

Der Beiwert ω ist von dem Schlankheitsverhältnis $\lambda = \frac{s}{i} = \frac{\text{Stablänge}}{\text{Trägheitshalbmesser}}$ abhängig und für alle Belastungsfälle der Zahlentafel 10 zu entnehmen[1]).

Bei Zugrundelegung der einheitlichen zulässigen Beanspruchung k (auf Zug und Biegung) ist daher entweder die Stabkraft mit ihrem ω-fachen Wert oder aber die wirklich vorhandene Fläche, die ohne Berücksichtigung der Nietlöcher zu ermitteln ist, nur mit ihrem $\frac{1}{\omega}$-fachen Wert in Rechnung zu stellen.

b) Tritt zu der Druckkraft $S_{\min}$ noch ein Biegungsmoment $M_{\max}$, so muß

$$\sigma = \frac{\omega S_{\min}}{F} + \frac{M_{\max}}{W_n} \leqq k$$

sein, wo W_n das in Betracht kommende Widerstandsmoment unter Berücksichtigung des Nietabzugs ist.

3. Wechselnde Zug- und Druckbeanspruchung.

a) Wechselstäbe sind Stäbe, in denen unter Berücksichtigung der Stoßzahl φ abwechselnd Zug- und Druckkräfte wirken. Ist ohne Rücksicht auf das Vorzeichen $\frac{S_{\max}}{S_{\min}}$ die größte $\frac{\text{Zug}}{\text{Druck}}$ kraft im Stabe und $\mathfrak{S}_{\max} = \frac{S_{\max} + \frac{1}{2} S_{\min}}{S_{\min} + \frac{1}{2} S_{\max}}$, je nachdem $\frac{S_{\max} > S_{\min}}{S_{\min} > S_{\max}}$ ist, so muß gleichzeitig $\sigma_1 = \frac{\mathfrak{S}_{\max}}{F_n} \leqq k$ und $\sigma_2 = \frac{\omega S_{\min}}{F} \leqq k$ sein, wenn $\frac{F}{F_n}$ die wirklich vorhandene Fläche $\frac{\text{ohne}}{\text{mit}}$ Nietabzug ist.

---

[1]) Bei der Berechnung der Knickzahl ω ist die Sicherheit $\mathfrak{S}$ für $\lambda \leqq 60$ zu $\mathfrak{S} = 2$, für $\lambda \geqq 100$ zu $\mathfrak{S} = 4$ gewählt und zwischen $\lambda = 60$ und $\lambda = 100$ geradlinig eingeschaltet, also

$$\mathfrak{S} = 2 + (4 - 2)\frac{\lambda - 60}{40} = 0{,}05\,\lambda - 1.$$

Für $\lambda \leqq 60$ ist $k_d = \frac{\sigma_Q}{2} = \frac{2400}{2} = 1200$ kg/cm²; daher $\omega = \frac{1400}{1200} = 1{,}17$ für Flußeisen; da k sich in demselben Verhältnis wie σ_Q ändert, bleibt dieser Wert auch für hochwertiges Eisen gültig.

Für $\lambda \geqq 100$ ist nach der Eulerschen Gleichung $k_d = \frac{\pi^2 E}{\mathfrak{S}\,\lambda^2}$, also z. B. für Flußeisen $k_d = \frac{21\,220\,000}{4\,\lambda^2}$; mit $\lambda = 100$ wird $k_d = \frac{2122}{4}$, daher $\omega = \frac{1400 \cdot 4}{2122} = 2{,}64$, wie in Zahlentafel 10.

Für einen zwischen $\lambda \leqq 60$ und $\lambda = 100$ liegenden Wert z. B. $\lambda = 90$ wird $\mathfrak{S} = 0{,}05 \cdot 90 - 1 = 3{,}5$, daher für Flußeisen $k_d = \frac{1}{3{,}5}\left(2400 - 30\,\frac{2400 - 2122}{40}\right) = \frac{2190}{3{,}5}$, daher $\omega = \frac{1400 \cdot 3{,}5}{2190} = 2{,}24$, wie in Zahlentafel 10.

Wechselstäbe der Wind- und Querverbände sind nur für die größte in ihnen auftretende Stabkraft zu untersuchen.

b) Treten Wechselmomente M_{max} und M_{min} auf, so muß $\sigma = \frac{\mathfrak{M}_{max}}{W_n} \leq k$ sein, wo $\mathfrak{M}_{max} = M_{max} + \frac{1}{2} M_{min}$ bzw. $M_{min} + \frac{1}{2} M_{max}$ und W_n das wirklich vorhandene Widerstandsmoment bei Nietabzug ist.

4. Scherbeanspruchung und Lochleibungsdruck.

a) Die Scherbeanspruchung der Niete und eingepaßten Schrauben darf $^8/_{10}$, ihr Lochleibungsdruck das 2fache der zulässigen Zug- und Biegungsbeanspruchung k der anzuschließenden Teile betragen.

Bei Zugrundelegung der einheitlichen Beanspruchung k sind daher die wirklich vorhandenen Scherflächen mit ihrem 0,8fachen, die Leibungsflächen aber mit ihrem 2fachen Wert in Rechnung zu stellen.

b) Zug- und Wechselstäbe sind mit ihrer wirklich vorhandenen Nutzfläche F_n, Druckstäbe mit ihrem durch die Knickzahl ω geteilten vollen Querschnitt $\frac{F}{\omega}$ anzuschließen; diese Werte sind den wirklich vorhandenen reduzierten Scher- und Leibungsflächen F_s und F_l gegenüberzustellen.

c) Bei den Anschlüssen der Fahrbahnträger sind die tatsächlich in den reduzierten Nietflächen auftretenden Spannungen nachzuweisen (vgl. II.).

I. Die Fahrbahntafel.

1. Die Querschwellen

aus Holz bilden Träger auf 2 Stützen von der Freilage λ (Abb. 402), die auf Biegung unter der Annahme zu berechnen sind, daß ein voller Achsdruck ($2\,R$) auf einer Schwelle lastet. Bei einer zulässigen Biegungsbeanspruchung von $\frac{90}{110}$ kg/cm² für $\frac{\text{Fichten- und Tannen}}{\text{Buchen- und Eichen}}$ holz ergibt sich für:

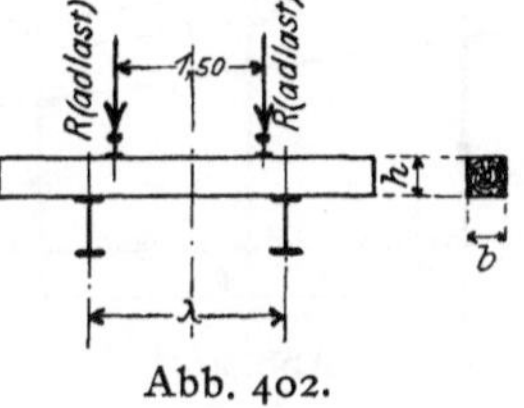

Abb. 402.

Zahlentafel 11. Querschwellen.	λ =	1,6		1,7		1,8		1,9		2,0		2,1		2,2		m
	R =	12,5	9,0	12,5	9,0	12,5	9,0	12,5	9,0	12,5	9,0	12,5	9,0	12,5	9,0	t
$\frac{b}{h}$ =	Fichten- u. Tannenholz	22/18	22/18	22/20	22/18	24/24	22/20	26/26	22/24	26/30	24/26	30/30	26/28	30/32	28/28	cm
	Buchen- u. Eichenholz	22/18	22/18	22/18	22/18	22/24	22/18	24/26	22/22	24/28	24/24	28/28	24/26	28/30	26/28	cm

2. Die Buckelbleche

werden an allen vier Randseiten vernietetet (Nietdurchmesser $d \geqq 17$ mm, daher $b \geqq 50$ mm) und erhalten

erfahrungsgemäß bei einer Länge von	1,2	1,5	1,8	2,1	m
eine Stärke unter $\frac{\text{der Fahrbahn}}{\text{den Fußwegen}}$ von	7/5	8/6	9/7	10/7	mm

Die Stärke der nur an den beiden Langseiten vernieteten Tonnenbleche ist je nach der Freilage um 1 bis 2 mm größer zu wählen.

Tonnen- und Buckelbleche üben an den Auflagern einen nach innen gerichteten Horizontalzug aus, zu dessen Aufnahme die unterstützenden Träger, besonders bei einseitigem Anschluß, in der wagerechten Ebene genügend stark ausgebildet werden müssen.

Die Seitenlänge der Buckelplatten wählt man meist nicht größer als 2,0 m, so daß bei größerer Querträgerentfernung noch Nebenlängs- und -querträger erforderlich werden (Abb. 408 und Aufg. 79).

II. Die Längsträger.

Die Längsträger bilden Balken auf 2 Stützen von der Spannweite a = Achsenentfernung der Querträger (Abb. 400).

Werden sie nur mit 2 Winkeleisen ohne durchlaufende Platten an den Querträger angeschlossen, so sind sie als freiaufliegend zu berechnen. Bei der Berechnung der erforderlichen Anzahl der Anschlußniete ist der unter Berücksichtigung der Stoßzahl φ ermittelte Auflagerdruck um 20% zu erhöhen.

Ist die Kontinuität der Längsträger durch entsprechende Lagerung oder durch Verbindung der Nachbarträger mit durchlaufenden Platten (Abb. 466) gewährleistet, so ist das Auflagermoment mit $^3/_4$ und das Moment in Trägermitte mit $^4/_5$ des größten Moments des frei aufliegenden Trägers in Rechnung zu stellen. Der lotrechte Auflagerdruck ist gleich dem des frei aufliegenden Trägers anzunehmen; aus ihm und dem Auflagermoment ist der Anschluß zu berechnen.

1. Hauptkräfte.

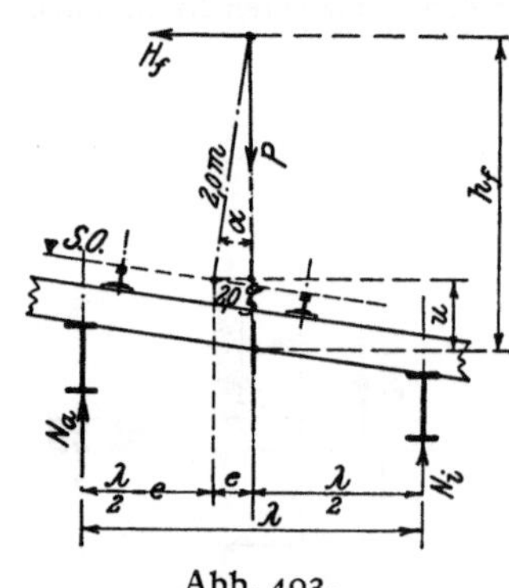

Abb. 403.

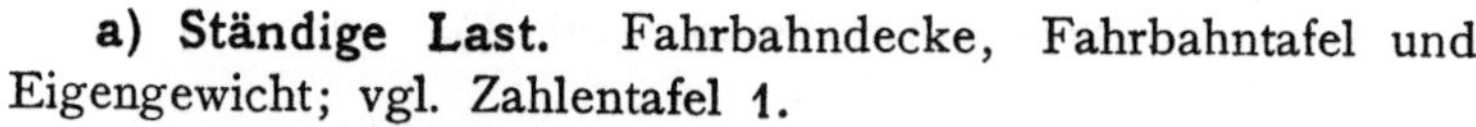

a) Ständige Last. Fahrbahndecke, Fahrbahntafel und Eigengewicht; vgl. Zahlentafel 1.

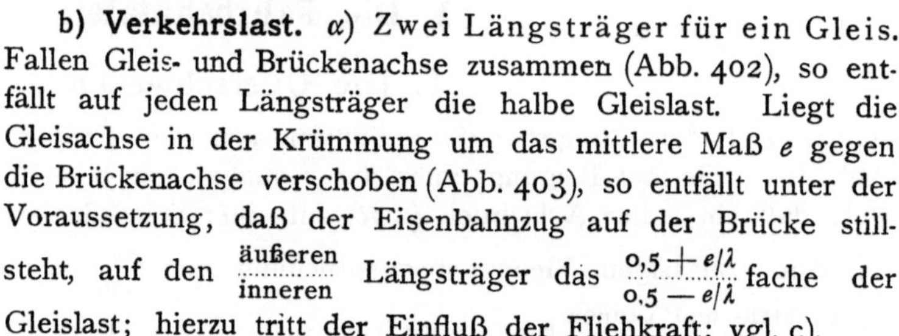

b) Verkehrslast. α) Zwei Längsträger für ein Gleis. Fallen Gleis- und Brückenachse zusammen (Abb. 402), so entfällt auf jeden Längsträger die halbe Gleislast. Liegt die Gleisachse in der Krümmung um das mittlere Maß e gegen die Brückenachse verschoben (Abb. 403), so entfällt unter der Voraussetzung, daß der Eisenbahnzug auf der Brücke stillsteht, auf den $\frac{\text{äußeren}}{\text{inneren}}$ Längsträger das $\frac{0{,}5+e/\lambda}{0{,}5-e/\lambda}$ fache der Gleislast; hierzu tritt der Einfluß der Fliehkraft; vgl. c).

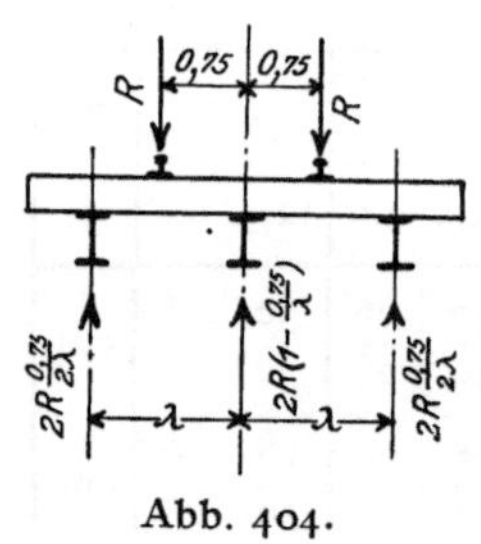

Abb. 404.

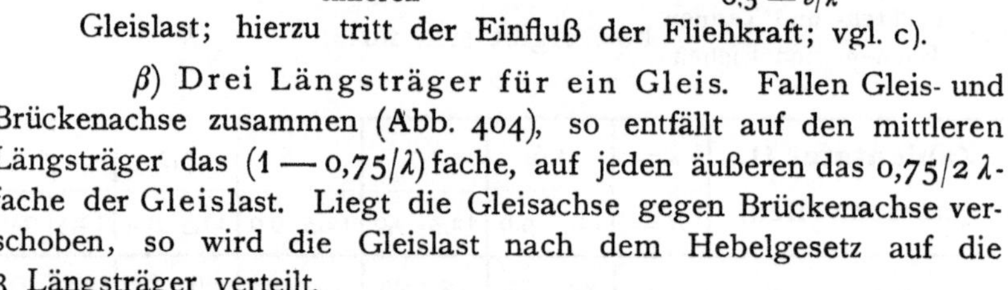

β) Drei Längsträger für ein Gleis. Fallen Gleis- und Brückenachse zusammen (Abb. 404), so entfällt auf den mittleren Längsträger das $(1-0{,}75/\lambda)$ fache, auf jeden äußeren das $0{,}75/2\,\lambda$-fache der Gleislast. Liegt die Gleisachse gegen Brückenachse verschoben, so wird die Gleislast nach dem Hebelgesetz auf die 3 Längsträger verteilt.

Sind bei mehrgleisigen Anlagen mehr als 3 Längsträger vorhanden (entsprechend Abb. 453), so wird jeder für die ungünstigste Laststellung berechnet, um in der Anordnung der Gleise ganz unabhängig zu sein.

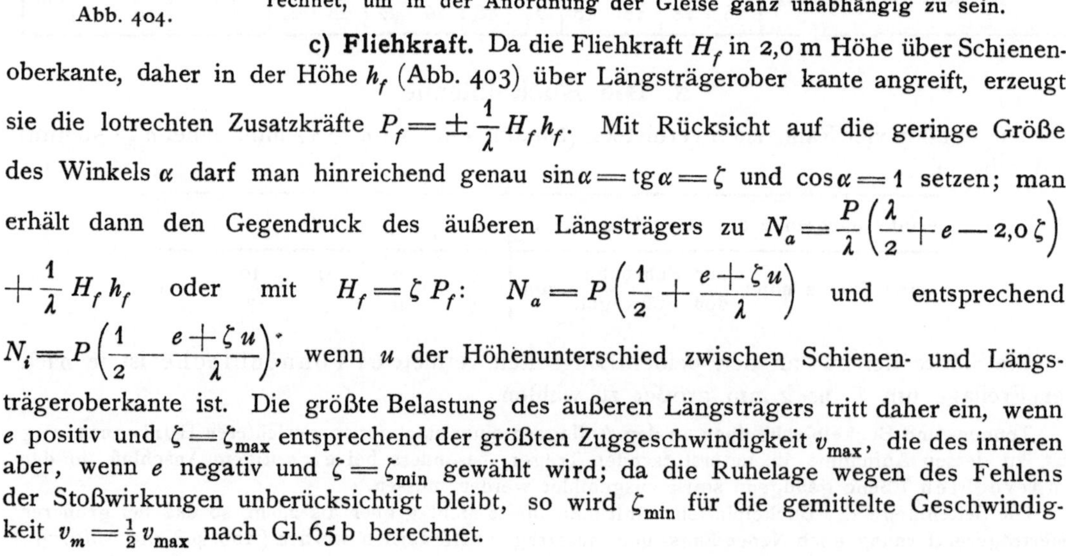

c) Fliehkraft. Da die Fliehkraft H_f in 2,0 m Höhe über Schienenoberkante, daher in der Höhe h_f (Abb. 403) über Längsträgerober kante angreift, erzeugt sie die lotrechten Zusatzkräfte $P_f = \pm \frac{1}{\lambda} H_f h_f$. Mit Rücksicht auf die geringe Größe des Winkels α darf man hinreichend genau $\sin\alpha = \operatorname{tg}\alpha = \zeta$ und $\cos\alpha = 1$ setzen; man erhält dann den Gegendruck des äußeren Längsträgers zu $N_a = \frac{P}{\lambda}\left(\frac{\lambda}{2} + e - 2{,}0\,\zeta\right) + \frac{1}{\lambda} H_f h_f$ oder mit $H_f = \zeta P_f$: $N_a = P\left(\frac{1}{2} + \frac{e+\zeta u}{\lambda}\right)$ und entsprechend $N_i = P\left(\frac{1}{2} - \frac{e+\zeta u}{\lambda}\right)$, wenn u der Höhenunterschied zwischen Schienen- und Längsträgeroberkante ist. Die größte Belastung des äußeren Längsträgers tritt daher ein, wenn e positiv und $\zeta = \zeta_{max}$ entsprechend der größten Zuggeschwindigkeit v_{max}, die des inneren aber, wenn e negativ und $\zeta = \zeta_{min}$ gewählt wird; da die Ruhelage wegen des Fehlens der Stoßwirkungen unberücksichtigt bleibt, so wird ζ_{min} für die gemittelte Geschwindigkeit $v_m = \frac{1}{2} v_{max}$ nach Gl. 65b berechnet.

Die Fliehkraft vermehrt daher die **lotrechte** Verkehrslast des $\frac{\text{äußeren}}{\text{inneren}}$ Längsträgers und das $\frac{+\zeta_{max}\,u/\lambda}{-\frac{1}{4}\zeta_{max}\,u/\lambda}$ fache der Gleislast. Beide Längsträger erhalten die Abmessungen des am stärksten beanspruchten.

Bei Fachweiten $a > 2{,}5$ m ordnet man bei Querschwellenoberbau zwischen den Obergurten der Längsträger einen wagerechten Schlingerverband (Abb. 405) an, um die durch Fliehkraft, Winddruck und Seitenstöße in der wagerechten Ebene erzeugten Biegungsmomente herabzumindern; die hierbei in den Längsträgergurtungen hervorgerufenen Längskräfte brauchen nicht nachgewiesen zu werden.

Für den in Abb. 405 dargestellten Verband ergeben sich die Spannkräfte $R = -H$ und $D = \pm \frac{H}{2 \sin \alpha}$, während das Moment für jeden Längsträger in der wagerechten Ebene auf $^1/_4$ des bei Fehlen des Verbandes eintretenden Moments herabgemindert wird.

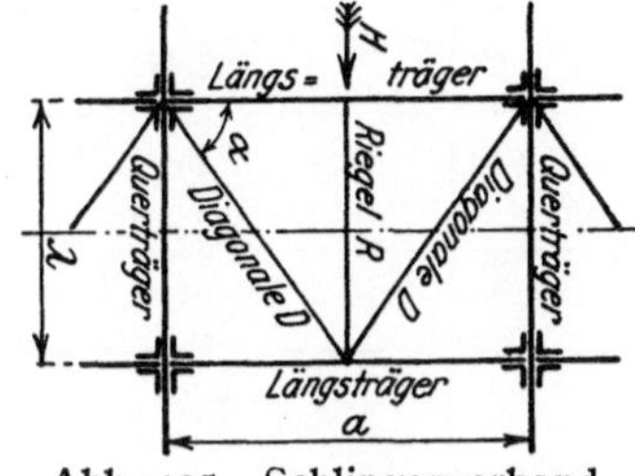

Abb. 405. Schlingerverband.

2. Wind- und Zusatzkräfte.

a) Winddruck. Mit Rücksicht auf die verhältnismäßig geringe Höhe der Längsträger selbst genügt es, nur die Eisenbahnfahrzeuge, d. h. ein Rechteck von 3,5 m Höhe als vom Wind (150 kg/m²) getroffen einzuführen. Der gesamte auf die Länge a entfallende Winddruck berechnet sich dann zu $W = 3{,}5\,a \cdot 150 = 525\,a$ (kg) und erzeugt das Moment $\mathfrak{M}_w = 525 \frac{a^2}{8}$, das auf **alle** an der Windübertragung beteiligte Längsträger zu gleichen Teilen verteilt werden darf; es verringert sich entsprechend bei Anordnung eines Schlingerverbandes (Abb. 405).

Da der Winddruck in 1,75 m Höhe über Schienenoberkante, daher in der Höhe $u + 1{,}75$ (Abb. 403) über Längsträgeroberkante angreift, so erzeugt er die über die Länge a gleichförmig verteilte **lotrechte** Zusatzbelastung $p_w = \pm 525 \frac{u + 1{,}75}{\lambda}$ (kg/m).

b) Brems- und Anfahrkräfte beanspruchen den Längsträger in seiner Längsachse auf Zug oder Druck; ihr Einfluß auf die Querschnittsbestimmung darf vernachlässigt werden.

c) Seitenstöße der Verkehrslast kommen nur zur Berechnung des etwa vorhandenen Schlingerverbandes in Betracht.

Aufgabe 75. Es sollen die Längsträger der in Abb. 406 dargestellten Fachwerkbrücke für den Lastenzug N berechnet werden.

Auflösung. $a = 3{,}5$ m. $\lambda = 1{,}9$ m. $\varphi = 1{,}61$.

1. Hauptkräfte. a) Ständige Last.

Schienen einschl. Kleineisenzeug $\frac{1}{2} \cdot 150 =$	75 kg/m	$P_0 = 0{,}6 \cdot 3{,}5 = 2{,}1$ t
Bohlenbelag $\frac{1}{2} \cdot 4{,}8 \cdot 0{,}05 \cdot 1000$	= 120 „	$M_0 = 2{,}1 \cdot \frac{3{,}5}{8} = 0{,}92$ mt
Schwellen (22/30) $\frac{1}{2} \cdot 0{,}22 \cdot 0{,}30 \cdot \frac{4{,}8}{0{,}6} \cdot 1000$	= 265 „	
Eigengewicht	= 140 „	
	$p_0 = 600$ kg/m	

b) Verkehrslast. Nach Zahlentafel 3 wird

$$M_v = \tfrac{1}{2}(24{,}90 + 0{,}1 \cdot 13{,}00) = 13{,}1 \text{ mt}; \quad \varphi M_v = 1{,}61 \cdot 13{,}1 = 21{,}1 \text{ mt}.$$

2. Winddruck. $W = 0{,}525 \cdot 3{,}5 = 1{,}84$ t, daher für **einen** Längsträger das Moment in der wagerechten Ebene $\mathfrak{M}_w = \frac{1}{2} \cdot \frac{1{,}84 \cdot 3{,}5}{8} = 0{,}40$ mt. Mit $u = 0{,}15 + 0{,}13 + 0{,}075 = 0{,}355$ wird $p_w = 0{,}525 \frac{0{,}355 + 1{,}75}{1{,}9} = 0{,}58$ t/m; daher das Moment in der lotrechten Ebene $M_w = 0{,}58 \cdot \frac{3{,}5^2}{8} = 0{,}89$ mt.

3. Größte Beanspruchung. Das gewählte ⊢⊣ NP. $42^1/_2$ hat $W_x = 1739$ cm³ und $W_y = 176$ cm³, daher

$$\sigma = \frac{0{,}92 + 21{,}1}{1739}\, 10^5 = 1270 \text{ (zul. 1400) kg/cm}^2 \quad \text{ohne}$$

$$\sigma = 1270 + \left(\frac{0{,}89}{1739} + \frac{0{,}40}{176}\right) 10^5 = 1270 + 50 + 230 = 1550 \text{ (zul. 1600) kg} \quad \text{mit}$$

Berücksichtigung des Winddrucks.

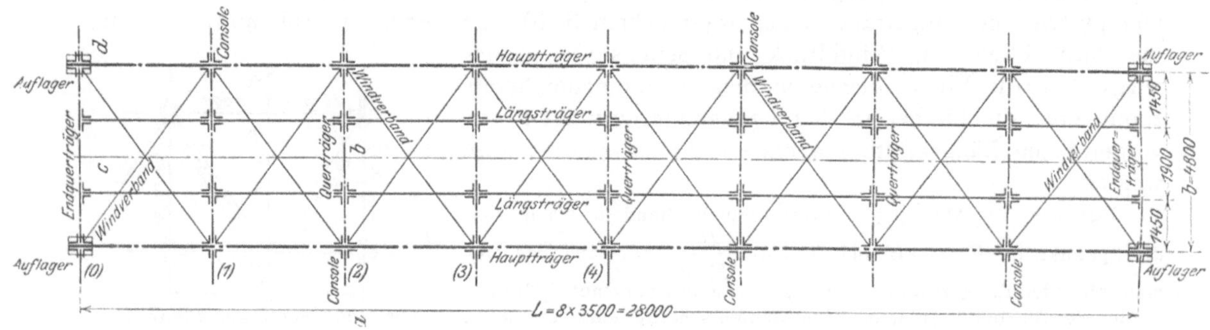

Abb. 406a.

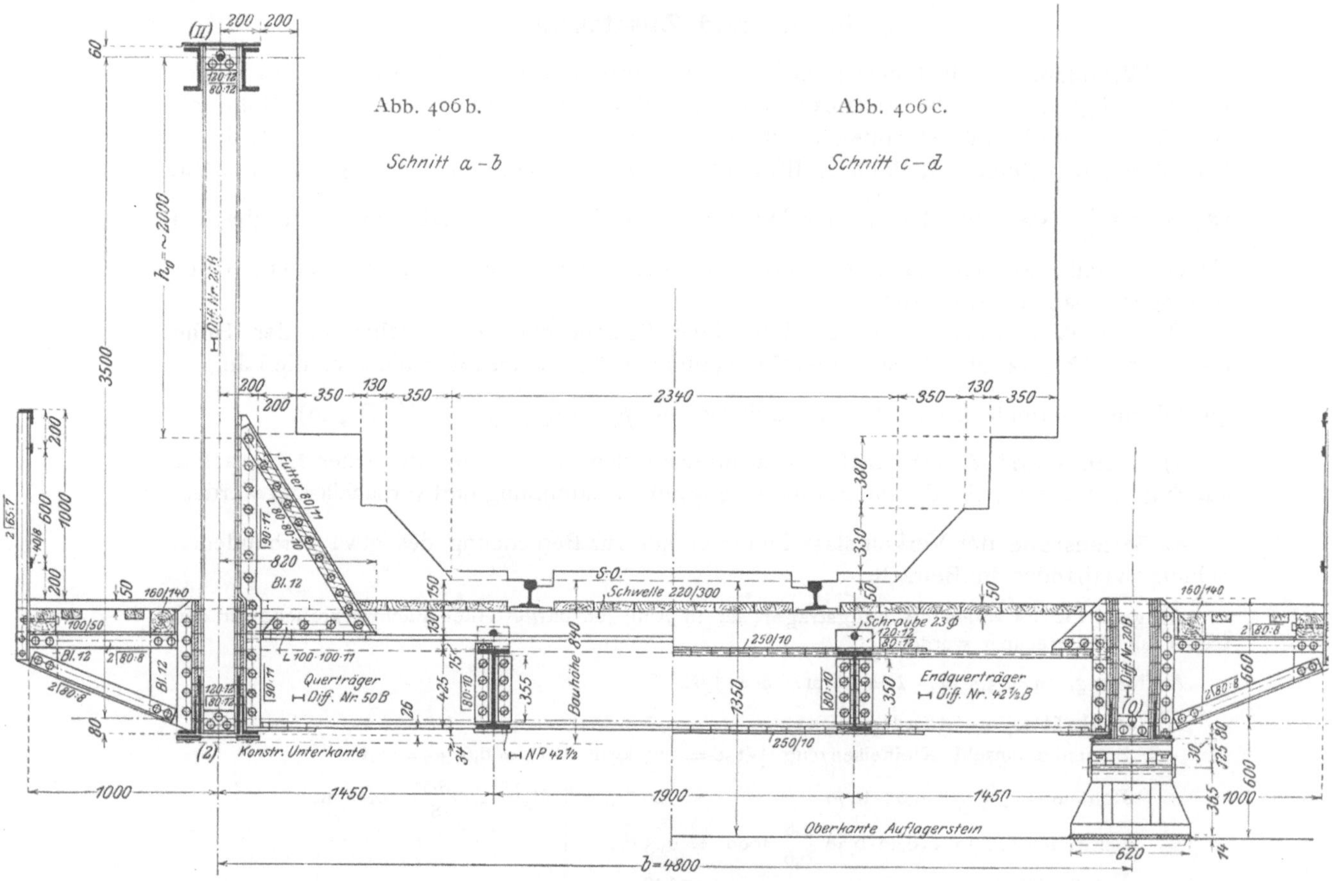

Abb. 406b. Schnitt a–b

Abb. 406c. Schnitt c–d

4. Stützdruck. Anschlußniete. Von der ständigen Last wird $N_0 = \frac{1}{2} P_0 = 1{,}05$ t; von der Verkehrslast nach Zahlentafel 5: $N_v = \frac{1}{2 \cdot 3{,}5}[120 + (3{,}5 - 3{,}2)\, 75] = 20{,}3$ t; $\varphi N_v = 1{,}61 \cdot 20{,}3 = 32{,}7$ t; vom Winddruck $N_w = \frac{1}{2} \cdot 0{,}58 \cdot 3{,}5 = 1{,}02$ t; insgesamt $N = 34{,}8$ t; hierzu für die Berechnung der Anschlußniete 20% ergibt $N_{max} = 1{,}2 \cdot 34{,}8 = 41{,}8$ t. Gewählt sind 5 doppelschnittige Niete von 23 mm ϕ mit $F_s = 0{,}8 \cdot 2 \cdot 5 \cdot 4{,}15 = 33{,}2$ cm² und $F_l = 2 \cdot 5 \cdot 2{,}3 \cdot 1{,}53 = 35{,}2$ cm², daher $\sigma_s = \frac{41\,800}{33{,}2} = 1260$ (zul. 1400) kg/cm² und $\sigma_l = \frac{41\,800}{35{,}2} = 1190$ (zul. 1400) kg/cm².

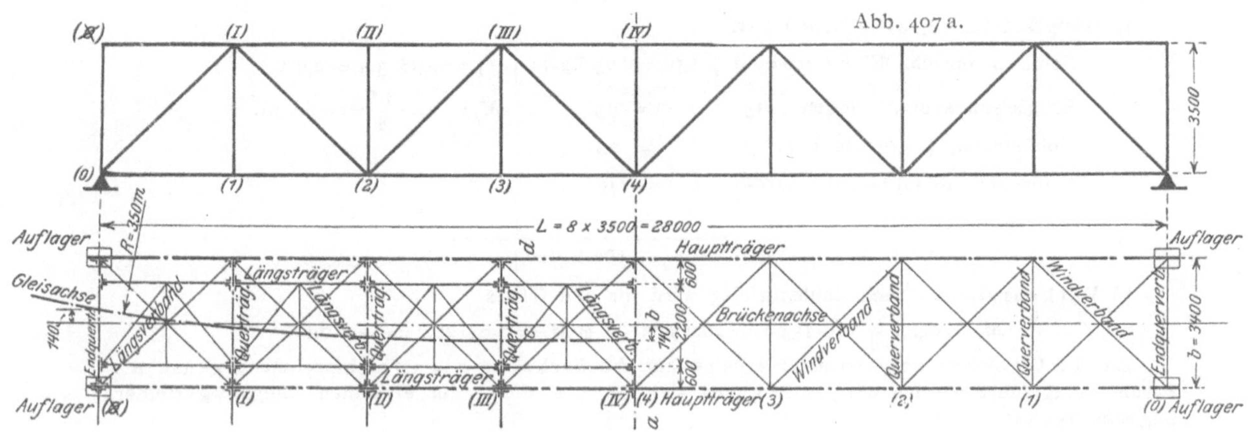

Abb. 407a.

Abb. 407b.

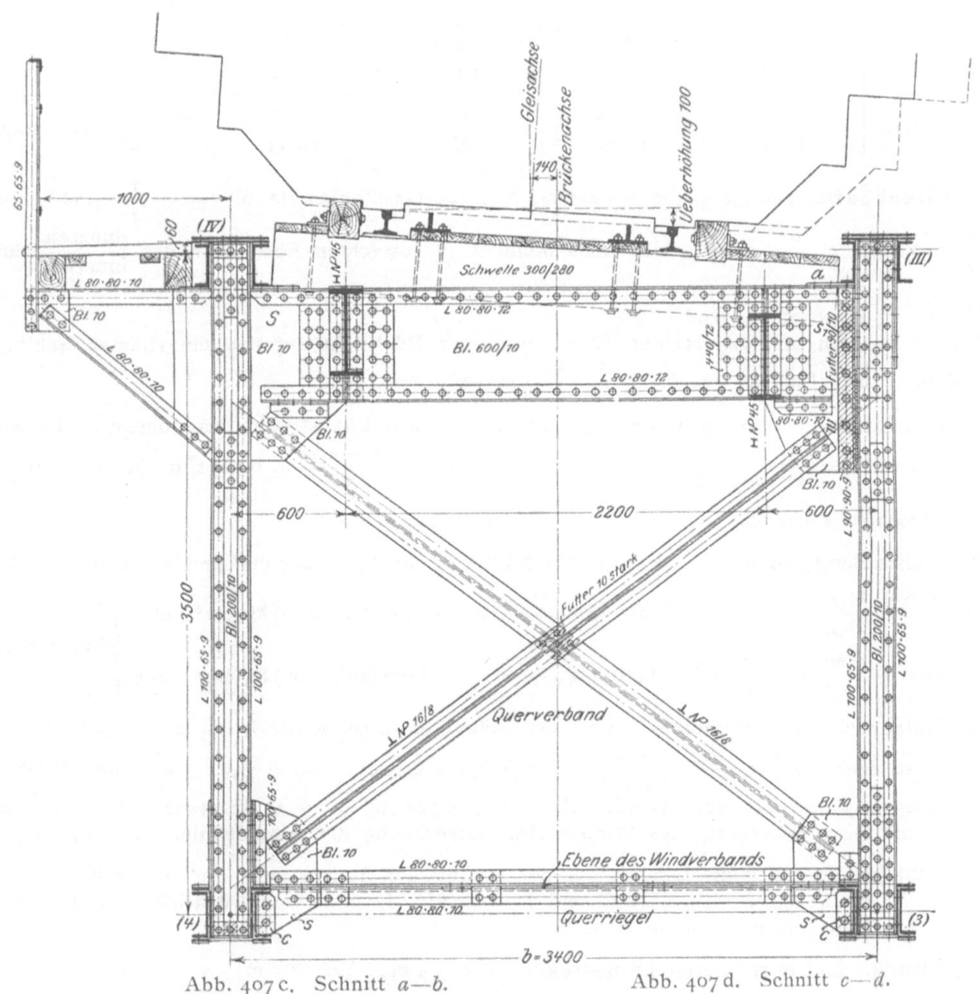

Abb. 407c. Schnitt *a—b*. Abb. 407d. Schnitt *c—d*.

Aufgabe 76. Es sollen die Längsträger der in Abb. 407 dargestellten Fachwerkbrücke für den Lastenzug ***N*** berechnet werden.

Auflösung. $a = 3{,}5$ m. $\lambda = 2{,}2$ m. $\varphi = 1{,}61$.

1. Hauptkräfte. a) Ständige Last.

Schienen einschl. Kleineisenzeug $\frac{1}{2}\cdot 150 =$	75 kg/m	$P_0 = 0{,}58\cdot 3{,}5 = 2{,}0$ t
Entgleisungsvorrichtungen $\frac{1}{2}\cdot 150$	$=$ 75 „	$M_0 = 2{,}0\cdot\frac{3{,}5}{8} = 0{,}88$ mt.
Bohlenbelag $\frac{1}{2}\cdot 3{,}0\cdot 0{,}05\cdot 1000$	$=$ 75 „	
Schwellen (28/30) $\frac{1}{2}\cdot 0{,}28\cdot 0{,}30\cdot\frac{3{,}0}{0{,}6}$	$=$ 210 „	
Eigengewicht	$=$ 145 „	
	$p_0 = 580$ kg/m	

b) Verkehrslast. Nach Zahlentafel 3 wird für ein Gleis

$$M_v = 24{,}90 + 0{,}1\cdot 13{,}00 = 26{,}2 \text{ mt}; \quad \varphi M_v = 1{,}61\cdot 26{,}2 = 42{,}2 \text{ mt}.$$

Da die Gleiskurve von 280 mm Pfeilhöhe auf die Fachweite $a = 3{,}5$ m hinreichend genau als Parabel eingeführt werden darf, so ergeben sich für die Mitten der einzelnen Längsträgerfelder folgende Werte:

Feld	$_{(}$IV$_{)}$—$_{(}$III$_{)}$	$_{(}$III$_{)}$—$_{(}$II$_{)}$	$_{(}$II$_{)}$—$_{(}$I$_{)}$	$_{(}$I$_{)}$—o	
$e =$	136	101	31	—74	mm
$0{,}5 + e/\lambda =$	0,562	0,546	0,514	0,466	
$0{,}5 - e/\lambda =$	0,438	0,454	0,486	0,534	
$M_v =$	23,72	23,04	21,69	19,67	äußerer Längsträger
	18,48	19,16	20,51	22,53	innerer Längsträger

c) Fliehkraft. $u = 150 + 300 = 450$ mm; $\zeta_{\max} = 0{,}111$ (Zahlentafel 6); $\zeta_{\min} = \frac{1}{4}\cdot 0{,}111 = 0{,}028$; $\zeta_{\max}\frac{u}{\lambda} = 0{,}023$; $\zeta_{\min}\frac{u}{\lambda} = 0{,}006$; daher das Moment in lotrechter Ebene für den $\frac{\text{äußeren}}{\text{inneren}}$ Längsträger $M_f = \frac{\frac{1}{2}\cdot 0{,}023\cdot 26{,}2 = 0{,}30}{\frac{1}{2}\cdot 0{,}006\cdot 26{,}2 = 0{,}08}$ mt.

Das Moment in der wagerechten Ebene wird mit Rücksicht auf den eingebauten Schlingerverband für einen Längsträger $\mathfrak{M}_f = \frac{1}{2}\cdot\frac{1}{4}\cdot 0{,}111\cdot 26{,}2 = 0{,}36$ mt.

2. Winddruck. $W = 0{,}525\cdot 3{,}5 = 1{,}84$ t; daher für einen Längsträger das Moment in der wagerechten Ebene $\mathfrak{M}_w = \frac{1}{2}\cdot\frac{1}{4}\cdot\frac{1{,}84\cdot 3{,}5}{8} = 0{,}10$ mt. $p_w = 0{,}525\,\frac{0{,}45 + 1{,}75}{2{,}2} = 0{,}525$ t/m; daher das Moment in der lotrechten Ebene $M_w = 0{,}525\cdot\frac{3{,}5^2}{8} = 0{,}80$ mt.

3. Größte Beanspruchung. Das gewählte ⊢⊣ NP. 45 hat $W_x = 2037$ cm³ und $W_y = 203$ cm³, daher

$$\left.\begin{aligned} \sigma &= \left(\frac{0{,}88 + 23{,}72 + 0{,}30}{2037} + \frac{0{,}36}{203}\right)10^5 = 1220 + 180 = 1400\ (\text{zul. } 1400)\ \text{kg/cm}^2 \text{ ohne} \\ \sigma &= \left(1400 + \frac{0{,}80}{2037} + \frac{0{,}10}{203}\right)10^5 = 1400 + 40 + 50 = 1490\ (\text{zul. } 1600)\ \text{kg/cm}^2 \text{ mit} \end{aligned}\right\}\ \text{Winddruck.}$$

4. Stützdruck. Anschlußniete. Von der ständigen Last wird $P_0 = \frac{1}{2}\cdot 2{,}0 = 1{,}0$ t; von der Verkehrslast nach Aufg. 75 $N_v = \frac{0{,}562}{3{,}5}(120 + 0{,}3\cdot 75) = 22{,}9$ t; $\varphi N_v = 36{,}9$ t; von der Fliehkraft $N_f = \frac{1}{2}\cdot 0{,}023\cdot 20{,}3 = 0{,}23$ t; vom Winddruck $N_w = \frac{1}{2}\cdot 0{,}525\cdot 3{,}5 = 0{,}92$ t; insgesamt $N = 38{,}1$ t ohne und 39,0 t mit Berücksichtigung des Winddrucks. Berechnung der Anschlußniete wie bei Aufg. 75.

Aufgabe 77. Es sollen die Längsträger der in Abb. 408 dargestellten Fachwerkbrücke für den Lastenzug ***N*** berechnet werden. Wind- und Zusatzkräfte kommen mit Rücksicht auf den durchlaufenden Buckelblechbelag nicht in Betracht.

Auflösung. I. Die mittleren Längsträger. $a = 3{,}5$ m. $\lambda = 1{,}65$ m. $\varphi = 1{,}49$.

a) Ständige Last. Vom Nebenquerträger wirkt nach Aufg. 79 in der Mitte die Einzellast 1,1 t; als Dreiecklast entfällt bei 2,0 t Eigengewicht eines $1{,}65\cdot 1{,}75$ m² großen Feldes des Buckelblechbelags (vgl. Aufg. 79) zweimal je die Last $2\cdot\frac{2{,}0}{4} = 1{,}0$ t; Eigengewicht 0,4 t; daher (Abb. 409)

$$P_0 = 1{,}1 + 2\cdot 1{,}0 + 0{,}4 = 3{,}5 \text{ t} \quad\text{und}\quad M_0 = 0{,}4\cdot\frac{3{,}5}{8} + 1{,}1\cdot\frac{3{,}5}{4} + 1{,}0\cdot\frac{1{,}75}{2} = 2{,}01 \text{ mt}.$$

b) Verkehrslast. Da auf den mittleren Längsträger das $\left(1-\frac{0,75}{1,65}\right)=0,55$-fache der Gleislast entfällt, so wird nach Zahlentafel 3 $M_v = 0,55\,(24,90 + 0,1\cdot 13,00) = 0,55\cdot 26,2 = 14,41$ mt; $\varphi M_v = 1,49\cdot 14,41 = 21,5$ mt.

c) Größte Beanspruchung. Das gewählte ⊢I NP. $42^1/_2$ hat $W_x = 1739$ cm³, daher $\sigma = \left(\frac{2,01+21,5}{1739}\right)10^5 = 1360$ kg/cm²; die nur im gedrückten Flansch für den Anschluß der Buckelbleche angebrachten Nietlöcher können bei der Berechnung des wirklich vorhandenen Widerstandsmoments außer Betracht bleiben.

d) Stützdruck. Anschlußniete. $N_0 = \frac{1}{2} P_0 = 1,75$ t.

$$N_v = \frac{0,55}{3,5}(120+0,3\cdot 75) = 22,4 \text{ t}; \quad \varphi N_v = 40,1 \text{ t};$$

daher $N = 41,85$ t.

Berechnung der Anschlußniete wie in Aufg. 75.

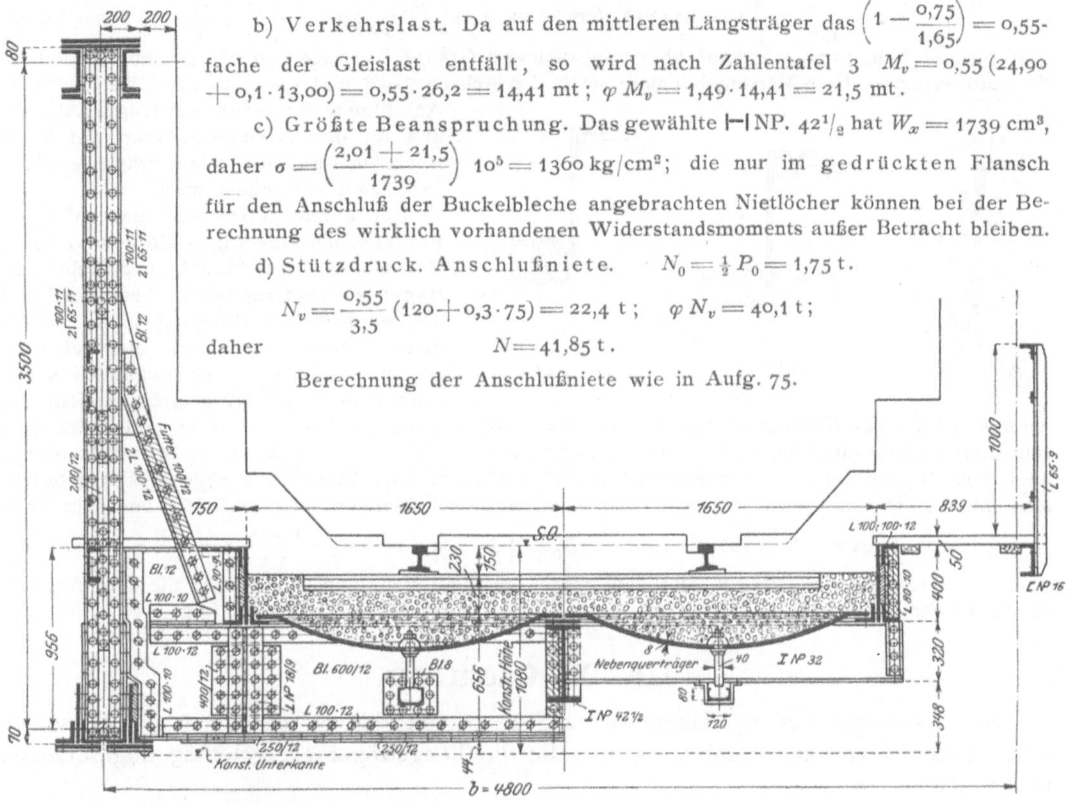

Abb. 408b. Schnitt $a-b$. Abb. 408c. Schnitt $c-d$.

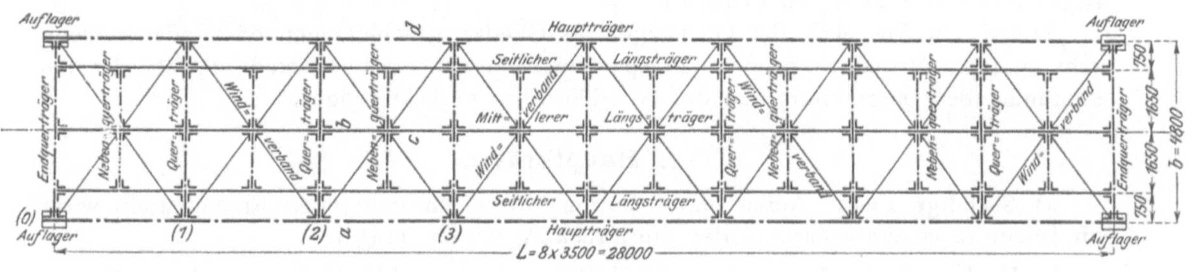

Abb. 408a.

II. Die äußeren Längsträger. $a = 3,5$ m. $\varphi = 1,49$.

a) Ständige Last. In der Mitte wirkt vom Nebenquerträger die Einzellast 0,55 t (vgl. Aufg. 79), ferner als Dreiecklast vom Buckelblechbelag zweimal je 0,5 t; Eigengewicht und Bohlenbelag des Fußwegs 0,5 t, daher (Abb. 410) $P_0 = 0,55 + 2\cdot 0,5 + 0,5 = 2,05$ t und

$$M_0 = 0,5\cdot\frac{3,5}{8} + 0,55\cdot\frac{3,5}{4} + 0,5\,\frac{1,75}{2} = 1,14 \text{ mt}.$$

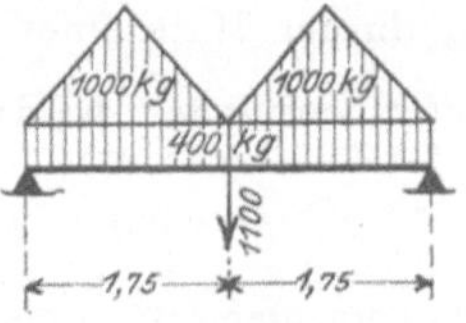

Abb. 409.

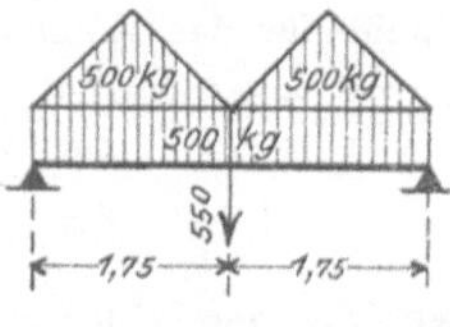

Abb. 410.

b) Verkehrslast. Da auf den äußeren Längsträger das $\frac{0,75}{2\cdot 1,65} = 0,225$ fache der Gleislast entfällt, so wird $M_v = 0,225\cdot 26,2 = 5,90$ mt; $\varphi M_v = 1,49\cdot 5,90 = 8,69$ mt.

c) Größte Beanspruchung. Das gewählte Profil $\frac{400}{10} + 2$ ⌐ 100 : 12 (Abb. 411) hat $J_\xi = 17480$ cm⁴ und $J_\eta = 480$ cm⁴ bei Berücksichtigung der Nietverschwächungen. Mit $M_{max} = 1,14 + 8,69 = 9,83$ mt wird $M_\eta = 9,83\cdot\cos 9^0 = 9,71$ mt und $M_\xi = 9,83\cdot\sin 9^0 = 1,54$ mt; daher

$\sigma = \left(\frac{9{,}71}{17\,480} \cdot 21{,}4 + \frac{1{,}54}{480} \cdot 7{,}2\right) 10^5 = 1420 \text{ kg/cm}^2$ bzw. $\sigma = \left(\frac{9{,}71}{17\,480} \cdot 20{,}2 + \frac{1{,}54}{480} \cdot 7{,}4\right) 10^5 = 1360 \text{ kg/cm}^2$; das geringe Mehr von 20 kg/cm² über die zulässige Grenze $k = 1400$ kg/cm² ist unbedenklich, da die vorausgesetzte freie Verschieblichkeit nach den Achsen $\xi - \xi$ und $\eta - \eta$ in der Mitte durch den Anschluß an den Nebenquerträger (Abb. 472) und an den Auflagerpunkten durch den Anschluß an die Hauptträgervertikalen (Abb. 408) verhindert wird.

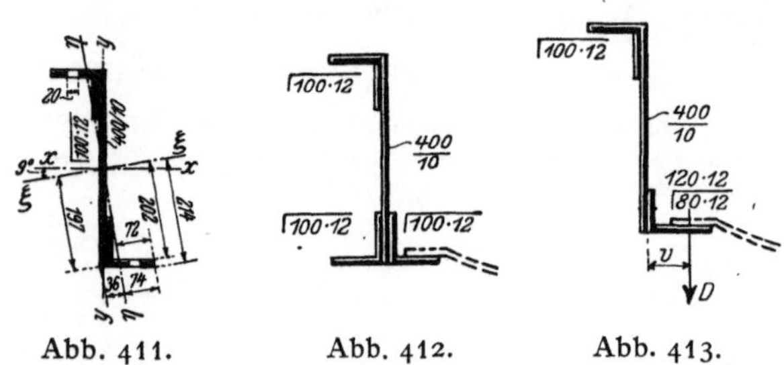

Abb. 411. Abb. 412. Abb. 413.

Der untere Gurtwinkel hat auf 1,75 m Freilage den einseitigen Horizontalzug der Buckelbleche auf Haupt- und Nebenquerträger zu übertragen; er bedarf daher in der wagerechten Richtung einer Verstärkung. Diese wird durch ein außen angeordnetes zweites Gurtwinkeleisen von demselben Profil (Abb. 412) erreicht, das beim Anschluß des Nebenquerträgers (Abb. 472) unterbrochen werden darf, da es ja bei der Querschnittsermittlung nicht mit in Rechnung gezogen wurde. Wenig empfehlenswert ist die Anordnung nach Abb. 413, bei der das unten angeordnete ungleichschenklige Winkeleisen wegen des vergrößerten Moments Dv nicht nur selbst, sondern auch in seinen Anschlußnieten sehr ungünstig beansprucht ist.

d) Stützdruck. Anschlußniete. $N_0 = \frac{1}{2} P_0 = 1{,}0$ t; $N_v = \frac{0{,}225}{3{,}5}(120 + 0{,}3 \cdot 75) = 9{,}16$ t; $\varphi N_v = 13{,}6$ t. Der Längsträger ruht unmittelbar auf dem Hauptquerträger auf; die zum Anschluß an dessen Stehblech gewählten 3 Niete von 23 mm ϕ sichern seine lotrechte Lage.

III. Die Querträger.

Die Querträger bilden Balken auf 2 Stützen von der Spannweite b (= Achsenentfernung der Hauptträger, Abb. 400), an die die Längsträger als gelenkig angeschlossen zu betrachten sind.

Bei der Berechnung der erforderlichen Anzahl der Anschlußniete an den Hauptträger ist der unter Berücksichtigung der Stoßzahl φ ermittelte Auflagerdruck um 20% zu erhöhen.

Treten am Anschluß der Querträger als Glieder geschlossener oder offener Querrahmen (vgl. IV und V) größere Einspannungsmomente auf, so sind sie bei der Bestimmung des Querschnitts und der Anschlüsse zu berücksichtigen.

1. Hauptkräfte.

a) Ständige Last. Außer dem schätzungsweise einzuführenden Eigengewicht wirkt an jedem Längsträgeranschluß der Stützdruck N_0 dieser Träger.

b) Verkehrslast. Der auf einen Zwischenträger entfallende Gesamtdruck P_v der Achslasten berechnet sich nach Abb. 414 zu

$$P_v = A_3 + A_1 \frac{a_1}{a} + A_2 \frac{a_2}{a} + \cdots$$

Das in Abb. 414b dargestellte Einflußdreieck für P_v von der Höhe 1 stimmt mit der Einflußfläche für das Moment M_{max} in der Mitte eines Balkens von der Spannweite $L = 2a$ überein, wenn deren Höhe von $\frac{L}{4} = \frac{a}{2}$ auf 1 vermindert wird; man erhält daher auch

$$69) \quad P_v = \frac{2\,M_{max}}{a},$$

wo M_{max} der Zahlentafel 3 zu entnehmen ist. Beispielsweise wird für $a = 3{,}2$ m ($L = 6{,}4$ m) für Lastenzug $\frac{N}{G}: M_{max} = \frac{72{,}70 + 0{,}4 \cdot 26{,}05}{55{,}70 + 0{,}4 \cdot 20{,}80} = \frac{83{,}1}{64{,}0}$ mt, daher $P_v = \frac{2 \cdot 83{,}1 : 3{,}2}{2 \cdot 64{,}0 : 3{,}2} = \frac{51{,}9}{40{,}0}$ t.

Der auf den Endquerträger entfallende Gesamtdruck $\mathfrak{P}_v$ der Achslasten berechnet sich nach Abb. 415 zu

$$\mathfrak{P}_v = A_3 + A_1 \frac{a_1}{a} + A_2 \frac{a_2}{a} + \cdots$$

Das in Abb. 415b dargestellte Einflußdreieck für $\mathfrak{P}_v$ stimmt mit der Einflußfläche für die Querkraft Q_x am Auflager eines Balkens von der Spannweite $L = a$ überein, so daß $\mathfrak{P}_v$ mit Hilfe der Zahlentafel 5 berechnet werden kann. Beispielsweise wird für $a = 3{,}2$ m für den Lastenzug $\frac{N}{G}$: $\mathfrak{P}_v\, a$

$$= \frac{120}{30 + 1{,}7 \cdot 40} = \frac{120{,}0}{98{,}0} \text{ mt, daher } \mathfrak{P}_v = \frac{120{,}0 : 3{,}2}{98{,}0 : 3{,}2} = \frac{37{,}5}{30{,}6} \text{ t}.$$

Schließt sich am Endquerträger noch ein Kragarm nach Abb. 416 an, so hat man den Wert $\mathfrak{P}_v\mathfrak{a}$ für die Länge $\mathfrak{a}$ der Zahlentafel 5 zu entnehmen.

Beispielsweise wird für $a = 3{,}5$ m, $\mathfrak{a} = 3{,}8$ m für den Lastenzug N: $\mathfrak{P}_v\mathfrak{a} = 120{,}0 + 0{,}6 \cdot 75{,}0$ $= 165{,}0$ mt; daher $\mathfrak{P}_v = \frac{165{,}0}{3{,}5} = 47{,}8$ t.

Die mit der Stoßzahl φ multiplizierten Kräfte P_v bzw. $\mathfrak{P}_v$ sind im geraden Gleis nach dem Hebelgesetz auf die Anschlußpunkte der Längsträger zu verteilen. In der Krümmung ist die Verschiebung der Gleisachse gegen Brückenachse sowie der Einfluß der Fliehkraft zu berücksichtigen.

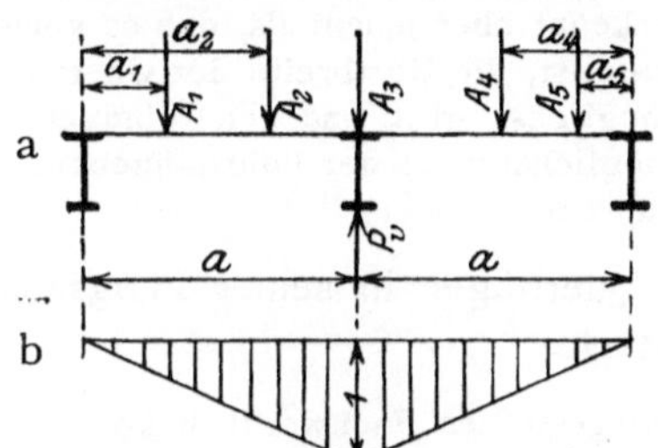

Abb. 414. Zwischenquerträgerbelastung.

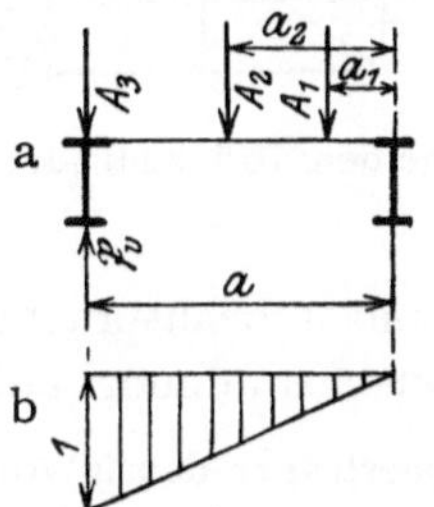

Abb. 415. Endquerträgerbelastung.

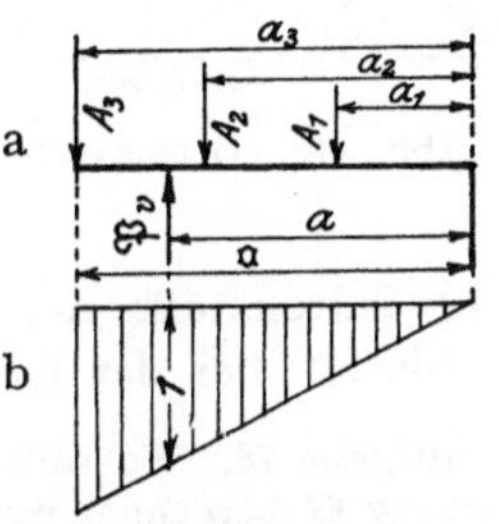

Abb. 416. Endquerträger mit Kragarm.

Beispielsweise ergibt sich bei der in Abb. 407 dargestellten Brücke für den Querträger in Brückenmitte nach Aufg. 76 die mittlere Verschiebung $e = 136$ mm; mit $a = 3{,}5$ m ($L = 7{,}0$ m) wird nach Zahlentafel 3: $P_v = \frac{2 \cdot 98{,}75}{3{,}5} = 56{,}4$ t; $\varphi P_v = 1{,}61 \cdot 56{,}4 = 90{,}8$ t. Mit den Angaben der Aufg. 76 ergibt sich dann die Querträgerbelastung unter Berücksichtigung der Fliehkraft am $\frac{\text{äußeren}}{\text{inneren}}$ Längsträgeranschluß zu $\frac{0{,}562 \cdot 90{,}8 + 0{,}023 \cdot 56{,}4}{0{,}438 \cdot 90{,}8 - 0{,}023 \cdot 56{,}4} = \frac{51{,}0 + 1{,}3}{39{,}8 - 1{,}3} = \frac{52{,}3}{38{,}5}$ t für $v_{\max}$ bzw. $\frac{0{,}562 \cdot 90{,}8 + 0{,}006 \cdot 56{,}4}{0{,}438 \cdot 90{,}8 - 0{,}006 \cdot 56{,}4}$ $= \frac{51{,}3}{39{,}5}$ t für $v_m = \frac{1}{2} v_{\max}$.

c) Fliehkraft. Die wagerechte Fliehkraft beansprucht den Querträger in seiner Längsachse und darf bei der Querschnittsbestimmung außer Betracht bleiben.

2. Wind- und Zusatzkräfte.

a) Winddruck: er beansprucht den Querträger in seiner Längsachse; sein Einfluß auf die Querschnittsabmessungen ist gering und durch die bei seiner Berücksichtigung höher gehaltene zulässige Beanspruchung hinreichend ausgeglichen.

Über die Beanspruchung der Querträger als Glieder der Wind- und Querverbände vgl. unter IV und V.

b) Bremskraft und **Anfahrwiderstand** beanspruchen die Querträger in der wagerechten Ebene auf Biegung; ihr Einfluß wächst mit der Spannweite b, d. h. mit der Breite der Brücke, und muß bei Brücken mit Querschwellenoberbau in geneigten Strecken und vor Bahnhöfen stets, im übrigen bei $\frac{\text{ein}}{\text{zwei}}$gleisigen Brücken von etwa $L = \frac{30}{20}$ m an durch Anordnung eines besonderen vollwandigen oder fachwerkförmig gegliederten Bremsverbandes berücksichtigt werden, der zweckmäßig in den Windverband eingeschaltet und bei Brücken ohne (Abb. 417) / mit (Abb. 418) längsverschieblicher Unterbrechung der Fahrbahn am besten in Brückenmitte / an beiden Auflagern angeordnet wird, um die Längsträgeranschlüsse tunlichst von Zusatzspannungen freizuhalten.

Abb. 417. Bremsverband in Brückenmitte.

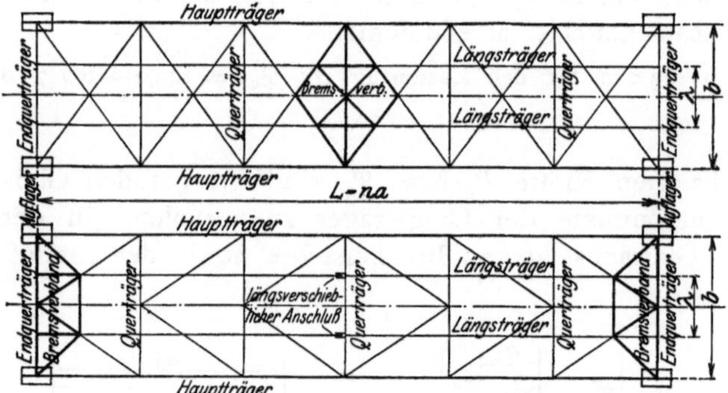

Abb. 418. Bremsverband an beiden Brückenenden.

Bei in der Wagerechten liegenden ein/zwei gleisigen Brücken von $L < \frac{30}{20}$ m genügt in der Regel der wagerechte Biegungswiderstand der gesamten Querträger zur Aufnahme der Bremskraft und des Anfahrwiderstandes, da für die seltenen Fälle, wo ein Eisenbahnzug gerade auf der Brücke bremsen oder anfahren muß, eine Erhöhung der zulässigen Beanspruchung eintritt; man erkennt aber jedenfalls, daß es vorteilhaft ist, die Gurtbreite der Querträger möglichst groß und den Windverband möglichst nahe der Fahrbahnebene anzuordnen.

c) **Seitenstöße** der Verkehrslast beanspruchen den Querträger in seiner Längsachse und bleiben bei der Querschnittsbestimmung außer Betracht.

Aufgabe 78. Es sollen die Querträger der in Abb. 406 dargestellten Fachwerkbrücke für den Lastenzug *G* berechnet werden.

Auflösung. I. Die Zwischenquerträger. $b = 4{,}8$ m. $a = 3{,}5$ m. $\lambda = 1{,}9$ m. $\varphi = 1{,}60$.

1. Hauptkräfte. a) Ständige Last. An jedem Längsträgeranschluß (Abb. 419) wirkt nach Aufg. 75 die Einzellast 2,1 t; Eigengewicht 1,0 t; daher $P_0 = 2 \cdot 2{,}1 + 1{,}0 = 5{,}2$ t und $M_0 = 2{,}1 \cdot 1{,}45 + \frac{1}{8} \cdot 1{,}0 \cdot 4{,}8 = 3{,}05 + 0{,}60 = 3{,}65$ mt.

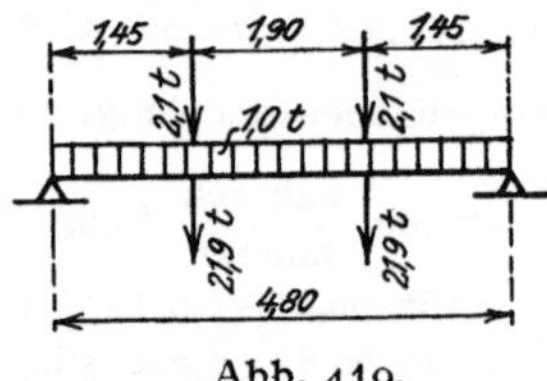

Abb. 419.

b) Verkehrslast. Nach Zahlentafel 3 und Gl. 69) wirkt an jedem Längsträgeranschluß $P_v = \frac{1}{2} \cdot \frac{2 \cdot 76{,}5}{3{,}5} = \frac{43{,}8}{2}$ t, daher $M_v = 21{,}9 \cdot 1{,}45 = 31{,}76$ mt; $\varphi M_v = 1{,}60 \cdot 31{,}76 = 50{,}8$ mt.

2. Zusatzkräfte. Bremskraft. Die beiden auf der Brücke ($L = 28{,}0$ m) befindlichen 2 Tenderlokomotiven von je 90 t Dienstgewicht und 2 Güterwagenachsen von je 12 t erzeugen die Bremskraft $H_b = \frac{1}{7} \cdot (2 \cdot 90 + 12) = 27{,}4$ t; da diese auf alle 9 Querträger zu gleichen Teilen verteilt werden darf, ergibt sich das Moment in der wagerechten Ebene zu $\mathfrak{M}_b = \frac{1}{9} \cdot \frac{27{,}4}{2} \cdot 1{,}45 = 2{,}21$ mt.

3. Größte Beanspruchung. Das gewählte ⊢⊣ Diff. 50 B hat $W_x = 4451$ cm³ und $W_y = 781$ cm³; daher

$$\left.\begin{array}{ll} \sigma = \left(\frac{3{,}65 + 50{,}8}{4451}\right) 10^5 = 1230 \text{ (zul. 1400) kg/cm}^2 & \text{ohne} \\ \sigma = 1230 + \frac{2{,}21}{781} 10^5 = 1560 \text{ (zul. 1600) kg/cm}^2 & \text{mit} \end{array}\right\} \text{Berücksichtigung der Zusatzkräfte.}$$

4. Stützdruck. Anschlußniete. $N_0 = 2{,}6$ t; $N_v = 21{,}9$ t; $\varphi N_v = 35{,}0$ t; daher $N = 37{,}6$ t; hierzu für die Berechnung der Anschlußniete 20% ergibt $N_{max} = 1{,}2 \cdot 37{,}6 = 45{,}1$ t. Gewählt sind 4 doppelschnittige Niete von 26 mm ϕ mit $F_s = 0{,}8 \cdot 2 \cdot 4 \cdot 5{,}31 = 34{,}0$ cm² und $F_l = 2 \cdot 4 \cdot 2{,}6 \cdot 1{,}94 = 40{,}4$ cm²; daher $\sigma_s = \frac{45\,100}{34{,}0} = 1330$ kg/cm² und $\sigma_l = \frac{45\,100}{40{,}4} = 1120$ kg/cm².

II. Die Endquerträger. $b = 48$ m. $a = 3{,}5$ m. $\mathfrak{a} = 3{,}8$ m (Abb. 416). $\lambda = 1{,}9$ m. $\varphi = 1{,}60$.

1. Hauptkräfte. a) Ständige Last. Der Übergang vom Endquerträger zum Widerlager wird durch einen Kragträger (Abb. 416 und 451) vermittelt; um dessen Belastung Rechnung zu tragen, ist die Belastungsbreite $a/2$ um 0,3 bis 0,6 m zu vergrößern; hier ist $a_1 = 3{,}5/2 + 0{,}45$

$= 2{,}2$ m gewählt; daher wirkt an jedem Längsträgeranschluß nach Aufg. 75 die Einzellast $2{,}1 \cdot \frac{2{,}2}{3{,}5}$ $= 1{,}4$ t; Eigengewicht $0{,}9$ t; daher die Gesamtlast $P_0 = 2 \cdot 1{,}4 + 0{,}9 = 3{,}7$ t und $M_0 = 1{,}4 \cdot 1{,}45 + 0{,}9 \cdot \frac{4{,}8}{8} = 2{,}03 + 0{,}72 = 2{,}75$ mt.

b) Verkehrslast. Nach Zahlentafel 5 wird $\mathfrak{P}_v\,\mathfrak{a} = 81 + 0{,}8 \cdot 54 = 124{,}2$ mt; $\mathfrak{P}_v = \frac{124{,}2}{3{,}5} = 35{,}5$ t; daher $M_v = \frac{35{,}5}{2} \cdot 1{,}45 = 25{,}79$ mt; $\varphi M_v = 41{,}3$ mt.

2. Zusatzkräfte. Bremskraft. Wie beim Zwischenquerträger wird $\mathfrak{M}_b = 2{,}21$ mt.

3. Größte Beanspruchung. Das gewählte Profil ⊢⊣ Diff. $42^1/_2$ B $+ \frac{250}{10}$ (Abb. 420) hat $W_x = 3450$ cm³ und $W_y = 740$ cm³ bei Nietabzug; daher

$$\left.\begin{array}{ll} \sigma = \left(\frac{2{,}75 + 41{,}3}{3450}\right) 10^5 = 1280 \text{ (zul. 1400) kg/cm}^2 & \text{ohne} \\ \sigma = 1280 + \frac{2{,}21}{740}\, 10^5 = 1580 \text{ (zul. 1600) kg/cm}^2 & \text{mit} \end{array}\right\} \text{Berücksichtigung der Zusatzkräfte.}$$

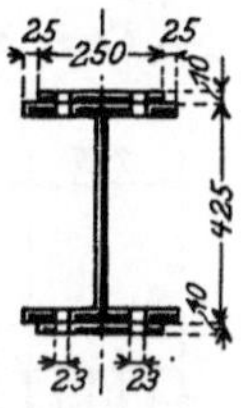

Da die Linie der größten Momente hinreichend genau als durch gerade Linien nach Abb. 421 begrenzt angenommen werden darf, wobei nur für das Eigengewicht von 0,9 t ein geringer, praktisch bedeutungsloser Fehler gemacht wird, so folgt, daß ⊢⊣ Diff. $42^1/_2$ B mit $W_x = 3210$ und $W_y = 670$ für sich allein bis auf eine Entfernung x vom Auflager genügt, die sich $\left(\text{da } \frac{44{,}05}{3210} \cdot 10^5 = 1370 < 1400 \text{ ist}\right)$ aus der Gleichung $\left(\frac{44{,}05}{3210} + \frac{2{,}21}{670}\right) 10^5 \frac{x}{1{,}45} = 1600$ zu

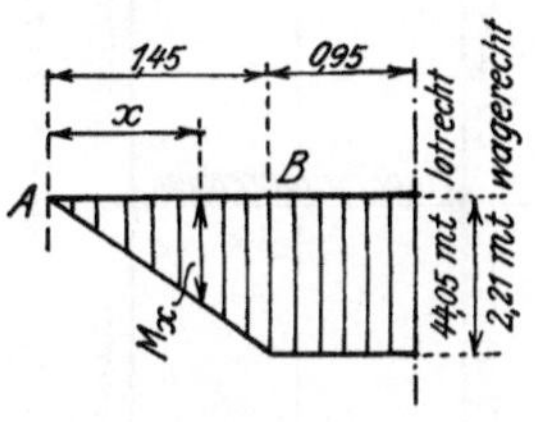

Abb. 420. Abb. 421.

$x = \frac{1600 \cdot 1{,}45}{1370 + 330} = 1{,}36$ m berechnet. Zum Anschluß der Lamelle $^{250}/_{10}$ mit $(25{,}0 - 2 \cdot 2{,}3)\,1{,}0 = 20{,}4$ cm² nutzbarer Fläche dienen 7 einschnittige Niete von 23 mm ϕ mit $F_s = 0{,}8 \cdot 7 \cdot 4{,}15 = 23{,}2$ cm² Scherfläche; um die für die Anordnung dieser 7 Niete erforderliche Länge muß die Lamelle beiderseits über die Strecke $x = 1{,}30$ m hinaus näher an die Auflager herangeführt werden.

4. Stützdruck. Nietteilung. Anschlußniete. $N_0 = 1{,}85$ t; $N_v = \frac{1}{2} \cdot 35{,}5 = 17{,}75$ t; $\varphi N_v = 28{,}4$ t; daher $N = 1{,}85 + 28{,}4 = 30{,}3$ t. Das Trägheitsmoment des Querschnitts (Abb. 420) berechnet sich ohne Nietabzug zu $J_x = 91\,900$ cm⁴, das statische Moment einer Lamelle zu $S = 25{,}0 \cdot 21{,}75 = 544$ cm³; daher nach Gl. 28), in der hier für k_s nur der Wert $0{,}8\,k$ einzuführen ist, die kleinste Nietteilung $t_{\min} = 2\,\frac{0{,}8 \cdot 4{,}15 \cdot 1400}{30\,300} \cdot \frac{91\,900}{544} = 51$ cm, da man, wiederum von dem geringen Einfluß des Eigengewichts abgesehen, die vertikale Querkraft als auf der Strecke AB (Abb. 421) gleichbleibend voraussetzen darf

Zur Berechnung des Nietanschlusses ist $N_{\max} = 1{,}2 \cdot 30{,}3 = 36{,}4$ t einzuführen; Berechnung der Spannungen wie beim Zwischenquerträger.

Aufgabe 79. Es sollen die Querträger der in Abb. 408 dargestellten Fachwerkbrücke für den Lastenzug ***N*** berechnet werden. Wind- und Zusatzkräfte kommen mit Rücksicht auf den durchlaufenden Buckelblechbelag nicht in Betracht.

Auflösung. I. Die Nebenquerträger. $b_1 = 1{,}65$ m. $a_1 = {}^1/_2\,a = 1{,}75$ m. $\varphi = 1{,}49$.

a) Ständige Last. Auf ein Feld von $1{,}65 \cdot 1{,}75$ m² Grundfläche (Abb. 422) entfällt bei 160 mm Pfeilhöhe der Buckelbleche die Schotterlast $1{,}65 \cdot 1{,}75\,(0{,}23 + {}^1/_2 \cdot 0{,}16)\,2{,}0 = 1{,}8$ t; Buckelblech, Schienen und Schwellen rd. 0,2 t; daher insgesamt 2,0 t. Auf den Nebenquerträger entfällt von den beiden ihm benachbarten Feldern je ${}^1/_4$ der Feldlast, insgesamt also $2 \cdot \frac{2{,}0}{4} = 1{,}0$ t als Dreiecklast; Eigengewicht 0,1 t. Daher die Gesamtlast $P_0 = 1{,}0 + 0{,}1 = 1{,}1$ t und $M_0 = 0{,}1\,\frac{1{,}65}{8} + 1{,}0\,\frac{1{,}65}{6} = 0{,}30$ mt.

b) Verkehrslast. Nach Zahlentafel 3 und Gl. 69) wird $P_v = \frac{2\,(24{,}90 + 0{,}1 \cdot 13{,}0)}{1{,}75} = 30{,}0$ t; hiervon entfällt auf den Nebenquerträger die Hälfte mit 15,0 t; daher (Abb. 422) $M_v = 15{,}0 \cdot \frac{0{,}75 \cdot 0{,}90}{1{,}65} = 6{,}14$ mt. $\varphi M_v = 9{,}15$ mt.

c) Größte Beanspruchung. Das gewählte ⊢⊣ NP. 32 hat $W = 781\ \text{cm}^3$; daher $\sigma = \frac{0{,}30 + 9{,}15}{781}\,10^5 = 1210$ (zul. 1400) kg/cm².

d) Stützdruck. Anschlußniete. $N_0 = \frac{1}{2} \cdot 1{,}1 = 0{,}55$ t; $N_v = 15{,}0 \cdot \frac{0{,}9}{1{,}65} = 8{,}18$ t; $\varphi N_v = 12{,}2$ t; daher insgesamt $N = 12{,}8$ t; hierzu für die Berechnung der Anschlußniete 20% ergibt $N_{max} = 15{,}4$ t. Gewählt sind (Abb. 472) 4 doppelschnittige Niete von 20 mm ϕ mit $F_s = 0{,}8 \cdot 2 \cdot 4 \cdot 3{,}14 = 20{,}1\ \text{cm}^2$ und $F_l = 2 \cdot 4 \cdot 2{,}0 \cdot 1{,}15 = 18{,}4\ \text{cm}^2$; daher $\sigma_s = \frac{15\,000}{20{,}1} = 770\ \text{kg/cm}^2$ und $\sigma_l = \frac{15\,400}{18{,}4} = 840\ \text{kg/cm}^2$.

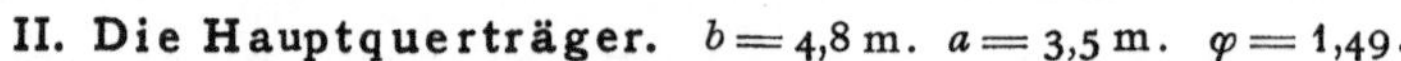

II. Die Hauptquerträger. $b = 4{,}8$ m. $a = 3{,}5$ m. $\varphi = 1{,}49$.

a) Ständige Last. Vom $\frac{\text{mittleren}}{\text{äußeren}}$ Längsträger wird nach Aufgabe 77 die Einzellast $\frac{3{,}5}{2{,}05}$ t übertragen (Abb. 423); vom Buckelblechbelag wirkt zweimal die Dreiecklast 1,0 t; Eigengewicht 1,2 t $\left(\frac{1{,}2}{4{,}8} = 0{,}25\ \text{t/m}\right)$. Daher die Gesamtlast $P_0 = 3{,}5 + 2 \cdot 2{,}05 + 2 \cdot 1{,}0 + 1{,}2 = 10{,}8$ t und das Moment in

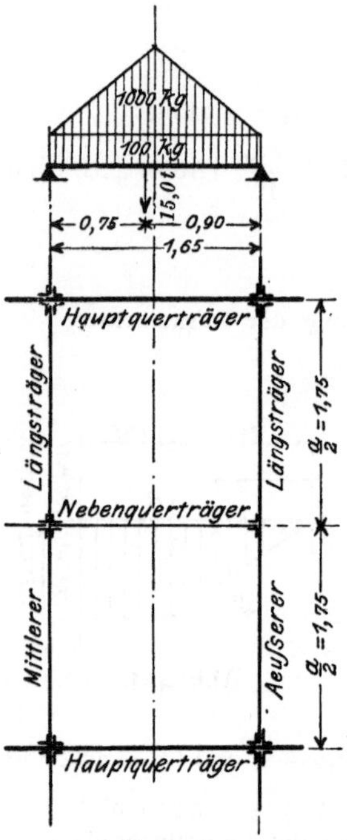

Abb. 422.

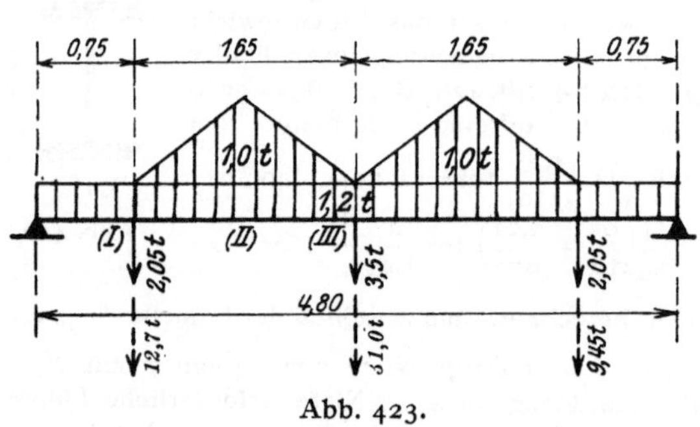

Abb. 423.

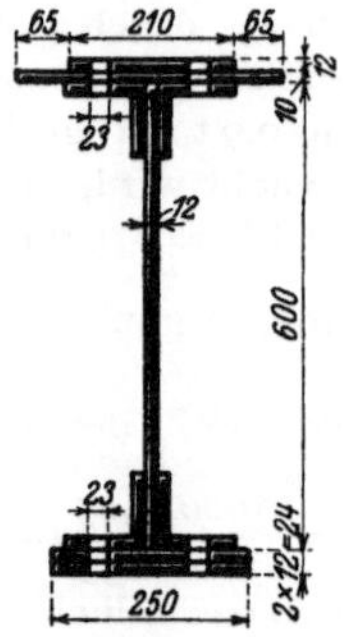

Abb. 424.

Punkt (I): $M_{0\,I} = \frac{1}{2}(10{,}8 \cdot 0{,}75 - 0{,}25 \cdot 0{,}75^2) = 3{,}98$ mt.
Punkt (II): $M_{0\,II} = \frac{1}{2}(10{,}8 \cdot 1{,}575 - 0{,}25 \cdot 1{,}575^2) - 2{,}05 \cdot 0{,}825 - \frac{1}{8} \cdot 0{,}5 \cdot 0{,}825 = 6{,}37$ mt.
Punkt (III): $M_{0\,III} = \frac{1}{4} \cdot 3{,}5 \cdot 4{,}8 + \frac{1}{8} \cdot 1{,}2 \cdot 4{,}8 + 2{,}05 \cdot 0{,}75 + 1{,}0 \cdot 1{,}575 = 8{,}03$ mt.

b) Verkehrslast. Von der Gesamtlast $P_v = \frac{2 \cdot 98{,}75}{3{,}5} = 56{,}4$ t überträgt der $\frac{\text{mittlere}}{\text{äußere}}$ Längsträger (nach Aufg. 77) $\frac{0{,}55 \cdot 56{,}4}{0{,}225 \cdot 56{,}4} = \frac{31{,}0}{12{,}7}$ t; daher die Momente $M_{v\,I} = \frac{1}{2} \cdot 56{,}4 \cdot 0{,}75 = 21{,}15$ mt; $\varphi M_{v\,I} = 31{,}5$ mt; $M_{v\,II} = \frac{1}{2} \cdot 56{,}4 \cdot 1{,}575 - 12{,}7 \cdot 0{,}825 = 33{,}94$ mt; $\varphi M_{v\,II} = 50{,}6$ mt; $M_{v\,III} = \frac{1}{2} \cdot 56{,}4 \cdot 2{,}4 - 12{,}7 \cdot 1{,}65 = 46{,}73$ mt; $\varphi M_{v\,III} = 69{,}6$ mt.

c) Größte Beanspruchung. Das gewählte Profil (Abb. 424) $\frac{600}{12} + 4 \lfloor 100 : 14 + 1\,\frac{340}{12} + 1\,\frac{210}{10} + 2\,\frac{250}{12}$ hat unter Berücksichtigung der Nietverschwächung $W_0 = 2710\ \text{cm}^3$, $W_1 = 4300\ \text{cm}^3$, $W_2 = 5600\ \text{cm}^3$; daher $\sigma_I = \frac{3{,}98 + 31{,}5}{2710}\,10^5 = 1310\ \text{kg/cm}^2$; $\sigma_{II} = \frac{6{,}37 + 50{,}6}{4300}\,10^5 = 1330\ \text{kg/cm}^2$; $\sigma_{III} = \frac{8{,}03 + 69{,}6}{5600}\,10^5 = 1390$ (zul. 1400) kg/cm².

Zum Anschluß der Lamelle $^{250}/_{12}$ mit $(25{,}0 - 2 \cdot 2{,}3)\,1{,}2 = 24{,}5\ \text{cm}^2$ nutzbarer Fläche sind 8 einschnittige Niete von 23 mm ϕ mit $F_s = 0{,}8 \cdot 4{,}15 = 26{,}6\ \text{cm}^2$, für den Anschluß der Lamelle $\frac{^{210}/_{10}}{^{340}/_{12}}$ mit $\frac{16{,}4}{35{,}3}$ cm² Nutzfläche sind $\frac{5}{11}$ Niete von 23 mm ϕ mit $F_s = \frac{16{,}6}{36{,}5}$ cm² gewählt.

d) Stützdruck. Nietteilung. Anschlußniete. $N_0 = 5{,}4$ t; $N_v = 28{,}2$ t; $\varphi N_v = 42{,}0$ t; daher $N = 47{,}4$ t. Hiermit berechnet sich die Nietteilung entsprechend Aufg. 8. Für die Berechnung des Anschlusses wird $N_{max} = 1{,}2 \cdot 47{,}4 = 56{,}9$ t. Gewählt sind 8 doppelschnittige Niete von 23 mm ϕ mit $F_s = 0{,}8 \cdot 2 \cdot 8 \cdot 4{,}15 = 53{,}2\ \text{cm}^2$ und $F_l = 2 \cdot 8 \cdot 2{,}3 \cdot 1{,}2 = 44{,}2\ \text{cm}^2$; daher $\sigma_s = \frac{56\,900}{53{,}2} = 1070\ \text{kg/cm}^2$ und $\sigma_l = \frac{56\,900}{44{,}2} = 1290\ \text{kg/cm}^2$.

Aufgabe 80. Bei der in Abb. 425 dargestellten Fachwerkbrücke ist in der Ebene der Vertikalen $_{(2)}$—$_{(}$II$_{)}$ ein Querverband mit in den Knotenpunkten $_{(}$II$_{)}$ der Hauptträger gelenkig angeschlossenem Querriegel nach Abb. 426 angebracht. Es soll für den Lastenzug *G* untersucht werden, welchen Einfluß der Querriegel auf die Biegungsmomente des Querträgers hat. $\varphi = 1{,}59$. Als positiv sollen diejenigen Momente eingeführt werden, die an den Außenkanten der Rahmenstäbe Zugspannungen erzeugen.

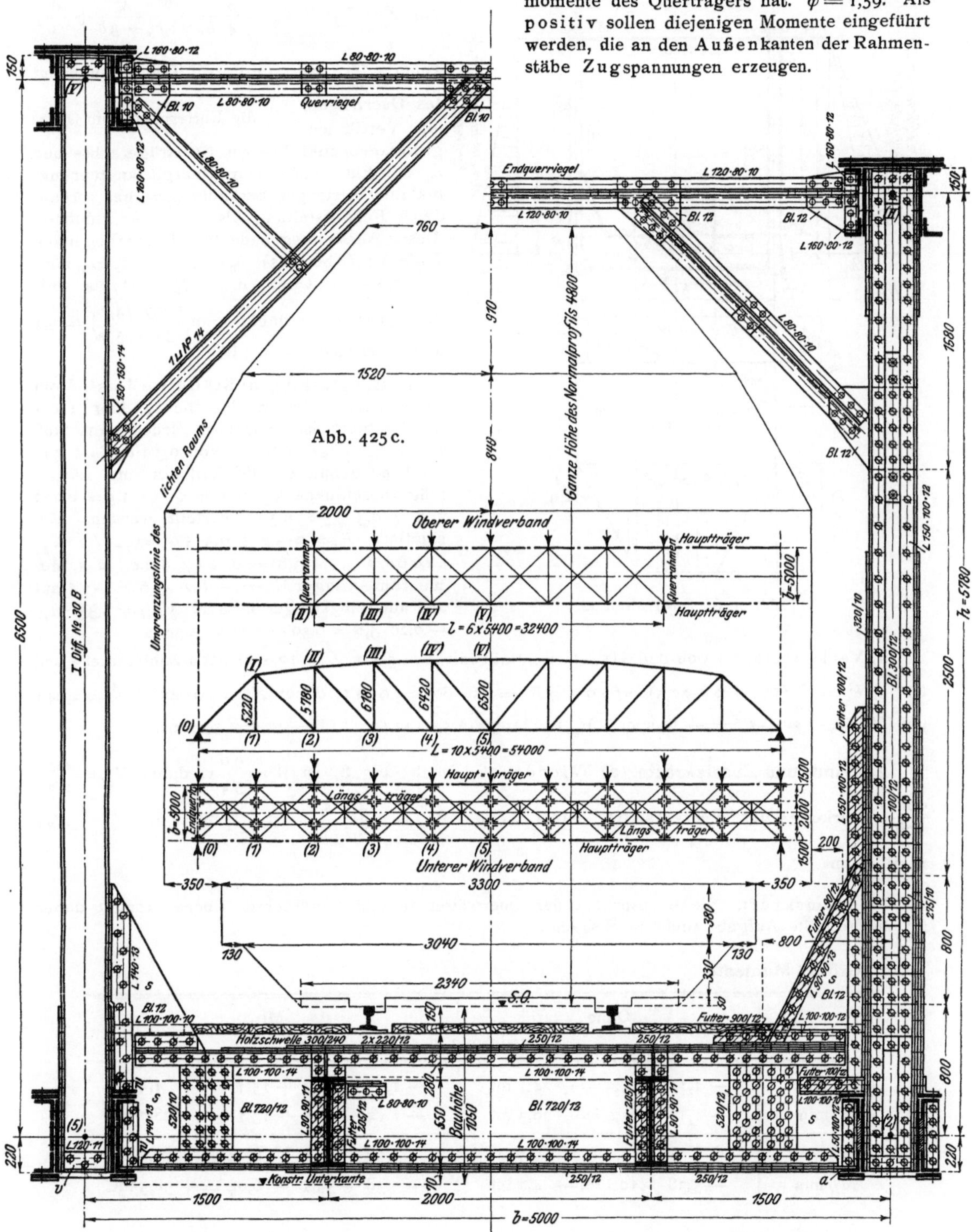

Abb. 425 c.

Abb. 425 a. Querschnitt in Mitte.

Abb. 425 b. Querschnitt $_{(2)}$—$_{(}$II$_{)}$.

Auflösung. Der Querrahmen ist in bezug auf die Druckkraft X im Querriegel einfach statisch unbestimmt. Vernachlässigt man die Formänderungsarbeit der Längskräfte, so ergibt sich mit $\nu = \frac{J_u}{J_0}\left(\frac{h_0}{h_u}\right)^2$ für die in Abb. 426 angegebenen Belastungen der Wert

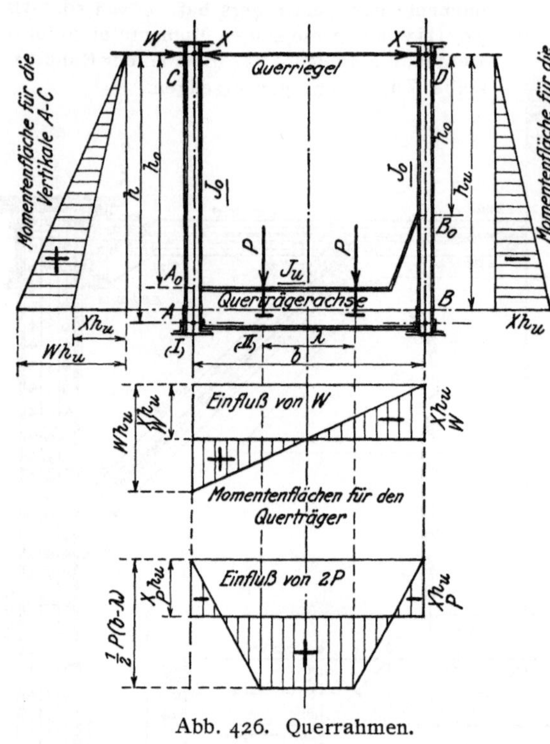

Abb. 426. Querrahmen.

$$70)\quad X = X_P + X_W = \frac{3}{4}\,\frac{P}{h_u}\,\frac{b^2-\lambda^2}{2\nu h_0 + 3b} + \frac{W}{2},$$

wobei $\frac{J_u}{J_0}$ das mittlere Trägheitsmoment des Querträgers / der Vertikalen, h_u die Entfernung vom Obergurtknotenpunkt bis zur Querträgerachse und h_0 die Entfernung vom Obergurtknotenpunkt bis zur Querträgeroberkante bzw. bei vorhandener Eckaussteifung bis zum 1. Anschlußniet dieser Aussteifung bedeutet. Im vorliegenden Falle ist (Abb. 425) $h_0 = 4{,}2$ m; $h_u = 5{,}6$ m; $b = 5{,}0$ m; $\lambda = 2{,}0$ m; $J_u = 317700$ cm^4; $J_0 = 33000$ cm^4; daher $\nu = \frac{317{,}7}{33}\left(\frac{4{,}2}{5{,}6}\right)^2 = 5{,}4$ und $X = 0{,}047\,P + 0{,}5\,W$.

1. Hauptkräfte. a) Ständige Last. Vom Längsträger (dessen Berechnung hier nicht durchgeführt ist) wirkt an jedem Anschluß 3,8 t; das Eigengewicht von 0,3 t/m darf hinreichend genau auf die Auflager- und Längsträgeranschlußpunkte mit je $\frac{1}{2}\cdot 0{,}3\cdot 1{,}5 = 0{,}22$ t und $\frac{1}{2}\cdot 0{,}3\cdot 3{,}5 = 0{,}53$ t verteilt werden. Gesamtlast $P_0 = 2\cdot 3{,}8 + 0{,}3\cdot 5{,}0 = 9{,}1$ t. $X_{P_0} = 0{,}047\,(0{,}53 + 3{,}8) = 0{,}20$ t; daher das Moment am Auflager $M_{0I} = -\,0{,}20\cdot 5{,}6 = -\,1{,}12$ mt und am Längsträgeranschluß $M_{0II} = 4{,}33\cdot 1{,}5 - 0{,}20\cdot 5{,}6 = 6{,}50 - 1{,}12 = 5{,}38$ mt.

b) Verkehrslast. Von der Gleislast entfällt mit $a = 5{,}4$ m ($L = 10{,}8$ m) nach Zahlentafel 3 und Gl. 69) $P_v = \frac{2}{5{,}4}(144 + 0{,}8\cdot 22{,}5) = 60{,}0$ t; $\varphi P_v = 1{,}59\cdot 60{,}0 = 95{,}4$ t; daher $X_{P_v} = 0{,}047\cdot\frac{95{,}4}{2} = 2{,}24$ t und $M_{vI} = -\,2{,}24\cdot 5{,}6 = -\,12{,}5$ mt; $M_{vII} = \frac{1}{2}\cdot 95{,}4\cdot 1{,}5 - 12{,}5 = 71{,}6 - 12{,}5 = 59{,}1$ mt.

2. Wind- und Zusatzkräfte. a) Winddruck. Nach Aufg. 87 ist $W = \frac{9{,}0}{5{,}4}$ t, daher $X_W = \frac{4{,}5}{2{,}7}$ t $\frac{\text{ohne}}{\text{mit}}$ Wirkung der Verkehrslast; daher wird $M_{wI} = \pm\frac{4{,}5\cdot 5{,}6}{2{,}7\cdot 5{,}6} = \pm\frac{25{,}2}{15{,}1}$ mt; $M_{wII} = \frac{2}{5}M_{wI} = \pm\frac{10{,}1}{6{,}04}$ mt.

b) Bremskraft. Sie beansprucht den Querträger in der wagerechten Ebene, kommt daher für die gestellte Aufgabe nicht in Betracht.

3. Größte Momente.

	Ohne	Mit
	Einwirkung der Verkehrslast	
M_I max	$-\,1{,}12 + 25{,}2 = +\,24{,}1$ mt	$-\,1{,}12 - 12{,}5 + 15{,}1 = +\,1{,}5$ mt
M_I min	$-\,1{,}12 - 25{,}2 = -\,26{,}3$ mt	$-\,1{,}12 - 12{,}5 - 15{,}1 = -\,28{,}7$ mt
M_{II} max	$+\,5{,}38 + 10{,}1 = +\,15{,}5$ mt	$+\,5{,}38 + 59{,}1 + 6{,}04 = +\,70{,}5$ mt
M_{II} min	$+\,5{,}38 - 10{,}1 = -\,4{,}7$ mt	$+\,5{,}38 + 59{,}1 - 6{,}04 = +\,58{,}5$ mt

IV. Die Hauptträger.

Die Hauptträger werden als Balken- oder Bogenträger ausgebildet; ihre Stützweite ist nach Möglichkeit auf ganze Meter abzurunden.

1. Die Hauptkräfte.

a) Ständige Last. Zu der an jedem Querträgeranschluß wirkenden, aus der Berechnung der Quer- und Fußwegträger bekannten Last der Fahrbahn und Fußwege ist noch das Eigengewicht der Hauptträger einschließlich der Wind- und Querverbände hinzuzufügen.

Stehen zur Ermittlung dieses Eigengewichts keine Erfahrungszahlen oder Zahlentafeln[1]) zur Verfügung, so verfährt man wie folgt:

Zu der bekannten Fahrbahn- und Fußweglast P_0' am Querträgeranschluß macht man schätzungsweise einen Zuschlag P_0'' für das Gewicht der Hauptträger einschließlich Wind- und Querverbände; man erhält dann die ständige Last $p_0 = \frac{1}{a}(P_0' + P_0'') = \frac{P_0}{a}$, wenn a die Querträgerentfernung ist, und das durch sie erzeugte Moment unter der Voraussetzung eines auf 2 Stützen gelagerten Hauptträgers zu $M_0 = {}^1/_8\, p_0 L^2$; das größte Moment M_v infolge der Verkehrslast ergibt sich aus Zahlentafel 3. Aus $M_{max} = M_0 + \varphi M_v$, der gegebenen Trägerhöhe h, die bei Blechträgern $= 0{,}9 \times$ Stehblechhöhe einzuführen ist, und der zulässigen Beanspruchung k ergibt sich der in Brückenmitte erforderliche größte Gurtquerschnitt F zu $F = \frac{M_{max}}{h\,k}$ und daraus, wenn F in cm² eingeführt wird, das angenäherte Gewicht der Hauptträger zu $g_0 = 4\,F$ kg/m. Aus $g_0 a$ erhält man einen neuen Wert P_0'', mit dem man die Rechnung wiederholt, falls er sich von dem zuerst angenommenen wesentlich unterscheidet. Bei Bogenträgern sind die Momente M_0 und M_v nach vorläufiger Ermittlung der Einflußlinie für den Horizontalschub für den Viertelpunkt der Spannweite zu berechnen; die zulässige Beanspruchung k ist um die durch eine Temperaturänderung $t = \pm 35^0$ erzeugte Spannung zu vermindern.

Aufgabe 81. Es ist das Eigengewicht der Hauptträger der in Abb. 406 dargestellten Fachwerkbrücke für den Lastenzug ***N*** zu berechnen. $L = 28{,}0$ m; $h = 3{,}5$ m; $a = 3{,}5$ m; $k = 1400$ kg/cm²; $\varphi = 1{,}47$.

Auflösung. Am Querträgeranschluß wirkt von der Fahrbahn (Aufg. 78) 5,2 t, von den Fußwegen 1,0 t; daher $P_0' = 6{,}2$ t; geschätzt wird $P_0'' = 0{,}8$ t, daher $p_0 = \frac{1}{3{,}5}(6{,}2 + 0{,}8) = 2{,}0$ t/m; $M_0 = {}^1/_8 \cdot 2{,}0 \cdot 28{,}0^2 = 196$ mt; $M_v = 1345$ mt (Zahlentafel 3); $M_{max} = 196 + 1{,}47 \cdot 1345 = 196 + 1977 = 2173$ mt; $F = \frac{2173}{3{,}5 \cdot 1{,}4} = 440$ cm²; $g_0 = 4 \cdot 440 = 1760$ kg/m; daher der verbesserte Wert $P'' = 1{,}76 \cdot 3{,}5 = 6{,}2$ t. Mit diesem Wert wird die Rechnung wiederholt und ergibt $p_0 = \frac{1}{3{,}5}(6{,}2 + 6{,}2) = 3{,}6$ t/m; $M_0 = 353$ mt; $M_{max} = 353 + 1977 = 2330$ mt; $F = \frac{2330}{3{,}5 \cdot 1{,}4} = 480$ cm²; $g_0 = 4 \cdot 480 = 1920$ kg/m; folglich $P_0'' = 1{,}92 \cdot 3{,}5 = 6{,}7$ t. Die nochmalige Wiederholung der Rechnung ergibt wieder $F = 480$ cm² und $g_0 = 1920$ kg/m, so daß das Gewicht beider Hauptträger einschließlich Wind- und Querverbänden mit rund 1900 kg/m eingeführt werden kann.

Für den Lastenzug ***G*** ergibt sich in gleicher Weise $g_0 = 1240$ kg/m.

Aufgabe 82. Es soll das Eigengewicht der Hauptträger der in Abb. 427 dargestellten Blechträgerbrücke für den Lastenzug ***G*** ermittelt werden. $L = 8{,}0$ m; $h = 0{,}9 \cdot 1{,}0 = 0{,}9$ m; $a = 2{,}0$ m; $k = 1400$ kg/cm²; $\varphi = 1{,}48$.

Auflösung. Die (hier nicht durchgeführte) statische Berechnung des Querträgers liefert $P_0' = 5{,}2$ t; geschätzt wird $P_0'' = 1{,}8$ t, daher $p_0 = \frac{1}{2{,}0}(5{,}2 + 1{,}8) = 3{,}5$ t/m; $M_0 = {}^1/_8 \cdot 3{,}5 \cdot 8{,}0^2 = 28{,}0$ mt; $M_v = 99{,}0$ mt (Zahlentafel 3); $M_{max} = 28{,}0 + 1{,}49 \cdot 99{,}0 = 28{,}0 + 146{,}5 = 174{,}5$ mt; $F = \frac{174{,}5}{0{,}9 \cdot 1{,}4} = 140$ cm²; $g_0 = 4 \cdot 140 = 560$ kg/m; daher der verbesserte Wert $P_0'' = 0{,}56 \cdot 2{,}0 = 1{,}2$ t. Die mit diesem Wert erneut durchgeführte Berechnung liefert $F = 137$ cm², so daß das Gewicht beider Hauptträger zu 560 kg/m eingeführt werden kann.

---

[1]) Z. B. Dircksen-Schaper: Hilfswerte für das Entwerfen und die Berechnung von Brücken mit eisernem Überbau. Berlin 1913.

Nach der Fertigstellung der Festigkeitsberechnung ist durch eine überschlägliche Gewichtsberechnung die wirkliche ständige Last zu ermitteln; ergibt sie Gesamtspannungen, die die zulässigen Beanspruchungen in den gefährdetsten Teilen um 3% oder mehr überschreiten, so ist die statische Berechnung neu aufzustellen. Auf jeden Fall ist nach Fertigstellung des ganzen Entwurfs die auf Grund der genauen Gewichtsberechnung ermittelte wirkliche ständige Last in der Festigkeitsberechnung anzugeben und der angenommenen gegenüberzustellen.

Bei Fachwerkträgern wird jeder Stab außer durch die Stabkraft selbst noch durch sein eigenes Gewicht auf Biegung beansprucht; diese zusätzlichen Biegungsspannungen brauchen aber nur bei sehr langen Stäben, d. h. bei großen Spannweiten in Rechnung gezogen zu werden.

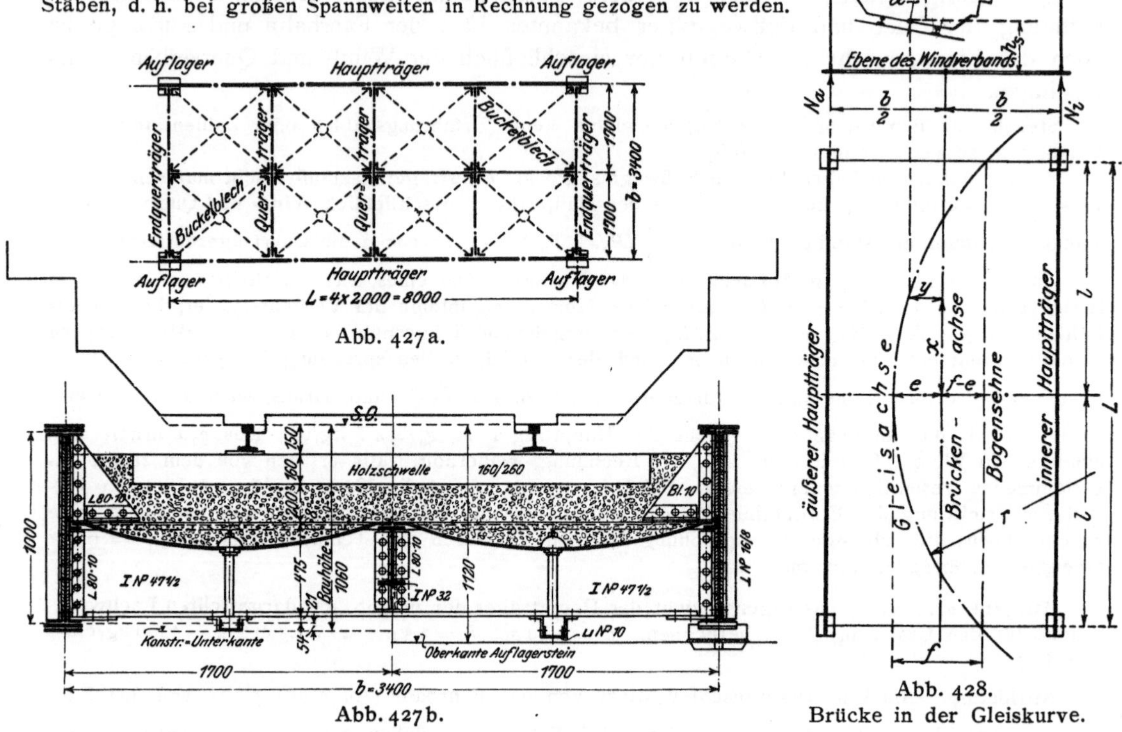

Abb. 427a.

Abb. 427b.

Abb. 428. Brücke in der Gleiskurve.

b) Verkehrslast. Die Verteilung der Gleislast (Zahlentafel 3 bis 5) auf die Hauptträger erfolgt nach folgenden Regeln.

α) Anordnung von **zwei** Hauptträgern für ein Gleis. Liegt das Gleis in einer geraden Linie, so fallen Gleis- und Brückenachse zusammen; jeder Hauptträger erhält die Hälfte der für ein Gleis berechneten Momente und Querkräfte.

Liegt das Gleis in einer Kurve vom Radius r und der Pfeilhöhe f (Abb. 428), so ergeben sich mit der unter I 1c) gemachten Voraussetzung ($\sin\alpha = \operatorname{tg}\alpha = \zeta$, $\cos\alpha = 1$) die Gegendrücke der Hauptträger an der Stelle $(x y)$ zu $N_a = \frac{P}{b}\left(\frac{b}{2} + y + \zeta h_s\right)$ und $N_i = \frac{P}{b}\left(\frac{b}{2} - y - \zeta h_s\right)$, wenn h_s die Höhe von Schienenoberkante bis zur Ebene des Windverbands ist. Die Gleisachse kann auf die Länge L hinreichend genau als Parabel angesehen werden[1]), so daß sich mit $P = p\,dx$ und $y = e - f\frac{x^2}{l^2}$ die Werte $dN_a =$

[1]) Für die Brücke Abb. 407 ist $r = 350$ m, $f = 280$ mm; damit ergeben sich die von der Bogensehne aus gemessenen Ordinaten η

	für $x =$	0	3,5	7,5	10,5	14,0	m
beim Kreis	zu $\eta =$	280	263	210	123	0	mm
bei der Parabel	zu $\eta =$	280	262,5	210	122,5	0	mm

$\frac{p\,dx}{b}\left(\frac{b}{2}+e-f\frac{x^2}{l^2}+\zeta h_s\right)$ und $dN_i=\frac{p\,dx}{b}\left(\frac{b}{2}-e+f\frac{x^2}{l^2}-\zeta h_s\right)$ ergeben; durch Integration zwischen den Grenzen $-l$ und $+l$ ergeben sich mit $2pl=\Sigma P=$ Summe aller Gleislasten die Werte

$$71\text{a})\quad N_a=\frac{\Sigma P}{b}\left[\frac{b}{2}+\left(e-\frac{f}{3}\right)+\zeta h_s\right] \quad \text{und} \quad 71\text{b})\quad N_i=\frac{\Sigma P}{b}\left[\frac{b}{2}-\left(e-\frac{f}{3}\right)-\zeta h_s\right],$$

wobei in der Gleichung $\frac{71\text{a}}{71\text{b}}$ für ζ der $\frac{\text{größte}}{\text{kleinste}}$ Wert einzusetzen ist.

Bei **Trog**brücken wird $e=\frac{f}{3}$ gewählt, so daß $N_a=\Sigma P\left(\frac{1}{2}+\zeta_{\max}\frac{h_s}{b}\right)$ und $N_i=\Sigma P\left(\frac{1}{2}-\zeta_{\max}\frac{h_s}{4b}\right)$ wird; da beide Hauptträger die Abmessungen des am stärksten beanspruchten, hier also des äußeren, erhalten, so erhält der Hauptträger

von der lotrechten Verkehrslast das 0,5 fache } der Gleislast.
von der Fliehkraft das $\zeta_{\max}\frac{h_s}{b}$ fache } der Gleislast.

Bei **Deck**brücken wird der Scheitelabstand e so gewählt, daß beide Hauptträger — der äußere für die größte zulässige Zuggeschwindigkeit $v_{\max}$, der immer für eine zwischen 0 und $v_{\max}$ liegende mittlere Geschwindigkeit v — annähernd gleich stark beansprucht werden.

Eine gleichmäßige Beanspruchung beider Hauptträger läßt sich nicht erzielen, da die aus der Gleichung $N_a=N_i$ oder $\left(e-\frac{f}{3}\right)+\zeta_{\max}h_s=-\left(e-\frac{f}{3}\right)-\zeta h_s$ folgende Bedingung $e=\frac{f}{3}-\frac{h_s}{2}(\zeta_{\max}+\zeta)$ auch für den kleinsten Wert $\zeta=0$ negative, also praktisch unbrauchbare Werte für e ergibt. Man wird im allgemeinen e und ζ möglichst klein wählen, etwa $e=\frac{f}{4}$ und $\zeta=\frac{1}{10}\zeta_{\max}$ $\left(\text{entsprechend } v=\frac{v_{\max}}{\sqrt{10}}\right)$.

Bei der in Abb. 407 dargestellten Brücke mit $r=350$ m, $f=280$ mm, $b=3{,}4$ m und $h_s=3{,}6$ m ist $e=\frac{f}{2}$ gewählt; daher wird mit $\zeta=\frac{1}{10}\zeta_{\max}$ und $\zeta_{\max}=0{,}111$ (Zahlentafel 6) $N_a=\Sigma P(0{,}5+0{,}014+0{,}117)=0{,}631\,\Sigma P$ und $N_i=\Sigma P(0{,}5-0{,}014-0{,}012)=0{,}474\,\Sigma P$. Wählt man $e=\frac{f}{9}$, so wird $N_a=\Sigma P(0{,}5-0{,}018-0{,}117)=0{,}599\,\Sigma P$ und $N_i=\Sigma P(0{,}5+0{,}018-0{,}012)=0{,}506\,\Sigma P$; das Weniger bei N_a beträgt 5%, das Mehr bei N_i aber 7%; wählt man endlich $e=\frac{f}{3}$, so wird $N_a=\Sigma P(0{,}5+0{,}117)=0{,}617\,\Sigma P$ und $N_i=\Sigma P(0{,}5-0{,}012)=0{,}488\,\Sigma P$. Beide Hauptträger erhalten auch hier die Abmessungen des am stärksten beanspruchten.

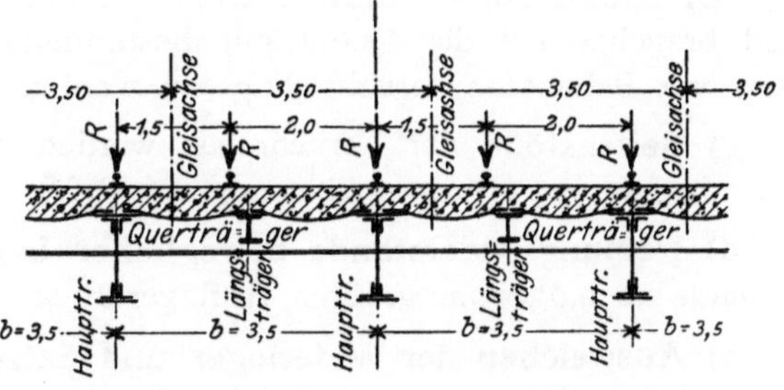

Abb. 429. Anordnung mehrerer Hauptträger.

β) **Anordnung mehrerer Hauptträger.** Liegt die Fahrbahn oben, so werden bei der Überführung mehrerer Gleise und gleichzeitiger Durchführung des Schotterbetts drei oder mehr Hauptträger angeordnet (Abb. 429), um in der Lage der Gleisachsen, insbesondere auch beim Einbau von Weichen, von der Lage der Hauptträger unabhängig zu sein. In diesem Falle hat man sich bei der Berechnung eines Hauptträgers die Gleisachsen in die ungünstigste Stellung gerückt zu denken, wobei als geringster Abstand der Achsen 3,5 m einzuführen ist.

Beispielsweise würde ein Hauptträger der Abb. 429, in der R die Radlast bedeutet, für die $1+\frac{2{,}0+1{,}5}{3{,}5}=2$fache Radlast, d. h. für die volle Gleislast zu berechnen sein. Sämtliche Hauptträger erhalten dieselben Abmessungen.

Bei Fachwerkträgern ist für diejenigen Vertikalen, die nur zur Aufhängung der Fahrbahn dienen, z. B. die Vertikalen in den ungeraden Knotenpunkten der Abb. 407a, als Stabkraft der größte durch ständige und Verkehrslast erzeugte Stützdruck des Querträgers einzuführen.

c) Fliehkraft. Die Beiträge der Fliehkraft zur lotrechten Belastung sind unter b) ermittelt.

d) Wärmeschwankungen sind nur bei statisch unbestimmten Hauptträgern in ihrem Einfluß auf die Abmessungen zu berücksichtigen.

2. Wind- und Zusatzkräfte.

a) Winddruck. Die Gurtungen der Hauptträger sind fast stets auch die Gurtungen der Windverbände, die Vertikalen bzw. Enddiagonalen gleichzeitig Glieder der Querverbände; die Ermittlung der hierdurch auftretenden Spannkräfte bzw. Momente ist in V und VI durchgeführt.

Bilden vollwandige Hauptträger die Gurtungen von Windverbänden, so brauchen die durch Winddruck in ihnen erzeugten Spannungen nicht nachgewiesen zu werden.

Die lotrechte Zusatzbelastung der Hauptträger durch den Winddruck braucht nur bei Deckbrücken berücksichtigt zu werden, bei denen nur ein Windverband in der Untergurtebene vorhanden ist (Abb. 407).

Die einzelnen Stäbe eines Fachwerkträgers werden durch den auf sie treffenden Winddruck rechtwinklig zur Trägerebene auf Biegung beansprucht. Diese zusätzlichen Biegungsspannungen werden nur bei langen, breiten Stäben, d. h. bei großen Spannweiten in Rechnung gezogen und erlauben dann eine Erhöhung der sonst zulässigen Beanspruchung; ihre Größe ist bei mehrteiligen Querschnitten, deren einzelne Teile nicht durchlaufend miteinander vernietet sind, durch Vermehrung der Bindbleche und Querrahmen (Abb. 173 u. 174), deren Entfernung hier auch bei Zugstäben nicht über 1,0 bis 1,5 m betragen soll, bzw. durch eine Vergitterung (Abb. 177 u. 178) möglichst gering zu halten.

Die **Standsicherheit** des Überbaus gegen Umkippen durch Wind und andere wagerechte Kräfte ist im belasteten und unbelasteten Zustand nachzuweisen; ist sie kleiner als 1,5, so muß die Brücke verankert werden.

Bei Brücken mit hochliegender Fahrbahn ist in der Regel für die Standsicherheit gegen Umkippen durch Wind der Fall der ungünstigste, bei dem der Überbau mit leeren Güterwagen 1,0 t/m Gewicht belastet ist.

b) Brems- und Anfahrkräfte beanspruchen die Hauptträger in ihrer Längsrichtung und brauchen bei der Querschnittsbestimmung nur bei Brücken in geneigten Strecken oder vor Bahnhöfen berücksichtigt zu werden.

c) Seitenstöße der Verkehrslast werden durch den Schlinger- und Windverband in die Hauptträgergurtungen übertragen (vgl. V).

d) Reibungswiderstände beweglicher Lager. Die gleitende Reibung ist zu 0,2, die rollende zu 0,03 vom größten Auflagerdruck anzunehmen.

e) Ausweichen der Widerleger und Setzen der Pfeiler. Diese Einflüsse sind, wenn sie auf den Spannungszustand der Brücke einwirken, nach den möglichen Maßen zu berechnen und wie Zusatzkräfte zu behandeln.

Aufgabe 83. Es sind die Spannkräfte der in Abb. 406 dargestellten Fachwerkbrücke für den Lastenzug G zu berechnen. $L=28{,}0$ m; $h=3{,}5$ m; $a=3{,}5$ m; $\varphi=1{,}47$.

Auflösung. 1. **Hauptkräfte.** a) Ständige Last.

Vom Querträger nach (Aufg. 78)	$\frac{1}{2}\cdot 5{,}2=2{,}6$ t	
Fußwegkonsole	$=0{,}5$ t	
Eigengewicht (nach Aufg. 81)	$\frac{1}{2}\cdot 1{,}24\cdot 3{,}5=2{,}1$ t	
Gesamte Knotenlast	$P_0=5{,}2$ t.	$N_0=4\cdot 5{,}2=20{,}8$ t.

Querkräfte:		Momente:				
Feld (3)—(4)	2,6 t	$\frac{M_1}{3,5} =$	18,2 mt	$U_1 = +18,2$ t	$D_1 = -18,2\sqrt{2} = -25,7$ t	$V_1 = +5,2$ t
	$+5,2$		$+13,0$			
Feld (2)—(3)	7,8 t	$\frac{M_2}{3,5} =$	31,2 mt	$O_2 = -31,2$ t	$D_2 = +13,0\sqrt{2} = +18,3$ t	$V_2 = 0$
	$+5,2$		$+7,8$			
Feld (1)—(2)	13,0 t	$\frac{M_3}{3,5} =$	39,0 mt	$U_3 = +39,0$ t	$D_3 = -7,8\sqrt{2} = -11,0$ t	$V_3 = +5,2$ t
	$+5,2$		$+2,6$			
Feld (0)—(1)	18,2 t	$\frac{M_4}{3,5} =$	41,6 mt	$O_4 = -41,6$ t	$D_4 = +2,6\sqrt{2} = +3,7$ t	$V_4 = 0$

b) Verkehrslast. Für einen Hauptträger wird nach Zahlentafel 5: $N_v = \frac{1}{2\cdot 28,0}(3475 + 1,5\cdot 250) = 68,8$ t; $\varphi N_v = 101,1$ t; nach Zahlentafel 3: $M_{\max} = \frac{1}{2}\cdot 835 = 417,5$ mt; daher nach Zahlentafel 4 mit $\frac{\varphi}{3,5} = 0,42$ für $\frac{x}{L} = 0,125$: $M_x = (0,471 + 0,005\cdot 3,2)\,417,5 = 203,3$ mt; $\varphi U_1 = +0,42\cdot 203,3 = +85,4$ t

$= 0,250$: $M_x = 0,813\cdot 417,5 = 339,4$ mt; $\varphi O_2 = -0,42\cdot 339,4 = -142,5$ t

$= 0,375$: $M_x = (0,974 + 0,005\cdot 0,7)\,417,5 = 408,1$ mt; $\varphi U_3 = +0,42\cdot 408,1 = +171,4$ t

$= 0,500$: $M_x \quad M_{\max} = 417,5$ mt; $\varphi O_4 = -0,42\cdot 417,5 = -175,4$ t.

Ferner wird mit $\varphi\sqrt{2} = 2,07$ nach Zahlentafel 5 für

26,0 m $\frac{\Sigma P}{P_1+P_2} = 6,39 < 8$; $Q_x = \frac{1}{2\cdot 28,0}(3130 + 1,0\cdot 230) - \frac{18,0}{2}\cdot\frac{1,5}{3,5} = 65,9 - 3,8 = 56,2$ t. $\varphi D_{1\,\min} = -2,07\cdot 56,2 = -116,3$ t

22,5 m $\frac{\Sigma P}{P_1+P_2} = 5,34 < 8$; $Q_x = \frac{1}{2\cdot 28,0}(2250 + 2,0\cdot 192) - \frac{18,0}{2}\cdot\frac{1,5}{3,5} = 47,1 - 3,8 = 43,3$ t. $\varphi D_{2\,\max} = +2,07\cdot 43,3 = +89,6$ t

19,0 m $\frac{\Sigma P}{P_1+P_2} = 5,00 < 8$; $Q_x = \frac{1}{2\cdot 28,0}(1440 + 3,0\cdot 180) - \frac{18,0}{2}\cdot\frac{1,5}{3,5} = 35,4 - 3,8 = 31,6$ t. $\varphi D_{3\,\min} = -2,07\cdot 31,6 = -65,4$ t

14,0 m $\frac{\Sigma P}{P_1} = 7,22 < 8$; $Q_x = \frac{1}{2\cdot 28,0}(750 + 3,0\cdot 130) = 20,4$ t. $\varphi D_{4\,\max} = +2,07\cdot 20,4 = +42,2$ t.

3,5 m $\frac{\Sigma P}{P_1} = 2 < 8$; $Q_x = \frac{1}{2\cdot 28,0}(30 + 2\cdot 40) = 2,0$ t. $D_{2\,\min} = -2,07\cdot 2,0 = -4,1$ t. | $\varphi V_1 = \varphi V_3 = +1,47\,\frac{43,8}{2} = +32,2$ t.

7,0 m $\frac{\Sigma P}{P_1} = 5 < 8$; $Q_x = \frac{1}{2\cdot 28,0}(270 + 1\cdot 90) = 6,4$ t. $D_{3\,\max} = +2,07\cdot 6,4 = +13,2$ t. | (vgl. Aufg. 78)

10,5 m $\frac{\Sigma P}{P_1} = 6,1 < 8$; $Q_x = \frac{1}{2\cdot 28,0}(585 + 1\cdot 110) = 12,4$ t. $D_{4\,\min} = -2,07\cdot 12,4 = -25,7$ t. | $V_2 = V_4 = 0$.

2. Zusatzkräfte.

a) Winddruck. Die getroffenen Flächen berechnen sich schätzungsweise (vgl. Zahlentafel 7) wie folgt:

Obergurt	$2\cdot{}^3/_4\cdot 0,26 = 0,39$	m²/m
Untergurt	$2\cdot{}^3/_4\cdot 0,30 = 0,45$	„
Diagonalen	$2\cdot{}^3/_4\cdot 0,20\sqrt{2} = 0,42$	„
Vertikale	$2\cdot{}^3/_4\cdot 0,20\,\frac{3,5}{3,5} = 0,30$	„
Knotenbleche rund	$= 0,44$	„
Fahrbahnband	${}^3/_4\cdot 0,80 = 0,60$	„
	2,60	m²/m

$w_0 = 0,15\cdot 2,60 = 0,39$ t/m

Verkehrsband 3,5 m²/m.

$w_v = 0,15\cdot 3,5 = 0,53$ t/m.

$w_0 + w_v = 0,92$ t/m.

$M_{\max} = 0,92\cdot\frac{28,0^2}{8} = 90,2$ mt.

Daher nach Zahlentafel 2:

$\frac{x}{L} = 0,125$: $M_x = 0,437\cdot 90,2 = 38,8$ mt. $U_1 = +\frac{38,8}{4,8} = +8,1$ t.

$= 0,250$: $M_x = 0,750\cdot 90,2 = 67,7$ mt. $U_3' = +\frac{67,7}{4,8} = +14,1$ t.

$= 0,375$: $M_x = 0,937\cdot 90,2 = 83,9$ mt. $U_3'' = +\frac{83,9}{4,8} = +17,5$ t.

Auf den oberen Endpunkt einer Vertikalen entfällt vom

Obergurt	$= 0,26$	m²/m
Diagonalen	$0,20\sqrt{2} = 0,28$	„
Vertikale	$0,20\,\frac{3,5}{2\cdot 3,5} = 0,10$	„
Knotenbleche rund	$= 0,16$	„
insgesamt	0,80	m²/m.

Daher $P_w = 0,15\cdot 0,80\cdot 3,5 = 0,42$ t mit
bzw. $P_w = 0,25\cdot 0,80\cdot 3,5 = 0,70$ t ohne
Berücksichtigung der Verkehrslast.

Daher berechnet sich das Windmoment in der Vertikalen im Abstand 2,0 m vom oberen Knotenpunkt zu $\mathfrak{M}_w = \pm\frac{0,42\cdot 2,0}{0,70\cdot 2,0} = \pm\frac{0,84}{1,40}$ mt $\frac{\text{mit}}{\text{ohne}}$ Berücksichtigung der Verkehrslast.

b) Seitenstöße. $P_s = \frac{1}{5} \cdot 18{,}0 = 3{,}6$ t. $M_1 = 3{,}6 \cdot \frac{1 \cdot 7}{8} \cdot 3{,}5 = 11{,}0$ mt. $U_1 = + \frac{11{,}0}{4{,}8} = + 2{,}3$ t

$M_2 = 3{,}6 \cdot \frac{2 \cdot 6}{8} \cdot 3{,}5 = 18{,}9$ mt. $U_2 = + \frac{18{,}9}{4{,}8} = + 4{,}0$ t

$M_3 = 3{,}6 \cdot \frac{3 \cdot 5}{8} \cdot 3{,}5 = 23{,}6$ mt. $U_3 = + \frac{23{,}6}{4{,}8} = + 4{,}9$ t

$M_4 = 3{,}6 \cdot \frac{4 \cdot 4}{8} \cdot 3{,}5 = 25{,}2$ mt. $U_4 = + \frac{25{,}2}{4{,}8} = + 5{,}3$ t.

3. Größte Spannkräfte. Mit den vorher berechneten Werten ergibt sich nachfolgende Zusammenstellung:

		Obergurt		Untergurt		Diagonalen				Vertikale		
Stab		(I)—(II)	(III)=(IV)	(0)—(2)	(2)—(3)	(0)—(I)	(I)—(2)	(2)—(III)	(III)—(4)	(1)—(I)	(3)—(III)	
Spannkräfte durch	ständige Last	— 31,2	— 41,6	+ 18,2	+ 39,0	— 25,7	+ 18,3	— 11,0	+ 3,7	+ 5,2		t
	$\varphi \times$Verkehrslast	— 142,5	— 175,4	+ 85,4	+ 171,4	— 116,3	+89,6 — 4,1	+ 13,2 — 65,4	+ 42,2 — 25,7	+ 32,2		
Hauptkräfte	Zugstäbe S_{max}			+ 103,6	+ 210,4		+ 107,9	+ 2,2	+ 45,9	+ 37,4		
	Druckstäbe S_{min}	— 173,7	— 217,0			— 142,0		— 76,4	— 22,0			t
	Wechselstäbe $\mathfrak{S}_{max}$							77,5	56,9			
Winddruck				+ 8,1	+ 17,5					$M_w = \pm \frac{0{,}84}{1{,}40}$ mt		t
Seitenstöße				+ 4,0	+ 5,3							t
Haupt- und Zusatzkräfte				+ 115,7	+ 233,2							t

3. Querschnittsbestimmung.

a) Vollwandige Träger. Bei der Berechnung des wirklich vorhandenen Widerstandsmoments sind bei Blechträgern in jeder Gurtung zwei senkrechte Nietlöcher und außerdem 15% der Stehblechstärke abzuziehen; bei der Berechnung der Nietteilung sind dagegen die vollen Querschnitte einzuführen. Die Gurtplatten sind erst an der Stelle voll wirksam, wo sie mit der ihrem nutzbaren Querschnitt entsprechenden Nietanzahl angeschlossen sind; jede Lamelle ist über ihren rechnerischen Endpunkt mit mindestens einem Nietpaar hinauszuführen. An der Stoßstelle eines Querschnittsteils muß das Trägheitsmoment der Decklasche mindestens gleich dem Trägheitsmoment des gestoßenen Teils selbst sein.

Aufgabe 84. Es sollen die Hauptträger der in Abb. 430 dargestellten Blechträgerbrücke für den Lastenzug *E* berechnet werden. Wind- und Zusatzkräfte kommen mit Rücksicht auf die durchlaufende Eisenbetonabdeckung nicht in Betracht.

Auflösung. $L = 16{,}0$ m; $b = 3{,}8$ m; $\lambda = 1{,}8$ m; $\varphi = 1{,}45$ m.

a) Ständige Last. Dte (hier nicht durchgeführte) Berechnung der Fahrbahnträger ergibt den Auflagerdruck des Querträgers und der Konsole zu $p_0 = 7{,}2$ t, d. i. $\frac{7{,}2}{3{,}2} = 2{,}31$ t/m; Eigengewicht 0,49 t/m; insgesamt $p_0 = 2{,}8$ t/m. $P_0 = 2{,}8 \cdot 16{,}0 = 44{,}8$ t. $M_0 = 44{,}8 \cdot \frac{16{,}0}{8} = 89{,}6$ mt.

b) Verkehrslast. Nach Zahlentafel 3 wird $M_v = \frac{1}{2} \cdot 350 = 175{,}0$ mt; $\varphi M_v = 253{,}8$ mt.

c) Größte Beanspruchung. Das gewählte Profil $\frac{1700}{14} + 4 \,|\, 130:12 + 6 \frac{300}{10}$ hat $W_0 = 14000$ cm³, $W_1 = 18100$ cm³, $W_2 = 22100$ cm³ und $W_3 = 26200$ cm³ bei Berücksichtigung der Nietverschwächungen (26 mm ϕ); daher $\sigma = \frac{89{,}6 + 253{,}8}{26200} 10^5 = 1310$ (zul. 1400) kg/cm².

Mit $W_0 = 0{,}534\, W_3$ | $W_1 = 0{,}691\, W_3$ | $W_2 = 0{,}843\, W_3$
ergibt sich der rechnerische Endpunkt der Lamellen nach Zahlentafel 4 zu

$x_1 = 0{,}139 \cdot 16{,}0 = 222$ m | $x_2 = 0{,}195 \cdot 16{,}0 = 3{,}12$ m | $x_3 = 0{,}266 \cdot 16{,}0 = 4{,}26$ m.

Zum Anschluß einer Lamelle $^{300}/_{10}$ mit $F_n = (30{,}0 - 2 \cdot 26)\, 1{,}0 = 24{,}8$ cm² dienen 6 einschnittige Niete von 26 mm ϕ mit $F_s = 0{,}8 \cdot 6 \cdot 5{,}31 = 25{,}5$ cm².

d) Stützdruck. Nietteilung. Von der ständigen Last wird $N_0 = 22{,}4$ t; von der Verkehrslast nach Zahlentafel 5 $N_v = \frac{1}{2 \cdot 16{,}0}(1200 + 2{,}5 \cdot 160) = 50{,}0$ t; $\varphi N_v = 72{,}5$ t; daher $N = 94{,}9$ t. $J_0 = 1\,369\,500$ cm^4 (ohne Nietabzug); $S_0 = 2 \cdot 30{,}0\,(85{,}0 - 3{,}64) = 4882$ cm^3; $\frac{J_0}{S_0} = 280$ cm^3, daher die kleinste Nietteilung am Auflager nach Gl. 30): $t = 2{,}6 \cdot 1{,}4 \cdot \frac{2 \cdot 1{,}4}{94{,}9} \cdot 280 = 30$ cm.

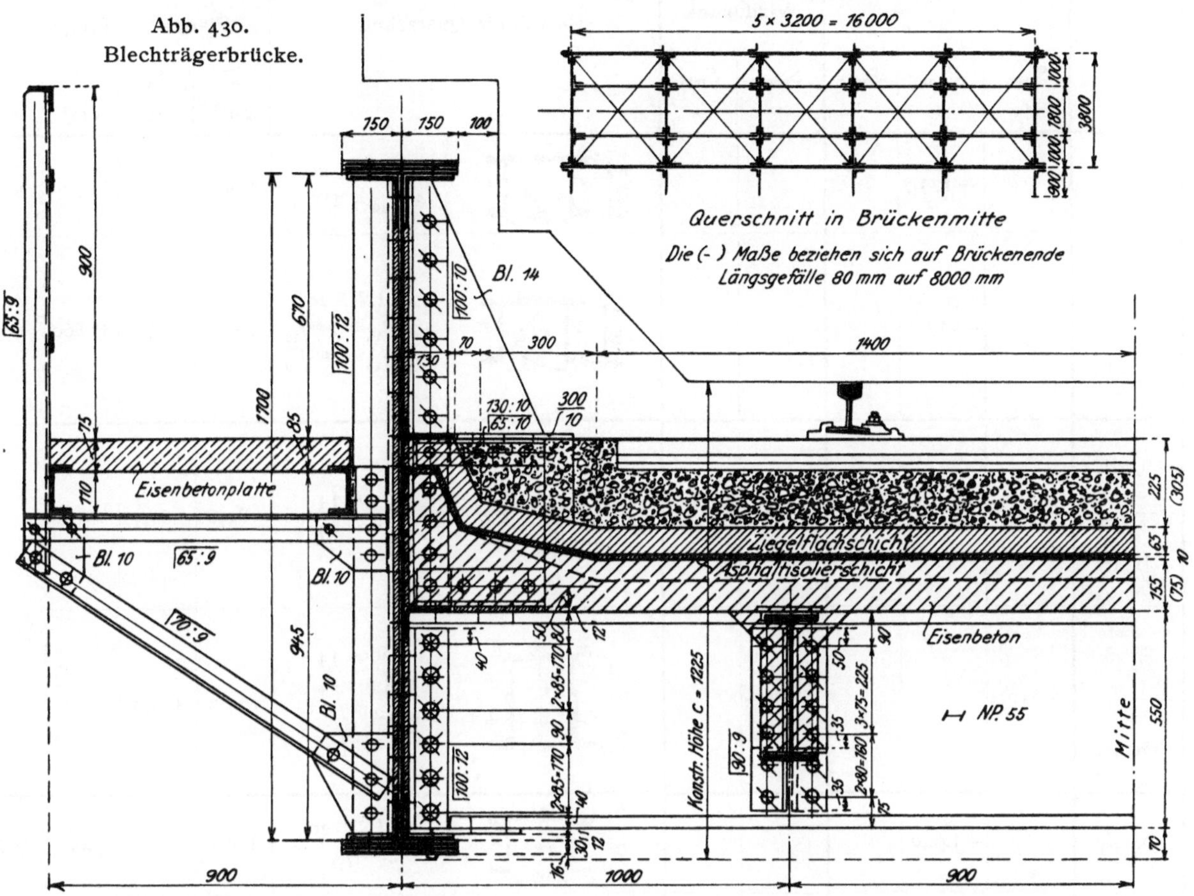

Abb. 430. Blechträgerbrücke.

b) Fachwerkträger. α) Zugstäbe. Bei der Ermittlung der wirklich vorhandenen (nutzbaren) Fläche F_n sind alle in ein und denselben Schnitt fallenden Nietlöcher abzuziehen; als in denselben Querschnitt fallend gelten alle Niete, deren Entfernung t_1 parallel zur Stabachse gemessen (Abb. 15) kleiner als $2{,}5\,d$ ist. Der Nietanschluß erfolgt nach der wirklich vorhandenen Nutzfläche F_n.

β) Druckstäbe. Ist F die wirklich vorhandene Querschnittsfläche ohne Nietabzug und ω die der Zahlentafel 10 zu entnehmende Knickzahl, so ist bei der Zugrundelegung der zulässigen Beanspruchung k auf Zug nur die Fläche F/ω als wirksam einzuführen; nach dieser Fläche erfolgt auch der Nietanschluß.

Als freie Knicklänge s_k, deren Enden als gelenkig geführt anzusehen sind, gilt bei den Gurtstäben die Länge s ihrer Netzlinien; bei einem Füllungsstab ist rechtwinklig zur Trägerebene die Länge s seiner Netzlinie, in der Trägerebene aber der Abstand der nach der Zeichnung geschätzten Schwerpunkte der beiderseitigen Anschlußnietgruppen (daher etwa $s_k = 0{,}9\,s$ bis $0{,}8\,s$) einzuführen. Werden Gurt- oder Füllungsstäbe in Zwischenpunkten gegen andere feste Punkte abgestützt, so verringert sich s_k entsprechend.

Bei sich kreuzenden Stäben, von denen der eine Druck, der andere Zug erhält, ist der Kreuzungspunkt als ein in und rechtwinklig zu der Trägerebene festliegender Punkt anzunehmen, wenn die beiden Stäbe in ihm gehörig miteinander verbunden sind.

	Stab	Spannkräfte in t					Querschnitts				
		Hauptkräfte			Hauptkräfte und Winddruck		Gewählter Querschnitt	vorhanden an			$i = \sqrt{\frac{J}{F}}$
								Fläche		Trägh.	
		S_{max} +	S_{min} −	$\mathfrak{S}_{max}$	S_{max} +	S_{min} −		F cm²	F_n cm²	J cm⁴	cm
Obergurt	(I)–(II)		− 173,7				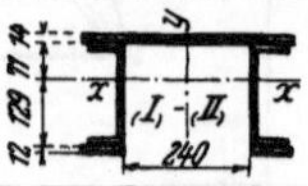 2 ⊔ NP·20 + $2\,{}^{80}/_{12} + 1\,{}^{400}/_{14}$	139,6		11 330	9,00
	(II)–(III)		− 217,0				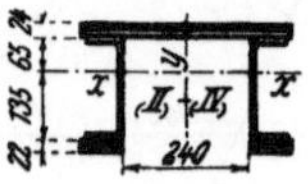 2 ⊔ NP·20 + $2\,{}^{80}/_{12} + 2\,{}^{80}/_{10}$ + $1\,{}^{400}/_{14} + 1\,{}^{400}/_{10}$	195,6		17 860	9,54
	(III)–(IV)										
Untergurt	(0)–(1)	+ 103,6			+ 115,7	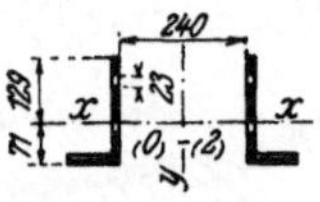	2 $\frac{200:14}{100:14}$	80,6	67,7		
	(1)–(2)										
	(2)–(3)	+ 210,4			+ 233,2	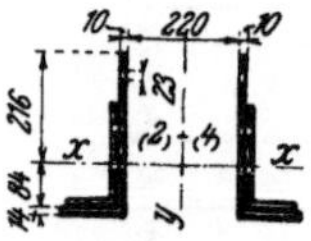	2 $\frac{200:14}{100:14}$ + $2\,{}^{300}/_{10}$ + $2\,{}^{120}/_{14}$	174,2	147,5		
	(3)–(4)										
Diagonalen	(0)–(I)		− 142,0				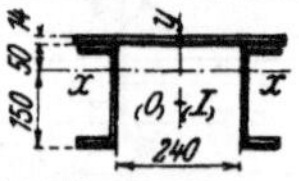 2 ⊔ NP·20 + ${}^{400}/_{14}$	120,4		7230	7,75
	(I)–(2)	+ 107,9					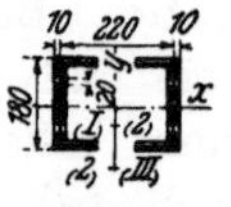 2 ⊔ NP·18 + $2\,{}^{180}/_{10}$	92,0	77,6		
	(2)–(III)		− 76,4	77,5						3680	6,32
	(III)–(4)	+ 45,9	− 22,0	56,9			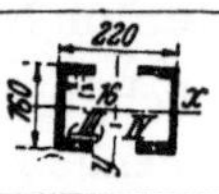 2 ⊔ NP·16	48,0	41,3	1850	6,21
Vertikale	(1)–(I)	+ 37,4					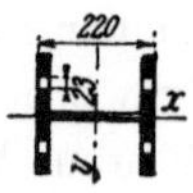 ⊢⊣ Diff. 22 B	82,6	68,8 bzw. 52,2 (Flansche allein)	7380	
	(2)–(II)	0									
	(3)–(III)	+ 37,4									
	(4)–(IV)	0									

bestimmung								Nietberechnung					
Knicklänge s_k	$\lambda = \frac{s_k}{i}$	Knickzahl	$\frac{F}{\omega}$	Beanspruchungen in kg/cm² Hauptkräfte tats.	Hauptkräfte zul.	Hauptkr. u. Wind tats.	Hauptkr. u. Wind zul.	Erforderliche Nietfläche	Durchmesser	Anzahl (einschn.)	Vorhandene Scherfläche	Vorhandene Leibungsfläche	Bemerkungen
cm		ω	cm²	σ	k	σ	k	cm²	mm		cm²	cm²	
350	39	1,17	119,3	1460	1570			119,3	20	48	120,6	192,0	
350	37	1,17	168,0	1290	1570			168,0	20	68	170,8	272,0	
				1530	1570	1720	1800	67,7	23	21	69,8	96,6	
				1430	1570	1580	1800	147,5	23	45	149,4	207,0	
450	58	1,17	102,9	1380	1570			102,9	20	42	105,6	168,0	Stablänge $s = 3{,}5\sqrt{2} = 4{,}95$ m; in der Trägerebene ist $s_k = 0{,}93\,s = 4{,}50$ m gewählt
				1390	1570			77,6	20	32	80,4	128,0	
450	71,5	1,56	59,0	1300	1570			59,0	20	24	60,3	96,0	
450	73	1,61	29,8	1380	1570			41,3	20	17	42,7	68,0	
				Vgl. Bemerkungen	1570		1800	52,2	23	16	53,2	73,6	Windmoment $M_w = \frac{0{,}84}{1{,}40}$ mt $\frac{\text{mit}}{\text{ohne}}$ Verkehrslast. $W_n = 547$ cm³; daher $\sigma = \frac{37{,}4}{68{,}8}10^3 + \frac{0{,}84}{547}10^5 = 700$ (zul. 1570) kg/cm² bzw. $\sigma = \frac{5{,}2}{68{,}8}10^3 + \frac{1{,}40}{547}10^5 = 330$ (zul. 1800) kg/cm². Vgl. Aufg. 89 u. 90.
									23	8	26,6	36,8	
								52,2	23	16	53,2	73,6	
									23	8	26,6	36,8	

Bei mehrteiligen Druckstäben darf der Schlankheitsgrad der einzelnen Teile nicht größer als der des ganzen Stabes und höchstens gleich 30 sein. Als freie Knicklänge der einzelnen Teile gilt die Länge $\mathfrak{e}$ (Abb. 168) zwischen den Mitten zweier Bindbleche oder der Knotenpunkte der Vergitterung. Die Abmessungen und Anschlüsse der Vergitterungen oder Bindbleche sind für eine Querkraft zu berechnen, die $2\,^0/_0$ der größten Druckkraft des Gesamtstabes beträgt.

Erleidet beispielsweise ein nach Abb. 230 aus 2 ⊔ NP. 26 in 180 mm Lichtabstand gebildeter Stab von $s_k = 7{,}0$ m Knicklänge die Druckkraft $S = -78{,}0$ t, so wird für den Gesamtquerschnitt $F = 2\cdot 48{,}3 = 96{,}6$ cm²; $J_{\min} = 2\cdot 4823 = 9646$ cm⁴; $i = \sqrt{\frac{9646}{96{,}6}} = 10$; $\lambda = \frac{700}{10} = 70$; für das einzelne ⊔-Eisen wird $f = 48{,}3$ cm²; $J_{\min} = 317$ cm⁴; $i = \sqrt{\frac{317}{48{,}3}} = 2{,}5$; daher $\mathfrak{e}_{\max} = 3\cdot 2{,}5 = 75$ cm.

γ) Wechselstäbe. Wird der Spannungsberechnung die gedachte Stabkraft $\mathfrak{S}_{\max} = S_{\max} + \frac{1}{2} S_{\min}$ bzw. $S_{\min} + \frac{1}{2} S_{\max}$ (je nachdem $S_{\max} \gtrless S_{\min}$ ist) zugrunde gelegt, so ist wie bei den Zugstäben der Nutzquerschnitt F_n, wird aber die größte Druckkraft $S_{\min}$ zugrunde gelegt, so ist der $\frac{1}{\omega}$fache volle Querschnitt einzuführen. Der Nietanschluß erfolgt nach dem nutzbaren Querschnitt F_n.

Aufgabe 85. Es sollen die Querschnitte der in Aufg. 83 berechneten Fachwerkbrücke ermittelt ermittelt und die auftretenden Spannungen berechnet werden. $\sigma_Q = 2700$ kg/cm², daher $k = \frac{7}{12}\cdot 2700 = 1570$ kg/cm² ohne und $k = 1600\cdot\frac{2700}{2400} = 1800$ kg/cm² mit Berücksichtigung der Zusatzkräfte.

Auflösung. Die Lösung ist in der Zusammenstellung S. 226 und 227 durchgeführt, in der die Spannkräfte der Aufg. 83 entnommen sind.

V. Der Windverband.

Der Windverband hat die gesamten wagerechten Kräfte: Winddruck, Fliehkraft, Seitenstöße, Bremskraft und Anfahrwiderstand auf die Auflagerpunkte überzuleiten; die Entfernung dieser Punkte ist im allgemeinen als Stützweite anzunehmen; bei Ausleger- (Gerber-)trägern gilt als Stützweite des eingehängten Feldes die Entfernung der Gelenkpunkte, als Stützweite der Kragträger (einschl. der Kragarme) die Entfernung ihrer Auflagerpunkte.

1. Ist nur **ein** Windverband vorhanden, so hat er die gesamten wagerechten Kräfte auf die Auflagerpunkte zu übertragen.

Aufgabe 86. Es ist der Windverband der in Abb. 406 dargestellten Fachwerkbrücke zu berechnen und in seinen Querschnitten zu bestimmen. $\sigma_Q = 2400$ kg/cm².

Auflösung. $L = 28{,}0$ m. $k = 1030 + 40\cdot\frac{8{,}0}{10{,}0} = 1060$ kg/cm² (Zahlentafel 9).

1. Winddruck. a) Die vom Wind getroffenen Trägerflächen berechnen sich nach Zahlentafel 7 auf Grund der in Aufg. 85 festgelegten Abmessungen wie folgt:

Obergurt $2\cdot{}^3/_4\cdot 0{,}24 = 0{,}36$ m²/m	Querkräfte:	Riegel:	Diagonalen:
Untergurt $2\cdot{}^3/_4\cdot 0{,}25 = 0{,}38$ "	Feld (3)—(4): 1,4 t	$\mathfrak{B}_0 = -5{,}6$ t	$1/\sin\delta = \frac{5{,}94}{4{,}8} = 1{,}24$
Diagonalen $2\cdot{}^3/_4\cdot 0{,}18\sqrt{2} = 0{,}38$ "	+ 1,4	$\mathfrak{B}_1 = -4{,}9$ t	
Vertikale $2\cdot{}^3/_4\cdot 0{,}22\cdot\frac{3{,}5}{3{,}5} = 0{,}33$ "	Feld (2)—(3): 2,1 t	$\mathfrak{B}_2 = -3{,}5$ t	$\mathfrak{D}_1 = +1{,}24\cdot 4{,}9 = +6{,}1$ t
Knotenbleche geschätzt $= 0{,}52$ "	+ 1,4	$\mathfrak{B}_3 = -2{,}1$ t	$\mathfrak{D}_2 = +1{,}24\cdot 3{,}5 = +4{,}3$ t
Fahrbahnband ${}^3/_4\cdot 0{,}84 = 0{,}63$ "	Feld (1)—(2): 3,5 t	$\mathfrak{B}_4 = -1{,}4$ t	$\mathfrak{D}_3 = +1{,}24\cdot 2{,}1 = +2{,}6$ t
	+ 1,4		$\mathfrak{D}_4 = +1{,}24\cdot 0{,}7 = +0{,}9$ t
0,26 m²/m [1])	Feld (0)—(1): 4,9 t		
Daher die Knotenlasten $\mathfrak{P}_w = 0{,}26\cdot 0{,}15\cdot 3{,}5 = 1{,}4$ t			
Stützdruck $\mathfrak{N}_0 = 4\cdot 1{,}4 = 5{,}6$ t			

[1]) In Aufgabe 83 wurde schätzungsweise 0,26 m²/m eingeführt; bei größerer Abweichung muß die Berechnung der Spannkräfte in den Windverbandgurtungen nachträglich verbessert werden.

b) Verkehrsband 3,5 m²/m; daher die Knotenlasten $\mathfrak{P}_w = 3{,}5 \cdot 0{,}15 \cdot 3{,}5 = 1{,}8$ t und der Stützdruck $\mathfrak{R}_v = 4 \cdot 1{,}8 = 7{,}2$ t. Zur Bestimmung der größten Stabkräfte sind die Fahrzeuge in die gefährlichste Stellung zu bringen. Daher ergibt sich:

Querkräfte:	Riegel:	Diagonalen:
Punkt (1): $\frac{7 \cdot 1{,}8}{2} = 6{,}3$ t	$\mathfrak{B}_0 = -7{,}2$ t	$\mathfrak{D}_1 = +1{,}24 \cdot 6{,}3 = +7{,}8$ t
Punkt (2): $6 \cdot 1{,}8 \cdot \frac{3^1/_2 \cdot 3{,}5}{8 \cdot 3{,}5} = 4{,}7$ t	$\mathfrak{B}_1 = -6{,}3$ t	$\mathfrak{D}_2 = +1{,}24 \cdot 4{,}7 = +5{,}8$ t
Punkt (3): $5 \cdot 1{,}8 \cdot \frac{3 \cdot 3{,}5}{8 \cdot 3{,}5} = 3{,}4$ t	$\mathfrak{B}_2 = -4{,}7$ t	$\mathfrak{D}_3 = +1{,}24 \cdot 3{,}4 = +4{,}2$ t
Punkt (4): $4 \cdot 1{,}8 \cdot \frac{2^1/_2 \cdot 3{,}5}{8 \cdot 3{,}5} = 2{,}3$ t	$\mathfrak{B}_3 = -3{,}4$ t	$\mathfrak{D}_4 = +1{,}24 \cdot 2{,}3 = +2{,}9$ t
	$\mathfrak{B}_4 = -1{,}8$ t	

2. Seitenstöße. Da die Brücke für den Lastenzug *G* (Aufg. 83) berechnet ist, so ergibt sich die wandernde Seitenstoßlast zu $P_s = \frac{18{,}0}{5} = 3{,}6$ t; damit ergibt sich:

Querkräfte:	Riegel:	Diagonalen:
Punkt (1): $3{,}6 \cdot \frac{7}{8} = 3{,}2$ t	$\mathfrak{B}_0 = -3{,}6$ t	$\mathfrak{D}_1 = +1{,}24 \cdot 3{,}2 = +4{,}0$ t
Punkt (2): $3{,}6 \cdot \frac{6}{8} = 2{,}7$ t	$\mathfrak{B}_1 = -3{,}6$ t	$\mathfrak{D}_2 = +1{,}24 \cdot 2{,}7 = +3{,}3$ t
Punkt (3): $3{,}6 \cdot \frac{5}{8} = 2{,}3$ t	$\mathfrak{B}_2 = -3{,}6$ t	$\mathfrak{D}_3 = +1{,}24 \cdot 2{,}3 = +2{,}9$ t
Punkt (4): $3{,}6 \cdot \frac{4}{8} = 1{,}8$ t	$\mathfrak{B}_3 = -3{,}6$ t	$\mathfrak{D}_4 = +1{,}24 \cdot 1{,}8 = +2{,}2$ t
	$\mathfrak{B}_4 = -3{,}6$ t	

3. Querschnitte. a) Die Riegel werden von den Querträgern gebildet.

b) Für die Diagonalen ergeben sich die nachstehend zusammengestellten größten Spannkräfte, Querschnitte und Beanspruchungen.

Stab	$\mathfrak{D}_1$	$\mathfrak{D}_2$	$\mathfrak{D}_3$	$\mathfrak{D}_4$
Größte Spannkraft . . .	$+(6{,}1 + 7{,}8 + 4{,}0) = +17{,}9$ t	$+(4{,}3 + 5{,}8 + 3{,}3) = +13{,}4$ t	$+(2{,}6 + 4{,}2 + 2{,}9) = +9{,}7$ t	$+(0{,}9 + 2{,}9 + 2{,}2) = +6{,}0$ t
Gewählter Querschnitt [1])	100 : 8 1 ⌊50 : 8 + 1 $^{100}/_{10}$ $F_n = 11{,}5 + 10{,}0 - 2{,}3 \cdot 1{,}8 = 17{,}4$ cm²		100 : 8 1 ⌊50 : 8 $F_n = 11{,}5 - 2{,}3 \cdot 0{,}8 = 9{,}7$ cm²	
Größte Beanspruchung .	1030 kg/cm²	770 kg/cm²	1000 kg/cm²	620 kg/cm²
Nietanschluß	6 von 23 mm ϕ $F_s = 19{,}9$ cm²	5 von 23 m ϕ $F_s = 16{,}6$ cm	3 von 23 mm ϕ mit $F_s = 10{,}0$ cm²	

2. Sind **zwei** Windverbände vorhanden, so hat

a) bei Fahrbahn **oben** der obere Verband die Fliehkraft, Seitenstöße, Brems- und Anfahrkräfte sowie den Winddruck auf das Verkehrsband, Fahrbahnband, den Obergurt und die halbe Länge der Füllungsstäbe, der untere aber den Winddruck auf den Untergurt und die halbe Länge der Füllungsstäbe zu übertragen. Querverbände liegen nur in den Ebenen der Endquerträger (Abb. 70) und übertragen die Stützdrücke des außerhalb der Hauptträger-Auflagerebene liegenden Verbandes auf die Auflagerpunkte.

b) bei Fahrbahn **unten** der obere Verband den Winddruck auf den Obergurt und die halbe Länge der Füllungsstäbe, der untere aber die Fliehkraft, Seitenstöße, Brems- und Anfahrkräfte sowie den Winddruck auf das Verkehrsband, Fahrbahnband, den Untergurt und die halbe Länge der Füllungsglieder zu übertragen.

Der obere Windverband geht entweder über die ganze Spannweite durch und überträgt dann seine Auflagerdrücke durch in den Ebenen der Endvertikalen (Abb. 71 u. 73)

[1]) Es ist angenommen, daß unterhalb der Anschlußbleche für den Windverband (wie in Abb. 406) nur 50 mm Konstruktionshöhe vorhanden sind.

oder der Enddiagonalen (Abb. 72) angeordnete Portale unmittelbar auf die Hauptträgerstützpunkte, oder aber, besonders bei gekrümmtem Obergurt, nur über einen Teil der Spannweite (Abb. 74 u. 425) und gibt dann seine Auflagerdrücke durch Querrahmen an den unteren Windverband ab.

VI. Die Querverbände.

1. Fahrbahn oben.

Die Querverbände werden fachwerkförmig gegliedert und als Träger auf 2 Stützen von der Spannweite b berechnet.

a) Sind zwei Windverbände vorhanden (Abb. 431), so werden nur in den Ebenen der Hauptträger-Endvertikalen Querverbände angeordnet, die die Stützdrücke des oberen Verbandes in die Auflagerpunkte überzuleiten haben.

Liegen diese Auflagerpunkte in der Ebene des oberen Windverbandes (Abb. 432a), so werden die zur Übertragung der Stützdrücke des unteren Verbandes erforderlichen Querrahmen in der Ebene der 1. Vertikalen, seltener der Enddiagonalen angeordnet.

b) Ist nur ein Windverband vorhanden (z. B. in der Obergurtebene Abb. 433), so sind in allen Knotenpunkten Querverbände erforderlich, die in den freien Knotenpunkten die (in Abb. 433 auf den Untergurt entfallenden) Windlasten in den Windverband, in den Endknotenpunkten aber die Stützdrücke des oben liegenden Windverbandes in die unten liegenden Auflagerpunkte überleiten.

Diese Endquerverbände fallen bei der Anordnung Abb. 432b fort, weil hier der oben liegende Windverband in seinen Endknotenpunkten unmittelbar gestützt ist.

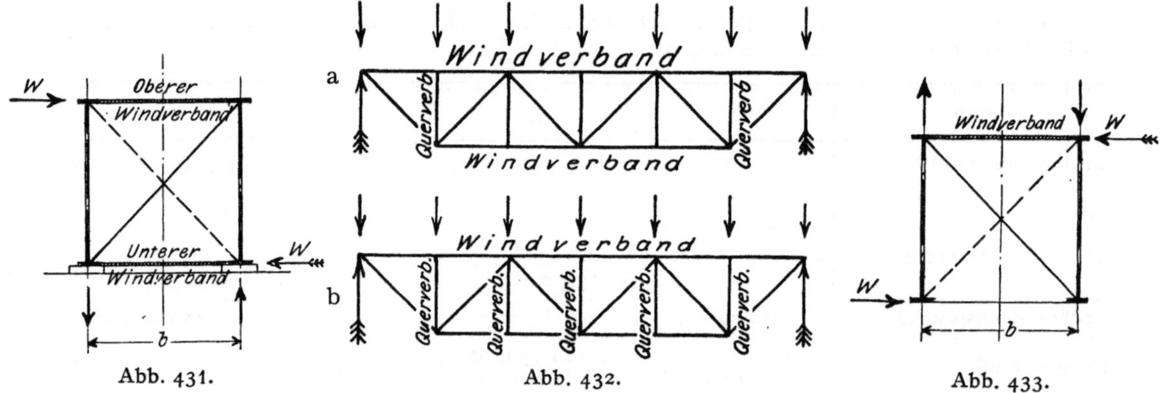

Abb. 431. Abb. 432. Abb. 433.

2. Fahrbahn unten.

Die Querverbände werden als vollwandige oder fachwerkförmig gegliederte Querrahmen (Portale) in folgenden Formen ausgebildet.

a) Eingespannter Rahmen mit oberem Querriegel. An den Querträger AB (Abb. 426) schließen sich die Hauptträgervertikalen AC und BD in A und B biegungsfest an; die Obergurtknotenpunkte C und D sind durch einen gelenkig an sie angeschlossenen Querriegel CD miteinander verbunden, der gleichzeitig der Endriegel des oberen Windverbandes ist (Abb. 425).

Das Viereck $ABCD$ ist bei $n = 4$ Knotenpunkten durch $s = 4$ Seiten und $w = 2$ Winkel (A und B), insgesamt durch $z = 6$ Stücke bestimmt, daher $r = 6 - 2 \cdot 4 + 3 = 1$ fach innerlich statisch unbestimmt. Die statisch unbestimmte Druckkraft X im Querriegel berechnet sich nach Gl. 70).

Aufgabe 87. Es ist der Querrahmen in der Vertikalen $_{(2)}$—$_{(}$II$_{)}$ der in Abb. 425 dargestellten Fachwerkbrücke für den Lastenzug **G** zu berechnen. Die Spannkraft V_2 im Stabe $_{(2)}$—$_{(}$II$_{)}$ beträgt $V_2 = -\frac{30{,}0}{86{,}0}$ von der $\frac{\text{ständigen}}{\text{Verkehrs-}}$ Last bei Berücksichtigung der Stoßzahl $\varphi = 1{,}39$ ($L = 54{,}0$ m).

Auflösung. Die mittlere Querschnittshöhe beträgt für den Obergurt 500 mm, für die Diagonalen 400 m, für die Vertikalen 300 m; daher ergibt sich die für den oberen Windverband maßgebende Trägerfläche bei einem mittleren Neigungswinkel der Diagonalen von 50^0 ($\sec 50^0 = 1{,}555$) und einer mittleren Länge der Vertikalen von 6300 mm zu $0{,}5 + \frac{1}{2}\left(0{,}4 \cdot 1{,}555 + 0{,}3 \cdot \frac{6{,}3}{5{,}4}\right) + 0{,}45$ (Knotenbleche) $= 1{,}45\ \text{m}^2/\text{m}$; daher nach Zahlentafel 7 der Winddruck $w = 2 \cdot {}^3/_4 \cdot 1{,}45 \cdot 0{,}15 = 0{,}33$ t/m mit und $0{,}33 \cdot \frac{250}{150} = 0{,}55$ t/m ohne Wirkung der Verkehrslast. Der Stützdruck des 32,4 m weit gestützten oberen Windverbandes ergibt sich damit zu $W = \frac{16{,}2 \cdot 0{,}33}{16{,}2 \cdot 0{,}55} = \frac{5{,}4}{9{,}0}$ t $\frac{\text{mit}}{\text{ohne}}$ Wirkung der Verkehrslast.

Der Einfluß des Querriegels auf dem Querträger ist in Aufg. 80 berechnet.

1. Der Querriegel. Nach Aufg. 80 wird $X = \frac{0{,}20 + 2{,}24 + 2{,}7}{0{,}20 \qquad + 4{,}5} = \frac{5{,}1}{4{,}7}$ t $\frac{\text{mit}}{\text{ohne}}$ Wirkung der Verkehrslast. Gewählt sind $2\ \frac{120:10}{80:10}$ in 12 mm Lichtabstand mit $F = 38{,}2\ \text{cm}^2$ und $J = 444\ \text{cm}^4$; daher $i = \sqrt{\frac{444}{38{,}2}} = 3{,}41$ cm; $s = 5{,}0$ m; $s_k = 0{,}9 \cdot 5{,}0 = 4{,}5$ m; $\lambda = \frac{450}{3{,}41} = 132$; daher nach Zahlentafel 10: $\omega = 4{,}46 + 2 \cdot 0{,}071 = 4{,}60$; $\frac{F}{\omega} = \frac{38{,}2}{4{,}60} = 8{,}3\ \text{cm}^2$ und $\sigma = \frac{5100}{8{,}3} = 610$ (zul. 1400) kg/cm².

2. Die Vertikale. Im Abstand 3,2 m vom Obergurtknotenpunkt (II) ist der in Abb. 434 dargestellte Querschnitt $\left({}^{300}/_{12} + 4\ \frac{150:12}{100:12} + 2\ {}^{320}/_{10}\right)$ mit $F = 214{,}8\ \text{cm}^2$; $J_x\ 33000\ \text{cm}^4$; $J_y = 11520\ \text{cm}^4$ und $W_n = 1990\ \text{cm}^3$ vorhanden, der als mittlerer Querschnitt der ganzen Vertikalen eingeführt werden darf; daher $i = \sqrt{\frac{11520}{214{,}8}} = 7{,}3$ cm; $s = 5{,}78$ cm; $s_k = 5{,}78 - 0{,}68 = 5{,}1$ m (vom Obergurtknotenpunkt (II) bis zur Mitte des unteren biegungsfesten Anschlusses); $\lambda = \frac{510}{7{,}3} = 70$; $\omega = 1{,}50$ (Zahlentafel 10); $\frac{F}{\omega} = 143{,}2\ \text{cm}^2$. An dieser Stelle ist $S_{\min} = -\frac{30{,}0}{116{,}0}$ t $\frac{\text{ohne}}{\text{mit}}$ Berücksichtigung der Verkehrslast. Die größte Spannkraft V_2 infolge des Lastenzuges G tritt ein, wenn eine Lokomotivachse von 18 t sich im Feld (1)—(2) befindet ($l = 8 \cdot 5{,}4 + 1{,}5 = 44{,}7$ m; nach Zahlentafel 5 wird $\Sigma P : (P_1 + P_2) = 0{,}5 \cdot 17{,}89 = 8{,}95 < n = 10$); die auf den Querträger (2) entfallende Belastung ergibt sich dabei zu $P_v = \frac{18{,}0}{5{,}4}(3{,}9 + 0{,}9 + 2{,}4 + 3{,}9 + 5{,}4) = 55{,}0$ t; $\varphi P_v = 1{,}59 \cdot 55{,}0 = 87{,}5$ t; daher $X_{P_v} = \frac{1}{2} \cdot 0{,}047 \cdot 87{,}5 = 2{,}06$ t. Nach Aufg. 80 ist $X_{P_0} = 0{,}20$ t und $X_W = \frac{2{,}7}{4{,}5}$ t; daher ergeben sich die Momente auf der

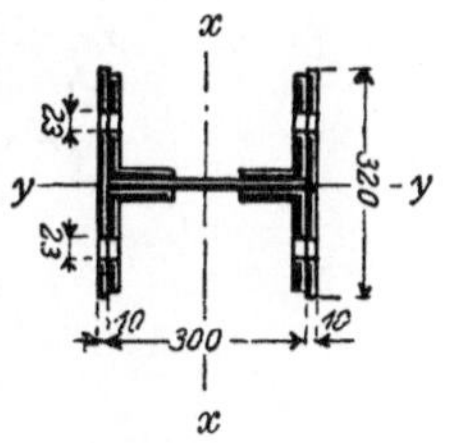

Abb. 434.

		Windseite	Leeseite
Ständige Last		— 0,2 · 3,2 = — 0,64 mt	— 0,2 · 3,2 = — 0,64 mt
Verkehrslast		— 2,06 · 3,2 = — 6,59 mt	— 0,06 · 3,2 = — 6,59 mt
$M_{\max}$ ohne Winddruck		— 7,2 mt	— 7,2 mt
Winddruck	150 kg/m²	+ 2,7 · 3,2 = + 8,64 mt	— 2,7 · 3,2 = — 8,64 mt
	250 kg/m²	+ 4,5 · 3,2 = + 14,4 mt	— 4,5 · 3,2 = — 14,4 mt
$M_{\max}$ mit Winddruck	ohne Verkehrslast	14,4 — 0,64 = + 13,8 mt	— 0,64 — 14,4 = — 15,0 mt
	mit Verkehrslast	— 7,2 + 8,64 = + 1,4 mt	— 7,2 — 8,64 = — 15,8 mt

Damit ergibt sich die größte Beanspruchung zu $\sigma = \frac{116{,}0}{143{,}2} \cdot 10^3 + \frac{15{,}8}{1990} \cdot 10^5 = 810 + 790 = 1600$ (zul. 1600) kg/cm² mit und $\sigma = \frac{116{,}0}{143{,}2} + \frac{7{,}2}{1990} \cdot 10^5 = 810 + 360 = 1170$ (zul. 1400) kg/cm² ohne Berücksichtigung des Winddrucks.

b) Ringsum eingespannter Rahmen. Die Hauptträgervertikalen AC und BD (Abb. 435) vom Trägheitsmoment J_0 schließen sich nicht nur an den Querträger AB vom Trägheitsmoment J_u, sondern auch an den oberen Querriegel CD vom Trägheitsmoment J biegungsfest an.

Das Viereck $ABDC$ ist bei $n = 4$ Knotenpunkten durch $s = 4$ Seiten und $w = 4$ Winkel, insgesamt durch $z = 8$ Stücke bestimmt, daher $r = 8 - 2 \cdot 4 + 3 = 3$fach innerlich statisch unbestimmt. Vernachlässigt man die Formänderungsarbeit der Längskräfte, so ergibt sich mit

$$G = 2\frac{h_u}{J_0} + \frac{b}{J_u} + \frac{b}{J} \qquad y_u = \frac{h_u}{G}\left(\frac{h_u}{J_0} + \frac{b}{J}\right) = \frac{h_u^2}{G\,J_0}(1 + \nu)$$

$$\nu = \frac{b}{h_u}\,\frac{J_0}{J} \qquad y_0 = \frac{h_u}{G}\left(\frac{h_u}{J_0} + \frac{b}{J_u}\right) = h_u - y_u$$

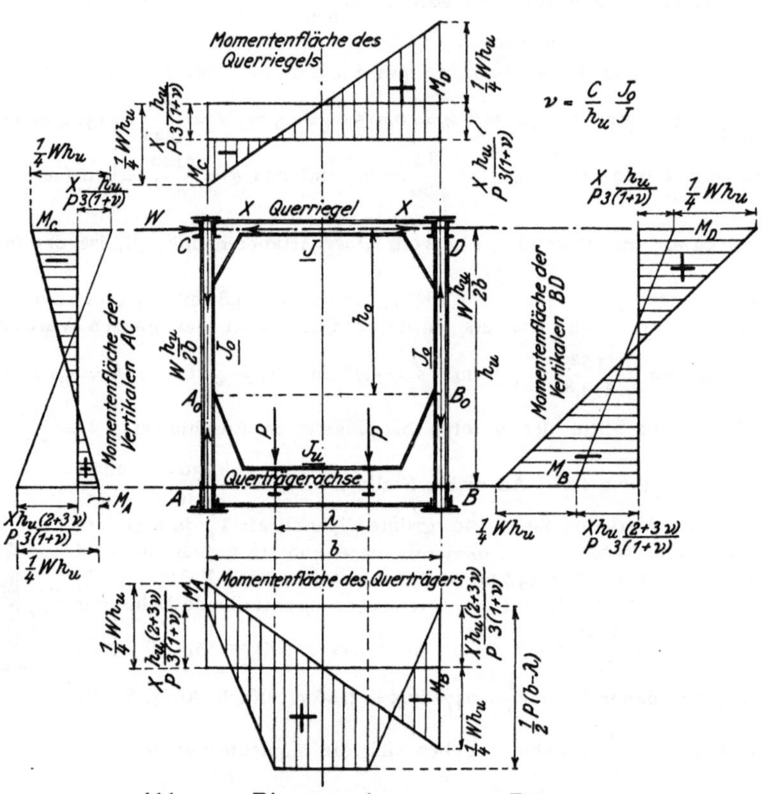

Abb. 435. Ringsum eingespannter Rahmen.

die im oberen Riegel wirkende Druckkraft X für die in Abb. 435 angegebenen Belastungen zu

$$72)\quad X = X_P + X_W = \frac{3}{4}P\,\frac{b^2 - \lambda^2}{h_u^2}\,\frac{J_0}{J_u}\,\frac{y_u}{2\,h_u - 3\,(y_u - \nu\,y_0)} + \frac{W}{2}.$$

Die Spannkräfte in den Hauptträgervertikalen werden $V = \pm\frac{W}{2}\frac{h_u}{b}$ und die Momente in den Endpunkten:

$$73)\quad M_A = -X_P\,h_u\,\frac{2 + 3\nu}{3\,(1 + \nu)} + \frac{W\,h_u}{4} \qquad M_B = -X_P\,h_u\,\frac{2 + 3\nu}{3\,(1 + \nu)} - \frac{W\,h_u}{4}$$

$$M_C = X_P\,h_u\,\frac{1}{3\,(1 + \nu)} - \frac{W\,h_u}{4} \qquad M_D = X_P\,h_u\,\frac{1}{3\,(1 + \nu)} + \frac{W\,h_u}{4},$$

wobei diejenigen Momente positiv eingeführt sind, die an den Außenkanten der Rahmenstäbe Zugspannungen erzeugen; damit ergeben sich die in Abb. 435 dargestellten Momentenflächen.

Aufgabe 88. Bei dem in Aufg. 87 berechneten Querrahmen wird der obere Querriegel biegungsfest aus $^{420}/_{12} + 4\,\lfloor 100 : 10$ mit $J = 33\,100$ cm^4 ausgebildet ist; es sollen die Momente in den Rahmenecken und am Längsträgeranschluß berechnet werden.

Auflösung. Mit den in Aufg. 80 gegebenen Werten $J_0 = 33\,000\ \text{cm}^4$; $J_u = 317\,700\ \text{cm}^4$; $h_u = 5{,}6$ m; $b = 5{,}0$ und $\lambda = 2{,}0$ m ergibt sich $10^4\, G = 2 \cdot \frac{5{,}6}{3{,}3} + \frac{5{,}0}{317{,}7} + \frac{5{,}0}{3{,}31} = 3{,}394 + 0{,}157 + 1{,}511 = 5{,}062$; $\nu = \frac{5{,}0}{5{,}6}\,\frac{33{,}0}{317{,}7} = 0{,}93$; $y_u = \frac{5{,}6}{5{,}062}\,(1{,}697 + 1{,}511) = 3{,}55$ m; $y_0 = 5{,}6 - 3{,}55 = 2{,}05$ m;

$$X_P = \frac{3}{4}\, P\, \frac{5{,}0^2 - 2{,}0^2}{5{,}6^2}\, \frac{33{,}0}{317{,}7}\, \frac{3{,}55}{11{,}2 - 3\,(3{,}55 - 0{,}93 \cdot 2{,}05)} = 0{,}030\, P; \qquad \frac{h_u}{3\,(1+\nu)} = \frac{5{,}6}{3 \cdot 1{,}93} = 0{,}97\ \text{m};$$

$h_u \frac{2 + 3\nu}{3\,(1+\nu)} = 5{,}6\, \frac{4{,}79}{5{,}79} = 4{,}63$ m. Nach Aufg. 80 ist $P_0 = 3{,}8 + 0{,}53 = 4{,}33$ t, nach Aufg. 87 ist $\varphi P_v = \frac{1}{2} \cdot 87{,}5$ t und $W = \frac{5{,}4}{9{,}0}$ t, daher $X_{P_0} = 0{,}03 \cdot 4{,}33 = 0{,}13$ t; $X_{P_v} = 0{,}015 \cdot 87{,}5 = 1{,}31$ t; $X_W = \frac{2{,}7}{4{,}5}$ t $\frac{\text{mit}}{\text{ohne}}$ Wirkung der Verkehrslast; damit ergeben sich die Momente mit den Zahlenwerten der Aufg. 80:

	In Punkt A	In Punkt B	In Punkt C	In Punkt D	Am Längsträgeranschluß[1]	
Ständige Last	$-0{,}13 \cdot 4{,}63 = -0{,}60$	$-0{,}13 \cdot 4{,}63 = -0{,}60$	$+0{,}13 \cdot 0{,}97 = +0{,}13$	$+0{,}13 \cdot 0{,}97 = +0{,}13$	$6{,}50 - 0{,}60 = +5{,}90$	mt
Verkehrslast	$-1{,}31 \cdot 4{,}63 = -6{,}07$	$-1{,}31 \cdot 4{,}63 = -6{,}07$	$+1{,}31 \cdot 0{,}97 = +1{,}27$	$+1{,}31 \cdot 0{,}97 = +1{,}27$	$71{,}6 - 6{,}62 = +65{,}0$	
M_{max} ohne Winddruck	$\underline{-6{,}7}$	$-6{,}7$	$\underline{+1{,}4}$	$+1{,}4$	$\underline{+70{,}9}$	mt
Winddruck 150 kg/m²	$+2{,}7 \cdot 5{,}6/4 = +3{,}78$	$-3{,}78$	$-3{,}78$	$+3{,}78$	$\pm {}^2/_5 \cdot 3{,}78 = \pm 1{,}51$	mt
Winddruck 250 kg/m²	$+4{,}5 \cdot 5{,}6/4 = +6{,}30$	$-6{,}30$	$-6{,}30$	$+6{,}30$	$\pm {}^2/_5 \cdot 6{,}30 = \pm 2{,}52$	
M_{max} mit Winddruck, ohne Verkehrslast	$-0{,}60 + 6{,}30 = +5{,}7$	$-0{,}60 - 6{,}30 = -6{,}9$	$+0{,}13 - 6{,}30 = -6{,}2$	$+0{,}13 + 6{,}30 = +6{,}4$	$5{,}9 + 2{,}52 = +8{,}4$	mt
M_{max} mit Winddruck, mit Verkehrslast	$-6{,}7 + 3{,}78 = -2{,}9$	$-6{,}7 - 3{,}78 = \underline{-10{,}5}$	$+1{,}4 - 3{,}78 = -2{,}4$	$+1{,}4 + 3{,}78 = \underline{+5{,}2}$	$70{,}9 + 1{,}51 = \underline{+72{,}4}$	

Die aus der Querrahmenwirkung herrührenden Längskräfte können wegen ihrer geringen Größe bei der Querschnittsbestimmung des Riegels, des Querträgers und der Vertikalen in der Regel vernachlässigt werden.

Bietet der biegungsfeste Anschluß des oberen Querriegels konstruktive Schwierigkeiten, so kann man ihn bei gelenkigem Anschluß an den Obergurt durch Streben nach Abb. 436 mit den Hauptträgervertikalen verbinden.

Mit $n = 8$, $s = 10$, $w = 6$, daher $z = 16$ und $r = 16 - 2 \cdot 8 + 3 = 3$ ergibt sich der Querrahmen (Abb. 436) dreifach innerlich statisch unbestimmt. Die Berechnung kann mit hinreichender Genauigkeit so durchgeführt werden, daß man zunächst die Anordnung nach Abb. 435 voraussetzt und die Momente M_C und M_D berechnet; ist dann s der Hebelarm der Streben in bezug auf die Obergurtknotenpunkte, so ergeben sich für Abb. 436 die Werte $S_1 = -\frac{1}{s} M_C$ und $S_2 = -\frac{1}{s} M_D$ und damit die in Abb. 436 angegebenen Momentenflächen. Die Längskräfte in den Rahmenumfangsstäben können damit leicht ermittelt, bei der Querschnittsbestimmung aber wegen ihrer geringen Größe vernachlässigt werden.

Werden die Streben nach Abb. 437 geknickt ausgeführt, so berechnet man zunächst die Spannkräfte $S_1 = -\frac{1}{s} M_C$ und $S_2 = -\frac{1}{s} M_D$ wie vorher und findet dann aus den Kräftedreiecken für die Punkte L_1 und L_2 die Spannkräfte S' und S''.

Bei genügender Durchfahrthöhe kann man die Endpunkte der Streben mit dem Mittelpunkt E des oberen Querriegels (Abb. 438) zusammenfallen lassen; wird dabei der Stab $G\,K$ eingezogen, so ist er als Blindstab zu behandeln.

[1]) Für die Querträgerbelastung $\varphi P_v = 95{,}4$ t nach Aufg. 80 wird $X_v = 0{,}015 \cdot 95{,}4 = 1{,}43$ t und $M_A = -1{,}43 \cdot 4{,}63 = -6{,}62$ mt.

Mit $n = 7$, $s = 9$, $w = 5$, daher $z = 14$ und $r = 14 - 2 \cdot 7 + 3 = 3$ ergibt sich der Querrahmen (Abb. 438) dreifach innerlich statisch unbestimmt. Auf dem vorher eingeschlagenen Wege erhält man wieder $S_1 = -\frac{1}{s} M_C$; $S_2 = -\frac{1}{s} M_D$; ferner $O_1 = \frac{M_G}{h'} - W$; $O_2 = \frac{M_K}{h'}$ und damit die in Abb. 438 angegebenen Momentenflächen,

Werden auch die Knotenpunkte G, E, K gelenkig ausgeführt (Abb. 439), so wird der Querrahmen statisch bestimmt ($n = 7$; $s = 9$; $w = 2$; $z = 11 = 2 \cdot 7 - 3$) und, abgesehen vom Querträger, unabhängig von den Lasten P; die Spannkräfte ergeben sich zu $O_1 = -W$; $O_2 = 0$; $S_1 = -S_2 = \frac{W}{2 \cos \sigma}$; die Windkraft W wird zu gleichen Teilen auf die Punkte G und K übertragen und erzeugt die Biegungsmomente $M_A = -M_B = \frac{1}{2} W (h_u - h')$.

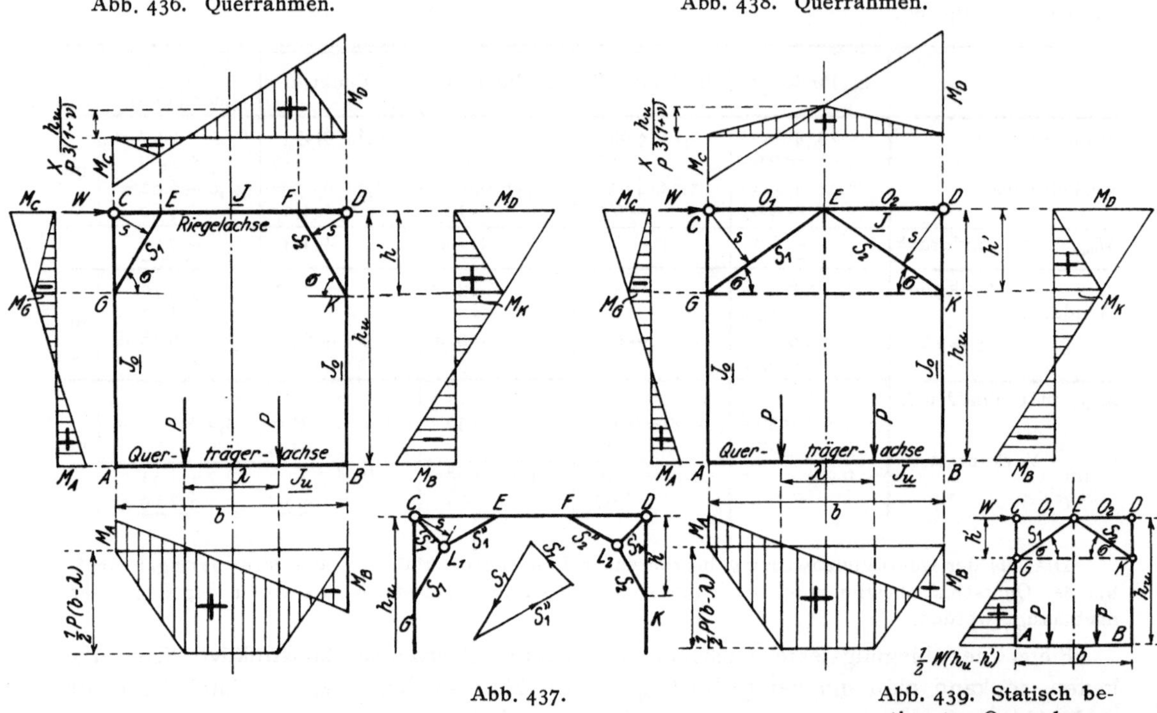

Abb. 436. Querrahmen.

Abb. 438. Querrahmen.

Abb. 437.

Abb. 439. Statisch bestimmter Querrahmen.

c) Rahmen mit Kämpfergelenken. Sie kommen mit oder ohne Scheitelgelenk dann zur Verwendung, wenn die Stützdrücke des oberen Windverbands nicht in den lotrechten Querträgerebenen, sondern nach (Abb. 72) in der Schrägebene der Enddiagonalen (Abb. 440) nach unten geleitet, die Querträger also zur Übertragung nicht mit herangezogen werden können; die Spannkräfte und Momente in den Rahmenstäben sind daher auch von der lotrechten Belastung der Querträger unabhängig.

Das Viereck $ACDB$ (Abb. 440) ist mit $n = 4$, $s = 3$, $w = 2$, daher $z = 5 = 2n - 3$ innerlich unverschieblich und bedarf zur unverschieblichen Lagerung dreier Stützdrücke, da aber 2 Linienauflager (A und B) mit $2 \cdot 2 = 4$ Stützdrücken vorhanden sind, so ist der Querrahmen äußerlich einfach statisch unbestimmt. Der in C angreifende Winddruck W verteilt sich unabhängig vom Trägheitsmoment der Rahmenstäbe zu gleichen Teilen auf beide Auflager; die Spannkräfte ergeben sich im Riegel zu $R = -\frac{1}{2} W$, in den Diagonalen zu $D = \pm W \frac{d}{b}$; die Momentenflächen sind in Abb. 440 dargestellt.

Wird der obere Riegel fachwerkförmig nach Abb. 441 oder 442 gegliedert, so treten nur noch in den Hauptträger-Diagonalen Biegungsmomente auf (Abb. 441); die Spannkräfte berechnen sich für

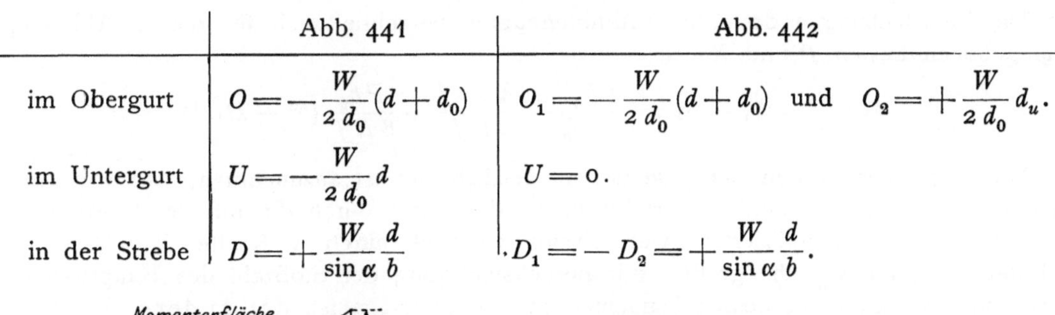

	Abb. 441	Abb. 442
im Obergurt	$O = -\frac{W}{2\,d_0}(d + d_0)$	$O_1 = -\frac{W}{2\,d_0}(d + d_0)$ und $O_2 = +\frac{W}{2\,d_0}\,d_u$.
im Untergurt	$U = -\frac{W}{2\,d_0}\,d$	$U = 0$.
in der Strebe	$D = +\frac{W}{\sin\alpha}\,\frac{d}{b}$	$D_1 = -D_2 = +\frac{W}{\sin\alpha}\,\frac{d}{b}$.

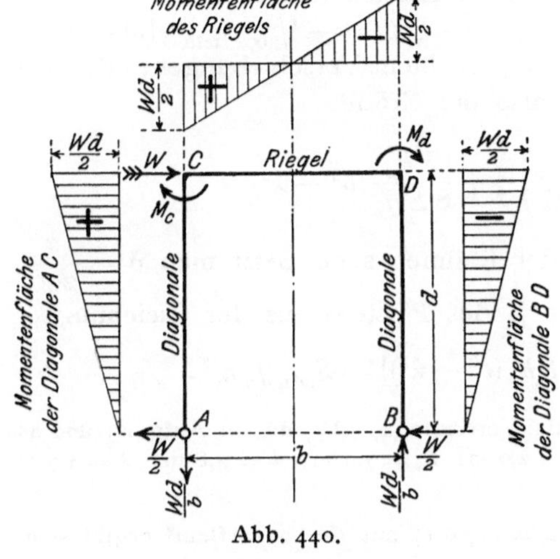

Abb. 440.

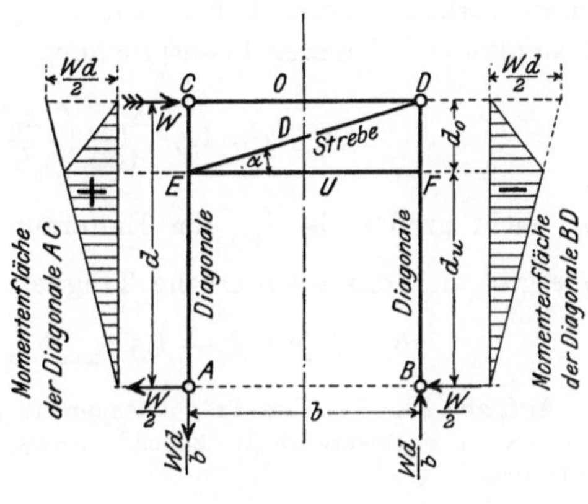

Abb. 441.

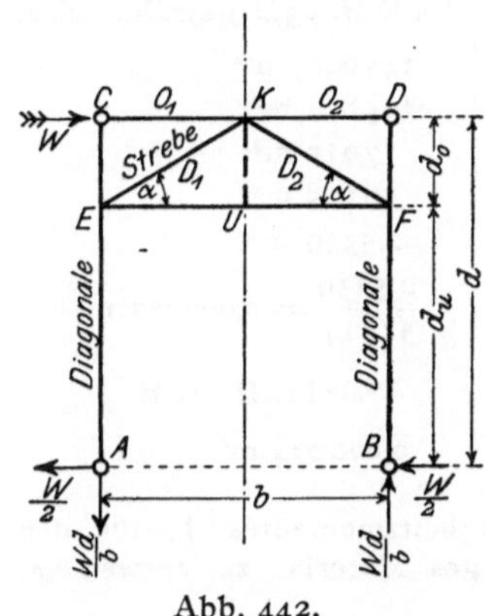

Abb. 442.

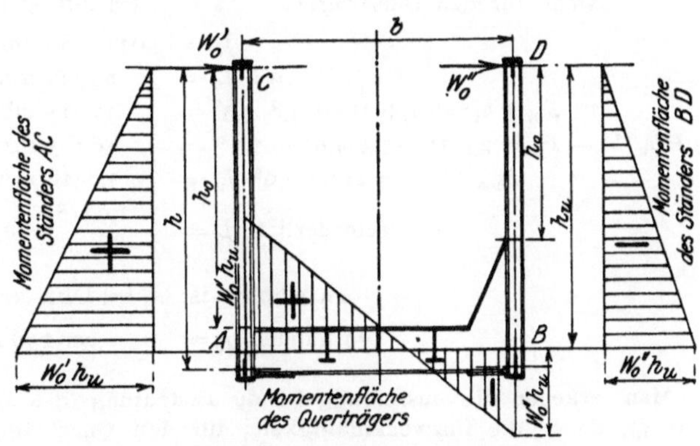

Abb. 443. Offener Halbrahmen.

d) **Offene Halbrahmen.** Der obere Querriegel CD fehlt ganz; die Hauptträgervertikalen AC und BD sind in A und B biegungsfest an den Querträger angeschlossen und haben die Aufgabe:

1. die auf die Obergurtknotenpunkte entfallenden Winddrücke W_0' und W_0'' (Abb. 443) durch ihren Biegungswiderstand in den unteren Windverband zu übertragen (vgl. Aufg. 83);

Das offene Viereck $CABD$ ist bei $n = 4$, $s = 3$ und $w = 2$, daher $z = 5 = 2n - 3$ innerlich statisch bestimmt; die Momentenflächen für Querträger und Vertikalen sind in Abb. 443 eingetragen.

2. die Knotenpunkte des gedrückten Obergurts gegen Ausknicken aus der Hauptträgerebene heraus zu schützen.

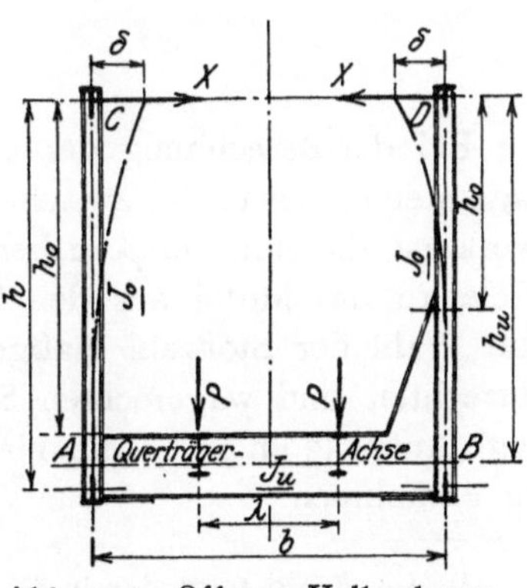

Abb. 444. Offener Halbrahmen.

Die Verschiebung δ des Obergurtknotenpunkts berechnet sich für die in Abb. 444 angegebenen Lasten P und X zu

$$74)\quad \delta = \delta_X + \delta_P = \frac{X h_0^3}{3 E J_0} + \frac{X b h_u^2}{2 E J_u} + \frac{P h_u}{8 E J_u}(b^2 - \lambda^2).\ ^{1)}$$

Nach den Vorschriften der „Deutschen Reichsbahn" ist anzunehmen, daß von zwei in der Entfernung a befindlichen Halbrahmen der eine durch die mit der Stoßzahl φ des Querträgers multiplizierten Verkehrslasten und durch 2 Kräfte $X = {}^1/_{100}\, S_{\min}$ belastet ist, wenn $S_{\min}$ die größte, mit Berücksichtigung der Stoßzahl des Hauptträgers berechnete Stabkraft der beiden benachbarten Obergurtstäbe ist, der andere aber vom Verkehr entlastet und mit den beiden Kräften $X_1 = -\frac{1}{2} X = -{}^1/_{200}\, S_{\min}$ (also nach außen wirkend) belastet ist. Die Summe der wagerechten Verschiebungen, die die Pfostenköpfe bei dieser Beanspruchung erleiden, also die Größe

$$75)\quad \delta = 1{,}5 \cdot \frac{S_{\min}}{100}\left(\frac{h_0^3}{3 E J_0} + \frac{b h_u^2}{2 E J_u}\right) + \frac{P h_u}{8 E J_u}(b^2 - \lambda^2)$$

darf nicht größer als ${}^1/_{200}$ der Entfernung a beider Rahmen sein. Setzt man $\delta = \frac{a}{200}$, so ergibt sich das erforderliche Trägheitsmoment J_0 des Pfostens aus der Gleichung

$$76)\quad J_0 [a E J_u - 1{,}5\, S_{\min}\, b h_u^2 - 25\, P h_u (b^2 - \lambda^2)] = S_{\min} J_u h_0^3.$$

Aufgabe 89. Welches Trägheitsmoment J_0 muß die Vertikale $_{(4)}$—$_{(}$IV$_{)}$ der in Aufg. 83 und 85 berechneten Fachwerkbrücke haben? $a = 3{,}5$ m; $h_0 = 2{,}0$ m; $h_u = 3{,}3$ m; $b = 4{,}8$ m; $\lambda = 1{,}9$ m (Abb. 406).

Auflösung. Nach Aufg. 83 ist die Druckkraft $S_{\min} = 217{,}0$ t; mit $E = 2150$ t/cm² ergibt sich,

wenn für den Querträger	⊢⊣ Diff. 50 B (Aufg. 78)	⊢⊣ Diff. 55 B gewählt wird,
$J_u =$	111 280 cm⁴	145 960 cm⁴
$a E J_u =$	83728 m³t	105 834 m³t
$1{,}5\, S_{\min}\, b\, h_u^2 = 1{,}5 \cdot 217{,}0 \cdot 4{,}8 \cdot 3{,}3^2 =$	17015 m³t	17015 m³t
$25\, P h_u (h^2 - \lambda^2) = 25 \cdot 35{,}0 \cdot 3{,}3\,(4{,}8^2 - 1{,}9^2) =$	56 105 m³t	56 105 m³t
$S_{\min} J_u h_0^3 = 217{,}0 \cdot 2{,}0^3 \cdot J_u =$	1,9318 m⁷t	2,5339 m⁷t
erforderlich $J_0 =$	$\frac{1{,}9318}{10608} = 0{,}000182$ m⁴	$\frac{2{,}5339}{32714} = 0{,}000077$ m⁴
zu wählen ist	⊢⊣ Diff. 22 B + 4 $\frac{220}{10}$	⊢⊣ Diff. 22 B
vorhanden $J_0 =$	0,000 190 m⁴	0,000 074 m⁴

Man erkennt die ausschlaggebende Bedeutung des Querträgerträgheitsmomentes J_u für den Wert J_0, daher die Unzweckmäßigkeit, für den Querträger hochwertiges Material zu verwenden, dessen Elastizitätsmodul ja nur unwesentlich über 2150 t/cm² liegt.

VII. Die Auflager.

Bei der Berechnung der eisernen Lagerteile, der Fugen zwischen den Lagern und Auflagersteinen sowie der zwischen Auflagersteinen und unmittelbar darunterliegendem Mauerwerk ist die Stoßzahl φ zu berücksichtigen, wobei für durchlaufende Träger mit und ohne Gelenke das Mittel aus den Stützweiten der dem Auflager benachbarten Öffnungen für die Wahl der Stoßzahl maßgebend ist. Die Berechnung erfolgt auf Grund der größten lotrechten und wagerechten Stützdrücke der Hauptträger nach den Regeln des 3. Kap. (vgl. Aufg. 32 und 33); die hierbei zugelassenen Beanspruchungen sind der Zahlentafel 12 zu entnehmen.

---

[1]) Aus $\delta = 0$ folgt der in Gl. 70 angegebene, von P abhängige Wert X.

Zahlentafel 12. Zulässige Beanspruchung der Lagerteile und Auflagersteine in kg/cm²

	Hauptkräfte Biegung Zug	Hauptkräfte Biegung Druck	Hauptkräfte Druck	Haupt- und Zusatzkräfte Biegung Zug	Haupt- und Zusatzkräfte Biegung Druck	Haupt- und Zusatzkräfte Druck	Auflagersteine und Mauerwerk¹)		Hauptkräfte Druck	Haupt- u. Zusatzkräfte Druck	
Gußeisen	400	800	900	450	900	1000	Zementmörtel (1 : 1) — oder Bleifuge zwischen Lager und Auflagerstein bzw. zwischen Lager und Beton		40	56	kg/cm²
Stahlformguß	1200		1500	1300		1600					
Schmiedestahl	1400		1700	1500		1900	Fuge zwischen Auflagerstein und Mauerwerk aus	Beton (1 : 3 : 5) oder Quadern oder Klinkern in Zementmörtel (1 : 2½)	20	36	kg/cm²
			Schub			Schub					
Granit und ähnlich festes Gestein	12		12	21,6		21,6		Bruchsteinen in Zementmörtel (1 : 2½)	12	21,6	

Bei der Bewegung der **losen** Auflager (Gleit- oder Rollenlager) infolge der Verkehrslast und der Temperaturschwankungen treten **Reibungswiderstände** auf, deren Einfluß auf die Hauptträger meist vernachlässigt wird, deren Einfluß auf die Lager aber durch möglichste Einschränkung ihrer Höhe und durch Verhinderung der Beschmutzung der Gleit- und Rollflächen durch Staub und Regen gemildert wird.

B. Konstruktion der Eisenbahnbrücken.

I. Die Fahrbahndecke.

1. Oberbauanordnung.

a) Die Schienen liegen unmittelbar auf der Eisenkonstruktion auf, und zwar entweder auf den Hauptträgern oder aber auf den Längsträgern oder endlich auf den Querträgern (Abb. 445). Diese Anordnung wird wegen der unmittelbaren Übertragung der Stöße auf die Konstruktion nur aus-

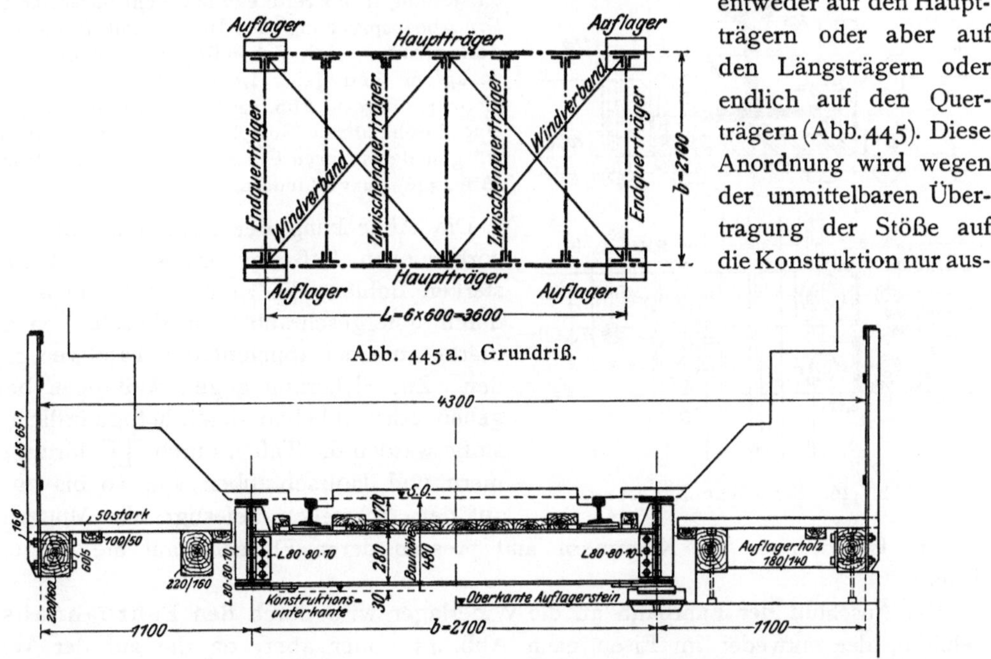

Abb. 445 a. Grundriß.

Abb. 445 b. Querschnitt in Mitte. Abb. 445 c. Querschnitt am Auflager.

Abb. 445. Schienen unmittelbar auf Querträgern.

¹) Im allgemeinen kann die Berechnung ohne Berücksichtigung der Zusatzkräfte durchgeführt werden.

nahmsweise bei sehr geringer Konstruktionshöhe angewendet. Zur Milderung der Stöße werden zwischen Schienenunterlagsplatten und Eisenkonstruktion Filz- oder Lederplatten eingelegt (Abb. 446).

b) Die Schienen liegen mit hölzernen Querschwellen auf der Eisenkonstruktion auf, und zwar entweder unmittelbar auf den Hauptträgern (Abb. 447) oder aber auf den Längsträgern (Abb. 406, 407, 425). Der Abstand der Schwellen, die zur guten Lagerung und Befestigung der Schienenunterlagsplatten eine Breite von mindestens 22 cm erhalten müssen, soll im durchlaufenden Gleis höchstens 0,6 m von Mitte zu Mitte sein; an den Schienenstößen, die bei Spannweiten über 16 m erforderlich werden, ist die Schwellenlage nach den für den betreffenden Oberbau erlassenen Vorschriften anzuordnen. Die Austeilung der Schwellen erfolgt so, daß der Querträgerabstand a (Abb. 400 a) in eine Anzahl gleicher Teile $\leqq$ 0,6 m eingeteilt wird und der Querträger zwischen zwei Schwellen liegt (Abb. 451 und 467). Gegen seitliche Verschiebung wird die Schwelle 1 bis 3 cm eingekämmt (Abb. 448); gegen Verschieben in der Fahrtrichtung und zur Verhinderung des Aufkippens bei einer Entgleisung wird sie durch Schrauben von 20 bis 26 mm ⌀ und Winkelstücke 120·80·10 bis 160·80·14 mit der Eisenkonstruktion verbunden; mit Rücksicht auf die verschiedene Richtung der Bremskraft und des Anfahrwiderstandes werden diese Winkeleisen zweckmäßig abwechselnd auf der einen und anderen Seite der Schwelle angeordnet.

Infolge der durch die Verkehrslast hervorgerufenen Durchbiegung legt sich die Schwelle auf die Innenkante A (Abb. 448) des Schwellenträgers und beansprucht dessen obere Gurtung durch das Moment Rr auf Biegung. Bei den gewalzten ⊢⊣-Normalprofilen haben sich hieraus Übelstände nicht ergeben, weil die an sich schon schmalen Flansche dieser Profile durch die Schwellenbefestigungswinkel selbst eine wesentliche Stärkung erfahren. Bei den Differdinger ⊢⊣-Eisen empfiehlt es sich, bei Flanschbreiten über 200 mm besondere Unterlagplatten p (Abb. 449) anzuordnen, die mit den Flanschen durch Stiftschrauben verbunden sind und eine möglichst zentrische Druckübertragung ermöglichen. Die Länge dieser Platten ist durch die Schwellenbreite bestimmt; ihre Stärke beträgt 20 bis 30 mm, ihre Breite endlich nicht unter 100 mm; die Druckbeanspruchung des Holzes soll für den größten Auflagerdruck der Schwelle nicht mehr als 60 bis 70 kg/cm² betragen. Liegen die Schwellen auf genieteten Trägern (Abb. 447 b), so ist im Obergurt stets eine durchlaufende Gurtplatte anzuordnen, um das Abwürgen der inneren Gurtwinkel durch das Moment Rr (Abb. 448) zu verhindern.

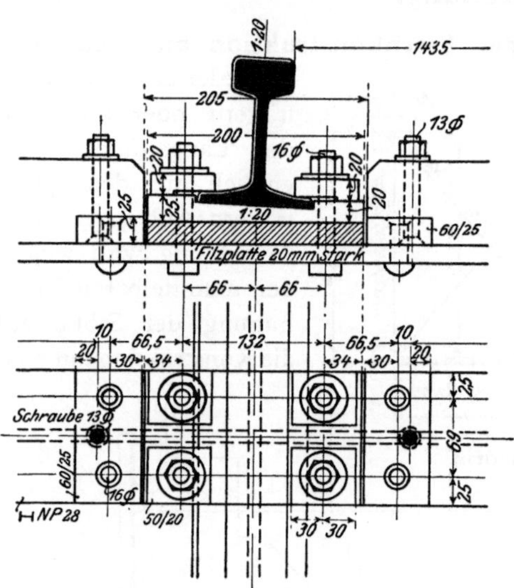

Abb. 446. Schienenauflagerung.

Die Abdeckung der Fahrbahn und der etwa vorhandenen Fußwege erfolgt mit 5 bis 6 cm starken Bohlen, die zu mehreren (meist 3 bis 5) durch untergeschraubte Querleisten von gleicher Stärke zu einer abnehmbaren Tafel vereinigt werden. Zur Sicherung gegen Aufkippen beim Begehen oder Abheben durch heftige örtliche Windstöße werden die Tafeln durch ┐┌-förmige Klammern und Holzschrauben von 16 bis 20 mm ⌀ auf den Schwellen befestigt; die Muttern sitzen in den Hohlräumen der Klammern und pressen deren Flansche auf die benachbarten Tafeln.

Der Anschluß der Fahrbahn an die Widerlager wird durch den Fahrbahnabschluß gebildet, der entweder im Eisen nach Abb. 450 oder aber, da die auf der Widerlagmauer liegenden Eisenteile in besonderem Maße dem Angriff der Feuchtigkeit ausgesetzt sind, besser in Eisenbeton nach Abb. 451 hergestellt wird.

Liegt das Gleis in einer Kurve, so wird die verschiedene Höhenlage der Schienen dadurch erreicht, daß man entweder unter der äußeren Schiene einen durchlaufenden

Längsbalken von der Höhe der Überhöhung u anordnet, oder daß man den äußeren Längsträger höher rückt (Abb. 407), oder daß man dem äußeren Längsträger eine größere Profilhöhe gibt (z. B. außen ⊢⊣ NP., innen ⊢⊣ Diff.), oder daß man endlich die ganze Brücke geneigt anordnet (Abb. 447b), eine Anordnung, die aber nur bei kleiner Spannweite und Überhöhung zulässig und zweckmäßig ist.

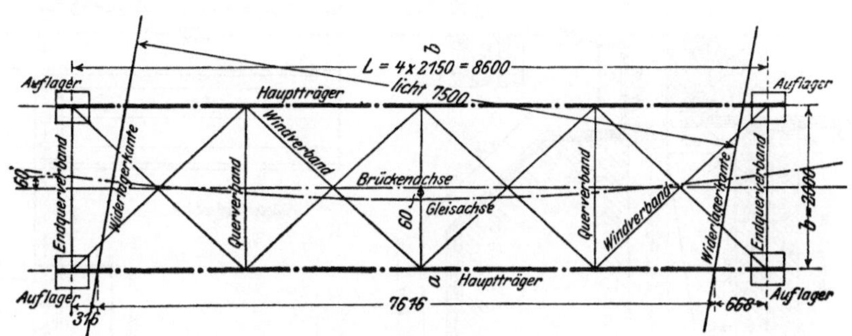

Abb. 447a. Grundriß.

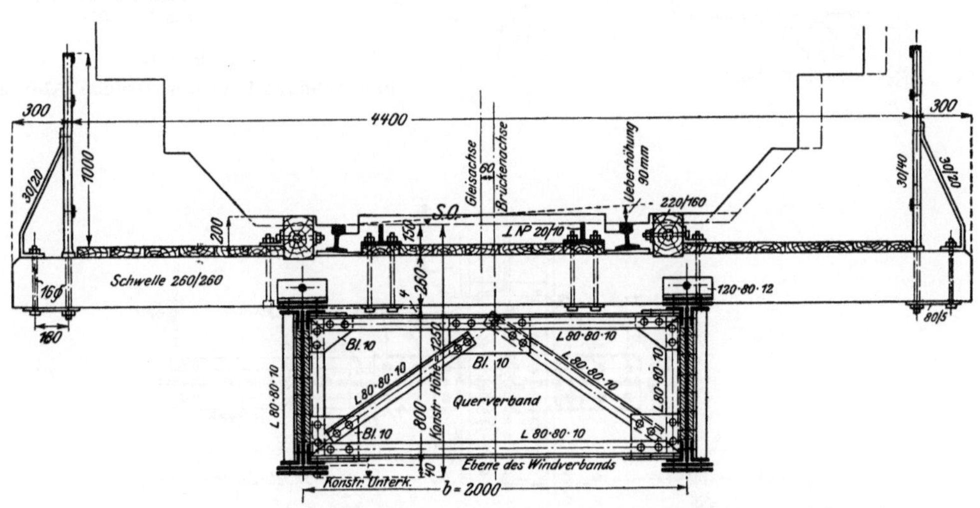

Abb. 447b. Querschnitt in Brückenmitte.

Abb. 447. Querschwellen unmittelbar auf den Hauptträgern.

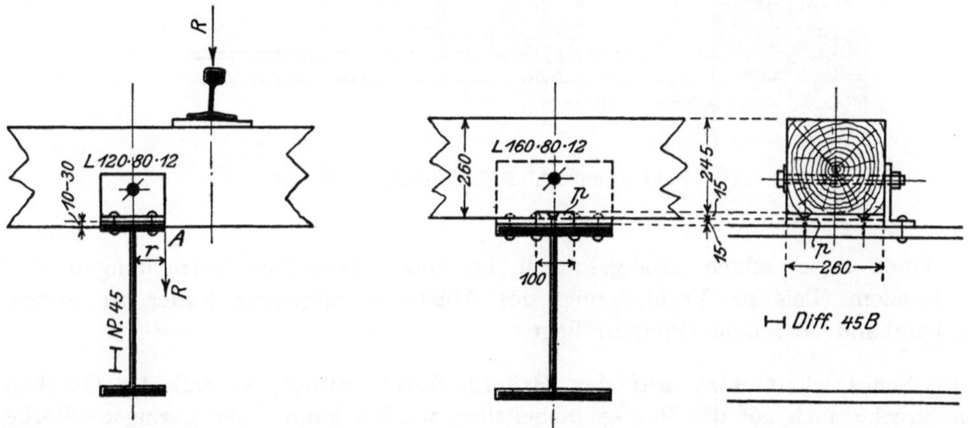

Abb. 448. Schwellenauflagerung. Abb. 449. Schwellenbefestigung auf breitflanschigen Trägern.

Ist der Radius der Krümmung kleiner als 500 m, so sind Entgleisungsvorrichtungen anzubringen, die entweder nach Abb. 407 und 447b aus beiderseits der Schiene angeordneten Leitschienen (außen Streichbalken, innen ⊥-Eisen) oder aber nach Abb. 452 nur

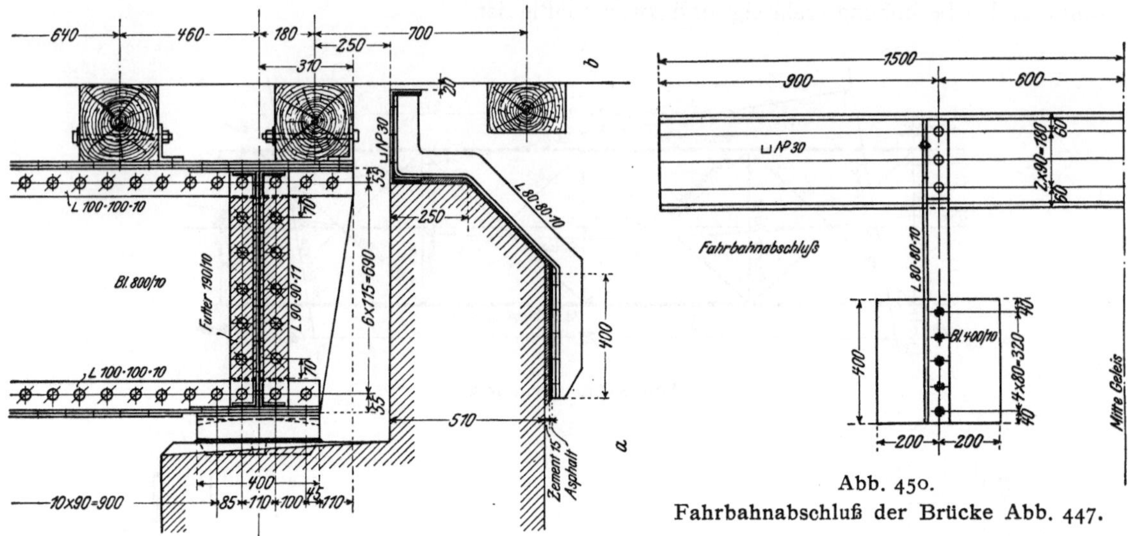

Abb. 450.
Fahrbahnabschluß der Brücke Abb. 447.

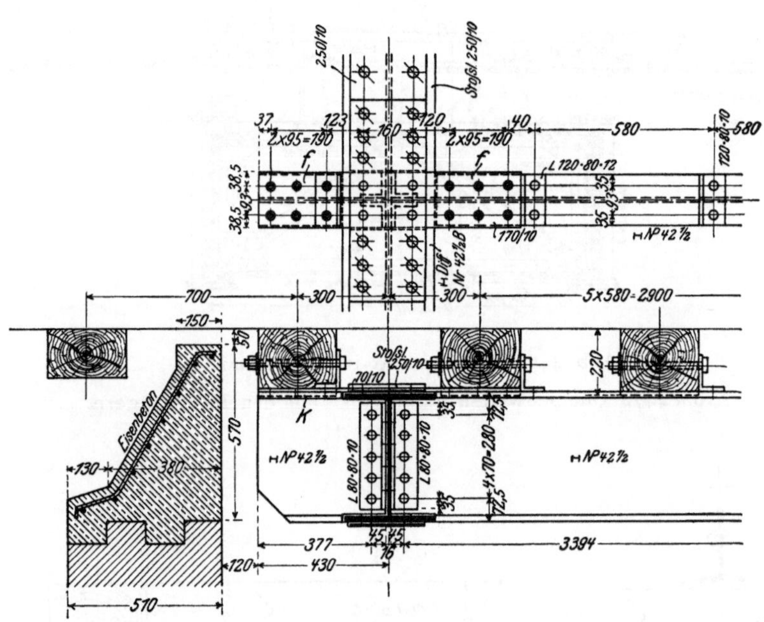

Abb. 451. Fahrbahnabschluß der Brücke Abb. 406.

aus einer innen angebrachten Zwangsschiene bestehen. Dieselben Vorrichtungen sind auch bei geradem Gleis zur Verhinderung des Ablaufens entgleister Räder zu treffen, wenn die Fahrbahn über dem Obergurt liegt.

c) **Das Schotterbett wird auf der Brücke durchgeführt,** so daß der Oberbau der freien Strecke auch auf der Brücke beibehalten werden kann. Die geringste Stärke der Bettung soll von Oberkante Abdeckschicht bis Schwellenunterkante bei den 16 cm hohen Holzschwellen 20 cm, bei den 8 cm hohen Eisenschwellen 15 cm betragen. Die Breite des Schotterbetts soll tunlichst 3,3 m betragen, um das Unterstopfen der Schwellen vor Kopf zu ermöglichen.

Die Schienenüberhöhung in Kurven wird durch verschiedene Stärke des Schotterbetts erreicht (Abb. 453).

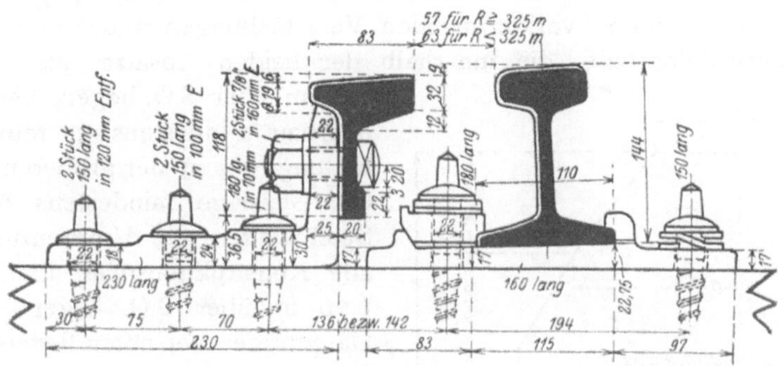

Abb. 452. Entgleisungszwangsschiene.

Abb. 453a. Grundriß.

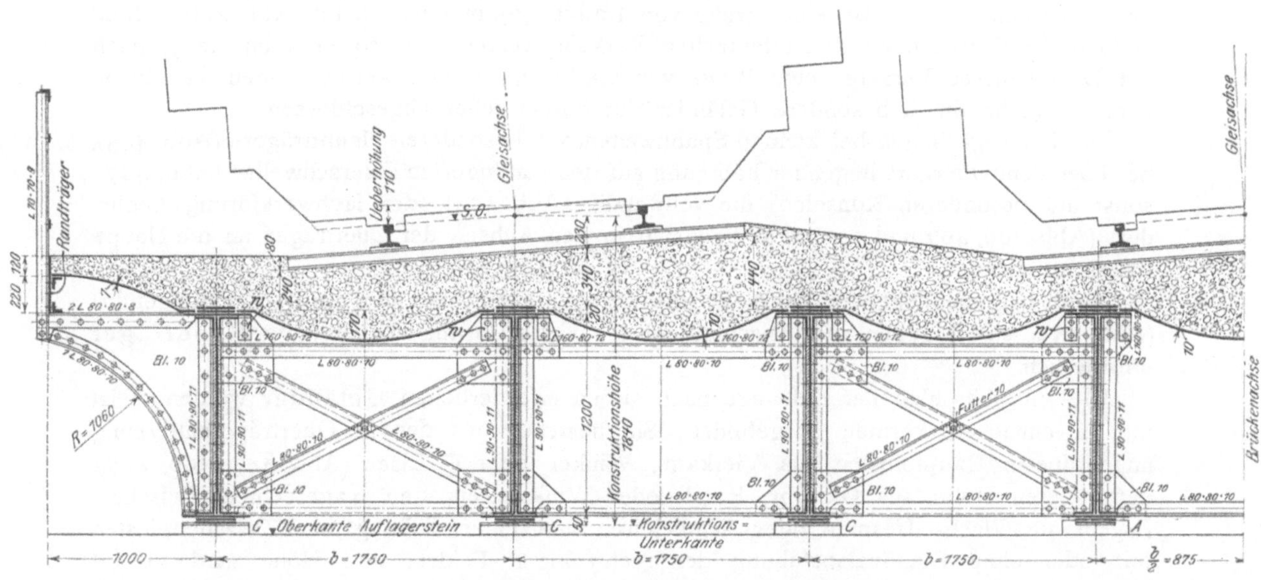

Abb. 453b. Querschnitt am Auflager.

Abb. 453. Anordnung mehrerer Hauptträger.

2. Abmessungen der Fahrbahndecke.

a) Die Breite der eigentlichen Fahrbahn richtet sich nach der Umgrenzungslinie (Normalprofil) des lichten Raumes, das 4,0 m Breite und 4,8 m Gesamthöhe mit je 0,38 m hohen Absätzen über Schienenoberkante hat (Abb. 454).

Wegen der im Betriebe vorkommenden Verschiebungen und Senkungen der Gleise sollen alle Konstruktionsteile, die innerhalb der beiden Absätze, also nicht höher als 0,76 m über S.O. liegen, bei Querschwellenoberbau mindestens 50 mm, bei Schotterbettung wegen der größeren Unsicherheit in der Gleislage mindestens 80 bis 100 mm Spiel gegen die Umgrenzungslinie haben; alle Konstruktionsteile aber, die mehr als 0,76 m über S.O. liegen, also z. B. die Hauptträger bei unten liegender (versenkter) Fahrbahn (Abb. 406 und 425), die Pfeiler und Stützen der über Gleise führenden Brücken, müssen einen Spielraum von mindestens 200 mm zwischen ihren am weitesten vorstehenden Teilen und der Umgrenzungslinie haben, damit zur Not ein Arbeiter neben dem vorbeifahrenden Zug Platz hat.

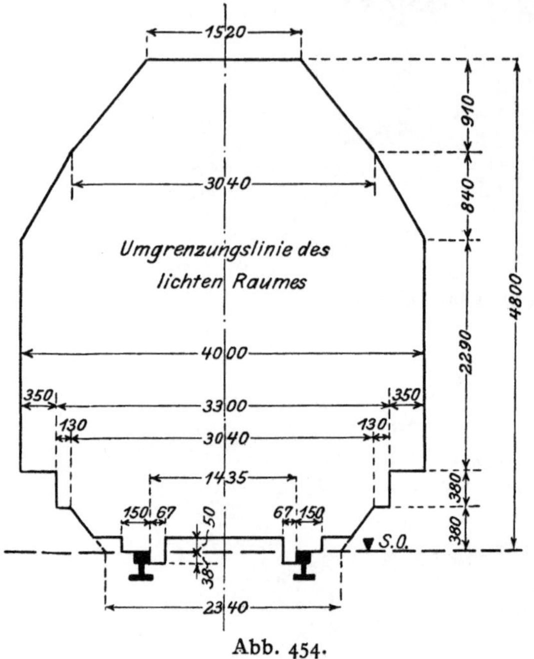

Abb. 454.

b) Die Breite der Fußwege ist je nach ihrem Zweck eine verschiedene. Bei kleinen Spannweiten fehlen die Fußwege oft ganz (Abb. 427). Dienen sie nur dem Verkehr der die Strecke begehenden Beamten, so genügt eine Nutzbreite von 0,4 bis 0,6 m neben dem Normalprofil des lichten Raumes (Abb. 408). Bei größeren Spannweiten müssen die Fußwege bei einem auf der Brücke eintretenden Unfall auch für die Reisenden benutzbar sein; hierzu ist eine Breite von 1,0 bis 1,25 m ausreichend (Abb. 406). Sind endlich die Fußwege für den öffentlichen Verkehr freigegeben, so erhalten sie je nach der Dichte dieses Verkehrs eine Breite von 1,5 bis 2,5 m und werden gegen die eigentliche Fahrbahn durch besondere Geländer durchbruchsicher abgeschlossen.

Die Fußwege liegen bei kleinen Spannweiten auf besonderen Hauptträgern (Abb. 445), bei über dem Obergurt liegender Fahrbahn auf den verlängerten Querschwellen (Abb. 447), sonst auf besonderen Konsolen, die vollwandig (Abb. 453) oder fachwerkförmig gegliedert (Abb. 406, 407 und 430) sind und sich in den Achsen der Querträger an die Hauptträger anschließen.

Wird bei obenliegender Fahrbahn die Bettung auch über den Fußweg durchgeführt (Abb. 453), so ist außen zum Anschluß ein [- oder Z-förmig ausgebildeter Randträger erforderlich.

Die zum Abschluß der Fußwege nach außen erforderlichen Geländer werden meist nur in einfachen Formen ausgebildet. Sie bestehen aus den in Querträgerentfernung angeordneten Hauptpfosten aus Vierkant-, Winkel- oder [-Eisen (Abb. 447, 406, 407), dem oberen Holm aus Gasrohr, Rund- oder Winkeleisen, den wagerechten Zwischenriegeln aus Flach-, Hespen- oder Winkeleisen und einer Füllung aus Zwischenpfosten mit oder ohne Diagonalausfüllung der rechteckigen Felder; ihre Höhe wird zu 1,0 bis 1,1 m über Fußwegoberkante gewählt. Über Berechnung und Konstruktion vgl. Kap. 11.

II. Die Fahrbahntafel.

Eine eigentliche Fahrbahntafel ist nur bei Durchführung des Schotterbetts vorhanden und wird gebildet durch:

1. Buckelbleche,

die verzinkt oder mit Asphaltlack gestrichen werden. Die Pfeilhöhe beträgt $^1/_8$ bis $^1/_{12}$ der kleineren Seite. Mit Rücksicht auf eine gute Entwässerung werden sie unter der eigentlichen Fahrbahn stets hängend angeordnet und an allen 4 Seiten durch Niete von 17 mm ϕ in 60 bis 70 mm Teilung an die Quer- und Längsträger (Abb. 408) oder bei

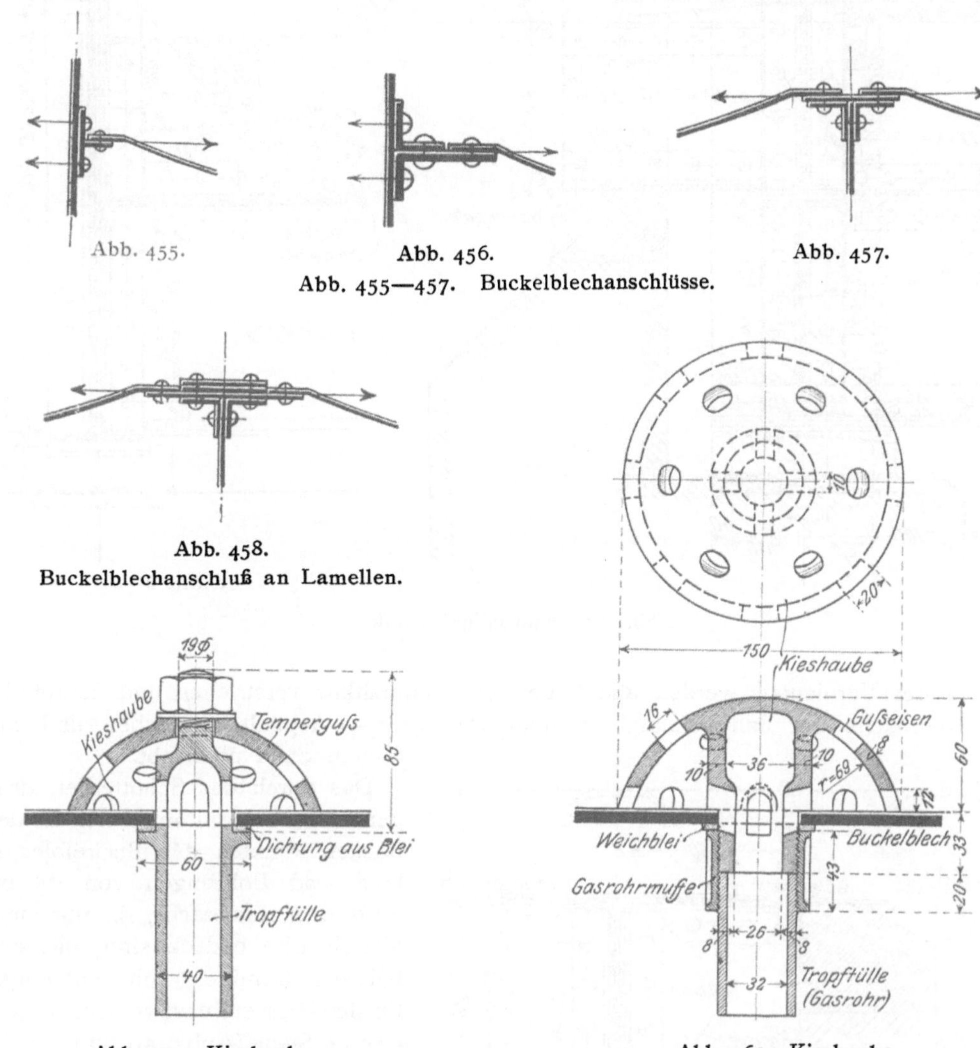

Abb. 455. Abb. 456. Abb. 457.
Abb. 455—457. Buckelblechanschlüsse.

Abb. 458.
Buckelblechanschluß an Lamellen.

Abb. 459. Kieshaube.

Abb. 460. Kieshaube.

als Blechträger ausgebildeten Hauptträgern auch unmittelbar an deren Stehblech (Abb. 427) angeschlossen; in diesem Falle ist an der Blechwand ein ⊢-Profil anzuordnen, das aus ⊥ NP. $^{12}/_6$ bis $^{16}/_8$ (Abb. 455) oder aber besser aus 2 Winkeleisen (Abb. 456) besteht, von denen das untere an den Querträgeranschlüssen unterbrochen wird; wegen der Zugbeanspruchung der Befestigungsniete soll die Teilung in der Blechwand nicht größer als 60 bis 70 mm sein.

Werden *genietete* Quer- und Längsträger verwendet, so ist im Obergurt *stets eine Lamelle* anzuordnen (Abb. 457), um das Abbiegen und Abwürgen der Gurtwinkel durch den Horizontalzug der Buckelbleche zu verhindern. Um in der Vernietung des Blechträgers unabhängig von der der Buckelplatten zu sein, ist es zweckmäßiger und bei mehreren Lamellen auch Regel, die unmittelbar auf den Gurtwinkeln liegende Lamelle beiderseits um 60 bis 70 mm breiter auszuführen (Abb. 458); die Untergurtlamellen werden dabei entweder alle in gleicher oder auch in verschiedener Breite (Abb. 453b) ausgeführt.

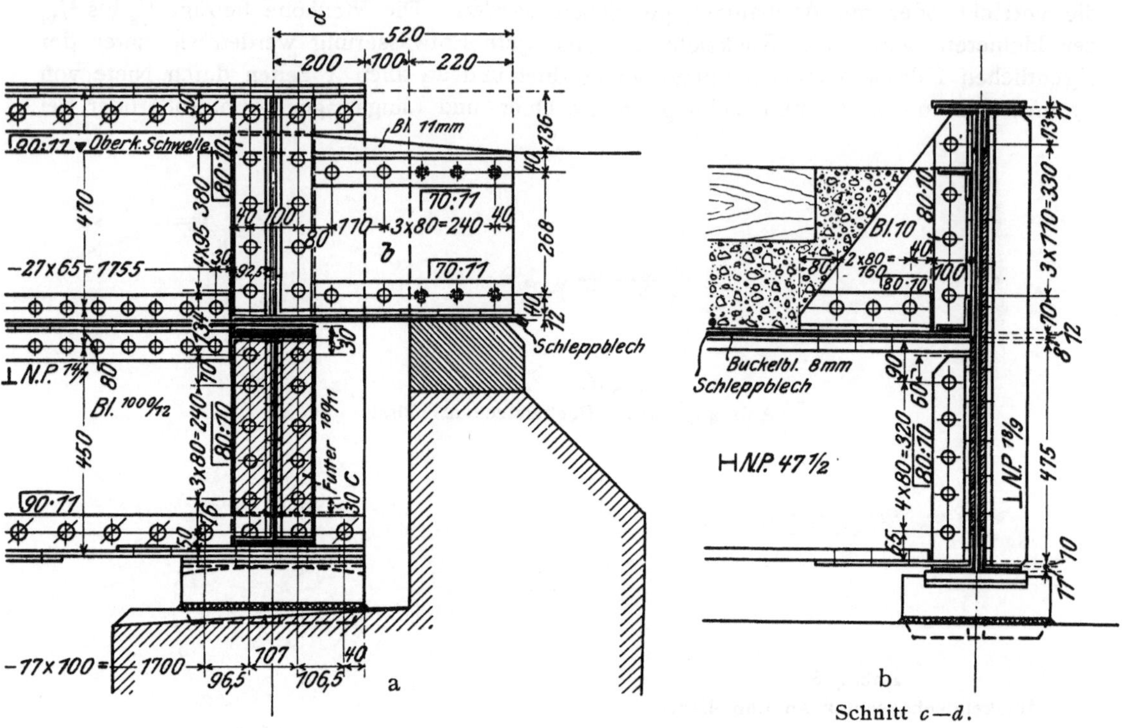

Abb. 461. Fahrbahnabschluß.

Nach der Vernietung werden alle Fugen mit Asphaltkitt verstrichen und darauf die ganze Oberfläche der Fahrbahntafel zweimal mit Teer + Asphalt gestrichen und mit feinem Sand übersiebt.

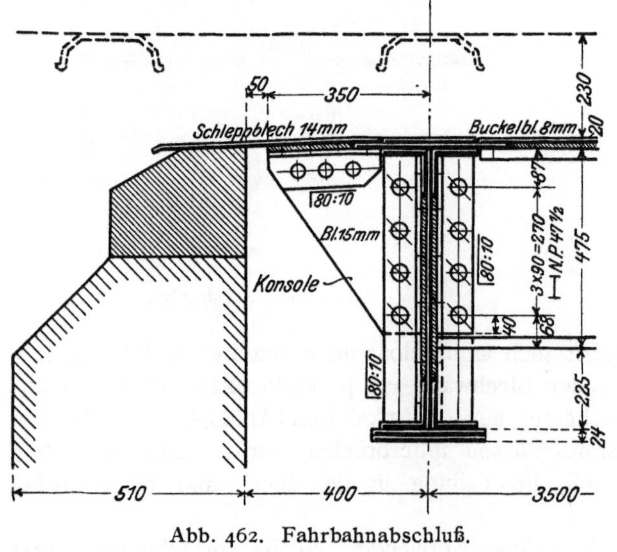

Abb. 462. Fahrbahnabschluß.

Das durch das Schotterbett dringende Wasser sammelt sich an den tiefsten Punkten der Buckelbleche; hier sind Bohrungen von 25 bis 40 mm ϕ angebracht, die mit einer **Kieshaube** bedeckt sind, das sind halbkugelförmige, mit Öffnungen für den Wasserablauf versehene gußeiserne Siebe (Abb. 459 und 460)[1]; an das Bohrloch schließt sich die **Tülle**, das ist ein Abflußrohr von 30 bis 40 mm Weite, das in untergehängte Längsrinnen aus Zinkblech, verzinktem Eisenblech oder verzinktem ⊔- oder ∧-Eisen von wenigstens 80 × 60 mm freier Querschnittsfläche entwässert; diese Rin-

[1] Abb. 459 System C. H. Jucho-Dortmund; Abb. 460 System Aug. Klönne-Dortmund.

nen sind entweder unter dem Querträger aufgehängt (Abb. 427b) oder aber bei fehlender Konstruktionshöhe durch den Querträgersteg geführt (Abb. 408b), der dann entsprechend auszusteifen ist; sie erhalten von der Mitte zu den Widerlagern hin ein Gefälle von mindestens 1 : 100, besser 1 : 50 und entwässern in parallel den Widerlagmauern laufende, mit einem Gefälle nicht unter 1 : 50 verlegte Querrinnen und durch diese in die Abfallrohre.

Statt dieser Einzelentwässerung einer jeden Buckelplatte kann man bei Brücken bis etwa 10 m Spannweite auch die Fahrbahn als Ganzes nach den beiden Widerlagern hin entwässern. Die Buckelbleche werden dann bis etwa 3 cm über Fahrbahntafeloberkante mit Beton ausgefüllt, dessen Oberfläche ein Quergefälle von 1 : 50 bis 1 : 80 nach der Brückenmitte hin und ein Längsgefälle von 1 : 20 bis mindestens 1 : 80 von der Mitte nach beiden Widerlagern hin erhält; der Beton erhält einen wasserdichten Überzug aus Asphaltfilz ohne oder mit Bleieinlagen oder aus Tektolith, zu dessen Schutz eine trocken verlegte Ziegelflachschicht angeordnet wird (vgl. Abb. 430 und 463).

Der Übergang von der Fahrbahn zu den Widerlagern wird durch wagerechte (Abb. 461) oder schwach geneigte (Abb. 462) Schleppbleche von 10 bis 16 mm Stärke vermittelt, die einerseits auf dem Endquerträger, andererseits auf dem Abdeckstein des Widerlagers aufruhen; am beweglichen Auflager müssen sie das Widerlager um das Längsverschiebungsmaß der Hauptträger überragen. Bei größerer Freilage werden sie in der Achse der Längsträger durch Konsolen verstärkt (Abb. 462). Der seitliche Abschluß des Kiesbetts wird durch lotrechte Bleche (*b* in Abb. 461a) erreicht, die oben und unten durch Winkeleisen gesäumt und mit dem Schleppblech vernietet sind.

Der Ersatz der Buckelbleche durch ebene Bleche erfordert einen erheblichen Mehraufwand an Blechstärke und an Längs- und Querträgern, da die geringe Tragfähigkeit eine engere Teilung bedingt.

2. Tonnenbleche,

die verzinkt oder mit Asphaltlack gestrichen werden. Die Pfeilhöhe beträgt $^1/_8$ bis $^1/_{12}$ der Freilage. Sie liegen mit ihrer Längsachse entweder parallel der Brückenachse, so daß sie mit den Längsträgern bzw. unmittelbar mit den Hauptträgern (Abb. 453b) vernietet sind, oder aber rechtwinklig zur Brückenachse, so daß sie mit den Querträgern vernietet und an beiden Enden durch halbe Buckelbleche abgeschlossen sind (Abb. 509). In letzterem Falle erfolgt die Entwässerung wie beim Buckelblechbelag, im ersteren aber stets nach den beiden Widerlagern, seltener zur Brückenmitte hin; das Längsgefälle wird dabei entweder durch allmähliche Verkleinerung der Pfeilhöhe bei gleichbleibender Trägerhöhe oder aber umgekehrt durch Verkleinerung der Trägerhöhe bei gleichbleibender Pfeilhöhe hergestellt. Dichtung, Entwässerung und Anschluß an die Widerlager erfolgt nach den unter 1. gegebenen Grundsätzen.

3. Beton.

a) Walzträger in Beton (Abb. 463) werden bis zu 12 m Spannweite mit obenliegender Fahrbahn verwendet. Das Traggerippe der Brücke besteht aus in 0,5 bis 0,7 m Entfernung angeordneten Hauptträgern aus ⊢⊣NP. oder Diff., bei deren Berechnung der Bohrverlust im Steg unberücksichtigt bleiben und und eine Verteilung der Gleislast auf 3,5 m Brückenbreite angenommen werden kann; sie sind so stark zu bemessen, daß sie für sich allein die Lasten aufnehmen können; ihre Zwischenräume werden mit Beton ausgestampft. An den Auflagern sind die einzelnen Träger durch Bolzen von 20 bis 26 mm ⌀ miteinander verbunden und auf einer durchlaufenden Mauerlatte aus ⊢⊣-Eisen oder Eisenbahnschienen (Abb. 463c) gelagert. Über den Hauptträgern sind rechtwinklig oder noch besser unter 45° bis 60° zu deren Achse Rundeisen von 10 bis 13 mm ⌀ in 80 bis 120 mm Entfernung angeordnet, um das Auftreten von Querrissen im Beton zu verhindern und eine gleichmäßige Verteilung der Gleislast auf alle in Rechnung gestellten Hauptträger zu erreichen. Unter den Hauptträgern ist ein Drahtgeflecht angehängt, das mit einem 30 bis 50 mm starken Zementputz beworfen wird, um die eisernen Träger auch von untenher gegen Rostbildung zu schützen.

Die Oberfläche des Betons erhält zur Entwässerung von Mitte Öffnung nach beiden Widerlagern hin ein Längsgefälle von 1 : 20 bis mindestens 1 : 80, wobei die kleinste Betonstärke über den Hauptträgern am Widerlager mindestens 50 mm betragen soll; sie wird mit einer wasserdichten Abdeckschicht aus Asphaltfilz, geteerter Jute oder Asphaltbleiisolierung versehen, zu deren Schutz eine trocken verlegte Ziegelflachschicht angeordnet wird.

a) Grundriß.

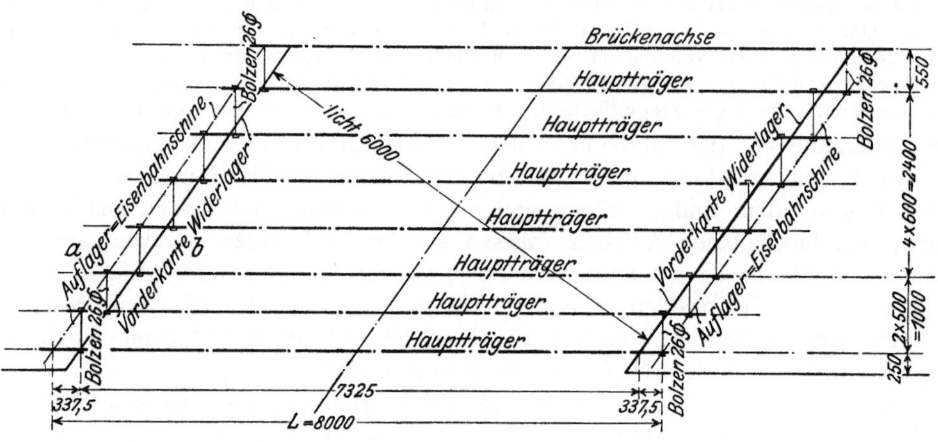

b) Querschnitt.

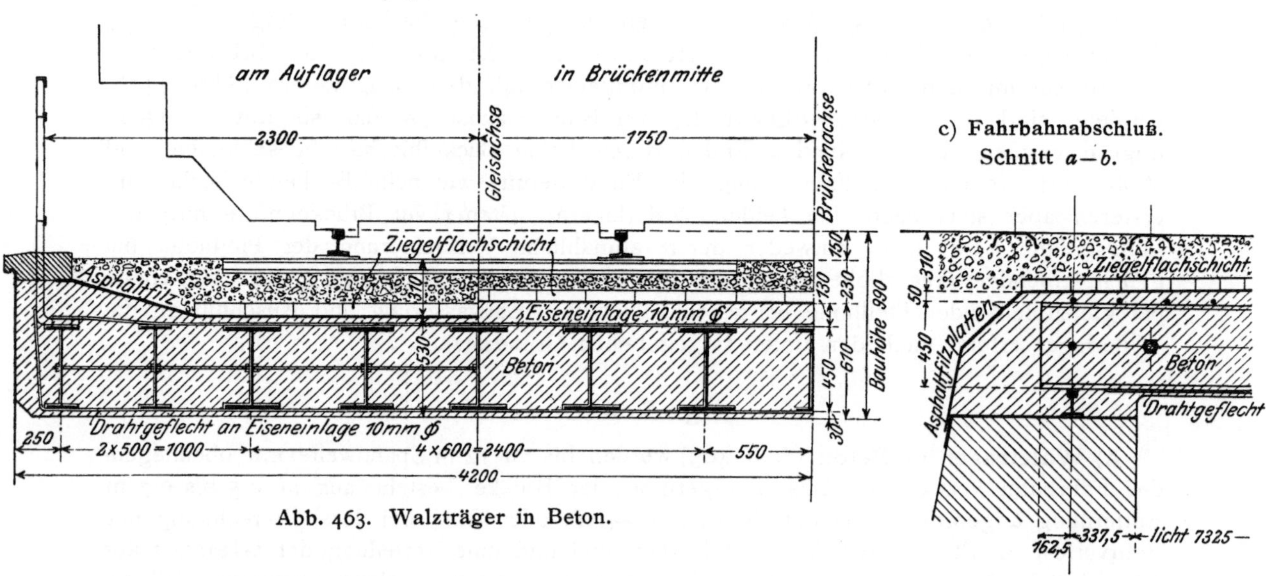

Abb. 463. Walzträger in Beton.

Mit Rücksicht auf die geringe Stützweite und die geschützte Lage der Eisenträger im Beton wird auf die Berücksichtigung der Wärmeschwankungen, also auf die Anordnung eines beweglichen Auflagers verzichtet, so daß sich der Übergang zu den Widerlagern, besonders bei schiefen Brücken, sehr einfach gestaltet (Abb. 463c). Um aber bei der Durchbiegung des Überbaues eine Rissebildung im Widerlager zu vermeiden, sind beide durch eine wagerechte (Abb. 463c) oder lotrechte Fuge zu trennen.

b) Eisenbetonplatte auf Längs- und Querträgern (Abb. 430) als Ersatz für den Tonnen- bzw. Buckelblechbelag. Die Oberfläche der Platte erhält ein Längsgefälle von 1 : 60 bis 1 : 100 nach den beiden Widerlagern hin und wird wieder mit einer Asphaltisolier- und einer Ziegelflachschicht überdeckt. Damit beim Loslösen des Betons vom

Hauptträgerstehblech infolge der Erschütterungen durch den Verkehr kein Wasser in die entstehende Fuge dringen kann, wird die Ziegelflachschicht durch ein Winkeleisen abgedeckt. Zweckmäßig werden auch die lotrechten Eckaussteifungsbleche mit Beton umstampft, mit Isolierung und Flachschicht versehen und dann ebenfalls durch aufgenietete Winkeleisen bzw. Bleche gegen das Eindringen der Feuchtigkeit zwischen Eisen und Beton geschützt.

III. Die Längsträger.

1. Grundrißanordnung.

a) Unmittelbare Schienenauflagerung. Liegen die Schienen ausnahmsweise unmittelbar auf den Längsträgern, so werden diese in 1,5 m Mittenentfernung symmetrisch zur Brückenachse angeordnet.

b) Querschwellenoberbau. Im geraden Gleis werden die Längsträger stets symmetrisch zur Brückenachse angeordnet. Ihre geringste zulässige Mittenentfernung von 1,5 m erfordert zwar die kleinste Schwellenhöhe, wird aber nur ausnahmsweise bei sehr beschränkter Konstruktionshöhe gewählt, weil sie ein hartes Fahren und stärkere Querträger ergibt. Der gebräuchliche Mittenabstand der Längsträger ist $\lambda = 1{,}6$ bis $2{,}0$ m.

Bei Kurven mit einem Radius $R > 250$ m wird dieselbe Anordnung wie im geraden Gleis gewählt (Abb. 407b), nur ist die Entfernung λ entsprechend der Pfeilhöhe f (Abb. 428) zu vergrößern, damit an keiner Stelle die Schienen außerhalb der Längsträger liegen.

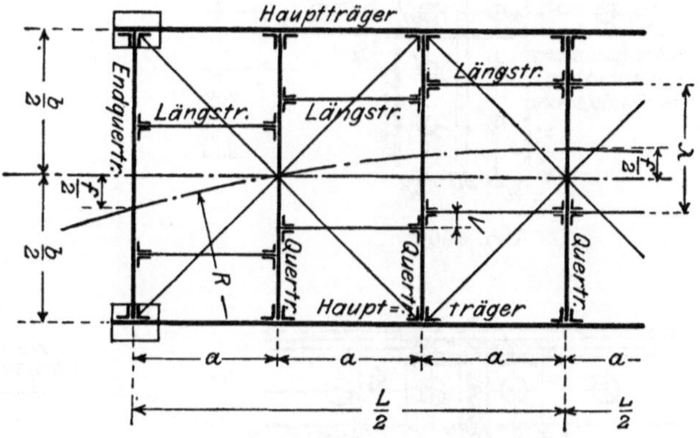

Abb. 464. Versetzte Längsträger.

In Kurven mit einem Radius $R \leq 250$ m werden die Längsträger in den einzelnen Feldern gegeneinander versetzt (Abb. 464), um zu starke Schwellen zu vermeiden und eine gleichmäßigere Beanspruchung beider Längsträger herbeizuführen. Das Maß v der Versetzung muß mindestens gleich dem doppelten Wurzelmaß der Anschlußwinkel + der Stegstärke des Längsträgers sein.

c) Durchführung des Schotterbetts. Je nach der Breite der Brücke ordnet man einen (Abb. 427 und 429) oder drei (Abb. 408) Längsträger zwischen zwei Hauptträgern an; ihre Entfernung ist durch die Abmessungen der Tonnen- bzw. Buckelbleche bedingt, deren Breite nicht über 1,8 bis 2,0 m gewählt wird.

2. Querschnittsausbildung.

Die Längsträger erhalten meist I NP., bei geringer Konstruktionshöhe auch I Diff., I-,][-,]|[-,][-förmigen Querschnitt; nur bei Fachweiten $a \geq 6{,}0$ m werden Blechträger, selten Fachwerkträger verwendet; die Höhe soll zweckmäßig $^1/_6$ bis mindestens $^1/_8$ der Spannweite betragen.

Sind bei Durchführung des Schotterbetts die Querträger als Blechträger mit einer breiten oberen Lamelle (Abb. 458) zur Auflagerung der Buckelbleche ausgebildet, so empfiehlt es sich, dem Längsträger ebenfalls eine obere Lamelle von gleicher Stärke zu geben (Abb. 465); einmal erreicht man dadurch eine willkommene Verstärkung des oberen Flansches gegen Abbiegen und gegen die Zugkräfte der anschließenden Buckelplatten; dann aber kann der obere Flansch durch die Niete nn

(Abb. 466) unmittelbar an die vorstehende Querträgerlamelle angeschlossen und dadurch eine wesentliche Entlastung der lotrechten Anschlußniete (vgl. 3.) und eine Aussteifung der Lamelle selbst erreicht werden; endlich wird das notwendige Ausarbeiten des oberen Längsträgerflansches auf ein Kleinstmaß beschränkt.

Bei Fachweiten $a \geqq 3{,}0$ m ist der Steg bzw. das Stehblech des Längsträgers in der Mitte oder in den Drittelpunkten durch lotrechte Winkeleisen auszusteifen.

Das Ausbiegen des gedrückten Obergurts aus der lotrechten Ebene (Abb. 84) ist bei Buckel- und Tonnenblechbelag ausgeschlossen, bei Querschwellenoberbau aber durch die Querschwellen selbst zu verhindern, auf deren dauernde feste Verbindung mit den Längsträgern daher besonders Wert zu legen ist.

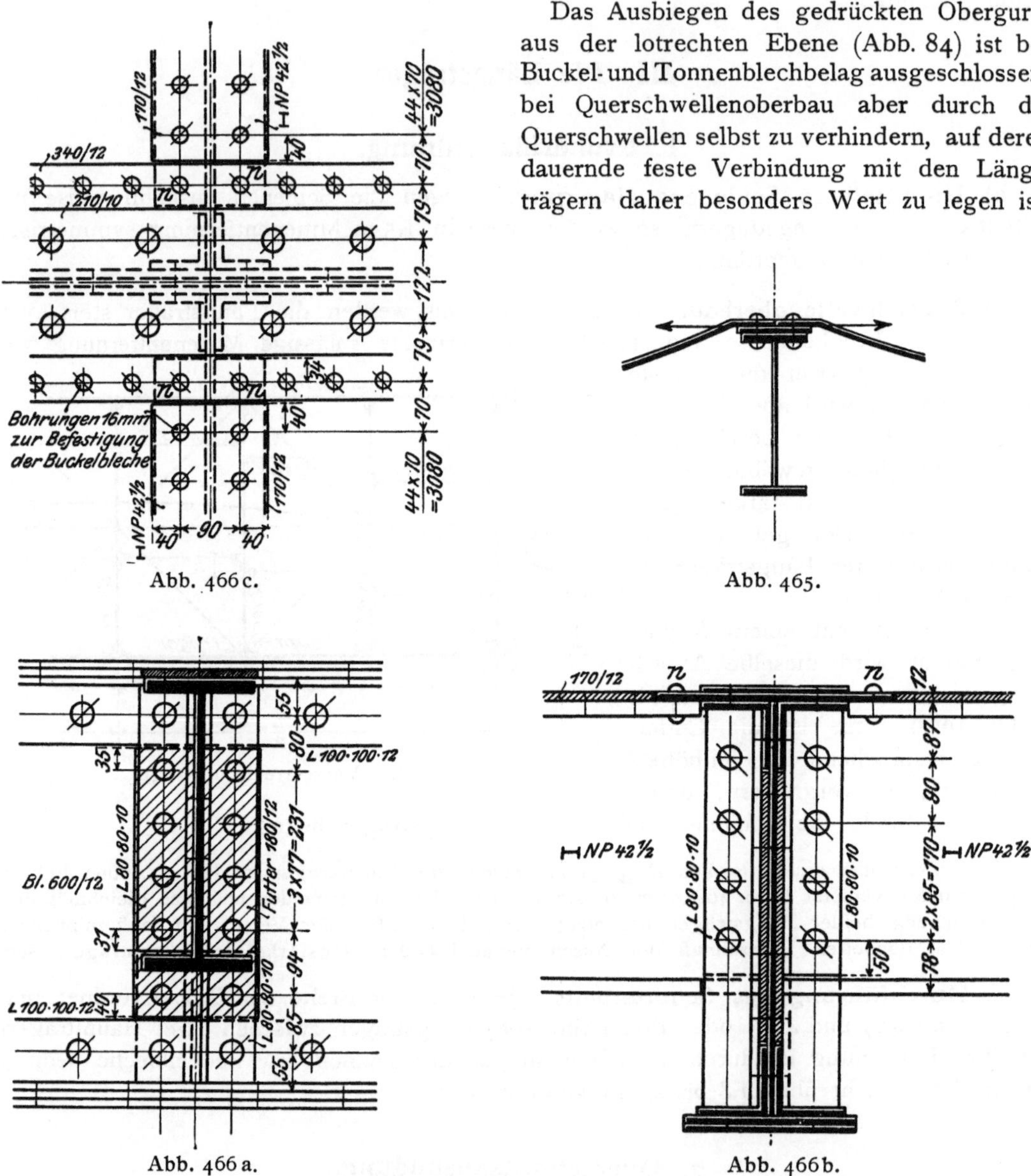

Abb. 466c.

Abb. 465.

Abb. 466a.

Abb. 466b.

Abb. 466. Anschluß des mittleren Längsträgers Abb. 408 an den Querträger.

Wird bei Fachweiten $a \geqq 2{,}5$ m zur Aufnahme der wagerechten Kräfte ein Schlingerverband nach Abb. 405 zwischen den Längsträgern angeordnet (Abb. 407 und 425), so werden die Stäbe dieses Verbandes je nach der Größe der Fachweite aus Winkeleisen 80·80·10 bis 120·80·12 gebildet und durch wagerechte Knotenbleche an Längs- und Querträger mit mindestens je 3 Nieten angeschlossen. Für die in Abb. 425 dargestellte Fachwerkbrücke zeigen die Abb. 467 und 468 diese Anschlüsse. Die wagerechten, 10 mm starken Knotenbleche sind an die Längsträgerflansche unter Einschaltung von Keilfuttern angeschlossen (Abb. 468), deren Dicke so zu bemessen ist, daß zwischen Schwellenunterkante und Längsverbandoberkante ein Spielraum von mindestens 40 bis 50 mm verbleibt. Zum Anschluß an die Querträger dienen besondere wagerechte Winkeleisen w (Abb. 467a u. c)

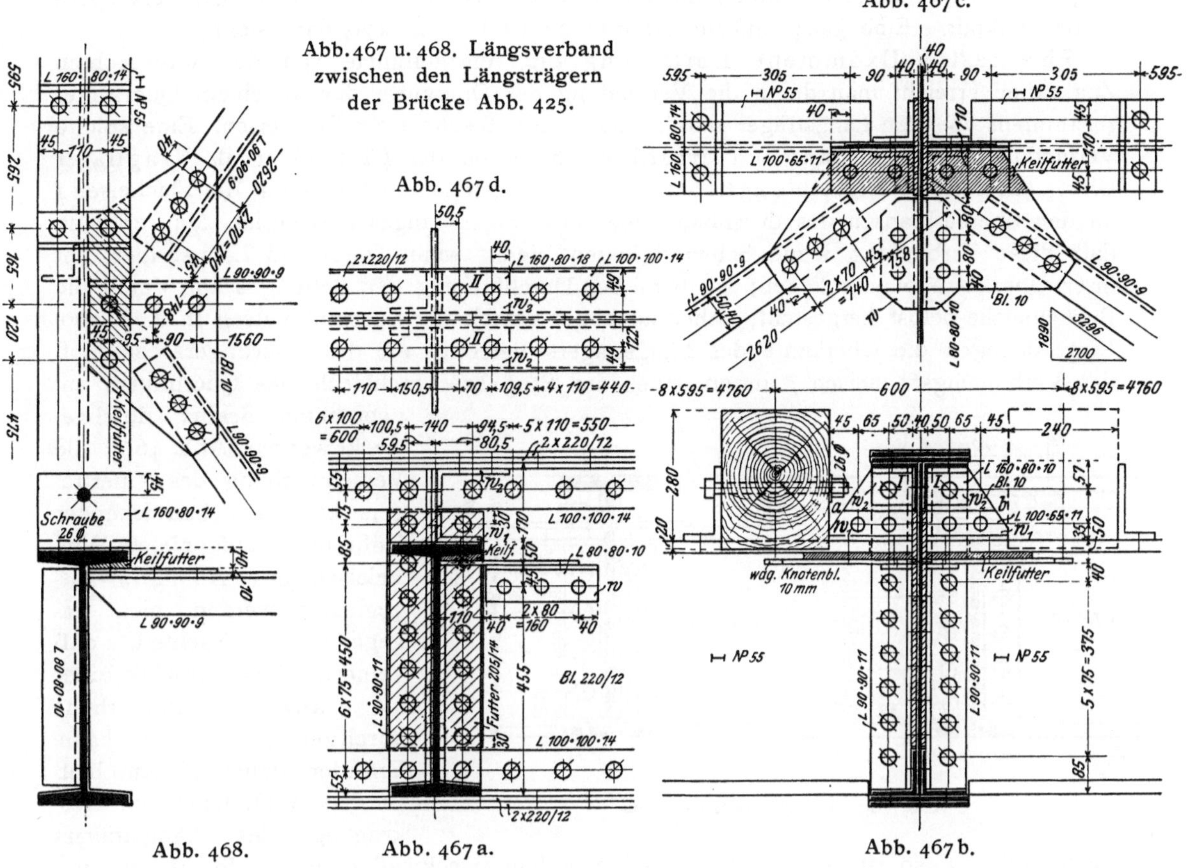

Abb. 467 u. 468. Längsverband zwischen den Längsträgern der Brücke Abb. 425.

Abb. 467 c. Abb. 467 d. Abb. 468. Abb. 467 a. Abb. 467 b.

3. Anschluß an die Querträger.

a) Längsträger oberhalb der Querträger. Die Längsträger können mit guß- oder flußeisernen Unterlagplatten so aufgelagert werden, daß sie ihren Auflagerdruck genau zentrisch in der Stegachse des Querträgers abgeben; werden nur die in der Mitte der Spannweite liegenden Längsträger fest mit den Querträgern bzw. mit dem etwa vorhandenen Bremsverband verbunden, die übrigen aber längsverschieblich gelagert, so bleiben sie unabhängig von den durch die Verkehrslast erzeugten Längenänderungen der Hauptträger. Zum Schutz gegen Abheben dienen Klemmplatten (Abb. 217, 354); zum Schutz gegen Kanten werden die nebeneinanderliegenden Längsträger in den Auflagerpunkten bzw. bei Fachweiten $a > 3{,}5$ m auch noch in der Mitte durch vollwandige oder gegliederte Querrahmen miteinander verbunden, an die sich auch der etwa vorhandene Schlingerverband (Abb. 405) anschließt.

b) Längsträger zwischen den Querträgern. Der Anschluß erfolgt durch Winkeleisen nach den im 3. Kap. B I 3 erörterten Regeln. Wegen der Größe und Geschwindigkeit der Verkehrslasten ist die Gefahr der Verdrehung des Querträgers und des Losrüttelns der oberen Anschlußniete (Abb. 111) in besonders hohem Maße gegeben. Eine wesentliche Verminderung dieser Gefahr erreicht man durch die Ausbildung des Anschlusses nach Abb. 467; hier ist der durchgehende Längsträgerflansch durch ein wagerechtes Winkeleisen w_1 und ein lotrechtes Blech an den durchlaufenden Anschlußwinkel angeschlossen, der sich seinerseits durch die ein- oder zweiseitig angeordneten Winkeleisen w_2 an die Gurtung des Querträgers anschließt; die Scherfestigkeit der Niete I und II (Abb. 467 b u. d) widerstrebt dem Losrütteln der Anschlußniete im Querträger durch Aufnahme der durch die teilweise Einspannung des Längsträgers erzeugten Horizontalkraft. Eine ganz ähnliche Anordnung ist in Abb. 470 dargestellt.

Eine fast vollkommene Entlastung der Anschlußniete von den wagerechten Zugkräften erreicht man durch die Verbindung der Obergurte der an einem Querträger zusammenstoßenden Längsträger durch wagerechte Bleche oder Flacheisen. Eine solche Verbindung ist unumgänglich erforderlich, wenn der Längsträger als Kragträger wirkt; ein Beispiel zeigt Abb. 451, bei der das Längsträgerstück *k* durch die Flacheisen *f* an den oberen Flansch des durchlaufenden Längsträgers angeschlossen ist. Man erkennt, daß diese Verbindung keine Schwierigkeiten bietet, wenn Quer- und Längsträger mit ihrer Oberkante bündig liegen; sie wird bei Durchführung der Bettung schon durch die Buckelbleche selbst hergestellt; daher auch der Vorteil der Anschlußniete *n* in Abb. 466. Liegt dagegen die Oberkante des Längsträgers tiefer als die des Querträgers, so muß das Verbindungsflacheisen *f* durch einen im Steg bzw. Stehblech des Querträgers angebrachten Schlitz durchgesteckt werden (Abb. 469); die Verschwächung des Querträgers kann bei hinreichender Höhe durch aufgenietete Winkeleisen (*w* in Abb. 469) ausgeglichen werden, nicht dagegen der Nachteil, daß keiner der Anschlußwinkel über die ganze Querträgerhöhe durchgeführt werden kann. Erfordert daher der Anschluß an das Widerlager die Auskragung des Längsträgers nach Abb. 451, so ist es bei Querschwellenoberbau zweckmäßig, den Endquerträger mit gleicher Steghöhe wie die Längsträger auszubilden (vgl. Aufg. 78).

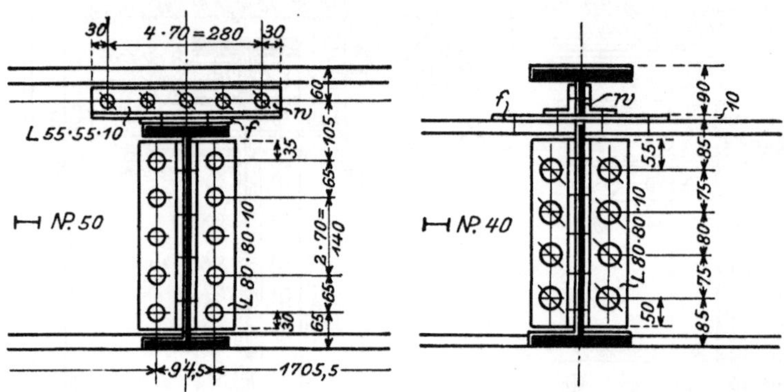

Abb. 469. Längsträgeranschluß.

Steht am Widerlager genügende Höhe zur Verfügung, so kann der Endquerträger auch so tief gelegt werden, daß die Längsträger über ihn fortlaufen, eine Anordnung, die besonders bei großen Spannweiten mit genieteten Fahrbahnträgern mit Vorteil angewendet werden kann.

c) Gelenkanschluß bei Gerberträgern. Sind die Hauptträger mit Gelenken als Gerberträger ausgebildet, so müssen die Längsträger an den Orten dieser Gelenke ebenfalls gelenkig an die Querträger angeschlossen werden.

Bei Hauptträgern ohne Gelenke empfiehlt sich eine Unterbrechung der Fahrbahn durch längsverschieblichen Gelenkanschluß der Längsträger an ein oder mehreren Stellen bei Spannweiten von etwa 80 m an immer dann, wenn die Querträger fest an die Hauptträger angeschlossen sind, um den Einfluß der durch die Verkehrslast erzeugten Längenänderungen der Hauptträger auf die Längsträger abzuschwächen.

Am festen Gelenk erfolgt der Anschluß meist durch Gelenkbolzen (Abb. 470), die nach den Regeln des 2. Kap. auf Abscheren, Lochleibung und Biegung zu berechnen sind; zur Herabminderung des Lochleibungsdrucks kann die Stegstärke durch beiderseits mit versenkten Nieten angeschlossene Flacheisen ($^{160}/_{8}$, Abb. 470a) vergrößert werden.

Am beweglichen Gelenk kann der anschließende Längsträger mit einem Langloch versehen werden; bei größeren Fachweiten ist es aber zweckmäßiger, ihn auf ein zwischen den Anschlußwinkeln eingenietetes, oben gewölbtes Flußstahlstück aufzulagern (Abb. 471); nur bei großen Spannweiten werden auch auf Konsolen gelagerte Gleitlager verwendet, die die unverschwächte Durchführung des Längsträgers gestatten.

In allen Fällen wirkt der Auflagerdruck des Längsträgers wegen der erforderlichen großen Breite der Anschlußwinkel bzw. Konsolen weit außerhalb der Querträgerachse, so daß die Zugbeanspruchung der oberen Anschlußniete hier eine besonders große ist und Vorkehrungen nach Abb. 467, 470 und 471 erfordert (vgl. auch Abb. 508 und 512 des 11. Kap.). Ist das Höhenmaß zwischen Unterkante Quer- und Längsträger groß, so muß dabei der Untergurt des Querträgers gegen die eintretende Verdrehung durch dreieckige Konsolbleche gegen den Untergurt des fest anschließenden Längsträgers abgestützt werden (vgl. Abb. 512 im 11. Kap.).

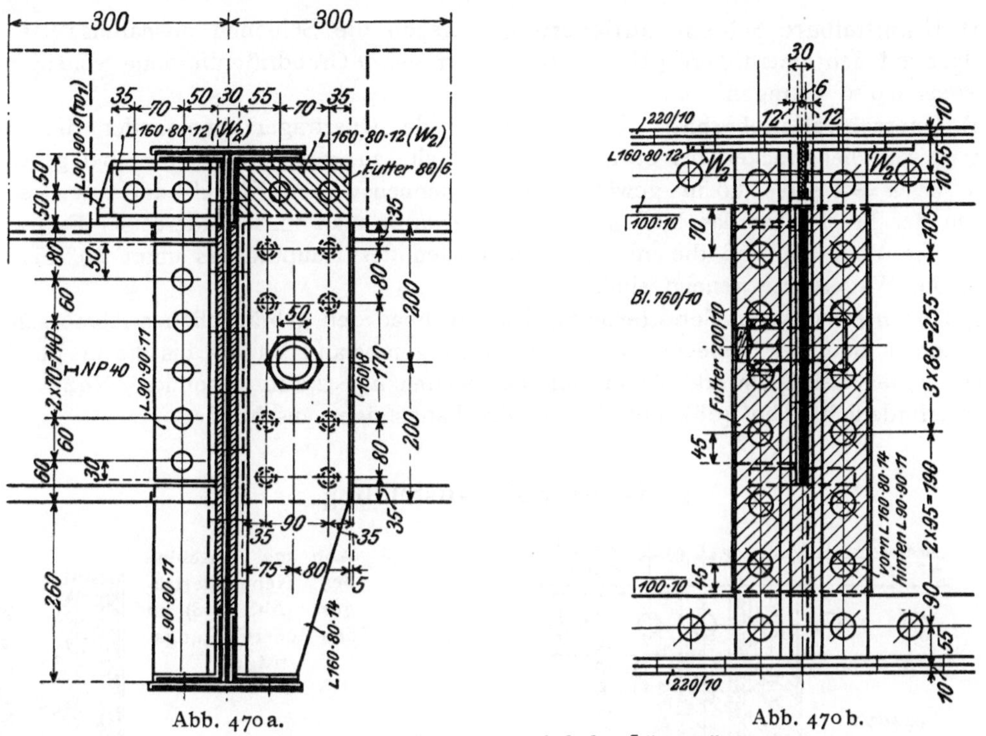

Abb. 470a. Abb. 470b.

Abb. 470. Fester Gelenkanschluß des Längsträgers.

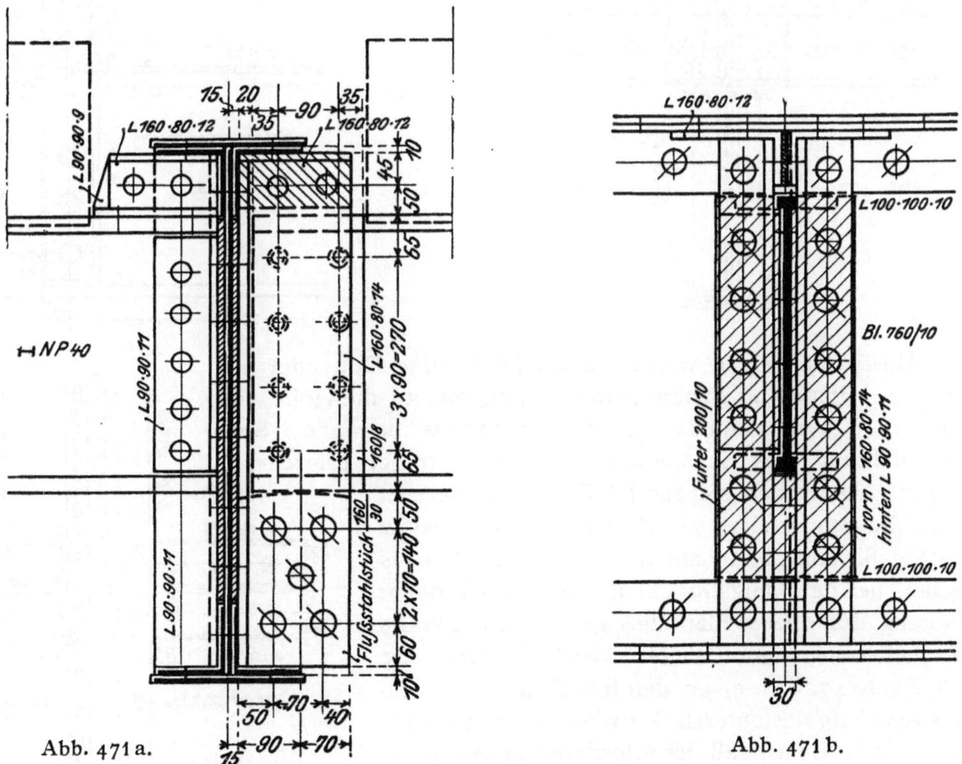

Abb. 471a. Abb. 471b.

Abb. 471. Beweglicher Gelenkanschluß des Längsträgers.

IV. Die Querträger.

1. Grundrißanordnung.

a) Unmittelbare Schienenauflagerung. Liegen die Schienen ausnahmsweise unmittelbar auf den Querträgern (Abb. 445), so darf deren Grundrißentfernung voneinander höchstens 0,6 m betragen.

b) Querschwellenoberbau. Die Entfernung der Querträger voneinander, die Fachweite a, wird bei Brücken bis etwa $b = 4{,}0$ m Breite zu $a = 1{,}7$ bis 3,0 m, bei größerer Breite zu $a = 3{,}4$ bis 5,0 m gewählt. Einen nennenswerten Einfluß auf das Gesamtgewicht der Brücke hat das Maß a nicht; daher trifft man insbesondere bei Fachwerkträgern die Wahl so, daß die mittleren Diagonalen des Hauptträgers unter 40^0 bis 50^0 gegen die Wagerechte geneigt sind.

c) Durchführung des Schotterbetts. Entsprechend den gebräuchlichen Abmessungen der Tonnen- und Buckelbleche wird der Querträgerabstand zu 1,5 bis 2,2 m gewählt. Daher werden bei Fachwerkbrücken mit Fachweiten $a > 2{,}2$ m besondere Nebenquerträger erforderlich (Abb. 408), die sich an die Längsträger anschließen.

2. Querschnittsausbildung.

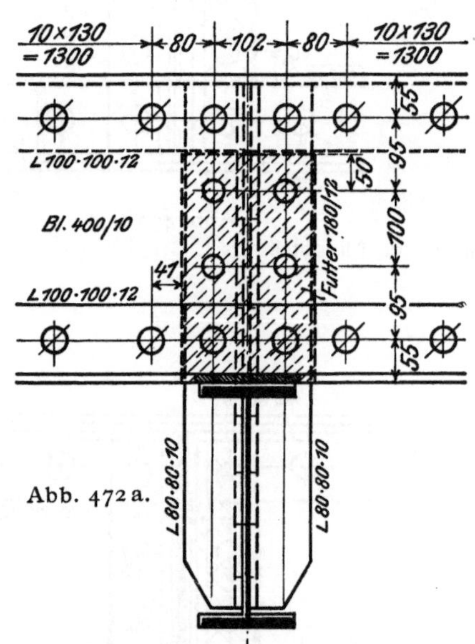

Abb. 472a.

Abb. 472. Anschluß des Nebenquerträgers (Abb. 408) an den äußeren Längsträger.

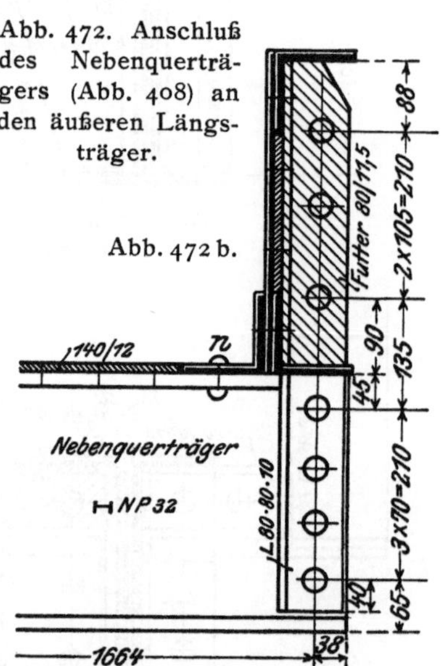

Abb. 472b.

Die Hauptquerträger werden aus ⊢NP. oder Diff. oder als Blechträger, seltener als Fachwerkträger ausgebildet; die Höhe soll zweckmäßig $^1/_6$, mindestens $^1/_{10}$ der Spannweite betragen. Sind bei Durchführung des Schotterbetts Nebenquerträger erforderlich (Abb. 408), so werden sie aus ⊢-Eisen gebildet; ist dabei der Hauptquerträger ein Blechträger, so erhalten sie zweckmäßig eine obere Lamelle ($^{140}/_{12}$, Abb. 472) aus den schon bei den Längsträgern angeführten Gründen: Verstärkung des oberen Flansches gegen die Zugkräfte der Buckelbleche, unmittelbarer Anschluß durch die Niete n (Abb. 472b u. c) an den Randlängsträger, dadurch Aussteifung des unteren Gurtwinkels dieses Längsträgers, endlich Kleinstmaß der erforderlichen Ausarbeitung für den oberen Flansch des Nebenquerträgers.

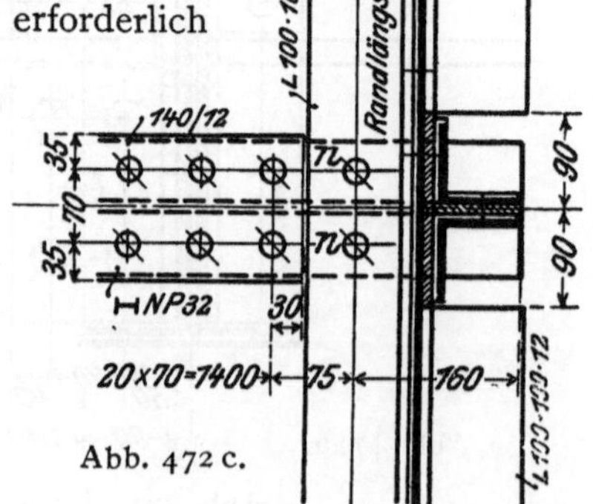

Abb. 472c.

Zur Aussteifung des Stegs bzw. Stehblechs und zur Sicherung des gedrückten Obergurts gegen Ausknicken aus der lotrechten Querträgerebene genügen im allgemeinen die Anschlußwinkel der Längsträger; liegen diese oberhalb der Querträger, so sind an ihren Auflagerpunkten besondere Aussteifungswinkel anzuordnen.

3. Anschluß an die Hauptträger.

a) Querträger oberhalb der Hauptträger. Die Querträger werden entweder fest mit den Obergurten der Hauptträger vernietet oder aber, um die hierbei auftretende Verdrehung der Gurtungen zu vermeiden, mit guß- oder flußeisernen Unterlagplatten zentrisch und frei drehbar aufgelagert; wird dabei nur der mittelste Querträger fest, die übrigen aber längsverschieblich gelagert, so bleibt das Fahrbahngerippe unabhängig von den Längenänderungen der Hauptträger; die Verschiebung in der Querrichtung der Brücke wird durch Nasen oder Anschlagleisten in den Unterlagplatten, das Abheben durch Klemmplatten, das Kanten endlich durch die fest an die Querträger angeschlossenen Längsträger verhindert.

b) Querträger zwischen den Hauptträgern. α) Sind die Querträger nur Glieder der Wind- und Querverbände, sind also entweder in beiden Gurtebenen ein Windverband und zwei Endquerverbände (Abb. 70) oder aber nur in einer Gurtebene ein Windverband und in allen lotrechten Knotenpunktsebenen Querverbände (Abb. 75) vorhanden, so erhalten sie durch die wagerechten Kräfte zusätzlich nur Zug- bzw. Druckkräfte, so daß ihr Anschluß an die Hauptträger nur den lotrechten Stützdruck zu übertragen hat. Dieser Anschluß erfolgt durch Winkeleisen nach den Regeln des 3. Kap. In den Knotenpunkten des Hauptträgers, in denen Knotenbleche in der Hauptträgerebene entbehrlich sind, z. B. in den Punkten (⊠), (II) und (IV) der Abb. 407a, wird die Entlastung der oberen Anschlußniete von den Zugkräften durch lotrechte Bleche (s in Abb. 407c) erreicht, die durch die Vertikalen des Hauptträgers hindurchgreifen; in den übrigen Knotenpunkten (I) und (III) können diese Bleche (s_1 in Abb. 407d) nur unterhalb der Knotenbleche durch die Vertikale durchgreifen und müssen daher noch durch besondere Winkeleisen (w in Abb. 407d) angeschlossen werden, deren obere Niete durch wagerechte, an den Obergurt angeschlossene Bleche (a) entlastet werden.

Da sich diese Bleche a nur an das innere [-Eisen des Obergurts anschließen, sind die unteren Flanschen beider [-Eisen beiderseits dicht neben dem Knotenblech durch wagerechte Bleche zu verbinden, um der Gefahr des Abreißens des inneren [-Eisens zu begegnen.

Besteht die Vertikale aus einem gewalzten ⊢⊣-Eisen, wie z. B. in Punkt (3) bis (5) der Abb. 425c, so sind zum Anschluß der lotrechten Bleche s stets Anschlußwinkel w (Abb. 425a) erforderlich; eine vollständige Entlastung der Anschlußniete von den Zugkräften ist jetzt undurchführbar; ihre Wirkung wird aber wesentlich dadurch vermindert, daß man die Bleche s so hoch über Querträgeroberkante führt, wie das Normalprofil gestattet; sie dienen dann gleichzeitig dazu, etwa entgleiste Fahrzeuge von den Hauptträgern abzuhalten.

Da sich die Winkel w nur an den inneren Flansch der Vertikalen anschließen, der Querträgerstützdruck daher die Gurtung auf Verdrehen beansprucht, sind die beiden Gurtteile in den Knotenpunkten stets durch wagerechte Bleche miteinander zu verbinden, die durch Winkeleisen (v in Abb. 425a) an die Vertikale anzuschließen sind.

In allen Fällen müssen die Querträger als Glieder der Wind- und Querverbände an die wagerechten Knotenbleche des Windverbandes angeschlossen werden.

Sind zwei Windverbände vorhanden, so können die Querträger in den Knotenpunkten des Untergurts mit besonderen Auflagerstühlen auch zentrisch und frei drehbar aufgelagert werden (vgl. unter a); zu dieser Anordnung geht man aber nur bei großer Spannweite und Brückenbreite über.

β) Sind die Querträger Glieder von geschlossenen Querrahmen, sind also bei Trogbrücken **zwei** Windverbände und in den beiden Endpunkten des oberen Verbandes geschlossene Portale (Abb. 71, 73, 74, 425) vorhanden, so erhalten sie durch die lotrechten und besonders durch die wagerechten Kräfte zusätzliche Biegungsmomente (Abb. 426 und 435), die in ihren Anschlußpunkten an die Hauptträger aufgenommen werden müssen.

Abb. 473 a.

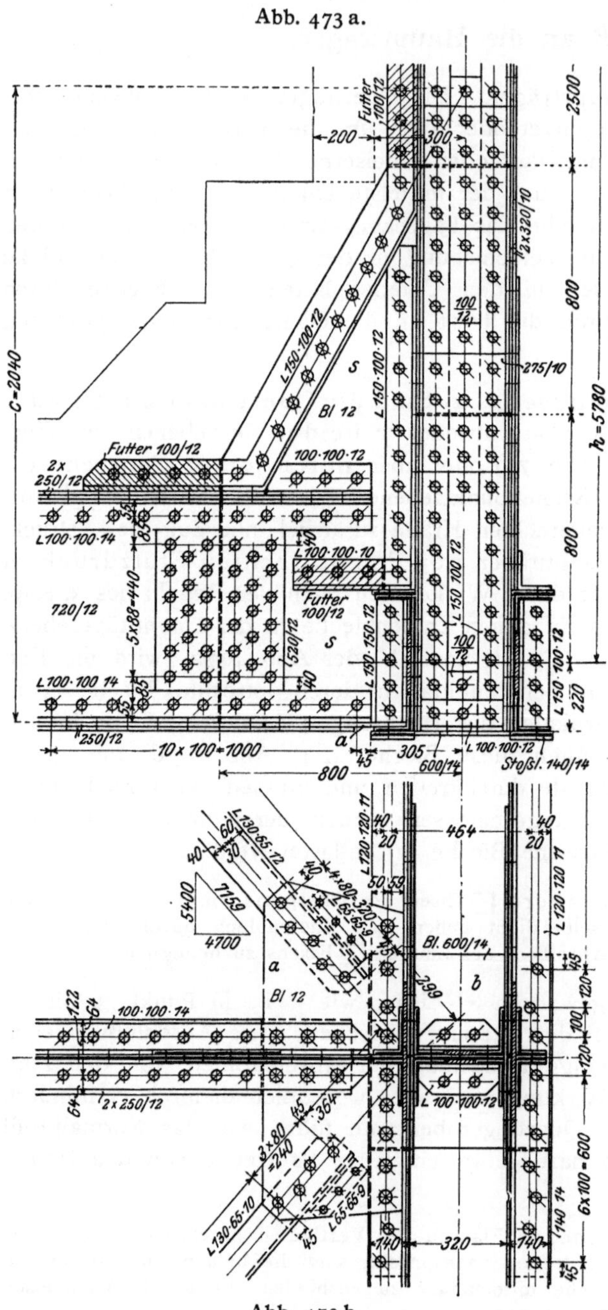

Abb. 473 b.

Abb. 473. Querträgeranschluß in Punkt (2) des Brückenträgers Abb. 425.

Da diese Momente sowohl positiv als auch negativ (Abb. 426, 435 bis 437) sein können, so sind beide Querträgergurte Zugkräften ausgesetzt. Daher werden zunächst die unteren Gurtwinkel durch wagerechte Bleche (*a*, Abb. **425b**), die meist gleichzeitig zum Anschluß des Windverbandes dienen (Abb. 473), unmittelbar an den Untergurt des Hauptträgers, die oberen Gurtwinkel aber an ein lotrechtes Anschlußblech (*s*, Abb. 425b u. 473) angeschlossen, das so hoch geführt wird, wie das Normalprofil gestattet, oberhalb der Knotenbleche des Hauptträgers durch die stets als Blechträger ausgebildete Vertikale durchgeführt und zur Verhinderung des Ausknickens an seiner Schrägkante mit Winkeleisen gesäumt wird.

Zur Ermittlung der erforderlichen Abmessungen und Anschlußniete hebt man das Eckmoment M_A bzw. M_B nach Abb. 474 durch ein Kräftepaar vom Hebelarm $(h_u - h_o)$ auf, dessen Kräfte sich zu $\mathfrak{N}_l^{(o)} = \mathfrak{N}_l^{(u)} = \frac{M_A}{h_u - h_o}$ bzw. $\mathfrak{N}_r^{(o)} = \mathfrak{N}_r^{(u)} = \frac{M_B}{h_u - h_o}$ berechnen. Die Kräfte $\mathfrak{N}^{(u)}$ werden unmittelbar durch die wagerechten Anschlußbleche *a* in den Querträger übergeleitet; die Zerlegung der Kräfte $\mathfrak{N}^{(o)}$ in lotrechter und schräger Richtung liefert die Zug- bzw. Druckkräfte in den lotrechten Anschlußblechen und deren Saumwinkeln. Beispielsweise ergibt sich mit den Zahlenwerten der Aufg. 80 $h_u - h_o = 1{,}4$ m und

$$\mathfrak{N}_l^{(o)} = \mathfrak{N}_l^{(u)} = \frac{24{,}1}{1{,}4} = 17{,}2 \text{ t}$$

$$\text{bzw. } \mathfrak{N}_r^{(o)} = \mathfrak{N}_r^{(u)} = -\frac{26{,}3}{1{,}4} = -18{,}8 \text{ t}$$

ohne Einwirkung der Verkehrslast,

$$\mathfrak{N}_l^{(o)} = \mathfrak{N}_l^{(u)} = \frac{1{,}5}{1{,}4} = 1{,}1 \text{ t} \quad \text{bzw.} \quad \mathfrak{N}_r^{(o)} = \mathfrak{N}_r^{(u)} = -\frac{28{,}7}{1{,}4} = -20{,}5 \text{ t}$$

mit Einwirkung der Verkehrslast.

δ) Sind die Querträger Glieder offener Halbrahmen, ist also bei Trogbrücken nur in der Untergurtebene ein Windverband vorhanden, so treten in ihren Anschlußpunkten an die Hauptträgervertikalen Momente auf einmal infolge der auf den Obergurt entfallenden Windlasten W_0' und W_0'' (Abb. 443), dann aber (vgl. A VI 2d) infolge der wagerechten Querkräfte $^1/_{100}\, S_{\min}$, die das Ausknicken der Obergurtknotenpunkte aus der Hauptträgerebene heraus verhindern sollen (Abbildung 444). Die bei Belastung des Querträgers durch die Verkehrslast auftretenden Eckmomente $M_A = (W_0' + 0{,}01\, S_{\min})\, h_u$ und $M_B = -(W_0'' - 0{,}01\, S_{\min})\, h_u$ sind in der Regel positiv und werden zur Ermittlung der erforderlichen Abmessungen und Anschlußniete wieder nach Abb. 474 durch Kräftepaare ersetzt.

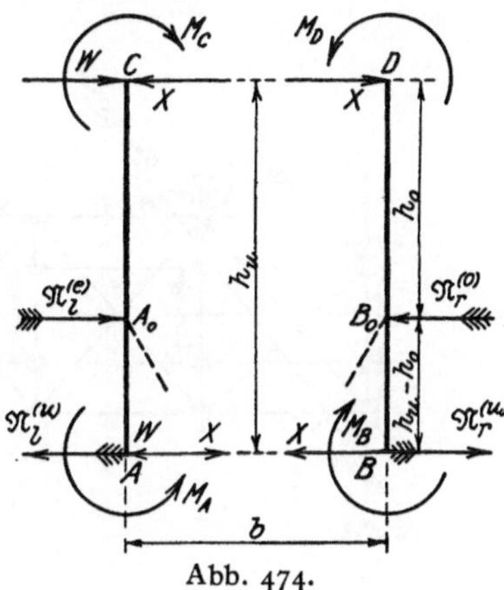

Abb. 474.

Aufgabe 90. Es sollen die Eckmomente des offenen Halbrahmens der in Aufg. 83, 85 und 89 berechneten Fachwerkbrücke und das größte Biegungsmoment der Hauptträgervertikalen $_{(4)}$—$_{(IV)}$ (Abb. 406) im Abstand $h_0 = 2{,}0$ m berechnet werden.

Auflösung. Nach Aufg. 83 ist $W_0' = 0{,}42$ t, $W_0'' = 0{,}21$ t, $S_{\min} = 217$ t; daher wird mit $h_u = 3{,}3$ m (Aufg. 89) $M_A = (0{,}42 + 2{,}17)\, 3{,}3 = 7{,}55$ mt und $M_B = -(0{,}21 - 2{,}17)\, 3{,}3 = 6{,}47$ mt; damit berechnen sich (Abb. 474) die Werte $\mathfrak{N}_l^{(o)} = \mathfrak{N}_l^{(u)} = \frac{7{,}55}{3{,}3 - 2{,}0} = 5{,}8$ t und $\mathfrak{N}_r^{(o)} = \mathfrak{N}_r^{(u)} = \frac{6{,}47}{1{,}3} = 5{,}0$ t.

Das größte Moment für die Vertikale $_{(4)}$—$_{(IV)}$ am Anschlußpunkt der Eckaussteifung berechnet sich zu $\mathfrak{M} = (0{,}42 + 2{,}17)\, 2{,}0 = 5{,}18$ mt, daher die Beanspruchung (⊢⊣ Diff. 22 B mit $W = 547$ cm³, vgl. Aufg. 85) $\sigma = \frac{5{,}18}{547} \cdot 10^5 = 990$ kg/cm².

Die konstruktive Durchbildung des Anschlusses erfolgt wie bei den geschlossenen Querrahmen durch wagerechte untere Anschluß- und lotrechte dreieckige Aussteifungsbleche (Abb. 427, 461, 475), die bei größerer Höhe zum Schutz gegen Ausknicken durch Winkeleisen gesäumt (Abb. 406b), bei genieteten Querträgern und Vertikalen auch durch eine dreieckförmige Stabaussteifung (Abb. 408b) ersetzt werden.

V. Die Hauptträger.

1. Grundrißausbildung.

a) Gerade Brücken. Der Schnittwinkel der sich kreuzenden Verkehrswege ist 90°. Die Hauptträger bilden mit den Endquerträgern ein Rechteck, dessen Längsachse parallel der Gleisachse bzw. in Krümmungen parallel der Bogensehne (Abb. 428) liegt.

α) Fahrbahn oberhalb der Hauptträger. Liegen die Schienen bei sehr geringer Konstruktionshöhe ausnahmsweise unmittelbar auf den Hauptträgern, so ist deren Entfernung $b = 1{,}5$ m.

Bei Querschwellenoberbau wird die Entfernung b der Hauptträger mit Rücksicht auf die Standsicherheit der Brücke gegen Umkippen durch wagerechte Kräfte für eine Spannweite

$$L \leqq 8{,}0 \text{ bzw. } 10{,}0 \text{ bzw. } 20{,}0 \text{ bzw. } 30{,}0 \text{ bzw. } 40{,}0 \text{ m zu}$$
$$b \geqq 1{,}8 \quad „ \quad 2{,}0 \quad „ \quad 2{,}6 \quad „ \quad 3{,}0 \quad „ \quad 3{,}4 \text{ m}$$

gewählt. In Gleiskrümmungen (Abb. 447) sind diese Werte der Pfeilhöhe f entsprechend zu vergrößern.

Bei Durchführung der Bettung wird bei Tonnen- und Buckelblechbelag $\frac{\text{ohne}}{\text{mit}}$ Einschaltung eines Längsträgers $b = \frac{1{,}75 \text{ bis } 2{,}25 \text{ m (Abb. 453)}}{3{,}50 \text{ bis } 4{,}50 \text{ m (Abb. 429)}}$ gewählt.

Bei Betonabdeckung (Abb. 463) endlich ist $b = 0{,}5$ bis $0{,}75$ m.

β) Fahrbahn zwischen den Hauptträgern. Liegen die Schienen bei sehr geringer Konstruktionshöhe ausnahmsweise unmittelbar auf den Querträgern (Abb. 445), so wird $b = 2{,}1$ m gewählt.

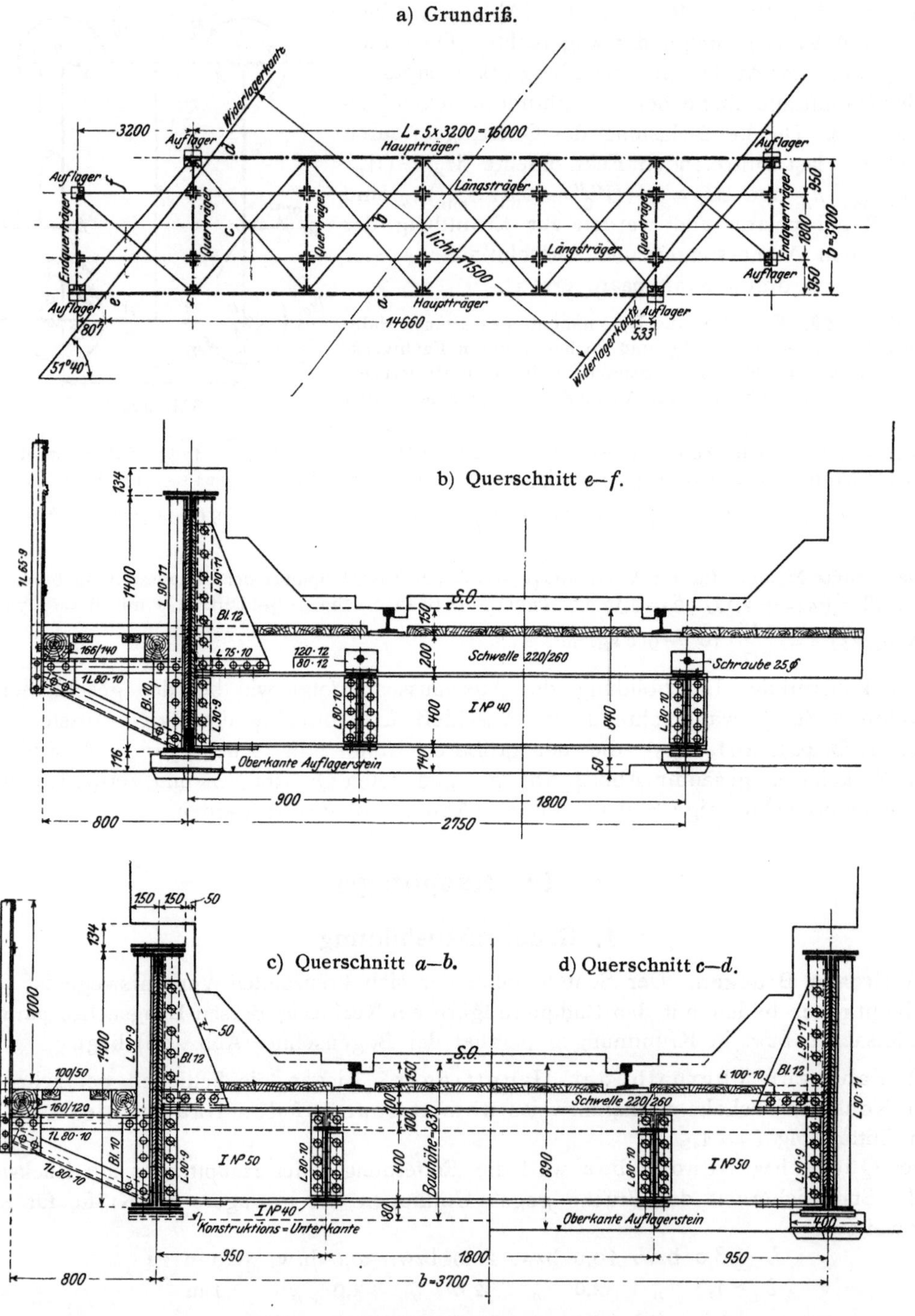

Abb. 475. Schiefe Blechträgerbrücke.

Bei Querschwellenoberbau richtet sich die Hauptträgerentfernung b nach der Umgrenzungslinie des lichten Raumes (Abb. 454). Liegt die Fahrbahn halb versenkt (Abb. 407), so wird in der geraden Strecke für $L = 20$ bis 50 m die Entfernung $b = 2{,}5$ bis 4,0 m gewählt. In Gleiskrümmungen sind diese Werte der Pfeilhöhe f entsprechend zu vergrößern. Liegt die Fahrbahn ganz versenkt (Abb. 406 und 425), so ergibt sich, wenn die Hauptträger in den 1. oder 2. Absatz des Normalprofils hineinreichen (Abb. 427 und 475), $b = 2{,}6$ bis 3,8 m, wenn sie aber mehr als 0,76 m über S.O. hinausgehen (Abb. 406), $b = 4{,}8$ bis 5,0 m, nämlich = Breite des Normalprofils 4,0 m + Obergurtbreite + $2 \times 0{,}2$ m Spielraum. In Kurven sind die Breiten b entsprechend zu vergrößern, wobei besonders noch auf die Schiefstellung des Normalprofils (Abb. 428) Rücksicht zu nehmen ist.

Bei Durchführung der Bettung soll die Breite des Schotterbetts mindestens 3,3 m betragen, so daß sich für Hauptträger im 1. oder 2. Absatz des Normalprofils (Abb. 427, 430) $b = 3{,}4$ bis 3,8 m, für höhere (Abb. 408) $b = 4{,}8$ bis 5,0 m ergibt.

b) Schiefe Brücken. Der Schnittwinkel der sich kreuzenden Verkehrswege ist $< 90^0$. Die Anordnung schiefer Endquerträger ist wegen der erforderlichen schwierigen und teuren schiefen Anschlüsse grundsätzlich zu vermeiden.

Weicht der Schnittwinkel nur wenig von 90^0 (Abb. 447), so ordnet man den Grundriß wie den einer geraden Brücke an, indem man die Auflagerpunkte der Hauptträger in ungleicher Entfernung von Vorderkante Widerlager legt; die geringste Entfernung soll dabei 300 mm betragen.

Bei größerer Abweichung des Schnittwinkels von 90^0 bildet man den Grundriß der Brücke nach Abb. 475 aus; außer den 4 Auflagern für die Hauptträger ist auf jedem Widerlager in der Längsträgerachse noch je ein Auflager für die Endquerträger angeordnet.

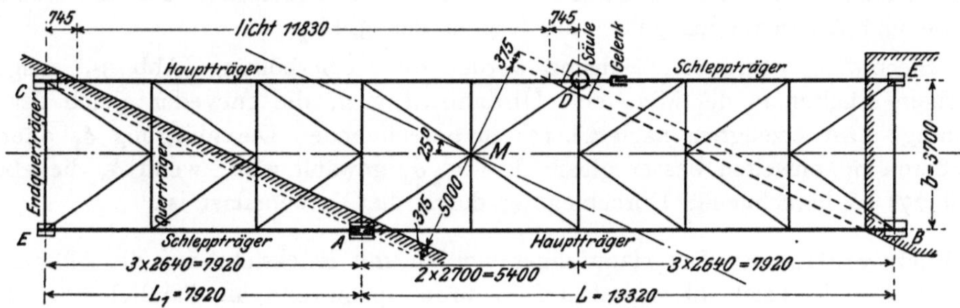

Abb. 476. Schiefe Brücke mit Schleppträgern.

Bei sehr spitzem Schnittwinkel ordnet man auf jedem Widerlager in der Verlängerung der Hauptträgerachse je einen Schleppträger an (Abb. 476); wird dabei die Vorderkante des Widerlagers schräg zur Brückenachse ausgebildet, so erhalten Schlepp- und Hauptträger ein gemeinsames Auflager (A, Abb. 476); liegt dagegen diese Vorderkante rechtwinklig zur Brückenachse, so wird der Schleppträger mit einem Gelenk an den auf einer Säule (D, Abb. 476) aufgelagerten Hauptträger angeschlossen.

2. Querschnittsausbildung.

a) Vollwandige Träger haben bis etwa 20 m Stützweite vor den Fachwerkträgern den Vorzug der einfacheren Herstellung, der leichteren und billigeren Unterhaltung (wegen des geringeren Angriffs der geschlossenen Querschnittsform durch Rost), der größeren Unabhängigkeit in der Querträger- und Schwellenteilung und des einfacheren Anschlusses des Fahrbahngerippes an Hauptträger und Widerlager, besonders bei schiefen Brücken; dem größeren Eigengewicht steht der geringere Einheitspreis und der verminderte Einfluß der Stöße der Fahrzeuge gegenüber.

α) Gewalzte Profile (⊢⊣ NP. und Diff.) kommen bei Anordnung von 2 Hauptträgern (Abb. 445) bis etwa $L = 8{,}0$ m, bei Anordnung mehrerer Hauptträger mit Betonabdeckung (Abb. 463) bis etwa $L = 12{,}0$ m und zwar ohne Überhöhung in der Mitte zur Verwendung; für diese darf die von der Verkehrslast herrührende Durchbiegung den Wert $^1/_{800}\,L$ erreichen.

β) Genietete Blechträger erhalten zweckmäßig eine Stehblechhöhe $h = {}^1/_8\,L$ bis $^1/_9\,L$, die aber bei geringer Konstruktionshöhe auf Kosten des Eigengewichts auf $^1/_{16}\,L$ bis $^1/_{20}\,L$ verringert werden darf, solange nur die von der Verkehrslast herrührende Durchbiegung den Wert $^1/_{1000}\,L$ nicht überschreitet. Die Stärke δ des Stehblechs soll mit Rücksicht auf die Rostgefahr, die Knicksicherheit und den zulässigen Lochleibungsdruck mindestens 10 mm, bei Stehblechhöhen über 800 mm besser 12 mm betragen. Die Gurtwinkel werden meist gleichschenklig, seltener ungleichschenklig mit 10 bis 16 mm Schenkelstärke ausgeführt. Die Lamellen sollen beiderseits über den Winkelkanten um einige Millimeter, höchstens aber um das 2- bis $2^1/_2$fache ihrer Stärke vorstehen; bei größerem Überstand sind die vorstehenden Teile gegen Knicken besonders zu schützen. Wird die unmittelbar auf den Gurtwinkeln liegende Lamelle zur Aufnahme der Tonnen- oder Buckelbleche breiter als die übrigen Lamellen ausgeführt, so sind die vorstehenden Teile in 2,0 bis 2,5 m Entfernung auszusteifen, entweder unmittelbar durch die Querträger (Niete n in Abb. 466) oder durch die Querverbände (Winkel w in Abb. 453b); dasselbe gilt für den Untergurt, wenn auch hier ungleiche Lamellenbreiten ausgeführt sind wie in Abb. 453b. Um das Eindringen von Schmutz und Feuchtigkeit in die Fugen zwischen Stehblech und Obergurtwinkeln zu verhindern, ist die unmittelbar auf den Winkeln liegende Lamelle stets über die ganze Trägerlänge durchzuführen. Für die Ausbildung der Stöße und Aussteifungen gelten die Regeln des 3. Kap.

Nur Blechträger ohne Stehblechstoß werden ohne Überhöhung (Abb. 35) ausgeführt; alle übrigen erhalten in der Mitte eine Überhöhung u, die entweder gleich der durch die ständige Last erzeugten, nach Gl. 17) zu berechnenden Durchbiegung δ_1 oder aber bei größeren Spannweiten besser gleich $\delta_1 + {}^1/_2\,\delta_2$ gewählt wird, wenn δ_2 die ebenfalls nach Gl. 17) zu berechnende Durchbiegung durch die Verkehrslast ist.

b) Fachwerkträger. Die Hauptträger werden mit Rücksicht auf die billigere Herstellung in der Werkstatt bis zu etwa $L = 50$ m Spannweite als Parallel- oder Trapezträger (Abb. 64a und b) mit einer Höhe $h = {}^1/_8\,L$, darüber hinaus als Parabel- oder Halbparabelträger (Abb. 64q bis s) mit einer Höhe $h = {}^1/_7\,L$ ausgeführt, weil dann die Eisenersparnis den Mehraufwand an Arbeitslöhnen überwiegt. Die Fachweite a (Abb. 400a) wird so gewählt, daß der Neigungswinkel der Diagonalen 40^0 bis 50^0, am besten 45^0 beträgt; ergeben sich bei diesem Winkel Fachweiten von mehr als 6,0 bis 8,0 m, so wählt man eine Unterteilung des Hauptsystems (Abb. 64s), um allzu große Querschnittsabmessungen bei Quer- und Längsträgern zu vermeiden.

Die konstruktive Ausbildung der Hauptträger erfolgt nach den Regeln des 3. Kap. Da die Träger im Freien liegen, ist besonders darauf zu achten, daß offene Fugen und enge Zwischenräume vermieden werden, ebenso nach oben offene Querschnitte, die als Rinnen wirken oder die Bildung von Wassersäcken ermöglichen. Auf die Zugänglichkeit aller Teile zur Instandhaltung und Erneuerung des Anstrichs ist besonderer Wert zu legen. Mit Rücksicht auf die Rostgefahr sind Blechstärken unter 8 bis 9 mm, mit Rücksicht auf eine ordnungsmäßige Vernietung Nietdurchmesser unter 17 mm und daher Stabbreiten unter 55 mm zu vermeiden. Die Gurtungen werden möglichst aus ⊏-Eisen, die Füllungsstäbe aus ⊥- oder ⊏-Eisen gebildet. Können die Vertikalen bzw. auch die Diagonalen als gleichzeitige Glieder geschlossener Portale oder offener Halbrahmen nicht aus gewalzten Profilen hergestellt werden, so sind sie als Blechträger auszubilden.

Die Überhöhung u in Mitte wird bei Brücken über 20 m Stützweite zu $u = \delta_1 + {}^1/_2\,\delta_2$ gewählt und nimmt gewöhnlich beiderseits nach einer Parabel bis auf Null über den Auflagerpunkten ab (Abb. 35).

Für Parallel- und Trapezträger auf 2 Stützen tritt für die Durchbiegung zu dem nach Gl. 17b) zu berechnenden Beitrag der Gurtungen noch der Einfluß der Füllungsstäbe hinzu; die gesamte Durchbiegung Δ kann annähernd aus der Gleichung $\Delta = \delta\left(1+\frac{4h}{L}\right)$ berechnet werden, die mit $J_{max} = {}^1/_2 F_{max} h^2$ (vgl. Abb. 98), wo F_{max} der größte vorhandene Gurtquerschnitt, in $\Delta = \frac{5{,}5}{2{,}4}\,\frac{L^2}{E\,F_{max}\,h^2}\left(1+\frac{4h}{L}\right)M_{max}$ übergeht. Für in Aufg. 83 und 85 berechneten Träger ist $L = 28{,}0$ m, $h = 3{,}5$ m, $F_{max} = \frac{1}{2}(195{,}6 + 174{,}2) = 185{,}0\ \mathrm{cm}^2$ und nach Zahlentafel 3 für einen Hauptträger für den Lastenzug G das größte Moment $M_{max} = {}^1/_2 \cdot 835 = 417{,}5$ mt, daher berechnet sich die Durchbiegung durch die Verkehrslast zu $\delta_2 = \frac{5{,}5}{24}\,\frac{28{,}0^2}{3{,}5^2}\,\frac{4175{,}0}{2150 \cdot 185{,}0}\left(1+\frac{4 \cdot 3{,}5}{28{,}0}\right) = 2{,}3$ cm.

3. Auflagerung.

Bei den im Freien liegenden Trägern ist besonderer Wert darauf zu legen, daß der Ansammlung von Staub, Schmutz und Feuchtigkeit zwischen den beweglichen Teilen der Lager möglichst vorgebeugt wird. Um die Lager den von der Oberfläche der Widerlager abprallenden Regentropfen und Schmutzteilchen tunlichst zu entziehen und sie gleichzeitig zur Reinigung besser zugänglich zu machen, werden sie möglichst hochliegend angeordnet, indem man die eigentlichen Auflagersteine über das übrige Mauerwerk hervorragen läßt; die Höhe der Steine ist dabei so reichlich zu bemessen, daß sie noch genügend tief in das Widerlagermauerwerk einbinden. Besonderes Augenmerk ist auch auf das satte Untergießen der vorerst bei der Montage auf eiserne Keile gesetzten Lagerkörper mit dünnflüssigem Zementmörtel (1 Zement + 1 Sand) zu richten.

Beim Untergießen wird die 15 bis 20 mm starke Fuge zwischen Lagerplatte und Mauerwerk ringsum mit Ton verschlossen, und darauf der Zementmörtel durch eine an einer Seite der Tondichtung befindliche größere Öffnung eingefüllt, wobei die Luft durch mehrere an der entgegengesetzten Seite angebrachte kleinere Löcher entweichen kann. Da hierbei die Bildung von Luftblasen nicht ausgeschlossen und daher auf ein überall sattes Aufliegen, besonders bei größeren Plattenabmessungen nicht zu rechnen ist, wird die Lagerplatte zweckmäßiger im Abstand von 30 bis 60 mm ringsum mit einem Rahmen aus Ton oder aus mit Ton gedichteten Brettern von 40 bis 60 mm Höhe umgeben; der in den ringförmigen Zwischenraum eingebrachte dünnflüssige Zementmörtel wird dann durch den hydrostatischen Druck unter die Lagerplatte getrieben; eine noch bessere Ausnutzung dieses Drucks ergibt sich, wenn man den Mörtel durch eine in Mitte der Lagerplatte angebrachte Bohrung von 30 bis 40 mm ⌀ mittels eines hochstehenden Trichters einfüllt.

Beim Unterstopfen wird die Fuge zwischen Lagerplatte und Mauerwerk 20 bis 30 mm stark gemacht und mit einem fetten Zementmörtel (1 Zement + 2 Sand) vollgestopft, wodurch ein gleichmäßiges Aufliegen der Platte erreicht wird.

a) Vollwandige Träger erhalten bis etwa $L = 14$ m Spannweite beiderseits Gleitlager; darüber hinaus wird am beweglichen Ende ein einrolliges Auflager angeordnet (Abb. 181 und 182); auf eine genügende Aussteifung des Stegs bzw. Stehblechs in der Auflagersenkrechten ist besonderes Gewicht zu legen (Abb. 450, 461).

Bei Anordnung von zwei Hauptträgern wird für die gebräuchlichen Brückenbreiten $b \leq 5{,}0$ m meist die Lagerung nach Abb. 69 ausgeführt, bei der alle 4 Auflager ohne Querverschieblichkeit, d. h. beiderseits mit Anschlagleisten bzw. Rollenbunden ausgebildet sind. Werden dagegen mehrere fest miteinander verbundene Hauptträger angeordnet (Abb. 453), so wird die Lagerung entweder nach Abb. 77 oder aber meist so ausgeführt, daß nur die Auflager der beiden mittleren Hauptträger (A in Abb. 453b) seitliche Anschlagleisten, alle übrigen aber (C in Abb. 453b) freie Querverschieblichkeit besitzen, um den Längenänderungen der Brückenbreite nach bei Wärmeschwankungen Rechnung zu tragen.

b) Fachwerkträger erhalten durchweg Kipp- und Rollenlager (Abb. 181 bis 186, 189), nur bei beschränktem Raum Pendellager (Abb. 188). Die Mitte des Auflagers muß bei der mittleren Aufstellungstemperatur von 10° C mit der Lotrechten durch den Auflagerknotenpunkt zusammenfallen. Die Oberfläche des Auflagerstuhls liegt meist in Höhe Unterkante Untergurt, wie z. B. bei dem in Abb. 477 dargestellten Auflagerpunkt des Trapez-

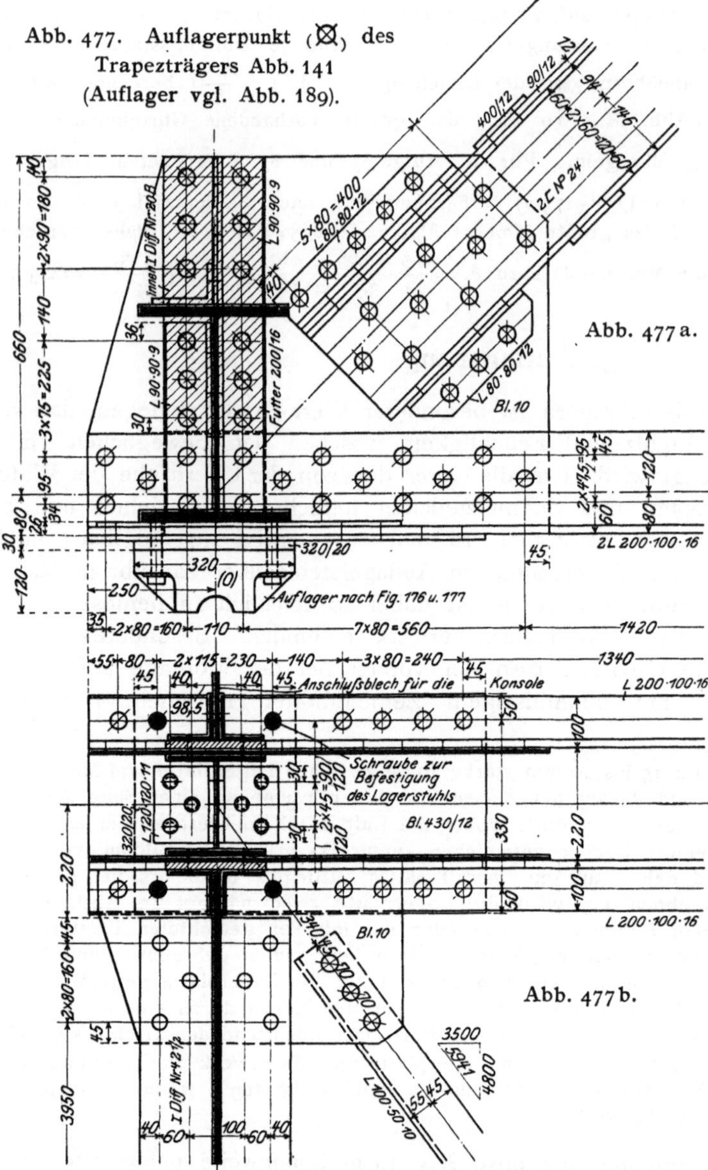

Abb. 477. Auflagerpunkt (⊠) des Trapezträgers Abb. 141 (Auflager vgl. Abb. 189).

Abb. 477a.

Abb. 477b.

trägers Abb. 141 (vgl. auch Abb. 406c). Ist der erste Untergurtstab geneigt oder wegen seiner Querschnittsform zur unmittelbaren Auflagerung ungeeignet, so wird das Knotenblech, wie schon bei der Auflagerung der Binder erläutert, in einem passenden Abstand *a* (Abbildung 352 und 353) unterhalb des Auflagerknotenpunktes wagerecht abgeschnitten, mit Winkeleisen gesäumt und mit einer flußeisernen Platte von 20 bis 30 mm Stärke auf den Auflagerstuhl gelegt (vgl. Abbildung 527). Ganz ebenso wird verfahren, wenn ein Knotenpunkt des Obergurts Auflagerpunkt ist. In allen Fällen ist die Aussteifung des Knotenblechs auf seine ganze Höhe, der zweckmäßige Anschluß der im Auflagerknotenpunkt zusammentreffenden Stäbe unter Vermeidung aller Abbiegungen, Krümmungen und Kröpfungen sowie endlich eine ausreichende wagerechte Verbindung der einzelnen Teile mehrteiliger Querschnitte von besonderer Wichtigkeit.

VI. Der Windverband.

Der meist fachwerkförmig gegliederte Windverband bildet einen Parallelträger, dessen Gurtungen durch die Hauptträgergurte und dessen Vertikale durch die Querträger bzw. Querriegel gebildet werden; die Diagonalen werden entweder gekreuzt (Abb. 400a) oder **K**-förmig (Abb. 476) angeordnet. Ein durchlaufender Tonnenblech-, Buckelblech- oder Eisenbetonbelag (Abb. 427, 430, 453, 463) bildet für sich einen vollwandigen Windverband.

1. Die Diagonalen.

a) Werden die Diagonalen gekreuzt ausgeführt, so wird ihr Querschnitt meist so bemessen, daß die gezogene Diagonale die ganze Stabkraft aufnehmen kann. Nur bei kleiner Spannweite und sehr beschränkter Konstruktionshöhe werden beide Diagonalen aus Flacheisen (Abb. 478), sonst in jedem Feld die eine aus Flach-, die andere aus Winkeleisen, bei größeren Spannweiten am besten beide aus Winkeleisen gebildet; geringere Querschnitte als $^{80}/_{10}$ bzw. ✕ 70·70·9 sind hierbei zu vermeiden. Bei genügender Konstruktionshöhe wird der abstehende Schenkel des einen Winkeleisens nach oben, der andere nach unten gelegt, so daß an der Überkreuzungsstelle kein Stoß erforderlich ist. Bei beschränkter Konstruktionshöhe liegen die abstehenden Schenkel beider Winkeleisen nach oben, so daß das eine an der Kreuzungsstelle gestoßen werden muß (Abb. 479). Um das Durchhängen der Stäbe bei großer Fachweite *a* oder Brückenbreite *b* zu verhindern, werden sie an den Längsträgern durch Vernietung oder durch Klammern aus abgebogenem Flach eisen aufgehängt.

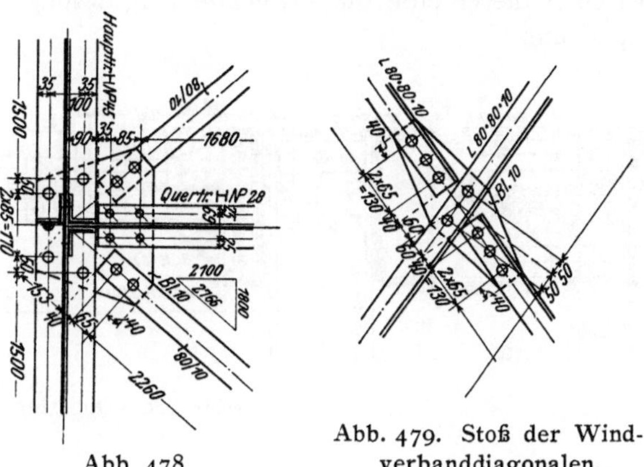

Abb. 478.

Abb. 479. Stoß der Windverbanddiagonalen.

Bei großen Spannweiten kommen ┘┌- und ⊔⊓-förmige Querschnitte zur Verwendung, deren Lichtabstand bei Längen über etwa 5,0 bis 6,0 m zur Verringerung der Durchbiegung auf $^{1}/_{25}$ bis $^{1}/_{15}$ der Stablänge vergrößert wird (vgl. Abb. 480).

Der Anschluß an das Knotenblech soll, wenn die Rechnung kein Mehr ergibt, bei $\frac{\text{Flach}}{\text{Winkel}}$eisen mit mindestens $\frac{2}{3}$ Nieten erfolgen.

b) Werden die Diagonalen **K**-förmig ausgeführt (Abb. 476), so wird in jedem Feld stets die eine auf Zug, die andere auf Druck beansprucht. Der Querschnitt wird bei kleinen Spannweiten L-, bei größeren ┘┌- oder ⊔⊓-förmig gewählt. Für den Anschluß gilt das vorher Gesagte.

c) Die Mittellinien der Diagonalen werden entweder in den zugehörigen Knotenpunkten des Hauptträgers (Abb. 478, 477b) oder aber zur Vermeidung allzu großer Anschlußbleche exzentrisch (Abb. 473b) eingeführt.

d) Die Anschlußbleche erhalten 10 bis 14 mm Stärke und liegen bei Hauptträgern aus Walzprofilen unter den Flanschen (Abb. 478), bei Blechträgern auf dem Schenkel des inneren Gurtwinkels (Abb. 112), ebenso bei Fachwerkträgern (Abb. 406b, 477b), wenn der Windverband nahe der Fahrbahnebene liegt; die beiden Teile eines zweischnittigen Gurtquerschnitts müssen dann aber durch ein wagerechtes Blech miteinander verbunden werden, um eine einseitige Überlastung des inneren Teils zu vermeiden. Bei außerhalb der Fahrbahnebene liegenden Verbänden schließen sich die Knotenbleche bei geraden Gurtungen an Ober- oder Unterkante Gurtung (Abb. 407c u. d), bei vieleckigen Gurtungen am besten in der Schwerachse der Gurtung mit besonderen Anschlußwinkeln (*w* in Abb. 480a) an.

2. Die Vertikalen.

a) Bei nahe der Fahrbahnebene liegendem Windverband bilden die Querträger in der Regel die Vertikalen; sie sind daher stets an die Windverbandknotenbleche anzuschließen. Erstreckt sich ein Diagonalkreuz über 2 Fachweiten (Feld *M* in Abb. 476), so ist der Kreuzungspunkt fest an den Querträger, dieser aber mit besonderen wagerechten Blechen (Abb. 112) an die Hauptträgergurtung anzuschließen.

b) Die Querriegel werden als Vertikale eines außerhalb der Fahrbahnebene liegenden Windverbands auf Druck beansprucht, daher ┘┌- oder ⊔⊓-förmig ausgebildet (Abb. 407, 425, 480) und bei größerer Länge zur Vermeidung des Durchhängens entweder durch

Schrägstäbe gegen die Hauptträgervertikalen abgestützt (Abb. 425) oder aber in Stabmitte auf $^1/_{25}$ bis $^1/_{15}$ ihrer Länge auseinandergezogen; zur Verbindung beider Teile genügen bei mittleren Stabkräften einzelne Bindbleche (Abb. 480); bei größeren Kräften wird zwischen diesen eine durchlaufende Vergitterung angebracht, wie in Abb. 480b gestrichelt angedeutet.

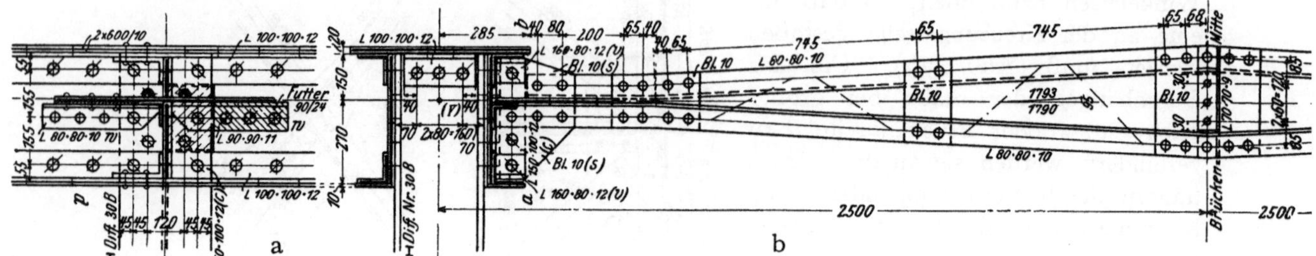

Abb. 480. Querriegelanschluß.

Der Anschluß des Querriegels erfolgt einmal an das Knotenblech des Windverbands, dann aber, um dieses gegen Abbiegen zu schützen, noch mit besonderen lotrechten Anschlußblechen (*s* in Abb. 407c, 480b) und Anschlußwinkeln (*c*) an die Hauptträgergurtung; zur Herabminderung der Zugspannungen in den Anschlußnieten des lotrechten Winkelschenkels werden zweckmäßig die Winkel *v* angeordnet.

VII. Der Querverband.

1. Fachwerkförmig gegliederte Querverbände

(Abb. 407c u. d, 447b, 453b) bestehen aus den wagerechten oberen und unteren Riegeln und den Diagonalen.

a) Die Riegel werden ∟-, ⅃|∟-, ┴┬-, ⊏-, ⊐¦⊏-förmig ausgebildet; bei Fahrbahn oben (Abb. 407) bilden die Querträger gleichzeitig die oberen Querriegel. Sie müssen sowohl in der lotrechten als auch in der wagerechten Ebene an die Hauptträger angeschlossen werden.

In der lotrechten Ebene dienen zum Anschluß lotrechte Knotenbleche, die entweder durch die Hauptträgervertikalen durchgreifen (Abb. 407) oder durch besondere Winkeleisen angeschlossen werden (Abb. 447b, 453b), die dann bei genieteten Hauptträgern gleichzeitig zur Aussteifung des Stehblechs dienen.

In der wagerechten Ebene erfolgt der Anschluß entweder unmittelbar an das Windverbandknotenblech (Abb. 407) oder an besonders eingeschaltete wagerechte Bleche (Abb. 447b Obergurt) oder endlich bei Blechträgern an die vorstehenden Lamellen, und zwar entweder unmittelbar (Abb. 453b Untergurt) oder mittelbar durch Hilfswinkel (*w* Abb. 453b Obergurt).

b) Die Diagonalen werden gekreuzt (Abb. 407c, 453b) oder **K**-förmig (Abb. 447b) aus ∟-, ⊥-, ⊏-, ⅃¦∟-, ┴┬-, ⊐¦⊏-Profilen gebildet und an die lotrechten Anschlußbleche der Riegel angeschlossen; nur bei kleiner Brückenbreite und Fahrbahn oben werden die Endquerverbanddiagonalen wohl durch ein volles Blech ersetzt (Abb. 450).

Sind mehrere fest miteinander verbundene Hauptträger vorhanden (Abb. 453b), so sind die Diagonalen nach Abb. 77 nur zwischen 2 Hauptträgern erforderlich; zum Anschluß der übrigen Träger an das so gebildete innerlich und äußerlich unverschiebliche Raumfachwerk genügen die oberen und unteren Querriegel; meist werden aber nach Abb. 453b je 2 Hauptträger durch Querverbände zu einem Raumfachwerk miteinander verbunden.

2. Querrahmen.

a) **Geschlossene Querrahmen** (Portale Abb. 425b) werden durch die Querträger, die Hauptträgervertikalen und die oberen Riegel gebildet. Erleiden letztere nur Längskräfte (Abb. 426), so werden sie wie die Vertikalen des Windverbands ausgebildet; erleiden sie aber auch Biegungsmomente (Abb. 435 bis 438), so werden sie als Blech- oder Fachwerkträger durchgebildet. Ihr Anschluß an die Hauptträger erfolgt in derselben Weise wie der der Riegel der Wind- und Querverbände bzw. der Querträger.

Die Ausbildung der Portale als Rahmen mit Kämpfergelenken (Abb. 440 bis 442) ist bei Eisenbahnbrücken selten; über ihre konstruktive Ausbildung vgl. 11. Kap.

b) **Offene Querrahmen** (Halbrahmen) werden durch die Querträger und die Hauptträgervertikalen bzw. die Aussteifungswinkel bei Blechträgern gebildet; ihre konstruktive Durchbildung ist bereits bei den Quer- und Hauptträgern besprochen worden.

Elftes Kapitel.

Straßenbrücken.

A. Berechnung der Straßenbrücken.

Belastungen

(nach den Vorschriften des Eisenbahn-Direktionsbezirks Berlin).

1. Ständige Last. Die Werte der Zahlentafel S. 123—124 finden sinngemäße Anwendung; für Schnee ist ein Zuschlag von 75 kg/m² in Rechnung zu stellen. Das Gewicht eines Kabels einschließlich Kabelstein beträgt im Mittel 20 kg/m.

2. Verkehrslast. a) Fahrbahn. α) Gewöhnliche Verkehrslast entweder

ein Wagen von 20 t Gewicht (Felgenbreite 0,2 m, Laststreifenbreite 2,5 m) und ringsum Menschengedränge von 400 kg/m² (in Großstädten 450 kg/m²), oder

beliebig viele Wagen von 10 t Gewicht (Felgenbreite 0,2 m, Laststreifenbreite 2,5 m) und ringsum Menschengedränge von 400 kg/m² (in Großstädten 450 kg/m²).

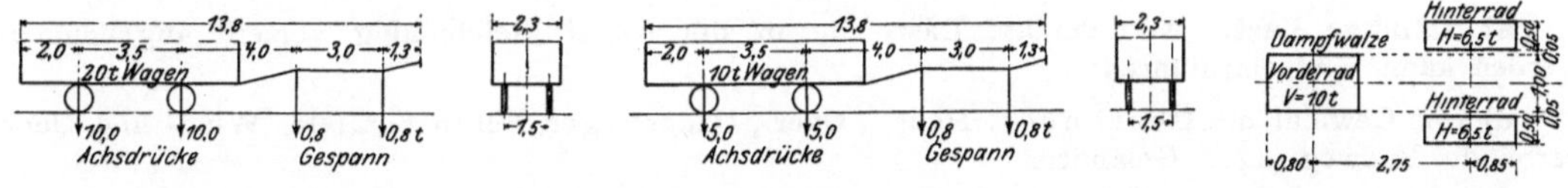

Für Landstraßenbrücken untergeordneten Verkehrs wird das Wagengewicht auf 6 t ermäßigt (Felgenbreite 0,1 m, Laststreifenbreite 2,5 m).

Für die Abmessungen und Belastungen elektrischer Motorwagen sind allgemein gültige Bestimmungen noch nicht aufgestellt; elektrische $\frac{\text{Trieb}}{\text{Anhänge}}$ wagen haben ein Gewicht von rund $\frac{0,9}{0,6}$ t/m² bei 16 bis 18 m Länge und 3 m Breite.

β) Außergewöhnliche Verkehrslast: eine Dampfwalze von 23 t Gewicht ohne Menschengedränge (in Großstädten mit 400 bis 450 kg/m² Menschengedränge rings um die von der Walze eingenommene Grundfläche von 2,5 × 5,4 m).

Bei Steinpflasterung ist die Verkehrslast mit ihrem 1,1 fachen Werte einzuführen.

Bei der Berechnung der Momente an den verschiedenen Stellen (x) eines Trägers auf 2 Stützen können die Zahlenreihen $M_x : M_{max}$ der Zahlentafeln 2 und 4 verwendet werden.

b) Fußwege einschließlich Fußgängerbrücken: Menschengedränge von 400 kg/m² (in Großstädten bis 550 kg/m²).

3. Winddruck. Es gelten die Angaben der Zahlentafel 7, nur wird die Höhe des vom Wind getroffenen Verkehrsbandes auf 2,0 bis 2,5 m erniedrigt.

Zulässige Beanspruchungen.

1. Hauptträger. Bei Verwendung von Flußeisen sollen nachstehende Zahlenwerte nicht überschritten werden.

Stützweite L bis zu			10	20	40	80	120	150	m
Zulässige Beanspruchung auf Zug oder Druck	gewöhnliche Verkehrslast	ohne Rücksicht auf Wind $k =$	900	950	1000	1050	1100	1150	kg/cm²
		mit Rücksicht auf Wind $k_w =$	1100	1120	1160	1250	1340	1400	
	außergewöhnliche Verkehrslast	ohne Rücksicht auf Wind $k =$	1100	1150	1200	1250	1300	1350	kg/cm²
		mit Rücksicht auf Wind $k_w =$	1300	1320	1360	1450	1540	1600	

Für zwischenliegende Werte von L ist geradlinig einzuschalten. Maßgebend für die Querschnittsbestimmung ist diejenige Belastung, die den größten Querschnitt ergibt. Die Knicksicherheit der Druckglieder soll, nach der Eulerschen Formel berechnet, eine mindestens 5 fache sein. Die zulässige Scherspannung beträgt $k_s = 0{,}9\,k$, der zulässige Lochleibungsdruck $k_l = 2\,k_s$.

2. Quer- und Längsträger. Bei Verwendung von Flußeisen beträgt die zulässige Beanspruchung auf Zug und Druck für $\frac{\text{gewöhnliche}}{\text{außergewöhnliche}}$ Verkehrslast $k = \frac{800}{1100}$ kg/cm², die zulässige Scherspannung für die Anschlußniete $k_s = 750$ kg/cm², der zulässige Lochleibungsdruck $k_l = 2\,k_s$.

3. Wind- und Eckverbände. Die Beanspruchungen dürfen die unter 1. angegebenen Werte k_w erreichen; im übrigen gelten die für die Eisenbahnbrücken aufgestellten Regeln.

Belastungsannahmen der Straßenbrücken nach DIN E 1072.

(Vorstandsvorlage.)

Die Belastung einer Straßenbrücke zerfällt in:

1. Die Hauptkräfte: ständige Last; Verkehrslast; Wärmeschwankungen; wagerechte Fliehkraft.

2. Die Nebenkräfte: Winddruck; Brems- und Anfahrkräfte; Geländerdruck; Reibung an beweglichen Lagern; Ausweichen und Setzen der Widerlager und Pfeiler.

Eine Belastung durch Schnee braucht nicht berücksichtigt zu werden.

1. Hauptkräfte.

a) Ständige Last. Als ständige Last, die in der Regel gleichmäßig verteilt angenommen werden kann, sind einzuführen:

α) Das Gewicht des Überbaues: Haupt-, Quer-, Längsträger, Fahrbahntafeln, Wind- und Querverbände, Fußwegträger, Geländer.

Dieses Gewicht ist zunächst durch Formeln, Gewichtskurven oder durch Vergleich mit ausgeführten Brücken gleicher oder ähnlicher Art annähernd zu ermitteln und der ersten Festigkeitsberechnung zugrunde zu legen.

β) Das Gewicht der Brückenbahn: Fahrbahn- und Fußwegdecke einschl. Geleise, Straßenleitungen (oberirdische Straßenbahnleitungen, Gas-, Wasserleitungen, Kabel), das unmittelbar berechnet werden kann.

Falls nicht zweifelsfrei feststeht, daß die der Berechnung zugrunde gelegte ständige Last richtig ist, so ist die wirkliche ständige Last durch eine überschlägliche Gewichtsberechnung zu ermitteln. Wenn die auf Grund dieser neu errechneten ständigen Last ermittelten Gesamtspannungen die zulässigen Spannungen in den gefährdetsten Teilen um 3% oder mehr überschreiten, so ist die Festigkeitsberechnung neu aufzustellen. Auf jeden Fall ist die auf Grund der genauen Gewichtsberechnung bestimmte wirkliche ständige Last im Entwurf anzugeben und der angenommenen gegenüberzustellen.

b) Verkehrslast.

α) Brückenklassen. Die Straßenbrücken werden nach ihrer Tragfähigkeit in 4 Klassen eingeteilt; maßgebend für die Tragfähigkeit ist die der Festigkeitsberechnung zugrunde gelegte Verkehrslast.

Für die Klassen I bis III gelten die nachstehend angegebenen Regellasten, die an Stelle der wirklichen Lasten treten. Brücken, die nicht mindestens den Anforderungen der Klasse III entsprechen, gehören zur Klasse IV. Die Brücken der Klasse I sind im allgemeinen für Straßenbahnen ausreichend, jedoch bleibt gegebenenfalls die Sicherheit gegen Brems- und Anfahrkräfte nachzuweisen.

β) Regel- und Ersatzlasten. Als Regellasten gelten die in Zahlentafel 13 dargestellten Fahrzeuge (Einzellasten) und Menschengedränge verschiedener Dichte, das auch an die Stelle sonstiger Belastung, wie Viehherden, lasttragender Personen und kleinerer Fahrzeuge tritt.

Die gleichmäßig verteilte Ersatzlast p_v für ein Fahrzeug wird durch Division seines Gesamtgewichts durch die von ihm eingenommenem Grundfläche ($2{,}5 \cdot 6{,}0 = 15\,\mathrm{m}^2$) ermittelt.

Hauptträger von mehr als 30 m Spannweite können im allgemeinen unter Zugrundelegung der Ersatzlasten berechnet werden.

Für die Berechnung der Widerlager können auch bei kleinerer Spannweite die Ersatzlasten eingeführt werden.

γ) Stellung der Regellasten. Je nach der Spurenzahl (vgl. S. 277) ist mit einem, zwei oder drei Fahrzeugen (Dampfwalze mit Fuhrwerken daneben) in ungünstigster Stellung, umgeben von Menschengedränge, zu rechnen, wobei die Grundfläche der Fahrzeuge ($2{,}5 \cdot 6{,}0$ m) nicht über die Schrammkante (vgl. S. 277) hinauszurücken ist. Von hintereinanderstehenden Fahrzeugen wird abgesehen.

Bei Berechnung der Längsträger und Zwischenquerträger genügt die Annahme des schwersten Fahrzeugs in ungünstigster Stellung ohne Menschengedränge, soweit es sich nicht um Träger von ungewöhnlich großer Spannweite handelt.

Bei Berechnung der Angriffsmomente symmetrischer Querträger kann eine symmetrische Laststellung zugrunde gelegt werden. Quer- und Schräglagen der Fahrzeuge gelten als ausgeschlossen. Die lastverteilende Wirkung sekundärer Längs- und Querträger bleibt unberücksichtigt.

Entlastend wirkende Verkehrslasten (z. B. Belastung von Fußwegkonsolen bei Berechnung des Biegungsmoments der Querträger) und alle günstig wirkenden Achslasten von Fahrzeugen sind wegzulassen; dasselbe gilt von Straßenleitungen, da sie vorübergehend oder dauernd entfernt werden können.

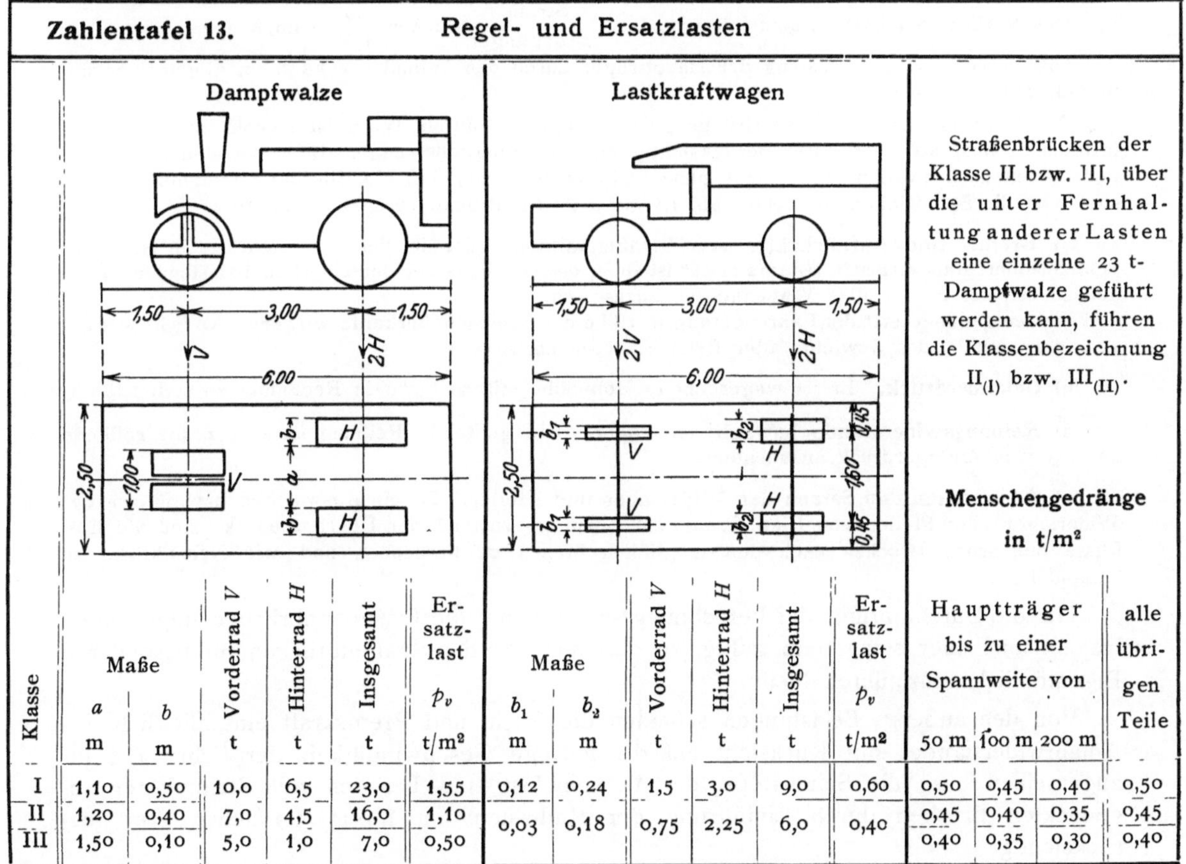

Zahlentafel 13. Regel- und Ersatzlasten

Straßenbrücken der Klasse II bzw. III, über die unter Fernhaltung anderer Lasten eine einzelne 23 t-Dampfwalze geführt werden kann, führen die Klassenbezeichnung $\mathrm{II}_{(\mathrm{I})}$ bzw. $\mathrm{III}_{(\mathrm{II})}$.

<table>
<tr><th rowspan="3">Klasse</th><th colspan="6">Dampfwalze</th><th colspan="6">Lastkraftwagen</th><th colspan="4">Menschengedränge in t/m²</th></tr>
<tr><th colspan="2">Maße</th><th rowspan="2">Vorderrad V
t</th><th rowspan="2">Hinterrad H
t</th><th rowspan="2">Insgesamt
t</th><th rowspan="2">Ersatzlast p_v
t/m²</th><th colspan="2">Maße</th><th rowspan="2">Vorderrad V
t</th><th rowspan="2">Hinterrad H
t</th><th rowspan="2">Insgesamt
t</th><th rowspan="2">Ersatzlast p_v
t/m²</th><th colspan="3">Hauptträger bis zu einer Spannweite von</th><th rowspan="2">alle übrigen Teile</th></tr>
<tr><th>a
m</th><th>b
m</th><th>b_1
m</th><th>b_2
m</th><th>50 m</th><th>100 m</th><th>200 m</th></tr>
<tr><td>I</td><td>1,10</td><td>0,50</td><td>10,0</td><td>6,5</td><td>23,0</td><td>1,55</td><td>0,12</td><td>0,24</td><td>1,5</td><td>3,0</td><td>9,0</td><td>0,60</td><td>0,50</td><td>0,45</td><td>0,40</td><td>0,50</td></tr>
<tr><td>II</td><td>1,20</td><td>0,40</td><td>7,0</td><td>4,5</td><td>16,0</td><td>1,10</td><td rowspan="2">0,03</td><td rowspan="2">0,18</td><td rowspan="2">0,75</td><td rowspan="2">2,25</td><td rowspan="2">6,0</td><td rowspan="2">0,40</td><td>0,45</td><td>0,40</td><td>0,35</td><td>0,45</td></tr>
<tr><td>III</td><td>1,50</td><td>0,10</td><td>5,0</td><td>1,0</td><td>7,0</td><td>0,50</td><td>0,40</td><td>0,35</td><td>0,30</td><td>0,40</td></tr>
</table>

c) Temperaturschwankungen. Als Grenzen sind -25^0 und $+45^0$ anzunehmen. Gegenüber einer mittleren Aufstellungstemperatur von 10^0 beträgt daher der Wärmeunterschied $\pm 35^0$. Für ungleiche Erwärmung einzelner Teile kommt ein Unterschied von $\pm 15^0$ in Betracht. Als Wärmeausdehnungszahl ist $12 \cdot 10^{-6}$ einzuführen.

2. Nebenkräfte.

a) Winddruck. Der Winddruck ist wagerecht und bei $\frac{\text{belasteter}}{\text{unbelasteter}}$ Brücke $\frac{150}{250}$ kg/m² anzunehmen. Als vom Wind getroffen sind in Rechnung zu stellen:

Zahlentafel 14.	Winddruckflächen	
	bei unbelasteter Brücke	bei belasteter Brücke
Vollwandige Träger	Vorderer Hauptträger und das etwa darüber hinausragende Fahrbahnband*).	Vorderer Hauptträger und das etwa darüber hinausragende Fahrbahn- und Verkehrsband.
Fachwerkträger	Vorderer und hinterer Hauptträger und das Fahrbahnband. *) Vollwandige über der Fahrbahn liegende Bogenträger sind wie Fachwerkträger zu behandeln.	Deckbrücken: Vorderer und hinterer Hauptträger, Fahrbahn- und Verkehrsband. Trogbrücken: Vorderer und hinterer Hauptträger, soweit dieser nicht durch das Verkehrsband verdeckt wird, Fahrbahn- und Verkehrsband.

Das Verkehrsband ist zusammenhängend bei $\frac{\text{Straßen}}{\text{Fußgänger}}$brücken $\frac{2{,}0}{1{,}8}$ m hoch anzunehmen.

Die lotrechte Zusatzbelastung der Hauptträger durch den Winddruck kann im allgemeinen unberücksichtigt bleiben.

Die Standsicherheit der Brücke gegen Umkippen durch Wind ist sowohl für den unbelasteten Zustand als auch unter Berücksichtigung einer möglichst ungünstigen Verteilung der Verkehrslasten nachzuweisen, falls nicht ohne weiteres feststeht, daß die Überbauten reichlich sicher sind. Ist die Standsicherheit kleiner als 1,5, so muß die Brücke verankert werden.

b) Brems- und Anfahrkräfte von Straßenbahnen. Die in der Fahrtrichtung in Höhe der Schienenoberkante wirkende Bremskraft ist zu $^1/_7$ des Gewichts der den Überbau belastenden Triebachsen und der Hälfte aller Wagenachsen anzusetzen.

Der entgegengesetzt der Fahrtrichtung in Höhe der Schienenoberkante wirkende Anfahrwiderstand ist mit $^1/_7$ des Gewichts aller Betriebsachsen anzusetzen.

c) Geländerdruck. Er ist wagerecht in Holmhöhe mit 80 kg/m in Rechnung zu stellen.

d) Reibungswiderstände beweglicher Lager. Die gleitende Reibung ist zu 0,2, die rollende zu 0,03 vom Auflagerdruck anzunehmen.

e) Ausweichen und Setzen der Widerlager und Pfeiler. Ist ein Ausweichen bzw. Setzen der Widerlager oder Pfeiler von Einfluß auf den Spannungszustand der Überbauten, so sind die Einflüsse bei neuen Brücken nach den möglichen Maßen zu berechnen und wie Nebenkräfte zu behandeln.

Für die Durchführung der Berechnung sind die für die Eisenbahnbrücken aufgestellten Regeln auch hier sinngemäß gültig, so daß nur das den Straßenbrücken im besonderen Eigentümliche anzuführen bleibt.

Von den äußeren Belastungen scheiden die Flieh- und Bremskraft einschließlich des Anfahrwiderstandes mit Rücksicht auf die geringe Geschwindigkeit der Fuhrwerke im allgemeinen aus; die Seitenstöße der Verkehrslast sind bei den mit Steinpflaster abgedeckten Brücken durch Einführung der Radlasten mit ihrem 1,1 fachen Wert berücksichtigt.

I. Fahrbahntafel.

1. Fahrbahntafel aus Holz: Bohlenbelag.

Da die einzelnen Bohlen meist über mehr als 2 Felder ununterbrochen durchgehen, so darf bei der Querschnittsbestimmung das Moment mit $^4/_5$ des bei freier Auflagerung auftretenden Wertes eingeführt werden. Das Einheitsgewicht des Belags in durchnäßtem Zustand ist zu 1000 kg/m³ einzuführen.

Bei einfachem Belag ist jede Bohle für den ganzen Raddruck R zu berechnen; bei doppeltem Belag (Abb. 481) darf R auf 2 Bohlen verteilt werden, wobei aber nur der untere Belag als tragend in Rechnung zu ziehen ist. Die zulässige Beanspruchung beträgt $k = \frac{90}{110}$ kg/cm² für $\frac{\text{Tannen- und Fichten}}{\text{Buchen- und Eichen}}$holz.

Aufgabe 91. Es ist der eichene Bohlenbelag der in Abb. 482 dargestellten Straßenbrücke für einen 10 t Wagen als größte Verkehrslast zu berechnen.

Auflösung. $\lambda = 0{,}83$ m.

1. Ständige Last. Eigengewicht des Belags $(0{,}05 + 0{,}10)\,1000 = 150$ kg/m², zuzüglich Nägel und Schrauben rund 175 kg/m²; daher die Gesamtlast für eine 0,2 m breite Bohle $P_0 = 175 \cdot 0{,}83 \cdot 0{,}2 = 30$ kg und das Moment $M_0 = \frac{4}{5} \cdot \frac{30 \cdot 83}{8} = 250$ cmkg.

2. Verkehrslast. Mit $R = \frac{10{,}0}{4} = 2{,}5$ t wird $M_v = \frac{4}{5} \cdot \frac{2500}{2} \cdot \frac{83}{4} = 20750$ cmkg.

3. Größte Beanspruchung. Bei 10 cm Bohlenstärke ergibt sich $\sigma = \frac{(250 + 20750)\,6}{20 \cdot 10^2} = 63$ kg/cm².

2. Fahrbahntafel aus Stein.

a) Werksteine (Sandstein oder Granit) finden als freitragende Platten nur für die Fußwege Verwendung; sie liegen entweder nur an zwei (Abb. 483b) oder an allen vier Seiten auf und erhalten im ersten Falle eine geringste Stärke von 10 cm, im zweiten von 8 cm. Die zulässige Beanspruchung beträgt für Sandstein je nach der Härte 3 bis 8 kg/cm², für Granit 12 kg/cm².

b) Beton und Eisenbeton kommen eben oder gewölbt zur Verwendung; ihre Berechnung erfolgt nach den im 3. und 5. Kap. aufgestellten Regeln.

3. Fahrbahntafel aus Eisen.

a) Buckel- und Tonnenbleche erhalten als geringste Stärke unter $\frac{\text{der Fahrbahn } 6}{\text{den Fußwegen } 5}$ mm; im übrigen wird ihre Stärke je nach der Größe der Verkehrslast um 1 bis 2 mm geringer als bei den Eisenbahnbrücken gewählt.

b) Wellblech, eben oder bombiert, wird nach den im 5. und 6. Kap. gegebenen Regeln berechnet; der Raddruck R kann je nach der Höhe der Auffüllung auf 2 bis 4 Wellen verteilt werden.

c) Belageisen bilden meist Träger auf mehr als 3 Stützen, so daß bei der Querschnittsbestimmung das Moment mit $^4/_5$ des bei freier Auflagerung eintretenden Wertes eingeführt werden darf. Der Raddruck R kann auf 2 Belageisen verteilt werden.

Aufgabe 92. Es sind die Belageisen der in Abb. 483 dargestellten Landstraßenbrücke für einen 20 t Wagen als gewöhnliche und eine 23 t Dampfwalze als außergewöhnliche Verkehrslast zu berechnen; die zulässige Beanspruchung im $\frac{\text{ersten}}{\text{zweiten}}$ Falle $k = \frac{800}{1100}$ kg/cm².

Auflösung. $\lambda = 1{,}15$ m.

1. Ständige Last. Auf ein Belageisen entfällt nach Abb. 484 die Schotterlast $(0{,}35 \cdot 0{,}1375 + 0{,}11 \cdot 0{,}24)\,1800 = 134$ kg/m, Eigengewicht 19 kg/m, insgesamt rund 160 kg/m. Daher die Gesamtlast $P_0 = 160 \cdot 1{,}15 = 190$ kg und das Moment $M_0 = \frac{4}{5} \cdot 190 \cdot \frac{115}{8} = 2190$ cmkg.

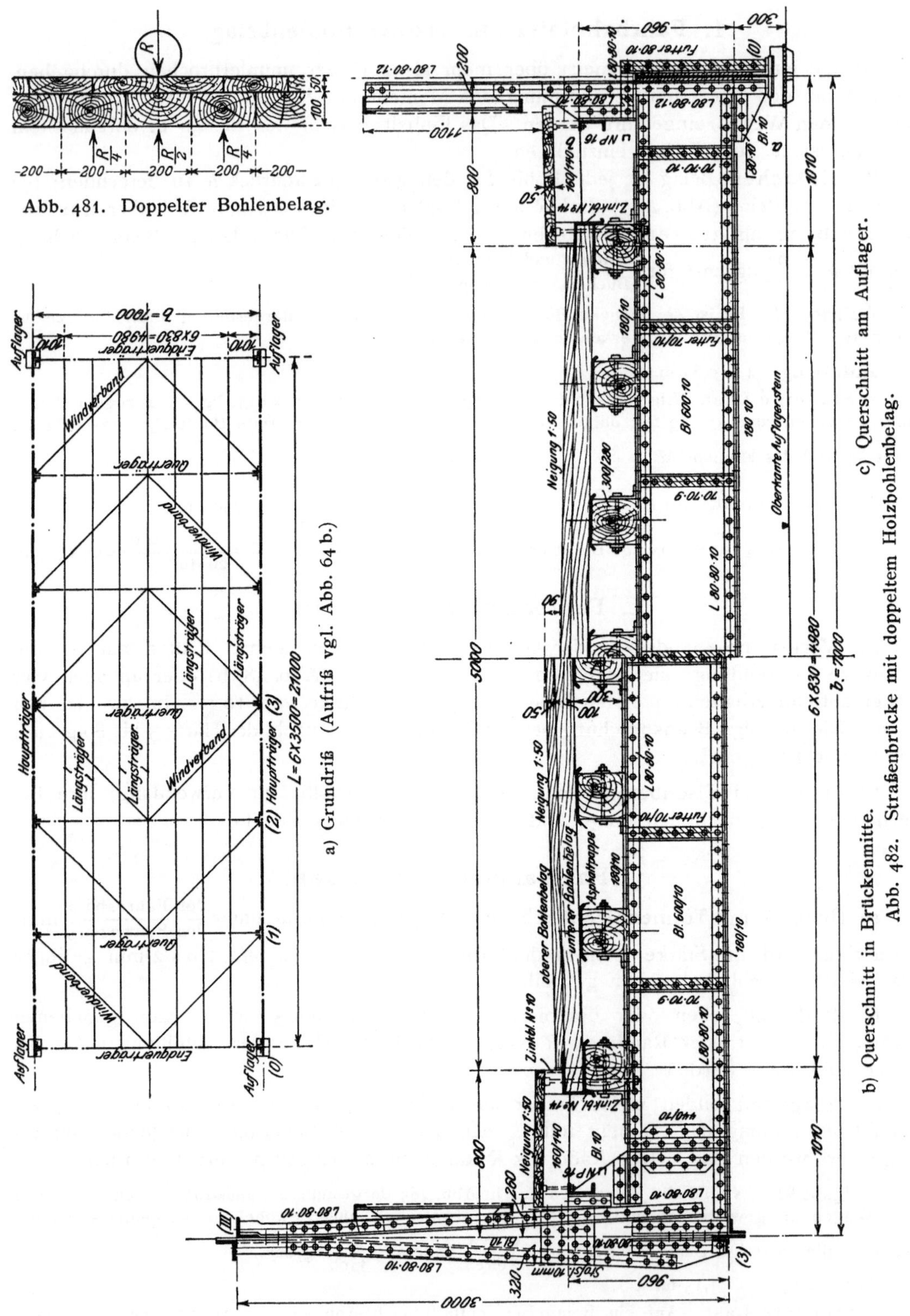

Abb. 481. Doppelter Bohlenbelag.

a) Grundriß (Aufriß vgl. Abb. 64 b.)

b) Querschnitt in Brückenmitte.

c) Querschnitt am Auflager.

Abb. 482. Straßenbrücke mit doppeltem Holzbohlenbelag.

2. Verkehrslast. Mit $R=\frac{20{,}0}{4}=5{,}0$ t wird (Abb. 484) vom 20 t Wagen das Moment $M_v'=\frac{4}{5}\cdot\frac{5000}{2}\cdot\frac{115}{4}=57\,500$ cmkg.

Vom 10 t Vorderrad der Dampfwalze wird bei Verteilung auf 2 Belageisen nach Abb. 485 das Moment $M_v''=\frac{4}{5}\cdot\frac{1}{2}\cdot\frac{10\,000}{2}\left(\frac{115}{2}-\frac{100}{4}\right)=65\,000$ cmkg; vom 6,5 t Hinterrad wird bei 0,5 m Breite ganz entsprechend $M_v''=\frac{4}{5}\cdot\frac{1}{2}\cdot\frac{6500}{2}\left(\frac{115}{2}-\frac{50}{4}\right)=58\,500$ cmkg.

3. Größte Beanspruchung. Das gewählte ⋂ NP. 11 hat $W=76{,}5$ cm³, erleidet daher die Beanspruchung $\sigma'=\frac{2190+57\,500}{76{,}5}=30+750=780$ kg/cm² bei Einwirkung des 20 t Wagens bzw. $\sigma''=\frac{2190+65\,000}{76{,}5}=30+850=880$ kg/cm² bei Einwirkung der 23 t Dampfwalze.

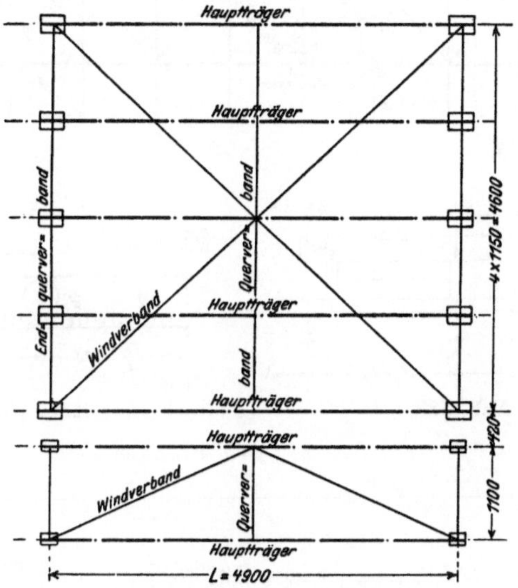

Abb. 483 a. Grundriß.

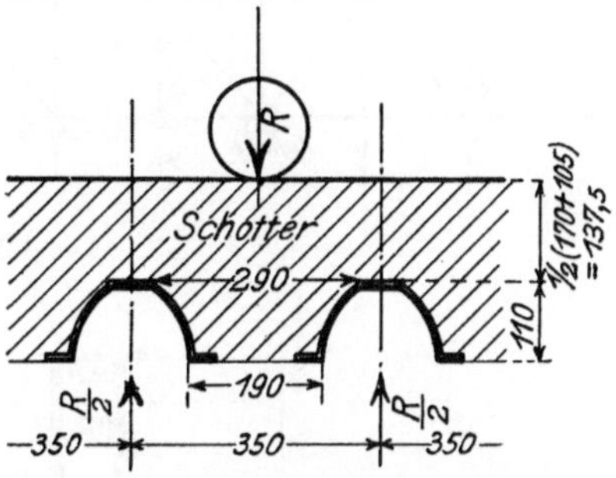

Abb. 484. Lastverteilung für Belageisen.

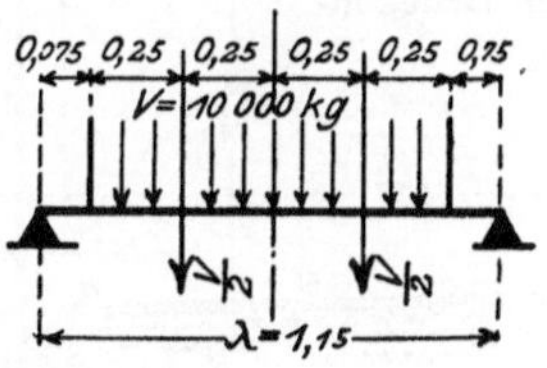

Abb. 485.

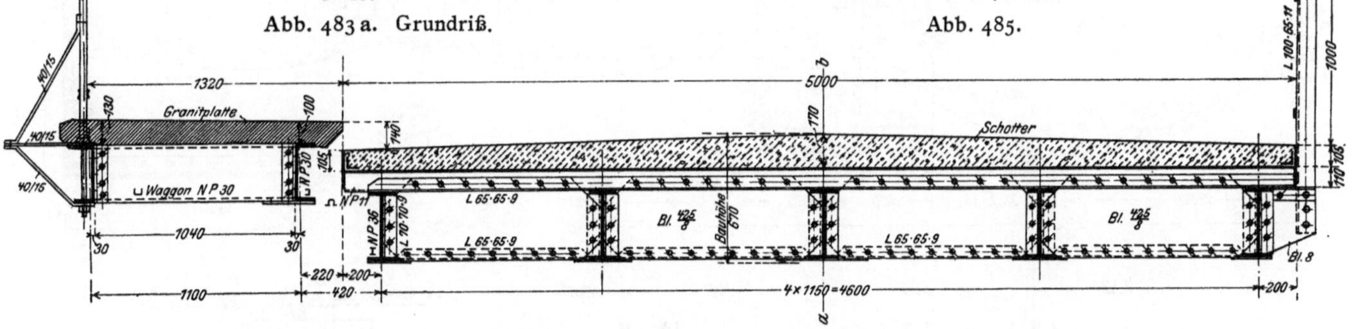

Abb. 483 b. Querschnitt in Brückenmitte. Abb. 483 a/b. Straßenbrücke mit Beschotterung.

II. Die Längsträger.

1. Fahrbahnlängsträger.

Bei der Ermittlung der größten Biegungsmomente und Stützdrücke ist die Verkehrslast in die ungünstigste Stellung zu rücken. Bei der Berechnung eines Zwischenlängsträgers befindet sich daher stets eine Radreihe unmittelbar über dem Träger (Abb. 488); bei der Berechnung des Randlängsträgers zwischen Fahrbahn und Fußweg ist die Radreihe dicht an den Bordstein zu rücken (Abb. 486) und die gleichzeitig eintretende Fußwegbelastung zu berücksichtigen.

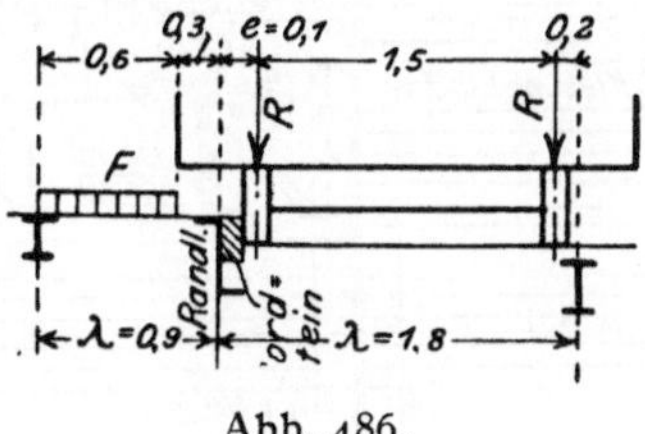

Abb. 486.

Abb. 487a—d. Straßenbrücke mit Gerberträgern als Hauptträger.

Abb. 487a. Aufriß.

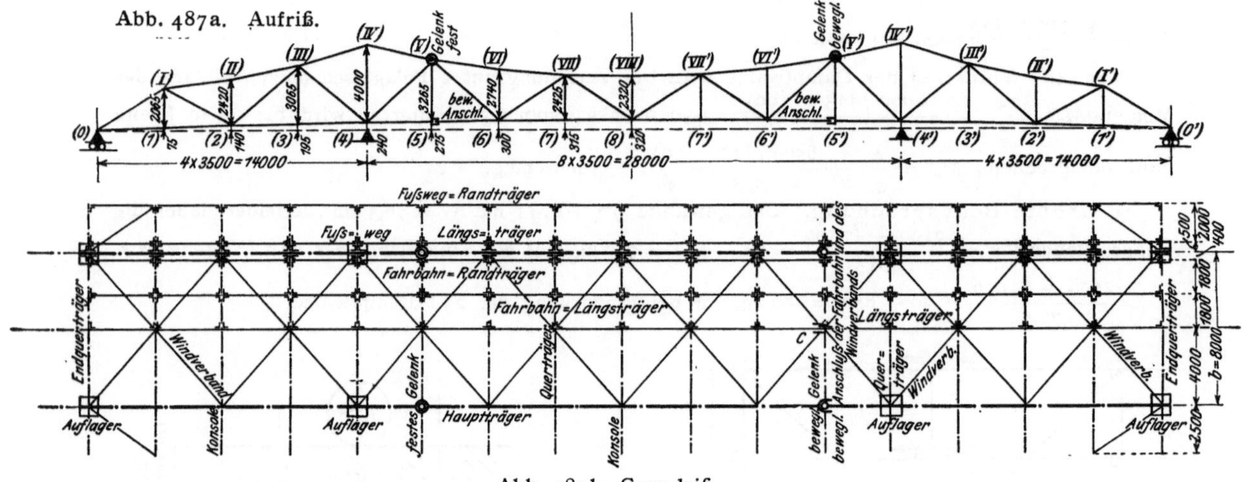

Abb. 487b. Grundriß.

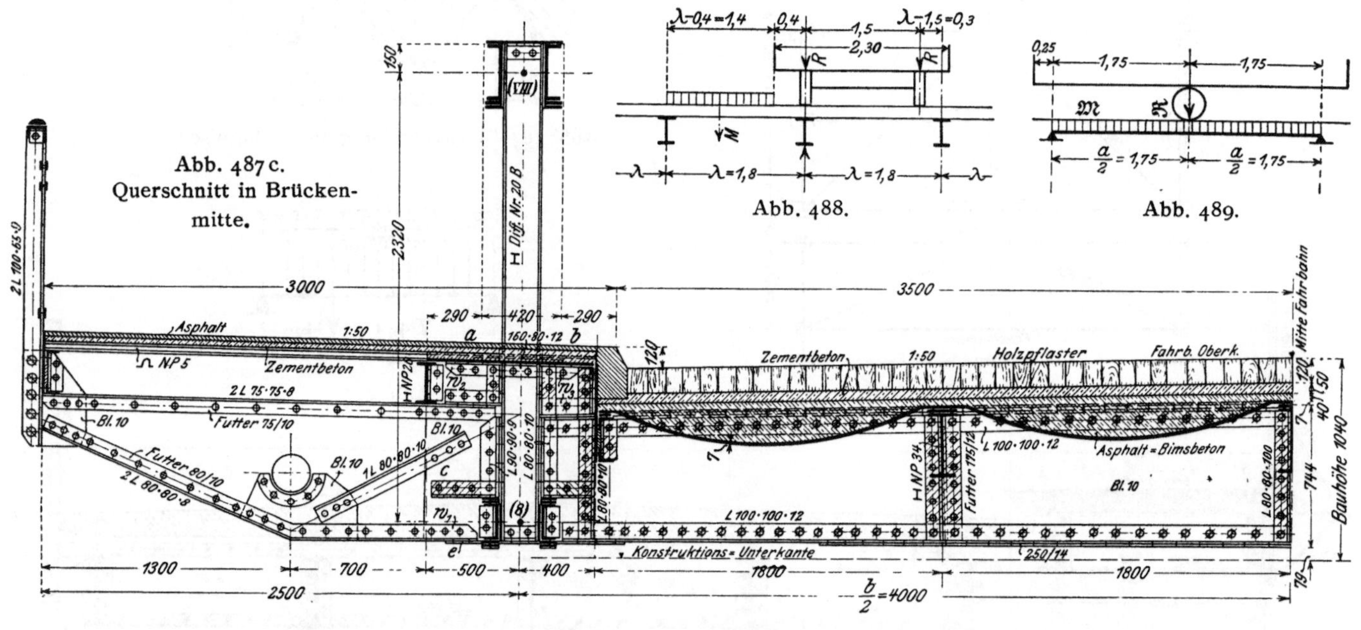

Abb. 487c. Querschnitt in Brückenmitte.

Abb. 488.

Abb. 489.

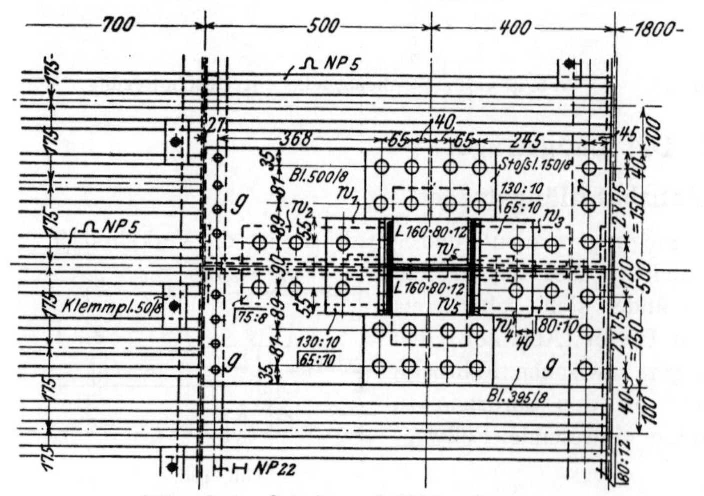

Abb. 487d. Schnitt a—b (Abb. 487c).

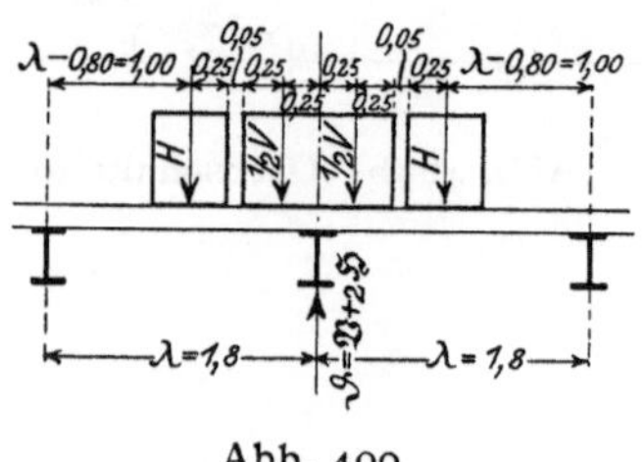

Abb. 490.

Abb. 491.

Aufgabe 93. Es sollen die Momente infolge der Verkehrslast für die Zwischenlängsträger der in Abb. 487 dargestellten Straßenbrücke berechnet werden.

Auflösung. $a = 3{,}5$ m. $\lambda = 1{,}8$ m.

1. Gewöhnliche Verkehrslast. 20 t Wagen und 400 kg/m² Menschengedränge. Von den Radlasten R entfällt nach Abb. 488 auf einen Längsträger $\mathfrak{R} = \left(1 + \frac{0{,}3}{1{,}8}\right) R = 1{,}17\, R$, von dem seitlich des Wagens befindlichen Menschengedränge $M = 1{,}4 \cdot 3{,}5 \cdot 400 = 1960$ kg der Betrag $\mathfrak{M} = 1960 \frac{0{,}7}{1{,}8} = 760$ kg. Daher ergibt sich mit $R = 5000$ kg nach Abb. 489 das größte Moment zu $M_v' = 1{,}17 \cdot 5000 \cdot \frac{350}{4} + 760 \frac{250}{8}$ $= 511\,900 + 33\,300 = 545\,200$ cmkg.

Erst bei Fachweiten $a \geq 6{,}0$ m ergibt die Aufstellung beider Wagenachsen (entsprechend Abb. 492) ein größeres Moment als eine Achse in Trägermitte. Für die gebräuchlichen Werte $\lambda \leq 2{,}5$ m ergibt ein 20 t Wagen stets größere Momente als mehrere, nebeneinander fahrende 10 t Wagen.

2. Außergewöhnliche Verkehrslast: 23 t Dampfwalze. Bei der in Abb. 490 dargestellten ungünstigsten Laststellung entfällt auf einen Längsträger

von 10 t Vorderrad $\mathfrak{V} = 2 \cdot \frac{10{,}0}{2} \, \frac{1{,}8 - 0{,}25}{1{,}8} = 8{,}6$ t,

von jedem 6,5 t Hinterrad $\mathfrak{H} = 6{,}5 \cdot \frac{1{,}8 - 0{,}8}{1{,}8} = 3{,}6$ t,

insgesamt $\mathfrak{D} = \mathfrak{V} + 2\,\mathfrak{H} = 15{,}8$. Daher ergibt sich nach Abb. 491 das größte Moment $M_v'' = 8600 \cdot \frac{350}{4} = 752500$ cmkg.

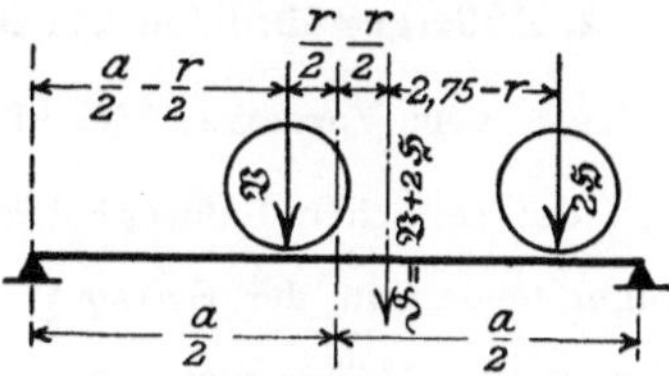

Abb. 492.

Finden bei großen Fachweiten a beide Räder auf dem Träger Platz (Abb. 492), so berechnet man den Abstand r der Resultierenden $\mathfrak{D}$ vom Vorderrad aus der Gleichung $\mathfrak{D}\, r = 2 \cdot \mathfrak{H} \cdot 2{,}75 = 5{,}5\, \mathfrak{H}$ und stellt dann die Walze so auf, daß das Vorderrad um $0{,}5\, r$ von der Trägermitte absteht; das größte Moment tritt dann unter diesem Rad ein. Hier würde sich $r = \frac{5{,}5 \cdot 3{,}6}{15{,}8} = 1{,}25$ m ergeben, so daß das Moment erst für $a \geq 5{,}0$ m größer als das berechnete M_v'' würde.

2. Die Fußweglängsträger.

Sie sind als Träger auf 2 Stützen zu berechnen, die durch ständige Last und Menschengedränge belastet sind; beim äußeren Fußwegrandträger ist daneben ein Zuschlag für das Gewicht des Geländers zu machen.

III. Die Querträger.

Die Verkehrslast ist sowohl auf der eigentlichen Fahrbahn als auch auf den Fußwegen in die ungünstigste Stellung zu bringen.

Aufgabe 94. Es sollen die Momente infolge der Verkehrslast für die Querträger der in Abb. 487 dargestellten Straßenbrücke berechnet werden.

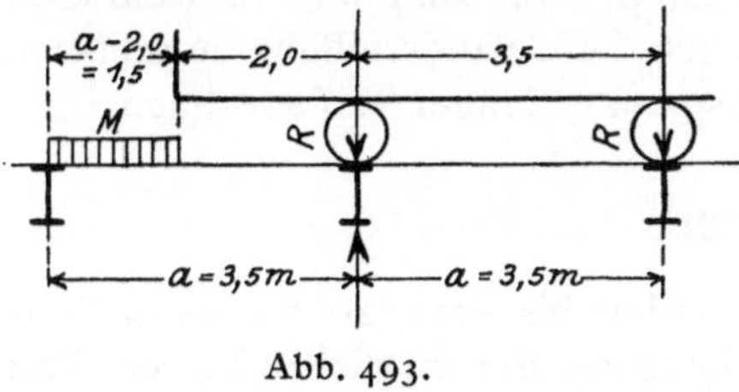

Abb. 493.

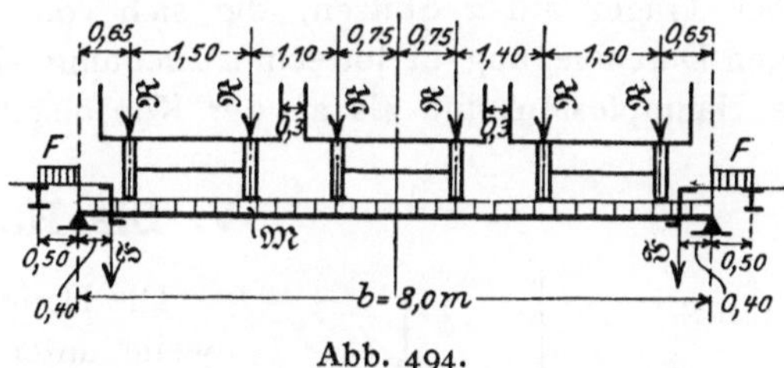

Abb. 494.

Auflösung. $b = 8{,}0$ m. $a = 3{,}5$ m.

1. Gewöhnliche Verkehrslast: a) 10 t Wagen und 400 kg/m² Menschengedränge. Nach Abb. 493 entfällt von den Radlasten R auf einen Querträger $\mathfrak{R} = R = 2{,}5$ t, von dem hinter dem Wagen stehenden Menschengedränge $M = (3{,}5 - 2{,}0)\, 8{,}0 \cdot 400 = 4800$ kg der Betrag $\mathfrak{M} = 4800 \frac{1{,}5}{2 \cdot 3{,}5}$ $= 1000$ kg, endlich von der Fußwegbelastung $F = 0{,}5 \cdot 3{,}5 \cdot 400 = 700$ kg (Abb. 494) beiderseits der

Betrag $\mathfrak{F} = 700 \cdot \frac{0,5}{2 \cdot 0,9} = 200$ kg. Daher berechnet sich das größte Moment nach Abb. 494 zu

$$M_v' = 2500\,[3 \cdot 4,0 - (0,75 + 1,85 + 3,35)] + 1000 \cdot \frac{8,0}{8} + 200 \cdot 0,4 = 16\,205 \text{ mkg}.$$

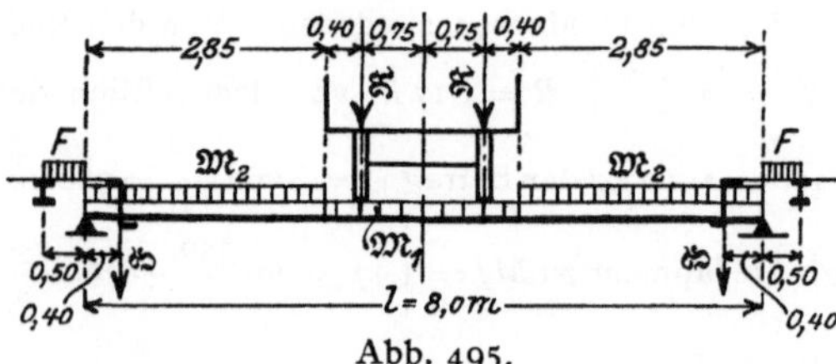

Abb. 495.

b) 20 t Wagen und 400 kg/m² Menschengedränge. Die neben dem 20 t Wagen stehende Menschenbelastung ergibt sich Abb. 495 zu $\mathfrak{M}_2 = 2,85 \cdot 3,5 \cdot 400 = 4000$ kg; von der hinter dem Wagen stehenden Menschenlast $M = 1,5 \cdot 2,3 \cdot 400 = 1400$ kg (Abb. 493) entfällt auf den Querträger der Anteil $\mathfrak{M}_1 = 1400 \cdot \frac{1,5}{2 \cdot 3,5} = 300$ kg; die Fußwegbelastung liefert wie vorher den Beitrag 200 kg. Daher berechnet sich das größte Moment nach Abb. 495 mit $R = 5,0$ t zu $M_v'' = 5000\,(4,0 - 0,75)$ $+ 4000\,\frac{2,85}{2} + \frac{300}{2}\left(4,0 - \frac{1,15}{2}\right) + 200 \cdot 0,4 = 22\,544$ mkg.

2. Außergewöhnliche Verkehrslast. Nach Abb. 496 entfällt auf den Querträger

vom Vorderrad $\mathfrak{V} = V = 10,0$ t von jedem Hinterrad $\mathfrak{H} = 6,5 \cdot \frac{0,75}{3,5} = 1,4$ t.

Von der seitlichen Fußwegbelastung $F = 0,9 \cdot 3,5 \cdot 400 = 1300$ kg (Abb. 497) entfällt auf den Querträger beiderseits der Betrag $\mathfrak{F} = \frac{1300}{2} = 650$ kg. Daher berechnet sich das größte Moment nach Abb. 497 zu $M_v''' = 5000\,(4,0 - 0,25) + 1400\,(4,0 - 0,8) + 650 \cdot 0,4 = 23\,490$ mkg.

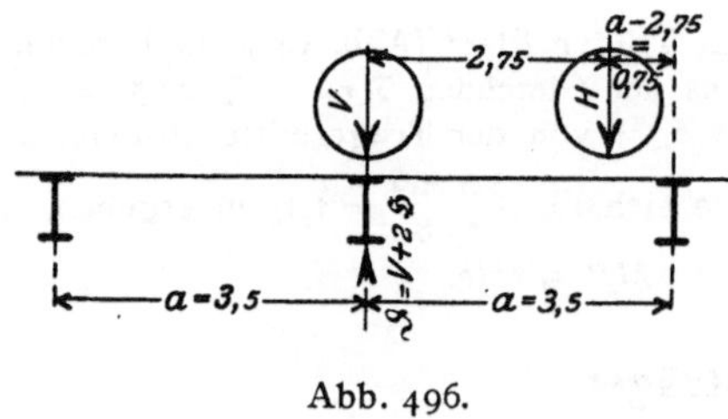

Abb. 496.

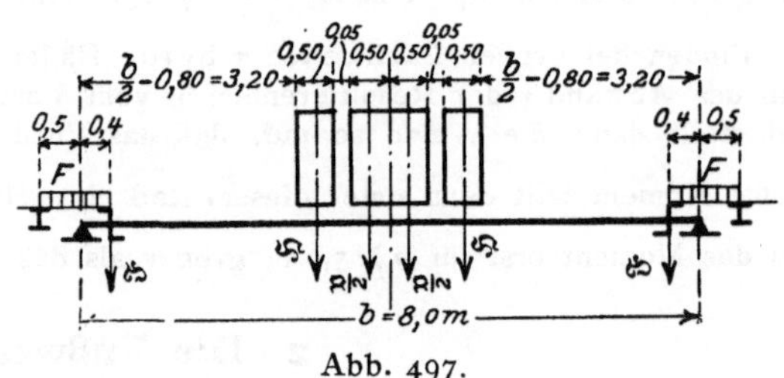

Abb. 497.

IV. Die Konsolen.

1. Die Konsolen bilden einseitig eingespannte Träger (Abb. 25). Außer der durch die Fußwegiängsträger übertragenen ständigen und Verkehrslast ist das Eigengewicht sowie die Belastung durch etwa aufgelagerte Leitungen für Gas, Wasser oder Elektrizität in Rechnung zu stellen, deren Lagerung bei größerer Spannweite mit Rücksicht auf die Temperaturschwankungen längsbeweglich sein muß.

2. Die den Fußweg abschließenden Geländer sind für eine am oberen Holm angreifende wagerechte Belastung von 80 bis 120 kg/m zu berechnen. Die Holme bilden dabei Träger auf 2 Stützen, die sich von einem Hauptpfosten zum andern freitragen; gegen Durchbiegung in lotrechter Richtung sind sie durch die Geländerfüllung zu schützen. Die Hauptpfosten sind als an der Konsolspitze eingespannte Träger zu berechnen.

V. Die Hauptträger.

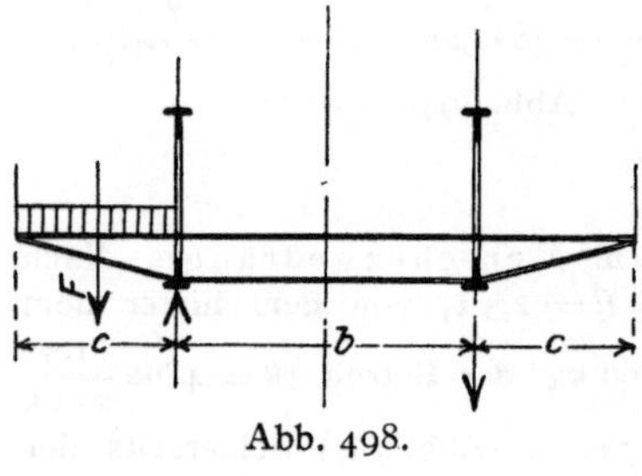

Abb. 498.

Die Hauptträger werden bis etwa 20 bis 25 m Stützweite unter Zugrundelegung der wirklichen Lasten (Raddrücke und Menschengedränge), darüber hinaus unter Zugrundelegung einer gleichförmig verteilten Belastung von 400 bis 500 kg/m² berechnet. Sind die Fußwege auf Konsolen ausgekragt, so ergibt sich die ungünstigste Belastung eines Hauptträgers bei einseitigem Menschengedränge auf nur einem Fußweg nach Abb. 498.

Beispielsweise ergibt sich für die in Abb. 487 dargestellte Straßenbrücke die größte Belastung mit $F = 2{,}5 \cdot 0{,}4 = 1{,}0$ t/m zu $p_v = \frac{8{,}0}{2} \cdot 0{,}4 + 1{,}0\left(1 + \frac{2{,}5}{2 \cdot 8{,}0}\right) = 1{,}6 + 1{,}16 = \sim 2{,}8$ t/m.

Bei Fachwerkträgern ist für diejenigen Vertikalen, die nur zur Aufhängung der Fahrbahn dienen, z. B. die Vertikalen in den ungeraden Knotenpunkten der Abb. 487, als Stabkraft der größte durch ständige und Verkehrslast erzeugte Stützdruck des Querträgers einzuführen.

Die Standsicherheit des eisernen Überbaues gegen Umkippen muß für einen Winddruck von 250 kg/m² bei unbelasteter und von 150 kg/m² bei durch leere Wagen mit 0,7 t/m belasteter Brücke eine mindestens 1,3fache sein.

VI. Der Windverband.

Die Höhe des Verkehrsbandes ist zu 2,0 bis 2,5 m über Straßenoberkante einzuführen; im übrigen gelten die bei den Eisenbahnbrücken aufgestellten Regeln.

VII. Die Querverbände.

1. Die Berechnung der Querverbände, Portalrahmen und offenen Halbrahmen erfolgt nach den Regeln des 10. Kap.

In den Abb. 426, 435 und 444 tritt an Stelle der beiden Einzellasten P eine über die ganze Querträgerlänge b gleichförmig verteilte Last $Q = p\,b$; der Wert X_P'' ist daher in Abb. 426 und Gl. 70) durch

$$70\text{a)}\quad X_p = \frac{1}{4}\frac{Q}{h_u}\,\frac{b^2}{2\,\nu\,h_0 + 3\,b};$$

in Abb. 435 und Gl. 72) und 73) durch

$$72\text{a)}\quad X_p = \frac{Q}{4}\,\frac{b^2}{h_u^2}\,\frac{J_0}{J_u}\,\frac{y_u}{2\,h_u - 3\,(y_u - \nu\,y_0)};$$

und der Wert δ_P in Abb. 444 und Gl. 74) durch

$$74\text{a)}\quad \delta_p = \frac{Q\,h_u}{24\,E\,J_u}\,b^2$$

zu ersetzen, so daß Gl. 76) übergeht in

$$76\text{a)}\quad J_0\left[a\,E\,J_u - 1{,}5\,S_{\min}\,b\,h_u^2 - \frac{25}{3}\,Q\,h_u\,b^2\right] = S_{\min}\,J_u\,h_0^3.$$

Aufgabe 95. Welches Trägheitsmoment J_0 muß die Vertikale $_{(}3_{)}-_{(}\mathrm{III}_{)}$ der in Abb. 482 dargestellten Straßenbrücke haben, wenn die größte Obergurtdruckkraft $S_{\min} = 60{,}0$ t und $J_u = 97\,700\ \mathrm{cm}^4\ \left(\frac{600}{10} + 4\ \overline{80:10} + 2\,\frac{180}{10}\right)$ ist? $a = 3{,}5$ m; $h_u = 2{,}7$ m; $h_0 = 2{,}1$ m; $b = 7{,}0$ m bzw. 6,6 m nutzbar für die Berechnung von Q; Nutzlast 500 kg/m².

Auflösung. Mit $E = 2150$ t cm²; $E\,J_u = 21\,005$ tm²; $p = 0{,}5 \cdot 3{,}5 = 1{,}75$ t/m; $Q = 1{,}75 \cdot 6{,}6 = 11{,}6$ t wird nach Gl. 76a)

$$J_0\left[3{,}5 \cdot 21\,005 - 1{,}5 \cdot 60{,}0 \cdot 7{,}0 \cdot 2{,}7^2 - \frac{25}{3} \cdot 11{,}6 \cdot 2{,}7 \cdot 7{,}0^2\right] = 60{,}0 \cdot 97\,700 \cdot 10^{-8} \cdot 2{,}1^3 \quad \text{oder}$$

$$J_0\,(73\,518 - 4653 - 12\,789) = 5429 \cdot 10^{-4};\quad \text{daraus } J_0 = \frac{5429 \cdot 10^{-4}}{56076} = 0{,}097 \cdot 10^{-4}\ \mathrm{m}^4 = 970\ \mathrm{cm}^4.$$

Vorhanden sind (Abb. 482b) zwei über Kreuz gestellte Winkeleisen 80·80·10 im mittleren Lichtabstand von 60 mm mit $J_0 = 1040$ cm⁴ ohne Berücksichtigung des 10 mm starken Stehblechs.

Aufgabe 96. Bei der in Abb. 499 dargestellten Fußgängerbrücke werden die Stützdrücke des oberen Windverbands durch in den Ebenen der Enddiagonalen $_{(}0_{)}-_{(}\mathrm{I}_{)}$ liegende, fachwerkförmig gegliederte Rahmen mit Kämpfergelenken (Abb. 441) auf die Hauptträgerstützpunkte $_{(}0_{)}$ übertragen; es sollen die Spannkräfte in den einzelnen Rahmenstäben bestimmt werden.

Auflösung. Die mittlere Stabbreite beträgt für den Obergurt 0,23 m, für die Diagonalen 0,15 m, für die Vertikalen 0,17 m. Bei $a = 3{,}75$ m Fachweite, $h = 3{,}25$ m Höhe und 4,962 m Diagonallänge ergibt sich daher die für den oberen Windverband maßgebende vom Wind getroffene Fläche zu $0{,}23 + \frac{1}{2} \cdot 0{,}15 \cdot \frac{4{,}962}{3{,}75} + \frac{1}{2} \cdot 0{,}17 \cdot \frac{3{,}25}{3{,}75} = 0{,}41$ m²/m, zuzüglich Knotenbleche rund 0,6 m²/m; hierzu für den windabgelegenen Hauptträger 50 v. H. ergibt insgesamt 0,9 m²/m. Bei unbelasteter Brücke berechnet sich daher der Stützdruck des 15,0 m langen oberen Windverbandes zu $W = {}^1/_2 \cdot 15{,}0 \cdot 0{,}9 \cdot 0{,}25 = 1{,}7$ t, wofür zur Berücksichtigung des auf die Enddiagonale und den Querrahmen treffenden

Abb. 499. Fußgängerbrücke.

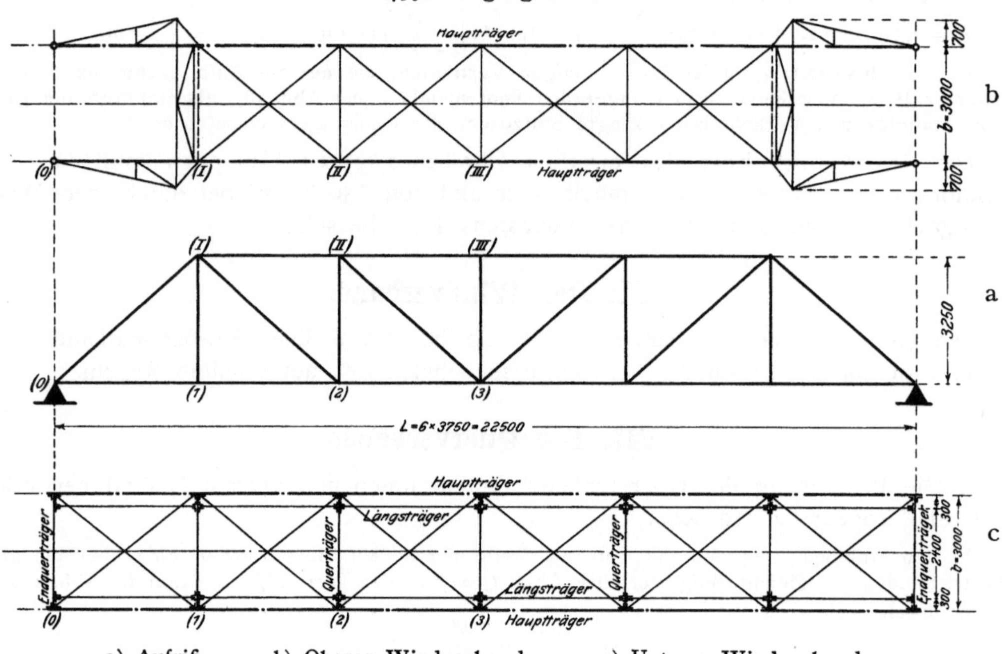

a) Aufriß. b) Oberer Windverband. c) Unterer Windverband.

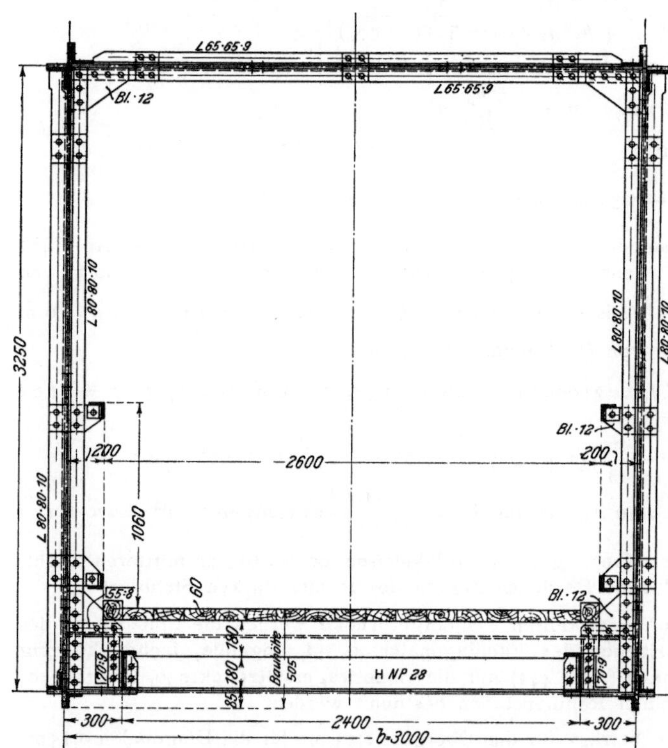

d) Querschnitt in Brückenmitte.

Winddrucks rund $W = 2{,}0$ t eingeführt ist. Diese Kraft wird nach Abb. 500a je zur Hälfte in den Punkten (I) und ($\bar{\mathrm{I}}$) der gegenüberliegenden Hauptträger angreifend gedacht und ruft in den Stützpunkten (0) und ($\bar{0}$) wagerechte Auflagerdrücke von je 1,0 t und lotrechte Auflagerdrücke von je $2{,}0 \cdot \frac{4{,}962}{3{,}0} = 3{,}3$ t hervor. Die Bestimmung der Spannkräfte erfolgte nunmehr durch Zeichnung des Kräfteplans Abb. 500b, in dem $\frac{\text{Druck}}{\text{Zug}}$kräfte durch $\frac{\text{ausgezogene}}{\text{gestrichelte}}$ Linien angegeben sind.

Sind nur die beiden außerhalb der Hauptträger liegenden Fußwege (Abb. 498) mit $\mathfrak{Q} = \mathfrak{p}\, c$ belastet, so ist der Wert X_p in Abbildung 426 und Gl. 70) durch

$$70\text{b)}\quad X_{\mathfrak{p}} = -\frac{3}{2}\frac{\mathfrak{Q}}{h_u}\frac{b\,c}{2\,\nu\,h_0 + 3\,b}$$

(Zugkraft);

in Abb. 435 und Gl. 72) durch

$$72\text{b)}\quad X_{\mathfrak{p}} = -\frac{3}{2}\,\mathfrak{Q}\,\frac{b\,c}{h_u^2}\,\frac{J_0}{J_u}\,\frac{y_u}{2\,h_u - 3\,(y_u - \nu\,y_0)} \quad \text{(Zugkraft)}$$

zu ersetzen und in den Gl. 73) bei M_A und M_B auf der rechten Seite das Glied $\left(-\frac{\mathfrak{Q}\,c}{2}\right)$ hinzuzufügen; ferner ist der Wert δ_p in Abb. 444 und Gl. 74) durch

$$74\text{b)}\quad \delta_{\mathfrak{p}} = -\frac{\mathfrak{Q}\, h_u}{4\, E\, J_u}\, b\, c$$

Verschiebung nach außen) zu ersetzen, so daß Gl. 76) übergeht in

$$76\text{b)}\quad J_0\,[a\,E\,J_u - 1{,}5\,S_{\min}\,b\,h_u^2 - 50\,\mathfrak{Q}\,h_u\,b\,c] = S_{\min}\,J_u\,h_0^3].$$

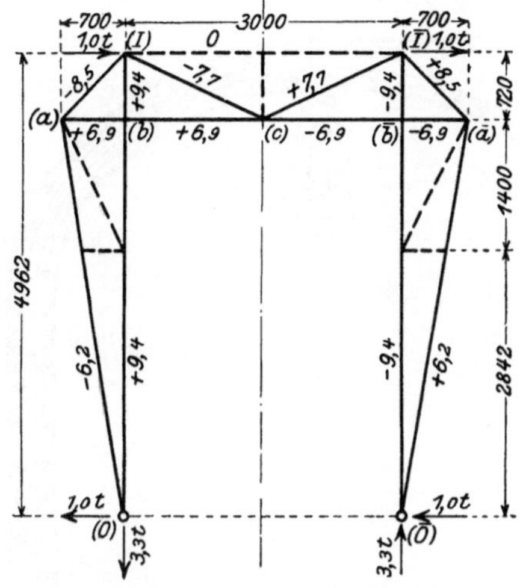

Abb. 500a. Diagonalrahmen.

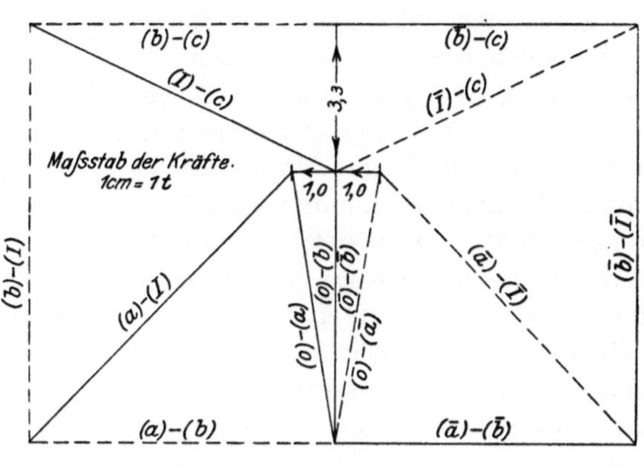

Abb. 500b. Kräfteplan zu Abb. 500a.

Aufgabe 97. Welches Trägheitsmoment J_0 muß die Vertikale $_{(3)}$—$_{(III)}$ der in Abb. 507 dargestellten Straßenbrücke haben, wenn die größte Obergurtdruckkraft $S_{\min} = 180{,}0$ t und $J_u = 335\,000$ cm⁴ $\left(\text{H Diff. } 65\text{ B} + 2\,\frac{450}{12}\right)$ ist? $a = 4{,}7$ m; $h_u = 3{,}7$ m; $h_0 = 3{,}2$ m; $b = 8{,}0$ m; $c = 2{,}5$ m; Nutzlast 500 kg/m².

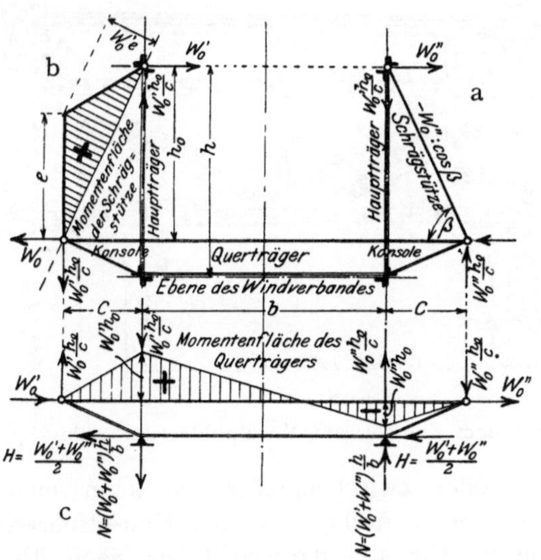

Abb. 501. Obergurtabstützung gegen die Konsolspitzen.

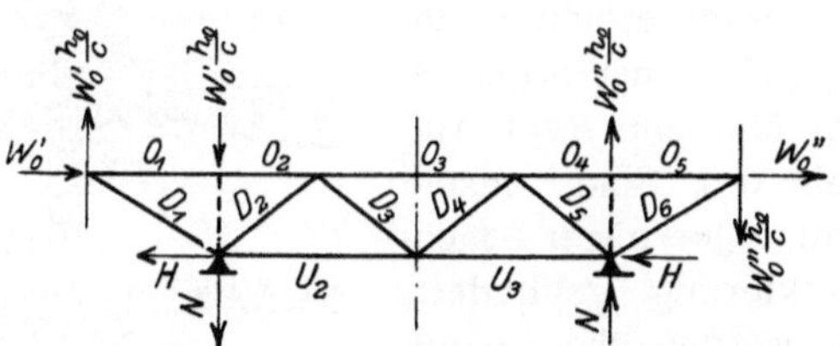

Abb. 502a. Querträger der Abb. 501.

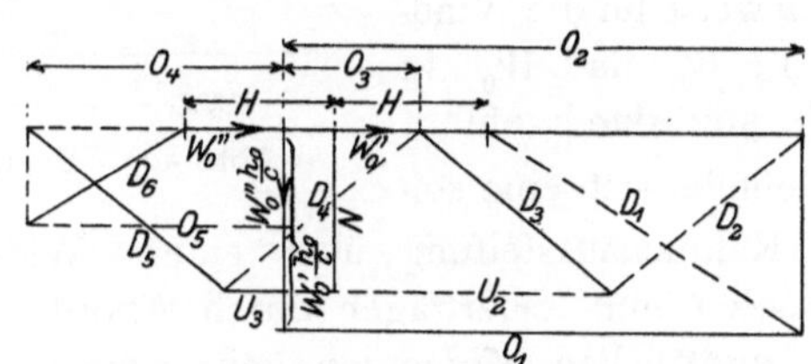

Abb. 502b. Kräfteplan zu Abb. 502a.

Auflösung. Mit $E = 2150$ t/cm² wird $E\,J_u = 72025$ tm²; $p = \mathfrak{p} = 0{,}5\cdot 4{,}7 = 2{,}35$ t/m; $Q = 2{,}35\cdot 8{,}0 = 18{,}8$ t; $\mathfrak{Q} = 2{,}35\cdot 2{,}5 = 5{,}9$ t wird nach Gl. 76a):

$$J_0\left[4{,}7\cdot 72025 - 1{,}5\cdot 180{,}0\cdot 8{,}0\cdot 3{,}7^2 - \frac{25}{3}\cdot 18{,}8\cdot 3{,}7\cdot 8{,}0^2\right] = 180{,}0\cdot 335\,000\cdot 10^{-8}\cdot 3{,}2^3 \quad\text{oder}$$

$$J_0\cdot[338518 - 29570 - 37100] = 19{,}759,\quad \text{daher } J_0 = \frac{19{,}759}{271\,848} = 73\cdot 10^{-6}\text{ m}^4 = 7300\text{ cm}^4;$$

nach Gl. 76b):

$$J_0\,[4{,}7\cdot 72025 - 1{,}5\cdot 180{,}0\cdot 8\cdot 3{,}7^2 - 50\cdot 5{,}9\cdot 3{,}7\cdot 8{,}0\cdot 2{,}5] = 180{,}0\cdot 335\,000\cdot 10^{-8}\cdot 3{,}2^3 \quad \text{oder}$$

$$J_0\,[338\,518 - 29570 - 21\,830] = 19{,}759, \quad \text{daher } J_0 = \frac{19{,}759}{287\,118} = 69\cdot 10^{-6}\ \text{m}^4 = 6900\ \text{cm}^4;$$

gewählt ist ⊢⊣ Diff. 22 B mit $J_0 = 7380$ cm⁴.

2. Eine den Straßenbrücken eigentümliche Rahmenausbildung zeigt Abbildung 501, nämlich die Abstützung der Obergurtknotenpunkte gegen die Spitzen der Konsolen bzw. der nach außen verlängerten Querträger, und zwar entweder durch eine gerade Schrägstütze (Abb. 501 a), die nur Längskräfte erleidet, oder aber durch eine passend gebogene Stütze (Abb. 501 b), wenn der Raum oberhalb der Konsole zur Durchführung des Fußgängerverkehrs freibleiben soll; es treten dann in der vollwandig oder fachwerkförmig gegliedert ausgeführten Stütze neben den Längskräften noch Biegungsmomente auf. In beiden Fällen erleiden Konsolen und Querträger zusätzliche Momente; die durch die Winddrücke W_0' und W_0'' auf den Obergurt erzeugten Momentenflächen sind in Abb. 501 c dargestellt; zu diesen treten noch die durch die beiden nach innen oder außen wirkenden wagerechten Kräfte $^1/_{100}\,S_{\min}$ hervorgerufenen Momente (vgl. Aufgabe 90). Sind Konsole und Querträger fachwerkförmig gegliedert, so werden die Spannkräfte zeichnerisch bestimmt, wie wieder beispielsweise für die Winddrücke W_0' und W_0'' in Abb. 502 durchgeführt.

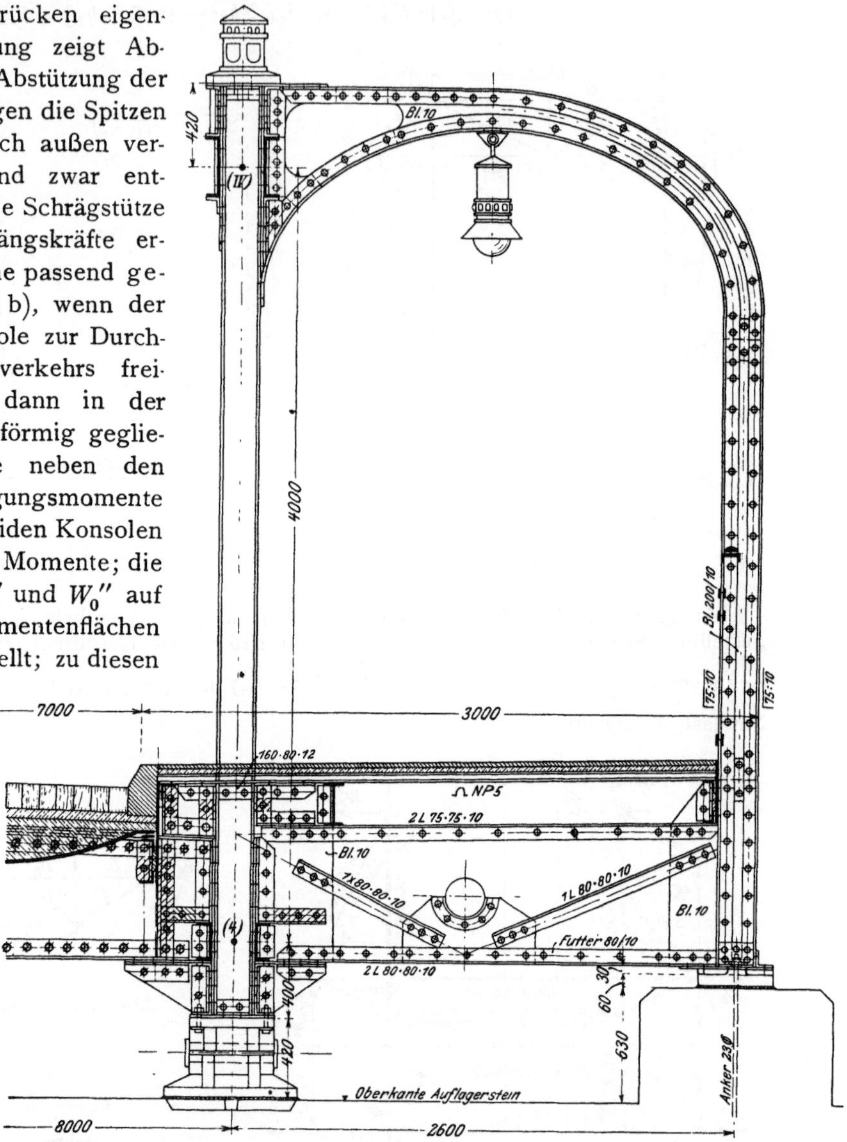

Abb. 503. Portal über dem Fußweg am Mittelpfeiler der Abb. 487.

Befindet sich eine solche Rahmenaussteifung über einem Widerlager oder Zwischenpfeiler, so kann man Konsolen und Querträger durch Anordnung besonderer Auflager in den Konsolspitzen von zusätzlichen Momenten ganz freihalten, wie in Abb. 503 dargestellt; da nach Abbildung 501 c sowohl positive als auch negative Stützdrücke auftreten können, ist das Auflager zu verankern, aber so, daß die Querverschieblichkeit nicht gehindert wird (vgl. Abb. 354); die wagerechten Stützdrücke H (Abb. 501 c) werden durch die Untergurtstäbe der Konsolen in die Auflagerstühle der Hauptträger übergeführt.

VIII. Die Auflager.

Die Berechnung der Auflager erfolgt nach den für die Eisenbahnbrücken aufgestellten Regeln.

B. Konstruktion der Straßenbrücken.

I. Die Fahrbahndecke.

1. Abmessungen.

1. Fahrbahn- und Fußwegbreite. Nach der Anzahl der Verkehrsspuren der Fahrbahn werden die Straßenbrücken (DIN 1071) als ein-, zwei- und mehrspurige bezeichnet. Die Verkehrsspurweite beträgt für $\frac{\text{einen Fußgänger } 0{,}75}{\text{ein Fahrzeug } 2{,}50}$ m. Fahrbahn und Fußwege sind durch die Bordsteine getrennt. Liegen die Hauptträger zwischen Fahrbahn und Fußwegen, so muß, da die Fahrzeuge 0,20 m über die Bordsteinkante in den Fußweg hineinragen können, ein Schrammbord angeordnet werden, dessen Breite e von der Bordsteinkante aus bis zu $\frac{\text{den Füllungsstäben bzw. dem Geländer}}{\text{den Hauptträgergurtungen}}$ gerechnet wird, wenn die Unterkante der Gurtungen $\frac{\text{nicht weniger Abb. 504a}}{\text{weniger Abb. 504b}}$ als 3,5 m über dem Schrammbord liegt. Die Regelbreite des Schrammbords beträgt $e = 0{,}5$ m; sie kann bei einspurigen Brücken auf 0,4 m, an den Endvertikalen aller Brücken auf 0,35 m eingeschränkt werden.

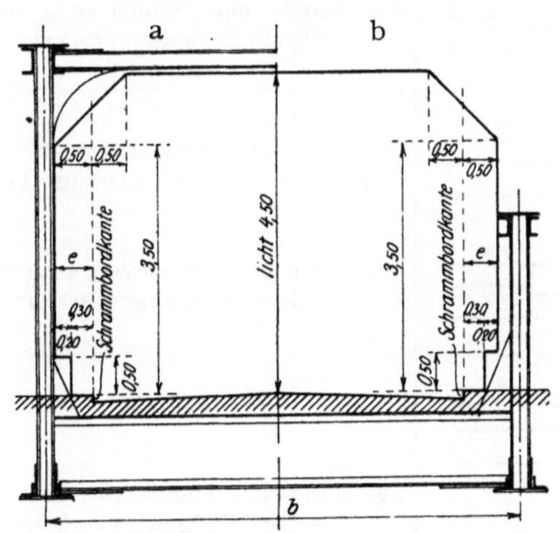

Abb. 504. Hauptträger zwischen Fahrbahn und Fußwegen.

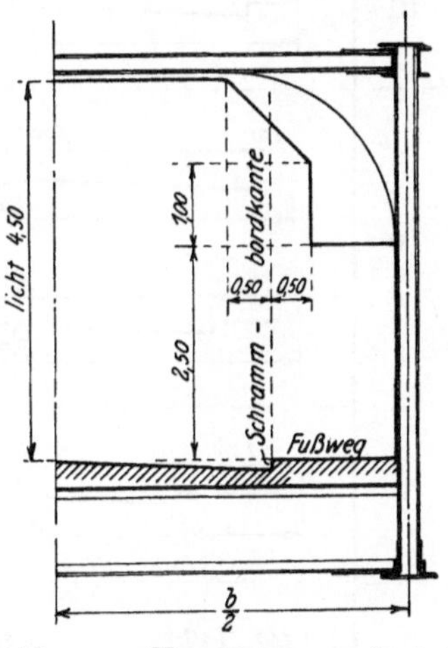

Abb. 505. Hauptträger außerhalb der Fußwege.

Abb. 504 u. 505. Normalprofile des lichten Raumes.

Die Fußwegbreite rechnet man bei zwischen Fahrbahn und Fußweg liegenden Hauptträgern von den Füllungsstäben der Hauptträger bzw. vom Geländer an, wenn die Gurtungen den lichten Raum über den Fußwegen bis zu einer Höhe von 2,5 m überhaupt nicht oder höchstens auf eine Länge von $^1/_{10}$ der Brückenspannweite einschränken; im andern Falle sind die Gurtungen maßgebend. An den Endvertikalen kann die Fußwegbreite um 0,15 m eingeschränkt werden.

Die sich hiernach für neu zu erbauende ein- bis dreispurige Brücken ergebenden Breitenabmessungen sind nachstehend zusammengestellt. Für mehr als dreispurige Brücken ist als Maß der Fahrbahnbreite das ihrer Spurenzahl entsprechende Vielfache von 2,50 m zu wählen.

b) Lichte Höhen. Die lichte Höhe über der Fahrbahn soll in der Regel mindestens 4,5 m betragen; sie darf auf eine Breite von je 0,5 (von den Schrammbordkanten aus gemessen) gemäß den Abb. 504 und 505 oben etwas eingeschränkt werden; über dem Schrammbord braucht sie unten nur auf eine Breite von 0,3 m von der Schrammkante aus freigehalten zu werden, so daß hier Einbauten bis zu 0,5 Höhe zulässig sind.

Spur	DI Norm	Brückenquerschnitt	Art des Verkehrswegs
Einspurig	I	0,40 3,70 0,40 / 4,50	Für Feldwege, unterhaltene Fahrwege und untergeordnete Straßen, wenn der Verkehr größter landwirtschaftlicher Maschinen nicht in Frage kommt oder über eine benachbarte breitere Brücke geleitet werden kann. Die Schrammborde können auf Kosten der Fahrbahn um je 0,1 m verbreitert werden.
	II	0,40 4,70 0,40 / 5,50	Für Feldwege, unterhaltene Fahrwege und Straßen; geeignet für den Verkehr der größten landwirtschaftlichen Maschinen. Für gewöhnliches ländliches Fuhrwerk zweispurig. Die Schrammborde können auf Kosten der Fahrbahn um je 0,1 m verbreitert werden.
Zweispurig	III	0,50 5,20 0,50 / 6,20	Für Land- und Stadtstraßen mit geringem Fußgängerverkehr.
	IV	0,50 5,20 1,50 / 7,20	Für Land- und Stadtstraßen mit erheblichem einseitigen Fußgängerverkehr.
		1,00 5,20 1,00 / 7,20	Mit je 1 m breiten Fußwegen für beiderseitigen Fußgängerverkehr.
	V	1,50 5,20 1,50 / 8,20	Für Land- und Stadtstraßen mit erheblichem Fußgängerverkehr
	VI	1,50 0,50 5,20 0,50 1,50 / 6,20	
Dreispurig	VII	2,25 7,50 2,25 / 12,00	Für städtische Verhältnisse.
	VIII	2,25 0,50 7,50 0,50 2,25 / 8,50	

Die lichte Höhe über den Fußwegen soll mindestens 2,5 m betragen (Abb. 505) Hiermit ergeben sich die in Abb. 504 und 505 dargestellten Normalprofile des lichten Raums.

2. Gefälle.

a) Quergefälle. Die Fahrbahn erhält zur Entwässerung von Straßenmitte zu den Bordsteinen hin ein Quergefälle, das entweder bei wagerechter Fahrbahntafel durch ungleiche Stärke der Fahrbahndecke (Abb. 483, 506, 507) oder aber bei gleichbleibender

Deckenstärke durch eine beiderseits dem Quergefälle entsprechende Neigung der Fahrbahntafel (Abb. 482, 487) hergestellt wird.

Das Quergefälle beträgt für:

Schotterdecken	1 : 50 bis 1 : 30;	Bohlenbelag	1 : 100 bis 1 : 50;
Steinpflaster	1 : 40 bis 1 : 25;	Asphalt	1 : 200 bis 1 : 50.
Holzpflaster	1 : 100 bis 1 : 50;		

Die Fußwege erhalten ein Quergefälle von 1 : 100 bis 1 : 40, und zwar meist zu den Bordsteinen, seltener zu den Geländern hin. Die Bordsteinoberkante liegt 10 bis 16 cm über der Fahrbahndecke, um so entweder den Platz für die Ausbildung der Längsrinne zu gewinnen oder aber um einen durchlaufenden Schlitz für die Entwässerung zu schaffen (Abb. 482 und 483); im letzteren Falle müssen die Querträger sowie alle Holzteile mit Zinkblech oder Asphaltfilz gegen den Einfluß des durchlaufenden Regenwassers geschützt werden.

b) Längsgefälle. *α*) Liegt die Brücke im Gefälle, so fließt das Wasser in den gepflasterten oder aus besonderen Rinnsteinen bzw. Rinneisen gebildeten Rinnen einseitig ab; der Absatz zwischen Fahrbahn und Fußweg wird gleichbleibend 10 bis 14 cm hoch durchgeführt.

Das größte zulässige Gefälle beträgt für die Fahrbahn bei Schotterdecken 1 : 20, Steinpflaster 1 : 30, Holzpflaster 1 : 25, Bohlenbelag 1 : 25, Asphalt 1 : 70, und für die Fußwege 1 : 12.

β) Liegt die Brücke in der Wagerechten, so sind 2 Anordnungen möglich. Wird die Fahrbahndecke wagerecht ausgeführt, so enthalten die $\frac{\text{gepflasterten}}{\text{Stein- oder Eisen-}}$ Rinnen ein Längsgefälle von $\frac{1:100}{1:200}$, so daß sich für den Absatz

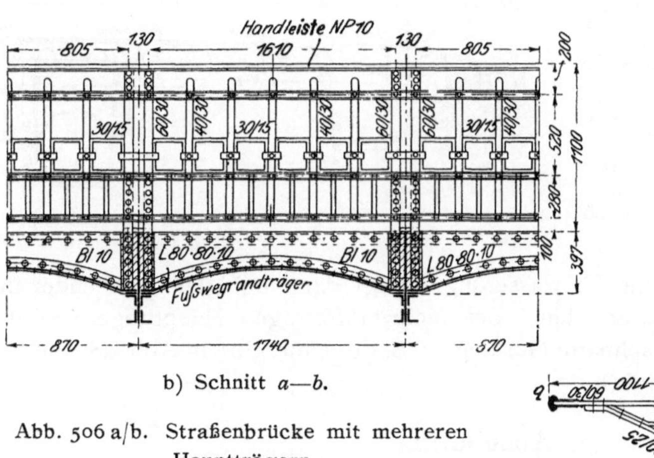

b) Schnitt *a—b*.

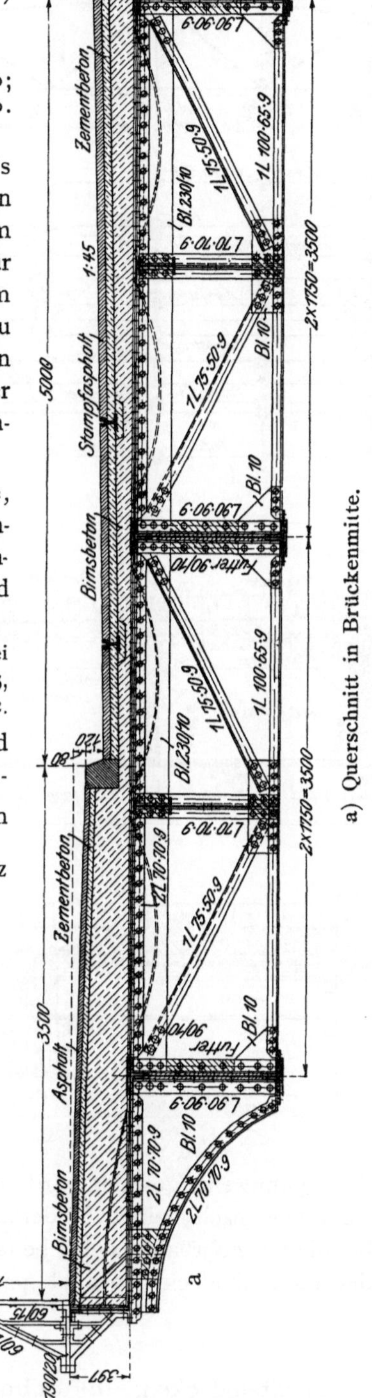

a) Querschnitt in Brückenmitte.

Abb. 506 a/b. Straßenbrücke mit mehreren Hauptträgern.

zwischen Fahrbahn und Fußweg eine wechselnde Höhe ergibt. Da diese mindestens 6 cm, höchstens 18 cm betragen soll, so ergibt sich aus der Länge der Brücke, ob die Entwässerung von Öffnungsmitte nur nach den beiden Widerlagern hin oder aber auch noch in einzelnen Zwischenpunkten durch besondere Abflußrohre erfolgen muß. Meist wird jedoch die Fahrbahndecke nicht wagerecht, sondern nach der Parabel gewölbt angeordnet (Abb. 35), deren in Öffnungsmitte liegender Pfeil gleich $^1/_{200}$ bis $^1/_{100}$

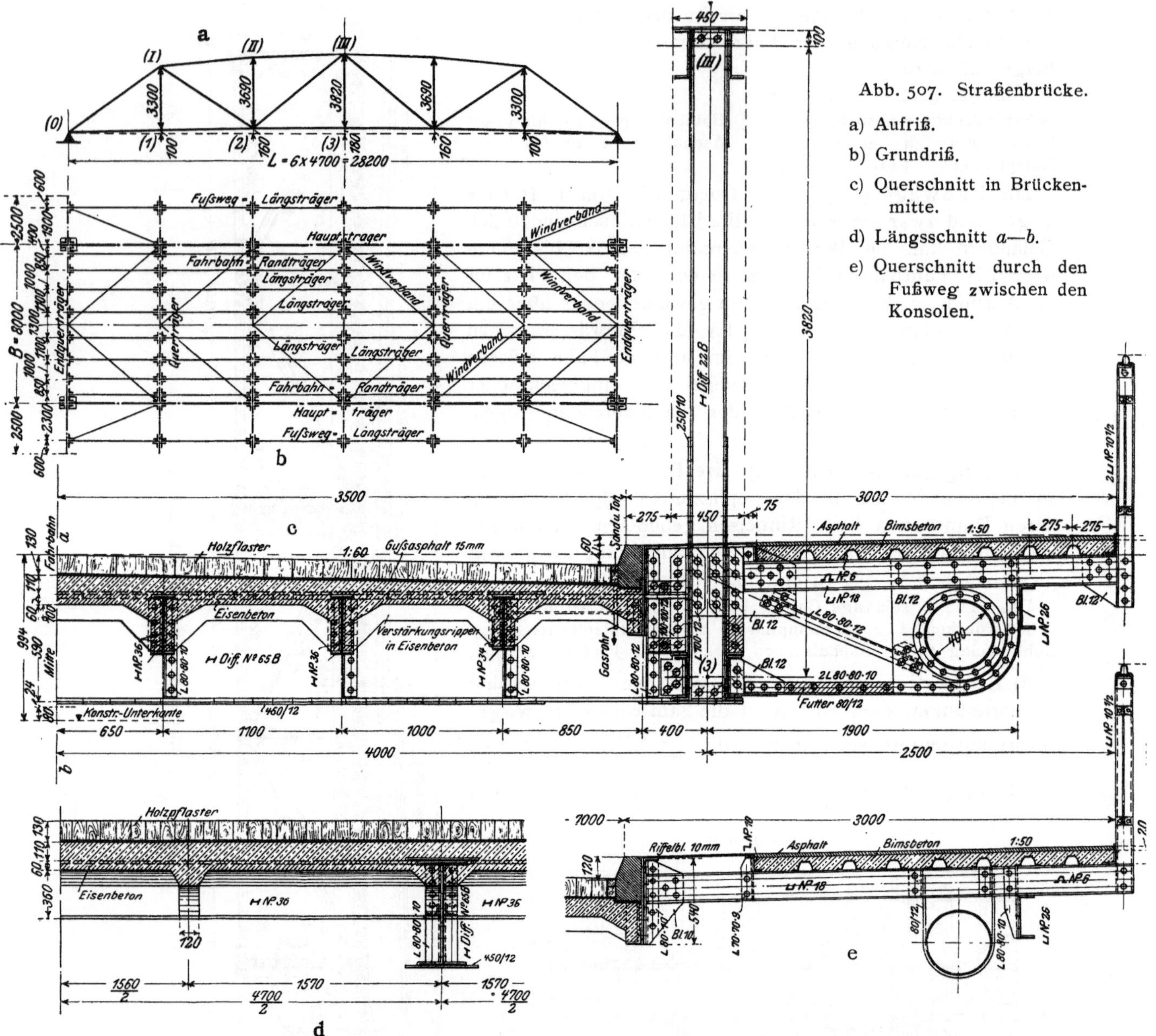

Abb. 507. Straßenbrücke.

a) Aufriß.

b) Grundriß.

c) Querschnitt in Brückenmitte.

d) Längsschnitt a—b.

e) Querschnitt durch den Fußweg zwischen den Konsolen.

der Spannweite gewählt wird; die Entwässerung erfolgt dann bei gleichbleibender Bordsteinhöhe nach beiden Widerlagern hin. Bei fachwerkförmigen Hauptträgern wird dabei die der Fahrbahn nächst benachbarte Gurtung, z. B. der Untergurt in Abb. 487 und 507, der Fahrbahndecke parallel geführt.

3. Ausbildung.

a) Steindecken. α) Schotterdecken kommen hauptsächlich für die Fahrbahn der Landstraßenbrücken zur Verwendung, und zwar entweder auf Buckel- bzw. Tonnenblechen oder auf Belageisen (Abb. 483). Das Schotterbett ruht entweder unmittelbar oder unter Einschaltung einer mindestens 5 cm starken Betonschicht auf der Fahrbahntafel. Die Stärke des Betts soll am Bordstein mindestens 10 cm über Fahrbahntafeloberkante betragen.

β) Werksteine und zwar hauptsächlich Granit, Trachyt und Sandstein werden nur zur Abdeckung der Fußwege verwendet, und zwar entweder freitragend in Platten bis etwa 2 m² Größe mit 8 bis 15 cm Stärke (Abb. 483) oder aber auf einer Unterbettung aus Sand von 5 bis 10 cm bzw. aus Beton von 4 bis 8 cm Dicke mit 5 bis 8 cm Stärke.

Zu demselben Zweck werden freitragende Platten aus Eisenbeton bzw. Zement- oder Tonplatten auf Unterbettung verwendet.

γ) Steinpflaster wird wegen des hohen Eigengewichts nur bei städtischen Straßenbrücken verwendet. Die Höhe der Pflastersteine beträgt bei Vollpflaster 10 bis 14 cm, bei Kleinpflaster 8 bis 10 cm. Die Unterbettung besteht entweder aus:

einer 10 bis 15 cm starken Schotter- und 5 bis 10 cm starken Sandschicht (Abb. 508a) oder aus

einer Betonschicht (Abb. 508b), die die höchsten Punkte der Fahrbahntafel um 5 bis 6 cm überragen soll und zur wasserdichten Abdeckung eine 20 mm starke Gußasphalt- oder eine 5 mm starke Asphaltfilzschicht erhält, oder endlich aus

einer Asphaltbetonschicht, d. i. vorgewärmter Schotter und Sand mit heißem Teer und Asphalt gemischt.

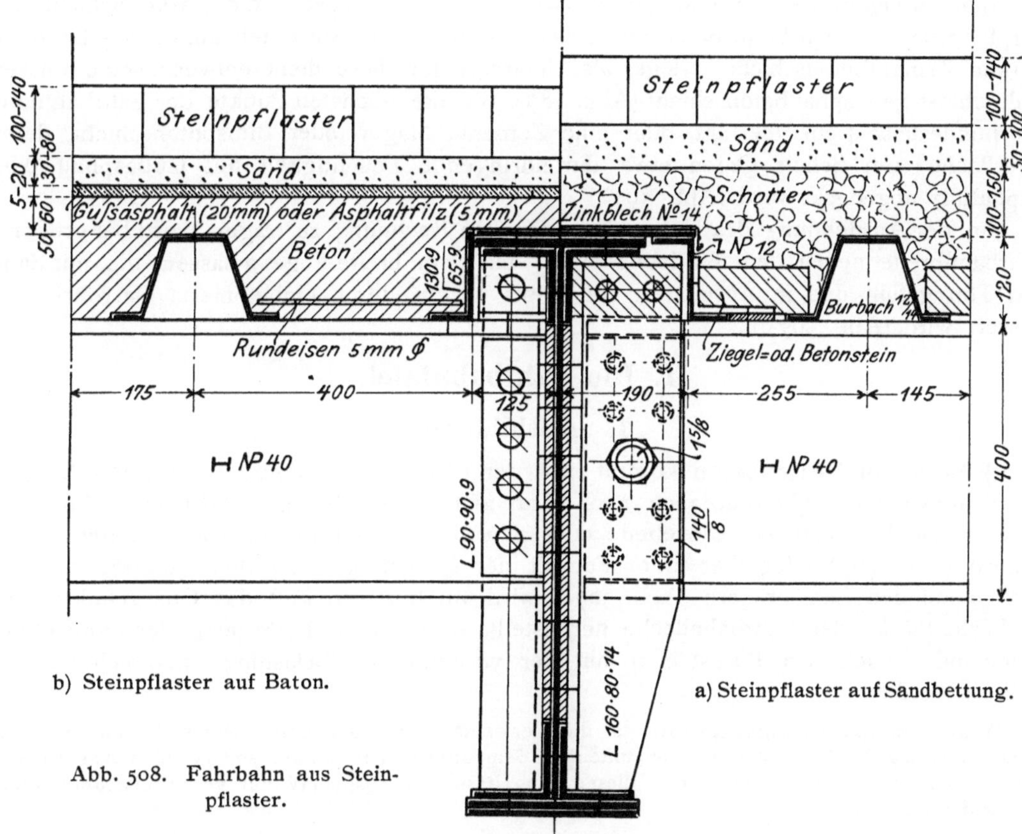

b) Steinpflaster auf Baton.

a) Steinpflaster auf Sandbettung.

Abb. 508. Fahrbahn aus Steinpflaster.

δ) Asphalt: Stampfasphalt, 5 cm stark, für die Fahrbahn, auf einer einheitlichen Zementbetonschicht, die die Fahrbahntafeloberkante um 9 bis 12 cm überragen soll, oder aber auf einer Zementbetonschicht von 5 bis 7 cm Stärke auf einer Unterlage aus Mager- oder Bimsbeton (Abb. 506) von 6 bis 7 cm geringster Dicke, oder endlich seltener auf einer 8 bis 12 cm starken Zementbetonschicht auf einer Unterlage von Kies und Sand von 5 cm geringster Stärke.

Gußasphalt, 2 bis 3 cm stark, für die Fußwege, auf einer Betonschicht, die die höchsten Punkte der Fußwegtafel um mindestens 2 cm überragen soll. Statt dessen werden auch 2,5 bis 3 cm starke Asphaltplatten auf einer 5 bis 8 cm starken Sand schicht oder auf einer mindestens 2 cm starken Betonunterlage verwendet.

b) Holzdecken. *α*) Bohlenbelag: einfach zur Abdeckung der Fußwege (Abb. 482, 499); nur bei geringem Verkehr auch für die Fahrbahn; doppelt zur Abdeckung der Fahrbahn; die oberen, 5 bis 8 cm starken Bohlen aus Eichen-, Kiefern- oder Buchenholz werden quer zur Fahrtrichtung dicht aneinander gelegt und auf den unteren Belag mit Nägeln befestigt (Abb. 481 und 482); sie bilden die eigentliche, der Abnutzung durch den Verkehr unterworfene Fahrbahndecke. Die unteren Bohlen bilden den tragenden Belag; sind sie auf Längsträgern aus Holz aufgelagert (Abb. 482), so werden in den Berührungsflächen Streifen aus Zinkblech oder Asphaltpappe eingelegt, um die Feuchtigkeit von den Holzbalken abzuhalten.

Beide Beläge werden in Fahrbahnmitte gestoßen, damit bei einer erforderlich werdenden Auswechslung einzelner Bohlen die eine Hälfte der Brückenbahn für den Verkehr nutzbar bleibt.

β) Holzpflaster, 8 bis 12 cm hoch, mit der Längsrichtung quer zur Brücke verlegt und in den Fugen mit Asphalt gedichtet, erhält auf der Oberfläche einen Überzug von dünnflüssigem Zement und darauf zweckmäßig eine etwa 1 cm starke Schicht aus Porphyrgrus, der sich beim Befahren in das Holz preßt. Es wird stets auf einer 5 bis 6 cm starken Zementbetonschicht verlegt; als Unterlage für diese dient entweder eine wasserundurchlässige Asphaltbetonschicht (Abb. 487), die die höchsten Punkte der Fahrbahntafel um mindestens 4 cm überragt, oder eine Zement-, Mager- oder Bimsbetonschicht, deren Oberfläche zum Schutz gegen etwa durchdringende Feuchtigkeit mit Gußasphalt oder Asphaltfilz abgedeckt wird (Abb. 507).

Um der Ausdehnung des Holzes beim Quellen Rechnung zu tragen, wird bei größerer Fahrbahnbreite neben dem Bordstein eine 3 bis 5 cm breite Fuge gelassen, die mit Sand und Ton gefüllt und in Abständen von 6 bis 10 cm durch einbetonierte Gasrohre entwässert wird (Abb. 507c).

II. Die Fahrbahntafel.

1. Ausbildung.

a) Beton und Eisenbeton kommt entweder eben nach Abb. 263, 264, 430 oder 463, bei Spannweiten $L \leqq 8{,}0$ m auch nach Abb. 261, oder aber gewölbt nach Abb. 266 oder 267 zur Verwendung. Die ebene oder gewölbte Tafel ruht entweder auf den Hauptträgern (Abb. 463) oder aber unter Fortfall der Längsträger auf den Querträgern oder endlich auf den Längsträgern (Abb. 507); wird im letzteren Fall das Quergefälle durch ungleiche Stärke der Fahrbahndecke hergestellt, so kann die Entfernung der Längsträger voneinander nach den Bordsteinen hin der verminderten Belastung entsprechend verkleinert werden.

Wegen des großen Eigengewichts ist die Verwendung bei größerer Spannweite auf die Fälle beschränkt, wo die Fahrbahntafel von untenher dem öfteren und länger andauernden Angriff von Rauchgasen ausgesetzt ist, weil Eisen diesem Angriff erfahrungsgemäß nur verhältnismäßig kurze Zeit widersteht.

b) Buckel- und Tonnenbleche werden nach den für die Eisenbahnbrücken aufgestellten Regeln durchgebildet. Den geringeren Belastungen entsprechend werden die Buckelplatten bis zu 6 m Seitenlänge verwendet und dann aus 2 halben Blechen und einem Tonnenblech zusammengenietet (Abb. 509).

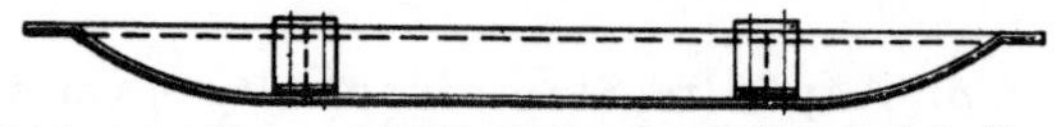
Abb. 509. Tonnenblech verbunden mit zwei halben Buckelblechen.

Bei Sand- und Schotterauffüllung wird Einzelentwässerung, bei Betonausfüllung aber Entwässerung nach den Widerlagern hin angeordnet.

c) **Wellblech** wird wegen der schwierigen Entwässerung sowohl unter der Fahrbahn als auch unter den Fußwegen stets mit einer wasserdichten Schicht aus Asphaltbeton oder aus Beton mit Gußasphalt- oder Asphaltfilzüberzug abgedeckt. Die Wellen liegen meist rechtwinklig, seltener parallel zur Brückenachse; der seitliche Abschluß des Straßenkörpers erfolgt wie bei den Belageisen durch Bleche und Winkeleisen.

d) **Belageisen.** Außer den Normalprofilen kann das in Abb. 510 dargestellte Profil der Burbacher Hütte zweckmäßig verwendet werden.

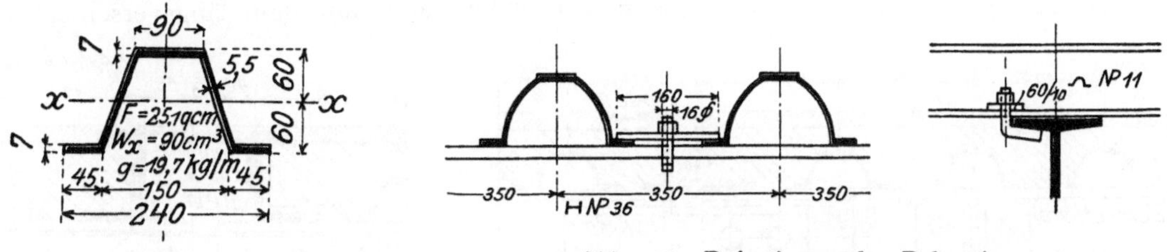

Abb. 510.

Abb. 511. Befestigung der Belageisen.

Die Belageisen werden zur Ersparnis an Eisen mit Zwischenräumen von 5 bis 15 cm und zwar entweder rechtwinklig (Abb. 483) oder parallel (Abb. 507) zur Brückenachse verlegt; die Zwischenräume werden bei Schotterauffüllung mit Ziegel- oder Betonsteinen ausgefüllt (Abb. 508a und 516); eine auf Schalung hergestellte Betonauffüllung macht diese Steine entbehrlich und ermöglicht durch Anordnung von Eiseneinlagen (Abb. 508b) größere Zwischenräume. Die Befestigung der Belageisen an den Fahrbahnträgern erfolgt durch Klemmplatten und Hakenschrauben (Abb. 511), seltener durch Vernieten oder Verschrauben der oberen oder unteren Flansche.

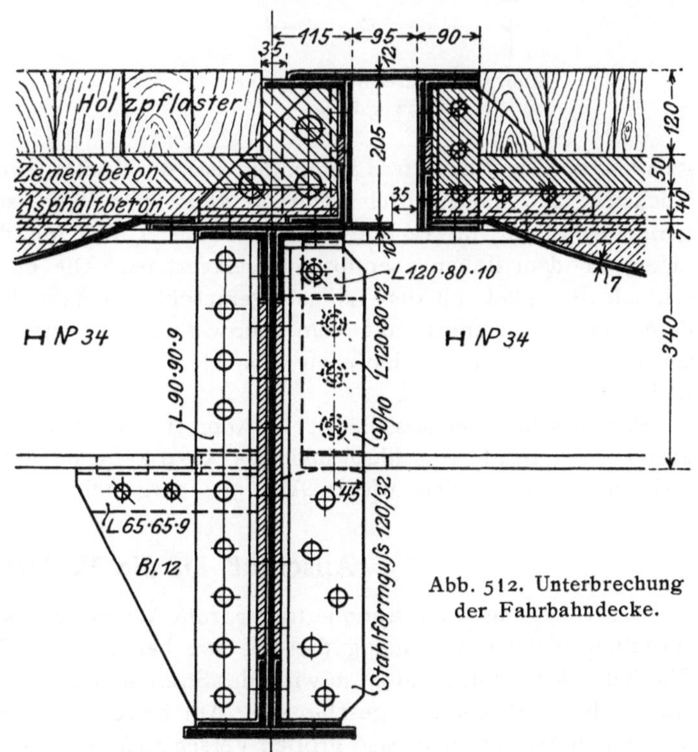

Abb. 512. Unterbrechung der Fahrbahndecke.

Der seitliche Abschluß des Straßenkörpers erfolgt entweder durch die Randlängsträger wie beim Fußweg in Abb. 488b oder durch seitliche Begrenzungsbleche bzw. Profileisen (Abb. 483b und 516), die durch Winkeleisen mit den oberen Flanschen der Belageisen verbunden sind.

2. Unterbrechungen

der Fahrbahn sind bei mit Gelenken versehenen Hauptträgern (Abb. 487) an den Orten dieser Gelenke erforderlich.

a) Ruht die Fahrbahndecke auf einer nachgiebigen, verschieblichen Unterlage, z. B. auf Schotter oder Sand, so braucht sich die Unterbrechung nur auf die eigentliche Fahrbahntafel zu erstrecken; ein Beispiel zeigt Abb. 508a für das feste Gelenk der Abb. 487; die Unterbettung wird durch ein Profileisen seitlich abgeschlossen, auf dessen oberen Flansch sich die seitlich verbreiterte oberste Querträgerlamelle lose auflegt; zum

Schutz gegen etwa eindringende Feuchtigkeit wird der Querträger mit einem Zinkblech- oder Asphaltfilzstreifen abgedeckt. Ganz entsprechend ist die Ausbildung am beweglichen Gelenk.

b) Ist die Unterbettung der Fahrbahndecke unnachgiebig und unverschieblich, z. B. aus Beton gebildet, so muß nicht nur die Fahrbahntafel, sondern auch die Fahrbahndecke unterbrochen werden; ein Beispiel zeigt Abb. 512 für das bewegliche Gelenk der Abb. 488; der Straßenkörper ist beiderseits durch ⊏-förmige Träger abgeschlossen, von denen der eine mit dem Querträger, der andere aber mit dem längsverschieblich

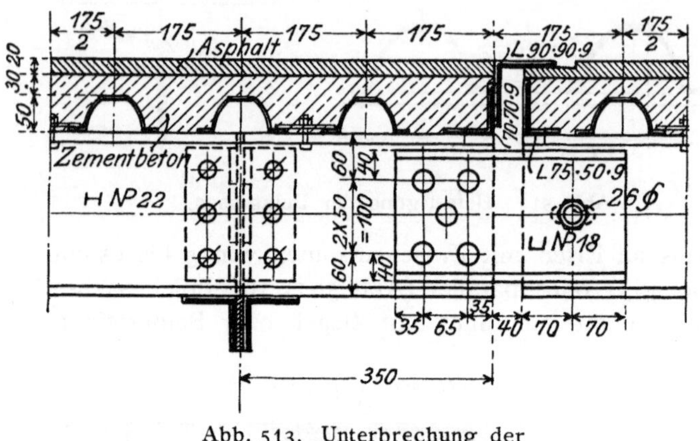

Abb. 513. Unterbrechung der Fußwegdecke.

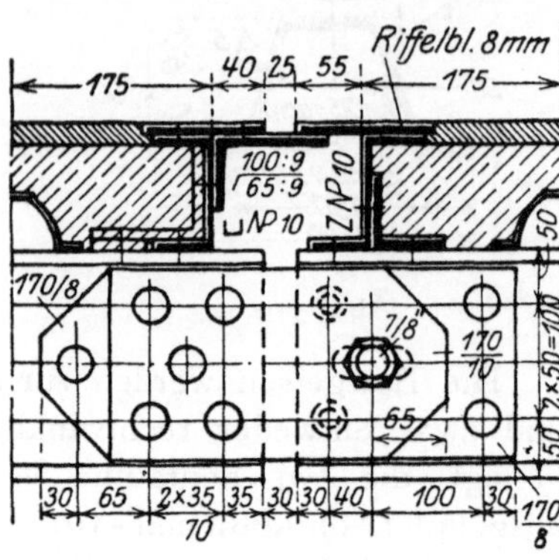

Abb. 514. Unterbrechung der Fußwegdecke.

gelagerten Längsträger fest verbunden ist; der Raum zwischen beiden Trägern, der mit Rücksicht auf den Anstrich nicht zu klein zu wählen ist, wird durch ein glattes oder geriffeltes Blech von 12 mm Stärke überdeckt, das mit dem rechten ⊏-Träger fest vernietet, auf dem linken aber lose aufgelagert ist. Die oberen Winkel 120·80·10, deren schmale Schenkel mit den Längsträgeranschlußwinkeln durch innen versenkte Niete und deren breite Schenkel mit dem Gurtwinkel des Querträgers verbunden sind, dienen zur Entlastung der Anschlußniete von den auftretenden Zugkräften (vgl. Abb. 467, 470 und 471).

Für dieselbe Gelenkstelle ist in Abb. 513 die Unterbrechung der Fußwegdecke dargestellt; der rechte Abschlußwinkel 75·50·9 kann noch zweckmäßiger durch ein ⊔- oder Z-Eisen ersetzt werden, wie in Abb. 514 dargestellt.

3. Anschluß an die Widerlager.

Der Übergang vom Endquerträger zum Widerlager wird durch ein Schleppblech vermittelt, dessen Anordnung dieselbe wie bei den Eisenbahnbrücken ist. Liegt es mit Oberkante Fahrbahn bündig, so wird der Straßenkörper durch ⊏- oder Z-förmige Träger entsprechend Abb. 512 abgeschlossen. Am beweglichen Auflager wird das Schleppblech bei großen Spannweiten, also großen Verschiebungen des Auflagers durch die in Abb. 515 dargestellten Finger ersetzt, das sind zahnartig ineinander greifende Flachschienen von rechteckiger oder trapezförmiger Grundrißform aus Flußstahl oder -eisen, die den möglichst stoßfreien Übergang der Fuhrwerke von der Brücke zum Widerlager gewährleisten; sie werden im Mittel nur 30 bis 40 mm breit gemacht, um den Rädern in jeder Stellung die erforderliche Unterstützung zu bieten. Der ganze Fingerrost setzt sich aus den mit dem Widerlager fest verbundenen Fingern *a* und *b* und den mit dem Abschlußträger des Straßenkörpers fest vernieteten Fingern *c* und *d* zusammen; letztere ruhen gleichzeitig auf dem Widerlager und zwar in solcher Länge auf, daß sie auch bei der größten Verkürzung des eisernen Überbaues noch ein Auflager von 40 bis 50 mm finden. Eine untergehängte Rinne nimmt durchdringenden Schmutz und Regenwasser auf. Da sich die nur 3 bis 5 mm breiten Zwischenräume zwischen den Fingern *b* und *d* leicht verstopfen, kann man die Finger *d* abnehmbar oder um ihr hinteres Ende aufklappbar einrichten und so die Reinigung des Rostes erleichtern. Zur Vermehrung der Reibung werden die Finger an der Oberfläche gefurcht oder geriffelt.

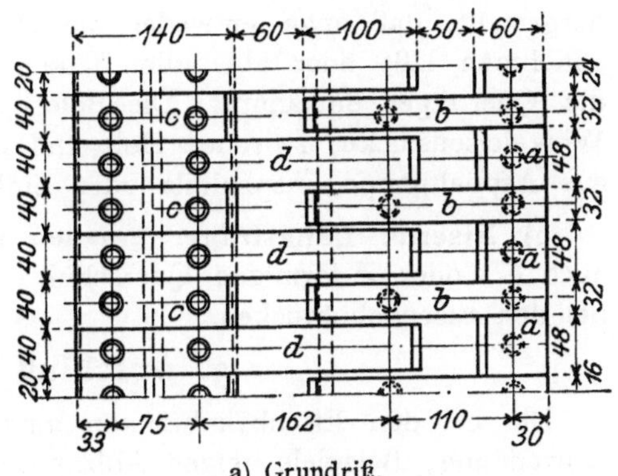

a) Grundriß.

Man kann auch die Finger *a* und *b* sowie *c* und *d* je zu einem einheitlichen Stahlgußkörper vereinigen; *b* und *d* erscheinen dann als frei auskragende Rippen dieser Körper, deren Höhe zur Aufnahme des Raddrucks hinreichend groß gemacht werden kann.

b) Aufriß.

Abb. 515. Fingerkonstruktion.

Ist die Fahrbahntafel aus Belageisen gebildet, so kann der Übergang zum Widerlager auch nach Abb. 516 ausgebildet werden; das letzte Belageisen ruht einerseits auf der Brücke, andererseits auf dem Widerlager auf und gleitet hier auf einzelnen durch Steinschrauben befestigten Unterlagblechen.

III. Die Längsträger.

1. Grundrißanordnung.

Die Entfernung der Längsträger voneinander richtet sich nach der Tragfähigkeit der Fahrbahntafel und schwankt zwischen etwa $\lambda = 0{,}8$ bis 2,5 m; sie kann auch bei ein und derselben Brücke veränderlich gewählt werden (Abb. 507).

Man unterscheidet die Fahrbahnzwischenlängsträger und die an der Bordsteinkante liegenden Fahrbahnrandlängsträger, die meist auch gleichzeitig zur Unterstützung des Fußwegs dienen; der Fußwegrandträger dient zum Anschluß des Geländers.

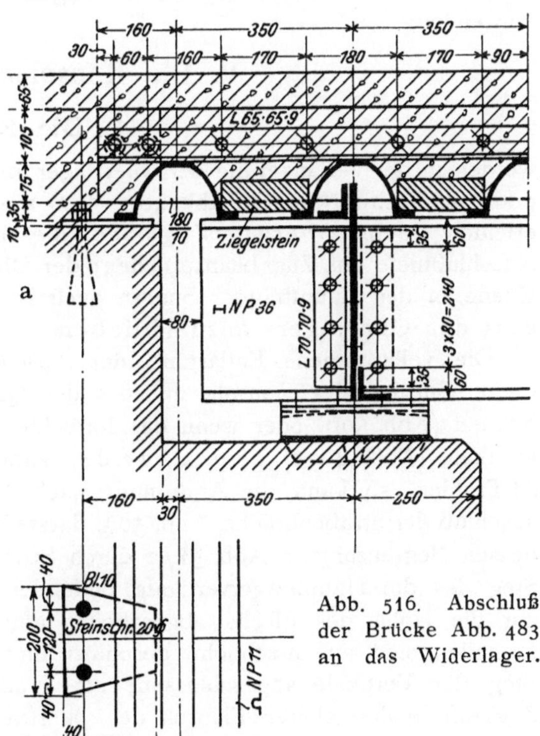

Abb. 516. Abschluß der Brücke Abb. 483 an das Widerlager.

2. Querschnittsausbildung.

a) **Holzbalken** finden nur bei Bohlenbelag Anwendung (Abb. 482); das Quergefälle der Fahrbahndecke wird dadurch hergestellt, daß man entweder die Höhe der Holzbalken nach den Bordsteinen hin abnehmen läßt oder aber die Balken bei gleichbleibender Höhe verschieden tief in die Querträger einkämmt. Die Befestigung auf den Querträgerflanschen erfolgt durch Winkeleisenstücke; zwischen Holz und Eisen ist zur Verhütung der Fäulnis ein Streifen aus Asphaltpappe, Asphaltfilz oder Zinkblech anzuordnen.

b) **Eiserne Längsträger** erhalten gewalzten oder genieteten I-, die Randträger auch [- oder Z-förmigen Querschnitt; die konstruktive Durchbildung ist dieselbe wie bei den Eisenbahnbrücken.

3. Anschluß an die Querträger.

Die bei den Eisenbahnbrücken aufgestellten Regeln finden auch hier sinngemäße Anwendung; Beispiele zeigen Abb. 508b für den festen Anschluß, Abb. 508a für den festen, Abb. 512 für den beweglichen Gelenkanschluß.

IV. Die Querträger.

1. Grundrißanordnung.

Die Entfernung der Quertäger voneinander wird bei vollwandigen Brücken zu $a = 2,0$ bis 3,0 m, bei Fachwerkbrücken gleich der Fachweite a gewählt; ist diese größer als 4,0 bis 5,0 m, so werden bei Tonnen- bzw. Buckelblechbelag Zwischenquerträger erforderlich.

2. Querschnittsausbildung.

Außer den vollwandigen Querschnitten kommen bei größerer Brückenbreite b auch Fachwerkträger zur Verwendung, die dann meist gleichzeitg als Querverbände dienen (Abb. 506); die konstruktive Durchbildung ist dieselbe wie bei den Eisenbahnbrücken.

3. Anschluß an die Hauptträger.

Die bei den Eisenbahnbrücken aufgestellten Regeln finden auch hier sinngemäße Anwendung.

V. Die Konsolen und Geländer.

1. Die Konsolen

werden in der Verlängerung der Querträger angeordnet und entweder vollwandig (Abb. 506) oder als Fachwerkträger (Abb. 487, 507) ausgebildet. Als einseitig eingespannte Träger erleiden sie im Obergurt Zugkräfte, die mit der Ausladung wachsen und die oberen Anschlußniete auf Zug beanspruchen; der Obergurt ist daher nicht nur in der lotrechten Ebene an den Hauptträger, sondern auch in der wagerechten Ebene an den Obergurt des Quertägers anzuschließen.

Die vollkommene Entlastung der Anschlußniete wird erreicht, wenn entweder die obere Gurtung der Konsole mit der des Querträgers durch ein wagerechtes Blech verbunden (Abb. 506) oder wenn das lotrechte Konsolanschlußblech durch die Hauptträgervertikale (Abb. 407c) gesteckt werden kann. Bestehen die Vertikalen aus gewalzten H-Profilen, so kann die Anordnung nach Abb. 517 getroffen werden, die den Konsolanschluß der Straßenbrücke, Abb. 507, darstellt. Das lotrechte Anschlußblech der Konsole, dessen Begrenzung in Abb. 517a durch Strichlage hervorgehoben ist, legt sich auf den Steg des die Hauptträgervertikale bildenden H Diff. Nr. 22 B, dessen Flansche einseitig auf die Höhe des Blechs abgearbeitet und durch Lamellen $^{250}/_{10}$ ersetzt sind; diese Lamellen sind auf Blechhöhe geschlitzt und daher durch Winkel 100 · 100 · 12 an den Steg der Vertikale angeschlossen; die Winkeleisen w vermitteln die Übertragung der Zugkraft in den oberen Flansch des Querträgers.

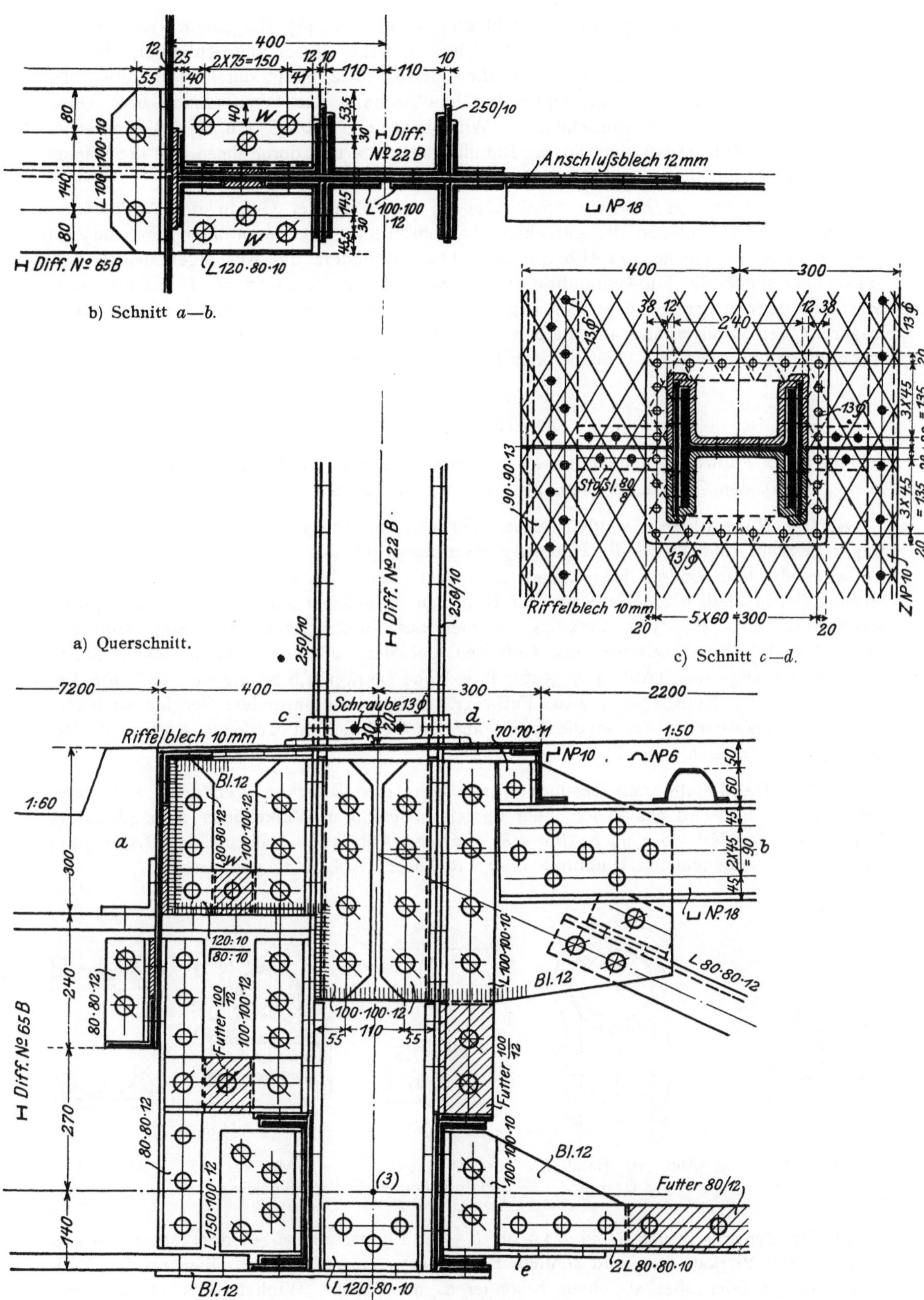

Abb. 517. Querträger- und Konsolanschluß der Brücke Abb. 507.

Eine andere Ausbildung dieses Anschlusses ist in Abb. 487 dargestellt. Hier ist der Obergurt der Konsole an das lotrechte Blech *c* (Abb. 487c) angeschlossen, das als Träger auf zwei Stützen aufzufassen ist; die untere Stütze bildet durch Vermittlung der Winkeleisen w_1 und der wagerechten Anschlußbleche *e* der Windverband bzw. Querträger, die obere durch Vermittelung der Winkeleisen w_2 (Abb. 487c u. d) das wagerechte Abdeckblatt *g* (Abb. 487d), das an die Randlängsträger *r* und durch diese und die Winkel w_3 (Abb. 487c) an den Querträgerobergurt angeschlossen ist.

Der Untergurt der Konsole erhält Druck, ist daher der Gefahr des Ausknickens ausgesetzt. Das Abbiegen der lotrechten Anschlußbleche am Hauptträger wird zunächst durch wagerechte Bleche (*e* in Abb. 488 und 517a) verhindert, das Ausbiegen der Konsolspitze aber durch die Fußwegrandträger in Verbindung mit den in den End- bzw. Mittelfeldern angeordneten Schrägstäben (Grundriß Abb. 487, 507), die den Randträger an den Windverband anschließen; diese Schrägstäbe werden nur dann überflüssig, wenn die Fußwegtafel aus Tonen- oder Buckelblechen besteht (Abb. 506).

2. Die Geländer

schließen die Fußwege nach außen ab und bestehen aus den Hauptpfosten, der Handleiste (Holm), den Zwischenpfosten, Zwischenriegeln und der Füllung.

a) Die Hauptpfosten werden, wenn Fahrbahn und Fußweg nicht durch die Hauptträger getrennt sind, durch die Hauptträgervertikalen gebildet (Abb. 482, 499), wenn die Fußwege durch besondere Hauptträger unterstützt sind (Abb. 483), in 1,0 bis 1,5 m Entfernung, wenn endlich die Fußwege auf Konsolen ausgekragt sind, in den Konsolspitzen angeordnet (Abb. 488, 506, 507). Sie werden aus Vierkanteisen (Abb. 483, 506), L-, JL-,]-,][-Eisen, seltener aus Gußeisen gebildet und meist durch Schrägstreben nach außen abgestützt (Abb. 483, 506); ihre Höhe beträgt 1,0 bis 1,2 m. Auf ihre Befestigung an den Konsolspitzen bzw. Fußwegrandträgern ist besondere Sorgfalt zu legen, da sie als eingespannte Träger die ganze auf ein Geländerfeld treffende wagerechte Belastung zu übertragen haben.

b) Die Handleiste muß besonders in wagerechter Richtung genügend stark ausgebildet sein. Sie wird aus gleich- oder ungleichschenkligen Winkeleisen (Abb. 482, 499), Handleisteneisen (NP. oder nach Abb. 518), Gasrohr (Abb. 519), Halbrundeisen (Abb. 520), ⊔-Eisen mit aufgenieteten Halbrund- oder Profileisen (Abb. 521) gebildet.

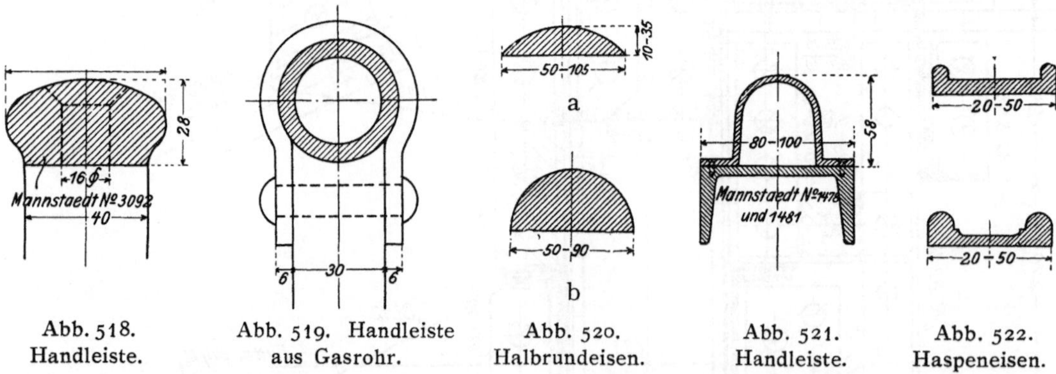

Abb. 518. Handleiste. Abb. 519. Handleiste aus Gasrohr. Abb. 520. Halbrundeisen. Abb. 521. Handleiste. Abb. 522. Haspeneisen.

c) Die Zwischenpfosten, in 0,15 bis 0,35 m Entfernung angeordnet, bestehen aus Winkel- oder Vierkanteisen und schließen sich unten entweder unmittelbar an den Fußwegrandträger oder aber an einen besonderen, aus Flach-, Winkel- oder Hespeneisen (Abb. 522) gebildeten unteren Holm an.

d) Die Zwischenriegel werden aus Flach-, Winkel- oder Hespeneisen gebildet; ihre Höhenentfernung richtet sich nach der Art der Füllung, soll aber von Oberkante Fußwegrandträger nicht mehr als 200 bis 250 mm betragen, um das Durchkriechen zu verhindern.

e) Die Füllung wird je nach Lage der Brücke in ganz einfachen (Abb. 523, 529) oder in mehr oder weniger reichen (Abb. 524 bis 526) Formen ausgebildet; bei regem Verkehr ist für ihre Ausbildung in erster Linie der Gesichtspunkt maßgebend, daß die verbleibenden Zwischenräume Kindern das Durchkriechen verwehren.

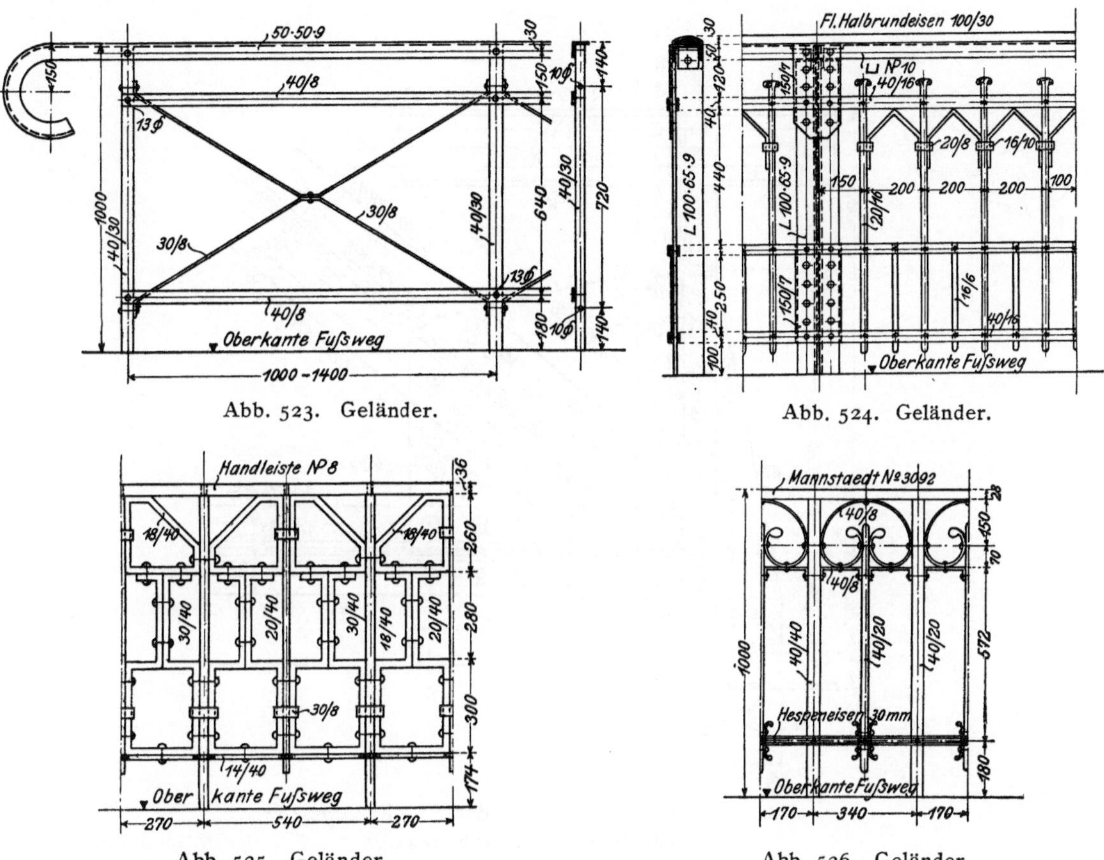

Abb. 523. Geländer.

Abb. 524. Geländer.

Abb. 525. Geländer.

Abb. 526. Geländer.

VI. Die Hauptträger.

1. Grundrißausbildung.

a) Fahrbahn oberhalb der Hauptträger. Bei Spannweiten bis zu etwa 12 m wird die Fahrbahntafel zur Ersparnis der Quer- und Längsträger unmittelbar auf die $b = 1{,}0$ bis 2,5 m voneinander entfernten Hauptträger gelegt (Abb. 483), wobei dann die Fußwege vielfach auf besonderen, schwächer ausgebildeten Hauptträgern aufliegen; darüber hinaus erhalten die Hauptträger unter Einschaltung von Quer- und Längsträgern (Abb. 222, 506) eine Mittenentfernung $b = 3{,}0$ bis 5,0 m, wobei die Fußwege meist nur mit einem Teil ihrer Breite auf Konsolen ausgekragt werden.

b) Fahrbahn zwischen den Hauptträgern. Bei Fußgängerbrücken (Abb. 499) oder bei geringer Fahrbahnbreite und Belastung (Abb. 482) liegen die Hauptträger außerhalb der Fußwege, eine Anordnung, die den freien Querverkehr zwischen Fahrbahn und Fußwegen gestattet; bei größerer Fahrbahnbreite und Belastung durch schwere Fuhrwerke bzw. Dampfwalze liegen dagegen die Hauptträger meist zwischen Fahrbahn und Fußwegen, um schwere Querträger zu vermeiden; die Fußwege sind dabei auf den größten Teil ihrer Breite auf Konsolen ausgekragt. In beiden Fällen sind für die Entfernung der Hauptträger voneinander die verlangten Lichtabmessungen der Fahrbahndecke maßgebend (vgl. I, 1).

2. Querschnittsausbildung.

Neben dem für die Eisenbahnbrücken Gesagten bedarf hier nur noch die Ausbildung derjenigen Punkte Erwähnung, in denen Glieder des Hauptträgers die Fußwegdecke durchdringen. Die Durchdringungsfugen sind gegen den Zutritt von Schmutz und

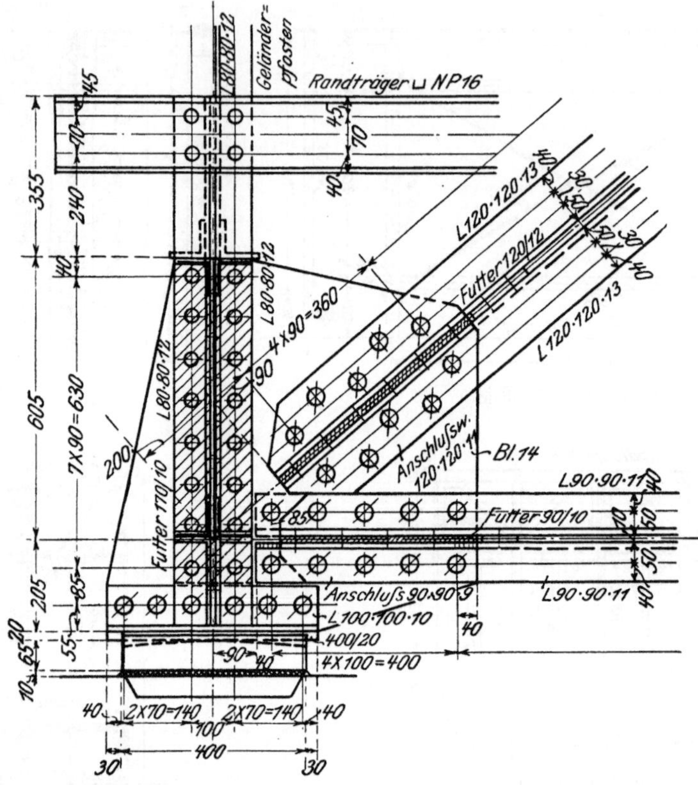

Abb. 527. Auflagerpunkt (0) der Brücke Abb. 482. (Schnitt a—b der Abb. 482 c).

Feuchtigkeit zu sichern. Ein Beispiel ist in Abb. 487d für die Durchdringung der Hauptträgervertikalen dargestellt; die Belageisen des Fußwegs sind durch ein in der Achse des Hauptträgers gestoßenes glattes Blech g ersetzt, das durch die Winkeleisen w_1, w_4 und w_5 an Steg und Flansche der Vertikalen angeschlossen ist. Eine andere Ausbildung zeigt Abb. 517 (vgl. Abb. 507); hier ist ein gußeisernes, zweiteiliges Rahmenstück angeordnet, das aus einer wagerechten, 12 mm starken, mit dem ausgeschnittenen Riffelblechbelag vernieteten Grundplatte und lotrechten, dicht an Steg und Flansch der Hauptträgervertikalen anschließenden Rippen besteht.

3. Auflagerung.

Die bei den Eisenbahnbrücken aufgestellten Regeln finden auch hier sinngemäße Anwendung; Beispiele sind in Abb. 516 für die Brücke Abb. 483, in Abb. 527 für das feste Auflager der Straßenbrücke Abb. 482, deren bewegliches Auflager Abb. 181 zeigt, in Abb. 159 für das feste und in Abb. 188 für das bewegliche Gelenk des Gerberträgers, Abb. 487, dargestellt.

VII. Der Windverband.

Für die konstruktive Durchbildung gelten die für die Eisenbahnbrücken aufgestellten Regeln.

Ist im Hauptträger ein **b e w e g l i c h e s** Gelenk angeordnet, so muß auch der Windverband an der Gelenkstelle **l ä n g s** verschieblich angeschlossen werden. Ein Beispiel zeigt Abb. 528 für den längsbeweglichen Windverbandanschluß des eingehängten Feldes des Abb. 487a dargestellten Gerberträgers an dem Kragarm im Punkte *C* des Grundrisses.

Abb. 528 a. Schnitt *a—b*.

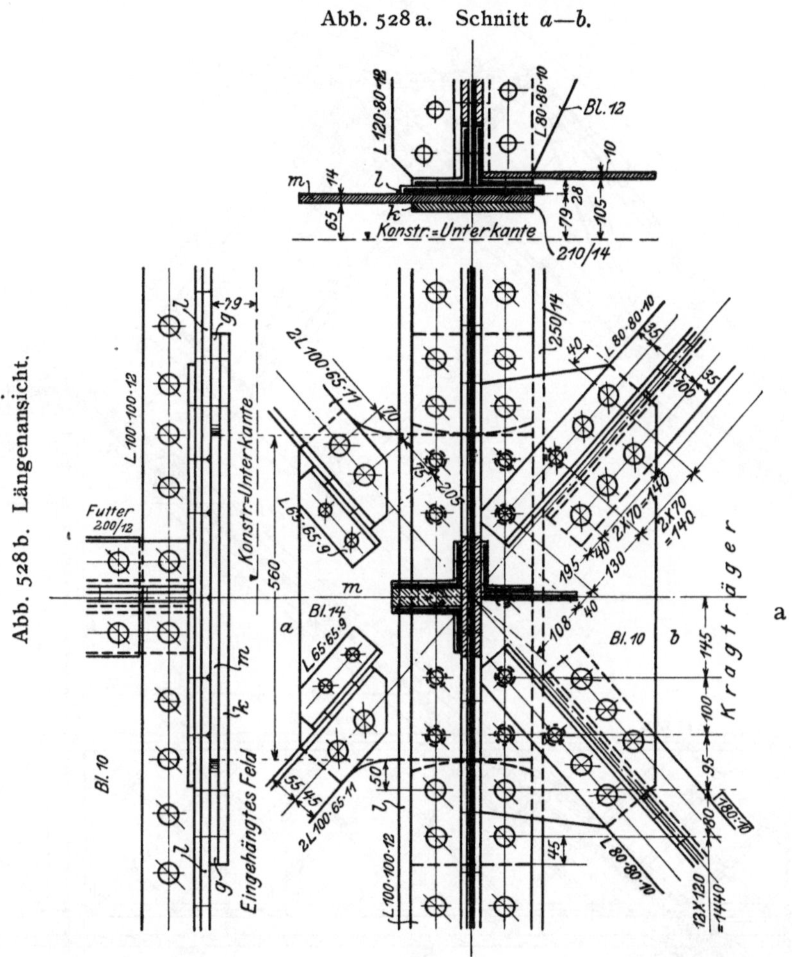

Abb. 528 b. Längenansicht.

Abb. 528. Längsverschieblicher Anschluß des Windverbands in Punkt *C* Abb. 487 b. (Grundriß.)

Die aus je 2 ⅄ 100·65·11 gebildeten Windverbanddiagonalen sind an ein 14 mm starkes Knotenblech *m* angeschlossen, das unter der Lamelle *l* des Querträgers in der Brückenachse verschieblich gelagert und durch ein untergelegtes Flacheisen *k* in lotrechter Richtung gehalten ist; dieses Flacheisen *k* ist außerhalb des Knotenblechs *m* beiderseits unter Einschaltung von 14 mm starken Futterstücken *g* durch je 4 Niete an den Querträgergurt angeschlossen; gegen die abgerundeten Kanten der Futterbleche *g* schlägt das Knotenblech *m* an, so daß es sich in dem zwischen *l* und *k* liegenden Zwischenraum in der Längsrichtung bewegen kann. Die aus je 2 ⅄ 80·80·10 bestehenden Diagonalen sind an ein **a u f** den Querträgerwinkeln liegendes Knotenblech angeschlossen; um das Abbiegen dieses Blechs zu verhindern, sind die oberen Diagonalwinkel bis auf die Querträgerwinkel durchgeführt.

VIII. Der Querverband.

Die konstruktive Durchbildung sowohl der Querverbände als der Querrahmen (Portale und offene Halbrahmen) erfolgt nach den für die Eisenbahnbrücken aufgestellten Regeln. Die Abb. 483b zeigt ein Beispiel für einen vollwandigen, Abb. 506a für einen gegliederten Querrahmen; Abb. 529 gibt die konstruktive Durchbildung des in Aufg. 96 berechneten Portalrahmens mit Kämpfergelenken.

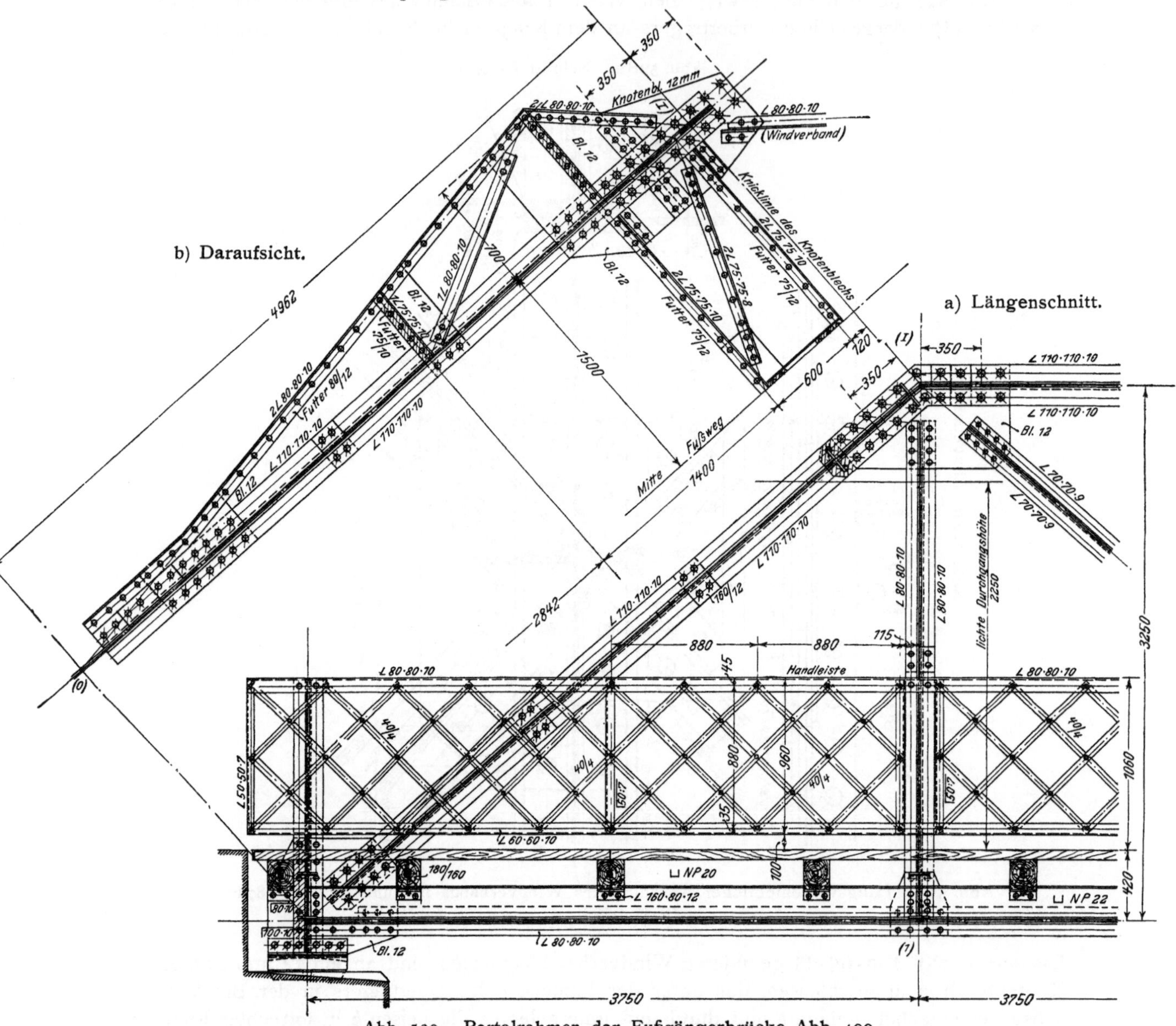

Abb. 529. Portalrahmen der Fußgängerbrücke Abb. 499.

Aus konstruktiven Gründen sind bei diesem Portal die Diagonalen ${}_{(}I_{)}-{}_{(}c_{)}$ und ${}_{(}\bar{I}_{)}-{}_{(}c_{)}$ (vgl. Abb. 500) um 120 mm unterhalb der theoretischen Knotenpunkte ${}_{(}I_{)}$ und ${}_{(}\bar{I}_{)}$ angeschlossen; in jedem dieser Punkte entsteht daher, da die wagerechte Seitenkraft der Diagonale nach Abb. 500 die Größe 6,9 t hat, ein Biegungsmoment $6{,}9 \cdot 0{,}12 = 0{,}828$ mt, zu dessen Aufnahme die Hauptträgerdiagonale durch die 12 mm starken durchlaufenden Knotenbleche verstärkt ist.

Beispiele für offene Halbrahmen zeigen die Abb. 482, 487 und 507; das in Abb. 503 dargestellte Portal über den Mittelpfeilern des Gerberträgers, Abb. 487, ist bereits unter A VII 2 konstruktiv erläutert.

Anhang

Zahlentafeln

Inhalt.

Zahlentafel		Seite
I.	Gleichschenklige Winkeleisen	294
II.	Ungleichschenklige Winkeleisen	295
III.	⊢⊣-Eisen (Normalprofile, Differdingen, Peine, Mannstaedt), Belageisen	296
IV.	Z-Eisen, Quadranteisen	299
V.	[-Eisen	300
VI.	Lamellen und Stehbleche	302
VII.	⊥-Eisen, Handleisteneisen, Laufkranschienen	304
VIII.	Kreisquerschnitte, nahtlose Rohre, Gußrohre	305
IX.	Blechträger	306
X.	Whitworthsches Gewinde, Schlesische Zinkblechlehre	308
XI.	Kastenträger. Wellbleche	309
XII.	Belastungen und zulässige Beanspruchungen für Freileitungsmaste	310

Gleichschenklige Winkeleisen. (Normalprofile.) Zahlentafel I.

Profil Nr.	Abmessungen in mm: Breite a	Dicke δ	Querschnitt F cm²	Gewicht g kg/m	Abstand des Schwerpunkts x_0 mm	Trägheitsmomente für die Schwerachsen J_x cm⁴	J_{max} cm⁴	J_{min} cm⁴	Kante J_a cm⁴
1½	15	3	0,82	0,65	4,8	0,15	0,24	0,06	0,33
		4	1,05	0,83	5,1	0,19	0,29	0,08	0,46
2	20	3	1,12	0,88	6,0	0,38	0,62	0,15	0,79
		4	1,45	1,14	6,4	0,48	0,77	0,19	1,07
2½	25	3	1,42	1,12	7,3	0,79	1,27	0,31	1,54
		4	1,85	1,45	7,6	1,01	1,61	0,40	2,08
3	30	4	2,27	1,78	8,9	1,80	2,85	0,76	3,56
		6	3,27	2,57	9,6	2,48	3,91	1,06	5,48
3½	35	4	2,67	2,09	10,0	2,96	4,68	1,24	5,63
		6	3,87	3,04	10,8	4,13	6,50	1,77	8,65
4	40	4	3,08	2,42	11,2	4,47	7,09	1,86	8,33
		6	4,48	3,51	12,0	6,35	9,98	2,67	12,8
		8	5,80	4,55	12,8	7,90	12,4	3,38	17,4
4½	45	5	4,30	3,38	12,8	7,85	12,4	3,25	14,9
		7	5,86	4,60	13,6	10,4	16,4	4,39	21,3
		9	7,34	5,76	14,4	12,6	19,8	5,40	27,8
5	50	5	4,80	3,77	14,0	11,0	17,4	4,59	20,4
		7	6,56	5,15	14,9	14,6	23,1	6,02	29,0
		9	8,24	6,47	15,6	17,9	28,1	7,67	38,0
5½	55	6	6,31	4,95	15,6	17,3	27,4	7,24	32,8
		8	8,23	6,46	16,4	22,1	34,8	9,35	44,3
		10	10,1	7,90	17,2	26,3	41,4	11,3	56,0
6	60	6	6,91	5,42	16,9	22,8	36,1	9,43	42,3
		8	9,03	7,09	17,7	29,2	46,1	12,1	57,3
		10	11,1	8,69	18,5	34,9	55,1	14,6	72,8
6½	65	7	8,70	6,83	18,5	33,4	53,0	13,8	63,0
		9	11,0	8,61	19,3	41,3	65,4	17,2	82,3
		11	13,2	10,3	20,0	48,8	76,8	20,7	102
7	70	7	9,4	7,38	19,7	42,3	67,1	17,6	78,8
		9	11,9	9,34	20,5	52,5	83,1	22,0	103
		11	14,3	11,2	21,3	62,0	97,6	26,0	127
7½	75	8	11,5	9,03	21,3	59,0	93,3	24,4	111
		10	14,1	11,1	22,1	71,0	113	29,8	140
		12	16,7	13,1	22,9	82,5	130	34,7	170
8	80	8	12,3	9,66	22,6	72,0	115	29,6	135
		10	15,1	11,9	23,4	87,5	139	35,9	170
		12	17,9	14,1	24,1	102	161	43,0	206
9	90	9	15,5	12,2	25,4	116	184	47,8	216
		11	18,7	14,7	26,2	138	218	57,1	266
		13	21,8	17,1	27,0	158	250	65,9	317
10	100	10	19,2	15,1	28,2	177	280	73,3	329
		12	22,7	17,8	29,0	207	328	86,2	398
		14	26,2	20,6	29,8	235	372	98,3	468
11	110	10	21,2	16,6	30,7	239	379	98,6	438
		12	25,1	19,7	31,5	280	444	116	530
		14	29,0	22,8	32,1	319	505	133	622
12	120	11	25,4	19,9	33,6	340	541	140	626
		13	29,7	23,3	34,4	394	625	162	745
		15	33,9	26,6	35,1	446	705	186	864
13	130	12	30,0	23,6	36,4	472	750	194	869
		14	34,7	27,2	37,2	540	857	223	1020
		16	39,3	30,9	38,0	605	959	251	1171
14	140	13	35,0	27,5	39,2	638	1014	262	1176
		15	40,0	31,4	40,0	723	1148	298	1364
		17	45,0	35,3	40,8	805	1276	334	1554
15	150	14	40,3	31,6	42,0	845	1343	347	1559
		16	45,7	35,9	43,0	949	1507	391	1790
		18	51,0	40,0	44,0	1052	1665	438	2023
16	160	15	46,1	36,2	45,0	1099	1745	453	2032
		17	51,8	40,7	46,0	1226	1945	506	2308
		19	57,5	45,1	46,0	1348	2137	558	2591
			F	g	x_0	J_x	J_{max}	J_{min}	J_a

Für Zwischenwerte von H kann geradlinig eingeschaltet werden.

Trägheitsmomente J_H in cm⁴ für einen Abstand H von 4	5	6	7	8	9	10	11	12	mm	
20,0	21,5	23,0	24,7	26,4	28,3	30,2	32,2	34,3	5	45
28,6	30,7	32,9	35,3	37,8	40,3	43,0	45,9	48,8	7	
37,4	40,2	43,1	46,2	49,4	52,8	56,3	59,9	63,7	9	
26,5	28,3	30,2	32,2	34,2	36,4	38,6	41,0	43,4	5	50
37,9	40,4	43,1	45,9	48,8	51,9	55,1	58,4	61,9	7	
49,6	52,9	56,4	60,0	63,8	67,8	71,9	76,4	81,0	9	
41,6	44,2	46,8	49,6	52,5	55,6	58,7	62,0	65,5	6	55
56,4	59,8	63,4	67,2	71,1	75,2	79,5	83,9	88,5	8	
71,5	75,8	80,4	85,2	90,2	95,3	101	106	112	10	
52,7	55,7	58,8	62,0	65,4	68,9	72,5	76,3	80,2	6	60
71,5	75,5	79,7	84,1	88,6	93,3	98,2	103	109	8	
90,9	96,0	101	107	113	119	125	131	138	10	
77,3	81,3	85,4	90,0	94,3	99,0	104	109	114	7	65
101	106	112	117	123	129	136	142	149	9	
125	131	138	145	152	160	167	175	184	11	
95,1	99,6	104	109	114	120	125	131	137	7	70
124	130	136	142	149	156	163	171	178	9	
153	161	168	176	184	193	202	211	220	11	
132	138	145	151	158	164	171	179	186	8	75
167	175	183	191	199	208	217	226	235	10	
203	212	222	231	242	252	263	274	286	12	
159	166	173	180	187	195	203	211	219	8	80
201	209	218	227	236	246	256	266	277	10	
243	253	264	275	286	298	310	322	335	12	
250	259	269	278	289	299	310	321	333	9	90
308	320	332	344	356	369	383	396	411	11	
368	381	395	410	425	441	457	473	490	13	
376	388	401	414	428	442	457	472	487	10	100
455	470	485	502	518	535	553	571	589	12	
534	552	571	590	609	630	650	671	693	14	
494	509	524	540	556	573	590	607	625	10	110
597	615	633	652	672	692	713	734	755	12	
701	722	744	766	789	813	837	861	887	14	
699	718	738	758	779	800	822	845	868	11	120
831	854	878	902	927	953	979	1005	1033	13	
965	991	1019	1047	1076	1106	1136	1167	1198	15	
961	986	1011	1037	1063	1090	1117	1146	1174	12	130
1129	1158	1187	1217	1248	1280	1313	1346	1380	14	
1297	1330	1365	1400	1435	1472	1509	1547	1586	16	
1291	1321	1353	1385	1417	1451	1485	1520	1555	13	140
1498	1534	1570	1607	1645	1684	1724	1764	1805	15	
1708	1749	1790	1833	1876	1921	1966	2012	2059	17	
1701	1738	1776	1815	1855	1896	1938	1980	2023	14	150
1955	1998	2042	2088	2134	2181	2229	2278	2327	16	
2210	2260	2310	2362	2414	2468	2523	2578	2635	18	
2201	2246	2293	2341	2389	2438	2489	2540	2592	15	160
2507	2559	2613	2667	2722	2779	2836	2895	2954	17	
2811	2869	2929	2989	3051	3113	3177	3242	3308	19	
4	5	6	7	8	9	10	11	12	mm	

$r = \frac{d_{min} + d_{max}}{2}$ $r_1 = \frac{r}{2}$

Für Zwischenwerte von H kann geradlinig eingeschaltet werden.

Profil Nr.	Abmessungen in mm: Breiten b/a	Dicke δ	Querschnitt F cm²	Gewicht g kg/m	Abstände des Schwerp. x_0 / y_0 mm	tg φ	Trägheitsmomente für die Schwerachsen J_x / J_y cm⁴	J_{max} / J_{min} cm⁴	Kanten J_b / J_a cm⁴	Trägheitsmomente J_a^H / J_b^H in cm⁴ für einen Abstand H von 4	5	6	7	8	9	10	11	12	mm	
2/3	20/30	3	1,42	1,11	9,9	0,4216	1,25	1,42	2,64											
					4,9		0,45	0,28	0,79											
		4	1,85	1,45	10,3	0,4214	1,59	1,82	3,45											
					5,4		0,56	0,33	1,10											
2/4	20/40	3	1,72	1,35	14,3	0,2575	2,80	2,96	6,32											
					4,4		0,48	0,31	0,81											
		4	2,25	1,77	14,7	0,2528	3,58	3,78	8,45											
					4,8		0,60	0,40	1,12											
3/4½	30/45	4	2,87	2,25	14,8	0,4334	5,77	6,63	12,1	16,0	17,1	18,2	19,5	20,7	22,1	23,5	24,9	26,4	4	30/45
					7,4		2,05	1,19	3,63	5,78	6,47	7,21	8,00	8,86	9,77	10,7	11,8	12,9		
		5	3,53	2,77	15,2	0,4288	6,99	8,01	15,2	20,1	21,4	22,9	24,4	26,0	27,7	29,5	31,3	33,2	5	
					7,8		2,46	1,44	4,61	7,37	8,24	9,18	10,2	11,3	12,4	13,6	14,9	15,3		
3/6	30/60	5	4,29	3,37	21,5	0,2544	15,6	16,5	35,4	43,5	45,7	48,0	50,4	52,9	55,5	58,1	60,9	63,7	5	30/60
					6,8		2,61	1,71	4,59	7,61	8,58	9,64	10,8	12,0	13,3	14,7	16,2	17,8		
		7	5,85	4,59	22,4	0,2479	20,7	21,8	50,0	61,4	64,6	67,8	71,2	74,7	78,3	82,1	85,9	89,9	7	
					7,6		3,42	2,28	6,80	11,3	12,7	14,2	15,9	17,7	19,5	21,5	23,7	25,9		
4/6	40/60	5	4,79	3,76	19,5	0,4319	17,3	19,8	35,5	43,7	46,0	48,4	50,9	53,5	56,2	59,0	61,8	64,8	5	40/60
					9,7		6,20	3,66	10,7	15,1	16,5	18,0	19,6	21,2	22,9	24,8	26,7	28,7		
		7	6,55	5,14	20,4	0,4275	22,9	26,3	50,1	61,8	65,1	68,5	72,0	75,7	79,5	83,4	87,4	91,6	7	
					10,5		8,00	4,63	15,3	21,9	23,8	25,9	28,1	30,5	33,0	35,6	38,4	41,2		
4/8	40/80	6	6,89	5,41	28,5	0,2568	44,9	47,6	101	118	122	127	132	137	142	147	153	158	6	40/80
					8,8		7,66	4,99	13,0	19,0	20,8	22,8	24,9	27,1	29,5	32,0	34,7	37,3		
		8	9,01	7,07	29,4	0,2518	57,5	60,8	135	158	164	170	177	183	190	197	204	212	8	
					9,6		9,70	6,41	18,0	26,4	28,9	31,6	34,5	37,6	40,9	44,3	47,9	51,7		
5/7½	50/75	7	8,33	6,54	24,7	0,4304	46,3	53,1	97,1	115	120	125	130	135	141	147	152	159	7	50/75
					12,4		16,4	9,58	29,2	38,8	41,6	44,6	47,7	51,1	54,5	58,2	62,0	66,0		
		9	10,5	8,24	25,6	0,4272	57,2	65,4	126	149	156	162	169	176	183	190	198	206	9	
					13,2		20,1	11,9	38,4	51,2	54,9	58,8	62,9	67,3	71,9	76,6	81,6	86,8		
5/10	50/100	8	11,5	9,03	35,9	0,2665	116	123	264	299	309	318	328	338	348	359	369	380	8	50/100
					11,2		19,6	12,8	34,0	46,1	49,8	53,6	57,7	62,0	66,5	71,3	76,3	81,5		
		10	14,1	11,1	36,7	0,2658	141	150	331	375	386	398	410	423	436	449	462	475	10	
					12,0		23,5	14,6	43,9	59,6	64,3	69,2	74,4	79,9	85,7	91,8	98,1	105		
6½/10	65/100	9	14,2	11,2	33,1	0,4101	140	160	296	336	346	357	369	380	392	404	416	429	9	65/100
					15,9		46,6	26,8	82,5	103	109	115	121	128	135	142	149	157		
		11	17,1	13,4	34,0	0,4074	167	189	364	414	427	440	454	468	483	498	513	528	11	
					16,7		55,3	32,9	103	129	136	143	151	160	168	177	187	196		
6½/13	65/130	10	18,6	14,6	46,5	0,2569	320	339	722	794	813	833	852	872	893	914	935	957	10	65/130
					14,5		54,4	35,4	93,5	118	125	133	140	149	157	166	175	185		
		12	22,1	17,4	47,5	0,2549	374	395	872	960	983	1006	1030	1054	1079	1104	1130	1156	12	
					15,3		62,8	41,3	115	145	154	163	173	183	193	204	216	227		
8/12	80/120	10	19,1	15,0	39,2	0,4348	276	317	570	633	649	666	684	702	720	738	757	777	10	80/120
					19,5		97,9	56,8	171	203	213	222	232	242	253	264	276	287		
		12	22,7	17,8	40,0	0,4304	323	370	686	762	782	803	824	846	868	890	913	936	12	
					20,2		115	67,5	208	248	259	271	283	295	308	322	336	350		
8/16	80/160	12	27,5	21,6	57,2	0,2686	719	762	1619	1749	1783	1818	1853	1888	1924	1961	1998	2036	12	80/160
					17,7		122	79,4	209	252	264	277	290	304	318	333	349	365		
		14	31,8	25,0	58,1	0,2679	822	875	1896	2049	2088	2129	2170	2212	2254	2297	2341	2385	14	
					18,5		139	86,0	248	300	314	330	345	362	379	397	415	434		
10/15	100/150	12	28,7	22,5	48,9	0,4361	649	747	1335	1452	1483	1514	1546	1578	1611	1645	1679	1714	12	100/150
					24,2		232	134	400	460	477	494	511	529	548	568	588	608		
		14	33,2	26,1	49,7	0,4339	744	854	1564	1701	1737	1774	1811	1849	1887	1927	1967	2007	14	
					25,0		264	153	471	543	562	583	603	625	647	670	694	718		
10/20	100/200	14	40,3	31,6	71,2	0,2608	1654	1754	3697	3933	3994	4056	4118	4182	4246	4311	4377	4444	14	100/200
					21,8		282	182	474	550	571	593	616	640	664	690	716	742		
		16	45,7	35,9	72,0	0,2586	1863	1973	4232	4503	4573	4643	4715	4788	4861	4936	5011	5088	16	
					22,6		315	205	549	638	663	689	715	743	771	801	831	862		

⊢⊣-Eisen (Normalprofile, Differdinger, Peiner, Mannstaedt). Zahlentafel III.
Belageisen.

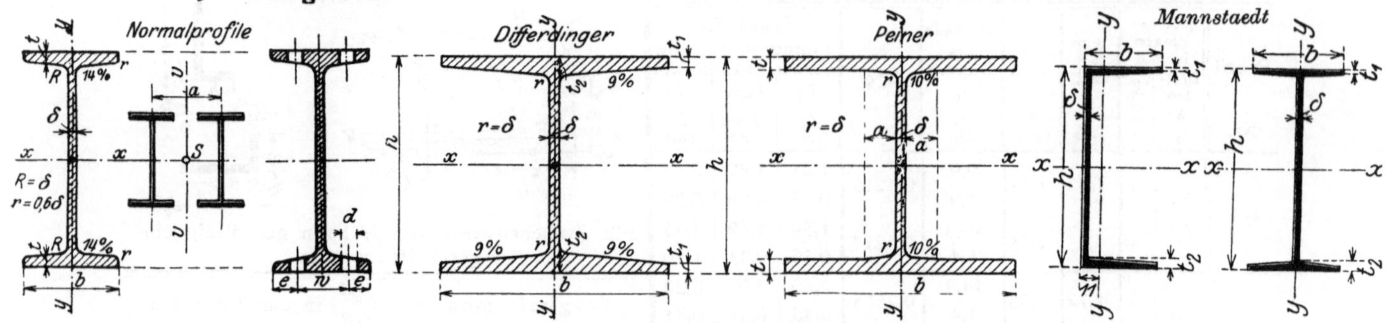

1a. ⊢⊣-Normalprofile.

Profil	Abmessungen Höhe	Breite	Stärke im Steg	Flansch	Querschnitt	Gewicht	Trägheitsmomente		Widerstandsmomente		$J_v = J_x$ für	Nach DIN 1030 ist			Profil
	h	b	δ	t	F	g	J_x	J_y	W_x	W_y	a	d_{max}	w	e	
Nr.	mm	mm	mm	mm	cm^2	kg/m	cm^4	cm^4	cm^4	cm^4	mm	mm	mm	mm	Nr.
8	80	42	3,9	5,9	7,58	5,95	77,8	6,29	19,5	3,00	62		22	10	8
9	90	46	4,2	6,3	9,00	7,07	117	8,78	26,0	3,82	70		24	11	9
10	100	50	4,5	6,8	10,6	8,32	171	12,2	34,2	4,88	78		26	12	10
11	110	54	4,8	7,2	12,3	9,66	239	16,2	43,5	6,00	85		28	13	11
12	120	58	5,1	7,7	14,2	11,2	328	21,5	54,7	7,41	94		30	14	12
13	130	62	5,4	8,1	16,1	12,6	436	27,5	67,1	8,47	100	11	32	15	13
14	140	66	5,7	8,6	18,3	14,4	573	35,2	81,9	10,7	109	11	34	16	14
15	150	70	6,0	9,0	20,4	16,0	735	43,9	98,0	12,5	116	11	36	17	15
16	160	74	6,3	9,5	22,8	17,9	935	54,7	117	14,8	124	14	36	19	16
17	170	78	6,6	9,9	25,2	19,8	1 166	66,6	137	17,1	132	14	40	19	17
18	180	82	6,9	10,4	27,9	21,9	1 446	81,3	161	19,8	140	14	44	19	18
19	190	86	7,2	10,8	30,6	24,0	1 763	97,4	186	22,7	148	14	44	21	19
20	200	90	7,5	11,3	33,5	26,3	2 142	117	214	26,0	156	17	44	23	20
21	210	94	7,8	11,7	36,4	28,6	2 563	138	244	29,4	164	17	48	23	21
22	220	98	8,1	12,2	39,6	31,1	3 060	162	278	33,1	170	17	52	23	22
23	230	102	8,4	12,6	42,7	33,5	3 607	188	314	37,1	180	17	54	24	23
24	240	106	8,7	13,1	46,1	36,2	4 246	221	354	41,7	188	17	56	25	24
25	250	110	9,0	13,6	49,7	39,0	4 966	256	397	46,5	195	20	56	27	25
26	260	113	9,4	14,1	53,4	41,9	5 744	288	442	51,0	202	20	58	27,5	26
27	270	116	9,7	14,7	57,2	44,9	6 626	326	491	56,2	210	20	60	28	27
28	280	119	10,1	15,2	61,1	48,0	7 587	364	542	61,2	218	20	62	28,5	28
29	290	122	10,4	15,7	64,9	51,0	8 636	406	596	66,6	225	20	62	30	29
30	300	125	10,8	16,2	69,1	54,2	9 800	451	653	72,2	234	20	64	30,5	30
32	320	131	11,5	17,3	77,8	61,1	12 510	555	782	84,7	248	20	70	30,5	32
34	340	137	12,2	18,3	86,8	68,1	15 695	674	923	98,4	264	20	74	31,5	34
36	360	143	13,0	19,5	97,1	76,2	19 605	818	1089	114	278	23	74	34,5	36
38	370	149	13,7	20,5	107	84,0	24 012	975	1264	131	294	23	80	34,5	38
40	400	155	14,4	21,6	118	92,6	29 213	1158	1461	149	308	23	84	35,5	40
42½	425	163	15,3	23,0	132	103,6	36 973	1437	1740	176	328	26	86	38,5	42½
45	450	170	16,2	24,3	147	115,4	45 852	1725	2037	203	346	26	92	39	45
47½	475	178	17,1	25,6	163	128,0	56 481	2088	2378	235	365	26	96	41	47½
50	500	185	18,0	27,0	180	141,3	68 738	2478	2750	268	384	26	100	42,5	50
55	550	200	19,0	30,0	213	167,2	99 184	3488	3607	349	424	26	110	45	55
60	600	215	21,6	32,4	254	199,4	138 957	4668	4632	434	460	26	120	47,5	60
	h	b	δ	t	F	g	J_x	J_y	W_x	W_y	a	d_{max}	w	e	

1d. Dünnwandige ⊥- und ⊏-Eisen für Fachwerkwände

der Mannstaedt-Werke A.-G. Troisdorf b. Köln.

Form	Nr.	Höhe	Breite	Stärke im Steg	Flansch		Querschnitt	Gewicht	Trägheitsmomente		Widerstandsmomente	
		h	b	δ	t_1	t_2	F	g	J_x	J_y	W_x	W_y
		mm	mm	mm	mm	mm	cm^2	kg/m	cm^4	cm^4	cm^3	cm^3
⊢⊣	5515	120	60	4	3	5	9,32	7,33	205	13,1	34,2	4,37
	5427	140	60	4	3	5	10,1	7,95	303	14,2	43,3	4,73
	5516	160	60	4	3	5	10,9	8,59	415	15,3	51,9	5,10
⊔	5428	140	50	4	3	5	9,28	7,28	261	18,6	37,3	16,9 4,76

Zahlentafel III.
(Fortsetzung.)

1b. Differdinger ⊢⊣-Träger (Fig. S. 296)

der Deutsch-Luxemburgischen Bergwerks- und Hütten-Aktiengesellschaft Abt. Differdingen.

Normalstegige

Abmessungen Höhe h mm	Breite b mm	Profil Nr.	Stegstärke δ mm	Flanschstärke t_1 mm	t_2 mm	Querschnitt F cm²	Gewicht g kg/m	Trägheitsmomente J_x cm⁴	J_y cm⁴	Widerstandsmomente W_x cm³	W_y cm³
140	140	14 B	7,4	8,0	13,9	39,8	31,2	1 388	438	198	63
160	160	16 B	8,0	8,5	15,4	49,6	38,9	2 278	705	285	88
180	180	18 B	8,5	9,0	16,72	59,9	47,0	3 512	1 073	390	119
200	200	20 B	8,5	9,5	18,12	70,4	55,3	5 171	1 568	517	157
220	220	22 B	9,0	10,0	19,5	82,6	64,8	7 379	2 216	671	201
240	240	24 B	10,0	10,5	20,85	96,8	76,0	10 260	3 043	855	254
250	250	25 B	10,5	10,9	21,7	105,1	82,5	12 066	3 575	965	286
260	260	26 B	11,0	11,7	22,9	115,6	90,7	14 352	4 261	1 104	328
270	270	27 B	11,25	11,95	23,6	123,2	96,7	16 529	4 920	1 224	365
280	280	28 B	11,5	12,35	24,4	131,8	103,4	19 052	5 671	1 361	405
290	290	29 B	12,0	12,7	25,2	141,1	110,8	21 866	6 417	1 508	443
300	300	30 B	12,5	13,25	26,25	152,1	119,4	25 201	7 494	1 680	500
320	300	32 B	13,0	14,1	27,0	160,7	126,2	30 119	7 867	1 882	524
340	300	34 B	13,4	14,6	27,5	167,4	131,4	35 241	8 097	2 073	540
360	300	36 B	14,2	16,15	29,0	181,5	142,5	42 479	8 793	2 360	586
380	300	38 B	14,8	17,0	29,8	191,2	150,1	49 496	9 175	2 605	612
400	300	40 B	15,5	18,2	31,0	203,6	159,8	57 834	9 721	2 892	648
425	300	42½ B	16,0	19,0	31,75	213,9	167,9	68 249	10 078	3 212	672
450	300	45 B	17,0	20,3	33,0	229,3	180,0	80 887	10 668	3 595	711
475	300	47½ B	17,6	21,35	34,0	242,0	190,0	94 811	11 142	3 992	743
500	300	50 B	19,4	22,6	35,2	261,8	205,5	111 283	11 718	4 451	781
550	300	55 B	20,6	24,5	37,0	288,0	226,1	145 957	12 582	5 308	839
600	300	60 B	20,8	24,7	37,2	300,6	236,0	179 303	12 672	5 977	845
650	300	65 B	21,1	25,0	37,5	314,5	246,9	217 402	12 814	6 690	854
700	300	70 B	21,1	25,0	37,5	325,2	255,3	258 106	12 818	7 374	854
750	300	75 B	21,1	25,0	37,5	335,7	263,4	302 560	12 823	8 068	855
800	300	80 B	21,5	26,0	38,5	354,9	278,6	360 486	13 269	9 012	885
850	300	85 B	21,5	26,0	38,5	365,6	287,0	414 887	13 274	9 762	885
900	300	90 B	21,5	26,0	38,5	376,4	295,5	473 964	13 279	10 533	885
950	300	95 B	21,9	27 0	39,5	396,2	311,0	550 974	13 727	11 600	915
1000	300	100 B	21,9	27,0	39,5	407,2	319,7	621 287	13 732	12 425	915
h	b		δ	t_1	t_2	F	g	J_x	J_y	W_x	W_y

Dünnstegige

Höhe h mm	Breite b mm	Profil Nr.	Stegstärke δ mm	Flanschstärke t_1 mm	t_2 mm	Querschnitt F cm²	Gewicht g kg/m	Trägheitsmomente J_x cm⁴	J_y cm⁴	Widerstandsmomente W_x cm³	W_y cm³
140	140	14 Bd	5,5	7,9	13,9	37,3	29,3	1 354	433	193	62
160	160	16 Bd	6,0	8,4	15,4	46,4	36,4	2 215	696	277	87
180	180	18 Bd	6,5	9,0	16,8	56,8	44,6	3 448	1 070	383	119
200	200	20 Bd	7,0	9,7	18,3	68,6	53,8	5 163	1 594	516	159
220	220	22 Bd	7,5	10,2	19,8	80,6	63,2	7 368	2 252	670	205
240	240	24 Bd	8,1	10,9	21,3	94,6	74,2	10 315	3 132	860	261
250	250	25 Bd	8,3	11,2	22,0	101,7	79,8	12 046	3 647	964	292
260	260	26 Bd	8,6	11,5	22,7	109,1	85,6	13 995	4 234	1 077	326
270	270	27 Bd	8,9	11,8	23,6	117,0	91,8	16 178	4 873	1 198	361
280	280	28 Bd	9,1	12,1	24,3	124,6	97,8	18 574	5 576	1 327	398
290	290	29 Bd	9,4	12,4	25,0	132,9	104,3	21 252	6 368	1 466	439
300	300	30 Bd	9,6	12,7	25,7	141,1	110,7	24 190	7 235	1 613	482
320	300	32 Bd	10,2	13,8	26,8	151,1	118,6	29 273	7 731	1 830	515
340	300	34 Bd	10,7	14,9	27,9	161,1	126,4	35 026	8 223	2 060	548
360	300	36 Bd	11,2	15,9	28,9	170,6	133,9	41 333	8 678	2 296	579
380	300	38 Bd	11,8	17,0	30,0	181,2	142,2	48 573	9 175	2 556	612
400	300	40 Bd	12,3	18,0	31,0	191,0	149,9	56 416	9 614	2 821	641
425	300	42½ Bd	12,9	19,3	32,3	203,9	160,1	67 501	10 203	3 177	680
450	300	45 Bd	13,6	20,8	33,6	218,5	171,5	80 436	10 885	3 575	726
475	300	47½ Bd	14,3	22,1	34,9	232,3	182,8	94 812	11 468	3 992	765
500	300	50 Bd	14,9	23,4	36,2	246,0	193,1	110 106	12 011	4 404	801
550	300	55 Bd	15,1	23,8	36,6	256,7	201,5	138 001	12 241	5 018	816
600	300	60 Bd	15,3	24,1	36,9	267,1	209,7	169 358	12 365	5 645	824
650	300	65 Bd	15,5	24,5	37,3	278,2	218,4	205 200	12 550	6 314	837
700	300	70 Bd	15,6	24,8	37,6	288,4	226,4	244 427	12 703	6 984	847
750	300	75 Bd	15,8	25,2	38,0	299,8	235,3	289 040	12 884	7 708	859
800	300	80 Bd	16,0	25,6	38,4	311,5	244,5	338 312	13 047	8 458	870
850	300	85 Bd	16,2	25,9	38,7	322,7	253,3	391 652	13 199	9 215	880
900	300	90 B	16,4	26,3	39,1	334,8	262,8	451 089	13 388	10 024	893
950	300	95 Bd	16,5	26,6	39,4	345,6	271,3	514 254	13 506	10 826	900
1000	300	100 Bd	16,7	27,0	39,8	358,0	281,0	584 658	13 681	11 693	912
h	b		δ	t_1	t_2	F	g	J_x	J_y	W_x	W_y

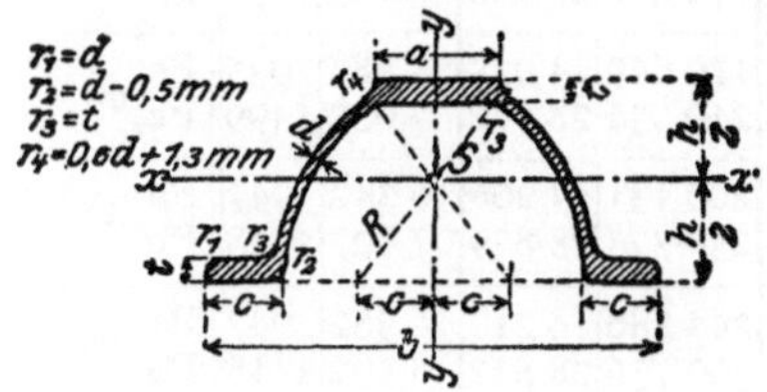

2. Belag-(Zores-)eisen

Normalprofile.

Profil Nr.	Abmessungen Höhe h mm	Breite b mm	a mm	c mm	R mm	$t = r_3$ mm	$d = r_1$ mm	r_2 mm	r_4 mm	Querschnitt F cm²	Gewicht g kg/m	Trägheitsmomente für die Schwerachsen J_x cm⁴	J_y cm⁴	Widerstandsmomente für die Schwerachsen W_x cm³	W_y cm³	Profil Nr.
5	50	120	33	21	60	5	3	2,5	3,1	6,74	5,29	23,3	86,4	9,21	14,4	5
6	60	140	38	24	70	6	3,5	3	3,4	9,33	7,32	47,3	164	15,6	23,4	6
7½	75	170	45,5	28,5	85	7	4	3,5	3,7	13,2	10,4	107	347	28,1	40,8	7½
9	90	200	53	33	100	8	4,5	4	4,0	17,9	14,1	207	651	46,1	65,1	9
11	100	240	63	39	120	9	5	4,5	4,3	24,2	19,0	420	1272	75,9	106	11

Zahlentafel III.
(Fortsetzung.)

1c. Breit- und parallelflanschige Peiner ⊢⊣-Träger (Fig. S. 296)

der Aktien-Gesellschaft Peiner Walzwerk Peine.

Profil	Abmessungen				Normalstegige							Dünnstegige							Profil
	Höhe	Breite	Flanschstärke		Stegstärke	Querschnitt	Gewicht	Trägheitsmomente		Widerstandsmomente		Stegstärke	Querschnitt	Gewicht	Trägheitsmomente		Widerstandsmomente		
	h	b	t	a	δ	F	g	J_x	J_y	W_x	W_y	δ	F	g	J_x	J_y	W_x	W_y	
Nr.	mm	mm	mm	mm	mm	cm²	kg/m	cm⁴	cm⁴	cm⁴	cm⁴	mm	cm²	kg/m	cm⁴	cm⁴	cm⁴	cm⁴	Nr.
16 P	160	160	10,4	21,35	7,5	45,0	35,3	2 094	712	262	89	6	42,6	33,4	2 042	711	255	89	P 16
18 P	180	180	12,6	24,0	8	59,3	46,6	3 522	1 228	391	136	6,5	56 6	44,5	3 449	1 227	383	136	P 18
20 P	200	200	13,5	26,2	8	69,6	54,7	5 179	1 804	518	180	6,5	66,6	52,3	5 079	1 803	508	180	P 20
22 P	220	220	14,3	29,5	9	82,4	64,7	7 394	2 544	672	231	7	78,0	61,3	7 217	2 542	656	231	P 22
24 P	240	240	15,3	32,6	9,6	96,3	75,6	10 309	3 533	859	294	7	90,1	70,7	10 010	3 532	834	294	P 24
25 P	250	250	15,9	33,5	10	104,2	81,8	12 110	4 150	969	332	7,5	98,0	76,9	11 784	4 148	943	332	P 25
26 P	260	260	16,9	35,0	10,5	114,8	90,1	14 411	4 962	1 109	382	8	108,3	85,0	14 045	4 959	1 080	381	P 26
27 P	270	270	17,3	36,0	11	122,7	96,3	16 588	5 688	1 229	421	8	114,6	90,0	16 096	5 685	1 192	421	P 27
28 P	280	280	17,9	37,6	11	130,8	102,6	19 101	6 564	1 364	469	8	122,4	96,0	18 552	6 560	1 325	469	P 28
29 P	290	290	18,4	38,8	11,5	139,7	109,7	21 870	7 496	1 508	517	8,5	131,1	102,9	21 260	7 492	1 466	517	P 29
30 P	300	300	19,2	40,0	12	150,8	118,4	25 222	8 659	1 681	577	8,5	140,3	110,1	24 435	8 655	1 629	577	P 30
32 Pa	320	300	20,0	40,25	12,5	159,3	125,1	30 139	9 021	1 884	601	9	148,1	116,3	29 183	9 016	1 824	601	Pa 32
32 Pb		320				167,3	131,3	31 942	10 943	1 996	684		155,1	121,7	30 986	10 938	1 937	684	Pb 32
34 Pa	340	300	20,5	40,2	13	166,2	130,5	35 273	9 247	2 075	616	9	152,5	119,7	33 963	9 241	1 998	616	Pa 34
34 Pb		340				182,7	143,4	39 464	13 451	2 321	791		169,1	132,7	38 154	13 444	2 244	791	Pb 34
36 Pa	360	300	22,1	40,1	13,5	179,7	141,1	42 518	9 968	2 362	665	9,5	165,3	129,8	40 963	9 962	2 276	664	Pa 36
36 Pb		360				206,2	161,9	50 099	17 208	2 783	956		191,8	150,6	48 544	17 202	2 697	956	Pb 36
38 Pa	380	300	23,0	40,0	14	189,3	148,6	49 598	10 375	2 610	692	10	174,1	136,7	47 769	10 367	2 514	691	Pa 38
38 Pb		380				226,1	177,5	61 340	21 059	3 228	1108		210,9	165,6	59 511	21 051	3 132	1108	Pb 38
40 Pa	400	300	24,1	39,9	15	202,1	158,6	58 000	10 873	2 900	725	11	186,1	146,1	55 867	10 864	2 793	724	Pa 40
40 Pb		380				240,6	188,9	71 640	22 068	3 582	1161		224,6	176,3	69 507	22 059	3 475	1161	Pb 40
42½ Pa	425	300	24,9	39,8	15,5	212,4	166,7	68 321	11 235	3 215	749	11,5	195,4	153,4	65 762	11 225	3 095	748	Pa 42½
42½ Pb		380				252,2	198,0	84 286	22 802	3 966	1200		235,2	184,6	81 727	22 792	3 846	1200	Pb 42½
45 Pa	450	300	26,2	39,8	16	225,7	177,2	80 931	11 823	3 597	788	12	207,7	163,1	77 893	11 812	3 462	787	Pa 45
45 Pb		380				267,6	210,1	99 778	23 994	4 435	1263		249,6	196,0	96 740	23 982	4 300	1262	Pb 45
47½ Pa	475	300	27,5	39,7	16,5	239,3	187,9	95 031	12 410	4 001	827	12,5	220,3	172,9	91 458	12 398	3 851	827	Pa 47½
47½ Pb		380				283,3	222,4	117 087	25 185	4 930	1326		264,3	207,5	113 514	25 173	4 780	1325	Pb 47½
50 Pa	500	300	28,8	39,5	18	258,8	203,1	111 539	13 003	4 462	867	13	233,8	183,5	106 331	12 985	4 253	866	Pa 50
50 Pb		380				304,8	239,3	137 149	26 381	5 486	1388		279,8	219,7	131 940	26 363	5 278	1388	Pb 50
55 Pa	550	300	31,1	39,5	18	279,7	219,6	146 237	14 040	5 318	936	13	252,2	198,0	139 304	14 021	5 066	935	Pa 55
55 Pb		380				329,5	258,6	179 772	28 487	6 537	1499		302,0	237,1	172 840	28 468	6 285	1498	Pb 55
60 Pa	600	300	31,1	39,3	19	294,3	231,0	179 649	14 048	5 988	937	14	264,3	207,5	170 649	14 025	5 688	935	Pa 60
60 Pb		380				344,1	270,1	219 951	28 495	7 332	1500		314,1	246,6	210 951	28 472	7 032	1499	Pb 60
65 Pa	650	300	31,5	39,3	19	306,1	240,3	217 574	14 231	6 695	949	14	273,6	214,7	206 131	14 206	6 342	947	Pa 65
65 Pb		380				356,5	279,8	265 816	28 864	8 179	1519		324,0	254,3	254 373	28 839	7 827	1518	Pb 65
70 Pa	700	300	31,5	39,2	20	322,2	252,9	260 107	14 241	7 432	949	14,5	283,7	222,7	244 386	14 210	6 982	947	Pa 70
70 Pb		380				372,6	292,5	316 457	28 874	9 042	1520		334,1	262,3	300 736	28 842	8 592	1518	Pb 70
75 Pa	750	300	31,5	39,2	20	332,2	260,8	304 781	14 245	8 128	950	14,5	290,9	228,4	285 445	14 211	7 612	947	Pa 75
75 Pb		380				382,6	300,3	369 870	28 878	9 863	1520		341,3	268,0	350 534	28 845	9 348	1518	Pb 75
80 Pa	800	300	31,8	39,2	20	343,9	269,9	355 875	14 383	8 897	959	15	303,9	238,5	334 542	14 350	8 364	957	Pa 80
80 Pb		380				394,8	309,9	430 983	29 155	10 775	1534		354,7	278,5	409 650	29 122	10 241	1533	Pb 80
85 Pa	850	300	31,8	39,2	20	353,9	277,8	409 298	14 386	9 631	959	15	311,4	244,4	383 710	14 351	9 028	957	Pa 85
85 Pb		380				404,8	317,7	494 496	29 159	11 635	1535		362,3	284,4	468 907	29 123	11 033	1533	Pb 85
90 Pa	900	300	31,8	39,2	20	363,9	285,6	467 145	14 390	10 381	959	15	318,9	250,3	436 770	14 352	9 706	957	Pa 90
90 Pb		380				414,8	325,6	563 068	29 162	12 513	1535		369,8	290,3	532 693	29 125	11 838	1533	Pb 90
95 Pa	950	300	31,8	39,2	20	373,9	293,5	529 539	14 393	11 148	960	15	326,4	256,2	493 815	14 354	10 396	957	Pa 95
95 Pb		380				424,8	333,4	636 824	29 165	13 407	1535		372,5	292,4	601 100	29 126	12 655	1533	Pb 95
100 Pa	1000	300	31,8	39,2	20	383,9	301,3	596 607	14 396	11 932	960	15	333,9	262,1	554 941	14 355	11 099	957	Pa 100
100 Pb		380				434,8	341,3	715 890	29 169	14 318	1535		384,8	302,0	674 223	29 127	13 484	1533	Pb 100
	h	b	t	a	δ	F	g	J_x	J_y	W_x	W_y	δ	F	g	J_x	J_y	W_x	W_y	

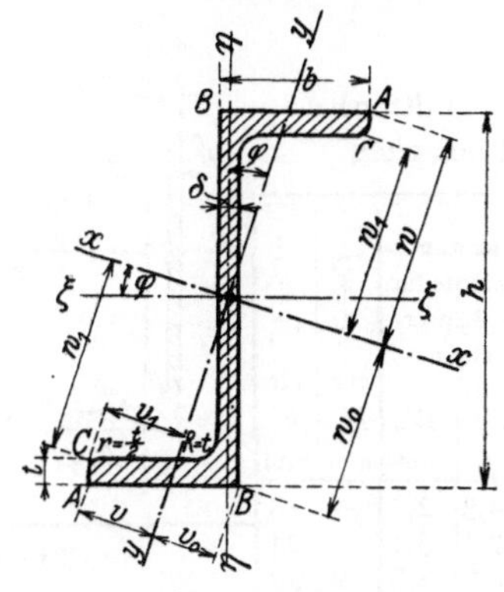

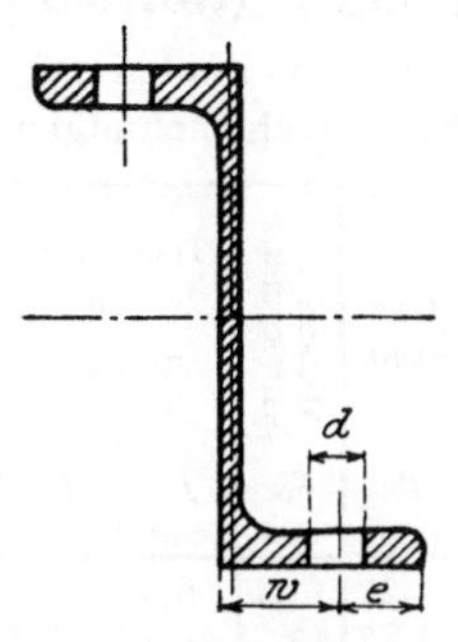

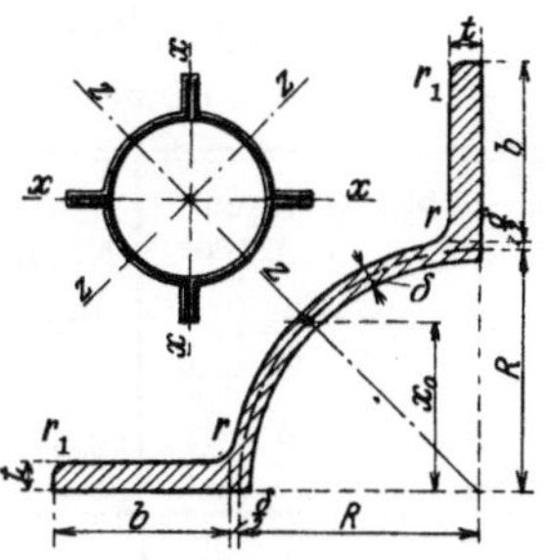

1. Z-Eisen.

Profil Nr.	Abmessungen: Höhe h mm	Breite b mm	Stärke im Steg δ mm	Stärke im Flansch t mm	Querschnitt F cm²	Gewicht g kg/m	Lage der Hauptachsen $\operatorname{tg}\varphi$ / φ	Abstände des Schwerpunkts w / v mm	w_0 / v_0 mm	w_1 / v_1 mm	Trägheitsmomente für die Schwerachsen J_x / J_y cm⁴	J_ξ / J_η cm⁴	Widerstandsmomente für die Schwerachsen $J_x:w$ / $J_y:v$ cm³	$J_x:w_0$ / $J_y:v_0$ cm³	$J_x:w_1$ / $J_y:v_1$ cm³	W_ξ / W_η cm³	Nach DIN 1031 wird d_{max} mm	w mm	e mm	Profil Nr.
3	30	38	4	4,5	4,32	3,39	1,655	38,6	6,1	35,4	18,1	5,96	4,69	29,7	5,11	3,98	11	20	18	3
							58° 52′	5,8	13,8	8,7	1,54	13,7	2,66	1,11	1,77	3,80				
4	40	40	4,5	5	5,43	4,26	1,181	41,7	11,2	38,2	28,0	13,5	6,72	25,0	7,33	6,75	11	20	20	4
							49° 45′	9,1	16,7	11,9	3,05	17,6	3,35	1,83	2,56	4,66				
5	50	43	5	5,5	6,77	5,31	0,939	46,0	16,5	42,1	44,9	26,3	9,76	27,2	10,7	10,5	14	23	20	5
							43° 12′	12,4	18,9	14,9	5,23	23,8	4,22	2,76	3,51	5,88				
6	60	45	5	6	7,91	6,21	0,779	49,8	22,1	45,6	67,2	44,7	13,5	30,4	14,8	14,9	14	25	20	6
							37° 55′	15,1	20,4	17,6	7,60	30,1	5,03	3,73	4,32	7,08				
8	80	50	6	7	11,1	8,71	0,588	58,3	33,0	53,5	142	109	24,4	43,0	26,5	27,3	14	30	20	8
							30° 27′	20,2	22,9	22,5	14,7	47,4	7,28	6,44	6,53	10,1				
10	100	55	6,5	8	14,5	11,4	0,492	67,7	43,4	62,4	270	222	39,8	62,2	43,3	44,4	17	30	25	10
							26° 12′	24,3	25,0	26,5	24,6	72,4	10,1	9,84	9,26	14,0				
12	120	60	7	9	18,2	14,3	0,433	77,5	53,7	71,6	470	402	60,6	87,5	65,6	67,0	17	35	25	12
							23° 25′	28,0	27,0	30,2	37,7	106	13,5	14,0	12,5	18,8				
14	140	65	8	10	22,9	18,0	0,385	87,2	63,9	80,8	768	676	88,0	120	95,0	96,6	20	35	30	14
							21° 03′	31,8	28,9	33,9	56,4	148	17,7	19,5	16,6	24,3				
16	160	70	8,5	11	27,5	21,6	0,357	97,4	73,9	90,4	1184	1053	121	160	131	132	20	40	30	16
							19° 39′	35,1	30,9	37,2	79,5	211	22,7	25,7	21,4	32,1				
18	180	75	9,5	12	33,3	26,1	0,329	107	84,0	99,9	1759	1599	164	209	176	178	23	40	35	18
							18° 12′	38,6	32,7	40,8	110	270	28,5	33,6	27,0	38,4				
20	200	80	10	13	38,7	30,4	0,313	118	93,9	110	2509	2299	213	267	228	230	23	45	35	20
							17° 23′	41,7	34,7	43,9	147	357	35,3	42,6	33,4	47,6				

2. Quadranteisen.

Profil Nr.		Abmessungen: R mm	b mm	δ mm	t mm	r mm	r_1 mm	Querschnitt F cm²	Gewicht g kg/m	Abstand des Schwerpunkts x_0 mm	Volle Röhre aus 4 Quadranteisen: Querschnitt F cm²	Gewicht g kg/m	Trägheitsmoment J cm⁴	Widerstandsmomente W_z cm³	W_x cm³		Profil Nr.
5	min	50	35	4	6	6	3	7,44	5,84	34,6	29,8	23,4	576	89,6	66,2	min	5
	max	52		8	8			12,0	9,42	34,7	48,0	37,7	906	135	102	max	
7½	min	75	40	6	8	9	4,5	13,7	10,8	49,5	54,8	43,1	2068	237	175	min	7½
	max	77		10	10			20,0	15,7	49,7	80,0	63,0	2980	331	248	max	
10	min	100	45	8	10	12	6	22,0	17,3	64,3	88,0	69,2	5464	497	367	min	10
	max	102		12	12			30,1	23,6	64,9	120,0	94,2	7480	664	495	max	
12½	min	125	50	10	12	15	7,5	32,2	25,3	80,2	128,8	101,3	12156	917	675	min	12½
	max	127		14	14			42,2	33,1	80,0	168,8	132,7	15780	1165	867	max	
15	min	150	55	12	14	18	9	44,6	35,0	95,1	178,4	140,5	23636	1522	1120	min	15
	max	153		18	17			62,6	49,1	95,4	250,4	196,6	32316	2029	1510	max	

⊔-Eisen (Normalprofile).

Bei F und J_x beziehen sich die oberen Zahlen auf den Querschnitt ohne, die unteren auf den mit Nietverschwächungen in den Flanschen.

Profil	Abmessungen Höhe	Breite	Stärke Steg	Flansch	Nach DIN 1030 wird			Querschnitt	Gewicht	Abstand des Schwerpunkts	Trägheitsmomente für die Schwerachsen		Stegkante	Widerstandsmomente für die Schwerachsen		$J_H = J_x$ für	$J_h = J_x$ für	Trägheits-				
	h	b	δ	t	d_{max}	w	e	F	g	x_0	J_x	J_y	J_a	W_x	W_y	H_0	h_0	5	6	7	8	9
Nr.	mm	mm	mm	mm	mm	mm	mm	cm²	kg/m	mm	cm⁴	cm⁴	cm⁴	cm⁴	cm⁴	mm	mm					
3	30	33	5	7				5,44	4,27	13,1	6,4	5,3	14,7	4,3	2,7	—	18					
4	40	35	5	7	11	20	15	6,21	4,87	13,3	14,1	6,7	17,7	7,1	3,1	—	24					
5	50	38	5	7	11	20	18	7,12	5,59	13,7	26,4	9,1	22,6	10,6	3,8	2	29					
6½	65	42	5,5	7,5	11	25	17	9,03	7,09	14,2	57,5	14,1	32,3	17,7	5,1	8	36					
8	80	45	6	8	14	25	20	11,0	8,64	14,5	106	19,4	43,2	26,5	6,4	14	43	61,9 30,0	66,3 28,0	70,9 26,3	76,8 24,7	80,8 23,4
10	100	50	6	8,5	14	30	20	13,5	10,6	15,5	206	29,3	61,5	41,2	8,5	21	52	85,8 44,0	91,5 41,3	97,4 38,8	104 36,7	110 34,8
12	120	55	7	9	17	30	25	17,0	13,4	16,0	364	43,2	87,5	60,7	11,1	27	59	119 64,6	126 61,0	134 57,8	142 54,9	150 52,3
14	140	60	7	10	17	35	25	20,4	16,0	17,5	605	62,7	126	86,4	14,8	34	69	166 94,9	176 90,0	185 85,5	196 81,4	206 77,8
16	160	65	7,5	10,5	20	35	30	24,0	18,8	18,4	925	85,3	167	116	18,3	41	78	217 128	228 122	240 116	253 111	265 106
18	180	70	8	11	20	40	30	28,0	22,0	19,2	1354	114	217	150	22,4	47	86	278 170	292 163	306 155	321 149	336 143
20	200	75	8,5	11,5	23	40	35	32,2	25,3	20,1	1911	148	278	191	27,0	54	94	351 221	367 212	384 203	402 195	421 188
22	220	80	9	12,5	23	45	35	37,4	29,4	21,4	2690	197	369	245	33,6	60	103	458 298	478 286	499 275	520 264	543 255
24	240	85	9,5	13	26	45	40	42,3	33,2	22,3	3598	248	459	300	39,6	67	111	563 375	587 361	611 347	636 335	663 323
26	260	90	10	14	26	50	40	48,3	37,9	23,6	4823	317	586	371	47,8	73	120	712 484	740 467	769 450	799 435	830 420
28	280	95	10	15	26	50	45	53,3	41,8	25,3	6276	399	741	448	57,2	80	130	889 619	922 598	955 578	990 559	1026 541
30	300	100	10	16	26	55	45	58,8	46,2	27,0	8026	495	924	535	67,8	86	140	1097 779	1135 754	1175 730	1215 707	1257 685

Ältere ⊔-Eisen für den

Profil	h	b	δ	t	d_{max}	w	e	F	g	x_0	J_x	J_y	J_a	W_x	W_y	H_0	h_0	5	6	7	8	9
10½	105	65	8	8	20	35	30	17,3	13,6	18,8	287	61,2	122	54,7	13,2	17	55	159 94,1	168 89,5	176 85,3	185 81,5	195 77,8
11¾	117,5	65	10	10	20	35	30	22,6	17,7	19,1	447	77,1	160	76,1	16,7	21	60	208 122	219 116	231 110	243 105	256 100
14½	145	60	8	8	17	35	25	19,8	15,5	15,0	585	53,6	98,2	80,7	11,9	37	67	133 73,4	141 69,6	149 66,3	158 63,3	168 60,7
23½	235	90	10	12	26	50	40	42,4	33,3	22,8	3429	272	492	292	40,5	64	109	600 406	624 392	649 378	674 365	701 353
26	260	90	10	10	26	50	40	41,6	32,7	19,7	3900	237	398	300	33,7	74	114	491 327	512 315	534 304	556 294	580 285
30	300	75	10	10	23	40	35	42,8	33,6	15,0	4925	145	241	328	24,2	91	121	316 188	334 180	352 172	371 166	392 160
	h	b	δ	t	d_{max}	w	e	F	g	x_0	J_x	J_y	J_a	W_x	W_y	H_0	h_0	5	6	7	8	9

Zahlentafel V.
(Fortsetzung.)

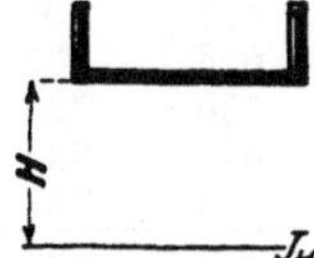

$\frac{H_0}{h_0}$ ist derjenige Wert von $\frac{H}{h}$, für den $\frac{J_{H_0}}{J_{h_0}} = J_x$ ist.

Für Zwischenwerte von H bzw. h ist geradlinig einzuschalten.

momente J_H (obere Werte) und J_h (untere Werte) im cm⁴ für einen Abstand H bzw. h von

10	20	30	40	50	60	70	80	90	100	110	120	130	140	160	180	200	mm
86,1	151	238	347	478	631	806	1002	1221	1462	1725	2010	2317	2646	3370	4181	5081	8
22,3	23,4	46,5	91,6	159	248	359	492	647	824	1023	1244	1488	1753	2340	3033	3805	
117	199	309	445	608	799	1016	1259	1532	1830	2155	2508	2887	3293	4187	5189	6298	10
33,2	31,8	57,5	110	190	296	430	591	778	993	1235	1503	1799	2122	2848	3682	4625	
159	264	404	577	785	1026	1301	1611	1954	2332	2743	3188	3668	4181	5310	6575	7976	12
50,1	46,7	77,3	142	241	373	540	740	975	1244	1546	1883	2253	2658	3569	4616	5800	
217	350	523	738	993	1288	1625	2002	2421	2880	3379	3920	4501	5124	6490	8020	9714	14
74,5	64,3	94,9	166	279	432	625	860	1135	1452	1809	2206	2645	3124	4206	5450	6858	
279	439	647	904	1208	1610	2011	2509	3005	3450	4042	4682	5371	6107	7724	9552	11 533	16
102	85,9	118	197	325	501	724	996	1316	1683	2099	2563	3074	3634	4897	6353	8000	
353	544	792	1095	1455	1870	2342	2869	3453	4092	4788	5539	6347	7210	9105	11 224	13 567	18
137	114	146	235	379	580	836	1149	1517	1942	2422	2959	3551	4200	5665	7354	9267	
440	666	956	1311	1730	2214	2762	3374	4051	4792	5598	6468	7403	8401	10 592	13041	15 747	20
181	148	179	275	436	661	950	1303	1721	2204	2750	3361	4037	4777	6450	8381	10 569	
566	838	1185	1607	2104	2675	3322	4043	4839	5709	6655	7675	8770	9940	12 504	15 367	18 530	22
246	198	225	327	503	754	1081	1482	1957	2508	3133	3833	4608	5458	7382	9605	12 127	
689	1005	1405	1890	2459	3113	3852	4675	5583	6575	7652	8814	10 060	11 390	14 306	17 560	21 152	24
312	250	273	381	573	849	1211	1656	2187	2802	3502	4286	5155	6108	8269	10 768	13 605	
862	1235	1704	2271	2933	3693	4549	5501	6550	7696	8938	10 277	11 712	13 244	16 598	20 339	24 466	26
406	323	337	447	654	957	1357	1853	2447	3136	3923	4805	5785	6861	9303	12 132	15 346	
1063	1493	2029	2672	3421	4277	5240	6309	7485	8767	10 156	11 652	13 254	14 963	18 700	22 864	27 454	28
524	414	411	515	725	1041	1464	1994	2631	3374	4223	5179	6242	7412	10 070	13 155	16 667	
1300	1794	2405	3134	3981	4945	6027	7227	8544	9979	11 531	13 201	14 988	16 894	21 057	25 690	30 794	30
656	524	500	594	806	1135	1582	2147	2829	3628	4546	5580	6733	8003	10 896	14 259	18 093	

Eisenbahn-Wagenbau.

10	20	30	40	50	60	70	80	90	100	110	120	130	140	160	180	200	mm
205	322	473	659	880	1135	1425	1750	2109	2503	2931	3394	3892	4424	5591	6898	8343	10½
74,6	61,4	82,9	139	230	355	515	709	938	1202	1500	1833	2200	2602	3510	4457	5741	
268	423	622	866	1156	1491	1871	2297	2767	3283	3844	4450	5101	5798	7326	9036	10 926	11¾
95,8	77,3	104	176	293	455	663	915	1213	1556	1944	2378	2857	3380	4564	5928	7473	
177	296	455	653	890	1167	1484	1841	2337	2672	3147	3662	4217	4811	6117	7583	9206	14½
58,6	58,6	98,2	177	296	455	653	890	1167	1484	1841	2237	2672	3147	4217	5444	6830	
728	1049	1454	1944	2519	3179	3923	4753	5667	6666	7750	8918	10 171	11 510	14 440	17 710	21 319	23½
341	275	294	397	586	859	1217	1659	2187	2799	3496	4278	5145	6096	8253	10 750	13 586	
604	893	1265	1720	2258	2879	3584	4372	5243	6197	7235	8356	9560	10 847	13 671	16 827	20 137	26
276	237	281	408	619	913	1290	1750	2293	2919	3629	4422	5298	6257	8426	10 927	13 760	
413	669	1012	1440	1953	2553	3237	4008	4864	5805	6833	7945	9144	10 428	13 253	16 420	19 929	30
156	156	241	413	669	1012	1440	1953	2553	3237	4008	4864	5805	6833	9144	11 797	14 793	
10	20	30	40	50	60	70	80	90	100	110	120	130	140	160	180	200	

Zahlentafel VI: Lamellen und Stehbleche.

1. Lamellen: Trägheitsmomente J_H in cm⁴ für eine Breite von 100 mm.

H mm	Trägheitsmomente J_H in cm^4 für eine Breite $b = 100$ mm und eine Dicke δ (in mm) von 8	9	10	11	12	13	14	15	16	17	18	19	20
40	155	179	203	229	255	283	312	341	372	404	437	471	507
50	234	268	303	340	378	417	457	499	542	586	631	678	727
52,5	256	293	331	371	412	454	498	543	589	637	686	736	788
58,75	315	361	407	455	505	555	608	661	716	773	831	891	952
60	328	375	423	473	524	577	631	686	743	802	862	923	987
70	439	500	563	628	695	763	832	904	977	1 052	1 128	1 207	1 287
72,5	469	534	601	670	741	813	887	963	1 040	1 119	1 200	1 283	1 368
80	565	643	723	805	889	975	1 062	1 151	1 242	1 336	1 431	1 528	1 627
90	707	804	903	1 004	1 107	1 212	1 320	1 429	1 540	1 653	1 769	1 887	2 007
100	866	983	1 103	1 225	1 350	1 476	1 605	1 736	1 870	2 005	2 143	2 284	2 427
110	1 040	1 181	1 323	1 469	1 616	1 766	1 919	2 074	2 231	2 391	2 554	2 719	2 887
117,5	1 181	1 340	1 501	1 665	1 832	2 001	2 172	2 347	2 523	2 703	2 885	3 070	3 258
120	1 231	1 396	1 563	1 734	1 907	2 082	2 260	2 441	2 625	2 811	3 000	3 192	3 387
130	1 437	1 629	1 823	2 021	2 221	2 424	2 630	2 839	3 050	3 265	3 483	3 703	3 927
140	1 659	1 880	2 103	2 330	2 559	2 792	3 028	3 266	3 508	3 753	4 001	4 252	4 507
150	1 898	2 149	2 403	2 661	2 922	3 186	3 453	3 724	3 998	4 275	4 555	4 839	5 127
160	2 152	2 436	2 723	3 014	3 308	3 606	3 907	4 211	4 519	4 831	5 146	5 464	5 787
170	2 423	2 741	3 063	3 389	3 719	4 052	4 388	4 729	5 073	5 421	5 772	6 128	6 487
180	2 709	3 064	3 423	3 786	4 153	4 524	4 898	5 276	5 658	6 045	6 435	6 829	7 227
190	3 011	3 405	3 803	4 205	4 611	5 021	5 436	5 854	6 276	6 702	7 133	7 568	8 007
200	3 330	3 764	4 203	4 646	5 094	5 545	6 001	6 461	6 926	7 394	7 867	8 345	8 827
212,5	3 750	4 239	4 731	5 229	5 731	6 237	6 748	7 263	7 783	8 307	8 836	9 370	9 908
225	4 196	4 741	5 291	5 845	6 405	6 969	7 538	8 111	8 690	9 273	9 861	10 454	11 052
237,5	4 666	5 271	5 881	6 497	7 117	7 742	8 372	9 007	9 647	10 292	10 942	11 597	12 258
250	5 162	5 830	6 503	7 182	7 866	8 555	9 249	9 949	10 654	11 364	12 079	12 800	13 527
275	6 228	7 031	7 841	8 656	9 477	10 303	11 136	11 974	12 818	13 667	14 523	15 384	16 252
300	7 394	8 345	9 303	10 267	11 238	12 214	13 197	14 186	15 182	16 183	17 191	18 206	19 227
325	8 660	9 772	10 891	12 016	13 149	14 288	15 434	16 586	17 746	18 912	20 085	21 265	22 452
350	10 026	11 311	12 603	13 903	15 210	16 524	17 845	19 174	20 510	21 853	23 203	24 561	25 927
375	11 492	12 962	14 441	15 927	17 421	18 922	20 432	21 949	23 474	25 006	26 547	28 096	29 652
400	13 058	14 726	16 403	18 088	19 782	21 483	23 193	24 911	26 638	28 372	30 115	31 867	33 627
425	14 724	16 603	18 491	20 387	22 293	24 207	26 130	28 061	30 002	31 951	33 909	35 881	37 852
450	16 490	18 592	20 703	22 824	24 954	27 093	29 241	31 399	33 566	35 742	37 927	40 122	42 327
475	18 356	20 693	23 041	25 398	27 765	30 141	32 528	34 924	37 330	39 745	42 171	44 606	47 052
500	20 322	22 907	25 503	28 109	30 726	33 352	35 989	38 636	41 294	43 961	46 639	49 328	52 027
H	8	9	10	11	12	13	14	15	16	17	18	19	20

2. Stehbleche: Trägheitsmomente J_h in cm⁴ bezogen

Ist das Stehblech δ mm stark, so sind die Werte J_h der Zahlentafel mit $0{,}1\,\delta$ zu

h mm	J_h cm^4	h mm	J_h cm^4	h mm	J_h cm^4	h mm	J_h cm^4	h mm	J_h cm^4	h mm	J_h cm^4	h mm	J_h cm^4	h mm	J_h cm^4	h mm	J_h cm^4	h mm	J_h cm^4
30	9,0	55	55,5	80	171	105	386	130	732	155	1241	180	1944	205	2872	230	4056	255	5527
1	9,9	6	58,5	1	177	6	397	1	749	6	1265	1	1977	6	2914	1	4109	6	5592
2	10,9	7	61,7	2	184	7	408	2	767	7	1290	2	2010	7	2957	2	4162	7	5658
3	12,0	8	65,0	3	191	8	420	3	784	8	1315	3	2043	8	3000	3	4216	8	5725
4	13,1	9	68,5	4	198	9	432	4	802	9	1340	4	2077	9	3043	4	4271	9	5791
35	14,3	60	72,0	85	205	110	444	135	820	160	1365	185	2111	210	3087	235	4326	260	5859
6	15,6	1	75,7	6	212	1	456	6	838	1	1391	6	2145	1	3131	6	4381	1	5927
7	16,9	2	79,4	7	220	2	468	7	857	2	1417	7	2180	2	3176	7	4437	2	5995
8	18,3	3	83,3	8	227	3	481	8	876	3	1444	8	2215	3	3221	8	4494	3	6064
9	19,8	4	87,4	9	235	4	494	9	895	4	1470	9	2250	4	3267	9	4551	4	6133
40	21,3	65	91,5	90	243	115	507	140	915	165	1497	190	2286	215	3313	240	4608	265	6203
1	23,0	6	95,8	1	251	6	520	1	934	6	1525	1	2323	6	3359	1	4666	6	6274
2	24,7	7	100	2	260	7	534	2	954	7	1552	2	2359	7	3406	2	4724	7	6345
3	26,5	8	105	3	268	8	548	3	975	8	1581	3	2396	8	3453	3	4783	8	6416
4	28,4	9	110	4	277	9	562	4	995	9	1609	4	2434	9	3501	4	4842	9	6488
45	30,4	70	114	95	286	120	576	145	1016	170	1638	195	2472	220	3549	245	4902	270	6561
6	32,5	1	119	6	295	1	591	6	1037	1	1667	6	2510	1	3598	6	4962	1	6634
7	34,6	2	124	7	304	2	605	7	1059	2	1696	7	2548	2	3647	7	5023	2	6708
8	36,9	3	130	8	314	3	620	8	1081	3	1726	8	2587	3	3697	8	5084	3	6782
9	39,2	4	135	9	323	4	636	9	1103	4	1756	9	2627	4	3746	9	5146	4	6857
50	41,7	75	141	100	333	125	651	150	1125	175	1786	200	2667	225	3797	250	5208	275	6932
1	44,2	6	146	1	343	6	667	1	1148	6	1817	1	2707	6	3848	1	5271	6	7008
2	46,9	7	152	2	354	7	683	2	1171	7	1848	2	2747	7	3899	2	5334	7	7085
3	49,6	8	158	3	364	8	699	3	1194	8	1880	3	2788	8	3951	3	5398	8	7162
4	52,5	9	164	4	375	9	716	4	1217	9	1912	4	2830	9	4003	4	5462	9	7239

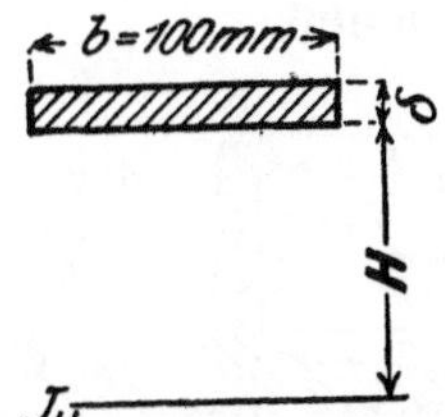

Ist die Lamelle b mm breit, so sind die Werte J_H der Zahlentafel mit 0,01 b zu multiplizieren.

Für Zwischenwerte von H kann geradlinig eingeschaltet werden.

δ=10mm
h
J_h

Trägheitsmomente J_H in cm⁴ für eine Breite $b = 100$ mm und eine Dicke δ (in mm) von													H
21	22	23	24	25	26	27	28	29	30	31	32	33	mm
1 369	1 452	1 538	1 625	1 715	1 806	1 899	1 994	2 091	2 190	2 291	2 394	2 499	70
1 454	1 543	1 633	1 725	1 819	1 915	2 013	2 113	2 215	2 319	2 425	2 534	2 644	72,5
1 728	1 831	1 936	2 043	2 152	2 263	2 377	2 492	2 610	2 730	2 852	2 976	3 103	80
2 129	2 253	2 380	2 508	2 640	2 773	2 909	3 047	3 187	3 330	3 475	3 623	3 773	90
2 572	2 719	2 870	3 022	3 177	3 335	3 495	3 657	3 822	3 990	4 160	4 333	4 509	100
3 057	3 230	3 405	3 584	3 765	3 948	4 135	4 324	4 515	4 710	4 907	5 108	5 311	110
3 448	3 642	3 838	4 036	4 238	4 443	4 650	4 860	5 073	5 289	5 508	5 730	5 955	117,5
3 584	3 784	3 987	4 193	4 402	4 614	4 828	5 046	5 266	5 490	5 717	5 946	6 179	120
4 153	4 383	4 615	4 850	5 090	5 331	5 576	5 824	6 076	6 330	6 588	6 848	7 112	130
4 764	5 025	5 289	5 556	5 827	6 101	6 378	6 659	6 943	7 230	7 521	7 815	8 112	140
5 417	5 711	6 009	6 310	6 615	6 923	7 234	7 549	7 868	8 190	8 516	8 845	9 178	150
6 112	6 442	6 775	7 112	7 452	7 796	8 144	8 496	8 851	9 210	9 573	9 940	10 310	160
6 850	7 216	7 587	7 961	8 340	8 722	9 108	9 498	9 892	10 290	10 692	11 098	11 508	170
7 629	8 035	8 445	8 859	9 277	9 699	10 126	10 556	10 991	11 430	11 873	12 320	12 772	180
8 450	8 897	9 349	9 804	10 265	10 729	11 198	11 671	12 148	12 630	13 116	13 607	14 102	190
9 313	9 803	10 299	10 798	11 302	11 811	12 324	12 841	13 363	13 890	14 421	14 957	15 498	200
10 451	10 998	11 551	12 108	12 669	13 236	13 807	14 383	14 964	15 549	16 140	16 735	17 335	212,5
11 654	12 262	12 875	13 492	14 115	14 742	15 375	16 012	16 655	17 303	17 955	18 613	19 276	225
12 924	13 594	14 270	14 950	15 638	16 330	17 027	17 727	18 436	19 148	19 868	20 591	21 320	237,5
14 258	14 995	15 738	16 486	17 240	17 999	18 763	19 533	20 309	21 090	21 877	22 669	23 467	250
17 125	18 004	18 889	19 780	20 677	21 580	22 489	23 404	24 325	25 253	26 186	27 125	28 071	275
20 254	21 287	22 328	23 374	24 427	25 487	26 553	27 625	28 704	29 790	30 882	31 981	33 087	300
23 645	24 846	26 054	27 268	28 490	29 718	30 954	32 196	33 446	34 703	35 966	37 237	38 515	325
27 299	28 679	30 067	31 462	32 865	34 275	35 692	37 117	38 550	39 990	41 438	42 893	44 356	350
31 216	32 788	34 368	35 956	37 552	39 156	40 768	42 338	44 016	45 653	47 297	48 949	50 610	375
35 395	37 171	38 957	40 750	42 552	44 363	46 182	48 009	49 845	51 690	53 543	55 405	57 276	400
39 836	41 830	43 833	45 844	47 865	49 894	51 933	53 980	56 037	58 103	60 177	62 261	64 354	425
44 540	46 763	48 996	51 238	53 490	55 571	58 021	60 301	62 591	64 890	67 199	69 517	71 845	450
49 507	51 972	54 447	56 932	59 427	61 932	64 447	66 972	69 507	72 053	74 608	77 173	79 749	475
54 736	57 455	60 186	62 926	65 677	68 439	71 211	73 993	76 786	79 590	82 404	85 229	88 065	500
21	22	23	24	25	26	27	28	29	30	31	32	33	H

auf die untere Kante für eine Stärke von 10 mm.

multiplizieren. Für Zwischenwerte von h kann geradlinig eingeschaltet werden.

h mm	J_h cm⁴	h mm	J_h cm⁴	h mm	J_h cm⁴	h mm	J_h cm⁴	h mm	J_h cm⁴	h mm	J_h cm⁴	h mm	J_h cm⁴	h mm	J_h cm⁴	h mm	J_h cm⁴	h mm	$_hJ$ cm⁴
280	7317	305	9 458	**330**	11 979	355	14 913	**380**	18 291	405	22 143	**430**	26 502	455	31 399	**480**	36 864	505	42 929
1	7396	6	9 551	1	12 088	6	15 039	1	18 435	6	22 308	1	26 688	6	31 606	1	37 095	6	43 185
2	7475	7	9 645	2	12 198	7	15 166	2	18 581	7	22 473	2	26 874	7	31 815	2	37 327	7	43 441
3	7555	8	9 739	3	12 309	8	15 294	3	18 727	8	22 639	3	27 061	8	32 024	3	37 560	8	43 699
4	7635	9	9 835	4	12 420	9	15 423	4	18 874	9	22 806	4	27 249	9	32 234	4	37 793	9	43 957
285	7716	**310**	9 930	335	12 532	**360**	15 552	385	19 022	**410**	22 974	435	27 438	**460**	32 445	485	38 028	**510**	44 217
6	7798	1	10 027	6	12 644	1	15 682	6	19 171	1	23 142	6	27 627	1	32 657	6	38 264	1	44 478
7	7880	2	10 124	7	12 758	2	15 813	7	19 320	2	23 312	7	27 818	2	52 870	7	38 500	2	44 739
8	7963	3	10 221	8	12 871	3	15 944	8	19 470	3	23 482	8	28 009	3	33 084	8	38 738	3	45 002
9	8046	4	10 320	9	12 986	4	16 076	9	19 621	4	23 653	9	28 202	4	33 299	9	38 977	4	45 266
290	8130	315	10 419	**340**	13 101	365	16 209	**390**	19 773	415	23 824	**440**	28 395	465	33 515	**490**	39 216	515	45 530
1	8214	6	10 518	1	13 217	6	16 343	1	19 925	6	23 997	1	28 589	6	33 732	1	39 457	6	45 796
2	8299	7	10 618	2	13 334	7	16 477	2	20 079	7	24 171	2	28 784	7	33 949	2	39 699	7	46 063
3	8385	8	10 719	3	13 451	8	16 612	3	20 233	8	24 345	3	28 979	8	34 168	3	39 941	8	46 331
4	8471	9	10 821	4	13 569	9	16 748	4	20 388	9	24 520	4	29 176	9	34 387	4	40 185	9	46 599
295	8557	**320**	10 923	345	13 688	**370**	16 884	395	20 543	**420**	24 696	445	29 374	**470**	34 608	495	40 429	**520**	46 869
6	8645	1	11 025	6	13 807	1	17 022	6	20 700	1	24 873	6	29 572	1	34 829	6	40 675	1	47 140
7	8733	2	11 129	7	13 927	2	17 160	7	20 857	2	25 050	7	29 772	2	35 051	7	40 921	2	47 412
8	8821	3	11 233	8	14 048	3	17 298	8	21 015	3	25 229	8	29 972	3	35 275	8	41 169	3	47 685
9	8910	4	11 337	9	14 170	4	17 438	9	21 174	4	25 408	9	30 173	4	35 499	9	41 417	4	47 959
300	9000	325	11 443	**350**	14 292	375	17 578	**400**	21 333	425	25 589	**450**	30 375	475	35 724	**500**	41 667	525	48 234
1	9090	6	11 549	1	14 415	6	17 719	1	21 494	6	25 770	1	30 578	6	35 950	1	41 917	6	48 511
2	9181	7	11 655	3	14 538	7	17 861	2	21 655	7	25 951	3	30 782	7	36 177	2	42 169	7	48 788
3	9273	8	11 763	3	14 662	8	18 003	3	21 817	8	26 134	3	30 987	8	36 405	3	42 421	8	49 066
4	9365	9	11 870	4	14 787	9	18 147	4	21 980	9	26 318	4	31 192	9	36 634	4	42 675	9	49 345

1. ⊥-Eisen.

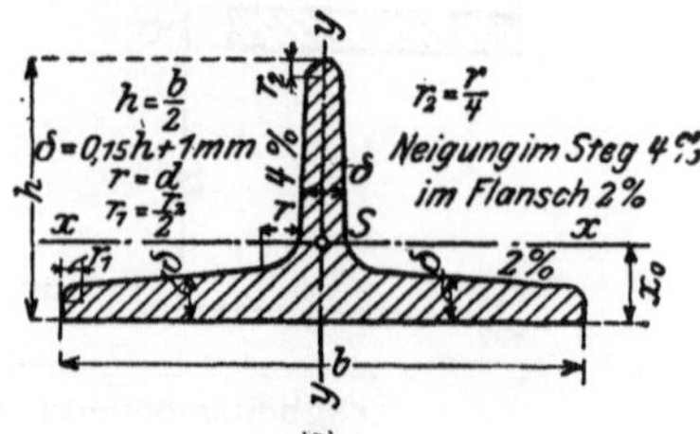

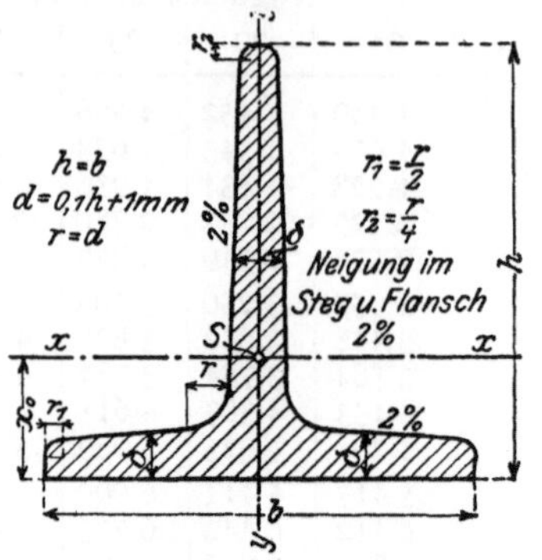

Profil	Abmessungen Breite	Höhe	Stärke	Querschnitt	Gewicht	Abst. d. Schwerpunkts	Trägheitsmomente für die Schwerachsen		Kante	Widerstandsmomente für die Schwerachsen		Profil
	b	h	δ	F	g	x_0	J_x	J_y	J_b	W_x	W_y	
Nr.	mm	mm	mm	cm²	kg/m	mm	cm⁴	cm⁴	cm⁴	cm³	cm³	Nr.
					Breitfüßige ⊥-Eisen.							
6/3	60	30	5,5	4,64	3,64	6,7	2,58	8,62	4,70	1,11	2,87	6/3
7/3½	70	35	6	5,94	4,66	7,7	4,49	15,1	8,00	1,65	4,31	7/3½
8/4	80	40	7	7,91	6,21	8,8	7,81	28,5	14,0	2,50	7,13	8/4
9/4½	90	45	8	10,2	8,01	10,0	12,7	46,1	23,0	3,64	10,2	9/4½
10/5	100	50	8,5	12,0	9,42	10,9	18,7	67,7	33,1	4,78	13,5	10/5
12/6	120	60	10	17,0	13,4	13,0	38,0	137	66,5	8,09	22,8	12/6
14/7	140	70	11,5	22,8	17,9	15,1	68,9	258	121	12,6	36,9	14/7
16/8	160	80	13	29,5	23,2	17,2	117	422	204	18,6	52,8	16/8
18/9	180	90	14,5	37,0	29,0	19,3	185	670	323	26,1	74,4	18/9
20/10	200	100	16,0	45,4	35,6	21,4	277	1000	486	35,3	100	20/10
					Hochstegige ⊥-Eisen.							
2/2	20	20	3	1,12	0,88	5,8	0,38	0,20	0,75	0,27	0,20	2/2
2½/2½	25	25	3,5	1,64	1,29	7,3	0,87	0,43	1,74	0,49	0,34	2½/2½
3/3	30	30	4	2,26	1,77	8,5	1,72	0,87	3,35	0,80	0,58	3/3
3½/3½	35	35	4,5	2,97	2,33	9,9	3,10	1,57	6,01	1,23	0,90	3½/3½
4/4	40	40	5	3,77	2,96	11,2	5,28	2,58	10,0	1,84	1,29	4/4
4½/4½	45	45	5,5	4,67	3,67	12,6	8,13	4,01	15,5	2,51	1,78	4½/4½
5/5	50	50	6	5,66	4,44	13,9	12,1	6,06	23,0	3,36	2,42	5/5
6/6	60	60	7	7,94	6,23	16,6	23,8	12,2	45,7	5,48	4,07	6/6
7/7	70	70	8	10,6	8,32	19,4	44,5	22,1	84,4	8,79	6,32	7/7
8/8	80	80	9	13,6	10,7	22,2	73,7	37,0	144	12,8	9,25	8/8
9/9	90	90	10	17,1	13,4	24,8	119	58,5	224	18,2	13,0	9/9
10/10	100	100	11	20,9	16,4	27,4	179	88,3	335	24,6	17,7	10/10
12/12	120	120	13	29,6	23,2	32,8	366	178	684	42,0	29,7	12/12
14/14	140	140	15	39,9	31,3	38,0	660	330	1236	64,7	47,2	14/14
	b	h	δ	F	g	x_0	J_x	J_y	J_b	W_y	W_y	

2. Handleisteneisen.

$R = B$. $H = 0{,}45\,B$. $d = 0{,}2\,B$.
$b = 0{,}5\,B$. $h = 0{,}25\,B$. $r_1 = 0{,}15\,B$.
$r_2 = 0{,}10\,B$. $r_3 = 0{,}05\,B$.
$b_1 = 0{,}45\,B$. $b_2 = 0{,}75\,B$.

Profil	Abmessungen				Querschnitt	Gewicht
	B	H	b	h	F	g
Nr.	mm	mm	mm	mm	cm²	kg/m
4	40	18	20	10	4,20	3,30
6	60	27	30	15	9,46	7,43
8	80	36	40	20	16,8	13,2
10	100	45	50	25	26,3	20,7
12	120	54	60	30	37,8	29,7

Laufkranschiene.

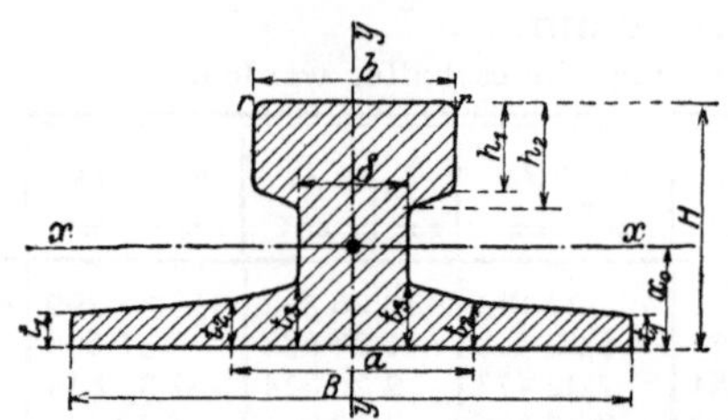

Handleisteneisen.

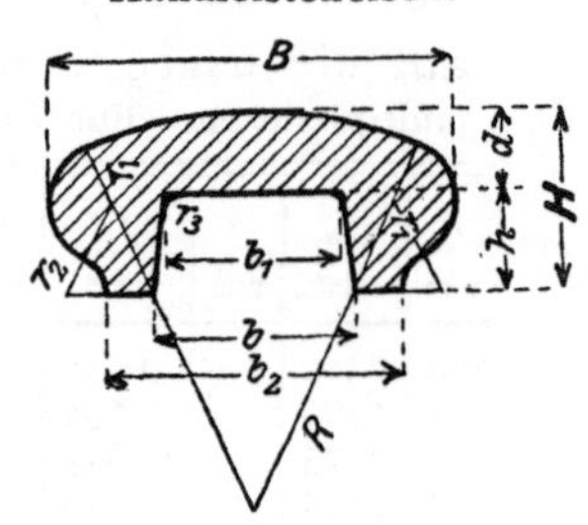

3. Laufkranschienen

der G. B. A. G. Aachener Hütten-Verein, Aachen-Rote Erde.

Profil	Höhe	Breite	Kopf Höhe		Kopf Breite	Stärke im Steg	Stärke im Flansch				Radius	Querschnitt	Gewicht	Abstand des Schwerpunkts	Trägheitsmomente		Widerstandsmomente		Der zulässige Raddruck $R = D(b - 2r)k$ ergibt sich in Tonnen für einen Raddurchm.	und eine zulässige Beanspruchung $k =$		
	H	B	h_1	h_2	b	δ	t_1	t_2	t_3	a	r	F	g	x_0	J_x	J_y	W_x	W_y	D	40	50	60
Nr.	mm	mm	mm	mm	mm	mm	mm	mm	mm	mm	mm	cm²	kg/m	mm	cm⁴	cm⁴	cm³	cm³	mm	kg/cm²	kg/cm²	kg/cm²
1	55	125	20	23,5	45	24	8	11	14,5	54	3	28,7	22,5	22,7	94,1	182	29,1	29,2	400	6,2	7,8	9,4
2	65	150	25	28,5	55	31	9	12,5	17,5	66	4	41,1	32,2	26,5	185	329	48,0	43,8	600	11,3	14,1	16,9
3	75	175	30	34	65	38	10	14	20	78	5	55,8	43,8	30,6	329	646	74,0	73,8	800	17,6	22,0	26,4
4	85	200	35	39,5	75	45	11	15,4	22	90	6	72,6	57,0	35,2	523	989	105	98,9	1000	25,2	31,5	37,8
																			D	R	R	R

Zahlentafel VIII: Kreisquerschnitte, nahtlose Rohre, Gußrohre.

Kreisquerschnitte

$\gamma = 7{,}85$ t/cbm

D mm	F cm²	J cm⁴	W cm³	g kg/m
15	1,77	0,25	0,33	1,39
20	3,14	0,79	0,79	2,47
25	4,91	1,92	1,53	3,85
30	7,1	4,0	2,7	5,55
35	9,6	7,4	4,2	7,55
40	12,6	12,6	6,3	9,86
45	15,9	20,1	8,9	12,5
50	19,6	30,7	12,3	15,4
55	23,8	44,9	16,3	18,7
60	28,3	63,6	21,2	22,2
65	33,2	87,6	27,0	26,0
70	38,5	118	33,7	30,2
75	44,2	155	41,4	34,7
80	50,3	201	50,3	39,5
85	56,7	256	60,3	44,5
90	63,6	322	71,6	49,9
95	70,9	400	84,2	55,6
100	78,5	491	98,2	61,7
105	86,6	597	114	68,0
110	95,0	719	131	74,6
115	103,9	859	149	81,5
120	113,1	1 018	170	88,8
125	122,7	1 198	192	96,3
130	132,7	1 402	216	104,2
135	143,1	1 630	242	112,4
140	153,9	1 886	269	120,8
145	165,1	2 170	299	129,6
150	176,7	2 485	331	138,7
155	188,7	2 833	366	148,1
160	201,1	3 217	402	157,8
165	213,8	3 638	441	167,9
170	227,0	4 100	482	178,2
180	254,5	5 153	573	199,8
190	283,5	6 397	673	222,6
200	314,2	7 854	785	246,6
210	346,4	9 547	909	271,9
220	380,1	11 499	1045	298,4
230	415,5	13 737	1194	326,1
240	452,4	16 286	1357	355,1
250	490,9	19 175	1534	385,3
260	530,9	22 432	1726	416,8
270	572,6	26 087	1932	449,5
280	615,8	30 172	2155	483,4
290	660,5	34 719	2394	518,5
300	706,9	39 761	2651	554,9

Nahtlose Rohre

$\gamma = 7{,}85$ t/cbm

D mm	δ mm	F cm²	J cm⁴	W cm³	g kg/m
127 (5″)	6	22,8	418	65,9	17,9
	7	26,4	477	75,0	20,7
	8	29,9	532	83,7	23,5
140 (5½″)	7	29,2	649	92,6	23,0
	8	33,2	725	103	26,0
	9	37,0	798	114	29,1
152 (6″)	7	31,9	840	111	25,0
	8	36,2	941	122	28,4
	9	40,4	1 038	136	31,7
165 (6½″)	7	34,7	1 086	131	27,3
	8	39,5	1 219	147	31,0
	9	44,1	1 346	163	34,6
178 (7″)	8	42,7	1 547	174	33,5
	9	47,8	1 711	192	37,5
	10	52,8	1 869	210	41,4
191 (7½″)	8	46,0	1 926	202	36,1
	9	51,5	2 136	224	40,4
	10	56,9	2 336	245	44,6
203 (8″)	8	49,0	2 333	229	38,7
	9	54,9	2 586	254	43,1
	10	60,6	2 831	278	47,6
216 (8½″)	8	52,3	2 829	262	41,0
	9	58,5	3 141	291	45,9
	10	64,7	3 441	319	50,8
229 (9″)	8	55,5	3 395	296	43,6
	9	62,2	3 770	329	48,8
	10	68,8	4 133	361	53,0
241 (9½″)	8	58,6	3 979	330	46,0
	9	65,6	4 420	367	51,5
	10	72,6	4 850	402	57,0
254 (10″)	8	61,8	4 682	369	48,5
	9	69,3	5 205	410	54,4
	10	76,7	5 714	450	60,2
267 (10½″)	10	80,7	6 676	500	63,4
	11	88,5	7 261	544	69,4
	12	96,1	7 831	587	75,5
279 (11″)	10	84,5	7 655	549	66,3
	11	92,6	8 329	597	72,7
	12	100,7	8 918	639	79,0
292 (11½″)	10	88,6	8 818	604	69,5
	11	97,1	9 599	657	76,2
	12	105,6	10 364	710	82,9
305 (12″)	10	92,7	9 977	654	72,8
	11	101,6	10 993	720	79,8
	12	110,5	11 873	778	86,7

Gußrohre

$\gamma = 7{,}25$ t/cbm

D mm	δ mm	F cm²	J cm⁴	W cm³	g kg/m
100	12	33,2	327	65,4	24,1
	15	40,1	373	74,6	29,0
	18	46,4	409	81,7	33,6
110	12	37,0	450	81,8	26,8
	15	44,8	518	94,1	32,5
	18	52,0	572	104	37,7
120	12	40,7	601	100	29,5
	15	49,5	696	116	35,9
	18	57,7	774	129	41,8
130	12	44,5	782	120	32,3
	15	54,2	911	140	39,3
	18	63,3	1 019	156	45,9
140	12	48,3	997	142	35,0
	15	58,9	1 167	167	42,7
	18	69,0	1 311	187	50,0
150	12	52,0	1 248	166	37,7
	15	63,6	1 467	196	46,1
	18	74,6	1 656	222	54,1
175	15	75,4	2 434	278	54,7
	20	97,4	2 973	340	70,6
	25	117,8	3 405	389	85,4
200	15	87,2	3 754	375	63,2
	20	113,1	4 637	464	82,0
	25	137,4	5 369	537	99,6
225	15	99,0	5 483	487	71,7
	20	128,8	6 831	607	93,4
	25	157,1	7 977	709	113,9
250	15	110,7	7 676	614	80,3
	20	144,5	9 628	770	104,8
	25	176,7	11 321	906	128,1
275	20	160,2	13 103	953	116,2
	25	196,3	15 458	1124	142,4
	30	230,9	17 585	1280	167,4
300	20	175,9	17 329	1154	127,5
	25	216,0	20 586	1372	156,6
	30	254,5	23 475	1565	184,5
325	20	191,6	22 380	1377	138,9
	25	235,6	26 691	1643	170,8
	30	278,0	30 558	1880	201,6
350	25	255,3	33 901	1937	185,1
	30	301,6	38 943	2225	218,7
	35	346,4	43 490	2485	251,1
400	30	348,7	60 067	3003	252,8
	35	401,3	67 450	3373	291,0
	40	452,4	74 192	3710	327,9

Blechträger.

Es bedeutet:

W_0, W_1, W_2, W_3 } das Widerstandsmoment in cm³ { ohne / mit je einer / mit je zwei / mit je drei } Lamellen oben und unten bei Berücksichtigung der in den beigegebenen Abbildungen gekennzeichneten Nietverschwächungen.

Für zwischenliegende Werte der Stehblechhöhe *h* ist geradlinig einzuschalten.

Nr.	Winkel mm	Lamelle $\frac{b}{t}$ mm	Nietdurchmesser d mm	$\frac{h}{\delta}=$	Stehblech: $\frac{400}{10}$	$\frac{440}{10}$	$\frac{480}{10}$	$\frac{520}{10}$	$\frac{560}{10}$	$\frac{600}{10}$	$\frac{640}{10}$	$\frac{680}{10}$	$\frac{720}{10}$	$\frac{760}{10}$	$\frac{800}{10}$
1				$W_0=$	891	1020	1150	1290	1430	1580	1730	1890	2060	2230	2400
2	**70·70·9**	$\frac{160}{10}$	20	$W_1=$	1330	1510	1700	1890	2090	2290	2500	2710	2930	3160	3380
3				$W_2=$	1780	2000	2250	2470	2720	2960	3220	3480	3740	4010	4290
4				$W_0=$	1020	1160	1310	1460	1620	1790	1960	2130	2310	2500	2690
5	**70·70·11**	$\frac{160}{10}$	20	$W_1=$	1450	1640	1850	2050	2260	2480	2710	2940	3170	3410	3660
6				$W_2=$	1890	2130	2370	2630	2890	3150	3420	3690	3970	4260	4540
7				$W_0=$	868	992	1120	1260	1400	1550	1700	1860	2020	2190	2360
8	**75·75·8**	$\frac{180}{10}$	20	$W_1=$	1400	1580	1770	1970	2170	2380	2600	2830	3040	3270	3510
9				$W_2=$	1920	2160	2410	2660	2910	3180	3440	3730	4000	4280	4570
10				$W_0=$	1010	1150	1300	1450	1610	1780	1950	2120	2300	2490	2680
11	**75·75·10**	$\frac{180}{10}$	20	$W_1=$	1520	1730	1940	2150	2370	2600	2830	3070	3310	3560	3810
12				$W_2=$	2040	2300	2560	2830	3100	3390	3670	3960	4260	4560	4870
13				$W_0=$	1150	1300	1470	1640	1820	2000	2180	2380	2570	2780	2990
14	**75·75·12**	$\frac{180}{10}$	20	$W_1=$	1650	1860	2090	2320	2560	2800	3050	3300	3570	3830	4100
15				$W_2=$	2160	2430	2710	3000	3290	3580	3890	4190	4510	4830	5150
16				$W_0=$	919	1050	1190	1330	1480	1630	1790	1950	2120	2290	2475
17	**80·80·8**	$\frac{180}{10}$	20	$W_1=$	1440	1630	1830	2030	2240	2450	2670	2910	3130	3370	3610
18				$W_2=$	1960	2210	2460	2710	2980	3250	3520	3810	4080	4380	4670
19				$W_0=$	1070	1220	1380	1540	1710	1880	2060	2240	2430	2620	2820
20	**80·80·10**	$\frac{180}{10}$	20	$W_1=$	1570	1780	2000	2220	2450	2690	2930	3170	3420	3670	3940
21				$W_2=$	2080	2360	2630	2900	3180	3470	3760	4060	4370	4680	4990
22				$W_0=$	1220	1390	1560	1740	1930	2120	2320	2520	2720	2940	3150
23	**80·80·12**	$\frac{180}{10}$	20	$W_1=$	1710	1930	2170	2410	2660	2910	3170	3430	3700	3970	4250
24				$W_2=$	2220	2500	2780	3080	3380	3680	3990	4310	4640	4960	5300
25				$W_0=$	1100	1250	1410	1580	1750	1920	2110	2290	2490	2690	2890
26	**90·90·9**	$\frac{200}{10}$	20	$W_1=$	1680	1900	2130	2360	2600	2850	3100	3360	3620	3890	4160
27				$W_2=$	2270	2550	2840	3140	3440	3750	4070	4380	4710	5040	5370
28				$W_0=$	1270	1440	1620	1810	2010	2210	2410	2620	2830	3060	3280
29	**90·90·11**	$\frac{200}{10}$	20	$W_1=$	1830	2070	2320	2580	2840	3110	3380	3660	3940	4240	4530
30				$W_2=$	2420	2720	3030	3350	3670	4000	4340	4680	5020	5380	5730
31				$W_0=$	1410	1600	1800	2000	2210	2430	2650	2880	3110	3350	3590
32	**90·90·13**	$\frac{200}{12}$	23	$W_1=$	2030	2300	2580	2860	3150	3450	3750	4050	4370	4690	5010
33				$W_2=$	2710	3050	3400	3750	4110	4470	4840	5220	5610	6000	6390
34				$W_0=$	1270	1450	1630	1820	2010	2210	2420	2630	2840	3070	3290
35	**100·100·10**	$\frac{220}{10}$	23	$W_1=$	1880	2130	2390	2650	2920	3190	3480	3760	4050	4350	4660
36				$W_2=$	2530	2840	3160	3490	3830	4170	4520	4870	5230	5600	5970
37				$W_0=$	1460	1660	1860	2070	2290	2510	2740	2980	3220	3470	3720
38	**100·100·12**	$\frac{220}{12}$	23	$W_1=$	2170	2460	2750	3050	3360	3670	3990	4310	4640	4980	5320
39				$W_2=$	2940	3310	3680	4060	4440	4830	5230	5640	6050	6470	6890
40				$W_0=$	1630	1850	2080	2320	2560	2810	3060	3320	3590	3860	4130
41	**100·100·14**	$\frac{220}{12}$	23	$W_1=$	2320	2630	2940	3270	3600	3940	4280	4630	4980	5340	5710
42				$W_2=$	3090	3470	3870	4270	4680	5100	5520	5940	6380	6820	7260
	Winkel	$\frac{b}{t}$	d	$\frac{h}{\delta}=$	$\frac{400}{10}$	$\frac{440}{10}$	$\frac{480}{10}$	$\frac{520}{10}$	$\frac{560}{10}$	$\frac{600}{10}$	$\frac{640}{10}$	$\frac{680}{10}$	$\frac{720}{10}$	$\frac{760}{10}$	$\frac{800}{10}$

Zahlentafel IX.

(Fortsetzung.)

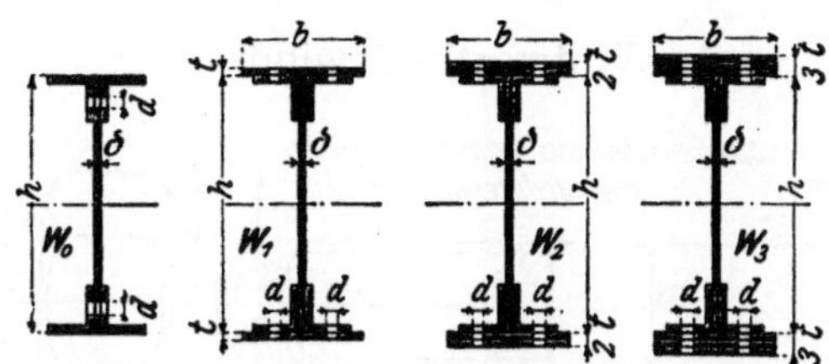

Nr	Winkel mm	$\frac{b}{t}$ Lamelle mm	d Nietdurchmesser mm	$\frac{h}{\delta}$ =	Stehblech: $\frac{900}{12}$	$\frac{1000}{12}$	$\frac{1100}{12}$	$\frac{1200}{12}$	$\frac{1300}{14}$	$\frac{1400}{14}$	$\frac{1500}{14}$	$\frac{1600}{14}$	$\frac{1700}{14}$	$\frac{1800}{14}$	$\frac{1900}{14}$	$\frac{2000}{14}$
43	**100·100·10**	$\frac{220}{10}$	23	W_0 =	4 120	4 810	5 530	6 300	7 610	8 550	9 520	10 550	11 620	12 740	13 900	15 110
44				W_1 =	5 700	6 580	7 500	8 470	10 020	11 150	12 330	13 560	14 830	16 150	17 510	18 930
45				W_2 =	7 180	8 230	9 320	10 450	12 170	13 470	14 820	16 210	17 650	19 140	20 670	22 260
46				W_3 =	8 670	9 890	11 140	12 440	14 320	15 790	17 310	18 870	20 480	22 130	23 840	25 590
47	**100·100·12**	$\frac{250}{10}$	23	W_0 =	4 610	5 360	6 140	6 970	8 350	9 340	10 380	11 470	12 600	13 780	15 010	16 280
48				W_1 =	6 440	7 410	8 420	9 470	11 120	12 340	13 610	14 930	16 290	17 700	19 160	20 660
49				W_2 =	8 180	9 350	10 560	11 810	13 650	15 070	16 540	18 050	19 620	21 230	22 880	24 580
50				W_3 =	9 920	11 290	12 700	14 150	16 180	17 800	19 470	21 180	22 940	24 750	26 610	28 510
51	**100·100·14**	$\frac{250}{12}$	26	W_0 =	5 000	5 790	6 630	7 500	8 930	9 970	11 050	12 190	13 370	14 600	15 870	17 190
52				W_1 =	7 090	8 150	9 240	10 380	12 110	13 420	14 770	16 170	17 620	19 120	20 660	22 250
53				W_2 =	9 110	10 400	11 720	13 090	15 040	16 580	18 170	19 800	21 480	23 200	24 980	26 800
54				W_3 =	11 140	12 650	14 210	15 810	17 980	19 750	21 570	23 430	25 340	27 300	29 300	31 350
55	**110·110·10**	$\frac{250}{10}$	26	W_0 =	4 350	5 070	5 820	6 620	7 960	8 920	9 930	10 980	12 080	13 230	14 420	15 660
56				W_1 =	6 140	7 080	8 060	9 080	10 690	11 880	13 110	14 400	15 730	17 100	18 530	20 000
57				W_2 =	7 840	8 960	10 130	11 350	13 140	14 530	15 950	17 430	18 950	20 520	22 140	23 800
58				W_3 =	9 530	10 850	12 220	13 620	15 600	17 180	18 800	20 470	22 180	23 940	25 750	27 610
59	**110·110·12**	$\frac{250}{10}$	26	W_0 =	4 890	5 670	6 500	7 360	8 770	9 800	10 870	12 000	13 170	14 380	15 650	16 960
60				W_1 =	6 650	7 660	8 700	9 790	11 470	12 730	14 030	15 380	16 780	18 220	19 720	21 250
61				W_2 =	8 330	9 530	10 770	12 050	13 910	15 360	16 860	18 400	19 990	21 630	23 320	25 050
62				W_3 =	10 020	11 410	12 840	14 310	16 360	18 000	19 690	21 430	23 210	25 040	26 920	28 840
63	**110·110·14**	$\frac{250}{12}$	26	W_0 =	5 410	6 260	7 150	8 080	9 560	10 650	11 800	12 990	14 220	15 510	16 830	18 210
64				W_1 =	7 480	8 590	9 740	10 930	12 710	14 080	15 480	16 940	18 440	19 990	21 590	23 240
65				W_2 =	9 480	10 820	12 200	13 630	15 630	17 230	18 870	20 550	22 290	24 070	25 900	27 780
66				W_3 =	11 500	13 070	14 680	16 330	18 560	20 390	22 260	24 170	26 140	28 150	30 210	32 320
67	**120·120·11**	$\frac{300}{10}$	23	W_0 =	4 970	5 770	6 610	7 490	8 930	9 980	11 070	12 220	13 400	14 640	15 930	17 260
68				W_1 =	7 260	8 330	9 450	10 610	12 360	13 690	15 070	16 490	17 960	19 480	21 040	22 650
69				W_2 =	9 440	10 760	12 130	13 540	15 530	17 110	18 730	20 400	22 120	23 890	25 700	27 560
70				W_3 =	11 630	13 200	14 820	16 470	18 710	20 530	22 400	24 320	26 290	28 310	30 370	32 470
71	**120·120·13**	$\frac{300}{12}$	26	W_0 =	5 490	6 360	7 270	8 210	9 710	10 820	11 980	13 190	14 440	15 750	17 090	18 490
72				W_1 =	8 120	9 310	10 540	11 800	13 650	15 110	16 600	18 130	19 710	21 340	23 020	24 740
73				W_2 =	10 670	12 140	13 660	15 220	17 370	19 100	20 870	22 700	24 570	26 490	28 460	30 470
74				W_3 =	13 220	14 990	16 800	18 650	21 070	23 100	25 160	27 280	29 440	31 650	33 910	36 210
75	**120·120·15**	$\frac{300}{14}$	26	W_0 =	6 060	7 000	7 980	9 000	10 570	11 750	12 990	14 270	15 600	16 980	18 400	19 870
76				W_1 =	9 080	10 380	11 740	13 130	15 110	16 670	18 280	19 940	21 640	23 390	25 190	27 040
77				W_2 =	12 030	13 680	15 370	17 100	19 410	21 310	23 260	25 250	27 300	29 390	31 530	33 710
78				W_3 =	15 010	16 990	19 020	21 090	23 720	25 960	28 250	30 580	32 970	35 400	37 870	40 400
79	**130·130·12**	$\frac{300}{10}$	26	W_0 =	5 530	6 400	7 320	8 280	9 780	10 900	12 070	13 290	14 550	15 860	17 220	18 630
80				W_1 =	7 740	8 890	10 080	11 310	13 130	14 530	15 980	17 480	19 020	20 610	22 250	23 930
81				W_2 =	9 860	11 250	12 680	14 150	16 210	17 850	19 540	21 280	23 070	24 900	26 780	28 710
82				W_3 =	11 980	13 610	15 290	17 000	19 290	21 180	23 110	25 090	27 120	29 200	31 320	33 490
83	**130·130·14**	$\frac{300}{12}$	26	W_0 =	6 150	7 110	8 110	9 150	10 730	11 940	13 190	14 490	15 840	17 230	18 670	20 160
84				W_1 =	8 760	10 030	11 350	12 710	14 670	16 200	17 780	19 410	21 080	22 800	24 570	26 380
85				W_2 =	11 280	12 850	14 460	16 110	18 350	20 170	22 040	23 960	25 920	27 940	29 990	32 100
86				W_3 =	13 830	15 680	17 580	19 540	22 040	24 150	26 310	28 520	30 770	33 080	35 430	37 820
87	**130·130·16**	$\frac{300}{14}$	26	W_0 =	6 760	7 800	8 880	10 000	11 660	12 950	14 290	15 670	17 100	18 570	20 090	21 660
88				W_1 =	9 750	11 160	12 600	14 090	16 180	17 840	19 550	21 300	23 110	24 960	26 850	28 800
89				W_2 =	12 690	14 430	16 220	18 040	20 450	22 450	24 500	26 600	28 740	30 930	33 160	35 450
90				W_3 =	15 650	17 730	19 850	22 010	24 750	27 090	29 470	31 900	34 380	36 910	39 490	42 110
	Winkel	$\frac{b}{t}$	d	$\frac{h}{\delta}$ =	$\frac{900}{12}$	$\frac{1000}{12}$	$\frac{1100}{12}$	$\frac{1200}{12}$	$\frac{1300}{14}$	$\frac{1400}{14}$	$\frac{1500}{14}$	$\frac{1600}{14}$	$\frac{1700}{14}$	$\frac{1800}{14}$	$\frac{1900}{14}$	$\frac{2000}{14}$

 Zahlentafel X. **Whitworth-Gewinde, Schlesische Zinkblechlehre.**

1. Whitworth-Gewinde.

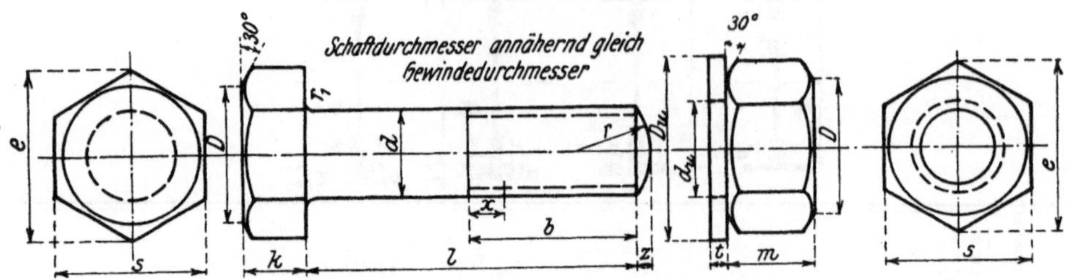

DIN 12, 14, 61, 701 u. 2, 77, 81 1, 1251 u. 2, 126.

Die Länge l wächst von l_{min} bis 150 mm um je 5, von 150 bis 200 mm um je 10 mm.

Verbindlich für die Angaben der Zahlentafel bleiben die Dinormen. Wiedergabe erfolgt mit Genehmigung des NDI.

Nenndurchmesser	Bolzen									Kopf und Mutter					Unterlegscheiben			Querschnitt im	
	Gewinde- u. Schaftdurchmesser	Kerndurchmesser	Steigung	Gewindelänge für 1 Mutter	Gewindeauslauf	Abrundung			Kleinste Länge	Höhe		Schlüsselweite	Eckenmaß	Spiegeldurchmesser	Durchmesser		Stärke	Schaft	Kern
										Kopf	Mutter				außen	Bohrung		$\frac{\pi d^2}{4}$	$\frac{\pi d_1^2}{4}$
	d	d_1		b	x	r	z	r_1	l_{min}	k	m	s	e	D	D_u	d_u	z		
Zoll	mm	mm	mm	mm	mm	mm	mm	mm	mm	mm	mm	mm	mm	mm	mm	mm	mm	cm²	cm²
Metrisches Gewinde 6		4,61	1,00	15	2	5	1	0,5	8	5	6	11	12,7	10,5	[1]) 14	7	1,5	0,28	0,17
8		6,26	1,25	18	2	6	1,5	0,5	10	6	8	14	16,2	13,5	18	9	2	0,50	0,31
10		7,92	1,50	22	2,5	8	1,7	0,5	10	7	10	17	19,6	16,5	22	11	2,5	0,79	0,49
1/2	12,39	9,99	2,12	27	3	10	2,3	0,5	25	9	13	22	25,4	21	28	14	3	1,20	0,78
5/8	15,53	12,92	2,31	32	3	15	2,3	1	35	11	16	27	31,2	26	34	17,5	3	1,89	1,31
3/4	18,68	15,80	2,54	36	4	18	3	1	40	13	19	32	36,9	31	40	21	4	2,74	1,96
7/8	21,81	18,61	2,82	42	4	20	3,4	1	45	16	22	36	41,6	34	45	24	4	3,73	2,72
1	24,93	21,34	3,18	48	5	22	4	1	50	18	25	41	47,3	39	52	27	5	4,87	3,58
1 1/8	28,04	23,93	3,63	52	5	25	4,5	1	55	20	28	46	53,1	44	58	31	5	6,16	4,50
1 1/4	31,21	27,10	3,63	58	5	30	5	1	60	22	32	50	57,7	48	62	34	5	7,65	5,77
1 3/8	34,30	29,51	4,23	62	6	30	5,5	2	70	24	35	55	63,5	53	68	37	6	9,24	6,84
1 1/2	37,48	32,68	4,23	70	6	35	6	2	75	27	38	60	69,3	57	75	40	6	11,03	8,39
1 5/8	40,53	34,77	5,08	75	7	40	6	2	85	30	41	65	75,0	62	80	44	7	12,89	9,50
1 3/4	43,70	37,95	5,08	80	7	40	7	2	90	32	45	70	80,8	67	85	47	7	15,00	11,31
2	49,97	43,57	5,65	85	8	45	8	2	100	36	50	80	92,4	77	98	54	8	19,63	14,91
2 1/4	56,21	49,02	6,35								55	85	98	82	[2])105	60	9	24,81	18,87
2 1/2	62,56	55,37	6,35								60	95	110	92	120	66	9	30,74	24,08
2 3/4	68,78	60,56	7,26								65	105	121	102	130	72	10	37,15	28,80
3	75,13	66,91	7,26								68	110	127	107	135	78	10	44,33	35,16
3 1/4	81,40	72,54	7,82								75	120	139	116	150	84	12	52,04	41,33
3 1/2	87,75	78,89	7,82	noch nicht festgelegt	„	„	„	„	„	„	78	130	150	126	160	92	12	60,47	48,89
3 3/4	94,00	84,41	8,47								82	135	156	131	165	98	12	69,40	55,96
4	100,35	90,76	8,47								85	145	167	141	180	105	14	79,08	64,70
4 1/4	106,65	96,64	8,84		„	„	„	„	„	„	92	155	179	151	190	112	14	89,33	73,35
4 1/2	113,00	102,99	8,84								95	165	191	161	205	118	14	100,3	83,31
4 3/4	119,29	108,83	9,24								100	175	202	171	215	125	16	111,8	93,01
5	125,64	115,18	9,24		„	„	„	„	„	„	105	180	208	176	220	130	16	124,0	104,2
5 1/4	131,92	120,96	9,68								108	190	219	185	230	138	16	136,8	114,9
5 1/2	138,27	127,31	9,68								112	200	231	195	245	142	18	150,2	127,3
5 3/4	144,55	133,04	10,16								118	210	242	205	255	150	18	164,0	139,0
6	150,90	139,39	10,16								122	220	254	215	270	155	18	179,0	152,6

[1]) Rohe Scheiben. [2]) Blanke Scheiben.

2. Schlesische Zinkblechlehre.

Nr. der Lehre	5	6	7	8	9	10	11	12	13	14	15	16	17	18	19	20	21	22	
Dicke	0,25	0,30	0,35	0,40	0,45	0,50	0,58	0,66	0,74	0,82	0,95	1,08	1,21	1,34	1,47	1,60	1,78	1,96	mm
Gewicht . . .	1,80	2,16	2,52	2,88	3,24	3,60	4,18	4,75	5,33	5,90	6,84	7,78	8,71	9,65	10,6	11,5	12,8	14,1	kg/m²

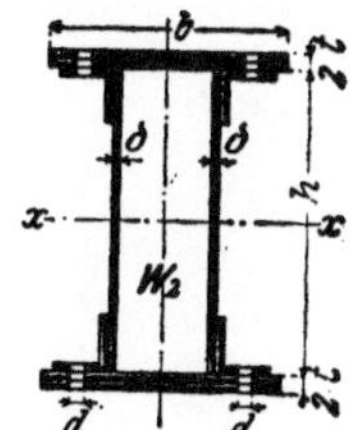

1. Kastenträger.

Es bedeutet:

W_1 } das Widerstandsmoment { mit je einer } Lamellen oben und unten bei Berück-
W_2 } für die Schwerachse $x - x$ { mit je zwei } sichtigung der Nietverschwächungen.

Für zwischenliegende Werte der Stehblechhöhe h ist geradlinig einzuschalten.

Nr.	Winkel mm	Lamelle $\frac{b}{t}$ mm	Nietdurchmesser d mm	Stehbleche: $\frac{h}{\delta}$ =	$\frac{300}{10}$	$\frac{340}{10}$	$\frac{380}{10}$	$\frac{420}{10}$	$\frac{460}{10}$	$\frac{500}{10}$	$\frac{540}{10}$	$\frac{580}{10}$	$\frac{620}{10}$	$\frac{660}{10}$	$\frac{700}{10}$
1	80·80·10	$\frac{300}{10}$	20	W_1 =	1 580	1 860	2 160	2 460	2 780	3 110	3 450	3 810	4 170	4 540	4 930
2				W_2 =	2 320	2 700	3 100	3 500	3 920	4 350	4 790	5 240	5 710	6 180	6 670
3		$\frac{400}{10}$	20	W_1 =	1 880	2 200	2 540	2 880	3 240	3 610	3 990	4 390	4 790	5 200	5 630
4				W_2 =	2 920	3 380	3 860	4 340	4 840	5 350	5 870	6 410	6 950	7 500	8 070
5	90·90·11	$\frac{300}{10}$	20	W_1 =	1 690	2 000	2 320	2 650	2 990	3 350	3 720	4 100	4 480	4 880	5 300
6				W_2 =	2 420	2 830	3 250	3 680	4 120	4 580	5 040	5 520	6 010	6 510	7 020
7		$\frac{400}{10}$	20	W_1 =	1 990	2 340	2 700	3 070	3 450	3 850	4 260	4 670	5 100	5 540	6 000
8				W_2 =	3 030	3 510	4 010	4 520	5 040	5 580	6 130	6 680	7 250	7 830	8 430
9	100·100·12	$\frac{500}{12}$	23	W_1 =	2 640	3 080	3 530	4 000	4 480	4 980	5 480	6 000	6 530	7 070	7 620
10				W_2 =	4 220	4 870	5 540	6 220	6 910	7 620	8 330	9 060	9 800	10 560	11 320
11		$\frac{600}{12}$	23	W_1 =	3 000	3 490	3 990	4 510	5 040	5 580	6 130	6 700	7 270	7 860	8 460
12				W_2 =	4 950	5 690	6 460	7 230	8 020	8 820	9 630	10 460	11 300	12 140	13 000
13	120·120·13	$\frac{500}{14}$	23	W_1 =	3 090	3 610	4 140	4 690	5 260	5 830	6 420	7 020	7 640	8 260	8 900
14				W_2 =	4 940	5 700	6 470	7 270	8 080	8 900	9 730	10 580	11 440	12 320	13 200
15		$\frac{600}{14}$	23	W_1 =	3 510	4 080	4 680	5 280	5 900	6 530	7 180	7 840	8 510	9 190	9 880
16				W_2 =	5 780	6 660	7 540	8 450	9 370	10 300	11 250	12 210	13 180	14 170	15 160

2. Wellbleche.

Profil Nr.	Abmessungen: Breite b mm	Höhe h mm	Stärke δ mm	Baubreite B mm	Querschnitt für 1 m Breite cm²	Gewicht unverzinkt ohne Überdeckungen g kg/m²	Widerstandsmoment für 1 m Breite W cm³
Flache Wellbleche							
$\frac{60}{20}$	60	20	$^3/_4$	720	10,2	8,12	4,27
			$^7/_8$		11,8	9,47	4,95
			1		13,5	10,8	5,63
			$1^1/_4$		16,9	13,5	6,96
$\frac{76}{20}$	76	20	$^3/_4$	760	8,72	6,78	4,06
			$^7/_8$		10,2	8,13	4,71
			1		11,6	9,30	5,36
			$1^1/_4$		14,5	11,6	6,63
			$1^1/_2$		17,4	14,0	7,87
$\frac{100}{30}$	100	30	$^3/_4$	800	9,02	7,22	6,33
			$^7/_8$		10,5	8,42	7,35
			1		12,0	9,62	8,37
			$1^1/_4$		15,0	12,0	10,4
			$1^1/_2$		18,1	14,4	12,4
$\frac{100}{40}$	100	40	$^3/_4$	700	10,0	8,00	9,07
			$^7/_8$		11,7	9,35	10,5
			1		13,3	10,7	12,0
			$1^1/_4$		16,7	13,3	14,9
			$1^1/_2$		20,0	16,0	17,8

Profil Nr.	Abmessungen: Breite b mm	Höhe h mm	Stärke δ mm	Baubreite B mm	Querschnitt für 1 m Breite cm²	Gewicht unverzinkt ohne Überdeckungen g kg/m²	Widerstandsmoment für 1 m Breite W cm³
$\frac{135}{30}$	135	30	$^3/_4$	810	8,62	6,89	5,99
			$^7/_8$		10,1	8,04	6,96
			1		11,5	9,19	7,92
			$1^1/_4$		14,4	11,5	9,83
			$1^1/_2$		17,2	13,8	11,7
$\frac{150}{40}$	150	40	$^3/_4$	750	8,72	6,88	8,29
			$^7/_8$		10,2	8,17	9,64
			1		11,6	9,30	11,0
			$1^1/_4$		14,6	11,6	13,7
			$1^1/_2$		17,5	14,0	16,3
$\frac{150}{60}$	150	60	1	600	13,3	10,7	18,2
			$1^1/_4$		16,7	13,3	22,6
			$1^1/_2$		20,0	16,0	27,0
			2		26,7	21,3	35,8
Trägerwellbleche							
$\frac{90}{70}$	90	70	1	450	21,3	17,0	34,8
			$1^1/_4$		26,6	21,3	43,3
			$1^1/_2$		31,9	25,5	51,8
			2		42,5	34,0	68,6

Profil Nr.	Abmessungen: Breite b mm	Höhe h mm	Stärke δ mm	Baubreite B mm	Querschnitt für 1 m Breite cm²	Gewicht unverzinkt ohne Überdeckungen g kg/m²	Widerstandsmoment für 1 m Breite W cm³
$\frac{100}{50}$	100	50	1	600	15,7	12,6	19,3
			$1^1/_4$		19,6	15,7	24,0
			$1^1/_2$		23,6	18,8	28,6
			2		31,4	25,1	37,8
$\frac{100}{60}$	100	60	1	500	17,7	14,2	25,6
			$1^1/_4$		22,1	17,7	31,9
			$1^1/_2$		26,6	21,2	38,1
			2		35,4	28,3	50,4
$\frac{100}{80}$	100	80	$1^1/_4$	400	27,1	21,7	50,4
			$1^1/_2$		32,5	26,1	60,3
			2		43,4	34,7	80,0
$\frac{100}{100}$	100	100	$1^1/_4$	400	32,1	25,7	72,4
			$1^1/_2$		38,6	30,8	86,6
			2		51,4	41,1	115
Rolladenwellbeche							
$\frac{30}{15}$	30	15	$^1/_2$	600	7,42	5,93	2,38
			$^3/_4$		11,1	8,91	3,52
$\frac{40}{20}$	40	20	$^1/_2$	600	7,42	5,93	3,20
			$^3/_4$		11,1	8,90	4,74
			1		14,8	11,9	6,26

Belastungen und zulässige Beanspruchungen für Freileitungsmaste.

Aufgestellt vom Verband Deutscher Elektrotechniker. Gültig ab 1. Jan. 1914.

I. Leitungen.

Der Festigkeitsberechnung ist

1. eine Temperatur von -20^0 C ohne veränderliche Belastung,
2. eine Temperatur von -5^0 C und eine durch Eis und Wind erzeugte Zusatzbelastung $p = (0{,}19 + 0{,}05\, d)$ kg/m Leitungslänge zugrundezulegen, wobei d den Leitungsmesser, bei isolierten Leitungen den Außendurchmesser, in mm bedeutet.

Hierbei sollen massive Kupferleiter 1200, Kupferseile mit höchstens 1600 kg/cm² beansprucht werden. Aluminiumseile 700

Hierbei sollen massive	Kupferleiter		1200	
	Kupferseile	mit höchstens	1600 kg/cm²	beansprucht werden.
	Aluminiumseile		700	

II. Flußeiserne Gestänge.

1. Die Maste sind für die gleichzeitige Wirkung des Winddruckes und des Spitzenzuges zu berechnen; letzterer ist der auf die Mastspitze bezogene, in einer der Hauptachsen angreifende nutzbare Zug.

Bei Tragmasten wird der Spitzenzug durch den in wagerechter Richtung rechtwinklig zur Leitungsebene auf die halbe Länge sämtlicher Leitungen (einschl. etwa vorhandener Prelldrähte) wirkenden Winddruck bestimmt. In der Leitungsrichtung müssen die Maste mindestens $^1/_4$ dieses Zuges aufnehmen können. Tragmaste sind nur in gerader Linie oder bis zu einer Abweichung von 5^0 zulässig.

Bei Eckmasten ist als Spitzenzug bei Richtungsänderungen

$> 20^0$ die Resultierende aus den größten Leitungszügen,

$< 20^0$ der Spitzenzug für 20^0 Abweichung einzusetzen.

Bei Abspannmasten ist als Spitzenzug $^2/_3$ des größten einseitigen Leitungszuges, bei Endmasten endlich dieser ganze Zug in Rechnung zu stellen.

2. Die Beanspruchung des Flußeisens soll im ungünstigsten Falle auf

Zug, Druck und Biegung (Normalspannung) .	$k =$	1500 kg/cm²	(bei Zugstäben unter Berücksichtigung der Nietverschwächung)
Abscheren bei Nieten	$k_s =$	1200 kg/cm²	
Abscheren bei Schrauben	$k_s =$	750 kg/cm²	
Lochleibung	$k_l =$	$2\, k_s$	nicht überschreiten.

Nietdurchmesser unter 14 mm und Eisenstärken unter 4 mm sind unzulässig.

3. Die Knicksicherheit soll für Stäbe mit

$\lambda < 105$ nach Tetmayer eine 2 fache

$\lambda > 105$ nach Euler eine 3 fache sein ($E = 2150$ t/cm²)[1].

Für die Eckständer ist als kleinstes Trägheitsmoment bei Winkeleisen das auf eine zum Winkelschenkel parallele Schwerachse bezogene Trägheitsmoment einzuführen, wenn die Diagonalen eines Feldes bei der Abwicklung der Mastseiten in allen Seiten parallel sind, im Gegenfalle das kleinste Hauptträgheitsmoment.

Für die gedrückten Füllungsstäbe ist stets das kleinste Trägheitsmoment einzusetzen.

4. Die Durchbiegung der Maste darf bei einer über ihre freie Länge gleichmäßig verteilten, also in halber Höhe angreifenden Windlast von 125 kg/m² auf Leitungen und Maste höchstens 2% der freien Länge betragen. Hierbei ist entweder der wirkliche Winddruck festzustellen oder es ist als Windfläche die Hälfte einer als geschlossen angenommenen Mastwand unter Vernachlässigung der Konstruktionsteile und der Saugwirkung einzuführen. Bei den Leitungen ist die vom Wind getroffene Fläche gleich dem 0,5 fachen Durchmesser mal Länge einzusetzen.

5. Bei den Fundamenten der Maste darf die Kantenpressung an der Fundamentsohle ohne Berücksichtigung des seitlichen Erddrucks bei dem größten Umsturzmoment das für den Baugrund zulässige Maß (i. d. R. 2,5 kg/cm²) nicht überschreiten, wobei das Gewicht des auflastenden Erdreichs bis zu einem Böschungswinkel von 30^0 gegen die Lotrechte berücksichtigt werden kann und wobei das Gewicht des Betons mit 2000 kg/m³, das des auflastenden Erdreichs mit 1600 kg/m³ einzusetzen ist.

---

[1] Die Knicksicherheit nach Tetmayer berechnet sich mit $k_t = (3100 - 11{,}41\, \lambda)$ kg/cm² und $k = 1500$ kg/cm² zu $\mathfrak{S} = \frac{k_t}{k}$; hierbei ist $\lambda = \frac{l}{i} = \frac{\text{Stablänge}}{\text{Trägheitshalbmesser}}$. Bei der Berechnung des Trägheitshalbmessers $i = \sqrt{\frac{J}{F}}$ sind Trägheitsmoment J und Querschnittsfläche F ohne Nietabzug einführen.

Leitfaden für den Unterricht in Stein-, Holz- und Eisenkonstruktionen an maschinentechnischen Fachschulen. Von Prof. Dipl.-Ing. **L. Geusen,** Studienrat, Dortmund. Zweite, vermehrte und verbesserte Auflage. Mit 173 Textabbildungen. (61 S.) 1923. 2.40 Goldmark

Die Knickfestigkeit. Von Privatdozent Dr.-Ing. **Rudolf Mayer,** Karlsruhe. Mit 280 Textabbildungen und 87 Tabellen. (510 S.) 1921. 20 Goldmark

Kompendium der Statik der Baukonstruktionen. Von Privatdozent Dr.-Ing. **I. Pirlet,** Aachen. In zwei Bänden.

Zuerst erschien:

Zweiter Band: **Die statisch unbestimmten Systeme.**

I. Teil: Die allgemeinen Grundlagen zur Berechnung statisch unbestimmter Systeme: Die Untersuchung elastischer Formänderungen. Die Elastizitätsgleichungen und deren Auflösung. Mit 136 Textfiguren. (218 S.) 1921.
6.50 Goldmark; gebunden 8.50 Goldmark

II. Teil: Berechnung der einfacheren statisch unbestimmten Systeme: Grade Balken mit Endeinspannungen und mehr als zwei Stützen. — Einfache Rahmengebilde. — Zweigelenkbogen. — Gewölbe. — Armierte Balken. Mit 298 Textfiguren. (322 S.) 1923.
8.50 Goldmark; gebunden 10 Goldmark

In Vorbereitung befinden sich:

III. Teil: Die hochgradig statisch unbestimmten Systeme: Durchlaufende Träger auf starren und elastischen Stützen. Fachwerke mit starren Knotenpunktsverbindungen. — Stockwerkrahmen. — Vierendeelträger und verwandte Rahmengebilde.

IV. Teil: Das statisch unbestimmte Fachwerk: Aufgaben des Brücken- und Eisenhochbaues.

Erster Band: **Die statisch bestimmten Systeme:** Vollwandige Systeme und Fachwerke.

Statik der Vierendeelträger. Von Dr.-Ing. **Karl Kriso,** Graz. Mit 185 Textfiguren und 11 Tabellen. (298 S.) 1922. 13 Goldmark; gebunden 15 Goldmark

Berechnung von Rahmenkonstruktionen und statisch unbestimmten Systemen des Eisen- und Eisenbetonbaues. Von Ingenieur **P. Ernst Glaser.** Mit 112 Textabbildungen. (140 S.) 1919. 4.50 Goldmark

Die Berechnung statisch unbestimmter Tragwerke nach der Methode des Viermomentensatzes. Von Dr.-Ing. **Friedrich Bleich.** Zweite, verbesserte und vermehrte Auflage. Mit 117 Abbildungen im Text. (226 S.) 1925. Gebunden 15 Goldmark

Zur Berechnung des beiderseits eingemauerten Trägers unter besonderer Berücksichtigung der Längskraft. Von **Fukuhei Takabeya,** japanischer a. o. Professor und Dr.-Ing. an der Kaiserlichen Kyushu-Universität in Japan. Mit 28 Textabbildungen und 2 Formeltafeln. (56 S.) 1924. 3 Goldmark

Theorie des Trägers auf elastischer Grundlage und ihre Anwendung auf den Tiefbau nebst einer Tafel der Kreis- und Hyperbelfunktionen. Von japanisch. Dr.-Ing. **Keiichi Hayashi,** Professor an der Kaiserlichen Kyushu-Universität Fukuoka-Hakosaki, Japan. Mit 150 Textfiguren. (312 S.) 1921. 11 Goldmark

Die Theorie elastischer Gewebe und ihre Anwendung auf die Berechnung biegsamer Platten unter besonderer Berücksichtigung der trägerlosen Pilzdecken. Von Dr.-Ing. **H. Marcus,** Direktor der HUTA, Hoch- und Tiefbau-Aktiengesellschaft, Breslau. Mit 123 Textabbildungen. (376 S.) 1924.
21 Goldmark; gebunden 21.80 Goldmark

Repetitorium für den Hochbau. Für den Gebrauch an Technischen Hochschulen und in der Praxis. Von Geheimem Hofrat Professor Dr.-Ing. e. h. **Max Foerster,** Dresden.

1. Heft: **Graphostatik und Festigkeitslehre.** Mit 146 Textfiguren. (145 S.) 1919. 3.75 Goldmark

2. Heft: **Abriß der Statik der Hochbaukonstruktionen.** Mit 157 Textfiguren. (158 S.) 1920. 3.75 Goldmark

3. Heft: **Grundzüge der Eisenkonstruktionen des Hochbaues.** Mit 283 Textfiguren. (201 S.) 1920. 3.80 Goldmark

---

Taschenbuch für Bauingenieure. Unter Mitwirkung von Fachleuten herausgegeben von Geh. Hofrat Prof. Dr.-Ing. e. h. **M. Foerster,** Dresden. Vierte, verbesserte und erweiterte Auflage. Mit 3193 Textfiguren. In zwei Teilen. (2415 S.) 1921. Gebunden 16 Goldmark

---

Eisen im Hochbau. Ein Taschenbuch mit Zeichnungen, Zusammenstellungen, technischen Vorschriften und Angaben über die Verwendung von Eisen im Hochbau. Herausgegeben vom **Stahlwerks-Verband A.-G.,** Abteilung Technisches Büro, Düsseldorf. Sechste, umgearbeitete und erweiterte Auflage. (605 S.) 1924. Gebunden 9 Goldmark

---

Lieferwerke und Gewichtstafeln für Form- und Stabformeisen nach den Profilangaben des Taschenbuches „Eisen im Hochbau". 6. Auflage. Herausgegeben vom **Stahlwerks-Verband A.-G.,** Abteilung Technisches Büro, Düsseldorf. (12 S. und VIII Tafeln.) 1924. 3.60 Goldmark

---

Die Methode der Festpunkte zur Berechnung der statisch unbestimmten Konstruktionen mit zahlreichen Beispielen aus der Praxis insbesondere ausgeführten Eisenbetontragwerken. Von Dr.-Ing. **Ernst Suter.** Mit 591 Figuren im Text und auf 15 Tafeln. (745 S.) 1923. 19 Goldmark; gebunden 21 Goldmark

---

Die Grundzüge des Eisenbetonbaues. Von Geh. Hofrat Prof. e. h. **Max Foerster,** Dresden. Zweite, verbesserte und vermehrte Auflage. Mit 170 Textabbildungen. (424 S.) 1921. Gebunden 10 Goldmark

---

Die Arbeitsfestigkeit der Eisenbetonbalken. Von Ingenieur **Wilhelm Thiel.** Mit 4 Abbildungen im Text. (57 S.) 1924. 2.25 Goldmark

---

Vorlesungen über Eisenbetonbau. Von Prof. Dr.-Ing. **E. Probst,** Karlsruhe.

Erster Band: **Allgemeine Grundlagen. — Theorie und Versuchsforschung. — Grundlagen für die statische Berechnung. — Statisch unbestimmte Träger im Lichte der Versuche.** Zweite, umgearbeitete Auflage. Mit 70 Textabbildungen. (631 S.) 1923. Gebunden 24 Goldmark

Zweiter Band: **Anwendung der Theorie auf Beispiele im Hochbau, Brückenbau und Wasserbau. — Grundlagen für die Berechnung und das Entwerfen von Eisenbetonbauten. — Allgemeines über Vorbereitung und Verarbeitung von Eisenbeton. — Richtlinien für Kostenermittlungen. — Architektur im Eisenbeton. — Amtliche Vorschriften.** Mit 71 Textfiguren. (650 S.) 1922. Gebunden 20 Goldmark

---

Der Beton- und Eisenbetonbau 1898—1923. Ein Bild technischer Entwicklung. Von Regierungsbaumeister Dr.-Ing. **W. Petry.** Herausgegeben vom Deutschen Beton-Verein (E. V.) aus Anlaß seines 25jährigen Bestehens. (425 S.) 1923. Gebunden 8 Goldmark